《机械设计手册》（第六版）单行本卷目

●常用设计资料	第 1 篇　一般设计资料
●机械制图·精度设计	第 2 篇　机械制图、极限与配合、形状和位置公差及表面结构
●常用机械工程材料	第 3 篇　常用机械工程材料
●机构·结构设计	第 4 篇　机构 第 5 篇　机械产品结构设计
●连接与紧固	第 6 篇　连接与紧固
●轴及其连接	第 7 篇　轴及其连接
●轴承	第 8 篇　轴承
●起重运输件·五金件	第 9 篇　起重运输机械零部件 第 10 篇　操作件、五金件及管件
●润滑与密封	第 11 篇　润滑与密封
●弹簧	第 12 篇　弹簧
●机械传动	第 14 篇　带、链传动 第 15 篇　齿轮传动
●减（变）速器·电机与电器	第 17 篇　减速器、变速器 第 18 篇　常用电机、电器及电动（液）推杆与升降机
●机械振动·机架设计	第 19 篇　机械振动的控制及应用 第 20 篇　机架设计
●液压传动	第 21 篇　液压传动
●液压控制	第 22 篇　液压控制
●气压传动	第 23 篇　气压传动

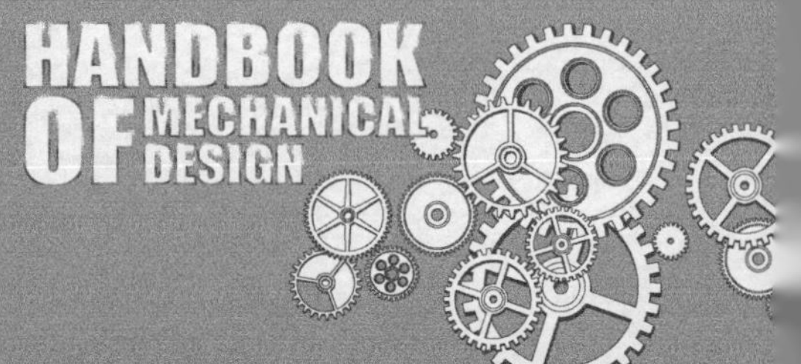

机械设计手册

第六版

单行本

常用机械工程材料

主编单位　中国有色工程设计研究总院
主　　编　成大先
副 主 编　王德夫　姬奎生　韩学铨
　　　　　姜　勇　李长顺　王雄耀
　　　　　虞培清　成　杰　谢京耀

化学工业出版社
·北京·

《机械设计手册》第六版单行本共16分册，涵盖了机械常规设计的所有内容。各分册分别为《常用设计资料》《机械制图·精度设计》《常用机械工程材料》《机构·结构设计》《连接与紧固》《轴及其连接》《轴承》《起重运输件·五金件》《润滑与密封》《弹簧》《机械传动》《减（变）速器·电机与电器》《机械振动·机架设计》《液压传动》《液压控制》《气压传动》。

本书为《常用机械工程材料》。第1章是黑色金属材料，介绍了黑色金属材料的表示方法，钢铁材料的分类及技术条件，不同钢材（如钢板、型钢、钢管、钢丝）的尺寸参数、化学成分、力学性能和牌号；第2章是有色金属材料，主要介绍了铸造有色合金、有色金属加工产品（包括铜及铜合金、铅及铅合金、铝及铝合金、钛及钛合金、变形镁及镁合金）的牌号、参数和用途，同时还给出了各国牌号的对照；第3章是非金属材料，主要介绍了橡胶及其制品，工程用塑料及制品，玻璃，陶瓷制品，石墨制品，石棉制品，保温、隔热、吸声材料，工业用毛毡、帆布，电气绝缘层压制品，胶黏剂，涂料和其他非金属材料的特点、性能与用途；第4章是其他材料及制品，主要介绍了工业用网、金属软管、粉末冶金材料、磁性材料和复合材料的特点、性能及应用。

本书可作为机械设计人员和有关工程技术人员的工具书，也可供高等院校有关专业师生参考使用。

图书在版编目（CIP）数据

机械设计手册：单行本．常用机械工程材料/成大先主编．—6版．—北京：化学工业出版社，2017.1（2022.10重印）
ISBN 978-7-122-28706-9

Ⅰ.①机…　Ⅱ.①成…　Ⅲ.①机械设计-技术手册②机械制造材料-设计手册　Ⅳ.①TH122-62②TH14-62

中国版本图书馆CIP数据核字（2016）第309040号

责任编辑：周国庆　张兴辉　贾　娜　曾　越　　装帧设计：尹琳琳
责任校对：宋　玮

出版发行：化学工业出版社（北京市东城区青年湖南街13号　邮政编码100011）
印　　装：北京盛通数码印刷有限公司
787mm×1092mm　1/16　印张33¼　字数1179千字　2022年10月北京第1版第5次印刷

购书咨询：010-64518888　售后服务：010-64518899
网　　址：http://www.cip.com.cn
凡购买本书，如有缺损质量问题，本社销售中心负责调换。

定　　价：89.00元　

撰稿人员

成大先	中国有色工程设计研究总院
王德夫	中国有色工程设计研究总院
刘世参	《中国表面工程》杂志、装甲兵工程学院
姬奎生	中国有色工程设计研究总院
韩学铨	北京石油化工工程公司
余梦生	北京科技大学
高淑之	北京化工大学
柯蕊珍	中国有色工程设计研究总院
杨　青	西北农林科技大学
刘志杰	西北农林科技大学
王欣玲	机械科学研究院
陶兆荣	中国有色工程设计研究总院
孙东辉	中国有色工程设计研究总院
李福君	中国有色工程设计研究总院
阮忠唐	西安理工大学
熊绮华	西安理工大学
雷淑存	西安理工大学
田惠民	西安理工大学
殷鸿樑	上海工业大学
齐维浩	西安理工大学
曹惟庆	西安理工大学
吴宗泽	清华大学
关天池	中国有色工程设计研究总院
房庆久	中国有色工程设计研究总院
李建平	北京航空航天大学
李安民	机械科学研究院
李维荣	机械科学研究院
丁宝平	机械科学研究院
梁全贵	中国有色工程设计研究总院
王淑兰	中国有色工程设计研究总院
林基明	中国有色工程设计研究总院
王孝先	中国有色工程设计研究总院
童祖楹	上海交通大学
刘清廉	中国有色工程设计研究总院
许文元	天津工程机械研究所
孙永旭	北京古德机电技术研究所
丘大谋	西安交通大学
诸文俊	西安交通大学
徐　华	西安交通大学
谢振宇	南京航空航天大学
陈应斗	中国有色工程设计研究总院
张奇芳	沈阳铝镁设计研究院
安　剑	大连华锐重工集团股份有限公司
迟国东	大连华锐重工集团股份有限公司
杨明亮	太原科技大学
邹舜卿	中国有色工程设计研究总院
邓述慈	西安理工大学
周凤香	中国有色工程设计研究总院
朴树寰	中国有色工程设计研究总院
杜子英	中国有色工程设计研究总院
汪德涛	广州机床研究所
朱　炎	中国航宇救生装置公司
王鸿翔	中国有色工程设计研究总院
郭　永	山西省自动化研究所
厉海祥	武汉理工大学
欧阳志喜	宁波双林汽车部件股份有限公司
段慧文	中国有色工程设计研究总院
姜　勇	中国有色工程设计研究总院
徐永年	郑州机械研究所
梁桂明	河南科技大学
张光辉	重庆大学
罗文军	重庆大学
沙树明	中国有色工程设计研究总院
谢佩娟	太原理工大学
余　铭	无锡市万向联轴器有限公司
陈祖元	广东工业大学
陈仕贤	北京航空航天大学
郑自求	四川理工学院
贺元成	泸州职业技术学院
季泉生	济南钢铁集团

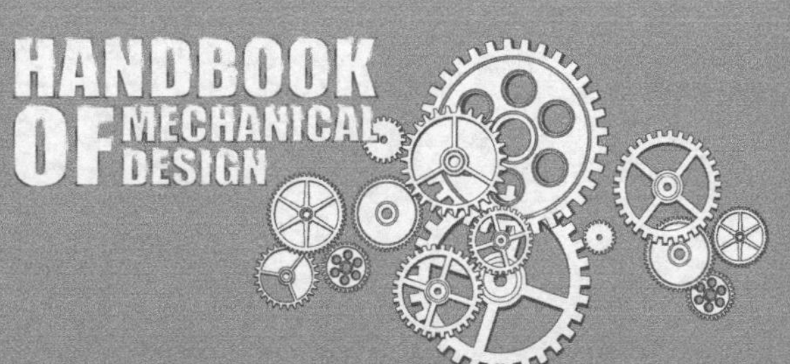

方　正　中国重型机械研究院
马敬勋　济南钢铁集团
冯彦宾　四川理工学院
袁　林　四川理工学院
孙夏明　北方工业大学
黄吉平　宁波市镇海减变速机制造有限公司
陈宗源　中冶集团重庆钢铁设计研究院
张　翌　北京太富力传动机器有限责任公司
陈　涛　大连华锐重工集团股份有限公司
于天龙　大连华锐重工集团股份有限公司
李志雄　大连华锐重工集团股份有限公司
刘　军　大连华锐重工集团股份有限公司
蔡学熙　连云港化工矿山设计研究院
姚光义　连云港化工矿山设计研究院
沈益新　连云港化工矿山设计研究院
钱亦清　连云港化工矿山设计研究院
于　琴　连云港化工矿山设计研究院
蔡学坚　邢台地区经济委员会
虞培清　浙江长城减速机有限公司
项建忠　浙江通力减速机有限公司
阮劲松　宝鸡市广环机床责任有限公司
纪盛青　东北大学
黄效国　北京科技大学
陈新华　北京科技大学
李长顺　中国有色工程设计研究总院
申连生　中冶迈克液压有限责任公司
刘秀利　中国有色工程设计研究总院
宋天民　北京钢铁设计研究总院
周　堉　中冶京城工程技术有限公司
崔桂芝　北方工业大学
佟　新　中国有色工程设计研究总院
禤有雄　天津大学
林少芬　集美大学
卢长耿　厦门海德科液压机械设备有限公司
容同生　厦门海德科液压机械设备有限公司
张　伟　厦门海德科液压机械设备有限公司
吴根茂　浙江大学
魏建华　浙江大学
吴晓雷　浙江大学
钟荣龙　厦门厦顺铝箔有限公司
黄　畲　北京科技大学
王雄耀　费斯托（FESTO）（中国）有限公司
彭光正　北京理工大学
张百海　北京理工大学
王　涛　北京理工大学
陈金兵　北京理工大学
包　钢　哈尔滨工业大学
蒋友谅　北京理工大学
史习先　中国有色工程设计研究总院

审稿人员

刘世参　成大先　王德夫　郭可谦　汪德涛　方　正　朱　炎　李钊刚
姜　勇　陈谌闻　饶振纲　季泉生　洪允楣　王　正　詹茂盛　姬奎生
张红兵　卢长耿　郭长生　徐文灿

《机械设计手册》（第六版）单行本

出版说明

重点科技图书《机械设计手册》自1969年出版发行以来，已经修订至第六版，累计销售量超过130万套，成为新中国成立以来，在国内影响力最大的机械设计工具书，多次获得国家和省部级奖励。

《机械设计手册》以其技术性和实用性强、标准和数据可靠、便于使用和查询等特点，赢得了广大机械设计工作者和工程技术人员的首肯和好评。自出版以来，收到读者来信数千封。广大读者在对《机械设计手册》给予充分肯定的同时，也指出了《机械设计手册》装帧太厚、太重，不便携带和翻阅，希望出版篇幅小些的单行本，诸多读者建议将《机械设计手册》以篇为单位改编为多卷本。

根据广大读者的反映和建议，化学工业出版社组织编辑人员深入设计科研院所、大中专院校、制造企业和有一定影响的新华书店进行调研，广泛征求和听取各方面的意见，在与主编单位协商一致的基础上，于2004年以《机械设计手册》第四版为基础，编辑出版了《机械设计手册》单行本，并在出版后很快得到了读者的认可。2011年，《机械设计手册》第五版单行本出版发行。

《机械设计手册》第六版（5卷本）于2016年初面市发行，在提高产品开发、创新设计方面，在促进新产品设计和加工制造的新工艺设计方面，在为新产品开发、老产品改造创新提供新型元器件和新材料方面，在贯彻推广标准化工作等方面，都较第五版有很大改进。为更加贴合读者需求，便于读者有针对性地选用《机械设计手册》第六版中的部分内容，化学工业出版社在汲取《机械设计手册》前两版单行本出版经验的基础上，推出了《机械设计手册》第六版单行本。

《机械设计手册》第六版单行本，保留了《机械设计手册》第六版（5卷本）的优势和特色，从设计工作的实际出发，结合机械设计专业具体情况，将原来的5卷23篇调整为16分册21篇，分别为《常用设计资料》《机械制图·精度设计》《常用机械工程材料》《机构·结构设计》《连接与紧固》《轴及其连接》《轴承》《起重运输件·五金件》《润滑与密封》《弹簧》《机械传动》《减（变）速器·电机与电器》《机械振动·机架设计》《液压传动》《液压控制》《气压传动》。这样，各分册篇幅适中，查阅和携带更加方便，有利于设计人员和广大读者根据各自需要

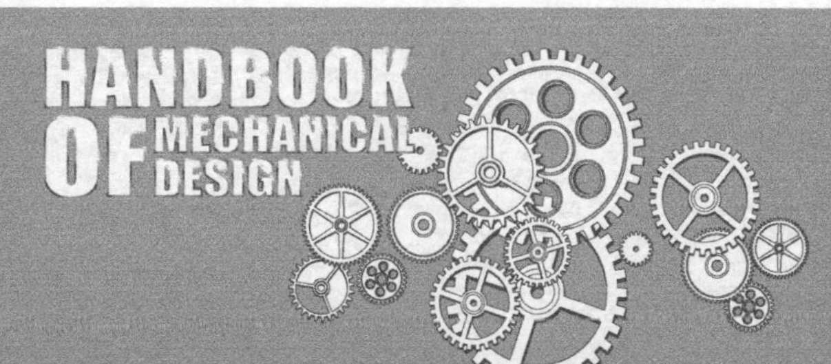

灵活选购。

《机械设计手册》第六版单行本将与《机械设计手册》第六版（5卷本）一起，成为机械设计工作者、工程技术人员和广大读者的良师益友。

借《机械设计手册》第六版单行本出版之际，再次向热情支持和积极参加编写工作的单位和个人表示诚挚的敬意！向长期关心、支持《机械设计手册》的广大热心读者表示衷心感谢！

由于编辑出版单行本的工作量较大，时间较紧，难免存在疏漏，恳请广大读者给予批评指正。

化学工业出版社

2017年1月

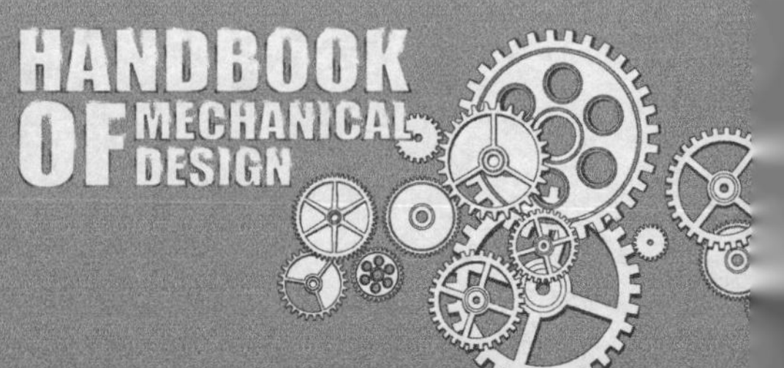

第六版前言

Sixth Edition Preface

《机械设计手册》自1969年第一版出版发行以来，已经修订了五次，累计销售量130万套，成为新中国成立以来，在国内影响力强、销售量大的机械设计工具书。作为国家级的重点科技图书，《机械设计手册》多次获得国家和省部级奖励。其中，1978年获全国科学大会科技成果奖，1983年获化工部优秀科技图书奖，1995年获全国优秀科技图书二等奖，1999年获全国化工科技进步二等奖，2002年获石油和化学工业优秀科技图书一等奖，2003年获中国石油和化学工业科技进步二等奖。1986~2015年，多次被评为全国优秀畅销书。

与时俱进、开拓创新，实现实用性、可靠性和创新性的最佳结合，协助广大机械设计人员开发出更好更新的产品，适应市场和生产需要，提高市场竞争力和国际竞争力，这是《机械设计手册》一贯坚持、不懈努力的最高宗旨。

《机械设计手册》(以下简称《手册》)第五版出版发行至今已有8年的时间，在这期间，我们进行了广泛的调查研究，多次邀请机械方面的专家、学者座谈，倾听他们对第六版修订的建议，并深入设计院所、工厂和矿山的第一线，向广大设计工作者了解《手册》的应用情况和意见，及时发现、收集生产实践中出现的新经验和新问题，多方位、多渠道跟踪、收集国内外涌现出来的新技术、新产品，改进和丰富《手册》的内容，使《手册》更具鲜活力，以最大限度地提高广大机械设计人员自主创新的能力，适应建设创新型国家的需要。

《手册》第六版的具体修订情况如下。

一、在提高产品开发、创新设计方面

1. 新增第5篇"机械产品结构设计"，提出了常用机械产品结构设计的12条常用准则，供产品设计人员参考。

2. 第1篇"一般设计资料"增加了机械产品设计的巧（新）例与错例等内容。

3. 第11篇"润滑与密封"增加了稀油润滑装置的设计计算内容，以适应润滑新产品开发、设计的需要。

4. 第15篇"齿轮传动"进一步完善了符合ISO国际标准的渐开线圆柱齿轮设计，非零变位锥齿轮设计，点线啮合传动设计，多点啮合柔性传动设计等内容，例如增加了符合ISO标准的渐开线齿轮几何计算及算例，更新了齿轮精度等。

5. 第23篇"气压传动"增加了模块化电/气混合驱动技术、气动系统节能等内容。

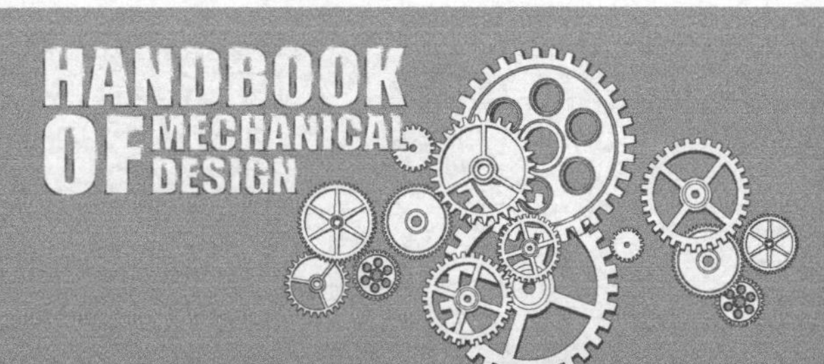

二、在为新产品开发、老产品改造创新，提供新型元器件和新材料方面

1. 介绍了相关节能技术及产品，例如增加了气动系统的节能技术和产品、节能电机等。

2. 各篇介绍了许多新型的机械零部件，包括一些新型的联轴器、离合器、制动器、带减速器的电机、起重运输零部件、液压元件和辅件、气动元件等，这些产品均具有技术先进、节能等特点。

3. 新材料方面，增加或完善了铜及铜合金、铝及铝合金、钛及钛合金、镁及镁合金等内容，这些合金材料由于具有优良的力学性能、物理性能以及材料回收率高等优点，目前广泛应用于航天、航空、高铁、计算机、通信元件、电子产品、纺织和印刷等行业。

三、在贯彻推广标准化工作方面

1. 所有产品、材料和工艺均采用新标准资料，如材料、各种机械零部件、液压和气动元件等全部更新了技术标准和产品。

2. 为满足机械产品通用化、国际化的需要，遵照立足国家标准、面向国际标准的原则来收录内容，如第 15 篇“齿轮传动”更新并完善了符合 ISO 标准的渐开线齿轮设计等。

《机械设计手册》第六版是在前几版的基础上编写而成的。借《机械设计手册》第六版出版之际，再次向参加每版编写的单位和个人表示衷心的感谢！同时也感谢给我们提供大力支持和热忱帮助的单位和各界朋友们！

由于编者水平有限，调研工作不够全面，修订中难免存在疏漏和缺点，恳请广大读者继续给予批评指正。

主 编

目录
CONTENTS

第3篇 常用机械工程材料

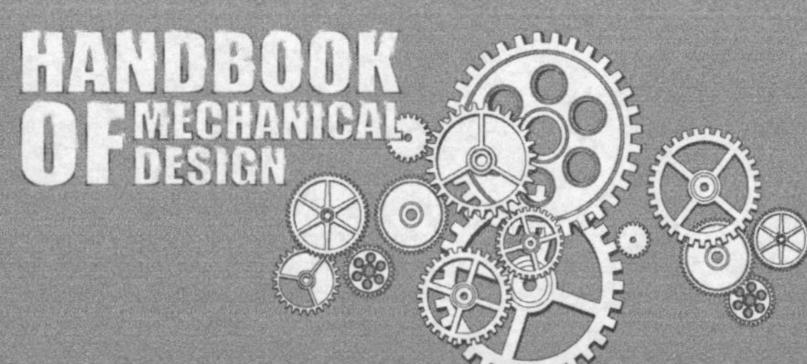

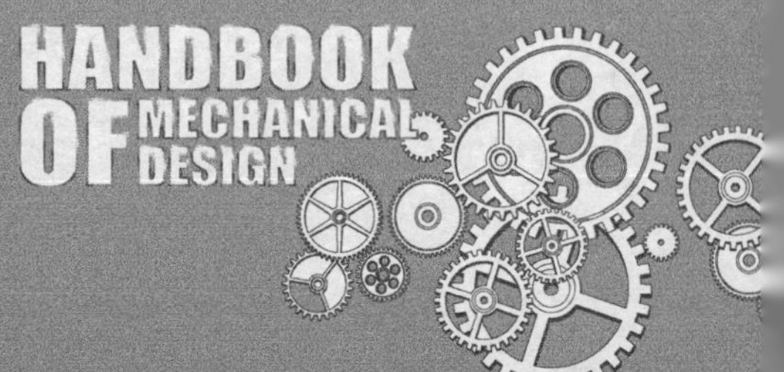
HANDBOOK
OF MECHANICAL
DESIGN

第2章 有色金属材料 …………… 3-247

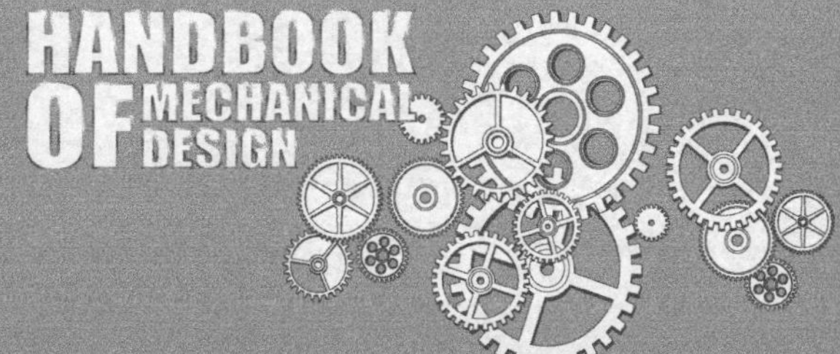

第3章 非金属材料 …………………… 3-367

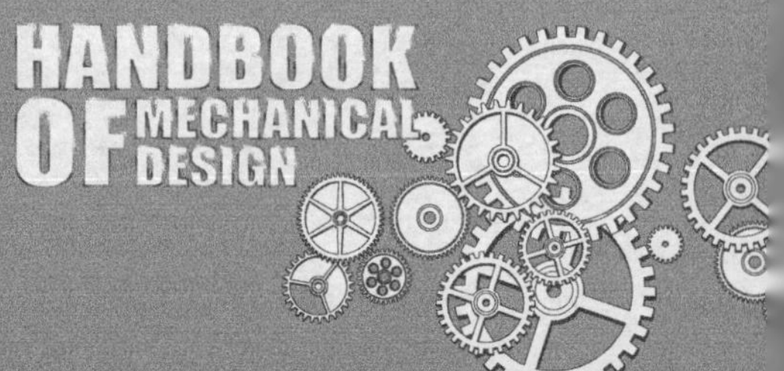

HANDBOOK
OF MECHANICAL
DESIGN

第 4 章 其他材料及制品

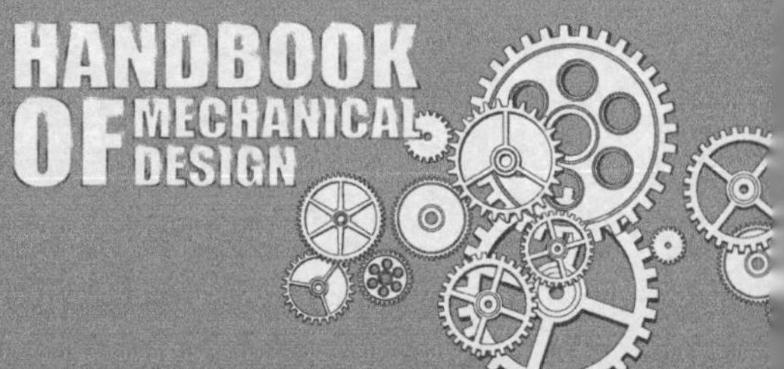

HANDBOOK OF MECHANICAL DESIGN

第3篇 常用机械工程材料

主要撰稿 王德夫 房庆久 陶兆荣

审　　稿 成大先 王德夫

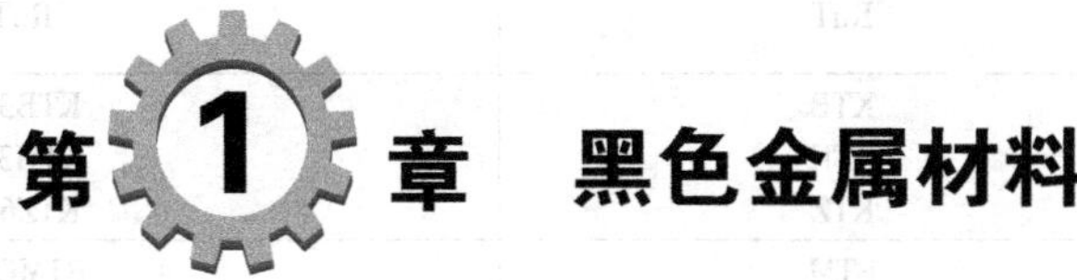

第1章 黑色金属材料

1 黑色金属材料的表示方法

钢铁产品牌号中化学元素的符号（摘自 GB/T 221—2008）

表 3-1-1

元素名称	铁	锰	铬	镍	钴	铜	钨	钼	钒	钛	铝	铌	钽	锂	铍	镁	钙	锆	锡	铅
化学元素符号	Fe	Mn	Cr	Ni	Co	Cu	W	Mo	V	Ti	Al	Nb	Ta	Li	Be	Mg	Ca	Zr	Sn	Pb
元素名称	铋	铯	钡	镧	铈	钕	钐	锕	硼	碳	硅	硒	碲	砷	硫	磷	氮	氧	氢	
化学元素符号	Bi	Cs	Ba	La	Ce	Nd	Sm	Ac	B	C	Si	Se	Te	As	S	P	N	O	H	

注：混合稀土元素符号用"RE"表示。

表 3-1-2 钢铁产品牌号表示方法（摘自 GB/T 221—2008、GB/T 5612—2008）

1. 生铁及铸铁

类别	产品名称	第一部分			第二部分	牌号示例
		采用汉字	汉语拼音	采用字母		
生铁	炼钢用生铁	炼	LIAN	L	含硅量为 0.85%～1.25%的炼钢用生铁，阿拉伯数字为 10	L10
	铸造用生铁	铸	ZHU	Z	含硅量为 2.80%～3.20%的铸造用生铁，阿拉伯数字为 30	Z30
	球墨铸铁用生铁	球	QIU	Q	含硅量为 1.00%～1.40%的球墨铸铁用生铁，阿拉伯数字为 12	Q12
	耐磨生铁	耐磨	MAI MO	NM	含硅量为 1.60%～2.00%的耐磨生铁，阿拉伯数字为 18	NM18
	脱碳低磷粒铁	脱粒	TUO LI	TL	含碳量为 1.20%～1.60%的炼钢用脱碳低磷粒铁，阿拉伯数字为 14	TL14
	含钒生铁	钒	FAN	F	含钒量不小于 0.40%的含钒生铁，阿拉伯数字为 04	F04

类别	产品名称	代号	牌号表示方法示例
灰铸铁	灰铸铁	HT	HT250、HTCr-300
	奥氏体灰铸铁	HTA	HTANi20Cr2
	冷硬灰铸铁	HTL	HTLCr1Ni1Mo
	耐磨灰铸铁	HTM	HTMCu1CrMo
	耐热灰铸铁	HTR	HTRCr
	耐蚀灰铸铁	HTS	HTSNi2Cr
球墨铸铁	球墨铸铁	QT	QT400-18
	奥氏体球墨铸铁 冷硬球墨铸铁 ⋮	如同灰铸铁在 QT 后分别加上 A、L、M、R、S 代表奥氏体球墨铸铁、冷硬球墨铸铁……	QTANi30Cr3、QTLCrMo、QTM Mn8-30、QTRSi5 QTS Ni20Cr2

续表

类别	产品名称	代号	牌号表示方法示例
蠕墨铸铁	蠕墨铸铁	RuT	RuT450
可锻铸铁	白心可锻铸铁 黑心可锻铸铁 珠光体可锻铸铁	KTB KTH KTZ	KTB350-04 KTH350-10 KTZ650-02
白口铸铁	抗磨白口铸铁 耐热白口铸铁 耐蚀白口铸铁	BTM BTR BTS	BTMCr15Mo BTRCr16 BTSCr28

2. 碳素结构钢和低合金结构钢

牌号由四部分组成，第一部分：以前缀符号+强度值（N/mm^2 或 MPa）表示；
第二部分（必要时）：质量等级符号以 A、B、C、D、E、F……表示；
第三部分（必要时）：脱氧方式即沸腾钢、半镇静钢、镇静钢、特殊镇静钢符号以“F”、“b”、“Z”、“TZ”表示
第四部分（必要时）：以产品用途、特性和工艺方法符号表示

类别	产品名称	采用的汉字及汉语拼音或英文单词			采用字母	位置	示例
		汉字	汉语拼音	英文单词			
通用结构钢	碳素结构钢	前缀符号为 Q 表示屈服强度的拼音+最小屈服强度值					Q235AF
	低合金高强度结构钢						Q345D
专用结构钢	热轧光圆钢筋	热轧光圆钢筋	—	Hot Rolled Plain Bars	HPB	牌号头	HPB235
	热轧带肋钢筋	热轧带肋钢筋	—	Hot Rolled Ribbed Bars	HRB	牌号头	HRB 335
	细晶粒热轧带肋钢筋	热轧带肋钢筋+细	—	Hot Rolled Ribbed Bars+Fine	HRBF	牌号头	HRBF335
	冷轧带肋钢筋	冷轧带肋钢筋	—	Cold Rolled Ribbed Bars	CRB	牌号头	CRB550
	预应力混凝土用螺纹钢筋	预应力、螺纹、钢筋	—	Prestressing、Screw、Bars	PSB	牌号头	PSB 830
	焊接气瓶用钢	焊瓶	HAN PING	—	HP	牌号头	HP 345
	管线用钢	管线	—	Line	L	牌号头	L 415
	船用锚链钢	船锚	CHUAN MAO	—	CM	牌号头	CM 370
	煤机用钢	煤	MEI	—	M	牌号头	M510
表示产品用途、特性和工艺方法	锅炉和压力容器用钢	容	RONG	—	R	牌号尾	Q345R
	锅炉用钢（管）	锅	GUO	—	G	牌号尾	
	低温压力容器用钢	低容	DI RONG	—	DR	牌号尾	
	桥梁用钢	桥	QIAO	—	Q	牌号尾	
	耐候钢	耐候	NAI HOU	—	NH	牌号尾	Q295NH
	高耐候钢	高耐候	GAO NAI HOU	—	GNH	牌号尾	
	汽车大梁用钢	梁	LIANG	—	L	牌号尾	
	高性能建筑结构用钢	高建	GAO JIAN	—	GJ	牌号尾	
	低焊接裂纹敏感性钢	低焊接裂纹敏感性	—	Grack Free	CF	牌号尾	
	保证淬透性钢	淬透性	—	Hardenability	H	牌号尾	
	矿用钢	矿	KUANG	—	K	牌号尾	20MnK
	船用钢	采用国际符号					

3. 优质碳素结构钢和优质碳素弹簧钢

二者牌号通常由五部分组成：
第一部分：以二位数字表示平均碳含量（以万分之几计）；
第二部分（必要时）：较高含锰量的优质碳素结构钢，加锰元素符号 Mn；
第三部分（必要时）：冶金质量等级，即高级优质钢、特级优质钢分别以 A、E 表示，优质钢不用字母表示；
第四部分（必要时）：脱氧方式符号，即沸腾钢、半镇静钢、镇静钢分别以 F、b、Z 表示，但镇静钢符号通常可省略；
第五部分（必要时）：产品用途、特性或工艺方法表示符号，见碳素结构钢

	产品名称	第一部分	第二部分	第三部分	第四部分	第五部分	牌号示例
牌号组成	优质碳素结构钢	碳含量： 0.05%～0.11%	锰含量： 0.25%～0.50%	优质钢	沸腾钢	—	08F
	优质碳素结构钢	碳含量： 0.47%～0.55%	锰含量： 0.50%～0.80%	高级优质钢	镇静钢	—	50A
	优质碳素结构钢	碳含量： 0.48%～0.56%	锰含量： 0.70%～1.00%	特级优质钢	镇静钢	—	50MnE
	保证淬透性用钢	碳含量： 0.42%～0.50%	锰含量： 0.50%～0.85%	高级优质钢	镇静钢	保证淬透性钢表示符号“H”	45AH
	优质碳素弹簧钢	碳含量： 0.62%～0.70%	锰含量： 0.90%～1.20%	优质钢	镇静钢	—	65Mn

续表

4. 合金结构钢和合金弹簧钢						
二者通常由四部分组成： 第一部分：以二位数字表示平均碳含量（以万分之几计）； 第二部分：合金元素含量，以化学元素符号及数字表示。具体表示方法为：平均含量小于 1.50%时，牌号中仅标明元素，一般不标明含量；平均含量为 1.50%～2.49%、2.50%～3.49%、3.50%～4.49%、4.50%～5.49%……时，在合金元素后相应写成 2、3、4、5…； 注：化学元素符号的排列顺序推荐按含量值递减排列。如果两个或多个元素的含量相等时，相应符号位置按英文字母的顺序排列。 第三部分：钢材冶金质量，即高级优质钢、特级优质钢分别以 A、E 表示，优质钢不用字母表示； 第四部分（必要时）：产品用途、特性或工艺方法表示符号，见碳素结构钢						
	产品名称	第一部分	第二部分	第三部分	第四部分	牌号示例
牌号组成	合金结构钢	碳含量 0.22%～0.29%	铬含量 1.50%～1.80%、 钼含量 0.25%～0.35%、 钒含量 0.15%～0.30%	高级优质钢	—	25Cr2MoVA
	锅炉和压力 容器用钢	碳含量 ≤0.22%	锰含量 1.20%～1.60%、 钼含量 0.45%～0.65%、 铌含量 0.025%～0.050%	特级优质钢	锅炉和压力 容器用钢	18MnMoNbER
	优质 弹簧钢	碳含量 0.56%～0.64%	硅含量 1.60%～2.00% 锰含量 0.70%～1.00%	优质钢	—	60Si2Mn

注：易切削钢、车辆车轴及机车车辆用钢、非调质机械结构钢、工具钢、轴承钢、钢轨钢、冷镦钢、不锈钢和耐热钢、焊接用钢、冷轧电工钢、电磁纯铁、原料纯铁及高电阻电热合金等牌号表示方法见表 3-1-3。

钢铁产品牌号表示方法举例（摘自 GB/T 221—2008、GB/T 700—2006 等）

表 3-1-3

产品名称	牌号举例	牌号表示方法说明
生铁	L10 Z30	L 10 10 —— 平均含硅量为 10‰ L —— 炼钢用生铁 Z 30 30 —— 平均含硅量为 30‰ Z —— 铸造用生铁
铸铁	HT100 GB/T 9439—2010 QT400-18 （GB/T 5612—2008）	铸铁代号后，一组数字表示抗拉强度，两组数字时，第一组表示抗拉强度，第二组表示伸长率 HT 100 100 —— 抗拉强度（N/mm^2） HT —— 灰铸铁 QT 400-18 18 —— 伸长率（%） 400 —— 抗拉强度（N/mm^2） QT —— 球墨铸铁
铸钢	ZG 20Cr13 GB/T 5613—2014 ZG200-400 （GB/T 11352—2009）	铸造碳钢 ZG 20 Cr13 Cr13 —— 铬元素及其名义百分含量 20 —— 碳的名义万分含量 ZG —— 铸钢 一般工程用铸造碳钢件 ZG 200-400 400 —— 抗拉强度（N/mm^2） 200 —— 屈服强度（N/mm^2） ZG —— 铸钢 其他名称： 焊接结构用铸钢 ZGH 耐热铸钢 ZGR 耐蚀铸钢 ZGS 耐磨铸钢 ZGM
碳素结构钢和低合金结构钢	Q235A Q235B Q235C Q235D	碳素结构钢（GB/T 700—2006） Q 235 A F F —— 脱氧方法：不标此符号表示镇静钢（Z）或特殊镇静钢（TZ）。Z、TZ 可省略，也可不省略（全脱氧钢）；标注 F 表示沸腾钢（不脱氧钢） A —— 质量等级代号，共分 A、B、C、D 四个级别，其区别见表 3-1-5 和表 3-1-6 235 —— 屈服强度数值（N/mm^2） Q —— 代表“屈服强度”
	Q345A Q345B Q345C Q345D Q345E	低合金结构钢（GB/T 1591—2008） Q 345 C （低合金结构钢为镇静钢或特殊镇静钢，无脱氧方法符号） C —— 质量等级代号、共分 A、B、C、D、E 五个级别 345 —— 屈服强度数值（N/mm^2） Q —— 代表“屈服强度”

续表

产品名称		牌号举例	牌号表示方法说明
碳素结构钢和低合金结构钢		Q345R Q295HP Q390g Q420q Q340NH	专用结构钢 Q 345 R R——压力容器 345——屈服点数值(N/mm^2) Q——代表“屈服点” Q 295 HP HP——焊接气瓶 295——屈服点数值(N/mm^2) Q——代表“屈服点”
优质碳素钢和优质碳素弹簧钢	普通含锰量优质碳素结构钢	08F 45 20A 45E	两位数字,平均含碳量为万分之几 脱氧方法、质量等级、化学元素符号或规定的代表产品用途的符号 08 F——平均含碳量为 0.08% 的沸腾钢(半镇静钢为“b”,镇静钢为“Z”,通常可省) 45——平均含碳量为 0.45% 的镇静钢 20 A——平均含碳量为 0.20% 的高级优质碳素结构钢 45 E——平均含碳量为 0.45% 的特级优质碳素结构钢 40 Mn——平均含碳量为 0.40%、含锰量较高(0.70% ~ 1.00%) 的镇静钢 20 G——平均含碳量为 0.20% 的锅炉用钢
	较高含锰量优质碳素结构钢	40Mn 70Mn	
	专用优质碳素结构钢	20G	优质碳素弹簧钢的牌号表示方法与优质碳素结构钢相同
合金结构钢和合金弹簧钢	合金结构钢	30CrMnSi 20Cr2Ni4 25Cr2MoVA 30CrMnSiA 30CrMnSiE	采用阿拉伯数字和规定的合金元素符号表示。合金元素含量表示方法为:平均含量小于 1.5% 时,牌号中仅标明元素,一般不标含量;平均含量为 1.5%~2.49%、2.5%~3.49%、3.5%~4.49%、4.5%~5.49%…时,在合金元素后相应注写 2、3、4、5、…。高级和特级优质合金结构钢分别在牌号尾部加符号“A”、“E”,优质钢不用字母表示 专用合金结构钢在牌号头部加代表产品用途的符号 平均含碳量为万分之几 30CrMnSi——碳、铬、锰、硅的平均含量分别为 0.30%、0.95%、0.85%、1.05% 20Cr2Ni4——碳、铬、镍的平均含量分别为 0.20%、1.5%、3.5% 60Si2MnA——碳、硅、锰的平均含量分别为 0.60%、1.75%、0.75% 的高级优质弹簧钢 18MnMoNbER——碳、锰、钼、铌平均含量分别为 ≤0.22%、1.2% ~ 1.6%,0.45% ~ 0.65%、0.025% ~ 0.050% 的特级优质的锅炉和压力容器钢 ML30CrMnSi——碳、铬、锰、硅的平均含量分别为 0.30%、0.95%、0.85%、1.05% 的铆螺合金钢 合金弹簧钢表示方法与合金结构钢相同
	专用合金结构钢	18MnMoNbER ML30CrMnSi	
	合金弹簧钢	60Si2Mn 60Si2MnA	
工具钢	碳素工具钢	T9 T12A T8Mn	T——碳素工具钢 平均含碳量为千分之几 T 9——平均含碳量为 0.9% 的普通含锰量碳素工具钢 T 12A——平均含碳量为 1.2% 的高级优质碳素工具钢 T 8Mn——平均含碳量为 0.8%、含锰量较高(0.40% ~ 0.60%) 的碳素工具钢

续表

<table>
<tr><th colspan="2">产品名称</th><th>牌号举例</th><th>牌号表示方法说明</th></tr>
<tr><td rowspan="2">工具钢</td><td>合金工具钢和高速工具钢</td><td>Cr4W2MoV
Cr12MoV
8MnSi</td><td rowspan="2">合金工具钢和高速工具钢表示方法与合金结构钢相同,但平均含碳量≥1.00%的,一般不标表示含碳量的数字,平均含碳量<1.00%,可采用一位数字表示含碳量的千分之几。高速工具钢在牌号头部一般不标明表示含碳量的数字,但表示高碳高速工具钢时可在牌号前加“C”
—平均含碳量为千分之几
Cr4W2MoV——平均含碳量为1.19%、平均含铬量为3.75%、平均含钨量为2.25%、平均含钼量为1.0%、平均含钒量为0.95%的模具钢
Cr12MoV——平均含碳量为1.6%、平均含铬量为11.75%、平均含钼量为0.5%、平均含钒量为0.22%的合金工具钢
W6Mo5Cr4V2——含碳量0.8%～0.9%、钨含量5.5%～6.75%、钼含量4.5%～5.5%、铬含量3.8%～4.4%、钒含量1.75%～2.2%的高速工具钢
CW6Mo5Cr4V2——含碳量0.86%～0.94%其他合金含量与上相同的高碳高速工具钢
8MnSi—平均含碳量为0.8%、平均含硅量为0.45%、平均含锰量为0.95%的合金工具钢
—平均含铬量以千分之几计,在含铬量前加数字“0”表示低铬合金工具钢
Cr06—平均含铬量为0.6%的合金工具钢</td></tr>
<tr><td>低铬合金工具钢(平均含铬量小于1%)</td><td>Cr06</td></tr>
<tr><td rowspan="3">轴承钢</td><td>高碳铬轴承钢</td><td>GCr15</td><td>在牌号头部加符号“G”,但不标明含碳量,含铬量以千分之几计,其他合金元素含量按合金结构钢的合金元素含量表示
GCr15——平均含铬量为1.5%的轴承钢</td></tr>
<tr><td>渗碳轴承钢</td><td>G20CrNiMo
G20CrNiMoA</td><td>在牌号头部加符号“G”,采用合金结构钢的表示方法。高级优质渗碳轴承钢,在牌号尾部加符号“A”
G20CrNiMo——平均含碳量为0.20%、平均含铬量为0.5%、平均含镍量为0.55%、平均含钼量为0.23%的渗碳轴承钢</td></tr>
<tr><td>高碳铬不锈轴承钢和高温轴承钢</td><td>9Cr18
10Cr14Mo4</td><td>采用不锈钢和耐热钢的牌号表示方法,牌号头部不加符号“G”
9Cr18——平均含碳量为0.9%、平均含铬量为18%的高碳铬不锈轴承钢
10Cr14Mo4——平均含碳量为1.02%、平均含铬量为14%、平均含钼量为4%的高温轴承钢</td></tr>
<tr><td colspan="2">钢轨钢</td><td>U70MnSi</td><td>牌号前加“U”,碳含量0.66%~0.74%,硅含量0.85%~1.15%,锰含量0.85%~1.15%</td></tr>
<tr><td rowspan="3">不锈钢和耐热钢</td><td>不锈钢和耐热钢</td><td>20Cr13
06Cr19Ni10</td><td rowspan="3">用两位或三位数字表示碳含量的万分之几或十万分之几。只限定碳含量上限者,当碳含量上限不大于0.10%时,以其上限的3/4的万分数表示含碳量(如碳含量上限为0.08%,碳含量以06表示),当碳含量上限大于0.10%时,以其上限的4/5的万分数表示含碳量(如碳含量上限为0.20%,碳含量以16表示,碳含量上限为0.15%,碳含量以12表示)。超低碳不锈钢即碳含量不大于0.030%者,用三位数字的十万分数表示含碳量(如含碳量上限为0.030%时,牌号中含碳量以0.22表示,含碳量上限为0.020%时,牌号中含碳量以015表示)。规定上、下限者,以平均含碳量×100表示(如碳含量为0.16%~0.25%时,牌号中碳含量以20表示)合金元素含量以化学元素符号及数字表示,表示方法同合金结构钢第二部分。
06Cr19Ni10——碳含量不大于0.08%,铬含量18.00%~20.00%,镍含量8.00%~11.00%的不锈钢
022Cr18Ti——碳含量不大于0.03%,铬含量16.00%~19.00%,钛含量0.10%~1.0%的不锈钢
20Cr15Mn15Ni2N——碳含量0.15%~0.25%,铬含量14.0%~16.0%,锰含量14.0%~16.0%,镍含量1.5%~3.0%,氮含量0.15%~0.30%的不锈钢</td></tr>
<tr><td>超低碳不锈钢</td><td>022Cr18Ti</td></tr>
<tr><td>碳含量规定上、下限者</td><td>20Cr15Mn15Ni2N</td></tr>
</table>

续表

产品名称		牌号举例	牌号表示方法说明
易切削钢	加硫易切削钢和加硫、磷易切削钢	Y15 Y40Mn Y45MnS	在牌号头部加符号“Y”，用二位阿拉伯数字表示平均含碳量为万分之几，第三部分为易切削元素，但S、P免加，当为较高锰含量的加S、P的易切削钢，该第三部分为Mn，对较高S含量者在Mn加S Y15——平均含碳量为0.15%的易切削钢，在后面不加易切削元素符号S、P Y40Mn——平均含碳量为0.40%、平均含锰量为1.20%~1.55%的较高含锰量易切削钢 Y45MnS——平均含碳量为0.40%~0.48%，锰含量为1.35%~1.65%，硫含量为0.24%~0.32%的易切削钢
	含钙、铅、锡易切削钢	Y45Ca Y15Pb	第三部分为钙、铅、锡易切削元素，则该部分分别加Ca、Pb、Sn表示，同时加元素S、P时则通常不加S、P符号 Y45Ca——平均含碳量为0.45%、平均含钙量为0.002%~0.006%的易切削钢，后面加易切削元素钙的符号 Y15Pb——平均含碳量为0.15%、平均含铅量为0.15%~0.35%的易切削钢，后面加易切削元素铅的符号
非调质机械结构钢	热锻用非调质机械结构钢	F45V F35VS	在牌号头部加符号“F”，易切削非调质机械结构钢在牌号头部再加符号“Y” F45V——平均含碳量为0.45%、平均含钒量为0.06%~0.13%的热锻用非调质机械结构钢 F35VS——第一部分用字母F，第二部分为碳含量0.32%~0.39%，第三部分为钒其含量0.06%~0.13%，第四部分为硫其含量为0.035%~0.075%
车辆车轴钢		LZ45	第一部分采用字母LZ，第二部分碳含量0.40%~0.48%
机车车辆钢		JZ45	第一部分采用字母JZ，第二部分碳含量0.40%~0.48%
焊接用钢		H08A H08Mn2Si H1Cr19Ni9 H08CrMoA	焊接用钢包括焊接用碳素钢、焊接用合金钢和焊接用不锈钢等 在各类焊接用钢牌号头部加符号“H”，高级优质焊接用钢在牌号尾部加符号“A” H08A—碳含量≤0.10%的高级优质碳素结构钢 H08CrMoA—碳含量≤0.10%，铬含量0.80%~1.10%，钼含量0.40%~0.60%的高级优质合金结构钢
电工用硅钢片	电工用冷轧无取向硅钢和取向硅钢	30Q130 35W300 30QG110	公称厚度(mm)的100倍数字 30Q130—公称厚度为0.30mm，比总损耗P1.7/50为1.30W/kg的普通级取向电工钢 35W300 30QG110—公称厚度为0.30mm，比总损耗P1.7/50为1.10W/kg的高磁导率级取向电工钢 总比损耗的100倍数字 “Q”表示取向钢，“W”表示无取向钢，“QG”表示高磁导率取向电工钢
电磁纯铁		DT3 DT4 DT4A DT4C DT4E	DT4A 电磁性能不同的质量等级符号(如A、C、E) 数字表示不同牌号的顺序号 电磁纯铁

续表

产品名称	牌号举例	牌号表示方法说明
高电阻电热合金	0Cr25Al5	采用规定的化学元素和阿拉伯数字表示。牌号表示方法与不锈钢和耐热钢相同(镍铬基合金不标出含碳量) 0Cr25Al5——平均含铬为25%、平均含铝量为5%、平均含碳量不大于0.06%的高电阻电热合金(其余为铁)
原料纯铁	YT1	YT1——YT表示原料纯铁,数字表示不同牌号的顺序号

注：1. 各牌号中化学元素含量，一般为质量分数（%），采用阿拉伯数字表示。

2. 本表表示方法的依据是GB/T 221—2008和GB/T 700—2006等。

3. 表中铸铁和铸钢的表示方法分别摘自GB/T 5612—2008和GB/T 5613—1995等。

金属材料力学性能代号及其含义

表3-1-4

代号	名称	单位	含义
$R_m(\sigma_b)$ σ_{bc} σ_{bb}	抗拉强度 抗压强度 抗弯强度	MPa或N/mm²	材料试样受拉力时,在拉断前所承受的最大应力 材料试样受压力时,在压坏前所承受的最大应力 材料试样受弯曲力时,在破坏前所承受的最大应力
τ τ_b	抗剪强度 抗扭强度		材料试样受剪力时,在剪断前所承受的最大切应力 材料试样受扭转力时,在扭断前所承受的最大切应力
σ_s $\sigma_{0.2}$ R_{eH} R_{eL} R_p	屈服点 屈服强度 上屈服强度 下屈服强度 规定非比例延伸强度		材料试样在拉伸过程中,负荷不增加或开始有所降低而变形继续发生的现象称为屈服,屈服时的最小应力称为屈服点或屈服极限。当金属材料出现屈服现象时,在试验期间塑性变形发生而力不增加的应力点称为屈服强度。应区分上屈服强度和下屈服强度。试样发生屈服而力首次下降前的最高应力为上屈服强度。在屈服期间,不计初始瞬时效应时的最低应力称为下屈服强度 对某些屈服现象不明显的金属材料,测定屈服强度比较困难,为便于测量,通常将其产生永久变形量等于试样原长0.2%时的应力称为屈服强度或条件屈服强度。$R_{p0.2}$表示规定非比例伸长率为0.2%时的应力
σ_e σ_p	弹性极限 比例极限		材料能保持弹性变形的最大应力称弹性极限。真实的弹性极限难以测定,标准规定按残余伸长为0.01%时的应力值表示 在弹性变形阶段,材料应力和应变成正比关系的最大应力,称比例极限 σ_p与σ_e两数值很接近,常以规定的σ_p代替σ_e
E G	弹性模量 切变模量		弹性模量与切变模量是在比例极限的范围内,应力与应变成正比时的比例常数,是衡量材料刚度的指标 $E=\frac{\sigma}{\varepsilon}$ (ε为试样的纵向线应变) $G=\frac{\tau}{\gamma}$ (γ为试样的切应变)
μ	泊松比	—	在弹性范围内,试样横向线应变与纵向线应变的比值 $\mu=\left\|\frac{\varepsilon'}{\varepsilon}\right\|$, $\varepsilon'=-\mu\varepsilon$($\varepsilon'$为试样横向线应变)
σ_{-1} σ_{-1n}	疲劳极限	MPa或N/mm²	金属材料在交变负荷作用下,经无限次应力循环而不产生断裂的最大循环应力称为疲劳极限。国家标准规定,对于钢铁材料,应力循环次数采用10^7次,对于有色金属材料采用10^8或更多的周次。σ_{-1}表示光滑试样的对称弯曲疲劳极限;σ_{-1n}表示缺口试样的对称弯曲疲劳极限

第3篇

续表

代号	名称	单位	含义
$\sigma\frac{温度}{应变量/时间}$	蠕变强度	MPa 或 N/mm^2	金属材料在高于一定温度下受到应力作用，即使应力小于屈服强度，试件也会随着时间的增长而缓慢地产生塑性变形，这种现象称为蠕变。在给定温度下和规定的使用时间内，使试样产生一定蠕变变形量的应力称为蠕变强度。例如，$\sigma\frac{500}{1/100000}=100MPa$，表示材料在500℃温度下，$10^5h$后应变量为1%的蠕变强度为100MPa。蠕变强度是材料在高温长期负荷下对塑性变形抗力的性能指标
σ_b 温度/时间	持久强度		金属材料在高温条件下，经过规定时间发生断裂时的应力称为持久强度。通常所指的持久强度，是在一定的温度条件下，试样经10^5h后的断裂强度。$\sigma_{b/100}^{700}$表示在试验温度为700℃时，持久时间为100h的应力
$A(\delta)$ $A_{11.3}(\delta_5)$ δ_{10}	伸长率	%	δ为材料试样被拉断后，标距长度的增加量与原标距长度之比的百分数 δ_5为试样的标距等于5倍直径时的伸长率 δ_{10}为试样的标距等于10倍直径时的伸长率 对于比例试样，$A_{11.3}$表示原始标距(L_0)为$11.3\sqrt{S_0}$(S_0为平行于长度的原始横截面积)的断后伸长率。对于非比例试样，符号A应附以下脚注说明所使用的原始标距，以mm表示，如A_{80mm}表示原始标距(L_0)为80mm的断后伸长率
$Z(\psi)$	断面收缩率		断面收缩率为材料试样在拉断后，其断裂处横截面积的缩减量与原横截面积之比的百分数 收缩率和伸长率均用来表示材料塑性的指标
a_{kU}或a_{kV}	冲击韧度	J/cm^2	在摆锤式一次试验机上，将一定尺寸和形状的标准试样冲断所消耗的功A_k与断口横截面积的比值称为冲击韧度a_k。按国家标准规定，a_{kU}为夏比U形缺口试样冲击韧度，A_{kU}为夏比U形缺口试样冲断时所消耗的冲击吸收功(J)；a_{kV}为夏比V形缺口试样冲击韧度，A_{kV}为夏比V形缺口试样冲断时所消耗的冲击吸收功(J)
A_{kU}或A_{kV}	冲击吸收功	J	由于a_k值的大小不仅取决于材料本身，同时还随试样尺寸、形状的改变及试验温度的不同而变化，因而a_k值只是一个相对指标。目前国际上许多国家直接采用冲击吸收功A_k作为冲击韧性的指标，我国将逐步用A_k代替a_k
HB (HBS或 HBW)	布氏硬度	kgf/mm^2 (一般不标注)	硬度是指金属抵抗硬的物体压入其表面的能力 用淬硬小钢球或硬质合金球压入金属表面，保持一定时间待变形稳定后卸载，以其压痕面积除加在钢球上的载荷，所得之商，即为金属的布氏硬度值。硬度小于或等于450HBS时使用钢球测定。硬度小于或等于650HBW(见GB/T 231.1)时使用硬质合金球测定 当试验力单位为N时，布氏硬度值为 $HBW=0.102\times\frac{2F}{\pi D(D-\sqrt{D^2-d^2})}$ (kgf/mm^2) 式中 F——硬质合金球上的载荷，N D——硬质合金球直径，mm d——压痕平均直径，mm 如果试验力单位为kgf，则式中系数0.102应为1

续表

<table>
<tr><th>代号</th><th>名称</th><th>单位</th><th colspan="2">含义</th></tr>
<tr><td>HRC</td><td>洛氏硬度C级</td><td rowspan="2">—</td><td>用1471N载荷，将顶角为120°的圆锥形金刚石的压头，压入金属表面，取其压痕的深度来计算硬度的大小，即为金属的HRC硬度，HRC用来测量硬度为230～700HB的金属材料，主要用于测定淬火钢、调质钢等较硬的金属材料（见GB/T 230，下同）</td><td rowspan="3">$HR=K-\frac{\overline{bd}}{0.002}$
式中 K——常数，HRC及HRA的K值为100，HRB的K值为130
$\overline{bd}$——压痕深度，mm
0.002——试验机刻度盘上每一小格所代表的压痕深度（每一小格即表示洛氏硬度一度），mm</td></tr>
<tr><td>HRA</td><td>洛氏硬度A级</td><td>指用588.4N载荷和顶角为120°的圆锥形金刚石的压头所测定出来的硬度，一般用来测定硬度很高或硬而薄的金属材料，如碳化物、硬质合金或表面淬火层，HRA用来测量硬度大于700HB的金属材料</td></tr>
<tr><td>HRB</td><td>洛氏硬度B级</td><td>—</td><td>指用980.7N载荷和直径为1.5875mm（即1/16in）的淬硬钢球所测得的硬度。主要用于测定硬度为60～230HB的较软的金属材料，如软钢、退火钢、正火钢、铜、铝等有色金属</td></tr>
<tr><td>HRN
HRT</td><td>表面洛氏硬度</td><td>—</td><td>试验原理同洛氏硬度，不同的是试验载荷较轻，HRN的压头是顶角为120°金刚石圆锥体，HRT的压头是直径为1.5875mm的淬硬钢球。二者的载荷均为15kgf、30kgf和45kgf。二者的标注分别为HRN15、HRN30、HRN45和HRT15、HRT30、HRT45。表面洛氏硬度只适用于钢材表面渗碳、渗氮等处理的表面层硬度，以及较薄、较小试件的硬度测定，数值比较准确（见GB/T 1818）</td><td>$\left.\begin{matrix}HRN\\HRT\end{matrix}\right\}=100-1000t$
式中 t——主载荷与初载荷两次加载的压痕深度的差值，mm</td></tr>
<tr><td>HV</td><td>维氏硬度</td><td>kgf/mm^2
（一般不标注）</td><td>用49.03～980.7N（分6级）的载荷，将顶角为136°的金刚石四方角锥体压头压入金属的表面，经一定的保荷时间后卸载，以其压痕表面积除载荷所得之商，即为维氏硬度值。HV只适用于测定较薄的金属材料、金属薄镀层或化学热处理后的表面层硬度（如镀铬、渗碳、氮化、碳氮共渗层等）（见GB/T 4340.1）</td><td>$HV=0.102\frac{2P}{d^2}\sin\frac{136°}{2}$
$=0.1891\frac{P}{d^2}$
式中 P——压头上的负荷，N
d——压痕对角线长度，mm</td></tr>
</table>

续表

代 号	名 称	单 位	含 义	
HS	肖氏硬度	—	以一定重量的冲头,从一定的高度落于被测试样的表面,以其冲头的回跳高度表示的硬度,适用于测定表面光滑的一些精密量具或不易搬动的大型机件(见 GB/T 4341—2001)	$HS=\frac{Kh}{h_0}$ K——肖氏硬度系数 h——金刚石冲头落前距被测表面的高度 h_0——冲头从被测表面回跳的高度

注:部分性能名称和符号的新旧对照如下。

新标准(GB/T 228.1—2010)		旧标准(GB/T 228—1987)		新标准(GB/T 228.1—2010)		旧标准(GB/T 228—1987)	
性能名称	符号	性能名称	符号	性能名称	符号	性能名称	符号
断面收缩率	Z	断面收缩率	ψ	上屈服强度	R_{eH}	上屈服点	σ_{sU}
断后伸长率	A	断后伸长率	δ_5	下屈服强度	R_{eL}	下屈服点	σ_{sL}
伸长率	$A_{11.3}$ A_{xmm}	伸长率	δ_{10} δ_{xmm}	规定塑性延伸强度	R_p 如 $R_{p0.2}$	规定非比例伸长应力	σ_p 如 $\sigma_{p0.2}$
最大力总延伸率	A_{gt}	最大力下的总伸长率	δ_{gt}	规定总延伸强度	R_t 如 $R_{t0.5}$	规定总伸长应力	σ_t 如 $\sigma_{t0.5}$
最大塑性延伸率	A_g	最大力下的非比例伸长率	δ_g				
屈服点延伸率	A_e	屈服点伸长率	δ_s	规定残余延伸强度	R_r 如 $R_{r0.2}$	规定残余伸长应力	σ_r 如 $\sigma_{r0.2}$
屈服强度	—	屈服点	σ_s	抗拉强度	R_m	抗拉强度	σ_b

2 钢铁材料的分类及技术条件

2.1 一般用钢

碳素结构钢(摘自 GB/T 700—2006)

表 3-1-5　　碳素结构钢的化学成分

牌号	等级	厚度(或直径)/mm	化学成分(质量分数)/%,≤					脱氧方法	用途(参考)
			C	Mn	Si	P	S		
Q195	—	—	0.12	0.50	0.30	0.035	0.040	F、Z	载荷小的零件、铁丝、垫铁、垫圈开口销、拉杆、冲压件及焊接件
Q215	A	—	0.15	1.20	0.35	0.045	0.050	F、Z	拉杆、套圈、垫圈、渗碳零件及焊接件
	B						0.045		
Q235	A	—	0.22	1.40	0.35	0.045	0.050	F、Z	金属结构件,心部强度要求不高的渗碳或氰化零件,拉杆、连杆、吊钩、车钩、螺栓、螺母、套筒、轴及焊接件,C、D 级用于重要的焊接结构
	B		0.20				0.045		
	C		0.17			0.040	0.040	Z	
	D					0.035	0.035	TZ	
Q275	A	—	0.24	1.50	0.35	0.045	0.050	F、Z	转轴、心轴、吊钩、拉杆、摇杆楔等强度要求不高的零件,焊接性尚可
	B	≤40	0.21				0.045	Z	
		>40	0.22						
	C	—	0.20			0.040	0.040	Z	轴类、链轮、齿轮、吊钩等强度要求较高的零件
	D					0.035	0.035	TZ	

注:1. 本标准适用于一般交货状态(钢材一般以热轧、控轧或正火状态交货),通常用于焊接、铆接、栓接工程构件用热轧钢板、钢带、型钢和棒钢。

2. 经需方同意,Q235B 的含碳量可不大于 0.22%。

3. 在保证钢材力学性能符合本标准的情况下,各牌号 A 级钢的碳、锰、硅含量可不作为交货条件,但应在质量证明书中注明其含量。

4. 镇静钢脱氧完全,性能较半镇静钢和沸腾钢优良。沸腾钢脱氧不完全,化学成分不均匀,内部杂质较多,耐腐蚀性和机械强度较差,冲击韧度较低,冷脆倾向及时效敏感较大,不适于在高冲击负荷和低温下工作,但成材率高,成本低,没有集中缩孔,表面质量及深冲性能好,一般结构可大量采用。新标准取消半镇静钢。

表 3-1-6　　碳素结构钢的力学性能

牌号	等级	屈服强度 R_{eH}/MPa，≥						抗拉强度 R_m/(N/mm²)	断后伸长率 A/%，≥					冲击试验(V形缺口)		冷弯试验 $B=2a$，180°		
		厚度(或直径)/mm							厚度(或直径)/mm					温度/℃	冲击吸收功(纵向)/J ≥	试样方向	钢材厚度(直径)/mm	
		≤16	>16~40	>40~60	>60~100	>100~150	>150~200		≤40	>40~60	>60~100	>100~150	>150~200				≤60	>60~100
																	弯心直径 d	
Q195	—	195	185	—	—	—	—	315~430	33	—	—	—	—	—	—	纵	0	—
																横	0.5a	—
Q215	A	215	205	195	185	175	165	335~450	31	30	29	27	26	—	—	纵	0.5a	1.5a
	B													+20	27	横	a	2a
Q235	A	235	225	215	205	195	185	370~500	26	25	24	22	21	—	—	纵	a	2a
	B													+20	27			
	C													0		横	1.5a	2.5a
	D													−20				
Q275	A	275	265	255	245	225	215	410~540	22	21	20	18	17	—	—	纵	1.5a	2.5a
	B													+20	27			
	C													0		横	2a	3a
	D													−20				

注：1. 冷弯试验中 B 为试样宽度，a 为钢材厚度（直径）。

2. Q195 的屈服强度仅供参考，不作为交货条件。

3. 进行拉伸和冷弯试验时，型钢和钢棒取纵向试样，钢板和钢带取横向试样，断后伸长率允许比表中降低 2%（绝对值）。窄钢带取横向试样，如果受宽度限制时可取纵向试样。

4. 各牌号 A 级钢冷弯试验合格时，抗拉强度上限可以不作为交货条件。

5. 用 Q195 和 Q235B 沸腾钢轧制的钢材，其厚度（直径）不大于 25mm。

6. 厚度不小于 12mm 或直径不小于 16mm 的钢材应进行冲击试验，厚度为 6~12mm 或直径为 12~16mm 的钢材，经供需双方协议可进行冲击试验。

7. 厚度大于 100mm 的钢材，抗拉强度下限允许降低 20MPa。宽带钢（包括剪切钢板）抗拉强度上限不作为交货条件。

优质碳素结构钢（摘自 GB/T 699—1999）和锻件用碳素结构钢（摘自 GB/T 17107—1997）

表 3-1-7　优质碳素结构钢的化学成分和力学性能

钢号	化学成分(质量分数)/% C	Si	Mn	标准号	推荐热处理/℃ 正火	淬火	回火	试样尺寸(GB/T 699)或截面尺寸(GB/T 17107)/mm	力学性能 σ_b /(N/mm²)	σ_s ($\sigma_{0.2}$) /(N/mm²)	δ_5 /%	ψ /%	A_{kU} /J	交货状态硬度 HBS10/3000 未热处理	退火钢	特性和用途
									≥					≤		
08F	0.05~0.11	≤0.03	0.25~0.50	GB/T 699	930			25	295	175	35	60	—	131	—	这种钢强度不高，而塑性和韧性甚高，有良好的冲压、拉延和弯曲性能，焊接性好。可制作深拉、冲压等零件，如机罩、壳盖、管子、垫片；心部强度要求不高的渗碳和氰化零件，如套筒、短轴、离合器盘
08	0.05~0.11	0.17~0.37	0.35~0.65		930				325	195	33	60	—	131	—	
10F	0.07~0.13	≤0.07	0.25~0.50		930				315	185	33	55	—	137	—	
10	0.07~0.13	0.17~0.37	0.35~0.65		930				335	205	31	55	—	137	—	屈服点和抗拉强度比值较低，塑性和韧性均高，在冷状态下容易模压成形。一般用于制作拉杆、卡头、垫片、铆钉。无回火脆性倾向，焊接性甚好，冷拉或正火状态的切削加工性能比退火状态好
15F	0.12~0.18	≤0.07	0.25~0.50		920				355	205	29	55	—	143	—	塑性好，可制作钣金及冲压零件，如管子、垫片；心部强度要求不高的渗碳和氰化零件，如套筒、短轴、靠模、离合器盘；还可制作摇杆、吊钩、螺栓等。焊接性能好
15	0.12~0.18	0.17~0.37	0.35~0.65		920				375	225	27	55	—	143	—	塑性、韧性、焊接性能和冷冲性能均极好，但强度较低。用于受力不大韧性要求较高的零件、渗碳零件、紧固件、冲模锻件及不要热处理的低负荷零件，如螺栓、螺钉、拉条、法兰盘及化工容器、蒸汽锅炉，冷拉或正火状态的切削性能比退火状态好
	0.17~0.23	0.17~0.37	0.35~0.65		910				410	245	25	55	—			
20	0.17~0.24	0.17~0.37	0.35~0.65	GB/T 17107	正火或正火+回火			≤100	340	215	24	50	43	103~156		冷变形塑性高，一般供弯曲、压延用，为了获得好的深冲压延性能，板材应正火或高温回火 用于不经受很大应力而要求很高韧性的机械零件，如杠杆、轴套、螺钉、起重钩等。还可用于表面硬度高而心部强度要求不高的渗碳与氰化零件。冷拉或正火状态的切削加工性较退火状态好
								>100~250	330	195	23	45	39			
								>250~500	320	185	22	40	39			

续表

钢号	化学成分(质量分数)/% C	Si	Mn	标准号	推荐热处理/℃ 正火	淬火	回火	试样尺寸(GB/T 699)或截面尺寸(GB/T 17107)/mm	力学性能 σ_b /(N/mm²) ≥	σ_s ($\sigma_{0.2}$) /(N/mm²) ≥	δ_5 /% ≥	ψ /% ≥	A_{kU} /J ≥	交货状态硬度 HBS10/3000 ≤ 未热处理	退火钢	特性和用途
25	0.22~0.29	0.17~0.37	0.50~0.80	GB/T 699	900	870	600	25	450	275	23	50	71	170	—	性能与20钢相似，钢的焊接性及冷应变塑性均高，无回火脆性倾向，用于制造焊接设备，以及经锻造、热冲压和机械加工的不承受高应力的零件，如轴、辊子、连接器、垫圈、螺栓、螺钉、螺母
	0.22~0.30	0.17~0.37	0.50~0.80	GB/T 17107	正火或正火+回火			≤100	420	235	22	50	39	112~170		
								>100~250	390	215	20	48	31			
								>250~500	380	205	18	40	31			
30	0.27~0.34	0.17~0.37	0.50~0.80	GB/T 699	880	860	600	25	490	295	21	50	63	179	—	一般在正火状态下使用，截面尺寸不大时，淬火并回火后呈索氏体组织，从而可获得良好的综合力学性能，用于制作螺钉、拉杆、轴、套筒、机座
	0.27~0.35	0.17~0.37	0.50~0.80	GB/T 17107	正火或正火+回火			≤100	470	245	19	48	31	126~179		
								>100~300	460	235	19	46	27			
								>300~500	450	225	18	40	27			
35	0.32~0.39	0.17~0.37	0.50~0.80	GB/T 699	870	850	600	25	530	315	20	45	55	197	—	有好的塑性和中等的强度，切削加工性较好，多在正火和调质状态下使用。焊接性能尚可，但焊前要预热，焊后需进行回火处理，一般不进行焊接。用于制作曲轴、转轴、杠杆、连杆、圆盘、套筒、钩环、飞轮、机身、法兰、螺栓、螺母
	0.32~0.40	0.17~0.37	0.50~0.80	GB/T 17107	正火或正火+回火			≤100	510	265	18	43	28	149~187		
								>100~300	490	255	18	40	24			
								>300~500	470	235	17	37	24	147~187		
					调质			≤100	550	295	19	48	47	156~207		
								>100~300	530	275	18	40	39	156~207		
					正火+回火			100~300（切向）	470	245	13	30	20	—		
								>300~500（切向）	450	225	12	28	20	—		
								>500~750（切向）	430	215	11	24	16	—		
40	0.37~0.44	0.17~0.37	0.50~0.80	GB/T 699	860	840	600	25	570	335	19	45	47	217	187	有较高的强度，加工性能良好，冷变形时塑性中等，焊接性能差，焊前需预热，焊后应进行热处理，多在正火和调质状态下使用，用于制作辊子、轴、曲柄销、活塞杆等
	0.37~0.45	0.17~0.37	0.50~0.80	GB/T 17107	正火+回火			≤100	550	275	17	40	24	143~207		
								>100~250	530	265	17	36	24			
								>250~500	510	255	16	32	20			
					调质			≤100	615	340	18	40	39	196~241		
								>100~250	590	295	17	35	31	189~229		
								>250~500	560	275	17	—	—	163~219		

续表

钢号	化学成分(质量分数)/% C	Si	Mn	标准号	推荐热处理/℃ 正火	淬火	回火	试样尺寸(GB/T 699)或截面尺寸(GB/T 17107)/mm		力学性能 σ_b /(N/mm²)	σ_s ($\sigma_{0.2}$) /(N/mm²)	δ_5 /%	ψ /%	A_{kU} /J	交货状态硬度HBS10/3000 未热处理	退火钢	特性和用途
										≥					≤		
45	0.42~0.50	0.17~0.37	0.50~0.80	GB/T 699	850	840	600	25		600	355	16	40	39	229	197	强度较高,塑性和韧性尚好,切削性良好,调质后有很好的综合力学性能。用于制作承受载荷较大的小截面调质件和应力较小的大型正火零件,以及对心部强度要求不高的表面淬火件,如曲轴、传动轴、齿轮、蜗杆、键、销等。水淬时有形成裂纹的倾向,形状复杂的零件应在热水或油中淬火。焊接性差,但仍可焊接,焊前预热,焊后退火
	0.42~0.50	0.17~0.37	0.50~0.80	GB/T 17107	正火或正火+回火			≤100		590	295	15	38	23	170~217		
								>100~300		570	285	15	35	19	163~217		
								>300~500		550	275	14	32	19	163~217		
					调质			≤100		630	370	18	40	31	207~302		
								>100~250		590	345	17	35	31	197~286		
					正火+回火			>100~300	切向	540	275	10	25	16	—		
								>300~500		520	265	10	23	16	—		
								>500~750		500	255	9	21	12	—		
50	0.47~0.55	0.17~0.37	0.50~0.80	GB/T 699	830	830	600	25		630	375	14	40	31	241	207	强度高,塑性、韧性较差、弹性较好,切削性中等,焊接性差,水淬有形成裂纹倾向。一般在正火、调质状态下使用,用于制作要求较高强度、耐磨性或弹性、动载荷及冲击负荷不大的零件,如齿轮、轧辊、机床主轴、连杆、次要弹簧等
				GB/T 17107	正火+回火			≤100		610	310	13	35	23	—		
								>100~300		590	295	12	33	19	—		
								>300~500		570	285	12	30	19	—		
								>500~700		550	265	12	28	15	—		
55	0.52~0.60	0.17~0.37	0.50~0.80	GB/T 699	820	820	600	25		645	380	13	35	—	255	217	
	0.52~0.60	0.17~0.37	0.50~0.80	GB/T 17107	正火+回火			≤100		645	320	12	35	23	187~229		
								>100~300		625	310	11	28	19	187~229		
								>300~500		610	305	10	22	19	187~229		

续表

钢号	化学成分(质量分数)/%			标准号	推荐热处理/℃			试样尺寸(GB/T 699)或截面尺寸(GB/T 17107)/mm	力学性能					交货状态硬度HBS10/3000		特性和用途
	C	Si	Mn		正火	淬火	回火		σ_b /(N/mm²)	σ_s ($\sigma_{0.2}$) /(N/mm²)	δ_5 /%	ψ /%	A_{kU} /J	未热处理	退火钢	
									≥					≤		
60	0.57~0.65	0.17~0.37	0.50~0.80	GB/T 699	810			25	675	400	12	35	—	255	229	强度、硬度和弹性均相当高，切削性、焊接性差，水淬有裂纹倾向，小件才能进行淬火，大件多采用正火。用于制作轧辊、轴、轮箍、弹簧、离合器、钢丝绳等受力较大、要求耐磨性和一定弹性的零件
65	0.62~0.70	0.17~0.37	0.50~0.80	GB/T 699	810			25	695	410	10	30	—	255	229	经适当热处理后，可得到较高的强度与弹性。在淬火、中温回火状态下，用于制作截面较小、形状简单的弹簧及弹簧式零件，如气门弹簧、弹簧垫圈等。在正火状态下，用于制作耐磨性高的零件，如轧辊、轴、凸轮、钢丝绳等。淬透性差，水淬有裂纹倾向，截面尺寸小于15mm时一般油淬，截面较大时水淬
70	0.67~0.75	0.17~0.37	0.50~0.80	GB/T 699	790			25	715	420	9	30	—	269	229	
75	0.72~0.80	0.17~0.37	0.50~0.80	GB/T 699		820	480	试样	1080	880	7	30	—	285	241	强度较70钢稍高，而弹性略低，其他性能相近，淬透性仍较差。用于制作截面不大(一般不大于20mm)、强度不太高的板弹簧、螺旋弹簧以及要求耐磨的零件
80	0.77~0.85	0.17~0.37	0.50~0.80	GB/T 699		820	480	试样	1080	930	6	30	—	285	241	
85	0.82~0.90	0.17~0.37	0.50~0.80	GB/T 699		820	480	试样	1130	980	6	30	—	302	255	

续表

钢号	化学成分(质量分数)/% C	Si	Mn	标准号	推荐热处理/℃ 正火	淬火	回火	试样尺寸(GB/T 699)或截面尺寸(GB/T 17107)/mm	力学性能 σ_b /(N/mm²)	σ_s ($\sigma_{0.2}$) /(N/mm²)	δ_5 /%	ψ /%	A_{kU} /J	交货状态硬度 HBS10/3000 未热处理	退火钢	特性和用途
									≥					≤		
15Mn	0.12~0.18	0.17~0.37	0.70~1.00	GB/T 699	920			25	410	245	26	55	—	163	—	是高锰低碳渗碳钢,性能与15钢相似,但淬透性、强度和塑性比15钢高。用于制作心部力学性能要求高的渗碳零件,如凸轮轴、齿轮、联轴器等,焊接性尚可
20Mn	0.17~0.23	0.17~0.37	0.70~1.00		910				450	275	24	50	—	197	—	
25Mn	0.22~0.29	0.17~0.37	0.70~1.00		900	870	600		490	295	22	50	71	207	—	
30Mn	0.27~0.34	0.17~0.37	0.70~1.00		880	860	600		540	315	20	45	63	217	187	强度与淬透性比相应的碳钢高,冷变形时塑性尚好,切削加工性良好,有回火脆性倾向,锻后要立即回火,一般在正火状态下使用。用于制作螺栓、螺母、杠杆、转轴、心轴等
35Mn	0.32~0.39	0.17~0.37	0.70~1.00		870	850	600		560	335	18	45	55	229	197	
35Mn2	0.32~0.39	0.17~0.37	1.40~1.80	GB/T 17107	正火+回火			≤100	620	315	18	45	—	207~241		可在正火状态下应用,也可在淬火与回火状态下应用。切削加工性好,冷变形时的塑性中等,焊接性不良。用于制作承受疲劳负荷的零件,如轴辊及高应力下工作的螺钉、螺母等
								>100~300	580	295	18	43	23	207~241		
					调质			≤100	745	590	16	50	47	229~269		
								>100~300	690	490	16	45	47	229~269		
40Mn	0.37~0.44	0.17~0.37	0.70~1.00	GB/T 699	860	840	600	25	590	355	17	45	47	229	207	
45Mn2	0.42~0.49	0.17~0.37	1.40~1.80	GB/T 17107	正火+回火			≤100	690	355	16	38	—	187~241		
								>100~300	670	335	15	35	—	187~241		
45Mn	0.42~0.50	0.17~0.37	0.70~1.00	GB/T 699	850	840	600	25	620	375	15	40	39	241	217	用于制作受磨损的零件,如转轴、心轴、齿轮、啮合杆、螺栓、螺母、还可制作离合器盘、花键轴、万向节、凸轮轴、曲轴、汽车后轴、地脚螺栓等。焊接性较差
50Mn	0.48~0.56	0.17~0.37	0.70~1.00		830	830	600		645	390	13	40	31	255	217	弹性、强度、硬度均高,多在淬火与回火后应用,在某些情况下也可在正火后应用。焊接性差。用于制作耐磨性要求很高、在高负荷作用下的热处理零件,如齿轮、齿轮轴、摩擦盘和截面在80mm以下的心轴等
				GB/T 17107	正火或正火+回火			<250	645	390	13	40	31	217		

续表

钢号	化学成分(质量分数)/% C	Si	Mn	标准号	推荐热处理/℃ 正火	淬火	回火	试样尺寸(GB/T 699)或截面尺寸(GB/T 17107)/mm	力学性能 σ_b /(N/mm²) ≥	σ_s ($\sigma_{0.2}$) /(N/mm²) ≥	δ_5 /% ≥	ψ /% ≥	A_{kU} /J ≥	交货状态硬度 HBS10/3000 ≤ 未热处理	退火钢	特性和用途
60Mn	0.57~0.65	0.17~0.37	0.70~1.00	GB/T 699	810			25	695	410	11	35	—	269	229	强度较高,淬透性较碳素弹簧钢好,脱碳倾向小,但有过热敏感性,易产生淬火裂纹,并有回火脆性。用于制作螺旋弹簧、板簧,各种扁、圆弹簧,弹簧环、片,以及冷拔钢丝(≤7mm)和发条
65Mn	0.62~0.70	0.17~0.37	0.90~1.20	GB/T 699	830			25	735	430	9	30	—	285	229	强度高,淬透性较大,脱碳倾向小,但有过热敏感性,易形成淬火裂纹,并有回火脆性。适宜制作较大尺寸的各种扁、圆弹簧与发条,以及其他经受摩擦的农机零件,如犁、切刀等,也可制作轻载汽车离合器弹簧
70Mn	0.67~0.75	0.17~0.37	0.90~1.20	GB/T 699	790			25	785	450	8	30	—	285	229	用于制作弹簧圈、盘簧、止推环、离合器盘、锁紧圈

注：1. GB/T 699 一般适用于直径或厚度不大于 250mm 的优质碳素结构钢棒材，尺寸超出 250mm 者需由供需双方协商。其化学成分也适用于锭、坯及其制品。

2. GB/T 699 牌号后面加“A”者为高级优质钢，牌号后面加“E”者为特级优质钢。按使用加工方法分为压力加工用钢和切削加工用钢。

3. GB/T 699 各牌号的 Cr 含量不大于 0.25%（08、08F 不大于 0.10%；10、10F 不大于 0.15%）；Ni 含量不大于 0.30%；Cu 含量不大于 0.25%。优质钢的 P、S 含量均不大于 0.035%；高级优质钢的 P、S 含量均不大于 0.030%，特级优质钢的 P、S 含量均不大于 0.025%。

GB/T 17107 各牌号的 Cr、Ni、Cu 含量均不大于 0.25%。P、S 含量均不大于 0.035%。本表仅编入 GB/T 17107 中的部分牌号。

4. 表中 GB/T 699 所列力学性能为试样毛坯经正火后制成试样测定的钢材的纵向力学性能（不包括冲击吸收功）。表中所列冲击吸收功 A_{kU} 为试样毛坯经淬火+回火后制成试样测定而得。钢号 75、80 及 85 的力学性能是用留有加工余量的试样进行热处理（淬火+回火）而得。交货状态硬度栏的未热处理表示轧制状态。

5. 表中 GB/T 699 所列力学性能仅适用于截面尺寸不大于 80mm 的钢材。

6. GB/T 17107 规定的截面尺寸为锻件截面尺寸（直径或厚度）非试样尺寸。

7. 锻件用结构钢适用于冶金、矿山、船舶、工程机械等设备经整体热处理后取样测定力学性能的一般锻件。表中所列力学性能不适用于高温、高转速的主轴、转子、叶轮和压力容器等。

低合金高强度结构钢（摘自 1591—2008）

表 3-1-8　　化学成分

牌号	质量等级	化学成分①②(质量分数)/%														
		C	Si	Mn	P	S	Nb	V	Ti	Cr	Ni	Cu	N	Mo	B	Als
					不大于											不小于
Q345	A	≤0.20	≤0.50	≤1.70	0.035	0.035	0.07	0.15	0.20	0.30	0.50	0.30	0.012	0.10	—	—
	B				0.035	0.035										
	C				0.030	0.030										0.015
	D	≤0.18			0.030	0.025										
	E				0.025	0.020										
Q390	A	≤0.20	≤0.50	≤1.70	0.035	0.035	0.07	0.20	0.20	0.30	0.50	0.30	0.015	0.10	—	—
	B				0.035	0.035										
	C				0.030	0.030										0.015
	D				0.030	0.025										
	E				0.025	0.020										
Q420	A	≤0.20	≤0.50	≤1.70	0.035	0.035	0.07	0.20	0.20	0.30	0.80	0.30	0.015	0.20	—	—
	B				0.035	0.035										
	C				0.030	0.030										0.015
	D				0.030	0.025										
	E				0.025	0.020										
Q460	C	≤0.20	≤0.60	≤1.80	0.030	0.030	0.11	0.20	0.20	0.30	0.80	0.55	0.015	0.20	0.004	0.015
	D				0.030	0.025										
	E				0.025	0.020										
Q500	C	≤0.18	≤0.60	≤1.80	0.030	0.030	0.11	0.12	0.20	0.60	0.80	0.55	0.015	0.20	0.004	0.015
	D				0.030	0.025										
	E				0.025	0.020										
Q550	C	≤0.18	≤0.60	≤2.00	0.030	0.030	0.11	0.12	0.20	0.80	0.80	0.80	0.015	0.30	0.004	0.015
	D				0.030	0.025										
	E				0.025	0.020										
Q620	C	≤0.18	≤0.60	≤2.00	0.030	0.030	0.11	0.12	0.20	1.00	0.80	0.80	0.015	0.30	0.004	0.015
	D				0.030	0.025										
	E				0.025	0.020										
Q690	C	≤0.18	≤0.60	≤2.00	0.030	0.030	0.11	0.12	0.20	1.00	0.80	0.80	0.015	0.30	0.004	0.015
	D				0.030	0.025										
	E				0.025	0.020										

① 型材及棒材 P、S 含量可提高 0.005%，其中 A 级钢上限可为 0.045%。

② 当细化晶粒元素组合加入时，20（Nb+V+Ti）≤0.22%，20（Mo+Cr）≤0.30%。

注：1. 各牌号除 A 级外，当以热轧、控轧状态交货；当以正火、正火加回火状态交货；当以热机械轧制（TMCT）或热机械轧制加回火状态交货时，它们的最大碳当量值（CEV）见原标准，CEV 应由熔炼分析成分采用下面公式计算

$$CEV=C+Mn/6+(Cr+Mo+V)5+(Ni+Cu)/15$$

2. 牌号中 Q 表示“屈服强度”。

表 3-1-9　低合金高强度钢材的拉伸性能

牌号	质量等级	拉伸试验①②③ 以下公称厚度(直径,边长)下屈服强度(R_{eL})/(N/mm²) ≤16mm	>16~40mm	>40~63mm	>63~80mm	>80~100mm	>100~150mm	>150~200mm	>200~250mm	>250~400mm	以下公称厚度(直径,边长)抗拉强度(R_m)/(N/mm²) ≤40mm	>40~63mm	>63~80mm	>80~100mm	>100~150mm	>150~250mm	>250~400mm	断后伸长率(A)/% 公称厚度(直径,边长) ≤40mm	>40~63mm	>63~100mm	>100~150mm	>150~250mm	>250~400mm	应用(参考)
Q345	A B									—							—	≥20	≥19	≥19	≥18	≥17	—	
	C	≥345	≥335	≥325	≥315	≥305	≥285	≥275	≥265		470~630	470~630	470~630	470~630	450~600	450~600		≥21	≥20	≥20	≥19	≥18		用于－20~500℃高中压锅炉、化工容器船舶、桥梁、起重机械、矿山机械等较多载荷的结构
	D E									≥265							450~600						≥17	
Q390	A B C D E	≥390	≥370	≥350	≥330	≥330	≥310	—	—	—	490~650	490~650	490~650	490~650	470~620	—	—	≥20	≥19	≥19	≥18	—	—	
Q420	A B C D E	≥420	≥400	≥380	≥360	≥360	≥340	—	—	—	520~680	520~680	520~680	520~680	500~650	—	—	≥19	≥18	≥18	≥18	—	—	小截面钢材在热轧状态下使用,板厚大于17mm的钢材经正火后使用。综合力学性能、焊接性能良好、低温韧性很好、用于大型船舶、车辆、桥梁、高压容器等重型机械
Q460	C D E	≥460	≥440	≥420	≥400	≥400	≥380	—	—	—	550~720	550~720	550~720	550~720	530~700	—	—	≥17	≥16	≥16	≥16	—	—	
Q500	C D E	≥500	≥480	≥470	≥450	≥440	—	—	—	—	610~770	600~760	590~750	540~730	—	—	—	≥17	≥17	≥17	—	—	—	
Q550	C D E	≥550	≥530	≥520	≥500	≥490	—	—	—	—	670~830	620~810	600~790	590~780	—	—	—	≥16	≥16	≥16	—	—	—	
Q620	C D E	≥620	≥600	≥590	≥570	—	—	—	—	—	710~880	690~880	670~860	—	—	—	—	≥15	≥15	≥15	—	—	—	
Q690	C D E	≥690	≥670	≥660	≥640	—	—	—	—	—	770~940	750~920	730~900	—	—	—	—	≥14	≥14	≥14	—	—	—	

① 当屈服不明显时，可测量 $R_{p0.2}$ 代替下屈服强度。
② 宽度不小于 600mm 扁平材，拉伸试验取横向试样，宽度小于 600mm 的扁平材、型材及棒材取纵向试样，断后伸长率最小值相应提高 1%（绝对值）。
③ 厚度>250~400mm 的数值适用于扁平材。
注：钢材的交货状态是以热轧、控轧、正火、正火轧制或正火加回火、热机械轧制（TMCP）或热机械轧制加回火状态交货。

合金结构钢（摘自 GB/T 3077—1999）和锻件用合金结构钢（摘自 GB/T 17107—1997）

表 3-1-10 合金结构钢的化学成分和力学性能

钢号	化学成分(质量分数)/% C	Si	Mn	Cr	Mo	其他	热处理 淬火 温度/℃ 第一次淬火	第二次淬火	冷却剂	回火 温度/℃	冷却剂	试样毛坯(GB/T 3077)或截面尺寸(GB/T 17107)/mm	力学性能 σ_b /(N/mm²) ≥	σ_s /(N/mm²) ≥	δ_5 /% ≥	ψ /% ≥	A_{kU} /J ≥	供应状态硬度 HB 10/3000	标准号	特性和用途
20Mn2	0.17~0.24	0.17~0.37	1.40~1.80				850 880		水、油 水、油	200 440	水、空 水、空	15	785	590	10	40	47	≤187	GB/T 3077	截面较小时,相当于 20Cr 钢,可制作渗碳小齿轮、小轴、活塞销、气门推杆、缸套等。渗碳后硬度 56~62HRC
30Mn2	0.27~0.34	0.17~0.37	1.40~1.80				840		水	500	水	25	785	635	12	45	63	≤207		制作冷镦的螺栓及截面较大的调质零件
35Mn2	0.32~0.39	0.17~0.37	1.40~1.80				840		水	500	水	25	835	685	12	45	55	≤207		截面小时(≤15mm)与 40Cr 相当,制作载重汽车冷镦的各种重要螺栓及小轴等,表淬硬度 40~50HRC
40Mn2	0.37~0.44	0.17~0.37	1.40~1.80				840		水、油	540	水	25	885	735	12	45	55	≤217		截面较小时,与 40Cr 相当,直径在 50mm 以下时可代替 40Cr 制作重要螺栓及零件,一般在调质状态下使用
45Mn2	0.42~0.49	0.17~0.37	1.40~1.80				840		油	550	水、油	25	885	735	10	45	47	≤217		强度、耐磨性和淬透性均较高,调质后有良好的综合力学性能,也可正火后使用。截面尺寸在 50mm 以下可代替 40Cr,表淬硬度 45~55HRC
50Mn2	0.47~0.55	0.17~0.37	1.40~1.80				820		油	550	水、油	25	930	785	9	40	39	≤229		用于汽车花键轴,重型机械的内齿轮、齿轮轴等高应力与磨损条件的零件,直径小于 80mm 的零件可代替 45Cr
20MnV	0.17~0.24	0.17~0.37	1.30~1.60			V0.07~0.12	880		水、油	200	水、空	15	785	590	10	40	55	≤187		相当于 20CrNi 的渗碳钢,用于制作高压容器、冷冲压件、矿用链环等

续表

钢号	化学成分(质量分数)/% C	Si	Mn	Cr	Mo	其他	热处理 淬火 温度/℃ 第一次淬火	第二次淬火	冷却剂	回火 温度/℃	冷却剂	试样毛坯(GB/T 3077)或截面尺寸(GB/T 17107)/mm	力学性能 σ_b /(N/mm²)	σ_s /(N/mm²)	δ_5 /%	ψ /%	A_{kU} /J	供应状态硬度 HB 10/3000	标准号	特性和用途
													≥							
20MnMo	0.17~0.23	0.17~0.37	0.90~1.30		0.15~0.25		调质					≤300 301~500	500 470	305 275	14 14	40 40	39 39	—	GB/T 17107	焊接性良好,用于中温高压容器,如封头、底盖、筒体等
20MnMoNb	0.16~0.23	0.17~0.37	1.20~1.50		0.45~0.60	Nb0.02~0.45	调质					100~300 301~500 501~800	635 590 490	490 440 345	15 15 15	45 45 45	47 47 39	187~229 187~229 —	GB/T 17107	耐高温 500~530℃以下,焊接性和加工性良好,可制作化工高压容器、水压机工作缸、水轮机大轴等
42MnMoV	0.38~0.45	0.17~0.37	1.20~1.50		0.20~0.30	V0.10~0.20	调质					100~300 301~500 501~800	765 705 635	590 540 490	12 12 12	40 35 35	31 23 23	241~286 229~269 217~241	GB/T 17107	代替 42CrMo 制作轴和齿轮,表淬硬度 45~55HRC
20SiMn	0.16~0.22	0.60~0.80	1.00~1.30				正火+回火					≤600 601~900 901~1200	470 450 440	265 255 245	15 14 14	30 30 30	39 39 39	— — —	GB/T 17107	具有一定的强度和韧性,焊接性良好。用于电渣焊和大截面厚壁零件
27SiMn	0.24~0.32	1.10~1.40	1.10~1.40				920		水	450	水、油	25	980	835	12	40	39	≤217	GB/T 3077	是低淬透性的调质钢。在调质状态下用于要求高韧性和耐磨性的热冲压件,也可在正火或热轧状态下使用,如拖拉机履带销等
35SiMn	0.32~0.40	1.10~1.40	1.10~1.40				900		水	570	水、油	25	885	735	15	45	47	≤229	GB/T 3077	如要求低温冲击值不高时可代替 40Cr 制作调质件,耐磨及耐疲劳性较好,用于轴、齿轮及 430℃以下的重要紧固件
							调质					≤100 101~300 301~400 401~500	785 735 685 635	510 440 390 375	15 14 13 11	45 35 30 28	47 39 35 31	229~286 217~265 215~255 196~255	GB/T 17107	

续表

钢 号	化学成分(质量分数)/%						热处理					试样毛坯(GB/T 3077)或截面尺寸(GB/T 17107)/mm	力学性能					供应状态	标准号	特性和用途
							淬火			回火			σ_b	σ_s	δ_5	ψ	A_{kU}	硬度 HB 10/3000		
	C	Si	Mn	Cr	Mo	其他	温度/℃ 第一次淬火	温度/℃ 第二次淬火	冷却剂	温度/℃	冷却剂		/(N/mm²) ≥		/% ≥		/J ≥			
42SiMn	0.39~0.45	1.10~1.40	1.10~1.40				880		水	590	水	25	885	735	15	40	47	≤229	GB/T 3077	与35SiMn同，但主要用来制作截面较大需表面淬火的零件，如齿轮、轴等，韧性较差，表淬易裂
							调 质					≤100	785	510	15	45	31	229~286	GB/T 17107	
												101~200	735	460	14	35	23	217~269		
												201~300	685	440	13	30	23	215~255		
												301~500	635	375	10	28	20	196~255		
50SiMn	0.46~0.54	0.80~1.10	0.80~1.10				调 质					≤100	835	540	15	40	39	229~286		有高的强度和良好的韧性，不宜焊接，可代替40Cr制作大型齿圈及中、小截面轴类零件
												101~200	735	490	15	35	39	217~269		
												201~300	685	440	14	30	31	207~255		
20SiMn2-MoV	0.17~0.23	0.90~1.20	2.20~2.60		0.30~0.40	V0.05~0.12	900		油	200	水、空	试样	1380	—	10	45	55	≤269	GB/T 3077	淬火并低温回火后，强度高、韧性好，可代替调质状态下使用的35CrMo、35CrNi3MoA等，用来制作石油机械中的吊环、吊卡等
25SiMn2-MoV	0.22~0.28	0.90~1.20	2.20~2.60		0.30~0.40	V0.05~0.12	900		油	200	水、空	试样	1470	—	10	40	47	≤269		
37SiMn2-MoV	0.33~0.39	0.60~0.90	1.60~1.90		0.40~0.50	V0.05~0.12	870		水、油	650	水、空	25	980	835	12	50	63	≤269		有较高的淬透性，860~900℃淬火、650~680℃回火后的综合力学性能最好，低温韧性良好，有较高的高温强度，用来制作大截面承受重载的轴、转子、齿轮和高压容器，表淬硬度50~55HRC
40B	0.37~0.44	0.17~0.37	0.60~0.90			B0.0005~0.0035	840		水	550	水	25	785	635	12	45	55	≤207		淬透性及强度稍高于40钢。可制作稍大截面的调质零件，可代替40Cr制作要求不高的小尺寸零件
45B	0.42~0.49	0.17~0.37	0.60~0.90			B0.0005~0.0035	840		水	550	水	25	835	685	12	45	47	≤217		淬透性、强度、耐磨性稍高于45钢，用于制作截面较45钢稍大、要求较高的调质件，可代替40Cr制作小尺寸零件

续表

钢号	化学成分(质量分数)/%						热处理					试样毛坯(GB/T 3077)或截面尺寸(GB/T 17107)/mm	力学性能					供应状态硬度 HB 10/3000	标准号	特性和用途
							淬火			回火			σ_b	σ_s	δ_5	ψ	A_{kU}			
	C	Si	Mn	Cr	Mo	其他	温度/℃ 第一次淬火	温度/℃ 第二次淬火	冷却剂	温度/℃	冷却剂		/(N/mm²)		/%		/J			
													≥							
50B	0.47~0.55	0.17~0.37	0.60~0.90			B0.0005~0.0035	840		油	600	空	20	785	540	10	45	39	≤207	GB/T 3077	调质后综合力学性能优于50钢,主要用于代替50、50Mn及50Mn2制作要求强度高、截面不大的调质零件
40MnB	0.37~0.44	0.17~0.37	1.10~1.40			B0.0005~0.0035	850		油	500	水、油	25	980	785	10	45	47	≤207		性能接近40Cr,常用来制作汽车、拖拉机等中、小截面的重要调质件,还可代替40Cr制作较大截面零件,如制作ϕ250~320mm的卷扬机中间轴
45MnB	0.42~0.49	0.17~0.37	1.10~1.40			B0.0005~0.0035	840		油	500	水、油	25	1030	835	9	40	39	≤217		常用来代替40Cr、45Cr、45Mn2制作较耐磨的中、小截面的调质件和高频淬火件,如机床上的齿轮、钻床主轴花键轴等
20MnMoB	0.16~0.22	0.17~0.37	0.90~1.20		0.20~0.30	B0.0005~0.0035	880		油	200	油、空	15	1080	885	10	50	55	≤207		常用来代替20CrMnTi和12CrNi3A制作心部强度要求高的中等负荷的汽车、拖拉机使用的齿轮及负荷大的机床齿轮等
15MnVB	0.12~0.18	0.17~0.37	1.20~1.60			V0.07~0.12 B0.0005~0.0035	860		油	200	水、空	15	885	635	10	45	55	≤207		淬火低温回火后制作重要的螺栓,如汽车上的连杆螺栓、半轴螺栓、汽缸盖螺栓等,代替40Cr制作调质件,也可制作中等负荷小尺寸的渗碳件,如小轴、小齿轮等
20MnVB	0.17~0.23	0.17~0.37	1.20~1.60			V0.07~0.12 B0.0005~0.0035	860		油	200	水、空	15	1080	885	10	45	55	≤207		用来代替20CrMnTi、20CrNi、20Cr制作模数较大、负荷较重的中、小尺寸渗碳件,如重型机床上的齿轮与轴、汽车后桥齿轮等

续表

钢号	化学成分(质量分数)/% C	Si	Mn	Cr	Mo	其他	热处理 淬火 温度/℃ 第一次淬火	第二次淬火	淬火冷却剂	回火 温度/℃	回火冷却剂	试样毛坯(GB/T 3077)或截面尺寸(GB/T 17107)/mm	力学性能 ≥ σ_b /(N/mm²)	σ_s /(N/mm²)	δ_5 /%	ψ /%	A_{kU} /J	供应状态硬度 HB 10/3000	标准号	特性和用途
40MnVB	0.37~0.44	0.17~0.37	1.10~1.40			V0.05~0.10 B0.0005~0.0035	850		油	520	水、油	25	980	785	10	45	47	≤207	GB/T 3077	调质后有良好的综合力学性能,优于40Cr,用来代替40Cr、42CrMo、40CrNi制作汽车、拖拉机和机床上的重要调质件,如轴、齿轮等
20MnTiB	0.17~0.24	0.17~0.37	1.30~1.60			Ti0.04~0.10 B0.0005~0.0035	860		油	200	水、空	15	1130	930	10	45	55	≤187		用于代替20CrMnTi制作较高级的渗碳件,如汽车、拖拉机上截面较小、中等负荷的齿轮
25MnTi-BRE	0.22~0.28	0.20~0.45	1.30~1.60			Ti0.04~0.10 B0.0005~0.0035 RE加入量0.05	860		油	200	水、空	试样	1380	—	10	40	47	≤229		有较高的弯曲强度、接触疲劳强度,可代替20CrMnTi、20CrMnMo、20CrMo,广泛用于中等负荷的拖拉机渗碳件,如齿轮,使用性能优于20CrMnTi
15Cr	0.12~0.18	0.17~0.37	0.40~0.70	0.70~1.00			880	780~820	水、油	200	水、空	15	735	490	11	45	55	≤179		
15CrA	0.12~0.17	0.17~0.37	0.40~0.70	0.70~1.00			880	770~820	水、油	180	油、空	15	685	490	12	45	55	≤179		
20Cr	0.18~0.24	0.17~0.37	0.50~0.80	0.70~1.00			880	780~820	水、油	200	水、空	15	835	540	10	40	47	≤179		用来制作截面尺寸小于30mm、形状简单、心部强度和韧性要求较高、表面受磨损的渗碳或氰化件,如齿轮、凸轮活塞销等、渗碳表面硬度56~62HRC
							正火+回火					≤100	430	215	19	40	31	123~179	GB/T 17107	
												101~300	430	215	18	35	31	123~167		
							调质					≤100	470	275	20	40	35	137~179		
												101~300	470	245	19	40	31	137~197		

续表

钢号	化学成分(质量分数)/%						热处理					试样毛坯(GB/T 3077)或截面尺寸(GB/T 17107)/mm	力学性能					供应状态硬度 HB 10/3000	标准号	特性和用途
	C	Si	Mn	Cr	Mo	其他	淬火温度/℃ 第一次淬火	淬火温度/℃ 第二次淬火	淬火冷却剂	回火温度/℃	回火冷却剂		σ_b /(N/mm²)	σ_s /(N/mm²)	δ_5 /%	ψ /%	A_{kU} /J			
													≥							
30Cr	0.27~0.34	0.17~0.37	0.50~0.80	0.80~1.10			860		油	500	水、油	25	885	685	11	45	47	≤187	GB/T 3077	用于磨损及很大冲击负荷下工作的重要零件,如轴、滚子、齿轮及重要螺栓等
35Cr	0.32~0.39	0.17~0.37	0.50~0.80	0.80~1.10			860		油	500	水、油	25	930	735	11	45	47	≤207	GB/T 3077	用于磨损及很大冲击负荷下工作的重要零件,如轴、滚子、齿轮及重要螺栓等
40Cr	0.37~0.44	0.17~0.37	0.50~0.80	0.80~1.10			850		油	520	水、油	25	980	785	9	45	47	≤207	GB/T 3077	调质后有良好的综合力学性能,是应用广泛的调质钢,用于轴类零件及曲轴、曲柄、汽车转向节、连杆、螺栓、齿轮等。表淬硬度 48 ~ 55HRC。截面尺寸在50mm以下时,油淬后有较高的疲劳极限,一定条件下可用40MnB、45MnB、35SiMn、42SiMn等代替
							调质					≤100 101~300 301~500 501~800	735 685 635 590	540 490 440 345	15 14 10 8	45 45 35 30	39 31 23 16	241~286 241~286 229~269 217~255	GB/T 17107	调质后有良好的综合力学性能,是应用广泛的调质钢,用于轴类零件及曲轴、曲柄、汽车转向节、连杆、螺栓、齿轮等。表淬硬度 48 ~ 55HRC。截面尺寸在50mm以下时,油淬后有较高的疲劳极限,一定条件下可用40MnB、45MnB、35SiMn、42SiMn等代替
45Cr	0.42~0.49	0.17~0.37	0.50~0.80	0.80~1.10			840		油	520	水、油	25	1030	835	9	40	39	≤217	GB/T 3077	用于拖拉机离合器、齿轮及柴油机连杆、螺栓、挺杆等
50Cr	0.47~0.54	0.17~0.37	0.50~0.80	0.80~1.10			830		油	520	水、油	25	1080	930	9	40	39	≤229	GB/T 3077	用于支承辊心轴、强度和耐磨性要求高的轴、齿轮、油膜轴承的轴套等。在油中淬火与回火后能获得很高的强度
							调质					≤100 >101~300	835 785	540 490	10 10	40 40	— —	241~286 241~286	GB/T 17107	用于支承辊心轴、强度和耐磨性要求高的轴、齿轮、油膜轴承的轴套等。在油中淬火与回火后能获得很高的强度
38CrSi	0.35~0.43	1.00~1.30	0.30~0.60	1.30~1.60			900		油	600	水、油	25	980	835	12	50	55	≤255	GB/T 3077	比40Cr的淬透性好,低温冲击韧性较高,一般用于制作直径为30~40mm、强度和耐磨性要求较高的零件,如汽车、拖拉机上的轴、齿轮、气阀等
12CrMo	0.08~0.15	0.17~0.37	0.40~0.70	0.40~0.70	0.40~0.55		900		空	650	空	30	410	265	24	60	110	≤179	GB/T 3077	蒸汽温度达510℃的主汽管,管壁温度不高于540℃的蛇形管、导管

续表

钢号	化学成分(质量分数)/% C	Si	Mn	Cr	Mo	其他	热处理 淬火 温度/℃ 第一次淬火	第二次淬火	冷却剂	回火 温度/℃	回火 冷却剂	试样毛坯(GB/T 3077)或截面尺寸(GB/T 17107)/mm	力学性能 ≥ σ_b /(N/mm²)	σ_s /(N/mm²)	δ_5 /%	ψ /%	A_{kU} /J	供应状态硬度 HB 10/3000	标准号	特性和用途
15CrMo	0.12~0.18	0.17~0.37	0.40~0.70	0.80~1.10	0.40~0.55		900		空	650	空	30	440	295	22	60	94	≤179	GB/T 3077	蒸汽温度达 510℃的主汽管,管壁温度不高于 540℃的蛇形管、导管
20CrMo	0.17~0.24	0.17~0.37	0.40~0.70	0.80~1.10	0.15~0.25		880		水、油	500	水、油	15	885	685	12	50	78	≤197	GB/T 3077	强度和韧性较好,在 500℃以下有足够的高温强度,焊接性能良好(当 Mn、Cr、Mo 含量在下限时),用于轴、活塞连杆等
25CrMo	0.22~0.29	0.17~0.37	0.50~0.80	0.90~1.20	0.15~0.30		调质					17~40 41~100 101~300	780 690 640	600 450 400	14 15 16	55 60 60	— — —	— — —	GB/T 17107	
30CrMo	0.26~0.34	0.17~0.37	0.40~0.70	0.80~1.10	0.15~0.25		880		水、油	540	水、油	25	930	785	12	50	63	≤229	GB/T 3077	调质后有很好的综合力学性能,高温(低于 550℃)下也有较高强度,用于制作截面较大的零件,如主轴、高负荷螺栓等及 500℃以下受高压的法兰和螺栓,尤适于 29MPa、400℃条件下工作的管道与紧固件
30CrMoA	0.26~0.33	0.17~0.37	0.40~0.70	0.80~1.10	0.15~0.25		880		油	540	水、油	15	930	735	12	50	71	≤229	GB/T 3077	
35CrMo	0.32~0.40	0.17~0.37	0.40~0.70	0.80~1.10	0.15~0.25		850		油	550	水、油	25	980	835	12	45	63	≤229	GB/T 3077	强度、韧性、淬透性均高,淬火时变形极小,用于制作大截面齿轮和重型传动轴,如轧钢机人字齿轮、大电机轴、汽轮发电机主轴及锅炉上 400℃以下的螺栓、500℃以下的螺母,可代替 40CrNi 使用,表淬硬度不低于 40~45HRC
							调质					≤100 101~300 301~500 501~800	735 685 635 590	540 490 440 390	15 15 15 12	45 40 35 30	47 39 31 23	207~269 207~269 207~269 207~269	GB/T 17107	
42CrMo	0.38~0.40	0.17~0.37	0.50~0.80	0.90~1.20	0.15~0.25		850		油	560	水、油	25	1080	930	12	45	63	≤217	GB/T 3077	强度和淬透性比 35CrMo 有所增高,调质后有较高的疲劳极限和抗多次冲击能力,低温冲击韧性良好。用于制作调质断面更大的锻件,如机车牵引用的大齿轮、后轴、连杆、减速器、万向联轴器,表淬硬度不低于 54~60HRC

续表

钢号	化学成分(质量分数)/%						热处理					试样毛坯(GB/T 3077)或截面尺寸(GB/T 17107)/mm	力学性能					供应状态硬度 HB 10/3000		标准号	特性和用途
	C	Si	Mn	Cr	Mo	其他	淬火 温度/℃ 第一次淬火	淬火 温度/℃ 第二次淬火	淬火 冷却剂	回火 温度/℃	回火 冷却剂		σ_b /(N/mm²) ≥	σ_s /(N/mm²) ≥	δ_5 /% ≥	ψ /% ≥	A_{kU} /J ≥				
42CrMo	0.38~0.45	0.17~0.37	0.50~0.80	0.90~1.20	0.15~0.30		调质					≤100	900	650	12	50		—	—	GB/T 17107	强度和淬透性比 35CrMo 有所增高，调质后有较高的疲劳极限和抗多次冲击能力，低温冲击韧性良好。用于制作调质断面更大的锻件，如机车牵引用的大齿轮、后轴、连杆、减速器、万向联轴器，表淬硬度不低于 54~60HRC
												101~160	800	550	13	50		—	—		
												161~250	750	500	14	55		—	—		
												251~500	690	460	15	—		—	—		
												501~750	590	390	16	—		—	—		
50CrMo	0.46~0.54	0.17~0.37	0.50~0.80	0.90~1.20	0.15~0.25		调质					≤100	900	700	12	50		—	—		强度和淬透性比 42CrMo 高，主要用于截面较大的部件，如轴、齿轮、活塞杆及 8.8 级直径 100~160mm 的紧固件，一般调质后使用，表淬硬度不低于 56~62HRC
												101~160	850	650	13	50		—	—		
												161~250	800	550	14	50		—	—		
												251~500	740	540	14	—		—	—		
												501~750	690	490	15	—		—	—		
12CrMoV	0.08~0.15	0.17~0.37	0.40~0.70	0.30~0.60	0.25~0.35	V0.15~0.30	970		空	750	空	30	440	225	22	50		78	≤241	GB/T 3077	用于制作蒸汽温度达 540℃的主导管、转向导叶环、汽轮机隔板、隔板外环以及管壁温度低于 570℃的各种过热器管、导管和相应的锻件
35CrMoV	0.30~0.38	0.17~0.37	0.40~0.70	1.00~1.30	0.20~0.30	V0.10~0.20	900		油	630	水、油	25	1080	930	10	50		71	≤241		用于制作承受高应力的零件，如 500℃以下长期工作的汽轮机转子的叶轮、高级涡轮鼓风机及压缩机转子、联轴器及动力零件等
12Cr1MoV	0.08~0.15	0.17~0.37	0.40~0.70	0.90~1.20	0.25~0.35	V0.15~0.30	970		空	750	空	30	490	245	22	50		71	≤179		同 12CrMoV，但抗氧化性与热强性比 12CrMoV 好

续表

钢号	化学成分(质量分数)/%						热处理					试样毛坯(GB/T 3077)或截面尺寸(GB/T 17107)/mm	力学性能					供应状态	标准号	特性和用途
							淬火			回火			σ_b	σ_s	δ_5	ψ	A_{kU}	硬度 HB 10/3000		
	C	Si	Mn	Cr	Mo	其他	温度/℃ 第一次淬火	温度/℃ 第二次淬火	冷却剂	温度/℃	冷却剂		/(N/mm²) ≥		/% ≥		/J ≥			
25Cr2Mo-VA	0.22~0.29	0.17~0.37	0.40~0.70	1.50~1.80	0.25~0.35	V0.15~0.30	900		油	640	空	25	930	785	14	55	63	≤241	GB/T 3077	用于汽轮机整体转子套筒、阀、主汽阀、调节阀、蒸汽温度在535~550℃的螺母及530℃以下的螺栓、氮化零件如阀杆、齿轮等
25Cr2Mo-1VA	0.22~0.29	0.17~0.37	0.50~0.80	2.10~2.50	0.90~1.10	V0.30~0.50	1040		空	700	空	25	735	590	16	50	47	≤241	GB/T 3077	用于蒸汽温度565℃的汽轮机前气缸、螺栓、阀杆等
38CrMo-Al	0.35~0.42	0.20~0.45	0.30~0.60	1.35~1.65	0.15~0.25	Al0.70~1.10	940		水、油	640	水、油	30	980	835	14	50	71	≤229	GB/T 3077	高级氮化钢,用于高耐磨性,高疲劳极限和较高强度、热处理后尺寸精度高的氮化零件,如阀杆、阀门、气缸套及橡胶塑料挤压机等,渗氮后,表面硬度达1000~1200HV
40CrV	0.37~0.44	0.17~0.37	0.50~0.80	0.80~1.10		V0.10~0.20	880		油	650	水、油	25	885	735	10	50	71	≤241	GB/T 3077	用于重要零件,如曲轴、齿轮、受强力的双头螺栓、机车连杆、高压锅炉给水泵轴等
50CrVA	0.47~0.54	0.17~0.37	0.50~0.80	0.80~1.10		V0.10~0.20	860		油	500	水、油	25	1280	1130	10	40	—	≤255	GB/T 3077	用于蒸汽温度低于400℃的重要零件及负荷大、疲劳极限高的大型弹簧
15CrMn	0.12~0.18	0.17~0.37	1.10~1.40	0.40~0.70			880		油	200	水、空	15	785	590	12	50	47	≤179	GB/T 3077	用于齿轮、蜗轮、塑料模、汽轮机密封轴套等
16CrMn	0.14~0.19	0.17~0.37	1.00~1.30	0.80~1.10			渗碳+淬火+回火					≤30 31~63	780 640	590 440	10 11	40 40	— —	—	GB/T 17107	是一种较好的渗碳钢,有较高的淬透性和良好的切削性,用于尺寸较大的部件时,能得到满意的表面硬度和耐磨性,主要用于齿轮、齿轮轴、蜗轮轴、蜗杆等,表淬硬度不低于57~62HRC

钢号	化学成分(质量分数)/%						热处理					试样毛坯(GB/T 3077)或截面尺寸(GB/T 17107)/mm	力学性能					供应状态硬度 HB 10/3000	标准号	特性和用途
							淬火			回火			σ_b	σ_s	δ_5	ψ	A_{kU}			
							温度/℃		冷却剂	温度/℃	冷却剂		/(N/mm²)		/%		/J			
	C	Si	Mn	Cr	Mo	其他	第一次淬火	第二次淬火					≥							
20CrMn	0.17~0.23	0.17~0.37	0.90~1.20	0.90~1.20			850		油	200	水、空	15	930	735	10	45	47	≤187	GB/T 3077	用于无级变速器、摩擦轮、齿轮与轴,性能相当于20CrNi,热处理后性能比20Cr好
20CrMn	0.17~0.22	0.15~0.37	1.00~1.40	1.10~1.30			渗碳+淬火+回火					≤30 31~63	980 790	680 540	8 10	35 35	— —	— —	GB/T 17107	是一种性能良好的渗碳钢,可作为调质钢用,焊接性能差,可制作断面不大,承受中等压力又无冲击负荷的零件,如齿轮、主轴、联轴器、万向联轴器等,表淬硬度57~62HRC
40CrMn	0.37~0.45	0.17~0.37	0.90~1.20	0.90~1.20			840		油	550	水、油	25	980	835	9	45	47	≤229		对于截面不太大或温度不太高的零件,可代替42CrMo和40CrNi,用于在高速与高弯曲负荷下工作的齿轮轴、齿轮、水泵转子、离合器,在化工容器上可用于高压容器盖板螺栓等
20CrMnSi	0.17~0.23	0.90~1.20	0.80~1.10	0.80~1.10			880		油	480	水、油	25	785	635	12	45	55	≤207	GB/T 3077	是强度和韧性较高的低碳合金钢,用于制作要求强度较高的焊接件和要求韧性较高的拉力件、矿山用的较大截面的链条、螺栓等,适合冷冲压、冷拉
25CrMnSi	0.22~0.28	0.90~1.20	0.80~1.10	0.80~1.10			880		油	480	水、油	25	1080	885	10	40	39	≤217		用于制作重要的焊接件和冲压件
30CrMnSi	0.27~0.34	0.90~1.20	0.80~1.10	0.80~1.10			880		油	520	水、油	25	1080	885	10	45	39	≤229		淬火、回火后具有很高的强度和足够的韧性,淬透性也好,用于在振动负荷下工作的焊接结构和铆接结构,如高压鼓风机叶片,高速高负荷的砂轮轴、齿轮、链轮、离合器等,以及温度不高而要求耐磨的零件
30CrMn-SiA	0.28~0.34	0.90~1.20	0.80~1.10	0.80~1.10			880		油	540	水、油	25	1080	835	10	45	39	≤229		

续表

钢号	化学成分(质量分数)/% C	Si	Mn	Cr	Mo	其他	热处理 淬火 温度/℃ 第一次淬火	第二次淬火	冷却剂	回火 温度/℃	冷却剂	试样毛坯(GB/T 3077)或截面尺寸(GB/T 17107)/mm	力学性能 ≥ σ_b /(N/mm²)	σ_s /(N/mm²)	δ_5 /%	ψ /%	A_{kU} /J	供应状态硬度 HB 10/3000	标准号	特性和用途
35CrMn-SiA	0.32~0.39	1.10~1.40	0.80~1.10	1.10~1.40			加热到 880,于 280~310 等温淬火					试样	1620	1280	9	40	31	≤241	GB/T 3077	强度比 30CrMnSiA 提高许多,而韧性下降不明显,其他特性和 30CrMnSiA 相同,用于制作重负荷、中等转速的高强度零件,如高压鼓风机叶轮,飞机上的高强度零件
							950	890	油	230	空、油	试样	1620	1275	9	40	31	≤241		
20CrMn-Mo	0.17~0.23	0.17~0.37	0.90~1.20	1.10~1.40	0.20~0.30		850		油	200	水、空	15	1180	885	10	45	55	≤217		高级渗碳钢,渗碳淬火后具有较高的抗弯强度和耐磨性,有良好的低温冲击韧性,用于制作要求表面硬度高、耐磨性能好的渗碳件,如齿轮、凸轮轴连杆、活塞销等,渗碳表淬硬度不低于 56~62HRC
							渗碳+淬火+回火					≤30	1080	785	7	40	—	—	GB/T 17107	
												31~100	835	490	15	40	31	—		
40CrMn-Mo	0.37~0.45	0.17~0.37	0.90~1.20	0.90~1.20	0.20~0.30		850		油	600	水、油	25	980	785	10	45	63	≤217	GB/T 3077	高级调质钢,调质后具有较高的综合力学性能,淬透性好,有较高的回火稳定性,适宜制作截面较大的重负荷齿轮、齿轮轴、轴类零件,螺栓、螺母、销子等可代替 40CrNiMo
							调质					≤100	885	735	12	45	39	—	GB/T 17107	
												101~250	835	640	12	42	39			
												251~400	785	530	12	40	31			
												401~500	735	480	12	35	23			
20CrMn-Ti	0.17~0.23	0.17~0.37	0.80~1.10	1.00~1.30		Ti0.04~0.10	880	870	油	200	水、空	15	1080	835	10	45	55	≤217	GB/T 3077	用于制作渗碳零件,渗碳淬火后有良好的耐磨性和抗弯强度,有较高的低温冲击韧性,切削加工性能良好,广泛用于汽车、拖拉机工业,截面尺寸在 30mm 以下,承受高速、中载或重载以及冲击和摩擦的主要零件,如齿轮、齿轮轴、十字轴
							调质					≤100	615	395	17	45	47	—	GB/T 17107	

续表

钢号	化学成分(质量分数)/%						热处理					试样毛坯(GB/T 3077)或截面尺寸(GB/T 17107)/mm	力学性能					供应状态硬度 HB 10/3000	标准号	特性和用途
	C	Si	Mn	Cr	Mo	其他	淬火 温度/℃ 第一次淬火	淬火 温度/℃ 第二次淬火	淬火 冷却剂	回火 温度/℃	回火 冷却剂		σ_b /(N/mm²)	σ_s /(N/mm²)	δ_5 /%	ψ /%	A_{kU} /J			
													≥	≥	≥	≥	≥			
30CrMn-Ti	0.24~0.32	0.17~0.37	0.80~1.10	1.00~1.30		Ti0.04~0.10	880	850	油	200	水、空	试样	1470	—	9	40	47	≤229	GB/T 3077	主要作为渗碳钢使用，强度和淬透性高，冲击韧性略低，用于制作截面尺寸在60mm以下，心部强度要求特别高的高速、高负荷工作的重要渗碳零件，如汽车、拖拉机上的主动圆锥齿轮、后主齿轮、齿轮轴、蜗杆等
20CrNi	0.17~0.23	0.17~0.37	0.40~0.70	0.45~0.75		Ni1.00~1.40	850		水、油	460	水、油	25	785	590	10	50	63	≤197		用于制作高负荷下工作的重要渗碳件，如齿轮、轴、键、活塞销、花键轴等，也可用于制作具有高冲击韧性的调质小轴零件
40CrNi	0.37~0.44	0.17~0.37	0.50~0.80	0.45~0.75		Ni1.00~1.40	820		油	500	水、油	25	980	785	10	45	55	≤241		调质后有良好的综合力学性能，低温冲击韧性良好，用于制作要求强度高、韧性高的零件，如轴、齿轮、链条等
45CrNi	0.42~0.49	0.17~0.37	0.50~0.80	0.45~0.75		Ni1.00~1.40	820		油	530	水、油	25	980	785	10	45	55	≤255		性能基本与40CrNi相同，但具有更高的强度和淬透性，可用来制作截面尺寸较大的齿轮和轴类零件
50CrNi	0.47~0.54	0.17~0.37	0.50~0.80	0.45~0.75		Ni1.00~1.40	820		油	500	水、油	25	1080	835	8	40	39	≤255		
12CrNi2	0.10~0.17	0.17~0.37	0.30~0.60	0.60~0.90		Ni1.50~1.90	860	780	水、油	200	水、空	15	785	590	12	50	63	≤207		淬火低温回火后有良好的塑性和韧性，适用于要求心部韧性高、强度不太高、受力较复杂的中、小型渗碳件，如齿轮、花键轴、活塞销等

续表

钢号	化学成分(质量分数)/%						热处理					试样毛坯(GB/T 3077)或截面尺寸(GB/T 17107)/mm	力学性能					供应状态硬度 HB 10/3000	标准号	特性和用途
	C	Si	Mn	Cr	Mo	其他	淬火 温度/℃ 第一次淬火	淬火 温度/℃ 第二次淬火	淬火 冷却剂	回火 温度/℃	回火 冷却剂		σ_b /(N/mm²)	σ_s /(N/mm²)	δ_5 /%	ψ /%	A_{kU} /J			
													≥							
12CrNi3	0.10~0.17	0.17~0.37	0.30~0.60	0.60~0.90		Ni2.75~3.15	860	780	油	200	水、空	15	930	685	11	50	71	≤217	GB/T 3077	淬火低温回火或高温回火后都有良好的综合力学性能,有较高的淬透性,可用于截面稍大的零件,用于要求强度高、表面硬度高、韧性高的渗碳件,如齿轮、凸轮轴、万向联轴器十字头、油泵转子等
20CrNi3	0.17~0.24	0.17~0.37	0.30~0.60	0.60~0.90		Ni2.75~3.15	830		水、油	480	水、油	25	930	735	11	55	78	≤241		调质后有良好的综合力学性能,低温冲击韧性也较好,多用于制作高负荷条件下工作的零件,如齿轮、轴、蜗杆等
30CrNi3	0.27~0.33	0.17~0.37	0.30~0.60	0.60~0.90		Ni2.75~3.15	820		油	500	水、油	25	980	785	9	45	63	≤241		性能基本同20CrNi3,淬透性较好,用于重要的较大截面的零件,如曲轴、连杆、齿轮、轴等
37CrNi3	0.34~0.41	0.17~0.37	0.30~0.60	1.20~1.60		Ni3.00~3.50	820		油	500	水、油	25	1130	980	10	50	47	≤269		用于制作大截面、高负荷、在冲击的重要调质零件,如汽轮机叶轮、转子轴等
12Cr2Ni4	0.10~0.16	0.17~0.37	0.30~0.60	1.25~1.65		Ni3.25~3.65	860	780	油	200	水、空	15	1080	835	10	50	71	≤269		用于制作截面较大、负荷较高,在交变应力下工作的重要渗碳件,如齿轮、蜗轮、蜗杆、万向接头叉等
15Cr2Ni2	0.12~0.17	0.17~0.37	0.30~0.60	1.40~1.70		Ni1.40~1.70	渗碳+淬火+回火					≤30 31~63	880 780	640 540	9 10	40 40	— —	— —	GB/T 17107	是渗碳钢,具有很高的强度和韧性,用于承受高负荷的传动齿轮、万向联轴器、活塞杆、轴类零件等,渗碳表淬硬度不低于57~62HRC

续表

钢号	化学成分(质量分数)/%						热处理					试样毛坯(GB/T 3077)或截面尺寸(GB/T 17107)/mm	力学性能					供应状态硬度 HB 10/3000	标准号	特性和用途
	C	Si	Mn	Cr	Mo	其他	淬火温度/℃ 第一次淬火	淬火温度/℃ 第二次淬火	淬火冷却剂	回火温度/℃	回火冷却剂		σ_b /(N/mm²) ≥	σ_s /(N/mm²) ≥	δ_5 /% ≥	ψ /% ≥	A_{kU} /J ≥			
20Cr2Ni4	0.17~0.23	0.17~0.37	0.30~0.60	1.25~1.65		Ni3.25~3.65	调质					试样毛坯 15	1175	1080	10	45	62	—	GB/T 17107	是优良的铬镍不锈钢，由于含镍量较高，而具有很高的强度和韧性，淬碳后硬度及耐磨性很高，淬透性也高，用于制作承受高负荷的渗碳件，如传动齿轮、蜗杆、轴、万向接头叉等
							880	780	油	200	水、空	15	1180	1080	10	45	63	≤269	GB/T 3077	
20CrNi-Mo	0.17~0.23	0.17~0.37	0.60~0.95	0.40~0.70	0.20~0.30	Ni0.35~0.75	850		油	200	空	15	980	785	9	40	47	≤197	GB/T 3077	淬透性与20CrNi相近，强度比20Cr高，常用于制作中、小型汽车、拖拉机发动机与传动系统的齿轮，可代替12CrNi3制作心部要求较高的渗碳件，如矿山牙轮钻头的牙爪与牙轮体
40CrNi-MoA	0.37~0.44	0.17~0.37	0.50~0.80	0.60~0.90	0.15~0.25	Ni1.25~1.65	850		油	600	水、油	25	980	835	12	55	78	≤269	GB/T 3077	是优质调质钢，调质后有良好的综合力学性能，低温冲击韧性很高，淬火低温回火或高温回火后均有较高的疲劳极限和低的缺口敏感性，中等淬透性，用于截面较大的、受冲击负荷的高强度零件，如锻造机的传动偏心轴、锻压机的曲轴等
40CrNi-Mo	0.37~0.44	0.17~0.37	0.50~0.80	0.60~0.90	0.15~0.25	Ni1.25~1.65	淬火+回火					≤80	980	835	12	55	78	—	GB/T 17107	具有很高的强度、韧性和淬透性，主要用于高负荷的轴类、汽轮机轴、叶片等
												81~100	980	835	11	50	74	—		
												101~150	980	835	10	45	70	—		
												151~250	980	835	9	40	66	—		
17Cr2Ni-2Mo	0.14~0.19	0.17~0.37	0.30~0.60	1.50~1.80	0.25~0.35	Ni1.40~1.70	渗碳+淬火+回火					≤30	1080	790	8	35	—	—	GB/T 17107	是优质的渗碳钢，有高的强度和韧性，用于齿轮等传动件、摩擦件等，渗碳表淬硬度不低于57~62HRC
												31~63	980	690	8	35	—	—		

续表

钢号	化学成分(质量分数)/% C	Si	Mn	Cr	Mo	其他	热处理 淬火 温度/℃ 第一次淬火	第二次淬火	冷却剂	回火 温度/℃	冷却剂	试样毛坯(GB/T 3077)或截面尺寸(GB/T 17107)/mm	力学性能 ≥ σ_b /(N/mm²)	σ_s /(N/mm²)	δ_5 /%	ψ /%	A_{kU} /J	供应状态硬度 HB 10/3000	标准号	特性和用途
30Cr2Ni-2Mo	0.26~0.34	0.17~0.37	0.30~0.60	1.80~2.20	0.30~0.50	Ni1.80~2.20	调质					≤100	1100	900	10	45	—	—		是优质调质钢,有很高的强度、韧性及淬透性。用于重型机械高负荷大截面的零部件,如汽轮机转子、叶片及高负荷的传动件、紧固件、曲轴、齿轮等
												101~160	1000	800	11	50	—	—		
												161~250	900	700	12	50	—	—		
												251~500	830	635	12	—	—	—		
												501~1000	780	590	12	—	—	—		
34Cr2Ni-2Mo	0.30~0.38	0.17~0.37	0.40~0.70	1.40~1.70	0.15~0.30	Ni1.40~1.70	调质					≤100	1000	800	11	50	—	—	GB/T 17107	性能与用途同 30Cr2Ni2Mo,表淬硬度不低于 52~58HRC。用于螺钉、传动丝杠、蜗轮轴、小齿轮轴、齿条、齿轮等
												101~160	900	700	12	55	—	—		
												161~250	800	600	13	55	—	—		
												251~500	740	540	14	—	—	—		
												501~1000	690	490	15	—	—	—		
34CrNi-3Mo	0.30~0.40	0.17~0.37	0.50~0.80	0.70~1.10	0.25~0.40	Ni2.75~3.25	调质					≤100	900	785	14	40	54	269~341		性能、用途与 30Cr2Ni2Mo 相似
												101~300	850	735	14	38	47	262~321		
												301~500	805	685	13	35	39	241~302		
												501~800	755	590	12	32	32	241~302		
18CrNi-MnMoA	0.15~0.21	0.17~0.37	1.10~1.40	1.00~1.30	0.20~0.30	Ni1.00~1.30	830	—	油	200	空	15	1180	885	10	45	71	269	GB/T 3077	强度高,淬透性也较高,主要用于制作振动载荷条件下工作的减振器、重型汽车等承受高负荷的零件,飞机发动机曲轴、起落架,中、小型火箭壳体等高强度结构零件、扭力轴、离合器轴等,淬火低温或中温回火后使用,也可制作调质件
45CrNi-MoVA	0.42~0.49	0.17~0.37	0.50~0.80	0.80~1.10	0.20~0.30	V0.10~0.20 Ni1.30~1.80	860		油	460	油	试样	1470	1330	7	35	31	≤269		

续表

钢号	化学成分(质量分数)/%						热处理					试样毛坯(GB/T 3077)或截面尺寸(GB/T 17107)/mm	力学性能					供应状态硬度HB 10/3000	标准号	特性和用途
	C	Si	Mn	Cr	Mo	其他	淬火			回火			σ_b	σ_s	δ_5	ψ	A_{kU}			
							温度/℃		冷却剂	温度/℃	冷却剂		/(N/mm²)		/%		/J			
							第一次淬火	第二次淬火					≥							
18Cr2Ni-4WA	0.13~0.19	0.17~0.37	0.30~0.60	1.35~1.65		W0.80~1.20 Ni4.00~4.50	950	850	空	200	水、空	15	1180	835	10	45	78	≤269	GB/T 3077	是渗碳钢，用于制作大截面、高强度而又需要良好韧性和缺口敏感性低的重要渗碳件，如大齿轮、传动轴、花键轴、曲轴，也可作为调质钢使用
18Cr2Ni-4W	0.13~0.19	0.17~0.37	0.30~0.60	1.35~1.65		W0.80~1.20 Ni4.00~4.50	淬火+回火					≤80	1180	835	10	45	78	—	GB/T 17107	用于承受动负荷、要求高强度的零件，与18Cr2Ni4WA基本相同
												81~100	1180	835	9	40	74	—		
												101~150	1180	835	8	35	70	—		
												151~250	1180	835	7	30	66	—		
25Cr2Ni-4WA	0.21~0.28	0.17~0.37	0.30~0.60	1.35~1.65		W0.80~1.20 Ni4.00~4.50	850		油	550	水、油	25	1080	930	11	45	71	≤269	GB/T 3077	是调质钢，有优良的低温冲击韧性及淬透性，用于制作大截面、高负荷的调质件，如汽轮机主轴、叶轮等

注：1. GB/T 3077 标准适用于直径或厚度不大于 250mm 的合金结构钢棒材，尺寸大于 250mm 的棒材应经供需双方协商。其化学成分也适用于锭、坯及其制品。

2. GB/T 3077 标准中的力学性能是试样毛坯（其截面尺寸为试样尺寸留有一定加工余量）经热处理后，制成试样测出钢材的纵向力学性能，该性能适用于截面尺寸小于或等于 80mm 的钢材。尺寸为 81~100mm 的钢材，允许其伸长率、断面收缩率及冲击吸收功较表中规定分别降低 1%（绝对值）、5%（绝对值）及 5%；尺寸为 101~150mm 的钢材允许三者分别降低 2%（绝对值）、10%（绝对值）及 10%；尺寸为 151~250mm 的钢材允许三者分别降低 3%（绝对值）、15%（绝对值）及 15%。尺寸大于 80mm 的钢材允许将取样用坯改锻（轧）成 70~80mm 后取样检验，其结果应符合表中规定。

3. 对于 GB/T 3077 标准的钢材通常以热轧或热锻状态交货，如需方要求也可以热处理（正火、退火或高温回火）状态交货。表中供应状态硬度为退火或高温回火供应状态的硬度。

4. GB/T 3077 标准按质量分为优质钢、高级优质钢（牌号后加“A”）和特级优质钢（牌号后加“E”），按使用加工用途分为压力加工用钢（热压力加工或顶锻、冷拔）和切削加工用钢。

5. GB/T 3077 标准规定磷、硫及残余铜的含量符合下列数值（%，不大于）：

	P	S	Cu
优质钢	0.035	0.035	0.30
高级优质钢	0.025	0.025	0.25
特级优质钢	0.025	0.015	0.25

6. 试样毛坯栏中为“试样”者，表示力学性能直接由“试样”经热处理后所得，拉力试样的试样直径一般为 10mm，最大为 25mm。

7. GB/T 17107 标准中的截面尺寸为锻件尺寸，个别为试样毛坯尺寸，在表中已注明。该标准中所列硬度为热处理后的硬度。

8. 锻件用结构钢（GB/T 17107）适用于冶金、矿山、船舶、工程机械等设备中，经整体热处理后取样测定力学性能的一般锻件。本表所列力学性能不适用于高温高转速的主轴、转子、叶轮和压力容器等锻件。

弹簧钢及轴承钢（摘自 GB/T 1222—2007、GB/T 18254—2002）

表 3-1-11　弹簧钢的化学成分和力学性能（GB/T 1222—2007）

钢号	化学成分(质量分数)/% C	Si	Mn	Cr	Ni	Cu	P	S	其他	热处理 淬火温度/℃	淬火剂	回火温度/℃	力学性能≥ R_{eL} /(N/mm²)	R_m /(N/mm²)	A /%	$A_{11.3}$ /%	Z /%	交货状态 轧制	HBW ≤	特性和用途
					≤	≤	≤	≤												
65	0.62~0.70	0.17~0.37	0.50~0.80	≤0.25	0.25	0.25	0.035	0.035		840	油	500	785	980		9	35	热轧	285	热处理后强度高，具有适宜的塑性和韧性，但淬透性低，只能淬透 12~15mm 的直径。用于制作汽车、拖拉机、机车车辆及一般机械用的板弹簧及螺旋弹簧
70	0.62~0.75									830	油	480	835	1030		8	30			
85	0.82~0.90									820	油	480	980	1130		6			302	强度高，淬透性较好，可淬透 20mm 的直径，脱碳倾向小，但有过热敏感性，易产生淬火裂纹，并有回火脆性。适于制作较大尺寸的扁圆弹簧、座垫板簧、弹簧发条、弹簧环、气门簧、冷卷簧等
65Mn	0.62~0.70		0.90~1.20							830	油	540	785	980		8				
55SiMnVB	0.52~0.60	0.70~1.00	1.00~1.30	0.35	0.35				V0.08~0.16 B0.0005~0.0035	860	油	460	1375	1225		5				高温回火后，有良好的综合力学性能。主要用于制作铁路机车车辆、汽车和拖拉机上的板簧、螺旋弹簧（弹簧截面尺寸可达 25mm），安全阀和止回阀用弹簧，以及其他高应力下工作的重要弹簧，还可制作耐热（<250℃）弹簧等
60Si2Mn	0.56~0.64	1.50~2.00	0.70~1.00							870	油	480	1175	1275		5	25			
60Si2MnA		1.60~2.00					0.025	0.025		870	油	440	1375	1570			20			
60Si2CrA		1.40~1.80	0.40~0.70	0.70~1.00						870	油	420	1570	1765	6			热轧+热处理或热轧	321	综合力学性能很好，强度高，冲击韧性好，过热敏感性较低，高温性能较稳定。用于制作高应力的弹簧，制作最重要的、高负荷、耐冲击或耐热（≤250℃）弹簧
60Si2CrVA				0.90~1.20					V0.10~0.20	850	油	410	1665	1865						
55SiCrA	0.52~0.60	1.20~1.60	0.50~0.80	0.50~0.80						860	油	450	($R_{p0.2}$) 1300	1450~1750			25			
55CrMnA		0.17~0.37	0.65~0.95	0.65~0.95						830~860	油	460~510	($R_{p0.2}$) 1080	1225	9		20	热轧		
60CrMnA	0.56~0.64		0.70~1.00	0.70~1.00						830~860		460~520								

续表

钢号	化学成分(质量分数)/% C	Si	Mn	Cr	Ni ≤	Cu ≤	P ≤	S ≤	其他	热处理 淬火温度/℃	淬火剂	回火温度/℃	力学性能≥ R_{eL} /(N/mm²)	R_m /(N/mm²)	A /%	$A_{11.3}$ /%	Z /%	交货状态 轧制	HBW ≤	特性和用途
55SiMnVB	0.52~0.60	0.70~1.00	1.00~1.30	≤0.35			0.035	0.035	V0.08~0.16 B0.0005~0.0035	860	油	460	1225	1375		5	30	热轧		淬透性很高,综合力学性能很好。制作大截面和较重要的板簧、螺旋弹簧
50CrVA	0.46~0.54	0.17~0.37	0.50~0.80	0.80~1.10					V0.10~0.20	850	油	500	1130	1275	10		40		321	具有较高的综合力学性能,良好的冲击韧性,回火后强度高,高温性能稳定。淬透性很高,适于制作大截面(50mm)的高应力或耐热(<350℃)螺旋弹簧
30W4Cr2VA	0.26~0.34		≤0.40	2.00~2.50	0.35	0.25	0.025	0.025	W4.00~4.50 V0.50~0.80	1050~1100	油	600	1325	1470	7					是高强度耐热弹簧钢,淬透性特别高。制作高温(≤500℃)条件下使用的弹簧
60CrMnBA	0.56~0.64	0.17~0.37	0.70~1.00	0.70~1.00					B0.0005~0.0040	830~860	油	460~520	($R_{p0.2}$) 1080	1225	9		20	热轧或热轧+热处理		

注:1. GB/T 1222 适用于热轧,锻制和冷拉圆、方、扁、盘条(不包括油淬-回火弹簧用盘条 YB/T 5365)及异形截面弹簧钢钢材。热轧圆、方钢应符合 GB/T 702 的规定,冷拉圆钢应符合 GB/T 905 的规定。锻制圆、方钢应符合 GB/T 908 的规定。盘条应符合 GB/T 14981 的规定。热轧扁钢的尺寸见后面型材。

2. 表中力学性能指标是采用热处理毛坯制成试样测定的纵向力学性能,适用于截面尺寸不大于 80mm 的棒材,以及厚度不大于 40mm 的扁钢。

3. 直径或边长、厚度大于上条范围者,允许其断后伸长率、断面收缩率较本表规定分别降低 1%及 5%。

4. 所有牌号交货状态均可冷拉+热处理或冷拉,布氏硬度 HBW 不大于 321 或供需双方协商。

5. 55SiMnVB 应进行淬透性试验,试验应符合本标准规定。28MnSiB 的化学成分见原标准附录 B1 力学性能见原标准附录表 B2。30W4Cr2VA 除抗拉强度 R_m 外,其他力学性能检验结果仅供参考,不作交货依据。

表 3-1-12　高碳铬轴承钢（摘自 GB/T 18254—2002）

牌号	化学成分(质量分数)/% C	Si	Mn	Cr	Mo	P ≤	S ≤	Ni ≤	Cu ≤	钢材布氏硬度 HBW	性能特点	应用举例
GCr4	0.95~1.05	0.15~0.30	0.15~0.30	0.35~0.50	≤0.08	0.025	0.020	0.25	0.20	179~207	低铬轴承钢,耐磨性比相同含碳量的碳素工具钢高,冷加工塑性变形和切削加工性能尚好,有回火脆性倾向	用于一般载荷不大、形状简单的机械转动轴上的钢球和滚子
GCr15	0.95~1.05	0.15~0.35	0.25~0.45	1.40~1.65	≤0.10	0.025	0.025	0.30	0.25	179~207	高碳铬轴承钢的代表钢种、综合性能良好,淬火与回火后具有高而均匀的硬度,良好的耐磨性和高的接触疲劳寿命,热加工变形性能和切削加工性能均好,但焊接性差,对白点形成较敏感,有回火脆性倾向	用于制造壁厚不大于 12mm、外径不大于 250mm 的各种轴承套圈,也用于制造尺寸范围较宽的滚动体,如钢球、圆锥滚子、圆柱滚子、球面滚子、滚针等;还用于制造模具、精密量具以及其他要求高耐磨性、高弹性极限和高接触疲劳强度的机械零部件
GCr15SiMn	0.95~1.05	0.45~0.75	0.95~1.25	1.40~1.65	≤0.10	0.025	0.025	0.30	0.50	179~217	在 GCr15 的基础上适当增加硅、锰含量,其淬透性、弹性极限、耐磨性均有明显提高,冷加工塑性中等,切削加工性能稍差,焊接性能不好,对白点形成较敏感,有回火脆性倾向	用于制作大尺寸的轴承套圈、钢球、圆锥滚子、圆柱滚子、球面滚子等,轴承零件的工作温度小于 180℃;还用于制作模具、量具、丝锥及其他要求硬度高且耐磨的零部件
GCr15SiMo	0.95~1.05	0.65~0.85	0.20~0.40	1.40~1.70	0.30~0.40	0.027	0.020	0.30		179~217	在 GCr15 的基础上提高硅含量,并添加钼而开发的新型轴承钢。综合性能良好,淬透性高,耐磨性好,接触疲劳寿命高,其他性能与 GCr15SiMn 相近	用于制作大尺寸的轴承套圈、滚珠、滚柱,还用于制作模具、精密量具以及其他要求硬度高且耐磨的零部件
GCr18Mo	0.95~1.05	0.20~0.40	0.25~0.40	1.65~1.95	0.15~0.25	0.025	0.020	0.25		179~207	相当于瑞典 SKF24 轴承钢。是在 GCr15 的基础上加入钼,并适当提高铬含量,从而提高了钢的淬透性。其他性能与 GCr15 相近	用于制作各种轴承套圈,壁厚从不大于 16mm 增加到不大于 20mm,扩大了使用范围;其他用途和 GCr15 基本相同

注：1. 本表为熔炼分析的化学成分。模注钢氧的含量不大于 15×10^{-6}，连铸钢氧的含量不大于 12×10^{-6}。

2. 成品钢材的化学成分分析仅当需方要求，并在合同中注明时，供方才进行此项分析。

3. 钢材应逐支用火花法或看谱镜检验。

4. 球化或软化退火钢材硬度按本表规定。

5. 钢材按下列几种交货状态提供，交货状态应在合同中注明。

热轧和热锻不退火圆钢 WHR（简称：热轧、热锻）；热轧和热锻软化退火圆钢 WHSTAR（简称：热轧软退、热锻软退）；热轧球化退火圆钢 WHTGR（简称：热轧球退）；热轧球化退火剥皮圆钢 WHTGSFR（简称：热轧球剥）；热轧和热锻软化退火剥皮圆钢 WHSTASFR（简称：热轧软剥、热锻软剥）；冷拉（轧）圆钢 WCR；冷拉（轧）磨光圆钢 WCSPR；热轧钢管 WHT；热轧退火剥皮钢管 WHTASFT；冷拉（轧）钢管 WCT；盘条（热轧或球化退火）WHWY。

6. 钢材按加工用途交货，如热压力加工用钢（热压加）、冷压力加工用钢（冷压加）、切削加工用钢（切削）或双方协定的其他加工用途要求交货，均应在合同中注明。

不锈钢耐热钢（摘自 GB/T 1220—2007、GB/T 1221—2007）

表 3-1-13　不锈钢的化学成分（摘自 GB/T 1220—2007）

类型	GB/T 20878 中序号	统一数字代号	新牌号	旧牌号	化学成分(质量分数)/%								
					C	Si	Mn	P	S	Ni	Cr	Mo	其他元素
奥氏体型	1	S35350	12Cr17Mn6Ni5N	1Cr17Mn6Ni5N	0.15	1.00	5.50~7.50	0.050	0.030	3.50~5.50	16.00~18.00	—	N0. 05~0. 25
	3	S35450	12Cr18Mn9Ni5N	1Cr18Mn8Ni5N	0.15	1.00	7.50~10.00	0.050	0.030	4.00~6.00	17.00~19.00	—	N0. 05~0. 25
	9	S30110	12Cr17Ni7	1Cr17Ni7	0.15	1. 00	2. 00	0.045	0.030	6.00~8.00	16.00~18.00	—	N0. 10
	13	S30210	12Cr18Ni9	1Cr18Ni9	0.15	1.00	2. 00	0.045	0.030	8.00~10.00	17.00~19.00	—	N0. 10
	15	S30317	Y12Cr18Ni9	Y1Cr18Ni9	0.15	1.00	2.00	0.20	≥0.15	8.00~10.00	17.00~19.00	(0.60)	—
	16	S30327	Y12Cr18Ni9Se	Y1Cr18Ni9Se	0.15	1. 00	2.00	0.20	0.060	8.00~10.00	17.00~19.00	—	Se≥0. 15
	17	S30408	06Cr19Ni10	0Cr18Ni9	0.08	1.00	2.00	0.045	0.030	8.00~11.00	18. 00~20.00	—	—
	18	S30403	022Cr19Ni10	00Cr19Ni10	0.030	1. 00	2.00	0.045	0.030	8.00~12.00	18.00~20.00	—	—
	22	S30488	06Cr18Ni9Cu3	0Cr18Ni9Cu3	0.08	1.00	2.00	0.045	0.030	8.50~10.50	17.00~19.00	—	Cu3. 00~4. 00
	23	S30458	06Cr19Ni10N	0Cr19Ni9N	0.08	1.00	2.00	0.045	0.030	8.00~11.00	18.00~20. 00	—	N0. 10~0. 16
	24	S30478	06Cr19Ni9NbN	0Cr19Ni10NbN	0.08	1.00	2.00	0.045	0. 030	7.50~10.50	18.00~20.00	—	N0. 15~0. 30 Nb0. 15
	25	S30453	022Cr19Ni10N	00Cr18Ni10N	0. 030	1. 00	2. 00	0.045	0.030	8.00~11.00	18.00~20.00	—	N0. 10~0. 16
	26	S30510	10Cr18Ni12	1Cr18Ni12	0.12	1.00	2.00	0.045	0.030	10.50~13.00	17.00~19.00	—	—
	32	S30908	06Cr23Ni13	0Cr23Ni13	0.08	1. 00	2.00	0.045	0.030	12.00~15.00	22.00~24.00	—	—
	35	S31008	06Cr25Ni20	0Cr25Ni20	0.08	1.50	2.00	0.045	0.030	19.00~22.00	24.00~26.00	—	—
	38	S31608	06Cr17Ni12Mo2	0Cr17Ni12Mo2	0.08	1. 00	2. 00	0.045	0.030	10.00~14.00	16.00~18.00	2.00~3.00	—
	39	S31603	022Cr17Ni12Mo2	00Cr17Ni14Mo2	0.030	1. 00	2. 00	0.045	0.030	10.00~14.00	16.00~18.00	2.00~3. 00	—
	41	S31668	06Cr17Ni12Mo2Ti	0Cr18Ni12Mo3Ti	0.08	1.00	2. 00	0.045	0.030	10.00~14.00	16.00~18.00	2.00~3. 00	Ti≥5C
	43	S31658	06Cr17Ni12Mo2N	0Cr17Ni12Mo2N	0.08	1.00	2. 00	0.045	0.030	10.00~13.00	16.00~18.00	2.00~3. 00	N0. 10~0. 16
	44	S31653	022Cr17Ni12Mo2N	00Cr17Ni13Mo2N	0.030	1.00	2.00	0.045	0.030	10.00~13.00	16.00~18.00	2.00~3. 00	N0. 10~0. 16
	45	S31688	06Cr18Ni12Mo2Cu2	0Cr18Ni12Mo2Cu2	0.08	1.00	2. 00	0.045	0.030	10.00~14.00	17.00~19.00	1.20~2.75	Cu1. 00~2. 50
	46	S31683	022Cr18Ni14Mo2Cu2	00Cr18Ni14Mo2Cu2	0.030	1. 00	2.00	0.045	0.030	12.00~16.00	17.00~19.00	1.20~2.75	Cu1. 00~2. 50
	49	S31708	06Cr19Ni13Mo3	0Cr19Ni13Mo3	0.08	1.00	2. 00	0.045	0.030	11.00~15.00	18.00~20.00	3.00~4.00	—
	50	S31703	022Cr19Ni13Mo3	00Cr19Ni13Mo3	0.030	1. 00	2. 00	0.045	0.030	11.00~15.00	18.00~20.00	3.00~4. 00	—
	52	S31794	03Cr18Ni16Mo5	0Cr18Ni16Mo5	0.04	1. 00	2.50	0.045	0.030	15.00~17.00	16.00~19.00	4.00~6.00	—
	55	S32168	06Cr18Ni11Ti	0Cr18Ni10Ti	0.08	1.00	2.00	0.045	0.030	9.00~12.00	17.00~19.00	—	Ti5C~0. 70
	62	S34778	06Cr18Ni11Nb	0Cr18Ni11Nb	0.08	1.00	2.00	0.045	0.030	9.00~12.00	17.00~19.00	—	Nb10C~1. 10
	64	S38148	06Cr18Ni13Si4①	0Cr18Ni13Si4①	0.08	3.00~ 5. 00	2.00	0.045	0.030	11.50~15.00	15.00~20.00	—	—

① 必要时，可添加上表以外的合金元素

注：1. 表中所列成分除标明范围或最小值外，其余均为最大值。括号内数值为可加入或允许含有的最大值

2. 本标准牌号与国外标准牌号对照参见 GB/T 20878

续表

类型	GB/T 20878 中序号	统一数字代号	新牌号	旧牌号	化学成分(质量分数)/% C	Si	Mn	P	S	Ni	Cr	Mo	其他元素
奥氏体-铁素体型	67	S21860	14Cr18Ni11Si4AlTi	1Cr18Ni11Si4AlTi	0.10~0.18	3.40~4.00	0.80	0.035	0.030	10.00~12.00	17.50~19.50	—	Ti0.40~0.70 Al0.10~0.30
	68	S21953	022Cr19Ni5Mo3Si2N	00Cr18Ni5Mo3Si2	0.030	1.30~2.00	1.00~2.00	0.035	0.030	4.50~5.50	18.00~19.50	2.50~3.00	N0.05~0.12
	70	S22253	022Cr22Ni5Mo3N		0.030	1.00	2.00	0.030	0.020	4.50~6.50	21.00~23.00	2.50~3.50	N0.08~0.20
	71	S22053	022Cr23Ni5Mo3N		0.030	1.00	2.00	0.030	0.020	4.50~6.50	22.00~23.00	3.00~3.50	N0.14~0.20
	73	S22553	022Cr25Ni6Mo2N		0.030	1.00	2.00	0.035	0.030	5.50~6.50	24.00~26.00	1.20~2.50	N0.10~0.20
	75	S25554	03Cr25Ni6Mo3Cu2N		0.04	1.00	1.50	0.035	0.030	4.50~6.50	24.00~27.00	2.90~3.90	N0.10~0.25 Cu1.50~2.50
	注:1. 表中所列成分除标明范围或最小值外,其余均为最大值 2. 本标准牌号与国外标准牌号对照参见 GB/T 20878												
铁素体型	78	S11348	06Cr13Al	0Cr13Al	0.08	1.00	1.00	0.040	0.030	(0.60)	11.50~14.50	—	Al0.10~0.30
	83	S11203	022Cr12	00Cr12	0.030	1.00	1.00	0.040	0.030	(0.60)	11.00~13.50	—	—
	85	S11710	10Cr17	1Cr17	0.12	1.00	1.00	0.040	0.030	(0.60)	16.00~18.00	—	—
	86	S11717	Y10Cr17	Y1Cr17	0.12	1.00	1.25	0.060	≥0.15	(0.60)	16.00~18.00	(0.60)	—
	88	S11790	10Cr17Mo	1Cr17Mo	0.12	1.00	1.00	0.040	0.030	(0.60)	16.00~18.00	0.75~1.25	—
	94	S12791	008Cr27Mo①	00Cr27Mo①	0.010	0.40	0.40	0.030	0.020	—	25.00~27.50	0.75~1.50	N0.015
	95	S13091	008Cr30Mo2①	00Cr30Mo2①	0.010	0.40	0.40	0.030	0.020	—	28.50~32.00	1.50~2.50	N0.015
	① 允许含有小于或等于 0.50%镍,小于或等于 0.20%铜,而 Ni+Cu≤0.50%,必要时,可添加上表以外的合金元素 注:1. 表中所列成分除标明范围或最小值外,其余均为最大值。括号内数值为可加入或允许含有的最大值 2. 本标准牌号与国外标准牌号对照参见 GB/T 20878												
马氏体型	96	S40310	12Cr12	1Cr12	0.15	0.50	1.00	0.040	0.030	(0.60)	11.50~13.00	—	—
	97	S41008	06Cr13	0Cr13	0.08	1.00	1.00	0.040	0.030	(0.60)	11.50~13.50	—	—
	98	S41010	12Cr13①	1Cr13①	0.08~0.15	1.00	1.00	0.040	0.030	(0.60)	11.50~13.50	—	—
	100	S41617	Y12Cr13	Y1Cr13	0.15	1.00	1.25	0.060	≥0.15	(0.60)	12.00~14.00	(0.60)	—
	101	S42020	20Cr13	2Cr13	0.16~0.25	1.00	1.00	0.040	0.030	(0.60)	12.00~14.00	—	—
	102	S42030	30Cr13	3Cr13	0.26~0.35	1.00	1.00	0.040	0.030	(0.60)	12.00~14.00	—	—
	103	S42037	Y30Cr13	Y3Cr13	0.26~0.35	1.00	1.25	0.060	≥0.15	(0.60)	12.00~14.00	(0.60)	—
	104	S42040	40Cr13	4Cr13	0.36~0.45	0.60	0.80	0.040	0.030	(0.60)	12.00~14.00	—	—

续表

类型	GB/T 20878中序号	统一数字代号	新牌号	旧牌号	C	Si	Mn	P	S	Ni	Cr	Mo	其他元素
					化学成分(质量分数)/%								
马氏体型	106	S43110	14Cr17Ni2	1Cr17Ni2	0.11~0.17	0.80	0.80	0.040	0.030	1.50~2.50	16.00~18.00	—	—
	107	S43120	17Cr16Ni2		0.12~0.22	1.00	1.50	0.040	0.030	1.50~2.50	15.00~17.00	—	—
	108	S44070	68Cr17	7Cr17	0.60~0.75	1.00	1.00	0.040	0.030	(0.60)	16.00~18.00	(0.75)	—
	109	S44080	85Cr17	8Cr17	0.75~0.95	1.00	1.00	0.040	0.030	(0.60)	16.00~18.00	(0.75)	—
	110	S44096	108Cr17	11Cr17	0.95~1.20	1.00	1.00	0.040	0.030	(0.60)	16.00~18.00	(0.75)	—
	111	S44097	Y108Cr17	Y11Cr17	0.95~1.20	1.00	1.25	0.060	≥0.15	(0.60)	16.00~18.00	(0.75)	—
	112	S44090	95Cr18	9Cr18	0.90~1.00	0.80	0.80	0.040	0.030	(0.60)	17.00~19.00	—	—
	115	S45710	13Cr13Mo	1Cr13Mo	0.08~0.18	0.60	1.00	0.040	0.030	(0.60)	11.50~14.00	0.30~0.60	—
	116	S45830	32Cr13Mo	3Cr13Mo	0.28~0.35	0.80	1.00	0.040	0.030	(0.60)	12.00~14.00	0.50~1.00	—
	117	S45990	102Cr17Mo	9Cr18Mo	0.95~1.10	0.80	0.80	0.040	0.030	(0.60)	16.00~18.00	0.40~0.70	—
	118	S46990	90Cr18MoV	9Cr18MoV	0.85~0.95	0.80	0.80	0.040	0.030	(0.60)	17.00~19.00	1.00~1.30	V0.07~0.12
	① 相对于 GB/T 20878 调整成分牌号 注:1. 表中所列成分除标明范围或最小值外,其余均为最大值。括号内数值为可加入或允许含有的最大值 2. 本标准牌号与国外标准牌号对照参见 GB/T 20878												
沉淀硬化型	136	S51550	05Cr15Ni5Cu4Nb		0.07	1.00	1.00	0.040	0.030	3.50~5.50	14.00~15.50	—	Nb0.15~0.45 Cu2.50~4.50
	137	S51740	05Cr17Ni4Cu4Nb	0Cr17Ni4Cu4Nb	0.07	1.00	1.00	0.040	0.030	3.00~5.00	15.00~17.50	—	Nb0.15~0.45 Cu3.00~5.00
	138	S51770	07Cr17Ni7Al	0Cr17Ni7Al	0.09	1.00	1.00	0.040	0.030	6.50~7.75	16.00~18.00	—	Al0.75~1.50
	139	S51570	07Cr15Ni7Mo2Al	0Cr15Ni7Mo2Al	0.09	1.00	1.00	0.040	0.030	6.50~7.75	14.00~16.00	2.00~3.00	Al0.75~1.50
	注:1. 表中所列成分除标明范围或最小值外,其余均为增大值 2. 本标准牌号与国外标准牌号对照参见 GB/T 20878												

注：1. 本标准适用于尺寸不大于 250mm 的热轧和锻制不锈钢棒（包括圆钢、方钢、六角钢及扁钢）。不锈钢冷加工钢棒的、牌号和化学成分与本标准 GB/T 1220 相同其他见 GB/T 4226—2009。

2. 钢材的形状和尺寸应符合方、圆钢（GB/T 702）、六角钢（GB/T 705）、扁钢（GB/T 704）、锻制方、圆钢（GB/T 908）和锻制扁钢（GB/T 16761）相应标准的规定。

表 3-1-14　不锈钢的力学性能与用途（摘自 GB/T 1220—2007）

类别	新牌号	旧牌号	热处理：固溶处理 /℃	热处理：退火 /℃	热处理：淬火 /℃	热处理：回火 /℃	$R_{p0.2}$ /(N/mm²) ≥	R_m /(N/mm²) ≥	A /% ≥	Z /% ≥	A_{kU2} /J ≥	HBW ≤	HRB ≤	HV ≤	特性和用途
奥氏体型	12Cr17Mn6Ni5N	1Cr17Mn6Ni5N	1010~1120 快冷				275	520	40	45	—	241	100	253	节镍钢种，代替 12Cr17Ni7。冷加工后具有磁性。用于铁道车辆用、旅馆装备、厨房用具
奥氏体型	12Cr18Mn9Ni5N	1Cr18Mn8Ni5N	1010~1120 快冷				275	520	40	45	—	207	95	218	节镍钢种，代替 12Cr18Ni9，主要用于 800℃以下经受弱介质腐蚀的零件，如制作炊具、餐具等
奥氏体型	12Cr17Ni7	1Cr17Ni7	1010~1150 快冷				205	520	40	60	—	187	90	200	经冷加工有高的强度。大气条件下有较好的耐蚀性，用于铁道车辆，传送带，螺栓、螺母
奥氏体型	12Cr18Ni9	1Cr18Ni9	1010~1150 快冷				205	520	40	60	—	187	90	200	经冷加工有高的强度，但伸长率比 12Cr17Ni7 稍差。建筑装饰部件用
奥氏体型	Y12Cr18Ni9	Y1Cr18Ni9	1010~1150 快冷				205	520	40	50	—	187	90	200	是 12Cr18Ni9 改进切削性钢，最适用于自动车床，制作辊、轴螺栓、螺母
奥氏体型	Y12Cr18Ni9Se	Y1Cr18Ni9Se	1010~1150 快冷				205	520	40	50	—	187	90	200	调整 12Cr18Ni9 中 P、S 含量并加入 Se 提高切削性。最适用于自动车床，加工铆钉、螺钉
奥氏体型	06Cr19Ni10	0Cr18Ni9	1010~1150 快冷				205	520	40	60	—	187	90	200	性能类似于 12Cr18Ni9 但耐蚀更优，作为不锈耐热钢使用最广泛，适用深冲部件、容器、食品用设备，一般化工设备，原子能工业用
奥氏体型	022Cr19Ni10	00Cr19Ni10	1010~1150 快冷				175	480	40	60	—	187	90	200	比 06Cr19Ni10 含碳量更低的钢，耐晶间腐蚀性优越，为焊接后不能进行固溶热处理部件类
奥氏体型	06Cr19Ni10N	0Cr19Ni9N	1010~1150 快冷				275	550	35	50	—	217	95	220	在 06Cr19Ni10 基础上加 N，强度提高，塑性不降低。使材料的厚度减小。作为结构用要求较高强度部件
奥氏体型	06Cr19Ni9NbN	0Cr19Ni10NbN	1010~1150 快冷				345	685	35	50	—	250	100	260	在 06Cr19Ni10 基础上加 N 和 Nb，具有与 06Cr19Ni10N 相同的特性和用途
奥氏体型	022Cr19Ni10N	00Cr18Ni10N	1010~1150 快冷				245	550	40	50	—	217	95	220	是 06Cr19Ni10N 的超低碳钢，具有与其同样的特性，用途与 06Cr19Ni10N 相同，但耐晶间腐蚀性更好，因此焊接设备推荐用 022Cr19Ni10N
奥氏体型	10Cr18Ni12	1Cr18Ni12	1010~1150 快冷				175	480	40	60	—	187	90	200	与 12Cr18Ni9 相比，加工硬化性低。旋压加工、特殊拉拔、冷镦用
奥氏体型	06Cr23Ni13	0Cr23Ni13	1030~1150 快冷				205	520	40	60	—	187	90	200	耐腐蚀性、耐热性均比 06Cr19Ni10 好，多作耐热钢用
奥氏体型	06Cr25Ni20	0Cr25Ni20	1030~1180 快冷				205	520	40	50	—	187	90	200	抗氧化性比 06Cr23Ni13 好。既可用于耐蚀又可作为耐热钢使用

续表

类别	新牌号	旧牌号	热处理				力学性能								特性和用途
			固溶处理 /℃	退火 /℃	淬火 /℃	回火 /℃	$R_{p0.2}$	R_m	A	Z	A_{kU2}	HBW	HRB	HV	
							/(N/mm²) ≥		/% ≥		/J		≤		
奥氏体型	06Cr17Ni12-Mo2	0Cr17Ni12-Mo2	1010~1150 快冷				205	520	40	60	—	187	90	200	在 10Cr18Ni12 基础上加入钼，在海水和其他各种介质中，耐蚀性比 06Cr19Ni10 好。主要作为耐点蚀材料
	022Cr17Ni12-Mo2	00Cr17Ni14-Mo2					175	480	40	60	—	187	90	200	为 06Cr17Ni12Mo2 的超低碳钢，比 06Cr17Ni12Mo2 耐晶间腐蚀性好，用于厚尺寸截面的焊接设备
	06Cr17Ni12-Mo2N	0Cr17Ni12-Mo2N					275	550	35	50	—	217	95	220	在牌号 06Cr17Ni12Mo2 中加入 N，提高强度，不降低塑性，使材料的厚度减薄。制作耐蚀性较好的、强度较高的部件
	022Cr17Ni12-Mo2N	00Cr17Ni13-Mo2N					245	550	40	50	—	217	95	220	在牌号 022Cr17Ni12Mo2 中加入 N，具有与其相同的特性，用途与 06Cr17Ni12Mo2N 相同，耐晶间腐蚀性更好，用于化肥、造纸、制药、高压设备等
	06Cr18Ni12Mo2-Cu2	0Cr18Ni12Mo2-Cu2	1010~1150 快冷				205	520	40	60	—	187	90	200	在 06Cr17Ni12Mo2 中加入 Cu 耐蚀性、耐点蚀性更好。作为耐硫酸材料
	022Cr18Ni14Mo2-Cu2	00Cr18Ni14Mo2-Cu2					175	480	40	60	—	187	90	200	为 06Cr18Ni12Mo2Cu2 的超低碳钢，比 06Cr18Ni12Mo2Cu2 的耐晶间腐蚀性好，用途相同
	06Cr19Ni13-Mo3	0Cr19Ni13-Mo3					205	520	40	60	—	187	90	200	耐点蚀性比 06Cr17Ni12Mo2 好，作为造纸、印染、石化及耐有机酸腐蚀的设备
	022Cr19Ni13-Mo3	00Cr19Ni13-Mo3					175	480	40	60	—	187	90	200	为 06Cr19Ni13Mo3 的超低碳钢，比 06Cr19Ni13Mo3 耐晶间腐蚀性好、用途相同
	06Cr17Ni12-Mo2Ti	0Cr18Ni12-Mo3Ti	1000~1100 快冷				205	530	40	55	—	187	90	200	为解决 06Cr17Ni12Mo2 的晶间腐蚀发展而来，用于抵抗硫酸、磷酸、蚁酸、醋酸的设备，有良好的耐晶间腐蚀性，适合制造焊接设备
	03Cr18Ni16-Mo5	0Cr18Ni16-Mo5	1030~1180 快冷				175	480	40	45	—	187	90	200	制作含氯离子溶液的热交换器、醋酸设备、磷酸设备、漂白装置等，在 022Cr17Ni12Mo2 和 06Cr17Ni12Mo2Ti 不能适用的环境中使用
	06Cr18Ni-11Ti	0Cr18Ni10Ti	920~1150 快冷				205	520	40	50	—	187	90	200	添加 Ti 提高耐晶间腐蚀性，有良好的高温性能，可用超低碳奥氏体钢代替，除高温和抗氢腐蚀外不推荐使用
	06Cr18Ni-11Nb	0Cr18Ni11Nb	980~1150 快冷				205	520	40	50	—	187	90	200	含 Nb 提高耐晶间腐蚀性，在酸、碱、盐中耐蚀同 06Cr18Ni11Ti，焊接性好，既作耐蚀钢又作耐热钢，用于火电厂，石化领域作容器、管道，热交换器等

续表

类别	新牌号	旧牌号	热处理				力学性能								特性和用途
			固溶处理/℃	退火/℃	淬火/℃	回火/℃	$R_{p0.2}$ /(N/mm²) ≥	R_m /(N/mm²) ≥	A /% ≥	Z /% ≥	A_{kU2} /J	HBW ≤	HRB ≤	HV ≤	
奥氏体型	06Cr18Ni9Cu3	0Cr18Ni9Cu3	1010~1150 快冷				175	480	40	60	—	187	90	200	在 06Cr19Ni9 中加入 Cu，提高了冷加工性。主要冷镦紧固件，深拉冷成形部件
奥氏体型	06Cr18Ni13Si4	0Cr18Ni13Si4	1010~1150 快冷				205	520	40	60	—	207	95	218	在 06Cr19Ni10 中增加 Ni、Si，提高耐应力腐蚀断裂性。用于含氯离子环境，如汽车排气净化装置
奥氏体-铁素体型	14Cr18Ni11Si4AlTi	1Cr18Ni11Si4AlTi	930~1050 快冷				440	715	25	40	63	—	—	—	含 Si 提高强度和耐浓硝酸制作抗高温、浓硝酸介质的零件和设备，如排阀门
奥氏体-铁素体型	022Cr19Ni5Mo3Si2N	00Cr18Ni5Mo3Si2	920~1150 快冷				390	590	20	40	—	290	30	300	具有双相组织，耐氯化物应力腐蚀性能好，耐点蚀性能与 022Cr17Ni12Mo2 相当，具有较高的强度，适用于含氯离子的环境，用于炼油、化肥、造纸、石油、化工等工业热交换器和冷凝器等
铁素体型	06Cr13Al	0Cr13Al		780~830 空冷或缓冷			175	410	20	60	78	183	—	—	用于 12Cr13 或 10Cr17 由于空气可淬硬而不适用的地方。用于汽轮机叶片，压力容器，复合钢材，石油精炼装置
铁素体型	022Cr12	00Cr12		700~820 空冷或缓冷			195	360	22	60	—	183	—	—	比 022Cr13 含碳量低，焊接部位弯曲性能、加工性能、耐高温氧化性能好。制作汽车排气处理装置，锅炉燃烧室、喷嘴
铁素体型	10Cr17	1Cr17		780~850 空冷或缓冷			205	450	22	50	—	183	—	—	耐蚀性良好的通用钢种，主要用于生产硝酸，如吸收塔、热交换器、建筑内装饰、重油燃烧器部件、家庭用具、家用电器部件用
铁素体型	Y10Cr17	Y1Cr17		680~820 空冷或缓冷			205	450	22	50	—	183	—	—	比 10Cr17 切削性能好，用于自动车床加工螺栓、螺母用
铁素体型	10Cr17Mo	1Cr17Mo		780~850 空冷或缓冷			205	450	22	60		183			为 10Cr17 的改良钢种，比 10Cr17 抗盐溶液能力强，作汽车外装材料用、汽车轮毂等

续表

类别	新牌号	旧牌号	热处理 固溶处理 /℃	热处理 退火 /℃	热处理 淬火 /℃	热处理 回火 /℃	$R_{p0.2}$ /(N/mm²) ≥	R_m /(N/mm²) ≥	A /% ≥	Z /% ≥	A_{kU2} /J	HBW ≤	退火 HBW ≤	HV ≤	特性和用途
铁素体型	008Cr30Mo2	00Cr30Mo2		900~1050 快冷			295	450	20	45	—	228	—	—	高 Cr-Mo 系，C、N 含量降至极低，耐蚀性很好，制作与醋酸、乳酸等有机酸有关的设备及苛性碱设备。耐卤离子应力腐蚀，耐点腐蚀，用于化工、食品、石油精炼、电力、水处理等用热交换器、压力容器、罐等
铁素体型	008Cr27Mo	00Cr27Mo		900~1050 快冷			245	410	20	45	—	219	—	—	性能、用途、耐蚀性和软磁性与 008Cr30Mo2 类似
马氏体型	12Cr12	1Cr12		800~900 缓冷或约 750 快冷	950~1000 油冷	700~750 快冷	390	590	25	55	118	170	200	—	作为汽轮机叶片及高应力部件之良好的不锈耐热钢
马氏体型	12Cr13	1Cr13		800~900 缓冷或约 750 快冷	950~1000 油冷	700~750 快冷	345	540	22	55	78	159	200	—	具有良好的耐蚀性、机械加工性，用于韧性要求高不锈的冲击部件，一般用途及刃具、叶片类用
马氏体型	06Cr13	0Cr13		800~900 缓冷或约 750 快冷	950~1000 油冷	700~750 快冷	345	490	24	60	—	—	183	—	制作较高韧性及受冲击载荷的零件，如汽轮机叶片、结构架、不锈设备、衬里、螺栓、螺母等
马氏体型	13Cr13Mo	1Cr13Mo		830~900 缓冷或约 750 快冷	970~1020 油冷	650~750 快冷	490	690	20	60	78	192	200	—	为比 12Cr13 耐蚀性高的高强度钢钢种，制作汽轮机叶片、高温用部件
马氏体型	Y12Cr13	Y1Cr13		800~900 缓冷或约 750 快冷	950~1000 油冷	700~750 快冷	345	540	17	45	55	159	200	—	不锈钢中切削性能最好的钢种。自动车床用
马氏体型	20Cr13	2Cr13		800~900 缓冷或约 750 快冷	920~980 油冷	600~750 快冷	440	640	20	50	63	192	223	—	淬火状态下硬度高，性能类似 12Cr13，硬度高于 12Cr13 耐蚀性和韧性稍低，制作承受高应力零件如汽轮机叶片，医药器械
马氏体型	30Cr13	3Cr13		800~900 缓冷或约 750 快冷	920~980 油冷	600~750 快冷	540	735	12	40	24	217	235	—	比 12Cr13、20Cr13 有更高强度、淬透性和硬度，制作高强度部件刃具、喷嘴、阀座、阀门等
马氏体型	32Cr13Mo	3Cr13Mo		800~900 缓冷或约 750 快冷	1025~1075 油冷	200~300 油、水、空冷	—	—	—	—	—	HRC 50	207	—	在 30Cr13 钢加入 Mo，改善强度和硬度，耐蚀性优于 30Cr13 用途同 30Cr13 制作较高硬度及高耐磨性的热油泵轴、阀片、阀门轴承、医疗器械弹簧等零件

续表

类别	新牌号	旧牌号	热处理 固溶处理 /℃	热处理 退火 /℃	热处理 淬火 /℃	热处理 回火 /℃	力学性能 $R_{p0.2}$ /(N/mm²) ≥	力学性能 R_m /(N/mm²) ≥	力学性能 A /% ≥	力学性能 Z /% ≥	力学性能 A_{kU2} /J	力学性能 HBW	退火 HBW	特性和用途
马氏体型	Y30Cr13	Y3Cr13		800~900 缓冷或约 750 快冷	920~980 油冷	600~750 快冷	540	735	8	35	≥24	≥ 217	≤235	改善 30Cr13 切削性能的钢种，用途与 30Cr13 相似
	40Cr13	4Cr13			1050~1100 油冷	200~300 空冷	—	—	—	—	—	HRC ≥50	≤235	强度、硬度高于 30Cr13，制作较高硬度及高耐磨性的热油泵轴、阀片、阀门、轴承、医疗器械、弹簧等零件，不作焊接件
	14Cr17Ni2	1Cr17Ni2		680~700 高温回火空冷	950~1050 油冷	275~350 空冷	—	1080	10	—	≥39	—	≤285	耐蚀性优于 12Cr13 和 10Cr17 制作可淬硬性具有较高强度的耐硝酸及有机酸腐蚀的零件、容器和设备
	68Cr17	7Cr17		800~920 缓冷	1010~1070 油冷	100~180 快冷	—	—	—	—	—	HRC ≥54	≤255	比 20Cr13 更高淬火硬度，淬火回火后，强度、硬度高，兼有不锈、耐蚀性，制作刃具、量具、轴类阀门
	85Cr17	8Cr17					—	—	—	—	—	HRC ≥56	≤255	硬化状态下，比 68Cr17 硬，而比 108Cr17 韧性高，制作刃具、阀门
	95Cr18	9Cr18			1000~1050 油冷	200~300 油、空冷	—	—	—	—	—	HRC ≥55	≤255	制作不锈切片机械刃具及剪片刀具、手术刀片、轴、泵、阀、性能类似 68Cr17 弹簧高耐磨设备零件等
	108Cr17	11Cr17			1010~1070 油冷	100~180 快冷	—	—	—	—	—	HRC ≥58	≤269	在所有不锈钢、耐热钢中，硬度最高。制作喷嘴、轴承
	Y108Cr17	Y11Cr17					—	—	—	—	—	HRC ≥58	≤269	比 108Cr17 提高了切削性。自动车床用
	102Cr17Mo	9Cr18Mo		800~900 缓冷	1000~1050 油冷	200~300 空冷	—	—	—	—	—	HRC ≥55	≤269	性能类似 95Cr18，由于加入了 Mo、V，热强性优于 95Cr18，用于轴承套圈及滚动体用的高碳铬不锈钢以及制作不锈切片机械刃具及剪切工具、手术刀片、高耐磨设备零件等
	90Cr18MoV	9Cr18MoV		800~920 缓冷	1050~1075 油冷	100~200 空冷	—	—	—	—	—	HRC ≥55	≤269	
	05Cr17Ni4Cu4Nb	0Cr17Ni4Cu4Nb	1020~1060 快冷	固溶处理后，分别经 480（1 组）、550（2 组）、580（3 组）、620（4 组）时效			1180~ 725	1310~ 930	10~ 16	40~ 50	—	HRC≥ 40~28	≥375 ~277	添加铜的沉淀硬化型钢种。制作耐弱酸、碱、盐的轴类、汽轮机部件
沉淀硬化型	07Cr17Ni7Al	0Cr17Ni7Al	1000~1100 快冷	固溶处理后，分别经 510（1 组）、565（2 组）、510 时效			1030、960	1230、1140	4、5	10、25	—	—	≥388、363	添加铝的沉淀硬化型钢种。制作 350℃以下长期工作的结构件，容器、管道、弹簧、垫圈、机器部件
	07Cr15Ni7Mo2Al	0Cr15Ni7Mo2Al					1210、1100	1320、1210	6、7	20、25	—	—	≥388、375	用于有一定耐蚀要求的高强度容器、零件及结构件，综合性能优于 07Cr17Ni7Al

续表

类别	新牌号	旧牌号	热处理				力学性能								特性和用途
			固溶处理 /℃	退火 /℃	淬火 /℃	回火 /℃	$R_{p0.2}$	R_m	A	Z	A_{kU2}	HBW	HRB	HV	
							/(N/mm²) ≥		/% ≥		/J	≤			
2007年标准新增加牌号 奥氏体-铁素体型	022Cr22Ni5Mo3N	—	950~1200 快冷	—	—	—	450	620	25	—	—	290	—	—	在瑞典SAF2205钢基础上研制的，目前世界上应用最广的双相不锈钢。对含硫化氢、二氧化碳、氯化物的环境有阻抗性，可进行冷、热加工及成型，焊接性好，适用作结构件，代替022Cr19Ni10和022Cr17Ni12Mo2用于制作油井管、化工储罐热交换器等设备
	022Cr23Ni5Mo3N	—	950~1200 快冷	—	—	—	450	655	25	—	—	290	—	—	从022Cr22Ni5Mo3N派生而来，特性用途同022Cr22Ni5Mo3W
	022Cr25Ni6Mo2N	—	950~1200 快冷	—	—	—	450	620	20	—	—	260	—	—	降低碳、调高钼、添加氮，有高强度，耐氯化物应力腐蚀，可焊接，耐热蚀，代替0Cr26Ni5Mo2，用于石油化工作热交换器、蒸发器
	03Cr25Ni6Mo3Cu2N	—	1000~1200 快冷	—	—	—	550	750	25	—	—	290	—	—	有良好的力学性能，耐局部腐蚀性能，尤其耐磨性能好，是海水环境理想材料，用作船用螺旋推进器，轴、潜艇密封件及石油化工设备
马氏体型	17Cr16Ni12	—	—	钢棒退火	试样淬火	试样回火									加工性比14Cr17Ni2明显改善，用于制作较高强度韧性、塑性和耐蚀性的零件及在潮湿介质中工作的承力件
				1 680~800 炉冷或空冷	950~1050 油冷或空冷	600~650 空冷	700	900~1050	12	45	25 (A_{kV})	钢棒退火后 295	—	—	
				2		750~800+650~700 空冷	600		14						
沉淀硬化型	05Cr15Ni5Cu4Nb	—	种类	组别	条件							HBW	HRC	—	在05Cr17Ni4Cu4Nb基础上发展的马氏体沉淀硬化钢，除高强度外，还具有高的横向韧性和良好可锻性，耐蚀性与05Cr17Ni4Cu4No相当。用于高强度锻件、高压系统阀门、飞机部件等
			固溶处理	0	1020~1060，快冷		—	—	—	—	—	≤363	≤38	—	
			沉淀硬化 480℃时效	1	经固溶处理后，470~490空冷		1180	1310	10	35	—	≥375	≥40	—	
			沉淀硬化 550℃时效	2	经固溶处理后，540~560空冷		1000	1070	12	45	—	≥331	≥35	—	
			沉淀硬化 580℃时效	3	经固溶处理后，570~590空冷		865	1000	13	45	—	≥302	≥31	—	
			沉淀硬化 620℃时效	4	经固溶处理后，610~630空冷		725	930	16	50	—	≥277	≥28	—	

注：1. 本标准适用尺寸（直径、边长、对边距离或厚度）不大于250mm的热轧和锻制不锈钢棒（圆钢、方钢、六角钢、八角钢和扁钢）。
2. 奥氏体钢棒的力学性能仅适用于直径、边长、对角距离或厚度小于或等于180mm的钢棒，大于180mm的钢棒，可改锻成180mm的样坯检验。
3. 奥氏体-铁素体、铁素体、马氏体和沉淀硬化型钢棒的力学性能仅适用于直径、边长、对角距离或厚度小于或等于75mm的钢棒，大于75mm的钢棒可改锻成75mm的样坯检验。
4. 表中力学性能，扁钢不适用，需方要求时，由供需双方协商确定。
5. 表中 $R_{p0.2}$ 为规定非比例延伸强度，R_m 为抗拉强度，A 为断后伸长率，Z 为断面收缩率，A_{kU2} 为冲击吸收功。
6. 表中力学性能为热处理钢棒或试样的数据，试样毛坯的尺寸一般为25mm，当钢棒尺寸小于25mm时，用原尺寸钢棒进行热处理。表列为热处理交货状态时的常温力学性能。
7. 沉淀硬化型钢棒力学性能应注明热处理组别，未注明时按1组执行。

表 3-1-15　奥氏体耐热钢的化学成分和力学性能（摘自 GB/T 1221—2007）

统一数字代号	新钢号	旧钢号	化学成分(质量分数)/%							
			C	Si	Mn	Ni	Cr	P	S	其　他
S35650	53Cr21Mn9Ni4N	5Cr21Mn9Ni4N	0.48~0.58	0.35	8.0~10.0	3.25~4.50	20.00~22.0	0.040	0.030	N0.35~0.50
S30850	22Cr21Ni12N	2Cr21Ni12N	0.15~0.28	0.75~1.25	1.0~1.6	10.50~12.50	20.0~22.0	0.040	0.030	N0.15~0.30
S30920	16Cr23Ni13	2Cr23Ni13	0.20	1.00	2.0	12.0~15.0	22.0~24.0	0.040	0.030	
S31020	20Cr25Ni20	2Cr25Ni20	0.25	1.50	2.0	19.0~22.0	24.0~26.0	0.040	0.030	
S33010	12Cr16Ni35	1Cr16Ni35	0.15	1.50	2.0	33.0~37.0	14.0~17.0	0.040	0.030	
S30408	06Cr19Ni10	0Cr18Ni9	0.08	1.00	2.0	8.0~11.0	18.0~20.0	0.045	0.030	
S30908	06Cr23Ni13	0Cr23Ni13	0.08	1.00	2.0	12.0~15.0	22.0~24.0	0.045	0.030	
S31008	06Cr25Ni20	0Cr25Ni20	0.08	1.50	2.0	19.0~22.0	24.0~26.0	0.040	0.030	
S31608	06Cr17Ni12Mo2	0Cr17Ni12Mo2	0.08	1.00	2.0	10.0~14.0	16.0~18.0	0.045	0.030	Mo2.0~3.0
S32590	45Cr14Ni14W2Mo	4Cr14Ni14W2Mo	0.40~0.50	0.80	0.7	13.0~15.0	13.0~15.0	0.040	0.030	Mo0.25~0.40,W2.00~2.75
S35750	26Cr18Mn12Si2N	3Cr18Mn12Si2N	0.22~0.30	1.40~2.20	10.5~12.5	—	17.0~19.0	0.050	0.030	N0.22~0.33
S35850	22Cr20Mn10Ni2Si2N	2Cr20Mn9Ni2Si2N	0.17~0.26	1.80~2.70	8.5~11.0	2.00~3.00	18.0~21.0	0.050	0.030	N0.20~0.30
S31708	06Cr19Ni13Mo3	0Cr19Ni13Mo3	0.08	1.00	2.0	11.00~15.00	18.0~20.0	0.045	0.030	Mo3.0~4.0
S32168	06Cr18Ni11Ti	0Cr18Ni10Ti	0.08	1.00	2.0	9.00~12.00	17.0~19.0	0.045	0.030	Ti5C~0.70
S34778	06Cr18Ni11Nb	0Cr18Ni11Nb	0.08	1.00	2.0	9.00~12.00	17.0~19.0	0.045	0.030	Nb10C~1.10
S38148	06Cr18Ni13Si4	0Cr18Ni13Si4	0.08	3.00~5.00	2.0	11.5~15.00	15.0~20.0	0.045	0.030	
S38240	16Cr20Ni14Si2	1Cr20Ni14Si2	0.20	1.50~2.50	1.50	12.00~15.00	19.00~22.00	0.040	0.030	
S38340	16Cr25Ni20Si2	1Cr25Ni20Si2	0.20	1.50~2.50	1.50	18.00~21.00	24.00~27.00	0.040	0.030	

续表

统一数字代号	新钢号	旧钢号	热处理			拉伸试验				硬度试验
			固溶处理		时效处理	$R_{p0.2}$	R_m	A	Z	HBW
			温度	及冷却方式	温度及冷却方式	/(N/mm²) ≥		/% ≥		
S35650	53Cr21Mn9Ni4N	5Cr21Mn9Ni4N	1100~1200℃	快冷	730~780℃空冷	560	885	8	—	≥302
S30850	22Cr21Ni12N	2Cr21Ni12N	1050~1150℃		750~800℃空冷	430	820	26	20	≤269
S30920	16Cr23Ni13	2Cr23Ni13	1030~1150℃			205	560	45	50	≤201
S31020	20Cr25Ni20	2Cr25Ni20	1030~1180℃			205	590	40	50	≤201
S33010	12Cr16Ni35	1Cr16Ni35	1030~1180℃			205	560	40	50	≤201
S30408	06Cr19Ni10	0Cr18Ni9	1010~1150℃			205	520	40	60	≤187
S30908	06Cr23Ni13	0Cr23Ni13	1030~1150℃			205	520	40	60	≤187
S31008	06Cr25Ni20	0Cr25Ni20	1030~1180℃			205	520	40	50	≤187
S31608	06Cr17Ni12Mo2	0Cr17Ni12Mo2	1010~1150℃			205	520	40	60	≤187
S32590	45Cr14Ni14W2Mo	4Cr14Ni14W2Mo	退火 820~850℃			315	705	20	35	≤248
S35750	26Cr18Mn12Si2N	3Cr18Mn12Si2N	1100~1150℃			390	685	35	45	≤248
S35850	22Cr20Mn10Ni2Si2N	2Cr20Mn9Ni2Si2N	1100~1150℃			390	635	35	45	≤248
S31708	06Cr19Ni13Mo3	0Cr19Ni13Mo3	1010~1150℃			205	520	40	60	≤187
S32168	06Cr18Ni11Ti	0Cr18Ni10Ti	920~1150℃			205	520	40	50	≤187
S34778	06Cr18Ni11Nb	0Cr18Ni11Nb	980~1150℃			205	520	40	50	≤187
S38148	06Cr18Ni13Si4	0Cr18Ni13Si4	1010~1150℃			205	520	40	60	≤207
S38240	16Cr20Ni14Si2	1Cr20Ni14Si2	1080~1130℃			295	590	35	50	≤187
S38340	16Cr25Ni20Si2	1Cr25Ni20Si2	1080~1130℃			295	590	35	50	≤187

注：1. 本标准适用于尺寸不大于250mm的热轧、锻制耐热钢棒（包括圆钢、方钢、扁钢、六角钢、八角钢）或尺寸不大于120mm的冷加工钢棒。

2. 表中成分除标明范围或最小值外，其余均为最大值。

3. 钢棒一般以热处理或不热处理状态交货，未注明者按不处理交货，切削加工用奥氏体型钢棒应进行固溶处理或退火处理，热压力加工用钢棒不进行固溶处理或退火处理。

4. 力学性能为钢棒或试样毛坯热处理后的性能，试样毛坯尺寸一般为25mm，当钢棒尺寸小于25mm时，用原尺寸钢棒进行热处理。冷拉后不进行热处理钢棒的力学性能由供需双方协商。力学性能除53Cr21Mn9Ni4N和22Cr21Ni12N仅适用尺寸小于、等于25mm外，其余钢号力学性能适用于尺寸小于、等于180mm的钢棒，大于180mm的钢棒改锻成180mm的样坯检验。

5. 本标准牌号与国外标准牌号对照参见GB/T 20878。

表 3-1-16 铁素体、马氏体耐热钢的化学成分和力学性能（摘自 GB/T 1221—2007）

类别	统一数字代号	新钢号	旧钢号	化学成分(质量分数)/%							
				C	Si	Mn	Ni	Cr	P	S	其他
铁素体型	S12550	16Cr25N	2Cr25N	0.20	1.00	1.50		23.0~27.0	0.040	0.030	N≤0.25
铁素体型	S11348	06Cr13Al	0Cr13Al	0.08	1.00	1.00		11.5~14.5	0.040	0.030	Al 0.10~0.30
铁素体型	S11203	022Cr12	00Cr12	0.03	1.00	1.00		11.0~13.5	0.040	0.030	
铁素体型	S11710	10Cr17	1Cr17	≤0.12	1.00	1.00		16.0~18.0	0.040	0.030	
马氏体型	S45110	12Cr5Mo	1Cr5Mo	≤0.15	≤0.50	≤0.60	≤0.60	4.0~6.0	0.040	0.030	Mo 0.40~0.60
马氏体型	S48040	42Cr9Si2	4Cr9Si2	0.35~0.50	2.00~3.00	≤0.70	≤0.60	8.0~10.0	0.035	0.030	
马氏体型	S48140	40Cr10Si2Mo	4Cr10Si2Mo	0.35~0.45	1.90~2.60	≤0.70	≤0.60	9.0~10.5	0.035	0.030	Mo 0.70~0.90
马氏体型	S48380	80Cr20Si2Ni	8Cr20Si2Ni	0.75~0.85	1.75~2.25	0.20~0.60	1.15~1.65	19.0~20.5	0.030	0.030	
马氏体型	S46010	14Cr11MoV	1Cr11MoV	0.11~0.18	≤0.50	≤0.60	≤0.60	10.0~11.5	0.035	0.030	Mo 0.50~0.70, V 0.25~0.40
马氏体型	S45610	12Cr12Mo	1Cr12Mo	0.10~0.15	≤0.50	0.30~0.50	0.30~0.60	11.50~13.00	0.035	0.030	Mo 0.30~0.60
马氏体型	S46250	18Cr12MoVNbN	2Cr12MoVNbN	0.15~0.20	≤0.50	0.50~1.00	(0.60)	10.0~13.0	0.035	0.030	Mo 0.30~0.90, V 0.10~0.40, N 0.05~0.10, Nb 0.20~0.60
马氏体型	S47010	15Cr12WMoV	1Cr12WMoV	0.12~0.18	≤0.50	0.50~0.90	0.40~0.80	11.0~13.0	0.035	0.030	Mo 0.50~0.70, W 0.70~1.10, V 0.15~0.30
马氏体型	S47220	22Cr12NiWMoV	2Cr12NiMoWV	0.20~0.25	≤0.50	0.50~1.00	0.50~1.00	11.0~13.0	0.040	0.030	Mo 0.75~1.25, W 0.75~1.25, V 0.20~0.40
马氏体型	S41010	12Cr13	1Cr13	0.08~0.15	1.00	1.00	(0.60)	11.5~13.5	0.040	0.030	
马氏体型	S45710	13Cr13Mo	1Cr13Mo	0.08~0.18	≤0.60	≤1.00	(0.60)	11.5~14.0	0.040	0.030	Mo 0.30~0.60
马氏体型	S42020	20Cr13	2Cr13	0.16~0.25	1.00	1.00	(0.60)	12.0~14.0	0.040	0.030	
马氏体型	S43110	14Cr17Ni2	1Cr17Ni2	0.11~0.17	≤0.80	≤0.80	1.50~2.50	16.0~18.0	0.040	0.030	
马氏体型	S47310	13Cr11Ni2W2MoV	1Cr11Ni2W2MoV	0.10~0.16	≤0.60	≤0.60	1.40~1.80	10.5~12.0	0.035	0.030	Mo 0.35~0.50, W 1.50~2.00, V 0.18~0.30

续表

类别	统一数字代号	新钢号	旧钢号	热处理 退火	热处理 淬火	热处理 回火	拉伸试验 $R_{p0.2}$	拉伸试验 R_m	拉伸试验 A	拉伸试验 Z	冲击试验 A_{kU2}	经淬火回火后硬度	退火后硬度
				温度及冷却方式			/(N/mm²) ≥		/% ≥		/J	HBW	
铁素体型	S12550	16Cr25N	2Cr25N	780~880℃快冷			275	510	20	40			≤201
	S11348	06Cr13Al	0Cr13Al	780~830℃空冷或缓冷			175	410	20	60			≥183
	S11203	022Cr12	00Cr12	700~820℃空冷或缓冷			195	360	22	60			≥183
	S11710	10Cr17	1Cr17	780~850℃空冷或缓冷			205	450	22	50			≥183
马氏体型	S45110	12Cr5Mo	1Cr5Mo		900~950℃油冷	600~700℃空冷	390	590	18				≤200
	S48040	42Cr9Si2	4Cr9Si2		1020~1040℃油冷	700~780℃油冷	590	885	19	50			≤269
	S48140	40Cr10Si2Mo	4Cr10Si2Mo		1010~1040℃油冷	720~760℃空冷	685	885	10	35			≤269
	S48380	80Cr20Si2Ni	8Cr20Si2Ni	800~900℃缓冷或约720℃空冷	1030~1080℃油冷	100~800℃快冷	685	885	10	15	8	≥262	≤321
	S46010	14Cr11MoV	1Cr11MoV		1050~1100℃空冷	720~740℃空冷	490	685	16	55	47		≤200
	S45610	12Cr12Mo	1Cr12Mo	800~900℃缓冷或约750℃快冷	950~1000℃油冷	700~750℃快冷	550	685	18	60	78	217~248	≤255
	S46250	18Cr12MoVNbN	2Cr12MoVNbN	850~950℃缓冷	1100~1170℃油冷或空冷	600℃以上空冷	685	835	15	30		≤321	≤269
	S47010	15Cr12WMoV	1Cr12WMoV		1000~1050℃油冷	680~700℃空冷	585	735	15	45	47		
	S47220	22Cr12NiWMoV	2Cr12NiMoWV	830~900℃缓冷	1020~1070℃油冷或空冷	600℃以上空冷	735	885	10	25		≤341	≤269
	S41010	12Cr13	1Cr13	800~900℃缓冷或约750℃快冷	950~1000℃油冷	700~750℃快冷	345	540	22	55	78	≥159	≤200
	S45710	13Cr13Mo	1Cr13Mo	830~900℃缓冷或约750℃快冷	970~1020℃油冷	650~750℃快冷	490	90	20	60	78	≥192	≤200
	S42020	20Cr13	2Cr13	800~900℃缓冷或约750℃快冷	920~980℃油冷	600~750℃快冷	440	40	20	50	63	≥192	≤223
	S43110	14Cr17Ni2	1Cr17Ni2	680~700℃高温回火,空冷	950~1050℃油冷	275~350℃空冷		1080	10		39		—
	S47310	13Cr11Ni2W2MoV	1Cr11Ni2W2MoV		1组 1000~1020℃正火 1000~1020℃油冷或空冷	660~710℃ 油冷或空冷	735	885	15	55	71	269~321	≤269
					2组 1000~1020℃正火 1000~1020℃油冷或空冷	540~600℃ 油冷或空冷	885	1080	12	50	55	311~388	

注：1. 见表 3-1-15 注 1、注 2、注 5。

2. 马氏体钢增加了牌号 17Cr16Ni2、18Cr11NiMoNbVN、45Cr9Si3，本表未编入。

3. 钢棒一般以热处理状态交货。表中力学性能数值仅适用于尺寸小于或等于 75mm 的钢棒。大于 75mm 的钢棒可改锻成 75mm 的样坯检验。

表 3-1-17　沉淀硬化耐热钢的化学成分和力学性能（摘自 GB/T 1221—2007）

钢　　号	化学成分(质量分数)/%							
	C	Si	Mn	Ni	Cr	P ≤	S ≤	其　他
0Cr17Ni4Cu4Nb	≤0.07	≤1.00	≤1.00	3.00~5.00	15.50~17.50	0.040	0.030	Cu3.00~5.00 Nb0.15~0.45
0Cr17Ni7Al	≤0.09	≤1.00	≤1.00	6.50~7.75	16.00~18.00	0.040	0.030	Al0.75~1.50

钢　　号	热处理				拉伸试验				硬度	
	固溶处理	时效处理			$R_{p0.2}$	R_m	A	Z	固溶处理后时效	
	温度及冷却方式	温度及冷却方式			/(N/mm²) ≥		/% ≥		HBW	HRC
0Cr17Ni4Cu4Nb	1020~1060℃快　冷	固溶处理后	470~490℃空冷	1组	1180	1310	10	40	≥375	≥40
			540~560℃空冷	2组	1000	1070	12	45	≥331	≥35
			570~590℃空冷	3组	865	1000	13	45	≥302	≥31
			610~630℃空冷	4组	725	930	16	50	≥277	≥28
0Cr17Ni7Al	1000~1100℃快　冷	固溶处理后	955℃±10℃保持10min,空冷到室温,在24h以内冷却到-73℃±6℃,保持8h,再加热到510℃±10℃,保持60min后空冷,1组		1080	1230	4	10	≥388	
			760℃±15℃保持90min,在1h内冷却到15℃以下保持30min,再加热到565℃±10℃保持90min,空冷,2组		960	1140	5	25	≥363	

注：见表 3-1-15 表注。

表 3-1-18　耐热钢的特性和用途（摘自 GB/T 1221—2007）

类别	旧钢号	特　性　和　用　途
奥氏体型	5Cr21Mn9Ni4N	用于以高温强度为主的汽油及柴油机用排气阀
	2Cr21Ni12N	用于以抗氧化为主的汽油及柴油机用排气阀
	2Cr23Ni13	承受980℃以下反复加热的抗氧化钢。用于加热炉部件、重油燃烧器
	2Cr25Ni20	承受反复加热的抗氧化钢温度较高,可达1035℃,用作炉用部件,喷嘴,燃烧室等
	1Cr16Ni35	抗渗碳、易渗氮,可在1035℃以下反复加热。炉用钢料用于石油裂解装置
	0Cr15Ni25Ti2MoAlVB	用于耐700℃高温的汽轮机转子、螺栓、叶片、轴
	0Cr18Ni9	通常作耐氧化钢用,可承受870℃以下的反复加热

续表

类别	旧钢号	特性和用途
奥氏体型	0Cr23Ni13	耐腐蚀性比旧牌号0Cr18Ni9好,可承受980℃以下的反复加热。炉用材料
	0Cr25Ni20	比旧牌号0Cr23Ni13抗氧化性好,可承受1035℃高温反复加热。炉用材料,汽车排气净化装置用材料
	0Cr17Ni12Mo2	高温下具有优良的蠕变强度,制作热交换用部件、高温耐蚀类螺栓
	4Cr14Ni14W2Mo	700℃以下有较高的热强性,用于内燃机重负荷进、排气阀和紧固件,500℃以下航空发动机零件
	3Cr18Mn12Si2N	有较高的高温强度和一定的抗氧化性,并且具有较好的抗硫及抗增碳性。用于吊挂支架、渗碳炉构件、加热炉传送带、料盘、炉爪
	2Cr20Mn9Ni2Si2N	特性和用途同旧牌号3Cr8Mn12Si2N,还可用于盐浴坩埚和加热炉管道等
	0Cr19Ni13Mo3	高温下具有良好的蠕变强度和耐点蚀,制作热交换用部件和造纸印染石化耐有机酸装备
	1Cr18Ni9Ti	有良好的耐热性及耐蚀性,制作加热炉管、燃烧室筒体、退火炉罩
	0Cr18Ni10Ti	用于在400~900℃腐蚀条件下使用的部件及高温用焊接结构部件
	0Cr18Ni11Nb	用于在400~900℃腐蚀条件下使用的部件及高温用焊接结构部件
	0Cr18Ni13Si4	具有与旧牌号0Cr25Ni20相当的抗氧化性。用于含氯离子环境、汽车排气净化装置用材料
	1Cr20Ni14Si2	具有较高的高温强度及抗氧化性,对含硫气氛较敏感,在600~800℃有析出相的脆化倾向,适于制作承受应力的各种炉用构件
	1Cr25Ni20Si2	
铁素体型	2Cr25N	耐高温腐蚀性强,1082℃以下不产生易剥落的氧化皮,用于燃烧室、退火箱、玻璃模具
	0Cr13Al	由于冷却硬化少,可制作燃气透平压缩机叶片、退火箱、淬火台架
	00Cr12	耐高温氧化,用于要求焊接的部件、汽车排气净化装置、锅炉燃烧室、喷嘴
	1Cr17	用于900℃以下抗氧化部件、散热器、炉用部件、油喷嘴
马氏体型	1Cr5Mo	中高温下有好的力学性能,能抗石油裂化过程中产生的腐蚀。用于再热蒸汽管、石油裂解管、锅炉吊架、汽轮机气缸衬套、泵零件、阀、活塞杆、高压加氢设备部件、紧固件
	4Cr9Si2	有较高的热强性。750℃以下耐氧化用于内燃机进气阀、轻负荷发动机的排气阀
	4Cr10Si2Mo	同4Cr9Si2,用于制作进、排气阀门,鱼雷、火箭部件,燃烧室等
	8Cr20Si2Ni	用于耐磨性为主的吸气阀、排气阀及阀座
	1Cr11MoV	有较高的热强性、良好的减振性及组织稳定性。用于透平叶片及导向叶片
	1Cr12Mo	用于汽轮机叶片
	2Cr12MoVNbN	用于制作高温结构部件,如汽轮机叶片、盘、叶轮轴、螺栓
	1Cr12WMoV	同旧牌号1Cr11MoV,还可用于紧固件、转子及轮盘
	2Cr12NiMoWV	用于高温结构部件、汽轮机叶片、盘、叶轮轴、螺栓,性能同旧牌号1Cr11Ni2W2MoV
	1Cr13	用于800℃以下抗氧化用部件
	1Cr13Mo	用于汽轮机叶片、高温高压蒸汽用机械部件
	2Cr13	淬火状态下硬度高,耐蚀性良好。用于汽轮机叶片
	1Cr17Ni2	用于具有较高程度的耐硝酸及有机酸腐蚀的轴类、活塞杆、泵、阀等零件、容器和设备,弹簧、紧固件等
	1Cr11Ni2W2MoV	具有良好的韧性和抗氧化性,在淡水和湿空气中有较好的耐蚀性
沉淀硬化型	0Cr17Ni4Cu4Nb	用于燃气透平压缩机叶片、燃气透平发动机轮绝缘材料
	0Cr17Ni7Al	用于高温弹簧、膜片、固定器、波纹管

注：1. 与本表对应的新钢号见表3-1-15和表3-1-16。

2. GB/T 1221—2007中新增加的马氏体型钢17Cr16Ni2、45Cr9Si3及沉淀硬化型钢06Cr15Ni25Ti2MoAlVB未编入表中。

大型不锈、耐酸、耐热钢锻件的化学成分和力学性能（摘自 JB/T 6398—2006）

表 3-1-19

类别	钢号	化学成分(质量分数)/% C	Mn	Si	Cr	Ni	Mo	Ti	热处理类型	截面尺寸/mm ≤	力学性能 R_m /(N/mm²) ≥	$R_{p0.2}$ /(N/mm²) ≥	A_5 /% ≥	Z /% ≥	A_{kU} /J ≥	HB	特性和用途
奥氏体型	1Cr18Ni9	≤0.15	≤2.00	≤1.00	17.00~19.00	8.00~10.00	—	—	固溶处理	180	520	205	40	60	—	≤187	具有良好的耐蚀性和冷加工性。由于含碳量较高,对晶间腐蚀敏感,故不宜制作耐蚀的焊接件。主要用于耐蚀要求较高的部件,如食品加工、化学和印染等工业的设备部件,以及一些一般机械制造业的要求耐蚀不锈的零件
	0Cr18Ni9	≤0.07	≤2.00	≤1.00	17.00~19.00	8.00~11.00	—	—	固溶处理	180	520	205	40	60	—	≤187	具有较1Cr18Ni9更好的耐蚀性,有一定抗晶间腐蚀的能力,焊接性良好,可承受870℃以下反复加热。可作为通用耐热不起皮钢。在化工、食品、印染及皮革等工业部门,用于耐蚀设备
	1Cr18Ni9Ti	≤0.12	≤2.00	≤1.00	17.00~19.00	8.00~11.00	—	5×(C%−0.02)~0.80	固溶处理	180	520	205	40	55	—	≤187	具有良好的耐热性、耐蚀性及抗晶间腐蚀能力,焊接性能良好。可用于化工耐蚀件、动力和加热设备的管道和结构件
	0Cr18Ni10Ti	≤0.08	≤2.00	≤1.00	17.00~19.00	9.00~12.00	—	≥5×C%	固溶处理	180	520	205	40	50	—	≤187	有很好的耐蚀、耐热性能,抗晶间腐蚀性能良好,有好的焊接性。适用于化工耐蚀件、在400~900℃腐蚀条件下使用的部件、高温用焊接结构部件
	0Cr18Ni11Nb					9.00~13.00	—	—									
	0Cr25Ni20	≤0.08	≤2.00	≤1.00	24.00~26.00	19.00~22.00	—	—	固溶处理	180	520	205	40	50	—	≤187	抗氧化性比0Cr13Ni13好,实际上多作为耐热钢使用
	2Cr25Ni20	≤0.25	≤2.00	≤1.50	24.00~26.00	19.00~22.00	—	—	固溶处理	180	590	205	40	50	—	≤201	承受1035℃以下反复加热的抗氧化钢,用于喷嘴等

类别	钢号	化学成分(质量分数)/% C	Mn	Si	Cr	Ni	Mo	Ti	热处理类型	截面尺寸/mm ≤	力学性能 R_m /(N/mm²) ≥	$R_{p0.2}$ /(N/mm²) ≥	A_5 /% ≥	Z /% ≥	A_{kU} /J ≥	HB	特性和用途
马氏体型	1Cr13	≤0.15	≤1.00	≤1.00	11.00~13.50	≤0.60	—	—	淬火回火	75	540	345	25	55	78	159	具有良好的抗大气腐蚀性能，在溶液中有一定的耐蚀能力。可用于汽轮机叶片、不锈设备和螺母、螺栓、弹簧以及热裂设备管道附件、喷嘴、阀门等
	2Cr13	0.16~0.25	≤1.00	≤1.00	12.00~14.00	≤0.60	—	—	淬火回火	75	635	440	20	50	63	192	
	3Cr13	0.26~0.35	≤1.00	≤1.00	12.00~14.00	≤0.60	—	—	淬火回火	75	735	540	12	40	24	217	
	4Cr13	0.36~0.45	≤0.80	≤0.60	12.00~14.00	≤0.60	—	—	淬火回火	75	930	735	9	—	—	229	
	1Cr5Mo	≤0.15	≤0.60	≤0.50	4.00~6.00	≤0.60	0.45~0.60	—	淬火回火	75	590	390	18	—	—	197	抗石油裂化过程中产生的腐蚀，用于再热蒸汽管、石油裂解管、锅炉吊架、汽轮机缸体衬套、泵、阀、活塞杆、高压加氢设备部件及紧固件
	4Cr9Si2	0.35~0.50	≤0.70	2.00~3.00	8.00~10.00	≤0.60	—	—	淬火回火	75	885	590	19	50	—	293	900℃以下不起皮，在600~700℃有较高的热稳定性和热强性。可用于700℃以下受负荷的部件，如汽车、内燃机、船舶、发动机用阀、挤料杆等，也可用于900℃以下加热炉构件，如料盘、炉底板等
	1Cr17Ni2	0.11~0.17	≤0.80	≤0.80	16.00~18.00	1.50~2.50	(0.35~0.50)	(V:0.18~0.30)	淬火回火	75	1080	—	10	—	39	285	具有高的强度、硬度和韧性，并有很高的耐蚀性。用于化工设备的心轴、轴、活塞杆等零件，以及航空和船舶所需的高强度和高耐蚀性部件

注：1. 本标准适用于一般用途的大型不锈、耐酸、耐热锻件用钢。
2. 当锻件截面尺寸（厚度或直径）大于250mm时，锻件力学性能，应供需双方协商。
3. 各钢号P含量不高于0.035%，S含量不高于0.030%。
4. 括号内数字为耐热钢使用时的规定。

工具钢（摘自 GB/T 1298—2008、GB/T 1299—2000）

表 3-1-20　碳素工具钢的化学成分和力学性能（摘自 GB/T 1298—2008）

钢号	化学成分(质量分数)/%					交货状态硬度	试样淬火		特性和用途
	C	Mn	Si≤	S≤	P≤	退火后 HBW≤	淬火温度及冷却剂	淬火后 HRC≥	
T7	0.65~0.74	≤0.40	0.35	0.030	0.035	187	800~820℃水	62	淬火回火后有较高强度和韧性，且有一定硬度，但热硬性低、淬透性差、淬火变形大，能承受振动和冲击负荷，硬度适中时具有较高韧性。用于锻模、凿子、锤、小尺寸风动工具、钳工工具和木工工具等
T8	0.75~0.84	≤0.40	0.35	0.030	0.035	187	780~800℃水	62	淬火加热时容易过热，变形也大，塑性及强度也比较低，不宜制作承受较大冲击的工具，但热处理后有较高的硬度及耐磨性。多用来制作切削刃口在工作时不变热的工具，或制造能承受振动和需有足够韧性且有较高硬度的工具，如各种木工工具、风动工具、钳工装配工具、简单模具、冲头、钻、凿、斧、锯等。T8Mn 和 T8MnA 有较高的淬透性，能获得较深的淬硬层，可用于制作断面较大的木工工具
T8Mn	0.80~0.90	0.40~0.60	0.35	0.030	0.035	187	780~800℃水	62	
T9	0.85~0.94	≤0.40	0.35	0.030	0.035	192	760~780℃水	62	用于制作有韧性而又有硬度的各种工具，如冲模、冲头、木工工具及农机中切割零件
T10	0.95~1.04	≤0.40	0.35	0.030	0.035	197	760~780℃水	62	韧性较小，有较高的耐磨性，用于制作不受突然或剧烈振动的工具，如车刀、刨刀、拉丝模、钻头、丝锥等，以及制作切削刃口在工作时不变热的工具，如木工工具、锯、钻等，或小型冲模、长板、钳工刮刀、锉刀等
T11	1.05~1.14	≤0.40	0.35	0.030	0.035	207	760~780℃水	62	具有较好的综合力学性能，如硬度、耐磨性及韧性等，用于制作在工作时切削刃口不变热的工具，如丝锥、锉刀、刮刀、尺寸不大的和截面无急剧变化的冷冲模及木工工具等
T12	1.15~1.24	≤0.40	0.35	0.030	0.035	207	760~780℃水	62	韧性不高，具有较高的耐磨性和硬度，用于制作不受冲击负荷、切削速度不高、切削刃口不变热的工具，如车刀、铣刀、刨刀、钻头、铰刀、丝锥、板牙、刮刀、量规、锉刀及断面尺寸小的冷切边模、冲孔模等
T13	1.25~1.35	≤0.40	0.35	0.030	0.035	217	760~780℃水	62	韧性低，硬度高，用于制作不受振动的而需特别高硬度的工具，如切硬金属的工具、刮刀、拉丝工具、刻锉刀纹的工具、钻头、雕刻工具和锉刀等

注：1. 本标准适用于热轧、锻制、冷拉及银亮碳素工具钢材和条盘。其化学成分同样适用于锭、坯及其制品。

2. 碳素工具钢热轧钢材以退火状态交货。根据需方要求也可交不退火的钢材。冷拉钢材应为退火后冷拉交货。截面小于 5mm 的退火钢材不进行硬度试验。

3. 热轧钢材尺寸应符合 GB/T 702 的规定，锻制钢材尺寸应符合 GB/T 908 的规定，冷拉钢材尺寸应符合 GB/T 905 的规定。盘条尺寸应符合 GB/T 14981 的规定。银亮钢材尺寸应符合 GB/T 3207 的规定。

4. 高级优质钢在牌号后加“A”，其 S 含量不高于 0.02%，P 含量不高于 0.03%。

表 3-1-21　合金工具钢的化学成分和力学性能（摘自 GB/T 1299—2000）

钢组	钢号	化学成分(质量分数)/% C	Si	Mn	Cr	W	Mo	其他	硬度 退火状态交货 HBW 10/3000	试样淬火 温度和冷却剂	HRC ≥	特性和用途
量具刃具用钢	9SiCr	0.85~0.95	1.20~1.60	0.30~0.60	0.95~1.25	—	—	—	197~241	820~860℃油	62	淬透性良好，耐磨性高，具有回火稳定性，但加工性差。用于制作形状复杂变形小的刃具、板牙丝锥、钻头、铰刀、齿轮铣刀、风凿、冷冲模及冷轧辊等
量具刃具用钢	8MnSi	0.75~0.85	0.30~0.60	0.80~1.10	—	—	—	—	≤229	800~820℃油	60	主要用于木工工具及凿子、锯条等刀具
量具刃具用钢	Cr06	1.30~1.45	≤0.40	≤0.40	0.50~0.70	—	—	—	187~241	780~810℃水	64	有较高的硬度和耐磨性，但较脆，用于制作外科手术刀、刮脸刀及刮刀、刻刀、锉刀等
量具刃具用钢	Cr2	0.95~1.10	≤0.40	≤0.40	1.30~1.65	—	—	—	179~229	830~860℃油	62	具有良好的力学性能，淬透性好，耐磨性和硬度高，变形小，但高温塑性差。用于制作大尺寸的冷冲模和低速、切削量小、加工材料不硬的刃具，如车刀、插刀、铰刀及量具、样板、量规、凸轮销、偏心轮、冷轧辊、钻套和拉丝模等
量具刃具用钢	9Cr2	0.80~0.95	≤0.40	≤0.40	1.30~1.70	—	—	—	179~217	820~850℃油	62	用于制作冷作模具、冷轧辊、压延辊、钢印、木工工具等
量具刃具用钢	W	1.05~1.25	≤0.40	≤0.40	0.10~0.30	0.80~1.20	—	—	187~229	800~830℃水	62	热处理变形较小，水淬时不易产生裂纹，制作断面不大的工具、小麻花钻、丝锥、板牙、铰刀、锯条等
耐冲击工具用钢	4CrW2Si	0.35~0.45	0.80~1.10	≤0.40	1.00~1.30	2.00~2.50	—	—	179~217	860~900℃油	53	具有较高的力学性能，高温下具有高的强度和硬度，但塑性较低。用于制作剪切机刀片、切边用冷冲模及中应力热锻模、手或风动凿子、空气锤、混凝土破裂器等
耐冲击工具用钢	5CrW2Si	0.45~0.55	0.50~0.80	≤0.40	1.00~1.30	2.00~2.50	—	—	207~255	860~900℃油	55	可制作冷加工用的风动凿子、空气锤、铆钉工具及热加工用的热锻模、压铸模、热剪刀片等

续表

钢组	钢号	化学成分(质量分数)/%							硬度			特性和用途
		C	Si	Mn	Cr	W	Mo	其他	退火状态交货 HBW 10/3000	试样淬火 温度和冷却剂	HRC ≥	
耐冲击工具用钢	6CrW2Si	0.55~0.65	0.50~0.80	≤0.40	1.00~1.30	2.20~2.70	—	—	229~285	860~900℃油	57	同 4CrW2Si、5CrW2Si,但能凿更硬金属
	6CrMnSi2Mo1V	0.50~0.65	1.75~2.25	0.60~1.00	0.10~0.50	—	0.20~1.35	V0.15~0.35	≤229	见原标准	58	—
	5Cr3Mn1SiMo1V	0.45~0.55	0.20~1.00	0.20~0.90	3.00~3.50	—	1.30~1.80	V≤0.35	—	见原标准	56	—
冷作模具钢	Cr12	2.00~2.30	≤0.40	≤0.40	11.50~13.00	—	—	—	217~269	950~1000℃油	60	用于制作冷作模具、冲模、冲头、量规、拉丝模、搓丝板、冷切剪刀、冶金粉模等
	Cr12Mo1V1	1.40~1.60	≤0.60	≤0.60	11.00~13.00	—	0.70~1.20	V0.50~1.10	≤255	820℃预热,1000℃(盐浴)或1010℃(炉控气氛)加热,保温10~20min空冷,200℃回火	59	用途与Cr12MoV相同,淬透性和韧性比Cr12MoV好
	Cr12MoV	1.45~1.70	≤0.40	≤0.40	11.00~12.50	—	0.40~0.60	V0.15~0.30 Co≤1.00	207~255	950~1000℃油	58	具有较高淬透性、硬度、耐磨性和塑性,变形小,但高温塑性差。用于制作各种铸、锻模具及冷切剪刀、圆锯、量规、螺纹滚模等
	Cr5Mo1V	0.95~1.05	≤0.50	≤1.00	4.75~5.50	—	0.90~1.40	V0.15~0.50	≤255	790℃预热,940℃(盐浴)或950℃(炉控气氛)加热,保温5~15min空冷,200℃回火	60	空淬性能好,用于具备耐磨性、同时要求韧性的冷作模具,可代替CrWMn、9Mn2V制作中、小型冷冲裁模、成形模、冲头等
	9Mn2V	0.85~0.95	≤0.40	1.70~2.00	—	—	—	V0.10~0.25	≤229	780~810℃油	62	淬火后变形较小,具有较高的硬度和耐磨性。用于制作各种模具、量具、样板、丝锥、板牙、铰刀、精密丝杠等
	CrWMn	0.90~1.05	≤0.40	0.80~1.10	0.90~1.20	1.20~1.60	—	—	207~255	800~830℃油	62	具有较高的淬透性,高硬度,耐磨性和韧性好,变形小。用于制作高精度模具,或工作时不变热的工具及淬火时要求不变形的量具、刃具,如形状复杂的高精度冲模、板牙、拉刀、铣刀、丝锥、量规、样板等
	9CrWMn	0.85~0.95	≤0.40	0.90~1.20	0.50~0.80	0.50~0.80	—	—	197~241	800~830℃油	62	

续表

钢组	钢号	化学成分(质量分数)/%							硬度			特性和用途
		C	Si	Mn	Cr	W	Mo	其他	退火状态交货 HBW 10/3000	试样淬火 温度和冷却剂	HRC ≥	
冷作模具钢	Cr4W2MoV	1.12~1.25	0.40~0.70	≤0.40	3.50~4.00	1.90~2.60	0.80~1.20	V0.80~1.10	≤269	960~980℃油 1020~1040℃油	60	新型冷作模具钢,性能稳定,比 Cr12 制作的模具寿命有较大提高
	6Cr4W3Mo2VNb	0.60~0.70	≤0.40	≤0.40	3.8~4.40	2.50~3.50	1.80~2.50	V0.80~1.20 Nb0.20~0.35	≤255	1100~1160℃油	60	既具有高速钢的高硬度和高强度,又具有较好的韧性和较高的疲劳极限,还具有较好的冷热加工性能,是新型的高韧性冷作模具钢
	6W6Mo5Cr4V	0.55~0.65	≤0.40	≤0.60	3.70~4.30	6.00~7.00	4.50~5.50	V0.70~1.10	≤269	1180~1200℃油	60	新钢种,具有良好的综合力学性能,冷挤压用钢,制作冷作凹模及上、下冲头等
	7CrSiMnMoV	0.65~0.75	0.85~1.15	0.65~1.05	0.90~1.20	—	0.20~0.50	V0.15~0.30	≤235	淬火:870~900℃油或空 回火:150℃±10℃空	60	—
热作模具钢	5CrMnMo	0.50~0.60	0.25~0.60	1.20~1.60	0.60~0.90	—	0.15~0.30	—	197~241	820~850℃油	—	具有较高淬透性和硬度,良好的韧性、强度和耐磨性高,用于制作中型锻模
	5CrNiMo	0.50~0.60	≤0.40	0.50~0.80	0.50~0.80	—	0.15~0.30	Ni1.40~1.80	197~241	830~860℃油	—	有良好的淬透性,用于制作形状复杂、冲击负荷重的各种大、中型锤锻模
	3Cr2W8V	0.30~0.40	≤0.40	≤0.40	2.20~2.70	7.50~9.00	—	V0.20~0.50	≤255	1075~1125℃油	—	具有高的热稳定性,高温下具有高硬度、强度、耐磨性和韧性,但塑性较差,用于制作高温高应力下,不受冲击的铸、锻模及热金属切刀等
	5Cr4Mo3SiMnVAl	0.47~0.57	0.80~1.10	0.80~1.10	3.80~4.30	—	2.80~3.40	V0.80~1.20 Al0.30~0.70	≤255	1090~1120℃油	—	有较高的强韧性、耐冷热疲劳性、淬硬性、淬透性,但耐磨性略有不足,用于冷、热模具及冲头、凹模、压铸模等

续表

钢组	钢号	化学成分(质量分数)/%							硬度			特性和用途
		C	Si	Mn	Cr	W	Mo	其他	退火状态交货 HBW 10/3000	试样淬火 温度和冷却剂	HRC ≥	
热作模具钢	3Cr3Mo3W2V	0.32~0.42	0.60~0.90	≤0.65	2.8~3.30	1.20~1.80	2.50~3.00	V0.80~1.20	≤255	1060~1130℃油	—	代号为 HM-1,冷、热加工性能好,淬、回火温度范围宽,有较高的热强性、耐磨性和抗冷、热疲劳性,用于制作热锻模具、热压模、压铸模
	5Cr4W5Mo2V	0.40~0.50	≤0.40	≤0.40	3.40~4.40	4.50~5.30	1.50~2.10	V0.70~1.10	≤269	1100~1150℃油	—	代号为 RM-2,有高的热强性、热稳定性、耐磨性,用于中、小型精锻模,可代替 3Cr2W8V 制作某些热挤压模
	8Cr3	0.75~0.85	≤0.40	≤0.40	3.20~3.80	—	—	—	207~255	850~880℃油	—	有较好的淬透性和高温强度,用于制作冲击负荷不大、500℃以下的热作模具、热弯、热剪的成形冲模
	4CrMnSiMoV	0.35~0.45	0.80~1.10	0.80~1.10	1.30~1.50	—	0.40~0.60	V0.20~0.40	197~241	870~930℃油	—	有良好的高温性能,强度高,寿命较 5CrNiMo 高,用于制作大、中型锤锻模、压力机模、有色金属压铸模等
	4Cr3Mo3SiV	0.35~0.45	0.80~1.20	0.25~0.70	3.00~3.75	—	2.00~3.00	V0.25~0.75	≤229	790℃ 预热,1010℃(盐浴)或1020℃(炉控气氛)加热,保温 5~15min 空冷 550℃回火	—	有好的淬透性,小断面可得到全部马氏体,大断面为马氏体加少量贝氏体,有好的韧性和高温硬度,可代替 3Cr2W8V 制作热冲模、热锻模
	4Cr5MoSiV	0.33~0.43	0.80~1.20	0.20~0.50	4.75~5.50	—	1.10~1.60	V0.30~0.60	≤235	790℃ 预热,1000℃(盐浴)或1010℃(炉控气氛)加热保温 5~15min 空冷,550℃回火	—	空淬热作模具钢,中温下(约 600℃)有较好的热强性,高韧性、耐磨性,使用寿命比 3Cr2W8V 高,用于制作铝、镁、铜、黄铜等合金压铸模、热挤压和穿孔用的工具、压力机锻模,也可制作耐 500℃工作温度的飞机、火箭的结构零件

续表

钢组	钢号	化学成分(质量分数)/%							硬度			特性和用途
		C	Si	Mn	Cr	W	Mo	其他	退火状态交货 HBW 10/3000	试样淬火 温度和冷却剂	HRC ≥	
热作模具钢	4Cr5MoSiV1	0.32~0.45	0.80~1.20	0.20~0.50	4.75~5.50	—	1.10~1.75	V0.80~1.20	≤235	790℃预热，1000℃（盐浴）或1010℃（炉控气氛）加热保温5~15min空冷，550℃回火	—	用途同4Cr5MoSiV，但中温性能比4Cr5MoSiV好，是用途很广的热作模具钢代表材料
热作模具钢	4Cr5W2VSi	0.32~0.42	0.80~1.20	≤0.40	4.50~5.50	1.60~2.40	—	V0.60~1.00	≤229	1030~1050℃油或空	—	中温下有好的强度、硬度、耐磨性和韧性，用于制作热挤压模具、轻金属等有色金属压铸模
无磁模具钢	7Mn15Cr2Al3V2WMo	0.65~0.75	≤0.80	14.50~16.50	2.00~2.50	0.50~0.80	0.50~0.80	V1.50~2.00 Al2.30~3.30	—	1170~1190℃固溶、水 650~700℃时效，空	45	冷作硬化，加工困难，采用高温退火可改善切削性能，采用气体软氮化工艺，表面硬度可达68~70HRC，用于制作无磁模具、无磁轴承和700~800℃下使用的热作模具
塑料模具钢	3Cr2Mo	0.28~0.40	0.20~0.80	0.60~1.00	1.40~2.00	—	0.30~0.55	—	—	—	—	在预硬状态300HB左右供应，机加工后不进行高温热处理，避免型腔变形，模具加工后可进行渗碳淬火、低温回火或氮化处理，用于制作塑料模和低熔点金属压铸模

注：1. 本标准适用于合金工具钢热轧、锻制、冷拉及银亮条钢。其化学成分同样适用于锭、坯及其制品。

2. P、S含量均不高于0.030%。

3. 热轧圆钢、锻钢、冷拉钢材、热轧扁钢和锻制扁钢的尺寸应分别符合GB/T 702、GB/T 908、GB/T 905、GB/T 911和GB/T 16761的规定。

4. 热作模具钢不检验试样淬火硬度。

5. 钢材以退火状态交货。

耐候结构钢（摘自 GB/T 4171—2008）

表 3-1-22

	牌号	化学成分(质量分数)/% C	Si	Mn	P	S	Cu	Cr	Ni	材厚度/mm	力学性能 R_{eL}/(N/mm²) ≥	R_m/(N/mm²) ≥	A/% ≥	180°冷弯试验	冲击试验(V形) 质量等级	试样方向	温度/℃	冲击吸收功 KV_2/J	备注
焊接结构用耐候钢	Q235NH	≤0.13	0.10~0.40	0.20~0.60	≤0.30	≤0.03	0.25~0.55	0.40~0.80	≤0.65	≤16	235	360~510	25	d=a	B	纵向	+20	≥47	耐候钢即耐大气腐蚀钢，在钢中加入少量合金元素（如Cu、P、Cr、Ni等），使其在使用过程中在金属基体表面形成保护膜，提高钢材的耐候性能，同时保持良好的焊接性能。焊接结构用耐候钢具有优良的焊接性能和低温韧性，主要用于大型焊接结构，也可制作螺栓连接和铆接结构。如要求耐候性能较高的桥梁、建筑等结构中的焊接构件。一般为热轧钢板或型材，厚度≤100mm（Q235NH、Q295NH、Q355NH）或≤60mm（Q415NH、Q460NH、Q550NH）左边带“（ ）”的牌号为与力学性能带“（ ）”者对应
										>16~40	225		25	d=2a	C		0	≥34	
										>40~60	215		24		D		-20	≥34	
										>60			23		E		-40	≥27	
	Q295NH	≤0.15	0.10~0.50	0.30~1.00			0.25~0.55	0.40~0.80	≤0.65	≤16	295	430~560	24	d=2a	B		+20	≥47	
										>16~40	285		24		C		0	≥34	
										>40~60	275		23	d=3a	D		-20	≥34	
										>60	255		22		E		-40	≥27	
	Q355NH	≤0.16	≤0.50	0.50~1.50			0.25~0.55	0.40~0.80	≤0.65	≤16	355(415)	490~630	22(22)	d=2a	同上		同上	同上	
										>16~40	345(405)		22(22)						
	(Q415NH)	≤0.12	≤0.65	≤1.10	≤0.025		0.20~0.55	0.30~1.25	0.12~0.65	>40~60	335(395)	(520~680)	21(20)	d=3a					
										>60	325(—)		20(—)						
	Q460NH	≤0.12	≤0.65	≤1.5			0.20~0.55	0.30~1.25	0.12~0.65	≤16	460(500)(550)	570~730(600~760)	20(18)(16)	d=2a					
										>16~40	450(490)(540)		20(16)(16)						
	(Q500NH)	≤0.12	≤0.65	≤2.0						>40~60	440(480)(530)	(620~780)	19(15)(15)	d=3a					
	(Q550NH)	≤0.16	≤0.65	≤2.0			0.20~0.55	0.30~1.25	0.12~0.65	>60	—(—)(—)		—(—)(—)						

续表

类别	牌号	化学成分(质量分数)/% C	Si	Mn	P	S	Cu	Cr	Ni	钢材厚度/mm	力学性能 R_{eL}/(N/mm²) ≥	R_m/(N/mm²) ≥	A/% ≥	180°冷弯试验	冲击试验(V形) 质量等级	试样方向	温度/℃	冲击吸收功 KV_2/J	备注
高耐候结构钢	Q265GNH	≤0.12	0.10~0.40	0.20~0.50	0.07~0.12	≤0.020	0.20~0.45	0.30~0.65	0.25~0.50	≤16	265	≥410	27	$d=a$	同前面	纵向	同前页	同前面	高耐候结构钢的耐候性能比焊接结构用耐候钢好。用于制造车辆、集装箱、建筑、塔架等结构。交货状态下使用，一般有热轧或冷轧钢板厚度≤20mm 型钢厚度≤40mm(Q295GNH、Q355GNH)和钢板厚度≤3.5mm(Q265GNH、Q310GNH)
										>16~40	—		—	—					
	Q295GNH		0.10~0.40	0.20~0.50	0.07~0.12		0.25~0.45	0.30~0.65	0.25~0.50	≤16	295	430~560	24	$d=2a$					
										>16~40	285		24	$d=3a$					
	Q310GNH		0.25~0.75	0.20~0.50	0.07~0.12		0.20~0.50	0.30~1.25	≤0.65	≤16	310	≥450	26	—					
										>16~40	—		—	—					
	Q355GNH		0.20~0.75	≤1.00	0.07~0.15		0.25~0.55	0.30~1.25	≤0.65	≤16	345	490~630	22	$d=2a$					
										>16~40	—		22	$d=3a$					

注：1. 本标准适用于车辆、桥梁、集装箱、建筑、塔架等结构，具有耐大气腐蚀性能的热轧、冷轧钢板、钢带和型钢。

2. d 为弯心直径，a 为钢材厚度。

3. 在焊接结构用耐候钢牌号中，Q 表示“屈服强度”；数字表示下屈服强度数值；N、H 分别表示“耐”、“候”；在牌号的后面加上 B、C、D 或 E 表示不同的质量等级。在高耐候结构钢的牌号中 G 表示“高”。

4. 钢板、钢带的尺寸、外形及其允许偏差应符合 GB/T 709（热轧）和 GB/T 708（冷轧）的有关规定，型钢的尺寸、外形及其允许偏差应符合有关标准的规定。

大型轧辊件用钢（摘自 JB/T 6401—1992）

表 3-1-23

类别	钢号	C	Si	Mn	P ≤	S ≤	Cr	Mo	Ni	其他	用途	σ_b /(N/mm²)	σ_s /(N/mm²)	δ/%	ψ/%	A_{kU}/J	最终热处理状态 HB	锻坯状态 HB
		化学成分(质量分数)/%										力学性能 ≥					表面硬度 HB	
热轧工作辊	55Cr	0.50~0.60	0.17~0.37	0.35~0.65	0.030	0.030	1.00~1.30	—	≤0.30	—	850mm 或 825mm 初轧辊	690	355	12	30	—	217~286	≤269
热轧工作辊	50CrMnMo	0.45~0.55	0.20~0.60	1.30~1.70	0.030	0.030	1.40~1.80	0.20~0.60	—	—	直径 1200mm 以下初轧辊	785	440	9	25	20	229~302	≤269
热轧工作辊	60CrMnMo	0.55~0.65	0.25~0.40	0.70~1.00	0.030	0.030	0.80~1.20	0.20~0.30	≤0.25	—	直径 1200mm 以下初轧辊	930	490	9	25	20	229~302	≤269
热轧工作辊	50CrNiMo	0.45~0.55	0.20~0.60	0.50~0.80	0.030	0.030	1.40~1.80	0.20~0.60	1.00~1.50	—	直径 1200mm 以下初轧辊	755	—	—	—	—	217~286	≤269
热轧工作辊	60CrNiMo	0.55~0.65	0.20~0.40	0.60~1.00	0.030	0.030	0.70~1.00	0.10~0.30	1.50~2.00	—	直径 1200mm 以下初轧辊	785	490	8	33	24	217~286	≤269
热轧工作辊	60SiMnMo	0.55~0.65	0.70~1.10	1.10~1.50	0.030	0.030	—	0.30~0.40	—	—	直径 1200mm 以下校直辊	—	—	—	—	—	217~286	≤269
热轧工作辊	60CrMoV	0.55~0.65	0.17~0.37	0.50~0.85	0.030	0.030	0.90~1.20	0.30~0.40	—	V0.15~0.35	校直辊	785	490	15	40	24	255~302	≤269
热轧工作辊	70Cr3NiMo	0.60~0.80	0.40~0.70	0.50~0.90	0.025	0.025	2.00~3.00	0.25~0.60	0.40~0.60	—	推荐用于黑色和有色金属初轧辊	880	450	10	20	20	229~302	≤269
冷轧工作辊	8CrMoV	0.75~0.85	0.20~0.40	0.20~0.40	0.025	0.025	0.80~1.10	0.55~0.70	≤0.25	V0.08~0.12	各种类型轧辊							
冷轧工作辊	86Cr2MoV	0.83~0.90	0.18~0.35	0.30~0.45	0.025	0.025	1.60~1.90	0.20~0.35	≤0.25	V0.05~0.15	各种类型轧辊							
冷轧工作辊	9Cr	0.85~0.95	0.25~0.45	0.20~0.35	0.025	0.025	1.40~1.70	—	≤0.25	—	各种类型轧辊							
冷轧工作辊	9Cr2	0.85~0.95	0.25~0.45	0.20~0.35	0.025	0.025	1.70~2.10	—	≤0.25	—	各种类型轧辊							
冷轧工作辊	9Cr2Mo	0.85~0.95	0.25~0.45	0.20~0.35	0.025	0.025	1.70~2.10	0.20~0.40	≤0.25	—	各种类型轧辊							
冷轧工作辊	9Cr2W	0.85~0.95	0.25~0.45	0.20~0.35	0.025	0.025	1.70~2.10	—	≤0.25	W0.30~0.60	各种类型轧辊							
冷轧工作辊	9Cr3Mo	0.85~0.95	0.50~0.70	0.20~0.40	0.025	0.025	2.50~3.50	0.20~0.40	≤0.25	—	高淬硬层深轧辊							
冷轧工作辊	60CrMoV	0.55~0.65	0.17~0.37	0.50~0.85	0.025	0.025	0.90~1.20	0.30~0.40	≤0.25	V0.15~0.35	校直辊							

冷轧工作辊力学性能及表面硬度（表中右下部分）：

冷轧辊直径/mm	≤300			301~600			601~900		
辊身表面硬度范围 HS	≥95	90~98	80~90	≥95	90~98	80~90	≥95	90~98	80~90
有效淬硬层深度/mm ≥	6	8	10	10	12	15	8	10	12
辊颈硬度范围 HS	30~55			30~55			30~55		

续表

	钢号	C	Si	Mn	P ≤	S ≤	Cr	Mo	Ni	其他	用途	σ_b /(N/mm²)	σ_s /(N/mm²)	δ/%	ψ/%	A_{kU}/J	最终热处理状态	锻坯状态
		化学成分(质量分数)/%										力学性能 ≥					表面硬度 HB	
	60CrMnMo	0.55~0.65	0.25~0.40	0.70~1.00	—	—	0.80~1.20	0.20~0.30	—	—	整锻辊和镶套辊辊套							
	60CrMoV	0.55~0.65	0.17~0.37	0.50~0.85	—	—	0.90~1.20	0.30~0.40	—	V0.15~0.35								
	75CrMo	0.70~0.80	0.20~0.60	0.20~0.70	0.025	0.025	1.40~1.70	0.20~0.30	—	—								
	70Cr3NiMo	0.60~0.80	0.40~0.70	0.50~0.90	0.025	0.025	2.00~3.00	0.25~0.60	0.40~0.60	—								
支承辊	9Cr2	0.85~0.95	0.25~0.45	0.20~0.35	0.025	0.025	1.70~2.10	—	—	—								
	9Cr2Mo	0.85~0.95	0.25~0.45	0.20~0.35	0.025	0.025	1.70~2.10	0.20~0.40	—	—								
	9CrV	0.85~0.95	0.25~0.45	0.20~0.45	0.025	0.025	1.40~1.70	—	—	V0.10~0.25								
	55Cr	0.50~0.60	0.20~0.40	0.35~0.65	0.030	0.030	1.00~1.30	—	—	—	镶套辊芯轴							
	42CrMo	0.38~0.45	0.20~0.40	0.50~0.80	0.030	0.030	0.90~1.20	0.15~0.25	—	—								
	35CrMo	0.32~0.40	0.20~0.40	0.40~0.70	0.030	0.030	0.80~1.10	0.15~0.25	—	—								

轧辊类型	热轧用辊			冷轧用辊		
辊身表面硬度范围 HS	60~70	50~60	40~50	65~75	60~70	55~65
有效淬硬层深度/mm ≥	45	50	55	40	45	50
辊颈硬度范围 HS	35~50			35~50		

注：1. 本标准适用于锻造合金钢冷、热轧工作辊和直径小于或等于1800mm的支承辊。

2. 高硬度的冷轧工作辊和支承辊不进行力学性能试验。

3. 热轧工作辊的力学性能作为需方有附加要求时的参考项目。

2.2 铸钢

一般工程用铸造碳钢件（摘自 GB/T 11352—2009）

表 3-1-24

牌号	元素最高含量(质量分数)/%					铸件厚度/mm	室温下试样力学性能(最小值)			根据合同选择			特性和用途
	C	Si	Mn	S	P		$R_{eH}(R_{p0.2})$ /(N/mm²)	R_m /(N/mm²)	A_s /%	Z /%	冲击性能 A_{KV}/J	冲击性能 A_{KU}/J	
ZG200-400	0.20	0.60	0.80	0.035	0.035	<100	200	400	25	40	30	47	有良好的塑性、韧性和焊接性，用于受力不大、要求韧性的各种形状的机件，如机座、变速箱壳等
ZG230-450	0.30		0.90				230	450	22	32	25	35	有一定的强度和较好的塑性、韧性，焊接性良好，可切削性尚好，用于受力不大、要求韧性的零件，如机座、机盖、箱体、底板、阀体、锤轮、工作温度在450℃以下的管道附件等
ZG270-500	0.40						270	500	18	25	22	27	有较高的强度和较好的塑性，铸造性良好，焊接性尚可，可切削性好，用于各种形状的机件，如飞轮、轧钢机架、蒸汽锤、桩锤、联轴器、连杆、箱体、曲轴、水压机工作缸、横梁等
ZG310-570	0.50						310	570	15	21	15	24	强度和切削性良好，塑性、韧性较低，硬度、耐磨性较高，焊接性差，流动性好，裂纹敏感性较大，用于负荷较大的零件，各种形状的机件，如联轴器、轮、气缸、齿轮、齿轮圈、棘轮及重负荷机架等
ZG340-640	0.60						340	640	10	18	10	16	有高的强度、硬度和耐磨性，切削性一般，焊接性差，流动性好，裂纹敏感性较大，用于起重运输机中齿轮、棘轮、联轴器及重要的机件等

注：1. 对上限每减少 0.01%的碳，允许增加 0.04%的锰。对 ZG200-400 锰最高至 1.00%，其余四个牌号锰最高至 1.20%。
2. 力学性能适用于厚度 100mm 以下铸件，当铸件厚度超过 100mm 时，表中规定的屈服强度 R_{eH}（$R_{p0.2}$）仅供设计参考。
3. 当需从经过热处理的铸件上切取或从代表铸件的大型试块上取样时，性能指标由供需双方商定。
4. 表中力学性能为试块铸态的力学性能，其性能并不完全能代表形状、壁厚与试块不同的实际铸件的性能。铸件的热处理按 GB/T 16923、GB/T 16924 规定。
5. 本标准适用于在砂型铸造或导热性与砂型相当铸型铸造的一般工程用铸造碳钢件。对用其他铸型的一般工程用铸造碳钢件，也可参照使用。
6. 铸件表面粗糙度应符合图样规定，铸件不应存在影响使用的缺陷。

表 3-1-25　　**大型低合金钢铸件**（摘自 JB/T 6402—2006）

钢号	化学成分(质量分数)/%							热处理状态	力学性能								特性和用途
	C	Si	Mn	S　P ≤	Cr	Ni	Mo		σ_s ≥ /(N/mm^2)	σ_b ≥ /(N/mm^2)	δ ≥ /%	ψ ≥ /%	冲击性能 A_k/J DVM ≥	ISO-V ≥	夏比-U ≥	硬度 HB	
ZG30Mn	0.27~0.34	0.30~0.50	1.20~1.50	0.035	—	—	—	正火+回火	300	558	18	30	—	—	—	163	
ZG40Mn	0.35~0.45	0.30~0.45	1.20~1.50	0.035	—	—	—	正火+回火	295	640	12	30	—	—	—	163	用于承受摩擦和冲击的零件，如齿轮等
ZG40Mn2	0.35~0.45	0.20~0.40	1.60~1.80	0.035	—	—	—	正火+回火 调质	395 685	590 835	20 13	55 45	— 35	—	— 35	179 269~302	用于承受摩擦的零件，如齿轮等
ZG50Mn2	0.45~0.55	0.20~0.40	1.50~1.80	0.035	—	—	—	正火+回火	445	785	18	37	—	—	—	—	用于高强度零件，如齿轮、齿轮缘等
ZG20Mn (ZG20SiMn)	0.12~0.22	0.60~0.80	1.00~1.30	0.035	—	≤0.40	—	正火+回火 调质	295 300	510 500~650	14 24	30 —	—	45	39	156 150~190	焊接及流动性良好，制作水压机缸、叶片、喷嘴体、阀、弯头等
ZG35Mn (ZG35SiMn)	0.30~0.40	0.60~0.80	1.10~1.40	0.035	—	—	—	正火+回火 调质	345 415	570 640	12 12	20 25	— 27	—	24 27	—	用于受摩擦的零件
ZG35SiMnMo	0.32~0.40	1.10~1.40	1.10~1.40	0.035	—	—	0.20~0.30	正火+回火 调质	395 490	640 690	12 12	20 25	— 27	—	24 27	—	制作负荷较大的零件
ZG35CrMnSi	0.30~0.40	0.50~0.75	0.90~1.20	0.035	0.50~0.80	—	—	正火+回火	345	690	14	30	—	—	—	217	用于承受冲击、受磨损的零件，如齿轮、滚轮等
ZG20MnMo	0.17~0.23	0.20~0.40	1.10~1.40	0.035	—	—	0.20~0.35	正火+回火	295	490	16	—	—	—	39	156	用于受压容器，如泵壳等
ZG55CrMnMo	0.50~0.60	0.25~0.60	1.20~1.60	0.035	0.60~0.90	—	0.20~0.30	正火+回火	不规定		—	—	—	—	—	—	有一定的红硬性，用于锻模等
ZG40Cr1 (ZG40Cr)	0.35~0.45	0.20~0.40	0.50~0.80	0.035	0.80~1.10	—	—	正火+回火	345	630	18	26	—	—	—	212	用于高强度齿轮
ZG34Cr2Ni2Mo (ZG34CrNiMo)	0.30~0.37	0.30~0.60	0.60~1.00	0.035	1.40~1.70	1.40~1.70	0.15~0.35	调质	700	950~1000	12	—	—	32	—	240~290	用于要求特别高的零件，如锥齿轮、小齿轮及吊车行走轮、轴等

续表

钢号	化学成分(质量分数)/% C	Si	Mn	S、P ≤	Cr	Ni	Mo	热处理状态	力学性能 σ_s ≥ /(N/mm²)	σ_b ≥ /(N/mm²)	δ ≥ /%	ψ ≥ /%	冲击性能 A_k/J DVM ≥	ISO-V ≥	夏比-U ≥	硬度 HB	特性和用途
ZG20CrMo	0.17~0.25	0.20~0.45	0.50~0.80	0.035	0.50~0.80	—	0.40~0.60	调质	245	460	18	30	—	—	24	—	用于齿轮、锥齿轮及高压缸零件等
ZG35Cr1Mo (ZG35CrMo)	0.30~0.37	0.30~0.50	0.50~0.80	0.035	0.80~1.20	—	0.20~0.30	调质	510	740~880	12	—	27	—	—	—	用于齿轮、电炉支承轮轴套、齿圈等
ZG42Cr1Mo (ZG42CrMo)	0.38~0.45	0.30~0.60	0.60~1.00	0.035	0.80~1.20	—	0.20~0.30	调质	540 490 450 400 350	740~880 690~830 690~830 650~800 650~800	12 11 10 10 8	—	27 21 — — —	— — 16 12 9.6	—	220~260 200~250 200~250 195~240 195~240	用于高负荷的零件、齿轮、锥齿轮等
ZG50Cr1Mo (ZG50CrMo)	0.46~0.54	0.25~0.50	0.50~0.80	0.035	0.90~1.20	—	0.15~0.25	调质	520	740~880	11	—	34	—	—	220~260	用于减速器齿轮、小齿轮等
ZG65Mn	0.60~0.70	0.17~0.37	0.90~1.20	0.035	—	—	—	正火+回火	不规定		—	—	—	—	—	—	用于球磨机衬板等
ZG28NiCrMo	0.25~0.30	0.30~0.80	0.60~0.90	0.035	0.35~0.85	0.40~0.80	0.35~0.55	—	420	630	20	40	—	—	—	—	
ZG30NiCrMo	0.25~0.35	0.30~0.60	0.70~1.00	0.035	0.60~0.90	0.60~1.00	0.35~0.50	—	590	730	17	35	—	—	—	—	用于直径大于300mm的齿轮铸件
ZG35NiCrMo	0.30~0.37	0.60~0.90	0.70~1.00	0.035	0.40~0.90	0.60~0.90	0.40~0.50	—	660	830	14	30	—	—	—	—	

注：1. 括号内牌号为传统牌号。

2. 本标准适用于砂型铸造或导热性与砂型相仿的铸型中浇出的铸件。

3. 力学性能为经过最后热处理的力学性能。

4. 冲击性能中 DVM、ISO-V 表示按德国标准 DIN 50115 的规定，在 DVM 和 ISO-V 试样上测定的数据。

焊接结构用碳素钢铸件（摘自 GB/T 7659—2010）

表 3-1-26

牌号	元素含量(质量分数)/%，≤ C	Si	Mn	S、P	力学性能 R_{eH} /(N/mm²)(min)	R_m /(N/mm²)(min)	A /%(min)	Z /%(min)	冲击性能 A_{kV2}/J(min)
ZG200-400H	0.20	0.60	0.80	0.025	200	400	25	40	45
ZG230-450H	0.20	0.60	1.20	0.025	230	450	22	35	45
ZG270-480H	0.17~0.25	0.60	0.80~1.20	0.025	270	480	20	35	40

注：1. 适用于一般工程结构，要求焊接性能好的碳素钢铸件。

2. 铸件热处理按 GB/T 16923、GB/T 16924 规定。

3. 还有牌号 ZG300-500H、ZG340-550H 未编入，见原标准。所有牌号中“H”表示“焊”字，即焊接用钢。

一般用途耐热钢和合金铸件（摘自 GB/T 8492—2002）

表 3-1-27　一般用途耐热钢和合金铸件化学成分

牌　号	化学成分(质量分数)/%								
	C	Si	Mn	P ≤	S ≤	Cr	Mo ≤	Ni	其他
ZG30Cr7Si2	0.20~0.35	1.0~2.5	0.5~1.0	0.04	0.04	6~8	0.5	≤0.5	—
ZG40Cr13Si2	0.3~0.5	1.0~2.5	0.5~1.0	0.04	0.03	12~14	0.5	≤1	—
ZG40Cr17Si2	0.3~0.5	1.0~2.5	0.5~1.0	0.04	0.03	16~19	0.5	≤1	—
ZG40Cr24Si2	0.3~0.5	1.0~2.5	0.5~1.0	0.04	0.03	23~26	0.5	≤1	—
ZG40Cr28Si2	0.3~0.5	1.0~2.5	0.5~1.0	0.04	0.03	27~30	0.5	≤1	—
ZGCr29Si2	1.2~1.4	1.0~2.5	0.5~1.0	0.04	0.03	27~30	0.5	≤1	—
ZG25Cr18Ni9Si2	0.15~0.35	1.0~2.5	≤2	0.04	0.03	17~19	0.5	8~10	—
ZG25Cr20Ni14Si2	0.15~0.35	1.0~2.5	≤2	0.04	0.03	19~21	0.5	13~15	—
ZG40Cr22Ni10Si2	0.3~0.5	1.0~2.5	≤2	0.04	0.03	21~23	0.5	9~11	—
ZG40Cr24Ni24Si2Nb	0.25~0.50	1.0~2.5	≤2	0.04	0.03	23~25	0.5	23~25	Nb1.2~1.8
ZG40Cr25Ni12Si2	0.3~0.5	1.0~2.5	≤2	0.04	0.03	24~27	0.5	11~14	—
ZG40Cr25Ni20Si2	0.3~0.5	1.0~2.5	≤2	0.04	0.03	24~27	0.5	19~22	—
ZG40Cr27Ni4Si2	0.3~0.5	1.0~2.5	≤1.5	0.04	0.03	25~28	0.5	3~6	—
ZG45Cr20Co20Ni20Mo3W3	0.35~0.60	≤1.0	≤2	0.04	0.03	19~22	2.5~3.0	18~22	Co18~22 W2~3
ZG10Ni31Cr20Nb1	0.05~0.12	≤1.2	≤1.2	0.04	0.03	19~23	0.5	30~34	Nb0.8~1.5
ZG40Ni35Cr17Si2	0.3~0.5	1.0~2.5	≤2	0.04	0.03	16~18	0.5	34~36	—
ZG40Ni35Cr26Si2	0.3~0.5	1.0~2.5	≤2	0.04	0.03	24~27	0.5	33~36	—
ZG40Ni35Cr26Si2Nb1	0.3~0.5	1.0~2.5	≤2	0.04	0.03	24~27	0.5	33~36	Nb 0.8~1.8
ZG40Ni38Cr19Si2	0.3~0.5	1.0~2.5	≤2	0.04	0.03	18~21	0.5	36~39	—
ZG40Ni38Cr19Si2Nb1	0.3~0.5	1.0~2.5	≤2	0.04	0.03	18~21	0.5	36~39	Nb 1.2~1.8
ZNiCr28Fe17W5Si2C0.4	0.35~0.55	1.0~2.5	≤1.5	0.04	0.03	27~30	—	47~50	W4~6
ZNiCr50Nb1C0.1	≤0.1	≤0.5	≤0.5	0.02	0.02	47~52	0.5	余量	N0.16 N+C0.2 Nb1.4~1.7
ZNiCr19Fe18Si1C0.5	0.4~0.6	0.5~2.0	≤1.5	0.04	0.03	16~21	0.5	50~55	—
ZNiFe18Cr15Si1C0.5	0.35~0.65	≤2	≤1.3	0.04	0.03	13~19	—	64~69	—
ZNiCr25Fe20-Co15W5Si1C0.46	0.44~0.48	1~2	≤2	0.04	0.03	24~26	—	33~37	W4~6 Co14~16
ZCoCr28Fe18C0.3	≤0.5	≤1	≤1	0.04	0.03	25~30	0.5	1	Co48~52 Fe20 最大值

注：GB/T 8492—2002《一般用途耐热钢和合金铸件》包括的牌号，代表了适合在一般工程中不同耐热条件下广泛应用的铸造耐热钢和耐热合金铸件的种类。如果要求采用 GB/T 8492—2002 未规定的牌号，则应在订货合同中注明。

表 3-1-28　　一般用途耐热钢和合金铸件室温力学性能与最高使用温度

牌　　号	$\sigma_{p0.2}$	σ_b	δ/%（最小值）	HBS	最高使用温度①/℃
	/(N/mm²)(最小值)				
ZG30Cr7Si2	—	—	—	—	750
ZG40Cr13Si2	—	—	—	300②	850
ZG40Cr17Si2	—	—	—	300②	900
ZG40Cr24Si2	—	—	—	300②	1050
ZG40Cr28Si2	—	—	—	320②	1100
ZGCr29Si2	—	—	—	400②	1100
ZG25Cr18Ni9Si2	230	450	15		900
ZG25Cr20Ni14Si2	230	450	10		900
ZG40Cr22Ni10Si2	230	450	8		950
ZG40Cr24Ni24Si2Nb1	220	400	4	—	1050
ZG40Cr25Ni12Si2	220	450	6		1050
ZG40Cr25Ni20Si2	220	450	6	—	1100
ZG45Cr27Ni4Si2	250	400	3	400③	1100
ZG40Cr20Co20Ni20Mo3W3	320	400	6	—	1150
ZG10Ni31Cr20Nb1	170	440	20	—	1000
ZG40Ni35Cr17Si2	220	420	6	—	980
ZG40Ni35Cr26Si2	220	440	6	—	1050
ZG40Ni35Cr26Si2Nb1	220	440	4	—	1050
ZG40Ni38Cr19Si2	220	420	6	—	1050
ZG40Ni38Cr19Si2Nb1	220	420	4	—	1100
ZNiCr28Fe17W5Si2C0. 4	220	400	3	—	1200
ZNiCr50Nb1C0. 1	230	540	8	—	1050
ZNiCr19Fe18Si1C0. 5	220	440	5	—	1100
ZNiFe18Cr15Si1C0. 5	200	400	3	—	1100
ZNiCr25Fe20Co15W5Si1C0. 46	270	480	5	—	1200
ZCoCr28Fe18C0. 3	④	④	④	④	1200

① 最高使用温度取决于实际使用条件，所列数据仅供用户参考。这些数据适用于氧化气氛，实际的合金成分对其也有影响。

② 退火态最大 HBS 值，铸件也可以铸态提供，此时硬度限制不适用。

③ 最大 HBS 值。

④ 由供需双方协商确定。

注：1. 当供需双方协定要求提供室温力学性能时，其力学性能应按本表规定。

2. ZG30Cr7Si2、ZG40Cr13Si2、ZG40Cr17Si2、ZG40Cr24Si2、ZG40Cr28Si2、ZGCr29Si2 可以在 800～850℃进行退火处理。若需要，ZG30Cr7Si2 也可在铸态下供货。其他牌号耐热钢和合金铸件，不需要热处理。若需热处理，则热处理工艺由供需双方商定，并在订货合同中注明。

3. 本表列出的最高使用温度为参考数据，这些数据仅适用于牌号间的比较，在实际应用时，还应考虑环境、载荷等实际使用条件。

表 3-1-29 **奥氏体锰钢铸件**（摘自 GB/T 5680—2010）

牌号	化学成分(质量分数)/%						力学性能(水韧处理后)				用途(参考)
	C	Si	Mn	P	S	其他	下屈服强度 R_{eL} /(N/mm²)	抗拉强度 R_m /(N/mm²)	断后伸长率 A/%	冲击吸收能 K_{U2}/J	
ZG120Mn7Mo1	1.05~1.35	0.3~0.9	6~8	≤0.060	≤0.040	Mo0.9~1.2					用于高、低冲击件，高应力环境下摩擦磨损，当高锰钢合金化后，在其奥氏体基体上获得弥散分布的碳化物，提高耐磨性。用于磨机衬板、破碎机颚板、锤头、履带板、挖掘机斗齿、斗前壁等
ZG110Mn13Mo1	0.75~1.35	0.3~0.9	11~14	≤0.060	≤0.040	Mo0.9~1.2	—	—	—	—	
ZG100Mn13	0.90~1.05	0.3~0.9	11~14	≤0.060	≤0.040	—					
ZG120Mn13	1.05~1.35	0.3~0.9	11~14	≤0.060	≤0.040	—	—	≥685	≥25	≥118	
ZG120Mn13Cr2	1.05~1.35	0.3~0.9	11~14	≤0.060	≤0.040	Cr1.5~2.5	≥390	≥735	≥20	—	
ZG120Mn13W1	1.05~1.35	0.3~0.9	11~14	≤0.060	≤0.040	W0.9~1.2					
ZG120Mn13Ni3	1.05~1.35	0.3~0.9	11~14	≤0.060	≤0.040	Ni3~4					
ZG90Mn14Mo1	0.70~1.00	0.3~0.6	13~15	≤0.070	≤0.040	Mo1.0~1.8	—	—	—	—	
ZG120Mn17	1.05~1.35	0.3~0.9	16~19	≤0.060	≤0.040	—					
ZG120Mn17Cr2	1.05~1.35	0.3~0.9	16~19	≤0.060	≤0.040	Cr1.5~2.5					

注：1. 本标准适用于冶金建材、电力、建筑、铁路、国防、煤炭、化工和机械等行业的受不同程度冲击负荷的耐磨损件。

2. 对于 ZG90Mn14Mo1，当铸件厚度小于 45mm 且含碳量少于 0.8%时，可以不经热处理直接供货。当铸件厚度大于或等于 45mm 且含碳量高于或等于 0.8%时，必须进行水韧处理（水淬固溶处理）。其他所有牌号必须进行水韧处理。

3. 水韧处理时，铸件应均匀加热和保温，铸件温度不低于 1040℃，且须快速入水进行水淬，铸件入水后水温不得超过 50℃。水韧处理后有较高的抗拉强度、韧性、塑性及无磁性。使用中受到剧烈冲击和强大压力变形时，表面产生加工硬化层（马氏体），形成高耐磨表面层，而心部保持原有硬度和良好韧性。

4. 铸件不允许有裂纹和影响使用性能的夹渣、夹砂、冷隔、气孔、缩孔等缺陷。铸件应清除浇冒口，粘砂等。铸件表面粗糙度应按 GB/T 6060.1 规定或图样规定。

一般用途耐蚀钢铸件（摘自 GB/T 2100—2002）

表 3-1-30 **一般用途耐蚀铸钢的应用**

牌号	特性及应用
ZG15Cr12	铸造性能较好，具有良好的力学性能，在大气、水和弱腐蚀介质(如盐水溶液、稀硝酸及某些体积分数不高的有机酸)和温度不高的情况下，均有良好的耐蚀性，可用于承受冲击负荷、要求韧性高的铸件，如泵壳、阀、叶轮、水轮机转轮或叶片、螺旋桨等
ZG20Cr13	基本性能与 ZG15Cr12 相似，含碳量高于 ZG15Cr12，因而具有较高的硬度，焊接性较差，应用与 ZG15Cr12 相似，可用于较高硬度的铸件，如热油液压泵、阀门等
ZG03Cr18Ni10	为超低碳不锈钢，冶炼要求高，在氧化性介质(如硝酸)中具有良好的耐蚀性及良好的抗晶间腐蚀性能，焊后不出现刀口腐蚀，主要用于化学、化肥、化纤及国防工业上重要的耐蚀铸件和铸焊结构件等
ZG07Cr19Ni9	铸造性能较好，在硝酸、有机酸等介质中具有良好的耐蚀性，在固溶处理后具有良好的抗晶间腐蚀性能，但在敏化状态下的抗晶间腐蚀性能会显著下降，低温冲击性能好，主要用于硝酸、有机酸、化工石油等工业用泵阀等铸件
ZG03Cr14Ni14Si4	为超低碳高硅不锈钢，在浓硝酸中具有较好的耐蚀性，力学性能较高，对各种配比的浓硝酸、浓硫酸、混合酸的耐蚀性好。焊后不出现刀口腐蚀。用于化工、纺织、轻工、国防、医药等行业，制造泵、阀、管接头等

表 3-1-31　一般用途耐蚀铸钢的化学成分与力学性能

牌号	化学成分(质量分数)/%								
	C	Si	Mn	P	S	Cr	Mo	Ni	其他
ZG15Cr12	≤0.15	≤0.8	≤0.8	≤0.035	≤0.025	11.5~13.5	≤0.5	≤1.0	
ZG20Cr13	0.16~0.24	≤1.0	≤0.6	≤0.035	≤0.025	12.0~14.0			
ZG10Cr12NiMo	≤0.10	≤0.8	≤0.8	≤0.035	≤0.025	11.5~13.0	0.2~0.5	0.8~1.8	
ZG06Cr12Ni4(QT1) ZG06Cr12Ni4(QT2)	≤0.06	≤1.0	≤1.5	≤0.035	≤0.025	11.5~13.0	≤1.0	3.5~5.0	
ZG06Cr16Ni5Mo	≤0.06	≤0.8	≤0.8	≤0.035	≤0.025	15.0~17.0	0.7~1.5	4.0~6.0	
ZG03Cr18Ni10	≤0.03	≤1.5	≤1.5	≤0.040	≤0.030	17.0~19.0		9.0~12.0	
ZG03Cr18Ni10N	≤0.03	≤1.5	≤1.5	≤0.040	≤0.030	17.0~19.0		9.0~12.0	N0.10~0.20
ZG07Cr19Ni9	≤0.07	≤1.5	≤1.5	≤0.040	≤0.030	18.0~21.0		8.0~11.0	
ZG08Cr19Ni10Nb	≤0.08	≤1.5	≤1.5	≤0.040	≤0.030	18.0~21.0		9.0~12.0	8×C%≤Nb≤1.00
ZG03Cr19Ni11Mo2	≤0.03	≤1.5	≤1.5	≤0.040	≤0.030	17.0~20.0	2.0~2.5	9.0~12.0	
ZG03Cr19Ni11Mo2N	≤0.03	≤1.5	≤1.5	≤0.040	≤0.030	17.0~20.0	2.0~2.5	9.0~12.0	N0.10~0.20
ZG07Cr19Ni11Mo2	≤0.07	≤1.5	≤1.5	≤0.040	≤0.030	17.0~20.0	2.0~2.5	9.0~12.0	
ZG08Cr19Ni11Mo2Nb	≤0.08	≤1.5	≤1.5	≤0.040	≤0.030	17.0~20.0	2.0~2.5	9.0~12.0	8×C%≤Nb ≤1.00
ZG03Cr19Ni11Mo3	≤0.03	≤1.5	≤1.5	≤0.040	≤0.030	17.0~20.0	3.0~3.5	9.0~12.0	
ZG03Cr19Ni11Mo3N	≤0.03	≤1.5	≤1.5	≤0.040	≤0.030	17.0~20.0	3.0~3.5	9.0~12.0	N0.10~0.20
ZG07Cr19Ni11Mo3	≤0.07	≤1.5	≤1.5	≤0.040	≤0.030	17.0~20.0	3.0~3.5	9.0~12.0	
ZG03Cr26Ni5Cu3Mo3N	≤0.03	≤1.0	≤1.5	≤0.035	≤0.025	25.0~27.0	2.5~3.5	4.5~6.5	Cu2.4~3.5 N0.12~0.25
ZG03Cr26Ni5Mo3N	≤0.03	≤1.0	≤1.5	≤0.035	≤0.025	25.0~27.0	2.5~3.5	4.5~6.5	N0.12~0.25
ZG03Cr14Ni14Si4	≤0.03	3.5~4.5	≤0.8	≤0.035	≤0.025	13.0~15.0		13.0~15.0	

续表

牌号	热处理规范	$\sigma_{p0.2}$[1]	σ_b[1]	δ[1]/%（最小值）	A_{kV}[1]/J（最小值）	铸件最大允许厚度/mm
		/(N/mm²)(最小值)				
ZG15Cr12	奥氏体化 950~1050℃，空冷；650~750℃回火，空冷	450	620	14	20	150
ZG20Cr13	950℃退火，1050℃油淬，750~800℃空冷	440(σ_s)	610	16	58(A_{kU})	300
ZG10Cr12NiMo	奥氏体化 1000~1050℃，空冷；620~720℃回火，空冷或炉冷	440	590	15	27	300
ZG06Cr12Ni4(QT1)	奥氏体化 1000~1100℃，空冷；570~620℃回火，空冷或炉冷	550	750	15	45	300
ZG06Cr12Ni4(QT2)	奥氏体化 1000~1100℃，空冷；500~530℃回火，空冷或炉冷	830	900	12	35	300
ZG06Cr16Ni5Mo	奥氏体化 1020~1070℃，空冷，580~630℃回火，空冷或炉冷	540	760	15	60	300
ZG03Cr18Ni10	1050℃固溶处理；淬火。随厚度增加，提高空冷速度	180[2]	440	30	80	150
ZG03Cr18Ni10N		230[2]	510	30	80	150
ZG07Cr19Ni9		180[2]	440	30	60	150
ZG08Cr19Ni10Nb		180[2]	440	25	40	150
ZG03Cr19Ni11Mo2	1080℃固溶处理；淬火。随厚度增加，提高空冷速度	180[2]	440	30	80	150
ZG03Cr19Ni11Mo2N		230[2]	510	30	80	150
ZG07Cr19Ni11Mo2		180[2]	440	30	60	150
ZG08Cr19Ni11Mo2Nb		180[2]	440	25	40	150
ZG03Cr19Ni11Mo3	1120℃固溶处理；淬火。随厚度增加，提高空冷速度	180[2]	440	30	80	150
ZG03Cr19Ni11Mo3N		230[2]	510	30	80	150
ZG07Cr19Ni11Mo3		180[2]	440	30	60	150
ZG03Cr26Ni5Cu3Mo3N	1120℃固溶处理，淬火。高温固溶处理后，水淬前，铸件可冷至1040~1010℃，以防止复杂形状铸件的开裂	450	650	18	50	150
ZG03Cr26Ni5Mo3N		450	650	18	50	150
ZG03Cr14Ni14Si4	1050~1100℃固溶；水淬	245(σ_s)	490	60(δ_5)	270(A_{kU})	150

① $\sigma_{p0.2}$——0.2%试验应力；

σ_b——抗拉强度；

δ——断裂后，原始测试长度 L_0 的伸长率；

A_{kV}——V 形缺口冲击吸收功；

A_{kU}——U 形缺口冲击吸收功。

② $\sigma_{p1.0}$的最低值高于 25N/mm²。

注：1. 本表的牌号适用于一般耐蚀用途的铸钢件，这些牌号代表了适合在各种不同腐蚀场合广泛应用的合金铸钢件的种类。GB/T 2100—2002 规定，可以在订货合同中商定采用 GB/T 2100—2002中未列出的其他牌号。

2. 要求进行晶间腐蚀倾向试验的铸件，应在合同中注明，其试验方法按 GB/T 2100—2002 的规定进行。

2.3 铸铁

表 3-1-32　灰铸铁件（摘自 GB/T 9439—2010）

牌号	铸件壁厚/mm		最小抗拉强度 R_m(强制性值)(min)/(N/mm²)		铸件本体预期抗拉强度 R_m(min)/(N/mm²)	特性与用途(非标准内容,供参考)	
	>	≤	单铸试棒	附铸试棒或试块			
HT100	5	40	100	—	—	碳以片状石墨存在。塑性和韧性较低,但有一定的强度,抗压强度高,通常为(3~4)R_m。有良好的吸振性、润滑性、导热性、切削加工性和铸造性。不宜在300~400℃以上的温度长期使用。壁厚相差悬殊的铸件不推荐使用。HT150基体组织为铁素体+珠光体,HT200~HT350基体组织为珠光体。普通铸铁中加入合金元素(如硅、锰、镍、铬、钼……)使基体组织发生变化,从而具有耐热、耐磨、耐蚀、耐低温、无磁等性能	HT100用于外罩、手把、手轮、底板、重锤等形状简单、对强度无要求的零件,不用人工时效处理,减振性优良,铸造性能好。当对抗磁性能有要求时,可选用HT100
HT150	5	10	150	—	155		HT150用于强度要求不高的铸件,如端盖、泵体、轴承产生等;以及壁厚小于30mm的耐磨轴套、阀壳、管道附件;一般机床底座、床身、工作台等;圆周速度为6~12m/s的带轮。不用人工时效,有良好的减振性和铸造性
	10	20		—	130		
	20	40		120	110		
	40	80		110	95		
	80	150		100	80		
	150	300		90*	—		
HT200	5	10	200	—	205		可承受较大弯曲应力,用于强度、耐磨性要求较高、较重要的零件和要求保持气密性的铸件。如汽缸、齿轮、底架、机体、飞轮、齿条;一般机床铸有导轨的床身及中等压力(8MPa以下)液压筒、液压泵和阀的壳体等;圆周速度大于12~20m/s的带轮。有良好的减振性和较好的耐热性,铸造性较好,需进行人工时效处理。在滑动摩擦条件下,应使用低合金灰铸铁(如含P、Cr、Mn、Cu等元素),机床床身,汽车刹车片、离合器片、汽缸套、活塞环等一般用低合金灰铸铁
	10	20		—	180		
	20	40		170	150		
	40	80		150	130		
	80	150		140	115		
	150	300		130*	—		
HT225	5	10	225	—	230		
	10	20		—	200		
	20	40		190	170		
	40	80		170	150		
	80	150		155	135		
	150	300		145*	—		
HT250	5	10	250	—	250		基本性能同HT200、HT225,强度较高,用于阀壳、油缸、汽缸,联轴器,机体、齿轮、齿轮箱外壳、飞轮、凸轮、轴承座等
	10	20		—	225		
	20	40		210	195		
	40	80		190	170		
	80	150		170	155		
	150	300		160*	—		
HT275	10	20	275	—	250		可承受高弯曲应力,用于要求高强度、高耐磨性的重要铸件,要求高气密性的铸件,如齿轮、凸轮、车床卡盘、剪床、压力机的机身、自动机床及其他重负荷机床铸有导轨的床身;高压液压筒、液压泵和滑阀的壳体等;圆周速度大于20~25m/s的带轮。白口倾向大、铸造性差,需进行人工时效处理和孕育处理
	20	40		230	220		
	40	80		205	190		
	80	150		190	175		
	150	300		175*	—		
HT300	10	20	300	—	270		
	20	40		250	240		
	40	80		220	210		
	80	150		210	195		
	150	300		190*	—		
HT350	10	20	350	—	315		用于齿轮、凸轮、车床卡盘、剪床、压力机的机身,自动机床等重负荷机床铸有导轨的床身,高压液压筒、液压泵和滑阀的壳体等
	20	40		290	280		
	40	80		260	250		
	80	150		230	225		
	150	300		210*	—		

注：1. 本标准适用于砂型或导热性与砂型相当的铸型中铸造的灰铸铁件。

2. 本标准依据直径 ϕ30mm 的单铸试棒加工的标准拉伸试样所测得的最小抗拉强度值将牌号分为八个等级。硬度等级见原标准表 2,硬度和标准强度的关系见原标准附录 B，硬度和壁厚的关系见原标准附录 C。

3. 灰铸铁的物理性能和其他力学性能见原材料的附录 A，摘录如下：

性能		HT150	HT200	HT225	HT250	HT275	HT300	HT350
抗压屈服强度 $\sigma_{d0.1}$	MPa	195	260	290	325	360	390	455
抗弯强度 σ_{dB}		250	290	315	340	365	390	490
抗剪强度 σ_{dB}		170	230	260	290	320	345	400
扭转强度 τ_{tB}		170	230	260	290	320	345	400
弯曲疲劳强度 σ_{bW}		70	90	105	120	130	140	145

4. 当铸件壁厚超过 300mm 时，其力学性能由供需双方商定。

5. 当某牌号的铁液浇注壁厚均匀、形状简单的铸件时，壁厚变化引起抗拉强度的变化，可从本表查出参考数据，当铸件壁厚不均匀，或有型芯时，此表只能给出不同壁厚处大致的抗拉强度值，铸件的设计应根据关键部位的实测值进行。

6. 表中带＊号的斜体字数值表示指导值，其余抗拉强度值均为强制性值，铸件本体预期抗拉强度值不作为强制性值。

7. 铸件的表面粗糙度应符合 GB/T 6060.1 的规定或需方的图样要求。铸件应清理干净，修磨多余部分，去除浇冒口残余、芯骨、粘砂及内腔残余物等。

8. 铸件不允许有影响使用的缺陷，如裂纹、冷隔、缩孔等。铸件内部缺陷可用 X 射线、超声波等方式检查。

表 3-1-33 球墨铸铁件（摘自 GB/T 1348—2009）

类别	材料牌号	铸件壁厚 /mm	抗拉强度 R_m /(N/mm²)(最小值)	屈服强度 $R_{p0.2}$ /(N/mm²)(最小值)	伸长率 A/% (min)	布氏硬度 HBW	主要基体组织	特性和用途（非标准中内容，仅供参考）	
单铸试样	QT350-22L		350	220	22	≤160	铁素体	铁液中加入球化剂使石墨大部分或全部呈球状。具有比灰铸铁高得多的强度和韧性强度利用率（$R_{p0.2}/R_m$）高，疲劳极限比灰铸铁高，接近45钢；耐磨、耐热与耐蚀性均较好；但铸造性比灰铸铁差。广泛用于机械制造各部门	有较好的塑性与韧性，焊接性与切削性也较好，常温冲击韧性高。用于制造农机具、犁铧、收割机、割草机等；汽车、拖拉机的轮毂、驱动桥壳体、离合器壳等；1.6~6.5MPa阀门的阀体、阀盖、压缩机气缸、铁路钢轨垫板、电机壳、齿轮箱等
	QT350-22R		350	220	22	≤160	铁素体		
	QT350-22		350	220	22	≤160	铁素体		
	QT400-18L		400	240	18	120~175	铁素体		
	QT400-18R		400	250	18	120~175	铁素体		
	QT400-18		400	250	18	120~175	铁素体		
	QT400-15		400	250	15	120~180	铁素体		
	QT450-10		450	310	10	160~210	铁素体		焊接性与切削性均较好，用途同QT400-18
	QT500-7		500	320	7	170~230	铁素体+珠光体		强度与塑性中等，切削性尚好，用于制作内燃机油泵齿轮、机车轴瓦、飞轮等
	QT550-5		550	350	5	180~250	铁素体+珠光体		强度和耐磨性较好，塑性与韧性较低。用于制作内燃机曲轴、连杆等；农机具齿轮；部分机床主轴；空压机、冷冻机、制氧机的曲轴、缸体、缸套等；球磨机齿轮、各种车轮、滚轮、矿车轮。低温（-40℃以下）下工作的铸件不宜用珠光体，低温下强度降低，脆性增加
	QT600-3		600	370	3	190~270	珠光体+铁素体		
	QT700-2		700	420	2	225~305	珠光体		
	QT800-2		800	480	2	245~335	珠光体或索氏体		
	QT900-2		900	600	2	280~360	回火马氏体或屈氏体+索氏体		有高强度和耐磨性，较高的弯曲疲劳，接触疲劳和一定的韧性。用于内燃机曲轴、凸轮轴、汤车上圆锥齿轮、转向节、传动轴、拖拉机齿轮、农机具等
	QT500-10		500	360	10	185~215	铁素体为主，珠光体小于5%，渗碳体小于1%		适用于高硅含量且最小抗拉强度为 R_m=500MPa 的球铁件，用于要求具有良好的切削性、较高韧性、强度适中的铸件
附铸试样	QT350-22AL	≤30	350	220	22	≤160	铁素体		附铸试样中的牌号特性与用途与上面对应牌号相同
		>30~60	330	210	18				
		>60~200	320	200	15				
	QT350-22AR	≤30	350	220	22	≤160	铁素体		
		>30~60	330	220	18				
		>60~200	320	210	15				
	QT350-22A	≤30	350	220	22	≤160	铁素体		
		>30~60	330	210	18				
		>60~200	320	200	15				

续表

类别	材料牌号	铸件壁厚/mm	抗拉强度 R_m /(N/mm²)(最小值)	屈服强度 $R_{p0.2}$ /(N/mm²)(最小值)	伸长率 A/% (min)	布氏硬度 HBW	主要基体组织
		≤30	380	240	18		
	QT400-18AL	>30~60	370	230	15	120~175	铁素体
		>60~200	360	220	12		
		≤30	400	250	18		
	QT400-18AR	>30~60	390	250	15	120~175	铁素体
		>60~200	370	240	12		
		≤30	400	250	18		
	QT400-18A	>30~60	390	250	15	120~175	铁素体
		>60~200	370	240	12		
		≤30	400	250	15		
	QT400-15A	>30~60	390	250	14	120~180	铁素体
附铸试样		>60~200	370	240	11		
		≤30	450	310	10		
	QT450-10A	>30~60	420	280	9	160~210	铁素体
		>60~200	390	260	8		
		≤30	500	320	7		
	QT500-7A	>30~60	450	300	7	170~230	铁素体+珠光体
		>60~200	420	290	5		
		≤30	550	350	5		
	QT550-5A	>30~60	520	330	4	180~250	铁素体+珠光体
		>60~200	500	320	3		
		≤30	600	370	3		
	QT600-3A	>30~60	600	360	2	190~270	珠光体+铁素体
		>60~200	550	340	1		

V 形缺口试样冲击功与铸件本体屈服强度指导值

	牌号	铸件壁厚/mm	最小冲击功/J 室温(23±5)℃ 三个试样平均值	室温(23±5)℃ 个别值	低温(−20±2)℃ 三个试样平均值	低温(−20±2)℃ 个别值	低温(−40±2)℃ 三个试样平均值	低温(−40±2)℃ 个别值
单铸试样	QT350-22L		—	—	—	—	12	9
	QT350-22R		17	14	—	—	—	—
	QT400-18L		—	—	12	9	—	—
	QT400-18R		14	11	—	—	—	—
	QT350-22AR	≤60	17	14	—	—	—	—
		>60~200	15	12	—	—	—	—
	QT350-22AL	≤60	—	—	—	—	12	9
附铸试样		>60~200	—	—	—	—	10	7
	QT400-18AR	≤60	14	11	—	—	—	—
		>60~200	12	9	—	—	—	—
	QT400-18AL	≤60	—	—	12	9	—	—
		>60~200	—	—	10	7	—	—

从铸件本体上切取试样的屈服强度指导值

材料牌号	不同壁厚 t 下的 0.2%时的屈服强度 $R_{p0.2}$/MPa(min) t≤50mm	50mm<t≤80mm	80mm<t≤120mm	120mm≤t≤200mm
QT400-15	250	240	230	230
QT500-7	290	280	270	260
QT550-5	320	310	300	290
QT600-3	360	340	330	320
QT700-2	400	380	370	360

续表

类别	材料牌号	铸件壁厚 /mm	抗拉强度 R_m /(N/mm²)(最小值)	屈服强度 $R_{p0.2}$ /(N/mm²)(最小值)	伸长率 A/% (min)	布氏硬度 HBW	主要基体组织	特性和用途（非标准中内容,仅供参考）
附铸试样	QT700-2A	≤30	700	420	2	225~305	珠光体	
		>30~60	700	400	2			
		>60~200	650	380	1			
	QT800-2A	≤30	800	480	2	245~335	珠光体或索氏体	
		>30~60	由供需双方商定					
		>60~200						
	QT900-2A	≤30	900	600	2	280~360	回火马氏体或索氏体+屈氏体	
		>30~60	由供需双方商定					
		>60~200						
	QT500-10A	≤30	500	360	10	185~215	以铁素体为主,珠光体不超过5%,渗碳体不超过1%	适用于高硅含量,要求具有良好的切削性能、较高韧性和强度适中的铸件
		>30~60	490	360	9			
		>60~200	470	350	7			

注：1. 本标准适用于砂型或导热性与砂型相当的铸型中铸造的普通和低合金球墨铸铁件。

2. 牌号中字母“A”表示附铸试样上测定的力学性能；字母“L”表示该牌号有低温（-20℃或-40℃）下的冲击性能要求；字母“R”表示该牌号有室温（23℃）下的冲击性能要求。

3. 附铸试样测得的力学性能虽不能准确反映铸件本身的力学性能，但与单铸试样相比更接近铸件实际性能。表中单铸和附铸试样的性能是用于铸件的指导值，铸件本身的性能值也许低于表中给定值。铸件本体的性能值无法统一，因取决于铸件的复杂程度和铸件壁厚的变化。

4. 铸件要承受多种载荷，特别是在疲劳状态下要求有较高的球化率（球状石墨和团球状石墨所占的百分数），80%~85%或更高的球化率通常能保证本标准规定的最小拉伸性能。

5. 铸件表面粗糙度应符合 GB/T 6060.1 的规定，或符合需方的图样要求。铸件应清理干净，修整多余部分，应清理浇冒口残余、粘砂、氧化皮及内腔残余物。

6. 不允许有影响使用性能的铸造缺陷（裂纹、冷隔、缩孔、夹渣等）。铸件内部缺陷，可用 X 射线、超声波等方式检查。

表 3-1-34　　球墨铸铁的力学性能和物理性能的补充资料

特性值	单位	材料牌号									
		QT350-22	QT400-18	QT450-10	QT500-7	QT550-5	QT600-3	QT700-2	QT800-2	QT900-2	QT500-10
剪切强度	MPa	315	360	405	450	500	540	630	720	810	—
扭转强度	MPa	315	360	405	450	500	540	630	720	810	—
弹性模量 E(拉伸和压缩)	GPa	169	169	169	169	172	174	176	176	176	170
泊松比 ν	—	0.275	0.275	0.275	0.275	0.275	0.275	0.275	0.275	0.275	0.28~0.029
无缺口疲劳极限①(旋转弯曲)(ϕ10.6mm)	MPa	180	195	210	224	236	248	280	304	304	225
有缺口疲劳极限②(旋转弯曲)(ϕ10.6mm)	MPa	114	122	128	134	142	149	168	182	182	140
抗压强度	MPa	—	700	700	800	840	870	1000	1150	—	—
断裂韧性 K_{IC}	$MPa\cdot\sqrt{m}$	31	30	28	25	22	20	15	14	14	28
300℃时的热导率	W/(K·m)	36.2	36.2	36.2	35.2	34	32.5	31.1	31.1	31.1	—
20~500℃时的比热容量	J/(kg·K)	515	515	515	515	515	515	515	515	515	—
20~400℃时的线胀系数	μm(m·K)	12.5	12.5	12.5	12.5	12. 5	12.5	12.5	12.5	12.5	—
密度	kg/dm^3	7.1	7.1	7.1	7.1	7.1	7.2	7.2	7.2	7.2	7.1
最大渗透性	μH/m	2136	2136	2136	1596	1200	866	501	501	501	—
磁滞损耗(B=1T)	J/m^3	600	600	600	1345	1800	2248	2700	2700	2700	—
电阻率	μΩ·m	0.50	0.50	0.50	0.51	0.52	0.53	0.54	0.54	0.54	—
主要基体组织	—	铁素体	铁素体	铁素体	铁素体-珠光体	铁素体-珠光体	珠光体-铁素体	珠光体	珠光体或索氏体	回火马氏体或索氏体+屈氏体③	铁索体

① 对抗拉强度是 370MPa 的球墨铸铁件无缺口试样，退火铁素体球墨铸铁件的疲劳极限强度大约是抗拉强度的 0.5 倍。在珠光体球墨铸铁和（淬火+回火）球墨铸铁中，这个比率随着抗拉强度的增加而减少，疲劳极限强度大约是抗拉强度的 0.4 倍。当抗拉强度超过 740MPa 时这个比率将进一步减少。

② 对直径 ϕ0. 6mm 的 45°圆角 R0. 25mm 的 V 形缺口试样，退火球墨铸铁件的疲劳极限强度降低到无缺口球墨铸铁件（抗拉强度是 370MPa）疲劳极限的 0. 63 倍。这个比率随着铁素体球墨铸铁件抗拉强度的增加而减少。对中等强度的球墨铸铁件、珠光体球墨铸铁件和（淬火+回火）球墨铸铁件，有缺口试样的疲劳极限大约是无缺口试样疲劳极限强度的 0. 6 倍。

③ 对大型铸件，可能是珠光体，也可能是回火马氏体或屈氏体+索氏体。

注：除非另有说明，本表中所列数值都是常温下的测定值。本表之外的信息见前表。

表 3-1-35　　可锻铸铁件（摘自 GB/T 9440—2010）

	牌号	试样直径 d①②/mm	抗拉强度 R_m/(N/mm²) min	0.2%屈服强度 $R_{p0.2}$/(N/mm²) min	伸长率 A/% min ($L_0=3d$)	布氏硬度 HBW	特性与用途（非标准内容，供参考）	
黑心	KTH 275-05②	12 或 15	275	—	5	≤150	先浇注成白口铸铁件，再经长时间退火使渗碳体分解为团絮状石墨即得到可锻铸铁件。可锻铸铁中石墨成团絮状，对基本体割裂作用较小，塑性和韧性较好，但可锻铸铁并不能进行锻压加工。基体组织不同，性能也不一档，黑心可锻铸铁组织为铁素体基体+团絮状石墨有较高塑性与韧性，可承受较高的冲击与振动；珠光体可锻铸铁组织为珠光体基体+团絮状石墨，有较高的强度，硬度与耐磨性，有一定韧性白心可锻铸铁组织为：外层为铁素体，15 部为珠光体（或+少量铁素体）+团絮状石墨，外层与心部之间为珠光体+铁素体+团絮状石墨	黑心可锻铸铁比灰铸铁强度高，塑性与韧性更好，可承受冲击和扭转负荷，具有良好的耐蚀性，切削性能良好。制作薄壁铸件，多用于机床零件、运输机零件、升降机械零件、管道配件、低压阀门。KTH300-06、KTH330-08 可耐 800～1400kPa 的压力（气压、水压），可用于自来水管道配件，高压锅炉管道配件，压缩空气管道配件以及农机零件。KTH350-10、KTH370-12 能承受较大的冲击负荷，在寒冷环境（-40℃）下工作，不产生低温脆断，在汽车和拖拉机中用于后轿外壳、转向机构、弹簧钢板支座 珠光体可锻铸铁的塑性、韧性比黑心可锻铸铁稍差，但其强度高，耐磨性好，低温性能优于球墨铸铁，加工性良好，可代替有色合金、低合金钢及低碳钢与中碳钢制作较高强度和耐磨性的零件。KTZ450-06 用于制作插销、轴承座。KTZ550-04 用于制作一定强度、韧性适当的零件，如汽车前轮轮毂、发动机支架、传动箱及拖拉机履带轨板。KTZ650-02 用于制作较高强度的零件，如柴油机活塞、差速器壳、摇臂及农业机械的犁刀、犁片、齿轮箱。KTZ700-02 用于制作高强度的零件，如曲轴、刀向接头、传动齿轮、凸轮轴、活塞环等 将低碳低硅的白口铸铁和氧化铁一起加热，进行脱碳软化后的铸铁称为白口可锻铸铁，断口呈白色，表面层大量脱碳形式铁素体，心部为珠光体基体，且有少量残余游离碳，因而心部韧性难以提高，一般仅限于薄壁件的制造，由于工艺较复杂，生产周期长，性能较差，国内在机械工业中较少应用，KTB360-12 适用于对强度有特殊要求和焊接后不需进行热处理的零件
	KTH 300-06②	12 或 15	300	—	6			
	KTH 330-08	12 或 15	330	—	8			
	KTH 350-10	12 或 15	350	200	10			
	KTH 370-12	12 或 15	370	—	12			
珠光体	KTZ 450-06	12 或 15	450	270	6	150～200		
	KTZ 500-05	12 或 15	500	300	5	165～215		
	KTZ 550-04	12 或 15	550	340	4	180～230		
	KTZ 600-03	12 或 15	600	390	3	195～245		
	KTZ 650-02④⑤	12 或 15	650	430	2	210～260		
	KTZ 700-02	12 或 15	700	530	2	240～290		
	KTZ 800-01④	12 或 15	800	600	1	270～320		
白心	KTB 350-04	6	270	—	10	230		
		9	310	—	5			
		12	350	—	4			
		15	360	—	3			
	KTB 360-12	6	280	—	16	200		
		9	320	170	15			
		12	360	190	12			
		15	370	200	7			
	KTB 400-05	6	300	—	12	max 220		
		9	360	200	8			
		12	400	220	5			
		15	420	230	4			
	KTB 450-07	6	330	—	12	220		
		9	400	230	10			
		12	450	260	7			
		15	480	280	4			
	KTB 550-04	6	—	—	—	250		
		9	490	310	5			
		12	550	340	4			
		15	570	350	3			

① 如果需方没有明确要求，供方可以任意选取两种试棒直径中的一种。
② 试样直径代表同样壁厚的铸件，如果铸件为薄壁件时，供需双方可以协商选取直径 6mm 或者 9mm 试样。
③ KTH 275-05 和 KTH 300-06 为专门用于保证压力密封性能，而不要求高强度或者高延展性的工作条件的。
④ 油淬加回火。
⑤ 空冷加回火。

注：1. 本标准适用于砂型或导热与砂型相当的铸型中铸造的可锻铸铁件。
2. 所有级别的白心可锻铸铁均可以焊接。
3. 对于白心可锻铸铁小尺寸的试样，很难判断其屈服强度，屈服强度的检测方法和数值由供需双方在订单中商定。
4. 铸件表面粗糙度应符合 GB/T 1031 或 GB/T 6060.1 的规定或需方图样的要求。铸件应清理干净，清除浇冒口残余、粘砂、氧化皮及内腔残余物。
5. 不允许有影响使用的铸造缺陷，如裂纹、冷隔、缩孔等。

表 3-1-36　　**蠕墨铸铁件**（摘自 GB/T 26655—2010）

	牌号	主要壁厚 t /mm	抗拉强度 R_m /(N/mm²)(最小值)	0.2%屈服强度 $R_{p0.2}$ /(N/mm²)(最小值)	伸长率 A /%(min)	典型布氏硬度范围/HBW	主要基体组织	特性与用途（非标准内容，供参考）	
单铸试样	RuT300		300	210	2.0	140~210	铁素体	灰口铸铁液中加入蠕化剂，经蠕化处理，析出大部分石墨呈蠕虫状，其性能介于灰铸铁与球墨铸铁之间。既有球铁的强度、刚度和韧性，且有良好的耐磨性，同时它的铸造性及热传导性又相近于灰铁，具有比球铁和灰铁更为优良的综合耐热疲劳性能。一般用于液压件、排气管、底座、床身、钢锭模、飞轮等	铁素体基体蠕墨铸铁，强度不高，硬度较低，有较高的塑性、韧性及热导率，铸件需经退火热处理，适于制作受冲击及热疲劳的零件，如汽车及拖拉机的底盘零件、增压机废气进气壳体、内燃机缸盖，纺织机和农机具等 以铁素体为主的铁素体+珠光体混合基体蠕墨铸铁，具有良好的强度和硬度，一定的塑性及韧性，较高的热导率，致密性良好，适于制作较高强度及耐热疲劳的零件，如内燃机缸盖、机床底座、变速箱体、纺织机械零件、液压件、排气管、钢锭模及小型烧结机箅条等 以珠光体为主的珠光体+铁素体混合基体蠕墨铸铁，具有较高的强度、硬度、耐磨性及热导率，适于制作较高强度、刚度及耐磨的零件，如大型齿轮箱体、盖、底座刹车鼓、大型机床件、飞轮、起重机卷筒、烧结机滑板、内燃机缸体和缸盖，联轴器钢锭模等 珠光体基体蠕墨铸铁，具有高强度、高耐磨性、高硬度以及较好的热导率，需经正火热处理，适于制作高强度或高耐磨性的重要铸件，如刹车鼓、钢珠的研磨盘、内燃机缸套、缸盖活塞环、玻璃模具、制动盘、吸淤泵体、液压件等
	RuT350		350	245	1.5	160~220	铁素体+珠光体		
	RuT400		400	280	1.0	180~240	珠光体+铁素体		
	RuT450		450	315	1.0	200~250	珠光体		
	RuT500		500	350	0.5	220~260	珠光体		
附铸试样	RuT300A	$t≤12.5$	300	210	2.0	140~210	铁素体		
		$12.5<t≤30$	300	210	2.0	140~210			
		$30<t≤60$	275	195	2.0	140~210			
		$60<t≤120$	250	175	2.0	140~210			
	RuT350A	$t≤12.5$	350	245	1.5	160~220	铁素体+珠光体		
		$12.5<t≤30$	350	245	1.5	160~220			
		$30<t≤60$	325	230	1.5	160~220			
		$60<t≤120$	300	210	1.5	160~220			
	RuT400A	$t≤12.5$	400	280	1.0	180~240	珠光体+铁素体		
		$12.5<t≤30$	400	280	1.0	180~240			
		$30<t≤60$	375	260	1.0	180~240			
		$60<t≤120$	325	230	1.0	180~240			
	RuT450A	$t≤12.5$	450	315	1.0	200~250	珠光体		
		$12.5<t≤30$	450	315	1.0	200~250			
		$30<t≤60$	400	280	1.0	200~250			
		$60<t≤120$	375	260	1.0	200~250			
	RuT500A	$t≤12.5$	500	350	0.5	220~260	珠光体		
		$12.5<t≤30$	500	350	0.5	220~260			
		$30<t≤60$	450	315	0.5	220~260			
		$60<t≤120$	400	280	0.5	220~260			

注：1. 本标准适用于砂型或导热性砂型相当的铸型铸造的蠕墨铸铁件。
2. 表中布氏硬度系指导值，仅供参考。
3. 采用附铸试块时，牌号后加字母“A”。
4. 从附铸试样测得的力学性能并不能准确地反映铸件本体的力学性能，但与单铸试棒上测得的值相比更接近于铸件的实际性能值。表中铸件力学性能用于指导值。
5. 力学性能随铸件结构（形状）和冷却条件而变化，随铸件断面厚度增加而相应降低。
6. 布氏硬度值仅供参考。
7. 蠕墨铸铁应在二维抛光平面上观察到至少有 80%的蠕虫状石墨，其余 20%应该是球状石墨、团状石墨，不允许出现片状石墨。
8. 铸件表面粗糙度应符合 GB/T 6060.1 的规定，或需方图样的要求。应清理浇冒口残余量、粘砂、氧化皮及内腔残余物。
9. 铸件不允许有影响使用的缺陷，如裂纹、冷隔、缩孔、夹渣等。
10. 铸件内部缺陷可用 X 射线、超声波等方法检测。
11. 工艺因素对蠕墨铸铁机加工性能的影响见原标准附录 B。

表 3-1-37　　蠕墨铸铁的力学和物理性能补充资料

性能	温度	材料牌号				
		RuT300	RuT350	RuT400	RuT450	RuT500
抗拉强度 R_m① /(N/mm²)	23℃	300~375	350~425	400~475	450~525	500~575
	100℃	275~350	325~400	375~450	425~500	475~550
	400℃	225~300	275~350	300~375	350~425	400~475
0.2%屈服强度 $R_{p0.2}$/(N/mm²)	23℃	210~260	245~295	280~330	315~365	350~400
	100℃	190~240	220~270	255~305	290~340	325~375
	400℃	170~220	195~245	230~280	265~315	300~350
伸长率 A/%	23℃	2.0~5.0	1.5~4.0	1.0~3.5	1.0~2.5	0.5~2.0
	100℃	1.5~4.5	1.5~3.5	1.0~3.0	1.0~2.0	0.5~1.5
	400℃	1.0~4.0	1.0~3.0	1.0~2.5	0.5~1.5	0.5~1.5
弹性模量② /(10^3N/mm²)	23℃	130~145	135~150	140~150	145~155	145~160
	100℃	125~140	130~145	135~145	140~150	140~155
	400℃	120~135	125~140	130~140	135~145	135~150
疲劳系数（旋转—弯曲、拉—压、3点弯曲）	23℃	0.50~0.55	0.47~0.52	0.45~0.50	0.45~0.50	0.43~0.48
	23℃	0.30~0.40	0.27~0.37	0.25~0.35	0.25~0.35	0.20~0.30
	23℃	0.65~0.75	0.62~0.72	0.60~0.70	0.60~0.70	0.55~0.65
泊松比		0.26	0.26	0.26	0.26	0.26
密度/(g/cm³)		7.0	7.0	7.0~7.1	7.0~7.2	7.0~7.2
热导率 /[W/(m·K)]	23℃	47	43	39	38	36
	100℃	45	42	39	37	35
	400℃	42	40	38	36	34
热胀系数 /[μm/(m·K)]	100℃	11	11	11	11	11
	400℃	12.5	12.5	12.5	12.5	12.5
比热容/[J/(g·K)]	100℃	0.475	0.475	0.475	0.475	0.475
基体组织		铁素体	铁素体+珠光体	珠光体+铁素体	珠光体	珠光体

① 壁厚 15mm，模数 M=0.75。
② 割线模数（200~300N/mm²）。

表 3-1-38　抗磨白口铸铁件（摘自 GB/T 8263—2010）

牌号	化学成分(质量分数)/%									表面硬度						特性和用途
	C	Si	Mn	Cr	Mo	Ni	Cu	S	P	铸态或铸态并去应力处理		硬化态或硬化态并去应力处理		软化退火态		
										HRC	HBW	HRC	HBW	HRC	HBW	
BTMNi4Cr2-DT	2.4~3.0	≤0.8	≤2.0	1.5~3.0	≤1.0	3.3~5.0	—	≤0.10	≤0.10	≥53	≥550	≥56	≥600	—	—	可用于中等冲击载荷的磨料磨损件,如衬板、磨球等
BTMNi4Cr2-GT	3.0~3.6	≤0.8	≤2.0	1.5~3.0	≤1.0	3.3~5.0	—	≤0.10	≤0.10	≥53	≥550	≥56	≥600	—	—	用于较小冲击载荷的磨料磨损件,如衬板、磨球等
BTMCr9Ni5	2.5~3.6	1.5~2.2	≤2.0	8.0~10.0	≤1.0	4.5~7.0	—	≤0.06	≤0.06	≥50	≥500	≥56	≥600	—	—	有很好的淬透性和一定的耐蚀性,可用于中等冲击载荷的磨料磨损件,如叶轮、弯管等
BTMCr2	2.1~3.6	≤1.5	≤2.0	1.0~3.0	—	—	—	≤0.10	≤0.10	≥45	≥435	—	—	—	—	成本低廉,用于较小冲击载荷的磨料磨损件,如衬板、磨球等
BTMCr8	2.1~3.6	1.5~2.2	≤2.0	7.0~10.0	≤3.0	≤1.0	≤1.2	≤0.06	≤0.06	≥46	≥450	≥56	≥600	≤41	≤400	有一定的耐蚀性,可用于中等冲击载荷的磨料磨损件,如磨球、衬板等
BTMCr12-DT	1.1~2.0	≤1.5	≤2.0	11.0~14.0	≤3.0	≤2.5	≤1.2	≤0.06	≤0.06	—	—	≥50	≥500	≤41	≤400	有较好的耐蚀性,可用于中等冲击载荷的磨料磨损件,如锤头、磨球、衬板、溜槽等
BTMCr12-GT	2.0~3.6	≤1.5	≤2.0	11.0~14.0	≤3.0	≤2.5	≤1.2	≤0.06	≤0.06	≥46	≥450	≥58	≥650	≤41	≤400	
BTMCr15	2.0~3.6	≤1.2	≤2.0	14.0~18.0	≤3.0	≤2.5	≤1.2	≤0.06	≤0.06	≥46	≥450	≥58	≥650	≤41	≤400	可用于较大冲击的磨料磨损件,如磨机的磨球、破碎机的板锤、渣浆泵流件、输粉弯管等
BTMCr20	2.0~3.6	≤1.2	≤2.0	18.0~23.0	≤3.0	≤2.5	≤1.2	≤0.06	≤0.06	≥46	≥450	≥58	≥650	≤41	≤400	有很好的淬透性,有较好耐蚀性,可用于较大冲击载荷的磨料磨损件,如磨机的磨球、磨辊、轧管机顶头、渣浆泵的过流件等
BTMCr26	2.0~3.3	≤1.2	≤2.0	23.0~30.0	≤3.0	≤2.5	≤1.2	≤0.06	≤0.06	≥46	≥450	≥58	≥650	≤41	≤400	有很好的淬透性,有良好耐蚀性和抗高温氧化性,可用于较大冲击载荷的磨料磨损件,如球磨机的磨球,渣浆泵的泵件和烧结机算条等

注：1. 本标准所规定的抗磨白口铸铁，其碳主要以碳化物的形式分布于金属基体组织中，具有良好的抗磨料磨损性能，适用于生产矿山、冶金、电力、建材和机械制造等行业的易磨损件。

2. 热处理规范可参照原标准附录 A，金相组织可参照原标准附录 B。
3. 牌号中“DT”和“GT”分别是“低碳”和“高碳”的拼音字母，表示含碳量的高低。
4. 洛氏硬度值（HRC）和布氏硬度值（HBW）之间没有精确的对应值，因此，这两种硬度值应独立使用。
5. 铸件在清整合处理铸造缺陷过程中，不允许使用火焰切割、电弧气刨切割、电焊切割和补焊。
6. 铸件表面粗糙度应符合 GB/T 6060.1 中 *Ra*25 级。铸件应清理浇冒口粘砂等，铸件不允许有夹渣、气孔、缩孔等缺陷。

耐热铸铁件（摘自 GB/T 9437—2009）

表 3-1-39

	铸铁牌号	化学成分(质量分数)/%						高温短时	室温		使用条件	应用举例
		C	Si	Mn	P	S	Cr(Al)	R_m /(N/mm²)	最小抗拉强度 R_m/(N/mm²)	硬度 HBW		
					≤							
耐热铸铁	HTRCr	3.0~3.8	1.5~2.5	1.0	0.10	0.08	0.50~1.00	500℃:225 600℃:144	200	189~288	在空气炉气中耐热温度到 550℃有高抗氧化性和体积稳定性	用于急冷急热的薄壁细长件,炉条、高炉支梁式水箱、金属型、玻璃模
	HTRCr2	3.0~3.8	2.0~3.0	1.0	0.10	0.08	1.00~2.00	500℃:243 600℃:166	150	207~288	在空气炉气中耐热温度到 600℃有高抗氧化性和体积稳定性	用于急冷急热的薄壁细长件,煤气炉内灰盆、矿山烧结车挡板
	HTRCr16	1.6~2.4	1.5~2.2	1.0	0.10	0.05	15.00~18.00	800℃:144 900℃:88	340	400~450	在空气炉气中耐热温度到 900℃,在室温及高温下有高抗氧化性与高强度。耐硝酸腐蚀	作抗磨件使用。用于退火罐、煤粉烧嘴、炉栅、水泥焙烧炉零件、化工机械零件
	HTRSi5	2.4~3.2	4.5~5.5	0.8	0.10	0.08	0.50~1.00	700℃:41 800℃:27	140	160~270	在空气炉气中耐热温度到 700℃,可用于强度要求不高,承受机械和热冲击力差,价格低廉的情况	炉条、煤粉烧嘴,锅炉梳形定位板、换热器针状管、二硫化碳反应甑
耐热球墨铸铁	QTRSi4	2.4~3.2	3.5~4.5	0.7	0.07	0.015	—	700℃:75 800℃:35	420	143~187	在空气炉气中耐热温度到 650℃,其含硅上限时到 750℃,力学性能及抗裂性较 QTRSi5 好	玻璃窑烟道闸门、玻璃引上机墙板、加热炉两端管架
	QTRSi4Mo	2.7~3.5	3.5~4.5	0.5	0.07	0.015	Mo0.5~0.9	700℃:101 800℃:46	520	188~241	在空气炉气中耐热温度到 680℃,高温力学性能较好	罩式退火炉导向器、烧结炉中后热筛板、加热炉吊梁
	QTRSi4Mo1	2.7~3.5	4.0~4.5	0.3	0.05	0.015	Mo1.0~1.5 Mg0.01~0.05	700℃:101 800℃:46	550	200~240	在空气炉气中耐热温度到 800℃,高温力学性能较好	
	QRTSi5	2.4~3.2	4.5~5.5	0.7	0.07	0.015	—	700℃:67 800℃:30	370	228~302	在空气炉气中耐热温度到 800℃,其含硅上限时到 900℃,铸件不易开裂常温及高温性能优于 HTRSi5	煤粉烧嘴、炉条、辐射管、烟道闸门、加热炉中间管架
	QTRAl4Si4	2.5~3.0	3.5~4.5	0.5	0.07	0.015	(4.0~5.0)	800℃:82 900℃:32	250	285~341	在空气炉气中耐热温度到 900℃	烧结机箅条、炉用件
	QTRAl5Si5	2.3~2.8	>4.5~5.2	0.5	0.07	0.015	(>5.0~5.8)	800℃:167 900℃:75	200	302~363	在空气炉气中耐热温度到 1050℃	焙烧机箅条、炉用件
	QTRAl22	1.6~2.2	1.0~2.0	0.7	0.07	0.015	(20.0~24.0)	800℃:130 900℃:77	300	241~364	在空气炉气中耐热温度到 1100℃,抗高温硫蚀性好抗氧化性好有较高的高温强度与韧性	锅炉用侧密封块、链式加热炉炉爪、黄铁矿焙烧炉零件

注：1. 本标准适用于工作在 1100℃以下的耐热铸铁件。
2. 本标准适用于砂型铸造或导热性与砂型相仿的铸型中浇成的耐热铸铁件。
3. 室温抗拉强度为合格依据。高温短时抗拉强度系原标准附录 A 中数据。
4. 硅系、铝硅系耐热球墨铸铁件一般应进行消除内应力热处理，硅钼系耐热球铁其珠光体含量低于 15%时，可不进行热处理。其他牌号按需方要求按订货条件进行。
5. 在使用温度下，铸件平均氧化增重速度不大于 0.5g/(m²·h)，生长率不大于 0.2%。抗氧化试验方法和抗生长试验方法见原标准附录 E 和附录 D。
6. 铸件表面粗糙度应符合 GB/T 6060.1 的规定。铸件应清理干净，去除浇冒口残余、芯骨、粘砂及内腔残余物等。

高硅耐蚀铸铁件（摘自 GB/T 8491—2009）

表 3-1-40

牌号	化学成分(质量分数)/%									力学性能		性能和适用条件	应用举例
	C	Si	Mn	P	S	Cr	Mo	Cu	R残留量	最小抗弯强度 σ_{dB} /(N/mm²)	最小挠度 f /mm		
	最大值		最大值	最大值	最大值				最大值				
HTSSi11Cu2CrR	1.20	10.00~12.00	0.50			0.60~0.80	—	1.80~2.20		190	0.80	具有较好的力学性能，可以用一般的机械加工方法进行生产。在浓度不低于10%的硫酸、浓度不高于46%的硝酸或由上述两种介质组成的混合酸、浓度不低于70%的硫酸加氯、苯、苯磺酸等介质中具有较稳定的耐蚀性，但不允许有急剧的交变载荷、冲击载荷和温度突变	卧式离心机、潜水泵、阀门、旋塞、塔罐、冷却排水管、弯头等化工设备和零部件等
HTSSi15R	0.65~1.10	14.20~14.75				≤0.50	≤0.50	≤0.50		140	0.66	在氧化性酸（如各种温度和浓度的硝酸、硫酸、铬酸等）、室温盐酸、各种有机酸和一系列盐溶液介质中都有良好的耐蚀性，但在卤素的酸、盐溶液（如氢氟酸、高温下的盐酸和氟化物等）和强碱溶液中不耐蚀。不允许有急剧的交变载荷、冲击载荷和温度突变	各种离心泵、阀类、旋塞、管道配件、塔罐、低压容器及各种非标准零部件
HTSSi15Cr4MoR	0.75~1.15	14.20~14.75	1.50	0.10	0.10	3.25~5.00	0.40~0.60	≤0.50	0.10	130	0.66	在各种浓度和温度的硫酸、硝酸、盐酸中，在碱水溶液和盐水溶液中，当同一铸件上各部位的温差不大于30℃时，在没有动载荷、交变载荷和脉冲载荷时，具有特别高的耐腐蚀性能 尤其适用于强氯化物的工况条件	
HTSSi15Cr4R	0.70~1.10	14.20~14.75				3.25~5.00	≤0.20	≤0.50		130	0.66	具有优良的耐电化学腐蚀性能，并有改善抗氧化性条件的耐蚀性。高硅铬铸铁中的铬可提高其钝化性和点蚀击穿电位，但不允许有急剧的交变载荷和温度突变	在外加电流的阴极保护系统中，大量用于辅助阳极铸件，适用于阳极电板

注：1. 本标准适用于含硅量为 10.00%~15.00%的高硅耐蚀铸铁件，表中成分 R 表示混合稀土元素。
2. 高硅耐蚀铸铁以化学成分为验收依据；力学性能不作为验收依据，如需方有要求时应符合表中规定。
3. 高硅耐蚀铸铁是一种较脆的金属材料，在其铸件的结构设计上不应有锐角和急剧的截面过渡。
4. 高硅铸铁通常在消除残余应力热处理状态下应用，其热处理规范见原标准。
5. 铸件需进行水压试验时，应在图纸或技术文件中规定。一般承受液压的零件，可用常温清水进行水压试验，其试压压力为工作压力的 1.5 倍，且保压时间应不少于 10min。
6. 铸件表面粗糙度应符合 GB/T 6060.1 的规定，或需方的图纸规定。铸件应去除浇冒口、芯骨、粘砂、内腔残余物等。不应有降低强度的铸造缺陷。

3 钢　　材

3.1 钢板

表 3-1-41　　常用钢板、钢带的标准摘要

钢板标准号及名称	适用范围	钢板所用钢号标准	钢板尺寸标准	交货状态
GB/T 11253—2007 碳素结构钢和低合金结构钢冷轧薄钢板及钢带	用于厚度不大于 4mm 的冷轧钢板及钢带。表面质量好，光滑美观。用于机械、轻工、建筑、电工、民用等	化学成分和力学性能应符合 GB/T 700 或 GB/T 1591 的规定	应符合 GB/T 708 的规定	以热轧或退火状态交货。经供需双方协议，也可以其他热处理状态交货，此时力学性能双方协议
GB/T 912—2008 碳素结构钢和低合金结构钢热轧薄钢板及钢带	用于厚度小于 3mm 的热轧钢板及钢带。用于表面要求不高的冲压制品、风管、外罩、开关箱、文件柜等		应符合 GB/T 709 的规定	
GB/T 3274—2007 碳素结构钢和低合金结构钢热轧厚钢板和钢带	用于厚度大于 4～200mm 的热轧钢板和厚度大于 4～25mm 的热轧钢带、沸腾钢板用于建筑工程、冲压件和不重要的机器零件，不宜用于受冲击载荷和低温条件下工作的构件。镇静钢可用于低温下承受冲击的构件及焊接结构		应符合 GB/T 709 的规定	钢板和钢带以热轧或热处理状态交货
GB/T 710—2008 优质碳素结构钢热轧薄钢板和钢带	用于汽车、航空工业以及其他部门使用的厚度小于 3mm 的优质碳素结构钢热轧和冷轧薄钢板和钢带	钢的牌号有 08、08Al、10、15、20、25、30、35、40、45、50，钢的化学成分应符合 GB 699 的规定，力学性能分别见原标准	应符合 GB/T 709 的规定	应在热轧状态交货，据需方要求可在热处理(退火、正火、正火后回火、高温回火)状态下供应，热处理方法可在合同中注明
GB/T 13237—1991 优质碳素结构钢冷轧薄钢板和钢带			应符合 GB/T 708 的规定	应在热处理(退火、正火、正火后回火)状态下供应
GB/T 711—2008 优质碳素结构钢热轧厚钢板和宽钢带	用于厚度大于 4～60mm 的热轧厚钢板和宽钢带。主要用于机器结构零部件	钢的化学成分和力学性能详见原标准	应符合 GB/T 709 的规定	应以热处理(正火、退火或高温回火)状态交货，用连轧机轧制的允许以热轧状态交货
YB/T 5132—2007 合金结构钢薄钢板	用于厚度不大于 4mm 的合金结构钢热轧及冷轧薄钢板	钢的牌号及力学性能见原标准，化学成分应符合 GB/T 3077 的规定力学性能见原标准	冷轧应符合 GB/T 708 的规定 热轧应符合 GB/T 709 的规定	应在热处理(退火、正火、正火后回火、高温回火)后交货

续表

钢板标准号及名称	适用范围	钢板所用钢号标准	钢板尺寸标准	交货状态
GB/T 11251—2009 合金结构钢热轧厚钢板	用于厚度大于 4~30mm 的热轧钢板	钢的牌号及力学性能详见原标准，化学成分应符合 GB/T 3077 的规定	应符合 GB/T 709 的规定	以热处理状态（退火、正火、正火后回火）交货
GB 713—2008 锅炉和压力容器用钢板	用于锅炉和中、常温压力容器受压元件用厚度为 3~200mm 的钢板	钢的牌号、化学成分和力学性能详见原标准	应符合 GB/T 709 的规定	以热轧、控轧、正火及正火加回火状态交货
GB/T 3280—2007 不锈钢冷轧钢板和钢带	用于一般用途的耐腐蚀的不锈钢冷轧钢板和钢带	钢的牌号、化学成分和力学性能详见原标准	应符合 GB/T 708 的规定	交货状态供需双方协商未注明由供方选择，一般经冷轧后按原标准规定进行热处理，并进行酸洗（光亮热处理时可省去酸洗）
GB/T 4237—2007 不锈钢热轧钢板	用于一般用途的耐腐蚀的不锈钢热轧钢板	钢的牌号、化学成分和力学性能详见原标准	应符合 GB/T 709 的规定	钢板经热轧后按原标准规定进行热处理，并进行酸洗
GB/T 4238—2007 耐热钢板	用于耐热钢热轧和冷轧钢板	钢的牌号、化学成分和力学性能详见原标准	冷轧应符合 GB/T 708、热轧应符合 GB/T 709 的规定	奥氏体型应固溶处理，铁素体、马氏体型应退火处理，沉淀硬化型应固溶处理后进行时效，处理后均应进行酸洗
GB/T 8165—2008 不锈钢复合钢板和钢带	用于以不锈钢做复层、碳素钢和低合金钢做基层的一般总厚度不小于 6mm 的复合钢板和钢带，复层可以一面或两面包覆。用于石油、化工、轻工、核工业及海水淡化等各类压力容器、储罐	复合钢板基层与复层的典型钢号及复合钢板的力学性能见原标准。复层与基层界面结合率分Ⅰ、Ⅱ、Ⅲ级见原标准	复合钢板总厚度不小于 6mm，复合钢带总厚度为 0.8~6mm。复层厚度为 0.09~0.3mm，可根据需要，供需双方协商确定	复合钢板应经热处理，复层表面应经酸洗钝化或抛光处理交货，也可以热轧状态交货

注：有关复合钢板的规格尺寸编入本篇第 4 章其他材料第 5 节复合材料。

热轧钢板和钢带（摘自 GB/T 709—2006）

表 3-1-42

项 目	单轧钢板		钢带和连轧钢板	
	尺寸范围	推荐的公称尺寸	尺寸范围	推荐的公称尺寸
公称厚度	3~400mm	厚度小于 30mm 的钢板按 0.5mm 倍数的任何尺寸;厚度大于或等于 30mm 的钢板按 1mm 倍数的任何尺寸	0.8~25.4mm	厚度 0.1mm 倍数的任何尺寸
公称宽度	600~4800mm	宽度按 10mm 或 50mm 倍数的任何尺寸	600~2200mm 纵切钢带为 120~900mm	宽度按 10mm 倍数的任何尺寸
公称长度	2000~20000mm	长度按 50mm 或 100mm 倍数的任何尺寸	2000~20000mm	长度按 50mm 或 100mm 倍数的任何尺寸

	公称厚度/mm	下列公称宽度的厚度允许偏差/mm			
		≤1500	>1500~2500	>2500~4000	>4000~4800
单轧钢板厚度允许偏差（N 类）	3.00~5.00	±0.45	±0.55	±0.65	—
	>5.00~8.00	±0.50	±0.60	±0.75	—
	>8.00~15.0	±0.55	±0.65	±0.80	±0.90
	>15.0~25.0	±0.65	±0.75	±0.90	±1.10
	>25.0~40.0	±0.70	±0.80	±1.00	±1.20
	>40.0~60.0	±0.80	±0.90	±1.10	±1.30
	>60.0~100	±0.90	±1.10	±1.30	±1.50
	>100~150	±1.20	±1.40	±1.60	±1.80
	>150~200	±1.40	±1.60	±1.80	±1.90
	>200~250	±1.60	±1.80	±2.00	±2.20
	>250~300	±1.80	±2.00	±2.20	±2.40
	>300~400	±2.00	±2.20	±2.40	±2.60

注：1. 分类和代号如下。

按边缘状态分为：切边 EC；不切边 EM。

按厚度偏差种类分为：N 类偏差——正负偏差相等，（本表仅编入 N 类偏差）；A 类偏差——按公称厚度规定正负偏差；B 类偏差——固定负偏差为 0.3mm，按公称厚度规定正偏差；C 类偏差——固定负偏差为零，按公称厚度规定正偏差。

按厚度精度分为：普通精度 PT. A；较高精度 PT. B。

2. 标准对单轧钢板按两类钢（钢类 L 和钢类 H），分别规定钢板平面度。

钢类 L：规定最低屈服强度值小于或等于 460MPa，未经淬火或淬火加回火处理的钢板。

钢类 H：规定最低屈服强度值大于 460~700MPa，以及所有淬火或淬火加回火的钢板。

两类钢的平面度数值，见原标准。

3. 钢板理论质量按密度为 7.85g/cm³ 计算。

第 3 篇

冷轧钢板和钢带（摘自 GB/T 708—2006）

表 3-1-43

项　目	尺寸范围	推荐的公称尺寸
公称厚度	0.3~4mm（包括纵切钢带）	厚度（包括纵切钢带）小于 1mm 的钢板和钢带按 0.05mm 倍数的任何尺寸；厚度大于或等于 1mm 的钢板和钢带按 0.1mm 倍数的任何尺寸
公称宽度	600~2050mm（包括纵切钢带）	宽度（包括纵切钢带）按 10mm 倍数的任何尺寸
公称长度	1000~6000mm	长度按 50mm 倍数的任何尺寸

尺寸精度分类	分类及代号									
	产品形态	边缘状态	厚度精度		宽度精度		长度精度		平面度精度	
			普通	较高	普通	较高	普通	较高	普通	较高
	钢带	不切边 EM	PT. A	PT. B	PW. A	—	—	—	—	—
		切边 EC	PT. A	PT. B	PW. A	PW. B	—	—	—	—
	钢板	不切边 EM	PT. A	PT. B	PW. A	—	PL. A	PL. B	PF. A	PF. B
		切边 EC	PT. A	PT. B	PW. A	PW. B	PL. A	PL. B	PF. A	PF. B
	纵切钢带	切边 EC	PT. A	PT. B	PW. A	—	—	—	—	—

	公称厚度/mm	厚度允许偏差/mm						说明
		普通精度　PT. A			较高精度　PT. B			
		公称厚度/mm			公称宽度/mm			
		≤1200	>1200~1500	>1500	≤1200	>1200~1500	>1500	
规定的最小屈服强度小于280MPa 的钢板和钢带的厚度允许偏差	≤0.40	±0.04	±0.05	±0.06	±0.025	±0.035	±0.045	①距钢带焊缝处 15m 内的厚度允许偏差比本表规定值增加 60%；距钢带两端各 15m 内的厚度允许偏差比本表规定值增加 60%。②规定的最小屈服强度为 280~<360MPa 的钢板和钢带的厚度允许偏差比本表规定值增加 20%；规定的最小屈服强度为大于或等于 360MPa 的钢板和钢带的厚度允许偏差比本表规定值增加 40%
	>0.40~0.60	±0.05	±0.06	±0.07	±0.035	±0.045	±0.050	
	>0.60~0.80	±0.06	±0.07	±0.08	±0.040	±0.050	±0.055	
	>0.80~1.00	±0.07	±0.08	±0.09	±0.045	±0.060	±0.060	
	>1.00~1.20	±0.08	±0.09	±0.10	±0.055	±0.070	±0.070	
	>1.20~1.60	±0.10	±0.11	±0.11	±0.070	±0.080	±0.080	
	>1.60~2.00	±0.12	±0.13	±0.13	±0.080	±0.090	±0.090	
	>2.00~2.50	±0.14	±0.15	±0.15	±0.100	±0.110	±0.110	
	>2.50~3.00	±0.16	±0.17	±0.17	±0.110	±0.120	±0.120	
	>3.00~4.00	±0.17	±0.19	±0.19	±0.140	±0.150	±0.150	

	规定的最小屈服强度/MPa	公称宽度/mm	平面度/mm，≤						
			普通精度　PF. A			较高精度　PF. B			
			公称厚度/mm						
			<0.70	0.70~<1.20	≥1.20	<0.70	0.70~<1.20	≥1.20	
钢板的平面度	<280	≤1200	12	10	8	5	4	3	规定的最小屈服强度大于或等于 360MPa 钢板的平面度，供需双方协议确定
		>1200~1500	15	12	10	6	5	4	
		>1500	19	17	15	8	7	6	
	280~<360	≤1200	15	13	10	8	6	5	
		1200~1500	18	15	13	9	8	6	
		>1500	22	20	19	12	10	9	

注：钢板理论质量按密度为 7.85g/cm^3 计算。

钢板每平方米面积理论质量

表 3-1-44

厚度 /mm	理论质量 /kg	厚度 /mm	理论质量 /kg	厚度 /mm	理论质量 /kg	厚度 /mm	理论质量 /kg
0.20	1.570	1.5	11.78	10	78.50	29	227.7
0.25	1.963	1.6	12.56	11	86.35	30	235.5
0.27	2.120	1.8	14.13	12	94.20	32	251.2
0.30	2.355	2.0	15.70	13	102.1	34	266.9
0.35	2.748	2.2	17.27	14	109.9	36	282.6
0.40	3.140	2.5	19.63	15	117.8	38	298.3
0.45	3.533	2.8	21.98	16	125.6	40	314.0
0.50	3.925	3.0	23.55	17	133.5	42	329.7
0.55	4.318	3.2	25.12	18	141.3	44	345.4
0.60	4.710	3.5	27.48	19	149.2	46	361.1
0.70	5.495	3.8	29.83	20	157.0	48	376.8
0.75	5.888	4.0	31.40	21	164.9	50	392.5
0.80	6.280	4.5	35.33	22	172.7	52	408.2
0.90	7.065	5.0	39.25	23	180.6	54	423.9
1.00	7.850	5.5	43.18	24	188.4	56	439.6
1.10	8.635	6.0	47.10	25	196.3	58	455.3
1.20	9.420	7.0	54.95	26	204.1	60	471.0
1.25	9.813	8.0	62.80	27	212.0		
1.40	10.99	9.0	70.05	28	219.8		

锅炉和压力容器用钢板（摘自 GB/T 713—2008）

表 3-1-45 **化学成分**

牌号	化学成分(质量分数)/%														
	C	Si	Mn	Cr	Ni	Mo	Nb	V	P	S	Al_t	Cu	Ti	B	Ca
Q245R	≤0.20	≤0.35	0.50~1.00						≤0.025	≤0.010	≥0.020				
Q345R	≤0.20	≤0.55	1.20~1.60						≤0.025	≤0.010	≥0.020				
Q370R	≤0.18	≤0.55	1.20~1.60				0.015~0.050		≤0.020	≤0.010					
17MnNiVNbR	≤0.20	0.20~0.55	1.30~1.70		0.20~0.50		0.010~0.040	0.02~0.08	≤0.020	≤0.010					
18MnMoNbR	≤0.22	0.15~0.50	1.20~1.60			0.45~0.65	0.025~0.050		≤0.020	≤0.010					
13MnNiMoR	≤0.15	0.15~0.50	1.20~1.60	0.20~0.40	0.60~1.00	0.20~0.40	0.005~0.020		≤0.020	≤0.010					
15CrMoR	0.12~0.18	0.15~0.40	0.40~0.70	0.80~1.20		0.45~0.60			≤0.025	≤0.010					
14Cr1MoR	0.05~0.17	0.50~0.80	0.40~0.65	1.15~1.50		0.45~0.65			≤0.020	≤0.010					
12Cr2Mo1R	0.08~0.15	≤0.50	0.30~0.60	2.00~2.50		0.90~1.10			≤0.020	≤0.010					
12Cr1MoVR	0.08~0.15	0.15~0.40	0.40~0.70	0.90~1.20		0.25~0.35		0.15~0.30	≤0.025	≤0.010					
12Cr2Mo1VR	0.11~0.15	≤0.10	0.30~0.60	2.00~2.50	≤0.25	0.90~1.10	≤0.07	0.25~0.35	≤0.010	≤0.005		≤0.20	≤0.030	≤0.0020	≤0.015

注：1. 本标准适用于锅炉及其附件和中常温压力容器受压元件用厚度为 3~200mm 的钢板。

2. 钢板的尺寸、外形及允许偏差符合 GB/T 709 的规定。

3. 如果钢中加入 Nb、Ti、V 等微量元素，Al_t 含量的下限不适用。

4. 经供需双方协议，并在合同中注明，C 含量下限可不作要求。

5. 厚度大于 60mm 的钢板，Mn 含量上限可至 1.20%。

6. 新旧牌号对照

GB/T 713—2008	Q245R	Q345R	Q370R	18MnMoNbR	13MnNiMoR	15CrMoR	12Cr1MoVR	14Cr1MoR	12Cr2Mo1R
GB/T 713—1997	20g	16Mng、19Mng			13MnNiCrMoNbg	15CrMng	12Cr1MoVg		
GB/T 6654—1996	20R	16MnR	15MnNbR	18MnMoNbR	13MnNiMoNbR	15CrMoR			

表 3-1-46 力学性能和工艺性能

牌号	交货状态	钢板厚度/mm	拉伸试验 抗拉强度 R_m/(N/mm²)	拉伸试验 屈服强度① R_{eL}/(N/mm²) ≥	拉伸试验 伸长率 A/% ≥	冲击试验 温度/℃	冲击试验 冲击吸收能量 KV_2/J ≥	弯曲试验 180° $b=2a$
Q245R	热轧控轧或正火	3~16	400~520	245	25	0	34	$d=1.5a$
		>16~36		235				
		>36~60		225				$d=2a$
		>60~100	390~510	205	24			
		>100~150	380~500	185				
Q345R		3~16	510~640	345	21	0	41	$d=2a$
		>16~36	500~630	325				$d=3a$
		>36~60	490~620	315				
		>60~100	490~620	305	20			
		>100~150	480~610	285				
		>150~200	470~600	265				
Q370R	正火	10~16	530~630	370	20	−20	47	$d=2a$
		>16~36		360				$d=3a$
		>36~60	520~620	340				
		>60~100	510~610	330				
17MnNiVNbR		10~20	590~720	410	20	−20	60	$d=3a$
		>20~30	570~700	390				
18MnMoNbR	正火加回火	30~60	570~720	400	17	0	47	$d=3a$
		>60~100		390				
13MnNiMoR		30~100	570~720	390	18	0	47	$d=3a$
		>100~150		380				
15CrMoR		6~60	450~590	295	19	20	47	$d=3a$
		>60~100		275				
		>100~200	440~580	255				
14Cr1MoR		6~100	520~680	310	19	20	47	$d=3a$
		>100~200	510~670	300				
12Cr2Mo1R		6~200	520~680	310	19	20	47	$d=3a$
12Cr1MoVR		6~60	440~590	245	19	20	47	$d=3a$
		>60~100	430~580	235				
12Cr2Mo1VR		6~200	590~760	415	17	−20	60	$d=3a$

高温力学性能（屈服强度① R_{eL} 或 $R_{p0.2}$/(N/mm²) ≥）

牌号	厚度/mm	200℃	250℃	300℃	350℃	400℃	450℃	500℃
Q245R	>20~36	186	167	153	139	129	121	
	>36~60	178	161	147	133	123	116	
	>60~100	164	147	135	123	113	106	
	>100~150	150	135	120	110	105	95	
Q345R	>20~36	255	235	215	200	190	180	
	>36~60	240	220	200	185	175	165	
	>60~100	225	205	185	175	165	155	
	>100~150	220	200	180	170	160	150	
	>150~200	215	195	175	165	155	145	
Q370R	>20~36	290	275	260	245	230		
	>36~60	280	270	255	240	255		
17MnNiVNbR								
18MnMoNbR	30~60	360	355	350	340	310	275	
	>60~100	355	350	345	335	345	270	
13MnNiMoR	30~100	355	350	345	335	305		
	>100~150	345	340	335	325	300		
15CrMoR	>20~60	240	225	210	200	189	179	174
	>60~100	220	210	196	186	176	167	162
	>100~150	210	199	185	175	165	156	150
14Cr1MoR	>20~150	255	245	230	220	210	195	176
12Cr2Mo1R	>20~150	260	255	250	245	240	230	215
12Cr1MoVR	>20~100	200	190	176	167	157	150	142
12Cr2Mo1VR								

① 如屈服现象不明显，屈服强度取 $R_{p0.2}$。

连续热镀锌钢板及钢带（摘自 GB/T 2518—2008）

表 3-1-47　　钢板及钢带的牌号及钢种特性

牌号	钢种特性	牌号	钢种特性	注
DX51D+Z, DX51D+ZF	低碳钢	HX180YD+Z, HX180YD+ZF	无间隙原子钢	1. 牌号中 DX——D 表示冷成形用扁平钢材，第二位字母 X 表示基板的轧制状态不规定，第二位字母若为 C 表示基板规定为冷轧，第二位字母若为 D 表示基板为热轧 S——表示为结构用钢 HX——H 表示冷形用高强度扁平钢材，第二位字母含义同 DX 第二位字母 牌号中 2 位数字 51～57 表示钢级序号，3 位数字 180～980 表示钢级代号，一般为规定的最小屈服强度或最小屈服强度和最小抗拉强度以斜线分开，单位为 MPa 牌号中数字后面 D 表示热镀；G 表示钢种特性不规定；LA 表示钢种类型为低合金钢 Y 表示钢种类型为无间隙原子钢；B 表示钢种类型为烘烤硬化钢 DP 表示为双相钢；TR 表示为相变诱导塑性钢；CP 表示为复相钢 牌号中“+”号后 Z 表示纯锌镀层，ZF 表示锌铁合金镀层 2. 钢种特性中的 无间隙原子钢——是在超低碳钢中加入钛或铌，使钢中碳、氮间隙原子完全固定成碳、氮化物，钢中没有间隙原子存在 双相钢——钢的显微组织为铁素体和马氏体，具有低的屈强比和较高的加工硬化性能 烘烤硬化钢——在低碳钢或超低碳钢中保留一定量的固溶碳、氮原子，同时通过添加磷、锰等固溶强化之素来提高强度，加工成形后在一定温度下烘烤后，由于时效硬化，使钢屈服强度进一步提高 双相钢——钢的显微组织为铁素体和马氏体，具有低的屈强比和较高的加工硬化性能，与同等屈服强度的高强度低合金钢相比，具有更高的抗拉强度 相变诱导塑性钢——钢的显微组织为铁素体，贝氏体和残余奥氏体，在成形过程中，残余奥氏体可相变为马氏体，具有较高加工硬化率、均匀伸长率和抗拉强度 复相钢——钢的显微组织为铁素体和（或）贝氏体组织，通过添加合金之素 Ti 或 Nb 形成细化晶粒或析出强化的效应。有非常高的抗拉强度，具有较高的能量吸收能力和较高的残余应变能力 3. 本标准适用于厚度为 0.3～5.0mm（包括镀层厚度）的钢板及钢带，主要用于汽车、建筑、家电等行业对成形性和耐腐蚀性有要求的内外覆盖件和结构件
DX52D+Z, DX52D+ZF		HX220YD+Z, HX220YD+ZF		
DX53D+Z, DX53D+ZF	无间隙原子钢	HX260YD+Z, HX260YD+ZF		
DX54D+Z, DX54D+ZF		HX180BD+Z, HX180BD+ZF	烘烤硬化钢	
DX56D+Z, DX56D+ZF		HX220BD+Z, HX220BD+ZF		
DX57D+Z, DX57D+ZF		HX260BD+Z, HX260BD+ZF		
S220GD+Z, S220GD+ZF	结构钢	HX300BD+Z, HX300BD+ZF		
S230GD+Z, S250GD+ZF		HC260/450DPD+Z, HC260/450DPD+ZF	双相钢	
S280GD+Z, S280GD+ZF		HC300/500DPD+Z, HC300/500DPD+ZF		
S320GD+Z, S320GD+ZF		HC340/600DPD+Z, HC340/600DPD+ZF		
S350GD+Z, S350GD+ZF		HC450/780DPD+Z, HC450/780DPD+ZF		
S550GD+Z, S550GD+ZF		HC600/980DPD+Z, HC600/980DPD+ZF		
HX260LAD+Z, HX260LAD+ZF	低合金钢	HC430/690TRD+Z, HC410/690TRD+ZF	相变诱导塑性钢	
HX300LAD+Z, HX300LAD+ZF		HC470/780TRD+Z, HC440/780TRD+ZF		
HX340LAD+Z, HX340LAD+ZF		HC350/600CPD+Z, HC350/600CPD+ZF	复相钢	
HX380LAD+Z, HX380LAD+ZF		HC500/780CPD+Z, HC500/780CPD+ZF		
HX420LAD+Z, HX420LAD+ZF		HC700/980CPD+Z, HC700/980CPD+ZF		

表 3-1-48 钢板及钢带的化学成分（熔炼分析）

牌号	化学成分(质量分数)/%≤					
	C	Si	Mn	P	S	Ti
DX51D+Z,DX51D+ZF	0.12	0.50	0.60	0.10	0.045	0.30
DX52D+Z,DX52D+ZF						
DX53D+Z,DX53D+ZF						
DX54D+Z,DX54D+ZF						
DX56D+Z,DX56D+ZF						
DX57D+Z,DX57D+ZF						

牌号	化学成分(质量分数)/%≤				
	C	Si	Mn	P	S
S220GD+Z,S220GD+ZF	0.20	0.60	1.70	0.10	0.045
S250GD+Z,S250GD+ZF					
S280GD+Z,S280GD+ZF					
S320GD+Z,S320GD+ZF					
S350GD+Z,S350GD+ZF					
S550GD+Z,S550GD+ZF					

牌号	化学成分(质量分数)/%≤						
	C	Si	Mn	P	S	Al_t	T①	Nb①
HX180YD+Z,HX180YD+ZF	0.01	0.10	0.70	0.06	0.025	0.02	0.12	—
HX220YD+Z,HX220YD+ZF	0.01	0.10	0.90	0.08	0.025	0.02	0.12	—
HX260YD+Z,HX260YD+ZF	0.01	0.10	1.60	0.10	0.025	0.02	0.12	—
HX180BD+Z,HX180BD+ZF	0.04	0.50	0.70	0.06	0.025	0.02	—	—
HX220BD+Z,HX220BD+ZF	0.06	0.50	0.70	0.08	0.025	0.02	—	—
HX260BD+Z,HX260BD+ZF	0.11	0.50	0.70	0.10	0.025	0.02	—	—
HX300BD+Z,HX300BD+ZF	0.11	0.50	0.70	0.12	0.025	0.02	—	—
HX260LAD+Z,HX260LAD+ZF	0.11	0.50	0.60	0.025	0.025	0.015	0.15	0.09
HX300LAD+Z,HX300LAD+ZF	0.11	0.50	1.00	0.025	0.025	0.015	0.15	0.09
HX340LAD+Z,HX340LAD+ZF	0.11	0.50	1.00	0.025	0.025	0.015	0.15	0.09
HX380LAD+Z,HX380LAD+ZF	0.11	0.50	1.40	0.025	0.025	0.015	0.15	0.09
HX420LAD+Z,HX420LAD+ZF	0.11	0.50	1.40	0.025	0.025	0.015	0.15	0.09

① 可以单独或复合添加 Ti 和 Nb，也可添加 V 和 B，但是这些合金元素的总含量不大于 0.22%

牌号	化学成分(质量分数)/%≤									
	C	Si	Mn	P	S	Al_t	Cr+Mo	Nb+Ti	V	B
HC260/450DPD+Z,HC260/450DPD+ZF	0.14	0.80	2.00	0.080	0.015	2.00	1.00	0.15	0.20	0.005
HC300/500DPD+Z,HC300/500DPD+ZF										
HC340/600DPD+Z,HC340/600DPD+ZF	0.17		2.20							
HC450/780DPD+Z,HC450/780DPD+ZF	0.18		2.50							
HC600/980DPD+Z,HC600/980DPD+ZF	0.23									
HC430/690TRD+Z,HC430/690TRD+ZF	0.32	2.20	2.50	0.120	0.015	2.00	0.60	0.20	0.20	0.005
HC470/780TRD+Z,HC470/780TRD+ZF										
HC350/600CPD+Z,HC350/600CPD+ZF	0.18	0.80	2.20	0.080	0.015	2.00	1.00	0.15	0.20	0.005
HC500/780CPD+Z,HC500/780CPD+ZF										
HC700/980CPD+Z,HC700/980CPD+ZF	0.23						1.20		0.22	

表 3-1-49 钢板及钢带的力学性能

牌号		屈服强度①② R_{eL} 或 $R_{p0.2}$/MPa	抗拉强度 R_m/MPa	断后伸长率③ A_{80}/%≥	r_{90} ≥	n_{90} ≥	标注说明
低碳钢	DX51D+Z,DX51D+ZF	—	270~500	22	—	—	①无明显屈服时采用 $R_{p0.2}$，否则采用 R_{eL}。 ②试样为 GB/T 228 中的 P6 试样，试样方向为横向。 ③当产品公称厚度大于 0.5mm，但不大于 0.7mm 时，断后伸长率允许下降 2%；当产品公称厚度不大于 0.5mm 时，断后伸长率允许下降 4%。 ④当产品公称厚度大于 1.5mm，r_{90} 允许下降 0.2。 ⑤当产品公称厚度小于等于 0.7mm 时，r_{90} 允许下降 0.2，n_{90} 允许下降 0.01。 ⑥屈服强度值仅适用于光整的 FB、FC 级表面的钢板及钢带。
	DX52D+Z⑥,DX52D+ZF⑥	140~300	270~420	26	—	—	
无间隙原子钢	DX53D+Z,DX53D+ZF	140~260	270~380	30	—	—	
	DX54D+Z	120~220	260~350	36	1.6	0.18	
	DX54D+ZF			34	1.4	0.18	
	DX56D+Z	120~180	260~350	39	1.9④	0.21	
	DX56D+ZF			37	1.7④,⑤	0.20⑤	
	DX57D+Z	120~170	260~350	41	2.1④	0.20	
	DX57D+ZF			39	1.9④,⑤	0.21⑤	

续表

牌号		屈服强度①② R_{eH}或 $R_{p0.2}$/MPa≥	抗拉强度③ R_m/MPa ≥	断后伸长率④ A_{80}/%≥	标注说明
结构钢	S220GD+Z，S220GD+ZF	220	300	20	①无明显屈服时采用 $R_{p0.2}$，否则采用 R_{eH}。 ②试样为 GB/T 228 中的 P6 试样，试样方向为纵向。 ③除 S550GD+Z 和 S550GD+ZF 外，其他牌号的抗拉强度可要求 140MPa 的范围值。 ④当产品公称厚度大于 0.5mm，但不大于 0.7mm 时，断后伸长率允许下降 2%；当产品公称厚度不大于 0.5mm 时，断后伸长率允许下降 4%。
	S250GD+Z，S250GD+ZF	250	330	19	
	S280GD+Z，S280GD+ZF	280	360	18	
	S320GD+Z，S320GD+ZF	320	390	17	
	S350GD+Z，S350GD+ZF	350	420	16	
	S550GD+Z，S550GD+ZF	550	560		

牌号		屈服强度①② R_{eL}或 $R_{p0.2}$/MPa	抗拉强度 R_m/MPa	断后伸长率③ A_{80}/%≥	r_{90}④ ≥	n_{90} ≥	标注说明
无间隙原子钢	HX180YD+Z	180~240	340~400	34	1.7	0.18	①无明显屈服时采用 $R_{p0.2}$，否则采用 R_{eL} ②试样为 GB/T 228 中的 P6 试样，试样方向为横向 ③当产品公称厚度大于 0.5mm，但不大于 0.7mm 时，断后伸长率（A_{80}）允许下降 2%；当产品公称厚度不大于 0.5mm 时，断后伸长率（A_{80}）允许下降 4% ④当产品公称厚度大于 1.5mm 时，r_{90} 允许下降 0.2
	HX180YD+ZF			32	1.5	0.18	
	HX220YD+Z	220~280	340~410	32	1.5	0.17	
	HX220YD+ZF			30	1.3	0.17	
	HX260YD+Z	260~320	380~440	30	1.4	0.16	
	HX260YD+ZF			28	1.2	0.16	

牌号		屈服强度①② R_{eL}或 $R_{p0.2}$/MPa	抗拉强度 R_m/MPa	断后伸长率③ A_{80}/%≥	r_{90}④ ≥	n_{90} ≥	烘烤硬化值 BH_2/MPa	标注说明
烘烤硬化钢	HX180BD+Z	180~240	300~360	34	1.5	0.16	30	①无明显屈服时采用 $R_{p0.2}$，否则采用 R_{eL} ②试样为 GB/T 228 中的 P6 试样，试样方向为横向 ③当产品公称厚度大于 0.5mm，但不大于 0.7mm 时，断后伸长率允许下降 2%；当产品公称厚度不大于 0.5mm 时，断后伸长率允许下降 4% ④当产品公称厚度大于 1.5mm 时，r_{90} 允许下降 0.2
	HX180BD+ZF			32	1.3	0.16	30	
	HX220BD+Z	220~280	340~400	32	1.2	0.15	30	
	HX220BD+ZF			30	1.0	0.15	30	
	HX260BD+Z	260~320	360~440	28	—	—	30	
	HX260BD+ZF			26	—	—	30	
	HX300BD+Z	300~360	400~480	26	—	—	30	
	HX300BD+ZF			24	—	—	30	
低合金钢	HX260LAD+Z	260~330	350~430	26				
	HX260LAD+ZF			24				
	HX300LAD+Z	300~380	380~480	23				
	HX300LAD+ZF			21				
	HX340LAD+Z	340~420	410~510	21				
	HX340LAD+ZF			19				
	HX380LAD+Z	380~480	440~560	19				
	HX380LAD+ZF			17				
	HX420LAD+Z	420~520	470~590	17				
	HX420LAD+ZF			15				

牌号		屈服强度①② R_{eL}或 $R_{p0.2}$/MPa	抗拉强度 R_m/MPa ≥	断后伸长率③ A_{80}/%≥	n_0 ≥	烘烤硬化值 BH_2/MPa	标注说明
双相钢	HC260/450DPD+Z	260~340	450	27	0.16	30	①无明显屈服时采用 $R_{p0.2}$；否则采用 R_{eL} ②试样为 GB/T 228 中的 P6 试样，试样方向为纵向 ③当产品公称厚度大于 0.5mm，但小于等于 0.7mm 时，断后伸长率允许下降 2%；当产品公称厚度不大于 0.5mm 时，断后伸长率允许下降 4%
	HC260/450DPD+ZF			25		30	
	HC300/500DPD+Z	300~380	500	23	0.15	30	
	HC300/500DPD+ZF			21		30	
	HC340/600DPD+Z	340~420	600	20	0.14	30	
	HC340/600DPD+ZF			18		30	
	HC450/780DPD+Z	450~560	780	14	—	30	

续表

	牌号	屈服强度①② R_{eL}或 $R_{p0.2}$/MPa	抗拉强度 R_m/MPa ≥	断后伸长率③ A_{80}/% ≥	n_0 ≥	烘烤硬化值 BH_2/MPa ≥	标注说明
双相钢	HC450/780DPD+ZF	450~560	780	12	—	30	①无明显屈服时采用 $R_{p0.2}$；否则采用 R_{eL} ②试样为GB/T 228中的P6试样，试样方向为纵向 ③当产品公称厚度大于0.5mm，但小于等于0.7mm时，断后伸长率允许下降2%；当产品公称厚度不大于0.5mm时，断后伸长率允许下降4%
	HC600/980DPD+Z	600~750	980	10	—	30	
	HC600/980DPD+ZF			8		30	
相变诱导塑性钢	HC430/690TRD+Z	430~550	690	23	0.18	40	
	HC430/690TRD+ZF			21		40	
	HC470/780TRD+Z	470~600	780	21	0.16	40	
	HC470/780TRD+ZF			18		40	
复相钢	HC350/600CPD+Z	350~500	600	16		30	
	HC350/600CPD+ZF			14			
	HC500/780CPD+Z	500~700	780	10		30	
	HC500/780CPD+ZF			8			
	HC700/980CPD+Z	700~900	980	7		30	
	HC700/980CPD+ZF			5			

注：1. r表示在单轴拉伸应力作用下，试样宽度方向真实塑性应变和厚度方向真实塑性应变的比。r_{90}是在15%应变时计算得到的，均匀延伸小于15%时，以均匀延伸结束时的应变进行计算。

2. n表示拉伸应变硬化指数。n_{90}（或n_0）值是在10%~20%应变范围内计算得到的，当均匀伸长率小于20%时，应变范围为10%至均匀伸长结束。

3. 交货状态为钢板、钢带经热镀或热镀加平整（或光整）后交货。

表3-1-50　　镀层种类、镀层表面结构、表面处理分类与代号

分类项目	类别		代号	说明
镀层种类	纯锌镀层		Z	表面结构为N——肉眼可见的锌花结构 表面结构为M——肉眼可见的细小锌花结构 表面结构为F——肉眼不可见的细小锌花结构 表面结构为R——表面结构通常灰色无光 铬酸钝化和无铬钝化可减少产品在运输和储存期表面产生白锈 铬酸钝化+涂油和无铬酸钝化+涂油，可进一步减少产品在运输和储存期表面产生白锈 磷化和磷化+涂油，可减少表面产生白锈，并可改善钢板的成形性能 耐指纹膜和无铬耐指纹膜，也可减少产生白锈自润滑膜和无铬自润滑膜，可减少-产生白锈并可改善钢板的成形性能 涂油处理，可减少表面产生白锈 不处理，不进行处理，易产生白锈，用户应注明，必须慎重
	锌铁合金镀层		ZF	
镀层表面结构	纯锌镀层(Z)	普通锌花	N	
		小锌花	M	
		无锌花	F	
	锌铁合金镀层(ZF)	普通锌花	R	
表面处理	铬酸钝化		C	
	涂油		O	
	铬酸钝化+涂油		CO	
	无铬钝化		C5	
	无铬钝化+涂油		CO5	
	磷化		P	
	磷化+涂油		PO	
	耐指纹膜		AF	
	无铬耐指纹膜		AF5	
	自润滑膜		SL	
	无铬自润滑膜		SL5	
	不处理		U	

表3-1-51　　钢板及钢带的尺寸

项目		公称尺寸/mm
公称厚度		0.30~5.0
公称宽度	钢板及钢带	600~2050
	纵切钢带	<600
公称长度	钢板	1000~8000
公称内径	钢带及纵切钢带	610或508

注：1. 钢板及钢带的公称厚度包含基板厚度和镀层厚度。

2. 纵切钢带特指由钢带（母带）经纵切后获得的窄钢带，宽度<600mm。

3. 经供需双方协商也可提供其他尺寸的钢板及钢带。

不锈钢冷轧、热钢板和钢带（摘自 GB/T 3280—2007、GB/T 4237—2007）

表 3-1-52 奥氏体型钢的化学成分

GB/T 20878 中序号	新牌号	旧牌号	化学成分(质量分数)/%									
			C	Si	Mn	P	S	Ni	Cr	Mo	Cu	N	其他元素
9	12Cr17Ni7	1Cr17Ni7	0.15	1.00	2.00	0.045	0.030	6.00~8.00	16.00~18.00	—	—	0.10	—
10	022Cr17Ni7①	—	0.030	1.00	2.00	0.045	0.030	6.00~8.00	16.00~18.00	—	—	0.20	—
11	020Cr17Ni7N①	—	0.030	1.00	2.00	0.045	0.030	6.00~8.00	16.00~18.00	—	—	0.07~0.20	—
13	12Cr18Ni9	1Cr18Ni9	0.15	0.75	2.00	0.045	0.030	8.00~10.00	17.00~19.00	—	—	0.10	—
14	12Cr18Ni9Si3	1Cr18Ni9Si3	0.15	2.00~3.00	2.00	0.045	0.030	8.00~10.00	17.00~19.00	—	—	0.10	—
17	06Cr19Ni10①	0Cr18Ni9	0.08	0.75	2.00	0.045	0.030	8.00~10.50	18.00~20.00	—	—	0.10	—
18	022Cr19Ni10①	00Cr19Ni10	0.030	0.75	2.00	0.045	0.030	8.00~12.00	18.00~20.00	—	—	0.10	—
19	07Cr19Ni10①	—	0.04~0.10	0.75	2.00	0.045	0.030	8.00~10.50	18.00~20.00	—	—	—	—
20	05Cr19Ni10Si2N	—	0.04~0.06	1.00~2.00	0.80	0.045	0.030	9.00~10.00	18.00~19.00	—	—	0.12~0.18	Ce:0.03~0.08
23	06Cr19Ni10N①	0Cr19Ni9N	0.08	0.75	2.00	0.045	0.030	8.00~10.50	18.00~20.00	—	—	0.10~0.16	—
24	06Cr19Ni9NbN①	0Cr19Ni10NbN	0.08	1.00	2.50	0.045	0.030	7.50~10.50	18.00~20.00	—	—	0.15~0.30	Nb:0.15
25	022Cr19Ni10N①	00Cr18Ni10N	0.030	0.75	2.00	0.045	0.030	8.00~12.00	18.00~20.00	—	—	0.10~0.16	—
26	10Cr18Ni12	1Cr18Ni12	0.12	0.75	2.00	0.045	0.030	10.50~13.00	17.00~19.00	—	—	—	—
32	06Cr23Ni13	0Cr23Ni13	0.08	0.75	2.00	0.045	0.030	12.00~15.00	22.00~24.00	—	—	—	—
35	06Cr25Ni20	0Cr25Ni20	0.08	1.50	2.00	0.045	0.030	19.00~22.00	24.00~26.00	—	—	—	—
36	022Cr25Ni22Mo2N①	—	0.020	0.50	2.00	0.030	0.010	20.50~23.50	24.00~26.00	1.60~2.60	—	0.09~0.15	—
38	06Cr17Ni12Mo2①	0Cr17Ni12Mo2	0.08	0.75	2.00	0.045	0.030	10.00~14.00	16.00~18.00	2.00~3.00	—	0.10	—
39	022Cr17Ni12Mo2①	00Cr17Ni14Mo2	0.030	0.75	2.00	0.045	0.030	10.00~14.00	16.00~18.00	2.00~3.00	—	0.10	—
41	06Cr17Ni12Mo2Ti①	0Cr18Ni12Mo3Ti	0.08	0.75	2.00	0.045	0.030	10.00~14.00	16.00~18.00	2.00~3.00	—	—	Ti≥5C
42	06Cr17Ni12Mo2Nb	—	0.08	0.75	2.00	0.045	0.030	10.00~14.00	16.00~18.00	2.00~3.00	—	0.10	Nb:10C~1.10
43	06Cr17Ni12Mo2N①	0Cr17Ni12Mo2N	0.08	0.75	2.00	0.045	0.030	10.00~14.00	16.00~18.00	2.00~3.00	—	0.10~0.16	—
44	022Cr17Ni12Mo2N①	00Cr17Ni13Mo2N	0.030	0.75	2.00	0.045	0.030	10.00~14.00	16.00~18.00	2.00~3.00	—	0.10~0.16	—
45	06Cr18Ni12Mo2Cu2	0Cr18Ni12Mo2Cu2	0.08	1.00	2.00	0.045	0.030	10.00~14.00	17.00~19.00	1.20~2.75	1.00~2.50	—	—
48	015Cr21Ni26Mo5Cu2	—	0.020	1.00	2.00	0.045	0.035	23.00~28.00	19.00~23.00	4.00~5.00	1.00~2.00	0.10	—
49	06Cr19Ni13Mo3①	0Cr19Ni13Mo3	0.08	0.75	2.00	0.045	0.030	11.00~15.00	18.00~20.00	3.00~4.00	—	0.10	—
50	022Cr19Ni13Mo3	00Cr19Ni13Mo3	0.030	0.75	2.00	0.045	0.030	11.00~15.00	18.00~20.00	3.00~4.00	—	0.10	—
53	022Cr19Ni16Mo5N	—	0.030	0.75	2.00	0.045	0.030	13.50~17.50	17.00~20.00	4.00~5.00	—	0.10~0.20	—
54	022Cr19Ni13Mo4N	—	0.030	0.75	2.00	0.045	0.030	11.00~15.00	18.00~20.00	3.00~4.00	—	0.10~0.22	—
55	06Cr18Ni11Ti①	0Cr18Ni10Ti	0.08	0.75	2.00	0.045	0.030	9.00~12.00	17.00~19.00	—	—	0.10	Ti≥5C
58	015Cr24Ni22Mo8Mn3CuN	—	0.020	0.50	2.00~4.00	0.030	0.005	21.00~23.00	24.00~25.00	7.00~8.00	0.30~0.60	0.45~0.55	—
61	022Cr24Ni17Mo5Mn6NbN	—	0.030	1.00	5.00~7.00	0.030	0.010	16.00~18.00	23.00~25.00	4.00~5.00	—	0.40~0.60	Nb:0.10
62	06Cr18Ni11Nb①	0Cr18Ni11Nb	0.08	0.75	2.00	0.045	0.030	9.00~13.00	17.00~19.00	—	—	—	Nb:10C~1.00

① 为相对于 GB/T 20878 调整化学成分的牌号。GB/T 20878—2007 标准名称为“不锈钢和耐热钢牌号及化学成分”。

注：表中所列成分除标明范围或最小值，其余均为最大值。

表 3-1-53　奥氏体·铁素体型钢的化学成分

GB/T 20878 中序号	新牌号	旧牌号	化学成分(质量分数)/%										
			C	Si	Mn	P	S	Ni	Cr	Mo	Cu	N	其他元素
67	14Cr18Ni11Si4AlTi	1Cr18Ni11Si4AlTi	0.10~0.18	3.40~4.00	0.80	0.035	0.030	10.00~12.00	17.50~19.50	—	—	—	Ti:0.40~0.70 Al:0.10~0.30
68	022Cr19Ni5Mo3Si2N	00Cr18Ni5Mo3Si2	0.030	1.30~2.00	1.00~2.00	0.030	0.030	4.50~5.50	18.00~19.50	2.50~3.00	—	0.05~0.10	—
69	12Cr21Ni5Ti	1Cr21Ni5Ti	0.09~0.14	0.80	0.80	0.035	0.030	4.80~5.80	20.00~22.00	—	—	—	Ti:5(C−0.02)~0.80
70	022Cr22Ni5Mo3N	—	0.030	1.00	2.00	0.030	0.020	4.50~6.50	21.00~23.00	2.50~3.50	—	0.08~0.20	—
71	022Cr23Ni5Mo3N	—	0.030	1.00	2.00	0.030	0.020	4.50~6.50	22.00~23.00	3.00~3.50	—	0.14~0.20	—
72	022Cr23Ni4MoCuN	—	0.030	1.00	2.50	0.040	0.030	3.00~5.50	21.50~24.50	0.05~0.60	0.05~0.60	0.05~0.20	—
73	022Cr25Ni6Mo2N	—	0.030	1.00	2.00	0.030	0.030	5.50~6.50	24.00~26.00	1.50~2.50	—	0.10~0.20	—
74	022Cr25Ni7Mo4WCuN	—	0.030	1.00	1.00	0.030	0.010	6.00~8.00	24.00~26.00	3.00~4.00	0.50~1.00	0.20~0.30	W:0.50~1.00
75	03Cr25Ni6Mo3Cu2N	—	0.04	1.00	1.50	0.040	0.030	4.50~6.50	24.00~27.00	2.90~3.90	1.50~2.50	0.10~0.25	—
76	022Cr25Ni7Mo4N	—	0.030	0.80	1.20	0.035	0.020	6.00~8.00	24.00~26.00	3.00~5.00	0.50	0.24~0.32	—

注：表中所列成分除标明范围或最小值，其余均为最大值。

表 3-1-54　铁素体型钢的化学成分

GB/T 20878 中序号	新牌号	旧牌号	化学成分(质量分数)/%										
			C	Si	Mn	P	S	Ni	Cr	Mo	Cu	N	其他元素
78	06Cr13Al	0Cr13Al	0.08	1.00	1.00	0.040	0.030	(0.60)	11.50~14.50	—	—	—	Al:0.10~0.30
80	022Cr11Ti	—	0.030	1.00	1.00	0.040	0.020	(0.60)	10.50~11.70	—	—	0.030	Ti≥8(C+N), Ti:0.15~0.50; Cb:0.10
81	022Cr11NbTi	—	0.030	1.00	1.00	0.040	0.020	(0.60)	10.50~11.70	—	—	0.030	Ti+Nb:8(C+N)+0.08~0.75
82	022Cr12Ni	—	0.030	1.00	1.50	0.040	0.015	0.30~1.00	10.50~12.50	—	—	0.030	—

续表

GB/T 20878 中序号	新牌号	旧牌号	化学成分(质量分数)/%										
			C	Si	Mn	P	S	Ni	Cr	Mo	Cu	N	其他元素
83	022Cr12	00Cr12	0.030	1.00	1.00	0.040	0.030	(0.60)	11.00~13.50	—	—	—	—
84	10Cr15	1Cr15	0.12	1.00	1.00	0.040	0.030	(0.60)	14.00~16.00	—	—	—	—
85	10Cr17	1Cr17	0.12	1.00	1.00	0.040	0.030	0.75	16.00~18.00	—	—	—	—
87	022Cr17Ti①	00Cr17	0.030	0.75	1.00	0.035	0.030	—	16.00~19.00	—	—	—	Ti 或 Nb：0.10~1.00
88	10Cr17Mo	1Cr17Mo	0.12	1.00	1.00	0.040	0.030	—	16.00~18.00	0.75~1.25	—	—	—
90	019Cr18MoTi	—	0.025	1.00	1.00	0.040	0.030	—	16.00~19.00	0.75~1.50		0.025	Ti,Nb,Zr 或其组合：8×(C+N)~0.80
91	022Cr18NbTi	—	0.030	1.00	1.00	0.040	0.015	—	17.50~18.50	—	—	—	Ti：0.10~0.60 Nb：≥0.30+3C
92	019Cr19Mo2NbTi	00Cr18Mo2	0.025	1.00	1.00	0.040	0.030	1.00	17.50~19.50	1.75~2.50	—	0.035	(Ti+Nb)：[0.20+4(C+N)]~0.80
94	008Cr27Mo	00Cr27Mo	0.010	0.40	0.40	0.030	0.020	—	25.00~27.50	0.75~1.50	—	0.015	(Ni+Cu)≤0.50
95	008Cr30Mo2	00Cr30Mo2	0.010	0.40	0.40	0.030	0.020	—	28.50~32.00	1.50~2.50	—	0.015	(Ni+Cu)≤0.50

① 为相对于 GB/T 20878 调整化学成分的牌号。

注：表中所列成分除标明范围或最小值，其余均为最大值，括号内值为允许含有的最大值。

表 3-1-55　马氏体型钢的化学成分

GB/T 20878 中序号	新牌号	旧牌号	化学成分(质量分数)/%										
			C	Si	Mn	P	S	Ni	Cr	Mo	Cu	N	其他元素
96	12Cr12	1Cr12	0.15	0.50	1.00	0.040	0.030	(0.60)	11.50~13.00	—	—	—	—
97	06Cr13	0Cr13	0.08	1.00	1.00	0.040	0.030	(0.60)	11.50~13.50	—	—	—	—
98	12Cr13①	1Cr13	0.15	1.00	1.00	0.040	0.030	(0.60)	11.50~13.50	—	—	—	—
99	04Cr13Ni5Mo	—	0.05	0.60	0.50~1.00	0.030	0.030	3.50~5.50	11.50~14.00	0.50~1.00	—	—	—
101	20Cr13	2Cr13	0.16~0.25	1.00	1.00	0.040	0.030	(0.60)	12.00~14.00	—	—	—	—

续表

GB/T 20878中序号	新牌号	旧牌号	化学成分(质量分数)/%										
			C	Si	Mn	P	S	Ni	Cr	Mo	Cu	N	其他元素
102	30Cr13	3Cr13	0.26~0.35	1.00	1.00	0.040	0.030	(0.60)	12.00~14.00	—	—	—	—
104	40Cr13	4Cr13	0.36~0.45	0.80	0.80	0.040	0.030	(0.60)	12.00~14.00	—	—	—	—
107	17Cr16Ni2①	—	0.12~0.20	1.00	1.00	0.025	0.015	2.00~3.00	15.00~18.00				
108	68Cr17	7Cr17	0.60~0.75	1.00	1.00	0.040	0.030	(0.60)	16.00~18.00	(0.75)	—	—	—

① 为相对于 GB/T 20878 调整化学成分的牌号。

注：表中所列成分除标明范围或最小值，其余均为最大值。括号内值为允许含有的最大值。

表 3-1-56　沉淀硬化型钢的化学成分

GB/T 20878中序号	新牌号	旧牌号	化学成分(质量分数)/%										
			C	Si	Mn	P	S	Ni	Cr	Mo	Cu	N	其他元素
134	04Cr13Ni8Mo2Al①		0.05	0.10	0.20	0.010	0.008	7.50~8.50	12.30~13.25	2.00~2.50	—	0.01	Al:0.90~1.35
135	022Cr12Ni9Cu2NbTi①		0.05	0.50	0.50	0.040	0.030	7.50~9.50	11.00~12.50	0.50	1.50~2.50	—	Ti:0.80~1.40(Nb+Ta):0.10~0.50
138	07Cr17Ni7Al	0Cr17Ni7Al	0.09	1.00	1.00	0.040	0.030	6.50~7.75	16.00~18.00	—	—	—	Al:0.75~1.50
139	07Cr15Ni7Mo2Al	0Cr15Ni7Mo2Al	0.090	1.00	1.00	0.040	0.030	6.50~7.75	14.00~16.00	2.00~3.00	—	—	Al:0.75~1.50
141	09Cr17Ni5Mo3N①		0.07~0.11	0.50	0.50~1.25	0.040	0.030	4.00~5.00	16.00~17.00	2.50~3.20	—	0.07~0.13	—
142	06Cr17Ni7AlTi		0.08	1.00	1.00	0.040	0.030	6.00~7.50	16.00~17.50	—	—	—	Al:0.40 Ti:0.40~1.20

① 为相对于 GB/T 20878 调整化学成分的牌号。

注：表中所列成分除标明范围或最小值，其余均为最大值。

表 3-1-57　经固溶处理的奥氏体型钢的力学性能

GB/T 20878 中序号	新牌号	旧牌号	规定非比例延伸强度 $R_{p0.2}$/MPa	抗拉强度 R_m/MPa	断后伸长率 A/%	硬度值① HBW	 HRB	 HV
			≥			≤		
9	12Cr17Ni7	1Cr17Ni7	205	515	40	217	95	218
10	022Cr17Ni7	—	220	550	45	241	100	—
11	022Cr17Ni7N	—	240	550	45	241	100	—
13	12Cr18Ni9	1Cr18Mi9	205	515	40	201	92	210
14	12Cr18Ni9Si3	1Cr18Ni9Si3	205	515	40	217	95	220
17	06Cr19Ni10	0Cr18Ni9	205	515	40	201	92	210
18	022Cr19Ni10	00Cr19Ni10	170	485	40	201	92	210
19	07Cr19Ni10	—	205	515	40	201	92	210
20	05Cr19Ni10Si2NbN	—	290	600	40	217	95	—
23	06Cr19Ni10N	0Cr19Ni9N	240	550	30	201	92	220
24	06Cr19Ni9NbN	0Cr19Ni10NbN	345	685	35	250	100	260
25	022Cr19Ni10N	00Cr18Ni10N	205	515	40	201	92	220
26	10Cr18Ni12	1Cr18Ni12	170	485	40	183	88	200
32	06Cr23Ni13	0Cr23Ni13	205	515	40	217	95	220
35	06Cr25Ni20	0Cr25Ni20	205	515	40	217	95	220
36	022Cr25Ni22Mo2N	—	270	580	25	217	95	—
38	06Cr17Ni12Mo2	0Cr17Ni12Mo2	205	515	40	217	95	220
39	022Cr17Ni12Mo2	00Cr17Ni14Mo2	170	485	40	217	95	220
41	06Cr17Ni12Mo2Ti	0Cr18Ni12Mo3Ti	205	515	40	217	95	220
42	06Cr17Ni12Mo2Nb	—	205	515	30	217	95	—
43	06Cr17Ni12Mo2N	0Cr17Ni12Mo2N	240	550	35	217	95	220
44	022Cr17Ni12Mo2N	00Cr17Ni13Mo2N	205	515	40	217	95	220
45	06Cr18Ni12Mo2Cu2	0Cr18Ni12Mo2Cu2	205	520	40	187	90	200
48	015Cr21Ni26Mo5Cu2	—	220	490	35	—	90	—
49	06Cr19Ni13Mo3	0Cr19Ni13Mo3	205	515	35	217	95	220
50	022Cr19Ni13Mo3	00Cr19Ni13Mo3	205	515	40	217	95	220
53	022Cr19Ni16Mo5N	—	240	550	40	223	96	—
54	022Cr19Ni13Mo4N	—	240	550	40	217	95	—
55	06Cr18Ni11Ti	0Cr18Ni10Ti	205	515	40	217	95	220
58	015Cr24Ni22Mo8Mn3CuN	—	430	750	40	250	—	—
61	022Cr24Ni17Mo5Mn6NbN	—	415	795	35	241	100	—
62	06Cr18Ni11Nb	0Cr18Ni11Nb	205	515	40	201	92	210

① 未给出 HV 值的牌号，有待在生产中积累数据，以后再对本标准进行修订、补充。

注：此前，建议参照 GB/T 1172 进行换算。下同。

表 3-1-58　经固溶处理的奥氏体·铁素体和沉淀硬化型钢的力学性能

奥氏体·铁素体型钢力学性能							
GB/T 20878 中序号	新牌号	旧牌号	规定非比例延伸强度 $R_{p0.2}$/MPa	抗拉强度 R_m/MPa	断后伸长率 A/%	硬度值 HBW	 HRC
			≥			≤	
67	14Cr18Ni11Si4AlTi	1Cr18Ni11Si4AlTi	—	715	25	—	—
68	022Cr19Ni5Mo3Si2N	00Cr18Ni5Mo3Si2	440	630	25	290	31
69	12Cr21Ni5Ti	1Cr21Ni5Ti	—	635	20	—	—
70	022Cr22Ni5Mo3N	—	450	620	25	293	31
71	022Cr23Ni5Mo3N	—	450	620	25	293	31
72	022Cr23Ni4MoCuN	—	400	600	25	290	31
73	022Cr25Ni6Mo2N	—	450	640	25	295	31
74	022Cr25Ni7Mo4WCuN	—	550	750	25	270	—
75	03Cr25Ni6Mo3Cu2N	—	550	750	15	302	32
76	022Cr25Ni7Mo4N	—	550	795	15	310	32
奥氏体·铁素体双相不锈钢不需要做冷弯试验							

续表

沉淀硬化型钢试样的力学性能								
GB/T 20878 中序号	新牌号	旧牌号	钢材厚度/mm	规定非比例延伸强度 $R_{p0.2}$/MPa	抗拉强度 R_m/MPa	断后伸长率 A/%	硬度值	
							HRC	HBW
				≤		≥	≤	
134	04Cr13Ni8Mo2Al	—	冷轧≥0.10~<8.0 热轧≥2≤102	—	—	—	38	363
135	022Cr12Ni9Cu2NbTi	—	冷轧≥0.30~≤8.0 热轧≥2≤102	1105	1205	3	36	331
138	07Cr17Ni7Al	0Cr17Ni7Al	冷轧≥0.10~<0.30 ≥0.30~≤8.0 热轧≥2≤102	450 380	1035 1035	— 20	— 92①	— —
139	07Cr15Ni7Mo2Al	0Cr15Ni7Mo2Al	冷轧≥0.10~<8.0 热轧≥2≤102	450	1035	25	100①	—
141	09Cr17Ni5Mo3N	—	冷轧≥0.10~<0.30 ≥0.30~≤8.0 热轧≥2≤102	585 585	1380 1380	8 12	30 30	— —
142	06Cr17Ni7AlTi	—	冷轧≥0.10~<1.50 ≥1.50~≤8.0 热轧≥2≤102	515 515	825 825	4 5	32 32	— —

① 为 HRB 硬度值。

表 3-1-59　沉淀硬化处理后的沉淀硬化型钢试样的力学性能

GB/T 20878 中序号	新牌号	旧牌号	钢材厚度/mm	处理①温度/℃	非比例延伸强度 $R_{p0.2}$/MPa	抗拉强度 R_m/MPa	断后②伸长率 A/%	硬度值	
								HRC	HB
					≥			≥	
134	04Cr13Ni8Mo2Al	—	≥0.10~<0.50	510±6	1410	1515	6	45	—
			≥0.50~<5.0		1410	1515	8	45	—
			≥5.0~≤8.0		1410	1515	10	45	—
			≥0.10~<0.50	538±6	1310	1380	6	43	—
			≥0.50~<5.0		1310	1380	8	43	—
			≥5.0~≤8.0		1310	1380	10	43	—
135	022Cr12Ni9Cu2NbTi	—	≥0.10~<0.50	510±6 或 482±6	1410	1525	—	44	—
			≥0.50~<1.50		1410	1525	3	44	—
			≥1.50~≤8.0		1410	1525	4	44	—
138	07Cr17Ni7Al	0Cr17Ni7Al	≥0.10~<0.30	760±15	1035	1240	3	38	—
			≥0.30~<5.0	15±3	1035	1240	5	38	—
			≥5.0~≤8.0	566±6	965	1170	7	42	352
			≥0.10~<0.30	954±8	1310	1450	1	44	—
			≥0.30~<5.0	−73±6	1310	1450	3	44	—
			≥5.0~≤8.0	510±6	1240	1380	6	43	401
139	07Cr15Ni7Mo2Al	0Cr15Ni7Mo2Al	≥0.10~<0.30	760±15	1170	1310	3	40	—
			≥0.30~<5.0	15±3	1170	1310	5	40	—
			≥5.0~≤8.0	566±6	1170	1310	4	40	375
			≥0.10~<0.30	954±8	1380	1550	2	46	—
			≥0.30~<5.0	−73±6	1380	1550	4	46	—
			≥5.0~≤8.0	510±6	1380	1550	4	45	429
			≥0.10~≤1.2	冷轧	1205	1380	1	41	—
			≥0.10~≤1.2	冷轧+482	1580	1655	1	46	—

第 3 篇

续表

GB/T 20878 中序号	新牌号	旧牌号	钢材厚度/mm	处理①温度/℃	非比例延伸强度 $R_{p0.2}$/MPa	抗拉强度 R_m/MPa	断后②伸长率 A/%	硬度值 HRC	硬度值 HB
					≥			≥	
141	09Cr17Ni5Mo3N	—	≥0.10~<0.30	455±8	1035	1275	6	42	—
			≥0.30~≤5.0		1035	1275	8	42	—
			≥0.10~<0.30	540±8	1000	1140	6	36	—
			≥0.30~≤5.0		1000	1140	8	36	—
142	06Cr17Ni7AlTi	—	≥0.10~<0.80	510±8	1170	1310	3	39	—
			≥0.80~<1.50		1170	1310	4	39	—
			≥1.50~≤8.0		1170	1310	5	39	—
			≥0.10~<0.80	538±8	1105	1240	3	37	—
			≥0.80~<1.50		1105	1240	4	37	—
			≥1.50~≤8.0		1105	1240	5	37	—
			≥0.10~<0.80	566±8	1035	1170	3	35	—
			≥0.80~<1.50		1035	1170	4	35	—
			≥1.50~≤8.0		1035	1170	5	35	—

① 为推荐性热处理温度，供方应向需方提供推荐性热处理制度。

② 适用于沿宽度方向的试验，垂直于轧制方向且平行于钢板表面。

注：1. 根据需方指定并经时效处理的试样的力学性能应符合本表规定。

2. 表中钢材厚度和断后伸长率是冷轧的数据，热轧稍有不同见原标准。

表 3-1-60　经退火处理的铁素体、马氏体钢的力学性能

GB/T 20878 中序号	新牌号	旧牌号	规定非比例延伸强度 $R_{p0.2}$/MPa	抗拉强度 R_m/MPa	断后伸长率 A/%	冷弯 180°	硬度值 HBW	硬度值 HRB	硬度值 HV
			≥				≤		
铁素体型钢的力学性能									
78	06Cr13Al	0Cr13Al	170	415	20	$d=2a$	179	88	200
80	022Cr11Ti	—	275	415	20	$d=2a$	197	92	200
81	022Cr11NbTi	—	275	415	20	$d=2a$	197	92	200
82	022Cr12Ni	—	280	450	18	—	180	88	—
83	022Cr12	00Cr12	195	360	22	$d=2a$	183	88	200
84	10Cr15	1Cr15	205	450	22	$d=2a$	183	89	200
85	10Cr17	1Cr17	205	450	22	$d=2a$	183	89	200
87	022Cr18Ti	00Cr17	175	360	22	$d=2a$	183	88	200
88	10Cr17Mo	1Cr17Mo	240	450	22	$d=2a$	183	89	200
90	019Cr18MoTi	—	245	410	20	$d=2a$	217	96	230
91	022Cr18NbTi	—	250	430	18	—	180	88	—
92	019Cr19Mo2NbTi	00Cr18Mo2	275	415	20	$d=2a$	217	96	230
94	008Cr27Mo	00Cr27Mo	245	410	22	$d=2a$	190	90	200
95	008Cr30Mo2	00Cr30Mo2	295	450	22	$d=2a$	209	95	220
注:"—"表示目前尚无数据提供,需在生产使用过程中积累数据。d—弯芯直径;a—钢板厚度									
马氏体型钢的力学性能									
96	12Cr12	1Cr12	205	485	20	$d=2a$	217	96	210
97	06Cr13	0Cr13	205	415	20	$d=2a$	183	89	200
98	12Cr13	1Cr13	205	450	20	$d=2a$	217	96	210
99	04Cr13Ni5Mo		620	795	15	—	302	32①	—
101	20Cr13	2Cr13	225	520	18	—	223	97	234
102	30Cr13	3Cr13	225	540	18	—	235	99	247
104	40Cr13	4Cr13	225	590	15	—	—	—	—
107	17Cr16Ni2②		690	880~1080	12	—	262~326	—	—
			1050	1350	10	—	388	—	—
108	68Cr17	1Cr12	245	590	15	—	255	25①	269

①为 HRC 硬度值

②表列为淬火,回火后的力学性能。但热轧时此 9 个牌号全为淬火、回火后的力学性能。d—弯芯直径;a—钢板厚度

表 3-1-61　　冷轧钢不同冷作硬化状态钢材的力学性能

GB/T 20878 中序号	新牌号	旧牌号	规定非比例延伸强度 $R_{p0.2}$/MPa	抗拉强度 R_m/MPa	断后伸长率 A/% 厚度 <0.4mm	厚度 ≥0.4~<0.8mm	厚度 ≥0.8mm
			不小于				
H1/4 状态（低冷作硬化状态）的钢材力学性能							
9	12Cr17Ni7	1Cr17Ni7	515	860	25	25	25
10	022Cr17Ni7		515	825	25	25	25
11	022Cr17Ni7N		515	825	25	25	25
13	12Cr18Ni9	1Cr18Ni9	515	860	10	10	12
17	06Cr19Ni10	0Cr18Ni9	515	860	10	10	12
18	022Cr19Ni10	00Cr19Ni10	515	860	8	8	10
23	06Cr19Ni10N	0Cr19Ni9N	515	860	12	12	12
25	022Cr19Ni10N	00Cr18Ni10N	515	860	10	10	12
38	06Cr17Ni12Mo2	0Cr17Ni12Mo2	515	860	10	10	10
39	022Cr17Ni12Mo2	00Cr17Ni14Mo2	515	860	8	8	8
41	06Cr17Ni12Mo2Ti	0Cr18Ni12Mo3Ti	515	860	12	12	12
H1/2 状态（半冷作硬化状态）的钢材力学性能							
9	12Cr17Ni7	1Cr17Ni7	760	1035	15	18	18
10	022Cr17Ni7		690	930	20	20	20
11	022Cr17Ni7N		690	930	20	20	20
13	12Cr18Ni9	1Cr18Ni9	760	1035	9	10	10
17	06Cr19Ni10	0Cr18Ni9	760	1035	6	7	7
18	022Cr19Ni10	00Cr19Ni10	760	1035	5	6	6
23	06Cr19Ni10N	0Cr19Ni9N	760	1035	6	8	8
25	022Cr19Ni10N	00Cr18Ni10N	760	1035	6	7	7
38	06Cr17Ni12Mo2	0Cr17Ni12Mo2	760	1035	6	7	7
39	022Cr17Ni12Mo2	00Cr17Ni14Mo2	760	1035	5	6	6
43	06Cr17Ni12Mo2N	0Cr17Ni12Mo2N	760	1035	6	8	8
H 状态（冷作硬化状态）的钢材力学性能							
9	12Cr17Ni7	1Cr17Ni7	930	1205	10	12	12
13	12Cr18Ni9	1Cr18Ni9	930	1205	5	6	6
H2 状态（特别冷作硬化状态）的钢材力学性能							
9	12Cr17Ni7	1Cr17Ni7	965	1275	8	9	9
13	12Cr18Ni9	1Cr18Ni9	965	1275	3	4	4

表 3-1-62　　不锈钢的热处理制度　　℃

奥氏体型钢的热处理制度 GB/T 20878 中序号	新牌号	热处理温度及冷却方式	奥氏体·铁素体钢的热处理制度 GB/T 20878 中序号	新牌号	热处理温度及冷却方式
9	12Cr17Ni7	≥1040 水冷或其他方式快冷	26	10Cr18Ni12	≥1040 水冷或其他方式快冷
10	022Cr17Ni7	≥1040 水冷或其他方式快冷	32	06Cr23Ni13	≥1040 水冷或其他方式快冷
11	022Cr17Ni7N	≥1040 水冷或其他方式快冷	35	06Cr25Ni20	≥1040 水冷或其他方式快冷
13	12Cr18Ni9	≥1040 水冷或其他方式快冷	36	022Cr25Ni22Mo2N	≥1040 水冷或其他方式快冷
14	12Cr18Ni9Si3	≥1040 水冷或其他方式快冷	38	06Cr17Ni12Mo2	≥1040 水冷或其他方式快冷
17	06Cr19Ni10	≥1040 水冷或其他方式快冷	39	022Cr17Ni12Mo2	≥1040 水冷或其他方式快冷
18	022Cr19Ni10	≥1040 水冷或其他方式快冷	41	06Cr17Ni12Mo2Ti	≥1040 水冷或其他方式快冷
19	07Cr19Ni10	≥1095 水冷或其他方式快冷	42	06Cr17Ni12Mo2Nb	≥1040 水冷或其他方式快冷
20	05Cr19Ni10Si2N	≥1040 水冷或其他方式快冷	43	06Cr17Ni12Mo2N	≥1040 水冷或其他方式快冷
23	06Cr19Ni10N	≥1040 水冷或其他方式快冷	44	022Cr17Ni12Mo2N	≥1040 水冷或其他方式快冷
24	06Cr19Ni9NbN	≥1040 水冷或其他方式快冷	45	06Cr18Ni12Mo2Cu2	1010~1150 水冷或其他方式快冷
25	022Cr19Ni10N	≥1040 水冷或其他方式快冷	48	015Cr21Ni26Mo5Cu2	

续表

GB/T 20878 中序号	新牌号	热处理温度及冷却方式
奥氏体型钢的热处理制度		
49	06Cr19Ni13Mo3	≥1040 水冷或其他方式快冷
50	022Cr19Ni13Mo3	≥1040 水冷或其他方式快冷
53	022Cr19Ni16Mo5N	≥1040 水冷或其他方式快冷
54	022Cr19Ni13Mo4N	≥1040 水冷或其他方式快冷
55	06Cr18Ni11Ti	≥1040 水冷或其他方式快冷
58	015Cr24Ni22Mo8Mn3CuN	≥1150 水冷或其他方式快冷
61	022Cr24Ni17Mo5Mn6NbN	1120~1170 水冷或其他方式快冷
62	06Cr18Ni11Nb	≥1040 水冷或其他方式快冷
67	14Cr18Ni11Si4AlTi	1000~1050,水冷或其他方式快冷
68	022Cr19Ni5Mo3Si2N	950~1050 水冷
69	12Cr21Ni5Ti	950~1050,水冷或其他方式快冷
70	022Cr22Ni5Mo3N	1040~1100,水冷或其他方式快冷
71	022Cr23Ni5Mo3N	1040~1100,水冷,除钢卷在连续退火线水冷或类似方式快冷
72	022Cr23Ni4MoCuN	950~1050,水冷或其他方式快冷
73	022Cr25Ni6Mo2N	1025~1125,水冷或其他方式快冷,热轧时为 1050~1100 水冷
74	022Cr25Ni7Mo4WCuN	1050~1125,水冷或其他方式快冷
75	03Cr25Ni6Mo3Cu2N	1050~1100,水冷或其他方式快冷
76	022Cr25Ni7Mo4N	1050~1100 水冷,热轧时为 1025~1125 水冷或其他方式快冷

GB/T 20878 中序号	新牌号	退火处理温度及冷却方式
铁素体型钢的热处理制度		
78	06Cr13Al	780~830,快冷或缓冷
80	022Cr11Ti	800~900,快冷或缓冷
81	022Cr11NbTi	800~900,快冷或缓冷
82	022Cr12Ni	700~820,快冷或缓冷
83	022Cr12	700~820,快冷或缓冷
84	10Cr15	780~850,快冷或缓冷
85	10Cr17	780~830,空冷
87	022Cr18Ti	780~950,快冷或缓冷
88	10Cr17Mo	780~850,快冷或缓冷
90	019Cr18MoTi	冷轧无数据,热轧时 780~950,快冷或缓冷
91	022Cr18NbTi	
92	019Cr19Mo2NbTi	800~1050,快冷
94	008Cr27Mo	900~1050,快冷
95	008Cr30Mo2	800~1050,快冷

马氏体型钢的热处理制度

GB/T 20878 中序号	新牌号	退火处理	淬火	回火
96	12Cr12	约 750 快冷,或 800~900 缓冷		
97	06Cr13	约 750 快冷,或 800~900 缓冷		
98	12Cr13	约 750 快冷,或 800~900 缓冷		
99	04Cr13Ni5Mo			
101	20Cr13	约 750 快冷,或 800~900 缓冷		
102	30Cr13	约 750 快冷,或 800~900 缓冷	980~1040 快冷	150~400 空冷
104	40Cr13	约 750 快冷,或 800~900 缓冷	1050~1100 油冷	200~300 空冷
107	17Cr16Ni2		1010±10 油冷	605±5 空冷
			1000~1030 油冷	300~380 空冷
108	68Cr17	约 750 快冷,或 800~900 缓冷	1010~1070 快冷	150~400 空冷

沉淀硬化型钢的热处理制度

GB/T 20878 中序号	新牌号	固溶处理	沉淀硬化处理
134	04Cr13Ni8Mo2Al	927±15,按要求冷却至 60 以下	510±6,保温 4h,空冷
			538±6,保温 4h,空冷
135	022Cr12Ni9Cu2NbTi	829±15,水冷	480±6,保温 4h,空冷
			510±6,保温 4h,空冷
138	07Cr17Ni7Al	1065±15 水冷	954±8 保温 10min,快冷至室温,24h 内冷至 -73±6,保温 8h,在空气中升至室温,再加热到 510±6,保温 1h 后空冷
			760±15 保温 90min,1h 内冷却至 15±3,保温 30min,再加热至 566±6,保温 90min 后空冷

续表

GB/T 20878 中序号	新牌号	固溶处理	沉淀硬化处理
139	07Cr15Ni7Mo3Al	1040±15 水冷	954±8 保温 10min,快冷至室温,24h 内冷至-73±6,保温 8h,在空气中升至室温。再加热到 510±6,保温 1h 后空冷
			760±15 保温 90min,1h 内冷却至 15±3,保温 30min,再加热至 566±6,保温 90min 后空冷
141	09Cr17Ni5Mo3N	930±15 水冷,在-75以下保持 3h	455±8,保温 3h,空冷
			540±8,保温 3h,空冷
142	06Cr17Ni7AlTi	1038±15,空冷	510±8,保温 30min,空冷
			538±8,保温 30min,空冷
			566±8,保温 30min,空冷

注：钢板或钢带经冷轧后，可经热处理或酸洗交货，当进行光亮热处理时，可省去酸洗。据需方要求可按不同冷作硬化状态交货。对于沉淀硬化型钢的热处理，需方应在合同中注明热处理的种类，进行处理的是钢材本身还是试样。

表 3-1-63　　不锈钢的特性和用途

类型	GB/T 20878 中序号	新牌号	特性和用途
奥氏体型	9	12Cr17Ni7	经冷加工有高的强度。用于铁道车辆,传送带螺栓螺母等
	10	022Cr17Ni7	—
	11	022Cr17Ni7N	—
	13	12Cr18Ni9	经冷加工有高的强度,但伸长率比 12Cr17Ni7 稍差。用于建筑装饰部件
	14	12Cr18Ni9Si3	耐氧化性比 12Cr18Ni9 好,900℃以下与 06Cr25Ni20 具有相同的耐氧化性和强度。用于汽车排气净化装置、工业炉等高温装置部件
	17	06Cr19Ni10	在固溶态钢的塑性、韧性、冷加工性良好,在氧化性酸和大气、水等介质中耐蚀性好,但在敏态或焊接后有晶腐倾向。耐蚀性优于 12Cr18Ni9。适于制造深冲成型部件和输酸管道、容器等
	18	022Cr19Ni10	比 06Cr19Ni10 碳含量更低的钢,耐晶间腐蚀性优越,焊接后不进行热处理
	19	07Cr19Ni10	具有耐晶间腐蚀性
	20	05Cr19Ni10Si2N	添加 N,提高钢的强度和加工硬化倾向,塑性不降低。改善钢的耐点蚀、晶腐性,可承受更重的负荷,使材料的厚度减少。用于结构用强度部件
	23	06Cr19Ni10N	在牌号 06Cr19Ni10 上加 N,提高钢的强度和加工硬化倾向,塑性不降低。改善钢的耐点蚀、晶腐性,使材料的厚度减少。用于有一定耐腐要求,并要求较高强度和减速轻重量的设备、结构部件
	24	06Cr19Ni9NbN	在牌号 06Cr19Ni10 上加 N 和 Nb,提高钢的耐点蚀、晶腐性能,具有与 06Cr19Ni10N 相同的特性和用途
	25	022Cr19Ni10N	06Cr19Ni10N 的超低碳钢,因 06Cr19Ni10N 在 450~900℃加热后耐晶腐性将明显下降。因此对于焊接设备构件,推荐 022Cr19Ni10N
	26	10Cr18Ni12	与 06Cr19Ni10 相比,加工硬化性低。用于施压加工,特殊拉拔,冷墩等
	32	06Cr23Ni13	耐腐蚀性比 06Cr19Ni10 好,但实际上多作为耐热钢使用
	35	06Cr25Ni20	抗氧化性比 06Cr23Ni13 好,但实际上多作为耐热钢使用
	36	022Cr25Ni22Mo2N	钢中加 N 提高钢的耐孔蚀性,且使钢具有更高的强度和稳定的奥氏体组织。适用于尿素生产中汽提塔的结构材料,性能远优于 022Cr17Ni12Mo2
	38	06Cr17Ni12Mo2	在海水和其他各种介质中,耐腐蚀性比 06Cr19Ni10 好。主要用于耐点蚀材料
	39	022Cr17Ni12Mo2	为 06Cr17Ni12Mo2 的超低碳钢,节 Ni 钢种
	41	06Cr17Ni12Mo2Ti	有良好的耐晶间腐蚀性,用于抵抗硫酸、磷酸、甲酸、乙酸的设备

续表

类型	GB/T 20878 中序号	新牌号	特性和用途
奥氏体型	42	06Cr17Ni12Mo2Nb	比 06Cr17Ni12Mo2 具有更好的耐晶间腐蚀性
	43	06Cr17Ni12Mo2N	在牌号 06Cr17Ni12Mo2 中加入 N，提高强度，不降低塑性，使材料的使用厚度减薄。用于耐腐蚀性较好的强度较高的部件
	44	022Cr17Ni12Mo2N	用途与 06Cr17Ni12Mo2N 相同但耐晶间腐蚀性更好
	45	06Cr18Ni12Mo2Cu2	耐腐蚀性、耐点蚀性比 06Cr17Ni12Mo2 好。用于耐硫酸材料
	48	015Cr21Ni26Mo5Cu2	高 Mo 不锈钢，全面耐硫酸、磷酸、醋酸等腐蚀，又可解决氯化物孔蚀、缝隙腐蚀和应力腐蚀问题。主要用于石化、化工、化肥、海洋开发等的塔、槽、管、换热器等
	49	06Cr19Ni13Mo3	耐点蚀性比 06Cr17Ni12Mo2 好，用于染色设备材料等
	50	022Cr19Ni13Mo3	为 06Cr19Ni13Mo3 的超低碳钢，比 06Cr19Ni13Mo3 耐晶间腐蚀性
	53	022Cr19Ni16Mo5N	高 Mo 不锈钢，钢中含 0.10%～0.20%，使其耐孔蚀性能进一步提高，此钢种在硫酸、甲酸、醋酸等介质中的耐蚀性要比一般含 2%～4%Mo 的常用 Cr-Ni 钢更好
	54	022Cr19Ni13Mo4N	—
	55	06Cr18Ni11Ti	添加 Ti 提高耐晶间腐蚀性，不推荐作装饰部件
	58	015Cr24Ni22Mo8Mn3CuN	—
	61	022Cr24Ni17Mo5Mn6NbN	—
	62	06Cr18Ni11Nb	含 Nb 提高耐晶间腐蚀性
奥氏体·铁素体型	67	14Cr18Ni11Si4AlTi	用于制作抗高温浓硝酸介质的零件和设备
	68	022Cr19Ni5Mo3Si2N	耐应力腐蚀破裂性能良好，耐点蚀性能与 022Cr17Ni14Mo2 相当，具有较高强度，适用于含氯离子的环境，用于炼油、化肥、造纸、石油、化工等工业制造热交换器、冷凝器等
	69	12Cr21Ni5Ti	用于化学工业、食品工业耐酸腐蚀的容器及设备
	70	022Cr22Ni5Mo3N	对含硫化氢、二氧化碳、氯化物的环境具有阻抗性，用于油井管，化工储罐用材，各种化学装置等
	71	022Cr23Ni5Mo3N	—
	72	022Cr23Ni4MoCuN	具有双相组织，优异的耐应力腐蚀断裂和其他形式耐蚀的性能以及良好的焊接性。储罐和容器用材
	73	022Cr25Ni6Mo2N	用于耐海水腐蚀部件等
	74	022Cr25Ni7Mo4WCuN	在 022Cr25Ni7Mo3N 钢中加入 W、Cu 提高 Cr25 型双相钢的性能。特别是耐氯化物点蚀和缝隙腐蚀性能更佳，主要用于以水（含海水、卤水）为介质的热交换设备
	75	03Cr25Ni6Mo3Cu2N	该钢具有良好的力学性能和耐局部腐蚀性能，尤其是耐磨损腐蚀性能优于一般的不锈钢。海水环境中的理想材料，适用作舰船用的螺旋推进器、轴、潜艇密封件等，而且在化工、石油化工、天然气、纸浆、造纸等应用
	76	022Cr25Ni7Mo4N	是双相不锈钢中耐局部腐蚀最好的钢，特别是耐点蚀最好，并具有高强度、耐氯化物应力腐蚀、可焊接的特点。非常适用于化工、石油、石化和动力工具中以河水、地下水和海水等为冷却介质的换热设备

续表

类型	GB/T 20878 中序号	新牌号	特性和用途
铁素体型	78	06Cr13Al	从高温下冷却不产生显著硬化，用于汽轮机材料，淬火用部件，复合钢材等
	80	022Cr11Ti	超低碳钢，焊接性能好，用于汽车排气处理装置
	81	022Cr11NbTi	在钢中加入 Nb+Ti 细化晶粒，提高铁素体钢的耐晶间腐蚀性、改善焊后塑性，性能比 022Cr11Ti 更好，用于汽车排气处理装置
	82	022Cr12Ni	用于压力容器装置
	83	022Cr12	焊接部位弯曲性能、加工性能、耐高温氧化性能好。用于汽车排气处理装置、锅炉燃烧室、喷嘴
	84	10Cr15	为 10Cr17 改善焊接性的钢种
	85	10Cr17	耐蚀性良好的通用钢种，用于建筑内装饰、重油燃烧器部件、家庭用具、家用电器部件。脆性转变温度均在室温以上，而且对缺口敏感，不适于制作室温以下的承载备件
	87	022Cr18Ti	降低 10Cr17Mo 中的 C 和 N，单独或复合加入 Ti、Nb 或 Zr，使加工性和焊接性改善，用于建筑内外装饰、车辆部件、厨房用具、餐具
	88	10Cr17Mo	在钢中加入 Mo，提高钢的耐点蚀、耐缝隙腐蚀性及强度等
	90	019Cr18MoTi	在钢中加入 Mo，提高钢的耐点蚀、耐缝隙腐蚀性及强度等
	91	022Cr18NbTi	在牌号 10Cr17 中加入 Ti 或 Nb，降低碳含量，改善加工性、焊接性能。用于温水槽、热水供应器、卫生器具、家庭耐用机器、自行车轮缘
	92	019Cr19Mo2NbTi	含 Mo 比 022Cr18MoTi 多，耐腐蚀性提高，耐应力腐蚀破裂性好，用于贮水槽太阳能温水器、热交换器、食品机器、染色机械等
	94	008Cr27Mo	用于性能、用途、耐蚀性和软磁性与 008Cr30Mo2 类似的用途
	95	008Cr30Mo2	高 Cr—Mo 系，C、N 降至极低。耐蚀性很好，耐卤离子应力腐蚀破裂、耐点蚀性好。用于制作与醋酸、乳酸等有机酸有关的设备、制造苛性碱设备
马氏体型	96	12Cr12	用于汽轮机叶片及高应力部件的不锈耐热钢
	97	06Cr13	比 12Cr13 的耐蚀性、加工成形性更优良的钢种
	98	12Cr13	具有良好的耐蚀性，机械加工性，一般用途，刃具类
	99	04Cr13Ni5Mo	适用于厚截面尺寸的要求焊接性能良好的使用条件，如大型的水电站转轮和转轮下环等
	101	20Cr13	淬火状态下硬度高，耐蚀性良好。用于汽轮机叶片
	102	30Cr13	比 20Cr13 淬火后的硬度高，作刃具、喷嘴、阀座、阀门等
	104	40Cr13	比 30Cr13 淬火后的硬度高，作刃具、餐具、喷嘴、阀座、阀门等
	107	17Cr16Ni2	用于具有较高程度的耐硝酸、有机酸腐蚀性的零件、容器和设备
	108	68Cr17	硬化状态下，坚硬，韧性高，用于刃具、量具、轴承
沉淀硬化型	134	04Cr13Ni8Mo2Al	—
	135	022Cr12Ni9Cu2NbTi	—
	138	07Cr17Ni7Al	添加 Al 的沉淀硬化钢种。用于弹簧、垫圈、计器部件
	139	07Cr15Ni7Mo2Al	用于有一定耐蚀要求的高强度容器、零件及结构件
	141	09Cr17Ni5Mo3N	—
	142	06Cr17Ni7AlTi	—

耐热钢板和钢带（摘自 GB/T 4238—2007）

表 3-1-64 **化学成分**

奥氏体型耐热钢的化学成分

GB/T 20878 中序号	新牌号	旧牌号	化学成分(质量分数)/%										
			C	Si	Mn	P	S	Ni	Cr	Mo	N	V	其他
13	12Cr18Ni9	1Cr18Ni9	0.15	0.75	2.00	0.045	0.030	8.00~11.00	17.00~19.00	—	0.10	—	—
14	12Cr18Ni9Si3	1Cr18Ni9Si3	0.15	2.00~3.00	2.00			8.00~10.00	17.00~19.00	—	0.10	—	—
17	06Cr19Ni9[①]	0Cr18Ni9	0.08	0.75	2.00			8.00~10.50	18.00~20.00	—	0.10	—	—
19	07Cr19Ni10	—	0.04~0.10	0.75	2.00			8.00~10.50	18.00~20.00	—	—	—	—
29	06Cr20Ni11	—	0.08	0.75	2.00			10.00~12.00	19.00~21.00	—	—	—	—
31	16Cr23Ni13	2Cr23Ni13	0.20	0.75	2.00			12.00~15.00	22.00~24.00	—	—	—	—
32	06Cr23Ni13	0Cr23Ni13	0.08	0.75	2.00			12.00~15.00	22.00~24.00	—	—	—	—
34	20Cr25Ni20	2Cr25Ni20	0.25	1.50	2.00			19.00~22.00	24.00~26.00	—	—	—	—
35	06Cr25Ni20	0Cr25Ni20	0.08	1.50	2.00			19.00~22.00	24.00~26.00	—	—	—	—
38	06Cr17Ni12Mo2	0Cr17Ni12Mo2	0.08	0.75	2.00			10.00~14.00	16.00~18.00	2.00~3.00	0.10	—	—
49	06Cr19Ni13Mo3	0Cr19Ni13Mo3	0.08	0.75	2.00			11.00~15.00	18.00~20.00	3.00~4.00	0.10	—	—
55	06Cr18Ni11Ti	0Cr18Ni10Ti	0.08	0.75	2.00			9.00~12.00	17.00~19.00	—	—	—	Ti≥5C
60	12Cr16Ni35	1Cr16Ni35	0.15	1.50	2.00			33.00~37.00	14.00~17.00	—	—	—	—
62	06Cr18Ni11Nb[①]	0Cr18Ni11Nb	0.08	0.75	2.00			9.00~13.00	17.00~19.00	—	—	—	Nb:10×C~0.10
66	16Cr25Ni20Si2	1Cr25Ni20Si2	0.20	1.50~2.50	1.50			18.00~21.00	24.00~27.00	—	—	—	—

铁素体型耐热钢的化学成分

GB/T 20878 中序号	新牌号	旧牌号	化学成分(质量分数)/%								
			C	Si	Mn	P	S	Cr	Ni	N	其他
78	06Cr13Al	0Cr13Al	0.08	1.00	1.00	0.040	0.030	11.50~14.50	0.60	—	Al:0.10~0.30
80	022Cr11Ti[①]	—	0.030	1.00	1.00			10.50~11.70	0.60	0.030	Ti:6C~0.75
81	022Cr11NbTi[①]	—	0.30	1.00	1.00	0.040	0.020	10.50~11.70	0.60	0.030	Ti+Nb:8(C+N)+0.08~0.75
85	10Cr17	1Cr17	0.12	1.00	1.00	0.040	0.030	16.00~18.00	0.75	—	—
93	16Cr25N	2Cr25N	0.20	1.00	1.50			23.00~27.00	0.75	0.25	—

续表

马氏体型耐热钢的化学成分

GB/T 20878 中序号	新牌号	旧牌号	化学成分(质量分数)/%									
			C	Si	Mn	P	S	Cr	Ni	Mo	N	其他
96	12Cr12	1Cr12	0.15	0.50	1.00	0.040	0.030	11.50~13.00	0.60	—	—	—
98	12Cr13①	1Cr13	0.15	1.00	1.00			11.50~13.50	0.75	0.50	—	—
124	22Cr12NiMoWV	2Cr12NiMoWV	0.20~0.25	0.50	0.50~1.00	0.025	0.025	11.00~12.50	0.50~1.00	0.90~1.25	—	V:0.20~0.30 W:0.90~1.25

沉淀硬化型耐热钢的化学成分

GB/T 20878 中序号	新牌号	旧牌号	化学成分(质量分数)/%									
			C	Si	Mn	P	S	Cr	Ni	Cu	Al	Mo	其他
135	022Cr12Ni9Cu2NbTi①	—	0.05	0.50	0.50	0.040	0.030	11.00~12.50	7.50~9.50	1.50~2.50	—	0.50	Ti:0.80~1.40 (Nb+Ta): 0.10~0.50
137	05Cr17Ni4Cu4Nb	0Cr17Ni4Cu4Nb	0.07	1.00	1.00			15.00~17.50	3.00~5.00	3.00~5.00	—	—	Nb:0.15~0.45
138	07Cr17Ni7Al	0Cr17Ni7Al	0.09	1.00	1.00			16.00~18.00	6.50~7.75	—	0.75~1.50	—	—
139	07Cr15Ni7Mo2Al	—	0.09	1.00	1.00			14.00~16.00	6.50~7.75	—	0.75~1.50	2.00~3.00	—
142	06Cr17Ni7AlTi	—	0.08	1.00	1.00			16.00~17.50	6.00~7.50	—	0.40	—	Ti:0.40~1.20
143	06Cr15Ni25Ti2MoAlVB	0Cr15Ni25Ti2MoAlVB	0.08	1.00	2.00			13.50~16.00	24.00~27.00	—	0.35	1.00~1.50	Ti:1.90~2.35 V:0.10~0.50 B:0.001~0.010

① 为相对于 GB/T 20878 调整化学成分的牌号

注：本表各牌号所列成分除标明范围或最小值外，其余均为最大值。

表 3-1-65　　　　经热处理的力学性能

经固溶处理的奥氏体型耐热钢的力学性能

GB/T 20878中序号	新牌号	旧牌号	拉伸试验			硬度试验		
			规定非比例延伸强度 $R_{p0.2}$/MPa	抗拉强度 R_m/MPa	断后伸长率 A/%	HBW	HRB	HV
			≥			≤		
13	12Cr18Ni9	1Cr18Ni9	205	515	40	201	92	210
14	12Cr18Ni9Si3	1Cr18Ni9Si3	205	515	40	217	95	220
17	06Cr19Ni9	0Cr18Ni9	205	515	40	201	92	210
19	07Cr19Ni10	—	205	515	40	201	92	210
29	06Cr20Ni11	—	205	515	40	183	88	—
31	16Cr23Ni13	2Cr23Ni13	205	515	40	217	95	220
32	06Cr23Ni13	0Cr23Ni13	205	515	40	217	95	220
34	20Cr25Ni20	2Cr25Ni20	205	515	40	217	95	220
35	06Cr25Ni20	0Cr25Ni20	205	515	40	217	95	220
38	06Cr17Ni12Mo2	0Cr17Ni12Mo2	205	515	40	217	95	220
49	06Cr49Ni13Mo3	0Cr19Ni13Mo3	205	515	35	217	95	220
55	06Cr18Ni11Ti	0Cr18Ni10Ti	205	515	40	217	95	220
60	12Cr16Ni35	1Cr16Ni35	205	560	—	201	95	210
62	06Cr18NiNb	0Cr18Ni11Nb	205	515	40	201	92	210
66	16Cr25Ni20Si2①	1Cr25Ni20Si2	—	540	35	—	—	—

① 16Cr25Ni20Si2 钢板厚度大于 25mm 时，力学性能仅供参考

经退火处理的铁素体型耐热钢的力学性能

GB/T 20878中序号	新牌号	旧牌号	拉伸试验			硬度试验			弯曲试验（仅需方要求并在合同中注明时才进行试验）	
			规定非比例延伸强度 $R_{p0.2}$/MPa	抗拉强度 R_m/MPa	断后伸长率 A/%	HBW	HRB	HV	弯曲角度	d—弯芯直径 a—钢板厚度
			≥			≤				
78	06Cr13Al	0Cr13Al	170	415	20	179	88	200	180°	$d=2a$
80	022Cr11Ti	—	275	415	20	197	92	200	180°	$d=2a$
81	022Cr11NbTi	—	275	415	20	197	92	200	180°	$d=2a$
85	10Cr17	1Cr17	205	450	22	183	99	200	180°	$d=2a$
93	16Cr25N	2Cr25N	275	510	20	201	95	210	135°	—
经退火处理的马氏体型耐热钢的力学性能										
96	12Cr12	1Cr12	205	485	25	217	88	210	180°	$d=2a$
98	12Cr13	1Cr13	—	690	15	217	96	210	—	—
124	22Cr12NiMoWV	2Cr12NiMoWV	275	510	20	200	95	210	—	$a≥3$mm，$d=a$

经固溶处理的沉淀硬化型耐热钢试样的力学性能

GB/T 20878中序号	新牌号	旧牌号	钢材厚度/mm	规定非比例延伸强度 $R_{p0.2}$/MPa	抗拉强度 R_m/MPa	断后伸长率 A/%	硬度值	
							HRC	HBW
135	022Cr12Ni9Cu2NbTi	—	≥0.30～≤100	≤1105	≤1205	≥3	≤36	≤331
137	05Cr17Ni4Cu4Nb	0Cr17Ni4Cu4Nb	≥0.4～<100	≤1105	≤1255	≥3	≤38	≤363
138	07Cr17Ni7Al	0Cr17Ni7Al	≥0.1～<0.3	≤450	≤1035	—	—	—
			≥0.3～≤100	≤380	≤1035	≥20	≤92②	—
139	07Cr15Ni7Mo2Al	—	≥0.10～≤100	≤450	≤1035	≥25	≤100②	—
142	06Cr17Ni7AlTi	—	≥0.10～<0.80	≤515	≤825	≥3	≤32	—
			≥0.80～<1.50	≤515	≤825	≥4	≤32	—
			≥1.50～≤100	≤515	≤825	≥5	≤32	—
143	06Cr15Ni25Ti2MoAlVB①	0Cr15Ni25Ti2MoAlVB	≥2	—	≥725	≥25	≥91②	≤192
			≥2	≥590	≥900	≥15	≥101②	≤248

①为时效处理后的力学性能

②为 HRB 硬度值

表 3-1-66 续表

GB/T 20878 中序号	牌号	钢材厚度/mm	处理温度/℃	规定非比例延伸强度 $R_{p0.2}$/MPa	抗拉强度 R_m/MPa	断后①伸长率 A/%	硬度值	
							HRC	HBW
				不小于				
135	022Cr12Ni9Cu2NbTi	≥0.10~<0.75	510±10 或 480±6	1410	1525	—	≥44	—
		≥0.75~<1.50		1410	1525	3	≥44	—
		≥1.50~≤16		1410	1525	4	≥44	—
137	05Cr17Ni4Cu4Nb	≥0.1~<5.0	482±10	1170	1310	5	40~48	—
		≥5.0~<16		1170	1310	8	40~48	388~477
		≥16~≤100		1170	1310	10	40~48	388~477
		≥0.1~<5.0	496±10	1070	1170	5	38~46	—
		≥5.0~<16		1070	1170	8	38~47	375~477
		≥16~≤100		1070	1170	10	38~47	375~477
		≥0.1~<5.0	552±10	1000	1070	5	35~43	—
		≥5.0~<16		1000	1070	8	33~42	321~415
		≥16~≤100		1000	1070	12	33~42	321~415
		≥0.1~<5.0	579±10	860	1000	5	31~40	—
		≥5.0~<16		860	1000	9	29~58	293~375
		≥16~≤100		860	1000	13	29~38	293~375
		≥0.1~<5.0	593±10	790	965	5	31~40	—
		≥5.0~<16		790	965	10	29~38	293~375
		≥16~≤100		790	965	14	29~38	293~375
		≥0.1~<5.0	621±10	725	930	8	28~38	—
		≥5.0~<16		725	930	10	26~36	269~352
		≥16~≤100		725	930	16	26~36	269~352
		≥0.1~<5.0	760±10 621±10	515	790	9	26~36	255~331
		≥5.0~<16		515	790	11	24~34	248~321
		≥16~≤100		515	790	18	24~34	248~321
138	07Cr17Ni7Al	≥0.05~<0.30	760±15	1035	1240	3	≥38	—
		≥0.30~<5.0	15±3	1035	1240	5	≥38	—
		≥5.0~≤16	566±6	965	1170	7	≥38	≥352
		≥0.05~<0.30	954±8	1310	1450	1	≥44	—
		≥0.30~<5.0	−73±6	1310	1450	3	≥44	—
		≥5.0~≤16	510±6	1240	1380	6	≥43	≥401
139	07Cr15Ni7Mo2Al	≥0.05~<0.30	760±15	1170	1310	3	≥40	—
		≥0.30~<5.0	15±3	1170	1310	5	≥40	—
		≥5.0~≤16	566±10	1170	1310	4	≥40	≥375
		≥0.05~<0.30	954±8	1380	1550	2	≥46	—
		≥0.30~<5.0	−73±6	1380	1550	4	≥46	—
		≥5.0~≤16	510±6	1380	1550	4	≥46	≥429
142	06Cr17Ni7AlTi	≥0.10~<0.80	510±8	1170	1310	3	≥39	—
		≥0.80~<1.50		1170	1310	4	≥39	—
		≥1.50~≤16		1170	1310	5	≥39	—
		≥0.10~<0.75	538±8	1105	1240	3	≥37	—
		≥0.75~<1.50		1105	1240	4	≥37	—
		≥1.50~≤16		1105	1240	5	≥37	—
		≥0.10~<0.75	566±8	1035	1170	3	≥35	—
		≥0.75~<1.50		1035	1170	4	≥35	—
		≥1.50~≤16		1035	1170	5	≥35	—
143	06Cr15Ni25Ti2MoAlVB	≥2.0~<8.0	700~760	590	900	15	≥101	≥248

表头总标题：经沉淀硬化处理的耐热钢试样的力学性能

① 适用于沿宽度方向的试验。垂直于轧制方向且平行于钢板表面

注：1. 所有牌号的钢板、钢带的规定非比例延伸强度和硬度试验仅需方要求并在合同中注明时才进行检验。
2. 几种不同硬度的试验可根据不同尺寸和状态按其中一种方法检验。
3. 经固溶处理的沉淀硬化型钢（022Cr12Ni9Cu2N6Ti、07Cr17Ni7Al、07Cr15Ni7Mo2Al）的弯曲试验见原标准。
4. 钢板和钢带经冷轧或热轧后可经热处理及酸洗后交货，经需方同意也可省去酸洗处理。
5. 表中所列为推荐性热处理温度。供方应向需方提供推荐性热处理制度。

表 3-1-66　　耐热钢板及钢带的热处理制度　　℃

奥氏体型耐热钢的热处理制度

GB/T 20878 中序号	新牌号	固溶处理
13	12Cr18Ni9	≥1040 水冷或其他方式快冷
14	12Cr18Ni9Si3	≥1400 水冷或其他方式快冷
17	06Cr19Ni10	≥1040 水冷或其他方式快冷
19	07Cr19Ni10	≥1040 水冷或其他方式快冷
29	06Cr20Ni11	≥1400,水冷或其他方式快冷
31	16Cr23Ni13	≥1400 水冷或其他方式快冷
32	06Cr23Ni13	≥1040 水冷或其他方式快冷
34	20Cr25Ni20	≥1400 水冷或其他方式快冷
35	06Cr25Ni20	≥1040,水冷或其他方式快冷
38	06Cr17Ni12Mo2	≥1040 水冷或其他方式快冷
49	06Cr19Ni13Mo3	≥1040 水冷或其他方式快冷
55	06Cr18Ni11Ti	≥1095 水冷或其他方式快冷
60	12Cr16Ni35	1030~1180 快冷
62	06Cr18Ni11Nb	≥1040 水冷或其他方式快冷
66	16Cr25Ni20Si2	1080~1130,快冷

铁素体型耐热钢的热处理制度

GB/T 20878 中序号	新牌号	退火处理
78	06Cr13Al	780~830 快冷或缓冷
80	022Cr11Ti	800~900 快冷或缓冷
81	022Cr11NbTi	800~900 快冷或缓冷
85	10Cr17	780~850 快冷或缓冷
93	16Cr25N	780~880 快冷

马氏体型耐热钢的热处理制度

GB/T 20878 中序号	新牌号	退火处理
96	12Cr12	约 750 快冷或 800~900 缓冷
98	12Cr13	约 750 快冷或 800~900 缓冷
124	22Cr12NiMoWV	—

沉淀硬化型钢的热处理制度

GB/T 20878 中序号	新牌号	固溶处理	沉淀硬化处理
135	022Cr12Ni9Cu2NbTi	829±15,水冷	480±6,保温 4h,空冷, 或 510±6,保温 4h,空冷
137	05Cr17Ni4Cu4Nb	1050±25,水冷	482±10,保温 1h,空冷。 496±10,保温 4h,空冷。 552±10,保温 4h,空冷。 579±10,保温 4h,空冷。 593±10,保温 4h,空冷。 621±10,保温 4h,空冷。 760±10,保温 2h,空冷。 621±10,保温 4h,空冷
138	07Cr17Ni7Al	1065±15,水冷	954±8 保温 10min,快冷至室温,24h 内冷至-73±6,保温不小于 8h。在空气中加热至室温,加热到 510±6,保温 1h,空冷
			760±15 保温 90min,1h 内冷却至 15±3。保温≥30min,加热至 566±6,保温 90min,空冷
139	07Cr15Ni7Mo2Al	1040±15,水冷	954±8 保温 10min,快冷至室温,24h 内冷至-73±6,保温不小于 8h。在空气中加热至室温。加热到 510±6,保温 1h,空冷
			760±15 保温 90min,1h 内冷却至 15±3。保温≥30min,加热至 566±6,保温 90min,空冷
142	06Cr17Ni7AlTi	1038±15,空冷	510±8,保温 30min,空冷。 538±8,保温 30min,空冷。 566±8,保温 30min,空冷
143	06Cr15Ni25Ti2MoAlVB	885~915,快冷或 965~995,快冷	700~760 保温 16h,空冷或缓冷

表 3-1-67　　耐热钢的特性和用途

类型	GB/T 20878 中序号	新牌号	特性和用途
奥氏体型	13	12Cr18Ni9	
	14	12Cr18Ni9Si3	耐氧化性优于 12Cr18Ni9,在 900℃以下具有与 SUS301S 相同的耐氧化性及强度。汽车排气净化装置、工业炉等高温装置部件
	17	06Cr19Ni9	作为不锈钢、耐热钢被广泛使用,食品设备,一般化工设备、原子能工业

续表

类型	GB/T 20878 中序号	新牌号	特性和用途
奥氏体型	19	07Cr19Ni10	—
	29	06Cr20Ni11	—
	31	16Cr23Ni13	承受980℃以下反复加热的抗氧化钢。加热炉部件,重油燃烧器
	32	06Cr23Ni13	比06Cr19Ni9耐氧化性好,可承受980℃以下反复加热。炉用材料
	34	20Cr25Ni20	承受1035℃以下反复加热的抗氧化钢。炉用部件、喷嘴、燃烧室
	35	06Cr25Ni20	比16Cr23Ni13抗氧化性好,可承受1035℃加热。炉用材料、汽车净化装置用料
	36	12Cr16Ni35	抗渗碳,氮化性大的钢种,1035℃以下反复加热。炉用钢料、石油裂解装置
	38	06Cr17Ni12Mo2	高温具有优良的蠕变强度,作热交换用部件,高温耐蚀螺栓
	49	06Cr19Ni13Mo3	高温具有良好的蠕变强度,作热交换用部件
	55	06Cr18Ni11Ti	作在400~900℃腐蚀条件下使用的部件,高温用焊接结构部件
	62	06Cr18Ni11Nb	作在400~900℃腐蚀条件下使用的部件,高温用焊接结构部件
	66	16Cr25Ni20Si2	在600~800℃有析出相的脆化倾向,适于承受应力的各种炉用构件
铁素体型	78	06Cr13Al	由于冷却硬化小,作燃气透平压缩机叶片、退火箱、淬火台架
	80	022Cr11Ti	—
	81	022Cr11NbTi	比022Cr11Ti具有更好的焊接性能、汽车排气阀净化装置用材料
	85	10Cr17	作900℃以下耐氧化部件,散热器,炉用部件、喷油嘴
	93	16Cr25N	耐高温腐蚀性强,1082℃以下不产生易剥落的氧化皮,用于燃烧室
马氏体型	96	12Cr12	作为汽轮机叶片以及高应力部件的良好不锈耐热钢
	98	12Cr13	作800℃以下耐氧化用部件
	124	22Cr12NiMoWV	—
沉淀硬化型	135	022Cr12Ni9Cu2NbTi	—
	137	05Cr17Ni14Cu4Nb	添加Cu的沉淀硬化性的钢种,轴类、汽轮机部件,胶合压板,钢板输送机用
	138	07Cr17Ni7Al	添加Al的沉淀硬化型钢种。作高温弹簧,膜片、固定器、波纹管
	139	07Cr15Ni7Mo2Al	用于有一定耐蚀要求的高强度容器、零件及结构件
	142	06Cr17Ni7AlTi	—
	143	06Cr15Ni25Ti2MoAlVB	耐700℃高温的汽轮机转子,螺栓、叶片、轴

花纹钢板（摘自 YB/T 4159—2007）

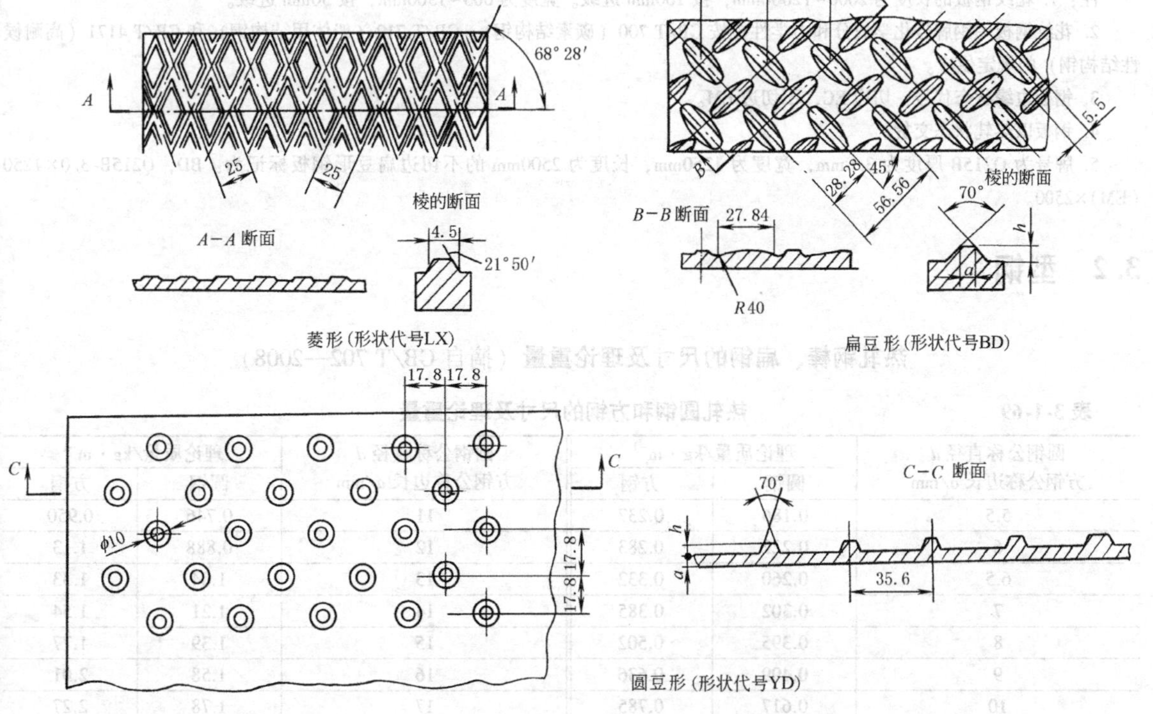

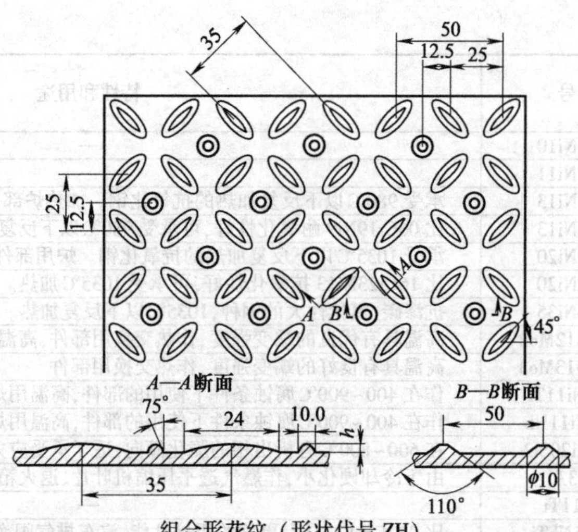

组合形花纹（形状代号 ZH）

表 3-1-68

基本厚度/mm	纹高/mm	理论质量/kg·m^{-2}			
		菱 形	扁 豆 形	圆 豆 形	组合形
2.0	≥0.4	17.7	16.8	16.1	15.5
2.5	≥0.4	21.6	20.7	20.4	20.4
3.0	≥0.5	25.9	24.8	24.0	24.5
3.5	≥0.5	29.9	28.8	27.9	28.4
4.0	≥0.6	34.4	32.8	31.9	32.4
4.5	≥0.6	38.3	36.7	35.9	36.4
5.0	≥0.6	42.2	40.1	39.8	40.3
5.5	≥0.7	46.6	44.9	43.8	44.4
6.0	≥0.7	50.5	48.8	47.7	48.4
7.0	≥0.7	58.4	56.7	55.6	56.2
8.0	≥0.9	67.1	64.9	63.6	64.4
10.0	≥1.0	83.2	80.8	79.3	80.27

注：1. 花纹钢板的长度为 2000~12000mm，按 100mm 进级。宽度为 600~1500mm，按 50mm 进级。

2. 花纹钢板用钢牌号化学成分和力学性能按 GB/T 700（碳素结构钢）、GB/T 712（船体用结构钢）和 GB/T 4171（高耐候性结构钢）的规定供应。

3. 钢板边缘状态代号：切边 EC，不切边 EM。

4. 钢板以热轧状态交货。

5. 牌号为 Q215B 厚度为 3.0mm，宽度为 1250mm，长度为 2500mm 的不切边扁豆形钢板标记为：BD，Q215B-3.0×1250(EM)×2500。

3.2 型钢

热轧钢棒、扁钢的尺寸及理论重量（摘自 GB/T 702—2008）

表 3-1-69　　热轧圆钢和方钢的尺寸及理论重量

圆钢公称直径 d 方钢公称边长 a/mm	理论质量/kg·m^{-1}		圆钢公称直径 d 方钢公称边长 a/mm	理论质量/kg·m^{-1}	
	圆钢	方钢		圆钢	方钢
5.5	0.186	0.237	11	0.746	0.950
6	0.222	0.283	12	0.888	1.13
6.5	0.260	0.332	13	1.04	1.33
7	0.302	0.385	14	1.21	1.54
8	0.395	0.502	15	1.39	1.77
9	0.499	0.636	16	1.58	2.01
10	0.617	0.785	17	1.78	2.27

续表

圆钢公称直径 d 方钢公称边长 a/mm	理论质量/kg·m^{-1}		圆钢公称直径 d 方钢公称边长 a/mm	理论质量/kg·m^{-1}	
	圆钢	方钢		圆钢	方钢
18	2.00	2.54	100*	61.7	78.5
19	2.23	2.83	105*	68.0	86.5
20	2.47	3.14	110*	74.6	95.0
21	2.72	3.46	115*	81.5	104
22	2.98	3.80	120*	88.8	113
23	3.26	4.15	125*	96.3	123
24	3.55	4.52	130*	104	133
25	3.85	4.91	135*	112	143
26	4.17	5.31	140*	121	154
27	4.49	5.72	145*	130	165
28	4.83	6.15	150*	139	177
29	5.18	6.60	155	148	189
30	5.55	7.06	160*	158	201
31	5.92	7.54	165	168	214
32	6.31	8.04	170*	178	227
33	6.71	8.55	180*	200	254
34	7.13	9.07	190*	223	283
35	7.55	9.62	200*	247	314
36	7.99	10.2	210*	272	346**
38	8.90	11.3	220*	298	380**
40	9.86	12.6	230*	326	415**
42	10.9	13.8	240*	355	452**
45	12.5	15.9	250*	385	491**
48	14.2	18.1	260*	417	531**
50*	15.4	19.6	270*	449	572**
53	17.3	22.0	280*	483	615**
55*	18.6	23.7	290*	518	660**
56	19.3	24.6	300*	555	707**
58	20.7	26.4	310*	592	754**
60*	22.2	28.3	320**	631**	804**
63	24.5	31.2	330**	671**	855**
65*	26.0	33.2	340**	712**	908**
68	28.5	36.3	350**	755**	962**
70*	30.2	33.5	360**	299**	1017**
75*	34.7	44.2	370**	844**	1075**
80*	39.5	50.2	380**	890**	1134**
85*	44.5	56.7	390**	937**	1194**
90*	49.9	63.6	400**	986**	1256**
95*	55.6	70.8			

注：1. 表中钢的理论重量是按密度为7.85g/cm^{3}计算。

2. 冷拉圆钢、方钢和六角钢的标准见GB/T 905—1994，其尺寸 d、a、s 系列为3.0、3.2、3.5、4.0、4.5、5.0、5.5、6.0、6.3、7.0、7.5、8.0、8.5、9.0、9.5、10.0、10.5、11.0、11.5、12、13、14、15、16、17、18、19、20、21、22、24、25、26、28、30、32、34、35、36、38、40、42、45、48、50、52、55、56、60、63、65、67、70、75、80。通常长度2~6m。

3. 锻制钢棒的标准见GB/T 908—2008，表中有"*"号者为热轧和锻制的牌号，有"**"者仅为锻制的牌号，无星号者仅为热轧的牌号。

表3-1-70　　热轧六角钢和热轧八角钢的尺寸及理论质量

对边距离 s/mm	截面面积 A/cm^2		理论质量/kg·m^{-1}	
	六角钢	八角钢	六角钢	八角钢
8	0.5543	—	0.435	—
9	0.7015	—	0.551	—
10	0.866	—	0.680	—
11	1.048	—	0.823	—
12	1.247	—	0.979	—
13	1.464	—	1.05	—
14	1.697	—	1.33	—
15	1.949	—	1.53	—
16	2.217	2.120	1.74	1.66
17	2.503	—	1.96	—

续表

对边距离 s/mm	截面面积 A/cm^2		理论质量/$kg \cdot m^{-1}$	
	六角钢	八角钢	六角钢	八角钢
18	2.806	2.683	2.20	2.16
19	3.126	—	2.45	—
20	3.464	3.312	2.72	2.60
21	3.819	—	3.00	—
22	4.192	4.008	3.29	3.15
23	4.581	—	3.60	—
24	4.988	—	3.92	—
25	5.413	5.175	4.25	4.06
26	5.854	—	4.60	—
27	6.314	—	4.96	—
28	6.790	6.492	5.33	5.10
30	7.794	7.452	6.12	5.85
32	8.868	8.479	6.96	6.66
34	10.011	9.572	7.86	7.51
36	11.223	10.731	8.81	8.42
38	12.505	11.956	9.82	9.39
40	13.86	13.250	10.88	10.40
42	15.28	—	11.99	—
45	17.54	—	13.77	—
48	19.95	—	15.66	—
50	21.65	—	17.00	—
53	24.33	—	19.10	—
56	27.16	—	21.32	—
58	29.13	—	22.87	—
60	31.18	—	24.50	—
63	34.37	—	26.98	—
65	36.59	—	28.72	—
68	40.04	—	31.43	—
70	42.43	—	33.30	—

注：表中的理论质量按密度 $7.85g/cm^3$ 计算。

表中截面面积（A）计算公式：$A=\frac{1}{4}ns^2\tan\frac{\varphi}{2}\times\frac{1}{100}$

六角形：$A=\frac{3}{2}s^2\tan30°\times\frac{1}{100}\approx0.866s^2\times\frac{1}{100}$

八角形：$A=2s^2\tan22°30'\times\frac{1}{100}\approx0.823s^2\times\frac{1}{100}$

式中 n——正 n 边形边数；

φ——正 n 边形圆内角 $\varphi=360°/n$。

表 3-1-71　热轧钢棒的长度

热轧圆钢和方钢通常长度及短尺长度

钢类	通常长度		短尺长度/m 不小于
	截面公称尺寸/mm	钢棒长度/m	
普通质量钢	≤25	4~12	2.5
	>25	3~12	
优质及特殊质量钢	全部规格	2~12	1.5
	碳素和合金工具钢 ≤75	2~12	1.0
	碳素和合金工具钢 >75	1~8	0.50(包括高速工具钢全部规格)

热轧扁钢通常长度及短尺长度

钢类		通常长度/m	长度允许偏差	短尺长度
普通质量钢	1 组(理论质量≤19kg/m)	3~9	钢棒长度≤4m,+30mm; 4~6m,+50mm;>6m,+70mm	≥1.5m
	2 组(理论质量>19kg/m)	3~7		
优质及特殊质量钢		2~6		

热轧工具钢扁钢通常长度及短尺长度

公称宽度/mm	通常长度/m	短尺长度/m
≤50	≥2.0	≥1.5
>50~70	≥2.0	≥0.75
>70	≥1.0	—

热轧六角钢和热轧八角钢通常长度及短尺长度

钢类	通常长度/m	短尺长度/m
普通质量钢	3~8	≥2.5
优质及特殊质量钢	2~6	≥1.5

表 3-1-72　　热轧扁钢的尺寸及理论质量

公称宽度 b /mm	厚度 t/mm 理论质量/(kg/m) 3	4	5	6	7	8	9	10	11	12	14	16	18	20	22	25	28	30	32	36	40	45	50	56	60
10	0.24	0.31	0.39	0.47	0.55	0.63																			
12	0.28	0.38	0.47	0.57	0.66	0.75																			
14	0.33	0.44	0.55	0.66	0.77	0.88																			
16	0.38	0.50	0.63	0.75	0.88	1.00	1.15	1.26																	
18	0.42	0.57	0.71	0.85	0.99	1.13	1.27	1.41																	
20	0.47	0.63	0.78	0.94	1.10	1.26	1.41	1.57	1.73	1.88															
22	0.52	0.69	0.86	1.04	1.21	1.38	1.55	1.73	1.90	2.07															
25	0.59	0.78	0.98	1.18	1.37	1.57	1.77	1.96	2.16	2.36	2.75	3.14													
28	0.66	0.88	1.10	1.32	1.54	1.76	1.98	2.20	2.42	2.64	3.08	3.53													
30	0.71	0.94	1.18	1.41	1.65	1.88	2.12	2.36	2.59	2.83	3.30	3.77	4.24	4.71											
32	0.75	1.00	1.26	1.51	1.76	2.01	2.26	2.55	2.76	3.01	3.52	4.02	4.52	5.02											
35	0.82	1.10	1.37	1.65	1.92	2.20	2.47	2.75	3.02	3.30	3.85	4.40	4.95	5.50	6.04	6.87	7.69								
40	0.94	1.26	1.57	1.88	2.20	2.51	2.83	3.14	3.45	3.77	4.40	5.02	5.65	6.28	6.91	7.85	8.79								
45	1.06	1.41	1.77	2.12	2.47	2.83	3.18	3.53	3.89	4.24	4.95	5.65	6.36	7.07	7.77	8.83	9.89	10.60	11.30	12.72					
50	1.18	1.57	1.96	2.36	2.75	3.14	3.53	3.93	4.32	4.71	5.50	6.28	7.06	7.85	8.64	9.81	10.99	11.78	12.56	14.13					
55		1.73	2.16	2.59	3.02	3.45	3.89	4.32	4.75	5.18	6.04	6.91	7.77	8.64	9.50	10.79	12.09	12.95	13.82	15.54					
60		1.88	2.36	2.83	3.30	3.77	4.24	4.71	5.18	5.65	6.59	7.54	8.48	9.42	10.36	11.78	13.19	14.13	15.07	16.96	18.84	21.20			
65		2.04	2.55	3.06	3.57	4.08	4.59	5.10	5.61	6.12	7.14	8.16	9.18	10.20	11.23	12.76	14.29	15.31	16.33	18.37	20.41	22.96			
70		2.20	2.75	3.30	3.85	4.40	4.95	5.50	6.04	6.59	7.69	8.79	9.89	10.99	12.09	13.74	15.39	16.49	17.58	19.78	21.98	24.73			
75		2.36	2.94	3.53	4.12	4.71	5.30	5.89	6.48	7.07	8.24	9.42	10.60	11.78	12.95	14.72	16.48	17.66	18.84	21.20	23.55	26.49			
80		2.51	3.14	3.77	4.40	5.02	5.65	6.28	6.91	7.54	8.79	10.05	11.30	12.56	13.82	15.70	17.58	18.84	20.10	22.61	25.12	28.26	31.40	35.17	
85			3.34	4.00	4.67	5.34	6.01	6.67	7.34	8.01	9.34	10.68	12.01	13.34	14.68	16.68	18.68	20.02	21.35	24.02	26.69	30.03	33.36	37.37	40.04
90			3.53	4.24	4.95	5.65	6.36	7.07	7.77	8.48	9.89	11.30	12.72	14.13	15.54	17.66	19.78	21.20	22.61	25.43	28.26	31.79	35.32	39.56	42.39
95			3.73	4.47	5.22	5.97	6.71	7.46	8.20	8.95	10.44	11.93	13.42	14.92	16.41	18.64	20.88	22.37	23.86	26.85	29.83	33.56	37.29	41.76	44.74
100			3.92	4.71	5.50	6.28	7.06	7.85	8.64	9.42	10.99	12.56	14.13	15.70	17.27	19.62	21.98	23.55	25.12	28.26	31.40	35.32	39.25	43.96	47.10
105			4.12	4.95	5.77	6.59	7.42	8.24	9.07	9.89	11.54	13.19	14.84	16.48	18.13	20.61	23.08	24.73	26.38	29.67	32.97	37.09	41.21	40.16	49.46
110			4.32	5.18	6.04	6.91	7.77	8.64	9.50	10.36	12.09	13.82	15.54	17.27	19.00	21.59	24.18	25.90	27.63	31.09	34.54	38.86	43.18	48.36	51.81
120			4.71	5.65	6.59	7.54	8.48	9.42	10.36	11.30	13.19	15.07	16.96	18.84	20.72	23.55	26.38	28.26	30.14	33.91	37.68	42.39	47.10	52.75	56.52
125				5.89	6.87	7.85	8.83	9.81	10.79	11.78	13.74	15.70	17.66	19.62	21.58	24.53	27.48	29.44	31.40	35.32	39.25	44.16	49.06	54.95	58.88
130				6.12	7.14	8.16	9.18	10.20	11.23	12.25	14.29	16.33	18.37	20.41	22.45	25.51	28.57	30.62	32.66	36.74	40.82	45.92	51.02	57.15	61.23
140					7.69	8.79	9.89	10.99	12.09	13.19	15.39	17.58	19.78	21.98	24.18	27.48	30.77	32.97	35.17	39.56	43.96	49.46	54.95	61.54	65.94
150					8.24	9.42	10.60	11.78	12.95	14.13	16.48	18.84	21.20	23.55	25.90	29.44	32.97	35.32	37.68	42.39	47.10	52.99	58.88	65.94	70.65
160					8.79	10.05	11.30	12.56	13.82	15.07	17.58	20.10	22.61	25.12	27.63	31.40	35.17	37.68	40.19	45.22	50.24	56.52	62.80	70.34	75.36
180					9.89	11.30	12.72	14.13	15.54	16.96	19.78	22.61	25.43	28.26	31.09	35.32	39.56	42.39	45.22	50.87	56.52	63.58	70.65	79.13	84.78
200					10.99	12.56	14.13	15.70	17.27	18.84	21.98	25.12	28.26	31.40	34.54	39.25	43.96	47.10	50.24	56.52	62.80	70.65	78.50	87.92	94.20

注：1. 表中的粗线用以划分扁钢的组别

1 组——理论质量≤19kg/m；

2 组——理论质量>19kg/m。

2. 表中的理论质量按密度 7.85g/cm³ 计算。

表 3-1-73　　热轧工具钢扁钢的尺寸及理论质量

公称宽度 b /mm	扁钢公称厚度 t/mm																					
	4	6	8	10	13	16	18	20	23	25	28	32	36	40	45	50	56	63	71	80	90	100
	理论质量/(kg/m)																					
10	0.31	0.47	0.63																			
13	0.40	0.57	0.75	0.94																		
16	0.50	0.75	1.00	1.26	1.51																	
20	0.63	0.94	1.26	1.57	1.88	2.51	2.83															
25	0.78	1.18	1.57	1.96	2.36	3.14	3.53	3.93	4.32													
32	1.00	1.51	2.01	2.55	3.01	4.02	4.52	5.02	5.53	6.28	7.03											
40	1.26	1.88	2.51	3.14	3.77	5.02	5.65	6.28	6.91	7.85	8.79	10.05	11.30									
50	1.57	2.36	3.14	3.93	4.71	6.28	7.06	7.85	8.64	9.81	10.99	12.56	14.13	15.70	17.66							
63	1.98	2.91	3.96	4.95	5.93	7.91	8.90	9.89	10.88	12.36	13.85	15.83	17.80	19.78	22.25	24.73	27.69					
71	2.23	3.34	4.46	5.57	6.69	8.92	10.03	11.15	12.26	13.93	15.61	17.84	20.06	22.29	25.08	27.87	31.21	35.11				
80	2.51	3.77	5.02	6.28	7.54	10.05	11.30	12.56	13.82	15.70	17.58	20.10	22.61	25.12	28.26	31.40	35.17	39.56	44.59			
90	2.83	4.24	5.65	7.07	8.48	11.30	12.72	14.13	15.54	17.66	19.78	22.61	25.43	28.26	31.79	35.32	39.56	44.51	50.16	56.52		
100	3.14	4.71	6.28	7.85	9.42	12.56	14.13	15.70	17.27	19.62	21.98	25.12	28.26	31.40	35.32	39.25	43.96	49.46	55.74	62.80	70.65	
112	3.52	5.28	7.03	8.79	10.55	14.07	15.83	17.58	19.34	21.98	24.62	28.13	31.65	35.17	39.56	43.96	49.24	55.39	62.42	70.34	79.13	87.92
125	3.93	5.89	7.85	9.81	11.78	15.70	17.66	19.62	21.58	24.53	27.48	31.40	35.32	39.25	44.16	49.06	54.95	61.82	69.67	78.50	88.31	98.13
140	4.40	6.59	8.79	12.69	13.19	17.58	19.78	21.98	24.18	27.48	30.77	35.17	39.56	43.96	49.46	54.95	61.54	69.24	78.03	87.92	98.81	109.90
160	5.02	7.54	10.05	12.56	15.07	20.10	22.61	25.12	27.63	31.40	35.17	40.19	45.22	50.24	56.52	62.80	70.34	79.13	89.18	100.48	113.04	125.60
180	5.65	8.48	11.30	14.13	16.96	22.61	25.43	28.26	31.09	35.33	39.56	45.22	50.87	56.52	63.59	70.65	79.13	89.02	100.32	113.04	127.17	141.30
200	6.28	9.42	12.56	15.70	18.84	25.12	28.26	31.40	34.54	39.25	43.96	50.24	56.52	62.80	70.65	78.50	87.92	98.91	111.47	125.60	141.30	157.00
224	7.03	10.55	14.07	17.58	21.10	28.13	31.65	35.17	38.68	43.96	49.24	56.27	63.30	70.34	79.12	87.92	98.47	110.78	124.85	140.67	158.26	175.84
250	7.85	11.78	15.70	19.63	23.55	31.40	35.33	39.25	43.18	49.06	54.95	62.80	70.65	78.50	88.31	98.13	109.90	123.64	139.34	157.00	176.63	196.25
280	8.79	13.19	17.58	21.98	26.38	35.17	39.56	43.96	48.36	54.95	61.54	70.34	79.13	87.92	98.91	109.90	123.09	138.47	156.06	175.84	197.82	219.80
310	9.73	14.60	19.47	24.34	29.20	38.94	43.80	48.67	53.54	60.84	68.14	77.87	87.61	97.34	109.51	121.68	136.28	153.31	172.78	194.68	219.02	243.35

注：表中的理论质量按密度 7.85g/cm^3 计算，对于高合金钢计算理论质量时，应采用相应牌号的密度进行计算。

弹簧扁钢尺寸（摘自 GB/T 1222—2007）

平面弹簧扁钢截面

单面双槽弹簧扁钢截面

$R \approx 1/2H$；$r=2\sim3$mm；图中列出的 R 只在孔型上控制，不作为验收条件

表 3-1-74 弹簧扁钢的外形与尺寸

mm

宽度	B	5	6	7	8	9	10	11	12	13	14	16	18	20	25	30	35	40
平面扁钢	45	×	×	×	×	×	×											
	50	×	×	×	×	×	×	×	×									
	55	×	×	×	×	×	×	×	×									
	60	×	×	×	×	×	×	×	×	×								
	70		×	×	×	×	×	×	×	×	×	×	×	×				
	75		×	×	×	×	×	×	×	×	×	×	×	×				
	80			×	×	×	×	×	×	×	×	×	×	×				
	90			×	×	×	×	×	×	×	×	×	×	×	×	×	×	×
	100			×	×	×	×	×	×	×	×	×	×	×	×	×	×	×
	110			×	×	×	×	×	×	×	×	×	×	×	×	×	×	×
	120				×	×	×	×	×	×	×	×	×	×	×	×	×	×
	140						×	×	×	×	×	×	×	×	×	×	×	×
	160						×	×	×	×	×	×	×	×	×	×	×	×
单面双槽扁钢	75				×	×	×	×		×								
	90							×		×								
厚度偏差	宽度≤50	±0.15		±0.20						—					—		—	
	宽度>50~100	±0.18		±0.25						+0.25 −0.30					—		—	
	宽度>100	±0.30		±0.35						±0.40					±0.4		±0.45	

注：1. “×”表示属于本标准的推荐规格。2. 长度为2~6m。3. 平面扁钢宽度偏差及单面双槽扁钢的尺寸偏差见原标准。4. 热轧弹簧扁钢的钢号和化学成分见原标准。

优质结构钢冷拉钢材（摘自 GB/T 3078—2008）

表 3-1-75 **钢材交货状态硬度**

牌号	交货状态硬度/HBW,不大于		牌号	交货状态硬度/HBW,不大于	
	冷拉、冷拉磨光	退火、光亮退火、高温回火或正火后回火		冷拉、冷拉磨光	退火、光亮退火、高温回火或正火后回火
10	229	179	20CrV	255	217
15	229	179	40CrVA	269	229
20	229	179	45CrVA	302	255
25	229	179	38CrSi	269	255
30	229	179	20CrMnSiA	255	217
35	241	187	25CrMnSiA	269	229
40	241	207	30CrMnSiA	269	229
45	255	229	35CrMnSiA	285	241
50	255	229	20CrMnTi	255	207
55	269	241	15CrMo	229	187
60	269	241	20CrMo	241	197
65	—	255	30CrMo	269	229
15Mn	207	163	35CrMo	269	241
20Mn	229	187	42CrMo	285	255
25Mn	241	197	20CrMnMo	269	229
30Mn	241	197	40CrMnMo	269	241
35Mn	255	207	35CrMoVA	285	255
40Mn	269	217	38CrMoAlA	269	229
45Mn	269	229	15CrA	229	179
50Mn	269	229	20Cr	229	179
60Mn	—	255	30Cr	241	187
65Mn	—	269	35Cr	269	217
20Mn2	241	197	40Cr	269	217
35Mn2	255	207	45Cr	269	229
40Mn2	269	217	20CrNi	255	207
45Mn2	269	229	40CrNi	—	255
50Mn2	285	229	45CrNi	—	269
27SiMn	255	217	12CrNi2A	269	217
35SiMn	269	229	12CrNi3A	269	229
42SiMn	—	241	20CrNi3A	269	241
20MnV	229	187	30CrNi3(A)	—	255
40B	241	207	37CrNi3A	—	269
45B	255	229	12Cr2Ni4A	—	255
50B	255	229	20Cr2Ni4A	—	269
40MnB	269	217	40CrNiMoA	—	269
45MnB	269	229	45CrNiMoVA	—	269
40MnVB	269	217	18Cr2Ni4WA	—	269
20SiMnVB	269	217	25Cr2Ni4WA	—	269

注：1. 钢材以冷拉、冷拉磨光或冷拉后热处理（退火、光亮退火、正火、高温回火、正火后回火）、或其他状态交货，必须注明，未注明者以冷拉状态交货。

2. 供热压力加工用的冷拉状态交货的钢材，50Mn2、45CrVA、35CrMnSiA、42CrMo、35CrMoVA 的布氏硬度值应符合本表规定；38CrSi、38CrMoAlA 的布氏硬度值应不大于 285HBW；其他牌号交货状态的布氏硬度值应不大于 269HBW。

第3篇

表 3-1-76 **钢材交货状态力学性能**

牌号	冷拉			退火		
	抗拉强度 R_m/(N/mm²)	断后伸长率 A/%	断面收缩率 Z/%	抗拉强度 R_m/(N/mm²)	断后伸长率 A/%	断面收缩率 Z/%
	≥			≥		
10	440	8	50	295	26	55
15	470	8	45	345	28	55
20	510	7.5	40	390	21	50
25	540	7	40	410	19	50
30	560	7	35	440	17	45
35	590	6.5	35	470	15	45
40	610	6	35	510	14	40
45	635	6	30	540	13	40
50	655	6	30	560	12	40
15Mn	490	7.5	40	390	21	50
50Mn	685	5.5	30	590	10	35
50Mn2	735	5	25	635	9	30

注：1. 本表中未列入的牌号，用热处理毛坯制成试样测定力学性能，优质碳素结构钢应符合 GB/T 699 的规定，合金结构钢应符合 GB/T 3077 的规定。本标准所有冷拉钢材的化学成分均应符合以上两标准的规定。

2. 冷拉钢材的尺寸应符合 GB/T 905—1994 的规定。磨光钢材的尺寸应符合 GB/T 3207—1988 的规定。

热轧型钢（摘自 GB/T 706—2008）

热轧等边角钢

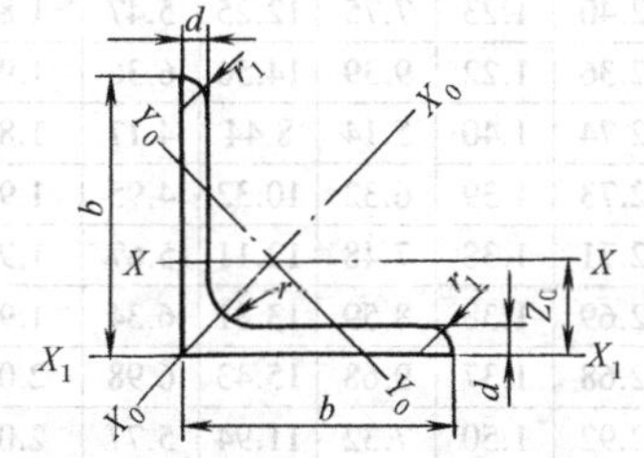

b——边宽度

d——边厚度

r——内圆弧半径

r_1——边端内圆弧半径，$r_1=\frac{1}{3}d$

I——惯性矩

W——截面系数

i——惯性半径

Z_0——质心距离

r 及 r_1 仅用于孔型设计非交货条件

表 3-1-77

型号	截面尺寸/mm			截面面积 /cm²	理论质量 /(kg/m)	外表面积 /(m²/m)	惯性矩/cm⁴				惯性半径/cm			截面模数/cm³			质心距离/cm
	b	d	r				I_x	I_{x1}	I_{x0}	I_{y0}	i_x	i_{x0}	i_{y0}	W_x	W_{x0}	W_{y0}	Z_0
2	20	3	3.5	1.132	0.889	0.078	0.40	0.81	0.63	0.17	0.59	0.75	0.39	0.29	0.45	0.20	0.60
		4		1.459	1.145	0.077	0.50	1.09	0.78	0.22	0.58	0.73	0.38	0.36	0.55	0.24	0.64
2.5	25	3		1.432	1.124	0.098	0.82	1.57	1.29	0.34	0.76	0.95	0.49	0.46	0.73	0.33	0.73
		4		1.859	1.459	0.097	1.03	2.11	1.62	0.43	0.74	0.93	0.48	0.59	0.92	0.40	0.76
3.0	30	3		1.749	1.373	0.117	1.46	2.71	2.31	0.61	0.91	1.15	0.59	0.68	1.09	0.51	0.85
		4		2.276	1.786	0.117	1.84	3.63	2.92	0.77	0.90	1.13	0.58	0.87	1.37	0.62	0.89
3.6	36	3	4.5	2.109	1.656	0.141	2.58	4.68	4.09	1.07	1.11	1.39	0.71	0.99	1.61	0.76	1.00
		4		2.756	2.163	0.141	3.29	6.25	5.22	1.37	1.09	1.38	0.70	1.28	2.05	0.93	1.04
		5		3.382	2.654	0.141	3.95	7.84	6.24	1.65	1.08	1.36	0.70	1.56	2.45	1.00	1.07
4	40	3		2.359	1.852	0.157	3.59	6.41	5.69	1.49	1.23	1.55	0.79	1.23	2.01	0.96	1.09
		4		3.086	2.422	0.157	4.60	8.56	7.29	1.91	1.22	1.54	0.79	1.60	2.58	1.19	1.13
		5		3.791	2.976	0.156	5.53	10.74	8.76	2.30	1.21	1.52	0.78	1.96	3.10	1.39	1.17
4.5	45	3	5	2.659	2.088	0.177	5.17	9.12	8.20	2.14	1.40	1.76	0.89	1.58	2.58	1.24	1.22
		4		3.486	2.736	0.177	6.65	12.18	10.56	2.75	1.38	1.74	0.89	2.05	3.32	1.54	1.26
		5		4.292	3.369	0.176	8.04	15.2	12.74	3.33	1.37	1.72	0.88	2.51	4.00	1.81	1.30
		6		5.076	3.985	0.176	9.33	18.36	14.76	3.89	1.36	1.70	0.8	2.95	4.64	2.06	1.33

续表

型号	截面尺寸/mm			截面面积/cm^2	理论质量/(kg/m)	外表面积/(m^2/m)	惯性矩/cm^4				惯性半径/cm			截面模数/cm^3			质心距离/cm
	b	d	r				I_x	I_{x1}	I_{x0}	I_{y0}	i_x	i_{x0}	i_{y0}	W_x	W_{x0}	W_{y0}	Z_0
5	50	3	5.5	2.971	2.332	0.197	7.18	12.5	11.37	2.98	1.55	1.96	1.00	1.96	3.22	1.57	1.34
		4		3.897	3.059	0.197	9.26	16.69	14.70	3.82	1.54	1.94	0.99	2.56	4.16	1.96	1.38
		5		4.803	3.770	0.196	11.21	20.90	17.79	4.64	1.53	1.92	0.98	3.13	5.03	2.31	1.42
		6		5.688	4.465	0.196	13.05	25.14	20.68	5.42	1.52	1.91	0.98	3.68	5.85	2.63	1.46
5.6	56	3	6	3.343	2.624	0.221	10.19	17.56	16.14	4.24	1.75	2.20	1.13	2.48	4.08	2.02	1.48
		4		4.390	3.446	0.220	13.18	23.43	20.92	5.46	1.73	2.18	1.11	3.24	5.28	2.52	1.53
		5		5.415	4.251	0.220	16.02	29.33	25.42	6.61	1.72	2.17	1.10	3.97	6.42	2.98	1.57
		6		6.420	5.040	0.220	18.69	35.26	29.66	7.73	1.71	2.15	1.10	4.68	7.49	3.40	1.61
		7		7.404	5.812	0.219	21.23	41.23	33.63	8.82	1.69	2.13	1.09	5.36	8.49	3.80	1.64
		8		8.367	6.568	0.219	23.63	47.24	37.37	9.89	1.68	2.11	1.09	6.03	9.44	4.16	1.68
6	60	5	6.5	5.829	4.576	0.236	19.89	36.05	31.57	8.21	1.85	2.33	1.19	4.59	7.44	3.48	1.67
		6		6.914	5.427	0.235	23.25	43.33	36.89	9.60	1.83	2.31	1.18	5.41	8.70	3.98	1.70
		7		7.977	6.262	0.235	26.44	50.65	41.92	10.96	1.82	2.29	1.17	6.21	9.88	4.45	1.74
		8		9.020	7.081	0.235	29.47	58.02	46.66	12.28	1.81	2.27	1.17	6.98	11.00	4.88	1.78
6.3	63	4	7	4.978	3.907	0.248	19.03	33.35	30.17	7.89	1.96	2.46	1.26	4.13	6.78	3.29	1.70
		5		6.143	4.822	0.248	23.17	41.73	36.77	9.57	1.94	2.45	1.25	5.08	8.25	3.90	1.74
		6		7.288	5.721	0.247	27.12	50.14	43.03	11.20	1.93	2.43	1.24	6.00	9.66	4.46	1.78
		7		8.412	6.603	0.247	30.87	58.60	48.96	12.79	1.92	2.41	1.23	6.88	10.99	4.98	1.82
		8		9.515	7.469	0.247	34.46	67.11	54.56	14.33	1.90	2.40	1.23	7.75	12.25	5.47	1.85
		10		11.657	9.151	0.246	41.09	84.31	64.85	17.33	1.88	2.36	1.22	9.39	14.56	6.36	1.93
7	70	4	8	5.570	4.372	0.275	26.39	45.74	41.80	10.99	2.18	2.74	1.40	5.14	8.44	4.17	1.86
		5		6.875	5.397	0.275	32.21	57.21	51.08	13.31	2.16	2.73	1.39	6.32	10.32	4.95	1.91
		6		8.160	6.406	0.275	37.77	68.73	59.93	15.61	2.15	2.71	1.38	7.48	12.11	5.67	1.95
		7		9.424	7.398	0.275	43.09	80.29	68.35	17.82	2.14	2.69	1.38	8.59	13.81	6.34	1.99
		8		10.667	8.373	0.274	48.17	91.92	76.37	19.98	2.12	2.68	1.37	9.68	15.43	6.98	2.03
7.5	75	5	9	7.412	5.818	0.295	39.97	70.56	63.30	16.63	2.33	2.92	1.50	7.32	11.94	5.77	2.04
		6		8.797	6.905	0.294	46.95	84.55	74.38	19.51	2.31	2.90	1.49	8.64	14.02	6.67	2.07
		7		10.160	7.976	0.294	53.57	98.71	84.96	22.18	2.30	2.89	1.48	9.93	16.02	7.44	2.11
		8		11.503	9.030	0.294	59.96	112.97	95.07	24.86	2.28	2.88	1.47	11.20	17.93	8.19	2.15
		9		12.825	10.068	0.294	66.10	127.30	104.71	27.48	2.27	2.86	1.46	12.43	19.75	8.89	2.18
		10		14.126	11.089	0.293	71.98	141.71	113.92	30.05	2.26	2.84	1.46	13.64	21.48	9.56	2.22
8	80	5		7.912	6.211	0.315	48.79	85.36	77.33	20.25	2.48	3.13	1.60	8.34	13.67	6.66	2.15
		6		9.397	7.376	0.314	57.35	102.50	90.98	23.72	2.47	3.11	1.59	9.87	16.08	7.65	2.19
		7		10.860	8.525	0.314	65.58	119.70	104.07	27.09	2.46	3.10	1.58	11.37	18.40	8.58	2.23
		8		12.303	9.658	0.314	73.49	136.97	116.60	30.39	2.44	3.08	1.57	12.83	20.61	9.46	2.27
		9		13.725	10.774	0.314	81.11	154.31	128.60	33.61	2.43	3.06	1.56	14.25	22.73	10.29	2.31
		10		15.126	11.874	0.313	88.43	171.74	140.09	36.77	2.42	3.04	1.56	15.64	24.76	11.08	2.35
9	90	6	10	10.637	8.350	0.354	82.77	145.87	131.26	34.28	2.79	3.51	1.80	12.61	20.63	9.95	2.44
		7		12.301	9.656	0.354	94.83	170.30	150.47	39.18	2.78	3.50	1.78	14.54	23.64	11.19	2.48
		8		13.944	10.946	0.353	106.47	194.80	168.97	43.97	2.76	3.48	1.78	16.42	26.55	12.35	2.52
		9		15.566	12.219	0.353	117.72	219.39	186.77	48.66	2.75	3.46	1.77	18.27	29.35	13.46	2.56
		10		17.167	13.476	0.353	128.58	244.07	203.90	53.26	2.74	3.45	1.76	20.07	32.04	14.52	2.59
		12		20.306	15.940	0.352	149.22	293.76	236.21	62.22	2.71	3.41	1.75	23.57	37.12	16.49	2.67
10	100	6	12	11.932	9.366	0.393	114.95	200.07	181.98	47.92	3.10	3.90	2.00	15.68	25.74	12.69	2.67
		7		13.796	10.830	0.393	131.86	233.54	208.97	54.74	3.09	3.89	1.99	18.10	29.55	14.26	2.71
		8		15.638	12.276	0.393	148.24	267.09	235.07	61.41	3.08	3.88	1.98	20.47	33.24	15.75	2.76
		9		17.462	13.708	0.392	164.12	300.73	260.30	67.95	3.07	3.86	1.97	22.79	36.81	17.18	2.80
		10		19.261	15.120	0.392	179.51	334.48	284.68	74.35	3.05	3.84	1.96	25.06	40.26	18.54	2.84

续表

型号	截面尺寸/mm			截面面积/cm^2	理论质量/(kg/m)	外表面积/(m^2/m)	惯性矩/cm^4				惯性半径/cm			截面模数/cm^3			质心距离/cm
	b	d	r				I_x	I_{x1}	I_{x0}	I_{y0}	i_x	i_{x0}	i_{y0}	W_x	W_{x0}	W_{y0}	Z_0
10	100	12	12	22.800	17.898	0.391	208.90	402.34	330.95	86.84	3.03	3.81	1.95	29.48	46.80	21.08	2.91
		14		26.256	20.611	0.391	236.53	470.75	374.06	99.00	3.00	3.77	1.94	33.73	52.90	23.44	2.99
		16		29.627	23.257	0.390	262.53	539.80	414.16	110.89	2.98	3.74	1.94	37.82	58.57	25.63	3.06
11	110	7	12	15.196	11.928	0.433	177.16	310.64	280.94	73.38	3.41	4.30	2.20	22.05	36.12	17.51	2.96
		8		17.238	13.535	0.433	199.46	355.20	316.49	82.42	3.40	4.28	2.19	24.95	40.69	19.39	3.01
		10		21.261	16.690	0.432	242.19	444.65	384.39	99.98	3.38	4.25	2.17	30.60	49.42	22.91	3.09
		12		25.200	19.782	0.431	282.55	534.60	448.17	116.93	3.35	4.22	2.15	36.05	57.62	26.15	3.16
		14		29.056	22.809	0.431	320.71	625.16	508.01	133.40	3.32	4.18	2.14	41.31	65.31	29.14	3.24
12.5	125	8	14	19.750	15.504	0.492	297.03	521.01	470.89	123.16	3.88	4.88	2.50	32.52	53.28	25.86	3.37
		10		24.373	19.133	0.491	361.67	651.93	573.89	149.46	3.85	4.85	2.48	39.97	64.93	30.62	3.45
		12		28.912	22.696	0.491	423.16	783.42	671.44	174.88	3.83	4.82	2.46	41.17	75.96	35.03	3.53
		14		33.367	26.193	0.490	481.65	915.61	763.73	199.57	3.80	4.78	2.45	54.16	86.41	39.13	3.61
		16		37.739	29.625	0.489	537.31	1048.62	850.98	223.65	3.77	4.75	2.43	60.93	96.28	42.96	3.68
14	140	10		27.373	21.488	0.551	514.65	915.11	817.27	212.04	4.34	5.46	2.78	50.58	82.56	39.20	3.82
		12		32.512	25.522	0.551	603.68	1099.28	958.79	248.57	4.31	5.43	2.76	59.80	96.85	45.02	3.90
		14		37.567	29.490	0.550	688.81	1284.22	1093.56	284.06	4.28	5.40	2.75	68.75	110.47	50.45	3.98
		16		42.539	33.393	0.549	770.24	1470.07	1221.81	318.67	4.26	5.36	2.74	77.46	123.42	55.55	4.06
15	150	8		23.750	18.644	0.592	521.37	899.55	827.49	215.25	4.69	5.90	3.01	47.36	78.02	38.14	3.99
		10		29.373	23.058	0.591	637.50	1125.09	1012.79	262.21	4.66	5.87	2.99	58.35	95.49	45.51	4.08
		12		34.912	27.406	0.591	748.85	1351.26	1189.97	307.73	4.63	5.84	2.97	69.04	112.19	52.38	4.15
		14		40.367	31.688	0.590	855.64	1578.25	1359.30	351.98	4.60	5.80	2.95	79.45	128.16	58.83	4.23
		15		43.063	33.804	0.590	907.39	1692.10	1441.09	373.69	4.59	5.78	2.95	84.56	135.87	61.90	4.27
		16		45.739	35.905	0.589	958.08	1806.21	1521.02	395.14	4.58	5.77	2.94	89.59	143.40	64.89	4.31
16	160	10	16	31.502	24.729	0.630	779.53	1365.33	1237.30	321.76	4.98	6.27	3.20	66.70	109.36	52.76	4.31
		12		37.441	29.391	0.630	916.58	1639.57	1455.68	377.49	4.95	6.24	3.18	78.98	128.67	60.74	4.39
		14		43.296	33.987	0.629	1048.36	1914.68	1665.02	431.70	4.92	6.20	3.16	90.95	147.17	68.24	4.47
		16		49.067	38.518	0.629	1175.08	2190.82	1865.57	484.59	4.89	6.17	3.14	102.63	164.89	75.31	4.55
18	180	12		42.241	33.159	0.710	1321.35	2332.80	2100.10	542.61	5.59	7.05	3.58	100.82	165.00	78.41	4.89
		14		48.896	38.383	0.709	1514.48	2723.48	2407.42	621.53	5.56	7.02	3.56	116.25	189.14	88.38	4.97
		16		55.467	43.542	0.709	1700.99	3115.29	2703.37	698.60	5.54	6.98	3.35	131.13	212.40	97.83	5.05
		18		61.055	48.634	0.708	1875.12	3502.43	2988.24	762.01	5.50	6.94	3.51	145.64	234.78	105.14	5.13
20	200	14	18	54.642	42.894	0.788	2103.55	3754.10	3343.26	863.83	5.20	7.82	3.98	144.70	236.40	111.82	5.46
		16		62.013	48.680	0.788	2366.15	4270.39	3760.89	971.41	6.18	7.79	3.96	163.65	265.93	123.96	5.54
		18		69.301	54.401	0.787	2620.64	4808.13	4164.54	1076.74	6.15	7.75	3.94	182.22	294.48	135.52	5.62
		20		76.505	60.056	0.787	2867.30	5347.51	4554.55	1180.04	6.12	7.72	3.93	200.42	322.06	146.55	5.69
		24		90.661	71.168	0.785	3338.25	6457.16	5294.97	1381.53	6.07	7.64	3.90	236.17	374.41	166.65	5.87
22	220	16	21	68.664	53.901	0.866	3187.36	5681.62	5063.73	1310.99	6.81	8.59	4.37	199.55	325.51	153.81	6.03
		18		76.752	60.250	0.866	3534.30	6395.93	5615.32	1453.27	6.79	8.55	4.35	222.37	360.97	168.29	5.11
		20		84.756	66.533	0.865	3871.49	7112.04	6150.08	1592.90	6.76	8.52	4.34	244.77	395.34	182.16	6.18
		22		92.676	72.751	0.865	4199.23	7830.19	6668.37	1730.10	6.73	8.48	4.32	266.78	428.66	195.45	6.25
		24		100.512	78.902	0.864	4517.83	8550.57	7170.55	1865.11	6.70	8.45	4.31	288.39	460.94	208.21	6.33
		26		108.264	84.987	0.864	4827.58	9273.39	7656.98	1998.17	6.68	8.41	4.30	309.62	492.21	220.49	6.41
25	250	18	24	87.842	68.956	0.985	5268.22	9379.11	8369.04	2167.41	7.74	9.76	4.97	290.12	473.42	224.03	6.84
		20		97.045	76.180	0.984	5779.34	10426.97	9181.94	2376.74	7.72	9.73	4.95	319.66	519.41	242.85	6.92
		24		115.201	90.433	0.983	6763.93	12529.74	10742.67	2785.19	7.66	9.66	4.92	377.34	607.70	278.38	7.07
		26		124.154	97.461	0.982	7238.08	13585.18	11491.33	2984.84	7.63	9.62	4.90	405.50	650.05	295.19	7.15
		28		133.022	104.422	0.982	7700.60	14643.62	12219.39	3181.81	7.61	9.58	4.89	433.22	691.23	311.42	7.22
		30		141.807	111.318	0.981	8151.80	15705.30	12927.26	3376.34	7.58	9.55	4.88	460.51	731.28	327.12	7.30
		32		150.508	118.149	0.981	8592.01	16770.41	13615.32	3568.71	7.56	9.51	4.87	487.39	770.20	342.33	7.37
		35		163.402	128.271	0.980	9232.44	18374.95	14611.16	3853.72	7.52	9.46	4.86	526.97	826.53	364.30	7.48

注：1. 角钢的通常长度为4~19m。

2. 轧制钢号和力学性能，通常为碳素结构钢，应符合GB/T 700或GB/T 1591的规定。

3. 型钢以热轧状态交货。

热轧不等边角钢

B——长边宽度
I——惯性矩
b——短边宽度
W——截面系数
d——边厚度
i——惯性半径
r——内圆弧半径
X_0——质心距离
r_1——边端内圆弧半径，$r_1=\frac{1}{3}d$
Y_0——质心距离
r 及 r_1 仅用于孔型设计不做交货条件

表 3-1-78

型号	截面尺寸/mm				截面面积/cm²	理论质量/(kg/m)	外表面积/(m²/m)	惯性矩/cm⁴					惯性半径/cm			截面模数/cm³			tanα	质心距离/cm	
	B	b	d	r				I_x	I_{x1}	I_y	I_{y1}	I_u	i_x	i_y	i_u	W_x	W_y	W_u		X_0	Y_0
2.5/1.6	25	16	3	3.5	1.162	0.912	0.080	0.70	1.56	0.22	0.43	0.14	0.78	0.44	0.34	0.43	0.19	0.16	0.392	0.42	0.86
			4		1.499	1.176	0.079	0.88	2.09	0.27	0.59	0.17	0.77	0.43	0.34	0.55	0.24	0.20	0.381	0.46	1.86
3.2/2	32	20	3		1.492	1.171	0.102	1.53	3.27	0.46	0.82	0.28	1.01	0.55	0.43	0.72	0.30	0.25	0.382	0.49	0.90
			4		1.939	1.522	0.101	1.93	4.37	0.57	1.12	0.35	1.00	0.54	0.42	0.93	0.39	0.32	0.374	0.53	1.08
4/2.5	40	25	3	4	1.890	1.484	0.127	3.08	5.39	0.93	1.59	0.56	1.28	0.70	0.54	1.15	0.49	0.40	0.385	0.59	1.12
			4		2.467	1.936	0.127	3.93	8.53	1.18	2.14	0.71	1.36	0.69	0.54	1.49	0.63	0.52	0.381	0.63	1.32
4.5/2.8	45	28	3	5	2.149	1.687	0.143	4.45	9.10	1.34	2.23	0.80	1.44	0.79	0.61	1.47	0.62	0.51	0.383	0.64	1.37
			4		2.806	2.203	0.143	5.69	12.13	1.70	3.00	1.02	1.42	0.78	0.60	1.91	0.80	0.66	0.380	0.68	1.47
5/3.2	50	32	3	5.5	2.431	1.908	0.161	6.24	12.49	2.02	3.31	1.20	1.60	0.91	0.70	1.84	0.82	0.68	0.404	0.73	1.51
			4		3.177	2.494	0.160	8.02	16.65	2.58	4.45	1.53	1.59	0.90	0.69	2.39	1.06	0.87	0.402	0.77	1.60
5.6/3.6	56	36	3	6	2.743	2.153	0.181	8.88	17.54	2.92	4.70	1.73	1.80	1.03	0.79	2.32	1.05	0.87	0.408	0.80	1.65
			4		3.590	2.818	0.180	11.45	23.39	3.76	6.33	2.23	1.79	1.02	0.79	3.03	1.37	1.13	0.408	0.85	1.78
			5		4.415	3.466	0.180	13.86	29.25	4.49	7.94	2.67	1.77	1.01	0.78	3.71	1.65	1.36	0.404	0.88	1.82
6.3/4	63	40	4	7	4.058	3.185	0.202	16.49	33.30	5.23	8.63	3.12	2.02	1.14	0.88	3.87	1.70	1.40	0.398	0.92	1.87
			5		4.993	3.920	0.202	20.02	41.63	6.31	10.86	3.76	2.00	1.12	0.87	4.74	2.07	1.71	0.396	0.95	2.04
			6		5.908	4.638	0.201	23.36	49.98	7.29	13.12	4.34	1.96	1.11	0.86	5.59	2.43	1.99	0.393	0.99	2.08
			7		6.802	5.339	0.201	26.53	58.07	8.24	15.47	4.97	1.98	1.10	0.86	6.40	2.78	2.29	0.389	1.03	2.12

续表

型号	截面尺寸/mm				截面面积/cm²	理论质量/(kg/m)	外表面积/(m²/m)	惯性矩/cm⁴					惯性半径/cm			截面模数/cm³			tanα	质心距离/cm	
	B	b	d	r				I_x	I_{x1}	I_y	I_{y1}	I_u	i_x	i_y	i_u	W_x	W_y	W_u		X_0	Y_0
7/4.5	70	45	4	7.5	4.547	3.570	0.226	23.17	45.92	7.55	12.26	4.40	2.26	1.29	0.98	4.86	2.17	1.77	0.410	1.02	2.15
			5		5.609	4.403	0.225	27.95	57.10	9.13	15.39	5.40	2.23	1.28	0.98	5.92	2.65	2.19	0.407	1.06	2.24
			6		6.647	5.218	0.225	32.54	68.35	10.62	18.58	6.35	2.21	1.26	0.98	6.95	3.12	2.59	0.404	1.09	2.28
			7		7.657	6.011	0.225	37.22	79.99	12.01	21.84	7.16	2.20	1.25	0.97	8.03	3.57	2.94	0.402	1.13	2.32
7.5/5	75	50	5	8	6.125	4.808	0.245	34.86	70.00	12.61	21.04	7.41	2.39	1.44	1.10	6.83	3.30	2.74	0.435	1.17	2.36
			6		7.260	5.699	0.245	41.12	84.30	14.70	25.37	8.54	2.38	1.42	1.08	8.12	3.88	3.19	0.435	1.21	2.40
			8		9.467	7.431	0.244	52.39	112.50	18.53	34.23	10.87	2.35	1.40	1.07	10.52	4.99	4.10	0.429	1.29	2.44
			10		11.590	9.098	0.244	62.71	140.80	21.96	43.43	13.10	2.33	1.38	1.06	12.79	6.04	4.99	0.423	1.36	2.52
8/5	80	50	5		6.375	5.005	0.255	41.96	85.21	12.82	21.06	7.66	2.56	1.42	1.10	7.78	3.32	2.74	0.388	1.14	2.60
			6		7.560	5.935	0.255	49.49	102.53	14.95	25.41	8.85	2.56	1.41	1.08	9.25	3.91	3.20	0.387	1.18	2.65
			7		8.724	6.848	0.255	56.16	119.33	46.96	29.82	10.18	2.54	1.39	1.08	10.58	4.48	3.70	0.384	1.21	2.69
			8		9.867	7.745	0.254	62.83	136.41	18.85	34.32	11.38	2.52	1.38	1.07	11.92	5.03	4.16	0.381	1.25	2.73
9/5.6	90	56	5	9	7.212	5.661	0.287	60.45	121.32	18.32	29.53	10.98	2.90	1.59	1.23	9.92	4.21	3.49	0.385	1.25	2.91
			6		8.557	6.717	0.286	71.03	145.59	21.42	35.58	12.90	2.88	1.58	1.23	11.74	4.96	4.13	0.384	1.29	2.95
			7		9.880	7.756	0.285	81.01	169.60	24.36	41.71	14.67	2.86	1.57	1.22	13.49	5.70	4.72	0.382	1.33	3.00
			8		11.183	8.779	0.286	91.03	194.17	27.15	47.93	16.34	2.85	1.56	1.21	15.27	6.41	5.29	0.380	1.36	3.04
10/6.3	100	63	6	10	9.617	7.550	0.320	99.06	199.71	30.94	50.50	18.42	3.21	1.79	1.38	14.64	6.35	5.25	0.394	1.43	3.24
			7		11.111	8.722	0.320	113.45	233.00	35.26	59.14	21.00	3.20	1.78	1.38	16.88	7.29	6.02	0.394	1.47	3.28
			8		12.534	9.878	0.319	127.37	266.32	39.39	67.88	23.50	3.18	1.77	1.37	19.08	8.21	6.78	0.391	1.50	3.32
			10		15.467	12.142	0.319	153.81	333.06	47.12	85.73	28.33	3.15	1.74	1.35	23.32	9.98	8.24	0.387	1.58	3.40
10/8	100	80	6		10.637	8.350	0.354	107.04	199.83	61.24	102.68	31.65	3.17	2.40	1.72	15.19	10.16	8.37	0.627	1.97	2.95
			7		12.301	9.656	0.354	122.73	233.20	70.08	119.98	36.17	3.16	2.39	1.72	17.52	11.71	9.60	0.626	2.01	3.0
			8		13.944	10.946	0.353	137.92	266.61	78.58	137.37	40.58	3.14	2.37	1.71	19.81	13.21	10.80	0.625	2.05	3.04
			10		17.167	13.476	0.353	166.87	333.63	94.65	172.48	49.10	3.12	2.35	1.69	24.24	16.12	13.12	0.622	2.13	3.12
11/7	110	70	6	10	10.637	8.350	0.354	133.37	265.78	42.92	69.08	25.36	3.54	2.01	1.54	17.85	7.90	6.53	0.403	1.57	3.53
			7		12.301	9.656	0.354	153.00	310.07	49.01	80.82	28.95	3.53	2.00	1.53	20.60	9.09	7.50	0.402	1.61	3.57
			8		13.944	10.946	0.353	172.04	354.39	54.87	92.70	32.45	3.51	1.98	1.53	23.30	10.25	8.45	0.401	1.65	3.62
			10		17.167	13.476	0.353	208.39	443.13	65.88	116.83	39.20	3.48	1.96	1.51	28.54	12.48	10.29	0.397	1.72	3.70
12.5/8	125	890	7	11	14.096	11.066	0.403	227.98	454.99	74.42	120.32	43.81	4.02	2.30	1.76	26.86	12.01	9.92	0.408	1.80	4.01
			8		15.989	12.551	0.403	256.77	519.99	83.49	137.85	49.15	4.01	2.28	1.75	30.41	13.56	11.18	0.407	1.84	4.06
			10		19.712	15.474	0.402	312.04	650.09	100.67	173.40	59.45	3.98	2.26	1.74	37.33	16.56	13.64	0.404	1.92	4.14
			12		23.351	18.330	0.402	364.41	780.39	116.67	209.67	69.35	3.95	2.24	1.72	44.01	19.43	16.01	0.400	2.00	4.22

续表

型号	截面尺寸/mm				截面面积/cm^2	理论质量/(kg/m)	外表面积/(m^2/m)	惯性矩/cm^4					惯性半径/cm			截面模数/cm^3			tanα	质心距离/cm	
	B	b	d	r				I_x	I_{x1}	I_y	I_{y1}	I_u	i_x	i_y	i_u	W_x	W_y	W_u		X_0	Y_0
14/9	140	90	8	12	18.038	14.160	0.453	365.64	730.53	120.69	195.79	70.83	4.50	2.59	1.98	38.48	17.34	14.31	0.411	2.04	4.50
			10		22.261	17.475	0.452	445.50	913.20	140.03	245.92	85.82	4.47	2.56	1.96	47.31	21.22	17.48	0.409	2.12	4.58
			12		26.400	20.724	0.451	521.59	1096.09	169.79	296.89	100.21	4.44	2.54	1.95	55.87	24.95	20.54	0.406	2.19	4.66
			14		30.456	23.908	0.451	594.10	1279.26	192.10	348.82	114.13	4.42	2.51	1.94	64.18	28.54	23.52	0.403	2.27	4.74
15/9	150	90	8		18.839	14.788	0.473	442.05	898.35	122.80	195.96	74.14	4.84	2.55	1.98	43.86	17.47	14.48	0.364	1.97	4.92
			10		23.261	18.260	0.472	539.24	1122.85	148.62	246.26	89.86	4.81	2.53	1.97	53.97	21.38	17.69	0.362	2.05	5.01
			12		27.600	21.666	0.471	632.08	1347.50	172.85	297.46	104.95	4.79	2.50	1.95	63.79	25.14	20.80	0.359	2.12	5.09
			14		31.856	25.007	0.471	720.77	1572.38	195.62	349.74	119.53	4.76	2.48	1.94	73.33	28.77	23.84	0.356	2.20	5.17
			15		33.952	26.652	0.471	763.62	1684.93	206.50	376.33	126.67	4.74	2.47	1.93	77.99	30.53	25.33	0.354	2.24	5.21
			16		36.027	28.281	0.470	805.51	1797.55	217.07	403.24	133.72	4.73	2.45	1.93	82.60	32.27	26.82	0.352	2.27	5.25
16/10	160	100	10	13	25.315	19.872	0.512	668.69	1362.89	205.03	336.59	121.74	5.14	2.85	2.19	62.13	26.56	21.92	0.390	2.28	5.24
			12		30.054	23.592	0.511	784.91	1635.56	239.06	405.94	142.33	5.11	2.82	2.17	73.49	31.28	25.79	0.388	2.36	5.32
			14		34.709	27.247	0.510	896.30	1908.50	271.20	476.42	162.23	5.08	2.80	2.16	84.56	35.83	29.56	0.385	0.43	5.40
			16		29.281	30.835	0.510	1003.04	2181.79	301.60	548.22	182.57	5.05	2.77	2.16	95.33	40.24	33.44	0.382	2.51	5.48
18/11	180	110	10	14	28.373	22.273	0.571	956.25	1940.40	278.11	447.22	166.50	5.80	3.13	2.42	78.96	32.49	26.88	0.376	2.44	5.89
			12		33.712	26.440	0.571	1124.72	2328.38	325.03	538.94	194.87	5.78	3.10	2.40	93.53	38.32	31.66	0.374	2.52	5.98
			14		38.967	30.589	0.570	1286.91	2716.60	369.55	631.95	222.30	5.75	3.08	2.39	107.76	43.97	36.32	0.372	2.59	6.06
			16		44.139	34.649	0.569	1.443.06	3105.15	411.85	726.46	248.94	5.72	3.06	2.38	121.64	49.44	40.87	0.369	2.67	6.14
20/12.5	200	125	12		37.912	29.761	0.641	1570.90	3193.85	483.16	787.74	285.79	6.44	3.57	2.74	116.73	49.99	41.23	0.392	2.83	6.54
			14		43.687	34.436	0.640	1800.97	3726.17	550.83	922.47	326.58	6.41	3.54	2.73	134.55	57.44	47.34	0.390	2.91	6.62
			16		49.739	39.045	0.639	2023.35	4258.88	615.44	1058.86	366.21	6.38	3.52	2.71	152.18	64.89	53.32	0.388	2.99	6.70
			18		55.526	43.588	0.639	2238.30	4792.00	677.19	1197.13	404.83	6.35	3.49	2.70	169.33	71.74	59.18	0.385	3.06	6.78

注：见表 3-1-77 注。

表 3-1-79

热轧槽钢

h——高度
b——腿宽度
d——腰厚度
t——平均腿厚度
r——内圆弧半径
r_1——腿端圆弧半径
I——惯性矩
W——截面系数
i——惯性半径
Z_0——Y-Y 与 Y_1-Y_1 轴线间距离
r、r_1 仅用于孔型设计，不做交货条件

型号	截面尺寸/mm						截面面积/cm^2	理论质量/(kg/m)	惯性矩/cm^4			惯性半径/cm		截面模数/cm^3		质心距离/cm
	h	b	d	t	r	r_1			I_x	I_y	I_{y1}	i_x	i_y	W_x	W_y	Z_0
5	50	37	4.5	7.0	7.0	3.5	6.928	5.438	26.0	8.30	20.9	1.94	1.10	10.4	3.55	1.35
6.3	63	40	4.8	7.5	7.5	3.8	8.451	6.634	50.8	11.9	28.4	2.45	1.19	16.1	4.50	1.36
6.5	65	40	4.3	7.5	7.5	3.8	8.547	6.709	55.2	12.0	28.3	2.54	1.19	17.0	4.59	1.38
8	80	43	5.0	8.0	8.0	4.0	10.248	8.045	101	16.6	37.4	3.15	1.27	25.3	5.79	1.43
10	100	48	5.3	8.5	8.5	4.2	12.748	10.007	198	25.6	54.9	3.95	1.41	39.7	7.80	1.52
12	120	53	5.5	9.0	9.0	4.5	15.362	12.059	346	37.4	77.7	4.75	1.56	57.7	10.2	1.62
12.6	126	53	5.5	9.0	9.0	4.5	15.692	12.318	391	38.0	77.1	4.95	1.57	62.1	10.2	1.59
14a	140	58	6.0	9.5	9.5	4.8	18.516	14.535	564	53.2	107	5.52	1.70	80.5	13.0	1.71
14b		60	8.0				21.316	16.733	609	61.1	121	5.35	1.69	87.1	14.1	1.67
16a	160	63	6.5	10.0	10.0	5.0	21.962	17.24	866	73.3	144	6.28	1.83	108	16.3	1.80
16b		65	8.5				25.162	19.752	935	83.4	161	6.10	1.82	117	17.6	1.75
18a	180	68	7.0	10.5	10.5	5.2	25.699	20.174	1270	98.6	190	7.04	1.96	141	20.0	1.88
18b		70	9.0				29.299	23.000	1370	111	210	6.84	1.95	152	21.5	1.84
20a	200	73	7.0	11.0	11.0	5.5	28.837	22.637	1780	128	244	7.86	2.11	178	24.2	2.01
20b		75	9.0				32.837	25.777	1910	144	268	7.64	2.09	191	25.9	1.95
22a	220	77	7.0	11.5	11.5	5.8	31.846	24.999	2390	158	298	8.67	2.23	218	28.2	2.10
22b		79	9.0				36.246	28.453	2570	176	326	8.42	2.21	234	30.1	2.03

续表

型号	截面尺寸/mm						截面面积/cm²	理论质量/(kg/m)	惯性矩/cm⁴			惯性半径/cm		截面模数/cm³		质心距离/cm
	h	b	d	t	r	r_1			I_x	I_y	I_{y1}	i_x	i_y	W_x	W_y	Z_0
24a		78	7.0				34.217	26.860	3050	174	325	9.45	2.25	254	30.5	2.10
24b	240	80	9.0				39.017	30.628	3280	194	355	9.17	2.23	274	32.5	2.03
24c		82	11.0				43.817	34.396	3510	213	388	8.96	2.21	293	34.4	2.00
25a		78	7.0	12.0	12.0	6.0	34.917	27.410	3370	176	322	9.82	2.24	270	30.6	2.07
25b	250	80	9.0				39.917	31.335	3530	196	353	9.41	2.22	282	32.7	1.98
25c		82	11.0				44.917	35.260	3690	218	384	9.07	2.21	295	35.9	1.92
27a		82	7.5				39.284	30.838	4360	216	393	10.5	2.34	323	35.5	2.13
27b	270	84	9.5				44.684	35.077	4690	239	428	10.3	2.31	347	37.7	2.06
27c		86	11.5	12.5	12.5	6.2	50.084	39.316	5020	261	467	10.1	2.28	372	39.8	2.03
28a		82	7.5				40.034	31.427	4760	218	388	10.9	2.33	340	35.7	2.10
28b	280	84	9.5				45.634	35.823	5130	242	428	10.6	2.30	366	37.9	2.02
28c		86	11.5				51.234	40.219	5500	268	463	10.4	2.29	393	40.3	1.95
30a		85	7.5				43.902	34.463	6050	260	467	11.7	2.43	403	41.1	2.17
30b	300	87	9.5	13.5	13.5	6.8	49.902	39.173	6500	289	515	11.4	2.41	433	44.0	2.13
30c		89	11.5				55.902	43.883	6950	316	560	11.2	2.38	463	46.4	2.09
32a		88	8.0				48.513	38.083	7600	305	552	12.5	2.50	475	46.5	2.24
32b	320	90	10.0	14.0	14.0	7.0	54.913	43.107	8140	336	593	12.2	2.47	509	49.2	2.16
32c		92	12.0				61.313	48.131	8690	374	643	11.9	2.47	543	52.6	2.09
36a		96	9.0				60.910	47.814	11900	455	818	14.0	2.73	660	63.5	2.44
36b	360	98	11.0	16.0	16.0	8.0	68.110	53.466	12700	497	880	13.6	2.70	703	66.9	2.37
36c		100	13.0				75.310	59.118	13400	536	948	13.4	2.67	746	70.0	2.34
40a		100	10.5				75.068	58.928	17600	592	1070	15.3	2.81	879	78.8	2.49
40b	400	102	12.5	18.0	18.0	9.0	83.068	65.208	18600	640	114	15.0	2.78	932	82.5	2.44
40c		104	14.5				91.068	71.488	19700	688	1220	14.7	2.75	986	86.2	2.42

注：1. 槽钢的通常长度为5~19m。

2. 见表3-1-77注2、注3。

表 3-1-80

热轧工字钢

h——高度
b——腿宽度
d——腰厚度
t——平均腿厚度
r——内圆弧半径
r、r_1仅用于孔型设计，不做交货条件

r_1——腿端圆弧半径
I——惯性矩
W——截面系数
i——惯性半径
S——半截面的静力矩

型号	截面尺寸/mm						截面面积 /cm²	理论质量 /(kg/m)	惯性矩 /cm⁴		惯性半径 /cm		截面模数 /cm³	
	h	b	d	t	r	r_1			I_x	I_y	i_x	i_y	W_x	W_y
10	100	68	4.5	7.6	6.5	3.3	14.345	11.261	245	33.0	4.14	1.52	49.0	9.72
12	120	74	5.0	8.4	7.0	3.5	17.818	13.987	436	46.9	4.95	1.62	72.7	12.7
12.6	126	74	5.0	8.4	7.0	3.5	18.118	14.223	488	46.9	5.20	1.61	77.5	12.7
14	140	80	5.5	9.1	7.5	3.8	21.516	16.890	712	64.4	5.76	1.73	102	16.1
16	160	88	6.0	9.9	8.0	4.0	26.131	20.513	1130	93.1	6.58	1.89	141	21.2
18	180	94	6.5	10.7	8.5	4.3	30.756	24.143	1660	122	7.36	2.00	185	26.0
20a	200	100	7.0	11.4	9.0	4.5	35.578	27.929	2370	158	8.15	2.12	237	31.5
20b		102	9.0				39.578	31.069	2500	169	7.96	2.06	250	33.1
22a	220	110	7.5	12.3	9.5	4.8	42.128	33.070	3400	225	8.99	2.31	309	40.9
22b		112	9.5				46.528	36.524	3570	239	8.78	2.27	325	42.7
24a	240	116	8.0	13.0	10.0	5.0	47.741	37.477	4570	280	9.77	2.42	381	48.4
24b		118	10.0				52.541	41.245	4800	297	9.57	2.38	400	50.4
25a	250	116	8.0				48.541	38.105	5020	280	10.2	2.40	402	48.3
25b		118	10.0				53.541	42.030	5280	309	9.94	2.40	423	52.4
27a	270	122	8.5	13.7	10.5	5.3	54.554	42.825	6550	345	10.9	2.51	485	56.6
27b		124	10.5				59.954	47.064	6870	366	10.7	2.47	509	58.9
28a	280	122	8.5				55.404	43.492	7110	345	11.3	2.50	508	56.6
28b		124	10.5				61.004	47.888	7480	379	11.1	2.49	534	61.2

续表

型号	截面尺寸/mm						截面面积 /cm^2	理论质量 /(kg/m)	惯性矩 /cm^4		惯性半径 /cm		截面模数 /cm^3	
	h	b	d	t	r	r_1			I_x	I_y	i_x	i_y	W_x	W_y
30a		126	9.0				61.254	48.084	8950	400	12.1	2.55	597	63.5
30b	300	128	11.0	14.4	11.0	5.5	67.254	52.794	9400	422	11.8	2.50	627	65.9
30c		130	13.0				73.254	57.504	9850	445	11.6	2.46	657	68.5
32a		130	9.5				67.156	52.717	11100	460	12.8	2.62	692	70.8
32b	320	132	11.5	15.0	11.5	5.8	73.556	57.741	11600	502	12.6	2.61	726	76.0
32c		134	13.5				79.956	62.765	12200	544	12.3	2.61	760	81.2
36a		136	10.0				76.480	60.037	15800	552	14.4	2.69	875	81.2
36b	360	138	12.0	15.8	12.0	6.0	83.680	65.689	16500	582	14.1	2.64	919	84.3
36c		140	14.0				90.880	71.341	17300	612	13.8	2.60	962	87.4
40a		142	10.5				86.112	67.598	21700	660	15.9	2.77	1090	93.2
40b	400	144	12.5	16.5	12.5	6.3	94.112	73.878	22800	692	15.6	2.71	1140	96.2
40c		146	14.5				102.112	80.158	23900	727	15.2	2.65	1190	99.6
45a		150	11.5				102.446	80.420	32200	855	17.7	2.89	1430	114
45b	450	152	13.5	18.0	13.5	6.8	111.446	87.485	33800	894	17.4	2.84	1500	118
45c		154	15.5				120.446	94.550	35300	938	17.1	2.79	1570	122
50a		158	12.0				119.304	93.654	46500	1120	19.7	3.07	1860	142
50b	500	160	14.0	20.0	14.0	7.0	129.304	101.504	48600	1170	19.4	3.01	1940	146
50c		162	16.0				139.304	109.354	50600	1220	19.0	2.96	2080	151
55a		166	12.5				134.185	105.335	62900	1370	21.6	3.19	2290	164
55b	550	168	14.5				145.185	113.970	65600	1420	21.2	3.14	2390	170
55c		170	16.5	21.0	14.5	7.3	156.185	122.605	68400	1480	20.9	3.08	2490	175
56a		166	12.5				135.435	106.316	65600	1370	22.0	3.18	2340	165
56b	560	168	14.5				146.635	115.108	68500	1490	21.6	3.16	2450	174
56c		170	16.5				157.835	123.900	71400	1560	21.3	3.16	2550	183
63a		176	13.0				154.658	121.407	93900	1700	24.5	3.31	2980	193
63b	630	178	15.0	22.0	15.0	7.5	167.258	131.298	98100	1810	24.2	3.29	3160	204
63c		180	17.0				179.858	141.189	102000	1920	23.8	3.27	3300	214

注：1. 工字钢的通常长度为5~19m。

2. 见表3-1-77注2、注3。

热轧 L 型钢

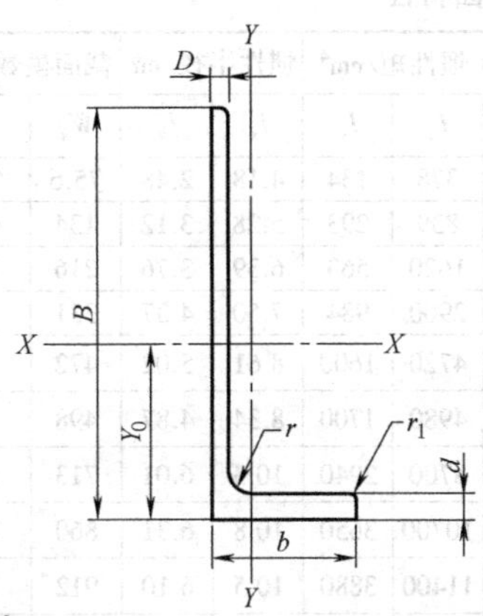

B——长边宽度

b——短边宽度

D——长边厚度

d——短边厚度

r——内圆弧半径

r_1——边端圆弧半径

Y_0——重心距离

r、r_1 仅用于孔型设计，不做交货条件

表 3-1-81

型　号	截面尺寸/mm						截面面积 /cm²	理论质量 /(kg/m)	惯性矩 I_x /cm⁴	质心距离 Y_0 /cm
	B	b	D	d	r	r_1				
L250×90×90×13	250	90	9	13	15	7.5	33.4	26.2	2190	8.64
L250×90×10.5×15			10.5	15			38.5	30.3	2510	8.76
L250×90×11.5×16			11.5	16			41.7	32.7	2710	8.90
L300×100×10.5×15	300	100	10.5	15			45.3	35.6	4290	10.6
L300×100×11.5×16			11.5	16			49.0	38.5	4630	10.7
L350×120×10.5×16	350	120	10.5	16	20	10	54.9	43.1	7110	12.0
L350×120×11.5×18			11.5	18			60.4	47.4	7780	12.0
L400×120×11.5×23	400	120	11.5	23			71.6	56.2	11900	13.3
L450×120×11.5×25	450	120	11.5	25			79.5	62.4	16800	15.1
L500×120×12.5×33	500	120	12.5	33			98.6	77.4	25500	16.5
L500×120×13.5×35			13.5	35			105.0	82.8	27100	16.6

注：1. L 型钢通常长度为 5~19m。

2. 见表 3-1-77 注 2、注 3。

热轧 H 型钢和剖分 T 型钢（摘自 GB/T 11263—2010）

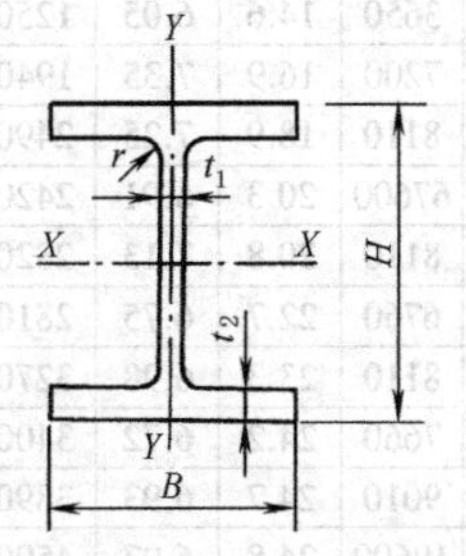

H——高度

B——宽度

t_1——腹板厚度

t_2——翼缘厚度

r——圆角半径

H 型钢和 H 型钢桩标记：H 后加高度 H×宽度 B×腹板厚度 t_1×翼缘厚度 t_2

例如：H800×300×14×26

部分 T 型钢的标记：T 后加高度 h×宽度 B×腹板厚度 t_1×翼缘厚度 t_2

例如：T207×405×18×28

表 3-1-82　　**H 型钢和 H 型钢桩**

H 型钢截面尺寸、截面面积、理论质量及截面特性

类别	型号（高度×宽度）/mm×mm	截面尺寸/mm					截面面积/cm^2	理论质量/(kg/m)	惯性矩/cm^4		惯性半径/cm		截面模数/cm^3	
		H	B	t_1	t_2	r			I_x	I_y	i_x	i_y	W_x	W_y
HW（宽翼缘型）	100×100	100	100	6	8	8	21.58	16.9	378	134	4.18	2.48	75.6	26.7
	125×125	125	125	6.5	9	8	30.00	23.6	839	293	5.28	3.12	134	46.9
	150×150	150	150	7	10	8	39.64	31.1	1620	563	6.39	3.76	216	75.1
	175×175	175	175	7.5	11	13	51.42	40.4	2900	984	7.50	4.37	331	112
	200×200	200	200	8	12	13	63.53	49.9	4720	1600	8.61	5.02	472	160
		* 200	204	12	12	13	71.53	56.2	4980	1700	8.34	4.87	498	167
	250×250	* 244	252	11	11	13	81.31	63.8	8700	2940	10.3	6.01	713	233
		250	250	9	14	13	91.43	71.8	10700	3650	10.8	6.31	860	292
		* 250	255	14	14	13	103.9	81.6	11400	3880	10.5	6.10	912	304
	300×300	* 294	302	12	12	13	106.3	83.5	16600	5510	12.5	7.20	1130	365
		* 300	300	10	15	13	118.5	93.0	20200	6750	13.1	7.55	1350	450
		* 300	305	15	15	13	133.5	105	21300	7100	12.6	7.29	1420	466
	350×350	* 338	351	13	13	13	133.3	105	27700	9380	14.4	8.38	1640	534
		* 344	348	10	16	13	144.0	113	32800	11200	15.1	8.83	1910	646
		* 344	354	16	16	13	164.7	129	34900	11800	14.6	8.48	2030	669
		350	350	12	19	13	171.9	135	39800	13600	15.2	8.88	2280	776
		* 350	357	19	19	13	196.4	154	42300	14400	14.7	8.57	2420	808
	400×400	* 388	402	15	15	22	178.5	140	49000	16300	16.6	9.54	2520	809
		* 394	398	11	18	22	186.8	147	56100	18900	17.3	10.1	2850	951
		* 394	405	18	18	22	214.4	168	59700	20000	16.7	9.64	3030	985
		400	400	13	21	22	218.7	172	66600	22400	17.5	10.1	3330	1120
		* 400	408	21	21	22	250.7	197	70900	23800	16.8	9.74	3540	1170
		* 414	405	18	28	22	295.4	232	92800	31000	17.7	10.2	4480	1530
		* 428	407	20	35	22	360.7	283	119000	39400	18.2	10.4	5570	1930
		* 458	417	30	50	22	528.6	415	187000	60500	18.8	10.7	8170	2900
		* 498	432	45	70	22	770.1	604	298000	94400	19.7	11.1	12000	4370
	500×500	* 492	465	15	20	22	258.0	202	117000	33500	21.3	11.4	4770	1440
		* 502	465	15	25	22	304.5	239	146000	41900	21.9	11.7	5810	1800
		* 502	470	20	25	22	329.6	259	151000	43300	21.4	11.5	6020	1840
HM（中翼缘型）	150×100	148	100	6	9	8	26.34	20.7	1000	150	6.16	2.38	135	30.1
	200×150	194	150	6	9	8	38.10	29.9	2630	507	8.30	3.64	271	67.6
	250×175	244	175	7	11	13	55.49	43.6	6040	984	10.4	4.21	495	112
	300×200	294	200	8	12	13	71.05	55.8	11100	1600	12.5	4.74	756	160
		* 298	201	9	14	13	82.03	64.4	13100	1900	12.6	4.80	878	189
	350×250	340	250	9	14	13	99.53	78.1	21200	3650	14.6	6.05	1250	292
	400×300	390	300	10	16	13	133.3	105	37900	7200	16.9	7.35	1940	480
	450×300	440	300	11	18	13	153.9	121	54700	8110	18.9	7.25	2490	540
	500×300	* 482	300	11	15	13	141.2	111	58300	67600	20.3	6.91	2420	450
		488	300	11	18	13	159.2	125	68900	8110	20.8	7.13	2820	540
	550×300	* 544	300	11	15	13	148.0	116	76400	6760	22.7	6.75	2810	450
		* 550	300	11	18	13	166.0	130	89800	8110	23.3	6.98	3270	540
	600×300	* 582	300	12	17	13	169.2	133	98900	7660	24.2	6.72	3400	511
		588	300	12	20	13	187.2	147	114000	9010	24.7	6.93	3890	601
		* 594	302	14	23	13	217.1	170	134000	10600	24.8	6.97	4500	700

续表

类别	型号（高度×宽度）/mm×mm	截面尺寸/mm					截面面积/cm²	理论质量/(kg/m)	惯性矩/cm⁴		惯性半径/cm		截面模数/cm³	
		H	B	t_1	t_2	r			I_x	I_y	i_x	i_y	W_x	W_y
HN（窄翼缘型）	* 100×50	100	50	5	7	8	11.84	9.30	187	14.8	3.97	1.11	37.5	5.91
	* 125×60	125	60	6	8	8	16.68	13.1	409	29.1	4.95	1.32	65.4	9.71
	150×75	150	75	5	7	8	17.84	14.0	666	49.5	6.10	1.66	88.8	13.2
	175×90	175	90	5	8	8	22.89	18.0	1210	97.5	7.25	2.06	138	21.7
	200×100	* 198	99	4.5	7	8	22.68	17.8	1540	113	8.24	2.23	156	22.9
		200	100	5.5	8	8	26.66	20.9	1810	134	8.22	2.23	181	26.7
	250×125	* 248	124	5	8	8	31.98	25.1	3450	255	10.4	2.82	278	41.1
		250	125	6	9	8	36.96	29.0	3960	294	10.4	2.81	317	47.0
	300×150	* 298	149	5.5	8	13	40.80	32.0	6320	442	12.4	3.29	424	59.3
		300	150	6.5	9	13	46.78	36.7	7210	508	12.4	3.29	481	67.7
	350×175	* 346	174	6	9	13	52.45	41.2	11000	791	14.5	3.88	638	91.0
		350	175	7	11	13	62.91	49.4	13500	984	14.6	3.95	771	112
	400×150	400	150	8	13	13	70.37	55.2	18600	734	16.3	3.22	929	97.8
	400×200	* 396	199	7	11	13	71.41	56.1	19800	1450	16.6	4.50	999	145
		400	200	8	13	13	83.37	65.4	23500	1740	16.8	4.56	1170	174
	450×150	* 446	150	7	12	13	66.99	52.6	22000	677	18.1	3.17	985	90.3
		* 450	151	8	14	13	77.49	60.8	25700	806	18.2	3.22	1140	107
	450×200	446	199	8	12	13	82.97	65.1	28100	1580	18.4	4.36	1260	159
		450	200	9	14	13	95.43	74.9	32900	1870	18.6	4.42	1460	187
	475×150	* 470	150	7	13	13	71.53	56.2	26200	733	19.1	3.20	1110	97.8
		* 475	151.5	8.5	15.5	13	86.15	67.6	31700	901	19.2	3.23	1330	119
		482	153.5	10.5	19	13	106.4	83.5	39600	1150	19.3	3.28	1640	150
	500×150	* 492	150	7	12	13	70.21	55.1	27500	677	19.8	3.10	1120	90.3
		* 500	152	9	16	13	92.21	72.4	37000	940	20.0	3.19	1480	124
		504	153	10	18	13	103.3	81.1	41900	1080	20.1	3.23	1660	141
	500×200	* 496	199	9	14	13	99.29	77.9	40800	1840	20.3	4.30	1650	185
		500	200	10	16	13	112.3	88.1	46800	2140	20.4	4.36	1870	214
		* 506	201	11	19	13	129.3	102	58500	2580	20.7	4.46	2190	257
	550×200	* 546	199	9	14	13	103.8	81.5	50800	1840	22.1	4.21	1860	185
		550	200	10	16	13	117.3	92.0	58200	2140	22.3	4.27	2120	214
	600×200	* 596	199	10	15	13	117.8	92.4	66600	1980	23.8	4.09	2240	199
		600	200	11	17	13	131.7	103	75600	2270	24.0	4.15	2520	227
		* 606	201	12	20	13	149.8	118	88300	2720	24.3	4.25	2910	270
	625×200	* 625	198.5	11.5	17.5	13	138.8	109	85000	2290	24.8	4.06	2720	231
		630	200	13	20	13	158.2	124	97900	2680	24.9	4.11	3110	268
		* 638	202	15	24	13	186.9	147	118000	3320	25.2	4.21	3710	328
	650×300	* 646	299	10	15	13	152.8	120	110000	6690	26.9	6.61	3410	447
		* 650	300	11	17	13	171.2	134	125000	7660	27.0	6.68	3850	511
		* 656	301	12	20	13	195.8	154	147000	9100	27.4	6.81	44.70	605
	700×300	* 692	300	13	20	18	207.5	163	168000	9020	28.5	6.59	4870	601
		700	300	13	24	18	231.5	182	197000	10800	29.2	6.83	5640	721

续表

类别	型号（高度×宽度）/mm×mm	截面尺寸/mm					截面面积/cm^2	理论质量/(kg/m)	惯性矩/cm^4		惯性半径/cm		截面模数/cm^3	
		H	B	t_1	t_2	r			I_x	I_y	i_x	i_y	W_x	W_y
HN（窄翼缘型）	750×300	*734	299	12	16	18	182.7	143	161000	7140	29.7	6.25	4390	478
		*742	300	13	20	18	214.0	168	197000	9020	30.4	6.49	5320	601
		*750	300	13	24	18	238.0	187	231000	10800	31.1	6.74	6150	721
		*758	303	16	28	18	284.8	224	276000	13000	31.1	6.75	7270	859
	800×300	*792	300	14	22	18	239.5	188	248000	9920	32.2	6.43	6270	661
		800	300	14	26	18	263.5	207	286000	11700	33.0	6.66	7160	781
	850×300	*834	298	14	19	18	227.5	179	251000	8400	33.2	6.07	6020	564
		*842	299	15	23	18	259.7	204	298000	10300	33.9	6.28	7080	687
		*850	300	16	27	18	292.1	229	346000	12200	34.4	6.45	8140	812
		*858	301	17	31	18	324.7	255	395000	14100	34.9	6.59	9210	939
	900×300	*890	299	15	23	18	266.9	210	339000	10300	35.6	6.20	7610	687
		900	300	16	28	18	305.8	240	404000	12600	36.4	6.42	8990	842
		*912	302	18	34	18	360.1	283	491000	15700	36.9	6.59	10800	1040
	1000×300	*970	297	16	21	18	276.0	217	393000	9210	37.8	5.77	8110	620
		*980	298	17	26	18	315.5	248	472000	11500	38.7	6.04	9630	772
		*990	298	17	31	18	345.3	271	544000	13700	39.7	6.30	11000	921
		*1000	300	19	36	18	395.1	310	634000	16300	40.1	6.41	12700	1080
		*1008	302	21	40	18	439.3	345	712000	18400	40.3	6.47	14100	1220
HT（薄壁型）	100×50	95	48	3.2	4.5	8	7.620	5.98	115	8.39	3.88	1.04	24.2	3.49
		97	49	4	5.5	8	9.370	7.36	143	10.9	3.91	1.07	29.6	4.45
	100×100	96	99	4.5	6	8	16.20	12.7	272	97.2	4.09	2.44	56.7	19.6
	125×60	118	58	3.2	4.5	8	9.250	7.26	218	14.7	4.85	1.26	37.0	5.08
		120	59	4	5.5	8	11.39	8.94	271	19.0	4.87	1.29	45.2	6.43
	125×125	119	123	4.5	6	8	20.12	15.8	532	186	5.14	3.04	89.5	30.3
	150×75	145	73	3.2	4.5	8	11.47	9.00	416	29.3	6.01	1.59	57.3	8.02
		147	74	4	5.5	8	14.12	11.1	516	37.3	6.04	1.62	70.2	10.1
	150×100	139	97	3.2	4.5	8	13.43	10.6	476	68.6	5.94	2.25	68.4	14.1
		142	99	4.5	6	8	18.27	14.3	654	97.2	5.98	2.30	92.1	19.6
	150×150	144	148	5	7	8	27.76	21.8	1090	378	6.25	3.69	151	51.1
		147	149	6	8.5	8	33.67	26.4	1350	469	6.32	3.73	183	63.0
	175×90	168	88	3.2	4.5	8	13.55	10.6	670	51.2	7.02	1.94	79.7	11.6
		171	89	4	6	8	17.58	13.8	894	70.7	7.13	2.00	105	15.9
	175×175	167	173	5	7	13	33.32	26.2	1780	605	7.30	4.26	213	69.9
		172	175	6.5	9.5	13	44.64	35.0	2470	850	7.43	4.36	287	97.1
	200×100	193	98	3.2	4.5	8	15.25	12.0	994	70.7	8.07	2.15	103	14.4
		196	99	4	6	8	19.78	15.5	1320	97.2	8.18	2.21	135	19.6

续表

类别	型号（高度×宽度）/mm×mm	截面尺寸/mm H	B	t_1	t_2	r	截面面积/cm^2	理论质量/(kg/m)	惯性矩/cm^4 I_x	I_y	惯性半径/cm i_x	i_y	截面模数/cm^3 W_x	W_y
HT（薄壁型）	200×150	188	149	4.5	6	8	26.34	20.7	1730	331	8.09	3.54	184	44.4
	200×200	192	198	6	8	13	43.69	34.3	3060	1040	8.37	4.86	319	105
	250×125	244	124	4.5	6	8	25.86	20.3	2650	191	10.1	2.71	217	30.8
	250×175	238	173	4.5	8	13	39.12	30.7	4240	691	10.4	4.20	356	79.9
	300×150	294	148	4.5	6	13	31.90	25.0	4800	325	12.3	3.19	327	43.9
	300×200	286	198	6	8	13	49.33	38.7	7360	1040	12.2	4.58	515	105
	350×175	340	173	4.5	6	13	36.97	29.0	7490	518	14.2	3.74	441	59.9
	400×150	390	148	6	8	13	47.57	37.3	11700	434	15.7	3.01	602	58.6
	400×200	390	198	6	8	13	55.57	43.6	14700	1040	16.2	4.31	752	105

类别	型号（高度×宽度）/mm×mm	截面尺寸/mm H	B	t_1	t_2	r	截面面积/cm^2	理论质量/(kg/m)	惯性矩/cm^4 I_x	I_y	惯性半径/cm i_x	i_y	截面模数/cm^3 W_x	W_y	表面面积/(m^2/m)
H型钢桩HP（桩型）	200×200	200	200	8	12	13	63.53	49.9	4720	1600	8.61	5.02	472	160	1.16
	250×250	250	250	9	14	13	91.43	71.8	10700	3650	10.8	6.31	860	292	1.46
	300×300	300	300	10	15	13	118.5	93.0	20200	6750	13.1	7.55	1350	450	1.76
	350×350	344	348	10	16	13	144.0	113	32800	11200	15.1	8.83	1910	646	2.04
		350	350	12	19	13	171.9	135	39800	13600	15.2	8.88	2280	776	2.05
	400×400	400	400	13	21	22	218.7	172	66600	22400	17.5	10.1	3330	1120	2.34
		*400	408	21	21	22	250.7	197	70900	23800	16.8	9.74	3540	1170	2.35
		*414	405	18	28	22	295.4	232	92800	31000	17.7	10.2	4480	1530	2.37
		*428	407	20	35	22	360.7	283	11900	39400	18.2	10.4	5570	1930	2.41
		*458	417	30	50	22	528.6	415	18700	60500	18.8	10.7	8170	2900	2.49
		*498	432	45	70	22	770.1	604	29800	94400	19.7	11.1	12000	4370	2.60

注：1. 表中同一型号的产品，其内侧高度尺寸一致。

2. 表中截面面积计算公式为："t_1（$H-2t_2$）$+2Bt_2+0.858r$"。

3. 表中"＊"表示的规格为市场非常用规格。

4. 型钢的牌号和化学成分及力学性能应符合 GB/T 700 或 GB 712 或 GB/T 714 或 GB/T 1591 或 GB/T 4171 或 GB/T 4172 的规定。

5. 型钢的通常长度为 12m。

6. 型钢为热轧状态交货，T 型为热轧后部分。

表 3-1-83　　工字钢与 H 型钢型号及截面特性参数对比表

工字钢型号	H 型钢型号	H 型钢与工字钢性能参数对比					
		横截面积	W_x	W_y	I_x	惯性半径	
						i_x	i_y
I10	H125×60	1.16	1.34	1.00	1.67	1.20	0.87
I12	H125×60	0.94	0.90	0.76	0.94	1.00	0.81
	H150×75	1.00	1.22	1.04	1.53	1.23	1.02
I12.6	H150×75	0.19	1.15	1.04	1.36	1.18	1.03
I14	H175×90	1.06	1.35	1.35	1.70	1.26	1.19
I16	H175×90	0.88	0.98	1.02	1.07	1.10	1.09
	H198×99	0.87	1.11	1.08	1.36	1.25	1.19
	H200×100	1.02	1.28	1.26	1.60	1.25	1.19
I18	H200×100	0.87	0.98	1.03	1.09	1.12	1.12
	H248×124	1.04	1.50	1.58	2.08	1.41	1.41
I20a	H248×124	0.90	1.17	1.30	1.46	1.28	1.33
	H250×125	1.04	1.34	1.49	1.68	1.28	1.33
I20b	H248×124	0.81	1.11	1.24	1.38	1.31	1.37
	H250×125	0.93	1.27	1.42	1.59	1.31	1.37
I22a	H250×125	0.88	1.03	1.15	1.17	1.16	1.22
	H298×149	0.97	1.37	1.45	1.86	1.38	1.42
I22b	H250×125	0.79	0.98	1.10	1.11	1.18	1.24
	H298×149	0.88	1.30	1.39	1.77	1.41	1.45
	H300×150	1.01	1.48	1.59	2.02	1.41	1.45
I24a	H298×149	0.85	1.11	1.23	1.38	1.27	1.36
I24b	H298×149	0.78	1.06	1.18	1.32	1.30	1.38
I25a	H298×149	0.84	1.05	1.23	1.26	1.22	1.37
	H300×150	0.96	1.20	1.40	1.44	1.22	1.37
I25b	H298×149	0.76	1.00	1.13	1.20	1.25	1.37
	H300×150	0.87	1.14	1.29	1.37	1.25	1.37
	H346×174	0.98	1.51	1.74	2.08	1.46	1.62
I27a	H346×174	0.96	1.32	1.61	1.68	1.33	1.33
I27b	H346×174	0.87	1.25	1.54	1.60	1.36	1.57
I28a	H346×174	0.95	1.26	1.61	1.55	1.28	1.55
I28b	H346×174	0.86	1.19	1.49	1.47	1.31	1.56
	H350×175	1.03	1.44	1.85	1.80	1.32	1.59
I30a	H350×175	1.03	1.29	1.78	1.51	1.21	1.55
I30b	H350×175	0.94	1.23	1.71	1.44	1.25	1.58
I30c	H350×175	0.86	1.17	1.65	1.37	1.27	1.61
I32a	H350×175	0.94	1.11	1.60	1.22	1.15	1.51
I32b	H350×175	0.86	1.06	1.49	1.16	1.17	1.52
	H400×150	0.96	1.28	1.29	1.60	1.29	1.24
	H396×199	0.97	1.38	1.91	1.71	1.32	1.72
I32c	H350×175	0.79	1.01	1.39	1.11	1.20	1.52
	H400×150	0.88	1.22	1.20	1.52	1.33	1.24
	H396×199	0.89	1.31	1.79	1.62	1.35	1.72
I36a	H400×150	0.92	1.06	1.20	1.18	1.13	1.20
	H396×199	0.93	1.14	1.79	1.25	1.15	1.67

工字钢型号	H 型钢型号	H 型钢与工字钢性能参数对比					
		横截面积	W_x	W_y	I_x	惯性半径	
						i_x	i_y
I36b	H400×150	0.84	1.01	1.16	1.13	1.16	1.22
	H396×199	0.85	1.09	1.72	1.20	1.18	1.70
	H400×200	1.00	1.27	2.06	1.42	1.19	1.73
	H446×199	0.99	1.37	1.89	1.70	1.30	1.65
I36c	H396×199	0.79	1.04	1.66	1.14	1.20	1.73
	H400×200	0.92	1.22	1.99	1.36	1.22	1.75
	H446×199	0.91	1.31	1.82	1.62	1.33	1.68
I40a	H400×200	0.97	1.07	1.87	1.08	1.06	1.65
	H446×199	0.96	1.16	1.71	1.29	1.16	1.57
I40b	H400×200	0.89	1.03	1.81	1.03	1.08	1.68
	H446×199	0.88	1.11	1.65	1.23	1.18	1.61
	H450×200	1.01	1.28	1.94	1.44	1.19	1.63
I40c	H400×200	0.82	0.98	1.75	0.98	1.11	1.72
	H446×199	0.81	1.06	1.60	1.18	1.21	1.65
	H450×200	0.93	1.23	1.88	1.38	1.22	1.67
I45a	H450×200	0.93	1.02	1.64	1.02	1.05	1.53
	H496×199	0.97	1.15	1.62	1.27	1.15	1.49
I45b	H450×200	0.86	0.97	1.58	0.97	1.07	1.56
	H496×199	0.89	1.10	1.57	1.21	1.17	1.52
	H500×200	1.01	1.25	1.81	1.38	1.17	1.54
I45c	H450×200	0.79	0.93	1.53	0.93	1.09	1.59
	H496×199	0.82	1.05	1.52	1.16	1.19	1.54
	H500×200	0.93	1.19	1.75	1.33	1.19	1.56
	H596×199	0.98	1.43	1.63	1.89	1.39	1.47
I50a	H500×200	0.94	1.01	1.51	1.01	1.04	1.42
	H596×199	0.99	1.20	1.40	1.43	1.21	1.34
I50b	H506×201	1.00	1.13	1.76	1.14	1.07	1.48
	H596×199	0.91	1.15	1.36	1.37	1.23	1.36
	H600×200	1.02	1.30	1.55	1.56	1.24	1.38
I50c	H500×200	0.81	0.90	1.42	0.92	1.07	1.47
	H506×201	0.93	1.05	1.70	1.10	1.09	1.51
	H596×199	0.85	1.08	1.32	1.32	1.25	1.39
I55a	H600×200	0.98	1.10	1.38	1.20	1.11	1.30
I55b	H600×200	0.91	1.05	1.34	1.15	1.13	1.32
I55c	H600×200	0.84	1.01	1.30	1.11	1.15	1.35
I56a	H596×199	0.87	0.96	1.21	1.02	1.08	1.29
	H600×200	0.97	1.08	1.38	1.15	1.09	1.31
I56b	H606×201	1.02	1.19	1.55	1.29	1.13	1.35
I56c	H600×200	0.83	0.99	1.24	1.06	1.13	1.32
	H606×201	0.95	1.15	1.48	1.24	1.14	1.35
I63a	H582×300	1.09	1.14	2.65	1.05	0.99	2.03
I63b	H582×300	1.01	1.08	2.50	1.01	1.00	2.05
I63c	H582×300	0.94	1.03	2.39	0.97	1.02	2.06

注：本表是按面积大体相近，且绕 X 轴的抗弯强度不低于相应工字钢的原则，计算了标准中 H 型钢与新国标中工字钢的性能参数对比，供使用者参考。表中比值是 H 型钢参数与工字钢参数之比。

第 3 篇

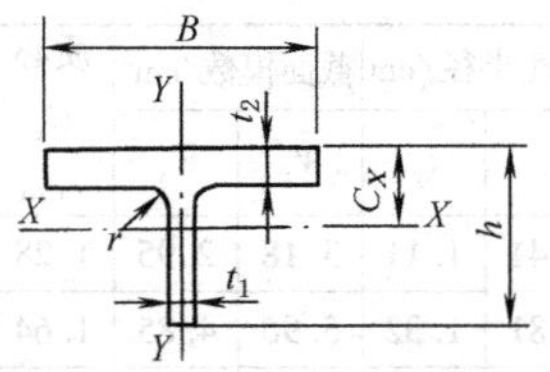

h——高度　　B——宽度

t_1——腹板厚度　　t_2——翼缘厚度

C_x——质心距离　　r——圆角半径

标记：T后加高度 h×宽度 B×腹板厚度 t_1×翼缘厚度 t_2

如：T200×400×13×21

表 3-1-84　剖分T型钢截面尺寸、截面面积、理论质量及截面特性

类别	型号（高度×宽度）/mm×mm	截面尺寸/mm					截面面积/cm^2	理论质量/(kg/m)	惯性矩/cm^4		惯性半径/cm		截面模数/cm^3		质心 C_x/cm	对应H型钢系列型号
		h	B	t_1	t_2	r			I_x	I_y	i_x	i_y	W_x	W_y		
TW（宽翼缘剖分型）	50×100	50	100	6	8	8	10.79	8.47	16.1	66.8	1.22	2.48	4.02	13.4	1.00	100×100
	62.5×125	62.5	125	6.5	9	8	15.00	11.8	35.0	147	1.52	3.12	6.91	23.5	1.19	125×125
	75×150	75	150	7	10	8	19.82	15.6	66.4	282	1.82	3.76	10.8	37.5	1.37	150×150
	87.5×175	87.5	175	7.5	11	13	25.71	20.2	115	492	2.11	4.37	15.9	56.2	1.55	175×175
	100×200	100	200	8	12	13	31.76	24.9	184	801	2.40	5.02	22.3	80.1	1.73	200×200
		100	204	12	12	13	35.76	28.1	256	851	2.67	4.87	32.4	83.4	2.09	
	125×250	125	250	9	14	13	45.71	35.9	412	1820	3.00	6.31	39.5	146	2.08	250×250
		125	255	14	14	13	51.96	40.8	589	1940	3.36	6.10	59.4	152	2.58	
	150×300	147	302	12	12	13	53.16	41.7	857	2760	4.01	7.20	72.3	183	2.85	300×300
		150	300	10	15	13	59.22	46.5	798	3380	3.67	7.55	63.7	225	2.47	
		150	305	15	15	13	66.72	52.4	1110	3550	4.07	7.29	92.5	233	3.04	
	175×350	172	348	10	16	13	72.00	56.5	1230	5620	4.13	8.83	84.7	323	2.67	350×350
		175	350	12	19	13	85.94	67.5	1520	6790	4.20	8.88	104	388	2.87	
	200×400	194	402	15	15	22	89.22	70.0	2480	8130	5.27	9.54	158	404	3.70	400×400
		197	398	11	18	22	93.40	73.3	2050	9460	4.67	10.1	123	475	3.01	
		200	400	13	21	22	109.3	85.8	2480	11200	4.75	10.1	147	560	3.21	
		200	408	21	21	22	125.3	98.4	3650	11900	5.39	9.74	229	584	4.07	
		207	405	18	28	22	147.7	116	3620	15500	4.95	10.2	213	766	3.68	
		214	407	20	35	22	180.3	142	4380	19700	4.92	10.4	250	967	3.90	
TM（中翼缘剖分型）	75×100	74	100	6	9	8	13.17	10.3	51.7	75.2	1.98	2.38	8.84	15.0	1.56	150×100
	100×150	97	150	6	9	8	19.05	15.0	124	253	2.55	3.64	15.8	33.8	1.80	200×150
	125×175	122	175	7	11	13	27.74	21.8	288	492	3.22	4.21	29.1	56.2	2.28	250×175
	150×200	147	200	8	12	13	35.52	27.9	571	801	4.00	4.74	48.2	80.1	2.85	300×200
		149	201	9	14	13	41.01	32.2	661	949	4.01	4.80	55.2	94.4	2.92	
	175×250	170	250	9	14	13	49.76	39.1	1020	1820	4.51	6.05	73.2	146	3.11	350×250
	200×300	195	300	10	16	13	66.62	52.3	1730	3600	5.09	7.35	108	240	3.43	400×300
	225×300	220	300	11	18	13	76.94	60.4	2680	4050	5.89	7.25	150	270	4.09	450×300
	250×300	241	300	11	15	13	70.58	55.4	3400	3380	6.93	6.91	178	225	5.00	500×300
		244	300	11	18	13	79.58	62.5	3610	4050	6.73	7.13	184	270	4.72	
	275×300	272	300	11	15	13	73.99	58.1	4790	3380	8.04	6.75	225	225	5.96	550×300
		275	300	11	18	13	82.99	65.2	5090	4050	7.82	6.98	232	270	5.59	
	300×300	291	300	12	17	13	84.60	66.4	6320	3830	8.64	6.72	280	255	6.51	600×300
		294	300	12	20	13	93.60	73.5	6680	4500	8.44	6.93	288	300	6.17	
		297	302	14	23	13	108.5	85.2	7890	5290	8.52	6.97	339	350	6.41	

续表

类别	型号（高度×宽度）/mm×mm	截面尺寸/mm h	B	t_1	t_2	r	截面面积/cm^2	理论质量/(kg/m)	惯性矩/cm^4 I_x	I_y	惯性半径/cm i_x	i_y	截面模数/cm^3 W_x	W_y	质心 C_x/cm	对应H型钢系列型号
TN（窄翼缘剖分型）	50×50	50	50	5	7	8	5.920	4.65	11.8	7.39	1.41	1.11	3.18	2.95	1.28	100×50
	62.5×60	62.5	60	6	8	8	8.340	6.55	27.5	14.6	1.81	1.32	5.96	4.85	1.64	125×60
	75×75	75	75	5	7	8	8.920	7.00	42.6	24.7	2.18	1.66	7.46	6.59	1.79	150×75
	87.5×90	85.5	89	4	6	8	8.790	6.90	53.7	35.3	2.47	2.00	8.02	7.94	1.86	175×90
		87.5	90	5	8	8	11.44	8.98	70.6	48.7	2.48	2.06	10.4	10.8	1.93	
	100×100	99	99	4.5	7	8	11.34	8.90	93.5	56.7	2.87	2.23	12.1	11.5	2.17	200×100
		100	100	5.5	8	8	13.33	10.5	114	66.9	2.92	2.23	14.8	13.4	2.31	
	125×125	124	124	5	8	8	15.99	12.6	207	127	3.59	2.82	21.3	20.5	2.66	250×125
		125	125	6	9	8	18.48	14.5	248	147	3.66	2.81	25.6	23.5	2.81	
	150×150	149	149	5.5	8	13	20.40	16.0	393	221	4.39	3.29	33.8	29.7	3.26	300×150
		150	150	6.5	9	13	23.39	18.4	464	254	4.45	3.29	40.0	33.8	3.41	
	175×175	173	174	6	9	13	26.22	20.6	679	396	5.08	3.88	50.0	45.5	3.72	350×175
		175	175	7	11	13	31.45	24.7	814	492	5.08	3.95	59.3	56.2	3.76	
	200×200	198	199	7	11	13	35.70	28.0	1190	723	5.77	4.50	76.4	72.7	4.20	400×200
		200	200	8	13	13	41.68	32.7	1390	868	5.78	4.56	88.6	86.8	4.26	
	225×150	223	150	7	12	13	33.49	26.3	1570	338	6.84	3.17	93.7	45.1	5.54	450×150
		225	151	8	14	13	38.74	30.4	1830	403	6.87	3.22	108	53.4	5.62	
	225×200	223	199	8	12	13	41.48	32.6	1870	789	6.71	4.36	109	79.3	5.15	450×200
		225	200	9	14	13	47.71	37.5	2150	935	6.71	4.42	124	93.5	5.19	
	237.5×150	235	150	7	13	13	35.76	28.1	1850	367	7.18	3.20	104	48.9	7.50	475×150
		237.5	151.5	8.5	15.5	13	43.07	33.8	2270	451	7.25	3.23	128	59.5	7.57	
		241	153.5	10.5	19	13	53.20	41.8	2860	575	7.33	3.28	160	75.0	7.67	
	250×150	246	150	7	12	13	35.10	27.6	2060	339	7.66	3.10	113	45.1	6.36	500×150
		250	152	9	16	13	46.10	36.2	2750	470	7.71	3.19	149	61.9	6.53	
		252	153	10	18	13	51.66	40.6	3100	540	7.74	3.23	167	70.5	6.62	
	250×200	248	199	9	14	13	49.64	39.0	2820	921	7.54	4.30	150	92.6	5.97	500×200
		250	200	10	16	13	56.12	44.1	3200	1070	7.54	4.36	169	107	6.03	
		253	201	11	19	13	64.65	50.8	3660	1290	7.52	4.46	189	128	6.00	
	275×200	273	199	9	14	13	51.89	40.7	3690	921	8.43	4.21	180	92.6	6.85	550×200
		275	200	10	16	13	58.62	46.0	4180	1070	8.44	4.27	203	107	6.89	
	300×200	298	199	10	15	13	58.87	46.2	5150	988	9.35	4.09	235	99.3	7.92	600×200
		300	200	11	17	13	65.85	51.7	5770	1140	9.35	4.15	262	114	7.95	
		303	201	12	20	13	74.88	58.8	6530	1360	9.33	4.25	291	135	7.88	
	312.5×200	312.5	198.5	11.5	17.5	13	69.38	54.5	6690	1140	9.81	4.06	294	115	9.92	625×200
		315	200	13	20	13	79.07	62.1	7680	1340	9.85	4.11	336	134	10.0	
		319	202	15	24	13	93.45	73.6	9140	1660	9.89	4.21	395	164	10.1	
	325×300	323	299	10	15	12	76.26	59.9	7220	3340	9.73	6.62	289	224	7.28	650×300
		325	300	11	17	13	85.60	67.2	8090	3830	9.71	6.68	321	255	7.29	
		328	301	12	20	13	97.88	76.8	9120	4550	9.65	6.81	356	302	7.20	
	350×300	346	300	13	20	13	103.1	80.9	1120	4510	10.4	6.61	424	300	8.12	700×300
		350	300	13	24	13	115.1	90.4	1200	5410	10.2	6.85	438	360	7.65	

续表

类别	型号（高度×宽度）/mm×mm	截面尺寸/mm					截面面积/cm^2	理论质量/(kg/m)	惯性矩/cm^4		惯性半径/cm		截面模数/cm^3		质心 C_x/cm	对应H型钢系列型号
		h	B	t_1	t_2	r			I_x	I_y	i_x	i_y	W_x	W_y		
TN（窄翼缘剖分型）	400×300	396	300	14	22	18	119.8	94.0	1760	4960	12.1	6.43	592	331	9.77	800×300
		400	300	14	26	18	131.8	103	1870	5860	11.9	6.66	610	391	9.27	
	450×300	445	299	15	23	18	133.5	105	2590	5140	13.9	6.20	789	344	11.7	900×300
		450	300	16	28	18	152.9	120	2910	6320	13.8	6.42	865	421	11.4	
		456	302	18	34	18	180.0	141	3410	7830	13.8	6.59	997	518	11.3	

注：1. 表中同一型号产品，其内侧高度尺寸一致。

2. 剖分T型钢由热轧H型钢剖分而成，其化学成分和力学性能与H型钢相同。

3. 通常长度与交货状态与H型钢相同。

通用冷弯开口型钢（摘自 GB/T 6723—2008）

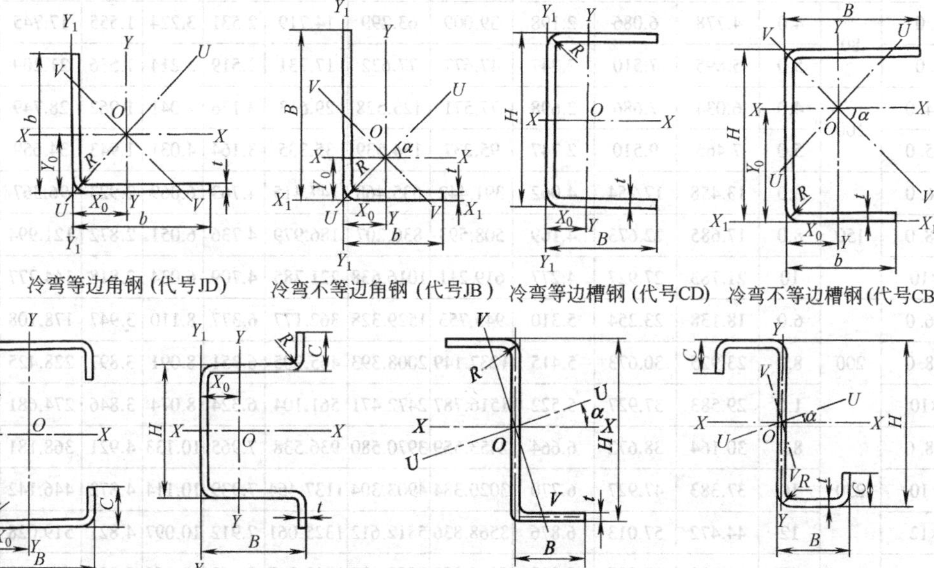

冷弯等边角钢（代号JD） 冷弯不等边角钢（代号JB） 冷弯等边槽钢（代号CD） 冷弯不等边槽钢（代号CB）

冷弯内卷边槽钢（代号CN） 冷弯外卷边槽钢（代号CW） 冷弯Z型钢（代号Z） 冷弯卷边Z型钢（代号ZJ）

表 3-1-85　冷弯等边角钢基本尺寸与主要参数

规格 b×b×t	尺寸/mm		理论质量/(kg/m)	截面面积/cm^2	质心 ($X_0=Y_0$)/m	惯性矩/cm^2			回转半径/cm			截面模数/cm^3	
	b	t				$I_x=I_y$	I_u	I_v	r_x r_y	r_u	r_v	$W_{ymax}=W_{xmax}$	$W_{ymin}=W_{xmin}$
20×20×1.2	20	1.2	0.354	0.451	0.559	0.179	0.292	0.066	0.630	0.804	0.385	0.321	0.124
20×20×2.0		2.0	0.566	0.720	0.599	0.278	0.457	0.099	0.621	0.796	0.371	0.464	0.198
30×30×1.6	30	1.6	0.714	0.909	0.829	0.817	1.328	0.307	0.948	1.208	0.581	0.986	0.376
30×30×2.0		2.0	0.880	1.121	0.849	0.998	1.626	0.369	0.943	1.204	0.573	1.175	0.464
30×30×3.0		3.0	1.274	1.523	0.898	1.409	2.316	0.603	0.931	1.194	0.556	1.568	0.571
40×40×1.6	40	1.5	0.966	1.229	1.079	1.985	3.213	0.758	1.270	1.616	0.785	1.839	0.679
40×40×2.0		2.0	1.194	1.521	1.099	2.438	3.956	0.919	1.265	1.612	0.777	2.218	0.840
40×40×3.0		3.0	1.745	2.223	1.148	3.496	5.710	1.282	1.253	1.602	0.759	3.043	1.226

续表

规格	尺寸/mm		理论质量	截面面积	质心	惯性矩/cm^2			回转半径/cm			截面模数/cm^3	
$b \times b \times t$	b	t	/(kg/m)	/cm^2	$(X_0=Y_0)$ /m	$I_x=I_y$	I_u	I_v	r_x r_y	r_u	r_v	$W_{ymax}=W_{xmax}$	$W_{ymin}=W_{xmin}$
50×50×2.0	50	2.0	1.508	1.921	1.349	4.848	7.845	1.850	1.588	2.020	0.981	3.593	1.327
50×50×3.0		3.0	2.216	2.823	1.398	7.015	11.414	2.616	1.576	2.010	0.962	6.015	1.948
50×50×4.0		4.0	2.894	3.686	1.448	9.022	14.755	3.290	1.564	2.000	0.944	6.229	2.540
60×60×2.0	60	2.0	1.822	2.321	1.599	8.478	13.694	3.262	1.910	2.428	1.185	5.302	1.926
60×60×3.0		3.0	2.687	3.423	1.648	12.342	20.028	4.657	1.898	2.418	1.166	7.486	2.836
60×60×4.0		4.0	3.522	4.486	1.698	15.970	26.030	5.911	1.886	2.408	1.147	9.403	3.712
70×70×3.0	70	3.0	3.158	4.023	1.898	19.853	32.152	7.553	2.221	2.826	1.370	10.456	3.891
70×70×4.0		4.0	4.150	5.286	1.948	25.799	41.944	9.654	2.209	2.816	1.351	13.242	5.107
80×80×4.0	80	4.0	4.778	6.086	2.198	39.009	63.299	14.719	2.531	3.224	1.555	17.745	6.723
80×80×5.0		5.0	5.895	7.510	2.247	47.677	77.622	17.731	2.519	3.214	1.536	21.209	8.288
100×100×4.0	100	4.0	6.034	7.686	2.698	77.571	125.528	29.613	3.176	4.041	1.962	28.749	10.623
100×100×5.0		5.0	7.465	9.510	2.747	95.237	154.539	35.335	3.164	4.031	1.943	34.659	13.132
150×150×6.0	150	6.0	13.458	17.254	4.062	391.442	635.468	147.415	4.763	6.069	2.923	96.367	35.787
150×150×8.0		8.0	17.685	22.673	4.169	508.593	830.207	186.979	4.736	6.051	2.872	121.994	46.957
150×150×10		10	21.783	27.927	4.277	619.211	1016.638	221.785	4.709	6.034	2.818	144.777	57.746
200×200×6.0	200	6.0	18.138	23.254	5.310	945.753	1529.328	362.177	6.377	8.110	3.947	178.108	64.381
200×200×8.0		8.0	23.925	30.673	5.415	1237.149	2008.393	465.905	6.351	8.091	3.897	228.425	84.829
200×200×10		1.0	29.583	37.927	5.522	1516.787	2472.471	561.104	6.324	8.074	3.846	274.681	104.765
250×250×8.0	250	8.0	30.164	38.672	6.664	2453.559	3970.580	936.538	7.965	10.133	4.921	368.181	133.811
250×250×10		10	37.383	47.927	6.770	3020.384	4903.304	1137.464	7.939	10.114	4.872	446.142	165.682
250×250×12		12	44.472	57.013	6.876	3568.836	5812.612	1325.061	7.912	10.097	4.821	519.028	196.912
300×300×10	300	10	45.183	57.927	8.018	5286.252	8559.138	2013.367	9.663	12.155	5.896	659.298	240.481
300×300×12		12	53.832	69.015	8.124	6263.069	10167.49	2358.645	9.526	12.138	5.846	770.934	286.299
300×300×14		14	62.022	79.616	8.277	7182.256	11740.00	2624.302	9.504	12.150	5.745	867.737	330.629
300×300×16		16	70.312	90.144	8.392	8095.616	13279.70	2911.336	9.477	12.137	5.683	964.671	374.654

注：1. 本通用冷弯开口型钢是用可冷加工变形的冷轧或热轧钢带在连续辊或冷弯机组上生产而成。冷弯型钢的牌号及化学成分与力学性能按 GB/T 6725—2008（冷弯型钢）的规定。

2. 外圆弧 R 半径按下表规定。

3. 型钢通常长度为4~16m。冷加工状态交货。

4. 标记示例：用牌号为 Q345 制成高度为 160mm，中腿边长为 60mm，小腿边长为 20mm，壁厚为 3mm 的冷弯内卷边槽钢，标记为冷弯、内卷边槽钢 $\dfrac{\text{CN160×60×20×3—GB/T 6723—2008}}{\text{Q345—GB/T 1591—2008}}$

屈服强度等级	外圆弧 R 半径/mm		
	$t \leqslant 4.0$mm	4.0mm$<t \leqslant 12.0$mm	12.0mm$<t \leqslant 19.0$mm
235	(1.5~2.5)t	(2.0~3.0)t	(2.5~3.5)t
345	(2.0~3.0)t	(2.5~3.5)t	(3.0~4.0)t
390	供需双方协议		

表 3-1-86　　冷弯不等边角钢基本尺寸与主要参数

规格	尺寸/mm			理论质量	截面面积	质心/cm		惯性矩/cm^2				回转半径/cm				截面模数/cm^3			
$B \times b \times t$	B	b	t	/(kg/m)	/cm^2	Y_o	X_o	I_x	I_y	I_u	I_v	r_x	r_y	r_u	r_v	W_{xmax}	W_{xmin}	W_{ymax}	W_{ymin}
30×20×2.0	30	20	2.0	0.723	0.921	1.011	0.490	0.860	0.318	1.014	0.164	0.966	0.587	1.049	0.421	0.850	0.432	0.648	0.210
30×20×3.0			3.0	1.039	1.323	1.068	0.536	1.201	0.441	1.421	0.220	0.952	0.577	1.036	0.408	1.123	0.621	0.823	0.301
50×30×2.5	50	30	2.5	1.473	1.877	1.706	0.674	4.962	1.419	5.597	0.783	1.625	0.869	1.726	0.645	2.907	1.506	2.103	0.610
50×30×4.0			4.0	2.266	2.886	1.794	0.741	7.419	2.104	8.395	1.128	1.603	0.853	1.705	0.625	4.134	2.314	2.838	0.931
60×40×2.5	60	40	2.5	1.866	2.377	1.939	0.913	9.078	3.376	10.665	1.790	1.954	1.191	2.117	0.867	4.682	2.235	3.694	1.094
60×40×4.0			4.0	2.894	3.686	2.023	0.981	13.774	5.091	16.239	2.625	1.932	1.175	2.098	0.843	6.807	3.463	5.184	1.686
70×40×3.0	70	40	3.0	2.452	3.123	2.402	0.861	16.301	4.142	18.092	2.351	2.284	1.151	2.406	0.867	6.785	3.545	4.810	1.319
70×40×4.0			4.0	3.208	4.086	2.461	0.905	21.038	5.317	23.381	2.973	2.268	1.140	2.391	0.853	8.546	4.635	5.872	1.718
80×50×3.0	80	50	3.0	2.923	3.723	2.631	1.096	25.450	8.086	29.092	4.444	2.614	1.473	2.795	1.092	9.670	4.740	7.371	2.071
80×50×4.0			4.0	3.836	4.886	2.688	1.141	33.025	10.449	37.810	5.664	2.599	1.462	2.781	1.076	12.281	6.218	9.151	2.708
100×60×3.0	100	60	3.0	3.629	4.623	3.297	1.259	49.787	14.347	56.038	8.096	3.281	1.761	3.481	1.323	16.100	7.427	11.389	3.026
100×60×4.0			4.0	4.778	6.086	3.354	1.304	64.939	18.640	73.177	10.402	3.266	1.749	3467	1.307	19.356	9.772	14.289	3.969
100×60×5.0			5.0	5.895	7.510	3.412	1.349	79.395	22.707	89.555	12.536	3.251	1.738	3.453	1.291	23.263	12.053	16.830	4.882
150×120×6.0	150	120	6.0	12.054	15.454	4.500	2.962	362.949	211.071	475.645	98.375	4.846	3.696	5.548	2.532	80.655	34.567	71.260	23.354
150×120×8.0			8.0	15.813	20.273	4.615	3.064	470.343	273.077	619.416	124.003	4.817	3.670	5.528	2.473	101.916	45.291	89.124	30.559
150×120×10			10	19.443	24.927	4.732	3.167	571.010	331.066	755.971	146.105	4.786	3.644	5.507	2.421	120.670	55.611	104.536	37.481
200×160×8.0	200	160	8.0	21.429	27.673	6.000	3.960	1147.099	667.089	1503.275	310.914	6.462	4.928	7.397	3.364	191.183	81.936	168.883	55.360
200×160×10			10	24.463	33.927	6.115	4.051	1403.661	815.267	1846.212	372.716	6.432	4.902	7.377	3.314	229.544	101.092	201.251	68.229
200×160×12			12	31.368	40.215	6.231	4.154	1648.244	956.261	2176.288	428.217	6.402	4.876	7.356	3.263	264.523	119.707	230.202	80.724
250×220×10	250	220	10	35.043	44.927	7.188	5.652	2894.335	2122.346	4102.990	913.691	8.026	6.873	9.556	4.510	402.662	162.494	375.504	129.823
250×220×12			12	44.664	53.415	7.299	5.756	3417.040	2504.222	4859.116	1062.097	7.998	6.847	9.538	4.459	468.151	193.042	435.063	154.163
250×220×14			14	47.826	61.316	7.466	5.904	3895.841	2856.311	5590.119	1162.033	7.971	6.825	9.548	4.353	521.811	222.188	483.793	177.455
300×260×12	300	260	12	50.088	64.215	8.686	5.638	5970.485	4218.566	8347.648	1841.403	9.642	8.105	11.402	5.355	687.369	280.120	635.517	217.879
300×260×14			14	57.654	73.916	8.851	6.782	6835.520	4831.275	9625.709	2041.85	9.616	8.085	11.412	5.255	772.288	323.208	712.367	251.393
300×260×16			16	65.320	83.744	8.972	6.894	7697.062	5438.329	10876.951	2258.440	9.587	8.059	11.397	5.193	857.898	366.039	788.850	284.640

表 3-1-87 冷弯等边槽钢基本尺寸与主要参数

规格	尺寸/mm			理论质量	截面面积	质心 X_0	惯性矩/cm^4		回转半径/cm		截面模数/cm^3		
$H \times B \times t$	H	B	t	/(kg/m)	/cm^2	/cm	I_x	I_y	r_x	r_y	W_x	W_{ymax}	W_{ymin}
20×10×1.5	20	10	1.5	0.401	0.511	0.324	0.281	0.047	0.741	0.305	0.281	0.146	0.070
20×10×2.0			2.0	0.505	0.643	0.349	0.330	0.058	0.716	0.300	0.330	0.165	0.089
50×30×2.0	50	30	2.0	1.604	2.043	0.922	8.093	1.872	1.990	0.957	3.237	2.029	0.901
50×30×3.0			3.0	2.314	2.947	0.975	11.119	2.632	1.942	0.994	4.447	2.699	1.299
50×50×3.0		50	3.0	3.256	4.147	1.850	17.755	10.834	2.069	1.616	7.102	5.855	3.440
100×50×3.0	100	50	3.0	4.433	5.647	1.398	87.275	14.030	3.931	1.576	17.455	10.031	3.896
100×50×4.0			4.0	5.788	7.373	1.448	111.051	18.045	3.880	1.564	22.210	12.458	6.081
140×60×3.0	140	60	3.0	5.846	7.447	1.527	220.977	25.929	5.447	1.865	31.568	16.970	5.798
140×60×4.0			4.0	7.672	9.773	1.575	284.429	33.601	5.394	1.854	40.632	21.324	7.594
140×60×5.0			5.0	9.436	12.021	1.623	343.066	40.823	5.342	1.842	49.009	25.145	9.327
200×80×4.0	200	80	4.0	10.812	13.773	1.966	821.120	83.686	7.721	2.464	82.112	42.564	13.859
200×80×5.0			5.0	13.361	17.021	2.013	1000.710	102.441	7.667	2.453	100.071	50.886	17.111
200×80×6.0			6.0	15.849	20.190	2.060	1170.516	120.388	7.614	2.441	117.051	58.436	20.267
250×130×6.0	250	130	6.0	22.703	29.107	3.630	2876.401	497.071	9.941	4.132	230.112	136.934	53.049
250×130×8.0			8.0	29.755	38.147	3.739	3687.729	642.760	9.832	4.105	295.018	171.907	69.405
300×150×6.0	300	160	6.0	26.915	34.507	4.062	4911.518	782.884	11.930	4.763	327.435	192.734	71.575
300×150×8.0			8.0	35.371	45.347	4.169	6337.148	1017.186	11.822	4.736	422.477	243.988	93.914
300×150×10			10	43.566	55.854	4.277	7660.498	1238.423	11.711	4.708	510.700	289.554	115.492
350×180×8.0	350	180	8.0	42.235	54.147	4.983	10488.540	1771.765	13.918	5.721	599.345	355.562	136.112
350×180×10			10	52.146	66.854	5.092	12749.074	2166.713	13.809	5.693	728.519	425.513	167.858
350×180×12			12	61.799	79.230	5.601	14869.892	2542.823	13.700	5.665	849.708	462.247	203.442
400×200×10	400	200	10	59.166	75.854	5.622	18932.658	3033.575	15.799	6.324	946.633	549.362	209.530
400×200×12			12	70.223	90.030	5.630	22159.727	3569.548	15.689	6.297	1107.980	634.022	248.403
400×200×14			14	80.366	103.033	5.791	24854.034	4051.828	15.531	6.271	1242.702	699.677	285.159
450×220×10	450	220	10	66.186	84.854	5.956	26844.416	4103.714	17.787	6.954	1193.085	689.005	255.779
450×220×12			12	78.647	100.830	6.063	31506.135	4838.741	17.676	6.927	1400.273	798.077	303.617
450×220×14			14	90.194	115.633	6.219	35494.843	5610.415	17.520	6.903	1577.549	886.061	349.180
500×250×12	500	250	12	88.943	114.030	6.876	44593.265	7137.673	19.775	7.912	1783.731	1038.056	393.324
500×250×14			14	102.206	131.033	7.032	50455.589	8152.938	19.623	7.888	2018.228	1159.403	453.748
550×280×12	550	280	12	99.239	127.230	7.691	60862.668	10068.396	21.872	8.896	2213.184	1309.114	495.760
550×280×14			14	114.218	146.433	7.846	69095.642	11527.579	21.722	8.873	2512.569	1469.230	571.975
600×300×14	600	300	14	124.046	159.033	8.276	89412.972	14364.512	23.711	9.504	2980.432	1735.683	661.228
600×300×16			16	140.624	180.287	8.392	100367.430	16191.032	23.595	9.477	3345.581	1929.341	749.307

表 3-1-88 冷弯不等边槽钢基本尺寸与主要参数

规格	尺寸/mm				理论质量/(kg/m)	截面面积/cm²	质心/cm		惯性矩/cm²				回转半径/cm				截面模数/cm³			
$H \times B \times b \times t$	H	B	b	t			X_o	Y_o	I_x	I_y	I_u	I_v	r_x	r_y	r_u	r_v	W_{xmax}	W_{xmin}	W_{ymax}	W_{ymin}
50×32×20×2.5	50	32	20	2.5	1.840	2.344	0.817	2.803	8.536	1.853	8.769	1.619	1.908	0.889	1.934	0.831	3.887	3.044	2.266	0.777
50×32×20×3.0				3.0	2.169	2.764	0.842	2.806	9.804	2.155	10.083	1.876	1.883	0.883	1.909	0.823	4.468	3.494	2.559	0.914
80×40×20×2.5	80	40	20	2.6	2.586	3.294	0.828	4.588	28.922	3.775	29.607	3.090	2.962	1.070	2.997	0.968	8.476	6.303	4.555	1.190
80×40×20×3.0				3.0	3.064	3.904	0.852	4.591	33.654	4.431	34.473	3.611	2.936	1.065	2.971	0.961	9.874	7.329	5.200	1.407
100×60×30×3.0	100	50	30	3.0	4.242	5.404	1.326	5.807	77.936	14.880	80.845	11.970	3.797	1.659	3.867	1.488	18.590	13.419	11.220	3.183
150×60×50×3.0	150		50		5.890	7.504	1.304	7.793	245.876	21.462	246.257	21.071	5.724	1.690	6.728	1.675	34.120	31.547	16.440	4.569
200×70×60×4.0	200	70	60	4.0	9.832	12.605	1.469	10.311	706.995	47.735	707.582	47.149	7.489	1.946	7.492	1.934	72.969	68.567	32.495	8.630
200×70×60×5.0				5.0	12.061	15.463	1.527	10.315	848.963	57.959	849.689	57.233	7.410	1.936	7.413	1.924	87.658	82.304	87.956	10.590
250×80×70×5.0	250	80	70	5.0	14.791	18.963	1.647	12.823	1616.200	92.101	1617.030	91.271	9.232	2.204	9.234	2.194	132.726	126.039	55.920	14.497
250×80×70×6.0				6.0	17.555	22.507	1.696	12.825	1891.478	108.125	1892.465	107.139	9.167	2.192	9.170	2.182	155.358	147.484	63.753	17.152
300×90×80×6.0	300	90	80	6.0	20.831	26.707	1.822	15.330	3222.869	161.726	3223.981	160.613	10.986	2.461	10.987	2.452	219.691	210.233	88.753	22.531
300×90×80×8.0				8.0	27.259	34.947	1.918	15.334	4115.825	207.555	4117.270	206.110	10.852	2.437	10.854	2.429	280.637	268.412	108.214	29.307
350×100×90×6.0	350	100	90	6.0	24.107	30.907	1.953	17.834	5064.502	230.463	5065.739	229.226	12.801	2.731	12.802	2.723	295.031	283.980	118.005	28.640
350×100×90×8.0				8.0	31.627	40.547	2.048	17.837	6506.423	297.082	6508.041	295.464	12.668	2.707	12.669	2.699	379.096	364.771	145.060	37.359
400×150×100×8.0	400	160	100	8.0	38.491	49.347	2.882	21.589	10787.704	763.610	10843.850	707.463	14.786	3.934	14.824	3.786	585.938	499.685	264.958	63.015
400×150×100×10				10	47.466	60.854	2.981	21.602	13071.444	931.170	13141.358	861.255	14.656	3.912	14.695	3.762	710.482	605.103	312.368	77.475
450×200×150×10	450	200	150	10	59.166	75.854	4.402	23.950	22328.149	2337.132	22430.862	2234.420	17.157	5.551	17.196	5.427	1060.720	932.282	530.925	149.835
450×200×150×12				12	70.223	90.030	4.504	23.960	26133.270	2750.039	26256.075	2627.235	17.037	5.527	17.077	5.402	1242.076	1090.704	610.577	177.458
500×250×200×12	500	250	200	12	84.263	108.030	6.008	26.355	40821.990	5579.208	40985.443	5416.752	19.439	7.186	19.478	7.080	1726.453	1548.928	928.630	293.766
500×250×200×14				14	96.746	124.033	6.159	26.371	46087.838	6369.068	46277.561	6179.346	19.276	7.166	19.306	7.058	1950.478	1747.671	1034.107	338.043
550×300×250×14	550	300	250	14	113.126	145.033	7.714	28.794	67847.216	11314.348	68085.256	11075.308	21.629	8.832	21.667	8.739	2588.995	2356.297	1466.729	507.689
550×300×250×16				16	128.144	164.287	7.831	28.800	76016.861	12738.984	76288.341	12467.503	21.511	8.806	24.549	8.711	2901.407	2639.474	1626.738	574.631

表 3-1-89　冷弯内卷边槽钢基本尺寸与主要参数

规格	尺寸 /mm				理论质量 /(kg/m)	截面面积 /cm²	质心 /cm	惯性矩 /cm⁴		回转半径 /cm		截面模数 /cm³		
$H\times B\times C\times t$	H	B	C	t			X_o	I_x	I_y	r_x	r_y	W_x	W_{ymax}	W_{ymin}
60×30×10×2. 5	60	30	10	2.5	2.363	3.010	1.043	16.009	3.353	2.306	1.055	5.336	3.214	1.713
60×30×10×3. 0				3.0	2.743	3.495	1.036	18.077	3.688	2.274	1.027	6.025	3.559	1.878
100×50×20×2. 5	100	50	20	2.5	4.325	5.510	1.853	84.932	19.889	3.925	1.899	16.986	10.730	6.321
100×50×20×3. 0				3.0	6.098	6.495	1.848	98.560	22.802	3.895	1.873	19.712	12.333	7.235
140×60×20×2. 5	140	60	20	2.5	5.503	7.010	1.974	212.137	34.786	5.500	2.227	30.305	17.615	8.642
140×60×20×3. 0				3.0	6.511	8.295	1.969	248.006	40.132	5.467	2.199	35.429	20.379	9.956
180×50×20×3. 0	180	60	20	3.0	7.453	9.495	1.739	449.695	43.611	6.881	2.143	49.966	25.073	10.235
180×70×20×3. 0		70			7.924	10.095	2.106	496.693	63.712	7.014	2.512	55.188	30.248	13.019
200×50×20×30	200	60	20	3. 0	7.924	10.095	1.644	578.425	45.041	7.569	2.112	57.842	27.382	10.342
200×70×20×3. 0		70			8.395	10.695	1.996	636.643	65.883	7.715	2.481	63.664	32.999	13.167
250×40×15×3. 0	250	40	15	3. 0	7.924	10.095	0.790	773.495	14.809	8.753	1.211	61.879	18.734	4.614
300×40×15×3. 0	300	40			9.102	11.595	0.707	1231.616	15.356	10.306	1.150	82.107	21.700	4.664
400×50×15×3. 0	400	50			11.928	15.195	0.783	2.837.843	28.888	13.666	1.378	141.892	36.879	6.851
450×70×30×6. 0	450	70	30	6.0	28.092	36.015	1.421	8796.963	159.703	15.529	2.106	390.976	112.388	28.626
450×70×30×8. 0				8.0	36.421	46.693	1.429	11030.645	182.734	15.370	1.978	490.251	127.875	32.801
500×100×40×6. 0	500	100	40	6.0	34.176	43.815	2.297	14275.246	479.809	18.050	3.309	571.010	208.885	62.289
500×100×40×8. 0				8.0	44.533	57.093	2.293	18150.796	578.026	17.830	3.182	726.032	252.083	75.000
500×100×40×10				10	54.372	69.708	2.289	21594.366	648.778	17.601	3.051	863.775	283.433	84.137
550×120×50×8. 0	550	120	50	8.0	51.397	65.893	2.940	26259.069	1069.797	19.963	4.029	954.875	363.877	118.079
550×120×50×10				10	62.952	80.708	2.933	31484.498	1229.103	19.751	3.902	1144.891	419.060	135.558
550×120×50×12				12	73.990	94.859	2.926	36185.756	1349.879	19.531	3.772	1315.882	461.339	148.763
600×150×60×12	600	150	60	12	86.158	110.459	3.902	54745.539	2755.348	21.852	4.994	1824.851	706.137	248.274
600×150×60×14				14	97.395	124.865	3.840	57733.224	2867.742	21.503	4.792	1924.441	746.808	256.966
600×150×60×16				16	109.025	139.775	3.819	63178.379	3010.816	21.260	4.641	2105.946	788.378	269.280

表 3-1-90　　冷弯外卷边槽钢基本尺寸与主要参数

规格	尺寸/mm				理论质量/(kg/m)	截面面积/cm²	质心/cm	惯性矩片/cm⁴		回转半径/cm		截面模数/cm³		
$H\times B\times C\times t$	H	B	C	t			X_o	I_x	I_y	r_x	r_y	W_x	W_{ymax}	W_{ymin}
30×30×16×2. 6	30	30	16	2.0	2.009	2.560	1.526	6.010	3.126	1.532	1.105	2.109	2.047	2.122
50×20×15×3. 0	50	20	15	3.0	2.272	2.895	0.823	13.863	1.639	2.188	0.729	3.746	1.869	1.309
60×25×32×2. 5	60	25	32	2.5	3.030	3.860	1.279	42.431	3.959	3.315	1.012	7.131	3.095	3.243
60×25×32×3. 0	60	25	32	3.0	3.544	4.515	1.279	49.003	4.438	3.294	0.991	8.305	3.469	3.635
80×40×20×4. 0	80	40	20	4.0	5.296	6.746	1.573	79.594	4.537	3.434	1.467	14.213	9.241	5.900
100×30×15×3. 0	100	30	15	3.0	3.921	4.995	0.932	77.669	5.575	3.943	1.056	12.527	5.979	2.696
150×40×20×4. 0	150	40	20	4.0	7.497	9.611	1.176	325.197	18.311	5.817	1.380	35.726	15.571	6.484
150×40×20×5. 0				5.0	8.913	11.427	1.158	370.697	19.357	5.696	1.302	41.189	16.716	6.811
200×50×30×4. 0	200	50	30	4.0	10.305	13.211	1.525	834.155	44.255	7.946	1.830	66.203	29.020	12.735
200×50×30×5. 0				5.0	12.423	15.927	1.511	976.969	49.376	7.832	1.761	78.158	32.678	10.999
250×60×40×5. 0	250	60	40	5.0	15.933	20.427	1.856	2029.828	99.403	9.968	2.206	126.864	53.558	23.987
250×60×40×6. 0				6.0	18.732	24.015	1.853	2342.687	111.005	9.877	2.150	147.339	59.906	26.768
300×70×50×6. 0	300	70	50	6.0	22.944	29.415	2.195	4246.582	197.478	12.015	2.591	218.896	891.967	41.098
300×70×50×8. 0				8.0	29.557	37.893	2.191	304.784	233.118	11.832	2.480	276.291	106.398	48.475
350×80×60×6. 0	350	80	60	6.0	27.156	34.815	2.533	6976.923	319.329	14.151	3.029	304.538	126.068	58.410
350×80×60×8. 0				8.0	36.173	45.093	2.475	8804.763	355.038	13.971	2.845	387.875	147.490	66.070
400×90×70×8. 0	400	90	70	8.0	40.789	52.293	2.773	13377.846	548.603	16.114	3.239	518.238	197.837	88.101
400×90×70×10				10	49.692	63.708	2.868	16171.507	672.619	15.932	3.249	621.981	234.525	109.690
450×100×80×8. 0	450	100	80	8.0	46.405	59.493	3.206	19821.232	855.920	18.253	3.793	667.382	256.974	125.982
450×100×80×10				10	56.712	72.708	3.205	23751.957	987.987	18.074	3.686	805.151	308.264	145.399
500×150×90×10	500	150	90	10	69.972	89.708	5.003	38191.923	2907.975	20.633	5.694	1157.331	581.246	290.885
500×150×90×12				12	82.414	105.659	4.992	44274.544	3291.816	20.470	5.582	1349.834	659.418	328.918
550×200×100×12	550	200	100	12	98.326	126.059	6.564	66449.957	6427.780	22.959	7.141	1830.577	979.247	478.400
550×200×100×14				14	111.591	143.065	6.815	74080.384	7829.699	22.755	7.398	2052.088	1148.892	593.834
600×250×150×14	600	250	150	14	138.891	178.065	9.717	125436.851	17163.911	26.541	9.818	2876.992	1766.380	1123.072
600×250×150×16				16	156.449	200.575	9.700	139827.681	18879.946	26.403	9.702	3221.836	1946.386	1233.983

表 3-1-91 冷弯 Z 形钢基本尺寸与主要参数

规格	尺寸/mm			理论质量	截面面积	惯性矩/cm⁴				回转半径/cm	惯性矩/cm⁴	截面模数/cm³		角度
$H×B×t$	H	B	t	/(kg/m)	/cm²	I_x	I_y	I_u	I_v	r_v	I_{xy}	W_x	W_y	tanα
80×40×2.5	80	40	2.5	2.947	3.755	37.021	9.707	43.307	3.421	0.954	14.532	9.255	2.505	0.432
80×40×3.0			3.0	3.491	4.447	43.148	11.429	50.606	3.970	0.944	17.094	10.787	2.968	0.436
100×50×2.5	100	50	2.5	3.732	4.755	74.429	19.321	86.840	6.910	1.205	28.947	14.885	3.963	0.428
100×50×3.0			3.0	4.433	5.647	87.275	22.837	102.038	8.073	1.195	34.194	17.455	4.708	0.431
140×70×3.0	140	70	3.0	6.291	8.065	249.769	64.316	290.867	23.218	1.697	96.492	35.681	9.389	0.426
140×70×4.0			4.0	8.272	10.605	322.421	83.925	376.599	29.747	1.675	125.922	46.061	12.342	0.430
200×100×3.0	200	100	3.0	9.099	11.665	749.379	191.180	870.468	70.091	2.451	286.800	74.938	19.409	0.422
200×100×4.0			4.0	12.016	15.405	977.164	251.093	1137.292	90.965	2.430	376.703	97.716	25.822	0.425
300×120×4.0	300	120	4.0	16.384	21.006	2871.420	438.304	3124.579	185.144	2.969	824.655	191.428	37.144	0.307
300×120×5.0			5.0	20.251	25.963	3506.942	541.080	3823.534	224.489	2.940	1019.410	233.796	45.049	0.311
400×150×6.0	400	150	6.0	31.595	40.507	9598.705	1271.376	10321.169	548.912	3.681	2556.980	479.935	86.488	0.283
400×150×8.0			8.0	41.611	53.347	12449.116	1661.661	13404.115	706.662	3.640	3348.736	622.456	113.812	0.285

表 3-1-92 冷弯卷边 Z 形钢基本尺寸与主要参数

规格	尺寸/mm				理论质量	截面面积	惯性矩/cm				回转半径/cm	惯性矩/cm⁴	截面模数/cm³		角度
$H×B×C×t$	H	B	C	t	/(kg/m)	/cm²	I_x	I_y	I_u	I_v	r_v	I_{xy}	W_x	W_y	tanα
100×40×20×2.0	100	40	20	2.0	3.208	4.086	60.618	17.202	71.373	6.448	1.256	24.136	12.123	4.410	0.445
100×40×20×2.5				2.5	3.933	5.010	73.047	20.324	85.730	7.641	1.234	28.802	14.609	5.245	0.440
140×50×20×2.5	140	50	20	2.5	5.110	6.510	188.502	36.358	210.140	14.720	1.503	61.321	26.928	7.458	0.352
140×50×20×3.0				3.0	6.040	7.695	219.848	41.554	244.527	16.875	1.480	70.775	31.406	8.567	0.348
180×70×20×2.5	180	70	20	2.5	6.680	8.510	422.926	88.578	476.503	35.002	2.028	144.165	46.991	12.884	0.371
180×70×20×3.0				3.0	7.924	10.095	496.693	102.345	558.511	40.527	2.006	157.926	55.188	14.940	0.368
230×75×25×3.0	230	75	25	3.0	9.573	12.195	951.373	138.928	1030.579	59.722	2.212	255.752	82.728	18.901	0.298
230×75×25×4.0				4.0	12.518	15.946	1222.685	173.031	1320.991	74.725	2.164	335.933	106.320	23.703	0.292
250×75×25×3.0	250			3.0	10.044	12.795	1160.008	138.933	1236.730	62.211	2.205	290.214	92.800	18.902	0.264
250×75×25×4.0				4.0	13.146	16.746	1492.957	173.042	1588.130	77.869	2.156	366.984	119.436	23.704	0.259
300×100×30×4.0	300	100	30	4.0	16.545	21.211	2828.642	416.757	3066.877	178.522	2.901	794.575	188.576	42.526	0.300
300×100×30×6.0				6.0	23.880	30.615	3944.956	548.081	4258.604	234.434	2.767	1078.794	262.997	56.503	0.291
400×120×40×8.0	400	120	40	8.0	40.789	52.293	11648.355	1293.651	12353.204	578.802	3.327	2813.016	582.418	111.522	0.254
400×120×40×10				10	49.692	63.708	13835.982	1463.588	14645.376	664.194	3.204	3266.384	691.799	127.269	0.248

结构用冷弯空心型钢（摘自 GB/T 6728—2002）

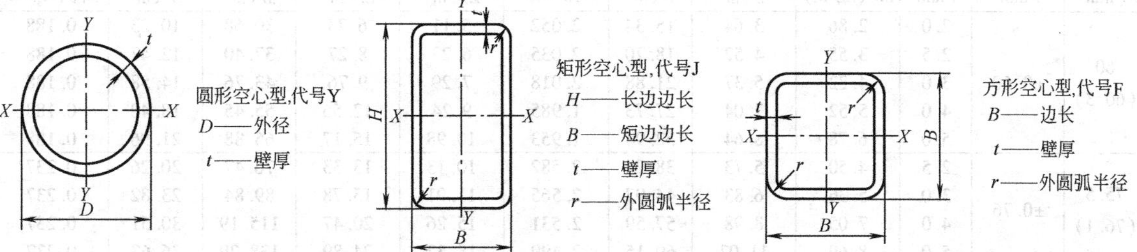

冷弯型钢弯角外圆弧半径

厚度 t/mm	弯角外圆弧半径 r		厚度 t/mm	弯角外圆弧半径 r	
	碳素钢（$\sigma_s \leqslant 320$MPa）	低合金钢（$\sigma_s > 320$MPa）		碳素钢（$\sigma_s \leqslant 320$MPa）	低合金钢（$\sigma_s > 320$MPa）
$t \leqslant 3$	$(1.0 \sim 2.5)t$	$(1.5 \sim 2.5)t$	$6 < t \leqslant 10$	$(2.0 \sim 3.0)t$	$(2.0 \sim 3.5)t$
$3 < t \leqslant 6$	$(1.5 \sim 2.5)t$	$(2.0 \sim 3.0)t$	$t > 10$	$(2.0 \sim 3.5)t$	$(2.5 \sim 4.0)t$

注：σ_s 值指标准中规定的最低值。

表 3-1-93　圆形冷弯空心型钢

外径 D /mm	允许偏差 /mm	壁厚 t /mm	理论质量 M/(kg/m)	截面面积 A/cm²	惯性矩 I/cm⁴	惯性半径 R/cm	弹性模数 Z/cm³	塑性模数 S/cm³	扭转常数 J/cm⁴	扭转常数 C/cm³	每米长度表面积 A_s/m²
21.3 (21.3)	±0.50	1.2	0.59	0.76	0.38	0.712	0.36	0.49	0.77	0.72	0.067
		1.5	0.73	0.93	0.46	0.702	0.43	0.59	0.92	0.86	0.067
		1.75	0.84	1.07	0.52	0.694	0.49	0.67	1.04	0.97	0.067
		2.0	0.95	1.21	0.57	0.686	0.54	0.75	1.14	1.07	0.067
		2.5	1.16	1.48	0.66	0.671	0.62	0.89	1.33	1.25	0.067
		3.0	1.35	1.72	0.74	0.655	0.70	1.01	1.48	1.39	0.067
26.8 (26.9)	±0.50	1.2	0.76	0.97	0.79	0.906	0.59	0.79	1.58	1.18	0.084
		1.5	0.94	1.19	0.96	0.896	0.71	0.96	1.91	1.43	0.084
		1.75	1.08	1.38	1.09	0.888	0.81	1.10	2.17	1.62	0.084
		2.0	1.22	1.56	1.21	0.879	0.90	1.23	2.41	1.80	0.084
		2.5	1.50	1.91	1.42	0.864	1.06	1.48	2.85	2.12	0.084
		3.0	1.76	2.24	1.61	0.848	1.20	1.71	3.23	2.41	0.084
33.5 (33.7)	±0.50	1.5	1.18	1.51	1.93	1.132	1.15	1.54	3.87	2.31	0.105
		2.0	1.55	1.98	2.46	1.116	1.47	1.99	4.93	2.94	0.105
		2.5	1.91	2.43	2.94	1.099	1.76	2.41	5.89	3.51	0.105
		3.0	2.26	2.87	3.37	1.084	2.01	2.80	6.75	4.03	0.105
		3.5	2.59	3.29	3.76	1.068	2.24	3.16	7.52	4.49	0.105
		4.0	2.91	3.71	4.11	1.053	2.45	3.50	8.21	4.90	0.105
42.3 (42.4)	±0.50	1.5	1.51	1.92	4.01	1.443	1.89	2.50	8.01	3.79	0.133
		2.0	1.99	2.53	5.15	1.427	2.44	3.25	10.31	4.87	0.133
		2.5	2.45	3.13	6.21	1.410	2.94	3.97	12.43	5.88	0.133
		3.0	2.91	3.70	7.19	1.394	3.40	4.64	14.39	6.80	0.133
		4.0	3.78	4.81	8.92	1.361	4.22	5.89	17.84	8.44	0.133
48 (48.3)	±0.50	1.5	1.72	2.19	5.93	1.645	2.47	3.24	11.86	4.94	0.151
		2.0	2.27	2.89	7.66	1.628	3.19	4.23	15.32	6.38	0.151
		2.5	2.81	3.57	9.28	1.611	3.86	5.18	18.55	7.73	0.151
		3.0	3.33	4.24	10.78	1.594	4.49	6.08	21.57	9.89	0.151
		4.0	4.34	5.53	13.49	1.562	5.62	7.77	26.98	11.24	0.151
		5.0	5.30	6.75	15.82	1.530	6.59	9.29	31.65	13.18	0.151

续表

外径 D /mm	允许偏差 /mm	壁厚 t /mm	理论质量 M/(kg/m)	截面面积 A/cm^2	惯性矩 I/cm^4	惯性半径 R/cm	弹性模数 Z/cm^3	塑性模数 S/cm^3	扭转常数 J/cm^4	扭转常数 C/cm^3	每米长度表面积 A_s/m^2
60 (60.3)	±0.60	2.0	2.86	3.64	15.34	2.052	5.11	6.73	30.68	10.23	0.188
		2.5	3.55	4.52	18.70	2.035	6.23	8.27	37.40	12.47	0.188
		3.0	4.22	5.37	21.88	2.018	7.29	9.76	43.76	14.58	0.188
		4.0	5.52	7.04	27.73	1.985	9.24	12.56	55.45	18.48	0.188
		5.0	6.78	8.64	32.94	1.953	10.98	15.17	65.88	21.96	0.188
75.5 (76.1)	±0.76	2.5	4.50	5.73	38.24	2.582	10.13	13.33	76.47	20.26	0.237
		3.0	5.36	6.83	44.97	2.565	11.91	15.78	89.84	23.82	0.237
		4.0	7.05	8.98	57.59	2.531	15.26	20.47	115.19	30.51	0.237
		5.0	8.69	11.07	69.15	2.499	18.32	24.89	138.29	36.63	0.237
88.5 (88.9)	±0.90	3.0	6.33	8.06	73.73	3.025	16.66	21.94	147.45	33.32	0.278
		4.0	8.34	10.62	94.99	2.991	21.46	28.58	189.97	42.93	0.278
		5.0	10.30	13.12	114.72	2.957	25.93	34.90	229.44	51.85	0.278
		6.0	12.21	15.55	133.00	2.925	30.06	40.91	266.01	60.11	0.278
114 (114.3)	±1.15	4.0	10.85	13.82	209.35	3.892	36.73	48.42	418.70	73.46	0.358
		5.0	13.44	17.12	254.81	3.858	44.70	59.45	509.61	89.41	0.358
		6.0	15.98	20.36	297.73	3.824	52.23	70.06	595.46	104.47	0.358
140 (139.7)	±1.40	4.0	13.42	17.09	395.47	4.810	56.50	74.01	790.94	112.99	0.440
		5.0	16.65	21.21	483.76	4.776	69.11	91.17	967.52	138.22	0.440
		6.0	19.83	25.26	568.03	4.742	85.15	107.81	1136.13	162.30	0.440
165 (168.3)	±1.65	4.0	15.88	20.23	655.94	5.69	79.51	103.71	1311.69	159.02	0.518
		5.0	19.73	25.13	805.04	5.66	97.58	128.04	1610.07	195.16	0.518
		6.0	23.53	29.97	948.47	5.63	114.97	151.76	1896.93	229.93	0.518
		8.0	30.97	39.46	1218.92	5.56	147.75	197.36	2437.84	295.50	0.518
219.1 (219.1)	±2.20	5.0	26.40	33.60	1928	7.57	176	229	3856	352	0.688
		6.0	31.53	40.17	2282	7.54	208	273	4564	417	0.688
		8.0	41.60	53.10	2960	7.47	270	357	5919	540	0.688
		10.0	51.60	65.70	3598	7.40	328	438	7197	657	0.688
273 (273)	±2.75	5.0	33.0	42.1	3781	9.48	277	359	7562	554	0.858
		6.0	39.5	50.3	4487	9.44	329	428	8974	657	0.858
		8.0	52.3	66.6	5852	9.37	429	562	11700	857	0.858
		10.0	64.9	82.6	7154	9.31	524	692	14310	1048	0.858
325 (323.9)	±3.25	5.0	39.5	50.3	6436	11.32	396	512	12871	792	1.12
		6.0	47.2	60.1	7651	11.28	471	611	15303	942	1.12
		8.0	62.5	79.7	10014	11.21	616	804	20028	1232	1.12
		10.0	77.7	99.0	12287	11.14	756	993	24573	1512	1.12
		12.0	92.6	118.0	14472	11.07	891	1176	28943	1781	1.12
355.6 (355.6)	±3.55	6.0	51.7	65.9	10071	12.4	566	733	20141	1133	1.20
		8.0	68.6	87.4	13200	12.3	742	967	26400	1485	1.20
		10.0	85.2	109.0	16220	12.2	912	1195	32450	1825	1.20
		12.0	101.7	130.0	19140	12.2	1076	1417	38279	2153	1.20
406.4 (406.4)	±4.10	8.0	78.6	100	19870	14.1	978	1270	39750	1956	1.28
		10.0	97.8	125	24480	14.0	1205	1572	48950	2409	1.28
		12.0	116.7	149	28937	14.0	1424	1867	57874	2848	1.28
458 (457)	±4.60	8.0	88.6	113	28450	15.9	1245	1613	56890	2490	1.44
		10.0	110.0	140	35090	15.8	1536	1998	70180	3071	1.44
		12.0	131.7	168	41556	15.7	1819	2377	83113	3637	1.44
508 (508)	±5.10	8.0	98.6	126	39280	17.7	1546	2000	78560	3093	1.60
		10.0	123.0	156	48520	17.6	1910	2480	97040	3621	1.60
		12.0	146.8	187	57536	17.5	2265	2953	115072	4530	1.60
610	±6.10	8.0	118.8	151	68552	21.3	2248	2899	137103	4495	1.92
		10.0	148.0	189	84847	21.2	2781	3600	169694	5564	1.92
		12.5	184.2	235	104755	21.1	3435	4463	209510	6869	1.92
		16.0	234.4	299	131782	21.0	4321	5647	263563	8641	1.92

注：1. 括号内为 ISO 4019 所列规格。

2. 见表 3-1-85 注 1、注 2。

3. 冷弯空心型钢用钢带冷弯后焊接而成的。焊缝处不得有开焊、搭焊、烧穿及错位等缺陷。

4. 冷弯空心型钢以冷加工状态交货，通常长度为 4~12m。

表 3-1-94　　方形冷弯空心型钢

边长 B/mm	允许偏差 /mm	壁厚 t/mm	理论质量 M/(kg/m)	截面面积 A/cm²	惯性矩 $I_x=I_y$/cm⁴	惯性半径 $R_x=R_y$/cm	截面模数 $W_x=W_y$/cm³	扭转常数 I_t/cm⁴	扭转常数 C_t/cm³
20	±0.50	1.2	0.679	0.865	0.498	0.759	0.498	0.823	0.75
		1.5	0.826	1.052	0.583	0.744	0.583	0.985	0.88
		1.75	0.941	1.199	0.642	0.732	0.642	1.106	0.98
		2.0	1.050	1.340	0.692	0.720	0.692	1.215	1.06
25	±0.50	1.2	0.867	1.105	1.025	0.963	0.820	1.655	1.24
		1.5	1.061	1.352	1.216	0.948	0.973	1.998	1.47
		1.75	1.215	1.548	1.357	0.936	1.086	2.261	1.65
		2.0	1.363	1.736	1.482	0.923	1.186	2.502	1.80
30	±0.50	1.5	1.296	1.652	2.195	1.152	1.463	3.555	2.21
		1.75	1.490	1.898	2.470	1.140	1.646	4.048	2.49
		2.0	1.677	2.136	2.721	1.128	1.814	4.511	2.75
		2.5	2.032	2.589	3.154	1.103	2.102	5.347	3.20
		3.0	2.361	3.008	3.500	1.078	2.333	6.060	3.58
40	±0.50	1.5	1.767	2.525	5.489	1.561	2.744	8.728	4.13
		1.75	2.039	2.598	6.237	1.549	3.118	10.009	4.69
		2.0	2.305	2.936	6.939	1.537	3.469	11.238	5.23
		2.5	2.817	3.589	8.213	1.512	4.106	13.539	6.21
		3.0	3.303	4.208	9.320	1.488	4.660	15.628	7.07
		4.0	4.198	5.347	11.064	1.438	5.532	19.152	8.48
50	±0.50	1.5	2.238	2.852	11.065	1.969	4.426	17.395	6.65
		1.75	2.589	3.298	12.641	1.957	5.056	20.025	7.60
		2.0	2.933	3.736	14.146	1.945	5.658	22.578	8.51
		2.5	3.602	4.589	16.941	1.921	6.776	27.436	10.22
		3.0	4.245	5.408	19.463	1.897	7.785	31.972	11.77
		4.0	5.454	6.947	23.725	1.847	9.490	40.047	14.43
60	±0.60	2.0	3.560	4.540	25.120	2.350	8.380	39.810	12.60
		2.5	4.387	5.589	30.340	2.329	10.113	48.539	15.22
		3.0	5.187	6.608	35.130	2.305	11.710	56.892	17.65
		4.0	6.710	8.547	43.539	2.256	14.513	72.188	21.97
		5.0	8.129	10.356	50.468	2.207	16.822	85.560	25.61
70	±0.65	2.5	5.170	6.590	49.400	2.740	14.100	78.500	21.20
		3.0	6.129	7.808	57.522	2.714	16.434	92.188	24.74
		4.0	7.966	10.147	72.108	2.665	20.602	117.975	31.11
		5.0	9.699	12.356	84.602	2.616	24.172	141.183	36.65
80	±0.70	2.5	5.957	7.589	75.147	3.147	18.787	118.520	28.22
		3.0	7.071	9.008	87.838	3.122	21.959	139.660	33.02
		4.0	9.222	11.747	111.031	3.074	27.757	179.808	41.84
		5.0	11.269	14.356	131.414	3.025	32.853	216.628	49.68
90	±0.75	3.0	8.013	10.208	127.277	3.531	28.283	201.108	42.51
		4.0	10.478	13.347	161.907	3.482	35.979	260.088	54.17
		5.0	12.839	16.356	192.903	3.434	42.867	314.896	64.71
		6.0	15.097	19.232	220.420	3.385	48.982	365.452	74.16
100	±0.80	4.0	11.734	14.947	226.337	3.891	45.267	361.213	68.10
		5.0	14.409	18.356	271.071	3.842	54.214	438.986	81.72
		6.0	16.981	21.632	311.415	3.794	62.283	511.558	94.12
110	±0.90	4.0	12.990	16.548	305.940	4.300	55.625	486.47	83.63
		5.0	15.980	20.356	367.950	4.252	66.900	593.60	100.74
		6.0	18.866	24.033	424.570	4.203	77.194	694.85	116.47

续表

边长 B/mm	允许偏差 /mm	壁厚 t/mm	理论质量 M/(kg/m)	截面面积 A/cm²	惯性矩 $I_x=I_y$/cm⁴	惯性半径 $R_x=R_y$/cm	截面模数 $W_x=W_y$/cm³	扭转常数 I_t/cm⁴	扭转常数 C_t/cm³
120	±0.90	4.0	14.246	18.147	402.260	4.708	67.043	635.603	100.75
		5.0	17.549	22.356	485.441	4.659	80.906	776.632	121.75
		6.0	20.749	26.432	562.094	4.611	93.683	910.281	141.22
		8.0	26.840	34.191	696.639	4.513	116.106	1155.010	174.58
130	±1.00	4.0	15.502	19.748	516.970	5.117	79.534	814.72	119.48
		5.0	19.120	24.356	625.680	5.068	96.258	998.22	144.77
		6.0	22.634	28.833	726.640	5.020	111.79	1173.6	168.36
		8.0	28.921	36.842	882.860	4.895	135.82	1502.1	209.54
140	±1.10	4.0	16.758	21.347	651.598	5.524	53.085	1022.176	139.8
		5.0	20.689	26.356	790.523	5.476	112.931	1253.565	169.78
		6.0	24.517	31.232	920.359	5.428	131.479	1475.020	197.9
		8.0	31.864	40.591	1153.735	5.331	164.819	1887.605	247.69
150	±1.20	4.0	18.014	22.948	807.82	5.933	107.71	1264.8	161.73
		5.0	22.260	28.356	982.12	5.885	130.95	1554.1	196.79
		6.0	26.402	33.633	1145.9	5.837	152.79	1832.7	229.84
		8.0	33.945	43.242	1411.8	5.714	188.25	2364.1	289.03
160	±1.20	4.0	19.270	24.547	987.152	6.341	123.394	1540.134	185.25
		5.0	23.829	30.356	1202.317	6.293	150.289	1893.787	225.79
		6.0	28.285	36.032	1405.408	6.245	175.676	2234.573	264.18
		8.0	36.888	46.991	1776.496	6.148	222.062	2876.940	333.56
170	±1.30	4.0	20.526	26.148	1191.3	6.750	140.15	1855.8	210.37
		5.0	25.400	32.356	1453.3	6.702	170.97	2285.3	256.80
		6.0	30.170	38.433	1701.6	6.654	200.18	2701.0	300.91
		8.0	38.969	49.642	2118.2	6.532	249.20	3503.1	381.28
180	±1.40	4.0	21.80	27.70	1422	7.16	158	2210	237
		5.0	27.00	34.40	1737	7.11	193	2724	290
		6.0	32.10	40.80	2037	7.06	226	3223	340
		8.0	41.50	52.80	2546	6.94	283	4189	432
190	±1.50	4.0	23.00	29.30	1680	7.57	176	2607	265
		5.0	28.50	36.40	2055	7.52	216	3216	325
		6.0	33.90	43.20	2413	7.47	254	3807	381
		8.0	44.00	56.00	3208	7.35	319	4958	486
200	±1.60	4.0	24.30	30.90	1968	7.97	197	3049	295
		5.0	30.10	38.40	2410	7.93	241	3763	362
		6.0	35.80	45.60	2833	7.88	283	4459	426
		8.0	46.50	59.20	3566	7.76	357	5815	544
		10.0	57.00	72.60	4251	7.65	425	7072	651
220	±1.80	5.0	33.2	42.4	3238	8.74	294	5038	442
		6.0	39.6	50.4	3813	8.70	347	5976	521
		8.0	51.5	65.6	4828	8.58	439	7815	668
		10.0	63.2	80.6	5782	8.47	526	9533	804
		12.0	73.5	93.7	6487	8.32	590	11149	922
250	±2.00	5.0	38.0	48.4	4805	9.97	384	7443	577
		6.0	45.2	57.6	5672	9.92	454	8843	681
		8.0	59.1	75.2	7299	9.80	578	11598	878
		10.0	72.7	92.6	8707	9.70	697	14197	1062
		12.0	84.8	108.0	9859	9.55	789	16691	1226

续表

边长	允许偏差	壁厚	理论质量	截面面积	惯性矩	惯性半径	截面模数	扭转常数	
B/mm	/mm	t/mm	M/(kg/m)	A/cm^2	$I_x=I_y$/cm^4	$R_x=R_y$/cm	$W_x=W_y$/cm^3	I_t/cm^4	C_t/cm^3
280	±2.20	5.0	42.7	54.4	6810	11.2	486	10513	730
		6.0	50.9	64.8	8054	11.1	575	12504	863
		8.0	66.6	84.8	10317	11.0	737	16436	1117
		10.0	82.1	104.6	12479	10.9	891	20173	1356
		12.0	96.1	122.5	14232	10.8	1017	23804	1574
300	±2.40	6.0	54.7	69.6	9964	12.0	664	15434	997
		8.0	71.6	91.2	12801	11.8	853	20312	1293
		10.0	88.4	113.0	15519	11.7	1035	24966	1572
		12.0	104.0	132.0	17767	11.6	1184	29514	1829
350	±2.80	6.0	64.1	81.6	16008	14.0	915	24683	1372
		8.0	84.2	107.0	20618	13.9	1182	32557	1787
		10.0	104.0	133.0	25189	13.8	1439	40127	2182
		12.0	123.0	156.0	29054	13.6	1660	47598	2552
400	±3.20	8.0	96.7	123.0	31269	15.9	1564	48934	2362
		10.0	120	153.0	38216	15.8	1911	60431	2892
		12.0	141	180.0	44319	15.7	2216	71843	3395
		14.0	163	208.0	50414	15.6	2521	82735	3877
450	±3.60	8.0	109	139	44966	18.0	1999	70043	3016
		10.0	135	173	55100	17.9	2449	86629	3702
		12.0	160	204	64164	17.7	2851	103150	4357
		14.0	185	236	73210	17.6	3254	119000	4989
500	±4.00	8.0	122	155	62172	20.0	2487	96483	3750
		10.0	151	193	76341	19.9	3054	119470	4612
		12.0	179	228	89187	19.8	3568	142420	5440
		14.0	207	264	102010	19.7	4080	164530	6241
		16.0	235	299	114260	19.6	4570	186140	7013

注：同表3-1-93注2、注3、注4。

表 3-1-95　　矩形冷弯空心型钢

边长/mm		允许偏差/mm	壁厚	理论质量	截面面积	惯性矩/cm^4		惯性半径/cm		截面模数/cm^3		扭转常数	
H	B		t/mm	M/(kg/m)	A/cm^2	I_x	I_y	R_x	R_y	W_x	W_y	I_t/cm^4	C_t/cm^3
30	20	±0.50	1.5	1.06	1.35	1.59	0.84	1.08	0.788	1.06	0.84	1.83	1.40
			1.75	1.22	1.55	1.77	0.93	1.07	0.777	1.18	0.93	2.07	1.56
			2.0	1.36	1.74	1.94	1.02	1.06	0.765	1.29	1.02	2.29	1.71
			2.5	1.64	2.09	2.21	1.15	1.03	0.742	1.47	1.15	2.68	1.95
40	20	±0.50	1.5	1.30	1.65	3.27	1.10	1.41	0.815	1.63	1.10	2.74	1.91
			1.75	1.49	1.90	3.68	1.22	1.39	0.804	1.84	1.23	3.11	2.14
			2.0	1.68	2.14	4.05	1.34	1.38	0.793	2.02	1.34	3.45	2.36
			2.5	2.03	2.59	4.69	1.54	1.35	0.770	2.35	1.54	4.06	2.72
			3.0	2.36	3.01	5.21	1.68	1.32	0.748	2.60	1.68	4.57	3.00
40	25	±0.50	1.5	1.41	1.80	3.82	1.84	1.46	1.010	1.91	1.47	4.06	2.46
			1.75	1.63	2.07	4.32	2.07	1.44	0.999	2.16	1.66	4.63	2.78
			2.0	1.83	2.34	4.77	2.28	1.43	0.988	2.39	1.82	5.17	3.07
			2.5	2.23	2.84	5.57	2.64	1.40	0.965	2.79	2.11	6.15	3.59
			3.0	2.60	3.31	6.24	2.94	1.37	0.942	3.12	2.35	7.00	4.01

续表

边长/mm		允许偏差/mm	壁厚	理论质量	截面面积	惯性矩/cm^4		惯性半径/cm		截面模数/cm^3		扭转常数	
H	B		t/mm	M/(kg/m)	A/cm^2	I_x	I_y	R_x	R_y	W_x	W_y	I_t/cm^4	C_t/cm^3
40	30	±0.50	1.5	1.53	1.95	4.38	2.81	1.50	1.199	2.19	1.87	5.52	3.02
			1.75	1.77	2.25	4.96	3.17	1.48	1.187	2.48	2.11	6.31	3.42
			2.0	1.99	2.54	5.49	3.51	1.47	1.176	2.75	2.34	7.07	3.79
			2.5	2.42	3.09	6.45	4.10	1.45	1.153	3.23	2.74	8.47	4.46
			3.0	2.83	3.61	7.27	4.60	1.42	1.129	3.63	3.07	9.72	5.03
50	25	±0.50	1.5	1.65	2.10	6.65	2.25	1.78	1.040	2.66	1.80	5.52	3.41
			1.75	1.90	2.42	7.55	2.54	1.76	1.024	3.02	2.03	6.32	3.54
			2.0	2.15	2.74	8.38	2.81	1.75	1.013	3.35	2.25	7.06	3.92
			2.5	2.62	2.34	9.89	3.28	1.72	0.991	3.95	2.62	8.43	4.60
			3.0	3.07	3.91	11.17	3.67	1.69	0.969	4.47	2.93	9.64	5.18
50	30	±0.50	1.5	1.767	2.252	7.535	3.415	1.829	1.231	3.014	2.276	7.587	3.83
			1.75	2.039	2.598	8.566	3.868	1.815	1.220	3.426	2.579	8.682	4.35
			2.0	2.305	2.936	9.535	4.291	1.801	1.208	3.814	2.861	9.727	4.84
			2.5	2.817	3.589	11.296	5.050	1.774	1.186	4.518	3.366	11.666	5.72
			3.0	3.303	4.206	12.827	5.696	1.745	1.163	5.130	3.797	13.401	6.49
			4.0	4.198	5.347	15.239	6.682	1.688	1.117	6.095	4.455	16.244	7.77
50	40	±0.50	1.5	2.003	2.552	9.300	6.602	1.908	1.608	3.720	3.301	12.238	5.24
			1.75	2.314	2.948	10.603	7.518	1.896	1.596	4.241	3.759	14.059	5.97
			2.0	2.619	3.336	11.840	8.348	1.883	1.585	4.736	4.192	15.817	6.673
			2.5	3.210	4.089	14.121	9.976	1.858	1.562	5.648	4.988	19.222	7.965
			3.0	3.775	4.808	16.149	11.382	1.833	1.539	6.460	5.691	22.336	9.123
			4.0	4.826	6.148	19.493	13.677	1.781	1.492	7.797	6.839	27.820	11.06
55	25	±0.50	1.5	1.767	2.252	8.453	2.460	1.937	1.045	3.074	1.968	6.273	3.458
			1.75	2.039	2.598	9.606	2.779	1.922	1.034	3.493	2.223	7.156	3.916
			2.0	2.305	2.936	10.689	3.073	1.907	1.023	3.886	2.459	7.992	4.342
55	40	±0.50	1.5	2.121	2.702	11.674	7.158	2.078	1.627	4.245	3.579	14.017	5.794
			1.75	2.452	3.123	13.329	8.158	2.065	1.616	4.847	4.079	16.175	6.614
			2.0	2.776	3.536	14.904	9.107	2.052	1.604	5.419	4.553	18.208	7.394
55	50	±0.60	1.75	2.726	3.473	15.811	13.660	2.133	1.983	5.749	5.464	23.173	8.415
			2.0	3.090	3.936	17.714	15.298	2.121	1.971	6.441	6.119	26.142	9.433
60	30	±0.60	2.0	2.620	3.337	15.046	5.078	2.123	1.234	5.015	3.385	12.570	5.881
			2.5	3.209	4.089	17.933	5.998	2.094	1.211	5.977	3.998	15.054	6.981
			3.0	3.774	4.808	20.496	6.794	2.064	1.188	6.832	4.529	17.335	7.950
			4.0	4.826	6.147	24.691	8.045	2.004	1.143	8.230	5.363	21.141	9.523
60	40	±0.60	2.0	2.934	3.737	18.412	9.831	2.220	1.622	6.137	4.915	20.702	8.116
			2.5	3.602	4.589	22.069	11.734	2.192	1.595	7.356	5.867	25.045	9.722
			3.0	4.245	5.408	25.374	13.436	2.166	1.576	8.458	6.718	29.121	11.175
			4.0	5.451	6.947	30.974	16.269	2.111	1.530	10.324	8.134	36.298	13.653
70	50	±0.60	2.0	3.562	4.537	31.475	18.758	2.634	2.033	8.993	7.503	37.454	12.196
			3.0	5.187	6.608	44.046	26.099	2.581	1.987	12.584	10.439	53.426	17.06
			4.0	6.710	8.547	54.663	32.210	2.528	1.941	15.618	12.884	67.613	21.189
			5.0	8.129	10.356	63.435	37.179	2.474	1.894	18.121	14.871	79.908	24.642
80	40	±0.70	2.0	3.561	4.536	37.355	12.720	2.869	1.674	9.339	6.361	30.881	11.004
			2.5	4.387	5.589	45.103	15.255	2.840	1.652	11.275	7.627	37.467	13.283
			3.0	5.187	6.608	52.246	17.552	2.811	1.629	13.061	8.776	43.680	15.283
			4.0	6.710	8.547	64.780	21.474	2.752	1.585	16.195	10.737	54.787	18.844
			5.0	8.129	10.356	75.080	24.567	2.692	1.540	18.770	12.283	64.110	21.744
80	60	±0.70	3.0	6.129	7.808	70.042	44.886	2.995	2.397	17.510	14.962	88.111	24.143
			4.0	7.966	10.147	87.945	56.105	2.943	2.351	21.976	18.701	112.583	30.332
			5.0	9.699	12.356	103.247	65.634	2.890	2.304	25.811	21.878	134.503	35.673

续表

边长/mm		允许偏	壁厚	理论质量	截面面积	惯性矩/cm^4		惯性半径/cm		截面模数/cm^3		扭转常数	
H	B	差/mm	t/mm	M/(kg/m)	A/cm^2	I_x	I_y	R_x	R_y	W_x	W_y	I_t/cm^4	C_t/cm^3
90	40	±0.75	3.0	5.658	7.208	70.487	19.610	3.127	1.649	15.663	9.805	51.193	17.339
			4.0	7.338	9.347	87.894	24.077	3.066	1.604	19.532	12.038	64.320	21.441
			5.0	8.914	11.356	102.487	27.651	3.004	1.560	22.774	13.825	75.426	24.819
90	50	±0.75	2.0	4.190	5.337	57.878	23.368	3.293	2.093	12.862	9.347	53.366	15.882
			2.5	5.172	6.589	70.263	28.236	3.266	2.070	15.614	11.294	65.299	19.235
			3.0	6.129	7.808	81.845	32.735	3.237	2.047	18.187	13.094	76.433	22.316
			4.0	7.966	10.147	102.696	40.695	3.181	2.002	22.821	16.278	97.162	27.961
			5.0	9.699	12.356	120.570	47.345	3.123	1.957	26.793	18.938	115.436	36.774
90	55	±0.75	2.0	4.346	5.536	61.75	28.957	3.340	2.287	13.733	10.53	62.724	17.601
			2.5	5.368	6.839	75.049	33.065	3.313	2.264	16.678	12.751	76.877	21.357
90	60	±0.75	3.0	6.600	8.408	93.203	49.764	3.329	2.432	20.711	16.588	104.552	27.391
			4.0	8.594	10.947	117.499	62.387	3.276	2.387	26.111	20.795	133.852	34.501
			5.0	10.484	13.356	138.653	73.218	3.222	2.311	30.811	24.406	160.273	40.712
90	50	±0.75	2.0	4.347	5.537	66.084	24.521	3.455	2.104	13.912	9.808	57.458	16.804
			2.5	5.369	6.839	80.306	29.647	3.247	2.082	16.906	11.895	70.324	20.364
100	50	±0.80	3.0	6.690	8.408	106.451	36.053	3.558	2.070	21.290	14.421	88.311	25.012
			4.0	8.594	10.947	134.124	44.938	3.500	2.026	26.824	17.975	112.409	31.35
			5.0	10.484	13.356	158.155	52.429	3.441	1.981	31.631	20.971	133.758	36.804
120	50	±0.90	2.5	6.350	8.089	143.97	36.704	4.219	2.130	23.995	14.682	96.026	26.006
			3.0	7.543	9.608	168.58	42.693	4.189	2.108	28.097	17.077	112.870	30.317
120	60	±0.90	3.0	8.013	10.208	189.113	64.398	4.304	2.511	31.581	24.666	156.029	37.138
			4.0	10.478	13.347	240.724	81.235	4.246	2.466	40.120	27.078	200.407	47.048
			5.0	12.839	16.356	286.941	95.968	4.188	2.422	47.823	31.989	240.869	55.846
			6.0	15.097	19.232	327.950	108.716	4.129	2.377	54.658	36.238	277.361	63.597
120	80	±0.90	3.0	8.955	11.408	230.189	123.430	4.491	3.289	38.364	30.857	255.128	50.799
			4.0	11.734	14.947	294.569	157.281	4.439	3.243	49.094	39.320	330.438	64.927
			5.0	14.409	18.356	353.108	187.747	4.385	3.198	58.850	46.936	400.735	77.772
			6.0	16.981	21.632	405.998	214.977	4.332	3.152	67.666	53.744	465.940	83.399
140	80	±1.00	4.0	12.990	16.547	429.582	180.407	5.095	3.301	61.368	45.101	410.713	76.478
			5.0	15.979	20.356	517.023	215.914	5.039	3.256	73.860	53.978	498.815	91.834
			6.0	18.865	24.032	569.935	247.905	4.983	3.211	85.276	61.976	580.919	105.83
150	100	±1.20	4.0	14.874	18.947	594.585	318.551	5.601	4.110	79.278	63.710	660.613	104.94
			5.0	18.334	23.356	719.164	383.988	5.549	4.054	95.888	79.797	806.733	126.81
			6.0	21.691	27.632	834.615	444.135	5.495	4.009	111.282	88.827	915.022	147.07
			8.0	28.096	35.791	1039.101	519.308	5.388	3.917	138.546	109.861	1147.710	181.85
160	60	±1.20	3.0	9.898	12.608	389.860	83.915	5.561	2.580	48.732	27.972	228.15	50.140
			4.5	14.498	18.469	552.080	116.66	5.468	2.513	69.010	38.886	324.96	70.085
160	80	±1.20	4.0	14.216	18.117	597.691	203.532	5.738	3.348	71.711	50.883	493.129	88.031
			5.0	17.519	22.356	721.650	214.089	5.681	3.304	90.206	61.020	599.175	105.90
			6.0	20.749	26.433	835.936	286.832	5.623	3.259	104.192	76.208	698.881	122.27
			8.0	26.810	33.644	1036.485	343.599	5.505	3.170	129.560	85.899	876.599	149.54
180	65	±1.20	3.0	11.075	14.108	550.35	111.78	6.246	2.815	61.150	34.393	306.750	61.849
			4.5	16.264	20.719	784.13	156.47	6.152	2.748	87.125	48.144	438.910	86.993
180	100	±1.30	4.0	16.758	21.317	926.020	373.879	6.586	4.184	102.891	74.755	852.708	127.06
			5.0	20.689	26.356	1124.156	451.738	6.530	4.140	124.906	90.347	1012.589	153.88
			6.0	24.517	31.232	1309.527	523.767	6.475	4.095	145.503	104.753	1222.933	178.88
			8.0	31.861	40.391	1643.149	651.132	6.362	4.002	182.572	130.226	1554.606	222.49

续表

边长/mm		允许偏差/mm	壁厚	理论质量	截面面积	惯性矩/cm^4		惯性半径/cm		截面模数/cm^3		扭转常数	
H	B		t/mm	M/(kg/m)	A/cm^2	I_x	I_y	R_x	R_y	W_x	W_y	I_t/cm^4	C_t/cm^3
200	100	±1.30	4.0	18.014	22.941	1199.680	410.261	7.230	4.230	119.968	82.152	984.151	141.81
			5.0	22.259	28.356	1459.270	496.905	7.173	4.186	145.920	99.381	1203.878	171.94
			6.0	26.101	33.632	1703.224	576.855	7.116	4.141	170.332	115.371	1412.986	200.10
			8.0	34.376	43.791	2145.993	719.014	7.000	4.052	214.599	143.802	1798.551	249.60
200	120	±1.40	4.0	19.3	24.5	1353	618	7.43	5.02	135	103	1345	172
			5.0	23.8	30.4	1649	750	7.37	4.97	165	125	1652	210
			6.0	28.3	36.0	1929	874	7.32	4.93	193	146	1947	245
			8.0	36.5	46.4	2386	1079	7.17	4.82	239	180	2507	308
200	150	±1.50	4.0	21.2	26.9	1584	1021	7.67	6.16	158	136	1942	219
			5.0	26.2	33.4	1935	1245	7.62	6.11	193	166	2391	267
			6.0	31.1	39.6	2268	1457	7.56	6.06	227	194	2826	312
			8.0	40.2	51.2	2892	1815	7.43	5.95	283	242	3664	396
220	140	±1.50	4.0	21.8	27.7	1892	948	8.26	5.84	172	135	1987	224
			5.0	27.0	34.4	2313	1155	8.21	5.80	210	165	2447	274
			6.0	32.1	40.8	2714	1352	8.15	5.75	247	193	2891	321
			8.0	41.5	52.8	3389	1685	8.01	5.65	308	241	3746	407
250	150	±1.60	4.0	24.3	30.9	2697	1234	9.34	6.32	216	165	2665	275
			5.0	30.1	38.4	3304	1508	9.28	6.27	264	201	3285	337
			6.0	35.8	45.6	3886	1768	9.23	6.23	311	236	3886	396
			8.0	46.5	59.2	4886	2219	9.08	6.12	391	296	5050	504
260	180	±1.80	5.0	33.2	42.4	4121	2350	9.86	7.45	317	261	4695	426
			6.0	39.6	50.4	4856	2763	9.81	7.40	374	307	5566	501
			8.0	51.5	65.6	6145	3493	9.68	7.29	473	388	7267	642
			10.0	63.2	80.6	7363	4174	9.56	7.20	566	646	8850	772
300	200	±2.00	5.0	38.0	48.4	6241	3361	11.4	8.34	416	336	6836	552
			6.0	45.2	57.6	7370	3962	11.3	8.29	491	396	8115	651
			8.0	59.1	75.2	9389	5042	11.2	8.19	626	504	10627	838
			10.0	72.7	92.6	11313	6058	11.1	8.09	754	606	12987	1012
350	250	±2.20	5.0	45.8	58.4	10520	6306	13.4	10.4	601	504	12234	817
			6.0	54.7	69.6	12457	7458	13.4	10.3	712	594	14554	967
			8.0	71.6	91.2	16001	9573	13.2	10.2	914	766	19136	1253
			10.0	88.4	113.0	19407	11588	13.1	10.1	1109	927	23500	1522
400	200	±2.40	5.0	45.8	58.4	12490	4311	14.6	8.60	624	431	10519	742
			6.0	54.7	69.6	14789	5092	14.5	8.55	739	509	12069	877
			8.0	71.6	91.2	18974	6517	14.4	8.45	949	652	15820	1133
			10.0	88.4	113.0	23003	7864	14.3	8.36	1150	786	19368	1373
			12.0	104.0	132.0	26248	8977	14.1	8.24	1312	898	22782	1591
400	250	±2.60	5.0	49.7	63.4	14440	7056	15.1	10.6	722	565	14773	937
			6.0	59.4	75.6	17118	8352	15.0	10.5	856	668	17580	1110
			8.0	77.9	99.2	22048	10744	14.9	10.4	1102	860	23127	1440
			10.0	96.2	122.0	26806	13029	14.8	10.3	1340	1042	28423	1753
			12.0	113.0	144.0	30766	14926	14.6	10.2	1538	1197	33597	2042

续表

边长/mm		允许偏差/mm	壁厚	理论质量	截面面积	惯性矩/cm⁴		惯性半径/cm		截面模数/cm³		扭转常数	
H	B		t/mm	M/(kg/m)	A/cm²	I_x	I_y	R_x	R_y	W_x	W_y	I_t/cm⁴	C_t/cm³
450	250	±2. 80	6. 0	64. 1	81. 6	22724	9245	16. 7	10. 6	1010	740	20687	1253
			8. 0	84. 2	107. 0	29336	11916	16. 5	10. 5	1304	953	27222	1628
			10. 0	104. 0	133. 0	35737	14470	16. 4	10. 4	1588	1158	33473	1983
			12. 0	123. 0	156. 0	41137	16663	16. 2	10. 3	1828	1333	39591	2314
500	300	±3. 20	6. 0	73. 5	93. 6	33012	15151	18. 8	12. 7	1321	1010	32420	1688
			8. 0	96. 7	123. 0	42805	19624	18. 6	12. 6	1712	1308	42767	2202
			10. 0	120. 0	153. 0	52328	23933	18. 5	12. 5	2093	1596	52736	2693
			12. 0	141. 0	180. 0	60604	27726	18. 3	12. 4	2424	1848	62581	3156
550	350	±3. 60	8. 0	109	139	59783	30040	20. 7	14. 7	2174	1717	63051	2856
			10. 0	135	173	73276	36752	20. 6	14. 6	2665	2100	77901	3503
			12. 0	160	204	85249	42769	20. 4	14. 5	3100	2444	92646	4118
			14. 0	185	236	97269	48731	20. 3	14. 4	3537	2784	106760	4710
600	400	±4. 00	8. 0	122	155	80670	43564	22. 8	16. 8	2689	2178	88672	3591
			10. 0	151	193	99081	53429	22. 7	16. 7	3303	2672	109720	4413
			12. 0	179	228	115670	62391	22. 5	16. 5	3856	3120	130680	5201
			14. 0	207	264	132310	71282	22. 4	16. 4	4410	3564	150850	5962
			16. 0	235	299	148210	79760	22. 3	16. 3	4940	3988	170510	6694

注：同表 3-1-93 注 2、注 3、注 4。

汽车用冷弯型钢（摘自 GB/T 6726—2008）

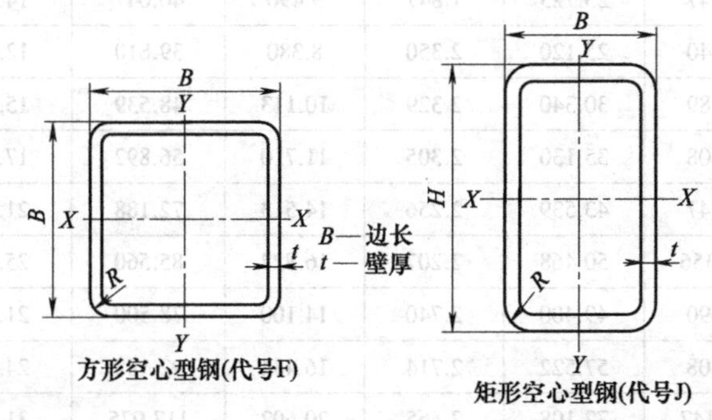

方形空心型钢(代号F)　　矩形空心型钢(代号J)

表 3-1-96　　方形空心型钢

边长 B /mm	尺寸允许偏差 Δ /mm	壁厚 t /mm	理论质量 M /(kg/m)	截面面积 A /cm²	惯性矩 $I_x=I_y$ /cm⁴	惯性半径 $r_x=r_y$ /cm	截面模数 $W_x=W_y$ /cm³	扭转常数 I_t /cm⁴	扭转常数 C_t/cm³
20	±0. 50	1.5	0.826	1.052	0.583	0.744	0.583	0.985	0.88
		1.75	0.941	1.199	0.642	0.732	0.642	1.106	0.98
		2.0	1.050	1.340	0.692	0.720	0.692	1.215	1.06
25	±0. 50	1.5	1.061	1.352	1.216	0.948	0.973	1.998	1.47
		1.75	1.215	1.548	1.357	0.936	1.086	2.261	1.65
		2.0	1.363	1.736	1.482	0.923	1.186	2.502	1.80

续表

边长 B /mm	尺寸允许偏差 Δ /mm	壁厚 t /mm	理论质量 M /(kg/m)	截面面积 A /cm²	惯性矩 $I_x=I_y$ /cm⁴	惯性半径 $r_x=r_y$ /cm	截面模数 $W_x=W_y$ /cm³	扭转常数 I_t /cm⁴	扭转常数 C_t/cm³
30	±0.50	1.5	1.296	1.652	2.195	1.152	1.463	3.555	2.21
		1.75	1.490	1.898	2.470	1.140	1.646	4.048	2.49
		2.0	1.677	2.136	2.721	1.128	1.814	4.511	2.75
		2.5	2.032	2.589	3.154	1.103	2.102	5.347	3.20
		3.0	2.361	3.008	3.500	1.078	2.333	6.060	3.58
40	±0.50	1.5	1.767	2.252	5.489	1.561	2.744	8.728	4.13
		1.75	2.039	2.598	6.237	1.549	3.118	10.009	4.69
		2.0	2.305	2.936	6.939	1.537	3.469	11.238	5.23
		2.5	2.817	3.589	8.213	1.512	4.106	13.539	6.21
		3.0	3.303	4.208	9.320	1.488	4.660	15.628	7.07
		4.0	4.198	5.347	11.064	1.438	5.532	19.152	8.48
50	±0.50	1.5	2.238	2.852	11.065	1.969	4.426	17.395	6.65
		1.75	2.589	3.298	12.641	1.957	5.056	20.025	7.60
		2.0	2.933	3.736	14.146	1.945	5.658	22.578	8.51
		2.5	3.602	4.589	16.941	1.921	6.776	27.436	10.22
		3.0	4.245	5.408	19.463	1.897	7.785	31.972	11.77
		4.0	5.454	6.947	23.725	1.847	9.490	40.047	14.43
60	±0.60	2.0	3.560	4.540	25.120	2.350	8.380	39.810	12.60
		2.5	4.387	5.589	30.340	2.329	10.113	48.539	15.22
		3.0	5.187	6.608	35.130	2.305	11.710	56.892	17.65
		4.0	6.710	8.547	43.539	2.256	14.513	72.188	21.97
		5.0	8.129	10.356	50.468	2.207	16.822	85.560	25.61
70	±0.65	2.5	5.170	6.590	49.400	2.740	14.100	78.500	21.20
		3.0	6.129	7.808	57.522	2.714	16.434	92.188	24.74
		4.0	7.966	10.147	72.108	2.665	20.602	117.975	31.11
		5.0	9.699	12.356	84.602	2.616	24.172	141.183	36.65
80	±0.70	3.0	7.071	9.008	87.838	3.122	21.959	139.660	33.02
		4.0	9.222	11.747	111.031	3.074	27.757	179.808	41.84
		5.0	11.269	14.356	131.414	3.025	32.853	216.628	49.68
90	±0.75	3.0	8.013	10.208	127.277	3.531	28.283	201.108	42.51
		4.0	10.478	13.347	161.907	3.482	35.979	260.088	54.17
		5.0	12.839	16.356	192.903	3.434	42.867	314.896	64.71
		6.0	15.097	19.232	220.420	3.385	48.982	365.452	74.16
100	±0.80	4.0	11.734	11.947	226.337	3.891	45.267	361.213	68.10
		5.0	14.409	18.356	271.071	3.842	54.214	438.986	81.72
		6.0	16.981	21.632	311.415	3.794	62.283	511.558	94.12

续表

边长 B /mm	尺寸允许偏差 Δ /mm	壁厚 t /mm	理论质量 M /(kg/m)	截面面积 A /cm²	惯性矩 $I_x=I_y$ /cm⁴	惯性半径 $r_x=r_y$ /cm	截面模数 $W_x=W_y$ /cm³	扭转常数 I_t /cm⁴	扭转常数 C_t/cm³
120	±0.90	4.0	14.246	18.147	402.260	4.708	67.043	635.603	100.75
		5.0	17.549	22.356	485.441	4.659	80.906	776.632	121.75
		6.0	20.749	26.432	562.094	4.611	93.683	910.281	141.22

注：1. 见表 3-1-85 注 1，注 3。

2. 外圆弧半径 R 见下表。

3. 标记示例，用结构钢 Q235 制造的，尺寸为 120×60×4mm 汽车用冷弯矩形空心型钢的标记

$$冷弯矩形空心型钢（J）=\frac{J120\times60\times4\text{-GB/T 6726—2008}}{\text{Q235-GB/T 700—2006}}$$

屈服强度等级		壁厚		
		t≤2.0mm	2.0mm<t≤4.0mm	4.0mm<t≤8.0mm
235	半径 R	(1.5~3.0) t		(2.0~3.5) t
345		(2.0~3.5) t		(2.5~4.0) t
390		供需双方协商		

表 3-1-97　矩形空心型钢

边长 H /mm	边长 B /mm	尺寸允许偏差 Δ/mm	壁厚 t /mm	理论质量 M /(kg/m)	截面面积 A /cm²	惯性矩 I_x /cm⁴	惯性矩 I_y /cm⁴	惯性半径 r_x /cm	惯性半径 r_y /cm	截面模数 W_x /cm³	截面模数 W_y /cm³	扭转常数 I_t /cm⁴	扭转常数 C_t /cm³
40	30	±0.50	1.5	1.53	1.95	4.38	2.81	1.50	1.199	2.19	1.87	5.52	3.02
			1.75	1.77	2.25	4.96	3.17	1.48	1.187	2.48	2.11	6.31	3.42
			2.0	1.99	2.54	5.49	3.51	1.47	1.176	2.75	2.34	7.07	3.79
50	30	±0.50	1.5	1.767	2.252	7.535	3.415	1.829	1.231	3.014	2.276	7.587	3.83
			1.75	2.039	2.598	8.566	3.868	1.815	1.220	3.426	2.579	8.682	4.35
			2.0	2.305	2.936	9.535	4.291	1.801	1.208	3.814	2.861	9.727	4.84
			2.5	2.817	3.589	11.296	5.050	1.774	1.186	4.518	3.366	11.666	5.72
			3.0	3.303	4.206	12.827	5.696	1.745	1.163	5.130	3.797	13.401	6.49
			4.0	4.198	5.347	15.239	6.682	1.688	1.117	6.095	4.455	16.244	7.77
50	40	±0.50	1.5	2.003	2.552	9.300	6.602	1.908	1.608	3.720	3.301	12.238	5.24
			1.75	2.314	2.948	10.603	7.518	1.896	1.596	4.241	3.759	14.059	5.97
			2.0	2.619	3.336	11.840	8.348	1.883	1.585	4.736	4.192	15.817	6.673
			2.5	3.210	4.089	14.121	9.976	1.858	1.562	5.648	4.988	19.222	7.965
			3.0	3.775	4.808	16.149	11.382	1.833	1.539	6.460	5.691	22.336	9.123
			4.0	4.826	6.148	19.493	13.677	1.781	1.492	7.797	6.839	27.82	11.06
50	25	±0.50	1.5	1.767	2.252	8.453	2.460	1.937	1.045	3.074	1.968	6.273	3.458
			1.75	2.039	2.598	9.606	2.779	1.922	1.034	3.493	2.223	7.156	3.916
			2.0	2.305	2.936	10.689	3.073	1.907	1.023	3.886	2.459	7.992	4.342

续表

边长		尺寸允许偏差	壁厚	理论质量 M	截面面积 A	惯性矩		惯性半径		截面模数/cm^3		扭转常数	
H	B	Δ/mm	t			I_x	I_y	r_x	r_y	W_x	W_y	I_t	C_t
/mm			/mm	/(kg/m)	/cm^2	/cm^4		/cm		/cm^3		/cm^4	/cm^3
55	40	±0.50	1.5	2.121	2.702	11.674	7.158	2.078	1.627	4.245	3.579	14.017	5.794
			1.75	2.452	3.123	13.329	8.158	2.065	1.616	4.847	4.079	16.175	6.614
			2.0	2.776	3.536	14.904	9.107	2.052	1.604	5.419	4.553	18.208	7.394
55	50	±0.60	1.75	2.726	3.473	15.811	13.660	2.133	1.983	5.749	5.464	23.173	8.415
			2.0	3.090	3.936	17.714	15.298	2.121	1.971	6.441	6.119	26.142	9.433
60	30	±0. 60	2.0	2.620	3.337	15.046	5.078	2.123	1.234	5.015	3.385	12.57	5.881
			2.5	3.209	4.089	17.933	5.998	2.094	1.211	5.977	3.998	15.054	6.981
			3.0	3.774	4.808	20.496	6.794	2.064	1.188	6.832	4.529	17.335	7.950
			4.0	4.826	6.147	24.691	8.045	2.004	1.143	8.230	5.363	21.141	9.523
60	40	±0.60	2.0	2.934	3.737	18.412	9.831	2.220	1.622	6.137	4.915	20.702	8.116
			2.5	3.602	4.589	22.069	11.734	2.192	1.595	7.356	5.867	25.045	9.722
			3.0	4.245	5.408	25.374	13.436	2.166	1.576	8.458	6.718	29.121	11.175
			4.0	5.451	6.947	30.974	16.269	2.111	1.530	10.324	8.134	36.298	13.653
70	50	±0.60	2.0	3.562	4.537	31.475	18.758	2.634	2.033	8.993	7.503	37.454	12.196
			3.0	5.187	6.608	44.046	26.099	2.581	1.987	12.584	10.439	53.426	17.06
			4.0	6.710	8.547	54.663	32.210	2.528	1.941	15.618	12.884	67.613	21.189
			5.0	8.129	10.356	63.435	37.179	2.171	1.894	18.121	14.871	79.908	24.642
80	40	±0.70	2.0	3.561	4.536	37.355	12.720	2.869	1.674	9.339	6.361	30.881	11.004
			2.5	4.387	5.589	45.103	15.255	2.840	1.652	11.275	7.627	37.467	13.283
			3.0	5.187	6.608	52.246	17.552	2.811	1.629	13.061	8.776	43.680	15.283
			4.0	6.710	8.547	64.780	21.474	2.752	1.585	16.195	10.737	54.787	18.844
			5.0	8.129	10.356	75.080	24.567	2.692	1.540	18.770	12.283	64.110	21.744
80	60	±0.70	3.0	6.129	7.808	70.042	44.886	2.995	2.397	17.510	14.962	88.111	24.143
			4.0	7.966	10.147	87.945	56.105	2.943	2.351	21.976	18.701	112.583	30.332
			5.0	9.699	12.356	103.247	65.634	2.890	2.304	25.811	21.878	134.503	35.673
90	40	±0.75	3.0	5.658	7.208	70.487	19.610	3.127	1.649	15.663	9.805	51.193	17.339
			4.0	7.338	9.347	87.894	24.077	3.066	1.604	19.532	12.038	64.320	21.441
			5.0	8.914	11.356	102.487	27.651	3.004	1.560	22.774	13.825	75.426	24.819
90	50	±0.75	2.0	4.190	5.337	57.878	23.368	3.293	2.093	12.862	9.347	53.366	15.882
			2.5	5.172	6.589	70.263	28.236	3.266	2.070	15.614	11.294	65.299	19.235
			3.0	6.129	7.808	81.845	32.735	3.237	2.047	18.187	13.094	76.433	22.316
			4.0	7.966	10.147	102.696	40.695	3.181	2.002	22.821	16.278	97.162	27.961
			5.0	9.699	12.356	120.570	47.345	3.123	1.957	26.793	18.938	115.436	36.774

续表

边长		尺寸允许偏差 Δ/mm	壁厚 t /mm	理论质量 M /(kg/m)	截面面积 A /cm^2	惯性矩		惯性半径		截面模数/cm^3		扭转常数	
H /mm	B /mm					I_x /cm^4	I_y /cm^4	r_x /cm	r_y /cm	W_x /cm^3	W_y /cm^3	I_t /cm^4	C_t /cm^3
90	55	±0.75	2.0	4.346	5.536	61.750	28.957	3.340	2.287	13.733	10.530	62.724	17.601
			2.5	5.368	6.839	75.049	33.065	3.313	2.264	16.678	12.751	76.877	21.357
90	60	±0.75	3.0	6.600	8.408	93.203	49.764	3.329	2.432	20.711	16.588	104.552	27.391
			4.0	8.594	10.947	117.499	62.387	3.276	2.387	26.111	20.795	133.852	34.501
			5.0	10.484	13.356	138.653	73.218	3.222	2.311	30.811	24.406	160.273	40.712
100	50	±0.80	3.0	6.690	8.408	106.451	36.053	3.558	2.070	21.290	14.421	88.311	25.012
			4.0	8.594	10.947	134.124	44.938	3.500	2.026	26.824	17.975	112.409	31.350
			5.0	10.484	13.356	158.155	52.429	3.441	1.981	31.631	20.971	133.758	36.804
120	50	±0.90	2.5	6.350	8.089	143.970	36.704	4.219	2.130	23.995	14.682	96.026	26.006
			3.0	7.543	9.608	168.580	42.693	4.189	2.108	28.097	17.077	112.87	30.317
120	60	±0.90	3.0	8.013	10.208	189.113	64.398	4.304	2.511	31.581	21.466	156.029	37.138
			4.0	10.478	13.347	240.724	81.235	4.246	2.466	40.120	27.078	200.407	47.048
			5.0	12.839	16.356	286.941	95.968	4.188	2.422	47.823	31.989	240.869	55.846
			6.0	15.097	19.232	327.950	108.716	4.129	2.377	54.658	36.238	277.361	63.597
120	80	±0.90	3.0	8.955	11.408	230.189	123.430	4.491	3.289	38.364	30.857	255.128	50.799
			4.0	11.734	11.947	294.569	157.281	4.439	3.243	49.094	39.320	330.438	64.927
			5.0	14.409	18.356	353.108	187.747	4.385	3.198	58.850	46.936	400.735	77.772
			6.0	16.981	21.632	105.998	214.977	4.332	3.152	67.666	53.744	165.940	83.399
140	80	±1.00	4.0	12.990	16.547	429.582	180.407	5.095	3.301	61.368	45.101	410.713	76.478
			5.0	15.979	20.356	517.023	215.914	5.039	3.256	73.860	53.978	498.815	91.834
			6.0	18.865	24.032	569.935	247.905	4.983	3.211	85.276	61.976	580.919	105.83
150	100	±1.20	4.0	14.874	18.947	594.585	318.551	5.601	4.110	79.278	63.710	660.613	104.94
			5.0	18.334	23.356	719.164	383.988	5.549	4.054	95.888	79.797	806.733	126.81
			6.0	21.691	27.632	834.615	444.135	5.495	4.009	111.282	88.827	915.022	147.07
160	80	±1.20	4.0	14.216	18.117	597.691	203.532	5.738	3.348	71.711	50.883	493.129	88.031
			5.0	17.519	22.356	721.650	214.089	5.681	3.304	90.206	61.020	599.175	105.90
			6.0	20.749	26.433	835.936	286.832	5.623	3.259	104.192	76.208	698.881	122.27
180	65	±1.20	3.0	11.075	14.108	550.350	111.780	6.246	2.815	61.150	34.393	306.750	61.849
			4.5	16.264	20.719	784.130	156.470	6.152	2.748	87.125	48.144	438.910	86.993

注：同表 3-1-93 表注。

起重机钢轨（摘自 YB/T 5055—2005）

表 3-1-98

钢轨标号	理论质量 /(kg/m)	尺								寸					截面面积 /cm^2	质心距离		惯性矩		截面模数		
		b	b_1	b_2	s	h	h_1	h_2	R	R_1	R_2	r	r_1	r_2		y_1	y_2	I_x	I_y	$W_1=\frac{I_x}{y_1}$	$W_2=\frac{I_x}{y_2}$	$W_3=\frac{I_y}{b_2/2}$
		/mm														/cm		/cm^4		/cm^3		
QU70	52.80	70	76.5	120	28	120	32.5	24	400	23	38	6	6	1.5	67.30	5.93	6.07	1081.99	327.16	182.46	178.25	54.53
QU80	63.69	80	87	130	32	130	35.0	26	400	26	44	8	6	1.5	81.13	6.43	6.57	1547.40	482.39	240.65	235.53	74.21
QU100	88.96	100	108	150	38	150	40.0	30	450	30	50	8	8	2.0	113.32	7.60	7.40	2864.73	940.98	376.94	387.13	125.46
QU120	118.10	120	129	170	44	170	45.0	35	500	34	56	8	8	2.0	150.44	8.43	8.57	4923.79	1694.83	584.08	574.54	199.39

注：1. 钢轨的标准长度为 9m、9.5m、10m、10.5m、11m、11.5m、12m、12.5m。

2. 目前生产 QU80、QU100 及 QU120 型，材料为 U71Mn［其化学成分（质量分数）为 C 0.65%～0.77%，Si 0.15%～0.35%，Mn 1.10%～1.50%］，抗拉强度不小于 885N/mm^2。

重轨（摘自 GB 2585—2007）

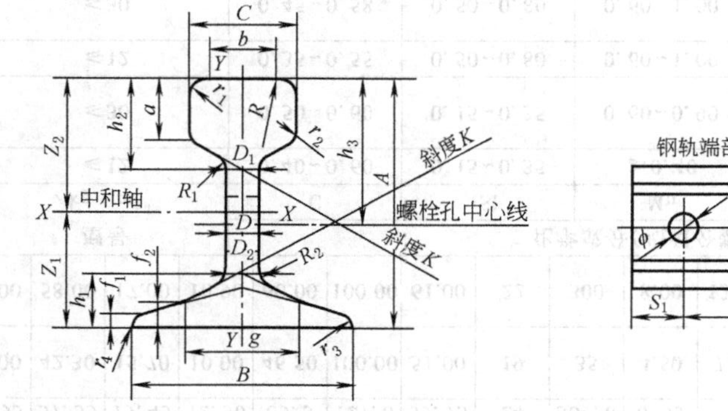

表 3-1-99

钢轨型号 /(kg/m)	主要尺寸 A	B	C	D	截面面积 F	质心距离 至轨底 Z_1	至轨顶 Z_2	惯性矩 J_x	J_y	截面模数 轨底 $W_1=\frac{J_x}{Z_1}$	轨顶 $W_2=\frac{J_x}{Z_2}$	$W_3=\frac{J_y}{B/2}$	斜度 K	通常长度 /m
	/mm				/cm²	/cm		/cm⁴		/cm³				
38	134	114	68	13.0	49.5	6.67	6.73	1204.4	209.3	180.6	178.9	36.7	1∶3	12.5,25,50,100
43	140	114	70	14.5	57.0	6.90	7.10	1489.0	260.0	217.3	208.3	45.0	1∶3	12.5,25,50,100
50	152	132	70	15.5	65.8	7.10	8.10	2037.0	377.0	287.2	251.3	57.1	1∶4	12.5,25,50,100
60	176	150	73	16.5	77.45	8.12	9.48	3217.0	524.0	369.0	339.4	69.9	1∶3	12.5,25,50,100
75	192	150	75	20.0	95.037	8.82	10.38	4489.0	665.0	509.0	432.0	89.0	1∶4	12.5,25,50,100

钢轨型号 /(kg/m)	尺寸/mm h_1	h_2	h_3	a	b	g	f_1	f_2	r_1	r_2	r_3	r_4	S_1	S_2	S_3	φ	R	R_1	R_2	D_1	D_2
38	24	39	74.5	27.7	43.9	79.0	9.0	10.8	13	4.0	4.0	2.0	56	110	160	29	300	7	7	16.3	16.3
43	27	42	77.5	30.4	46.0	78.0	11.0	14.0	13	2.0	4.0	2.5	56	110	160	29	300	10	15	17.6	16.9
50	27	42	83.5	33.3	46.0	—	10.5	—	13	2.5	4.0	2.0	66	150	140	31	300	12	20	19.4	—
60	30.5	48.5	97.0	36.3	50.7	91.4	12.0	15.3	13	2.0	4.0	2.0	76	140	140	31	300	25	20	20.8	20.4
75	32.3	55.3	111.6	46.0	47.8	—	13.5	—	15	5.0	4.0	2.0	96	220	130	31	500	17	25	24.8	23.2

注：1. 重轨钢号有 U74（抗拉强度 R_m 不小于 780N/mm²）、U71Mn、U70MnSi、U71MnSiCu（三者抗拉强度 R_m 不小于 880N/mm²）、U75V、U76NbRE（二者抗拉强度 R_m 不小于 980N/mm²）、U70Mn（抗拉强度 R_m 不小于 880N/mm²），其化学成分符合 GB 2585 的规定。

2. 钢轨以热轧状态交货。

表 3-1-100

轻轨（摘自 GB/T 11264—2012）

型号 /(kg/m)	截面尺寸 /mm														截面面积	理论质量	截面特性参数				
	轨高	底宽	头宽	头高	腰高	底高	腰厚										质心距离		惯性矩	截面模数	回转半径
	A	B	C	D	E	F	t	S_1	S_2	h	ϕ	R	R_1	r_1	A /cm²	W /(kg/m)	c /cm	e /cm	I /cm⁴	W /cm³	i /cm
9	63.50	63.50	32.10	17.48	35.72	10.30	5.90	50.8	101.6	35.34	16	304.8	6.35	7.94	11.39	8.94	3.09	3.26	62.41	19.10	2.33
12	69.85	69.85	38.10	19.85	37.70	12.30	7.54	50.8	101.6	38.70	16	304.8	6.35	7.94	15.54	12.20	3.40	3.59	98.82	27.60	2.51
15	79.37	79.37	42.86	22.22	43.65	13.50	8.33	50.8	101.6	44.05	20	304.8	6.35	7.94	19.33	15.20	3.89	4.05	156.10	38.60	2.83
22	93.66	93.66	50.80	26.99	50.00	16.67	10.72	63.5	127.0	51.99	24	304.8	6.35	7.94	28.39	22.30	4.52	4.85	339.00	69.60	3.45
30	107.95	107.95	60.33	30.95	57.55	19.45	12.30	63.5	127.0	59.73	24	304.8	6.35	7.94	38.32	30.10	5.21	5.59	606.00	108.00	3.98
18	90.00	80.00	40.00	32.00	42.30	15.70	10.00	46.50	100.00	51.00	19	35	4.50	7.00	23.07	18.06	4.29	4.71	240.00	$W_1=56.10$、$W_2=51$、$W_3=10.3$	
24	107.00	92.00	51.00	32.00	58.00	17.00	10.90	60.00	100.00	61.00	22	300	8.00	13.00	31.24	24.46	5.31	5.40	486.00	$W_1=91.64$、$W_2=90.12$、$W_3=17.49$	

钢类	牌号	型号 /kg·m⁻¹	化学成分(质量分数)/%					力学性能	
			C	Si	Mn	P	S	R_m/MPa	HB
碳素钢	50Q	≤12	0.40~0.60	0.15~0.35	≥0.40	≤0.040	≤0.040	≥569	—
	55Q	≤30	0.50~0.60	0.15~0.35	0.60~0.90	≤0.040	≤0.040	≥685	— ≥197
低合金钢	45SiMnP	≤12	0.35~0.55	0.50~0.80	0.60~1.00	≤0.12	≤0.040	≥569	—
	50SiMnP	≤30	0.45~0.58	0.50~0.80	0.60~1.00	≤0.12	≤0.040	≥685	— ≥197

注：1. 轻轨长度系列为：12、11.5、11.0、10.5、10.0、9.5、9.0、8.5、8.0、7.5、7.0、6.5、6.0、5.5、5.0（m）。

2. 轻轨以热轧状态交货。

轻轨接头夹板（摘自 GB/T 11265—1989）

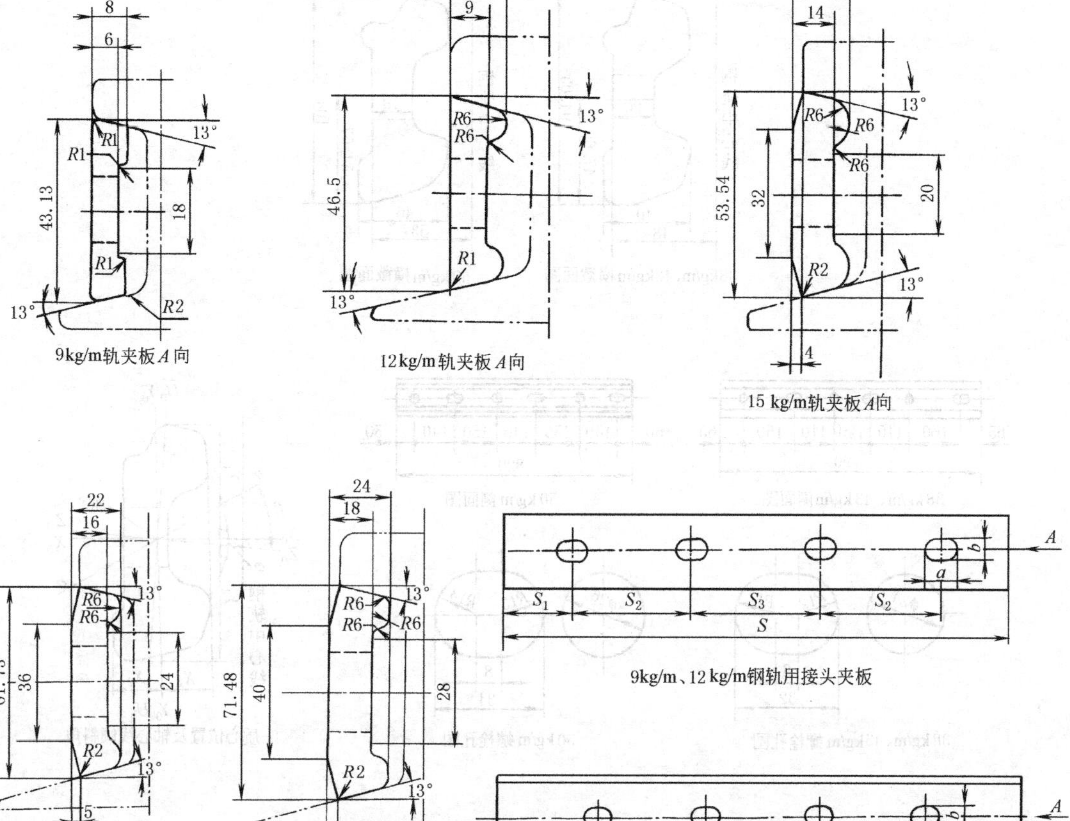

表 3-1-101

夹板型号	尺寸/mm						抗拉强度 σ_b /(N/mm^2)	化学成分	理论质量 /(kg/块)
	S	S_1	S_2	S_3	a	b			
9kg/m 轨用	385	38	102	105	18	14	375~460	应符合 GB/T 700 中 Q235-A 的规定	0.81
12kg/m 轨用	409	50	102	105	18	14			1.39
15kg/m 轨用	409	50	102	105	24	18			2.20
22kg/m 轨用	510	63	127	130	29	22	410~510	应符合 GB/T 700 中 Q255-A 的规定	3.80
30kg/m 轨用	561	90	127	130	29	22			5.54

重轨用鱼尾板（摘自 GB/T 185—1963、GB/T 184—1963）

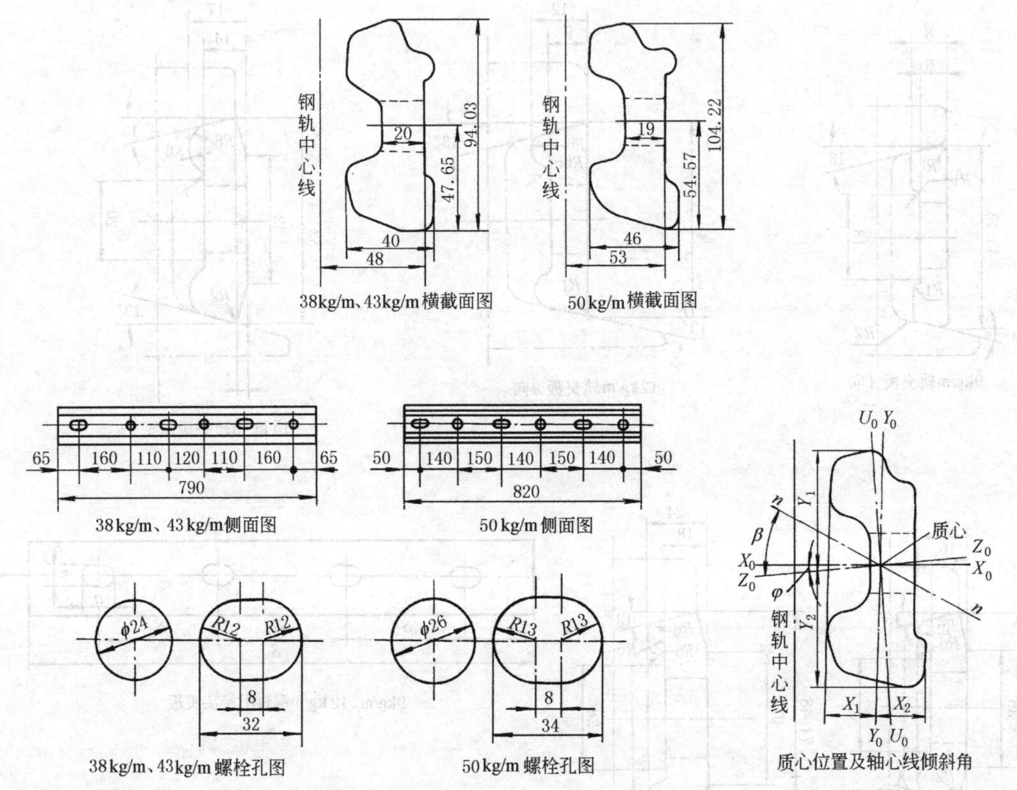

38kg/m、43kg/m横截面图　　50 kg/m横截面图

38 kg/m、43 kg/m侧面图　　50 kg/m 侧面图

38 kg/m、43 kg/m 螺栓孔图　　50 kg/m 螺栓孔图　　质心位置及轴心线倾斜角

表 3-1-102

钢轨类型/(kg/m)	鱼尾板长度/mm	横截面面积/cm^2	理论质量/kg			质心至各处的距离/cm				轴心线的倾斜角度	
			每米长度的质量	每块质量		至顶部的距离 Y_1	至下部的距离 Y_2	至内侧的距离 X_1	至外侧的距离 X_2	Z_0 轴与水平轴的夹角 φ	中性轴与 Z_0 轴的夹角 β
				未扣除螺栓孔	扣除螺栓孔						
38、43	790	26.01	20.37	16.09	15.57	4.89	4.51	2.09	1.88	4°03′	27°11′
50	820	30.05	23.53	19.29	18.72	5.37	5.05	2.38	2.18	4°39′	30°15′

钢轨类型/(kg/m)	惯性矩/cm^4				离心惯性矩 I_{xy} /cm^4	截面系数/cm^3				鱼尾板标准号
	对 X_0 轴 I_x	对 Y_0 轴 I_y	对主轴			对顶部边缘 W_1	对下部边缘 W_2	对内侧边缘 W_3	对外侧边缘 W_4	
			I_z	I_u						
38、43	190.0	27.1	190.8	26.3	−11.6	38.9	42.1	13.0	14.4	GB/T 185
50	281.0	40.9	282.6	39.3	−19.7	52.2	55.4	17.2	18.8	GB/T 184

注：根据鱼尾板技术条件（YB 354—2005），鱼尾板材料为 Q275，其热处理后的力学性能如下。

σ_b /(N/mm^2)	σ_s /(N/mm^2)	δ_5 /%	ψ /%	HB	冷弯 (30°)
≥785	≥520	≥9	≥20	227~388	良好

3.3 钢管

低压流体输送焊接钢管（摘自 GB/T 3091—2008）

表 3-1-103

公称口径/mm	公称外径 D/mm	允许偏差	普通钢管			加厚钢管		
			公称壁厚 t/mm	允许偏差	理论质量(未镀锌)/(kg/m)	公称壁厚 t/mm	允许偏差	理论质量(未镀锌)/(kg/m)
6	10.2	±0.50mm	2.0	±10%t	0.40	2.5	±10%t	0.47
8	13.5		2.5		0.68	2.8		0.74
10	17.2		2.5		0.91	2.8		0.99
15	21.3		2.8		1.28	3.5		1.54
20	26.9		2.8		1.66	3.5		2.02
25	33.7		3.2		2.41	4.0		2.93
32	42.4		3.5		3.36	4.0		3.79
40	48.3		3.5		3.87	4.5		4.86
50	60.3	±1%D	3.8		5.29	4.5		6.19
65	76.1		4.0		7.11	4.5		7.95
80	88.9		4.0		8.38	5.0		10.35
100	114.3		4.0		10.88	5.0		13.48
125	139.7		4.0		13.39	5.5		18.20
150	168.3		4.5		18.18	6.0		24.02

注：1. 低压、流体输送用焊接钢管的外径（D）和壁厚（t）符合（表 3-1-104）GB/T 21835 的规定，本表所列公称外径 D 仅是该标准中第 1 系列的较小尺寸。本标准（GB/T 3091）包括直缝高频电阻焊（ERW）钢管、直缝埋弧焊（SAWL）钢管和螺旋缝埋弧焊（SAWH）钢管。

2. 本标准适用于水、空气、采暖蒸汽、燃气等低压流体输送用焊接钢管。

3. 钢管可按镀锌和不镀锌交货。镀锌方法为热浸镀锌法。钢管可在管端加工螺纹交货。钢管的通常长度为 3~12m。

4. 钢的牌号和化学成分符合 GB/T 700 中牌号 Q195、Q215A、Q215B、Q235A、Q235B 和 GB/T 1591 中牌号 Q295A、Q295B、Q345A、Q345B 的规定。

5. 钢管的力学性能应符合下表要求

牌号	下屈服强度 R_{eL}/(N/mm^2) 不小于		抗拉强度 R_m/(N/mm^2) 不小于	断后伸长率 A/% 不小于	
	t≤16mm	t>16mm		D≤168.3mm	D>168.3mm
Q195	195	185	315	15	20
Q215A、Q215B	215	205	335		
Q235A、Q235B	235	225	370		
Q295A、Q295B	295	275	390	13	18
Q345A、Q345B	345	325	470		

6. 钢管应进行液压试验，试验中不应出现渗漏，试验压力按本标准 5.6 节计算。

焊接钢管尺寸及单位长度质量（摘自 GB/T 21835—2008）

表 3-1-104 **普通焊接钢管尺寸及单位长度理论质量**

系列			壁厚 t/mm																		
系列1			0.5	0.6	0.8	1.0	1.2	1.4		1.6		1.8		2.0		2.3		2.6		2.9	
系列2									1.5		1.7		1.9		2.2		2.4		2.8		3.1
外径 D/mm			单位长度理论质量/(kg/m)																		
系列1	系列2	系列3																			
10.2			0.120	0.142	0.185	0.227	0.266	0.304	0.322	0.339	0.356	0.373	0.389	0.404	0.434	0.448	0.462	0.487	0.511	0.522	
	12		0.142	0.169	0.221	0.271	0.320	0.366	0.388	0.410	0.432	0.453	0.473	0.493	0.532	0.550	0.568	0.603	0.635	0.651	0.680
	12.7		0.150	0.179	0.235	0.289	0.340	0.390	0.414	0.438	0.461	0.484	0.506	0.528	0.570	0.590	0.610	0.648	0.684	0.701	0.734
13.5			0.160	0.191	0.251	0.308	0.364	0.418	0.444	0.470	0.495	0.519	0.544	0.567	0.613	0.635	0.657	0.699	0.739	0.758	0.795
		14	0.166	0.198	0.260	0.321	0.379	0.435	0.462	0.489	0.516	0.542	0.567	0.592	0.640	0.664	0.687	0.731	0.773	0.794	0.833
	16		0.191	0.228	0.300	0.370	0.438	0.504	0.536	0.568	0.600	0.630	0.661	0.691	0.749	0.777	0.805	0.859	0.911	0.937	0.986
17.2			0.206	0.246	0.324	0.400	0.474	0.546	0.581	0.616	0.650	0.684	0.717	0.750	0.814	0.845	0.876	0.936	0.994	1.02	1.08
		18	0.216	0.257	0.339	0.419	0.497	0.573	0.610	0.647	0.683	0.719	0.754	0.789	0.857	0.891	0.923	0.987	1.05	1.08	1.14
	19		0.228	0.272	0.359	0.444	0.527	0.608	0.647	0.687	0.725	0.764	0.801	0.838	0.911	0.947	0.983	1.05	1.12	1.15	1.22
	20		0.240	0.287	0.379	0.469	0.556	0.642	0.684	0.726	0.767	0.808	0.848	0.888	0.966	1.00	1.04	1.12	1.19	1.22	1.29
21.3			0.256	0.306	0.404	0.501	0.595	0.687	0.732	0.777	0.822	0.866	0.909	0.952	1.04	1.08	1.12	1.20	1.28	1.32	1.39
		22	0.265	0.317	0.418	0.518	0.616	0.711	0.758	0.805	0.851	0.897	0.942	0.986	1.07	1.12	1.16	1.24	1.33	1.37	1.44
	25		0.302	0.361	0.477	0.592	0.704	0.815	0.869	0.923	0.977	1.03	1.082	1.13	1.24	1.29	1.34	1.44	1.53	1.58	1.67
		25.4	0.307	0.367	0.485	0.602	0.716	0.829	0.884	0.939	0.994	1.05	1.10	1.15	1.26	1.31	1.36	1.46	1.56	1.61	1.70
26.9			0.326	0.389	0.515	0.639	0.761	0.880	0.940	0.998	1.06	1.11	1.17	1.23	1.34	1.40	1.45	1.56	1.66	1.72	1.82
		30	0.364	0.435	0.576	0.715	0.852	0.987	1.05	1.12	1.19	1.25	1.32	1.38	1.51	1.57	1.63	1.76	1.88	1.94	2.06
	31.8		0.386	0.462	0.612	0.760	0.906	1.05	1.12	1.19	1.26	1.33	1.40	1.47	1.61	1.67	1.74	1.87	2.00	2.07	2.19
	32		0.388	0.465	0.616	0.765	0.911	1.06	1.13	1.20	1.27	1.34	1.41	1.48	1.62	1.68	1.75	1.89	2.02	2.08	2.21
33.7			0.409	0.490	0.649	0.806	0.962	1.12	1.19	1.27	1.34	1.42	1.49	1.56	1.71	1.78	1.85	1.99	2.13	2.20	2.34
		35	0.425	0.509	0.675	0.838	1.00	1.16	1.24	1.32	1.40	1.47	1.55	1.63	1.78	1.85	1.93	2.08	2.22	2.30	2.44
	38		0.462	0.553	0.734	0.912	1.09	1.26	1.35	1.44	1.52	1.61	1.69	1.78	1.94	2.02	2.11	2.27	2.43	2.51	2.67
	40		0.487	0.583	0.773	0.962	1.15	1.33	1.42	1.52	1.61	1.70	1.79	1.87	2.05	2.14	2.23	2.40	2.57	2.65	2.82

续表

系列			壁厚 t/mm																	
系列 1			3.2		3.6		4.0		4.5		5.0		5.4		5.6		6.3		7.1	
系列 2				3.4		3.8		4.37		4.78		5.16		5.56		6.02		6.35		7.92
外径 D/mm			单位长度理论质量/(kg/m)																	
系列 1	系列 2	系列 3																		
10.2																				
	12																			
	12.7																			
13.5																				
		14																		
	16		1.01	1.06	1.10	1.14														
17.2			1.10	1.16	1.21	1.26														
		18	1.17	1.22	1.28	1.33														
	19		1.25	1.31	1.37	1.42														
	20		1.33	1.39	1.46	1.52	1.58	1.68												
21.3			1.43	1.50	1.57	1.64	1.71	1.82	1.86	1.95										
		22	1.48	1.56	1.63	1.71	1.78	1.90	1.94	2.03										
	25		1.72	1.81	1.90	1.99	2.07	2.22	2.28	2.38	2.47									
		25.4	1.75	1.84	1.94	2.02	2.11	2.27	2.32	2.43	2.52									
26.9			1.87	1.97	2.07	2.16	2.26	2.43	2.49	2.61	2.70	2.77								
		30	2.11	2.23	2.34	2.46	2.56	2.76	2.83	2.97	3.08	3.16								
	31.8		2.26	2.38	2.50	2.62	2.74	2.96	3.03	3.19	3.30	3.39								
	32		2.27	2.40	2.52	2.64	2.76	2.98	3.05	3.21	3.33	3.42								
33.7			2.41	2.54	2.67	2.80	2.93	3.16	3.24	3.41	3.54	3.63								
		35	2.51	2.65	2.79	2.92	3.06	3.30	3.38	3.56	3.70	3.80								
	38		2.75	2.90	3.05	3.21	3.35	3.62	3.72	3.92	4.07	4.18								
	40		2.90	3.07	3.23	3.39	3.55	3.84	3.94	4.15	4.32	4.43								

续表

系列			壁厚 t/mm																		
系列 1			0.5	0.6	0.8	1.0	1.2	1.4		1.6		1.8		2.0		2.3		2.6		2.9	
系列 2									1.5		1.7		1.9		2.2		2.4		2.8		3.1
外径 D/mm			单位长度理论质量/(kg/m)																		
系列 1	系列 2	系列 3																			
42.4			0.517	0.619	0.821	1.02	1.22	1.42	1.51	1.61	1.71	1.80	1.90	1.99	2.18	2.27	2.37	2.55	2.73	2.82	3.00
		44.5	0.543	0.650	0.862	1.07	1.28	1.49	1.59	1.69	1.79	1.90	2.00	2.10	2.29	2.39	2.49	2.69	2.88	2.98	3.17
48.3				0.706	0.937	1.17	1.39	1.62	1.73	1.84	1.95	2.06	2.17	2.28	2.50	2.61	2.72	2.93	3.14	3.25	3.46
	51			0.746	0.990	1.23	1.47	1.71	1.83	1.95	2.07	2.18	2.30	2.42	2.65	2.76	2.88	3.10	3.33	3.44	3.66
		54		0.79	1.05	1.31	1.56	1.82	1.94	2.07	2.19	2.32	2.44	2.56	2.81	2.93	3.05	3.30	3.54	3.65	3.89
	57			0.835	1.11	1.38	1.65	1.92	2.05	2.19	2.32	2.45	2.58	2.71	2.97	3.10	3.23	3.49	3.74	3.87	4.12
60.3				0.883	1.17	1.46	1.75	2.03	2.18	2.32	2.46	2.60	2.74	2.88	3.15	3.29	3.43	3.70	3.97	4.11	4.37
	63.5			0.931	1.24	1.54	1.84	2.14	2.29	2.44	2.59	2.74	2.89	3.03	3.33	3.47	3.62	3.90	4.19	4.33	4.62
	70				1.37	1.70	2.04	2.37	2.53	2.70	2.86	3.03	3.19	3.35	3.68	3.84	4.00	4.32	4.64	4.80	5.11
		73			1.42	1.78	2.12	2.47	2.64	2.82	2.99	3.16	3.33	3.50	3.84	4.01	4.18	4.51	4.85	5.01	5.34
76.1					1.49	1.85	2.22	2.58	2.76	2.94	3.12	3.30	3.48	3.65	4.01	4.19	4.36	4.71	5.06	5.24	5.58
		82.5			1.61	2.01	2.41	2.80	3.00	3.19	3.39	3.58	3.78	3.97	4.36	4.55	4.74	5.12	5.50	5.69	6.07
88.9					1.74	2.17	2.60	3.02	3.23	3.44	3.66	3.87	4.08	4.29	4.70	4.91	5.12	5.53	5.95	6.15	6.56
	101.6						2.97	3.46	3.70	3.95	4.19	4.43	4.67	4.91	5.39	5.63	5.87	6.35	6.82	7.06	7.53
		108					3.16	3.68	3.94	4.20	4.46	4.71	4.97	5.23	5.74	6.00	6.25	6.76	7.26	7.52	8.02
114.3							3.35	3.90	4.17	4.45	4.72	4.99	5.27	5.54	6.08	6.35	6.62	7.16	7.70	7.97	8.50
	127									4.95	5.25	5.56	5.86	6.17	6.77	7.07	7.37	7.98	8.58	8.88	9.47
	133									5.18	5.50	5.82	6.14	6.46	7.10	7.41	7.73	8.36	8.99	9.30	9.93
139.7										5.45	5.79	6.12	6.46	6.79	7.46	7.79	8.13	8.79	9.45	9.78	10.44
		141.3								5.51	5.85	6.19	6.53	6.87	7.55	7.88	8.22	8.89	9.56	9.90	10.57
		152.4								5.95	6.32	6.69	7.05	7.42	8.15	8.51	8.88	9.61	10.33	10.69	11.41
		159								6.21	6.59	6.98	7.36	7.74	8.51	8.89	9.27	10.03	10.79	11.16	11.92

续表

系列			壁厚 t/mm																		
系列 1			3.2		3.6		4.0		4.5		5.0		5.4		5.6		6.3		7.1		8.0
系列 2				3.4		3.8		4.37		4.78		5.16		5.56		6.02		6.35		7.92	
外径 D/mm			单位长度理论质量/(kg/m)																		
系列 1	系列 2	系列 3																			
42.4			3.09	3.27	3.44	3.62	3.79	4.10	4.21	4.43	4.61	4.74	4.93	5.05	5.08	5.40					
		44.5	3.26	3.45	3.63	3.81	4.00	4.32	4.44	4.68	4.87	5.01	5.21	5.34	5.37	5.71					
48.3			3.56	3.76	3.97	4.17	4.37	4.73	4.86	5.13	5.34	5.49	5.71	5.86	5.90	6.28					
	51		3.77	3.99	4.21	4.42	4.64	5.03	5.16	5.45	5.67	5.83	6.07	6.23	6.27	6.68					
		54	4.01	4.24	4.47	4.70	4.93	5.35	5.49	5.80	6.04	6.22	6.47	6.64	6.68	7.12					
	57		4.25	4.49	4.74	4.99	5.23	5.67	5.83	6.16	6.41	6.60	6.87	7.05	7.10	7.57					
60.3			4.51	4.77	5.03	5.29	5.55	6.03	6.19	6.54	6.82	7.02	7.31	7.51	7.55	8.06					
	63.5		4.76	5.04	5.32	5.59	5.87	6.37	6.55	6.92	7.21	7.42	7.74	7.94	8.00	8.53					
	70		5.27	5.58	5.90	6.20	6.51	7.07	7.27	7.69	8.01	8.25	8.60	8.84	8.89	9.50	9.90	9.97			
		73	5.51	5.84	6.16	6.48	6.81	7.40	7.60	8.04	8.38	8.63	9.00	9.25	9.31	9.94	10.36	10.44			
76.1			5.75	6.10	6.44	6.78	7.11	7.73	7.95	8.41	8.77	9.03	9.42	9.67	9.74	10.40	10.84	10.92			
		82.5	6.26	6.63	7.00	7.38	7.74	8.42	8.66	9.16	9.56	9.84	10.27	10.55	10.62	11.35	11.84	11.93			
88.9			6.76	7.17	7.57	7.98	8.38	9.11	9.37	9.92	10.35	10.66	11.12	11.43	11.50	12.30	12.83	12.93			
	101.6		7.77	8.23	8.70	9.17	9.63	10.48	10.78	11.41	11.91	12.27	12.81	13.17	13.26	14.19	14.81	14.92			
		108	8.27	8.77	9.27	9.76	10.26	11.17	11.49	12.17	12.70	13.09	13.66	14.05	14.14	15.14	15.80	15.92			
114.3			8.77	9.30	9.83	10.36	10.88	11.85	12.19	12.91	13.48	13.89	14.50	14.91	15.01	16.08	16.78	16.91	18.77	20.78	20.97
	127		9.77	10.36	10.96	11.55	12.13	13.22	13.59	14.41	15.04	15.50	16.19	16.65	16.77	17.96	18.75	18.89	20.99	23.26	23.48
	133		10.24	10.87	11.49	12.11	12.73	13.86	14.26	15.11	15.78	16.27	16.99	17.47	17.59	18.85	19.69	19.83	22.04	24.43	24.66
139.7			10.77	11.43	12.08	12.74	13.39	14.58	15.00	15.90	16.61	17.12	17.89	18.39	18.52	19.85	20.73	20.88	23.22	25.74	25.98
		141.3	10.90	11.56	12.23	12.89	13.54	14.76	15.18	16.09	16.81	17.32	18.10	18.61	18.74	20.08	20.97	21.13	23.50	26.05	26.30
		152.4	11.77	12.49	13.21	13.93	14.64	15.95	16.41	17.40	18.18	18.74	19.58	20.13	20.27	21.73	22.70	22.87	25.44	28.22	28.49
		159	12.30	13.05	13.80	14.54	15.29	16.66	17.15	18.18	18.99	19.58	20.46	21.04	21.19	22.71	23.72	23.91	26.60	29.51	29.79

注：1. 本标准规定焊接钢管的公称尺寸及单位长度重量。

2. 焊接钢管公称外径分为三个系列，系列 1 是通用系列推荐选用；系列 2 是非通用系列；系列 3 是少数特殊、专用系列。普通焊接钢管和不锈钢焊接钢管外径有 1、2、3 系列；精密焊接钢管外径只有 2、3 系列。不锈钢焊接管与精密焊接管的系列尺寸与普通焊接管系列尺寸有差别。普通焊接钢管厚度分为 1、2 系列，系列 1 优先。

3. 本表仅编入普通焊接钢管外径≤159mm 的部分，>159~2540mm 的尺寸未编入。

直缝电焊钢管（摘自 GB/T 13793—2008）

表 3-1-105 **钢管的力学性能**

牌号			下屈服强度 R_{eL} /(N/mm²)	抗拉强度 R_m /(N/mm²)	断后伸长率 A /%
			不小于		
钢管的力学性能	GB/T 699	08、10	195	315	22
		15	215	355	20
		20	235	390	19
	GB/T 700	Q195	195	315	22
		Q215A、Q215B	215	335	22
		Q235A、Q235B、Q235C	235	375	20
	GB/T 1591	Q295A、Q295B	295	390	18
		Q345A、Q345B、Q345C	345	470	18
特殊要求的钢管力学性能	GB/T 699	08、10	205	375	13
		15	225	400	11
		20	245	440	9
	GB/T 700	Q195	205	335	14
		Q215A、Q215B	225	355	13
		Q235A、Q235B、Q235C	245	390	9
	GB/T 1591	Q295A、Q295B	—	—	—
		Q345A、Q345B、Q345C	—	—	—

牌　号			焊缝抗拉强度 R_m /(N/mm²)
焊缝抗拉强度	GB/T 699	08、10	315
		15	355
		20	390
	GB/T 700	Q195	315
		Q215A、Q215B	335
		Q235A、Q235B、Q235C	375
	GB/T 1591	Q295A、Q295B	390
		Q345A、Q345B、Q345C	470

注：1. 直缝电焊钢管用于一般用途的外径不大于 630mm 的结构，如机械零部件、带式输送机托辊等。

2. 钢管的外径（D）和壁厚（t）符合 GB/T 21835（表 3-1-104）。外径和壁厚允许偏差分普通精度、较高精度和高精度，分别有其代号，均见本标准规定。钢管通常长度：外径≤30mm 时，为 4~6m；外径>30~70mm 时，为 4~8m；外径>70mm 时，为 4~12m。钢管以焊接状态（不热处）交货。

3. 钢的牌号和化学成分，分别符合 GB/T 699、GB/T 700 和 GB/T 1591 的规定。

4. 带式输送机托辊甲钢管应进行液压试验，外径≤108mm 时，试验压力 7MPa；外径>108mm 时，试验压力 5MPa。试验压力下稳压时间 5s，钢管不允许渗漏。其他用途钢管可供需双方协商是否液压试验。

5. 钢管可用热浸镀锌法对内外表面进行镀锌否交货。

流体输送用不锈钢焊接钢管（摘自 GB/T 12771—2008）

表 3-1-106　流体输送用不锈钢焊接钢管化学成分与力学性能

类型	统一数字代号	牌号		主要化学成分(质量分数)/%			推荐热处理制度		规定非比例延伸强度 $R_{p0.2}$/MPa	抗拉强度 R_m/MPa	断后伸长率 A/%	
		新牌号	旧牌号	Ni	Cr	Mo			≥		热处理状态	非热处理状态
奥氏体型	S30210	12Cr18Ni9	1Cr18Ni9	8.00~10.00	17.00~19.00	—	固溶处理	1010~1150℃快冷	210	520	35	25
	S30408	06Cr19Ni10	0Cr18Ni9	8.00~11.00	18.00~20.00	—		1010~1150℃快冷	210	520		
	S30403	022Cr19Ni10	00Cr19Ni10	8.00~12.00	18.00~20.00	—		1010~1150℃快冷	180	480		
	S31008	06Cr25Ni20	0Cr25Ni20	19.00~22.00	24.00~26.00	—		1030~1180℃快冷	210	520		
	S31608	06Cr17Ni12Mo2	0Cr17Ni12Mo2	10.00~14.00	16.00~18.00	2.00~3.00		1010~1150℃快冷	210	520		
	S31603	022Cr17Ni12Mo2	00Cr17Ni14Mo2	10.00~14.00	16.00~18.00	2.00~3.00		1010~1150℃快冷	180	480		
	S32168	06Cr18Ni11Ti	0Cr18Ni10Ti	9.00~12.00	17.00~19.00	Ti≥5×C%~0.70		920~1150℃快冷	210	520		
	S34778	06Cr18Ni11Nb	0Cr18Ni11Nb	9.00~12.0	17.00~19.00	Nb≥10×C%~1.10		980~1150℃快冷	210	520		
铁素体型	S11863	022Cr18Ti	00Cr17	(0.60)	16.00~19.00	Ti 或 Nb0.10~1.00	退火处理	780~950℃快冷或缓冷	180	360	20	—
	S11972	019Cr19Mo2NbTi	00Cr18Mo2	1.00	17.50~19.50	1.75~2.50		800~1050℃快冷	240	410		
	S11348	06Cr13Al	0Cr13Al	(0.60)	11.50~14.50	A10.10~0.30		780~830℃快冷或缓冷	177	410		
	S11163	022Cr11Ti	—	(0.60)	10.50~11.70	Ti0.15~0.50		830~950℃快冷	275	400	18	—
	S11213	022Cr12Ni	—	0.30~1.00	10.50~12.50	—		830~950℃快冷	275	400	18	—
马氏体型	S41008	06Cr13	0Cr13	(0.60)	11.50~13.50	—		750℃快冷或 800~900℃缓冷	210	410	20	—

注：1. 标准钢管适用于流体输送用耐蚀不锈钢焊接钢管。

2. 钢管的外径和壁厚应符合 GB/T 21835（见表 3-1-104）。

3. 钢管应逐根进行液压试验，试验压力按下式计算，最高试验压力不大于 10MPa，在试验压力下，稳压时间不少 5s，钢管不应渗漏。

$$p=2SR/D$$

式中，p 为试验压力，MPa；S 为钢管公称壁厚，mm；R 为允许应力，取规定非比例延伸强度的 5%，MPa；D 为钢管公称外径，mm。

4. 钢管的通常长度为 3~9m。钢管以热处理并酸洗状态交货。

结构用和流体输送用不锈钢无缝钢管（摘自 GB/T 14975—2012、GB/T 14976—2012）

表 3-1-107 **牌号和化学成分**

组织类型	GB/T 20878 统一数字代号	牌号	主要化学成分(质量分数)/%						
			C	Si	Mn	Ni	Cr	Mo	其他
奥氏体型	S30210	12Cr18Ni9	0.15	1.00	2.00	8.00~10.00	17.00~19.00	—	N:0.10
	S30408	06Cr19Ni10	0.08	1.00	2.00	8.00~11.00	18.00~20.00	—	—
	S30403	022Cr19Ni10	0.030	1.00	2.00	8.00~12.00	18.00~20.00	—	—
	S30458	06Cr19Ni10N	0.08	1.00	2.00	8.00~11.00	18.00~20.00	—	N:0.10~0.16
	S30478	06Cr19Ni9NbN	0.08	1.00	2.50	7.50~10.50	18.00~20.00	—	Nb:0.15 N:0.15~0.30
	S30453	022Cr19Ni10N	0.030	1.00	2.00	8.00~11.00	18.00~20.00	—	N:0.10~0.16
	S30908	06Cr23Ni13	0.08	1.00	2.00	12.00~15.00	22.00~24.00	—	—
	S31008	06Cr25Ni20	0.08	1.50	2.00	19.00~22.00	24.00~26.00	—	—
	S31252	015Cr20Ni18Mo6CuN*	0.02	0.80	1.00	17.50~18.50	19.50~20.50	6.00~6.50	Cu:0.50~1.00 N:0.18~0.22
	S31608	06Cr17Ni12Mo2	0.08	1.00	2.00	10.00~14.00	16.00~18.00	2.00~3.00	—
	S31603	022Cr17Ni12Mo2	0.030	1.00	2.00	10.00~14.00	16.00~18.00	2.00~3.00	—
	S31609	07Cr17Ni12Mo2	0.04~0.10	1.00	2.00	10.00~14.00	16.00~18.00	2.00~3.00	—
	S31668	06Cr17Ni12Mo2Ti	0.08	1.00	2.00	10.00~14.00	16.00~18.00	2.00~3.00	Ti:5C~0.70
	S31658	06Cr17Ni12Mo2N	0.08	1.00	2.00	10.00~13.00	16.00~18.00	2.00~3.00	N:0.10~0.16
	S31653	022Cr17Ni12Mo2N*	0.030	1.00	2.00	10.00~13.00	16.00~18.00	2.00~3.00	N:0.10~0.16

续表

组织类型	GB/T 20878 统一数字代号	牌号	主要化学成分(质量分数)/%						
			C	Si	Mn	Ni	Cr	Mo	其他
奥氏体型	S31688	06Cr18Ni12Mo2Cu2	0.08	1.00	2.00	10.00~14.00	17.00~19.00	1.20~2.75	Cu:1.00~2.50
	S31683	022Cr18Ni14Mo2Cu2	0.030	1.00	2.00	12.00~16.00	17.00~19.00	1.20~2.75	Cu:1.00~2.50
	S39042	015Cr21Ni26Mo5Cu2 *	0.020	1.00	2.00	23.00~28.00	19.00~23.00	4.00~5.00	Cu:1.00~2.00 N:0.10
	S31708	06Cr19Ni13Mo3	0.08	1.00	2.00	11.00~15.00	18.00~20.00	3.00~4.00	—
	S31703	022Cr19Ni13Mo3	0.030	1.00	2.00	11.00~15.00	18.00~20.00	3.00~4.00	—
	S32168	06Cr18Ni11Ti	0.08	1.00	2.00	9.00~12.00	17.00~19.00	—	Ti:50~0.70
	S32169	07Cr19Ni11Ti	0.04~0.10	0.75	2.00	9.00~13.00	17.00~20.00	—	Ti:4C~0.60
	S34778	06Cr18Ni11Nb	0.08	1.00	2.00	9.00~12.00	17.00~19.00	—	Nb:10C~1.10
	S34779	07Cr18Ni11Nb	0.04~0.10	1.00	2.00	9.00~12.00	17.00~19.00	—	Nb:8C~1.10
	S38340	16Cr25Ni20Si2 *	0.20	1.50~2.50	1.50	18.00~21.00	24.00~27.00	—	—
铁素体型	S11348	06Cr13Al	0.08	1.00	1.00	(0.60)	11.50~14.50	—	Al:0.10~0.30
	S11510	10Cr15	0.12	1.00	1.00	(0.60)	14.00~16.00	—	—
	S11710	10Cr17	0.12	1.00	1.00	(0.60)	16.00~18.00	—	—
	S11863	022Cr18Ti	0.030	0.75	1.00	(0.60)	16.00~19.00	—	Ti 或 Nb:0.10~1.00
	S11972	019Cr19Mo2NbTi	0.025	1.00	1.00	1.00	17.50~19.50	1.75~2.50	(Ti+Nb):[0.20+4(C+N)]~0.80
马氏体型	S41008	06Cr13	0.08	1.00	1.00	(0.60)	11.50~13.50	—	—
	S41010	12Cr13	0.15	1.00	1.00	(0.60)	11.50~13.50	—	—
	S42020	20Cr13 *	0.16~0.25	1.00	1.00	(0.60)	12.00~14.00	—	—

注：1. 本二标准用于一般结构或机械结构用和流体输送用不锈钢无缝钢管。

2. 奥氏体型中部分牌号的 P、S 含量比 GB/T 20878 中对应牌号的含量加严了要求。

3. 按产品加工分为：热轧（挤、扩）代号为 W—H，冷拔（轧）代号为 W—C；按尺寸精度分为普通级代号 PA、高级代号 PC。

4. 有“ * ”者表示流体输送用不锈钢无缝钢管无此牌号。

表 3-1-108　钢管的推荐热处理制度、力学性能、硬度及密度

GB/T 20878		牌号	推荐热处理制度	力学性能			硬度** HBW/HV/HRB	硬度 ρ/(kg/dm^3)
组织类型	统一数字代号			抗拉强度 R_m /MPa	规定塑性延伸强度 $R_{p0.2}$ /MPa	断后伸长率 A /%		
				不小于			不大于	
奥氏体型	S30210	12Cr18Ni9	1010~1150℃,水冷或其他方式快冷	520	205	35	192HBW/200HV/90HRB	7.93
	S30438	06Cr19Ni10	1010~1150℃,水冷或其他方式快冷	520	205	35	192HBW/200HV/90HRB	7.93
	S30403	022Cr19Ni10	1010~1150℃,水冷或其他方式快冷	480	175	35	192HBW/200HV/90HRB	7.90
	S30458	06Cr19Ni10N	1010~1150℃,水冷或其他方式快冷	550	275	35	192HBW/200HV/90HRB	7.93
	S30478	06Cr19Ni9NbN	1010~1150℃,水冷或其他方式快冷	685	345	35	—	7.98
	S30453	022Cr19Ni10N	1010~1150℃,水冷或其他方式快冷	550	245	40	192HBW/200HV/90HRB	7.93
	S30908	06Cr23Ni13	1030~1150℃,水冷或其他方式快冷	520	205	40	192HBW/200HV/90HRB	7.98
	S31008	06Cr25Ni20	1030~1180℃,水冷或其他方式快冷	520	205	40	192HBW/200HV/90HRB	7.98
	S31252	015Cr20Ni18Mo6CuN*	≥1150℃,水冷或其他方式快冷	655	310	35	220HBW/230HV/96HRB	8.00
	S31608	06Cr17Ni12Mo2	1010~1150℃,水冷或其他方式快冷	520	205	35	192HBW/200HV/90HRB	8.00
	S31603	022Cr17Ni12Mo2	1010~1150℃,水冷或其他方式快冷	480	175	35	192HBW/200HV/90HRB	8.00
	S31609	07Cr17Ni12Mo2	≥1040℃,水冷或其他方式快冷	515	205	35	192HBW/200HV/90HRB	7.98
	S31668	06Cr17Ni12Mo2Ti	1000~1100℃,水冷或其他方式快冷	530	205	35	192HBW/200HV/90HRB	7.90
	S31653	022Cr17Ni12Mo2N	1010~1150℃,水冷或其他方式快冷	550	245	40	192HBW/200HV/90HRB	8.04
	S31658	06Cr17Ni12Mo2N	1010~1150℃,水冷或其他方式快冷	550	275	35	192HBW/200HV/90HRB	8.00
	S31688	06Cr18Ni12Mo2Cu2	1010~1150℃,水冷或其他方式快冷	520	205	35	—	7.96
	S31683	022Cr18Ni14Mo2Cu2	1010~1150℃,水冷或其他方式快冷	480	180	35	—	7.96
	S31782	015Cr21Ni26Mo5Cu2*	≥1100℃,水冷或其他方式快冷	490	215	35	192HBW/200HV/90HRB	8.00

续表

GB/T 20878		牌号	推荐热处理制度	力学性能				硬度 $\rho/(kg/dm^3)$
组织类型	统一数字代号			抗拉强度 R_m /MPa	规定塑性延伸强度 $R_{p0.2}$ /MPa	断后伸长率 A /%	硬度** HBW/HV/HRB	
				不小于			不大于	
奥氏体型	S31708	06Cr19Ni13Mo3	1010~1150℃,水冷或其他方式快冷	520	205	35	192HBW/200HV/90HRB	8.00
	S31703	022Cr19Ni13Mo3	1010~1150℃,水冷或其他方式快冷	480	175	35	192HBW/200HV/90HRB	7.98
	S32168	06Cr18Ni11Ti	920~1150℃,水冷或其他方式快冷	520	205	35	192HBW/200HV/90HRB	8.03
	S32169	07Cr19Ni11Ti	冷拔(轧)≥1100℃,热轧(挤、扩)≥1050℃,水冷或其他方式快冷	520	205	35	192HBW/200HV/90HRB	7.93
	S34778	06Cr18Ni11Nb	980~1150℃,水冷或其他方式快冷	520	205	35	192HBW/200HV/90HRB	8.03
	S34779	07Cr18Ni11Nb	冷拔(轧)≥1100℃,热轧(挤、扩)≥1050℃,水冷或其他方式快冷	520	205	35	192HBW/200HV/90HRB	8.00
	S38340	16Cr25Ni20Si2*	1030~1180℃,水冷或其他方式快冷	520	205	40	192HBW/200HV/90HRB	7.98
铁素体型	S11348	06Cr13Al	780~830℃,空冷或缓冷	415	205	20	207HBW/95HRB	7.75
	S11510	10Cr15	780~850℃,空冷或缓冷	415	240	20	190HBW/90HRB	7.70
	S11710	10Cr17	780~850℃,空冷或缓冷	410	245	20	190HBW/90HRB	7.70
	S11863	022Cr18Ti	780~950℃,空冷或缓冷	415	205	20	190HBW/90HRB	7.70
	S11972	019Cr19Mo2NbTi	800~1050℃,空冷	415	275	20	217HBW/230HV/96HRB	7.75
马氏体型	S41008	06Cr13	800~900℃,缓冷或750℃空冷	370	180	22	—	7.75
	S41010	12Cr13	800~900℃,缓冷或750℃空冷	410	205	20	207HBW/95HRB	7.70
	S42020	20Cr13*	800~900℃,缓冷或750℃空冷	470	215	19	—	7.75

注：1. 钢管的公称外径和公称壁厚符合 GB/T 17395 的规定。钢管的通常长度热轧 2~12m，冷拔 1~12m。以公称外径和公称厚度交货。

2. 钢管以热处理并酸洗状态交货。

3. 流体输送用钢管应逐根进行液压试验，试验压力按下式计算，当钢管外径≤88.9mm 时，最大试验压力为 17MPa；当钢管外径>88.9mm 时，最大试验压力为 19MPa。

$$p=2SR/D$$

式中，p 为试验压力，MPa；S 为钢管壁厚，mm；R 为允许应力，按规定塑性延伸强度最小值的 60%，MPa；D 为钢管的公称外径，mm。

4. 有"*"者表示流体输送用无缝管无此牌号。

5. 有"**"者表示流体输送用无缝管无此硬度数据。

表 3-1-109　各标准中不锈钢牌号对照

GB/T 20878—2007		美国	日本	国际	欧洲	前苏联
新牌号	旧牌号	ASTM A 959-09	JIS G 4303—2005 JIS G 4311—1991	ISO/TS 15510:2003 ISO 4955:2005	EN 10088:1-2005	ГОСТ 5632—1972
12Cr18Ni9	1Cr18Ni9	S30200,302	SUS302	X10CrNi18-8	X10CrNi18-8,1.4310	12X18H9
06Cr19Ni10	0Cr18Ni9	S30400,304	SUS304	X5CrNi18-9	X5CrNi18-10,1.4301	—
022Cr19Ni10	00Cr19Ni10	S30403,304L	SUS304L	X2CrNi19-11	X2CrNi19-11,1.4306	03X18H11
06Cr19Ni10N	0Cr19Ni9N	S30451,304N	SUS304N1	X5CrNiN18-8	X5CrNiN19-9,1. 4315	—
06Cr19Ni9NbN	0Cr19Ni10NbN	S30452,XM-21	SUS304N2	—	—	—
022Cr19Ni10N	00Cr18Ni10N	S30453,304LN	SUS304LN	X2CrNiN18-9	X2CrNiN18-10,1.4311	—
06Cr23Ni13	0Cr23Ni13	S30908,309S	SUS309S	X12CrNi23-13	X12CrNi23-13,1.4833	—
06Cr25Ni20	0Cr25Ni20	S31008,310S	SUS310S	X8CrNi25-21	X8CrNi25-21,1.4845	10X23H18
015Cr20Ni18Mo6CuN	—	S31254	—	X1CrNiMoN20-18-7	X1CrNiMoN20-18-7,1.4547	—
06Cr17Ni12Mo2	0Cr17Ni12Mo2	S31600,316	SUS316	X5CrNiMo17-12-2	X5CrNiMo17-12-2,1.4401	—
022Cr17Ni12Mo2	00Cr17Ni14Mo2	S31603,316L	SUS316L	X2CrNiMo17-12-2	X2CrNiMo17-12-2,1.4404	03X17H14M2
07Cr17Ni12Mo2	1Cr17Ni12Mo2	S31609,316H	—	—	X3CrNiMo17-13-3,1.4436	—
06Cr17Ni12Mo2Ti	0Cr18Ni12Mo3Ti	S31635,316Ti	SUS316Ti	X6CrNiMoTi17-12-2	X6CrNiMoTi17-12-2,1.4571	08X17H13M3T
06Cr17Ni12Mo2N	0Cr17Ni12Mo2N	S31651,316N	SUS316N	—	—	—
022Cr17Ni12Mo2N	00Cr17Ni13Mo2N	S31653,316LN	SUS316LN	X2CrNiMoN17-12-3	X2CrNiMoN17-13-3,1.4429	—
06Cr18Ni12Mo2Cu2	0Cr18Ni12Mo2Cu2	—	SUS316J1	—	—	—
022Cr18Ni14Mo2Cu2	00Cr18Ni14Mo2Cu2	—	SUS316J1L	—	—	—
015Cr21Ni26Mo5Cu2	—	N08904,904L	—	—	—	—
06Cr19Ni13Mo3	0Cr19Ni13Mo3	S31700,317	SUS317	—	—	—
022Cr19Ni13Mo3	00Cr19Ni13Mo3	S31703,317L	SUS317L	X2CrNiMo19-14-4	X2CrNiMo18-15-4,1.4438	03X16H15M3
06Cr18Ni11Ti	0Cr18Ni10Ti	S32100,321	SUS321	X6CrNiTi18-10	X6CrNiTi18-10,1.4541	08X18H10T
07Cr19Ni11Ti	1Cr18Ni11Ti	S32109,321H	(SUS321H)	X7CrNiTi18-10	X7CrNiTi18-10	12X18H10T
06Cr18Ni11Nb	0Cr18Ni11Nb	S34700,347	SUS347	X6CrNiNb18-10	X6CrNiNb18-10,1.4550	08X18H12B
07Cr18Ni11Nb	1Cr19Ni11Nb	S34709,347H	(SUS347H)	X7CrNiNb18-10	X7CrNiNb18-10,1.4912	—
16Cr25Ni20Si2	1Cr25Ni20Si2	—	—	(X15CrNiSi25-21)	(X15CrNiSi25-21,1.4841)	20X25H20C2
06Cr13Al	0Cr13Al	S40500,405	SUS405	X6CrAl13	X6CrAl13,1.4002	—
10Cr15	1Cr15	S42900,429	(SUS429)	—	—	—
10Cr17	1Cr17	S43000	SUS430	X6Cr17	X6Cr17,1.4015	12X17
022Cr18Ti	00Cr17	S43035,439	(SUS430LX)	X3CrTi17	X3CrTi17,1.4510	08X17T
019Cr19Mo2NbTi	00Cr18Mo2	S44400,444	(SUS444)	X2CrMoTi18-2	X2CrMoTi18-2,1. 4521	—
06Cr13	0Cr13	S41008,410S	(SUS410S)	X6Cr13	X6Cr13,1.4000	08X13
12Cr13	1Cr13	S41000,410	SUS410	X12Cr13	X12Cr13,1.4006	12X13
20Cr13	2Cr13	S42000,420	SUS420J1	X20Cr13	X20Cr13,1.4021	20X13

冷拔或冷轧精密无缝钢管（摘自 GB/T 3639—2009）

表 3-1-110　钢管的尺寸和允许偏差　　mm

外径和允许偏差		壁厚 0.5	0.8	1	1.2	1.5	1.8	2	2.2	2.5
		内径和允许偏差								
4	±0.08	3±0.15	2.4±0.15	2±0.15	1.6±0.15					
5		4±0.15	3.4±0.15	3±0.15	2.6±0.15					
6		5±0.15	4.4±0.15	4±0.15	3.6±0.15	3±0.15	2.4±0.15	2±0.15		
7		6±0.15	5.4±0.15	5±0.15	4.6±0.15	4±0.15	3.4±0.15	3±0.15		
8		7±0.15	6.4±0.15	6±0.15	5.8±0.15	5±0.15	4.4±0.15	4±0.15	3.6±0.15	3±0.25
9		8±0.15	7.4±0.15	7±0.15	6.6±0.15	6±0.15	5.4±0.15	5±0.15	4.6±0.15	4±0.25
10		9±0.15	8.4±0.15	8±0.15	7.4±0.15	7±0.15	6.4±0.15	6±0.15	5.6±0.15	5±0.15
12		11±0.15	10.4±0.15	10±0.15	9.6±0.15	9±0.15	8.4±0.15	8±0.15	7.6±0.15	7±0.15
14		13±0.08	12.4±0.08	12±0.08	11.6±0.15	11±0.15	10.4±0.15	10±0.15	9.6±0.15	9±0.15
15		14±0.03	13.4±0.08	13±0.08	12.6±0.08	12±0.15	11.4±0.15	11±0.15	10.6±0.15	10±0.15
16		15±0.08	14.4±0.08	14±0.08	13.6±0.08	13±0.08	12.4±0.15	12±0.15	11.6±0.15	11±0.15
18		17±0.08	16.4±0.08	16±0.08	15.6±0.08	15±0.08	14.4±0.08	14±0.08	13.6±0.15	13±0.13
20		19±0.08	18.4±0.08	18±0.08	17.6±0.08	17±0.08	16.4±0.08	16±0.08	15.6±0.15	15±0.15
22		21±0.08	20.4±0.08	20±0.08	19.8±0.08	19±0.08	18.4±0.08	18±0.08	17.6±0.08	17±0.15
25		24±0.08	23.4±0.08	23±0.08	22.8±0.08	22±0.08	21.4±0.08	21±0.08	20.6±0.08	20±0.08
26		25±0.08	24.4±0.08	24±0.08	23.6±0.08	23±0.08	22.4±0.08	22±0.08	21.6±0.08	21±0.08
28		27±0.08	26.4±0.08	28±0.08	25.6±0.08	25±0.08	24.4±0.08	24±0.08	23.6±0.08	23±0.08
30		29±0.08	28.4±0.08	28±0.08	27.8±0.08	27±0.08	26.4±0.08	26±0.08	25.6±0.08	25±0.08
32	±0.15	31±0.15	30.4±0.15	30±0.15	29.6±0.15	28±0.15	28.4±0.15	28±0.15	27.6±0.15	27±0.15
35		34±0.15	33.4±0.15	33±0.15	32.6±0.15	32±0.15	31.4±0.15	31±0.15	30.6±0.15	30±0.15
38		37±0.15	38.4±0.15	36±0.15	35.6±0.15	35±0.15	34.4±0.15	34±0.15	33.6±0.15	33±0.15
40		39±0.15	38.4±0.15	38±0.15	37.6±0.15	37±0.15	36.4±0.15	36±0.15	35.6±0.15	35±0.15
42	±0.20			40±0.20	39.6±0.20	39±0.20	38.4±0.20	38±0.20	37.6±0.20	37±0.20
45				43±0.20	42.6±0.20	42±0.20	41.4±0.20	41±0.20	40.6±0.20	40±0.20
48				46±0.20	45.6±0.20	45±0.20	44.4±0.20	44±0.20	43.6±0.20	43±0.20
50				48±0.20	47.6±0.20	47±0.20	46.4±0.20	46±0.20	45.6±0.20	45±0.20
55	±0.25			53±0.25	52.6±0.25	52±0.25	51.4±0.25	51±0.25	50.6±0.25	50±0.25
60				58±0.25	57.6±0.25	57±0.25	56.4±0.25	56±0.25	55.6±0.25	55±0.25
65	±0.30			63±0.30	62.6±0.30	62±0.30	51.4±0.30	61±0.30	60.6±0.30	60±0.30
70				68±0.30	67.5±0.30	67±0.30	56.4±0.30	66±0.30	65.6±0.30	65±0.30
75	±0.35			73±0.35	72.6±0.35	72±0.35	71.4±0.35	71±0.35	70.6±0.35	70±0.35
80				78±0.35	77.6±0.35	77±0.35	76.4±0.35	76±0.35	75.6±0.35	75±0.35
85	±0.40					82.4±0.40	81.4±0.40	81±0.40	80.6±0.40	80±0.40
90						87±0.40	86.4±0.40	86±0.40	85.6±0.40	85±0.40
95	±0.45							91±0.45	90.6±0.45	90±0.45
100								96±0.45	95.6±0.45	95±0.45
110	±0.50							106±0.50	105.6±0.50	105±0.50
120								116±0.50	115.8±0.50	115±0.50
130	±0.70									125±0.70
140										135±0.70
150	±0.80									
160										
170	±0.90									
180										
190	±1.00									
200										

第 3 篇

续表

外径和允许偏差		壁厚								
		2.8	3	3.5	4	4.5	5	5.5	6	7
		内径和允许偏差								
4										
5										
6										
7										
8										
9		3.4±0.25								
10		4.4±0.25	4±0.25							
12		6.4±0.15	6±0.25	5±0.25	4±0.25					
14	±0.08	8.4±0.15	8±0.15	7±0.15	6±0.25	5±0.25				
15		9.4±0.15	9±0.15	8±0.15	7±0.15	6±0.25	5±0.25			
16		10.4±0.15	10±0.15	9±0.15	8±0.15	7±0.15	6±0.25	5±0.25	4±0.25	
18		12.4±0.15	12±0.15	11±0.15	10±0.15	9±0.15	8±0.15	7±0.25	6±0.25	
20		14.4±0.15	14±0.15	13±0.15	12±0.15	11±0.15	10±0.15	9±0.15	8±0.25	6±0.25
22		16.4±0.15	16±0.15	15±0.15	14±0.15	13±0.15	12±0.15	11±0.15	10±0.15	8±0.25
25		19.4±0.15	19±0.15	18±0.15	17±0.15	16±0.15	15±0.15	14±0.15	13±0.15	11±0.25
26		20.4±0.15	20±0.15	19±0.15	18±0.15	17±0.15	16±0.15	15±0.15	14±0.15	12±0.15
28		22.4±0.08	22±0.15	21±0.15	20±0.15	19±0.15	18±0.15	17±0.15	16±0.15	14±0.15
30		24.4±0.08	24±0.15	23±0.15	22±0.15	21±0.15	20±0.15	19±0.15	18±0.15	16±0.15
32		25.4±0.15	26±0.15	25±0.15	24±0.15	23±0.15	22±0.15	21±0.15	20±0.15	18±0.15
35	±0.15	29.4±0.15	29±0.15	28±0.15	27±0.15	26±0.15	25±0.15	24±0.15	23±0.15	21±0.15
38		32.4±0.15	32±0.15	31±0.15	30±0.15	29±0.15	28±0.15	27±0.15	26±0.15	24±0.15
40		34.4±0.15	34±0.15	33±0.15	32±0.15	31±0.15	30±0.15	29±0.15	28±0.15	26±0.15
42		36.4±0.20	36±0.20	35±0.20	34±0.20	33±0.20	32±0.20	31±0.20	30±0.20	28±0.20
45	±0.20	39.4±0.20	39±0.20	38±0.20	37±0.20	36±0.20	35±0.20	34±0.20	33±0.20	31±0.20
48		42.4±0.20	42±0.20	41±0.20	40±0.20	39±0.20	38±0.20	37±0.20	36±0.20	34±0.20
50		44.4±0.20	44±0.20	43±0.20	42±0.20	41±0.20	40±0.20	39±0.20	38±0.20	36±0.20
55	±0.25	49.4±0.25	49±0.25	48±0.25	47±0.25	48±0.25	45±0.25	44±0.25	43±0.25	41±0.25
60		54.4±0.25	54±0.25	53±0.25	52±0.25	51±0.25	50±0.25	49±0.25	48±0.25	46±0.25
65	±0.30	59.4±0.30	59±0.30	58±0.30	57±0.30	56±0.30	55±0.30	54±0.30	53±0.30	51±0.30
70		64.4±0.30	64±0.30	63±0.30	62±0.30	61±0.30	60±0.30	59±0.30	58±0.30	56±0.30
75	±0.35	69.4±0.35	69±0.35	68±0.35	67±0.35	66±0.35	65±0.35	64±0.35	63±0.35	61±0.35
80		74.4±0.35	74±0.35	73±0.35	72±0.35	71±0.35	70±0.35	69±0.35	68±0.35	66±0.35
85	±0.40	79.4±0.40	79±0.40	78±0.40	77±0.40	76±0.40	75±0.40	74±0.40	73±0.40	71±0.40
90		84.4±0.40	84±0.40	83±0.40	82±0.40	81±0.40	80±0.40	79±0.40	78±0.40	76±0.40
95	±0.45	89.4±0.45	89±0.45	88±0.45	87±0.45	86±0.45	85±0.45	84±0.45	83±0.45	81±0.45
100		94.4±0.45	94±0.45	93±0.45	92±0.45	91±0.45	90±0.45	89±0.45	88±0.45	86±0.45
110	±0.50	104.4±0.50	104±0.50	103±0.50	102±0.50	101±0.50	100±0.50	99±0.50	98±0.50	96±0.50
120		114.4±0.50	114±0.50	113±0.50	112±0.50	111±0.50	110±0.50	109±0.50	108±0.50	105±0.50
130	±0.70	124.4±0.70	124±0.70	123±0.70	122±0.70	121±0.70	120±0.70	119±0.70	118±0.70	116±0.70
140		134.4±0.70	134±0.70	133±0.70	132±0.70	131±0.70	130±0.70	129±0.70	128±0.70	126±0.70
150	±0.80		144±0.80	143±0.80	142±0.80	141±0.80	140±0.80	139±0.80	138±0.80	136±0.80
160			154±0.80	153±0.80	152±0.80	151±0.80	150±0.80	149±0.80	148±0.80	146±0.80
170	±0.90		154±0.90	163±0.90	162±0.90	161±0.90	160±0.90	159±0.90	158±0.90	156±0.90
180				173±0.90	172±0.90	171±0.90	170±0.90	189±0.90	168±0.90	166±0.90
190	±1.00			183±1.00	182±1.00	181±1.00	180±1.00	179±1.00	178±1.00	176±1.00
200				193±1.00	192±1.00	191±1.00	190±1.00	189±1.00	188±1.00	186±1.00

续表

外径和允许偏差		壁厚								
		8	9	10	12	14	16	18	20	22
		内径和允许偏差								
4	±0.08									
5										
6										
7										
8										
9										
10										
12										
14										
15										
16										
18										
20										
22										
25		9±0.25								
26		10±0.25								
28		12±0.15								
30		14±0.15	12±0.15	10±0.25						
32	±0.15	16±0.15	14±0.15	12±0.25						
35		18±0.15	17±0.15	15±0.15						
38		22±0.15	20±0.15	18±0.15						
40		24±0.15	22±0.15	20±0.15						
42	±0.20	28±0.20	24±0.20	22±0.20						
45		29±0.20	27±0.20	25±0.20						
48		32±0.20	30±0.20	28±0.20						
50		34±0.20	32±0.20	30±0.20						
55	±0.25	39±0.25	37±0.25	35±0.25	31±0.25					
60		44±0.25	42±0.25	40±0.25	36±0.25					
65	±0.30	49±0.30	47±0.20	45±0.30	41±0.30	37±0.30				
70		54±0.30	52±0.30	50±0.30	46±0.30	42±0.30				
75	±0.35	59±0.35	57±0.35	55±0.35	51±0.35	47±0.35	43±0.35			
80		64±0.35	62±0.35	60±0.35	56±0.35	52±0.35	48±0.35			
85	±0.40	69±0.40	67±0.40	65±0.40	61±0.40	57±0.40	53±0.40			
90		74±0.40	72±0.40	70±0.40	66±0.40	62±0.40	58±0.40			
95	±0.45	79±0.45	77±0.45	75±0.45	71±0.45	67±0.45	63±0.45	59±0.45		
100		84±0.45	82±0.45	80±0.45	76±0.45	72±0.45	68±0.45	64±0.45		
110	±0.50	94±0.50	92±0.50	90±0.50	80±0.50	82±0.50	78±0.50	74±0.50		
120		104±0.50	102±0.50	100±0.50	96±0.50	92±0.50	88±0.50	84±0.50		
130	±0.70	114±0.70	112±0.70	110±0.70	106±0.70	102±0.70	98±0.70	94±0.70		
140		124±0.70	122±0.70	120±0.70	116±0.70	112±0.70	106±0.70	104±0.70		
150	±0.80	134±0.80	132±0.80	130±0.80	126±0.80	122±0.80	118±0.80	114±0.80	110±0.80	
160		144±0.80	142±0.80	140±0.80	136±0.80	132±0.80	128±0.80	124±0.80	120±0.80	
170	±0.90	154±0.90	152±0.90	150±0.80	145±0.90	142±0.90	138±0.90	134±0.90	130±0.90	
180		164±0.90	162±0.90	160±0.90	156±0.90	152±0.90	148±0.90	144±0.90	140±0.90	
190	±1.00	174±1.00	172±1.00	170±1.00	156±1.00	162±1.00	158±1.00	154±1.00	150±1.00	146±1.00
200		184±1.00	182±1.00	180±1.00	176±1.00	172±1.00	168±1.00	164±1.00	160±1.00	156±1.00

注：1. 本标准钢管适用于机械结构、液压设备、汽车零部件等具有特殊尺寸精度和高表面质量要求的场合。

2. 钢管用 10、20、35、45 制造时，其化学成分符合 GB/T 699；用 Q345B 制造时，其化学成分符合 GB/T 1591。

3. 外径与内径的允许偏差：+C、+LC 时符合本表；+SR、+A、+N 时符合下表

壁厚(S)/外径(D)	允许偏差
$S/D \geq 1/20$	按本表规定的值
$1/40 \leq S/D < 1/20$	按本表规定值的 1.5 倍
$S/D < 1/40$	按本表规定值的 2.0 倍

+C、+LC、+SR、+A、+N 说明见表 3-1-111。

第 3 篇

表 3-1-111　　钢管的力学性能

牌号	交货状态③											
	+C①		+LC①		+SR			+A②		+N		
	R_m /MPa	A /%	R_m /MPa	A /%	R_m /MPa	R_{eH} /MPa	A /%	R_m /MPa	A/%	R_m /MPa	R_{eH}③ /MPa	A /%
	≥											
10	430	8	380	10	400	300	16	335	24	320~450	215	27
20	550	5	520	8	520	375	12	390	21	440~570	255	21
35	590	5	550	7	—	—	—	510	17	≥460	280	21
45	645	4	630	6	—	—	—	590	14	≥540	340	18
Q345B	640	4	580	7	580	450	10	450	22	490~630	355	22

① 受冷加工变形程度的影响，屈服强度非常接近抗拉强度，因此，推荐下列关系式计算

+C 状态，$R_{eH}\geqslant 0.8R_m$；+LC 状态，$R_{eH}\geqslant 0.7R_m$

② 推荐下列关系式计算：$R_{eH}\geqslant 0.5R_m$

③ 外径不大于 30mm 且壁厚不大于 3mm 的钢管，其最小上屈服强度可降低 10MPa

注：R_m 表示抗拉强度，R_{eH} 表示上屈服强度，A 表示断后伸长率

注：1. 钢管通常以外径和壁厚交货，通常长度为 2~12m。

2. 交货状态及其说明见下表

交 货 状 态	代 号	说 明
冷加工/硬状态	+C	最后冷加工之后钢管不进行热处理
冷加工/软状态	+LC	最后热处理之后进行适当的冷加工
冷加工后消除应力退火	+SR	最后冷加工后，钢管在控制气氛中进行去应力退火
退火	+A	最后冷加工之后，钢管在控制气氛中进行完全退火
正火	+N	最后冷加工之后，钢管在控制气氛中进行正火

3. 分类代号的新旧对照表

本标准 GB/T 3639—2009 的分类代号	旧标准 GB/T 3639—2000 的分类代号
+C	BK
+LC	BKW
+SR	BKS
+A	GBK
+N	NBK

传动轴用电焊钢管（摘自 YB/T 5209—2010）

表 3-1-112

类别	牌号	主要化学成分(质量分数)/% C	Si	Mn	抗拉强度 σ_b /MPa	屈服点 σ_s /MPa	伸长率 δ_5 /%
Ⅰ(热轧带钢焊接) Ⅱ(冷轧带钢焊接)	08Z	0.05~0.12	≤0.37	0.35~0.65	≥450	≥300	≥15
	20Z	0.17~0.24	0.17~0.37	0.35~0.65	≥440	≥295	≥10
Ⅲ(冷、热轧带钢焊拔结合制造)	20Z				460~590	≥350	≥10

外径×壁厚/mm (静扭矩值/N·m)						
	50×2.5、(1570)	63.5×1.6、(双方协议)	63.5×2.5、(1570)	68.9×2.5、(双方协议)	76×2.5、(4120)	89×2.5 (4120)
	89×4.0、(11760)	89×5.0、(12740)	90×3.0、(双方协议)	100×4.0、(14700)	100×6.0 (19600)	108×7.0 (双方协议)

注：1. 本标准适用于制造汽车传动轴及其他机械动力传动轴用电焊或电焊冷拔钢管。

2. 钢牌号的其他化学成分应符合原标准的规定。

3. 各牌号的 σ_s 值不作交货条件，但应填在质量证明书中。

4. 钢管通常长度为 3.5~8.5m。

5. 钢管应进行水压试验，试验压力为 11.8MPa，稳压时间不少于 5s，不得漏水和渗水。钢管应能进行压扁试验，压扁试验平板间的距离是：壁厚≤5.0mm 时为 $D/3$，壁厚>5.0mm 时为 $D/4$（D 为钢管外径）。钢管还应经扩口试验。

结构用和输送流体用无缝钢管（摘自 GB/T 8162—2008、GB/T 8163—2008、YB/T 5035—2010）

表 3-1-113 结构用和输送流体用无缝钢管的尺寸偏差（GB/T 8162—2008、GB/T 8163—2008） mm

钢管种类	外径 D 允许偏差
热轧(挤压、扩)钢管	±1%D 或±0.50,取其中较大者
冷拔(轧)钢管	±1%D 或±0.30,取其中较大者

钢管种类	钢管公称外径	S/D	壁厚 S 允许偏差
热轧(挤压)钢管	≤102	—	±12.5%S 或±0.40,取其中较大者
	>102	≤0.05	±15%S 或±0.40,取其中较大者
		>0.05~0.10	±12.5%S 或±0.40,取其中较大者
		>0.10	+12.5%S −10%S
热扩钢管	—		±15%S

钢管种类	钢管公称壁厚	壁厚 S 允许偏差
冷拔(轧)	≤3	+15%S −10%S 或±0.15,取其中较大者
	>3	+12.5%S −10%S

注：1. 钢管的外径 D 和壁厚 S 应符合 GB/T 17395 的规定。

2. 钢管的通常长度为 3~12.5m。

3. 热轧（挤压、扩）钢管应以热轧状态或热处理状态交货。冷拔（轧）钢管以热处理状态交货，经注明也可冷拔（轧）状态交货。

表 3-1-114　　结构用无缝钢管的力学性能（摘自 GB/T 8162—2008）

牌号		质量等级	抗拉强度 R_m/MPa	下屈服强度 R_{eL}①/MPa			断后伸长率 A/%	冲击试验	
				壁厚/mm				温度/℃	吸收能量 KV_2/J
				≤16	>16~30	>30			
				不小于					不小于
优质碳素结构钢	10	—	≥335	205	195	185	24	—	—
	15	—	≥375	225	215	205	22	—	—
	20	—	≥410	245	235	225	20	—	—
	25	—	≥450	275	265	255	18	—	—
	35	—	≥510	305	295	285	17	—	—
	45	—	≥590	335	325	315	14	—	—
	20Mn	—	≥450	275	265	255	20	—	—
	25Mn	—	≥490	295	285	275	18	—	—
碳素结构钢	Q235	A	375~500	235	225	215	25	—	—
		B						+20	27
		C						0	
		D						−20	
	Q275	A	415~540	275	265	255	22	—	—
		B						+20	27
		C						0	
		D						−20	
低合金高强度结构钢	Q295	A	390~570	295	275	255	2	—	—
		B						+20	34
	Q345	A	470~630	345	325	295	20	—	—
		B						+20	34
		C					21	0	
		D						−20	
		E						−40	27
	Q390	A	490~650	390	370	350	18	—	—
		B						+20	34
		C					19	0	
		D						−20	
		E						−40	27
	Q420	A	520~680	420	400	380	18	—	—
		B						+20	34
		C					19	0	
		D						−20	
		E						−40	27
	Q460	C	550~720	460	440	420	17	0	34
		D						−20	
		E						−40	27

① 拉伸试验时，如不能测定屈服强度，可测定规定非比例延伸强度 $R_{p0.2}$ 代替 R_{eL}。

注：1. 优质碳素结构钢的牌号和化学成分符合 GB/T 699 的规定。低合金高强度结构钢的牌号和化学成分符合 GB/T 1591 的规定。

2. 碳素结构钢 Q235、Q275 应符合本标准的规定，与 GB/T 700 稍有区别。

表 3-1-115　　结构用无缝钢管的力学性能（摘自 GB/T 8162—2008）

类别	牌号	推荐的热处理制度①					拉伸性能			钢管退火或高温回火交货状态布氏硬度 HBW
		淬火(正火)			回火		抗拉强度 R_m /MPa	下屈服强度⑥ R_{eL} /MPa	断后伸长率 A/%	
		温度/℃		冷却剂	温度/℃	冷却剂				
		第一次	第二次				不小于			不大于
合金结构钢	40Mn2	840	—	水、油	540	水、油	885	735	12	217
	45Mn2	840	—	水、油	550	水、油	885	735	10	217
	27SiMn	920	—	水	450	水、油	980	835	12	217
	40MnB②	850	—	油	500	水、油	980	785	10	207
	45MnB②	840	—	油	500	水、油	1030	835	9	217
	20Mn2B②,⑤	880	—	油	200	水、空	980	785	10	187
	20Cr③,⑤	880	800	水、油	200	水、空	835	540	10	179
							785	490	10	179
	30Cr	860	—	油	500	水、油	885	685	11	187
	35Cr	860	—	油	500	水、油	930	735	11	207
	40Cr	850	—	油	520	水、油	980	785	9	207
	45Cr	840	—	油	520	水、油	1030	835	9	217
	50Cr	830	—	油	520	水、油	1080	930	9	229
	38CrSi	900	—	油	600	水、油	980	835	12	255
	12CrMo	900	—	空	650	空	410	265	24	179
	15CrMo	900	—	空	650	空	440	295	22	179
	20CrMo③,⑤	880	—	水、油	500	水、油	885	685	11	197
							845	635	12	197
	35CrMo	850	—	油	550	水、油	980	835	12	229
	42CrMo	850	—	油	560	水、油	1080	930	12	217
	12CrMoV	970	—	空	750	空	440	225	22	241
	12Cr1MoV	970	—	空	750	空	490	245	22	179
	38CrMoAl③	940	—	水、油	640	水、油	980	835	12	229
							930	785	14	229
	50CrVA	860	—	油	500	水、油	1275	1130	10	255
	20CrMn	850	—	油	200	水、空	930	735	10	187
	20CrMnSi⑤	880	—	油	480	水、油	785	635	12	207
	30CrMnSi③,⑤	880	—	油	520	水、油	1080	885	8	229
							980	835	10	229
	35CrMnSiA⑤	880	—	油	230	水、空	1620	—	9	229
	20CrMnTi④,⑤	880	870	油	200	水、空	1080	835	10	217
	30CrMnTi④,⑤	880	850	油	200	水、空	1470	—	9	229
	12CrNi2	860	780	水、油	200	水、空	785	590	12	207
	12CrNi3	860	780	油	200	水、空	930	685	11	217
	12Cr2Ni4	860	780	油	200	水、空	1080	835	10	269
	40CrNiMoA	850	—	油	600	水、油	980	835	12	269
	45CrNiMoVA	860	—	油	460	油	1470	1325	7	269

① 表中所列热处理温度允许调整范围：淬火±20℃，低温回火±30℃，高温回火±50℃。

② 含硼钢在淬火前可先正火，正火温度应不高于其淬火温度。

③ 按需方指定的一组数据交货；当需方未指定时，可按其中任一组数据交货。

④ 含铬锰钛钢第一次淬火可用正火代替。

⑤ 于 280~320℃ 等温淬火。

⑥ 拉伸试验时，如不能测定屈服强度，可测定规定非比例延伸强度 $R_{P0.2}$ 代替 R_{eL}。

注：合金结构钢的牌号和化学成分符合 GB/T 3077 的规定。

表 3-1-116　　汽车半轴套管用无缝钢管（摘自 YB/T 5035—2010）

钢管公称外径和公称壁厚

公称外径 (D) /mm	公称壁厚 (S) /mm	理论质量 (W) /(kg/m)
72	12	17.76
76	7	11.91
76	9	14.87
77	10	16.52
77	12	19.23
80	10	17.26
80	11.5	19.43
83	11	19.53
89	16	28.80
92	12	23.67
95	12	24.56
95	13	26.29
95	16	31.17
96	12	24.86
96	15	29.96
98	18	35.51
98	22	41.23
102	12	26.63
102	13.5	29.46
108	15	34.40
114	16	38.67
114	20	46.36
114	26	56.42
114	28.5	60.09
121	20.5	50.81

Ⅰ、Ⅱ、Ⅲ类钢管公称外径、公称内径和公称壁厚的允许偏差

钢管的尺寸类别		钢管尺寸		允许偏差/mm
Ⅰ	按公称外径和公称壁厚供应的钢管	公称外径(D)		±1%D
		公称壁厚(S)	S≤7	+15%S -9%S
			7<S≤15	+12.5%S -10%S
			S>15	+12.5%S -7.5%S
Ⅱ	按公称外径、公称内径和壁厚不均供应的钢管	公称外径(D)		±1%D
		公称内径(d)		±1.75%d
		壁厚不均(ΔS)①		≤15%S
Ⅲ	公称外径为 77mm，公称内径为 57mm，公称壁厚为 10mm 的钢管	公称外径(D)		+1.0 -0.3
		公称内径(d)		+1.5 -0.5
		壁厚不均(ΔS)①		≤1.5

① 壁厚不均是指钢管同一横截面上壁厚最大值与最小值之差

钢管的力学性能

牌号	抗拉强度 R_m /(N/mm²)	屈服强度① R_{eL}(或 $R_{p0.2}$) /(N/mm²)	断后伸长率 A /%	布氏硬度 /HBW
45	≥590	≥335	≥14	—
45Mn2	—	—	—	217～269
40MnB	—	—	—	217～269
40Cr	—	—	—	217～269
20CrNi3A②	—	—	—	217～269

① 当屈服现象不明显时采用 $R_{p0.2}$

② 对于 20CrNi3A 钢制造的钢管，表列硬度值仅供参考

注：1. 本标准适用于制造汽车半轴套管及驱动桥桥壳管用优质碳素结构钢和合金结构钢无缝钢管。

2. 45 钢的化学成分应符合 GB/T 699 的规定，45Mn2、40MnB、40Cr 和 20CrNi3A 的化学成分应符合 GB/T 3077 的规定。

3. 热轧钢管以热轧状态或热处理状态交货，冷拔（轧）钢管应以热处理状态交货。

第 3 篇

表 3-1-117　　流体输送用无缝钢管的力学性能（摘自 GB/T 8163—2008）

牌号	质量等级	拉伸性能 抗拉强度 R_m/MPa	下屈服强度 R_{eL}①/MPa 壁厚/mm ≤16	>16~30	>30	断后伸长率 A/%	冲击试验 温度/℃	吸收能量 KV_2/J
			≥					不小于
10	—	335~475	205	195	185	24	—	—
20	—	410~530	245	235	225	20	—	—
Q295	A	390~570	295	275	255	22	—	—
Q295	B	390~570	295	275	255	22	+20	34
Q345	A	470~630	345	325	295	20	—	—
Q345	B	470~630	345	325	295	20	+20	34
Q345	C	470~630	345	325	295	21	0	34
Q345	D	470~630	345	325	295	21	-20	34
Q345	E	470~630	345	325	295	21	-40	27
Q390	A	490~650	390	370	350	18	—	—
Q390	B	490~650	390	370	350	18	+20	34
Q390	C	490~650	390	370	350	19	0	34
Q390	D	490~650	390	370	350	19	-20	34
Q390	E	490~650	390	370	350	19	-40	27
Q420	A	520~680	420	400	380	18	—	—
Q420	B	520~680	420	400	380	18	+20	34
Q420	C	520~680	420	400	380	19	0	34
Q420	D	520~680	420	400	380	19	-20	34
Q420	E	520~680	420	400	380	19	-40	27
Q460	C	550~720	460	440	420	17	0	34
Q460	D	550~720	460	440	420	17	-20	34
Q460	E	550~720	460	440	420	17	-40	27

① 拉伸试验时，如不能测定屈服强度，可测定规定非比例延伸强度 $R_{p0.2}$ 代替 R_{eL}。

注：1. 牌号为 10、20 钢的化学成分符合 GB/T 699 的规定。牌号为 Q295、Q345、Q390、Q420 和 Q460 钢的化学成分符合 GB/T 1591 的规定。

2. 钢管应逐根进行液压、试验，试验压力由下式计算，最大试验压力不超过 19.0MPa，在试验压力下，稳压时间不少于 5s，钢管不允许渗漏。

$$p=2SR/D$$

式中，p 为试验压力，MPa；S 为钢管公称壁厚，mm；D 为钢管公称外径，mm；R 为试验允许应力，取规定下屈服强度的 60%，MPa。

第 3 篇

无缝钢管尺寸、质量

表 3-1-118

外径/mm			壁厚									
系列 1	系列 2	系列 3	0.25	0.30	0.40	0.50	0.60	0.80	1.0	1.2	1.4	1.5
									单位长度理			
	6		0.035	0.042	0.055	0.068	0.080	0.103	0.123	0.142	0.159	0.166
	7		0.042	0.050	0.065	0.080	0.095	0.122	0.148	0.172	0.193	0.203
	8		0.048	0.057	0.075	0.092	0.110	0.142	0.173	0.201	0.228	0.240
	9		0.054	0.064	0.085	0.105	0.124	0.162	0.197	0.231	0.262	0.277
10(10.2)			0.060	0.072	0.095	0.117	0.139	0.182	0.222	0.261	0.297	0.314
	11		0.066	0.079	0.105	0.129	0.154	0.201	0.247	0.290	0.331	0.351
	12		0.072	0.087	0.115	0.142	0.169	0.221	0.271	0.320	0.366	0.388
	13(12.7)		0.079	0.094	0.124	0.154	0.184	0.241	0.296	0.349	0.400	0.425
13.5			0.082	0.098	0.129	0.160	0.191	0.251	0.308	0.364	0.418	0.444
		14	0.085	0.101	0.134	0.166	0.198	0.260	0.321	0.379	0.435	0.462
	16		0.097	0.116	0.154	0.191	0.228	0.300	0.370	0.438	0.504	0.536
17(17.2)			0.103	0.124	0.164	0.203	0.243	0.320	0.395	0.468	0.539	0.573
		18	0.109	0.131	0.174	0.216	0.258	0.340	0.419	0.497	0.573	0.610
	19		0.115	0.138	0.183	0.228	0.272	0.359	0.444	0.527	0.608	0.647
	20		0.122	0.146	0.193	0.240	0.287	0.379	0.469	0.556	0.642	0.684
21(21.3)					0.203	0.253	0.302	0.399	0.493	0.586	0.677	0.721
		22			0.212	0.265	0.317	0.418	0.518	0.616	0.711	0.758
	25				0.242	0.302	0.361	0.477	0.592	0.704	0.815	0.869
		25.4			0.247	0.307	0.367	0.485	0.602	0.716	0.829	0.884
27(26.9)					0.262	0.327	0.391	0.517	0.641	0.763	0.884	0.943
	28				0.272	0.339	0.406	0.537	0.666	0.793	0.918	0.98
		30			0.292	0.364	0.435	0.576	0.715	0.852	0.987	1.05
	32(31.8)				0.311	0.388	0.465	0.616	0.765	0.911	1.056	1.13
34(33.7)					0.331	0.413	0.494	0.655	0.814	0.971	1.125	1.20
		35			0.341	0.425	0.509	0.675	0.838	1.000	1.16	1.24
	38				0.370	0.462	0.553	0.734	0.912	1.089	1.26	1.35
	40				0.390	0.487	0.583	0.774	0.962	1.148	1.33	1.42
42(42.4)									1.01	1.21	1.40	1.50
		45(44.5)							1.09	1.30	1.51	1.61
48(48.3)									1.16	1.39	1.61	1.72
	51								1.23	1.47	1.71	1.83
		54							1.31	1.56	1.82	1.94
	57								1.38	1.65	1.92	2.05
60(60.3)									1.46	1.74	2.02	2.16
	63(63.5)								1.53	1.83	2.13	2.27
	65								1.58	1.89	2.20	2.35
	68								1.65	1.98	2.30	2.46
	70								1.70	2.04	2.37	2.53

(摘自 GB/T 17395—2008)

/mm

1.6	1.8	2.0	2.2(2.3)	2.5(2.6)	2.8	(2.9)3.0	3.2	3.5(3.6)	4.0	4.5	5.0	(5.4)5.5	6.0
论　质　量/kg·m^{-1}													
0.174	0.186	0.197											
0.213	0.231	0.247	0.260	0.277									
0.253	0.275	0.296	0.315	0.339									
0.292	0.320	0.345	0.369	0.401	0.428								
0.332	0.364	0.395	0.423	0.462	0.497	0.518	0.537	0.561					
0.371	0.408	0.444	0.477	0.524	0.566	0.592	0.615	0.647					
0.410	0.453	0.493	0.532	0.586	0.635	0.666	0.694	0.734	0.789				
0.450	0.497	0.543	0.586	0.647	0.704	0.740	0.774	0.820	0.888				
0.470	0.519	0.567	0.613	0.678	0.739	0.777	0.813	0.863	0.937				
0.490	0.542	0.592	0.640	0.709	0.773	0.814	0.852	0.906	0.986				
0.568	0.630	0.691	0.749	0.832	0.910	0.962	1.01	1.08	1.18	1.28	1.36		
0.608	0.675	0.740	0.803	0.894	0.98	1.04	1.09	1.17	1.28	1.39	1.48		
0.647	0.719	0.789	0.857	0.956	1.05	1.11	1.17	1.25	1.38	1.50	1.60		
0.687	0.763	0.838	0.911	1.02	1.12	1.18	1.25	1.34	1.48	1.61	1.73	1.83	1.92
0.726	0.808	0.888	0.966	1.08	1.19	1.26	1.33	1.42	1.58	1.72	1.85	1.97	2.07
0.765	0.852	0.937	1.02	1.14	1.26	1.33	1.41	1.51	1.68	1.83	1.97	2.10	2.22
0.805	0.897	0.986	1.07	1.20	1.33	1.41	1.48	1.60	1.78	1.94	2.10	2.24	2.37
0.923	1.03	1.13	1.24	1.39	1.53	1.63	1.72	1.86	2.07	2.28	2.47	2.64	2.81
0.939	1.05	1.15	1.26	1.41	1.56	1.66	1.75	1.89	2.11	2.32	2.52	2.70	2.87
1.00	1.13	1.23	1.34	1.51	1.67	1.78	1.88	2.03	2.27	2.50	2.71	2.92	3.11
1.04	1.16	1.28	1.40	1.57	1.74	1.85	1.96	2.11	2.37	2.61	2.84	3.05	3.26
1.12	1.25	1.38	1.51	1.70	1.88	2.00	2.12	2.29	2.56	2.83	3.08	3.32	3.55
1.20	1.34	1.48	1.62	1.82	2.02	2.15	2.27	2.46	2.76	3.05	3.33	3.59	3.85
1.28	1.43	1.58	1.72	1.94	2.15	2.29	2.43	2.63	2.96	3.27	3.58	3.87	4.14
1.32	1.47	1.63	1.78	2.00	2.22	2.37	2.51	2.72	3.06	3.38	3.70	4.00	4.29
1.44	1.61	1.78	1.94	2.19	2.43	2.59	2.75	2.98	3.35	3.72	4.07	4.41	4.74
1.52	1.69	1.87	2.05	2.31	2.57	2.74	2.90	3.15	3.55	3.94	4.32	4.68	5.03
1.60	1.79	1.97	2.16	2.44	2.71	2.89	3.06	3.32	3.75	4.16	4.56	4.95	5.33
1.71	1.92	2.12	2.32	2.62	2.91	3.11	3.30	3.58	4.04	4.49	4.93	5.36	5.77
1.83	2.05	2.27	2.48	2.81	3.12	3.33	3.54	3.84	4.34	4.83	5.30	5.76	6.21
1.95	2.18	2.42	2.65	2.99	3.33	3.55	3.77	4.10	4.64	5.16	5.67	6.17	6.66
2.07	2.32	2.56	2.81	3.18	3.54	3.77	4.01	4.36	4.93	5.49	6.04	6.58	7.10
2.19	2.45	2.71	2.97	3.36	3.74	4.00	4.25	4.62	5.23	5.83	6.41	6.99	7.55
2.31	2.58	2.86	3.14	3.55	3.95	4.22	4.48	4.88	5.52	6.16	6.78	7.39	7.99
2.42	2.72	3.01	3.30	3.73	4.16	4.44	4.72	5.14	5.82	6.49	7.15	7.80	8.43
2.50	2.81	3.11	3.41	3.85	4.29	4.59	4.88	5.31	6.02	6.71	7.40	8.07	8.73
2.62	2.94	3.26	3.57	4.04	4.50	4.81	5.11	5.57	6.31	7.05	7.77	8.48	9.17
2.70	3.03	3.35	3.68	4.16	4.64	4.96	5.27	5.74	6.51	7.27	8.01	8.75	9.47

外径/mm			壁厚									
系列1	系列2	系列3	1.0	1.2	1.4	1.5	1.6	1.8	2.0	2.2(2.3)	2.5(2.6)	2.8
			单位长度理									
	25											
		25.4										
27(26.9)												
	28											
		30										
	32(31.8)											
34(33.7)												
		35										
	38											
	40											
42(42.4)												
		45(44.5)										
48(48.3)												
	51											
		54										
	57											
60(60.3)												
	63(63.5)											
	65											
	68											
	70											
		73	1.78	2.12	2.47	2.64	2.82	3.16	3.50	3.84	4.35	4.85
76(76.1)			1.85	2.21	2.58	2.76	2.94	3.29	3.65	4.00	4.53	5.05
	77				2.61	2.79	2.98	3.34	3.70	4.06	4.59	5.12
	80				2.71	2.90	3.09	3.47	3.85	4.22	4.78	5.33
		83(82.5)			2.82	3.02	3.21	3.60	4.00	4.38	4.96	5.54
	85				2.89	3.09	3.29	3.69	4.09	4.49	5.09	5.68
89(88.9)					3.02	3.24	3.45	3.87	4.29	4.71	5.33	5.95
	95				3.23	3.46	3.69	4.14	4.59	5.03	5.70	6.37
	102(101.6)				3.47	3.72	3.96	4.45	4.93	5.41	6.13	6.85
		108			3.68	3.94	4.20	4.71	5.23	5.74	6.50	7.26
114(114.3)						4.16	4.44	4.98	5.52	6.07	6.87	7.68
	121					4.42	4.71	5.29	5.87	6.45	7.31	8.16
	127							5.56	6.17	6.77	7.68	8.58
	133										8.05	8.98
140(139.7)												
		142(141.3)										
	146											
		152(152.4)										

续表

/mm

(2.9)3.0	3.2	3.5(3.6)	4.0	4.5	5.0	(5.4)5.5	6.0	(6.3)6.5	7.0(7.1)	7.5	8.0	8.5	(8.8)9.0
论　质　量/kg·m^{-1}													
								2.97	3.11				
								3.03	3.18				
								3.29	3.45				
								3.45	3.63				
								3.77	3.97	4.16	4.34		
								4.09	4.32	4.53	4.74		
								4.41	4.66	4.90	5.13		
								4.57	4.83	5.09	5.33	5.56	5.77
								5.05	5.35	5.64	5.92	6.18	6.44
								5.37	5.70	6.01	6.31	6.60	6.88
								5.69	6.04	6.38	6.71	7.02	7.32
								6.17	6.56	6.94	7.30	7.65	7.99
								6.65	7.08	7.49	7.89	8.28	8.66
								7.13	7.60	8.05	8.48	8.91	9.32
								7.61	8.11	8.60	9.08	9.54	9.99
								8.10	8.63	9.16	9.67	10.17	10.65
								8.58	9.15	9.71	10.26	10.80	11.32
								9.06	9.67	10.26	10.85	11.42	11.98
								9.38	10.01	10.63	11.25	11.84	12.43
								9.86	10.53	11.19	11.84	12.47	13.10
								10.18	10.88	11.56	12.23	12.89	13.54
5.18	5.51	6.00	6.81	7.60	8.38	9.16	9.91	10.66	11.39	12.11	12.82	13.52	14.20
5.40	5.75	6.26	7.10	7.93	8.75	9.56	10.36	11.14	11.91	12.67	13.42	14.15	14.87
5.47	5.82	6.34	7.20	8.05	8.88	9.70	10.50	11.30	12.08	12.85	13.61	14.36	15.09
5.70	6.06	6.60	7.50	8.38	9.25	10.10	10.95	11.78	12.60	13.41	14.20	14.99	15.76
5.92	6.30	6.86	7.79	8.71	9.62	10.51	11.39	12.26	13.12	13.96	14.80	15.62	16.42
6.07	6.46	7.04	7.99	8.93	9.86	10.78	11.69	12.58	13.46	14.33	15.19	16.04	16.87
6.36	6.77	7.38	8.38	9.38	10.36	11.33	12.28	13.22	14.16	15.07	15.98	16.87	17.76
6.81	7.24	7.90	8.98	10.04	11.10	12.14	13.17	14.19	15.19	16.18	17.16	18.13	19.09
7.32	7.80	8.50	9.67	10.82	11.96	13.09	14.21	15.31	16.40	17.48	18.55	19.60	20.64
7.77	8.27	9.02	10.26	11.49	12.70	13.90	15.09	16.27	17.44	18.59	19.73	20.86	21.97
8.21	8.74	9.54	10.85	12.15	13.44	14.72	15.98	17.23	18.47	19.70	20.91	22.11	23.30
8.73	9.30	10.14	11.54	12.93	14.30	15.67	17.02	18.35	19.68	20.99	22.29	23.58	24.86
9.19	9.77	10.66	12.13	13.59	15.04	16.48	17.90	19.31	20.71	22.10	23.48	24.84	26.19
9.62	10.24	11.18	12.72	14.26	15.78	17.29	18.79	20.28	21.75	23.21	24.66	26.10	27.52
10.14	10.80	11.78	13.42	15.04	16.65	18.24	19.83	21.40	22.96	24.51	26.04	27.56	29.08
10.28	10.95	11.95	13.61	15.26	16.89	18.51	20.12	21.72	23.30	24.88	26.44	27.98	29.52
10.58	11.27	12.30	14.01	15.70	17.39	19.06	20.72	22.36	23.99	25.62	27.22	28.82	30.41
11.02	11.74	12.82	14.60	16.37	18.13	19.87	21.60	23.32	25.03	26.73	28.41	30.08	31.74

续表

外径/mm			壁厚										
系列 1	系列 2	系列 3	3.5(3.6)	4.0	4.5	5.0	(5.4)5.5	6.0	(6.3)6.5	7.0(7.1)	7.5	8.0	8.5
			单位长度理										
	38												
	40												
42(42.4)													
		45(44.5)											
48(48.3)													
	51												
		54											
	57												
60(60.3)													
	63(63.5)												
	65												
	68												
	70												
		73											
76(76.1)													
	77												
	80												
		83(82.5)											
	85												
89(88.9)													
	95												
	102(101.6)												
		108											
114(114.3)													
	121												
	127												
	133												
140(139.7)													
		142(141.3)											
	146												
		152(152.4)											
		159	13.42	15.29	17.14	18.99	20.82	22.64	24.44	26.24	28.02	29.79	31.55
168(168.3)			14.20	16.18	18.14	20.10	22.04	23.97	25.89	27.79	29.68	31.56	33.44
		180(177.8)	15.23	17.36	19.48	21.58	23.67	25.74	27.81	29.86	31.90	33.93	35.95
		194(193.7)	16.44	18.74	21.03	23.30	25.60	27.82	30.05	32.28	34.49	36.69	38.88
	203		17.22	19.63	22.03	24.41	26.79	29.15	31.50	33.83	36.16	38.47	40.77
219(219.1)								31.52	34.06	36.60	39.12	41.63	44.12
		245(244.5)						35.36	38.23	41.08	43.93	46.76	49.57

注：1. 本表选自原标准的普通钢管尺寸组(外径分为系列 1、系列 2、系列 3)。未编入本表的尚有精密钢管尺寸组（外径

列为非通用系列第 3 系列为特殊用途系列。

2. 钢管的通常长度为 3~12.5m。

3. 表中括号内尺寸表示相应的 ISO 4200 的规格，不推荐采用。

4. 未编入本表的厚度系列有：25、26、28、30、32、34、36、38、40、42、45、48、50、55、60、65、70、75、80、85、90、95、

厚度大于 24mm、外径小于 273mm 的未编入的钢管规格（外径×壁厚）如下：102×25~28、108×25~30、114×25~30、121×25~32、

203×25~55、219×25~55、245×25~65。外径大于245~1016 的全部钢管未编入本表。

5. 钢管的理论质量按下式计算：$W=\frac{\pi}{1000}\rho(D-S)S$（$W$ 为钢管理论质量，kg/m；π 取 3.1416；ρ 为钢的密度，取 7.85kg/dm^3；

续表

/mm														
(8.8)9.0	9.5	10	11	12(12.5)	13	14(14.2)	15	16	17(17.5)	18	19	20	22(22.2)	24
论 质 量/kg·m^{-1}														
	6.68	6.91												
	7.15	7.40												
	7.61	7.89												
	8.32	8.63	9.22	9.77										
	9.02	9.37	10.04	10.65										
	9.72	10.11	10.85	11.54										
	10.43	10.85	11.67	12.43	13.14	13.81								
	11.13	11.59	12.48	13.32	14.11	14.85								
	11.83	12.33	13.29	14.21	15.07	15.88	16.64	17.36						
	12.53	13.07	14.11	15.09	16.03	16.92	17.76	18.55						
	13.00	13.56	14.65	15.68	16.67	17.61	18.50	19.33						
	13.71	14.30	15.46	16.57	17.63	18.64	19.61	20.52						
	14.17	14.80	16.01	17.16	18.27	19.33	20.35	21.31	22.22					
	14.88	15.54	16.82	18.05	19.24	20.37	21.46	22.49	23.48	24.41	25.30			
	15.58	16.28	17.63	18.94	20.20	21.41	22.56	23.67	24.73	25.75	26.71	27.62		
	15.81	16.52	17.90	19.23	20.52	21.75	22.93	24.07	25.15	26.19	27.18	28.11		
	16.52	17.26	18.72	20.12	21.48	22.79	24.04	25.25	26.41	27.52	28.58	29.59		
	17.22	18.00	19.53	21.01	22.44	23.82	25.15	26.44	27.67	28.85	29.99	31.07	33.10	
	17.69	18.49	20.07	21.60	23.08	24.51	25.89	27.23	28.51	29.74	30.92	32.06	34.18	
	18.63	19.48	21.16	22.79	24.36	25.89	27.37	28.80	30.18	31.52	32.80	34.03	36.35	38.47
	20.03	20.96	22.79	24.56	26.29	27.96	29.59	31.17	32.70	34.18	35.61	36.99	39.60	42.02
	21.67	22.69	24.69	26.63	28.53	30.38	32.18	33.93	35.63	37.29	38.89	40.44	43.40	46.16
	23.08	24.17	26.31	28.41	30.46	32.45	34.40	36.30	38.15	39.95	41.70	43.40	46.66	49.71
	24.48	25.65	27.94	30.19	32.38	34.52	36.62	38.67	40.66	42.61	44.51	46.36	49.91	53.27
	26.12	27.37	29.84	32.26	34.62	36.94	39.21	41.43	43.60	45.72	47.79	49.81	53.71	57.41
	27.53	28.85	31.47	34.03	36.55	39.01	41.43	43.80	46.12	48.38	50.60	52.77	56.96	60.96
	28.93	30.33	33.10	35.81	38.47	41.08	43.65	46.16	48.63	51.05	53.41	55.73	60.22	64.51
	30.57	32.06	34.99	37.88	40.71	43.50	46.24	48.93	51.56	54.15	56.69	59.18	64.02	68.65
	31.04	32.55	35.54	38.47	41.36	44.19	46.98	49.72	52.41	55.04	57.63	60.17	65.11	69.84
	31.98	33.54	36.62	39.66	42.64	45.57	48.46	51.29	54.08	56.82	59.50	62.14	67.27	72.20
	33.39	35.02	38.25	41.43	44.56	47.64	50.68	53.66	56.59	59.48	62.32	65.10	70.53	75.76
33.29	35.02	36.75	40.15	43.50	46.80	50.06	53.27	56.42	59.53	62.59	65.60	68.55	74.33	79.90
35.29	37.13	38.97	42.59	46.17	49.69	53.17	56.59	59.97	63.30	66.58	69.81	72.99	79.21	85.22
37.95	39.94	41.92	45.84	49.72	53.54	57.31	61.03	64.71	68.33	71.91	75.43	78.91	85.72	92.33
41.06	43.22	45.38	49.64	53.86	58.02	62.14	66.21	70.23	74.20	78.12	81.99	85.82	93.31	100.61
43.06	45.33	47.59	52.08	56.52	60.91	65.25	69.54	73.78	77.97	82.12	86.21	90.26	98.20	105.94
46.61	49.08	51.54	56.42	61.26	66.04	70.77	75.46	80.10	84.68	89.22	93.71	98.15	106.88	115.41
52.38	55.17	57.95	63.48	68.95	74.37	79.75	83.08	90.35	95.58	100.76	105.89	110.97	120.98	130.80

分为系列 2、系列 3）和不锈钢钢管尺寸组（外径分为系列 1、系列 2、系列 3）另见表 3-1-119。第 1 系列为通用系列，第 2 系

100、110、120。

127×25～32、133×25～36、140×25～36、142×25～36、146×25～40、152×25～40、159×25～45、168×25～45、180×25～50、194×25～50、

D 为钢管公称外径，mm；*S* 为钢管公称壁厚，mm）。

表 3-1-119　　不锈钢无缝钢管尺寸系列（摘自 GB/T 17395—2008）

mm

外径			壁厚																																					
系列1	系列2	系列3	1.0	1.2	1.4	1.5	1.6	2.0	2.2(2.3)	2.5(2.6)	2.8(2.9)	3.0	3.2	3.5(3.6)	4.0	4.5	5.0	5.5(5.6)	6.0	6.5(6.3)	7.0(7.1)	7.5	8.0	8.5	9.0(8.8)	9.5	10	11	12(12.5)	14(14.2)	15	16	17(17.5)	18	20	22(22.2)	24	25	26	28
	6		×	×																																				
	7		×	×																																				
	8		×	×																																				
	9		×	×																																				
10(10.2)			×	×	×	×	×	×																																
	12		×	×	×	×	×	×																																
	12.7		×	×	×	×	×	×	×	×	×	×	×																											
13(13.5)			×	×	×	×	×	×	×	×	×	×	×																											
		14	×	×	×	×	×	×	×	×	×	×	×	×																										
	16		×	×	×	×	×	×	×	×	×	×	×	×	×																									
17(17.2)			×	×	×	×	×	×	×	×	×	×	×	×	×																									
		18	×	×	×	×	×	×	×	×	×	×	×	×	×	×																								
	19		×	×	×	×	×	×	×	×	×	×	×	×	×	×																								
	20		×	×	×	×	×	×	×	×	×	×	×	×	×	×																								
21(21.3)			×	×	×	×	×	×	×	×	×	×	×	×	×	×	×																							
		22	×	×	×	×	×	×	×	×	×	×	×	×	×	×	×																							
	24		×	×	×	×	×	×	×	×	×	×	×	×	×	×	×																							
	25		×	×	×	×	×	×	×	×	×	×	×	×	×	×	×	×	×																					
		25.4	×	×	×	×	×	×	×	×	×	×	×	×	×	×	×	×	×																					
27(26.9)			×	×	×	×	×	×	×	×	×	×	×	×	×	×	×	×	×																					
		30	×	×	×	×	×	×	×	×	×	×	×	×	×	×	×	×	×	×																				
	32(31.8)		×	×	×	×	×	×	×	×	×	×	×	×	×	×	×	×	×	×																				
34(33.7)			×	×	×	×	×	×	×	×	×	×	×	×	×	×	×	×	×	×																				
		35	×	×	×	×	×	×	×	×	×	×	×	×	×	×	×	×	×	×																				
	38		×	×	×	×	×	×	×	×	×	×	×	×	×	×	×	×	×	×																				
	40		×	×	×	×	×	×	×	×	×	×	×	×	×	×	×	×	×	×																				
42(42.4)			×	×	×	×	×	×	×	×	×	×	×	×	×	×	×	×	×	×	×	×																		
		45(44.5)	×	×	×	×	×	×	×	×	×	×	×	×	×	×	×	×	×	×	×	×	×	×																
48(48.3)			×	×	×	×	×	×	×	×	×	×	×	×	×	×	×	×	×	×	×	×	×	×																
	51		×	×	×	×	×	×	×	×	×	×	×	×	×	×	×	×	×	×	×	×	×	×	×															
		54					×	×	×	×	×	×	×	×	×	×	×	×	×	×	×	×	×	×	×	×	×													
	57						×	×	×	×	×	×	×	×	×	×	×	×	×	×	×	×	×	×	×	×	×													
60(60.3)							×	×	×	×	×	×	×	×	×	×	×	×	×	×	×	×	×	×	×	×	×													

续表

外径			壁厚																																						
系列 1	系列 2	系列 3	1.0	1.2	1.4	1.5	1.6	2.0	2.2(2.3)	2.5(2.6)	2.8(2.9)	3.0	3.2	3.5(3.6)	4.0	4.5	5.0	5.5(5.6)	6.0	6.5(6.3)	7.0(7.1)	7.5	8.0	8.5	9.0(8.8)	9.5	10	11	12(12.5)	14(14.2)	15	16	17(17.5)	18	20	22(22.2)	24	25	26	28
	64(63.5)						×	×	×	×	×	×	×	×	×	×	×	×	×	×	×	×	×	×	×	×	×	×	×													
	68						×	×	×	×	×	×	×	×	×	×	×	×	×	×	×	×	×	×	×	×	×	×	×	×	×											
	70						×	×	×	×	×	×	×	×	×	×	×	×	×	×	×	×	×	×	×	×	×	×	×	×	×											
	73						×	×	×	×	×	×	×	×	×	×	×	×	×	×	×	×	×	×	×	×	×	×	×	×	×											
76(76.1)							×	×	×	×	×	×	×	×	×	×	×	×	×	×	×	×	×	×	×	×	×	×	×	×	×											
		83(82.5)					×	×	×	×	×	×	×	×	×	×	×	×	×	×	×	×	×	×	×	×	×	×	×	×	×	×										
89(88.9)							×	×	×	×	×	×	×	×	×	×	×	×	×	×	×	×	×	×	×	×	×	×	×	×	×	×										
	95						×	×	×	×	×	×	×	×	×	×	×	×	×	×	×	×	×	×	×	×	×	×	×	×	×	×										
	102(101.6)						×	×	×	×	×	×	×	×	×	×	×	×	×	×	×	×	×	×	×	×	×	×	×	×	×	×										
	108						×	×	×	×	×	×	×	×	×	×	×	×	×	×	×	×	×	×	×	×	×	×	×	×	×	×										
114(114.3)							×	×	×	×	×	×	×	×	×	×	×	×	×	×	×	×	×	×	×	×	×	×	×	×	×	×										
	127						×	×	×	×	×	×	×	×	×	×	×	×	×	×	×	×	×	×	×	×	×	×	×	×	×	×										
	133						×	×	×	×	×	×	×	×	×	×	×	×	×	×	×	×	×	×	×	×	×	×	×	×	×	×										
140(139.7)							×	×	×	×	×	×	×	×	×	×	×	×	×	×	×	×	×	×	×	×	×	×	×	×	×	×	×	×								
	146						×	×	×	×	×	×	×	×	×	×	×	×	×	×	×	×	×	×	×	×	×	×	×	×	×	×	×	×								
	152						×	×	×	×	×	×	×	×	×	×	×	×	×	×	×	×	×	×	×	×	×	×	×	×	×	×	×	×								
	159						×	×	×	×	×	×	×	×	×	×	×	×	×	×	×	×	×	×	×	×	×	×	×	×	×	×	×	×								
168(168.3)							×	×	×	×	×	×	×	×	×	×	×	×	×	×	×	×	×	×	×	×	×	×	×	×	×	×	×	×	×	×						
	180							×	×	×	×	×	×	×	×	×	×	×	×	×	×	×	×	×	×	×	×	×	×	×	×	×	×	×	×	×						
	194							×	×	×	×	×	×	×	×	×	×	×	×	×	×	×	×	×	×	×	×	×	×	×	×	×	×	×	×	×						
219(219.1)								×	×	×	×	×	×	×	×	×	×	×	×	×	×	×	×	×	×	×	×	×	×	×	×	×	×	×	×	×	×	×	×	×	×	×
	245							×	×	×	×	×	×	×	×	×	×	×	×	×	×	×	×	×	×	×	×	×	×	×	×	×	×	×	×	×	×	×	×	×	×	×
273								×	×	×	×	×	×	×	×	×	×	×	×	×	×	×	×	×	×	×	×	×	×	×	×	×	×	×	×	×	×	×	×	×	×	×
325(323.9)										×	×	×	×	×	×	×	×	×	×	×	×	×	×	×	×	×	×	×	×	×	×	×	×	×	×	×	×	×	×	×	×	×
	351									×	×	×	×	×	×	×	×	×	×	×	×	×	×	×	×	×	×	×	×	×	×	×	×	×	×	×	×	×	×	×	×	×
356(355.6)										×	×	×	×	×	×	×	×	×	×	×	×	×	×	×	×	×	×	×	×	×	×	×	×	×	×	×	×	×	×	×	×	×
	377									×	×	×	×	×	×	×	×	×	×	×	×	×	×	×	×	×	×	×	×	×	×	×	×	×	×	×	×	×	×	×	×	×
406(406.4)										×	×	×	×	×	×	×	×	×	×	×	×	×	×	×	×	×	×	×	×	×	×	×	×	×	×	×	×	×	×	×	×	×
	426												×	×	×	×	×	×	×	×	×	×	×	×	×	×	×	×	×	×	×	×	×	×	×	×	×					

注：1. 钢管的通常长度为 3000~1250mm。

2. 标准中壁厚 0.5、0.6、0.7、0.8、0.9 各规格未编入。

3. 表中括号内尺寸表示相应的英制规格，不推荐使用。

4. “×” 表示常用规格。

冷拔异型方形钢管（D-1）（摘自 GB/T 3094—2012）

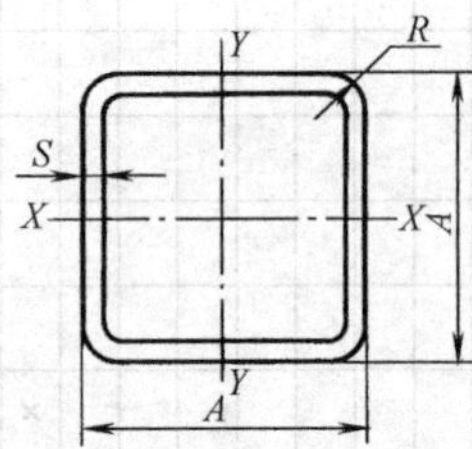

表 3-1-120

基本尺寸		截面面积	理论质量①	惯性矩	截面模数
A	S	F	G	$J_x=J_y$	$W_x=W_y$
/mm		/cm^2	/(kg/m)	/cm^4	/cm^3
12	0.8	0.347	0.273	0.072	0.119
	1	0.423	0.332	0.084	0.140
14	1	0.503	0.395	0.139	0.199
	1.5	0.711	0.558	0.181	0.259
16	1	0.583	0.458	0.216	0.270
	1.5	0.831	0.653	0.286	0.357
18	1	0.663	0.520	0.315	0.351
	1.5	0.951	0.747	0.424	0.471
	2	1.211	0.951	0.505	0.561
20	1	0.743	0.583	0.442	0.442
	1.5	1.071	0.841	0.601	0.601
	2	1.371	1.076	0.725	0.725
	2.5	1.643	1.290	0.817	0.817
22	1	0.823	0.646	0.599	0.544
	1.5	1.191	0.935	0.822	0.748
	2	1.531	1.202	1.001	0.910
	2.5	1.843	1.447	1.140	1.036
25	1.5	1.371	1.077	1.246	0.997
	2	1.771	1.390	1.535	1.228
	2.5	2.143	1.682	1.770	1.416
	3	2.485	1.951	1.955	1.564
30	2	2.171	1.704	2.797	1.865
	3	3.085	2.422	3.670	2.447
	3.5	3.500	2.747	3.996	2.664
	4	3.885	3.050	4.256	2.837
32	2	2.331	1.830	3.450	2.157
	3	3.325	2.611	4.569	2.856
	3.5	3.780	2.967	4.999	3.124
	4	4.205	3.301	5.351	3.344
35	2	2.571	2.018	4.610	2.634
	3	3.685	2.893	6.176	3.529
	3.5	4.200	3.297	6.799	3.885
	4	4.685	3.678	7.324	4.185

续表

基本尺寸		截面面积	理论质量[①]	惯性矩	截面模数
A	S	F	G	$J_x=J_y$	$W_x=W_y$
/mm		/cm²	/(kg/m)	/cm⁴	/cm³
36	2	2.651	2.081	5.048	2.804
	3	3.805	2.987	6.785	3.769
	4	4.845	3.804	8.076	4.487
	5	5.771	4.530	8.975	4.986
40	2	2.971	2.332	7.075	3.537
	3	4.285	3.364	9.622	4.811
	4	5.485	4.306	11.60	5.799
	5	6.571	5.158	13.06	6.532
42	2	3.131	2.458	8.265	3.936
	3	4.525	3.553	11.30	5.380
	4	5.805	4.557	13.69	6.519
	5	6.971	5.472	15.51	7.385
45	2	3.371	2.646	10.29	4.574
	3	4.885	3.835	14.16	6.293
	4	6.285	4.934	17.28	7.679
	5	7.571	5.943	19.72	8.763
50	2	3.771	2.960	14.36	5.743
	3	5.485	4.306	19.94	7.975
	4	7.085	5.562	24.56	9.826
	5	8.571	6.728	28.32	11.33
55	2	4.171	3.274	19.38	7.046
	3	6.085	4.777	27.11	9.857
	4	7.885	6.190	33.66	12.24
	5	9.571	7.513	39.11	14.22
60	3	6.685	5.248	35.82	11.94
	4	8.685	6.818	44.75	14.92
	5	10.57	8.298	52.35	17.45
	6	12.34	9.688	58.72	19.57
65	3	7.285	5.719	46.22	14.22
	4	9.485	7.446	58.05	17.86
	5	11.57	9.083	68.29	21.01
	6	13.54	10.63	77.03	23.70
70	3	7.885	6.190	58.46	16.70
	4	10.29	8.074	73.76	21.08
	5	12.57	9.868	87.18	24.91
	6	14.74	11.57	98.81	28.23
75	4	11.09	8.702	92.08	24.55
	5	13.57	10.65	109.3	29.14
	6	15.94	12.51	124.4	33.16
	8	19.79	15.54	141.4	37.72

续表

基本尺寸		截面面积	理论质量①	惯性矩	截面模数
A	S	F	G	$J_x=J_y$	$W_x=W_y$
/mm		/cm^2	/(kg/m)	/cm^4	/cm^3
80	4	11.89	9.330	113.2	28.30
	5	14.57	11.44	134.8	33.70
	6	17.14	13.46	154.0	38.49
	8	21.39	16.79	177.2	44.30
90	4	13.49	10.59	164.7	36.59
	5	16.57	13.01	197.2	43.82
	6	19.54	15.34	226.6	50.35
	8	24.59	19.30	265.8	59.06
100	5	18.57	14.58	276.4	55.27
	6	21.94	17.22	319.0	63.80
	8	27.79	21.82	379.8	75.95
	10	33.42	26.24	432.6	86.52

① 当 $S\leqslant 6$mm 时，$R=1.5S$，方形钢管理论质量推荐计算公式见式（3-1-1）；当 $S>6$mm 时，$R=2S$，方形钢管理论质量推荐计算公式见式（3-1-2）。

$$G=0.0157S(2A-2.8584S) \tag{3-1-1}$$

$$G=0.0157S(2A-3.2876S) \tag{3-1-2}$$

式中，G 为方形钢管的理论质量（钢的密度按 7.85kg/dm^3），kg/m；A 为方形钢管的边长，mm；S 为方形钢管的公称壁厚，mm。

注：1. 钢的牌号为 10、20、35、45 钢，Q195、Q215、Q235 钢，Q345、Q390 钢，其化学成分分别应符合 GB/T 699、GB/T 700 和 GB/T 1591 的规定。需方要求时也可供合金结构钢管，其化学成分与纵向力学性能应符合 GB/T 3077 的规定。

2. 尺寸的允许偏差和边凹凸度分普通级和高级，见原标准，在交货合同中未注明时按普通级交货。

3. 钢管用无缝钢管冷拔制造，合同注明时也可用焊接钢管冷拔制造。一般冷拔状态交货，其力学性能见表 3-1-121。

4. 钢管的通常长度为 2~9m。

5. 钢管的外圆角半径 R 应符合下列规定。

壁厚 S	$S\leqslant 6$	$6<S\leqslant 10$	$S>10$
外圆角半径 R	$\leqslant 2.0S$	$\leqslant 2.5S$	$\leqslant 3.0S$

6. 原标准尚有 A=108、120、125、130、140、150、160、180、200、250、280（各种壁厚 S）等各种规格，本表未编入。

7. 按钢管断面分，本标准分方形钢管（D-1）、矩形钢管（D-2）、椭圆形钢管（D-3）、平椭圆形钢管（D-4）、内外六角形钢管（D-5）和直角梯形钢管（D-6）。本手册仅编入方形、矩形钢管。

冷拔异型矩形钢管（D-2）（摘自 GB/T 3094—2012）

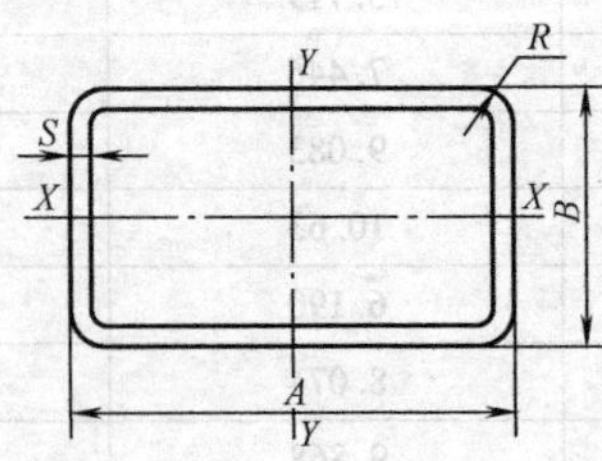

表 3-1-121

基本尺寸			截面面积	理论质量①	惯性矩		截面模数	
A	B	S	F	G	J_x	J_y	W_x	W_y
/mm			/cm^2	/(kg/m)	/cm^4		/cm^3	
10	5	0.8	0.203	0.160	0.007	0.022	0.028	0.045
		1	0.243	0.191	0.008	0.025	0.031	0.050

续表

基本尺寸			截面面积	理论质量①	惯性矩		截面模数	
A	B	S	F	G	J_x	J_y	W_x	W_y
/mm			/cm²	/(kg/m)	/cm⁴		/cm³	
12	6	0.8	0.251	0.197	0.013	0.041	0.044	0.069
		1	0.303	0.238	0.015	0.047	0.050	0.079
14	7	1	0.362	0.285	0.026	0.080	0.073	0.115
		1.5	0.501	0.394	0.080	0.099	0.229	0.141
		2	0.611	0.480	0.031	0.106	0.090	0.151
	10	1	0.423	0.332	0.062	0.106	0.123	0.151
		1.5	0.591	0.464	0.077	0.134	0.154	0.191
		2	0.731	0.574	0.085	0.149	0.169	0.213
16	8	1	0.423	0.332	0.041	0.126	0.102	0.157
		1.5	0.591	0.464	0.050	0.159	0.124	0.199
		2	0.731	0.574	0.053	0.177	0.133	0.221
	12	1	0.502	0.395	0.108	0.171	0.180	0.213
		1.5	0.711	0.558	0.139	0.222	0.232	0.278
		2	0.891	0.700	0.158	0.256	0.264	0.319
18	9	1	0.483	0.379	0.060	0.185	0.134	0.206
		1.5	0.681	0.535	0.076	0.240	0.168	0.266
		2	0.851	0.668	0.084	0.273	0.186	0.304
	14	1	0.583	0.458	0.173	0.258	0.248	0.286
		1.5	0.831	0.653	0.228	0.342	0.326	0.380
		2	1.051	0.825	0.266	0.402	0.380	0.446
20	10	1	0.543	0.426	0.086	0.262	0.172	0.262
		1.5	0.771	0.606	0.110	0.110	0.219	0.110
		2	0.971	0.762	0.124	0.400	0.248	0.400
	12	1	0.583	0.458	0.132	0.298	0.220	0.298
		1.5	0.831	0.653	0.172	0.396	0.287	0.396
		2	1.051	0.825	0.199	0.465	0.331	0.465
25	10	1	0.643	0.505	0.106	0.465	0.213	0.372
		1.5	0.921	0.723	0.137	0.624	0.274	0.499
		2	1.171	0.919	0.156	0.740	0.313	0.592
	18	1	0.803	0.630	0.417	0.696	0.463	0.557
		1.5	1.161	0.912	0.567	0.956	0.630	0.765
		2	1.491	1.171	0.685	1.164	0.761	0.931
30	15	1.5	1.221	0.959	0.435	1.324	0.580	0.883
		2	1.571	1.233	0.521	1.619	0.695	1.079
		2.5	1.893	1.486	0.584	1.850	0.779	1.233
	20	1.5	1.371	1.007	0.859	1.629	0.859	1.086
		2	1.771	1.390	1.050	2.012	1.050	1.341
		2.5	2.143	1.682	1.202	2.324	1.202	1.549
35	15	1.5	1.371	1.077	0.504	1.969	0.672	1.125
		2	1.771	1.390	0.607	2.429	0.809	1.388
		2.5	2.143	1.682	0.683	2.803	0.911	1.602
	25	1.5	1.671	1.312	1.661	2.811	1.329	1.606
		2	2.171	1.704	2.066	3.520	1.652	2.011
		2.5	2.642	2.075	2.405	4.126	1.924	2.358
40	11	1.5	1.401	1.100	0.276	2.341	0.501	1.170
40	20	2	2.171	1.704	1.376	4.184	1.376	2.092
		2.5	2.642	2.075	1.587	4.903	1.587	2.452
		3	3.085	2.422	1.756	5.506	1.756	2.753

续表

基本尺寸			截面面积	理论质量①	惯性矩		截面模数	
A	B	S	F	G	J_x	J_y	W_x	W_y
	/mm		/cm²	/(kg/m)	/cm⁴		/cm³	
40	30	2	2.571	2.018	3.582	5.629	2.388	2.815
		2.5	3.143	2.467	4.220	6.664	2.813	3.332
		3	3.685	2.893	4.768	7.564	3.179	3.782
50	25	2	2.771	2.175	2.861	8.595	2.289	3.438
		3	3.985	3.129	3.781	11.64	3.025	4.657
		4	5.085	3.992	4.424	13.96	3.540	5.583
	40	2	3.371	2.646	8.520	12.05	4.260	4.821
		3	4.885	3.835	11.68	16.62	5.840	6.648
		4	6.285	4.934	14.20	20.32	7.101	8.128
60	30	2	3.371	2.646	5.153	15.35	3.435	5.117
		3	4.885	3.835	6.964	21.18	4.643	7.061
		4	6.285	4.934	8.344	25.90	5.562	8.635
	40	2	3.771	2.960	9.965	18.72	4.983	6.239
		3	5.485	4.306	13.74	26.06	6.869	8.687
		4	7.085	5.562	16.80	32.19	8.402	10.729
70	35	2	3.971	3.117	8.426	24.95	4.815	7.130
		3	5.785	4.542	11.57	34.87	6.610	9.964
		4	7.485	5.876	14.09	43.23	8.051	12.35
	50	3	6.685	5.248	26.57	44.98	10.63	12.85
		4	8.685	6.818	33.05	56.32	13.22	16.09
		5	10.57	8.298	38.48	66.01	15.39	18.86
80	40	3	6.685	5.248	17.85	53.47	8.927	13.37
		4	8.685	6.818	22.01	66.95	11.00	16.74
		5	10.57	8.298	25.40	78.45	12.70	19.61
	60	4	10.29	8.074	57.32	90.07	19.11	22.52
		5	12.57	9.868	67.52	106.6	22.51	26.65
		6	14.74	11.57	76.28	121.0	25.43	30.26
90	50	3	7.885	6.190	33.21	83.39	13.28	18.53
		4	10.29	8.074	41.53	105.4	16.61	23.43
		5	12.57	9.868	48.65	124.8	19.46	27.74
	70	4	11.89	9.330	91.21	135.0	26.06	30.01
		5	14.57	11.44	108.3	161.0	30.96	35.78
		6	15.94	12.51	123.5	184.1	35.27	40.92
100	50	3	8.485	6.661	36.53	108.4	14.61	21.67
		4	11.09	8.702	45.78	137.5	18.31	27.50
		5	13.57	10.65	53.73	163.4	21.49	32.69
	80	4	13.49	10.59	136.3	192.8	34.08	38.57
		5	16.57	13.01	163.0	231.2	40.74	46.24
		6	19.54	15.34	186.9	265.9	46.72	53.18
120	60	4	13.49	10.59	82.45	245.6	27.48	40.94
		5	16.57	13.01	97.85	294.6	32.62	49.10
		6	19.54	15.34	111.4	338.9	37.14	56.49
	80	4	15.09	11.84	159.4	299.5	39.86	49.91
		6	21.94	17.22	219.8	417.0	54.95	69.49
		8	27.79	21.82	260.5	495.8	65.12	82.63
140	70	6	23.14	18.17	185.1	558.0	52.88	79.71
		8	29.39	23.07	219.1	665.5	62.59	95.06
		10	35.43	27.81	247.2	761.4	70.62	108.8

续表

基本尺寸			截面面积	理论质量①	惯性矩		截面模数	
A	B	S	F	G	J_x	J_y	W_x	W_y
/mm			/cm²	/(kg/m)	/cm⁴		/cm³	
140	120	6	29.14	22.88	651.1	827.5	108.5	118.2
		8	37.39	29.35	797.3	1014.4	132.9	144.9
		10	45.43	35.66	929.2	1184.7	154.9	169.2
150	75	6	24.94	19.58	231.7	696.2	61.80	92.82
		8	31.79	24.96	276.7	837.4	73.80	111.7
		10	38.43	30.16	314.7	965.0	83.91	128.7
	100	6	27.94	21.93	451.7	851.8	90.35	113.6
		8	35.79	28.10	549.5	1039.3	109.9	138.6
		10	43.43	34.09	635.9	1210.4	127.2	161.4

① 当$S\leqslant 6$mm 时，$R=1.5S$，矩型钢管理论重量推荐计算公式见式（3-1-3）；当$S>6$mm 时，$R=2S$，矩型钢管理论质量推荐计算公式见式（3-1-4）。

$$G=0.0157S(A+B-2.8584S) \tag{3-1-3}$$

$$G=0.0157S(A+B-3.2876S) \tag{3-1-4}$$

式中，G为矩型钢管的理论质量（钢的密度按 7.85kg/dm³），kg/m；A、B为矩形钢管的长、宽，mm；S为矩形钢管的公称壁厚，mm。

注：1. 见表 3-1-120 注 1~注 5、注 7。

2. 原标准还有 A×B＝160×60、160×80；180×80、180×100；200×80、200×120、220×110、220×200；240×180；250×150、250×200；300×150、300×200；400×200（各种壁厚）等各种规格。

表 3-1-122　冷拔异型钢管的力学性能（热处理状态交货时）

牌号	质量等级	抗拉强度 R_m/MPa	下屈服强度 R_{eL}/MPa	断后伸长率 A/%	冲击试验 温度/℃	冲击试验 吸收能量(KV_2)/J
		≥				≥
10	—	335	205	24	—	—
20	—	410	245	20	—	—
35	—	510	305	17	—	—
45	—	590	335	14	—	—
Q195	—	315~430	195	33	—	—
Q215	A	335~450	215	30	—	—
	B				+20	27
Q235	A	370~500	235	25	—	—
	B				+20	27
	C				0	
	D				−20	
Q345	A	470~630	345	20	—	—
	B				+20	34
	C			21	0	
	D				−20	
	E				−40	27
Q390	A	490~650	390	18	—	—
	B				+20	34
	C			19	0	
	D				−20	
	E				−40	27

注：1. 冷拔状态交货的钢管，不作力学性能试验。以热处理状态交货时，钢管的纵向力学性能应符合本表规定。合金结构钢钢管的纵向力学性能应符合 GB/T 3077 的规定。

2. 以热处理状态交货的 Q195、Q215、Q235、Q345 和 Q390 钢管，当截面周长不小于 240mm，且壁厚不小于 10 mm 时，应进行冲击试验，其夏比 V 型缺口冲击吸收能量（KV_2）应符合本表规定。

第 3 篇

3.4 钢丝

一般用途低碳钢丝（摘自 YB/T 5294—2009）

表 3-1-123

公称直径/mm	抗拉强度 R_m/(N/mm²)					180°/次弯曲试验次数		伸长率/%（标距 100mm）	
	冷拉钢丝			退火钢丝	镀锌钢丝	冷拉钢丝		冷拉建筑用钢丝	镀锌钢丝
	普通用	制钉用	建筑用			普通用	建筑用		
≤0.30	≤980	—	—			见标准 6.2.3	—	—	≥10
>0.30~0.80	≤980	—	—				—	—	
>0.80~1.20	≤980	880~1320	—				—	—	
>1.20~1.80	≤1060	785~1220	—			≥6	—	—	
>1.80~2.50	≤1010	735~1170	—	295~540	295~540		—	—	≥12
>2.50~3.50	≤960	685~1120	≥550			≥4	≥4	≥2	
>3.50~5.00	≤890	590~1030	≥550						
>5.00~6.00	≤790	540~930	≥550						
>6.00	≤690	—				—	—	—	

注：1. 本标准适用于一般的捆绑、制钉、编织及建筑用途的圆截面低碳钢丝。

2. 钢丝选用 GB/T 701 或其他低碳钢盘条制造，牌号由供方确定。

3. 按交货状态分类及其代号为：冷拉钢丝 WCD、退火钢丝 TA 和镀锌钢丝 SZ。

4. 对于先镀后拉的镀锌钢丝的力学性能按冷拉钢丝的力学性能执行。

5. 标记示例　直径为 2.00mm 的冷拉钢丝，其标记为：低碳钢丝　WCD-2.00-YB/T 5294—2009。

表 3-1-124　　常用线规号英制尺寸与公制尺寸对照参考表（摘自 YB/T 5294—2009）

线规号	SWG /in	SWG /mm	BWG /in	BWG /mm	AWG /in	AWG /mm
3	0.252	6.401	0.259	6.58	0.2294	5.83
4	0.232	5.893	0.238	6.05	0.2043	5.19
5	0.212	5.385	0.220	5.59	0.1819	4.62
6	0.192	4.877	0.203	5.16	0.1620	4.11
7	0.176	4.470	0.180	4.57	0.1443	3.67
8	0.160	4.064	0.165	4.19	0.1285	3.26
9	0.144	3.658	0.148	3.76	0.1144	2.91
10	0.128	3.251	0.134	3.40	0.1019	2.59
11	0.116	2.946	0.120	3.05	0.09074	2.30
12	0.104	2.642	0.109	2.77	0.08081	2.05
13	0.092	2.337	0.095	2.41	0.07196	1.83
14	0.080	2.032	0.083	2.11	0.06408	1.63
15	0.072	1.829	0.072	1.83	0.05707	1.45
16	0.064	1.626	0.065	1.65	0.05082	1.29
17	0.056	1.422	0.058	1.47	0.04526	1.15
18	0.048	1.219	0.049	1.24	0.04030	1.02
19	0.040	1.016	0.042	1.07	0.03589	0.91
20	0.036	0.914	0.035	0.89	0.03196	0.812
21	0.032	0.813	0.032	0.81	0.02846	0.723
22	0.028	0.711	0.028	0.71	0.02535	0.644
23	0.024	0.610	0.025	0.64	0.02257	0.573
24	0.022	0.559	0.022	0.56	0.02010	0.511
25	0.020	0.508	0.020	0.51	0.01790	0.455
26	0.018	0.457	0.018	0.46	0.01594	0.405
27	0.0164	0.4166	0.016	0.41	0.01420	0.361
28	0.0148	0.3759	0.014	0.36	0.01264	0.321
29	0.0136	0.3454	0.013	0.33	0.01126	0.286
30	0.0124	0.3150	0.012	0.30	0.01003	0.255
31	0.0116	0.2946	0.010	0.25	0.008928	0.227
32	0.0108	0.2743	0.009	0.23	0.007950	0.202
33	0.0100	0.2540	0.008	0.20	0.007080	0.180
34	0.0092	0.2337	0.007	0.18	0.006304	0.160
35	0.0084	0.2134	0.005	0.13	0.005615	0.143
36	0.0076	0.1930	0.004	0.10	0.005000	0.127

注：SWG 为英国线规代号，BWG 为伯明翰线规代号，AWG 为美国线规代号。

冷拉圆钢丝、方钢丝尺寸、质量（摘自 GB/T 342—1997）

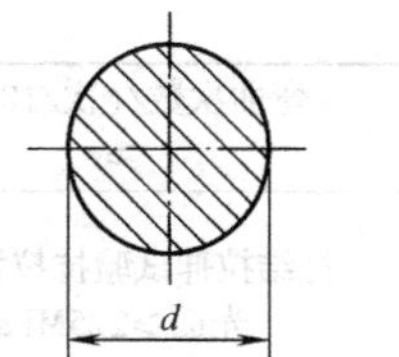

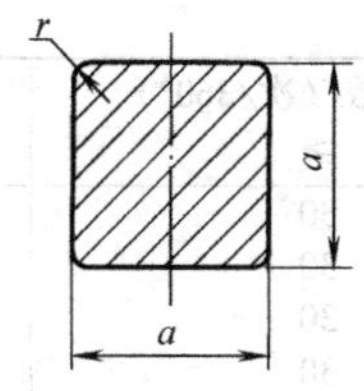

d——圆钢丝直径

a——方钢丝的边长

r——角部圆弧半径

表 3-1-125

公称尺寸 /mm	圆形		方形		公称尺寸 /mm	圆形		方形	
	截面面积 /mm^2	理论质量 /kg·(1000m)$^{-1}$	截面面积 /mm^2	理论质量 /kg·(1000m)$^{-1}$		截面面积 /mm^2	理论质量 /kg·(1000m)$^{-1}$	截面面积 /mm^2	理论质量 /kg·(1000m)$^{-1}$
0.050	0.0020	0.016			1.00	0.785	6.162	1.000	7.850
0.055	0.0024	0.019			1.10	0.950	7.458	1.210	9.498
0.063	0.0031	0.024			1.20	1.131	8.878	1.440	11.30
0.070	0.0038	0.030			1.40	1.539	12.08	1.960	15.39
0.080	0.0050	0.039			1.60	2.011	15.79	2.560	20.10
0.090	0.0064	0.050			1.80	2.545	19.98	3.240	25.43
0.10	0.0079	0.062			2.00	3.142	24.66	4.000	31.40
0.11	0.0095	0.075			2.20	3.801	29.84	4.840	37.99
0.12	0.0113	0.089			2.50	4.909	38.54	6.250	49.06
0.14	0.0154	0.121			2.80	6.158	48.34	7.840	61.54
0.16	0.0201	0.158			3.00*	7.069	55.49	9.000	70.65
0.18	0.0254	0.199			3.20	8.042	63.13	10.24	80.38
0.20	0.0314	0.246			3.50	9.621	75.52	12.25	96.16
0.22	0.0380	0.298			4.00	12.57	98.67	16.00	125.6
0.25	0.0491	0.385			4.50	15.90	124.8	20.25	159.0
0.28	0.0616	0.484			5.00	19.64	154.2	25.00	196.2
0.30*	0.0707	0.555			5.50	23.76	186.5	30.25	237.5
0.32	0.0804	0.631			6.00*	28.27	221.9	36.00	282.6
0.35	0.0960	0.754			6.30	31.17	244.7	39.69	311.6
0.40	0.126	0.989			7.00	38.48	302.1	49.00	384.6
0.45	0.159	1.248			8.00	50.27	394.6	64.00	502.4
0.50	0.196	1.539	0.250	1.962	9.00	63.62	499.4	81.00	635.8
0.55	0.238	1.868	0.302	2.371	10.0	78.54	616.5	100.0	785.0
0.60*	0.283	2.220	0.360	2.826	11.0	95.03	746.0		
0.63	0.312	2.447	0.397	3.116	12.0	113.1	887.8		
0.70	0.385	3.021	0.490	3.846	14.0	153.9	1208.1		
0.80	0.503	3.948	0.640	5.024	16.0	201.1	1578.6		
0.90	0.636	4.993	0.810	6.358					

注：1. 标准中还有六角钢丝的尺寸、质量，本表未编入。

2. 表中的理论质量是按密度为 7.85g/cm^3 计算的，对特殊合金钢丝，在计算理论质量时应采用相应牌号的密度。

3. 表内尺寸一栏，对于圆钢丝表示直径；对于方钢丝表示边长。

4. 表中的钢丝直径系列采用 R20 优先数系，其中带 * 的系列是补充的 R40 优先数系中的优先数系。

重要用途低碳钢丝（摘自 YB/T 5032—2006）

表 3-1-126

公称直径/mm	抗拉强度/（N/mm²），≥ 光面	镀锌	扭转次数/（次/360°）≥	弯曲次数/（次/180°）≥
0.3	395	365	30	打结拉伸试验抗拉强度：光面≥225MPa 镀锌≥185MPa
0.4			30	
0.5			30	
0.6			30	
0.8			30	
1.0			25	22
1.2			25	18
1.4			20	14
1.6			20	12
1.8			18	12
2.0			18	10
2.3			15	10
2.6			15	8
3.0			12	10
3.5			12	10
4.0			10	8
4.5			10	8
5.0			8	6
6.0			6	3

注：1. 本标准适用于机器制造中重要部件及零件所用的低碳圆钢丝。

2. 制造钢丝盘条选用 GB/T 699 规定的牌号，牌号由制造厂确定。

3. 按交货时表面分为两类，Ⅰ类镀锌钢丝，代号 Zd；Ⅱ类光面钢丝，代号 Zg。

4. 标记示例 直径为 1.00mm 的镀锌钢丝，标记为：Zd1.00-YT/T 5032

优质碳素结构钢丝（摘自 YB/T 5303—2010）

表 3-1-127

	钢丝直径/mm	抗拉强度 R_m/(N/mm²) ≥ 钢号 08、10	15、20	25、30、35	40、45、50	55、60	反复弯曲/次 ≥ 钢号 08~10	15~20	25~35	40~50	55~60
硬状态（I）	0.3~0.8	750	785	980	1080	1175	—	—	—	—	—
	>0.8~1.0	700	735	885	980	1080	6	6	6	5	5
	>1.0~3.0	650	685	785	885	980	6	6	5	4	4
	>3.0~6.0	600	635	685	785	885	5	5	5	4	4
	>6.0~10.0	550	590	635	735	785	5	4	3	2	2

	钢号	抗拉强度 R_m/MPa	断后伸长率 A/%，≥	断面收缩率 Z/%，≥
软状态（R）	10	450~700	8	50
	15	500~750	8	45
	20	500~750	7.5	40
	25	550~800	7	40
	30	550~800	7	35
	35	600~850	6.5	35
	40	600~850	6	35
	45	650~900	6	30
	50	650~900	6	30

钢丝直径	0.20，0.30，0.35，0.40，0.45，0.50，0.55，0.60，0.65，0.70，0.75，0.80，0.85，0.90，0.95，1.00，1.10，1.20，1.30，1.40，1.50，1.60，1.70，1.80，1.90，2.00，2.20，2.30，2.40，2.50，2.60，2.80，3.00，3.20，3.60，3.80，4.00，4.20，4.50，4.80，5.00，5.50，6.00，6.50，7.00，7.50，8.00，8.50，9.00，9.50，10.0

注：1. 本标准适用于冷拉（WCD）及银亮优质碳素结构钢丝，冷拉状态交货。冷拉丝尺寸及公差符合 GB/T 342，银亮丝尺寸及公差符合 GB/T 3207。

2. 钢丝按力学性能分为两类，即硬状态和软状态；按截面形状分为三种，即圆形钢丝、方形钢丝和六角钢丝。

3. 制造钢丝的原料其钢号为 08、10、15、20、25、30、35、40、45、50、55 和 60，均符合 GB/T 699 的规定。

合金结构钢丝（摘自 YB/T 5301—2010）

表 3-1-128

牌号	交货冷拉状态(WCD)		交货退火状态(A)	
	尺寸<5mm	尺寸≥5mm	尺寸<5mm	尺寸≥5mm
	抗拉强度 R_m/(N/mm²)	布氏硬度 HBW	抗拉强度 R_m/(N/mm²)	布氏硬度 HB
钢丝用钢的牌号及化学成分符合 GB/T 3077	≤1080	≤302	≤930	≤296

注：1. 本标准适用于直径不大于 10mm 的合金结构钢冷拉圆钢丝以及 2~8mm 的冷拉方、六角钢丝。

2. 钢丝的尺寸、外形应符合 GB/T 342 的规定。

表 3-1-129 冷拉碳素弹簧钢丝（摘自 GB/T 4357—2009）

钢丝公称直径[①]/mm	抗拉强度[②]/(N/mm²)				
	SL 型	SM 型	DM 型	SH 型	DH[③]型
0.05	—	—	—	—	2800~3520
0.06	—	—	—	—	2800~3520
0.07	—	—	—	—	2800~3520
0.08	—	—	2780~3100	—	2800~3480
0.09	—	—	2740~3060	—	2800~3430
0.10	—	—	2710~3020	—	2800~3380
0.11	—	—	2690~3000	—	2800~3350
0.12	—	—	2660~2960	—	2800~3320
0.14	—	—	2620~2910	—	2800~3250
0.16	—	—	2570~2860	—	2800~3200
0.18	—	—	2530~2820	—	2800~3160
0.20	—	—	2500~2790	—	2800~3110
0.22	—	—	2470~2760	—	2770~3080
0.25	—	—	2420~2710	—	2720~3010
0.28	—	—	2390~2670	—	2680~2970
0.30	—	2370~2650	2370~2650	2660~2940	2660~2940
0.32	—	2350~2630	2350~2630	2640~2920	2640~2920
0.34	—	2330~2600	2330~2600	2610~2890	2610~2890
0.36	—	2310~2580	2310~2580	2590~2890	2590~2890
0.38	—	2290~2560	2290~2560	2570~2850	2570~2850
0.40	—	2270~2550	2270~2550	2560~2830	2570~2830
0.43	—	2250~2520	2250~2520	2530~2800	2570~2800
0.45	—	2240~2500	2240~2500	2510~2780	2570~2780
0.48	—	2220~2480	2240~2500	2490~2760	2570~2760
0.50	—	2200~2470	2200~2470	2480~2740	2480~2740
0.53	—	2180~2450	2180~2450	2460~2720	2460~2720
0.56	—	2170~2430	2170~2430	2440~2700	2440~2700
0.60	—	2140~2400	2140~2400	2410~2670	2410~2670
0.63	—	2130~2380	2130~2380	2390~2650	2390~2650
0.65	—	2120~2370	2120~2370	2380~2640	2380~2640
0.70	—	2090~2350	2090~2350	2360~2610	2360~2610
0.80	—	2050~2300	2050~2300	2310~2560	2310~2560
0.85	—	2030~2280	2030~2280	2290~2530	2290~2530
0.90	—	2010~2260	2010~2260	2270~2510	2270~2510
0.95	—	2000~2240	2000~2240	2250~2490	2250~2490

续表

钢丝公称直径①/mm	抗拉强度②/(N/mm²)				
	SL 型	SM 型	DM 型	SH 型	DH③型
1.00	1720～1970	1980～2220	1980～2220	2230～2470	2230～2470
1.05	1710～1950	1960～2220	1960～2220	2210～2450	2210～2450
1.10	1690～1940	1950～2190	1950～2190	2200～2430	2200～2430
1.20	1670～1910	1920～2160	1920～2160	2170～2400	2170～2400
1.25	1660～1900	1910～2130	1910～2130	2140～2380	2140～2380
1.30	1640～1890	1900～2130	1900～2130	2140～2370	2140～2370
1.40	1620～1860	1870～2100	1870～2100	2110～2340	2110～2340
1.50	1600～1840	1850～2080	1850～2080	2090～2310	2090～2310
1.60	1590～1820	1830～2050	1830～2050	2060～2290	2060～2290
1.70	1570～1800	1810～2030	1810～2030	2040～2260	2040～2260
1.80	1550～1780	1790～2010	1790～2010	2020～2240	2020～2240
1.90	1540～1760	1770～1990	1770～1990	2000～2220	2000～2220
2.00	1520～1750	1760～1970	1760～1970	1980～2200	1980～2200
2.10	1510～1730	1740～1960	1740～1960	1970～2180	1970～2180
2.25	1490～1710	1720～1930	1720～1930	1940～2150	1940～2150
2.40	1470～1690	1700～1910	1700～1910	1920～2130	1920～2130
2.50	1460～1680	1690～1890	1690～1890	1900～2110	1900～2110
2.60	1450～1660	1670～1880	1670～1880	1890～2100	1890～2100
2.80	1420～1640	1650～1850	1650～1850	1860～2070	1860～2070
3.00	1410～1620	1630～1830	1630～1830	1840～2040	1840～2040
3.20	1390～1600	1610～1810	1610～1810	1820～2020	1820～2020
3.40	1370～1580	1590～1780	1590～1780	1790～1990	1790～1990
3.60	1350～1560	1570～1760	1570～1760	1770～1970	1770～1970
3.80	1340～1540	1550～1740	1550～1740	1750～1950	1750～1950
4.00	1320～1520	1530～1730	1530～1730	1740～1930	1740～1930
4.25	1310～1500	1510～1700	1510～1700	1710～1900	1710～1900
4.50	1290～1490	1500～1680	1500～1680	1690～1880	1690～1880
4.75	1270～1470	1480～1670	1480～1670	1680～1840	1680～1840
5.00	1260～1450	1460～1650	1460～1650	1660～1830	1660～1830
5.30	1240～1430	1440～1630	1440～1630	1640～1820	1640～1820
5.60	1230～1420	1430～1610	1430～1610	1620～1800	1620～1800
6.00	1210～1390	1400～1580	1400～1580	1590～1770	1590～1770
6.30	1190～1380	1390～1560	1390～1560	1570～1750	1570～1750
6.50	1180～1370	1380～1550	1380～1550	1560～1740	1560～1740
7.00	1160～1340	1350～1530	1350～1530	1540～1710	1540～1710
7.50	1140～1320	1330～1500	1330～1500	1510～1680	1510～1680
8.00	1120～1300	1310～1480	1310～1480	1490～1660	1490～1660
8.50	1110～1280	1290～1460	1290～1460	1470～1630	1470～1630
9.00	1090～1260	1270～1440	1270～1440	1450～1610	1450～1610
9.50	1070～1250	1260～1420	1260～1420	1430～1590	1430～1590
10.00	1060～1230	1240～1400	1240～1400	1410～1570	1410～1570

续表

钢丝公称直径①/mm	抗拉强度②/(N/mm²)				
	SL 型	SM 型	DM 型	SH 型	DH③型
10.50	—	1220~1380	1220~1380	1390~1550	1390~1550
11.00		1210~1370	1210~1370	1380~1530	1380~1530
12.00		1180~1340	1180~1340	1350~1500	1350~1500
12.50		1170~1320	1170~1320	1330~1480	1330~1480
13.00		1160~1310	1160~1310	1320~1470	1320~1470

注：直条定尺钢丝的极限强度最多可能低 10%；矫直和切断作业也会降低扭转值

① 中间尺寸钢丝抗拉强度值按表中相邻较大钢丝的规定执行

② 对特殊用途的钢丝，可商定其他抗拉强度

③ 对直径为 0.08~0.18mm 的 DH 型钢丝，经供需双方协商，化学成分其抗拉强度波动值范围可规定为 300N/mm²

等级	化学成分（质量分数）/%					
	C①	Si	Mn②	P，不大于	S，不大于	Cu，不大于
SL、SM、SH	0.35~1.00	0.10~0.30	0.30~1.20	0.030	0.030	0.20
DH、DM	0.45~1.00	0.10~0.30	0.50~1.20	0.020	0.025	0.12

① 规定较宽的碳范围是为了适应不同需要和不同工艺，具体应用时碳范围应更窄

② 规定较宽的锰范围是为了适应不同需要和不同工艺，具体应用时锰范围应更窄

注：1. 本标准适用于制造静载荷和动载荷应用机械弹簧的圆形冷拉碳素弹簧钢丝。

2. 钢丝按抗拉强度分类为静载荷低抗拉强度、中等抗拉强度、高抗拉强度，符号分别为 SL、SM、SH 和动载荷中等抗拉强度、高抗拉强度，符号分别为 DM、DH。

3. 材料要求　用于 SL、SM 及 SH 等级弹簧钢丝用盘条应满足 YB/T 170.2 或质量相当的其他标准的要求，用于 DM 及 DH 等级弹簧钢丝用盘条应满足 YB/T 170.4 或质量相当的其他标准要求。

4. 冷拉碳素弹簧钢丝是碳钢坯料先经加热奥氏体化后按一定条件冷却，使其产生索氏体组织，然后冷拉至所需尺寸的钢丝。

5. 标记示例　2.00mm 中等抗拉强度，适用于动载荷的光面弹簧钢丝标记为光面弹簧钢丝 GB/T 4357-2.00mm-DM。

重要用途碳素弹簧钢丝力学性能（摘自 YB/T 5311—2010）

表 3-1-130

直径/mm	抗拉强度/(N/mm²)			直径/mm	抗拉强度/(N/mm²)		
	E 组	F 组	G 组		E 组	F 组	G 组
0.10	2440~2890	2900~3380	—	0.80	2080~2430	2440~2770	—
0.12	2440~2860	2870~3320	—	0.90	2070~2400	2410~2740	—
0.14	2440~2840	2850~3250	—	1.00	2020~2350	2360~2660	1850~2110
0.16	2440~2840	2850~3200	—	1.20	1940~2270	2280~2580	1820~2080
0.18	2390~2770	2870~3160	—	1.40	1880~2200	2210~2510	1780~2040
0.20	2390~2750	2760~3110	—	1.60	1820~2140	2150~2450	1750~2010
0.22	2370~2720	2730~3080	—	1.80	1800~2120	2060~2360	1700~1960
0.25	2340~2690	2700~3050	—	2.00	1790~2090	1970~2250	1670~1910
0.28	2310~2660	2670~3020	—	2.20	1720~2000	1870~2150	1620~1860
0.30	2290~2640	2650~3000	—	2.50	1680~1960	1830~2110	1620~1860
0.32	2270~2620	2630~2980	—	2.80	1630~1910	1810~2070	1570~1810
0.35	2250~2600	2610~2960	—	3.00	1610~1890	1780~2040	1570~1810
0.40	2250~2580	2590~2940	—	3.20	1560~1840	1760~2020	1570~1810
0.45	2210~2560	2570~2920	—	3.50	1500~1760	1710~1970	1470~1710
0.50	2190~2540	2560~2900	—	4.00	1470~1730	1680~1930	1470~1710
0.55	2170~2520	2530~2880	—	4.50	1420~1680	1630~1880	1470~1710
0.60	2150~2500	2510~2850	—	5.00	1400~1650	1580~1830	1420~1660
0.63	2130~2480	2490~2830	—	5.50	1370~1610	1550~1800	1400~1640
0.70	2100~2460	2470~2800	—	6.00	1350~1580	1520~1770	1350~1590

注：1. 本标准适用于制造承受动载荷、阀门等重要用途的碳素弹簧钢丝。弹簧成形后不需淬火-回火处理，仅经低温回火去应力处理的弹簧。

2. 按用途分 E 组、F 组、G 组，E 组用于承受中等应力的动载荷，F 组用于承受高应力的动载荷，G 组用于承受振动载荷的阀门弹簧。

3. 钢丝的化学成分按%如下：E、F、G 组别：Co 60~0.95、Mn 0.30~1.00，Si≤0.37，Cr≤0.15，Ni≤0.15，Cu≤0.20，P≤0.025，S≤0.02。

油淬火-回火弹簧钢丝（摘自 GB/T 18983—2003）

表 3-1-131　　油淬火-回火弹簧钢丝分类及代号

分　类		静态(FD)	中疲劳(TD)	高疲劳(VD)
抗拉强度分级	低强度	FDC	TDC	VDC
	中强度	FDCrV(A、B)、FDSiMn	TDCrV(A、B)、TDSiMn	VDCrV(A、B)
	高强度	FDCrSi	TDCrSi	VDCrSi
直 径 范 围		0.50~17.00mm	0.50~17.00mm	0.50~10.00mm

注：1. 静态级钢丝适用于一般用途弹簧，以 FD 表示；中疲劳级钢丝适用于离合器弹簧、悬架弹簧等，以 TD 表示；高疲劳级钢丝适用于剧烈运动的场合，如阀门弹簧，以 VD 表示。

2. GB/T 18983—2003《油淬火-回火弹簧钢丝》适用于制造各种机械弹簧用碳素钢和低合金钢油淬火-回火圆截面钢丝代替 YB/T 5008（原 GB 2271）《阀门用油淬火-回火铬钒合金弹簧钢丝》、YB/T 5102（原 GB 4359）《阀门用油淬火-回火碳素弹簧钢丝》YB/T 5103（原 GB 4360）《油淬火-回火碳素弹簧钢丝》、YB/T 5104（原 GB 4361）《油淬火-回火硅锰合金弹簧钢丝》和 YB/T 5105（原 GB 4362）《阀门用油淬火-回火铬硅合金弹簧钢丝》。

3. GB/T 18983 根据 ISO/FDIS 8458-3《机械弹簧用钢丝，油淬火和回火钢丝》制定。

表 3-1-132　　油淬火-回火弹簧钢丝代号及化学成分

代　号	对应国内常用钢牌号	化学成分(质量分数)/%							
		C	Si	Mn	$P_{最大}$	$S_{最大}$	Cr	V	$Cu_{最大}$
FDC TDC	65、70、65Mn	0.60~0.75	0.10~0.35	0.50~1.20	0.030	0.030	—		0.20
VDC					0.020	0.025			0.12
FDCrV-A TDCrV-A	50CrVA	0.47~0.55	0.10~0.40	0.60~1.20	0.030	0.030	0.80~1.10	0.15~0.25	0.20
VDCrV-A					0.025	0.025			0.12
FDCrV-B TDCrV-B	67CrV	0.62~0.72	0.15~0.30	0.50~0.90	0.030	0.030	0.40~0.60	0.15~0.25	0.20
VDCrV-B					0.025	0.025			0.12
FDSiMn TDSiMn	60Si2Mn 60Si2MnA	0.56~0.64	1.50~2.00	0.60~0.90	0.035	0.035	—	—	0.25
FDCrSi TDCrSi	55CrSi	0.50~0.60	1.20~1.60	0.50~0.90	0.030	0.030	0.50~0.80	—	0.20
VDCrSi					0.025	0.025			0.12

表 3-1-133　　油淬火-回火弹簧钢丝力学性能

	直径范围/mm	抗拉强度/(N/mm²)					断面收缩率①/% ≥	
		FDC TDC	FDCrV-A TDCrV-A	FDCrV-B TDCrV-B	FDSiMn TDSiMn	FDCrSi TDCrSi	FD	TD
静态级、中疲劳级	0.50~0.80	1800~2100	1800~2100	1900~2200	1850~2100	2000~2250	—	
	>0.80~1.00	1800~2060	1780~2080	1860~2160	1850~2100	2000~2250	—	
	>1.00~1.30	1800~2010	1750~2010	1850~2100	1850~2100	2000~2250	45	45
	>1.30~1.40	1750~1950	1750~1990	1840~2070	1850~2100	2000~2250	45	45
	>1.40~1.60	1740~1890	1710~1950	1820~2030	1850~2100	2000~2250	45	45
	>1.60~2.00	1720~1890	1710~1890	1790~1970	1820~2000	2000~2250	45	45
	>2.00~2.50	1670~1820	1670~1830	1750~1900	1800~1950	1970~2140	45	45

续表

直径范围/mm		抗拉强度/(N/mm²)					断面收缩率①/%	
		FDC TDC	FDCrV-A TDCrV-A	FDCrV-B TDCrV-B	FDSiMn TDSiMn	FDCrSi TDCrSi	FD	TD
静态级、中疲劳级	>2.50~2.70	1640~1790	1660~1820	1720~1870	1780~1930	1950~2120	45	45
	>2.70~3.00	1620~1770	1630~1780	1700~1850	1760~1910	1930~2100	45	45
	>3.00~3.20	1600~1750	1610~1760	1680~1830	1740~1890	1910~2080	40	45
	>3.20~3.50	1580~1730	1600~1750	1660~1810	1720~1870	1900~2060	40	45
	>3.50~4.00	1550~1700	1560~1710	1620~1770	1710~1860	1870~2030	40	45
	>4.00~4.20	1540~1690	1540~1690	1610~1760	1700~1850	1860~2020	40	45
	>4.20~4.50	1520~1670	1520~1670	1590~1740	1690~1840	1850~2000	40	45
	>4.50~4.70	1510~1660	1510~1660	1580~1730	1680~1830	1840~1990	40	45
	>4.70~5.00	1500~1650	1500~1650	1560~1710	1670~1820	1830~1980	40	45
	>5.00~5.60	1470~1620	1460~1610	1540~1690	1660~1810	1800~1950	35	40
	>5.60~6.00	1460~1610	1440~1590	1520~1670	1650~1800	1780~1930	35	40
	>6.00~6.50	1440~1590	1420~1570	1510~1660	1640~1790	1760~1910	35	40
	>6.50~7.00	1430~1580	1400~1550	1500~1650	1630~1780	1740~1890	35	40
	>7.00~8.00	1400~1550	1380~1530	1480~1630	1620~1770	1710~1860	35	40
	>8.00~9.00	1380~1530	1370~1520	1470~1620	1610~1760	1700~1850	30	35
	>9.00~10.00	1360~1510	1350~1500	1450~1600	1600~1750	1660~1810	30	35
	>10.00~12.00	1320~1470	1320~1470	1430~1580	1580~1730	1660~1810	30	—
	>12.00~14.00	1280~1430	1300~1450	1420~1570	1560~1710	1620~1770	30	—
	>14.00~15.00	1270~1420	1290~1440	1410~1560	1550~1700	1620~1770	—	
	>15.00~17.00	1250~1400	1270~1420	1400~1550	1540~1690	1580~1730		

直径范围/mm		抗拉强度/(N/mm²)				断面收缩率/%
		VDC	VDCrV-A	VDCrV-B	VDCrSi	≥
高疲劳级	0.50~0.80	1700~2000	1750~1950	1910~2060	2030~2230	—
	>0.80~1.00	1700~1950	1730~1930	1880~2030	2030~2230	—
	>1.00~1.30	1700~1900	1700~1900	1860~2010	2030~2230	45
	>1.30~1.40	1700~1850	1680~1860	1840~1990	2030~2230	45
	>1.40~1.60	1670~1820	1660~1860	1820~1970	2000~2180	45
	>1.60~2.00	1650~1800	1640~1800	1770~1920	1950~2110	45
	>2.00~2.50	1630~1780	1620~1770	1720~1860	1900~2060	45
	>2.50~2.70	1610~1760	1610~1760	1690~1840	1890~2040	45
	>2.70~3.00	1590~1740	1600~1750	1660~1810	1880~2030	45
	>3.00~3.20	1570~1720	1580~1730	1640~1790	1870~2020	45
	>3.20~3.50	1550~1700	1560~1710	1620~1770	1860~2010	45
	>3.50~4.00	1530~1680	1540~1690	1570~1720	1840~1990	45
	>4.00~4.50	1510~1660	1520~1670	1540~1690	1810~1960	45
	>4.50~5.00	1490~1640	1500~1650	1520~1670	1780~1930	45
	>5.00~5.60	1470~1620	1480~1630	1490~1640	1750~1900	40
	>5.60~6.00	1450~1600	1470~1620	1470~1620	1730~1890	40
	>6.00~6.50	1420~1570	1440~1590	1440~1590	1710~1860	40
	>6.50~7.00	1400~1550	1420~1570	1420~1570	1690~1840	40
	>7.00~8.00	1370~1520	1410~1560	1390~1540	1660~1810	40
	>8.00~9.00	1350~1500	1390~1540	1370~1520	1640~1790	35
	>9.00~10.00	1340~1490	1370~1520	1340~1490	1620~1770	35

① FDSiMn 和 TDSiMn 直径不大于 5.00mm 时，断面收缩率应不小于 35%；直径大于 5.00~14.00mm 时，断面收缩率应不小于 30%。

注：一盘或一轴内钢丝抗拉强度允许波动范围为 VD 级钢丝不超过 50N/mm²，TD 级钢丝不超过 60N/mm²，FD 级钢丝不超过 70N/mm²。

表 3-1-134　　油淬火-回火弹簧钢丝双向扭转试验要求

公称直径/mm	TDC、VDC		TDCrV、VDCrV		TDCrSi、VDCrSi	
	右转圈数	左转圈数	右转圈数	左转圈数	右转圈数	左转圈数
>0.70~1.00		24		12	6	
>1.00~1.60		16		8	5	
>1.60~2.50		14				
>2.50~3.00		12				
>3.00~3.50	6	10	6		4	0
>3.50~4.50		8		4		
>4.50~5.60		6			3	
>5.60~6.00		4				

注：1. 公称直径大于 6.00mm 的钢丝绕直径等于钢丝直径 2 倍的芯棒弯曲 90°，试验后不得出现裂纹。

2. 钢丝表面应光滑，不应有对钢丝使用可能产生有害影响的划伤、结疤、锈蚀、裂纹等缺陷。

3. VD 级和 TD 级钢丝表面不得有全脱碳层，表面脱碳允许最大深度 VD 级、TD 级和 FD 级钢丝分别为 1.0%d、1.3%d、1.5%d，TDSiMn 最大深度为 1.5%d（d 为钢丝公称直径）。

4. VD 级钢丝应检验非金属夹杂物，其合格级别由供需双方协商，合同未规定者，合格级别由供方确定。阀门用钢丝应在合同中注明非金属夹杂物级别。

5. 公称直径小于 3.00mm 的钢丝在芯棒（其直径等于钢丝直径）上缠绕至少 4 圈，其表面不得产生裂纹或断开。

6. 公称直径 0.70~6.00mm 的钢丝应进行扭转试验，单向扭转即向一个方向扭转至少 3 次直到断裂，断口应平齐。TD 级和 VD 级钢丝可采用双向扭转，试验方法、具体要求符合本表规定。

表 3-1-135　　不锈钢丝（摘自 GB/T 4240—2009）

软态钢丝的力学性能				
	牌　　号	公称直径范围/mm	抗拉强度 R_m/(N/mm²)	断后伸长率[①] A/%，≥
奥氏体		0.05~0.10	700~1000	15
	12Cr17Mn6Ni5N	>0.10~0.30	660~950	20
	12Cr18Mn9Ni5N	>0.30~0.60	640~920	20
	12Cr18Ni9	>0.60~1.0	620~900	25
	Y12Cr18Ni9	>1.0~3.0	620~880	30
	16Cr23Ni13	>3.0~6.0	600~850	30
	20Cr25Ni20Si2	>6.0~10.0	580~830	30
		>10.0~16.0	550~800	30
	Y06Cr17Mn6Ni6Cu2			
	Y12Cr18Ni9Cu3			
	06Cr19Ni10	0.05~0.10	650~930	15
	022Cr19Ni10	>0.10~0.30	620~900	20
	10Cr18Ni12	>0.30~0.60	600~870	20
	06Cr20Ni11	>0.60~1.0	580~850	25
	06Cr23Ni13	>1.0~3.0	570~830	30
	06Cr25Ni20	>3.0~6.0	550~800	30
	06Cr17Ni12Mo2	>6.0~10.0	520~770	30
	022Cr17Ni14Mo2	>10.0~16.0	500~750	30
	06Cr19Ni13Mo3			
	06Cr17Ni12Mo2Ti			
马氏体	30Cr13			
	32Cr13Mo			
	Y30Cr13			
		1.0~2.0	600~850	10
	40Cr13			
		>2.0~16.0	600~850	15
	12Cr12Ni2			
	Y16Cr17Ni2Mo			
	21Cr17Ni2			

① 易切削钢丝和公称直径小于 1.0mm 的钢丝，伸长率供参考，不作判定依据

续表

轻拉钢丝的力学性能							
牌号		公称尺寸范围/mm	抗拉强度 R_m/(N/mm^2)	牌号		公称尺寸范围/mm	抗拉强度 R_m/(N/mm^2)
奥氏体	12Cr17Mn6Ni5N 12Cr18Mn9Ni5N Y06Cr17Mn6Ni6Cu2 12Cr18Ni9 Y12Cr18Ni9 Y12Cr18Ni9Cu3 06Cr19Ni10 022Cr19Ni10 10Cr18Ni12	0.50~1.0 >1.0~3.0 >3.0~6.0 >6.0~10.0 >10.0~16.0	850~1200 830~1150 800~1100 770~1050 750~1030	奥氏体	06Cr20Ni11 16Cr23Ni13 06Cr23Ni13 06Cr25Ni20 20Cr25Ni20Si2 06Cr17Ni12Mo2 022Cr17Ni14Mo2 06Cr19Ni13Mo3 06Cr17Ni12Mo2Ti	0.50~1.0 >1.0~3.0 >3.0~6.0 >6.0~10.0 >10.0~16.0	850~1200 830~1150 800~1100 770~1050 750~1030
铁素体	06Cr13Al 06Cr11Ti 022Cr11Nb 10Cr17 Y10Cr17 10Cr17Mo 10Cr17MoNb	0.30~3.0 >3.0~6.0 >6.0~16.0	530~780 500~750 480~730	马氏体	12Cr13 Y12Cr13 20Cr13 30Cr13 32Cr13Mo Y30Cr13 Y16Cr17Ni2Mo	1.0~3.0 >3.0~6.0 >6.0~16.0	650~950 600~900 600~850

冷拉钢丝的力学性能			
牌号		公称尺寸范围/mm	抗拉强度 R_m/(N/mm^2)
奥氏体	12Cr17Mn6Ni5N 12Cr18Mn9Ni5N 12Cr18Ni9 06Cr19Ni10 10Cr18Ni12 06Cr17Ni12Mo2	0.10~1.0 >1.0~3.0 >3.0~6.0 >6.0~12.0	1200~1500 1150~1450 1100~1400 950~1250

注：1. 本标准适用于不锈钢丝，但不包括冷顶锻用和焊接用不锈钢丝、奥氏体和沉淀硬化型不锈弹簧钢丝。

2. 交货状态：奥氏体和铁素体为软态（S）、轻拉（LD）、冷拉（WCD），马氏体为软态、轻拉但40Cr13、12Cr12Ni2、21Cr17Ni2只有软态无轻拉。

3. 钢丝用钢牌号及化学成分符合本标准规定。

4. 钢丝按表面光亮或洁净程度分为雾面、亮面、清洁面和涂（镀）层表面4种。

表 3-1-136　新、旧牌号及国外类似牌号对照

本标准	原标准	ASTM	UNS	JIS	EN	BS	ГОСТ
12Cr17Mn6Ni5N	1Cr17Mn6Ni5N	201	S20100	SUS201	X12CrMnNiN17-7-5	—	—
12Cr18Mn9Ni5N	1Cr18Mn8Ni5N	202	S20200	—	X12CrMnNiN18-9-5	284S16	—
Y06Cr17Mn6Ni6Cu2	—	XM-1	S20300	—	—	—	—
12Cr18Ni9	1Cr18Ni9	302	S30200	SUS302	X10CrNi18-8	302S31	—
Y12Cr18Ni9	Y1Cr18Ni9	303	S30300	SUS303	X8CrNiS18-9	303S31	—
Y12Cr18Ni9Cu3	Y1Cr18Ni9Cu3	—	—	SUS303Cu	X6CrNiCuS18-9-2	—	—
06Cr19Ni10	0Cr18Ni9	304	—	SUS304	—	304S31	—
022Cr19Ni10	00Cr19Ni10	304L	—	SUS304L	X2CrNi19-11	304S11	—
10Cr18Ni12	1Cr18Ni12	305	S30500	SUS305	—	—	—
06Cr20Ni11	00Cr20Ni11	308	S30800	SUS308	—	—	—
16Cr23Ni13	2Cr23Ni13	309	S30900	—	—	—	—
06Cr23Ni13	0Cr23Ni13	309S	S30908	SUS309S	—	309S20	—
06Cr25Ni20	0Cr25Ni20	—	—	SUS310S	—	310S17	—
20Cr25Ni20Si2	2Cr25Ni20Si2	314	S31400	—	—	314S25	—
06Cr17Ni12Mo2	0Cr17Ni12Mo2	316	S31600	SUS316	—	316S19	—
022Cr17Ni12Mo2	00Cr17Ni14Mo2	316L	S31603	SUS316L	XCrNiMo17-12-2	316S14	—
06Cr19Ni13Mo3	0Cr19Ni13Mo3	317	S31700	SUS317	—	—	—
06Cr17Ni12Mo2Ti	0Cr18Ni12Mo3Ti	—	—	SUS316Ti	X6CrNiMoTi17-12-2	320S18	—
06Cr13Al	0Cr13Al	405	S40500	SUS405	X6CrAl13	—	—
06Cr11Ti	0Cr11Ti	409	S40900	—	—	409S17	—
02Cr11Nb	—	409Nb	S40940	—	—	—	—
10Cr17	1Cr17	430	S43000	SUS430	—	430S18	—
Y10Cr17	Y1Cr17	430F	S43020	SUS430F	X14CrMoS17	—	—
10Cr17Mo	1Cr17Mo	434	S43400	SUS434	X6CrMo17-1	434S20	—
10Cr17MoNb	—	436	S43600	—	X6CrMoNb17-1	436S20	—
12Cr13	1Cr13	410	S41000	SUS410	X12Cr13	420S29	10X13
Y12Cr13	Y1Cr13	416	S41600	SUS416	X12CrS13	—	20X13
20Cr13	2Cr13	420	S42000	SUS420J1	X20Cr13	420S37	30X13
30Cr13	3Cr13	—	—	SUS420J2	X30Cr13	420S45	—
32Cr13Mo	3Cr13Mo	—	—	—	—	—	—

表 3-1-137　高电阻电热合金（摘自 GB/T 1234—2012）

合金牌号	化学成分(质量分数)/%											电阻率			
	C	P	S	Mn	Si	Cr	Ni	Al	Mo	Fe	其他	软态丝材		软态带材	
	≤											直径/mm	20℃电阻率/μΩ·m	厚度/mm	20℃电阻率/μΩ·m
Cr15Ni60	0.08	0.020	0.015	0.60	0.75~1.60	15.0~18.0	55.0~61.0	≤0.50	—	余量	—	<0.50 ≥0.50	1.12±0.05 1.15±0.05	≤0.80 >0.80~3.00 >3.00	1.11±0.05 1.14±0.05 1.15±0.05
Cr20Ni80	0.08	0.020	0.015	0.60	0.75~1.60	20.0~23.0	余量	≤0.50	—	≤1.0	—	<0.50 ≥0.50~3.00 ≥3.00	1.09±0.05 1.13±0.05 1.14±0.05	≤0.80 >0.80~3.00 >3.00	1.09±0.05 1.13±0.05 1.14±0.05
Cr30Ni70	0.08	0.020	0.015	0.60	0.75~1.60	28.0~31.0	余量	≤0.50	—	≤1.0	—	<0.50 ≥0.50	1.18±0.05 1.20±0.05	≤0.80 >0.80~3.00 >3.00	1.18±0.05 1.19±0.05 1.20±0.05
Cr20Ni35	0.08	0.020	0.015	1.00	1.00~3.00	18.0~21.0	34.0~37.0	—	—	余量	—	—	1.04±0.05	—	1.04±0.05
Cr20Ni30	0.08	0.020	0.015	1.00	1.00~3.00	18.0~21.0	30.0~34.0	—	—						
1Cr13Al4	0.12	0.025	0.025	0.50	≤0.70	12.0~15.0	≤0.60	4.0~6.0	—	余量		0.02~10.0	1.25±0.08	0.05~4.00	1.25±0.08
0Cr20Al3	0.08	0.025	0.020	0.50	≤0.70	18.0~21.0	≤0.60	3.0~4.2	—				1.23±0.07		1.23±0.07
0Cr23Al5	0.06	0.025	0.020	0.50	≤0.60	20.5~23.5	≤0.60	4.2~5.3	—				1.35±0.06		1.35±0.07
0Cr25Al5	0.06	0.025	0.020	0.50	≤0.60	23.0~26.0	≤0.60	4.5~6.5	—				1.42±0.07		1.42±0.07
0Cr21Al6Nb	0.05	0.025	0.020	0.50	≤0.60	21.0~23.0	≤0.60	5.0~7.0	—		Nb 加入 0.5		1.45±0.07		1.45±0.07
0Cr20Al6RE	0.04	0.025	0.020	0.50	≤0.40	19.0~21.0	≤0.60	5.0~6.0	—		La+Ce、Co、Ti、Nb、Y、Zr、Hf 等元素中的一种或几种加入总量的 0.04~1.0		1.40±0.07		1.40±0.07
0Cr24Al6RE	0.04	0.025	0.020	0.50	≤0.40	22.0~26.0	≤0.60	5.0~7.0	—				1.48±0.07		1.48±0.07
0Cr27Al7Mo2	0.05	0.025	0.020	0.20	≤0.40	26.5~27.8	≤0.60	6.0~7.0	1.8~2.2		Mo 加入 1.8~2.2		1.53±0.07		1.53±0.07

续表

合金牌号	性能与用途												尺寸范围					
	快速寿命试验		主要物理性能参考数值									特点与用途	冷拉丝材	热轧棒材盘条	冷轧带材		热轧带材	
	试验温度/℃	寿命值/h	元件最高使用温度/℃	熔点(近似)/℃	密度/(g/cm^{-3})	比热容 J/(g·K)	平均线胀系数α(20~1000℃) 10^{-6}/℃	导热系数(20℃)/[W/(m·K)]	电阻率(20℃)/(μΩ·m)	组织	磁性		直径范围/mm		厚度/mm	宽度/mm	厚度/mm	宽度/mm
Cr15Ni60	1150	≥80	1150	1390	8.2	0.46	17.0	13	1.12	奥氏体	非磁性	高温力学性能很好，用后不变脆，但易被炉中的硫和含碳、氢气体腐蚀。适用于在氧化及含氮气氛的低、中温移动式电炉中的电加热元件	0.02~10.00	5.50~12.0（盘条） 16.0~150.0（棒材）	0.05~4.00	5~300	2.5~5.0（卷状） >5.0~20.0（条状）	15~300
Cr20Ni80	1200	≥80	1200	1400	8.4	0.46	18.0	15	1.09									
Cr30Ni70	1250	≥50	1250	1380	8.1	0.46	17.0	14	1.18									
Cr20Ni35	1100	≥80	1100	1390	7.9	0.50	19.0	13	1.04	奥氏体	弱磁性							
Cr20Ni30	1100	≥80	1100	1390	7.9	0.50	19.0	13	1.04									
1Cr13Al4	—	—	950	1450	7.4	0.49	15.4	15	1.25	铁素体	磁性	抗氧化性能比镍铬合金好，电阻率比镍铬合金高，密度较小，用料省，不用镍，价廉；但在高温下性脆，机械强度低，适用于在氧化及含硫气氛的固定式低温、中温和高温电炉中的电加热元件						
0Cr20Al3	1250	≥80	1100	1500	7.35	0.49	13.5	13	1.23									
0Cr23Al5	1300	≥80	300	1500	7.25	0.46	15.0	13	1.35									
0Cr25Al5	1300	≥80	300	1500	7.25	0.46	15.0	13	1.42									
0Cr21Al6Nb	1350	≥50	1350	1510	7.10	0.49	16.0	13	1.45									
0Cr20Al6RE	1300	≥80	1300	1500	7.20	0.48	14	13	1.40									
0Cr24Al6RE	1350	≥80	1400	1520	7.10	0.49	16.0	13	1.48									
0Cr27Al7Mo2	1350	≥50	1400	1520	7.10	0.49	16.0	13	1.53									

注：1. 本标准适用于制作电加热元件和一般电阻元件用拉拔；轧制和锻造的镍铬、镍铬铁和铁铬铝高电阻电热合金丝材、板带材、棒材和盘条。

2. 合金材料应经热处理（退火、退火加酸洗、退火加磨光或车削、光亮退火、冷拉或固溶处理）后软态交货。

3. 每米电阻值由下式计算

$$R=\rho L/S$$

式中，R 为电阻值，Ω；L 为长度，m；ρ 为电阻率，μΩ · m；S 为截面积，mm^2。

4 各国（地区）黑色金属材料牌号近似对照（参考）

4.1 各国（地区）结构用钢钢号对照

表 3-1-138　　碳素结构钢和工程用钢钢号近似对照

序号	中国 GB	中国台湾 CNS	德国 DIN	德国 W-Nr.	法国 NF	国际标准化组织 ISO	日本 JIS	俄罗斯 ГОСТ	瑞典 SS	英国 BS	美国 ASTM	美国 UNS	韩国 KS
1	Q195 (A1,B1)		S185 (st33)	1.0035	S185 (A33)	HR2		Ст. 1кп Ст. 1пс Ст. 1сп		S185 (040A10)	A285M Gr. B		
2 3	Q215A Q215B (A2,C2)	SS330	USt 34-2 RSt 34-2	1.0028 1.0034	A34 A34-2NE	HR1	SS330 (SS34)	Ст. 2кп-2,-3 Ст. 2пс-2,-3 Ст. 2сп-2,-3	1370	(040A12)	A283M Gr. C A573M Gr. 58		SS330
4 5 6 7	Q235A Q235B Q235C Q235D (A3,C3)	SS400	S235JR S235JRG1 S235JRG2 (St 37-2, USt 37-2, RSt 37-2)	1.0037 1.0036 1.0038	S235JR S235JRG1 S235JRG2 (E24-2, E24-2NE)	Fe 360A Fe 360D	SS400 (SS 41)	Ст. 3кп-2 Ст. 3кп-3 Ст. 3кп-4 БСт. 3кп-2	1311 1312	S235JR S235JRG1 S235JRG2 (40B,40C)	A570 Gr. A A570 Gr. D A283M Gr. D	K02501 K02502	SS400
8 9	Q255A Q255B (A4,C4)		(St44-2)	1.0044	E28-2		SM 400A SM 400B (SM 41A, SM41B)	Ст. 4кп-2 Ст. 4кп-3 БСт. 4кп-2	1412	(43B)	A709M Cr. 36		
10	Q275 (C5)	SS490	S275J2G3 S275J2G4 (St44-3N)	1.0144 1.0145 1.0055	S275J2G3 S275J2G4	Fe430A	SS490 (SS50)	Ст. 5кп-2 Ст. 5пс БСт. 5пс-2	1430	S275J2G3 S275J2G4 (43D)		K02901	SS490

注：括号内为旧钢号，下同。

表 3-1-139　　优质碳素结构钢钢号近似对照

序号	中国 GB	中国台湾 CNS	德国		法国 NF	国际标准化组织 ISO	日本 JIS	俄罗斯 ГОСТ	瑞典 SS	英国 BS	美国		韩国 KS
			DIN	W-Nr.							ASTM/AISI	UNS	
1	05F		D6-2	1.0314	—	—	—	05кп	—	015A03	1005	G10050	—
2	08F	—	USt4	1.0336	—	—	S9CK	08кп	—	—	≈1008	—	SM9CK
3	08	—	—	—	XC6	—	—	08	—	040A04 050A04	1008	G10080	—
4	10F	—	USt13	—	—	—	—	10кп	—	—	≈1010	—	—
5	10	S10C	C10 Ck10	1.0301 1.1121	C10 XC10	—	S10C	10	1265	040A10 045M10	1010	G10100	SM10C
6	15	S15C	C15 Ck15	1.0401 1.1141	C12 XC15	—	S15C	15	1350 1370	040A15 080M15	1015	G10150	SM15C
7	20	S20C	C22E Ck22	1.1151	C22E XC18	—	S20C	20	1435	C22E 070M20	1020	G10200	SM20C
8	25	S25C	C25E Ck25	1.1158	C25E XC25	C25E4	S25C	25	—	C25E 070M26	1025	G10250	SM25C
9	30	S30C	C30E Ck30	1.1178	C30E XC32	C30E4	S30C	30	—	C30E 080M30	1030	G10300	SM30C
10	35	S35C	C35E Ck35	1.1181	C35E XC38	C35E4	S35C	35	1572	C35E 080M36	1035	G10350	SM35C
11	40	S40C	C40E Ck40	1.1186	C40E XC42	C40E4	S40C	40	—	C40E 080M40	1040	G10400	SM40C
12	45	S45C	C45E Ck45	1.1191	C45E XC48	C45E4	S45C	45	1660	C45E 080M46	1045	G10450	SM45C
13	50	S50C	C50E Ck53	1.1210	C50E	C50E4	S50C	50	1674	C50E 080M50	1050	G10500	SM50C
14	55	S55C	C55E Ck55	1.1203	C55E XC55	C55E4	S55C	55	1665	C55E 070M55	1055	G10550	SM55C
15	60	—	C60E Ck60	1.1221	C60E XC60	C60E4	—	60	1678	C60E 070M60	1060	G10600	—
16	65	—	Ck67	1.1231	XC65	SL,SM	—	65	1770	060A67	1065	G10650	—
17	15Mn	—	15Mn3	1.0467	12M5	—	—	15Г	1430	080A15	1016	G10160	—
18	20Mn	—	21Mn4	1.0469	20M5	—	—	20Г	1434	080A20	1022	G10220	—
19	25Mn	—	—	—	—	—	—	25Г	—	080A25	1026	G10260	—
20	30Mn	—	30Mn4	1.1146	32M5	—	—	30Г	—	080A30	1033	G10330	—
21	35Mn	—	36Mn4	1.0561	35M5	—	—	35Г	—	080A35	1037	G10370	—
22	40Mn	—	40Mn4	1.1157	40M5	SL,SM	SWRH42B	40Г	—	080A40	1039	G10390	—
23	45Mn	—	—	—	45M5	SL,SM	SWRH47B	45Г	1672	080A47	1046	G10460	—
24	50Mn	—	—	—	—	SL,SM	SWRH52B	50Г	1674	080A52	1053	G10530	—
25	60Mn	S58C	60Mn3	1.0642	—	SL,SM	S58C SWRH62B	60Г	1678	080A62	1062	—	—

表 3-1-140　建筑用钢筋钢号近似对照

序号	中国 GB	德国 DIN	法国 NF	国际标准化组织 ISO	日本 JIS	俄罗斯 ГОСТ	美国 ASTM
1	Q235		FeE235	PB 240	SR235	Ст. 3кп Ст. 3пс Ст. 3сп	
2	20MnSi	BSt420S	FeE400	RB 400	SD390		A706M
3	20MnSiV		FeTE400	RB 400W			A615M
4	20MnTi		FeE 400 FeTE 400	RB 400 RB 400W	SD390		A706M A615M
5	25MnSi		FeE 400 FeTE 400	RB 400 RB 400W	SD 390		

表 3-1-141　合金结构钢钢号近似对照

序号	中国 GB	中国台湾 CNS	德国 DIN	德国 W-Nr.	法国 NF	国际标准化组织 ISO	日本 JIS	俄罗斯 ГОСТ	瑞典 SS_{14}	英国 BS	美国 ASTM/AISI	美国 UNS	韩国 KS
1	20Mn2	SMn420	20Mn6	1. 1169	20M5	22Mn6	SMn420	20Г2		150M19	1320		SMn420
2	30Mn2		30Mn5	1. 1165	32M5	28Mn6		30Г2		150M28	1330	G13300	
3	35Mn2	SMn433	36Mn5	1. 1167	35M5	36Mn6	SMn433	35Г2	2120	150M36	1335	G13350	SMn433
4	40Mn2	SMn438			40M5	42Mn6	SMn438	40Г2			1340	G13400	SMn438
5	45Mn2	SMn433	46Mn7	1. 0912	45M5		SMn443	45Г2			1345	G13450	SMn443
6	50Mn2		50Mn7	1. 0913	55M5			50Г2					
7	15MnV		15MnV5	1. 5213									
8	20MnV		20MnV6	1. 5217									
9	42MnV		42MnV7	1. 5223									
10	35SiMn		37MnSi5	1. 5122	38MS5			35СГ		En46②			
11	42SiMn		46MnSi4	1. 5121	41S7			42СГ					
12	40B									170H41	14B35		
13	45B										14B50		
14	40MnB				38MB5					185H40			

续表

序号	中国 GB	中国台湾 CNS	德国		法国 NF	国际标准化组织 ISO	日本 JIS	俄罗斯 ГОСТ	瑞典 SS_{14}	英国 BS	美国		韩国 KS
			DIN	W-Nr.							ASTM/AISI	UNS	
15	15Cr	SCr415	15Cr3	1. 7015	12C3		SCr415	15X		523A14 523M15	5115	G51150	SCr415
16	20Cr	SCr420	20Cr4	1. 7027	18C3	20Cr4	SCr420	20X		527A20	5120	G51200	SCr420
17	30Cr	SCr430	28Cr4	1. 7030	32C4		SCr430	30X		530A30	5130	G51300	SCr430
18	35Cr	SCr435	34Cr4	1. 7033	38C4	34Cr4	SCr435	35X		530A36	5135	G51350	SCr435
19	40Cr	SCr440	41Cr4	1. 7035	42C4	41Cr4	SCr440	40X	2245	530A40 530M40	5140	G51400	SCr440
20	45Cr	SCr445			45C4		SCr445	45X			5145	G51450	SCr445
21	50Cr				50C4			50X			5150	G51500	
22 23	12CrMo 12CrMoV		13CrMo44	1. 7335	12CD4			12XM 12XMΦ	2216	1501-620 Cr27	4119		
24	15CrMo①	SCM415	15CrMo5	1. 7262	15CD4. 05		SCM415	15XM		1501-620 Cr31			SCM415
25	20CrMo	SCM420	20CrMo5	1. 7264	18CD4	18CrMo4	SCM420	20XM		CDS12	4118	G41180	SCM420
26	25CrMo①		25CrMo4	1. 7218	25CD4			30XM	2225				
27	30CrMo	SCM430			30CD4		SCM430						SCM430
28 29	35CrMo 35CrMoV	SCM435	34CrMo4	1. 7220	35CD4	34CrMo4	SCM435	35XM 35XMΦ	2234	708A37 CDS13	4135	G41350	SCM435
30	42CrMo	SCM440	42CrMo4	1. 7225	42CD4	42CrMo4	SCM440		2244	708M40	4140	G41400	SCM440
31 32	25Cr2MoVA 25Cr2Mo1VA		24CrMoV55	1. 7733				25X2M1Φ					
33	20Cr3MoWVA		21CrVMoW12					ЭИ415					
34	38CrMoAl		41CrAlMo7	1. 8509	40CAD 6. 12	41CrAlMo7		38X2MЮA	2940	905M39			

续表

序号	中国 GB	中国台湾 CNS	德国 DIN	德国 W-Nr.	法国 NF	国际标准化组织 ISO	日本 JIS	俄罗斯 ГОСТ	瑞典 SS_{14}	英国 BS	美国 ASTM/AISI	美国 UNS	韩国 KS
35	20CrV		21CrV4	1.7510							6120		
36	50CrVA	SUP10	51CrV4 （50CrV4）	1.8159	50CV4	13	SUP10	50ХФА	2230	735A50	6150	G61500	SPS6
37	15CrMn		16MnCr5	1.7131	16MC5			15ХГ	2511		5115	G51150	
38	20CrMn		20MnCr5	1.7147	20MC5	20MnCr5	SMnC420	20ХГ			5120	G51200	SMnC420
39 40 41	20CrMnSi 30CrMnSi 35CrMnSiA							20ХГС 30ХГС 35ХГСА					
42	20CrMnMo						SCM421	18ХГМ			4119		SCM421
43	40CrMnMo		42CrMo4	1.7225		42CrMo4	SCM440	40ХГМ		708A42	4142	G41420	SCM440
44 45	20CrMnTi 30CrMnTi		30MnCrTi4	1.8401				18ХГТ 30ХГТ					
46 47 48	20CrNi 40CrNi 50CrNi		40NiCr6	1.5711				20ХН 40ХН 50ХН		640M40	3140	G31400	
49	12CrNi2	SNC415	14NiCr10	1.5732	14NC11		SNC415	12ХН2А			3415		SNC415
50	12CrNi3	SNC815	14NiCr14	1.5752	14NC12	15NiCr13	SNC815	12ХН3А		665A12 665M13	3310	G33106	SNC815
51	20CrNi3				20NC11			20ХН3А					
52	30CrNi3	SNC836	31NiCr14	1.5755	30NC11		SNC836	30ХН3А		653M31	3435		SNC836
53	12Cr2Ni4		14NiCr18	1.5860	12NC15			12Х2Н4А		659M15	2515		
54 55	20Cr2Ni4 18Cr2Ni4WA	≈SNC815	≈14NiCr14	1.5752	18NC13		≈SNC815	20Х2Н4А 18Х2Н4ВА		≈665M13	3316		≈SNC815
56	20CrNiMo	SNCM220	21NiCrMo2	1.6523	20NCD2	20NiCrMo2	SNCM220	20ХНМ	2506	805M20	8620	G86200	SNCM220
57 58	40CrNiMo 45CrNiMoVA	SNCM439	36CrNiMo4	1.6511	40NCD3		SNCM439	40ХНМ 45ХН2МФА		816M40	4340	G43400	SNCM439

① 中国 YB 标准旧钢号。

② 英国 BS 标准旧钢号。

表 3-1-142 易切削结构钢钢号近似对照

序号	中国 GB	中国台湾 CNS	德国 DIN	德国 W-Nr.	法国 NF	国际标准化组织 ISO	日本 JIS	俄罗斯 ГОСТ	瑞典 SS_{14}	英国 BS	美国 ASTM/AISI	美国 UNS	韩国 KS
1	Y12	SUM21	10S20	1. 0721	13MF4	10S20	SUM21	A12			B1112		SUM21
2	Y12Pb		10SPb20	1. 0722	10PbF2	11SMnPb28					11L08		
3	Y15	SUM32	15S20	1. 0723	15F2①	11SMn28	SUM32		1922	220M07 210A15	1115		SUM32
4	Y15Pb	SUM22L	9SMnPb28	1. 0718	S250Pb	11SMnPb28	SUM22L		1914		12L13	G12134	SUM22L
5	Y20		22S20	1. 0724	18MF5			A20			1120		
6	Y30							A30			1130		
7	Y35		35S20	1. 0726	35MF6	35S20			1957	212M36	1140		
8	Y40Mn	SUM42			40M5①	44SMn28	SUM42	A10Г		212M44	1141	G11410	SUM42
9		SUM21	9S20	1. 0711		9S20	SUM21			≈220M07	1212	G12120	SUM21
10		SUM22	9SMn28	1. 0715	S250		SUM22		1912	230M07	1213	G12130	SUM22
11			10S20	1. 0721	10F1①	10S20				≈201M15	1108	G11080	
12			45S20	1. 0727	45MF4	46S20			1973	212M44	1146	G11460	
13			9SMn36	1. 0736	S300					240M07	1215	G12150	
14			9SMnPb36	1. 0737	S300Pb				1926		12L14	G12141	

① 法国非 NF 标准易切削结构钢钢号。

表 3-1-143 冷镦钢钢号近似对照

序号	中国 GB	中国台湾 CNS	德国 DIN	德国 W-Nr.	法国 NF	国际标准化组织 ISO	日本 JIS	俄罗斯 ГОСТ	英国 BS	美国 ASTM/AISI	美国 UNS	韩国 KS
1	ML08	SWRCH8A	QSt34-3 (C7C)	1. 0213	FB8 FR8	CC8X (A2R)	SWRCH8R	08кп	0/1	1010	G10100	SWCH8A
2	ML10	SWRCH10K	QSt36-3 (C11C)	1. 0214	XC10 FB10 FR10	CC8A (A2A1)	SWRCH10R	10кп	0/2	1012	G10120	SWCH10K
3	ML15	SWRCH15K	QSt38-3 (C14C) Cq15 (C15C)	1. 0234 1. 1132	FR15 FB18 FR18	CC15A (A4Al)	SWRCH15K	15пс	0/3	1015	G10150	SWCH15K
4	ML20	SWRCH20K	Cq22 (C22C)	1. 1152	XC18 FR20	CC21A (A5Al)	SWRCH20K	20пс	0/4	1020	G10200	SWCH20K

续表

序号	中国 GB	中国台湾 CNS	德国		法国 NF	国际标准化组织 ISO	日本 JIS	俄罗斯 ГОСТ	英国 BS	美国		韩国 KS
			DIN	W-Nr.						ASTM/AISI	UNS	
5	ML25	SWRCH25K			XC25 FR28		SWRCH25K	25		1025	G10250	SWCH25K
6	ML30	SWRCH30K			XC32 FR32	CE28E4 (C2)	SWRCH30K	30	1/1	1030	G10300	SWCH30K
7	ML35	SWRCH35K	Cq35 (C35C)	1.1172	XC38 FR36	CE35E4 (C3)	SWRCH35K	35	1/2	1034	G10340	SWCH35K
8	ML40	SWRCH40K			XC40 FR38	CE40E4	SWRCH40K	40	1/3	1040	G10400	SWCH40K
9	ML45	SWRCH45K	Cq45 (C45C)	1.1192	XC45	CE45E4 (C6)	SWRCH45K	45		1044	G10440	SWCH45K
10	ML25Mn	SWRCH27K			1C25		SWRCH25K SWRCH27K			1026	G10260	SWCH25K
11	ML30Mn	SWRCH33K			1C30	CE28E4	SWRCH30K SWRCH33K			1030	G10300	SWCH30K
12	ML35Mn	SWRCH38K			1C35	CE35E4	SWRCH35K SWRCH38K		2/1	1034	G10340	SWCH35K
13	ML40Mn	SWRCH41K			1C40	CE40E4	SWRCH40K SWRCH43K	40Г	2/2	1040	G10400	SWCH41K
14	ML45Mn	SWRCH48K			1C45	CE45E4	SWRCH45K SWRCH48K	45Г	162	1045	G10450	SWCH45K
15	ML15Cr		15Cr2	1.7015				15X		5115	G51150	
16	ML20Cr					20Cr4E (B10)		20X		5120	G51200	
17	ML40Cr		41Cr4	1.7035	38C4 42C4	41Cr4E (C16)		40X	3/2	5140	G51400	
18	ML15MnB				20MB5	CE20BG2 (E2)	SWRCHB620		9/0	1518	G15180	
19	ML30CrMo		≈25CrMo4	1.7218	30CD4			30XMA		4130	G41300	
20	ML35CrMo		34CrMo4	1.7220	34CD4	34CrMo4E (C31)				4135 A320ML7B	G41350	
21	ML42CrMo		42CrMo4	1.7225	42CD4	42CrMo4E (C32)				4140 A320ML7M	G41400	

表 3-1-144 弹簧钢钢号近似对照

序号	中国 GB	中国台湾 CNS	德国 DIN	德国 W-Nr.	法国 NF	国际标准化组织 ISO	日本 JIS	俄罗斯 ГОСТ	瑞典 SS	英国 BS	美国 AISI	美国 UNS	韩国 KS
1	65		Ck67	1.1231	XC65	Type DC	SUP2	65	1770	060A67	1065	G10650	
2	70				XC70	Type DC		70	1778	070A72	1070	G10700	
3			Ck75	1.1248				75A	1774		1078	G10780	
4	85	SUP3	Ck85	1.1269	XC85	Type DC	SUP3	85A	≈1774	060A86	1086	G10860	SPS1
5			Ck101	1.1274	XC100		SUP4		1870	060A96	1095	G10950	
6	65Mn							65Г		080A67	1066		
7	55Si2Mn		55Si7	1.0904	55S7	56SiCr7		55C2	2085 2090	250A53	9255	G92550	
8	60Si2Mn	SUP6	60Si7	1.0909	60S7	61SiCr7	SUP6	60C2					SPS3
9	60Si2CrA 60Si2CrVA		60SiCr7	1.0961	60SC7	55SiCr6-3		60C2XA 60C2XФA					
10		SUP7	65Si7	1.0906			SUP7	250A61					SPS4
11	55CrMnA	SUP9	55Cr3	1.7176	55C3	55Cr3	SUP9			≈527A60	5155	G51550	SPS5
12	60CrMnA	SUP9A					SUP9A			527A60	5160	G51600	SPS5A
13	60CrMnMoA	SUP13	≈51CrMoV4	1.7701	≈51CDV4	60CrMo33	SUP13			705H60	4160	G41610	SPS9
14	50CrVA	SUP10	51CrV4	1.8159	50CrV4	51CrV4	SPU10	50XФA	2230	735A50	6150	G61500	SPS6
15	60CrMnBA	SUP11A	58CrMnB4			60Cr1	SUP11A	55XГP			51B60	G51601	SPS7
16	30W4Cr2VA		30WCrV17.9	1.2243									

表 3-1-145 轴承钢钢号近似对照

序号	中国 GB	中国台湾 CNS	德国 DIN	德国 W-Nr.	法国 NF	国际标准化组织 ISO	日本 JIS	俄罗斯 ГОСТ	瑞典① SKF	英国 BS	美国 ASTM/AISI	美国 UNS	韩国 KS
高碳铬轴承钢													
1	GCr6		100Cr2 (W1)	1.3501	100C2			ЩX6	SKF9		50100 E50100	G50986	
2	GCr9	SUJ1	105Cr4 (W2)	1.3503	100C5		SUJ1	ЩX9	SKF13		E51100	G51986	STB1
3	GCr9SiMn					2	SUJ3		SKF1		A485Cr1		
4	GCr15	SUJ3	100Cr6 (W3)	1.3505	100C6	1	SUJ2	ЩX15	SKF3	535A99	E52100	G52986	STB3
5	GCr15SiMn		100CrMn6 (W4)	1.3502	100CM6	3		ЩX15ГС	SKF2				

续表

序号	中国 GB	中国台湾 CNS	德国 DIN	德国 W-Nr.	法国 NF	国际标准化组织 ISO	日本 JIS	俄罗斯 ГОСТ	瑞典① SKF	英国 BS	美国 ASTM/AISI	美国 UNS	韩国 KS
渗碳轴承钢													
6	G20CrMo		20MoCr4	1.7321							A534 4118H		
7	G20CrNiMo	SNCM220	21NiCrMo2	1.6523	20NCD2	12	SNCM220		SKF152	805A20	A534 8620H		SNCM220
8	G20CrNi2Mo	SNCM420			20NCD7	14	SNCM420	20XH2M (20XHM)			A534 4320H		SNCM420
9	G20Cr2Ni4							20X2H4A					
10	G10CrNi3Mo									832H13	A534 9310H		
不锈轴承钢													
11	9Cr18	440C					SUS440C	95X18					STS440C
12	9Cr18Mo	440C	X102CrMo17	1.3543	Z100CD17	21	SUS440C		SKF577 STORA577		A756 440C		STS440C

① SKF 为轴承钢国际名牌产品。

4.2 各国（地区）不锈钢和耐热钢钢号对照

表 3-1-146　不锈钢钢号近似对照

序号	中国 GB	中国台湾 CNS	德国 DIN	德国 W-Nr.	法国 NF	国际标准化组织 ISO	日本 JIS	俄罗斯 ГОСТ	瑞典 SS	英国 BS	美国 ASTM	美国 UNS	韩国 KS	欧洲标准 EN	欧洲标准 Mat. No.
奥氏体型															
1	1Cr17Mn6Ni5N	201				X12CrMnNi17-7-5	SUS201				201	S20100	STS201	X12CrMnNi 17-7-5	1.4372
2	1Cr18Mn8Ni5N	202					SUS202	12X17Г9AH4		284S16	202	S20200	STS202	X12CrMnNi18-9-5	1.4373
3	1Cr17Ni7	301	X12CrNi17-7	1.4310	Z12CN17.07 Z12CN18.07	X10CrNi18-8	SUS301			301S21	301	S30100	STS301	X10CrNi18-8	1.4310
4	1Cr18Ni9	302	X12CrNi18-8	1.4300	Z10CN18.09		SUS302	12X18H9		302S25	302	S30200	STS302		
5	Y1Cr18Ni9	303	X10CrNiS18-9	1.4305	Z10CNF18.09	X8CrNiS18-9	SUS303			303S21	303	S30300	STS303	X8CrNiS18-9	1.4305
6	Y1Cr18Ni9Se	303Se					SUS303Se	12X18H10E		303S41	303Se	S30323	STS303Se		
7	0Cr19Ni9 (0Cr18Ni9)	304	X5CrNi18-10	1.4301	Z6CN18.09	X5CrNi18-10	SUS304	08X18H10	2332 2333	304S15	304 304H	S30400	STS304	X5CrNi18-10	1.4301

续表

序号	中国 GB	中国台湾 CNS	德国 DIN	德国 W-Nr.	法国 NF	国际标准化组织 ISO	日本 JIS	俄罗斯 ГОСТ	瑞典 SS	英国 BS	美国 ASTM	美国 UNS	韩国 KS	欧洲标准 EN	欧洲标准 Mat. No.
	奥氏体型														
8	00Cr19Ni10 (00Cr18Ni10)	304L	X2CrNi19-11	1.4306	Z2CN18.10 Z2CN18.09	X2CrNi19-11	SUS304L	03X18H11		304S12	304L	S30403	STS304L	X2CrNi19-11	1.4306
9	0Cr19Ni19N	304N1					SUS304N1				304N	S30451	STS304N1		
10	0Cr19Ni10NbN	304N2					SUS304N2				XM21	S30452	STS304N2		
11	00Cr18Ni10N	304LN	X2CrNiN18-10	1.4311	Z2CN18.10Az	X2CrNi18-9	SUS304LN		2371	304S62	304LN	S30453	STS 304LN	X2CrNi18-9	1.4307
12	1Cr18Ni12 (1Cr18Ni12Ti)	30S	X5CrNi18-12	1.4303	Z8CN18.12	X6CrNi18-12	SUS305	12X18H12T		305S19	305	S30500	STS305	X4CrNi18-12	1.4303
13	0Cr23Ni13	309S	X7CrNi23-14	1.4833	Z15CN24.13		SUS309S				309S	S30908	STS309S	X12CrNi23-13	1.4833
14	0Cr25Ni20 (1Cr25Ni20Si2)	310S	X12CrNi25-21	1.4845	Z12CN25.20		SUS310S		2361	304S24	310S	S31008	STS310S	X8CrNi25-21	1.4845
15	0Cr17Ni12Mo2	316	X5CrNiMo17-12-2 X5CrNiMo17-13-3	1.4401 1.4436	Z6CND17.11 Z6CND17.12	X5CrNiMo 17-12-2	SUS316		2347 2343	316S16 316S31	316	S31600	STS316	X5CrNiMo17-12-2 X3CrNiMo17-13-3	1.4401 1.4436
16	0Cr18Ni12Mo2Ti		X6CrNiMoTi17-12-2	1.4571	Z6CNDT17.12	X6CrNiMoTi 17-12-2		08X17H13M2T	2350	320S31 320S17	316Ti	S31635		X6CrNiMoTi17-12-2	1.4571
17	00Cr17Ni14Mo2	316L	X2CrNiMo18-14-3	1.4435	Z2CND17.13		SUS316L	03X17H14M2	2353	316S11 316S12	316L	S31603	STS316L	X2CrNiMoN18-14-3	1.4435
18	0Cr17Ni12Mo2N	316N					SUS316N				316N	S31651	STS316N		
19	00Cr17Ni13Mo2N	316N	X2CrNiMoN17-12-2 X2CrNiMoN17-13-3	1.4406 1.4429	Z2CND17.12Az Z2CND17.13Az	XZCrNiMoN 17-11-2	SUS316LN		2375	316S61	316LN	S31653	STS316LN	X2CrNiMoN17-11-2 X2CrNiMoN17-13-3	1.4406 1.4429
20	0Cr18Ni12Mo2Cu2	316J1					SUS316J1						STS316J1		
21	00Cr18Ni14Mo2Cu2	316J1L					SUS316J1L						STS316J1L		
22	0Cr19Ni13Mo3	317	X5CrNiMo17-13-3	1.4449			SUS317			317S16	317	S31700	STS317		

续表

序号	中国 GB	中国台湾 CNS	德国 DIN	德国 W-Nr.	法国 NF	国际标准化组织 ISO	日本 JIS	俄罗斯 ГОСТ	瑞典 SS	英国 BS	美国 ASTM	美国 UNS	韩国 KS	欧洲标准 EN	欧洲标准 Mat. No.
	奥氏体型														
23	1Cr18Ni12Mo3Ti							10X17H13M3T		320S31					
24	0Cr18Ni12M3Ti		X6CrNiMoTi 17-12-2	1.4571		X6CrNiTi 17-12-2		08X17H15M3T		320S17				X6CrNiTi17-12-2	1.4571
25	00Cr19Ni13Mo3 (00Cr17Ni14Mo3)	317L	X2CrNiMo18-16-4	1.4438	Z2CND19.15	X2CrNiMo 18-15-4	SUS317L		2367	317S12	317L	S31703	STS317L	X2CrNiMo18-15-4	1.4438
26	0Cr18Ni16Mo5	317J1					SUS317J1						STS317J1		
27	1Cr18Ni9Ti	321	X12CrNiTi18-9	1.4878	Z6CNT18.12	X10CrNiTi18-10	SUS321	12X18H10T	2337	321S20	321	S32100	STS321	X10CrNiTi18-10	1.4878
28	0Cr18Ni11Ti (0Cr18Ni9Ti)	321	X6CrNiTi18-10	1.4541	Z6CNT18.10	X6CrNiTi18-10	SUS321	09X18H10T X18H10T	2337	321S12 321S31	321	S32100	STS321	X6CrNiTi18-10	1.4541
29	0Cr18Ni11Nb	347	X6CrNiNb18-10	1.4550	Z6CNNb18.10	X6CrNiNb18-10	SUS347	08X18H12Б	2338	347S17 347S31	347	S34700	STS347	X6CrNiNb18-10	1.4550
30	0Cr18Ni9Cu3	XM7	X3CrNiCu18-9	1.4567	Z3CNU18.10	X3CrNi18-9-4	SUS XM7				XM7		STS XM7	X3CrNi18-9-4	1.4567
31	0Cr18Ni13Si4	XM15J7					SUS XM15J1				XM15	S38100	STS XM15J1		
	奥氏体-铁素体型														
32	0Cr26Ni5Mo2	329J1	X8CrNiMo27-5	1.4460			SUS329J1		2324		329	S32900	STS329J1	X3CrNiMo27-5-2	1.4460
33	1Cr18Ni11Si4AlTi							15X18H-12C4TЮ							
34	00Cr18Ni5Mo3Si2														
	铁素体型														
35	0Cr13Al	405	X6CrAl13	1.4002	Z6CA13	X6CrAl13	SUS405		2302	405S17	405	S40500	STS405	X6CrAl13	1.4002
36	00Cr12	410L			Z3CT12		SUS410L						STS410L		
37	1Cr17	430	X6Cr17	1.4016	Z6C17	X6Cr17	SUS430	12X17	2320	430S15	430	S43000	STS430	X6Cr17	1.4106
38	YCr17	430F	X12CrMoS17	1.4104	Z10CF17	X14CrMoS17	SUS430F		2383		430F	S43020	STS430F	X14CrMoS17	1.4104
39	1Cr17Mo	434	X6CrMo17	1.4113	Z8CD17.01	X6CrMo17-1	SUS434		2325	434S17	434	S43400	STS434	X6CrMo17-1	1.4113
40	00Cr30Mo2	447J1					SUS447J1						STS447J1		
41	00Cr27Mo	XM27	X1CrMo26-1	1.4131	Z01CD26.01		SUSXM27				XM27	S44625	STSXM27		
	马氏体型														
42	1Cr12	403					SUS403	08X13	2301	403S17	403	S40300	STS403		

续表

序号	中国 GB	中国台湾 CNS	德国 DIN	德国 W-Nr.	法国 NF	国际标准化组织 ISO	日本 JIS	俄罗斯 ГОСТ	瑞典 SS	英国 BS	美国 ASTM	美国 UNS	韩国 KS	欧洲标准 EN	欧洲标准 Mat. No.
43	0Cr13	405	X6Cr13	1.4000	Z6C13	X6Cr13	SUS405				405	S40500	STS405	X6Cr13	1.4000
44	1Cr13	410	X10Cr13	1.4006	Z12C13	X12Cr13	SUS410	12X13	2302	410S21	410	S41000	STS410	X12Cr13	1.4006
45	1Cr13Mo	410J1	X15Cr13	1.4024			SUS410J1			420S29			STS410J1		
46	Y1Cr13	416	X12CrS13	1.4005	Z12CF13	X12CrS13	SUS416		2380	416S21	416	S41600	STS416	X12CrS13	1.4005
47	2Cr13	420J1	X20Cr13	1.4021	Z20C13	X20Cr13	SUS420J1	12X13	2303	420S37	420	S42000	STS420J1	X20Cr13	1.4021
48	3Cr13	420J2	X30Cr13	1.4028	Z30C13	X30Cr13	SUS420J2	30X13	2304	420S45			STS420J2	X30Cr13	1.4028
49	4Cr13		X38Cr13		Z40C14	X39Cr13		40X13						X39Cr13	1.4031
50	Y3Cr13	420F			Z30CF13		SUS420F				420F	S42020	STS420F		
51	1Cr17Ni2	431	X20CrNi17-2	1.4057	Z15CN16.02	X17CrNi16-2	SUS431	14X17H2	2321	431S29	431	S43100	STS431	X17CrNi16-2	1.4057
52	7Cr17	440A					SUS440A				440A	S44002	STS440A		
53	8Cr17	440B					SUS440B				440B	S44003	STS440B		
54	11Cr17（9Cr18）	440C					SUS440C	95X18			440C	S44004	STS440C		
55	Y11Cr17	440F					SUS440F				440F	S44020	STS440F		
	沉淀硬化型														
56	0Cr17Ni4Cu4Nb	630	X5CrNiCuNb17-14	1.4542	Z6CNU17.04	X5CrNiCuNb16-4	SUS630				630	S17400	STS630	X5CrNiCuNb16-4	1.4542
57	0Cr17Ni7Al	631	X7CrNiAl17-7	1.4568	Z8CNA17.07	X7CrNiAl17-7	SUS631	09X17H7IO			631	S17700	STS631	X7CrNiAl17-7	1.4568
58	0Cr15Ni7Mo2Al	632	X7CrNiMoAl15-7	1.4532	Z8CNDA17.07	X8CrNiMoAl15-7-2	SUS632				632	S15700	STS632	X8CrNiMoAl15-7-2	1.4532
	补充														
59			X38Cr13	1.4031	Z40C14				2340					X39Cr13	1.4031
60			X46Cr13	1.4034	Z38C13M					420S45				X46Cr13	1.4034
61			X105CrMo17	1.4125	Z100CD17									X105CrMo17	1.4125
62			X5CrNi13-4	1.4313	Z5CN13.4				2385	425C11				X3CrNiMo13-4	1.4313
63			X2CrNiMo17-13-2	1.4404	Z2CND17.12					316S11				X2CrNiMo17-12-2	1.4404
64			X6CrTi17	1.4510	Z8CT17									X3CrTi17	1.4510
65			X8CrNb17	1.4511	Z8CNb17									X3CrNb17	1.4511
66			X5CrNiNb18-10	1.4546						347S17 347S18					
67			X10CrNiMoTi18-12	1.4573						320S33					
68			X6CrNiMoNb17-12-2	1.4580	Z6CNDNb17.12					318S17				X6CrNiMoNb17-12-2	1.4580

表 3-1-147　　耐热钢钢号近似对照

序号	中国 GB	中国台湾 CNS	德国 DIN	德国 W-Nr.	法国 NF	国际标准化组织 ISO	日本 JIS	俄罗斯 ГОСТ	瑞典 SS	英国 BS	美国 ASTM	美国 UNS	韩国 KS	欧洲标准 EN	欧洲标准 Mat. No.
	奥氏体型														
1	5Cr21Mn9Ni4N	35	X53CrMnNiN21-9	1. 4871	Z52CMN21. 09		SUH35	55X20Г9АН4		349S52	(SAE)	S63008	STR35	X53CrMnNiN21-9	1. 4871
2	Y5Cr21Mn9Ni4N	36					SUH36			349S54	EV8		STR36		
3	2Cr22Ni11N	37					SUH37			381S34			STR37		
4	3Cr20Ni11Mo2PB	38					SUH38						STR38		
5	2Cr23Ni13 (1Cr23Ni13)	309	X15CrNiSi20-12	1. 4828	Z15CNS20. 12		SUH309	20X20H14C2		309S24	309	S30900	STR309	X15CrNiSi20-12	1. 4828
6	2Cr25Ni20 (1Cr25Ni20Si2)	310	X15CrNiSi25-20	1. 4841	Z15CNS25. 20	H16	SUH310	20X25H20C2		310S31	310	S31000	STR310	X15CrNiSi25-20	1. 4845
7	1Cr16Ni35	330	X12NiCrSi36-16	1. 4864	Z12NCS35. 16 Z12NC37. 18	H17	SUH330			NA17	330	N08330	STR330	X12NiCrSi35-16	1. 4846
8	0Cr15Ni25Ti-2MoAlVB (0Cr15Ni-25Ti2MoVB)	660	X5NiCrTi26-15	1. 4980	Z6NCTDV25. 15		SUH660			286S31	660	S66286	STR660		
9	1Cr22Ni20Co20Mo-3W3NbN	661	X12CrCoNi21-20	1. 4971			SUH661				661	R30155	STR661	X12CrCoMo-WNb21-20-20	1. 4971
10	0Cr9Ni9 (0Cr18Ni9)	304	X5CrNi18-10	1. 4301	Z6CN18. 09	11	SUS304	08X18H10	2332 2333	304S15	304 304H	S30400	STS304	X5CrNi18-10	1. 4301
11	0Cr23Ni13	309S	X7CrNi23-14	1. 4833	Z15CN24. 13	H14	SUS309S				309S	S30908	STS309S	X12CrNi23-13	1. 4833
12	0Cr25Ni20 (1Cr25Ni20Si2)	310S	X12CrNi25-21	1. 4845	Z12CN25. 20	H15	SUS310S		2361	304S24	310S	S31008	STS310S	X8CrNi15-21	1. 4845

续表

序号	中国 GB	中国台湾 CNS	德国 DIN	德国 W-Nr.	法国 NF	国际标准化组织 ISO	日本 JIS	俄罗斯 ГОСТ	瑞典 SS	英国 BS	美国 ASTM	美国 UNS	韩国 KS	欧洲标准 EN	欧洲标准 Mat. No.
13	0Cr17Ni12Mo2 (0Cr18Ni12Mo2Ti)	316	X5CrNiMo17-12-2 X5CrNiMo17-13-3	1. 4401 1. 4436	Z6CND17. 11 Z6CND17. 12	20 20a	SUS316	08X17H- 13M2T	2347 2343	316S16 316S31	316	S31600	STS316	X5CrNiMo17-12-2 X3CrNiMo17-13-3	1. 4401 1. 4436
14	4Cr14Ni14W2Mo							45X14H14B2M							
15	0Cr19Ni13Mo3 (0Cr18Ni12Mo3Ti)	317	X5CrNiMo17-13	1. 4449		25	SUS317			317S16	317	S31700	STS317		
16	1Cr18Ni9Ti	321	X12CrNiTi18-9	1. 4878	Z6CNT18. 12		SUS321	12X18H10T	2337	321S20	321	S32100	STS321	X10CrNiTi18-10	1. 4878
17	0Cr18Ni11Ti (0Cr18Ni9Ti)	321	X6CrNiTi18-10	1. 4541	Z6CNT18. 10	15	SUS321	09X18H10T	2337	321S12 321S31	321	S32100	STS321	X6CrNiTi18-10	1. 4541
18	0Cr18Ni11Nb	347	X6CrNiNb18-10	1. 4550	Z6CNNb18. 10	16	SUS347	08X18H12Б	2338	347S17 347S31	347	S34700	STS347	X6CrNiNb18-10	1. 4550
19	0Cr18Ni13Si4	XM15J1					SUS XM15J1				XM15	S38100	STS XM15J1		
20	1Cr25Ni20Si2		X15CrNiSi25-20	1. 4841	Z15CNS25. 20					310S24				X15CrNiSi25-21	1. 4841
铁素体型															
21	2Cr25N	446				H7	SUH446				446	S44600	STR446		
22	0Cr13Al	405	X6CrAl13	1. 4002	Z6CA13	2	SUS405	1X20IO	2302	405S17	405	S40500	STR405	X6CrAl13	1. 4002
23	00Cr12						SUS410L						STR410L		
24	1Cr17	430	X6Cr17	1. 4016	Z8C17	8	SUS430	12X17	2320	430S15	430	S43000	STR430	X6Cr17	1. 4016
马氏体型															
25	1Cr5Mo		12CrMo19-5	1. 7362				15X5M			502	S51502			
26	4Cr9Si2	1 11	X45CrSi9-3	1. 4718	Z45CS9	X45CrSi9-3		40X9C2		401S45	(SAE) HNV3	S65000	STR1 STR11	X45CrSi8	1. 4718
27	4Cr10Si2Mo	3	X40CrSiMo10-2	1. 4731	Z40CSD10	2	SUH3	40X10C2M					STR3	X40CrSiMo10	1. 4731
28	8Cr20Si2Ni	4	X80CrNiSi20	1. 4747	Z80CSN20. 02	4	SUH4			443S65	(SAE) HNV6	S65006	STR4	X80NiSi20	1. 4747

续表

序号	中国 GB	中国台湾 CNS	德国 DIN	德国 W-Nr.	法国 NF	国际标准化组织 ISO	日本 JIS	俄罗斯 ГОСТ	瑞典 SS	英国 BS	美国 ASTM	美国 UNS	韩国 KS	欧洲标准 EN	欧洲标准 Mat. No.
29	1Cr11MoV							15X11MΦ							
30	2Cr12MoVNbN	600			Z20CDNbV11		SUH600						STR600		
31	2Cr12NiMoWV	616	X20CrMoWV12-1	1. 4935			SUH616				616	S42200	STR616		
32	1Cr13	410	X10Cr13	1. 4006	Z12C13	3	SUS410	12X13	2302	410S21	410	S41000	STS410	X12Cr13	1. 4006
33	1Cr13Mo	410J1	X15Cr13	1. 4024		X12CrMo12-6	SUS410J1			420S29			STS410J1		
34	1Cr17Ni2	431	X20CrNi17-2	1. 4057	Z15CN16. 02	9	SUS431	14X17H2	2321	431S29	431	S43100	STS431	X17CrNi16-2	1. 4057
35	1Cr11Ni2W2MoV							11X11H-2B2MΦ							
36	2Cr13	420J1	X20Cr13	1. 4021	420F20 Z20C13	4	SUS420J1	20X13		420S37	420	S42000	STS420J1	X20Cr13	1. 4021
	沉淀硬化型														
37	0Cr17Ni14Cu4Nb	630	X5CrNiCuNb 17-14	1. 4542	Z6CNU17. 04	1	SUS630				630	S17400	STS630	X5CrNiCuNb16-14	1. 4542
38	0Cr17Ni7Al	631	X7CrNiAl17-7	1. 4568	Z8CNA17. 07	2	SUS631	09X17H710			631	S17700	STS631	X7CrNiAl17-7	1. 4568
	补充														
39			X5CrTi12	1. 4512	Z6CT12		SUH409			409S19	409	S40900			
40			X10CrAl13	1. 4724	Z10C13		SUH21			403S17	430	S43000		X10CrAlSi13	1. 4724
41			X10CrAl18	1. 4742	Z10CAS18					430S15				X10CrAlSi18	1. 4742
42			X10CrAl24	1. 4762	Z10CAS24									X10CrAlSi25	1. 4762
43			X45CrNiW18-9	1. 4873	Z35CNW14. 14					331S40				X45CrNiW18-9	1. 4873

表 3-1-148　　阀门用钢钢号近似对照

序号	中国 GB	中国台湾 CNS	德国 DIN	德国 W-Nr.	法国 NF	国际标准化组织 ISO	日本 JIS	俄罗斯 ГОСТ	瑞典 SS	英国 BS	美国 SAE	美国 UNS	韩国 KS	欧洲标准 EN	欧洲标准 Mat. No.
1	2Cr21Ni12N	37			Z20CN21-21Az		SUH37			381S34	EV4（21-12N）	S63017	STR37		
2	4Cr14Ni14W2Mo	31	≈X50NiCrWV 13-13	≈1.2731	≈Z35CNWS14-14		SUH31	45Х14Н-14В2М		331S42			STR31		
3	5Cr21Mn9Ni4N	35	X53CrMnNiN 21-9	1.4871	Z53CMN21-09Az	X53CrMn-NiN21-9	SUH35	55Х20Г9АН4		349S52	EV8（21-4N）	S63008	STR35	X53CrMnNiN21-9	1.4871
4	4Cr9Si2	1	X45CrSi9-3	1.4718	Z45CS9	X45Cr-Si9-3	SUH1	40Х9С2		401S45	HNV3（Sil1）	S65007	STR1	X45CrSi8	1.4718
5	4Cr10Si2Mo	3	X40CrSiMo10-2	1.4731	Z40CSD10		SUH3	40Х10С2М					STR3	X40CrSiMo10	1.4731
6	8Cr20Si2Ni	4	X80CrNiSi20	1.4747	Z80CNS20-02		SUH4			443S65	HNV6（XB）	S65006	STR4	X80CrSiNi20	1.4747
7			X85CrMoV18-2	1.4748	Z85CDV18-12										
8			X45CrNiW18-9	1.4873	Z45CNW18-09			40Х18Н9С2ВГ						X45CrNiW18-9	1.4873
9			X55CrMnNiN20-8	1.4875	Z55CMN20-08Az										
10			X70CrMnNiN21-6	1.4881											

4.3　各国（地区）工具钢钢号对照

表 3-1-149　　碳素工具钢钢号近似对照

序号	中国 GB	中国台湾 CNS	德国 DIN	德国 W-Nr.	法国 NF	国际标准化组织 ISO	日本 JIS	俄罗斯 ГОСТ	瑞典 SS	英国 BS	美国 ASTM	美国 UNS	韩国 KS
1	T7	SK7	C70W2	1.1620	（C70E2U）	TC70	SK7	У7	1770				STC7
2	T8	SK5 SK6	C80W2	1.1625	（C80E2U）	TC80	SK5 SK6	У8	1778		W1A-8	T72301	STC5 STC6
3	T8Mn	SK5	C85WS	1.1830			SK5	У8Г					STC5
4	T9				C90E2U	TC90		У9			W1A-8½	T72301	
5	T10	SK3	C105W2	1.1645	（C105E2U）	TC105	SK3 SK4	У10	1880	BW1B	W1A-9½	T72301	STC3
6	T11	SK4	C110W2	1.1654	≈C105E2U	≈TC105	SK3	У11			W1A-10½	T72301	STC4
7	T12	SK3	C125W2	1.1663	C120E3U	TC120	SK2	У12	1885	BW1C	W1A-11½	T72301	STC3
8	T13	SK2	C13W2	1.1673	≈C140E3U	TC140	SK1	У13					STC2
9	T7A	SK1	C70W1	1.1520	C70E2U			У7А					STC1
10	T8A		C80W1	1.1525	C80E2U			У8А				T72301	
11	T10A		C105W1	1.1545	C105E2U			У10А	1880			T72301	
12	T12A		C110W1	1.1550				У12А	1885			T72301	
13	T13A		C125W1	1.1560				У13А					

表 3-1-150　　合金工具钢钢号近似对照

序号	中国 GB	中国台湾 CNS	德国 DIN	德国 W-Nr.	法国 NF	国际标准化组织 ISO	日本 JIS	俄罗斯 ГОСТ	瑞典 SS	英国 BS	美国 ASTM	美国 UNS	韩国 KS
1	9SiCr		90CrSi5	1.2108				9XC	2092				
2	8MnSi		≈C75W	1.1750						BW1A			
3	Cr06	SKS8	140Cr3	1.2008	130Cr3		SKS8	X05					STS8
4	Cr2	SUJ2	100Cr6	1.2067	Y100C6	100Cr2	SUJ2	X		BL1 BL3	L3	T61203	
5	9Cr2		90Cr3	1.2056				9X1		BL3			
6	W	≈SKS21	120W4	1.2414			≈SKS21	B1	2705	BF1	F1	T60601	≈STS21
7	4CrW2Si	≈SKS41					≈SKS41	4XB2C					≈STS41
8	5CrW2Si		≈45WCrV7	1.2542	≈45WCrV8	≈45WCrV2		5XB2C	≈2710	BS1	S1	T41901	
9	6CrW2Si		≈60WCrV7	1.2550	(≈55WC20)	≈60WCrV2		6XB2C					
10	Cr12	SKD1	X210Cr12	1.2080	X200Cr12	210Cr12	SKD1	X12		BD3	D3	T30403	STD1
11	Cr12MoV	SKD11	X165CrMoV12	1.2601			SKD11	X12M	2310				STD11
12	Cr12Mo1V1		X155CrMoV12-1	1.2379	X160CrMoV12	160CrMoV12				BD2	D2	T30402	
13	Cr5Mo1V	SKD12	X100CrMoV5-1	1.2363	X100CrMoV5	100CrMoV5	SKD12		2260	BA2	A2	T30102	STS12
14	9Mn2V		90MnCrV8	1.2842	90MnV8	90MnV2				BO2	O2	T31502	
15	CrWMn	SKS31	105WCr6	1.2419	105WCr5	105WCr1	SKS31	XBГ					STS31
16	9CrWMn	SKS3	100MnCrW4	1.2510	90MnWCrV5	95MnWCr1	SKS3	9XBГ	2140	BO1	O1	T31501	STS3
17	5CrMnMo		≈40CrMnMo7	1.2311				5XГM					
18	5CrNiMo	SKT4	55NiCrMoV6	1.2713	55NiCrMoV7	55NiCrMoV2	SKT4	5XHM	≈2550	BH224/5	L6	T61206	STT4
19	3Cr2W8V	SKD5	X30WCrV9-3	1.2581	X30WCrV9	30WCrV9	SKD5	3X2B8Ф	2730	BH21	H21	T20821	STD5
20	8Cr3							8X3					
21	4Cr3Mo3SiV		≈X32CrMoV3-3	1.2365	≈32CrMoV12-28			3X3M3Ф		BH10	H10	T20810	
22	4Cr5MoSiV	SKD6	X38CrMoV5-1	1.2343	X38CrMoV5	35CrMoV5	SKD6	4X5MФC		BH11	H11	T20811	STD6
23	4Cr5MoSiV1	SKD61	X40CrMoV5-1	1.2344	X40CrMoV5	40CrMoV5	SKD61	4X5MФ1C		BH13	H13	T20813	STD61

续表

序号	中国 GB	中国台湾 CNS	德国 DIN	德国 W-Nr.	法国 NF	国际标准化组织 ISO	日本 JIS	俄罗斯 ГОСТ	瑞典 SS	英国 BS	美国 ASTM	美国 UNS	韩国 KS
24	4Cr5W2VSi												
25	3Cr2Mo					35CrMo2					P20	T51620	
26						210CrW12							
27		SKD4				30WCrV5	SKD4						STD4
28		SKD62					SKD62				H12	T20812	STD62

表 3-1-151　高速工具钢钢号近似对照

序号	中国 GB	中国台湾 CNS	德国 DIN	德国 W-Nr.	法国 NF	国际标准化组织 ISO	日本 JIS	俄罗斯 ГОСТ	瑞典 SS	英国 BS	美国 ASTM	美国 UNS	韩国 KS
1	W18Cr4V	SKH2	S18-0-1	1. 3355	HS18-0-1	HS18-0-1	SKH2	P18	2750	BT1	T1	T12001	SKH2
2	W18Cr4VCo5	SKH3	S18-1-2-5	1. 3255	HS18-1-1-5	HS18-1-1-15	SKH3	≈P18K5Ф2	2754	BT4	T4	T12004	SKH3
3	W18Cr4V2Co8	≈SKH4	≈S18-1-2-10	1. 3265	HS18-0-2-9		≈SKH4		2756	BT5	T5	T12005	≈SKH4
4	W12Cr4V5Co5	SKH10	S12-1-4-5	1. 3202	HS12-1-5-5	HS12-1-5-5	SKH10	P10K5Ф5		BT15	T15	T12015	SKH10
5	W6Mo5Cr4V2	SKH9	S6-5-2	1. 3343		HS6-5-2	SKH9	P6M5	2722	BM2	M2（正常 C）	T11302	SKH9
6	CW6Mo5Cr4V2		SC6-5-2	1. 3342	HS6-5-2HC						M2（高 C）	T11302	
7	W6Mo5Cr4V3	SKH52					SKH52	P6M5Ф3			M3（Class1）	T11313	SKH52
8	CW6Mo5Cr4V3	SKH53	S6-5-3	1. 3344	HS6-5-3	HS6-5-3	SKH53		2725		M3（Class2）	T11323	SKH53
9	W2Mo9Cr4V2		S2-9-2	1. 3348	HS2-9-2	HS2-9-2			2782		M7	T11307	
10	W6Mo5Cr4V2Co5	SKH55	S6-5-2-5	1. 3243	HS6-5-2-5	HS6-5-2-5	SKH55	P6M5K5	2723				SKH55
11	W7Mo4Cr4V2Co5		S7-4-2-5	1. 3246	HS7-4-2-5	HS7-4-2-5					M41	T11341	
12	W2Mo9Cr4VCo8	SKH59	S2-10-1-8	1. 3247	HS2-9-1-8	HS2-9-1-8	SKH59		2716	BM42	M42	T11342	SKH59
13		SKH57	S10-4-3-10	1. 3207	HS10-4-3-10	HS10-4-3-10	SKH57			BT42			SKH57
14			S2-9-2-8	1. 3249						BM34	M43、M44		

4.4 各国硬质合金牌号对照

表 3-1-152 **P 类硬质合金牌号近似对照**

国际标准化组织 ISO	中国		德国			法国		日本		俄罗斯	瑞典		英国			美国		
	YB	Diamond	DIN	Widia	Unit	Tykram	Carbex	JIS	Igetalloy	ГОСТ	Sandvik Coromant	Seco	BHMA	Wimet	Cutanit	JIC	Wendt Sonis	Kennametal
P01	YT30	T30		TTF	UF03	TSO	CSO	P01	AC805 T12A	T30K4	F02 S1P	S1F S1G	919		CR05 F05T	C8	731 CY31T Ti8	K165 K7H
P10	YT15	T15	S1	TG TN TR TTX	US10 US52B	TS1	CS10 CS120 RW2110	P10	AC805 AC815 ST10E T12A	T15K6	GC015 GC1025 S1P	S1F S1G S2,S25M TP15 TP25 TP35	722	GW520 XL2 XL2B	CR10 CR15 CR20 CR30 Gm25	C7	714 CY14 U227	K5H K45 KC810
P20	YT14	T14	S2	TG TN TR TTS	US20 US52B	TS2 TSY	CS20 CS120 RW2110	P20	AC720 AC815 ST20E T3S	T14K8	GC015 GC135 GC1025 S4,SM SM30	S2,S4 S25M TP15 TP25 TP35	444	GW520 XL3	CR10 CR15 CR20 CR25 CR30 Gm25	C6	714 716 CY14 CY16 U225 U227	K29 K2884 KC810 KC850
P30	YT5	T5	S3	TG TR TTR TTS	US30 US54B	TS3 TSY	CS30 CS120 CS130 RW2110	P30	AC720 AC835 ST30E T3S	T5K10	GC015 GC1025 S2,SM SM30	S4,S6 S25M TP15 TP35	353	CW540 XL45	CR20 CR25 CR30 CR40 Gm35	C5	716 717 CY16 U225	K21 K2884 KC810 KC850
P40	YT5	T5	S4	TR TTR	US40 US54B	TS4	CS4	P40	AC835 ST40E	T5K12B	GC135 S6 SM30	S6 S25M TP35	263	CW540 XL45	CR30 CR40 CR50 Gm35	C5	717 CY17 CY17T	K25 KC85C
P50			S5		US50		CS6	P50		T5K12B	R4		182		CR50		717 CY17	KM

注：表中 ISO 标准为用途分类代号，下同。

表 3-1-153　　G 类硬质合金牌号近似对照

国际标准化组织	中国		德国			法国		日本		俄罗斯	瑞典		英国			美国		
ISO	YB	Diamond	DIN	Widia	Hertel	Tykram	Ugicarb	JIS	Igetalloy	ГОСТ	Sandvik Coromant	Seco	BHMA	Wimet	Annolloy	JIC	Wendt Sonis	Kennametal
G05	YG6X YD10	G6		GT05	G05 B10		G10		G10E	BK6	CS10 CS20			NH N	F1/F		CQ12	K6 K68
G10	YG6 YD10	G6	G1	GT10	G10	TG1	G12	E1	G2	BK6B	CS20			XL2	F1/C		CQ12	K95
G15	TG8C	G8		GT15	G15 B30	TG2	E4		G3	BK8B	CG35 CS40			CT 90B	F2/8C		CQ12	K92 3109
G20	YG11C	G11	G2	GT20 TH40	G20 B40	TG3	E5	E2	G5	BK10	CG40			G R11 110B	F2/10C		CQ14 U50	K96
G30	YG15	G15	G3	GT30	G30 B50	TG4	E6	E3	G6	BK15	CG60 CT50			BP1	F2/15C		CQ13 W999	K94
G40	YG20 YG20C		G4	GT40	G40	TG5	G40	E4	G7	BK20					F2/20C			
G50	YG25		G5	GT55	G50	TG6	G50	E5	G8	BK25	CT70 CT80			TT	F2/25C			K91 K90
G60	YG30		G6		G60					BK30					F2/30C		CQ16	

表 3-1-154 **M 类硬质合金**

国际标准化组织ISO	中国		德国			法国		日本	
	YB	Diamond	DIN	Widia	Unit	Tykram	Carbex	JIS	Igetalloy
M10	YW1		M1	AT10 TG,TN	UA10 UH51B	TU1	CU10 RW2110	M10	U10E
M20	YW2		M2	AT15 TG,TN TR	UA20 UH51B	TU2	CU20 RW2110	M20	U2
M30				TR TTR	UA30	THX	CU30	M30	
M40				TR TTR	UA40		CH10	M40	A40

表 3-1-155 **K 类硬质合金**

国际标准化组织ISO	中国		德国			法国		日本	
	YB	Diamond	DIN	Widia	Unit	Tykram	Carbex	JIS	Igetalloy
K01	YG3X	G3	H3	THF	UH03	TH2 TH3	CS310 CH01	K01	H3
K10	YG6A YD10	G6	H1	TG THM TN	UH10 UH51B	TH1	CH15 CS310 CS320	K10	AC805 G10E H1
K20	YG6	G6	G1	TG THM TN	UH20	TG1	G1 CS320	K20	AC805 G2 G10E
K30	YG8	G8 G11		THR TR	UH30	TG2	G2	K30	G3
K40	YG15	G15	G2	THR TR	UH40	TG3	G3	K40	

牌号近似对照

俄罗斯 ГОСТ	瑞典		英国			美国		
	Sandvik Coromant	Seco	BHMA	Wimet	Cutanit	JIC	Wendt Sonis	Kennametal
	R1P	HX,K SU41 TP51 TP25	453		GM15		731 CY31 CY31T	K4H KC810
	GC135 GC315 H20,SH	HX,K S4,SU41 TP15 TP25,TP35	363		GM25		714 CQ23 CY14 U227	K3H KC810
	H20 S6	S25M TP25 TP35	263		GM35		716 CQ2 CY16 U222 U225	K21 KC810
	R4	G27 S6	273				717 CQ22 CY17 CY17T	K2S

牌号近似对照

俄罗斯 ГОСТ	瑞典		英国			美国		
	Sandvik Coromant	Seco	BHMA	Wimet	Cutanit	JIC	Wendt Sonis	Kennametal
BK3M	H1P H05	H13 H02 Revolox	930		CN01 CN10	C4	704 CQ4	K11
BK6M	GC015 GC315 GC1025 H1P H10,HM	H13 TP15	741	CW620H	CN01 CN10 CN15 CN20 Gm15	C3	723 CQ23 CQ23T U222	K68 K8735 KC210
BK6	GC015 GC1025 H1P,H20 HM,HML	HX,H20 SU41 TP15 TP25	560	CW620N	CN15 CN20 CN25 CN30 Gm15	C2	702 CQ2 CQ22T CQ23 CQ24 U222	K6 K8735 KC210 KC810
BK8 BK10	H20	HX	280	CM	CN20 CN25 CN30 CN40 Gm15	C1	722 CQ2 CQ22 CQ22T U222	K1 KC210
BK15		G27	290	G	CN30 CN40	C1	712 CQ12 CQ14 CQ22	K2 K2S

4.5 各国（地区）铸钢钢号对照

表 3-1-156　　工程与结构用碳素铸钢钢号近似对照

序号	中国 GB	中国台湾 CNS	德国 DIN	德国 W-Nr.	法国 NF	国际标准化组织 ISO	日本 JIS	俄罗斯 ГОСТ	瑞典 SS_{14}	英国 BS	美国 ASTM	美国 UNS	韩国 KS
1	ZG200-400 (ZG15)	SC410	GS-38	1.0416		200-400	SC410 (SC42)	15Л	1306		415-205 (60-30)	J03000	SC410 (SC42)
2	ZG230-450 (ZG25)	SC450	GS-45	1.0446	GE 230	230-450	SC450 (SC46)	25Л	1305	A1	450-240 (65-35)	J03101	SC450 (SC46)
3	ZG270-500 (ZG35)	SC480	GS-52	1.0552	GE 280	270-480	SC480 (SC49)	35Л	1505	A2	485-275 (70-40)	J02501	SC480 (SC49)
4	ZG310-570 (ZG45)	SCC5	GS-60	1.0558	GE 320		SCC5	45Л	1606		(80-40)	J05002	SCC5
5	ZG340-640 (ZG55)				GE 370	340-550				A5		J05000	

表 3-1-157　　合金铸钢钢号近似对照

序号	中国 GB	德国 DIN	德国 W-Nr.	法国 NF	日本 JIS	俄罗斯 ГОСТ	美国 ASTM	美国 UNS	韩国 KS
1	ZG40Mn	GS-40Mn5	1.1168		SCMn3				SCMn3
2	ZG40Cr					40Л			
3	ZG20SiMn	GS-20Mn5	1.1120	G20M6	SCW480 (SCW49)	20ГСЛ	LCC	J02505	SCW480
4	ZG35SiMn	GS-37MnSi5	1.5122		SCSiMn2	35ГСЛ			SCSiMn2
5	ZG35CrMo	GS-34CrMo4	1.7220	G35CrMo4	SCCrMn3	35ХМЛ		J13048	SCCrM3
6	ZG35CrMnSi				SCMnCr3	35ХГСЛ			SCMnCr3

表 3-1-158　　不锈、耐蚀铸钢钢号近似对照

序号	中国 GB	中国台湾 CNS	德国 DIN	德国 W-Nr.	法国 NF	日本 JIS	俄罗斯 ГОСТ	瑞典 SS_{14}	英国 BS	美国 ASTM /ACI	美国 UNS	韩国 KS	国际标准化组织 ISO
1	ZG1Cr13	SCS1	G-X7Cr13 G-X10Cr13	1.4001 1.4006	Z12C13M	SCS1	15X13Л		410C21	CA-15	J91150	SCS1	C39CH
2	ZG2Cr13	SCS2	G-X20Cr14	1.4027	Z20C13M	SCS2	20X13Л		420C29	CA-40	J91153	SCS2	
3	ZGCr28		G-X70Cr29 G-X120Cr29	1.4085 1.4086	Z130C29M				452C11				
4	ZG00Cr18Ni10	SCS19A	G-X2CrNi18-9	1.4306	Z2CN18.10M	SCS19A	03X18H11Л		304C12	CF-3	J92500	SCS19A	C46
5	ZG0Cr18Ni9	SCS13 SCS13A	G-X6CrNi18-9	1.4308	Z6CN18.10M	SCS13 SCS13A	07X18H9Л	2333	304C15	CF-8	J92600	SCS13 SCS13A	C47
6	ZG1Cr18Ni9	≈SCS12	G-X10CrNi18-8	1.4312	Z10CN18.9M	≈SCS12	10X18H9Л		302C25	CF-20	J92602	≈SCS12	C47H
7	ZG0Cr18Ni9Ti	SCS21	≈G-X5CrNiNb18-9	1.4552	Z6CNNb18.10M	SCS21			347C17	CF-8C	J92710	SCS21	C50
8		SCS16A			Z2CND18.12M	SCS16A			316C12	CF-3M	J92800	SCS16A	C57
9	ZG0Cr18Ni12Mo2Ti	SCS14A	G-X6CrNiMo18-10		Z6CND18.12M	SCS14A		2343		CF-8M	J92900	SCS14A	
10	ZG1Cr18Ni12Mo2Ti	SCS22	≈G-X5CrNiMoNb18-10	1.4581	Z6CND18.12M	SCS22						SCS22	C60
11		SCS6			Z4CND13.4M	SCS6			425C12	CA6NM	J91540	SCS6	
12	ZG0Cr18Ni12Mo2Ti	SCS24			Z5CNU16.4M	SCS24				CB7Cu-1 CB7Cu		SCS24	
13		SCS18			Z8CN25.20M	SCS18	20X25H19C2Л			CK-20	J94202	SCS18	

表 3-1-159 耐热铸钢钢号近似对照

序号	中国 GB	中国台湾 CNS	德国 DIN	德国 W-Nr.	法国 NF	日本 JIS	英国 BS	美国 ASTM/ACI	美国 UNS	韩国 KS
1	ZG30Cr26Ni5	SCH11	G-X40CrNiSi27-4	1.4823	Z30CN26.05M	SCH11		HD	J93005	SCH11
2	ZG35Cr26Ni12	SCH13	G-X40CrNiSi25-12	1.4837		SCH13	309C35	HH	J93503	SCH13
3	ZG30Ni35Cr15	SCH16				SCH16	330C12	HT-30		SCH16
4	ZG40Cr28Ni16	SCH18				SCH18		HI	J94003	SCH18
5	ZG35Ni24Cr18Si2	SCH19				SCH19	311C11	HN	J94213	SCH19
6	ZG40Cr25Ni20	SCH22	G-X40CrNiSi25-20	1.4848	Z40CN25.20M	SCH22		HK HK-40	J94224 J94204	SCH22
7	ZG40Cr30Ni20	SCH23			Z40CN30.20M	SCH23		HL	J94604	SCH23
8	ZG45Ni35Cr26	SCH24	G-X45CrNiSi35-25	1.4857		SCH24		HP	J95705	SCH24
9		SCH1			Z25C13M	SCH1	420C24			SCH1
10		SCH2	G-X40CrNiSi27-4	1.4822	Z40C28M	SCH2	452C1	HC	J92605	SCH2
11		SCH12			Z25CN20.10M	SCH12		HF	J92603	SCH12
12		SCH13A			Z40CN25.12M	SCH13A	309C30	HH Type Ⅱ		SCH13A
13		SCH15			Z40NC35.15M	SCH15	309C32	HT	J94605	SCH15
14		SCH21	G-X15CrNiSi25-20	1.4840		SCH21	310C40 10C45	HK-30	J94203	SCH21

表 3-1-160　高锰铸钢钢号近似对照

序号	中国 GB/JB/YB	中国台湾 CNS	德国 DIN	德国 W-Nr.	日本 JIS	俄罗斯 ГОСТ	英国 BS	美国 ASTM	美国 UNS	韩国 KS	瑞典 SS
1	ZGMn13-1 (GB,JB,YB) ZGMn13-2 (GB,JB,YB)	≈SCMnH1	G-X120Mn13 G-X120Mn12	1.3802 1.3401	≈SCMnH1	Г13Л 110Г13Л	BW10 (En1457)	B-4 A	J91149 J91109	≈SCMnH1	2183
2	ZGMn13-3 (GB,JB,YB) ZGMn13-4 (GB,YB)	SCMnH1 SCMnH2 SCMnH3	G-X110Mn14	1.3402	SCMnH1 SCMnH2 SCMnH3	100Г13Л		B1 B2	J91119 J91129	SCMnH1 SCMnH2 SCMnH3	
3	ZGMn13-4(GB) ZGMn13Cr2(JB) ZGMn13-5(YB)	SCMnH11 SCMnH21			SCMnH11 SCMnH21	≈110Г13Х-2БРЛ		C	J91309	SCMnH11 SCMnH21	

表 3-1-161　承压铸钢钢号近似对照

序号	中国 GB	中国台湾 CNS	德国 DIN	德国 W-Nr.	法国 NF	日本 JIS	英国 BS	美国 ASTM	美国 UNS	韩国 KS	瑞典 SS	俄罗斯 ГОСТ	国际标准化组织 ISO
1	ZG240-450B	SCPH1	GS-21Mn5 GS-C25	1.1138 1.0619	A420CP-M	SCPH1	GP240GH	WCC	J02503	SCPH1	1306	≈20ГЛ	C23-45B
2	ZG280-520	SCPH2	GS-20Mn5	1.1120	A480CP-M	SCPH2	GP280GH	WCB	J03101	SCPH2	1305	20ГСЛ	C26-52
3	ZG19MoG	SCPH11	GS-22Mo4	1.5419	20D5-M	SCPH11	G20Mo5	WC1	J05000	SCPH11			C28H
4	ZG15Cr1MoG	SCPH21	GS-17CrMo5-5	1.7357	15CD5.05-M	SCPH21	G17CrMo5-5	WC6	J05002	SCPH21	2223	≈14X21МРЛ	C32H
5	ZG12Cr2Mo1G	SCPH32	GS-18CrMo9-10	1.7379	Z15CD9.10-M	SCPH32	G17CrMo9-10	WC9	J02501	SCPH32	2224		C34AH
6	ZG03G18Ni10				Z2CN18.10-M		GX2CrNi19-11	CF3	J92500				C46
7	ZG07Cr20Ni10	SCS13	G-X6CrNi18-9	1.4308	Z6CN18.10-M	SCS13	GX5CrNi19-10	CF8	J92600	SCS13	2333	07X18H9Л	C47
8	ZG07Cr19Ni11Mo3	SCS14A	G-X6CrNiMo18-10	1.4408	Z6CND18.12-M	SCS14A	≈GX5CrNiMo 19-11-2	CF8M	J92900	SCS14A	2343-12		C61

4.6 各国（地区）铸铁牌号对照

表 3-1-162 灰铸铁牌号近似对照

序号	中国 GB	中国台湾 CNS	德国 DIN	德国 W-Nr.	法国 NF	国际标准化组织 ISO	日本 JIS	俄罗斯 ГОСТ	瑞典 SS	英国 BS	美国 ASTM/AWS	美国 UNS	韩国 KS
1	HT100	FC100	GG10	0.6010	EN-GJL-100	100	FC10	СЧ10	0110-00	Grade100	No. 20	F11401	GC100
2	HT150	FC150	GG15	0.6015	EN-GJL-150	150	FC15	СЧ15	0115-00	Grade150	No. 25	F11701	GC150
3	HT200	FC200	GG20	0.6020	EN-GJL-200	200	FC20	СЧ18 СЧ20 СЧ21	0120-00	Grade180 Grade220	No. 30	F12101	GC200
4	HT250	FC250	GG25	0.6025	EN-GJL-250	250	FC25	СЧ24 СЧ25	0125-00	Grade260	No. 35 No. 40	F12801	GC250
5	HT300	FC300	GG30	0.6030	EN-GJL-300	300	FC30	СЧ30	0130-00	Grade300	No. 45	F13101	GC300
6	HT350		GG35	0.6035	EN-GJL-350	350	FC35	СЧ35	0135-00	Grade350	No. 50	F13501	GC350
7			GG40	0.6040					0140-00	Grade400	No. 60	F14101	

表 3-1-163 球墨铸铁牌号近似对照

序号	中国 GB	德国 DIN	德国 W-Nr.	法国 NF	国际标准化组织 ISO	日本 JIS	俄罗斯 ГОСТ	瑞典 SS	英国 BS	美国 ASTM/AWS	美国 UNS	韩国 KS
1					350-22	FCD350-22	ВЧ35		350/22			GCD370
2	QT400-15	GGG-40	0.7040	EN-GJS-400-15	400-15	FCD400-15	ВЧ40	0717-02	370/17			GCD400
3	QT400-18			EN-GJS-400-18	400-18	FCD400-18			400/18	60-40-18	F32800	
4	QT450-10			EN-GJS-450-10	450-10	FCD450-10	ВЧ45		420/12	65-45-12	F33100	GCD450
5	QT500-7	GGG-50	0.7050	EN-GJS-500-7	500-7	FCD500-7	ВЧ50	0727-02	500/7	80-55-06	F33800	GCD500
6	QT600-3	GGG-60	0.7060	EN-GJS-600-3	600-3	FCD600-3	ВЧ60	0732-03	600/3	≈80-55-06 ≈100-70-03	≈F33800 ≈F34800	GCD600
7	QT700-2	GGG-70	0.7070	EN-GJS-700-2	700-2	FCD700-2	ВЧ70	0737-01	700/2	100-70-03	F34800	GCD700
8	QT800-2	GGG-80	0.7080	EN-GJS-800-2	800-2	FCD800-2	ВЧ80		800/2	120-90-02	F36200	GCD800
9	QT900-2			EN-GJS-900-2	900-2		≈ВЧ100			120-90-02	F36200	

表 3-1-164　　黑心可锻铸铁牌号近似对照

序号	中国 GB	中国台湾 CNS	德国 DIN	德国 W-Nr.	法国 NF	国际标准化组织 ISO	日本 JIS	俄罗斯 ГОСТ	瑞典 SS	英国 BS	美国 ASTM	美国 UNS	韩国 KS
1	KTH300-06	FCMB270			EN-GJMB-300-6	B30-06	FCMB30-06	КЧ30-6	0814-00	B290/6			BMC270
2	KTH330-08	FCMB310					FCMB31-08	КЧ33-8	≈0815-00	B310/10			BMC310
3	KTH350-10	FCMB340	GTS-35-10	0.8135	EN-GJMB-350-10	B35-10	FCMB35-10	КЧ35-10		B340/12	32510	F22200	BMC340
4	KTH370-12	FCMB360					(FCMB37)	КЧ37-12			35018	F22400	BMC360

表 3-1-165　　珠光体可锻铸铁牌号近似对照

序号	中国 GB	中国台湾 CNS	德国 DIN	德国 W-Nr.	法国 NF	国际标准化组织 ISO	日本 JIS	俄罗斯 ГОСТ	瑞典 SS	英国 BS	美国 ASTM/AWS	美国 UNS	韩国 KS
1	KTZ450-06	FCMP440	GTS-45-06	0.8145	EN-GJMB-450-6	P45-06	FCMP45-06	КЧ45-7		P45/06	45006 45008	F23131 F23130	PMC440
2		FCMP490			EN-GJMB-500-5		FCMP50-05	КЧ50-5			50005	F23530	PMC490
3	KTZ550-04	FCMP540	GTS-55-04	0.8155	EN-GJMB-550-4	P55-04	FCMP55-04	КЧ55-4		P55/04	60004	F24130	PMC540
4		FCMP590			EN-GJMB-600-3		FCMP60-03	КЧ60-3			70003	F24830	PMC590
5	KTZ650-02		GTS-65-02	0.8165	EN-GJMB-650-2	P65-02	FCMP65-02	КЧ65-3		P65/02	80002	F25530	
6	KTZ700-02	FCMP690	GTS-70-02	0.8170	EN-GJMB-700-2	P70-02	FCMP70-02	КЧ70-2	0862-03	P69/02	90001	F26230	PMC690

表 3-1-166　　白心可锻铸铁牌号近似对照

序号	中国 GB	中国台湾 CNS	德国 DIN	德国 W-Nr.	法国 NF	国际标准化组织 ISO	日本 JIS	英国 BS	韩国 KS
1	KTB350-04	FCMW330	GTW-35-04	0.8035	EN-GJMW-350-4	W35-04	FCMW34-04	W340/3	WMC330
2	KTB380-12	FCMW370	GTW-38-12	0.8038	EN-GJMW-360-12	W38-12	FCMW38-12		WMC370
3	KTB400-05		GTW-40-05	0.8040	EN-GJMW-400-5	W40-05	FCMW40-05	W410/4	
4	KTB450-07	FCMW440	GTW-45-07	0.8045	EN-GJMW-450-7	W45-07	FCMW45-07		WMC440

表 3-1-167　　抗磨铸铁牌号近似对照

序号	中国 GB	德国 DIN	德国 W-Nr.	法国 NF	英国 BS	美国 ASTM	美国 UNS
1	BTMNi4Cr2-DT	G-X260NiCr4-2	0.9620	FBNi4Cr2BC	Grade 2A	Ⅰ B Ni-Cr-LC	F45001
2	BTMNi4Cr2-GT	G-X330NiCr4-2	0.9625	FBNiCr2HC	Grade 2B	Ⅰ A Ni-Cr-HC	F45000
3	BTMCr9Ni5Si2	G-X300CrNiSi9-5-2	0.9630	FBCr9Ni5	Grade 2D Grade 2E	Ⅰ D Ni-HiCr	F45003
4	BTMCr15Mo2-GT	G-X300CrMo15-3	0.9635		Grade 3B	Ⅱ C 15%Cr-Mo-HC	F45006
5		G-X300CrMoNi15-2-1	0.9640	FBCr15MoNi	Grade 3A		F45005
6	BTMCr20Mo2Cu1	G-X260CrMoNi20-2-1	0.9645	FBCr20MoNi	Grade 3C	Ⅱ D 20%Cr-Mo-LC	F45007 F45008
7	BTMCr26	G-X300Cr27 ≈G-X300CrMo27-1	0.9650	≈FBCr26MoNi	Grade 3D	Ⅲ A 25%Cr	F45009

4.7　各国（地区）钢铁焊接材料型号与牌号对照

表 3-1-168　　碳素钢和低合金钢焊条型号（牌号）近似对照

序号	中国 GB	中国 牌号	中国台湾 CNS	德国 DIN	法国 NF	国际标准化组织 ISO
1	E4301	J423	E4301			
2	E4303	J422Fe	E4303			
3	E4311	J425	E4311			
4	E4313	J421	E4313	E4332R2 E4333RR8 E4354AR7	E433/2R22 E433/3RR22	E433R15 E433RR15 E435AR25
5	E4316	J426	E4316	E4343B10		E434B24(H)
6	E4320 E4327	J424 J424Fe14	E4320 E4327	E4354AR11160		E435A15035
7	E5003		E5003			
8	E5015	J507		E5155B10		E515B20(H)
9	E5016	J506	E5016 E5316	E5143B10	E515/4B26H	E514B24(H) E515B46(H)
10	E5018	J506Fe		E5155B10		E515B12016(H)
11	E5024	J501Fe15 J501Fe18		E5142RR11160	E514/2RR16042	E514RR16035 E515AR19035
12	E5028	J506Fe16 J506Fe18	≈E5026	E5155B(R)12160 E5155B(R)12200		E515B16036(H) E515B20046(H)
13	E5048		E5026	E5154B9		E515B12054(H)
14	E5515-G E5516-G	J557 J556	E5316 E5818	EY5066NiMoBH		
15	E6015-G E6016-G	J607	E5816 E6218	EY5554B××H5	EY552MnB12020	
16	E7015-G	J707	E7016 E7018	EY6242B××H5		
17	E7515-G	J757	E7618	EY6942B××H5		
18	E8515-G	J857		EY7953B××H5		

续表

序号	日本 JIS	俄罗斯 ГОСТ	瑞典 ESAB	英国 BS	美国		韩国 KS
					AWS	UNS	
1	D4301	Э42					E4301
2	D4303	Э42	OK Pipetrode22. 65				E4303
3	D4311	Э42	OK Pipetrode22. 45		E6010 E6011	W06010 W06011	E4311
4	D4313	Э42 Э46	OK43. 32 OK46. 00	E43×R×× E43×RR×× E43×AR××	E6012 E6013	W06012 W06013	E4313
5	D4316	Э42 Э46		E4343B10(H)			E4316
6	D4320 D4327	Э42 Э46	OK Fe_{max}39. 50	E4354A15035	E6020 E6027	W06020 W06027	E4320 E4327
7	D5003	Э50					E5003
8		Э50A		E5154B20(H)	E7015	W07015	—
9	D5016 D5316	Э50A	OK53. 04	E5143B24(H) E5154B24(H)	E7016	W07016	E5016 E5316
10		Э50A	OK48. 00 OK48. 04	E5154B12016(H)	E7018	W07018	—
11		Э50	OK Fe_{max}33. 80 OK Fe_{max}33. 65	E5142RR16035 E5154AR19035	E7024	W07024	—
12	≈D5026	Э50A	≈OK53. 35	E5154B16036(H) E5154B20046(H)	≈E7048	≈W07048	≈E5026
13	D5026	Э50A	OK53. 35	E5154B94(H)	E7048	W07048	E5026
14	D5316 D5818	Э55A	OK53. 35 OK53. 38 OK73. 08		E8016-G E8018-G		E5316 E5818
15	D5816 D6216	Э60A	OK74. 78	619H	E9016-G E9018-G		E5816 E6218
16	D7016 D7018	Э70A			E10015-G E10016-G E10018-G		E7016 E7018
17	D7618		OK75. 75		E11015-G E11016-G E11018-G		E7618
18		Э85A			E12015-G E12016-G E12018-G		—

第3篇

表 3-1-169　　耐热钢焊条型号（牌号）近似对照

序号	中国		德国	法国	国际标准化组织	日本	俄罗斯	瑞典	英国	美国		韩国
	GB	牌号	DIN	NF	ISO	JIS	ГОСТ	ESAB	BS	AWS	UNS	KS
1	E5015-A1	R107	EMo （E110B10+）	CMo （ECMoB20）	Mo （EMoB20）	DT1216	Э-М	OK53. 68	MoB	E7016-A1	W17016	DT1216
2	E5515-B1	R207					Э-МХ			E8016-B1	W51016	
3	E5515-B2	R307	ECrMo1 （ECrMo1B10+）	C1CrMo （EC1CrMoB20）	1CrMo （E1CrMoLB20）	DT2315 DT2316	Э-ХМ	OK76. 18	1CrMoB	E8016-B2 E8018-B2	W52016 W52018	DT2315 DT2316
4	E5515-B2-V	R317					Э-ХМФ					
5	E6015-B3	R407	ECrMo2 （ECrMo2B10+）	C2CrMo （EC2CrMoB20）	2CrMo （E2CrMoLB20）	DT2415 DT2416		OK76. 28	2CrMoB	E9015-B3 E9016-B3 E9018-B3	W53015 W53016 W53018	DT2415 DT2416
6	E1-5MoV-15	R507	ECrMo5 （ECrMo5B10+）	C5CrMo （EC5CrMoB20）	5CrMo （E5CrMoB20）	DT2516	Э-Х5МФ		5CrMoB	E502-15 E502-16	W50210 W50210	DT2516
7	E1-9Mo-15	R707	ECrMo9 （ECrMo9B10+）	C9CrMo （EC9CrMoB20）	9CrMo （E9CrMoB20）				9CrMoB	E505-15 E505-16	W50510 W50510	

表 3-1-170　　不锈钢焊条型号（牌号）近似对照

序号	中国		德国		法国	国际标准化组织
	GB	牌号	DIN	W-Nr.	NF	ISO
1	E410-16 E410-15	G202 G207	E13B20+			
2	E430-16 E430-15	G302 G307	E17B20+	1. 4502	EZ17B20	
3	E318L-16	A001-G15	E19 9nC36 160 E19 9nCR26	1. 4316	EZ19. 9LR160 36 EZ19. 9LR26	E19 9LR26 E19 9LB26
4	E308-16	A102	E19 9R26	1. 4302	EZ19. 9R26	E19 9R26
5	E308-15	A107	E18 11B20+	1. 4948		
6	E347-16	A132	E19 9NbR36 160 E19 9NbR26	1. 4551	EZ19. 9NbR160 36 EZ19. 9NbR26	E19 9NbR26
7	E347-15	A137	E19 9NbB20+	1. 4551	EZ19. 9NbB20	E19 9NbB26
8	E316L-16	A022	E19 12 3nCR26	1. 4430	EZ19. 12. 3LR26	E19 12 3B26
9	E316-16	A202	E19 12 2R26			E19 12 3B26
10	E317-16	A242	E19 13 4R26			E19 13 4R26
11	E309L-16	A062	E23 12nC R26	1. 4332	EZ23. 12LR26	E23 12R26
12	E309-16	A302	E23 12R26	1. 4829	≈EZ22. 12R26	E23 12R26
13	E309Mo-16	A312	E22 14 3nCR26		EZ23. 12. 2R26	E23 12 2R26
14	E310-16	A402	E25 20R26	1. 4842	EZ25. 20R26	E25 20R26
15	E310-15	A407	E25 20B20+	1. 4842	EZ25. 20B20	E25 20B26
16	E310Mo-16	A412				
17	E330-15	A607	E18 36NbB20+			

续表

序号	日本 JIS	俄罗斯 ГОСТ	瑞典 ESAB	英国 BS	美国 AWS	美国 UNS
1	D410	Э-12Х13			E410-16	W41010
2	D430			17	E430-16	W43010
3	D308L	Э-04Х-20Н9	OK61. 30 OK61. 33	19. 9L	E308L-16	W30813 E308LC-16
4	D308	Э-07Х-20Н9	OK61. 51	19. 9R	E308-16	W30810
5		Э-07Х-20Н9		19. 9B	E308-15	W30810
6	D347	Э-08Х-20Н9Г2Б	OK61. 81 OK62. 82	19. 9Nb	E347-16	W34710
7		Э-08Х-19Н10Г2Б		19. 9Nb	E347-15	W34710
8	D316L	Э-02Х20-Н14Г2М2	OK63. 30 OK63. 32 OK63. 33	19. 12. 3L	E316L-16	W31613
9	D316	Э-02Х20-Н14Г2М2	OK63. 53	19. 12. 3R	E316-16	W31610
10	D317			19. 13. 4R	E317-16	W31710
11	D309L		OK67. 60	23. 12R	E309L-16	W30913
12	D309	Э-10Х-25Н13Г2	OK67. 62	23. 12R	E309-16	W30910
13	D309Mo		OK67. 70	23. 12. 2R	E309Mo-16	W30920
14	D310		OK67. 13	25. 20R	E310-16	W31010
15	D310		OK67. 15	25. 20B	E310-15	W31010
16	D310Mo				E310Mo-16	W31020
17	D330				E330-15	

表 3-1-171　不锈钢实芯焊丝牌号近似对照

序号	中国 GB	中国台湾 CNS	德国 DIN	法国 NF	日本 JIS
1	H0Cr14	≈Y410	X8Cr14	Z8C13	≈Y410
2	H1Cr17	Y430	X8Cr18	Z8C17	Y430
3	H0Cr19Ni12Mo2	Y316①	X5CrNiMo19-11	Z6CND19. 12	Y316①
4	H00Cr19Ni12Mo2	Y316L①	X2CrNiMo19-12	Z2CND19. 12	Y316L
5	H00Cr19Ni12Mo2Cu2	Y316J1L	X2CrNiMo19-12		Y316J1L
6	H0Cr20Ni14Mo3	Y317			Y317
7		Y317L	≈X2CrNiMo18 16-5	Z2CND19. 14	Y317L
8			X5CrNiMoNb19-12	Z6CND19. 12	
9	H0Cr20Ni10Nb	Y347	X5CrNiNb19-9	Z6CNNb20. 10	Y347
10	H0Cr20Ni10Ti	Y321			Y321
11	H0Cr21Ni10	Y308①	X5CrNi19-9	Z6CN20. 10	Y308①
12	H00Cr21Ni10	Y308L①	X2CrNi19-9	Z2CN20. 10	Y308L①
13	H1Cr24Ni13	Y309	X12CrNi22-12	Z10CN24. 13	Y309
14		Y309L	X2CrNi24-12	Z2CN24. 13	Y309L
15	H1Cr24Ni13Mo2	Y309Mo			Y309Mo
16	H0Cr26Ni21		X2CrNiNb24-12		
17	H1Cr26Ni21	Y310	X12CrNi25-20	Z12CN25. 20	Y310
18			X40CrNi25-21		
19		Y312	X10CrNi30-9	Z12CN30. 09	Y312

第3篇

续表

序号	俄罗斯 ГОСТ	瑞典 ESAB	英国 BS	美国 AWS	美国 UNS	韩国 KS
1	Св-12Х13			≈ER410	≈S41080 ≈W41040	≈Y410
2	≈Св-10Х17Т			ER430	S43080 W43040	Y430
3	≈Св-04Х19Н11М3		316S96	ER316[①]	S31680 W31640	Y316[①]
4		OK Autrod16. 30	316S92	ER316L	S31683 W31643	Y316L[①]
5		OK Autrod16. 32	316S93	ER316L Si	S31688 W31648	Y316J1L
6			317S96	ER317	S31780 W31740	Y317
7				ER317L	W31743	Y317L
8		OK Autrod16. 13	318S96	ER318	S31980 W31940	—
9	Св-08Х19Н10Г2Б	OK Autrod16. 11	347S96	ER347[①]	S34780 W34740	Y347
10	Св-06Х19Н9Т			ER321	S32180 W32140	Y321
11	≈Св-04Х19Н9		308S96	ER308[①]	S30880 W30840	Y308[①]
12	Св-01Х19Н9	OK Autrod16. 10	308S92	ER308L	S30883 W30843	Y308L[①]
13	Св-07Х25Н13	≈OK Autrod16. 52	309S94	ER309	S30980 W30940	Y309
14		OK Autrod16. 53	309S92	ER309L	S30983 W30943	Y309L
15				ER309Mo		Y309Mo
16			311S94			—
17	Св-13Х25Н18		310S94	ER310	S31080 W31040	Y310
18			310S98	ER310H		—
19			312S94	ER312	S31380 W31340	Y312

① 含 Si 较高的钢种，Si 0.65%～1.00%。

表 3-1-172　镍基铸铁焊条型号近似对照

序号	中国 GB	德国 DIN	法国 NF	国际标准化组织 ISO	日本 JIS	俄罗斯 ГОСТ	瑞典 ESAB	美国 AWS	美国 UNS	韩国 KS
1	EZNi	Ni(ENiG3)	Ni(ENiG)	Ni(ENi/G25)	DFCNi	ОЗЧ-3	OK Selectrade92. 26	ENi-C1	W82001	DFCNi
2	EZNiFe	NiFe (ENiFeG3)	NiFe (ENiFeG)	NiFe (ENiFe/G25)	DFCNiFe	ОЗЖН-1	OK Selectrade92. 58	ENiFe-C1	W82002	DFCNiFe
3	EZNiCu	NiCu (ENiCuG3)	NiCu-2 (ENiCu-2G)	NiCu-2 (ENiCu-2/G36)	DFCNiCu	МНЧ-2	OK Selectrade92. 86	ENiCu-B	W84002	DFCNiCu

第 2 章 有色金属材料

1 铸造有色合金

表 3-2-1 **铸造铜合金**（摘自 GB/T 1176—2013）

组别	合金牌号	合金名称	主要化学成分(质量分数)/%										铸造方法	力学性能			特性与用途
			Sn	Pb	Zn	Ni	Si	P	Cu	Mn	Fe	Al		R_m /(N/mm²)	A /%	HBW	
锡青铜	ZCuSn3Zn8Pb6Ni1 (ZQSn3-7-5-1)	3-8-6-1 锡青铜	2.0~ 4.0	4.0~ 7.0	6.0~ 9.0	0.5~ 1.5			余量				S J	175 215	8 10	60 70	耐磨性较好,易加工,铸造性能好,气密性较好,耐腐蚀,可在流动海水下工作 用于在各种液体燃料以及海水、淡水和蒸汽(低于225℃)中工作的零件,压力不大于2.5MPa的阀门和管配件
锡青铜	ZCuSn3Zn11Pb4 (ZQSn3-12-5)	3-11-4 锡青铜	2.0~ 4.0	3.0~ 6.0	9.0~ 13.0				余量				S、R J	175 215	8 10	60 60	铸造性能好,易加工,耐腐蚀 用于海水、淡水、蒸汽中,压力不大于2.5MPa的管配件
锡青铜	ZCuSn5Pb5Zn5 (ZQSn5-5-5)	5-5-5 锡青铜	4.0~ 6.0	4.0~ 6.0	4.0~ 6.0				余量				S、J、R Li、La	200 250	13 13	60 65	耐磨性和耐蚀性好,易加工,铸造性能和气密性较好 用于在较高载荷、中等滑动速度下工作的耐磨、耐腐蚀零件,如轴瓦、衬套、缸套、活塞离合器、泵件压盖以及蜗轮等

续表

组别	合金牌号	合金名称	主要化学成分(质量分数)/%											铸造方法	力学性能			特性与用途
			Sn	Pb	Zn	Ni	Si	P	Cu	Mn	Fe	Al			R_m /(N/mm²)	A /%	HBW	
锡青铜	ZCuSn10P1 (ZQSn10-1)	10-1 锡青铜	9.0~ 11.5					0.5~ 1.0	余量					S、R J Li La	220 310 330 360	3 2 4 6	80 90 90 90	硬度高,耐磨性极好,不易产生咬死现象,有较好的铸造性能和切削加工性能,在大气和淡水中有良好的耐蚀性 用于高载荷(20MPa以下)和高滑动速度(8m/s)下工作的耐磨零件,如连杆、衬套、轴瓦、齿轮、蜗轮等
锡青铜	ZCuSn10Pb5 (ZQSn10-5)	10-5 锡青铜	9.0~ 11.0	4.0~ 6.0					余量					S J	195 245	10 10	70 70	耐腐蚀,特别对稀硫酸、盐酸和脂肪酸 用于结构材料,耐蚀、耐酸的配件以及破碎机衬套、轴瓦
锡青铜	ZCuSn10Zn2 (ZQSn10-2)	10-2 锡青铜	9.0~ 11.0		1.0~ 3.0				余量					S J Li、La	240 245 270	12 6 7	70 80 80	耐蚀性、耐磨性和切削加工性能好,铸造性能好,铸件致密性较高,气密性较好 用于在中等及较高载荷和小滑动速度下工作的重要管配件,以及阀、旋塞、泵体、齿轮、叶轮和蜗轮等
铅青铜	ZCuPb9Sn5	9-5 铅青铜	4.0~ 6.0	8.0~ 10.0					余量					La	110	11	60	润滑性、耐磨性能良好,易切削,可焊性良好,软钎焊性、硬钎焊性均良好,不推荐氧燃烧气焊和各种形式的电弧焊 用于轴承和轴套,汽车用衬管轴承
铅青铜	ZCuPb10Sn10 (ZQPb10-10)	10-10 铅青铜	9.0~ 11.0	8.0~ 11.0					余量					S J Li、La	180 220 220	7 5 6	65 70 70	润滑性能、耐磨性能和耐蚀性能好,适合作为双金属铸造材料 用于表面压力高、又存在侧压力的滑动轴承如轧辊、车辆用轴承,负荷峰值60MPa的受冲击的零件,最高峰值达100MPa的内燃机双金属轴瓦,以及活塞销套、摩擦片等
铅青铜	ZCuPb15Sn8 (ZQPb12-8)	15-8 铅青铜	7.0~ 9.0	13.0~ 17.0					余量					S J Li、La	170 200 220	5 6 8	60 65 65	在缺乏润滑剂和使用水质润滑剂条件下,滑动性和自润滑性能好,易切削,铸造性能差,对稀硫酸耐蚀性能好 用于表面压力高、又有侧压力的轴承,可用来制造冷轧机的铜冷却管,耐冲击载荷达50MPa的零件,内燃机的双金属轴瓦,主要用于最大载荷达70MPa的活塞销套,耐酸配件
铅青铜	ZCuPb17Sn4Zn4 (ZQPb17-4-4)	17-4-4 铅青铜	3.5~ 5.0	14.0~ 20.0	2.0~ 6.0				余量					S J	150 175	5 7	55 60	耐磨性和自润滑性能好,易切削,铸造性能差 用于一般耐磨件,高滑动速度的轴承等
铅青铜	ZCuPb20Sn5 (ZQPb25-5)	20-5 铅青铜	4.0~ 6.0	18.0~ 23.0					余量					S J La	150 150 180	5 6 7	45 55 55	有较高的滑动性能,在缺乏润滑介质和以水为介质时有特别好的自润滑性能,适用于双金属铸造材料,耐硫酸腐蚀,易切削,铸造性能差 用于高滑动速度的轴承及破碎机、水泵、冷轧机轴承,载荷达40MPa的零件,耐腐蚀零件,双金属轴承,载荷达70MPa的活塞销套

续表

组别	合金牌号	合金名称	主要化学成分(质量分数)/%										铸造方法	力学性能			特性与用途
			Sn	Pb	Zn	Ni	Si	P	Cu	Mn	Fe	Al		R_m /(N/mm²)	A /%	HBW	
铅青铜	ZCuPb30 (ZQPb30)	30铅青铜		27.0~33.0					余量				J	—	—	25	有良好的自润滑性,易切削,铸造性能差,易产生密度偏析 用于要求高滑动速度的双金属轴瓦、减摩零件
铝青铜	ZCuAl8Mn13Fe3	8-13-3铝青铜							余量	12.0~14.5	2.0~4.0	7.0~9.0	S J	600 650	15 10	160 170	具有很高的强度和硬度,良好的耐磨性能和铸造性能,合金致密性高,耐蚀性好,作为耐磨件材料,工作温度不高于400℃,可以焊接,不易钎焊 用于制造重型机械用轴套,以及要求强度高、耐磨、耐压零件,如衬套、法兰、阀体、泵体等
铝青铜	ZCuAl8Mn13Fe3Ni2 (ZQAl12-8-3-2)	8-13-3-2铝青铜				1.8~2.5			余量	11.5~14.0	2.5~4.0	7.0~8.5	S J	645 670	20 18	160 170	有很高的力学性能,在大气、淡水和海水中均有良好的耐蚀性,腐蚀疲劳强度高,铸造性能好,合金组织致密,气密性好,可以焊接,不易钎焊 用于要求强度高耐腐蚀的重要铸件,如船舶螺旋桨、高压阀体、泵体,以及耐压、耐磨零件,如蜗轮、齿轮、法兰、衬套等
铝青铜	ZCuAl9Mn2 (ZQAl9-2)	9-2铝青铜							余量	1.5~2.5		8.0~10.0	S、R J	390 440	20 20	85 95	有高的力学性能,在大气、淡水和海水中耐蚀性好,铸造性能好,组织致密,气密性高,耐磨性好,可以焊接,不易钎焊 用于耐蚀、耐磨零件,形态简单的大型铸件,如衬套、齿轮、蜗轮,以及在250℃以下工作的管配件和要求气密性高的铸件,如增压器内气封

续表

组别	合金牌号	合金名称	主要化学成分(质量分数)/%										铸造方法	力学性能			特性与用途
			Sn	Pb	Zn	Ni	Si	P	Cu	Mn	Fe	Al		R_m /(N/mm²)	A /%	HBW	
铝青铜	ZCuAl9Fe4Ni4Mn2 (ZQAl9-4-4-2)	9-4-4-2 铝青铜				4.0~ 5.0			余量	0.8~ 2.5	4.0~ 5.0	8.5~ 10.0	S	630	16	160	有很高的力学性能,在大气、淡水、海水中均有优良的耐蚀性,腐蚀疲劳强度高,耐磨性良好,在400℃以下具有耐热性,可以热处理,焊接性能好,不易钎焊,铸造性能尚好 用于要求强度高、耐蚀性好的重要铸件,是制造船舶螺旋桨的主要材料之一,也可用于耐磨和400℃以下工作的零件,如轴承、齿轮、蜗轮、螺母、法兰、阀体、导向套管
	ZCuAl10Fe3 (ZQAl9-4)	10-3 铝青铜							余量		2.0~ 4.0	8.5~ 11.0	S J Li、La	490 540 540	13 15 15	100 110 110	具有高的力学性能,耐磨性和耐蚀性好,可以焊接,不易钎焊,大型铸件自700℃空冷可以防止变脆 用于要求强度高、耐磨、耐蚀的重型铸件,如轴套、螺母、蜗轮以及250℃以下工件的管配件
	ZCuAl10Fe3Mn2 (ZQAl10-3-1.5)	10-3-2 铝青铜							余量	1.0~ 2.0	2.0~ 4.0	9.0~ 11.0	S、R J	490 540	15 20	110 120	具有高的力学性能和耐磨性,可热处理,高温下耐蚀性和抗氧化性能好,在大气、淡水和海水中耐蚀性好,可以焊接,不易钎焊,大型铸件自700℃空冷可以防止变脆 用于要求强度高、耐磨、耐蚀的零件,如齿轮、轴承、衬套、管嘴,以及耐热管配件等
黄铜	ZCuZn38 (ZH62)	38黄铜			余量				60.0~ 63.0				S J	295 295	30 30	60 70	具有优良的铸造性能和较高的力学性能,切削加工性能好,可以焊接,耐蚀性较好,有应力腐蚀开裂倾向 用于一般结构和耐蚀零件,如法兰、阀座、支架、手柄和螺母等

续表

组别	合金牌号	合金名称	主要化学成分(质量分数)/%										铸造方法	力学性能			特性与用途
			Sn	Pb	Zn	Ni	Si	P	Cu	Mn	Fe	Al		R_m /(N/mm^2)	A /%	HBW	
铝黄铜	ZCuZn25Al6Fe3Mn3 (ZHAl66-6-3-2)	25-6-3-3 铝黄铜			余量				60.0~66.0	1.5~4.0	2.0~4.0	4.5~7.0	S J Li、La	725 740 740	10 7 7	160 170 170	有很高的力学性能,铸造性能良好,耐蚀性较好,有应力腐蚀开裂倾向,可以焊接 用于高强、耐磨零件,如桥梁支承板、螺母、螺杆、耐磨板、滑块和蜗轮等
铝黄铜	ZCuZn26Al4Fe3Mn3	26-4-3-3 铝黄铜			余量				60.0~66.0	2.0~4.0	2.0~4.0	2.5~5.0	S J Li、La	600 600 600	18 18 18	120 130 130	有很高的力学性能,铸造性能良好,在大气、淡水和海水中耐蚀性较好,可以焊接 用于要求强度高、耐蚀的零件
铝黄铜	ZCuZn31Al2 (ZHAl67-2.5)	31-2 铝黄铜			余量				66.0~68.0			2.0~3.0	S J	295 390	12 15	80 90	铸造性能良好,在大气、淡水、海水中耐蚀性较好,易切削,可以焊接 用于压力铸造,如电机、仪表等压铸件,以及造船和机械制造业的耐蚀零件
铝黄铜	ZCuZn35Al2Mn2Fe1 (ZHAl59-1-1)	35-2-2-1 铝黄铜			余量				57.0~65.0	0.1~3.0	0.5~2.0	0.5~2.5	S J Li、La	450 475 475	20 18 18	100 110 110	具有高的力学性能和良好的铸造性能,在大气、淡水、海水中有较好的耐蚀性,切削性能好,可以焊接 用于管配件和要求不高的耐磨件
锰黄铜	ZCuZn38Mn2Pb2 (ZHMn58-2-2)	38-2-2 锰黄铜		1.5~2.5	余量				57.0~60.0	1.5~2.5			S J	245 345	10 18	70 80	有较高的力学性能和耐蚀性,耐磨性较好,切削性能良好 用于一般用途的结构件,船舶、仪表等使用的外型简单的铸件,如套筒、衬套、轴瓦、滑块等
锰黄铜	ZCuZn40Mn2 (ZHMn58-2)	40-2 锰黄铜			余量				57.0~60.0	1.0~2.0			S J	345 390	20 25	80 90	有较高的力学性能和耐蚀性,铸造性能好,受热时组织稳定 用于在大气、淡水、海水、蒸汽(低于300℃)和各种液体燃料中工作的零件和阀体、阀杆、泵、管接头,以及需要浇注巴氏合金和镀锡的零件等

续表

组别	合金牌号	合金名称	主要化学成分(质量分数)/%										铸造方法	力学性能			特性与用途
			Sn	Pb	Zn	Ni	Si	P	Cu	Mn	Fe	Al		R_m /(N/mm²)	A /%	HBW	
锰黄铜	ZCuZn40Mn3Fe1 (ZHMn55-3-1)	40-3-1 锰黄铜			余量				53.0~58.0	3.0~4.0	0.5~1.5		S、R J	440 490	18 15	100 110	有高的力学性能,良好的铸造性能和切削加工性能,在大气、淡水、海水中耐蚀性较好,有应力腐蚀开裂倾向 用于耐海水腐蚀的零件,以及300℃下工作的管配件,制造船舶螺旋桨等大型铸件
铅黄铜	ZCuZn33Pb2	33-2 铅黄铜		1.0~3.0	余量				63.0~67.0				S	180	12	50	结构材料,给水温度为90℃时抗氧化性能好,电导率约为10~14MS/m 用于煤气和给水设备的壳体,机器制造、电子技术、精密仪器和光学仪器的部分构件和配件
铅黄铜	ZCuZn40Pb2 (ZHPb59-1)	40-2 铅黄铜		0.5~2.5	余量				58.0~63.0			0.2~0.8	S、R J	220 280	15 20	80 90	有好的铸造性能和耐磨性,切削加工性能好,耐蚀性较好,在海水中有应力腐蚀倾向 用于一般用途的耐磨、耐蚀零件,如轴套、齿轮等
硅黄铜	ZCuZn16Si4 (ZHSi80-3)	16-4 硅黄铜			余量		2.5~4.5		79.0~81.0				S、R J	345 390	15 20	90 100	具有较高的力学性能和良好的耐蚀性,铸造性能好,流动性高,铸件组织致密,气密性好 用于接触海水工作的管配件以及水泵、叶轮、旋塞和在大气、淡水、油、燃料,以及工作压力在4.5MPa和250℃以下蒸汽中工作的铸件

注:1. 合金牌号栏中括号内为GB 1176—1974规定的牌号。2. 铸造方法代号:S—砂型,J—金属型,La—连续铸造;Li—离心铸造,R—熔模铸造。3. 牌号因篇幅限制,未全部录入。

压铸铜合金（摘自 GB/T 15116—1994）

表 3-2-2

序号	合金牌号	合金代号	化学成分(质量分数)/% 主要成分 Cu	Pb	Al	Si	Mn	Fe	Zn	杂质含量 ≤ Fe	Si	Ni	Sn	Mn	Al	Pb	Sb	总和	力学性能 ≥ 抗拉强度 R_m /(N/mm²)	伸长率 A/%	布氏硬度 HBW	主要特性	应用举例
1	YZCuZn40Pb	YT40-1 铅黄铜	58.0~63.0	0.5~1.5	0.2~0.5	—	—	—	余量	0.8	0.05	—	—	0.5	—	—	1.0	1.5	300	6	85	塑性好，耐磨性高，切削加工性、耐蚀性优良，强度不高	用于一般用途的耐磨、耐蚀零件，如轴套、齿轮等
2	YZCuZn16Si4	YT16-4 硅黄铜	79.0~81.0	—	—	2.5~4.5	—	—	余量	0.6	—	—	0.3	0.5	0.1	0.5	0.1	2.0	345	25	85	强度高，塑性、耐蚀性好，铸造性能优良，耐磨性、切削加工性一般	用于制造在一般腐蚀介质中工作的管配件、阀体、阀盖，以及各种形状复杂的铸件
3	YZCuZn30Al3	YT30-3 铝黄铜	66.0~68.0	—	2.0~3.0	—	—	—	余量	0.8	—	—	1.0	0.5	—	1.0	—	3.0	400	15	110	强度、耐磨性高，铸造性能好，在大气中耐蚀性好，在其他介质中一般，切削加工性一般	用于制造空气中的耐蚀件
4	YZCuZn35Al2Mn2Fe	YT35-2-2-1 铝锰铁黄铜	57.0~65.0	—	0.5~2.5	—	0.1~3.0	0.5~2.0	余量	—	0.1	3.0	1.0	—	—	0.5	Sb+Pb+As 0.4	2.0①	475	3	130		

① 杂质总和中不含 Ni。

表 3-2-3

铸造铝合金（摘自 GB/T 1173—2013）

<table>
<tr><th rowspan="2">组别</th><th rowspan="2">合金牌号</th><th rowspan="2">合金代号</th><th colspan="8">主要化学成分(质量分数)/%</th><th rowspan="2">铸造方法</th><th rowspan="2">合金状态</th><th colspan="3">力学性能≥</th><th rowspan="2">用　途</th></tr>
<tr><th>Si</th><th>Cu</th><th>Mg</th><th>Zn</th><th>Mn</th><th>Ti</th><th>其他</th><th>Al</th><th>R_m /(N/mm²)</th><th>A /%</th><th>HBW</th></tr>
<tr><td rowspan="21">铝硅合金</td><td rowspan="10">ZAlSi7Mg</td><td rowspan="10">ZL101</td><td rowspan="10">6.5~7.5</td><td rowspan="10"></td><td rowspan="10">0.25~0.45</td><td rowspan="10"></td><td rowspan="10"></td><td rowspan="10"></td><td rowspan="10"></td><td rowspan="10">余量</td><td>S、R、J、K</td><td>F</td><td>155</td><td>2</td><td>50</td><td rowspan="10">耐蚀性、力学性能和铸造工艺性能良好，易气焊，用于制作形状复杂、承受中等载荷、工作温度不高于200℃的零件，如飞机零件、仪器零件，抽水机壳体、气化器、水冷发动机汽缸体等
在海水环境中使用时，含铜量不大于0.1%</td></tr>
<tr><td>S、R、J、K</td><td>T2</td><td>135</td><td>2</td><td>45</td></tr>
<tr><td>JB</td><td>T4</td><td>185</td><td>4</td><td>50</td></tr>
<tr><td>S、R、K</td><td>T4</td><td>175</td><td>4</td><td>50</td></tr>
<tr><td>J、JB</td><td>T5</td><td>205</td><td>2</td><td>60</td></tr>
<tr><td>S、R、K</td><td>T5</td><td>195</td><td>2</td><td>60</td></tr>
<tr><td>SB、RB、KB</td><td>T5</td><td>195</td><td>2</td><td>60</td></tr>
<tr><td>SB、RB、KB</td><td>T6</td><td>225</td><td>1</td><td>70</td></tr>
<tr><td>SB、RB、KB</td><td>T7</td><td>195</td><td>2</td><td>60</td></tr>
<tr><td>SB、RB、KB</td><td>T8</td><td>155</td><td>3</td><td>55</td></tr>
<tr><td rowspan="7">ZAlSi7MgA</td><td rowspan="7">ZL101A</td><td rowspan="7">6.5~7.5</td><td rowspan="7"></td><td rowspan="7">0.25~0.45</td><td rowspan="7"></td><td rowspan="7"></td><td rowspan="7">0.08~0.2</td><td rowspan="7"></td><td rowspan="7">余量</td><td>S、R、K</td><td>T4</td><td>195</td><td>5</td><td>60</td><td rowspan="7">耐蚀性、力学性能和铸造工艺性能良好，易气焊，用于制作形状复杂、承受中等载荷、工作温度不高于200℃的零件，如飞机零件、仪器零件，抽水机壳体、气化器、水冷发动机汽缸体等
在海水环境中使用时，含铜量不大于0.1%，因力学性能比ZL101有较大程度的提高，主要用于铸造高强度铝合金铸件</td></tr>
<tr><td>J、JB</td><td>T4</td><td>225</td><td>5</td><td>60</td></tr>
<tr><td>S、R、K</td><td>T5</td><td>235</td><td>4</td><td>70</td></tr>
<tr><td>SB、RB、KB</td><td>T5</td><td>235</td><td>4</td><td>70</td></tr>
<tr><td>JB、J</td><td>T5</td><td>265</td><td>4</td><td>70</td></tr>
<tr><td>SB、RB、KB</td><td>T6</td><td>275</td><td>2</td><td>80</td></tr>
<tr><td>JB、J</td><td>T6</td><td>295</td><td>3</td><td>80</td></tr>
<tr><td rowspan="4">ZAlSi12</td><td rowspan="4">ZL102</td><td rowspan="4">10~13</td><td rowspan="4"></td><td rowspan="4"></td><td rowspan="4"></td><td rowspan="4"></td><td rowspan="4"></td><td rowspan="4"></td><td rowspan="4">余量</td><td>SB、JB、RB、KB</td><td>F</td><td>145</td><td>4</td><td>50</td><td rowspan="4">用于制作形状复杂、载荷不大而耐蚀的薄壁零件或压铸零件，以及工作温度不高于200℃的高气密性零件，如仪表壳体、机器罩、盖子、船舶零件等</td></tr>
<tr><td>J</td><td>F</td><td>155</td><td>2</td><td>50</td></tr>
<tr><td>SB、JB、RB、KB</td><td>T2</td><td>135</td><td>4</td><td>50</td></tr>
<tr><td>J</td><td>T2</td><td>145</td><td>3</td><td>50</td></tr>
</table>

续表

组别	合金牌号	合金代号	主要化学成分(质量分数)/% Si	Cu	Mg	Zn	Mn	Ti	其他	Al	铸造方法	合金状态	力学性能≥ R_m /(N/mm²)	A /%	HBW	用途
铝硅合金	ZAlSi9Mg	ZL104	8~10.5		0.17~0.35		0.2~0.5			余量	S、J、R、K J SB、RB、KB J、JB	F T1 T6 T6	150 200 230 240	2 1.5 2 2	50 65 70 70	用于制作形状复杂、薄壁、耐腐蚀和承受较高静载荷或受冲击作用的大型零件,如风机叶片、水冷式发动机的曲轴箱、滑块和汽缸盖、汽缸头、汽缸体及其他重要零件,工作温度不高于200℃
	ZAlSi5Cu1Mg	ZL105	4.5~5.5	1.0~1.5	0.4~0.6					余量	S、J、R、K S、R、K J S、R、K S、J、R、K	T1 T5 T5 T6 T7	155 215 235 225 175	0.5 1 0.5 0.5 1	65 70 70 70 65	强度高、切削性好,用于制作形状复杂、承受较高静载荷,以及要求焊接性良好、气密性高或在225℃以下工作的零件,如发动机的汽缸头、油泵壳体、曲轴箱等 ZL105合金在航空工业中应用相当广泛
	ZAlSi8Cu1Mg	ZL106	7.5~8.5	1.0~1.5	0.3~0.5		0.3~0.5	0.1~0.25		余量	SB JB SB JB SB JB SB J	F T1 T5 T5 T6 T6 T7 T7	175 195 235 255 245 265 225 245	1 1.5 2 2 1 2 2 2	70 70 60 70 80 70 60 60	用于制作形状复杂、承受高静载荷的零件,也可用于制作要求气密性高或工作温度在225℃以下工作的零件,如齿轮油泵壳体、水冷发动机汽缸头等
	ZAlSi12Cu2Mg1	ZL108	11~13	1~2	0.4~1		0.3~0.9			余量	J J	T1 T6	195 255	— —	85 90	用于制作要求线胀系数小、强度高、耐磨性高、重载、工作温度在250℃以下工作的零件,如大功率柴油机活塞
	ZAlSi12Cu1Mg1Ni1	ZL109	11~13	0.5~1.5	0.8~1.3				Ni0.8~1.5	余量	J J	T1 T6	195 245	0.5 —	90 100	用于制作高速下大功率活塞,工作温度在250℃以下
铝铜合金	ZAlCu5Mn	ZL201		4.5~5.3			0.6~1	0.15~0.35		余量	S、J、R、K S、J、R、K S	T4 T5 T7	295 335 315	8 4 2	70 90 80	焊接性和切削加工性良好,铸造性差、耐蚀性差。用于制作在175~300℃下工作的零件,如支臂、挂梁,也可用于制作低温下(-70℃)承受高载荷的零件,是用途较广的一种铝合金

续表

组别	合金牌号	合金代号	主要化学成分(质量分数)/%								铸造方法	合金状态	力学性能≥			用途
			Si	Cu	Mg	Zn	Mn	Ti	其他	Al			R_m /(N/mm²)	A /%	HBW	
铝铜合金	ZAlCu5MnA	ZL201A		4.8~5.3			0.6~1.0	0.15~0.35		余量	S、J、R、K	T5	390	8	100	力学性能高于ZL201,用途同ZL201,主要用于高强度铝合金铸件
铝铜合金	ZAlCu4	ZL203		4~5						余量	S、R、K	T4	195	6	60	用于铸造形状简单、承受中等静负荷或冲击载荷、工作温度不高于200℃并要求切削加工性良好的小型零件,如曲轴箱、支架、飞轮盖等
											J	T4	205	6	60	
											S、R、K	T5	215	3	70	
											J	T5	225	3	70	
铝镁合金	ZAlMg10	ZL301			9.5~11					余量	S、J、R	T4	280	10	60	用于受冲击载荷、高静载荷及海水腐蚀,工作温度不高于200℃的零件
铝镁合金	ZAlMg5Si1	ZL303	0.8~1.3		4.5~5.5		0.1~0.4			余量	S、J、R、K	F	145	1	55	用于铸造同腐蚀介质接触和在较高温度(不高于220℃)下工作、承受中等载荷的船舶、航空及内燃机车零件
铝镁合金	ZAlMg8Zn1	ZL305			7.5~9	1~1.5		0.1~0.2	Be0.03~0.1	余量	S	T4	290	8	90	用途与ZL301基本相同,但工作温度不宜超过100℃
铝锌合金	ZAlZn11Si7	ZL401	6~8		0.1~0.3	9~13				余量	S、R、K	T1	195	2	80	铸造性好,耐蚀性差,用于制造工作温度低于200℃、形状复杂的大型薄壁零件及承受高的静载荷而又不便热处理的零件
											J	T1	245	1.5	90	
铝锌合金	ZAlZn6Mg	ZL402			0.5~0.65	5~6.5		0.15~0.25	Cr0.4~0.6	余量	J	T1	235	4	70	用于高强度的零件及承受高的静载荷和冲击载荷而又不经热处理的零件,如空压机活塞、飞机起落架
											S	T1	215	4	65	

注：1. 合金中杂质允许含量及其余牌号详见原标准 GB/T 1173—2013。

2. 表中力学性能在试样直径为 12mm±0.25mm、标距为5倍直径经热处理的条件下测出。材料截面大于试样尺寸时，其力学性能一般比表中低，设计时根据具体情况考虑。

3. 与食物接触的铝制品不允许含有铍（Be），含砷量不大于0.015%，含锌量不大于0.3%，含铅量不大于0.15%。

4. 铝合金铸件的分类、铸件的外观质量、内在质量以及其修补方法等内容的技术要求见标准 GB/T 9438—2013。

5. 铸造方法代号：

S——砂型铸造　J——金属型铸造　R——熔模铸造　K——壳型铸造　B——变质处理

6. 热处理状态代号：

F——铸态　T1——人工时效　T2——退火　T4——固溶处理加自然时效　T5——固溶处理加不完全人工时效　T6——固溶处理加完全人工时效　T7——固溶处理加稳定化处理　T8——固溶处理加软化处理

7. 因篇幅限制，只录入部分牌号。

压铸铝合金（摘自 GB/T 15115—2009）

表 3-2-4

合金牌号	合金代号	主要化学成分(质量分数)/%							力学性能≥			应用
		Si	Cu	Mn	Mg	Fe	Zn	Al	抗拉强度 σ_b /MPa	伸长率 δ/% ($L_0=50$)	布氏硬度 HBS 5/250/30	
YZAlSi12	YL102	10.0~13.0	≤0.6	≤0.6	≤0.05	≤1.2	≤0.3	余量	220	2	60	压铸的特点是生产率高、铸件的精度高和合金的强度、硬度高，是少、无切削加工的重要工艺，发展压铸是降低生产成本的重要途径 压铸铝合金在汽车、拖拉机、航空、仪表、纺织、国防等部门得到了广泛的应用
YZAlSi10Mg	YL104	8.0~10.5	≤0.3	0.2~0.5	0.17~0.30	≤1.0	≤0.3	余量	220	2	70	
YZAlSi12Cu2	YL108	11.0~13.0	1.0~2.0	0.3~0.9	0.4~1.0	≤1.0	≤1.0	余量	240	1	90	
YZAlSi9Cu4	YL112	7.5~9.5	3.0~4.0	≤0.5	≤0.3	≤1.2	≤1.2	余量	240	1	85	
YZAlSi11Cu3	YL113	9.6~12.0	1.5~3.5	≤0.5	≤0.3	≤1.2	≤1.0	余量	230	1	80	
YZAlSi17Cu5Mg	YL117	16.0~18.0	4.0~5.0	≤0.5	0.45~0.65	≤1.2	≤1.2	余量	220	<1	—	
YZAlMg5Si1	YL302	0.8~1.3	≤0.1	0.1~0.4	4.5~5.5	≤1.2	≤0.2	余量	220	2	70	

注：除有范围的元素及铁为必检元素外，其余元素在有要求时抽检。

铸造锌合金（摘自 GB/T 1175—1997）

表 3-2-5

合金牌号	合金代号	主要化学成分(质量分数)/%				铸造方法及状态	力学性能≥			主要用途
		Al	Cu	Mg	Zn		抗拉强度 R_m/(N/mm²)	伸长率 A/%	布氏硬度 HBW	
ZZnAl4Cu1Mg	ZA4-1	3.5~4.5	0.75~1.25	0.03~0.08	余量	JF	175	0.5	80	广泛用于压铸零件,用于复杂形状铸件,适于压铸小尺寸的高强度、耐蚀性零件
ZZnAl4Cu3Mg	ZA4-3	3.5~4.3	2.5~3.2	0.03~0.06	余量	SF JF	220 240	0.5 1	90 100	用于压铸各种零件
ZZnAl6Cu1	ZA6-1	5.6~6.0	1.2~1.6	—	余量	SF JF	180 220	1 1.5	80 80	用于硬模铸造及压铸零件
ZZnAl8Cu1Mg	ZA8-1	8.0~8.8	0.8~1.3	0.015~0.030	余量	SF JF	250 225	1 1	80 85	
ZZnAl9Cu2Mg	ZA9-2	8.0~10.0	1.0~2.0	0.03~0.06	余量	SF JF	275 315	0.7 1.5	90 105	代替锡青铜和低锡巴氏合金,用于复杂形状铸件及制造轴承
ZZnAl11Cu1Mg	ZA11-1	10.5~11.5	0.5~1.2	0.015~0.030	余量	SF JF	280 310	1 1	90 90	用于硬模铸件,同ZZnAl4Cu1Mg
ZZnAl11Cu5Mg	ZA11-5	10.0~12.0	4.0~5.5	0.03~0.06	余量	SF JF	275 295	0.5 1.0	80 100	同 ZZnAl9Cu2Mg,用于制造轴承
ZZnAl27Cu2Mg	ZA27-2	25.0~28.0	2.0~2.5	0.010~0.020	余量	SF ST3 JF	400 310 420	3 8 1	110 90 110	

压铸锌合金（摘自 GB/T 13818—2009）

表 3-2-6 压铸锌合金化学成分（摘自 GB/T 13818—2009） 质量分数/%

序号	合金牌号	合金代号	主要成分				杂质含量(不大于)			
			Al	Cu	Mg	Zn	Fe	Pb	Sn	Cd
1	YZZnAl4A	YX040A	3.9~4.3	≤0.1	0.030~0.060	余量	0.035	0.004	0.0015	0.003
2	YZZnAl4B	YX040B	3.9~4.3	≤0.1	0.010~0.020	余量	0.075	0.003	0.0010	0.002
3	YZZnAl4Cu1	YX041	3.9~4.3	0.7~1.1	0.030~0.060	余量	0.035	0.004	0.0015	0.003
4	YZZnAl4Cu3	YX043	3.9~4.3	2.7~3.3	0.025~0.050	余量	0.035	0.004	0.0015	0.003
5	YZZnAl8Cu1	YX081	8.2~8.8	0.9~1.3	0.020~0.030	余量	0.035	0.005	0.0050	0.002
6	YZZnAl11Cu1	YX111	10.8~11.5	0.5~1.2	0.020~0.030	余量	0.050	0.005	0.0050	0.002
7	YZZnAl27Cu2	YX272	25.5~28.0	2.0~2.5	0.012~0.020	余量	0.070	0.005	0.0050	0.002

注：1. YZZnAl4B Ni 含量为 0.005~0.020。

2. 合金代号由字母“Y”、“X”（“压”、“锌”两字汉语拼音的第一字母）表示压铸锌合金。合金代号后面由三位阿拉伯数字以及一位字母组成。YX 后面前两位数字表示合金中化学元素铝的名义百分含量，第三个数字表示合金中化学元素铜的名义百分含量，末位字母用以区别成分略有不同的合金。

3. 锌合金牌号对照表

中国,合金代号	YX040A	YX040B	YX041	YX043	YX081	YX111	YX272
北美商业标准(NADCA)	No.3	No.7	No.5	No.2	ZA-8	ZA-12	ZA-27
美国材料试验学会(ASTM)	AG-40A	AG-40B	AG-41A	—	—	—	—

表 3-2-7

铸造轴承合金（摘自 GB/T 1174—1992）

种类	合金牌号	化学成分(质量分数)/%													铸造方法	力学性能≥			特性与应用举例
		Sn	Pb	Cu	Zn	Al	Sb	Ni	Mn	Si	Fe	Bi	As	其他	其他元素总和		R_m /(N/mm²)	A /%	布氏硬度 HBW	
锡基	ZSnSb12Pb10Cu4	余量	9.0~11.0	2.5~5.0	0.01	0.01	11.0~13.0	—	—	—	0.1	0.08	0.1	—	0.55	J	—	—	29	是含锡量最低的锡基轴承合金，因含铅，其浇注性、热强性较差，特点是性软而韧、耐压。用于工作温度不高的中速、中载一般机器的主轴承衬
锡基	ZSnSb12Cu6Cd1	余量	0.15	4.5~6.3	0.05	0.05	10.0~13.0	0.3~0.6	—	—	0.1	—	0.4~0.7	Cd1.1~1.6 Fe+Al+Zn ≤0.15	—	J	—	—	34	
锡基	ZSnSb11Cu6	余量	0.35	5.5~6.5	0.01	0.01	10.0~12.0	—	—	—	0.1	0.03	0.1	—	0.55	J	—	—	27	具有较高的抗压强度，一定的冲击韧度和硬度，可塑性好，其导热性、耐蚀性优良。适于浇注重载、高速、工作温度低于110℃的重要轴承，如高速蒸汽机(2000 马力)、涡轮压缩机(500 马力)、涡轮泵和高速内燃机轴承以及高速机床、压缩机、电动机主轴
锡基	ZSnSb8Cu4	余量	0.35	3.0~4.0	0.005	0.005	7.0~8.0	—	—	—	0.1	0.03	0.1	—	0.55	J	—	—	24	比 ZSnSb11Cu6 韧性好，强度、硬度稍低，其他性能与 ZSnSb11Cu6 相近，用于工作温度在 100℃ 以下的大型机器轴承及轴衬、高速重载荷汽车发动机薄壁双金属轴承
锡基	ZSnSb4Cu4	余量	0.35	4.0~5.0	0.01	0.01	4.0~5.0	—	—	—	—	0.08	0.1	—	0.50	J	—	—	20	用于要求韧性较大和浇注层厚度较薄的重要高速轴承，耐蚀、耐热、耐磨，如涡轮内燃机高速轴承及轴衬

续表

种类	合金牌号	化学成分(质量分数)/%													铸造方法	力学性能≥			特性与应用举例
		Sn	Pb	Cu	Zn	Al	Sb	Ni	Mn	Si	Fe	Bi	As	其他	其他元素总和		R_m /(N/mm²)	A /%	布氏硬度 HBW	
铅基	ZPbSb16Sn16Cu2	15.0~17.0	余量	1.5~2.0	0.15	—	15.0~17.0	—	—	—	0.1	0.1	0.3	—	0.6	J	—	—	30	比应用最为广泛的ZSnSb11Cu6合金摩擦因数大，抗压强度高，硬度相同，耐磨性及使用寿命相近，且价格低，但冲击韧度低，用于在工作温度低于120℃条件下承受无显著冲击载荷、重载高速轴承，如汽车、拖拉机的曲柄轴承和轧钢机用减速器及离心泵轴承，以及150~1200马力蒸汽涡轮机、150~750kW电动机和小于2000马力起重机和重负荷的推力轴承
铅基	ZPbSb15Sn5Cu3Cd2	5.0~6.0	余量	2.5~3.0	0.15	—	14.0~16.0	—	—	—	0.1	0.1	0.6~1.0	Cd1.75~2.25	0.4	J	—	—	32	与ZPbSb16Sn16Cu2相近，是其良好代用材料，用于浇注汽油发动机轴承，各种功率的压缩机外伸轴承，球磨机、小型轧钢机齿轮箱和矿山水泵轴承，以及抽水机、船舶机械、小于250kW电动机轴承
铅基	ZPbSb15Sn10	9.0~11.0	余量	0.7#	0.005	0.005	14.0~16.0	—	—	—	0.1	0.1	0.6	Cd0.05	0.45	J	—	—	24	与ZPbSb16Sn16Cu2相比，冲击韧度高，摩擦因数大，有良好的磨合性和可塑性，退火后其减摩性、塑性、韧性及强度均显著提高。用于中速、中等冲击和中等载荷机器的轴承，也可以作高温轴承用
铅基	ZPbSb15Sn5	4.0~5.5	余量	0.5~1.0	0.15	0.01	14.0~15.5	—	—	—	0.1	0.1	0.2	—	0.75	J	—	—	20	塑性及热导率较差，不宜在高温、高压及冲击载荷下工作，但在工作温度不超过100℃和低冲击载荷条件下，其性能较好，寿命不低，用于低速、轻载机械的轴承

续表

种类	合金牌号	化学成分(质量分数)/%														铸造方法	力学性能≥			特性与应用举例
		Sn	Pb	Cu	Zn	Al	Sb	Ni	Mn	Si	Fe	Bi	As	其他	其他元素总和		R_m /(N/mm²)	A /%	布氏硬度 HBW	
铅基	ZPbSb10Sn6	5.0~ 7.0	余量	0.7#	0.005	0.005	9.0~ 11.0	—	—	—	0.1	0.1	0.25	Cd0.05	0.7	J	—	—	18	与锡基轴承合金ZChSnPb4-4相近,是其理想代替材料。用于工作温度不高于120℃、承受中等载荷或高速低载荷轴承,如汽车发动机、空压机、高压油泵等主轴轴承及其他耐磨、耐蚀、重载荷的轴承,可代替ZSnSb4Cu4
铜基	ZCuSn5Pb5Zn5	4.0~ 6.0	4.0~ 6.0	余量	4.0~ 6.0	0.01	0.25	2.5#	—	0.01	0.3	—	—	P0.05 S0.10	0.7	S、J Li	200 250	13 13	60* 65*	参考铸造铜合金相应牌号的特性与用途
	ZCuSn10P1	9.0~ 11.5	0.25		0.05	0.01	0.05	0.1	0.05	0.02	0.1	0.005	—	P0.5~1.0 S0.05	0.7	S J Li	200 310 330	3 2 4	80* 90* 90*	
	ZCuPb10Sn10	9.0~ 11.0	8.0~ 11.0		2.0	0.01	0.5	2.0#	0.2	0.01	0.25	0.005	—	P0.05 S0.10	1.0	S J Li	180 220 220	7 5 6	65* 70* 70*	
	ZCuPb15Sn8	7.0~ 9.0	13.0~ 17.0		2.0	0.01	0.5	2.0#	0.2	0.01	0.25	—	—	P0.10 S0.10	1.0	S J Li	170 200 220	5 6 8	60* 65* 65*	
	ZCuPb20Sn5	4.0~ 6.0	18.0~ 23.0		2.0	0.01	0.75	2.5#	0.2	0.01	0.25	—	—	P0.10 S0.10	1.0	S J	150 150	5 6	45* 55*	
	ZCuPb30	1.0	27.0~ 33.0		—	0.01	0.2	—	0.3	0.02	0.5	0.005	0.1	P0.08	1.0	J	—	—	25*	
	ZCuAl10Fe3	0.3	0.2		0.4	8.5~ 11.0	—	3.0#	1.0	0.2	2.0~ 4.0	—	—	—	1.0	S、J Li	490 540	13 15	100* 110*	
铝基	ZAlSn6Cu1Ni1	5.5~ 7.0	—	0.7~ 1.3	—	余量	—	0.7 ~ 1.3	0.1	0.7	0.7	—	—	Ti0.2 Fe+Si+Mn ≤1.0	1.5	S J	110 130	10 15	35* 40*	

注:1.凡表格中所列两个数值,是指该合金主要元素含量范围,表格中所列单一数值,是指允许的该元素最高含量。

2.表中带#的数值,不计入其他元素总和;带 * 者为参考硬度值。

表 3-2-8　　**铸造镁合金**（摘自 GB/T 1177—1991）

合金牌号	合金代号	化学成分(质量分数)/%											热处理状态	抗拉强度 σ_b/MPa	屈服强度 $\sigma_{0.2}$/MPa	伸长率 δ_5/%
		Zn	Al	Zr	RE	Mn	Ag	Si	Cu	Fe	Ni	杂质总量		≥		
ZMgZn5Zr	ZM1	3.5~5.5	—	0.5~1.0	—	—	—	—	0.10	—	0.01	0.30	T1	235	140	5
ZMgZn4RE1Zr	ZM2	3.5~5.0	—	0.5~1.0	0.75~1.75	—	—	—	0.10	—	0.01	0.30	T1	200	135	2
ZMgRE3ZnZr	ZM3	0.2~0.7	—	0.4~1.0	2.5~4.0	—	—	—	0.10	—	0.01	0.30	F	120	85	1.5
													T2	120	85	1.5
ZMgRE3Zn2Zr	ZM4	2.0~3.0	—	0.5~1.0	2.5~4.0	—	—	—	0.10	—	0.01	0.30	T1	140	95	2
ZMgAl8Zn	ZM5	0.2~0.8	7.5~9.0	—	—	0.15~0.5	—	0.30	0.20	0.05	0.01	0.50	F	145	75	2
													T4	230	75	6
													T6	230	100	2
ZMgRE2ZnZr	ZM6	0.2~0.7	—	0.4~1.0	2.0~2.8	—	—	—	0.10	—	0.01	0.30	T6	230	135	3
ZMgZn8AgZr	ZM7	7.5~9.0	—	0.5~1.0	—	—	0.6~1.2	—	0.10	—	0.01	0.30	T4	265	—	6
													T6	275	—	4
ZMgAl10Zn	ZM10	0.6~1.2	9.0~10.2	—	—	0.1~0.5	—	0.30	0.20	0.05	0.01	0.50	F	145	85	1
													T4	230	85	4
													T6	230	130	1

表 3-2-9　　　　铸造有色金属及其合金牌号示例（摘自 GB/T 8063—1994）

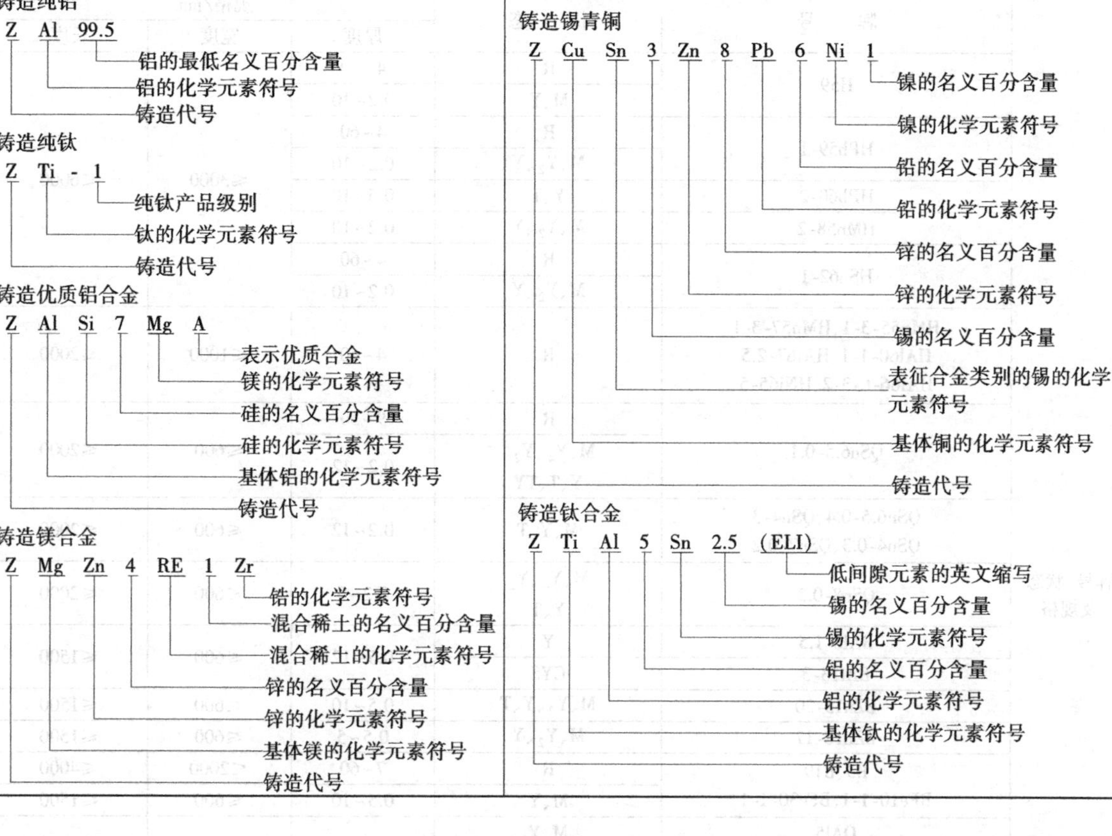

2　有色金属加工产品

2.1　铜及铜合金加工产品

铜及铜合金板材（摘自 GB/T 2040—2008）

表 3-2-10

	牌号	状态	规格/mm		
			厚度	宽度	长度
牌号、状态及规格	T2、T3、TP1 TP2、TU1、TU2	R	4~60	≤3000	≤6000
		M、Y_4、Y_2、Y、T	0.2~12	≤3000	≤6000
	H96、H80	M、Y	0.2~10	≤3000	≤6000
	H90、H85	M、Y_2、Y			
	H65	M、Y_1、Y_2 Y、T、TY			
	H70、H68	R	4~60		
		M、Y_4、Y_2 Y、T、TY	0.2~10		
	H63、H62	R	4~60		
		M、Y_2 Y、T	0.2~10		

续表

	牌　　号	状　态	规格/mm		
			厚度	宽度	长度
牌号、状态及规格	H59	R	4~60	≤3000	≤6000
		M、Y	0.2~10		
	HPb59-1	R	4~60		
		M、Y_2、Y	0.2~10		
	HPb60-2	Y、T	0.5~10		
	HMn58-2	M、Y_2、Y	0.2~10		
	HSn62-1	R	4~60		
		M、Y_2、Y	0.2~10		
	HMn55-3-1、HMn57-3-1 HAl60-1-1、HAl67-2.5 HAl66-6-3-2、HNi65-5	R	4~40	≤1000	≤2000
	QSn6.5-0.1	R	9~50	≤600	≤2000
		M、Y_4、Y_2、 Y、T、TY	0.2~12		
	QSn6.5-0.4、QSn4-3 QSn4-0.3、QSn7-0.2	M、Y、T	0.2~12	≤600	≤2000
	QSn8-0.3	M、Y_4、Y_2 Y、T	0.2~5	≤600	≤2000
	BAl6-1.5	Y	0.5~12	≤600	≤1500
	BAl13-3	CYS			
	BZn15-20	M、Y_2、Y、T	0.5~10	≤600	≤1500
	BZn18-17	M、Y_2、Y	0.5~5	≤600	≤1500
	B5、B19	R	7~60	≤2000	≤4000
	BFe10-1-1、BFe30-1-1	M、Y	0.5~10	≤600	≤1500
	QAl5	M、Y	0.4~12	≤1000	≤2000
	QAl7	Y_2、Y			
	QAl9-2	M、Y			
	QAl9-4	Y			
	QCd1	Y	0.5~10	200~300	800~1500
	QCr0.5、QCr0.5-0.2-0.1	Y	0.5~15	100~600	≥300
	QMn1.5	M	0.5~5	100~600	≥1500
	QMn5	M、Y			
	QSi3-1	M、Y、T	0.5~10	100~1000	≥500
	QSn4-4-2.5、QSn4-4-4	M、Y_3、Y_2、Y	0.8~5	200~600	800~2000
	BMn40-1.5	M、Y	0.5~10	100~600	800~1500
	BMn3-12	M			

	牌　　号	状态	拉伸试验			硬度试验		
			厚度/mm	抗拉强度 R_m/(N/mm²)	断后伸长率 $A_{11.3}$/%	厚度/mm	维氏硬度 HV	洛氏硬度 HRB
力学性能	T2、T3 TP1、TP2 TU1、TU2	R	4~14	≥195	≥30	—	—	—
		M	0.3~10	≥205	≥30	≥0.3	≤70	—
		Y_1		215~275	≥25		60~90	—
		Y_2		245~345	≥8		80~110	—
		Y		295~380	—		90~120	—
		T		≥350	—		≥110	—
	H96	M	0.3~10	≥215	≥30	—	—	—
		Y		≥320	≥3			
	H90	M	0.3~10	≥245	≥35	—	—	—
		Y_2		330~440	≥5			
		Y		≥390	≥3			

续表

	牌　号	状态	拉伸试验			硬度试验		
			厚度 /mm	抗拉强度 R_m/(N/mm²)	断后伸长率 $A_{11.3}$/%	厚度 /mm	维氏硬度 HV	洛氏硬度 HRB
力学性能	H85	M Y_2 Y	0.3~10	≥260 305~380 ≥350	≥35 ≥15 ≥3	≥0.3	≤85 80~115 ≥105	—
	H80	M Y	0.3~10	≥265 ≥390	≥50 ≥3	—	—	—
	H70、H68	R	4~14	≥290	≥40	—	—	—
	H70 H68 H65	M Y_1 Y_2 Y T TY	0.3~10	≥290 325~410 355~440 410~540 520~620 ≥570	≥40 ≥35 ≥25 ≥10 ≥3 —	≥0.3	≤90 85~115 100~130 120~160 150~190 ≥180	— — — — —
	H63 H62	R	4~14	≥290	≥30	—	—	—
		M Y_2 Y T	0.3~10	≥290 350~470 410~630 ≥585	≥35 ≥20 ≥10 ≥2.5	≥0.3	≤95 90~130 125~165 ≥155	— — — —
	H59	R	4~14	≥290	≥25	—	—	—
		M Y	0.3~10	≥290 ≥410	≥10 ≥5	≥0.3	— ≥130	— —
	HPb59-1	R	4~14	≥370	≥18	—	—	—
		M Y_2 Y	0.3~10	≥340 390~490 ≥440	≥25 ≥12 ≥5	—	—	—
	HPb60-2	Y	—	—	—	0.5~2.5	165~190	—
						2.6~10	—	75~92
		T	—	—	—	0.5~1.0	≥180	—
	HMn58-2	M Y_2 Y	0.3~10	≥380 440~610 ≥585	≥30 ≥25 ≥3	—	—	—
	HSn62-1	R	4~14	≥340	≥20	—	—	—
		M Y_2 Y	0.3~10	≥295 350~400 ≥390	≥35 ≥15 ≥5	—	—	—
	HMn57-3-1	R	4~8	≥440	≥10	—	—	—
	HMn55-3-1	R	4~15	≥490	≥15	—	—	—
	HAl60-1-1	R	4~15	≥440	≥15	—	—	—
	HAl67-2.5	R	4~15	≥390	≥15	—	—	—
	HAl66-6-3-2	R	4~8	≥685	≥3	—	—	—
	HNi65-5	R	4~15	≥290	≥35	—	—	—
	QAl5	M Y	0.4~12	≥275 ≥585	≥33 ≥2.5	—	—	—
	QAl7	Y_2 Y	0.4~12	585~740 ≥635	≥10 ≥5	—	—	—
	QAl9-2	M Y	0.4~12	≥440 ≥585	≥18 ≥5	—	—	—
	QAl9-4	Y	0.4~12	≥585	—	—	—	—

第 3 篇

续表

	牌号	状态	拉伸试验			硬度试验		
			厚度/mm	抗拉强度 R_m/(N/mm^2)	断后伸长率 $A_{11.3}$/%	厚度/mm	维氏硬度 HV	洛氏硬度 HRB
力学性能	QSn6.5-0.1	R	9~14	≥290	≥38	—	—	—
		M	0.2~12	≥315	≥40	≥0.2	≤120	—
		Y_4	0.2~12	390~510	≥35		110~155	—
		Y_2	0.2~12	490~610	≥8	≥0.2	150~190	—
		Y	0.2~3	590~690	≥5		180~230	—
			>3~12	540~690	≥5		180~230	
		T	0.2~5	635~720	≥1		200~240	
		TY		≥690	—		≥210	
	QSn6.5-0.4 QSn7-0.2	M	0.2~12	≥295	≥40	—	—	—
		Y		540~690	≥8			
		T		≥665	≥2			
	QSn4-3 QSn4-0.3	M	0.2~12	≥290	≥40	—	—	—
		Y		540~690	≥3			
		T		≥635	≥2			
	QSn8-0.3	M	0.2~5	≥345	≥40	≥0.2	≤120	—
		Y_4		390~510	≥35		100~160	—
		Y_2		490~610	≥20		150~205	—
		Y		590~705	≥5		180~235	—
		T		≥685	—		≥210	—
	QCd1	Y	0.5~10	≥390	—	—	—	—
	QCr0.5 QCr0.5-0.2-0.1	Y	—	—	—	0.5~15	≥110	
	QMn1.5	M	0.5~5	≥205	≥30	—	—	—
	QMn5	M	0.5~5	≥290	≥30	—	—	—
		Y		≥440	≥3			
	QSi3-1	M	0.5~10	≥340	≥40	—	—	—
		Y		585~735	≥3			
		T		≥685	≥1			
	QSn4-4-2.5 QSn4-4-4	M	0.8~5	≥290	≥35	≥0.8	—	—
		Y_3		390~490	≥10			65~85
		Y_2		420~510	≥9			70~90
		Y		≥510	≥5			—
	BZn15-20	M	0.5~10	≥340	≥35	—	—	—
		Y_2		440~570	≥5			
		Y		540~690	≥1.5			
		T		≥640	≥1			
	BZn18-17	M	0.5~5	≥375	≥20	≥0.5	—	—
		Y_2		440~570	≥5		120~180	
		Y		≥540	≥3		≥150	
	B5	R	7~14	≥215	≥20	—	—	—
		M	0.5~10	≥215	≥30	—	—	—
		Y		≥370	≥10			
	B19	R	7~14	≥295	≥20	—	—	—
		M	0.5~10	≥290	≥25	—	—	—
		Y		≥390	≥3			
	BFe10-1-1	R	7~14	≥275	≥20	—	—	—
		M	0.5~10	≥275	≥28	—	—	—
		Y		≥370	≥3			

第3篇

续表

	牌号	状态	拉伸试验			硬度试验		
			厚度/mm	抗拉强度 $R_m/(N/mm^2)$	断后伸长率 $A_{11.3}/\%$	厚度/mm	维氏硬度HV	洛氏硬度HRB
力学性能	BFe30-1-1	R	7~14	≥345	≥15	—	—	—
		M	0.5~10	≥370	≥20	—	—	—
		Y		≥530	≥3			
	BAl 6-1.5	Y	0.5~12	≥535	≥3	—	—	—
	BAl 13-3	CYS		≥635	≥5	—	—	—
	BMn40-1.5	M	0.5~10	390~590	实测	—	—	—
		Y		≥590	实测			
	BMn3-12	M	0.5~10	≥350	≥25	—	—	—

注：1. 板材的横向室温力学性能应符合本表的规定。除铅黄铜板（HPb60-2）和铬青铜板（QCr0.5、QCr0.5-0.2-0.1）外，其他牌号板材在拉伸试验、硬度试验之间任选其一，未作特别说明时，仅提供拉伸试验。

2. 状态符号含义见表3-2-11。

铜及铜合金带材（摘自GB/T 2059—2008）

表3-2-11

	牌号	状态	厚度/mm	宽度/mm
牌号、状态及规格	T2、T3、TU1、TU2、TP1、TP2	软(M)、1/4硬(Y_4) 半硬(Y_2)、硬(Y)、特硬(T)	>0.15~<0.50	≤600
			0.50~3.0	≤1200
	H96、H80、H59	软(M)、硬(Y)	>0.15~<0.50	≤600
			0.50~3.0	≤1200
	H85、H90	软(M)、半硬(Y_2)、硬(Y)	>0.15~<0.50	≤600
			0.50~3.0	≤1200
	H70、H68、H65	软(M)、1/4硬(Y_4)、半硬(Y_2) 硬(Y)、特硬(T)、弹硬(TY)	>0.15~<0.50	≤600
			0.50~3.0	≤1200
	H63、H62	软(M)、半硬(Y_2) 硬(Y)、特硬(T)	>0.15~<0.50	≤600
			0.50~3.0	≤1200
	HPb59-1、HMn58-2	软(M)、半硬(Y_2)、硬(Y)	>0.15~<0.20	≤300
			>0.20~2.0	≤550
	HPb59-1	特硬(T)	0.32~1.5	≤200
	HSn62-1	硬(Y)	>0.15~0.20	≤300
			>0.20~2.0	≤550
	QAl5	软(M)、硬(Y)	>0.15~1.2	≤300
	QAl7	半硬(Y_2)、硬(Y)		
	QAl9-2	软(M)、硬(Y)、特硬(T)		
	QAl9-4	硬(Y)		
	QSn6.5-0.1	软(M)、1/4硬(Y_4)、半硬(Y_2) 硬(Y)、特硬(T)、弹硬(TY)	>0.15~2.0	≤610
	QSn7-0.2、QSn6.5-0.4 QSn4-3、QSn4-0.3	软(M)、硬(Y)、特硬(T)	>0.15~2.0	≤610
	QSn8-0.3	软(M)、1/4硬(Y_4)、半硬(Y_2) 硬(Y)、特硬(T)	>0.15~2.6	≤610
	QSn4-4-4、QSn4-4-2.5	软(M)、1/3硬(Y_3)、半硬(Y_2) 硬(Y)	0.80~1.2	≤200
	QCd1	硬(Y)	>0.15~1.2	≤300
	QMn1.5	软(M)	>0.15~1.2	
	QMn5	软(M)、硬(Y)		
	QSi3-1	软(M)、硬(Y)、特硬(T)	>0.15~1.2	≤300
	BZn18-17	软(M)、半硬(Y_2)、硬(Y)	>0.15~1.2	≤610

续表

	牌号	状态	厚度/mm	宽度/mm
牌号、状态及规格	BZn15-20	软(M)、半硬(Y_2)、硬(Y)、特硬(T)	>0.15~1.2	≤400
	B5、B19、BFe10-1-1、BFe30-1-1 BMn40-1.5、BMn3-12	软(M)、硬(Y)		
	BAl13-3	淬火+冷加工+人工时效(CYS)	>0.15~1.2	≤300
	BAl6-1.5	硬(Y)		

	牌号	状态	厚度/mm	拉伸试验		硬度试验	
				抗拉强度 R_m /(N/mm^2)	断后伸长率 $A_{11.3}$ /%	维氏硬度 HV	洛氏硬度 HRB
力学性能	T2、T3 TU1、TU2 TP1、TP2	M	≥0.2	≥195	≥30	≤70	
		Y_4		215~275	≥25	60~90	
		Y_2		245~345	≥8	80~110	
		Y		295~380	≥3	90~120	
		T		≥350	—	≥110	
	H96	M	≥0.2	≥215	≥30	—	—
		Y		≥320	≥3		
	H90	M	≥0.2	≥245	≥35	—	—
		Y_2		330~440	≥5		
		Y		≥390	≥3		
	H85	M	≥0.2	≥260	≥40	≤85	—
		Y_2		305~380	≥15	80~115	
		Y		≥350	—	≥105	
	H80	M	≥0.2	≥265	≥50	—	—
		Y		≥390	≥3		
	H70 H68 H65	M	≥0.2	≥290	≥40	≤90	—
		Y_4		325~410	≥35	85~115	
		Y_2		355~460	≥25	100~130	
		Y		410~540	≥13	120~160	
		T		520~620	≥4	150~190	
		TY		≥570	—	≥180	
	H63、H62	M	≥0.2	≥290	≥35	≤95	—
		Y_2		350~470	≥20	90~130	
		Y		410~630	≥10	125~165	
		T		≥585	≥2.5	≥155	
	H59	M	≥0.2	≥290	≥10	—	—
		Y		≥410	≥5	≥130	
	HPb59-1	M	≥0.2	≥340	≥25	—	—
		Y_2		390~490	≥12		
		Y		≥440	≥5		
		T	≥0.32	≥590	≥3		
	HMn58-2	M	≥0.2	≥380	≥30	—	—
		Y_2		440~610	≥25		
		Y		≥585	≥3		
	HSn62-1	Y	≥0.2	390	≥5	—	—
	QAl5	M	≥0.2	≥275	≥33	—	—
		Y		≥585	≥2.5		
	QAl7	Y_2	≥0.2	585~740	≥10	—	—
		Y		≥635	≥5		
	QAl9-2	M	≥0.2	≥440	≥18	—	—
		Y		≥585	≥5		
		T		≥880	—		

续表

	牌号	状态	拉伸试验			硬度试验	
			厚度/mm	抗拉强度 R_m /(N/mm²)	断后伸长率 $A_{11.3}$ /%	维氏硬度 HV	洛氏硬度 HRB
力学性能	QAl9-4	Y	≥0.2	≥635	—	—	—
	QSn4-3 QSn4-0.3	M	>0.15	≥290	≥40	—	—
		Y		540~690	≥3		
		T		≥635	≥2		
	QSn6.5-0.1	M	>0.15	≥315	≥40	≤120	—
		Y_4		390~510	≥35	110~155	
		Y_2		490~610	≥10	150~190	
		Y		590~690	≥8	180~230	
		T		635~720	≥5	200~240	
		TY		≥690	—	≥210	
	QSn7-0.2 QSn6.5-0.4	M	>0.15	≥295	≥40	—	—
		Y		540~690	≥8		
		T		≥665	≥2		
	QSn8-0.3	M	≥0.2	≥345	≥45	≤120	—
		Y_4		390~510	≥40	100~160	
		Y_2		490~610	≥30	150~205	
		Y		590~705	≥12	180~235	
		T		≥685	≥5	≥210	
	QSn4-4-4 QSn4-4-2.5	M	≥0.8	≥290	≥35	—	—
		Y_3		390~490	≥10	—	65~85
		Y_2		420~510	≥9	—	70~90
		Y		≥490	≥5	—	—
	QCd1	Y	≥0.2	≥390	—	—	—
	QMn1.5	M	≥0.2	≥205	≥30	—	—
	QMn5	M	≥0.2	≥290	≥30	—	—
		Y	≥0.2	≥440	≥3	—	—
	QSi3-1	M	≥0.15	≥370	≥45	—	—
		Y	≥0.15	635~785	≥5		
		T	≥0.15	735	≥2		
	BZn15-20	M	≥0.2	≥340	≥35	—	—
		Y_2		440~570	≥5		
		Y		540~690	≥1.5		
		T		≥640	≥1		
	BZn18-17	M	≥0.2	≥375	≥20	—	—
		Y_2		440~570	≥5	120~180	
		Y		≥540	≥3	≥150	
	B5	M	≥0.2	≥215	≥32	—	—
		Y		≥370	≥10		
	B19	M	≥0.2	≥290	≥25	—	—
		Y		≥390	≥3		
	BFe10-1-1	M	≥0.2	≥275	≥28	—	—
		Y		≥370	≥3		
	BFe30-1-1	M	≥0.2	≥370	≥23	—	—
		Y		≥540	≥3		
	BMn3-12	M	≥0.2	≥350	≥25	—	—
	BMn40-1.5	M	≥0.2	390~590	实测数据	—	—
		Y		≥635			
	BAl13-3	CYS	≥0.2	供实测值		—	—
	BAl6-1.5	Y		≥600	≥5	—	—

注：厚度超出规定范围的带材，其性能由供需双方商定。

表 3-2-12 铜及黄铜板的理论质量

厚度/mm	理论质量/(kg/m²)		厚度/mm	理论质量/(kg/m²)		厚度/mm	理论质量/(kg/m²)		厚度/mm	理论质量/(kg/m²)	
	纯铜板	黄铜板		纯铜板	黄铜板		纯铜板	黄铜板		纯铜板	黄铜板
0.005	0.0445	0.0425	0.55	4.90	4.68	2.75	24.48	23.38	24	213.6	204.0
0.008	0.0712	0.0680	0.57	—	4.85	2.80	24.92	23.80	25	222.5	212.5
0.010	0.0890	0.0850	0.60	5.34	5.10	3.00	26.70	25.50	26	231.4	221.0
0.012	0.107	0.102	0.65	5.79	5.53	3.5	31.15	29.75	27	240.3	229.8
0.015	0.134	0.128	0.70	6.23	5.95	4.0	35.60	34.00	28	249.2	238.0
0.02	0.178	0.170	0.72	—	6.12	4.5	40.05	38.25	29	258.1	246.5
0.03	0.267	0.255	0.75	6.68	6.38	5.0	44.50	42.50	30	267.0	255.0
0.04	0.356	0.340	0.80	7.12	6.80	5.5	48.95	46.75	32	284.8	272.0
0.05	0.445	0.425	0.85	7.57	7.23	6.0	53.40	51.00	34	302.6	289.0
0.06	0.534	0.510	0.90	8.01	7.65	6.5	57.85	55.25	35	311.5	297.5
0.07	0.623	0.595	0.93	—	7.91	7.0	62.30	59.50	36	320.4	306.0
0.08	0.712	0.680	1.00	8.90	8.50	7.5	66.75	63.75	38	338.2	323.0
0.09	0.801	0.765	1.10	9.79	9.35	8.0	71.20	68.00	40	356.0	340.0
0.10	0.890	0.850	1.13	—	9.61	9.0	80.10	76.50	42	373.8	357.0
0.12	1.07	1 02	1.20	10.68	10.20	10	89.00	85.00	44	391.6	374.0
0.15	1.34	1.28	1.22	—	10.37	11	97.90	93.50	45	400.5	382.5
0.18	1.60	1.53	1.30	11.57	11.05	12	106.8	102.0	46	409.3	391.0
0.20	1.78	1.70	1.35	12.02	11.48	13	115.7	110.5	48	427.2	408.0
0.22	1.96	1.87	1.40	12.46	11.90	14	124.6	119.0	50	445.0	425.0
0.25	2.23	2.13	1.45	—	12.33	15	133.5	127.5	52	462.8	442.0
0.30	2.67	2.55	1.50	13.35	12.75	16	142.4	136.0	54	480.6	459.0
0.32	—	2.72	1.60	14.24	13.60	17	151.3	144.5	55	489.5	467.5
0.34	—	2.89	1.65	14.69	14.03	18	160.2	153.0	56	498.4	476.0
0.35	3.12	2.98	1.80	16.02	15.30	19	169.1	161.5	58	516.2	493.0
0.40	3.56	3.40	2.00	17.80	17.00	20	178.0	170.0	60	534.0	510.0
0.45	4.01	3.83	2.20	19.58	18.70	21	186.9	178.5			
0.50	4.45	4.25	2.25	20.03	19.13	22	195.8	187.0			
0.52	—	4.42	2.50	22.25	21.35	23	204.7	195.5			

注：本表理论质量计算采用的密度为纯铜板 8.9g/cm³；黄铜板 8.5g/cm³。不同牌号黄铜密度和理论质量换算系数见表 3-2-13，即本表数值与换算系数乘积即为相应牌号的理论质量。

表 3-2-13 各种牌号黄铜密度和理论质量换算系数

黄铜牌号	密度/(g/cm³)	换算系数	黄铜牌号	密度/(g/cm³)	换算系数
H68、H65、H62			HSn62-1	8.45	0.9941
HPb63-3、HPb59-1			HAl77-2、HSi80-3	8.6	1.0118
HAl67-2.5、HAl66-6-3-2	8.5	1	HNi65-5	8.66	1.0188
HMn58-2、HMn57-3-1			H90	8.8	1.0353
HMn55-3-1					
H59、HAl60-1-1	8.4	0.9882	H96	8.85	1.0412

第 3 篇

铜及铜合金控制管牌号、状态、规格和力学性能（摘自 GB/T 1527—2006）

表 3-2-14

	牌号	状态	规格/mm			
			圆形		矩(方)形	
			外径	壁厚	对边距	壁厚
牌号状态规格	T2、T3、TU1、TU2、TP1、TP2	软(M)、轻软(M_2)、硬(Y)、特硬(T)	3~360	0.5~15	3~100	1~10
		半硬(Y_2)	3~100			
	H96、H90	软(M)、轻软(M_2)、半硬(Y_2)、硬(Y)	3~200	0.2~10		0.2~7
	H85、H80、H85A					
	H70、H68、H59、HPb59-1、HSn62-1、HSn70-1、H70A、H68A		3~100			
	H65、H63、H62、HPb66-0.5、H65A		3~200			
	HPb63-0.1	半硬(Y_2)	18~31	6.5~13	—	—
		1/3 硬(Y_3)	8~31	3.0~13		
	BZn15-20	硬(Y)、半硬(Y_2)、软(M)	4~40	0.5~8	—	—
	BFe10-1-1	硬(Y)、半硬(Y_2)、软(M)	8~160			
	BFe30-1-1	半硬(Y_2)、软(M)	8~80			

注：1. 外径≤100mm 的圆形直管，供应长度为 1000~7000mm；其他规格的圆形直管供应长度为 500~6000mm。
2. 矩(方)形直管的供应长度为 1000~5000mm。
3. 外径≤30mm、壁厚<3mm 的圆形管材和圆周长≤100mm 或圆周长与壁厚之比≤15 的矩(方)形管材，可供应长度≥6000mm 的盘管。

力学性能		牌号	状态	壁厚/mm	拉伸试验		硬度试验	
					抗拉强度 R_m/MPa ≥	伸长率 A/% ≥	维氏硬度 HV	布氏硬度 HB
	纯铜管	T2、T3、TU1、TU2、TP1、TP2	软(M)	所有	200	40	40~65	35~60
			轻软(M_2)	所有	220	40	45~75	40~70
			半硬(Y_2)	所有	250	20	70~100	55~95
			硬(Y)	≤6	290	—	95~120	90~115
				>6~10	265	—	75~110	70~105
				>10~15	250	—	70~100	65~95
			特硬(T)	所有	360	—	≥110	≥150

力学性能		牌号	状态	拉伸试验		硬度试验	
				抗拉强度 R_m/MPa ≥	伸长率 A/% ≥	维氏硬度 HV	布氏硬度 HB
	黄铜、白铜管	H96	M	205	42	45~70	40~65
			M_2	220	35	50~75	45~70
			Y_2	260	18	75~105	70~100
			Y	320	—	≥95	≥90
		H90	M	220	42	45~75	40~70
			M_2	240	35	50~80	45~75
			Y_2	300	18	75~105	70~100
			Y	360	—	≥100	≥95
		H85、H85A	M	240	43	45~75	40~70
			M_2	260	35	50~80	45~75
			Y_2	310	18	80~110	75~105
			Y	370	—	≥105	≥100

第 3 篇

续表

		牌号	状态	拉伸试验		硬度试验	
				抗拉强度 R_m/MPa ≥	伸长率 A/% ≥	维氏硬度 HV	布氏硬度 HB
力学性能	黄铜、白铜管	H80	M	240	43	45~75	40~70
			M_2	260	40	55~85	50~80
			Y_2	320	25	85~120	80~115
			Y	390	—	≥115	≥110
		H70、H68、H70A、H68A	M	280	43	55~85	50~80
			M_2	350	25	85~120	80~115
			Y_2	370	18	95~125	90~120
			Y	420	—	≥115	≥110
		H65、HPb66-0.5、H65A	M	290	43	55~85	50~80
			M_2	360	25	80~115	75~110
			Y_2	370	18	90~120	85~115
			Y	430	—	≥110	≥105
		H63、H62	M	300	43	60~90	55~85
			M_2	360	25	75~110	70~105
			Y_2	370	18	85~120	80~115
			Y	440	—	≥115	≥110
		H59、HPb59-1	M	340	35	75~105	70~100
			M_2	370	20	85~115	80~110
			Y_2	410	15	100~130	95~125
			Y	470	—	≥125	≥120
		HSn70-1	M	295	40	60~90	55~85
			M_2	320	35	70~100	65~95
			Y_2	370	20	85~110	80~105
			Y	455	—	≥110	≥105
		HSn62-1	M	295	35	60~90	55~85
			M_2	335	30	75~105	70~100
			Y_2	370	20	85~110	80~105
			Y	455	—	≥110	≥105
		HPb63-0.1	半硬(Y_2)	353	20	—	110~165
			1/3硬(Y_3)	—	—	—	70~125
		BZn15-20	软(M)	295	35	—	—
			半硬(Y_2)	390	20	—	—
			硬(Y)	490	8	—	—
		BFe10-1-1	软(M)	290	30	75~110	70~105
			半硬(Y_2)	310	12	105	100
			硬(Y)	480	8	150	145
		BFe30-1-1	软(M)	370	35	135	130
			半硬(Y_2)	480	12	85~120	80~115

铜及铜合金挤制管（摘自 YS/T 662—2007）

表 3-2-15

	牌　　号	规格/mm		
		外径	壁厚	长度
牌号、规格	TU1、TU2、T2、T3、TP1、TP2	30~300	5~65	300~6000
	H96、H62、HPb59-1、HFe59-1-1	20~300	1.5~42.5	
	H80、H65、H68、HSn62-1、HSi80-3、HMn58-2、HMn67-3-1	60~220	7.5~30	

续表

	牌号	规格/mm		
		外径	壁厚	长度
牌号、规格	QAl9-2、QAl9-4、QAl10-3-1.5、QAl10-4-4	20~250	3~50	500~6000
	QSi3.5-3-1.5	80~200	10~30	
	QCr0.5	100~220	17.5~37.5	500~3000
	BFe10-1-1	70~250	10~25	300~3000
	BFe30-1-1	80~120	10~25	

	牌号	壁厚/mm	抗拉强度 R_m/(N/mm^2)	断后伸长率 A/%	布氏硬度 HBW
力学性能	T2、T3、TU1、TU2、TH1、TP1、TP2	≤65	≥185	≥42	—
	H96	≤12.5	≥185	≥42	—
	H80	≤30	≥275	≥40	—
	H68	≤30	≥295	≥45	—
	H65、H62	≤42.5	≥295	≥43	—
	HPb59-1	≤42.5	≥390	≥24	—
	HFe59-1-1	≤42.5	≥430	≥31	—
	HSn62-1	≤30	≥320	≥25	—
	HSi80-3	≤30	≥295	≥28	—
	HMn58-2	≤30	≥395	≥29	—
	HMn57-3-1	≤30	≥490	≥16	—
	QAl9-2	≤50	≥470	≥16	—
	QAl9-4	≤50	≥450	≥17	—
	QAl10-3-1.5	<16	≥590	≥14	140~200
		≥16	≥540	≥15	135~200
	QAl10-4-4	≤50	≥635	≥6	170~230
	QSi3.5-3-1.5	≤30	≥360	≥35	—
	QCr0.5	≤37.5	≥220	≥35	—
	BFe10-1-1	≤25	≥280	≥28	—
	BFe30-1-1	≤25	≥345	≥25	—

注：标记示例，用T2制造的、挤制状态、外径为80mm、壁厚为10mm的圆形管材标记为：

管 T2R 80×10 YS/T 662—2007

铜及铜合金拉制棒（摘自GB/T 4423—2007）

表 3-2-16

	牌号	状态	直径(或对边距离)/mm	
			圆形棒、方形棒、六角形棒	矩形棒
牌号、状态及规格	T2、T3、TP2、H96、TU1、TU2	Y(硬) M(软)	3~80	3~80
	H90	Y(硬)	3~40	—
	H80、H65	Y(硬) M(软)	3~40	—
	H68	Y_2(半硬) M(软)	3~80 13~35	—
	H62	Y_2(半硬)	3~80	3~80
	HPb59-1	Y_2(半硬)	3~80	3~80
	H63、HPb63-0.1	Y_2(半硬)	3~40	—
	HPb63-3	Y(硬) Y_2(半硬)	3~30 3~60	3~80
	HPb61-1	Y_2(半硬)	3~20	—

第3篇

续表

	牌　号	状态	直径(或对边距离)/mm 圆形棒、方形棒、六角形棒	矩形棒
牌号、状态及规格	HFe59-1-1、HFe58-1-1、HSn62-4、HMn58-2	Y(硬)	4~60	—
	QSn6.5-0.1、QSn6.5-0.4、QSn4-3、QSn4-0.3、QSi3-1、QAl9-2、QAl9-4、QAl10-3-1.5、QZr0.2、QZr0.4	Y(硬)	4~40	—
	QSn7-0.2	Y(硬) T(特硬)	4~40	—
	QCd1	Y(硬) M(软)	4~60	—
	QCr0.5	Y(硬) M(软)	4~40	—
	QSi1.8	Y(硬)	4~15	—
	BZn15-20	Y(硬) M(软)	4~40	—
	BZn15-24-1.5	T(特硬) Y(硬) M(软)	3~18	—
	BFe30-1-1	Y(硬) M(软)	16~50	—
	BMn40-1.5	Y(硬)	7~40	—

	圆形棒、方形棒和六角形棒					
	牌号	状态	直径、对边距/mm	抗拉强度 R_m/(N/mm²)	断后伸长率 A/%	布氏硬度 HBW
				不小于		
力学性能	T2　T3	Y	3~40	275	10	—
			40~60	245	12	—
			60~80	210	16	—
		M	3~80	200	40	—
	TU1　TU2　TP2	Y	3~80	—	—	—
	H96	Y	3~40	275	8	—
			40~60	245	10	—
			60~80	205	14	—
		M	3~80	200	40	—
	H90	Y	3~40	330	—	—
	H80	Y	3~40	390	—	—
		M	3~40	275	50	—
	H68	Y_2	3~12	370	18	—
			12~40	315	30	—
			40~80	295	34	—
		M	13~35	295	50	—
	H65	Y	3~40	390	—	—
		M	3~40	295	44	—
	H62	Y_2	3~40	370	18	—
			40~80	335	2	—
	HPb61-1	Y_2	3~20	390	11	—
	HPb59-1	Y_2	3~20	420	12	—
			20~40	390	14	—
			40~80	370	19	—
	HPb63-0.1 H63	Y_2	3~20	370	18	—
			20~40	340	21	—

续表

	牌号	状态	直径、对边距/mm	抗拉强度 R_m /(N/mm²)	断后伸长率 A /%	布氏硬度 HBW
				不小于		
力学性能	HPb63-3	Y	3~15	490	4	—
			15~20	450	9	—
			20~30	410	12	—
		Y_2	3~20	390	12	—
			20~60	360	16	—
	HSn62-1	Y	4~40	390	17	—
			40~60	360	23	—
	BZn15-20	Y	25~40	345	13	—
		M	3~40	295	33	—
	BZn15-24-1.5	T	3~18	590	3	—
		Y	3~18	440	5	—
		M	3~18	295	30	—
	BFe30-1-1	Y	16~50	490	—	—
		M	16~50	345	25	—
	BMn40-1.5	Y	7~20	540	6	—
			20~30	490	8	—
			30~40	440	11	—
	注:直径或对边距离小于10mm的棒材不做硬度试验					
	矩形棒					
	牌号	状态	高度/mm	抗拉强度 R_m /(N/mm²)	断后伸长率 A/%	
				不小于		
	T2	M	3~80	196	36	
		Y	3~80	245	9	
	H62	Y_2	3~20	335	17	
			20~80	335	23	
	HPb59-1	Y_2	5~20	390	12	
			20~80	375	18	
	HPb63-3	Y_2	3~20	380	14	
			20~80	365	19	

铜及铜合金挤制棒（摘自 YS/T 649—2007）

表 3-2-17

	牌　号	直径或长边对边距/mm		
		圆形棒	矩形棒[1]	方形、六角形棒
牌号、规格	T2、T3	30~300	20~120	20~120
	TU1、TU2、TP2	16~300	—	16~120
	H96、HFe58-1-1、HAl60-1-1	10~160	—	10~120
	HSn62-1、HMn58-2、HFe59-1-1	10~220	—	10~120
	H80、H68、H59	16~120	—	16~120
	H62、HPb59-1	10~220	5~50	10~120
	HSn70-1、HAl77-2	10~160	—	10~120
	HMn55-3-1、HMn57-3-1、HAl66-6-3-2、HAl67-2.5	10~160	—	10~120
	QAl9-2	10~200	—	30~60
	QAl9-4、QAl10-3-1.5、QAl10-4-4、QAl10-5-5	10~200	—	—
	QAl11-6-6、HSi80-3、HNi56-3	10~160	—	—
	QSi1-3	20~100	—	—
	QSi3-1	20~160	—	—
	QSi3.5-3-1.5、BFe10-1-1、BFe30-1-1、BAl13-3、BMn40-1.5	40~120	—	—

续表

	牌号	直径或长边对边距/mm		
		圆形棒	矩形棒①	方形、六角形棒
牌号、规格	QCd1	20~120	—	—
	QSn4-0.3	60~180	—	—
	QSn4-3、QSn7-0.2	40~180	—	40~120
	QSn6.5-0.1、QSn6.5-0.4	40~180	—	30~120
	QCr0.5	18~160	—	—
	BZn15-20	25~120	—	—

① 矩形棒的对边距指两短边的距离

注：直径（或对边距）为10~50mm的棒材，供应长度为1000~5000mm；直径（或对边距）大于50~75mm的棒材，供应长度为500~5000mm；直径（或对边距）大于75~120mm的棒材，供应长度为500~4000mm；直径（或对边距）大于120mm的棒材，供应长度为300~4000mm

	牌号	直径（对边距）/mm	抗拉强度 R_m/(N/mm^2)	断后伸长率 A/%	布氏硬度 HBW
力学性能	T2、T3、TU1、TU2、TP2	≤120	≥186	≥40	—
	H96	≤80	≥196	≥35	—
	H80	≤120	≥275	≥45	—
	H68	≤80	≥295	≥45	—
	H62	≤160	≥295	≥35	—
	H59	≤120	≥295	≥30	—
	HPb59-1	≤160	≥340	≥17	—
	HSn62-1	≤120	≥365	≥22	—
	HSn70-1	≤75	≥245	≥45	—
	HMn58-2	≤120	≥395	≥29	—
	HMn55-3-1	≤75	≥490	≥17	—
	HMn57-3-1	≤70	≥490	≥16	—
	HFe58-1-1	≤120	≥295	≥22	—
	HFe59-1-1	≤120	≥430	≥31	—
	HAl60-1-1	≤120	≥440	≥20	—
	HAl66-6-3-2	≤75	≥735	≥8	—
	HAl67-2.5	≤75	≥395	≥17	—
	HAl77-2	≤75	≥245	≥45	—
	HNi56-3	≤75	≥440	≥28	—
	HSi80-3	≤75	≥295	≥28	—
	QAl9-2	≤45	≥490	≥18	110~190
		>45~160	≥470	≥24	—
	QAl9-4	≤120	≥540	≥17	110~190
		>120	≥450	≥13	
	QAl10-3-1.5	≤16	≥610	≥9	130~190
		>16	≥590	≥13	
	QAl10-4-4 QAl10-5-5	≤29	≥690	≥5	170~260
		>29~120	≥635	≥6	
		>120	≥590	≥6	
	QAl11-6-6	≤28	≥690	≥4	—
		>28~50	≥635	≥5	—
	QSi1-3	≤80	≥490	≥11	—
	QSi3-1	≤100	≥345	≥23	—
	QSi3.5-3-1.5	40~120	≥380	≥35	—
	QSn4-0.3	60~120	≥280	≥30	—
	QSn4-3	40~120	≥275	≥30	—
	QSn6.5-0.1、 QSn6.5-0.4	≤40	≥355	≥55	—
		>40~100	≥345	≥60	—
		>100	≥315	≥64	—

续表

	牌　　号	直径(对边距)/mm	抗拉强度 R_m/(N/mm²)	断后伸长率 *A*/%	布氏硬度 HBW
力学性能	QSn7-0.2	40~120	≥355	≥64	≥70
	QCd1	20~120	≥196	≥38	≤75
	QCr0.5	20~160	≥230	≥35	—
	BZn15-20	≤80	≥295	≥33	—
	BFe10-1-1	≤80	≥280	≥30	—
	BFe30-1-1	≤80	≥345	≥28	—
	BAl13-3	≤80	≥685	≥7	—
	BMn40-1.5	≤80	≥345	≥28	—
	注：直径大于 50mm 的 QAl10-3-1.5 棒材，当断后伸长率 *A* 不小于 16%时，其抗拉强度可不小于 540N/mm²				

铜碲合金棒（摘自 YS/T 648—2007）

表 3-2-18

截面形状

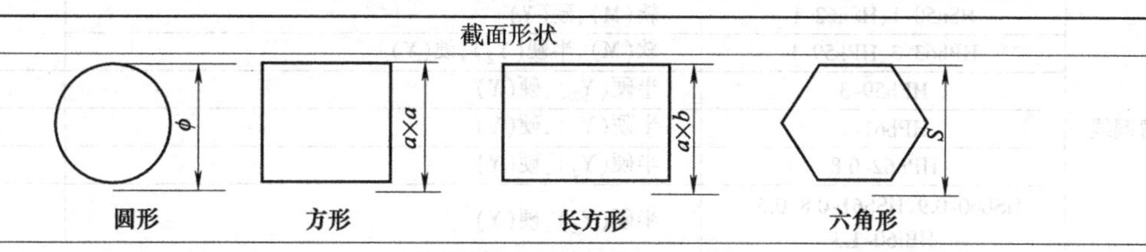

产品的牌号、状态、规格

牌号	形状	状态	直径或对边距/mm	长度/mm
QTe0.3 QTe0.5-0.008	圆形、方(矩)形、六角形见图	Y、Y_2	5~60	500~5000

注：经双方协议，直径或对边距不大于 10mm 的棒材可成盘（卷）供货，其长度不小于 4000mm。同时也可供其他规格的棒材

QTe0.3 牌号的化学成分（质量分数）

牌号	主要成分/%		杂质/% ≤						杂质总和
	Te	Cu+Ag	Pb	Cd	As	Bi	Fe	Zn	
QTe0.3	0.2~0.35	余量	0.01	0.01	0.002	0.001	0.008	0.005	0.1
			Sb	Sn	Ni	S	P		
			0.0015	0.001	0.002	0.0025	0.001		

注：Te+Cu+Ag≥99.9%，杂质总和包括表内外所有的杂质

QTe0.5-0.008 牌号的化学成分（质量分数）

牌号	主要成分/%			杂质/%≤						杂质总和
	Te	P	Cu+Ag	Pb	Cd	As	Bi	Fe	Zn	
QTe0.5-0.008	0.4~0.6	0.004~0.012	余量	0.01	0.01	0.002	0.001	0.008	0.008	0.2
				Sb	Sn	Ni	S			
				0.003	0.01	0.005	0.003			

注：Te+P+Cu+Ag≥99.8%，杂质总和包括表内外所有的杂质

棒材的室温力学、热学、电学及切削性能

牌号	状态	抗拉强度 R_m/(N/mm²)	伸长率 *A*/%	硬度 HBS	导热系数 /[Cal/(cm·s·℃)]	20℃导电率 /%IACS	起晕电压 /kV	击穿电压 /kV	切削性能 /%
QTe0.3	Y	>360	>1	—	≥0.93	≥97	≥17	≥19	—
QTe0.3	Y_2	>270	≥8	90~120	≥0.93	≥98	≥17	≥19	—
QTe0.5-0.008	Y	>350	>1	—	—	≥80	—	—	≥85
QTe0.5-0.008	Y_2	>280	≥8	95~130	—	≥85	—	—	≥85

注：1. 直径小于 10mm 的棒材不做硬度和抗弧试验

2. 切削性能是指以 HPb63-3 为 100%的相对比较值

常用铜及铜合金线材的规格和力学性能（摘自 GB/T 21652—2008）

表 3-2-19

产品的牌号、状态、规格			
类别	牌号	状 态	直径（对边距）/mm
纯铜线	T2、T3	软（M），半硬（Y_2），硬（Y）	0.05~8.0
	TU1、TU2	软（M），硬（Y）	0.05~8.0
黄铜线	H62、H63、H65	软（M），1/8 硬（Y_8），1/4 硬（Y_4），半硬（Y_2），3/4 硬（Y_3），硬（Y）	0.05~13.0
		特硬（T）	0.05~4.0
	H68、H70	软（M），1/8 硬（Y_8），1/4 硬（Y_4），半硬（Y_2），3/4 硬（Y_3），硬（Y）	0.05~8.5
		特硬（T）	0.1~6.0
黄铜线	H80、H85、H90、H96	软（M），半硬（Y_2），硬（Y）	0.05~12.0
	HSn50-1、HSn62-1	软（M），硬（Y）	0.5~6.0
	HPb63-3、HPb59-1	软（M），半硬（Y_2），硬（Y）	
	HPb59-3	半硬（Y_2），硬（Y）	1.0~8.5
	HPb61-1	半硬（Y_2），硬（Y）	0.5~8.5
	HPb62-0.8	半硬（Y_2），硬（Y）	0.5~6.0
	HSb60-0.9、HSb61-0.8-0.5、HBi60-1.3	半硬（Y_2），硬（Y）	0.8~12.0
	HMn62-13	软（M），1/4 硬（Y_4），半硬（Y_2），3/4 硬（Y_1），硬（Y）	0.5~6.0
青铜线	QSn6.5-0.1、QSn6.5-0.4 QSn7-0.2、QSn5-0.2、QSi3-1	软（M），1/4 硬（Y_4），半硬（Y_2），3/4 硬（Y_1），硬（Y）	0.1~8.5
	QSn4-3	软（M），1/4 硬（Y_4），半硬（Y_2），3/4 硬（Y_1）	0.1~8.5
		硬（Y）	0.1~6.0
	QSn4-4-1	半硬（Y_2），硬（Y）	0.1~8.5
	QSn15-1-1	软（M），1/4 硬（Y_4），半硬（Y_2），3/4 硬（Y_1），硬（Y）	0.5~6.0
	QAl7	半硬（Y_2），硬（Y）	1.0~6.0
	QAl9-2	硬（Y）	0.6~6.0
	QCr1、QCr1-0.18	固溶+冷加工+时效（CYS），固溶+时效+冷加工（CSY）	1.0~12.0
	QCr4.5-2.5-0.6	软（M），固溶+冷加工+时效（CYS），固溶+时效+冷加工（CSY）	0.5~6.0
	QCd1	软（M），硬（Y）	0.1~6.0
白铜线	B19	软（M），硬（Y）	0.1~6.0
	BFe10-1-1，BFe30-1-1		
	BMn3-12	软（M），硬（Y）	0.05~6.0
	BMn10-1.5		
	BZn9-29，BZn12-26，BZn15-20 BZn18-20	软（M），1/8 硬（Y_8），1/4 硬（Y_4），半硬（Y_2），3/4 硬（Y_1），硬（Y）	0.1~8.0
		特硬（T）	0.5~4.0
	BZn22-16，BZn25-18	软（M），1/8 硬（Y_8），1/4 硬（Y_4），半硬（Y_2），3/4 硬（Y_1），硬（Y）	0.1~8.0
		特硬（T）	0.1~4.0
	BZn40-20	软（M），1/4 硬（Y_4），半硬（Y_2），3/4 硬（Y_1），硬（Y）	1.0~6.0

线材的室温纵向力学性能				
牌号	状态	直径（对边距）/mm	抗拉强度 R_m /（N/mm^2）	伸长率 A_{100mm} /%
TU1 TU2	M	0.05~8.0	≤255	≥25
	Y	0.05~4.0	≥345	
		>4.0~8.0	≥310	≥10

续表

牌号	状态	直径(对边距)/mm	抗拉强度 R_m /(N/mm^2)	伸长率 A_{100mm} /%
T2 T3	M	0.05~0.3	≥195	≥15
		>0.3~1.0	≥195	≥20
		>1.0~2.5	≥205	≥25
		>2.5~8.0	≥205	≥30
	Y_2	0.05~8.0	255~365	—
	Y	0.05~2.5	≥380	—
		>2.5~8.0	≥365	—
H62 H63	M	0.05~0.25	≥345	≥18
		>0.25~1.0	≥335	≥22
		>1.0~2.0	≥325	≥26
		>2.0~4.0	≥315	≥30
		>4.0~6.0	≥315	≥34
		>6.0~13.0	≥305	≥36
	Y_8	0.05~0.25	≥360	≥8
		>0.25~1.0	≥350	≥12
		>1.0~2.0	≥340	≥18
		>2.0~4.0	≥330	≥22
		>4.0~6.0	≥320	≥26
		>6.0~13.0	≥310	≥30
	Y_4	0.05~0.25	≥380	≥5
		>0.25~1.0	≥370	≥8
		>1.0~2.0	≥360	≥10
		>2.0~4.0	≥350	≥15
		>4.0~6.0	≥340	≥20
		>6.0~13.0	≥330	≥25
	Y_3	0.05~0.25	≥430	—
		>0.25~1.0	≥410	≥4
		>1.0~2.0	≥390	≥7
		>2.0~4.0	≥375	≥10
		>4.0~6.0	≥355	≥12
		>6.0~13.0	≥350	≥14
	Y_1	0.05~0.25	590~785	—
		>0.25~1.0	540~735	—
		>1.0~2.0	490~685	—
		>2.0~4.0	440~635	—
		>4.0~6.0	390~590	—
		>6.0~13.0	360~560	—
	Y	0.05~0.25	785~980	—
		>0.25~1.0	685~885	—
		>1.0~2.0	635~835	—
		>2.0~4.0	590~785	—
		>4.0~6.0	540~735	—
		>6.0~13.0	490~685	—
	T	0.05~0.25	≥850	—
		>0.25~1.0	≥830	—
		>1.0~2.0	≥800	—
		>2.0~4.0	≥770	—

续表

牌号	状态	直径(对边距)/mm	抗拉强度 R_m /(N/mm²)	伸长率 A_{100mm} /%
H65	M	0.05~0.25	≥335	≥18
		>0.25~1.0	≥325	≥24
		>1.0~2.0	≥315	≥28
		>2.0~4.0	≥305	≥32
		>4.0~6.0	≥295	≥35
		>6.0~13.0	≥285	≥40
	Y_8	0.05~0.25	≥350	≥10
		>0.25~1.0	≥340	≥15
		>1.0~2.0	≥330	≥20
		>2.0~4.0	≥320	≥25
		>4.0~6.0	≥310	≥28
		>6.0~13.0	≥300	≥32
	Y_4	0.05~0.25	≥370	≥6
		>0.25~1.0	≥360	≥10
		>1.0~2.0	≥350	≥12
		>2.0~4.0	≥340	≥18
		>4.0~6.0	≥330	≥22
		>6.0~13.0	≥320	≥28
	Y_2	0.05~0.25	≥410	—
		>0.25~1.0	≥400	≥4
		>1.0~2.0	≥390	≥7
		>2.0~4.0	≥380	≥10
		>4.0~6.0	≥375	≥13
		>6.0~13.0	≥360	≥15
	Y_1	0.05~0.25	540~735	—
		>0.25~1.0	490~685	—
		>1.0~2.0	440~635	—
		>2.0~4.0	390~590	—
		>4.0~6.0	375~570	—
		>6.0~13.0	370~550	—
	Y	0.05~0.25	685~885	—
		>0.25~1.0	635~835	—
		>1.0~2.0	590~785	—
		>2.0~4.0	540~735	—
		>4.0~6.0	490~685	—
		>6.0~13.0	440~635	—
	T	0.05~0.25	≥830	—
		>0.25~1.0	≥810	—
		>1.0~2.0	≥800	—
		>2.0~4.0	≥780	—
H68 H70	M	0.05~0.25	≥375	≥18
		>0.25~1.0	≥355	≥25
		>1.0~2.0	≥335	≥30
		>2.0~4.0	≥315	≥35
		>4.0~6.0	≥295	≥40
		>6.0~8.5	≥275	≥45
	Y_8	0.05~0.25	≥385	≥18
		>0.25~1.0	≥365	≥20
		>1.0~2.0	≥350	≥24

续表

牌号	状态	直径(对边距)/mm	抗拉强度 R_m /(N/mm²)	伸长率 A_{100mm} /%
H68 H70	Y_8	>2.0~4.0	≥340	≥28
		>4.0~6.0	≥330	≥33
		>6.0~8.5	≥320	≥35
	Y_4	0.05~0.25	≥400	≥10
		>0.25~1.0	≥380	≥15
		>1.0~2.0	≥370	≥20
		>2.0~4.0	≥350	≥25
		>4.0~6.0	≥340	≥30
		>6.0~8.5	≥330	≥32
	Y_2	0.05~0.25	≥410	—
		>0.25~1.0	≥390	≥5
		>1.0~2.0	≥375	≥10
		>2.0~4.0	≥355	≥12
		>4.0~6.0	≥345	≥14
		>6.0~8.5	≥340	≥16
	Y_1	0.05~0.25	540~735	—
		>0.25~1.0	490~685	—
		>1.0~2.0	440~635	—
		>2.0~4.0	390~590	—
		>4.0~6.0	345~540	—
		>6.0~8.5	340~520	—
	Y	0.05~0.25	735~930	—
		>0.25~1.0	685~885	—
		>1.0~2.0	635~835	—
		>2.0~4.0	590~785	—
		>4.0~6.0	540~735	—
		>6.0~8.5	490~685	—
	T	0.1~0.25	≥800	—
		>0.25~1.0	≥780	—
		>1.0~2.0	≥750	—
		>2.0~4.0	≥720	—
		>4.0~6.0	≥690	—
H80	M	0.05~12.0	≥320	≥20
	Y_2	0.05~12.0	≥540	—
	Y	0.05~12.0	≥690	—
H85	M	0.05~12.0	≥280	≥20
	Y_2	0.05~12.0	≥455	—
	Y	0.05~12.0	≥570	—
H90	M	0.05~12.0	≥240	≥20
	Y_2	0.05~12.0	≥385	—
	Y	0.05~12.0	≥485	—
H96	M	0.05~12.0	≥220	≥20
	Y_2	0.05~12.0	≥340	—
	Y	0.05~12.0	≥420	—
HPb59-1	M	0.5~2.0	≥345	≥25
		>2.0~4.0	≥335	≥28
		>4.0~6.0	≥325	≥30
	Y_2	0.5~2.0	390~590	—
		>3.0~4.0	390~590	—
		>4.0~6.0	375~570	—

续表

牌号	状态	直径(对边距)/mm	抗拉强度 R_m /(N/mm²)	伸长率 A_{100mm} /%
HPb59-1	Y	0.5~2.0	490~735	—
		>2.0~4.0	490~685	—
		>4.0~6.0	440~635	—
HPb59-3	Y_2	1.0~2.0	≥385	—
		>2.0~4.0	≥380	—
		>4.0~5.0	≥370	—
		>6.0~8.5	≥360	—
	Y	1.0~2.0	≥480	—
		>2.0~4.0	≥460	—
		>4.0~6.0	≥435	—
		>6.0~8.5	≥430	—
HPb61-1	Y_2	0.5~2.0	≥390	≥10
		>2.0~4.0	≥380	≥10
		>4.0~6.0	≥375	≥15
		>6.0~8.5	≥365	≥15
	Y	0.5~2.0	≥520	—
		>2.0~4.0	≥490	—
		>4.0~6.0	≥465	—
		>6.0~8.5	≥440	—
HPb62-0.8	Y_2	0.5~6.0	410~540	≥12
	Y	0.5~6.0	450~560	—
HPb63-3	M	0.5~2.0	≥305	≥32
		>2.0~4.0	≥295	≥35
		>4.0~6.0	≥285	≥35
	Y_2	0.5~2.0	390~610	≥3
		>2.0~4.0	390~500	≥4
		>4.0~6.0	390~590	≥4
	Y	0.5~6.0	570~735	—
HSn60-1 HSn62-1	M	0.5~2.0	≥315	≥15
		>2.0~4.0	≥305	≥20
		>4.0~6.0	≥295	≥25
	Y	0.5~2.0	590~835	—
		>2.0~4.0	540~785	—
		>4.0~6.0	490~735	—
HSb60-0.9	Y_2	0.8~12.0	≥330	≥10
	Y	0.8~12.0	≥380	≥5
HSb61-0.8-0.5	Y_2	0.8~12.0	≥380	≥8
	Y	0.8~12.0	≥400	≥5
HBi60-1.3	Y_2	0.8~12.0	≥350	≥8
	Y	0.8~12.0	≥400	≥5
HMn62-13	M	0.5~6.0	400~550	≥25
	Y_4	0.5~6.0	450~600	≥18
	Y_2	0.5~6.0	500~650	≥12
	Y_1	0.5~6.0	550~700	—
	Y	0.5~6.0	≥650	—
QSn6.5-0.1 QSn6.5-0.4 QSn7-0.2 QSn5-0.2 QSi3-1	M	0.1~1.0	≥350	≥35
		>1.0~8.5		≥45
	Y_4	0.1~1.0	480~680	—
		>1.0~2.0	450~650	≥10

续表

牌号	状态	直径(对边距)/mm	抗拉强度 R_m /(N/mm^2)	伸长率 A_{100mm} /%
QSn6.5-0.1 QSn6.5-0.4 QSn7-0.2 QSn5-0.2 QSi3-1	Y_4	>2.0~4.0	420~620	≥15
		>4.0~6.0	400~600	≥20
		>6.0~8.5	380~580	≥22
	Y_2	0.1~1.0	540~740	—
		>1.0~2.0	520~720	—
		>2.0~4.0	500~700	≥4
		>4.0~6.0	480~680	≥8
		>6.0~8.5	460~660	≥10
	Y_1	0.1~1.0	750~950	—
		>1.0~2.0	730~920	—
		>2.0~4.0	710~900	—
		>4.0~6.0	690~880	—
		>6.0~8.5	640~860	—
	Y	0.1~1.0	880~1130	—
		>1.0~2.0	860~1060	—
		>2.0~4.0	830~1030	—
		>4.0~6.0	780~980	—
		>6.0~8.5	690~950	—
QSn4-3	M	0.1~1.0	≥350	≥35
		>1.0~8.5		≥45
	Y_4	0.1~1.0	460~580	≥5
		>1.0~2.0	420~540	≥10
		>2.0~4.0	400~520	≥20
		>4.0~6.0	380~480	≥25
		>6.0~8.5	360~450	—
	Y_2	0.1~1.0	500~700	—
		>1.0~2.0	480~680	—
		>2.0~4.0	450~650	—
		>4.0~6.0	430~630	—
		>6.0~8.5	410~610	—
	Y_1	0.1~1.0	620~820	—
		>1.0~2.0	600~800	—
		>2.0~4.0	560~760	—
		>4.0~6.0	540~740	—
		>6.0~8.5	520~720	—
	Y	0.1~1.0	880~1130	—
		>1.0~2.0	860~1060	—
		>2.0~4.0	830~1030	—
		>4.0~6.0	780~980	—
QSn4-4-4	Y_2	0.1~8.5	≥360	≥12
	Y	0.1~8.5	≥420	≥10
QSn15-1-1	M	0.5~1.0	≥365	≥28
		>1.0~2.0	≥360	≥32
		>2.0~4.0	≥350	≥35
		>4.0~6.0	≥345	≥36
	Y_4	0.5~1.0	630~780	≥25
		>1.0~2.0	600~750	≥30
		>2.0~4.0	580~730	≥32
		>4.0~6.0	550~700	≥35

续表

牌号	状态	直径(对边距) /mm	抗拉强度 R_m /(N/mm^2)	伸长率 A_{100mm} /%
QSn15-1-1	Y_2	0.5~1.0	770~910	≥3
		>1.0~2.0	740~880	≥6
		>2.0~4.0	720~850	≥8
		>4.0~6.0	680~810	≥10
	Y_1	0.5~1.0	800~930	≥1
		>1.0~2.0	780~910	≥2
		>2.0~4.0	750~880	≥2
		>4.0~6.0	720~850	≥3
	Y	0.5~1.0	850~1080	
		>1.0~2.0	840~980	—
		>2.0~4.0	830~960	—
		>4.0~6.0	820~950	—
QAl7	Y_2	1.0~6.0	≥550	≥8
	Y	1.0~6.0	≥600	≥4
QAl9-2	Y	0.6~1.0	≥580	—
		>1.0~2.0		≥1
		>2.0~5.0		≥2
		>5.0~6.0	≥530	≥3
QCr1、QCr1-0.18	CYS CSY	1.0~6.0	≥420	≥9
		>6.0~12.0	≥400	≥10
QCr4.5-2.5-0.6	M	0.5~6.0	400~600	≥25
	CYS,CSY	0.5~6.0	550~850	—
QCd1	M	0.1~6.0	≥275	≥20
	Y	0.1~0.5	590~880	—
		>0.5~4.0	490~735	—
		>4.0~6.0	470~685	—
B19	M	0.1~0.5	≥295	≥20
		>0.5~6.0		≥25
	Y	0.1~0.5	590~880	—
		>0.5~6.0	490~785	—
BFe10-1-1	M	0.1~1.0	≥450	≥15
		>1.0~6.0	≥400	≥18
	Y	0.1~1.0	≥780	—
		>1.0~6.0	≥650	—
BFe30-1-1	M	0.1~0.5	≥345	≥20
		>0.5~6.0		≥25
	Y	0.1~0.5	685~980	—
		>0.5~6.0	590~880	—
BMn3-12	M	0.05~1.0	≥440	≥12
		>1.0~6.0	≥390	≥20
	Y	0.05~1.0	≥785	—
		>1.0~6.0	≥685	—
BM40-1.5	M	0.05~0.20	≥390	≥15
		>0.20~0.50		≥20
		>0.50~6.0		≥25
	Y	0.05~0.20	685~980	—
		>0.20~0.50	685~880	—
		>0.50~6.0	635~835	—

第3篇

续表

牌号	状态	直径(对边距)/mm	抗拉强度 R_m /(N/mm²)	伸长率 A_{100mm} /%
BZn9-29 BZn12-26	M	0.1~0.2	≥320	≥15
		>0.2~0.5		≥20
		>0.5~2.0		≥25
		>2.0~8.0		≥30
	Y_8	0.1~0.2	400~570	≥12
		>0.2~0.5	380~550	≥16
		>0.5~2.0	360~540	≥22
		>2.0~8.0	340~520	≥25
	Y_4	0.1~0.2	420~620	≥6
		>0.2~0.5	400~600	≥8
		>0.5~2.0	380~590	≥12
		>2.0~8.0	360~570	≥18
	Y_2	0.1~0.2	480~630	—
		>0.2~0.5	460~640	≥6
		>0.5~2.0	440~630	≥9
		>2.0~8.0	420~600	≥12
	Y_1	0.1~0.2	550~800	—
		>0.2~0.5	530~750	—
		>0.5~2.0	510~730	—
		>2.0~8.0	490~630	—
	Y	0.1~0.2	680~880	—
		>0.2~0.5	630~820	—
		>0.5~2.0	600~800	—
		>2.0~8.0	580~700	—
	T	0.5~4.0	≥720	—
BZn15-20 BZn18-20	M	0.1~0.2	≥345	≥15
		>0.2~0.5		≥20
		>0.5~2.0		≥25
		>2.0~8.0		≥30
	Y_8	0.1~0.2	450~600	≥12
		>0.2~0.5	435~570	≥15
		>0.5~2.0	420~550	≥20
		>2.0~8.0	410~520	≥24
	Y_4	0.1~0.2	470~660	≥10
		>0.2~0.5	460~620	≥12
		>0.5~2.0	440~600	≥14
		>2.0~8.0	420~570	≥16
	Y_2	0.1~0.2	510~780	—
		>0.2~0.5	490~735	—
		>0.5~2.0	440~685	—
		>2.0~8.0	440~635	—
	Y_1	0.1~0.2	620~860	—
		>0.2~0.5	610~810	—

续表

牌号	状态	直径(对边距)/mm	抗拉强度 R_m /(N/mm²)	伸长率 A_{100mm} /%
BZn15-20 BZn18-20	Y_1	>0.5~2.0	595~760	—
		>2.0~8.0	580~700	—
	Y	0.1~0.2	735~980	—
		0.2~0.5	735~930	—
		>0.5~2.0	635~880	—
		>2.0~8.0	540~785	—
	T	0.5~1.0	≥750	—
		>1.0~2.0	≥740	—
		>2.0~4.0	≥730	—
BZn22-16 BZn25-18	M	0.1~0.2	≥440	≥12
		0.2~0.5		≥16
		>0.5~2.0		≥23
		>2.0~8.0		≥28
	Y_8	0.1~0.2	500~680	≥10
		>0.2~0.5	490~650	≥12
		>0.5~2.0	470~630	≥15
		>2.0~8.0	460~600	≥18
	Y_4	0.1~0.2	540~720	—
		>0.2~0.5	520~690	≥6
		>0.5~2.0	500~670	≥8
		>2.0~8.0	480~650	≥10
	Y_2	0.1~0.2	640~830	—
		>0.2~0.5	620~800	—
		>0.5~2.0	600~780	—
		>2.0~8.0	580~760	—
	Y_1	0.1~0.2	660~880	—
		>0.2~0.5	640~850	—
		>0.5~2.0	620~830	—
		>2.0~8.0	600~810	—
	Y	0.1~0.2	750~990	—
		>0.2~0.5	740~950	—
		>0.5~2.0	650~900	—
		>2.0~8.0	630~860	—
	T	0.1~1.0	≥820	—
		>1.0~2.0	≥810	—
		>2.0~4.0	≥800	—
BZn40-20	M	1.0~6.0	500~650	≥20
	Y_4	1.0~6.0	550~700	≥8
	Y_2	1.0~6.0	600~850	—
	Y_1	1.0~6.0	750~900	—
	Y	1.0~6.0	800~1000	—

注：1. 伸长率指标均指拉伸试样在标距内断裂值。

2. 经供需双方协商可供应其余规格、状态和性能的线材，具体要求应在合同中注明。

第 3 篇

加工铜材牌号的特性与用途

表 3-2-20

组别	牌　号	特 性 与 用 途
纯铜	T2 T3	有良好的导电、导热、耐蚀和加工性能,可以焊接和钎焊。易引起“氢病”,不宜在高温(>370℃)下还原气氛中加工(退火、焊接等)和使用。适用于制造电线、电缆、导电螺钉、雷管、化工用蒸发器、垫圈、铆钉、管嘴等
普通黄铜	H96	强度比纯铜高(但在普通黄铜中,它是最低的),导热、导电性好,在大气和淡水中有高的耐蚀性,且有良好的塑性,易于冷、热压力加工,易于焊接、锻造和镀锡,无应力腐蚀破裂倾向。在一般机械制造中用于导管、冷凝管、散热器管、散热片、汽车水箱带以及导电零件等
	H90	性能和H96相似,但强度较H96稍高,可镀金属及涂敷珐琅。用于供水及排水管、奖章、艺术品、水箱带以及双金属片
	H85	具有较高的强度,塑性好,能很好地承受冷、热压力加工,焊接和耐蚀性能也都良好。用于冷凝和散热用管、虹吸管、蛇形管、冷却设备制件
	H80	性能和H85近似,但强度较高,塑性也较好,在大气、淡水及海水中有较高的耐蚀性。用于造纸网、薄壁管、波纹管及房屋建筑用品
	H75	有相当好的力学性能、工艺性能和耐蚀性能。能很好地在热态和冷态下压力加工。在性能和经济性上居于H80、H70之间。用于低载荷耐蚀弹簧
	H70 H68	有极为良好的塑性(是黄铜中最佳者)和较高的强度,切削加工性能好,易焊接,对一般腐蚀非常安定,但易产生腐蚀开裂。H68是普通黄铜中应用最为广泛的一个品种。用于复杂的冷冲件和深冲件,如散热器外壳、导管、波纹管、弹壳、垫片、雷管等
	H65	性能介于H68和H62之间,价格比H68便宜,也有较高的强度和塑性,能良好地承受冷、热压力加工,有腐蚀破裂倾向。用于小五金、日用品、小弹簧、螺钉、铆钉和机械零件
	H63	适用于在冷态下压力加工,宜于进行焊接和钎焊。易抛光,是进行拉丝、轧制、弯曲等成形的主要合金。用于螺钉、酸洗用的圆辊等
	H62	有良好的力学性能,热态下塑性好,冷态下塑性尚可,切削性好,易钎焊和焊接,耐蚀,但易产生腐蚀破裂。价格便宜,是应用广泛的一个普通黄铜品种。用于各种深引伸和弯折制造的受力零件,如销钉、铆钉、垫圈、螺母、导管、气压表弹簧、筛网、散热器零件等
	H59	价格最便宜,强度、硬度高而塑性差,但在热态下仍能很好地承受压力加工,耐蚀性一般,其他性能和H62相近。用于一般机器零件、焊接件、热冲及热轧零件
铅黄铜	HPb74-3	含铅量高的铅黄铜,一般不进行热加工,因有热脆倾向。有好的切削性。用于钟表、汽车、拖拉机零件以及一般机器零件
	HPb64-2 HPb63-3	含铅量高的铅黄铜,不能热态加工,切削性能极为优良,且有高的减摩性能,其他性能和HPb59-1相似。主要用于钟表结构零件,也用于汽车、拖拉机零件
	HPb60-1	有好的切削加工性和较高的强度,其他性能同HPb59-1。用于结构零件
	HPb59-1 HPb59-1A	是应用较广泛的铅黄铜,它的特点是切削性好,有良好的力学性能,能承受冷、热压力加工,易钎焊和焊接,对一般腐蚀有良好的稳定性,但有腐蚀破裂倾向,HPb59-1A杂质含量较高,用于比较次要的制件。适于以热冲压和切削加工制作的各种结构零件,如螺钉、垫圈、垫片、衬套、螺母、喷嘴等
	HPb61-1	切削性良好,热加工性极好。主要用于自动切削部件

续表

组别	牌 号	特 性 与 用 途
锡黄铜	HSn90-1	力学性能和工艺性能极近似于H90普通黄铜,但有高的耐蚀性和减摩性,目前只有这种锡黄铜可作为耐磨合金使用。用于汽车拖拉机弹性套管及其他耐蚀减摩零件
	HSn70-1	是典型的锡黄铜,在大气、蒸汽、油类和海水中有高的耐蚀性,且有良好的力学性能,切削性尚可,易焊接和钎焊,在冷、热状态下压力加工性好,有腐蚀破裂(季裂)倾向。用于海轮上的耐蚀零件(如冷凝气管),与海水、蒸汽、油类接触的导管,热工设备零件
	HSn62-1	在海水中有高的耐蚀性,有良好的力学性能,冷加工时有冷脆性,只适于热压加工,切削性好,易焊接和钎焊,但有腐蚀破裂(季裂)倾向。用于与海水或汽油接触的船舶零件或其他零件
	HSn60-1	性能与HSn62-1相似,主要产品为线材。用于船舶焊接结构用的焊条
铝黄铜	HAl77-2	是典型的铝黄铜,有高的强度和硬度,塑性良好,可在热态及冷态下进行压力加工,对海水及盐水有良好的耐蚀性,并耐冲击腐蚀,但有脱锌及腐蚀破裂倾向。在船舶和海滨热电站中用于冷凝管以及其他耐蚀零件
	HAl77-2A HAl77-2B	性能、成分与HAl77-2相似,因加入了少量的砷、锑,提高了对海水的耐蚀性,又因加入少量的铍,力学性能也有所改进。用途同HAl77-2
	HAl70-1.5	性能与HAl77-2接近,但加入少量的砷,提高了对海水的耐蚀性,腐蚀破裂倾向减轻,并能防止黄铜在淡水中脱锌。在船舶和海滨热电站中用于冷凝管以及其他耐蚀零件
	HAl67-2.5	在冷、热态下能良好地承受压力加工,耐磨性好,对海水的耐蚀性尚可,对腐蚀破裂敏感,钎焊和镀锡性能不好。用于船舶耐蚀零件
	HAl60-1-1	具有高的强度,在大气、淡水和海水中耐蚀性好,但对腐蚀破裂敏感,在热态下压力加工性好,冷态下可塑性低。用于要求耐蚀的结构零件,如齿轮、蜗轮、衬套、轴等
	HAl59-3-2	具有高的强度;耐蚀性是所有黄铜中最好的,腐蚀破裂倾向不大,冷态下塑性低,热态下压力加工性好。用于发动机和船舶业及其他在常温下工作的高强度耐蚀件
	HAl66-6-3-2	为耐磨合金,具有高的强度、硬度和耐磨性,耐蚀性也较好,但有腐蚀破裂倾向,塑性较差。为铸造黄铜的移植品种。用于重负荷下工作中固定螺钉的螺母及大型蜗杆;可作铝青铜QAl10-4-4的代用品
锰黄铜	HMn58-2	在海水和过热蒸汽、氯化物中有高的耐蚀性,但有腐蚀破裂倾向;力学性能良好,导热、导电性低,易于在热态下进行压力加工,冷态下压力加工性尚可,是应用较广的黄铜品种。用于腐蚀条件下工作的重要零件和弱电流工业用零件
	HMn57-3-1	强度、硬度高,塑性低,只能在热态下进行压力加工;在大气、海水、过热蒸汽中的耐蚀性比一般黄铜好,但有腐蚀破裂倾向。用于耐蚀结构零件
	HMn55-3-1	性能和HMn57-3-1接近,为铸造黄铜的移植品种。用于耐蚀结构零件
铁黄铜	HFe59-1-1	具有高的强度、韧性,减摩性能良好,在大气、海水中的耐蚀性高,但有腐蚀破裂倾向,热态下塑性良好。用于在摩擦和受海水腐蚀条件下工作的结构零件
	HFe58-1-1	强度、硬度高,切削性好,但塑性下降,只能在热态下压力加工,耐蚀性尚好,有腐蚀破裂倾向。适于用热压和切削加工法制作高强度耐蚀零件
硅黄铜	HSi80-3	有良好的力学性能,耐蚀性高,无腐蚀破裂倾向,耐磨性亦可,在冷、热态下压力加工性好,易焊接和钎焊,切削性好。导热、导电性是黄铜中最低的。用于船舶零件、蒸汽管和水管配件
	HSi65-1.5-3	强度高,耐蚀性好,在冷态和热态下能很好地进行压力加工,易于焊接和钎焊,有很好的耐磨和切削性,但有腐蚀破裂倾向,为耐磨锡青铜的代用品,用于在腐蚀和摩擦条件下工作的高强度零件

续表

组别	牌号	特性与用途
镍黄铜	HNi65-5	有高的耐蚀性和减摩性，良好的力学性能，在冷态和热态下压力加工性能极好，对脱锌和“季裂”比较稳定，导热导电性低。因镍的价格较贵，故HNi65-5一般用得不多。用于压力表管、造纸网、船舶用冷凝管等，可作锡磷青铜和德银的代用品
锡青铜	QSn4-3	为含锌的锡青铜。有高的耐磨性和弹性，抗磁性良好，能很好地承受热态或冷态压力加工；在硬态下，切削性好，易焊接和钎焊，在大气、淡水和海水中耐蚀性好。用于弹簧（扁弹簧、圆弹簧）及其他弹性元件，化工设备上的耐蚀零件以及耐磨零件（如衬套、圆盘、轴承等）和抗磁零件，造纸工业用的刮刀
	QSn4-4-2.5 QSn4-4-4	为添加有锌、铅合金元素的锡青铜。有高的减摩性和良好的切削性，易于焊接和钎焊，在大气、淡水中具有良好的耐蚀性；只能在冷态进行压力加工，因含铅，热加工时易引起热脆。用于在摩擦条件下工作的轴承、卷边轴套、衬套、圆盘以及衬套的内垫等。QSn4-4-4使用温度可达300℃以下，是一种热强性较好的锡青铜
	QSn6.5-0.1	为锡青铜。有高的强度、弹性、耐磨性和抗磁性，在热态和冷态下压力加工性良好，对电火花有较高的抗燃性，可焊接和钎焊，切削性好，在大气和淡水中耐蚀。用于弹簧和导电性好的弹簧接触片，精密仪器中的耐磨零件和抗磁零件，如齿轮、电刷盒、振动片、接触器
	QSn6.5-0.4	为锡青铜。性能、用途和QSn6.5-0.1相似，因含磷量较高，其疲劳极限较高，弹性和耐磨性较好，但在热加工时有热脆性，只能接受冷压力加工。除用于弹簧和耐磨零件外，主要用于造纸工业制作耐磨的铜网和单位载荷小于1000N/cm²、圆周速度小于3m/s的条件下工作的零件
	QSn7-0.2	为锡青铜。强度高，弹性和耐磨性好，易焊接和钎焊，在大气、淡水和海水中耐蚀性好，切削性良好，适于热压加工。用于中等负荷、中等滑动速度下承受摩擦的零件，如抗磨垫圈、轴承、轴套、蜗轮等，还可用于弹簧、簧片等
	QSn4-0.3	为锡青铜。有高的力学性能、耐蚀性和弹性，能很好地在冷态下承受压力加工，也可在热态下进行压力加工。主要用于压力计弹簧用的各种尺寸的管材
铝青铜	QAl5	为不含其他元素的铝青铜。有较高的强度、弹性和耐磨性；在大气、淡水、海水和某些酸中耐蚀性高，可电焊、气焊，不易钎焊，能很好地在冷态或热态下承受压力加工，不能淬火回火强化。用于弹簧和其他要求耐蚀的弹性元件、齿轮摩擦轮、蜗轮传动机构等，可作为QSn6.5-0.4、QSn4-3和QSn4-4-4的代用品
	QAl7	性能、用途和QAl5相似，因含铝量稍高，其强度较高。用途同QAl5
	QAl9-2	为含锰的铝青铜。具有高的强度，在大气、淡水和海水中耐蚀性很好，可以电焊和气焊，不易钎焊，在热态和冷态下压力加工性均好。用于高强度耐蚀零件以及在250℃以下蒸汽介质中工作的管配件和海轮上零件
	QAl9-4	为含铁的铝青铜。有高的强度和减摩性，良好的耐蚀性，热态下压力加工性良好，可电焊和气焊，但钎焊性不好，可作为高锡耐磨青铜的代用品。用于在高负荷下工作的抗磨、耐蚀零件，如轴承、轴套、齿轮、蜗轮、阀座等，也可用于双金属耐磨零件
	QAl10-3-1.5	为含有铁、锰元素的铝青铜。有高的强度和耐磨性，经淬火回火后可提高硬度，有较好的高温耐蚀性和抗氧化性，在大气、淡水和海水中耐蚀性很好，切削性尚可，可焊接，不易钎焊，热态下压力加工性良好。用于高温条件下工作的耐磨零件和各种标准件，如齿轮、轴承、衬套、圆盘、导向摇臂、飞轮、固定螺母等。可代替高锡青铜制作重要机件
	QAl10-4-4	为含有铁、镍元素的铝青铜。属于高强度耐热青铜，高温（400℃）下力学性能稳定，有良好的减摩性，在大气、淡水和海水中耐蚀性很好，热态下压力加工性良好，可热处理强化，可焊接，不易钎焊，切削性尚好。用于高强度的耐磨零件和高温（400℃）下工作的零件，如轴衬、轴套、齿轮、球形座、螺母、法兰盘、滑座等以及其他各种重要的耐蚀、耐磨零件
	QAl11-6-6	成分、性能和QAl10-4-4相近。用于高强度耐磨零件和在500℃下工作的高温耐蚀、耐磨零件

续表

组别	牌号	特性与用途
铍青铜	QBe2	为含有少量镍的铍青铜。是力学、物理、化学综合性能良好的一种合金。经淬火调质后，具有高的强度、硬度、弹性、耐磨性、疲劳极限和耐热性；同时还具有高的导电性、导热性和耐寒性；无磁性，碰击时无火花，易于焊接和钎焊，在大气、淡水和海水中耐蚀性极好。用于各种精密仪表、仪器中的弹簧和弹性元件，各种耐磨零件以及在高速、高压和高温下工作的轴承、衬套
	QBe2.15	为不含其他合金元素的铍青铜。性能和 QBe2 相似，但强度、弹性、耐磨性比 QBe2 稍高，韧性和塑性稍低，对较大型铍青铜制件的调质工艺性能不如 QBe2 好。用途同 QBe2
	QBe1.7 QBe1.9 QBe1.9-0.1	为含有少量镍、钛的铍青铜。具有和 QBe2 相近的特性，其优点是弹性迟滞小、疲劳极限高，温度变化时弹性稳定，性能对时效温度变化的敏感性小，价格较低廉，而强度和硬度比 QBe2 降低甚少。QBe1.9-0.1 尤其具有不产生火花的特点。用于各种重要用途弹簧、精密仪表的弹性元件、敏感元件以及承受高变向载荷的弹性元件，可代替 QBe2 及 QBe2.15 等牌号的铍青铜
硅青铜	QSi1-3	为含有锰、镍元素的硅青铜。具有高的强度，相当好的耐磨性，能热处理强化，淬火回火后强度和硬度大大提高，在大气、淡水和海水中有较高的耐蚀性，焊接性和切削性良好。用于在 300℃ 以下，润滑不良、单位压力不大的工作条件下的摩擦零件（如发动机排气和进气门的导向套）以及在腐蚀介质中工作的结构零件
	QSi3-1	为添加有锰的硅青铜。有高的强度、弹性和耐磨性，塑性好，低温下仍不变脆；能良好地与青铜、钢和其他合金焊接，特别是钎焊性好；在大气、淡水和海水中的耐蚀性高，对于苛性钠及氯化物的作用也非常稳定；能很好地承受冷、热压力加工，不能热处理强化，通常在退火和加工硬化状态下使用，此时有高的屈服极限和弹性。用于制作在腐蚀介质中工作的各种零件，弹簧和弹簧零件，以及蜗杆、蜗轮、齿轮、轴套、制动销和杆类等耐磨零件，也用于焊接结构中的零件，可代替重要的锡青铜，甚至铍青铜
锰青铜	QMn5	为含锰量较高的锰青铜。有较高的强度、硬度和良好的塑性，能很好地在热态及冷态下承受压力加工，有好的耐蚀性，并有高的热强性，400℃下还能保持其力学性能。用于蒸汽机零件和锅炉的各种管接头、蒸汽阀门等高温耐蚀零件
	QMn1.5	含锰量较 QMn5 低，与 QMn5 比较，强度、硬度较低，但塑性较高，其他性能相似。用途同 QMn5
镉青铜	QCd1.0	具有高的导电性和导热性，良好的耐磨性和减摩性，耐蚀性好，压力加工性能良好，时效硬化效果不显著，一般采用冷作硬化来提高强度。用于工作温度在 250℃ 以下的电机整流子片、电车触线和电话用软线以及电焊机的电极
铬青铜	QCr0.5	在常温及较高温度（<400℃）下具有较高的强度和硬度，导电性和导热性好，耐磨性和减摩性也很好，经时效硬化处理后，强度、硬度、导电性和导热性均显著提高，易于焊接和钎焊，在大气和淡水中具有良好的耐蚀性，高温抗氧化性好，能很好地在冷态和热态下承受压力加工。其缺点是对缺口的敏感性较强，在缺口和尖角处造成应力集中，容易引起机械损伤，故不宜制作整流子片。用于工作温度在 350℃ 以下的电焊机电极、电机整流子片以及其他各种在高温下工作的、要求有高的强度、硬度、导电性和导热性的零件，还可以双金属的形式用于刹车盘和圆盘
	QCr0.5-0.2-0.1	为加有少量镁、铝的铬青铜。与 QCr0.5 相比，不仅进一步提高了耐热性，而且可改善缺口敏感性，其他性能和 QCr0.5 相似。用途同 QCr0.5
锆青铜	QZr0.2 QZr0.4	为时效硬化合金。其特点是高温（<400℃）强度比其他任何高导电合金都高，并且在淬火状态下具有普通纯铜那样的塑性，其他性能和 QCr0.5-0.2-0.1 相似。用于工作温度在 350℃ 以下的电机整流子片、开关零件、导线、点焊电极等

2.2 铅及铅合金加工产品

常用铅及铅锑合金板、管的化学成分（摘自 GB/T 1470—2005、GB/T 1472—2005）

表 3-2-21

牌　号	Pb/%，≥	Sb/%	杂质含量/%，≤	牌　号	Pb/%，≥	Sb/%	杂质含量/%，≤
Pb1	99.994		0.006	PbSb2	余量	1.5~2.5	0.2
Pb2	99.9		0.1	PbSb4	余量	3.5~4.5	0.2
Pb3	99		1.0	PbSb6	余量	5.5~6.5	0.3
PbSb0.5	余量	0.3~0.8	0.15	PbSb8	余量	7.5~8.5	0.3
应用举例	用于制造板、带、管、棒、线，在国防、化肥、农药、化纤、造船、电气等部门作为耐酸、耐蚀、放射防护等材料						

铅及铅锑合金板规格（摘自 GB/T 1470—2005）

表 3-2-22　　铅及铅锑合金板的牌号规格

牌　号	规格/mm			制造方法	标记示例
	厚度	宽度	长度		
Pb1、Pb2	0.5~110.0	≤2500	≥1000	轧制	产品标记按产品名称、牌号、规格和标准编号的顺序表示。 示例 1 用 PbSb0.5 制造的、厚度为 3.0mm、宽度为 2500mm、长度为 5000mm 的板材，标记为：板 PbSb0.5　3.0×2500×5000 GB/T 1470—2005 示例 2 用 PbSb0.5 制造的、厚度为 3.0mm、宽度为 2500mm、长度为 5000mm 的较高精度的板材，标记为：板 PbSb0.5 较高 3.0×2500×5000　GB/T 1470—2005
PbSb0.5、PbSb1、PbSb2、PbSb4、PbSb6、PbSb8、PbSb1-0.1-0.05、PbSb2-0.1-0.05、PbSb3-0.1-0.05、PbSb4-0.1-0.05、PbSb5-0.1-0.05、PbSb6-0.1-0.05、PbSb7-0.1-0.05、PbSb8-0.1-0.05、PbSb4-0.2-0.5、PbSb6-0.2-0.5、PbSb8-0.2-0.5	1.0~110.0				

注：经供需双方协商，可供其他牌号和规格的板材。

表 3-2-23　　板材理论质量

厚度/mm	理论质量/(kg/m²)						厚度/mm	理论质量/(kg/m²)					
	Pb1，Pb2	PbSb0.5	PbSb2	PbSb4	PbSb6	PbSb8		Pb1，Pb2	PbSb0.5	PbSb2	PbSb4	PbSb6	PbSb8
0.5	5.67	5.66	5.63	5.58	5.53	5.48	20.0	226.80	226.40	225.00	223.00	221.20	219.40
1.0	11.34	11.32	11.25	11.15	11.06	10.97	25.0	283.50	283.00	281.25	278.75	276.50	274.25
2.0	22.68	22.64	22.50	22.30	22.12	21.94	30.0	340.20	339.60	337.50	334.50	331.80	329.10
3.0	34.02	33.96	33.75	33.45	33.18	32.91	40.0	453.60	452.80	450.00	446.00	442.40	438.80
4.0	45.36	45.28	45.00	44.60	44.24	43.88	50.0	567.00	566.00	562.50	557.50	553.00	548.50
5.0	56.70	56.60	56.25	55.75	55.30	54.85	60.0	680.40	679.20	675.00	669.00	663.60	658.20
6.0	68.04	67.92	67.50	66.90	66.36	65.82	70.0	793.80	792.40	787.50	780.50	774.20	767.90
7.0	79.38	79.24	78.75	78.05	77.42	76.79	80.0	907.20	905.60	900.00	892.00	884.80	877.60
8.0	90.72	90.56	90.00	89.20	88.48	87.76	90.0	1020.60	1018.80	1012.50	1003.50	995.40	987.30
9.0	102.06	101.88	101.25	100.35	99.54	98.73	100.0	1134.00	1132.00	1125.00	1115.00	1106.00	1097.00
10.0	113.40	113.20	112.50	111.50	110.60	109.70	110.0	1247.40	1245.20	1237.50	1226.50	1216.60	1206.70
15.0	170.10	169.80	168.75	167.25	165.90	164.55							

铅及铅锑合金管规格（摘自 GB/T 1472—2005）

表 3-2-24　挤制铅及铅锑合金管的牌号、状态、规格

牌号	状态	规格/mm			标记示例
		内径	壁厚	长度	
Pb1、Pb2	挤制（R）	5~230	2~12	直管≤4000 卷状管≥2500	产品标记按产品名称、牌号、状态、规格和标准编号的顺序表示。 示例 1 用 Pb2 制造的、挤制状态、内径为 50mm、壁厚为 6mm 的铅管，标记为： 管 Pb2Rϕ50×6　GB/T 1472—2005 示例 2 用 PbSb0.5 制造的、挤制状态、内径为 50mm、壁厚为 6mm 的高精级铅锑管，标记为： 管 PbSb0.5R 高 ϕ50×6　GB/T 1472—2005
PbSb0.5、PbSb2、PbSb4、PbSb6、PbSb8		10~200	3~14		

注：经供需双方协商，可供其他牌号、规格的管材。

表 3-2-25　纯铅管及铅锑合金管的常用尺寸规格　mm

纯铅管											铅锑合金管										
公称内径	公称壁厚										公称内径	公称壁厚									
	2	3	4	5	6	7	8	9	10	12		3	4	5	6	7	8	9	10	12	14
5、6、8、10、13、16、20	○	○	○	○	○	○	○	○	○	○	10、15、17、20、25、30、35、40、45、50	○	○	○	○	○	○	○	○	○	○
25、30、35、38、40、45、50	—	○	○	○	○	○	○	○	○	○	55、60、65、70	—	○	○	○	○	○	○	○	○	○
55、60、65、70、75、80、90、100	—	—	○	○	○	○	○	○	○	○	75、80、90、100	—	—	○	○	○	○	○	○	○	○
110	—	—	—	○	○	○	○	○	○	○	110	—	—	—	○	○	○	○	○	○	○
125、150	—	—	—	—	○	○	○	○	○	○	125、150	—	—	—	—	○	○	○	○	○	○
180、200、230	—	—	—	—	—	—	○	○	○	○	180、200	—	—	—	—	—	○	○	○	○	○

注：1. ○表示常用规格。
2. 需要其他规格的产品由供需双方商定。

表 3-2-26 纯铅管及铅锑合金管的理论质量

内径/mm	管壁厚度/mm									
	2	3	4	5	6	7	8	9	10	12
	理论质量（密度为 11.34g/cm³）/(kg/m)									
5	0.5	0.9	1.3	1.8	2.3	3.0	3.7	4.7	5.3	7.3
6	0.6	1.0	1.4	1.9	2.6	3.2	4.1	4.8	5.7	7.7
8	0.7	1.2	1.7	2.3	3.0	3.7	4.5	5.4	6.4	8.5
10	0.8	1.4	2.0	2.7	3.4	4.2	5.1	6.3	7.1	9.4
13	1.1	1.7	2.4	3.2	4.1	5.0	6.0	7.0	8.2	10.7
16	1.3	2.0	2.8	3.7	4.7	5.7	6.8	8.0	9.3	12.0
20	1.6	2.5	3.4	4.4	5.5	6.7	8.0	9.3	10.7	13.7
25	—	3.0	4.1	5.4	6.6	8.0	9.4	10.9	12.5	15.8
30	—	3.5	4.9	6.2	7.7	9.2	10.8	12.5	14.2	17.9
35	—	4.1	5.6	7.1	8.8	10.5	12.3	14.1	16.0	20.1
38	—	4.4	6.0	7.6	9.4	11.2	13.1	15.1	17.1	21.4
40	—	4.6	6.3	8.0	9.8	11.7	13.7	15.7	17.8	22.2
45	—	5.1	7.0	8.9	10.9	13.0	15.1	17.3	19.6	24.3
50	—	5.7	7.7	9.8	12.0	14.2	16.5	18.9	21.4	26.5
55	—	—	8.4	10.7	13.1	15.5	18.0	20.5	23.1	28.6
60	—	—	9.1	11.6	14.1	16.7	19.4	22.1	24.9	30.8
65	—	—	9.8	12.4	15.2	18.8	20.8	24.6	26.9	32.9
70	—	—	10.5	13.3	16.2	19.1	22.2	25.3	28.5	35.0
75	—	—	11.3	14.2	17.3	20.4	23.6	27.1	30.3	37.2
80	—	—	12.0	15.1	18.3	21.7	26.0	28.5	32.0	39.3
90	—	—	13.4	16.9	20.5	24.2	27.9	31.8	35.6	43.6
100	—	—	14.8	18.7	22.6	26.7	30.8	35.0	39.2	47.9
110	—	—	—	20.5	24.8	29.2	33.6	38.2	42.7	52.1
125	—	—	—	—	28.0	32.9	37.9	42.9	48.1	58.6
150	—	—	—	—	33.3	39.1	45.0	50.9	57.1	69.8
180	—	—	—	—	—	—	53.6	60.5	67.7	82.2
200	—	—	—	—	—	—	59.3	67.0	74.8	90.7
230	—	—	—	—	—	—	67.8	76.5	85.5	103.5

铅及铅锑合金的密度及铅锑合金管与纯铅管之间每米理论质量换算关系

牌号	密度/(g/cm³)	换算系数
Pb1、Pb2	11.34	1.0000
PbSb0.5	11.32	0.9982
PbSb2	11.25	0.9921
PbSb4	11.15	0.9850
PbSb6	11.06	0.9753
PbSb8	10.97	0.9674

2.3 铝及铝合金加工产品

变形铝及铝合金状态代号（摘自 GB/T 16475—2008）

表 3-2-27

类别	代号	名　称	说　明
基础状态	F	自由加工状态	适用于在成型过程中，对于加工硬化和热处理条件无特殊要求的产品，该状态产品对力学性能不作规定
	O	退火状态	适用于经完全退火后获得最低强度的产品状态
	H	加工硬化状态	适用于通过加工硬化提高强度的产品
	W	固溶热处理状态	适用于经固溶热处理后，在室温下自然时效的一种不稳定状态。该状态不作为产品交货状态，仅表示产品处于自然时效阶段
	T	不同于 F、O 或 H 状态的热处理状态	适用于固溶热处理后，经过（或不经过）加工硬化达到稳定的状态
O 状态细分状态	O1	高温退火后慢速冷却状态	适用于超声波检验或尺寸稳定化前，将产品或试样加热至近似固溶热处理规定的温度并进行保温（保温时间与固溶热处理规定的保温时间相近），然后出炉置于空气中冷却的状态。该状态产品对力学性能不作规定，一般不作为产品的最终交货状态
	O2	热机械处理状态	适用于使用方在产品进行热机械处理前，将产品进行高温（可至固溶热处理规定的温度）退火，以获得良好成型性的状态
	O3	均匀化状态	适用于连续铸造的拉线坯或铸带，为消除或减少偏析和利于后继加工变形，而进行的高温退火状态
H 状态细分状态	H1X	单纯加工硬化的状态	适用于未经附加热处理，只经加工硬化即可获得所需强度的状态
	H2X	加工硬化后不完全退火的状态	适用于加工硬化程度超过成品规定要求后，经不完全退火，使强度降低到规定指标的产品。对于室温下自然时效软化的合金，H2X 状态与对应的 H3X 状态具有相同的最小极限抗拉强度值；对于其他合金，H2X 状态与对应的 H1X 状态具有相同的最小极限抗拉强度值，但伸长率比 H1X 稍高
	H3X	加工硬化后稳定化处理的状态	适用于加工硬化后经低温热处理或由于加工过程中的受热作用致使其力学性能达到稳定的产品。H3X 状态仅适用于在室温下时效（除非经稳定化处理）的合金
	H4X	加工硬化后涂漆（层）处理的状态	适用于加工硬化后，经涂漆（层）处理导致了不完全退火的产品
	H 后面的第 1 位数字表示获得该状态的基本工艺，用数字 1~4 表示 H 后面的第 2 位数字表示产品的最终加工硬化程度，用数字 1~9 来表示。数字 8 表示硬状态。通常采用 O 状态的最小抗拉强度与标准规定的强度差值之和，来确定 HX8 状态的最小抗拉强度值。数字 9 为超硬状态，用 HX9 表示。HX9 状态的最小抗拉强度极限值，超过 HX8 状态至少 10MPa 及以上 H 后面的第 3 位数字或字母，表示影响产品特性，但产品特性仍接近其两位数字状态（H112、H116、H321 状态除外）的特殊处理		
T 状态细分状态	T1	高温成型+自然时效	适用于高温成型后冷却、自然时效，不再进行冷加工（或影响力学性能极限的矫平、矫直）的产品
	T2	高温成型+冷加工+自然时效	适用于高温成型后冷却，进行冷加工（或影响力学性能极限的矫平、矫直）以提高强度，然后自然时效的产品
	T3	固溶热处理+冷加工+自然时效	适用于固溶热处理后，进行冷加工（或影响力学性能极限的矫平、矫直）以提高强度，然后自然时效的产品
	T4	固溶热处理+自然时效	适用于固溶热处理后，不再进行冷加工（或影响力学性能极限的矫直、矫平），然后自然时效的产品
	T5	高温成型+人工时效	适用于高温成型后冷却，不经冷加工（或影响力学性能极限的矫直、矫平），然后进行人工时效的产品
	T6	固溶热处理+人工时效	适用于固溶热处理后，不再进行冷加工（或影响力学性能极限的矫直、矫平），然后人工时效的产品

续表

类别	代号	名　　称	说　　明
T状态细分状态	T7	固溶热处理+过时效	适用于固溶热处理后，进行过时效至稳定化状态，为获取除力学性能外的其他某些重要特性，在人工时效时，强度在时效曲线上越过了最高峰点的产品
	T8	固溶热处理+冷加工+人工时效	适用于固溶热处理后，经冷加工（或影响力学性能极限的矫直、矫平）以提高强度，然后人工时效的产品
	T9	固溶热处理+人工时效+冷加工	适用于固溶热处理后，人工时效，然后进行冷加工（或影响力学性能极限的矫直、矫平）以提高强度的产品
	T10	高温成型+冷加工+人工时效	适用于高温成型后冷却，经冷加工（或影响力学性能极限的矫直、矫平）以提高强度，然后进行人工时效的产品
	某些6×××系或7×××系的合金，无论是炉内固溶热处理，还是高温成型后急冷以保留可溶性组分在固溶体中，均能达到相同的固溶热处理效果，这些合金的T3、T4、T6、T7、T8和T9状态可采用上述两种处理方法的任一种，但应保证产品的力学性能和其他性能（如抗腐蚀性能）		

类别	旧代号	新代号	旧代号	新代号
新旧状态代号对照	M	O	CYS	T_51、T_52等
	R	热处理不可强化合金：H112或F	CZY	T2
	R	热处理可强化合金：T1或F	CSY	T9
	Y	HX8	MCS	T62①
	Y_1	HX6	MCZ	T42①
	Y_2	HX4	CGS1	T73
	Y_4	HX2	CGS2	T76
	T	HX9	CGS3	T74
	CZ	T4	RCS	T5
	CS	T6		
	①原以R状态交货的、提供CZ、CS试样性能的产品，其状态可分别对应新代号T42、T62			

铝及铝合金板、带材牌号、厚度及力学性能（摘自GB/T 3880.2—2012）

表3-2-28

牌号	包铝分类	供应状态	厚度/mm	抗拉强度 R_m/MPa	规定非比例延伸强度 $R_{p0.2}$/MPa	断后伸长率①/% A_{50mm}	断后伸长率①/% A	弯曲半径② 90°	弯曲半径② 180°
				≥					
1A97 1A93	—	H112	>4.50~80.00	附实测值				—	—
		F	>4.50~150.00	—				—	—
1A90 1A85	—	H112	>4.50~12.50	60		21	—	—	—
			>12.50~20.00			—	19	—	—
			>20.00~80.00	附实测值				—	—
		F	>4.50~150.00	—				—	—
1080A	—	O H111	>0.20~0.50	60~90	15	26	—	0*t*	0*t*
			>0.50~1.50			28	—	0*t*	0*t*
			>1.50~3.00			31	—	0*t*	0*t*
			>3.00~6.00			35	—	0.5*t*	0.5*t*
			>6.00~12.50			35	—	0.5*t*	0.5*t*
		H12	>0.20~0.50	8~120	55	5	—	0*t*	0.5*t*
			>0.50~1.50			6	—	0*t*	0.5*t*
			>1.50~3.00			7	—	0.5*t*	0.5*t*
			>3.00~6.00			9	—	1.0*t*	—
		H22	>0.20~0.50	80~120	50	8	—	0*t*	0.5*t*
			>0.50~1.50			9	—	0*t*	0.5*t*
			>1.50~3.00			11	—	0.5*t*	0.5*t*
			>3.00~6.00			13	—	1.0*t*	—

续表

牌号	包铝分类	供应状态	厚度/mm	抗拉强度 R_m/MPa	规定非比例延伸强度 $R_{p0.2}$/MPa	断后伸长率[①] /%		弯曲半径[②]	
						A_{50mm}	A	90°	180°
					≥				
1080A		H14	>0.20~0.50	100~140	70	4	—	0t	0.5t
			>0.50~1.50			4	—	0.5t	0.5t
			>1.50~3.00			5	—	1.0t	1.0t
			>3.00~6.00			6	—	1.5t	—
		H24	>0.20~0.50	100~140	60	5	—	0t	0.5t
			>0.50~1.50			6	—	0.5t	0.5t
			>1.50~3.00			7	—	1.0t	1.0t
			>3.00~6.00			9	—	1.5t	—
		H16	>0.20~0.50	110~150	90	2	—	0.5t	1.0t
			>0.50~1.50			2	—	1.0t	1.0t
			>1.50~4.00			3	—	1.0t	1.0t
		H26	>0.20~0.50	110~150	80	3	—	0.5t	—
			>0.50~1.50			3	—	1.0t	—
			>1.50~4.00			4	—	1.0t	—
		H18	>0.20~0.50	125	105	2	—	1.0t	—
			>0.50~1.50			2	—	2.0t	—
			>1.50~3.00			2	—	2.5t	—
		H112	>6.00~12.50	70	—	20	—	—	—
			>12.50~25.00	70	—	—	20	—	—
		F	2.50~25.00	—	—	—	—	—	—
1070	—	O	>0.20~0.30	55~95	—	15	—	0t	—
			>0.30~0.50			20	—	0t	—
			>0.50~0.80			25	—	0t	—
			>0.80~1.50		15	30	—	0t	—
			>1.50~6.00			35	—	0t	—
			>6.00~12.50			35	—	—	—
			>12.50~50.00			—	30	—	—
		H12	>0.20~0.30	70~100	—	2	—	0t	—
			>0.30~0.50			3	—	0t	—
			>0.50~0.80			4	—	0t	—
			>0.80~1.50		55	6	—	0t	—
			>1.50~3.00			8	—	0t	—
			>3.00~6.00			9	—	0t	—
		H22	>0.20~0.30	70	—	2	—	0t	—
			>0.30~0.50			3	—	0t	—
			>0.50~0.80			4	—	0t	—
			>0.80~1.50		55	6	—	0t	—
			>1.50~3.00			8	—	0t	—
			>3.00~6.00			9	—	0t	—
		H14	>0.20~0.30	85~120	—	1	—	0.5t	—
			>0.30~0.50			2	—	0.5t	—
			>0.50~0.80			3	—	0.5t	—
			>0.80~1.50		65	4	—	1.0t	—
			>1.50~3.00			5	—	1.0t	—
			>3.00~6.00			6	—	1.0t	—
		H24	>0.20~0.30	85		1	—	0.5t	—
			>0.30~0.50			2	—	0.5t	—
			>0.50~0.80			3	—	0.5t	—

续表

牌号	包铝分类	供应状态	厚度/mm	室温拉伸试验结果				弯曲半径[②]	
				抗拉强度 R_m/MPa	规定非比例延伸强度 $R_{p0.2}$/MPa	断后伸长率[①]/%			
						A_{50mm}	A	90°	180°
				≥					
1070	—	H24	>0.80~1.50	85	65	4	—	1.0t	—
			>1.50~3.00			5	—	1.0t	—
			>3.00~6.00			6	—	1.0t	—
		H16	>0.20~0.50	100~135	—	1	—	1.0t	—
			>0.50~0.80			2	—	1.0t	—
			>0.80~1.50		75	3	—	1.5t	—
			>1.50~4.00			4	—	1.5t	—
		H26	>0.20~0.50	100	—	1	—	1.0t	—
			>0.50~0.80			2	—	1.0t	—
			>0.80~1.50		75	3	—	1.5t	—
			>1.50~4.00			4	—	1.5t	—
		H18	>0.20~0.50	120	—	1	—	—	—
			>0.50~0.80			2	—	—	—
			>0.80~1.50			3	—	—	—
			>1.50~3.00			4	—	—	—
		H112	>4.50~6.00	75	35	13	—	—	—
			>6.00~12.50	70	35	15	—	—	—
			>12.50~25.00	60	25	—	20	—	—
			>25.00~75.00	55	15	—	25	—	—
		F	>2.50~150.00		—			—	—
1070A	—	O H111	>0.20~0.50	60~90	15	23	—	0t	0t
			>0.50~1.50			25	—	0t	0t
			>1.50~3.00			29	—	0t	0t
			>3.00~6.00			32	—	0.5t	0.5t
			>6.00~12.50			35	—	0.5t	0.5t
			>12.50~25.00			—	32	—	—
		H12	>0.20~0.50	80~120	55	5	—	0t	0.5t
			>0.50~1.50			6	—	0t	0.5t
			>1.50~3.00			7	—	0.5t	0.5t
			>3.00~6.00			9	—	1.0t	—
		H22	>0.20~0.50	80~120	50	7	—	0t	0.5t
			>0.50~1.50			8	—	0t	0.5t
			>1.50~3.00			10	—	0.5t	0.5t
			>3.00~6.00			12	—	1.0t	—
		H14	>0.20~0.50	100~140	70	4	—	0t	0.5t
			>0.50~1.50			4	—	0.5t	0.5t
			>1.50~3.00			5	—	1.0t	1.0t
			>3.00~6.00			6	—	1.5t	—
		H24	>0.20~0.50	100~140	60	5	—	0t	0.5t
			>0.50~1.50			6	—	0.5t	0.5t
			>1.50~3.00			7	—	1.0t	1.0t
			>3.00~6.00			9	—	1.5t	—
		H16	>0.20~0.50	110~150	90	2	—	0.5t	1.0t
			>0.50~1.50			2	—	1.0t	1.0t
			>1.50~4.00			3	—	1.0t	1.0t
		H26	>0.20~0.50	110~150	80	3	—	0.5t	—
			>0.50~1.50			3	—	1.0t	—

续表

牌号	包铝分类	供应状态	厚度/mm	室温拉伸试验结果 抗拉强度 R_m/MPa	规定非比例延伸强度 $R_{p0.2}$/MPa	断后伸长率[①]/% A_{50mm}	A	弯曲半径[②] 90°	180°
					≥				
1070A	—	H26	>1.50~4.00	110~150	80	4	—	1.0t	—
		H18	>0.20~0.50	125	105	2	—	1.0t	—
			>0.50~1.50			2	—	2.0t	—
			>1.50~3.00			2	—	2.5t	—
		H112	>6.00~12.50	70	20	20	—	—	—
			>12.50~25.00			—	20	—	—
		F	2.50~150.00		—			—	—
1060	—	O	>0.20~0.30	60~100	15	15	—	—	—
			>0.30~0.50			18	—	—	—
			>0.50~1.50			23	—	—	—
			>1.50~6.00			25	—	—	—
			>6.00~80.00			25	22	—	—
		H12	>0.50~1.50	80~120	60	6	—	—	—
			>1.50~6.00			12	—	—	—
		H22	>0.50~1.50	80	60	6	—	—	—
			>1.50~6.00			12	—	—	—
		H14	>0.20~0.30	95~135	70	1	—	—	—
			>0.30~0.50			2	—	—	—
			>0.50~0.80			2	—	—	—
			>0.80~1.50			4	—	—	—
			>1.50~3.00			6	—	—	—
			>3.00~6.00			10	—	—	—
		H24	>0.20~0.30	95	70	1	—	—	—
			>0.30~0.50			2	—	—	—
			>0.50~0.80			2	—	—	—
			>0.80~1.50			4	—	—	—
			>1.50~3.00			6	—	—	—
			>3.00~6.00			10	—	—	—
		H16	>0.20~0.30	110~155	75	1	—	—	—
			>0.30~0.50			2	—	—	—
			>0.50~0.80			2	—	—	—
			>0.80~1.50			3	—	—	—
			>1.50~4.00			5	—	—	—
		H26	>0.20~0.30	110	75	1	—	—	—
			>0.30~0.50			2	—	—	—
			>0.50~0.80			2	—	—	—
			>0.80~1.50			3	—	—	—
			>1.50~4.00			5	—	—	—
		H18	>0.20~0.30	125	85	1	—	—	—
			>0.30~0.50			2	—	—	—
			>0.50~1.50			3	—	—	—
			>1.50~3.00			4	—	—	—
		H112	>4.50~6.00	75	—	10	—	—	—
			>6.00~12.50	75		10	—	—	—
			>12.50~40.00	70		—	18	—	—
			>40.00~80.00	60		—	22	—	—
		F	>2.50~150.00		—			—	—

续表

牌号	包铝分类	供应状态	厚度/mm	室温拉伸试验结果				弯曲半径[②]	
				抗拉强度 R_m/MPa	规定非比例延伸强度 $R_{p0.2}$/MPa	断后伸长率[①]/%		90°	180°
						A_{50mm}	A		
				≥					
1050	—	O	>0.20~0.50	60~100	—	15	—	0t	—
			>0.50~0.80			20	—	0t	—
			>0.80~1.50		20	25	—	0t	—
			>1.50~6.00			30	—	0t	—
			>6.00~50.00			28	28	—	—
		H12	>0.20~0.30	80~120	65	2	—	0t	—
			>0.30~0.50			3	—	0t	—
			>0.50~0.80			4	—	0t	—
			>0.80~1.50			6	—	0.5t	—
			>1.50~3.00			8	—	0.5t	—
			>3.00~6.00			9	—	0.5t	—
		H22	>0.20~0.30	80	—	2	—	0t	—
			>0.30~0.50			3	—	0t	—
			>0.50~0.80			4	—	0t	—
			>0.80~1.50		65	6	—	0.5t	—
			>1.50~3.00			8	—	0.5t	—
			>3.00~6.00			9	—	0.5t	—
		H14	>0.20~0.30	95~130	75	1	—	0.5t	—
			>0.30~0.50			2	—	0.5t	—
			>0.50~0.80			3	—	0.5t	—
			>0.80~1.50			4	—	1.0t	—
			>1.50~3.00			5	—	1.0t	—
			>3.00~6.00			6	—	1.0t	—
		H24	>0.20~0.30	95	—	1	—	0.5t	—
			>0.30~0.50			2	—	0.5t	—
			>0.50~0.80		75	3	—	0.5t	—
			>0.80~1.50			4	—	1.0t	—
			>1.50~3.00			5	—	1.0t	—
			>3.00~6.00			6	—	1.0t	—
		H16	>0.20~0.50	120~150	85	1	—	2.0t	—
			>0.50~0.80			2	—	2.0t	—
			>0.80~1.50			3	—	2.0t	—
			>1.50~4.00			4	—	2.0t	—
		H26	>0.20~0.50	120	85	1	—	2.0t	—
			>0.50~0.80			2	—	2.0t	—
			>0.80~1.50			3	—	2.0t	—
			>1.50~4.00			4	—	2.0t	—
		H18	>0.20~0.50	130	—	1	—	—	—
			>0.50~0.80			2	—	—	—
			>0.80~1.50			3	—	—	—
			>1.50~3.00			4	—	—	—
		H112	>4.50~6.00	85	45	10	—	—	—
			>6.00~12.50	80	45	10	—	—	—
			>12.50~25.00	70	35	—	16	—	—
			>25.00~50.00	65	30	—	22	—	—
			>50.00~75.00	65	30	—	22	—	—
		F	>2.50~150.00		—			—	—

续表

牌号	包铝分类	供应状态	厚度/mm	室温拉伸试验结果				弯曲半径[②]	
				抗拉强度 R_m/MPa	规定非比例延伸强度 $R_{p0.2}$/MPa	断后伸长率[①]/%			
						A_{50mm}	A	90°	180°
				≥					
1050A	—	O H111	>0.20~0.50	>65~95	20	20	—	0*t*	0*t*
			>0.50~1.50			22	—	0*t*	0*t*
			>1.50~3.00			26	—	0*t*	0*t*
			>3.00~6.00			29	—	0.5*t*	0.5*t*
			>6.00~12.50			35	—	1.0*t*	1.0*t*
			>12.50~80.00			—	32	—	—
		H12	>0.20~0.50	>85~125	65	2	—	0*t*	0.5*t*
			>0.50~1.50			4	—	0*t*	0.5*t*
			>1.50~3.00			5	—	0.5*t*	0.5*t*
			>3.00~6.00			7	—	1.0*t*	1.0*t*
		H22	>0.20~0.50	>85~125	55	4	—	0*t*	0.5*t*
			>0.50~1.50			5	—	0*t*	0.5*t*
			>1.50~3.00			6	—	0.5*t*	0.5*t*
			>3.00~6.00			11	—	1.0*t*	1.0*t*
		H14	>0.20~0.50	>105~145	85	2	—	0*t*	1.0*t*
			>0.50~1.50			2	—	0.5*t*	1.0*t*
			>1.50~3.00			4	—	1.0*t*	1.0*t*
			>3.00~6.00			5	—	1.5*t*	—
		H24	>0.20~0.50	>105~145	75	3	—	0*t*	1.0*t*
			>0.50~1.50			4	—	0.5*t*	1.0*t*
			>1.50~3.00			5	—	1.0*t*	1.0*t*
			>3.00~6.00			8	—	1.5*t*	1.5*t*
		H16	>0.20~0.50	>120~160	100	1	—	0.5*t*	—
			>0.50~1.50			2	—	1.0*t*	—
			>1.50~4.00			3	—	1.5*t*	—
		H26	>0.20~0.50	>120~160	90	2	—	0.5*t*	—
			>0.50~1.50			3	—	1.0*t*	—
			>1.50~4.00			4	—	1.5*t*	—
		H18	>0.20~0.50	135	120	1	—	1.0*t*	—
			>0.50~1.50	140		2	—	2.0*t*	—
			>1.50~3.00			2	—	3.0*t*	—
		H28	>0.20~0.50	140	110	2	—	1.0*t*	—
			>0.50~1.50			2	—	2.0*t*	—
			>1.50~3.00			3	—	3.0*t*	—
		H19	>0.20~0.50	155	140	1		—	—
			>0.50~1.50	150	130			—	—
			>1.50~3.00					—	—
		H112	>6.00~12.50	75	30	20		—	—
			>12.50~80.00	70	25	—	20	—	—
		F	2.50~150.00					—	—
1145	—	O	>0.20~0.50	60~100	20	15	—	—	—
			>0.50~0.80			20	—	—	—
			>0.80~1.50			25	—	—	—
			>1.50~6.00			30	—	—	—
			>6.00~10.00			28	—	—	—
		H12	>0.20~0.30	80~120		2	—	—	—
			>0.30~0.50			3	—	—	—
			>0.50~0.80			4	—	—	—

续表

牌号	包铝分类	供应状态	厚度/mm	室温拉伸试验结果				弯曲半径[②]	
				抗拉强度 R_m/MPa	规定非比例延伸强度 $R_{p0.2}$/MPa	断后伸长率[①]/%			
						A_{50mm}	A	90°	180°
				≥					
1145	—	H12	>0.80~1.50	80~120	65	6	—	—	—
			>1.50~3.00			8	—	—	—
			>3.00~4.50			9	—	—	—
		H22	>0.20~0.30	80	—	2	—	—	—
			>0.30~0.50			3	—	—	—
			>0.50~0.80			4	—	—	—
			>0.80~1.50			6	—	—	—
			>1.50~3.00			8	—	—	—
			>3.00~4.50			9	—	—	—
		H14	>0.20~0.30	95~125		1	—	—	—
			>0.30~0.50			2	—	—	—
			>0.50~0.80			3	—	—	—
			>0.80~1.50		75	4	—	—	—
			>1.50~3.00			5	—	—	—
			>3.00~4.50			6	—	—	—
		H24	>0.20~0.30	95	—	1	—	—	—
			>0.30~0.50			2	—	—	—
			>0.50~0.80			3	—	—	—
			>0.80~1.50			4	—	—	—
			>1.50~3.00			5	—	—	—
			>3.00~4.50			6	—	—	—
		H16	>0.20~0.50	120~145	85	1	—	—	—
			>0.50~0.80			2	—	—	—
			>0.80~1.50			3	—	—	—
			>1.50~4.50			4	—	—	—
		H26	>0.20~0.50	120	—	1	—	—	—
			>0.50~0.80			2	—	—	—
			>0.80~1.50			3	—	—	—
			>1.50~4.50			4	—	—	—
		H18	>0.20~0.50	125	—	1	—	—	—
			>0.50~0.80			2	—	—	—
			>0.80~1.50			3	—	—	—
			>1.50~4.50			4	—	—	—
		H112	>4.50~6.50	85	45	10	—	—	—
			>6.50~12.50	80	45	10	—	—	—
			>12.50~25.00	70	35	—	16	—	—
		F	>2.50~150.00	—				—	—
1235	—	O	>0.20~1.00	65~105	—	15	—	—	—
		H12	>0.20~0.30	95~130	—	2	—	—	—
			>0.30~0.50			3	—	—	—
			>0.50~1.50			6	—	—	—
			>1.50~3.00			8	—	—	—
			>3.00~4.50			9	—	—	—
		H22	>0.20~0.30	95		2	—	—	—
			>0.30~0.50			3	—	—	—
			>0.50~1.50			6	—	—	—

第 3 篇

续表

牌号	包铝分类	供应状态	厚度/mm	室温拉伸试验结果				弯曲半径②	
				抗拉强度 R_m/MPa	规定非比例延伸强度 $R_{p0.2}$/MPa	断后伸长率①/%			
						A_{50mm}	A	90°	180°
				≥					
1235	—	H22	>1.50~3.00	95	—	8	—	—	—
			>3.00~4.50			9	—	—	—
		H14	>0.20~0.30	115~150	—	1	—	—	—
			>0.30~0.50			2	—	—	—
			>0.50~1.50			3	—	—	—
			>1.50~3.00			4	—	—	—
		H24	>0.20~0.30	115	—	1	—	—	—
			>0.30~0.50			2	—	—	—
			>0.50~1.50			3	—	—	—
			>1.50~3.00			4	—	—	—
		H16	>0.20~0.50	130~165	—	1	—	—	—
			>0.50~1.50			2	—	—	—
			>1.50~4.00			3	—	—	—
		H26	>0.20~0.50	130	—	1	—	—	—
			>0.50~1.50			2	—	—	—
			>1.50~4.00			3	—	—	—
		H18	>0.20~0.50	145	—	1	—	—	—
			>0.50~1.50			2	—	—	—
			>1.50~3.00			3	—	—	—
1200	—	O H111	>0.20~0.50	75~105	25	19	—	0t	0t
			>0.50~1.50			21	—	0t	0t
			>1.50~3.00			24	—	0t	0t
			>3.00~6.00			28	—	0.5t	0.5t
			>6.00~12.50			33	—	1.0t	1.0t
			>12.50~80.00			—	30	—	—
		H12	>0.20~0.50	95~135	75	2	—	0t	0.5t
			>0.50~1.50			4	—	0t	0.5t
			>1.50~3.00			5	—	0.5t	0.5t
			>3.00~6.00			6	—	1.0t	1.0t
		H22	>0.20~0.50	95~135	65	4	—	0t	0.5t
			>0.50~1.50			5	—	0t	0.5t
			>1.50~3.00			6	—	0.5t	0.5t
			>3.00~6.00			10	—	1.0t	1.0t
		H14	>0.20~0.50	105~155	95	1	—	0t	1.0t
			>0.50~1.50	115~155		3	—	0.5t	1.0t
			>1.50~3.00			4	—	1.0t	1.0t
			>3.00~6.00			5	—	1.5t	1.5t
		H24	>0.20~0.50	115~155	90	3	—	0t	1.0t
			>0.50~1.50			4	—	0.5t	1.0t
			>1.50~3.00			5	—	1.0t	1.0t
			>3.00~6.00			7	—	1.5t	—
		H16	>0.20~0.50	120~170	110	1	—	0.5t	—
			>0.50~1.50	130~170	115	2	—	1.0t	—
			>1.50~4.00			3	—	1.5t	—
		H26	>0.20~0.50	130~170	105	2	—	0.5t	—
			>0.50~1.50			3	—	1.0t	—
			>1.50~4.00			4	—	1.5t	—
		H18	>0.20~0.50	150	130	1	—	1.0t	—
			>0.50~1.50			2	—	2.0t	—
			>1.50~3.00			2	—	3.0t	—

续表

牌号	包铝分类	供应状态	厚度/mm	室温拉伸试验结果				弯曲半径②	
				抗拉强度 R_m/MPa	规定非比例延伸强度 $R_{p0.2}$/MPa	断后伸长率①/%		90°	180°
						A_{50mm}	A		
				≥					
1200	—	H19	>0.20~0.50			1	—	—	—
			>0.50~1.50	160	140	1	—	—	—
			>1.50~3.00			1	—	—	—
		H112	>6.00~12.50	85	35	16	—	—	—
			>12.50~80.00	80	30	—	16	—	—
		F	>2.50~150.00	—				—	—
包铝2A11 2A11	正常包铝或工艺包铝	O	>0.50~3.00	≤225		12	—	—	—
			>3.00~10.00	≤235	—	12	—	—	—
			>0.50~3.00	350	185	15	—	—	—
			>3.00~10.00	355	195	15	—	—	—
		T1	>4.50~10.00	355	195	15	—	—	—
			>10.00~12.50	370	215	11	—	—	—
			>12.50~25.00	370	215	—	11	—	—
			>25.00~40.00	330	195	—	8	—	—
			>40.00~70.00	310	195	—	6	—	—
			>70.00~80.00	285	195	—	4	—	—
		T3	>0.50~1.50			15	—	—	—
			>1.50~3.00	375	215	17	—	—	—
			>3.00~10.00			15	—	—	—
		T4	>0.50~3.00	360	185	15	—	—	—
			>3.00~10.00	370	195	15	—	—	—
		F	>4.50~150.00	—				—	—
包铝2A12 2A12	正常包铝或工艺包铝	O	>0.50~4.50	≤215	—	14	—	—	—
			>4.50~10.00	≤235	—	12	—	—	—
			>0.50~3.00	390	245	15	—	—	—
			>3.00~10.00	410	265	12	—	—	—
		T1	>4.50~10.00	410	265	12	—	—	—
			>10.00~12.50	420	275	7	—	—	—
			>12.50~25.00	420	275	—	7	—	—
			>25.00~40.00	390	255	—	5	—	—
			>40.00~70.00	370	245	—	4	—	—
			>70.00~80.00	345	245	—	3	—	—
		T3	>0.50~1.60	405	270	15	—	—	—
			>1.60~10.00	420	275	15	—	—	—
		T4	>0.50~3.00	405	270	13	—	—	—
			>3.00~4.50	425	275	12	—	—	—
			>4.50~10.00	425	275	12	—	—	—
		F	>4.50~150.00	—				—	—
2A14	工艺包铝	O	0.50~10.00	≤245	—	10	—	—	—
		T6	0.50~10.00	430	340	5	—	—	—
		T1	>4.50~12.50	430	340	5	—	—	—
			>12.50~40.00	430	340	—	5	—	—
		F	>4.50~150.00	—				—	—
包铝2E12 2E12	正常包铝或工艺包铝	T3	0.80~1.50	405	270	—	15	—	5.0t
			>1.50~3.00	≥420	275	—	15	—	5.0t
			>3.00~6.00	425	275	—	15	—	8.0t
2014	工艺包铝或不包铝	O	>0.40~1.50			12	—	0t	0.5t
			>1.50~3.00			13	—	1.0t	1.0t
			>3.00~6.00	≤220	≤140	16	—	1.5t	—
			>6.00~9.00			16	—	2.5t	—
			>9.00~12.50			16	—	4.0t	—
			>12.50~25.00			—	10	—	—

续表

牌号	包铝分类	供应状态	厚度/mm	室温拉伸试验结果				弯曲半径[2]	
				抗拉强度 R_m/MPa	规定非比例延伸强度 $R_{p0.2}$/MPa	断后伸长率[1] /%			
						A_{50mm}	A	90°	180°
				≥					
2014	工艺包铝或不包铝	T3	>0.40~1.50	395	245	14	—	—	—
			>1.50~6.00	400	245	14	—	—	—
		T4	>0.40~1.50	395	240	14	—	3.0t	3.0t
			>1.50~6.00	395	240	14	—	5.0t	5.0t
			>6.00~12.50	400	250	14	—	8.0t	—
			>12.50~40.00	400	250		10	—	—
			>40.00~100.00	395	250		7	—	—
		T6	>0.40~1.50	440	390	6	—	—	—
			>1.50~6.00	440	390	7	—	—	—
			>6.00~12.50	450	395	7	—	—	—
			>12.50~40.00	460	400		6	5.0t	—
			>40.00~60.00	450	390		5	7.0t	—
			>60.00~80.00	435	380		4	10.0t	
			>80.00~100.00	420	360		4		
			>100.00~125.00	410	350		4		
			>125.00~160.00	390	340		2		
		F	>4.50~150.00	—			—	—	—
包铝2014	正常包铝	O	>0.50~0.63	≤205	≤95	16	—	—	—
			>0.63~1.00	≤220			—	—	—
			>1.00~2.50	≤205			—	—	—
			>2.50~12.50	≤205			9	—	—
			>12.50~25.00	≤220	—	—	5	—	—
		T3	>0.50~0.63	370	230	14	—	—	—
			>0.63~1.00	380	235	14	—	—	—
			>1.00~2.50	395	240	15	—	—	—
			>2.50~6.30	395	240	15	—	—	—
		T4	>0.50~0.63	370	215	14	—	—	—
			>0.63~1.00	380	220	14	—	—	—
			>1.00~2.50	395	235	15	—	—	—
			>2.50~6.30	395	235	15	—	—	—
		T6	>0.50~0.63	425	370	7	—	—	—
			>0.63~1.00	435	380	7	—	—	—
			>1.00~2.50	440	395	8	—	—	—
			>2.50~6.30	440	395	8	—	—	—
		F	>4.50~150.00	—				—	—
包铝2014A 2014A	正常包铝、工艺包铝或不包铝	O	>0.20~0.50	≤235	≤110		—	1.0t	—
			>0.50~1.50			14	—	2.0t	—
			>1.50~3.00			16	—	2.0t	—
			>3.00~6.00			16	—	2.0t	—
		T4	>0.20~0.50	400	225	—	—	3.0t	—
			>0.50~1.50			13	—	3.0t	—
			>1.50~6.00			14	—	5.0t	—
			>6.00~12.50		250	14	—		—
			>12.50~25.00			—	12		—
			>25.00~40.00			—	10		—
			>40.00~80.00	395		—	7		—

续表

牌号	包铝分类	供应状态	厚度/mm	室温拉伸试验结果				弯曲半径②	
				抗拉强度 R_m/MPa	规定非比例延伸强度 $R_{p0.2}$/MPa	断后伸长率①/%			
						A_{50mm}	A	90°	180°
				≥					
包铝2014A 2014A	正常包铝、工艺包铝或不包铝	T6	>0.20~0.50	440	380	—	—	5.0t	—
			>0.50~1.50	440	380	6	—	5.0t	—
			>1.50~3.00	440	380	7	—	6.0t	—
			>3.00~6.00	440	380	8	—	5.0t	—
			>6.00~12.50	460	410	8	—	—	—
			>12.50~25.00	460	410	—	6	—	—
			>25.00~40.00	450	400	—	5	—	—
			>40.00~60.00	430	390	—	5	—	—
			>60.00~90.00	430	390	—	4	—	—
			>90.00~115.00	420	370	—	4	—	—
			>115.00~140.00	410	350	—	4	—	—
2024	工艺包铝或不包铝	O	>0.40~1.50	≤220	≤140	12	—	0t	0.5t
			>1.50~3.00	≤220	≤140	13	—	1.0t	2.0t
			>3.00~6.00	≤220	≤140	13	—	1.5t	3.0t
			>6.00~9.00	≤220	≤140	13	—	2.5t	—
			>9.00~12.50	≤220	≤140	13	—	4.0t	—
			>12.50~25.00	≤220	≤140	—	11	—	—
		T3	>0.40~1.50	435	290	12	11	4.0t	4.0t
			>1.50~3.00	435	290	14	—	4.0t	4.0t
			>3.00~6.00	440	290	14	—	5.0t	5.0t
			>6.00~12.50	440	290	13	—	8.0t	—
			>12.50~40.00	430	290		11	—	—
			>40.00~80.00	420	290		8	—	—
			>80.00~100.00	400	285		7	—	—
			>100.00~120.00	380	270		5	—	—
			>120.00~150.00	360	250		5	—	—
		T4	>0.40~1.50	425	275	12	—	—	4.0t
			>1.50~6.00	425	275	14	—	—	5.0t
		T8	>0.40~1.50	460	400	5	—	—	—
			>1.50~6.00	460	400	6	—	—	—
			>6.00~12.50	460	400	5	—	—	—
			>12.50~25.00	455	400	—	4	—	—
			>25.00~40.00	455	395	—	4	—	—
		F	>4.50~80.00					—	—
包铝2024	正常包铝	O	>0.20~0.25	≤205	≤95	10	—	—	—
			>0.25~1.60	≤205	≤95	12	—	—	—
			>1.60~12.50	≤220	≤95	12	—	—	—
			>12.50~45.50	≤220	—	—	10	—	—
		T3	>0.20~0.25	400	270	10	—	—	—
			>0.25~0.50	405	270	12	—	—	—
			>0.50~1.60	405	270	15	—	—	—
			>1.60~3.20	420	275	15	—	—	—
			>3.20~6.00	420	275	15	—	—	—
		T4	>0.20~0.50	400	245	12	—	—	—
			>0.50~1.60	400	245	15	—	—	—
			>1.60~3.20	420	260	15	—	—	—
		F	>4.50~80.00					—	—

第3篇

续表

牌号	包铝分类	供应状态	厚度/mm	室温拉伸试验结果				弯曲半径[②]	
				抗拉强度 R_m/MPa	规定非比例延伸强度 $R_{p0.2}$/MPa	断后伸长率[①]/%			
						A_{50mm}	A	90°	180°
				≥					
包铝2017 2017	正常包铝、工艺包铝、或不包铝	O	>0.40~1.60	≤215	≤110	12	—	0.5t	—
			>1.60~2.90					1.0t	—
			>2.90~6.00					1.5t	—
			>6.00~25.00					—	—
			>0.40~0.50	355	—	12	—	—	—
			>0.50~1.60		195	15	—	—	—
			>1.60~2.90			17	—	—	—
			>2.90~6.50			15	—	—	—
			>6.50~25.00		185	12	—	—	—
		T3	>0.40~0.50	375	—	12	—	1.5t	—
			>0.50~1.60		215	15	—	2.5t	—
			>1.60~2.90			17	—	3t	—
			>2.90~6.00			15	—	3.5t	—
		T4	>0.40~0.50	355	—	12	—	1.5t	—
			>0.50~1.60		195	15	—	2.5t	—
			>1.60~2.90			17	—	3t	—
			>2.90~6.00			15	—	3.5t	—
		F	>4.50~150.00	—				—	—
包铝2017A 2017A	正常包铝、工艺包铝或不包铝	O	0.40~1.50	≤225	≤145	12	—	5t	0.5t
			>1.50~3.00			14		1.0t	1.0t
			>3.00~6.00			13		1.5t	—
			>6.00~9.00					2.5t	—
			>9.00~12.50					4.0t	—
			>12.50~25.00			—	12	—	—
		T4	0.40~1.50	390	245	14	—	3.0t	3.0t
			>1.50~6.00		245	15	—	5.0t	5.0t
			>6.00~12.50		260	13	—	8.0t	—
			>12.50~40.00		250	—	12	—	—
			>40.00~60.00	385	245	—	12	—	—
			>60.00~80.00	370		—	7	—	—
			>80.00~120.00	360	240	—	6	—	—
			>120.00~150.00	350		—	4	—	—
			>150.00~180.00	330	220	—	2	—	—
			>180.00~200.00	300	200	—	2	—	—
包铝2219 2219	正常包铝、工艺包铝或不包铝	O	>0.50~12.50	≤220	≤110	12	—	—	—
			>12.50~50.00	≤220	≤110	—	10	—	—
		T81	>0.50~1.00	340	255	6	—	—	—
			>1.00~2.50	380	285	7	—	—	—
			>2.50~6.30	400	295	7	—	—	—
		T87	>1.00~2.50	395	315	6	—	—	—
			>2.50~6.30	415	330	6	—	—	—
			>6.30~12.50	415	330	7	—	—	—
3A21	—	O	>0.20~0.80	100~150	—	19	—	—	—
			>0.80~4.50			23	—	—	—
			>4.50~10.00			21	—	—	—
		H14	>0.80~1.30	145~215	—	6	—	—	—
			>1.30~4.50			6	—	—	—

第3篇

续表

牌号	包铝分类	供应状态	厚度/mm	室温拉伸试验结果 抗拉强度 R_m/MPa	规定非比例延伸强度 $R_{p0.2}$/MPa	断后伸长率①/% A_{50mm}	A	弯曲半径② 90°	180°
					≥				
3A21	—	H24	>0.20~1.30	145	—	6	—	—	—
			>1.30~4.50			6	—	—	—
		H18	>0.20~0.50	185	—	1	—	—	—
			>0.50~0.80			2	—	—	—
			>0.80~1.30			3	—	—	—
			>1.30~4.50			4	—	—	—
		H112	>4.50~10.00	110	—	16	—	—	—
			>10.00~12.50	120		16	—	—	—
			>12.50~25.00	120		—	16	—	—
			>25.00~80.00	110		—	16	—	—
		F	>4.50~150.00					—	—
3102	—	H18	>0.20~0.50	160	—	3	—	—	—
			>0.50~3.00			2	—	—	—
3003	—	O H111	>0.20~0.50	95~135	35	15	—	0t	0t
			>0.50~1.50			17	—	0t	0t
			>1.50~3.00			20	—	0t	0t
			>3.00~6.00			23	—	1.0t	1.0t
			>6.00~12.50			24	—	1.5t	—
			>12.50~50.00			—	23	—	—
		H12	>0.20~0.50	120~160	90	3	—	0t	1.5t
			>0.50~1.50			4	—	0.5t	1.5t
			>1.50~3.00			5	—	1.0t	1.5t
			>3.00~6.00			6	—	1.0t	—
		H22	>0.20~0.50	120~160	80	6	—	0t	1.0t
			>0.50~1.50			7	—	0.5t	1.0t
			>1.50~3.00			8	—	1.0t	1.0t
			>3.00~6.00			9	—	1.0t	—
		H14	>0.20~0.50	145~195	125	2	—	0.5t	2.0t
			>0.50~1.50			2	—	1.0t	2.0t
			>1.50~3.00			3	—	1.0t	2.0t
			>3.00~6.00			4	—	2.0t	—
		H24	>0.20~0.50	145~195	115	4	—	0.5t	1.5t
			>0.50~1.50			4	—	1.0t	1.5t
			>1.50~3.00			5	—	1.0t	1.5t
			>3.00~6.00			6	—	2.0t	—
		H16	>0.20~0.50	170~210	150	1	—	1.0t	2.5t
			>0.50~1.50			2	—	1.5t	2.5t
			>1.50~4.00			2	—	2.0t	2.5t
		H26	>0.20~0.50	170~210	140	2	—	1.0t	2.0t
			>0.50~1.50			3	—	1.5t	2.0t
			>1.50~4.00			3	—	2.0t	2.0t
		H18	>0.20~0.50	190	170	1	—	1.5t	—
			>0.50~1.50			2	—	2.5t	—
			>1.50~3.00			2	—	3.0t	—
		H28	>0.20~0.50	190	160	2	—	1.5t	—
			>0.50~1.50			2	—	2.5t	—
			>1.50~3.00			3	—	3.0t	—

续表

牌号	包铝分类	供应状态	厚度/mm	室温拉伸试验结果 抗拉强度 R_m/MPa	规定非比例延伸强度 $R_{p0.2}$/MPa	断后伸长率[①]/% A_{50mm}	A	弯曲半径[②] 90°	180°
				≥					
3003	—	H19	>0.20~0.50	210	180	1	—	—	—
			>0.50~1.50			2	—	—	—
			>1.50~3.00			2	—	—	—
		H112	>4.50~12.50	115	70	10	—	—	—
			>12.50~80.00	100	40	—	18	—	—
		F	>2.50~150.00					—	—
3103	—	O H111	>0.20~0.50	90~130	35	17	—	0t	0t
			>0.50~1.50			19	—	0t	0t
			>1.50~3.00			21	—	0t	0t
			>3.00~6.00			24	—	1.0t	1.0t
			>6.00~12.50			28	—	1.5t	—
			>12.50~50.00			—	25	—	—
		H12	>0.20~0.50	115~155	85	3	—	0t	1.5t
			>0.50~1.50			4	—	0.5t	1.5t
			>1.50~3.00			5	—	1.0t	1.5t
			>3.00~6.00			6	—	1.0t	—
		H22	>0.20~0.50	115~155	75	6	—	0t	1.0t
			>0.50~1.50			7	—	0.5t	1.0t
			>1.50~3.00			8	—	1.0t	1.0t
			>3.00~6.00			9	—	1.0t	—
		H14	>0.20~0.50	140~180	120	2	—	0.5t	2.0t
			>0.50~1.50			2	—	1.0t	2.0t
			>1.50~3.00			3	—	1.0t	2.0t
			>3.00~6.00			4	—	2.0t	—
		H24	>0.20~0.50	140~180	110	4	—	0.5t	1.5t
			>0.50~1.50			4	—	1.0t	1.5t
			>1.50~3.00			5	—	1.0t	1.5t
			>3.00~6.00			6	—	2.0t	—
		H16	>0.20~0.50	160~200	145	1	—	1.0t	2.5t
			>0.50~1.50			2	—	1.5t	2.5t
			>1.50~4.00			2	—	2.0t	2.5t
			>4.00~6.00			2	—	1.5t	2.0t
		H26	>0.20~0.50	160~200	135	2	—	1.0t	2.0t
			>0.50~1.50			3	—	1.5t	2.0t
			>1.50~4.00			3	—	2.0t	2.0t
		H18	>0.20~0.50	185	165	1	—	1.5t	—
			>0.50~1.50			2	—	2.5t	—
			>1.50~3.00			2	—	3.0t	—
		H28	>0.20~0.50	185	155	2	—	1.5t	—
			>0.50~1.50			2	—	2.5t	—
			>1.50~3.00			3	—	3.0t	—
		H19	>0.20~0.50	200	175	1	—	—	—
			>0.50~1.50			2	—	—	—
			>1.50~3.00			2	—	—	—
		H112	>4.50~12.50	110	70	10	—	—	—
			>12.50~80.00	95	40	—	18	—	—
		F	>20.00~80.00					—	—

续表

牌号	包铝分类	供应状态	厚度/mm	室温拉伸试验结果				弯曲半径②	
				抗拉强度 R_m/MPa	规定非比例延伸强度 $R_{p0.2}$/MPa	断后伸长率①/%			
						A_{50mm}	A	90°	180°
				≥					
3004	—	O H111	>0. 20~0. 50	155~200	60	13	—	0t	0t
			>0.50~1.50			14	—	0t	0t
			>1.50~3.00			15	—	0t	0.5t
			>3.00~6.00			16	—	1.0t	1.0t
			>6.00~12.50			16	—	2.0t	—
			>12.50~50.00			—	14	—	—
		H12	>0.20~0.50	190~240	155	2	—	0t	1.5t
			>0.50~1.50			3	—	0.5t	1.5t
			>1.50~3.00			4	—	1.0t	2.0t
			>3.00~6.00			5	—	1.5t	—
		H22 H32	>0.20~0.50	190~240	145	4	—	0t	1.0t
			>0.50~1.50			5	—	0.5t	1.0t
			>1.50~3.00			6	—	1.0t	1.5t
			>3.00~6.00			7	—	1.5t	—
		H14	>0.20~0.50	220~265	180	1	—	0.5t	2.5t
			>0.50~1.50			2	—	1.0t	2.5t
			>150~3.00			2	—	1.5t	2.5t
			>3.00~6.00			3	—	2.0t	—
		H24 H34	>0.20~0.50	220~265	170	3	—	0.5t	2.0t
			>0.50~1.50			4	—	1.0t	2.0t
			>1.50~3.00			4	—	1.5t	2.0t
		H16	>0.20~0.50	240~285	200	1	—	1.0t	3.5t
			>0.50~1.50			1	—	1.5t	3.5t
			>1.50~4.00			2	—	2.5t	—
		H26 H36	>0.20~0.50	240~285	190	3	—	1.0t	3.0t
			>0.50~1.50			3	—	1.5t	3.0t
			>1.50~3.00			3	—	2.5t	—
		H18	>0.20~0.50	260	230	1	—	1.5t	—
			>0.50~1.50			1	—	2.5t	—
			>1.50~3.00			2	—	—	—
		H28 H38	>0.20~0.50	260	220	2	—	1.5t	—
			>0.50~1.50			3	—	2.5t	—
		H19	>0.20~0.50	270	240	1	—	—	—
			>0.50~1.50			1	—	—	—
		H112	>4.50~12.50	160	60	7	—	—	—
			>12.50~40.00			—	6	—	—
			>40.00~80.00			—	6	—	—
		F	>2.50~80.00					—	—
3104	—	O H111	>0.20~0.50	155~195	60	10	—	0t	0t
			>0.50~0.80			14	—	0t	0t
			>0.80~1.30			16	—	0.5t	0.5t
			>1.30~3.00			18	—	0.5t	0.5t
		H12 H32	>0.50~0.80	195~245	145	3	—	0.5t	0.5t
			>0.80~1.30			4	—	1.0t	1.0t
			>1.30~3.00			5	—	1.0t	1.0t
		H22	>0.50~0.80	195		3	—	0.5t	0.5t
			>0.80~1.30			4	—	1.0t	1.0t

续表

牌号	包铝分类	供应状态	厚度/mm	室温拉伸试验结果				弯曲半径②	
				抗拉强度 R_m/MPa	规定非比例延伸强度 $R_{p0.2}$/MPa	断后伸长率①/%			
						A_{50mm}	A	90°	180°
					≥				
3104	—	H22	>1.30~3.00	195	—	5	—	1.0t	1.0t
		H14 H34	>0.20~0.50	225~265	175	1	—	1.0t	1.0t
			>0.50~0.80			3	—	1.5t	1.5t
			>0.80~1.30			3	—	1.5t	1.5t
			>1.30~3.00			4	—	1.5t	1.5t
		H24	>0.20~0.50	225	—	1	—	1.0t	1.0t
			>0.50~0.80			3	—	1.5t	1.5t
			>0.80~1.30			3	—	1.5t	1.5t
			>1.30~3.00			4	—	1.5t	1.5t
		H16 H36	>0.20~0.50	245~285	195	1	—	2.0t	2.0t
			>0.50~0.80			2	—	2.0t	2.0t
			>0.80~1.30			3	—	2.5t	2.5t
			>1.30~3.00			4	—	2.5t	2.5t
		H26	>0.20~0.50	245	—	1	—	2.0t	2.0t
			>0.50~0.80			2	—	2.0t	2.0t
			>0.80~1.30			3	—	2.5t	2.5t
			>1.30~3.00			4	—	2.5t	2.5t
		H18 H38	>0.20~0.50	265	215	1	—	—	—
		H28	>0.20~0.50	265	—	1	—	—	—
		H19 H29 H39	>0.20~0.50	275	—	1	—	—	—
		F	>2.50~80.00					—	—
3005	—	O H111	>0.20~0.50	115~165	45	12	—	0t	0t
			>0.50~1.50			14	—	0t	0t
			>1.50~3.00			16	—	0.5t	1.0t
			>3.00~6.00			19	—	1.0t	—
		H12	>0.20~0.50	145~195	125	3	—	0t	1.5t
			>0.50~1.50			4	—	0.5t	1.5t
			>1.50~3.00			4	—	1.0t	2.0t
			>3.00~6.00			5	—	1.5t	—
		H22	>0.20~0.50	145~195	110	5	—	0t	1.0t
			>0.50~1.50			5	—	0.5t	1.0t
			>1.50~3.00			6	—	1.0t	1.5t
			>3.00~6.00			7	—	1.5t	—
		H14	>0.20~0.50	170~215	150	1	—	0.5t	2.5t
			>0.50~1.50			2	—	1.0t	2.5t
			>1.50~3.00			2	—	1.5t	—
			>3.00~6.00			3	—	2.0t	—
		H24	>0.20~0.50	170~215	130	4	—	0.5t	1.5t
			>0.50~1.50			4	—	1.0t	1.5t
			>1.50~3.00			4	—	1.5t	—
		H16	>0.20~0.50	195~240	175	1	—	1.0t	—
			>0.50~1.50			2	—	1.5t	—
			>1.50~4.00			2	—	2.5t	—

续表

牌号	包铝分类	供应状态	厚度/mm	室温拉伸试验结果				弯曲半径②	
				抗拉强度 R_m/MPa	规定非比例延伸强度 $R_{p0.2}$/MPa	断后伸长率①/%			
						A_{50mm}	A	90°	180°
				≥					
3005	—	H26	>0.20~0.50	195~240	160	3	—	1.0t	—
			>0.50~1.50			3	—	1.5t	—
			>1.50~3.00			3	—	2.5t	—
		H18	>0.20~0.50	220	200	1	—	1.5t	—
			>0.50~1.50			2	—	2.5t	—
			>1.50~300			2	—	—	—
		H28	>0.20~0.50	220	190	2	—	1.5t	—
			>0.50~1.50			2	—	2.5t	—
			>1.50~3.00			3	—	—	—
		H19	>0.20~0.50	235	210	1	—	—	—
			>0.50~1.50	235	210	1	—	—	—
		F	>2.50~80.00	—				—	—
4007	—	H12	>0. 20~0. 50	140~180	110	4	—	—	—
			>0. 50~1. 50			4	—	—	—
			>1. 50~3. 00			5	—	—	—
		F	2. 50~6. 00	110	—	—	—	—	—
4015	—	O H111	>0.20~3.00	≤150	45	20	—	—	—
		H12	>0.20~0.50	120~175	90	4	—	—	—
			>0.50~3.00			4	—	—	—
		H14	>0.20~0.50	150~200	120	2	—	—	—
			>0.50~3.00			3	—	—	—
		H16	>0.20~0.50	170~220	150	1	—	—	—
			>0.50~3.00			2	—	—	—
		H18	>0.20~3.00	200~250	180	1	—	—	—
5A02	—	O	>0. 50~1. 00	165~225	—	17	—	—	—
			>1. 00~10.00			19	—	—	—
		H14 H24 H34	>0.50~1.00	235		4	—	—	—
			>1.00~4.50			6	—	—	—
		H18	>0.50~1.00	265	—	3	—	—	—
			>1.00~4.50			4	—	—	—
		H112	>4.50~12.50	175		7	—	—	—
			>12.50~25.00	175		—	7	—	—
			>25.00~80.00	155		—	6	—	—
		F	>4.50~150.00	—			—	—	—
5A03	—	O	>0.50~4.50	195	100	16	—	—	—
		H14 H24 H34	>0.50~4.50	225	195	8	—	—	—
		H112	>4.50~10.00	185	80	16	—	—	—
			>10.00~12.50	175	70	13	—	—	—
			>12.50~25.00	175	70	—	13	—	—
			>25.00~50.00	165	60	—	12	—	—
		F	>4.50~150.00	—			—	—	—
5A05	—	O	0.50~4.50	275	145	16	—	—	—
		H112	>4.50~10.00	275	125	16	—	—	—

续表

牌号	包铝分类	供应状态	厚度/mm	室温拉伸试验结果				弯曲半径②	
				抗拉强度 R_m/MPa	规定非比例延伸强度 $R_{p0.2}$/MPa	断后伸长率①/%			
						A_{50mm}	A	90°	180°
				≥					
5A05	—	H112	>10.00~12.50	265	115	14	—	—	—
			>12.50~25.00	265	115	—	14	—	—
			>25.00~50.00	255	105	—	13	—	—
		F	>4.50~150.00	—			—	—	—
3105	—	O H111	>0.20~0.50	100~155	40	14	—	—	0t
			>0.50~1.50			15	—	—	0t
			>1.50~3.00			17	—	—	0.5t
		H12	>0.20~0.50	130~180	105	3	—	—	1.5t
			>0.50~1.50			4	—	—	1.5t
			>1.50~3.00			4	—	—	1.5t
		H22	>0.20~0.50	130~180	105	6	—	—	—
			>0.50~1.50			6	—	—	—
			>1.50~3.00			7	—	—	—
		H14	>0.20~0.50	150~200	130	2	—	—	2.5t
			>0.50~1.50			2	—	—	2.5t
			>1.50~3.00			2	—	—	2.5t
		H24	>0.20~0.50	150~200	120	4	—	—	2.5t
			>0.50~1.50			4	—	—	2.5t
			>1.50~3.00			5	—	—	2.5t
		H16	>0.20~0.50	175~225	160	1	—	—	—
			>0.50~1.50			2	—	—	—
			>1.50~3.00			2	—	—	—
		H26	>0.20~0.50	175~225	150	3	—	—	—
			>0.50~1.50			3	—	—	—
			>1.50~3.00			3	—	—	—
		H18	>0.20~3.00	195	180	1	—	—	—
		H28	>0.20~1.50	195	170	2	—	—	—
		H19	>0.20~1.50	215	190	1	—	—	—
		F	>2.50~80.00	—			—	—	—
4006	—	O	>0.20~0.50	95~130	40	17	—	—	0t
			>0.50~1.50			19	—	—	0t
			>1.50~3.00			22	—	—	0t
			>3.00~6.00			25	—	—	1.0t
		H12	>0.20~0.50	120~160	90	4	—	—	1.5t
			>0.50~1.50			4	—	—	1.5t
			>1.50~3.00			5	—	—	1.5t
		H14	>0.20~0.50	140~180	120	3	—	—	2.0t
			>0.50~1.60			3	—	—	2.0t
			>1.50~3.00			3	—	—	2.0t
		F	2.50~6.00	—	—	—	—	—	—
4007	—	O H111	>0.20~0.50	110~150	45	15	—	—	—
			>0.50~1.50			16	—	—	—
			>1.50~3.00			19	—	—	—
			>3.00~6.00			21	—	—	—
			>6.00~12.50			25	—	—	—

续表

牌号	包铝分类	供应状态	厚度/mm	室温拉伸试验结果				弯曲半径[②]	
				抗拉强度 R_m/MPa	规定非比例延伸强度 $R_{p0.2}$/MPa	断后伸长率[①]/%			
						A_{50mm}	A	90°	180°
				≥					
5A06	工艺包铝或不包铝	O	0.50~4.50	315	155	16	—	—	—
		H112	>4.50~10.00	315	155	16	—	—	—
			>10.00~12.50	305	145	12	—	—	—
			>12.50~25.00	305	145	—	12	—	—
			>25.00~50.00	295	135	—	6	—	—
		F	>4.50~150.00	—				—	—
5005 5005A	—	O H111	>0.20~0.50	100~145	35	15	—	0t	0t
			>0.50~1.50			19	—	0t	0t
			>1.50~3.00			20	—	0t	0.5t
			>3.00~6.00			22	—	1.0t	1.0t
			>6.00~12.50			24	—	1.5t	—
			>12.50~50.00			—	20	—	—
		H12	>0.20~0.50	125~165	95	2	—	0t	1.0t
			>0.50~1.50			2	—	0.5t	1.0t
			>1.50~3.00			4	—	1.0t	1.5t
			>3.00~6.00			5	—	1.0t	—
		H22 H32	>0.20~0.50	125~165	80	4	—	0t	1.0t
			>0.50~1.50			5	—	0.5t	1.0t
			>1.50~3.00			6	—	1.0t	1.5t
			>3.00~6.00			8	—	1.0t	—
		H14	>0.20~0.50	145~185	120	2	—	0.5t	2.0t
			>0.50~1.50			2	—	1.0t	2.0t
			>1.50~3.00			3	—	1.0t	2.5t
			>3.00~6.00			4	—	2.0t	—
		H24 H34	>0.20~0.50	145~185	110	3	—	0.5t	1.5t
			>0.50~1.50			4	—	1.0t	1.5t
			>1.50~3.00			5	—	1.0t	2.0t
			>3.00~6.00			6	—	2.0t	—
		H16	>0.20~0.50	165~205	145	1	—	1.0t	—
			>0.50~1.50			2	—	1.5t	—
			>1.50~3.00			3	—	2.0t	—
			>3.00~4.00			3	—	2.5t	—
		H26 H36	>0.20~0.50	165~205	135	2	—	1.0t	—
			>0.50~1.50			3	—	1.5t	—
			>1.50~3.00			4	—	2.0t	—
			>3.00~4.00			4	—	2.5t	—
		H18	>0.20~0.50	185	165	1	—	1.5t	—
			>0.50~1.50			2	—	2.5t	—
			>1.50~3.00			2	—	3.0t	—
		H28 H38	>0.20~0.50	185	160	1	—	1.5t	—
			>0.50~1.50			2	—	2.5t	—
			>1.50~3.00			3	—	3.0t	—
		H19	>0.20~0.50	205	185	1	—	—	—
			>0.50~1.50			2	—	—	—
			>1.50~3.00			2	—	—	—

续表

牌号	包铝分类	供应状态	厚度/mm	室温拉伸试验结果 抗拉强度 R_m/MPa	规定非比例延伸强度 $R_{p0.2}$/MPa	断后伸长率[①] /% A_{50mm}	A	弯曲半径[②] 90°	180°
					≥				
5005 5005A	—	H122	>6.00~12.50	115	—	8	—	—	—
			>12.50~40.00	105		—	10	—	—
			>40.00~80.00	100		—	16	—	—
		F	>2.5~150.00	—				—	—
5040	—	H24 H34	0.80~1.80	220~260	170	6	—	—	—
		H26 H36	1.00~2.00	240~280	205	5	—	—	—
5049	—	O H111	>0.20~0.50	190~240	80	12	—	0t	0.5t
			>0.50~1.50			14	—	0.5t	0.5t
			>1.50~3.00			16	—	1.0t	1.0t
			>3.00~6.00			18	—	1.0t	1.0t
			>6.00~12.50			18	—	2.0t	—
			>12.50~100.00			—	17	—	—
		H12	>0.20~0.50	220~270	170	4	—	—	—
			>0.50~1.50			5	—	—	—
			>1.50~3.00			6	—	—	—
			>3.00~6.00			7	—	—	—
		H22 H32	>0.20~0.50	220~270	130	7	—	0.5t	1.5t
			>0.50~1.50			8	—	1.0t	1.5t
			>1.50~3.00			10	—	1.5t	2.0t
			>3.00~6.00			11	—	1.5t	—
		H14	>0.20~0.50	240~280	190	3	—	—	—
			>0.50~1.50			3	—	—	—
			>1.50~3.00			4	—	—	—
			>3.00~6.00			4	—	—	—
		H24 H34	>0.20~0.50	240~280	160	6	—	1.0t	2.5t
			>0.50~1.50			6	—	1.5t	2.5t
			>1.50~3.00			7	—	2.0t	2.5t
			>3.00~6.00			8	—	2.5t	—
		H16	>0.20~0.50	265~305	220	2	—	—	—
			>0.50~1.50			3	—	—	—
			>1.50~3.00			3	—	—	—
			>3.00~6.00			3	—	—	—
		H26 H36	>0.20~0.50	265~305	190	4	—	1.5t	—
			>0.50~1.50			4	—	2.0t	—
			>1.50~3.00			5	—	3.0t	—
			>3.00~6.00			6	—	3.5t	—
		H18	>0.20~0.50	290	250	1	—	—	—
			>0.50~1.50			2	—	—	—
			>1.50~3.00			2	—	—	—
		H28 H38	>0.20~0.50	290	230	3	—	—	—
			>0.50~1.50			3	—	—	—
			>1.50~3.00			4	—	—	—
		H112	6.00~12.50	210	100	12	—	—	—
			>12.50~25.00	200	90	—	10	—	—
			>25.00~40.00	190	80	—	12	—	—
			>40.00~80.00	190	80	—	14	—	—
5449	—	O H111	>0.50~1.50	190~240	80	14	—	—	—
			>1.50~3.00			16	—	—	—

续表

牌号	包铝分类	供应状态	厚度/mm	室温拉伸试验结果 抗拉强度 R_m/MPa	规定非比例延伸强度 $R_{p0.2}$/MPa	断后伸长率[①]/% A_{50mm}	A	弯曲半径[②] 90°	180°
					≥				
5449	—	H22	>0.50~1.50	220~270	130	8	—	—	—
			>1.50~3.00			10	—	—	—
		H24	>0.50~1.50	240~280	160	6	—	—	—
			>1.50~3.00			7	—	—	—
		H26	>0.50~1.50	265~305	190	4	—	—	—
			>1.50~3.00			5	—	—	—
		H28	>0.50~1.50	290	230	3	—	—	—
			>1.50~3.00			4	—	—	—
5050	—	O H111	>0.20~0.50	130~170	45	16	—	0t	0t
			>0.50~1.50			17	—	0t	0t
			>1.50~3.00			19	—	0t	0.5t
			>3.00~6.00			21	—	1.0t	—
			>6.00~12.50			20	—	2.0t	—
			>12.50~50.00			—	20	—	—
		H12	>0.20~0.50	155~195	130	2	—	0t	—
			>0.50~1.50			2	—	0.5t	—
			>1.50~3.00			4	—	1.0t	—
		H22 H32	>0.20~0.50	155~195	100	4	—	0t	1.0t
			>0.50~1.50			5	—	0.5t	1.0t
			>1.50~3.00			7	—	1.0t	1.5t
			>3.00~6.00			10	—	1.5t	—
		H14	>0.20~0.50	175~215	150	2	—	0.5t	—
			>0.50~1.50			2	—	1.0t	—
			>1.50~3.00			3	—	1.5t	—
			>3.00~6.00			4	—	2.0t	—
		H24 H34	>0.20~0.50	175~215	135	3	—	0.5t	1.5t
			>0.50~1.50			4	—	1.0t	1.5t
			>1.50~3.00			5	—	1.5t	2.0t
			>3.00~6.00			8	—	2.0t	—
		H16	>0.20~0.50	195~235	170	1	—	1.0t	—
			>0.50~1.50			2	—	1.5t	—
			>1.50~3.00			2	—	2.5t	—
			>3.00~4.00			3	—	3.0t	—
		H26 H36	>0.20~0.50	195~235	160	2	—	1.0t	—
			>0.50~1.50			3	—	1.5t	—
			>1.50~3.00			4	—	2.5t	—
			>3.00~4.00			6	—	3.0t	—
		H18	>0.20~0.50	220	190	1	—	1.5t	—
			>0.50~1.50			2	—	2.5t	—
			>1.50~3.00			2	—	—	—
		H28 H38	>0.20~0.50	220	180	1	—	1.5t	—
			>0.50~1.50			2	—	2.5t	—
			>1.50~3.00			3	—	—	—
		H112	6.00~12.50	140	55	12	—	—	—
			>12.50~40.00			—	10	—	—
			>40.00~80.00			—	10	—	—
		F	2.50~80.00	—		—	—	—	—

第3篇

续表

牌号	包铝分类	供应状态	厚度/mm	室温拉伸试验结果				弯曲半径[②]	
				抗拉强度 R_m/MPa	规定非比例延伸强度 $R_{p0.2}$/MPa	断后伸长率[①]/%			
						A_{50mm}	A	90°	180°
					≥				
5251	—	O H111	>0.20~0.50	160~200	60	13	—	0t	0t
			>0.50~1.50			14	—	0t	0t
			>1.50~3.00			16	—	0.5t	0.5t
			>3.00~6.00			18	—	1.0t	—
			>6.00~12.50			18	—	2.0t	—
			>12.50~50.00			—	18	—	—
		H12	>0.20~0.50	190~230	150	3	—	0t	2.0t
			>0.50~1.50			4	—	1.0t	2.0t
			>1.50~3.00			5	—	1.0t	2.0t
			>3.00~6.00			8	—	1.5t	—
		H22 H32	>0.20~0.50	190~230	120	4	—	0t	1.5t
			>0.50~1.50			6	—	1.0t	1.5t
			>1.50~3.00			8	—	1.0t	1.5t
			>3.00~6.00			10	—	1.5t	—
		H14	>0.20~0.50	210~250	170	2	—	0.5t	2.5t
			>0.50~1.50			2	—	1.5t	2.5t
			>1.50~3.00			3	—	1.5t	2.5t
			>3.00~6.00			4	—	2.5t	—
		H24 H34	>0.20~0.50	210~250	140	3	—	0.5t	2.0t
			>0.50~1.50			5	—	1.5t	2.0t
			>1.50~3.00			6	—	1.5t	2.0t
			>3.00~6.00			8	—	2.5t	—
		H16	>0.20~0.50	230~270	200	1	—	1.0t	3.5t
			>0.50~1.50			2	—	1.5t	3.5t
			>1.50~3.00			3	—	2.0t	3.5t
			>3.00~4.00			3	—	3.0t	—
		H26 H36	>0.20~0.50	230~270	170	3	—	1.0t	3.0t
			>0.50~1.50			4	—	1.5t	3.0t
			>1.50~3.00			5	—	2.0t	3.0t
			>3.00~4.00			7	—	3.0t	—
		H18	>0.20~0.50	255	230	1	—	—	—
			>0.50~1.50			2	—	—	—
			>1.50~3.00			2	—	—	—
		H28 H38	>0.20~0.50	255	200	2	—	—	—
			>0.50~1.50			3	—	—	—
			>1.50~3.00			3	—	—	—
		F	2.50~80.00	—				—	—
5052	—	O H111	>0.20~0.50	170~215	65	12	—	0t	0t
			>0.50~1.50			14	—	0t	0t
			>1.50~3.00			16	—	0.5t	0.5t
			>3.00~6.00			18	—	1.0t	—
			>6.00~12.50	165~215		19	—	2.0t	—
			>12.50~80.00			—	18	—	—
		H12	>0.20~0.50	210~260	165	4	—	—	—
			>0.50~1.50			5	—	—	—
			>1.50~3.00			6	—	—	—
			>3.00~6.00			8	—	—	—

续表

牌号	包铝分类	供应状态	厚度/mm	室温拉伸试验结果 抗拉强度 R_m/MPa	规定非比例延伸强度 $R_{p0.2}$/MPa	断后伸长率①/% A_{50mm}	A	弯曲半径② 90°	180°
				≥					
5052	—	H22 H32	>0.20~0.50	210~260	130	5	—	0.5t	1.5t
			>0.50~1.50			6	—	1.0t	1.5t
			>1.50~3.00			7	—	1.5t	1.5t
			>3.00~6.00			10	—	1.5t	—
		H14	>0.20~0.50	230~280	180	3	—	—	—
			>0.50~1.50			3	—	—	—
			>1.50~3.00			4	—	—	—
			>3.00~6.00			4	—	—	—
		H24 H34	>0.20~0.50	230~280	150	4	—	0.5t	2.0t
			>0.50~1.50			5	—	1.5t	2.0t
			>1.50~3.00			6	—	2.0t	2.0t
			>3.00~6.00			7	—	2.5t	—
		H16	>0.20~0.50	250~300	210	2	—	—	—
			>0.50~1.50			3	—	—	—
			>1.50~3.00			3	—	—	—
			>3.00~6.00			3	—	—	—
		H26 H36	>0.20~0.50	250~300	180	3	—	1.5t	—
			>0.50~1.50			4	—	2.0t	—
			>1.50~3.00			5	—	3.0t	—
			>3.00~6.00			6	—	3.5t	—
		H18	>0.20~0.50	270	240	1	—	—	—
			>0.50~1.50			2	—	—	—
			>1.50~3.00			2	—	—	—
		H28 H38	>0.20~0.50	270	210	3	—	—	—
			>0.50~1.50			3	—	—	—
			>1.50~3.00			4	—	—	—
		H112	>6.00~12.50	190	80	7	—	—	—
			>12.50~40.00	170	70	—	10	—	—
			>40.00~80.00	170	70	—	14	—	—
		F	>2.50~150.00	—				—	—
5154A	—	O H111	>0.20~0.50	215~275	85	12	—	0.5t	0.5t
			>0.50~1.50			13	—	0.5t	0.5t
			>1.50~3.00			15	—	1.0t	1.0t
			>3.00~6.00			17	—	1.5t	—
			>6.00~12.50			18	—	2.5t	—
			>12.50~50.00			—	16	—	—
		H12	>0.20~0.50	250~305	190	3	—	—	—
			>0.50~1.50			4	—	—	—
			>1.50~3.00			5	—	—	—
			>3.00~6.00			6	—	—	—
		H22 H32	>0.20~0.50	250~305	180	5	—	0.5t	1.5t
			>0.50~1.50			6	—	1.0t	1.5t
			>1.50~3.00			7	—	2.0t	2.0t
			>3.00~6.00			8	—	2.5t	—
		H14	>0.20~0.50	270~325	220	2	—	—	—
			>0.50~1.50			3	—	—	—

第 3 篇

续表

牌号	包铝分类	供应状态	厚度/mm	室温拉伸试验结果 抗拉强度 R_m/MPa	规定非比例延伸强度 $R_{p0.2}$/MPa	断后伸长率①/% A_{50mm}	A	弯曲半径② 90°	180°
					≥				
5154A	—	H14	>1.50~3.00	270~325	220	3	—	—	—
			>3.00~6.00			4	—	—	—
		H24 H34	>0.20~0.50	270~325	200	4	—	1.0t	2.5t
			>0.50~1.50			5	—	2.0t	2.5t
			>1.50~3.00			6	—	2.5t	3.0t
			>3.00~6.00			7	—	3.0t	—
		H26 H36	>0.20~0.50	290~345	230	3	—	—	—
			>0.50~1.50			3	—	—	—
			>1.50~3.00			4	—	—	—
			>3.00~6.00			5	—	—	—
		H18	>0.20~0.50	310	270	1	—	—	—
			>0.50~1.50			1	—	—	—
			>1.50~3.00			1	—	—	—
		H28 H38	>0.20~0.50	310	250	3	—	—	—
			>0.50~1.50			3	—	—	—
			>1.50~3.00			3	—	—	—
		H19	>0.20~0.50	330	285	1	—	—	—
			>0.50~1.50			1	—	—	—
		H112	6.00~12.50	220	125	8	—	—	—
			>12.50~40.00	215	90	—	9	—	—
			>40.00~80.00	215	90	—	13	—	—
		F	2.50~80.00	—				—	—
5454	—	O H111	>0.20~0.50	215~275	85	12	—	0.5t	0.5t
			>0.50~1.50			13	—	0.5t	0.5t
			>1.50~3.00			15	—	1.0t	1.0t
			>3.00~6.00			17	—	1.5t	—
			>6.00~12.50			18	—	2.5t	—
			>12.50~80.00			—	16	—	—
		H12	>0.20~0.50	250~305	190	3	—	—	—
			>0.50~1.50			4	—	—	—
			>1.50~3.00			5	—	—	—
			>3.00~6.00			6	—	—	—
		H22 H32	>0.20~0.50	250~305	180	5	—	0.5t	1.5t
			>0.50~1.50			6	—	1.0t	1.5t
			>1.50~3.00			7	—	2.0t	2.0t
			>3.00~6.00			8	—	2.5t	—
		H14	>0.20~0.50	270~325	220	2	—	—	—
			>0.50~1.50			3	—	—	—
			>1.50~3.00			3	—	—	—
			>3.00~6.00			4	—	—	—
		H24 H34	>0.20~0.50	270~325	200	4	—	1.0t	2.5t
			>0.50~1.50			5	—	2.0t	2.5t
			>1.50~3.00			6	—	2.5t	3.0t
			>3.00~6.00			7	—	3.0t	—
		H26 H36	>0.20~1.50	290~345	230	3	—	—	—
			>1.50~3.00			4	—	—	—
			>3.00~6.00			5	—	—	—

续表

牌号	包铝分类	供应状态	厚度/mm	室温拉伸试验结果 抗拉强度 R_m/MPa	规定非比例延伸强度 $R_{p0.2}$/MPa	断后伸长率[①]/% A_{50mm}	A	弯曲半径[②] 90°	180°
				≥					
5454	—	H28 H38	>0.20~3.00	310	250	3	—	—	—
		H112	6.00~12.50	220	125	8	—	—	—
			>12.50~40.00	215	90	—	9	—	—
			>40.00~120.00			—	13	—	—
		F	>4.50~150.00	—				—	—
5754	—	O H111	>0.20~0.50	190~240	80	12	—	0t	0.5t
			>0.50~1.50			14	—	0.5t	0.5t
			>1.50~3.00			16	—	1.0t	1.0t
			>3.00~6.00			18	—	1.0t	1.0t
			>6.00~12.50			18	—	2.0t	—
			>12.50~100.00			—	17	—	—
		H12	>0.20~0.50	220~270	170	4	—	—	—
			>0.50~1.50			5	—	—	—
			>1.50~3.00			6	—	—	—
			>3.00~6.00			7	—	—	—
		H22 H32	>0.20~0.50	220~270	130	7	—	0.5t	1.5t
			>0.50~1.50			8	—	1.0t	1.5t
			>1.50~3.00			10	—	1.5t	2.0t
			>3.00~6.00			11	—	1.5t	—
		H14	>0.20~0.50	240~280	190	3	—	—	—
			>0.50~1.50			3	—	—	—
			>1.50~3.00			4	—	—	—
			>3.00~6.00			4	—	—	—
		H24 H34	>0.20~0.50	240~280	160	6	—	1.0t	2.5t
			>0.50~1.50			6	—	1.5t	2.5t
			>1.50~3.00			7	—	2.0t	2.5t
			>3.00~6.00			8	—	2.5t	—
		H16	>0.20~0.50	265~305	220	2	—	—	—
			>0.50~1.50			3	—	—	—
			>1.50~3.00			3	—	—	—
			>3.00~6.00			3	—	—	—
		H26 H36	>0.20~0.50	265~305	190	4	—	1.5t	—
			>0.50~1.50			4	—	2.0t	—
			>1.50~3.00			5	—	3.0t	—
			>3.00~6.00			6	—	3.5t	—
		H18	>0.20~0.50	290	250	1	—	—	—
			>0.50~1.50			2	—	—	—
			>1.50~3.00			2	—	—	—
		H28 H38	>0.20~0.50	290	230	3	—	—	—
			>0.50~1.50			3	—	—	—
			>1.50~3.00			4	—	—	—
		H112	6.00~12.50	190	100	12	—	—	—
			>12.50~25.00		90	—	10	—	—
			>25.00~40.00		80	—	12	—	—
			>40.00~80.00			—	14	—	—
		F	>4.50~150.00		—			—	—

第 3 篇

续表

牌号	包铝分类	供应状态	厚度/mm	室温拉伸试验结果				弯曲半径[2]	
				抗拉强度 R_m/MPa	规定非比例延伸强度 $R_{p0.2}$/MPa	断后伸长率[1] /%			
						A_{50mm}	A	90°	180°
				≥					
5082	—	H18 H38	>0.20~0.50	335	—	1	—	—	—
		H19 H39	>0.20~0.50	355	—	1	—	—	—
		F	>4.50~150.00					—	—
5182	—	O H111	>0.2~0.50	255~315	110	11	—	—	1.0t
			>0.50~1.50			12	—	—	1.0t
			>1.50~3.00			13	—	—	1.0t
		H19	>0.20~1.50	380	320	1	—	—	—
5083	—	O H111	>0.20~0.50	275~350	125	11	—	0.5t	1.0t
			>0.50~1.50			12	—	1.0t	1.0t
			>1.50~3.00			13	—	1.0t	1.5t
			>3.00~6.30			15	—	1.5t	—
			>6.30~12.50			16	—	2.5t	—
			>12.50~50.00	270~345	115	—	15	—	—
			>50.00~80.00			—	14	—	—
			>80.00~120.00	260	110		12		
			>120.00~200.00	255	105		12		
		H12	>0.20~0.50	315~375	250	3	—	—	—
			>0.50~1.50			4	—	—	—
			>1.50~3.00			5	—	—	—
			>3.00~6.00			6	—	—	—
		H22 H32	>0.20~0.50	305~380	215	5	—	0.5t	2.0t
			>0.50~1.50			6	—	1.5t	2.0t
			>1.50~3.00			7	—	2.0t	3.0t
			>3.00~6.00			8	—	2.5t	—
		H14	>0.20~0.50	340~400	280	2	—	—	—
			>0.50~1.50			3	—	—	—
			>1.50~3.00			3	—	—	—
			>3.00~6.00			3	—	—	—
		H24 H34	>0.20~0.50	340~400	250	4	—	1.0t	—
			>0.50~1.50			5	—	2.0t	—
			>1.50~3.00			6	—	2.5t	—
			>3.00~6.00			7	—	3.5t	—
		H16	>0.20~0.50	360~420	300	1	—	—	—
			>0.50~1.50			2	—	—	—
			>1.50~3.00			2	—	—	—
			>3.00~4.00			2	—	—	—
		H26 H36	>0.20~0.50	360~420	280	2	—	—	—
			>0.50~1.50			3	—	—	—
			>1.50~3.00			3	—	—	—
			>3.00~4.00			3	—	—	—
		H116 H321	1.50~3.00	305	215	8	—	2.0t	—
			>3.00~6.00			10	—	2.5t	—
			>6.00~12.50			12	—	4.0t	—
			>12.50~40.00			—	10	—	—
			>40.00~80.00	285	200	—	10	—	—

续表

牌号	包铝分类	供应状态	厚度/mm	室温拉伸试验结果				弯曲半径[2]	
				抗拉强度 R_m/MPa	规定非比例延伸强度 $R_{p0.2}$/MPa	断后伸长率[1] /%			
						A_{50mm}	A	90°	180°
				≥					
5083	—	H112	>6.00~12.50	275	125	12	—	—	—
			>12.50~40.00	275	125	—	10	—	—
			>40.00~80.00	270	115	—	10	—	—
			>40.00~120.00	260	110	—	10	—	—
		F	>4.50~150.00	—				—	—
5383	—	O H111	>0.20~0.50	290~360	145	11	—	0.5t	1.0t
			>0.50~1.50			12	—	1.0t	1.0t
			>1.50~3.00			13	—	1.0t	1.5t
			>3.00~6.00			15	—	1.5t	—
			>6.00~12.50			16	—	2.5t	—
			>12.50~50.00			—	15	—	—
			>50.00~80.00	285~355	135	—	14	—	—
			>80.00~120.00	275	130	—	12	—	—
			>120.00~150.00	270	125	—	12	—	—
		H22 H32	>0.20~0.50	305~380	220	5	—	0.5t	2.0t
			>0.50~1.50			6	—	1.5t	2.0t
			>1.50~3.00			7	—	2.0t	3.0t
			>3.00~6.00			8	—	2.5t	—
		H24 H34	>0.20~0.50	340~400	270	4	—	1.0t	—
			>0.50~1.50			5	—	2.0t	—
			>1.50~3.00			6	—	2.5t	—
			>3.00~6.00			7	—	3.5t	—
		H116 H321	1.50~3.00	305	220	8	—	2.0t	3.0t
			>3.00~6.00			10	—	2.5t	—
			>6.00~12.50			12	—	4.0t	—
			>12.50~40.00			—	10	—	—
			>40.00~80.00	285	205	—	10	—	—
		H112	6.00~12.50	290	145	12	—	—	—
			>12.50~40.00			—	10	—	—
			>40.00~80.00	285	135	—	10	—	—
5086	—	O H111	>0.20~0.50	240~310	100	11	—	0.5t	1.0t
			>0.50~1.50			12	—	1.0t	1.0t
			>1.50~3.00			13	—	1.0t	1.0t
			>3.00~6.00			15	—	1.5t	1.5t
			>6.00~12.50			17	—	2.5t	—
			>12.50~150.00			—	16	—	—
		H12	>0.20~0.50	275~335	200	3	—	—	—
			>0.50~1.50			4	—	—	—
			>1.50~3.00			5	—	—	—
			>3.00~6.00			6	—	—	—
		H22 H32	>0.20~0.50	275~335	185	5	—	0.5t	2.0t
			>0.50~1.50			6	—	1.5t	2.0t
			>1.50~3.00			7	—	2.0t	2.0t
			>3.00~6.00			8	—	2.5t	—
		H14	>0.20~0.50	300~360	240	2	—	—	—
			>0.50~1.50			3	—	—	—

续表

牌号	包铝分类	供应状态	厚度/mm	室温拉伸试验结果				弯曲半径②	
				抗拉强度 R_m/MPa	规定非比例延伸强度 $R_{p0.2}$/MPa	断后伸长率①/%		90°	180°
						A_{50mm}	A		
				≥					
5086	—	H14	>1.50~3.00	300~360	240	3	—	—	—
			>3.00~6.00			3	—	—	—
		H24 H34	>0.20~0.50	300~360	220	4	—	1.0t	2.5t
			>0.50~1.50			5	—	2.0t	2.5t
			>1.50~3.00			6	—	2.5t	2.5t
			>3.00~6.00			7	—	3.5t	—
		H16	>0.20~0.50	325~385	270	1	—	—	—
			>0.50~1.50			2	—	—	—
			>1.50~3.00			2	—	—	—
			>3.00~4.00			2	—	—	—
		H26 H36	>0.20~0.50	325~385	250	2	—	—	—
			>0.50~1.50			3	—	—	—
			>1.50~3.00			3	—	—	—
			>3.00~4.00			3	—	—	—
		H18	>0.20~0.50	345	290	1	—	—	—
			>0.50~1.50			1	—	—	—
			>1.50~3.00			1	—	—	—
		H116 H321	1.50~3.00	275	195	8	—	2.0t	2.0t
			>3.00~6.00			9	—	2.5t	—
			>6.00~12.50			10	—	3.5t	—
			>12.50~50.00			—	9	—	—
		H112	>6.00~12.50	250	105	8	—	—	—
			>12.50~40.00	240	105	—	9	—	—
			>40.00~80.00	240	100	—	12	—	—
		F	>4.50~150.00	—		—	—	—	—
6A02	—	O	>0.50~4.50	≤145	—	21	—	—	—
			>4.50~10.00			16	—	—	—
			>0.50~4.50	295	—	11	—	—	—
			>4.50~10.00			8	—	—	—
		T4	>0.50~0.80	195	—	19	—	—	—
			>0.80~2.90			21	—	—	—
			>2.90~4.50			19	—	—	—
			>4.50~10.00	175		17	—	—	—
		T6	>0.50~4.50	295	—	11	—	—	—
			>4.50~10.00			8	—	—	—
		T1	>4.50~12.50			8	—	—	—
			>12.50~25.00			—	7	—	—
			>25.00~40.00	285		—	6	—	—
			>40.00~80.00	275		—	6	—	—
			>4.50~12.50	175		17	—	—	—
			>12.50~25.00			—	14	—	—
			>25.00~40.00	165		—	12	—	—
			>40.00~80.00			—	10	—	—
		F	>4.50~150.00	—		—	—	—	—
6061	—	O	0.40~1.50	≤150	≤85	14	—	0.5t	1.0t
			>1.50~3.00			16	—	1.0t	1.0t
			>3.00~6.00			19	—	1.0t	—

第3篇

续表

牌号	包铝分类	供应状态	厚度/mm	室温拉伸试验结果				弯曲半径②	
				抗拉强度 R_m/MPa	规定非比例延伸强度 $R_{p0.2}$/MPa	断后伸长率①/%		90°	180°
						A_{50mm}	A		
				≥					
6061	—	O	>6.00~12.50	≤150	≤85	16	—	2.0t	—
			>12.50~25.00			—	16	—	—
		T4	0.40~1.50	205	110	12	—	1.0t	1.5t
			>1.50~3.00			14	—	1.5t	2.0t
			>3.00~6.00			16	—	3.0t	—
			>6.00~12.50			18	—	4.0t	—
			>12.50~40.00			—	15	—	—
			>40.00~80.00			—	14	—	—
		T6	0.40~1.50	290	240	6	—	2.5t	—
			>1.50~3.00			7	—	3.5t	—
			>3.00~6.00			10	—	4.0t	—
			>6.00~12.50			9	—	5.0t	—
			>12.50~40.00			—	8	—	—
			>40.00~80.00			—	6	—	—
			>80.00~100.00			—	5	—	—
		F	>2.50~150.00					—	—
6016	—	T4	0.40~3.00	170~250	80~140	24	—	0.5t	0.5t
		T6	0.40~3.00	260~300	180~260	10	—	—	—
6063	—	O	0.50~5.00	≤130	—	20	—	—	—
			>5.00~12.50			15	—	—	—
			>12.50~20.00			—	15	—	—
			0.50~5.00	230	180	—	8	—	—
			>5.00~12.50	220	170	—	6	—	—
			>12.50~20.00	220	170	6	—	—	—
		T4	0.50~5.00	150	—	10	—	—	—
			5.00~10.00	130		10	—	—	—
		T6	0.50~5.00	240	190	8	—	—	—
			>5.00~10.00	230	180	8	—	—	—
6082	—	O	0.40~1.50	≤150	≤85	14	—	0.5t	1.0t
			>1.50~3.00			16	—	1.0t	1.0t
			>3.00~6.00			18	—	1.5t	—
			>6.00~12.50			17	—	2.5t	—
			>12.50~25.00	≤155		—	16	—	—
		T4	0.40~1.50	205	110	12	—	1.5t	3.0t
			>1.50~3.00			14	—	2.0t	3.0t
			>3.00~6.00			15	—	3.0t	—
			>6.00~12.50			14	—	4.0t	—
			>12.50~40.00			—	13	—	—
			>40.00~80.00			—	12	—	—
		T6	0.40~1.50	310	260	6	—	2.5t	—
			>1.50~3.00			7	—	3.5t	—
			>3.00~6.00			10	—	4.5t	—
			>6.00~12.50	300	255	9	—	6.0t	—
		F	>4.50~150.00					—	—

第 3 篇

续表

牌号	包铝分类	供应状态	厚度/mm	室温拉伸试验结果				弯曲半径[②]	
				抗拉强度 R_m/MPa	规定非比例延伸强度 $R_{p0.2}$/MPa	断后伸长率[①]/%		90°	180°
						A_{50mm}	A		
				≥					
包铝 7A04 包铝 7A09 7A04 7A09	正常包铝或工艺包铝	O	0.50~10.00	≤245	—	11	—	—	—
			0.50~2.90	470	390	7	—	—	—
			>2.90~10.00	490	410		—	—	—
		T6	0.50~2.90	480	400		—	—	—
			>2.90~10.00	490	410		—	—	—
		T1	>4.50~10.00	490	410		—	—	—
			>10.00~12.50	490	410	4	—	—	—
			>12.50~25.00				—	—	—
			>25.50~40.00			3	—	—	—
		F	>4.50~150.00	—				—	—
7020	—	O	0.40~1.50	≤220	≤140	12	—	2.0t	—
			>1.50~3.00			13	—	2.5t	—
			>3.00~6.00			15	—	3.5t	—
			>6.00~12.50			12	—	5.0t	—
		T4[③]	0.40~1.50	320	210	11	—	—	—
			>1.50~3.00			12	—	—	—
			>3.00~6.00			13	—	—	—
			>6.00~12.50			14	—	—	—
		T6	0.40~1.50	350	280	7	—	3.5t	—
			>1.50~3.00			8	—	4.0t	—
			>3.00~6.00			10	—	5.5t	—
			>6.00~12.50			10	—	8.0t	—
			>12.50~40.00			—	9	—	—
			>40.00~100.00	340	270	—	8	—	—
			>100.00~150.00	330	260	—	7	—	—
			>150.00~175.00			—	6	—	—
			>175.00~200.00			—	5	—	—
7021	—	T6	1.50~3.00	400	350	7	—	—	—
			>3.00~6.00			6	—	—	—
7022	—	T6	3.00~12.50	450	370	8	—	—	—
			>12.50~25.00			—	8	—	—
			>25.00~50.00			—	7	—	—
			>50.00~100.00	430	350	—	5	—	—
			>100.00~200.00	410	330	—	3	—	—
7075	工艺包铝或不包铝	O	0.40~0.80	≤275	≤145	10	—	0.5t	1.0t
			>0.80~1.50				—	1.0t	2.0t
			>1.50~3.00				—	1.0t	3.0t
			>3.00~6.00				—	2.5t	—
			>6.00~12.50				—	4.0t	—
			>12.50~75.00			—	9	—	—
			0.40~0.80	525	460	6	—	—	—
			>0.80~1.50	540	460	6	—	—	—
			>1.50~3.00	540	470	7	—	—	—
			>3.00~6.00	545	475	8	—	—	—
			>6.00~12.50	540	460	8	—	—	—
			>12.50~25.00	540	470	—	6	—	—
			>25.00~50.00	530	460	—	5	—	—
			>50.00~60.00	525	440	—	4	—	—
			>60.00~75.00	495	420	—	4	—	—

续表

牌号	包铝分类	供应状态	厚度/mm	室温拉伸试验结果				弯曲半径②	
				抗拉强度 R_m/MPa	规定非比例延伸强度 $R_{p0.2}$/MPa	断后伸长率① /%			
						A_{50mm}	A	90°	180°
				≥					
7075	工艺包铝或不包铝	T6	0.40~0.80	525	460	6	—	4.5t	—
			>0.80~1.50	540	460	6	—	5.5t	—
			>1.50~3.00	540	470	7	—	6.5t	—
			>3.00~6.00	545	475	8	—	8.0t	—
			>6.00~12.50	540	460	8	—	12.0t	—
			>12.50~25.00	540	470	—	6	—	—
			>25.00~50.00	530	460	—	5	—	—
			>50.00~60.00	525	440	—	4	—	—
		T76	>1.50~3.00	500	425	7	—	—	—
			>3.00~6.00	500	425	8	—	—	—
			>6.00~12.50	490	415	7	—	—	—
		T73	>1.50~3.00	460	385	7	—	—	—
			>3.00~6.00	460	385	8	—	—	—
			>6.00~12.50	475	390	7	—	—	—
			>12.50~25.00	475	390	—	6	—	—
			>25.00~50.00	475	390	—	5	—	—
			>50.00~60.00	455	360	—	5	—	—
			>60.00~80.00	440	340	—	5	—	—
			>80.00~100.00	430	340	—	5	—	—
		F	>6.00~50.00	—				—	—
包铝7075	正常包铝	O	>0.39~1.60	≤275	≤145	10	—	—	—
			>1.60~4.00				—	—	—
			>4.00~12.50				—	—	—
			>12.50~50.00		—	—	9	—	—
			>0.39~1.00	505	435	7	—	—	—
			>1.00~1.60	515	445	8	—	—	—
			>1.60~3.20	515	445	8	—	—	—
			>3.20~4.00	515	445	8	—	—	—
			>4.00~6.30	525	455	8	—	—	—
			>6.30~12.50	525	455	9	—	—	—
			>12.50~25.00	540	470	—	6	—	—
			>25.00~50.00	530	460	—	5	—	—
			>50.00~60.00	525	440	—	4	—	—
		T6	>0.39~1.00	505	435	7	—	—	—
			>1.00~1.60	515	445	8	—	—	—
			>1.60~3.20	515	445	8	—	—	—
			>3.20~4.00	515	445	8	—	—	—
			>4.00~6.30	525	455	8	—	—	—
		T76	>3.10~4.00	470	390	8	—	—	—
			>4.00~6.30	485	405	8	—	—	—
		F	>6.00~100.00	—				—	—
包铝7475	正常包铝	O	1.00~1.60	≤250	≤140	10	—	—	2.0t
			>1.60~3.20	≤260	≤140	10	—	—	3.0t
			>3.20~4.80	≤260	≤140	10	—	—	4.0t
			>4.80~6.50	≤270	≤145	10	—	—	4.0t

第 3 篇

续表

牌号	包铝分类	供应状态	厚度/mm		室温拉伸试验结果				弯曲半径[②]	
					抗拉强度 R_m/MPa	规定非比例延伸强度 $R_{p0.2}$/MPa	断后伸长率[①]/%			
							A_{50mm}	A	90°	180°
					≥					
包铝7475	正常包铝	T761[4]	1.00~1.60		455	379	9	—	—	6.0t
			>1.60~2.30		469	393	9	—	—	7.0t
			>2.30~3.20		469	393	9	—	—	8.0t
			>3.20~4.80		469	393	9	—	—	9.0t
			>4.80~6.50		483	414	9	—	—	9.0t
7475	工艺包铝或不包铝	T6	>0.35~6.00		515	440	9	—	—	—
		T76 T761[④]	1.00~1.60	纵向	490	420	9	—	—	6.0t
				横向	490	415	9			
			>1.60~2.30	纵向	490	420	9	—	—	7.0t
				横向	490	415	9			
			>2.30~3.20	纵向	490	420	9	—	—	8.0t
				横向	490	415	9			
			>3.20~4.80	纵向	490	420	9	—	—	9.0t
				横向	490	415	9			
			>4.80~6.50	纵向	490	420	9	—	—	9.0t
				横向	490	415	9			
8A06	—	O	>0.20~0.30		≤110	—	16	—	—	—
			>0.30~0.50				21	—	—	—
			>0.50~0.80				26	—	—	—
			>0.80~10.00				30	—	—	—
		H14 H24	>0.20~0.30		100	—	1	—	—	—
			>0.30~0.50				3	—	—	—
			>0.50~0.80				4	—	—	—
			>0.80~1.00				5	—	—	—
			>1.00~4.50				6	—	—	—
		H18	>0.20~0.30		135	—	1	—	—	—
			>0.30~0.80				2	—	—	—
			>0.80~4.50				3	—	—	—
		H112	>4.50~10.00		70	—	19	—	—	—
			>10.00~12.50		80		19	—	—	—
			>12.50~25.00		80		—	19	—	—
			>25.00~80.00		85		—	16	—	—
		F	>2.50~150		—				—	—

续表

牌号	包铝分类	供应状态	厚度/mm	室温拉伸试验结果				弯曲半径②	
				抗拉强度 R_m/MPa	规定非比例延伸强度 $R_{p0.2}$/MPa	断后伸长率①/%		90°	180°
						A_{50mm}	A		
				≥					
8011	—	H14	>0.20~0.50	125~165	—	2	—	—	—
		H24	>0.20~0.50	125~165	—	3	—	—	—
		H16	>0.20~0.50	130~185	—	1	—	—	—
		H26	>0.20~0.50	130~185	—	2	—	—	—
		H18	0.20~0.50	165	—	1	—	—	—
8011A	—	O H111	>0.20~0.50	85~130	30	19	—	—	—
			>0.50~1.50			21	—	—	—
			>1.50~3.00			24	—	—	—
			>3.00~6.00			25	—	—	—
			>6.00~12.50			30	—	—	—
		H22	>0.20~0.50	105~145	90	4	—	—	—
			>0.50~1.50			5	—	—	—
			>1.50~3.00			6	—	—	—
		H14	>0.20~0.50	120~170	110	1	—	—	—
			>0.50~1.50	125~165		3	—	—	—
			>1.50~3.00			3	—	—	—
			>3.00~6.00			4	—	—	—
		H24	>0.20~0.50	125~165	100	3	—	—	—
			>0.50~1.50			4	—	—	—
			>1.50~3.00			5	—	—	—
			>3.00~6.00			6	—	—	—
		H16	>0.20~0.50	140~190	130	1	—	—	—
			>0.50~1.50	145~185		2	—	—	—
			>1.50~4.00			3	—	—	—
		H26	>0.20~0.50	145~185	120	2	—	—	—
			>0.50~1.50			3	—	—	—
			>1.50~4.00			4	—	—	—
		H18	>0.20~0.50	160	145	1	—	—	—
			>0.50~1.50	165		2	—	—	—
			>1.50~3.00			2	—	—	—
8079	—	H14	>0.20~0.50	125~175	—	2	—	—	—

① 当 A_{50mm} 和 A 两栏均有数值时，A_{50mm} 适用于厚度不大于 12.5mm 的板材，A 适用于厚度大于 12.5mm 的板材。

② 弯曲半径中的 t 表示板材的厚度，对表中既有 90°弯曲也有 180°弯曲的产品，当需方未指定采用 90°弯曲或 180°弯曲时，弯曲半径由供方任选一种。

③ 应尽量避免订购 7020 合金 T4 状态的产品。T4 状态产品的性能是在室温下自然时效 3 个月后才能达到规定的稳定的力学性能，将淬火后的试样在 60~65℃的条件下持续 60h 后也可以得到近似的自然时效性能值。

④ T761 状态专用于 7475 合金薄板和带材，与 T76 状态的定义相同，是在固溶热处理后进行人工过时效以获得良好的抗剥落腐蚀性能的状态。

铝合金板材理论质量（参考）

表 3-2-29

公称厚度/mm	质量/kg·m^{-2}	公称厚度/mm	质量/kg·m^{-2}	公称厚度/mm	质量/kg·m^{-2}	公称厚度/mm	质量/kg·m^{-2}
0.2	0.570	2.0	5.700	10	28.500	50	142.500
0.3	0.855	2.3	6.555	12	34.200	60	171.000
0.4	1.140	2.5	7.125	14	39.900	70	199.500
0.5	1.425	2.8	7.980	15	42.750	80	228.000
0.6	1.710	3.0	8.550	16	45.600	90	256.500
0.7	1.995	3.5	9.975	18	51.300	100	285.000
0.8	2.280	4.0	11.400	20	57.000	110	313.500
0.9	2.565	5.0	14.250	22	62.700	120	342.000
1.0	2.850	6.0	17.100	25	71.250	130	370.500
1.2	3.420	7.0	19.950	30	85.500	140	399.000
1.5	4.275	8.0	22.800	35	99.750	150	427.500
1.8	5.130	9.0	25.650	40	114.000	160	456.000

注：表中质量是以 7A04 合金、密度为 2.85t/m^3 板材为准，其他牌号乘以下列换算系数。未列出牌号的换算系数按该牌号合金密度/2.85 计算。

牌号	密度换算系数	牌号	密度换算系数
1×××系	0.951	5A05	0.930
2A14、2014、2A11	0.982	5A06、5A41	0.926
2A06	0.969	5005	0.947
2A12、2024	0.975	5086、5456、5254	0.933
2A16	0.996	5050、5454、5554	0.944
2017	0.979	6A02	0.947
3A21、3003	0.958	7A04、7A09、7075	1.000
3004	0.954	8A06	0.951
5A02、5A43、5052、5A66	0.940	LT62	0.951
5083、5A03	0.987	LF11	0.930

铝及铝合金拉（轧）制无缝管牌号、状态、规格及力学性能（摘自 GB/T 6893—2010）

表 3-2-30

牌号	状态	壁厚/mm	室温纵向拉伸力学性能				
			抗拉强度 R_m /(N/mm^2)	规定非比例伸长应力 $R_{P0.2}$ /(N/mm^2)	断后伸长率/%		
					全截面试样	其他试样	
					A_{50mm}	A_{50mm}	A[①]
			≥				
1035 1050A 1050	O	所有	60~95	—	—	22	25
	H14	所有	100~135	70	—	5	6
1060 1070A 1070	O	所有	60~95	—		—	
	H14	所有	85	70		—	
1100 1200	O	所有	70~105	—	—	16	20
	H14	所有	110~145	80	—	4	5

续表

牌号	状态	壁厚/mm		室温纵向拉伸力学性能				
				抗拉强度 R_m /(N/mm²)	规定非比例伸长应力 $R_{P0.2}$ /(N/mm²)	断后伸长率/%		
						全截面试样	其他试样	
						A_{50mm}	A_{50mm}	A①
				≥				
2A11	O	所有		≤245		10		
	T4	外径≤22	≤1.5	375	195	13		
			>1.5~2.0			14		
			>2.0~5.0			—		
		外径>22~50	≤1.5	390	225	12		
			>1.5~5.0			13		
		>50	所有	390	225	11		
2017	O	所有		≤245	≤125	17	16	16
	T4	所有		375	215	13	12	12
2A12	O	所有		≤245	—	10		
	T4	外径≤22	≤2.0	410	225	13		
			>2.0~5.0			—		
		外径>22~50	所有	420	275	12		
		>50	所有	420	275	10		
2A14	T4	外径≤22	1.0~2.0	360	205	10		
			>2.0~5.0	360	205	—		
		外径>22	所有	360	205	10		
2024	O	所有		≤240	≤140	—	10	12
	T4	0.63~1.2		440	290	12	10	—
		>1.2~5.0		440	290	14	10	—
3003	O	所有		95~130	35	—	20	25
	H14	所有		130~165	110	—	4	6
3A21	O	所有		≤135		—		
	H14	所有		135	—	—		
	H18	外径<60,壁厚0.5~5.0		185	—	—		
		外径≥60,壁厚2.0~5.0		175	—	—		
	H24	外径<60,壁厚0.5~5.0		145	—	8		
		外径≥60,壁厚2.0~5.0		135	—	8		
5A02	O	所有		≤225		—		
	H14	外径≤55,壁厚≤2.5		225	—	—		
		其他所有		195	—	—		
5A03	O	所有		175	80	15		
	H34	所有		215	125	8		
5A05	O	所有		215	90	15		
	H32	所有		245	145	8		
5A06	O	所有		315	145	15		
5052	O	所有		170~230	65	—	17	20
	H14	所有		230~270	180	—	4	5
5056	O	所有		≤315	100	16		
	H32	所有		305	—	—		
5083	O	所有		270~350	110	—	14	16
	H32	所有		280	200	—	4	6
5754	O	所有		180~250	80	—	14	16

续表

牌号	状态	壁厚/mm	室温纵向拉伸力学性能				
			抗拉强度 R_m /(N/mm²)	规定非比例伸长应力 $R_{P0.2}$ /(N/mm²)	断后伸长率/%		
					全截面试样	其他试样	
					A_{50mm}	A_{50mm}	A①
			≥				
6A02	O	所有	≤155	—		14	
	T4	所有	205	—		14	
	T6	所有	305	—		8	
6061	O	所有	≤150	≤110	—	14	16
	T4	所有	205	110	—	14	16
	T6	所有	290	240	—	8	10
6063	O	所有	≤130	—	—	15	20
	T6	所有	220	190	—	8	10
7A04	O	所有	≤265	—		8	
7020	T6	所有	350	280	—	8	10
8A06	O	所有	≤120	—		20	
	H14	所有	100	—		5	

① A 表示原始标距 (L_0) 为 $5.65\sqrt{S_0}$ 的断后伸长率。

铝及铝合金挤压棒材牌号、状态、规格及力学性能（摘自 GB/T 3191—2010）

表 3-2-31

牌号	供货状态	直径(方棒、六角棒指内切圆直径)/mm	抗拉强度 R_m/MPa	规定非比例延伸强度 $R_{P0.2}$/MPa	断后伸长率/%	
					A	A_{50mm}
			≥			
1070A	H112	≤150	55	15	—	—
1060	O	≤150	60~95	15	22	—
	H112		60	15	22	—
1050A	H112	≤150	65	20	—	—
1350	H112	≤150	60	—	25	—
	H112	≤150	75	20	—	—
1035、8A06	O	≤150	60~120	—	25	—
	H112		60	—	25	—
2A02	T1、T6	≤150	430	275	10	—
2A06	T1、T6	≤22	430	285	10	—
		>22~100	440	295	9	—
		>100~150	430	285	10	—
2A11	T1、T4	≤150	370	215	12	—
2A12	T1、T4	≤22	390	255	12	—
		>22~150	420	255	12	—
2A13	T1、T4	≤22	315	—	4	—
		>22~150	345	—	4	—
2A14	T1、T6、T6511	≤22	440	—	10	—
		>22~150	450	—	10	—
2014、2014A	T4、T4510、T4511	≤25	370	230	13	11
		>25~75	410	270	12	—
		>75~150	390	250	10	—
		>150~200	350	230	8	—
2014、2014A	T6、T6510、T6511	≤25	415	370	6	5
		>25~75	460	415	7	—
		>75~150	465	420	7	—
		>150~200	430	350	6	—
		>200~250	420	320	5	—

续表

牌号	供货状态	直径(方棒、六角棒指内切圆直径)/mm	抗拉强度 R_m/MPa	规定非比例延伸强度 $R_{P0.2}$/MPa	断后伸长率/% A	断后伸长率/% A_{50mm}
			≥			
2A16	T1、T6、T6511	≤150	355	235	8	—
2017	T4	≤120	345	215	12	—
2017A	T4、T4510、T4511	≤25	380	260	12	10
		>25~75	400	270	10	—
		>75~150	390	260	9	—
		>150~200	370	240	8	—
		>200~250	360	220	7	—
2024	O	≤150	≤250	≤150	12	10
	T3、T3510、T3511	≤50	450	310	8	6
		>50~100	440	300	8	—
		>100~200	420	280	8	—
		>200~250	400	270	8	—
2A50	T1、T6	≤150	355	—	12	—
2A70、2A80、2A90	T1、T6	≤150	355	—	8	—
3102	H112	≤250	80	30	25	23
3003	O	≤250	95~130	35	25	20
	H112		90	30	25	20
3103	O	≤250	95	35	25	20
	H112		95~135	35	25	20
3A21	O	≤150	≤165	—	20	20
	H112		90	—	20	—
4A11、4032	T1	100~200	360	290	2.5	2.5
5A02	O	≤150	≤225	—	10	—
	H112		170	70	—	—
5A03	H112	≤150	175	80	13	13
5A05	H112	≤150	265	120	15	15
5A06	H112	≤150	315	155	15	15
5A12	H112	≤150	370	185	15	15
5052	H112	≤250	170	70	—	—
	O		170~230	70	17	15
5005、5005A	H112	≤200	100	40	18	16
	O	≤60	100~150	40	18	16
5019	H112	≤200	250	110	14	12
	O	≤200	250~320	110	15	13
5049	H112	≤250	180	80	15	15
5251	H112	≤250	160	60	16	14
	O		160~200	60	17	15
5154A、5454	H112	≤250	200	85	16	16
	O		200~275	85	18	18
5754	H112	≤150	180	80	14	12
		>150~250	180	70	13	—
	O	≤150	180~250	80	17	15
5083	O	≤200	270~350	110	12	10
	H112		270	125	12	10
5086	O	≤250	240~320	95	18	15
	H112	≤200	240	95	12	10
6101A	T6	≤150	200	170	10	10
6A02	T1、T6	≤150	295	—	12	12

第3篇

续表

牌号	供货状态	直径(方棒、六角棒指内切圆直径)/mm	抗拉强度 R_m/MPa	规定非比例延伸强度 $R_{P0.2}$/MPa	断后伸长率/% A	断后伸长率/% A_{50mm}
			≥			
6005、6005A	T5	≤25	260	215	8	—
	T6	≤25	270	225	10	8
		>25~50	270	225	8	—
		>50~100	260	215	8	—
6110A	T5	≤120	380	360	10	8
	T6	≤120	410	380	10	8
6351	T4	≤150	205	110	14	12
	T6	≤20	295	250	8	6
		>20~75	300	255	8	—
		>75~150	310	260	8	—
		>150~200	280	240	6	—
		>200~250	270	200	6	—
6060	T4	≤150	120	60	16	14
	T5		160	120	8	6
	T6		190	150	8	6
6061	T6	≤150	260	240	9	—
	T4		180	110	14	—
6063	T4	≤150	130	65	14	12
		>150~200	120	65	12	—
	T5	≤200	175	130	8	6
	T6	≤150	215	170	10	8
		>150~200	195	160	10	—
6063A	T4	≤150	150	90	12	10
		>150~200	140	90	10	—
	T5	≤200	200	160	7	5
	T6	≤150	230	190	7	5
		>150~200	220	160	7	—
6463	T4	≤150	125	75	14	12
	T5		150	110	8	6
	T6		195	160	10	8
6082	T6	≤20	295	250	8	6
		>20~150	310	260	8	—
		>150~200	280	240	6	—
		>200~250	270	200	6	—
7003	T5	≤250	310	260	10	8
	T6	≤50	350	290	10	8
		>50~150	340	280	10	8
7A04、7A09	T1,T6	≤22	490	370	7	—
		>22~150	530	400	6	—
7A15	T1,T6	≤150	490	420	6	—
7005	T6	≤50	350	290	10	8
		>50~150	340	270	10	—
7020	T6	≤50	350	290	10	8
		>50~150	340	275	10	—
7021	T6	≤40	410	350	10	8
7022	T6	≤80	490	420	7	5
		>80~200	470	400	7	—

第3篇

续表

牌号	供货状态	直径（方棒、六角棒指内切圆直径）/mm	抗拉强度 R_m/MPa	规定非比例延伸强度 $R_{P0.2}$/MPa	断后伸长率/%	
					A	A_{50mm}
			≥			
7049A	T6、T6510、T6511	≤100	610	530	5	4
		>100~125	560	500	5	—
		>125~150	520	430	5	—
		>150~180	450	400	3	—
7075	O	≤200	≤275	≤165	10	8
	T6、T6510、T6511	≤25	540	480	7	5
		>25~100	560	500	7	—
		>100~150	530	470	6	—
		>150~250	470	400	5	—

铝及铝合金花纹板（摘自 GB/T 3618—2006）

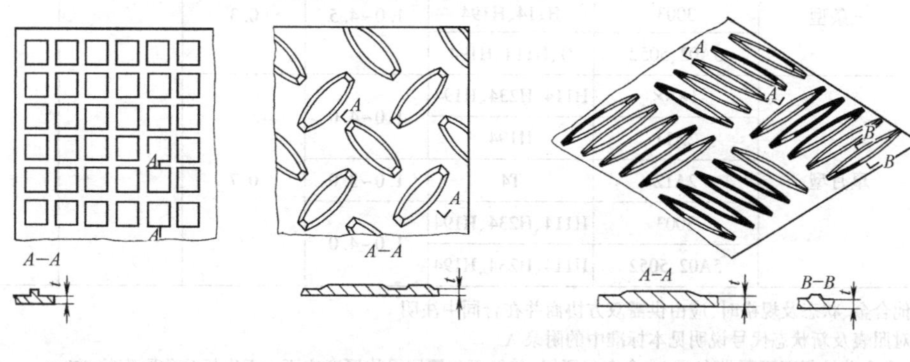

1号花纹板（方格型）　2号花纹板（扁豆型）　3号花纹板（五条型）

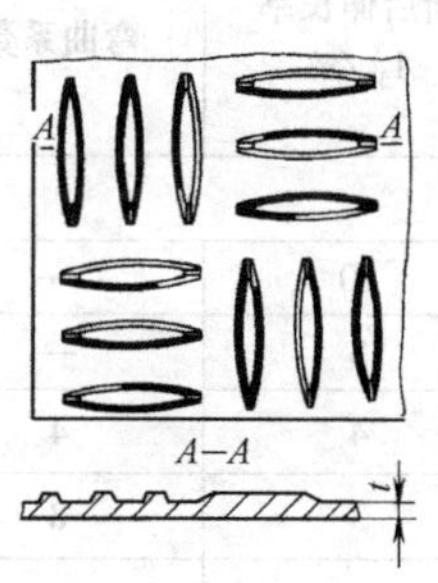

4号花纹板（三条型）

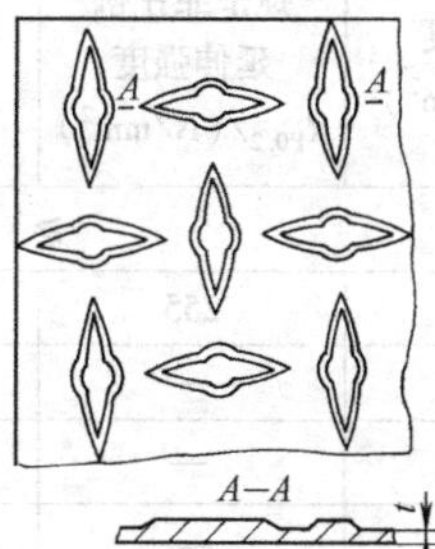

5号花纹板（指针型）

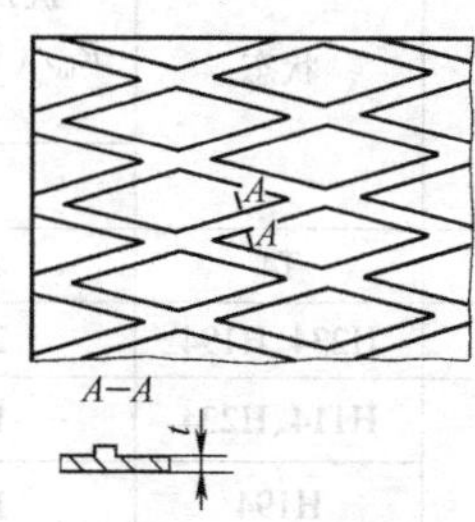

6号花纹板（菱型）

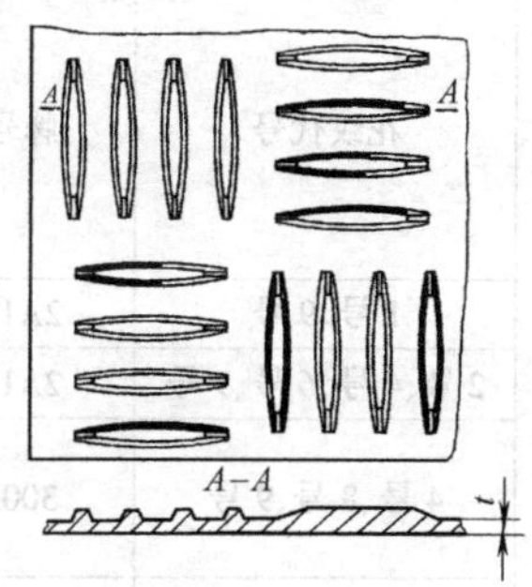

7号花纹板（四条型）

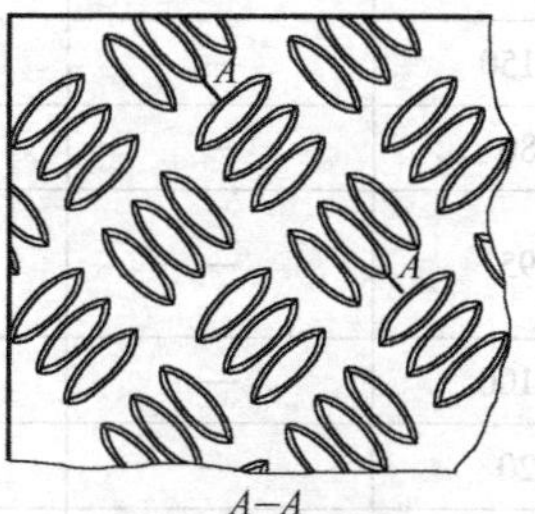

8号花纹板(三条型)

9号花纹板(星月型)

表 3-2-32

	花纹代号	花纹图案	牌号	状态	底板厚度	筋高	宽度	长度
					/mm			
牌号与规格	1号	方格型	2A12	T4	1.0~3.0	1.0	1000~1600	2000~10000
	2号	扁豆型	2A11、5A02、5052	H234	2.0~4.0	1.0		
			3105、3003	H194				
	3号	五条型	1×××、3003	H194	1.5~4.5	1.0		
			5A02、5052、3105、5A43、3003	O、H114				
	4号	三条型	1×××、3003	H194	1.5~4.5	1.0		
			2A11、5A02、5052	H234				
	5号	指针型	1×××	H194	1.5~4.5	1.0		
			5A02、5052、5A43	O、H114				
	6号	菱型	2A11	H234	3.0~8.0	0.9		
	7号	四条型	6061	O	2.0~4.0	1.0		
			5A02、5052	O、H234				
	8号	三条型	1×××	H114、H234、H194	1.0~4.5	0.3		
			3003	H114、H194				
			5A02、5052	O、H114、H194				
	9号	星月型	1×××	H114、H234、H194	1.0~4.0	0.7		
			2A11	H194				
			2A12	T4	1.0~3.0			
			3003	H114、H234、H194	1.0~4.0			
			5A02、5052	H114、H234、H194				

注：1. 要求其他合金、状态及规格时，应由供需双方协商并在合同中注明

2. 新、旧牌号对照表及新状态代号说明见本标准中的附录 A

3. 2A11、2A12 合金花纹板双面可带有 1A50 合金包覆层，其每面包覆层平均厚度应不小于底板公称厚度的 4%

	花纹代号	牌号	状态	抗拉强度 $R_m/(N/mm^2)$	规定非比例延伸强度 $R_{P0.2}/(N/mm^2)$	断后伸长率 $A_{50}/\%$	弯曲系数
				≥			
力学性能	1号、9号	2A12	T4	405	255	10	—
	2号、4号、6号、9号	2A11	H234、H194	215	—	3	—
	4号、8号、9号	3003	H114、H234	120	—	4	4
			H194	140	—	3	8
	3号、4号、5号、8号、9号	1×××	H114	80	—	4	2
			H194	100	—	3	6
	3号、7号	5A02、5052	O	≤150	—	14	3
	2号、3号		H114	180	—	3	3
	2号、4号、7号、8号、9号		H194	195	—	3	8
	3号	5A43	O	≤100	—	15	2
			H114	120	—	4	4
	7号	6061	O	≤150	—	12	—

注：计算截面积所用的厚度为底板厚度。

花纹板单位面积的理论质量（摘自 GB/T 3618—2006）

表 3-2-33

2A11 合金花纹板						2A12 合金花纹板		当花纹板花型不变，只改变牌号时，按该牌号的密度及比密度换算系数，换算该牌号花纹板单位面积的理论质量		
底板厚度 /mm	单位面积的理论质量/kg·m^{-2} 花纹代号					底板厚度 /mm	1 号花纹板单位面积的理论质量 /kg·m^{-2}	牌号	密度 /g·cm^{-3}	比密度换算系数
	2 号	3 号	4 号	6 号	7 号					
1.8	6.340	5.719	5.500	—	5.668	1.0	3.452	2A11	2.80	1.000
2.0	6.900	6.279	6.060	—	6.228	1.2	4.008	纯铝	2.71	0.968
2.5	8.300	7.679	7.460	—	7.628	1.5	4.842	2A12	2.78	0.993
3.0	9.700	9.079	8.860	—	9.028	1.8	5.676	3A21	2.73	0.975
3.5	11.100	10.479	10.260	—	10.428	2.0	6.232	3105	2.72	0.971
4.0	12.500	11.879	11.660	12.343	11.828	2.5	7.622	5A02、5A43、5052	2.68	0.957
4.5	—	—	—	13.743	—	3.0	9.012	6061	2.70	0.964
5.0	—	—	—	15.143	—					
6.0	—	—	—	17.943	—					
7.0	—	—	—	20.743	—					

注：GB/T 3618—2006 中未列出代号为 8 号及 9 号的理论质量。

常用冷拉铝及铝合金管规格（摘自 GB/T 4436—2012）

表 3-2-34

公称外径 /mm	壁厚/mm										
	0.5	0.75	1.0	1.5	2.0	2.5	3.0	3.5	4.0	4.5	5.0
	质量/kg·m^{-1}										
6	0.024	0.035	0.044								
8	0.033	0.048	0.062	0.086	0.106						
10	0.042	0.061	0.079	0.112	0.141	0.165					
12	0.051	0.074	0.097	0.139	0.176	0.209	0.238				
14	0.059	0.087	0.114	0.165	0.211	0.253	0.290				
18	0.077	0.114	0.150	0.218	0.281	0.341	0.396	0.446			
25	0.108	0.160	0.211	0.310	0.405	0.495	0.581	0.662	0.739	0.811	0.880
32		0.206	0.273	0.402	0.528	0.649	0.765	0.877	0.985	1.088	1.188
38		0.246	0.325	0.482	0.633	0.780	0.924	1.062	1.196	1.325	1.451
45		0.292	0.387	0.574	0.756	0.935	1.108	1.278	1.442	1.602	1.759
55		0.358	0.475	0.706	0.932	1.155	1.372	1.586	1.794	1.998	2.199
75				0.970	1.284	1.594	1.900	2.201	2.498	2.717	3.079
90					1.548	1.924	2.296	2.663	3.026	3.380	3.738
110						2.364	2.824	3.279	3.730	4.174	4.618
115							2.956	3.433	3.906	4.372	4.838
120								3.587	4.082	4.570	5.058

注：1. 表中质量是以密度 2.8t/m^3 为准，其他密度的合金需要进行修正。

2. 公称外径系列为：6，8，10，12，14，15，16，18，20，22，24，25，26，28，30，32，34，35，36，38，40，42，45，48，50，52，55，58，60，65，70，75，80，85，90，95，100，105，110，115，120。因篇幅限制未全录入。

3. 冷拉、轧圆管的供货长度为1000~5500mm。

第 3 篇

常用热挤压铝及铝合金管规格（摘自 GB/T 4436—2012）

表 3-2-35

公称外径 /mm	壁厚/mm										
	6.0	7.0	7.5	8.0	9.0	10.0	12.5	15.0	17.5	20.0	22.5
	质量/kg · m^{-1}										
32	1.372	1.539	1.616	1.705							
38	1.688	1.908	2.011	2.110	2.295	2.462					
45	2.057	2.339	2.473	2.602	2.849	3.077	3.572	3.956			
55	2.585	2.954	3.132	3.306	3.640	3.956	4.670	5.275			
75	3.676	4.226	4.450	4.758	5.274	5.715	6.869	7.913	8.847	9.670	10.386
90			5.440			7.030	8.517	9.891	11.155	12.300	13.350
100			6.099			7.913	9.616	11.210	12.690	14.070	15.330

注：1. 挤压圆管的定尺和不定尺长度范围为 300~5800mm。

2. 标准系列壁厚为 5，6，7，7.5，8，9，10，12.5，15，17.5，20，22.5，25，27.5，30，32.5，35，37.5，40，42.5，45，47.5，50。

3. 公称外径系列：25，28，30，32，34，36，38，40，42，45，48，50，52，55，58，60，62，65，70，75，80，85，90，95，100，105，110，115，120，125，130，135，140，145，150，160，165，170，175，180，185，190，195，200，205，210，215，220，225，230，235，240，245，250，260，270，280，290，300，310，320，330，340，350，360，370，380，390，400，450 因篇幅限制，未全录入。

铝及铝合金冷拉正方形、矩形管规格（摘自 GB/T 4436—2012）

表 3-2-36　　mm

图　　例	公称边长 a	壁厚 s	公称边长 a	壁厚 s
	10	1.0~1.5	36	1.5~4.5
	12	1.0~1.5	40	1.5~4.5
	14	1.0~2.0	42	1.5~5.0
	16	1.0~2.0	45	1.5~5.0
	18	1.0~2.5	50	1.5~5.0
	20	1.0~2.5	55	2.0~5.0
	22	1.5~3.0	60	2.0~5.0
	25	1.5~3.0	65	2.0~5.0
	28	1.5~4.5	70	2.0~5.0
	32	1.5~4.5		
图　　例	**公称边长 $a \times b$**	**壁厚 s**	**公称边长 $a \times b$**	**壁厚 s**
	14×10	1.0~2.0	32×25	1.0~5.0
	16×12	1.0~2.0	36×20	1.0~5.0
	18×10	1.0~2.0	36×28	1.0~5.0
	18×14	1.0~2.5	40×25	1.5~5.0
	20×12	1.0~2.5	40×30	1.5~5.0
	22×14	1.0~2.5	45×30	1.5~5.0
	25×15	1.0~3.0	50×30	1.5~5.0
	28×16	1.0~3.0	55×40	1.5~5.0
	28×22	1.0~4.0	60×40	2.0~5.0
	32×18	1.0~4.0	70×50	2.0~5.0

注：1. 壁厚 s 尺寸系列为 1.0mm，1.5mm，2.0mm，2.5mm，3.0mm，4.0mm，4.5mm，5.0mm。

2. 冷拉管的化学成分应符合 GB/T 3190—2008 的规定，材料牌号及力学性能应符合 GB/T 6893—2010 的规定。

3. 冷拉正方形管、矩形管供货长度为 1000~5500mm。

等边角铝型材

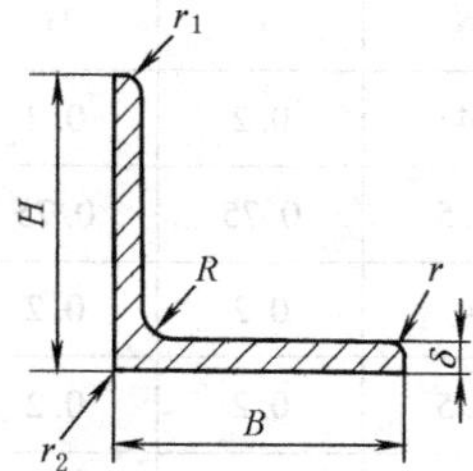

表 3-2-37

尺寸及公差/mm								F/cm^2	$G/\mathrm{kg\cdot m^{-1}}$
H=B		δ		R	r	r_1	r_2		
10	±0.35	2	±0.20	1.5	0.5	0.5	0.2	0.365	0.101
12		1	+0.20 −0.10	1.5	0.5	0.5	0.2	0.234	0.065
12		2	±0.20	0.5	0.2	0.2	0.2	0.440	0.122
12.5	±0.45	1.6		1.6	0.8	0.8	0.2	0.377	0.105
15		1	+0.20 −0.10	1.5	0.5	0.5	0.2	0.294	0.082
15		1.2		2	0.6	0.6	0.2	0.353	0.098
15		1.5	±0.20	2	0.75	0.75	0.2	0.434	0.121
15		2		2	1	1	0.2	0.564	0.157
15		3	±0.25	3	1.5	1.5	0.5	0.820	0.228
16		1.6	±0.20	1.6	0.2	0.2	0.2	0.492	0.137
16		2.4		3.2	1.2	1.2	0.2	0.726	0.202
18		1.5		2	0.75	0.75	0.2	0.524	0.146
18		2		2	1	1	0.2	0.684	0.190
19		1.6		1.6	0.8	0.8	0.2	0.585	0.163
19		2.4		2.4	1.2	1.2	0.2	0.861	0.239
19		3.2	±0.25	3.2	1.6	1.6	0.5	1.125	0.313
20		1	+0.20 −0.10	2	0.5	0.5	0.2	0.397	0.110
20		1.2		2	0.6	0.6	0.2	0.473	0.131
20		1.5	±0.20	2	0.75	0.75	0.2	0.584	0.162
20		2		2	1	1	0.2	0.764	0.212
20		3	±0.25	1	0.5	0.5	0.5	1.140	0.317

续表

尺寸及公差/mm								F/cm^2	$G/\mathrm{kg\cdot m^{-1}}$
$H=B$		δ		R	r	r_1	r_2		
20		4	±0.30	4	0.2	0.2	0.2	1.475	0.410
20.5		1.6	±0.20	1.5	0.75	0.75	0.2	0.633	0.176
23		2		4	0.2	0.2	0.2	0.880	0.245
25		1.1	+0.20 −0.10	0.5	0.2	0.2	0.2	0.538	0.150
25		1.2		2.5	0.6	0.6	0.2	0.597	0.166
25		1.5		2	0.75	0.75	0.2	0.734	0.204
25		1.5		2.5	0.75	0.75	4	0.710	0.197
25	±0.45	1.6	±0.20	1.6	0.8	0.8	0.2	0.777	0.216
25		2		2	1	1	0.2	0.964	0.268
25		2.5		2	1.25	1.25	0.2	1.189	0.331
25		3		2	1.2	1.2	0.5	1.410	0.392
25		3.2	±0.25	3.2	1.6	1.6	0.5	1.509	0.420
25		3.5		3	1.75	0.5	0.2	1.641	0.456
25		4	±0.30	4	2	2	0.5	1.857	0.516
25		5		3	2.5	2.5	0.5	2.242	0.623
25.4		1.2	+0.20 −0.10	0.2	0.2	0.2	0.2	0.595	0.165
27		2		2	0.2	0.2	0.2	1.049	0.292
27		2		3	0.5	0.5	5	1.090	0.303
30		1.5	±0.20	2	0.75	0.75	0.2	0.884	0.246
30		2		2	1	1	0.2	1.164	0.324
30		2.5		2.5	1.5	1.5	0.2	1.441	0.401
30		3	±0.25	3	1.5	1.5	0.2	1.720	0.478
30		4	±0.30	4	1.5	1.5	0.5	2.240	0.623
32	±0.60	2.4	±0.20	3.2	1.2	1.2	0.2	1.494	0.415
32		3.2	±0.25	3.2	1.6	1.6	0.5	1.957	0.544
32		3.5		3.5	1.75	1.75	0.5	2.131	0.592
32		6.5	±0.35	4	3.25	3.25	0.5	3.728	1.036
35		3	±0.25	1.5	1.5	1.5	0.5	2.005	0.557
35		4	±0.30	4	2	2	0.2	2.657	0.739
38		2.4	±0.20	2.4	1.2	1.2	0.2	1.773	0.493
38.3		3.5	±0.25	2.5	1.5	1.5	0.5	2.562	0.712
38.3		5	±0.30	4	2.5	2.5	0.5	3.590	0.998

续表

尺寸及公差/mm								F/cm^2	$G/kg \cdot m^{-1}$
$H=B$		δ		R	r	r_1	r_2		
38.3	±0.60	6.3	±0.35	5	3	3	0.5	4.444	1.235
40		2	±0.20	2	1	1	0.2	1.564	0.435
40		2.5		2.5	1.25	1.25	0.2	1.944	0.540
40		3	±0.25	3	1.5	1.5	0.5	2.320	0.645
40		3.5		3	1.75	1.75	0.5	2.671	0.743
40		3.5		3.5	1.5	1.5	0.5	2.694	0.749
40		4	±0.30	4	2	2	0.5	3.057	0.850
40		5		5	2.5	2.5	0.5	3.750	1.043
45		4		4	2	2	0.5	3.457	0.961
45		5		5	2.5	2.5	0.5	4.277	1.189
50		3	±0.25	3	1.5	1.5	0.5	2.920	0.812
50		4	±0.30	4	2	2	0.5	3.857	1.072
50		5		5	2.5	2.5	0.5	4.777	1.328
50		6		5	3	3	0.5	5.655	1.572
50		6.5	±0.35	6	3.25	3.25	0.5	6.110	1.699
50		12		5	4	4	0.5	10.600	2.947
60	±0.70	5	±0.30	5	2.5	2.5	0.5	5.777	1.606
60		6		5	3	3	0.5	6.855	1.906
75		7	±0.35	10	3	3	0.5	10.010	2.783
75		8		3	1.5	1.5	0.5	11.360	3.158
75		10		9	3	3	0.5	14.000	3.892
80	±0.85	5	±0.30	0.5	2.5	2.5	0.5	7.750	2.155
90		5		5	2.5	2.5	2	8.750	2.433
90		8	±0.35	5	2	2	0.5	13.760	3.825
90		10		5	3	3	0.5	17.000	4.726
90		10		10	5	5	0.5	17.250	4.796
100		10		0.5	0.5	0.5	0.5	19.000	5.282

注：1. 型材材料牌号有 2A11、2A12。

2. 型材的长度可按不定尺、定尺或倍尺供应，合同未注明时按不定尺供应。供应长度为 1~6m，经供需双方协商可供应长度超过 6m 的型材。对倍尺供应的型材应加入锯切余量，每个锯口按 5mm 计算。定尺长度偏差应符合 GB/T 14846 的规定。

3. 型材的室温纵向力学性能应符合 GB/T 6892—2006 的规定。

不等边角铝型材

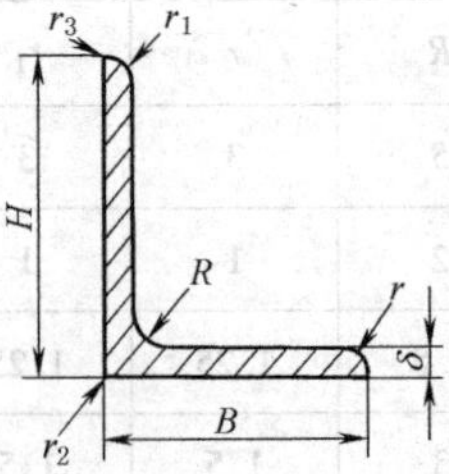

表 3-2-38

尺寸及公差/mm												F/cm²	G/kg·m⁻¹
H		B		δ		R	r	r_1	r_2	r_3			
15		7		1.5		1.5	0.75	0.75	0.2	0.2		0.309	0.086
15		8	±0.35	1.5		2	0.2	0.75	0.2	0.2		0.323	0.090
15		12		1.5	±0.20	2	0.2	0.75	0.2	0.2		0.401	0.111
16		13	±0.45	1.6		1.6	0.8	0.8	0.2	0.2		0.441	0.123
18		5	±0.30	2.5		2	0.5	0.5	0.2	0.2		0.513	0.143
18		8	±0.35	4	±0.30	0.5	2	0.5	0.5	0.5		0.880	0.245
20		8		1.5		2	0.2	0.2	0.2	0.2		0.400	0.111
20		15		1.5	±0.20	2	0.75	0.75	0.2	0.2		0.509	0.142
20		15		2.0		2	1.0	1.0	0.2	0.2		0.614	0.171
20	±0.45	15		3	±0.25	3	1.5	1.5	0.2	0.5		0.960	0.267
20		18		2	±0.20	2	1	1	0.2	0.2		0.720	0.200
20		18		1	+0.20 -0.10	2	0.5	0.5	0.2	0.2		0.377	0.105
22		13		5	±0.30	1	1	1	0.5	0.5		1.497	0.416
25		15		1.5		2.5	0.75	0.75	0.2	0.2		0.588	0.163
25		19	±0.45	1.8	±0.20	1.6	0.2	0.2	0.2	0.2		0.766	0.213
25		19		2.4		3.2	0.2	0.2	0.2	0.2		1.005	0.279
25		20		1.2	+0.20 -0.10	2	0.5	0.5	0.2	0.2		0.533	0.148
25		20		1.5		2	0.2	0.2	0.2	0.2		0.661	0.184
25		20		2.5	±0.20	2	0.2	0.2	0.2	0.2		1.071	0.298
27		22		2.5		4	0.2	0.2	0.2	0.2		1.160	0.322
27		22		4	±0.30	3	2	2	0.5	0.5		1.802	0.501
30	±0.60	15		3	±0.25	2	1.5	1.5	0.5	0.5		1.260	0.350
30		20		3		3	1.5	1.5	0.5	0.5		1.419	0.394

续表

尺寸及公差/mm											F/cm^2	$G/kg \cdot m^{-1}$
H		*B*		*δ*		*R*	*r*	r_1	r_2	r_3		
30		20		5	±0.30	3	0.5	0.5	0.5	0.5	2.250	0.626
30		24		3	±0.25	3	0.2	1.5	0.2	1.5	1.579	0.439
30		25	±0.45	1.5		3	0.75	0.75	0.2	0.2	0.819	0.228
30		25		2	±0.20	2	0.2	1	0.2	1	1.069	0.297
30		25		2.5		2	0.2	1	0.2	1	1.332	0.370
30		25		3	±0.25	2	1.5	1.5	0.5	0.5	1.570	0.436
30		27	±0.60	2.5		1.5	1.5	1.5	0.2	0.2	1.363	0.379
32		19		1.5	±0.20	1.5	0.75	0.75	0.2	0.2	0.745	0.207
32		19		2.4		2.4	1.2	1.2	0.2	0.2	1.173	0.326
32		25		3.5	±0.25	3	0.5	0.5	0.2	0.5	1.870	0.520
35		20	±0.45	2	±0.20	2	1.0	1.0	0.2	0.2	1.060	0.295
35		20		3	±0.25	0.5	1.2	1.2	0.5	0.5	1.560	0.434
35		22		3.5		3.5	1.75	1.75	0.5	0.5	1.886	0.524
35		25		4	±0.30	0.5	0.5	0.5	0.5	0.5	2.240	0.623
35		30	±0.60	4		4	2	2	0.5	0.5	2.440	0.678
36	±0.60	20		1.6		2	0.2	0.2	0.2	0.2	0.879	0.244
36		23		2		2.4	0.2	1	0.2	1	1.152	0.320
36		25		2.5	±0.20	2.5	0.2	0.2	0.2	0.2	1.465	0.407
38		16	±0.45	2		2	1	1	0.2	0.2	1.044	0.290
38		19		1.5		2	0.75	0.75	0.2	0.2	0.839	0.233
38		25		2.4		2.4	1.2	1.2	0.2	0.2	1.460	0.406
38		25		3.2	±0.25	3	1.5	1.5	0.5	0.5	1.940	0.537
38		32		3		3	1.5	1.5	0.5	0.5	2.020	0.562
38		32	±0.60	5	±0.30	4	2.5	2.5	0.5	0.5	3.258	0.906
38		32		6.5	±0.35	4.5	3.25	3.25	0.5	0.5	4.127	1.147
40		20		3	±0.25	3.5	1.2	1.2	0.5	0.5	1.710	0.475
40		24	±0.45	4	±0.30	4	0.5	0.2	0.2	0.2	2.435	0.677
40		25		3.5	±0.25	3	0.5	1.5	0.2	1.5	2.162	0.601
40		30		4		4	2	2	0.5	0.5	2.900	0.806
40		30	±0.60	5	±0.30	5	1.7	1.7	0.5	0.5	3.250	0.904
40		36		4		4	0.2	2	0.2	2	2.897	0.805
40		36		5		5	2.5	2.5	0.5	0.5	3.550	0.987

第3篇

续表

尺寸及公差/mm											F/cm^2	$G/kg\cdot m^{-1}$
H		B		δ		R	r	r_1	r_2	r_3		
43	±0.60	30	±0.60	2.5	±0.20	2.5	0.2	1	0.2	1	1.775	0.493
44	±0.60	25	±0.60	2	±0.20	2.4	0.2	0.2	0.2	0.2	1.346	0.374
44	±0.60	32	±0.60	4.8	±0.30	5	2	2	0.5	0.5	3.470	0.965
45	±0.60	25	±0.45	4	±0.30	4	2	2	0.5	0.5	2.640	0.734
45	±0.60	28	±0.60	2	±0.20	2.5	1	1	0.2	0.2	1.429	0.397
45	±0.60	30	±0.60	3	±0.25	3	1.5	1.5	0.5	0.5	2.160	0.600
45	±0.60	30	±0.60	3	±0.25	4	2	2	3	0.5	2.160	0.600
45	±0.60	30	±0.60	4	±0.30	4	0.2	2	0.2	2	2.870	0.798
45	±0.60	32	±0.60	3	±0.25	4	1.5	1.5	2	0.5	2.220	0.617
45	±0.60	38	±0.60	6.5	±0.35	6	0.2	2	0.2	2	5.025	1.397
46	±0.60	40	±0.60	2.5	±0.20	2.5	0.2	0.5	0.2	0.5	2.151	0.598
47	±0.60	23	±0.45	2.5	±0.20	3	0.2	1.25	0.2	1.25	1.700	0.473
48	±0.60	20	±0.45	2.5	±0.20	3	0.2	0.5	0.2	0.5	1.659	0.461
48	±0.60	25	±0.45	3	±0.25	4	0.2	0.2	0.2	0.2	2.134	0.593
50	±0.60	15	±0.45	4	±0.30	5	1.5	1.5	0.2	0.2	2.500	0.695
50	±0.60	30	±0.60	3	±0.25	3	1.5	1.5	0.5	0.5	2.319	0.645
50	±0.60	30	±0.60	4	±0.30	3	1.5	1.5	2	0.5	3.040	0.845
50	±0.60	35	±0.60	3	±0.25	3	0.5	1.5	0.5	0.5	2.460	0.684
50	±0.60	35	±0.60	5	±0.30	5	2.5	2.5	0.5	0.5	3.750	1.043
54	±0.70	25	±0.45	4	±0.30	4	2	2	0.5	0.5	3.017	0.839
55	±0.70	25	±0.45	2.5	±0.20	3	1.25	1.25	0.2	0.5	1.950	0.542
56	±0.70	42	±0.60	3.2	±0.25	5	0.5	0.5	0.2	0.5	3.077	0.855
56	±0.70	42	±0.60	3.5	±0.25	5	1.75	1.75	0.5	0.5	3.348	0.931
57	±0.70	38	±0.60	6.5	±0.35	6	3.25	3.25	0.5	0.5	5.785	1.608
58	±0.70	40	±0.60	2.5	±0.20	2.5	0.2	0.5	0.2	0.5	2.401	0.667
60	±0.70	25	±0.45	3.2	±0.25	5	0.5	1.6	0.2	1.6	2.660	0.739
60	±0.70	28	±0.60	3	±0.25	3	1.5	1.5	0.5	0.5	2.560	0.712
60	±0.70	35	±0.60	6	±0.30	5	3	3	0.5	0.5	5.340	1.485
60	±0.70	40	±0.60	2.5	±0.20	2.5	0.2	0.5	0.2	0.5	2.451	0.681
60	±0.70	40	±0.60	4	±0.30	4	2	2	0.5	0.2	3.860	1.073
60	±0.70	40	±0.60	5	±0.30	5	2.5	2.5	0.5	0.5	4.800	1.334
60	±0.70	45	±0.60	3	±0.25	3	2.5	0.5	5	2.5	3.060	0.851

第 3 篇

续表

尺寸及公差/mm												F/cm^2	G/kg·m^{-1}
H		B		δ		R	r	r_1	r_2	r_3			
60	±0.70	45	±0.60	5	±0.30	5	2.5	2.5	0.5	0.5		5.050	1.404
63		25	±0.45	3.2	±0.25	5	0.5	0.5	0.2	0.5		2.756	0.766
63		25		3.5		5	1.75	1.75	0.5	0.5		2.998	0.833
63		30	±0.60	2.5	±0.20	2.5	0.2	0.5	0.2	0.5		2.276	0.633
63		32		3.2	±0.25	5	0.5	0.5	0.2	0.5		2.980	0.828
63		50		3		3	1.5	1.5	0.5	0.5		3.310	0.920
65		22	±0.45	3		4	0.5	0.5	0.5	0.5		2.520	0.701
65		45	±0.60	2.5	±0.20	2.5	0.2	1.25	0.2	1.25		2.701	0.751
65		55	±0.70	5	±0.30	5	2.5	2.5	0.5	0.5		5.800	1.612
70		25	±0.45	2	±0.20	2.5	1	1	0.2	0.2		1.870	0.520
70		40	±0.60	5	±0.30	7	2.7	2.7	0.5	0.5		5.250	1.460
74		25	±0.45	4.5		5	0.2	2	0.2	2		4.308	1.198
75		30	±0.60	4		3	1.5	1.5	0.5	0.5		4.050	1.126
75		30		5		5	2.5	2.5	0.5	0.5		5.027	1.398
75		35		4.5		5	2	0.2	0.5	0.2		4.793	1.332
75		45		2.5	±0.20	2.5	0.2	1.25	0.2	1.25		2.968	0.825
75		50		4	±0.30	4	1	1	0.2	0.5		4.874	1.355
75		50		5		5	2.5	2.5	0.5	0.5		6.027	1.676
75		50		7	±0.35	8	3.5	3.5	0.5	0.5		8.345	2.320
75		50		8		8	5	5	0.5	0.5		9.360	2.602
75		50		10		3	3	3	0.5	0.5		11.500	3.197
75		50		12		5	4	4	0.5	0.5		13.600	3.781
78	±0.85	40		2.5	±0.20	2.5	0.2	0.5	0.2	0.5		2.901	0.806
80		42		2.5		2.5	0.2	0.5	0.2	0.5		2.999	0.834
85		45		2.5		2.5	0.2	1.25	0.2	1.25		3.118	0.867
88		40		2.5		2.5	0.2	0.5	0.2	0.5		3.201	0.890
90		24	±0.45	2.5		2.5	0.2	1.25	0.2	1.25		2.798	0.778
90		36	±0.60	2.5		2.5	0.2	1	0.2	1		3.097	0.861
90		41.5		2.5		2.5	0.2	0.5	0.2	0.5		3.238	0.900
90		45		2.5		2.5	1.25	1.25	0.2	0.2		3.319	0.923
100		40		5	±0.30	5	2.5	0.5	0.5	0.5		6.790	1.888
100		60	±0.70	5	±0.35	9	3	3	0.5	0.5		12.160	3.380

第3篇

续表

尺寸及公差/mm											F/cm²	G/kg·m⁻¹
H		B		δ		R	r	r_1	r_2	r_3		
106	±1.20	70	±0.80	16	±0.50	8	0.5	0.5	0.5	0.5	25.740	7.156
113		74		8		4	1.5	1.5	0.5	0.5	14.320	3.981
120	±1.50	80	±1.50	8		12	3	3	0.5	0.5	15.360	4.270
160	+1.50 −1.20	32	±0.6	8	±0.40	3	1	0.5	1	0.5	14.740	4.098
220	+2.00 −1.50	28		8		3	1	0.5	1	0.5	19.220	5.343

注：见表 3-2-37 注。

槽 铝 型 材

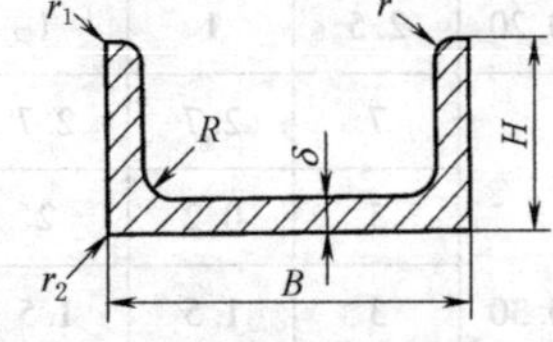

表 3-2-39

尺寸及公差/mm										F/cm²	G/kg·m⁻¹
B		H		δ		R	r	r_1	r_2		
13	±0.45	13	±0.45	1.6	±0.20	0.4	0.8	0.8	0.2	0.561	0.156
13		34	±0.60	3.5	±0.25	0.5	0.5	0.5	0.2	2.588	0.719
20		15	±0.45	1.3	+0.20 −0.10	2	1	0.2	0.2	0.620	0.172
21		28	±0.60	4	±0.30	5	0.5	0.2	0.5	2.868	0.797
25		13	±0.45	2.4	±0.20	2.4	0.2	0.2	0.2	1.134	0.315
25		15		1.5		2	0.75	0.2	0.2	0.795	0.221
25		18		1.5		2	0.5	0.2	0.2	0.870	0.242
25		18		2		2.5	1.5	0.2	0.2	1.140	0.317
25		20		2.5		2.5	1.25	0.2	0.2	1.520	0.423
25		20		4	±0.30	3.5	1.2	0.5	0.5	2.280	0.634
25		25		5		0.5	0.5	0.5	0.5	3.250	0.904
30	±0.60	15		1.5	±0.20	2	0.75	0.2	0.2	0.870	0.242
30		18		1.5		2	0.75	0.2	0.2	0.960	0.267
30		20		2		2	0.75	0.2	0.2	1.335	0.371

续表

尺寸及公差/mm										F/cm²	G/kg·m⁻¹
B		H		δ		R	r	r_1	r_2		
30	±0.60	22	±0.45	6	±0.30	3	0.5	0.5	0.5	3.760	1.045
30		30	±0.60	1.5	+0.20 −0.10	2.5	0.2	1.5	1.5	1.350	0.375
32		25	±0.45	1.8	±0.20	2.5	0.5	0.2	0.2	1.437	0.399
32		25		2.5		2.5	0.5	0.2	0.2	1.925	0.535
32.2		45	±0.60	3.6	±0.30	3	1.5	0.5	0.5	4.180	1.162
35		20	±0.45	2.5	±0.20	2.5	1.25	0.2	0.2	1.770	0.492
35		30	±0.60	2		2	1	0.2	0.2	1.833	0.510
38		50		5	±0.30	6	0.5	0.5	0.5	6.560	1.824
40		18	±0.45	2	±0.20	2	1	0.2	0.2	1.453	0.404
40		18		2.5		2.5	1.25	0.2	0.2	1.795	0.499
40		18		3	±0.25	3	1.5	0.5	0.5	2.129	0.592
40		21		4	±0.30	4	1.2	0.5	0.5	2.960	0.823
40		25		2	±0.20	2	1.25	0.2	0.2	1.730	0.481
40		25		3	±0.25	3	1.5	0.5	0.5	2.549	0.709
40		30	±0.60	3.5		2	1.2	0.5	0.5	3.250	0.904
40		32		3	±0.30	3	0.5	0.5	0.5	2.978	0.828
40		50		4		3	0.5	0.5	0.5	5.280	1.468
45		20	±0.45	3	±0.25	2	0.5	0.5	4	2.370	0.659
45		40	±0.60	3		4	0.5	0.5	0.5	3.638	1.011
46		25	±0.45	5	±0.30	2.5	2.5	0.5	0.5	4.300	1.195
50		20		4		4	2	0.5	0.5	3.331	0.926
50	±0.70	30	±0.60	2	±0.20	4	2	0.2	0.5	2.120	0.589
50		30		4	±0.30	4	2	0.5	0.5	4.131	1.148
55		25	±0.45	5		5	3	0.5	0.5	4.819	1.340
55		30	±0.60	3	±0.25	3	1.5	0.5	0.5	3.299	0.917
60		25	±0.45	4	±0.30	4	2	0.5	0.5	4.131	1.148
60		35	±0.60	5		5	0.5	0.5	0.5	6.000	1.668
60		40		4		5	0.5	0.5	9	4.480	1.245
63		38.3		4.8		3.5	2	0.5	0.5	6.275	1.744
64		38	±0.45	4		5	4	0.5	0.5	5.300	1.473
70		25		3	±0.25	3	1.5	0.5	0.5	3.449	0.959
70		25		5	±0.30	5	2.5	0.5	0.5	5.500	1.529
70		26	±0.60	3.2	±0.25	2	1.5	0.2	0.2	3.700	1.029
70		30		4	±0.30	4	2	0.5	0.5	4.931	1.371
70		40		5		5	2.5	0.5	0.5	7.080	1.968
75		45		5		5	2.5	0.5	0.5	7.831	2.177
80	±0.85	30		4.5		5	0.2	0.2	0.5	6.010	1.671
80		35		4.5		5	3	0.5	0.5	6.414	1.783
80		35		6		5	1	1	1	8.280	2.302
80		40		4		4	2	0.5	0.5	6.131	1.704
80		40		6		6	1	1	1	8.900	2.474
80		60	±0.70	4		6	0.5	0.5	10	7.480	2.079
90		50	±0.60	6		0.5	0.5	0.5	0.5	10.680	2.969
100		40		6		6	1	1	1	10.080	2.802
100		48		6.3	±0.35	4	2	0.5	0.5	11.550	3.211
100		50		5	±0.30	5	2.5	0.5	0.5	9.580	2.663
128	±1.10	40		9	±0.35	2	2	2	2	17.100	2.754

注：见表 3-2-37 注。

第 3 篇

铝及铝合金加工产品的性能特点与用途

表 3-2-40

类别	牌号		性能特点	用途举例
	新	旧		
工业用高纯铝	1A85、1A90 1A93、1A97 1A99	LG1、LG2 LG3、LG4 LG5	工业高纯铝	主要用于生产各种电解电容器用箔材、抗酸容器等，产品有板、带、箔、管等
工业用纯铝	1060、1050A 1035、8A06	L2、L3 L4、L6	工业纯铝都具有塑性高、耐蚀、导电性和导热性好的特点，但强度低，不能通过热处理强化，切削性不好。可接受接触焊、气焊	多利用其优点制造一些具有特定性能的结构件，如铝箔制成垫片及电容器、电子管隔离网、电线、电缆的防护套、网、线芯及飞机通风系统零件及装饰件
	1A30	L4-1	特性与上类似，但其 Fe 和 Si 杂质含量控制严格，工艺及热处理条件特殊	主要用作航天工业和兵器工业纯铝膜片等处的板材
	1100	L5-1	强度较低，但延展性、成型性、焊接性和耐蚀性优良	主要生产板材、带材，适于制作各种深冲压制品
包覆铝	7A01 1A50	LB1 LB2	是硬铝合金和超硬铝合金的包铝板合金	7A01 用于超硬铝合金板材包覆，DA50 用于硬铝合金板材包覆
防锈铝	5A02	LF2	为铝镁系防锈铝，强度、塑性、耐蚀性高，具有较高的抗疲劳强度，热处理不可强化，可用接触焊氢原子焊良好焊接，冷作硬化态下可切削加工，退火态下切削性不良，可抛光	油介质中工作的结构件及导管，中等载荷的零件装饰件、焊条、铆钉等
	5A03	LF3	铝镁系防锈铝性能与 5A02 相似，但焊接性优于 5A02，可气焊、氩弧焊、点焊、滚焊	液体介质中工作的中等负载零件、焊件、冷冲件
	5A05 5B05	LF5 LF10	铝镁系防锈铝，抗腐蚀性高，强度与 5A03 类似，不能热处理强化，退火状态塑性好，半冷作硬化状态可进行切削加工，可进行氢原子焊、点焊、气焊、氩弧焊	5A05 多用于在液体环境中工作的零件，如管道、容器等，5B05 多用作连接铝合金、镁合金的铆钉，铆钉应退火并进行阳极氧化处理
	5A06	LF6	铝镁系防锈铝，强度较高，耐腐性较高，退火及挤压状态下塑性良好，可切削性良好，可氩弧焊、气焊、点焊	焊接容器，受力零件，航空工业的骨架及零件、飞机蒙皮
	5A12	LF12	镁含量高，强度较好，挤压状态塑性尚可	多用于航天工业及无线电工业用各种板材、棒材及型材
	5B06、5A13 5A33	LF14、LF13 LF33	镁含量高，且加入适量的 Ti、Be、Zr 等元素，使合金焊接性较高	多用于制造各种焊条的合金
	5A43	LF43	系铝、镁、锰合金，成本低，塑性好	多用于民用制品，如铝制餐具、用具
	3A21	LF21	铝锰系合金，强度低，退火状态塑性高，冷作硬化状态塑性低、耐蚀性好，焊接性较好，不可热处理强化，是一种应用最为广泛的防锈铝	用于在液体或气体介质中工作的低载荷零件，如油箱、导管及各种异形容器
	5083 5056	LF4 LF5-1	铝镁系高镁合金，由美国 5083 和 5056 合金成型引进，在不可热处理合金中强度良好，耐蚀性、切削性良好，阳极氧化处理外观美丽，且电焊性好	广泛用于船舶、汽车、飞机、导弹等方面，民用多用来生产自行车、挡泥板，5056 也制成管件制车架等结构件

续表

类别	牌号		性能特点	用途举例
	新	旧		
硬铝	2A01	LY1	强度低，塑性高，耐蚀性低，点焊焊接良好，切削性尚可，工艺性能良好，在制作铆钉时应先进行阳极氧化处理	是主要的铆接材料，用来制造工作温度小于100℃的中等强度的结构用铆钉
	2A02	LY2	强度高，热强性较高，可热处理强化，耐腐蚀性尚可，有应力腐蚀破坏倾向，切削性较好，多在人工时效状态下使用	是一种主要承载结构材料，用作高温(200～300℃)工作条件下的叶轮及锻件
	2A04	LY4	剪切强度和耐热性较高，在退火及刚淬火(4～6h内)塑性良好，淬火及冷作硬化后切削性尚好，耐蚀性不良，需进行阳极氧化，是一种主要的铆钉合金	用于制造125～250℃工作条件下的铆钉
	2B11 2B12	LY8 LY9	剪切强度中等，退火及刚淬火状态下塑性尚好，可热处理强化，剪切强度较高	用作中等强度铆钉，但必须在淬火后2h内使用，用于高强度铆钉制造，但必须在淬火后20min内使用
	2A10	LY10	剪切强度较高，焊接性一般，用气焊、氩弧焊有裂纹倾向，但点焊焊接性良好，耐蚀性与2A01、2A11相似，用作铆钉不受热处理后的时间限制，是其优越之处，但需要阳极氧化处理，并用重铬酸钾填充	用作工作温度低于100℃的要求较高强度的铆钉，可替代2A01、2B12、2A11、2A12等合金
	2A11	LY11	一般称为标准硬铝，中等强度，点焊焊接性良好，以其作焊料进行气焊及亚弧焊时有裂纹倾向，可热处理强化，在淬火和自然时效状态下使用，抗蚀性不高，多采用包铝、阳极氧化和涂料以作表面防护，退火态切削性不好，淬火时尚好	用作中等强度的零件，空气螺旋桨叶片，螺栓铆钉等，用作铆钉应在淬火后2h内使用
	2A12	LY12	高强度硬铝，点焊焊接性良好，亚弧焊及气焊有裂纹倾向，退火状态切削性尚可，可作热处理强化，抗蚀性差，常用包铝、阳极氧化及涂料提高耐蚀性	用来制造高负荷零件，其工作温度在150℃以下的飞机骨架、框隔、翼梁、翼肋、蒙皮等
	2A06	LY6	高强度硬铝、点焊焊接性与2A12相似，氩弧焊较2A12好，耐腐蚀性也2A12相同，加热至250℃以下其晶间腐蚀倾向较2A12小，可进行淬火和时效处理，其压力加工、切削性与2A12相同	可作为150～250℃工作条件下的结构板材，但对于淬火自然时效后冷作硬化的板材，不宜在高温长期加热条件下使用
	2A16	LY16	属耐热硬铝，即在高温下有较高的蠕变强度，合金在热态下有较高的塑性；无挤压效应切削性良好，可热处理强化，焊接性能良好，可进行点焊、滚焊和氩弧焊，但焊缝腐蚀稳定性较差，应采用阳极氧化处理	用于在高温下(250～350℃)工作的零件，如压缩机叶片圆盘及焊接件，如容器
	2A17	LY17	成分与性能和2A16相近；2A17在常温和225℃下的持久强度超过2A16，但在225～300℃时低于2A16，且2A17不可焊接	用于20～300℃要求有高强度的锻件和冲压件

续表

类别	牌号		性能特点	用途举例
	新	旧		
锻铝	6A02	LD2	具有中等强度，退火和热态下有高的可塑性，淬火自然时效后塑性尚好，且这种状态下的抗蚀性可与5A2、3A21相比，人工时效状态合金具有晶间腐蚀倾向，可切削性淬火后尚好，退火后不好，合金可点焊、氢原子焊、气焊	制造承受中等载荷、要求有高塑性和高耐蚀性，且形状复杂的锻件和模锻件，如发动机曲轴箱、直升机桨叶
	6B02	LD2-1	属Al-Mg-Si系合金，与6A02相比，其晶间腐蚀倾向要小	多用于电子工业装箱板及各种壳体等
	6070	LD2-2	属Al-Mg-Si系合金，是由美国的6070合金转化而来，其耐蚀性很好，焊接性能良好	可用于制造大型焊接结构件、高级跳水板等
	2A50	LD5	热态下塑性较高，易于锻造、冲压。强度较高，在淬火及人工时效时与硬铝相近，工艺性能较好，但有挤压效应，因此纵横向性能差别较大，抗蚀性较好，但有晶间腐蚀倾向，切削性良好，接触焊、滚焊良好，但电弧焊、气焊性能不佳	用于制造要求中等强度且形状复杂的锻件和冲击性
	2B50	LD6	性能、成分与2A50相近，可互换通用，但热态下其可塑性优于2A50	制造形状复杂的锻件
	2A70	LD7	热态下具有高的可塑性，无挤压效应，可热处理强化，成分与2A50相近，但组织较2A80要细，热强性及工艺性能比2A80稍好，属耐热锻铝，其耐蚀性、可切削性尚好，接触焊、滚焊性能良好，电弧焊及气焊性能不佳	用于制造高温环境下工作的锻件，如内燃机活塞及一些复杂件如叶轮、板材，可用于制造高温下的焊接冲压结构件
	2A80	LD8	热态下可塑性较低，可进行热处理强化，高温强度高，属耐热锻铝，无挤压效应，焊接性与LD7相同，耐蚀性，可切削性尚好，有应力腐蚀倾向	用途与2A70相近
	2A90	LD9	有较好的热强性，热态下可塑性尚好，可热处理强化，耐蚀性、焊接性和切削性与2A70相近，是一种较早应用的耐热锻铝	用途与2A7、2A8相近，且逐渐被2A70、2A80所代替
	2A14	LD10	与A250相比，含铜量较高，因此强度较高，热强性较好，热态下可塑性尚好，可切削性良好，接触焊、滚焊性能良好，电弧焊和气焊性能不佳，耐蚀性不高，人工时效状态时有晶间腐蚀倾向，可热处理强化，有挤压效应，因此纵横向性能有所差别	用于制造承受高负荷和形状简单的锻件
	4A11	LD11	属Al-Cu-Mg-Si系合金，是由前苏联AK9合金转化而来，可锻、可铸、热强性好，线胀系数小，抗磨性能好	主要用于制造蒸汽机活塞及汽缸材料
	6061 6063	LD30 LD31	属Al-Mg-Si系合金，相当美国的6061和6063合金，具有中等强度，其焊接性优良，耐蚀性及冷加工性好，是一种使用范围广、很有前途的合金	广泛应用于建筑业门窗、台架等结构件及医疗办公、车辆、船舶、机械等方面

续表

类别	牌号		性能特点	用途举例
	新	旧		
超硬铝	7A03	LC3	铆钉合金,淬火人工时效状态可以铆接,可热处理强化,常抗剪强度较高,耐蚀性和可切削性能尚好,铆钉铆接时,不受热处理后时间限制	用作承力结构铆钉,工作温度在125℃以下,可作2A10铆钉合金代用品
	7A04	LC4	系高强度合金,在刚淬火及退火状态下塑性尚可,可热处理强化,通常在淬火人工时效状态下使用,这时得到的强度较一般硬铝高很多,但塑性较低,合金点焊焊接性良好,气焊不良,热处理后可切削性良好,但退火后的可切削性不佳	用于制造主要承力结构件,如飞机上的大梁、桁条、加强框、蒙皮、翼肋、接头、起落架等
	7A09	LC9	属高强度铝合金,在退火和刚淬火状态下的塑性稍低于同样状态的2A12,稍优于7A04,板材的静疲劳、缺口敏感,应力腐蚀性能优于7A04	制造飞机蒙皮等结构件和主要受力零件
	7A10	LC10	属Al-Cu-Mg-Zn系合金	主要生产板材、管材和锻件等,用于纺织工业及防弹材料
	7003	LC12	属Al-Cu-Mn-Zn系合金,由日本的7003合金转化而来、综合力学性能较好,耐蚀性好	主要用来制作型材、生产自行车的车圈
特殊铝	4A01	LT1	属铝硅合金,抗蚀性高,压力加工性良好,但机械强度差	多用于制作焊条、焊棒
	4A13 4A17	LT13 LT17	属Al-Si系合金	主要用于钎接板、带材的包覆板,或直接生产板、带、箔和焊线等
	5A41	LT41	特殊的高镁合金,其抗冲击性强	多用于制作飞机座舱防弹板
	5A66	LT66	高纯铝镁合金,相当于5A02,其杂质含量要求严格控制	多用于生产高级饰品,如笔套、标牌等

2.4 钛及钛合金加工产品

钛及钛合金板材规格及力学性能(摘自GB/T 3621—2007)

表3-2-41

规格/mm				
厚　　度	宽　　度	宽度允许偏差	长　　度	长度允许偏差
0.3~4.0	400~1000	+10 0	1000~3000	+15 0
>4.0~20.0	400~3000	+15 0	1000~4000	+30 0
>20.0~60.0	400~3000	+50 0	1000~4000	+50 0

注:1. 板材厚度(mm)如下:0.3,0.4,0.5,0.6,0.7,0.8,0.9,1.0,1.1,1.2,1.4,(1.5),1.6,1.8,2.0,2.2,2.5,2.8,3.0,3.5,4.0,4.5,5.0,5.5,6.0,7.0,8.0,9.0,10.0,11.0,12.0,14.0,(15.0),16.0,18.0,20.0,22.5,25.0,28.0,30.0,32.0,35.0,38.0,40.0,42.0,45.0,48.0,50.0,53.0,56.0,60.0

2. 钛合金的密度为4.4~4.6g/cm³。厚度偏差见原标准。厚度大于15mm的板材,需方同意时也可不切边交货

续表

板材室温力学性能					
牌号	状态	板材厚度/mm	抗拉强度 R_m/MPa	规定非比例延伸强度 $R_{P0.2}$/MPa	断后伸长率① A/%，≥
TA1	M	0.3~25.0	≥240	140~310	30
TA2	M	0.3~25.0	≥400	275~450	25
TA3	M	0.3~25.0	≥500	380~550	20
TA4	M	0.3~25.0	≥580	485~655	20
TA5	M	0.5~1.0 >1.0~2.0 >2.0~5.0 >5.0~10.0	≥685	≥585	20 15 12 12
TA6	M	0.8~1.5 >1.5~2.0 >2.0~5.0 >5.0~10.0	≥685	—	20 15 12 12
TA7	M	0.8~1.5 >1.6~2.0 >2.0~5.0 >5.0~10.0	735~930	≥685	20 15 12 12
TA8	M	0.8~10	≥400	275~450	20
TA8-1	M	0.8~10	≥240	140~310	24
TA9	M	0.8~10	≥400	275~450	20
TA9-1	M	0.8~10	≥240	140~310	24
TA10② A类	M	0.8~10.0	≥485	≥345	18
TA10② B类	M	0.8~10.0	≥345	≥275	25
TA11	M	5.0~12.0	≥895	≥825	10
TA13	M	0.5~2.0	540~770	460~570	18
TA15	M	0.8~1.8 >1.8~4.0 >4.0~10.0	930~1130	≥855	12 10 8
TA17	M	0.5~1.0 >1.1~2.0 >2.1~4.0 >4.1~10.0	685~835	—	25 15 12 10
TA18	M	0.5~2.0 >2.0~4.0 >4.0~10.0	590~735	—	25 20 15
TB2	ST STA	1.0~3.5	≤980 1320	—	20 8
TB5	ST	0.8~1.75 >1.75~3.18	705~945	690~835	12 10
TB6	ST	1.0~5.0	≥1000	—	6
TB8	ST	0.3~0.6 >0.6~2.5	825~1000	795~965	6 8
TC1	M	0.5~1.0 >1.0~2.0 >2.0~5.0 >5.0~10.0	590~735	—	25 25 20 20
TC2	M	0.5~1.0 >1.0~2.0 >2.0~5.0 >5.0~10.0	≥685	—	25 15 12 12

续表

牌号	状态	板材厚度/mm	抗拉强度 R_m/MPa	规定非比例延伸强度 $R_{P0.2}$/MPa	断后伸长率[①] A/%，≥
TC3	M	0.8~2.0 >2.0~5.0 >5.0~10.0	≥880		12 10 10
TC4	M	0.8~2.0 >2.0~5.0 >5.0~10.0 10.0~25.0	≥895	≥830	12 10 10 8
TC4ELI	M	0.8~25.0	≥860	≥795	10

① 厚度不大于 0.64mm 的板材，延伸率报实测值。
② 正常供货按 A 类，B 类适应于复合板复材，当需方要求并在合同中注明时，按 B 类供货。

钛及钛气金管规格力学性能（摘自 GB/T 3624—2010）

表 3-2-42

规格

牌号	状态	外径/mm	壁厚/mm															
			0.2	0.3	0.5	0.6	0.8	1.0	1.25	1.5	2.0	2.5	3.0	3.5	4.0	4.5	5.0	5.5
TA1 TA2 TA8 TA8-1 TA9 TA9-1 TA10	退火态（M）	3~5	○	○	○	○	—	—	—	—	—	—	—	—	—	—	—	—
		>5~10	—	○	○	○	○	○	○	—	—	—	—	—	—	—	—	—
		>10~15	—	—	○	○	○	○	○	○	—	—	—	—	—	—	—	—
		>15~20	—	—	—	○	○	○	○	○	○	○	—	—	—	—	—	—
		>20~30	—	—	—	○	○	○	○	○	○	○	○	—	—	—	—	—
		>30~40	—	—	—	—	—	○	○	○	○	○	○	○	—	—	—	—
TA1 TA2 TA8 TA8-1 TA9 TA9-1 TA10	退火态（M）	>40~50	—	—	—	—	—	—	○	○	○	○	○	○	○	—	—	—
		>50~60	—	—	—	—	—	—	—	○	○	○	○	○	○	○	○	—
		>60~80	—	—	—	—	—	—	—	○	○	○	○	○	○	○	○	○
		>80~110	—	—	—	—	—	—	—	—	—	○	○	○	○	○	○	○

牌号	状态	外径/mm	壁厚/mm											
			0.5	0.6	0.8	1.0	1.25	1.5	2.0	2.5	3.0	3.5	4.0	4.5
TA3	退火态（M）	>10~15	○	○	○	○	○	○	○	—	—	—	—	—
		>15~20	—	○	○	○	○	○	○	○	—	—	—	—
		>20~30	—	○	○	○	○	○	○	○	—	—	—	—
		>30~40	—	—	—	—	○	○	○	○	○	—	—	—
		>40~50	—	—	—	—	○	○	○	○	○	○	—	—
		>50~60	—	—	—	—	—	○	○	○	○	○	○	—
		>60~80	—	—	—	—	—	—	○	○	○	○	○	○

注：○表示可以按本标准生产的规格

续表

牌号	状态	室温力学性能		
		抗拉强度 R_m/MPa	规定非比例延伸强度 $R_{P0.2/MPa}$	断后伸长率 A_{50mm}/%
TA1	退火（M）	≥240	140~310	≥24
TA2		≥400	275~450	≥20
TA3		≥500	380~550	≥18
TA8		≥400	275~450	≥20
TA8-1		≥240	140~310	≥24
TA9		≥400	275~450	≥20
TA9-1		≥240	140~210	≥24
TA10		≥450	≥300	≥18

加工钛材的特性与用途

表 3-2-43

牌号	特性与用途
TA1 TA2 TA3	属工业纯钛，它们在许多天然和人工环境中具有良好的耐蚀性及较高的比强度，有较高的疲劳极限，通常在退火状态下使用，锻造性能类似低碳钢或18-8型不锈钢，可采用加工不锈钢的一些普通方法进行锻造、成形和焊接，可生产锻坯、板材、棒材、丝材等，可用于航空、医疗、化工等方面，如航空工业中用于排气管、防火墙、热空气管及受热蒙皮以及其他要求延展性、模锻及耐腐蚀的零件
TA4 TA5 TA6	属α型钛合金，不能热处理强化，通常在退火状态下使用，具有良好的热稳定性和热强性及优良的焊接性，主要作为焊丝材料
TA7	属α型钛合金，可焊，在316~593℃下具有良好的抗氧化性、强度及高温稳定性，用于锻件及板材零件，如航空发动机压气机叶片、壳体及支架等
TB2	属β型钛合金，淬火状态具有很好的塑性，可以冷成形，板材能连续生产，淬火时效后有很高的强度，可焊性好，在高的屈服强度下有高的断裂韧性，但热稳定性差，用于宇航工业结构件，如螺栓、铆钉、钣金件等
TC1 TC2 TC3 TC4 TC6 TC9 TC10	属α+β型钛合金，有较高的力学性能和优良的高温变形能力，能进行各种热加工，淬火时效后能大幅度提高强度，热稳定性较差 TC1、TC2在退火状态下使用，可作低温材料使用，TC3、TC4有良好的综合力学性能，组织稳定性高，被广泛用于火箭发动机外壳、航空发动机压气机盘、叶片、结构锻件、紧固件等 TC6进一步提高了合金的热强性 TC9、TC10具有较高的室温、高温力学性能，以及良好的热稳定性和塑性

注：1. 钛中加入Al、Sn或Zr等α稳定元素，其主要作用是固溶强化α钛，此时钛合金称α型钛合金。

2. 钛中加入V、Mo、Mn、Fe、Cr等β稳定元素，主要作用是使合金组织具有一定量的β相，使合金强化，此时钛合金称β型钛合金。

3. 合金中加入了α、β稳定元素，称（α+β）两相钛合金。

4. TA8、TC7为1994年国标修订删除的牌号，TB1、TC5、TC8为1982年制定国标时删除的牌号。

第3篇

2.5 变形镁及镁合金

变形镁及镁合金牌号和化学成分（摘自 GB/T 5153—2003）

表 3-2-44

合金组别	牌号	对应 ISO 3116 的数字牌号	化学成分(质量分数)/%													
			Mg	Al	Zn	Mn	Ce	Zr	Si	Fe	Ca	Cu	Ni	Ti	Be	其他元素②	
																单个	总计
Mg	Mg99.95	—	≥99.95	≤0.01	—	≤0.004	—	—	≤0.005	≤0.003	—	—	≤0.001	≤0.01	—	≤0.005	≤0.05
	Mg99.50①	—	≥99.50	—	—	—	—	—	—	—	—	—	—	—	—	—	≤0.50
	Mg99.00①	—	≥99.00	—	—	—	—	—	—	—	—	—	—	—	—	—	≤1.0
MgAlZn	AZ31B	—	余量	2.5~3.5	0.60~1.40	0.20~1.00	—	—	≤0.08	≤0.003	≤0.04	≤0.01	≤0.001	—	—	≤0.05	≤0.30
	AZ31S	ISO-WD21150	余量	2.4~3.6	0.50~1.50	0.15~0.40	—	—	≤0.10	≤0.005	—	≤0.05	≤0.005	—	—	≤0.05	≤0.30
	AZ31T	ISO-WD21151	余量	2.4~3.6	0.50~1.50	0.05~0.40	—	—	≤0.10	≤0.05	—	≤0.05	≤0.005	—	—	≤0.05	≤0.30
	AZ40M	—	余量	3.0~4.0	0.20~0.80	0.15~0.50	—	—	≤0.10	≤0.05	—	≤0.05	≤0.005	—	≤0.01	≤0.01	≤0.30
	AZ41M	—	余量	3.7~4.7	0.80~1.40	0.30~0.60	—	—	≤0.10	≤0.05	—	≤0.05	≤0.005	—	≤0.01	≤0.01	≤0.30
	AZ61A	—	余量	5.8~7.2	0.40~1.50	0.15~0.50	—	—	≤0.10	≤0.005	—	≤0.05	≤0.005	—	—	—	≤0.30
	AZ61M	—	余量	5.5~7.0	0.50~1.50	0.15~0.50	—	—	≤0.10	≤0.05	—	≤0.05	≤0.005	—	≤0.01	≤0.01	≤0.30
	AZ61S	ISO-WD21160	余量	5.5~6.5	0.50~1.50	0.15~0.40	—	—	≤0.10	≤0.005	—	≤0.05	≤0.005	—	—	≤0.05	≤0.30
	AZ62M	—	余量	5.0~7.0	2.00~3.00	0.20~0.50	—	—	≤0.10	≤0.05	—	≤0.05	≤0.005	—	≤0.01	≤0.01	≤0.30
	AZ63B	—	余量	5.3~6.7	2.50~3.50	0.15~0.60	—	—	≤0.08	≤0.003	—	≤0.01	≤0.001	—	—	—	≤0.30
	AZ80A	—	余量	7.8~9.2	0.20~0.80	0.12~0.50	—	—	≤0.10	≤0.005	—	≤0.05	≤0.005	—	—	—	≤0.30
	AZ80M	—	余量	7.8~9.2	0.20~0.80	0.15~0.50	—	—	≤0.10	≤0.05	—	≤0.05	≤0.005	—	≤0.01	≤0.01	≤0.30
	AZ80S	ISO-WD21170	余量	7.8~9.2	0.20~0.80	0.12~0.40	—	—	≤0.10	≤0.005	—	≤0.05	≤0.005	—	—	≤0.05	≤0.30
	AZ91D	—	余量	8.5~9.5	0.45~0.90	0.17~0.40	—	—	≤0.08	≤0.004	—	≤0.025	≤0.001	—	0.0005~0.003	≤0.01	—
MgMn	M1C	—	余量	≤0.01	—	0.50~1.30	—	—	≤0.05	≤0.01	—	≤0.01	≤0.001	—	—	≤0.05	≤0.30
	M2M	—	余量	≤0.20	≤0.30	1.30~2.50	—	—	≤0.10	≤0.05	—	≤0.05	≤0.007	—	≤0.01	≤0.01	≤0.20
	M2S	ISO-WD43150	余量	—	—	1.20~2.00	—	—	≤0.10	—	—	≤0.05	≤0.010	—	—	≤0.05	≤0.30
MgZnZr	ZK61M	—	余量	≤0.05	5.00~6.00	≤0.10	—	0.30~0.90	≤0.05	≤0.05	—	≤0.05	≤0.005	—	≤0.01	≤0.01	≤0.30
	ZK61S	ISO-WD32260	余量	—	4.80~6.20	—	—	0.45~0.80	—	—	—	—	—	—	—	≤0.05	≤0.30
MgMnRE	ME20M	—	余量	≤0.20	≤0.30	1.30~2.20	0.15~0.35	—	≤0.10	≤0.05	—	≤0.05	≤0.007	—	≤0.01	≤0.01	≤0.30

① Mg99.50、Mg99.00 的含镁量（质量分数）= 100%-(Fe+Si) 含量（质量分数）-除 Fe、Si 之外的所有含量（质量分数）不小于 0.01%的杂质元素的含量（质量分数）之和。
② 其他元素指在本表表头中列出了元素符号，但在本表中却未规定极限数值含量的元素。

注：1. ISO 3116 中采用的数字牌号的表示方法见本标准附录 B。
2. 本标准适用于镁及镁合金加工产品（板、带、管、棒、型材等产品）及其所用的铸锭和板坯。

变形镁及镁合金牌号的命名规则（摘自 GB/T 5153—2003）

纯镁牌号以 Mg 加数字的形式表示，Mg 后的数字表示 Mg 的质量分数。

镁合金牌号以英文字母加数字再加英文字母的形式表示。前面的英文字母是其最主要的合金组成元素代号（元素代号符合表 3-2-45 的规定），其后的数字表示其最主要的合金组成元素的大致含量。最后面的英文字母为标识代号，用以标识各具体组成元素相异或元素含量有微小差别的不同合金。

表 3-2-45　　元素名称与代号

元素代号	元素名称	元素代号	元素名称	元素代号	元素名称	元素代号	元素名称	元素代号	元素名称
A	铝	E	稀土	K	锆	P	铅	T	锡
B	铋	F	铁	L	锂	Q	银	W	镱
C	铜	G	钙	M	锰	R	铬	Y	锑
D	镉	H	钍	N	镍	S	硅	Z	锌

表 3-2-46　　新、旧牌号对照

新牌号	旧牌号	新牌号	旧牌号	新牌号	旧牌号	新牌号	旧牌号
M2M	MB1	AZ61M	MB5	ME20M	MB8	Mg99.50	Mg1
AZ40M	MB2	AZ62M	MB6	ZK61M	MB15	Mg99.00	Mg2
AZ41M	MB3	AZ80M	MB7				

第 3 篇

3　各国有色金属材料牌号近似对照

表 3-2-47　　铸造铜合金牌号近似对照

类别	中国	俄罗斯	美国	英国	法国	德国	日本	国际标准
	GB	ГОСТ	ASTM	BS	NF	DIN	JIS	ISO
锡青铜	ZQSn3-12-5	БРОЦС3-12-5					BC1	
	ZQSn3-7-5-1	БРОЦС3-7-5-1	C84400	LG1		G-CuSn2ZnPb (2.1098.01)		
	ZQSn5-5-5	БРОЦС5-5-5	C83600	LG2	CuPb5SnZn5	G-CuSn5ZnPb (2.1096.01)	BC6	CuPb5Sn5Zn
	ZQSn6-6-3	БРОЦС6-6-3	C83800	LG3	CuSn7Pb6Zn4	G-CuSn7ZnPb (2.1090.01)	BC7	
	ZQSn7-0.2			PB3			PBC1	
	ZQSn10-1	БРОФ10-1	C90700	PB1			PBC2	
	ZQSn10-2-1		C92700	LPB1				
	ZQSn10-2	БРОЦ10-2	C90500	G1	CuSn12	G-CuSn10Zn (2.1086.01)	BC3	CuSn10Zn2
	ZQSn10-5			LB2		G-CuPb5Sn (2.1170.01)	LBC2	

续表

类别	中国 GB	俄罗斯 ГОСТ	美国 ASTM	英国 BS	法国 NF	德国 DIN	日本 JIS	国际标准 ISO
铅青铜	ZQPb10-10	БРОС10-10	C93700		CuPb10Sn10	G-CuPb10Sn (2.1176.01)	LBC3	CuPb10Sn10
	ZQPb12-8	БРОС8-12	C94400	LB1		G-CuPb15Sn (2.1182.01)	LBC4	
	ZQPb17-4-4	БРОЦС4-4-17	C94410			G-CuPb20Sn (2.1188.01)		
	ZQPb24-2	БРОС2-24			CuPb20Sn5	G-CuPb22Sn (2.1166.09)		
	ZQPb25-5	БРОС5-25	C94300				LBC5	
	ZQPb30	БРС30						
铝青铜	ZQAl9-2	БРАМЦ9-2Л						
	ZQAl9-4	БРАЖ9-4Л	C95200	AB1		G-CuAl10Fe (2.0940.01)	AlBC1	CuAl9
	ZQAl10-3-1.5	БРАЖМЦ10-3-1.5		AB1			AlBC2	
	ZQAl4-8-3-2	(Heba-70)		CMA2				
	ZQAl12-8-3-2	(Heba-60)	C95700	CMA1			AlBC4	
	ZQAl9-4-4-2	БРАЖНМЦ9-4-4-1	C95500	AB2		G-CuAl10Ni (2.0975.01)	AlBC3	
普通黄铜	ZH62			SCB4		G-CuZn38Al (2.0591.02)	YBSC1	
硅黄铜	ZHSi80-3-3	ЛКС80-3-3						
	ZHSi80-3	ЛКС80-3	C87400			G-CuZn15Si4 (2.0492.01)	SZBC1	
铅黄铜	ZHPb48-3-2-1							
	ZHPb59-1	ЛС59-1	C85700	PCB1	U-Z40-Y30	G-CuZn37Pb (2.0340.02)	YBSC3	CuZn40Pb
铝黄铜	ZHAl66-6-3-2	ЛАЖМЦ66-6-3-2	C86300	HTB2				CuZn25Al6Fe3Mn3
	ZHAl67-2.5	ЛА67-2.5						
铁黄铜	ZHFe67-5-2-2			HTB3		G-CnZn25Al5 (2.0598.01)	HBSC3	CuZn25Al6Fe3Mn3
	ZHFe59-1-1	ЛАЖ60-1-1Л	C86400					
锰黄铜	ZHMn55-3-1	ЛМЦЖ55-3-1	C86500	HTB1		G-CuZn35Al1 (2.0592.01)	HBSC2	CuZn35AlFeMn
	ZHMn58-2-2	ЛМЦС58-2-2						
	ZHMn58-2	ЛМЦ58-2Л						

注：括号内为旧牌号，下同。

表 3-2-48　　铸造铝合金牌号近似对照

类别	中国 GB	中国 YB	中国 HB	俄罗斯 ГОСТ	美国 ASTM UNS	美国 ANSI AA	美国 SAE	英国 BS	英国 BS/L	法国 NF	法国 AIR LA	德国 DIN（数字系统）	日本 JIS	国际标准 ISO
铝硅合金	ZL101	ZL11	HZL101	АЛ9、АЛ9В	A03560 A13560	356.0 A356.0	323			A-S7G	AS7G03	G-AlSi7Mg （3.2371.61）	AC4C	AlSi7Mg
	ZL102	ZL7	HZL102	АЛ2	A14130	A413.0	305	LM20	4L33	A-S13		G-AlSi12 （3.2581.01）	AC3A	AlSi12
	ZL103	ZL14		АЛ3、АЛ4В									AC2B	
	ZL104	ZL10	HZL104	АЛ4、АЛ4В	A03600 A13600	360.0 A360.0	309	LM9	L75	A-S9G A-S10G	AS10G	G-AlSi10Mg （3.2381.01）	AC4A	AlSi9Mg AlSi10Mg
	ZL105	ZL13	HZL105	АЛ5	A03550 C33550	355.0 C355.0	322	LM16	3L78			G-AlSi5Cu	AC4D	
	ZL106			АЛ14В	A03280 A03281	328.0 328.1	331	LM24				G-AlSi8Cu3 （3.2151.01）	AC4B	
	ZL107			АЛ6、АЛ74	A03190 A03191	319.0	326	LM4 LM21	L79	A-S5UZ A-S903		G-AlSi6Cu4 （3.2151.01）	AC2B	
	ZL108	Z18				SC122A（旧）		LM2						
	ZL109	L19		АЛ30	A03360 A03361	336.0 336.1		LM13		A-S12UN			AC8A	AlSi12Cu
	ZL110	ZL3		АЛ10В				LM1				G-AlSi（Cu）		
	ZL111			АЛ14М	A03541 A03540	354.0								
铝铜合金	ZL201		HZL201	АЛ19						A-U5GT	A-U5GT	G-AlCu4TiMg （3.1371.61）		AlCu4MgTi
			HZL202	高纯 АЛ19										
	ZL202	ZL1		АЛ12	A03600	A360.0	309			A-U8S				AlCu8Si
	ZL203	ZL2	HZL203	АЛ17	A02950	295.0 B295.0	308		2L91 2L92	A-U5GT		G-AlCu4Ti （3.1841.61）	AC1A	AlCu4MgTi
			HZL204											
			HZL205											

续表

类别	中国 GB	中国 YB	中国 HB	俄罗斯 ГОСТ	美国 ASTM UNS	美国 ANSI AA	美国 SAE	英国 BS	英国 BS/L	法国 NF	法国 AIR LA	德国 DIN（数字系统）	日本 JIS	国际标准 ISO
铝镁合金	ZL301	ZL5	HZL301	АЛ8	A05200 A05202	520.0 520.2	324 320	LM10 LM5	4L53			G-AlMg10 （3.3591.43）	AC7B	
	ZL302	ZL6		АЛ22	A05140 A05141	514.0 514.1			L74	A-G6 A-G3T		G-AlMg5 （3.3561.01）	AC7A	AlMg6 AlMg3
			HZL303	АЛ13										
铝锌合金	ZL401	ZL15	HZL401	АЛР1										
	ZL402			АЛ24	A07120 A07122	712.2				A-Z5G				AlZn5Mg
			HZL501	АЛ11										

类别	中国 JB	俄罗斯 ГОСТ	美国 SAE	美国 ASTM	英国 BS	法国 NF	德国 DIN（数字系统）	日本 JIS	国际标准 ISO
压铸铝合金	YZAlSi12（Y102）		305	S12A	LM6-M	A-S13	GD-AlSi12 （3.2582.05）	ADC1	AlSi12Fe
	YZAlSi10Mg（Y104）		309	SG100A			GD-AlSi10Mg （3.2382.05）	ADC3	
	YZAlSi12Cu2（T108）								
	YZAlSi9Cu4（Y112）								
	TZAlMg5Si1（Y302）		320	G4A	LM-5M	A-G3T	GD-AlMg5	ADC6	AlMg3Fe
	YZAlZn11Si7（Y401）								
			324	G8A G10A	LM10-M LM5-M	A-G6 A-G11	GD-AlMg9 （3.3292.05） GD-AlMg10	ADC5	AlMg6Fe
			304	S5C	LM18-M		GD-AlSi5	ADC7	AlSi5Fe
			308	SC84A	LM24-M		GD-AlSi6Cu3	ADC10	AlSi8Cu3Fe
			303	SC114A	LM2-M			ADC12	

表 3-2-49 铜及铜合金牌号近似对照

类别	中国		俄罗斯	美国				英国	法国		德国		日本	国际标准
	GB	YB	ГОСТ	ASTM	CDA	FS	SAE	BS	NF	AIR LA	DIN	数字系统	JIS	ISO
铜锭	Cu-1 (99.90)		M0(99.95) M0Б(99.70)											
	Cu-2 (99.90)		M1(99.90)								KE-Cu	2.0050		
	Cu-3 (99.70)		M2(99.70) Cu+Mg											
	Cu-4 (99.50)		M3(99.50) Cu+Mg											
纯铜	T2	T2	M1	C1100	110		CAl10	C102		U6C Cu61	ECu-58 ECu-57	2.0090	C1100	Cu-ETP
	T3	T3	M2					C104						
	T4	T4	M3							Cu99.5	C-Cu			
无氧铜	TV1	TV1	M0Б	C10200	102		CAl02	C103			OF-Cu	2.0040	C1020	Cu-OF
	TV0		M00Б	C10100	101			C110					C1011	
		TV2	M1Б											
磷脱氧铜	TVP1			C12000 C12100				C106			SW-Cu SF-Cu	2.0076 2.0090	C1201 C1220	Cu-DLP
	TVP2		M1P	C12200	122		CAl22							Cu-DHP
	TVP3	TVP	M3P						Cu-b2 Cu-b1					
含银纯铜	TAg0.08		БPCP0.1	C13000 C12900	130			C101			CuAg0.1		C1271 PP	Cu-FRTP
	TAg0.3													
普通黄铜	H96	H96	Л96	C21000	210	210	CA210	CZ125			CuZn5	2.0220	C2100	CuZn5
	H90	H90	Л90	C22000	220	220	CA220	CZ101			CuZn10	2.0230	C2200	CuZn10
	H85	H85	Л85	C23000 C23030	230	230	CA230	CZ102			CuZn15	2.0240	C2300	CuZn15

续表

类别	中国		俄罗斯	美国				英国	法国		德国		日本	国际标准
	GB	YB	ГОСТ	ASTM	CDA	FS	SAE	BS	NF	AIR LA	DIN	数字系统	JIS	ISO
普通黄铜	H80	H80	Л80	C24000	240	240	CA240	CA103			CuZn20	2. 0250	C2400	CuZn20
	H70	H70	Л70	C26000 C26100	260	260	CA260	CZ106 CZ126	CuZn30		CuZn30	2. 0265	C2600	CuZn30
	HAS68-0. 05	H68A	ЛМЦ68-0. 05											
	H68	H68	Л68	C26200						UZn33	CuZn33	2. 0280	C2680	CuZn33
	H65	H65		C26800 C27000	268 270	268 270	CA268 CA270	CZ107			CuZn36	2. 0335	C2700	
	H63	H63	Л63	C27400 C27200	272	272 274		CZ108			CuZn37	2. 0321	C2720	
	H62	H62	Л62	C28000	280				CuZn40		CuZn40	2. 0360	C2800	
	H60	H59	Л60	C28000	280	280		CA109			CuZn40		C2801	CuZn40
铅黄铜	HPb63-3	HPb63-3	ЛС63-3 ЛСЦ63-3	C34500 C34700	345 347	345 347	CA345 CA347	CZ119 CZ124			CuZn36Pb1. 5 CuZn36Pb3	2. 0331	C3560	CuZn35Pb2 CuZn36Pb3
	HPb63-0. 5			C34800							CuZn37Pb0. 5	2. 0332		
	HPb63-0. 1	HPb63-0. 1		C34900							CuZn37Pb0. 5	2. 0332		
	HPb62-0. 8	HPb62F		C35000 C37000	371		CA371						C3501	CuZn36Pb1
	HPb61-1	HPb61-1	ЛС60-1	C36500 C36700 C37000				CZ123			CuZn39Pb0. 5	2. 0372	C3710	CuZn40Pb
	HPb60-2	HPb60-2 HPb60-3	ЛС60-2	C36000				CZ120					C3713 C3604	CuZn38Pb2
	HPb59-2	HPb59-1A	ЛС59-1В	C35300									C3771	
	HPb59-1	HPb59-1 HPb59-1B	ЛС59-1	C37800				CZ122	CuZn40Pb		CuZn39Pb2	2. 0380	C3710	CuZn39Pb2
	HPb58-3	HPb59-3	ЛС59-3	C38000				CZ121			CuZn39Pb3	2. 0401	C3603	CuZn39Pb3

续表

类别	中国		俄罗斯	美国			英国	法国		德国		日本	国际标准
	GB	YB	ГОСТ	ASTM	CDA	SAE	BS	NF	AIR LA	DIN	数字系统	JIS	ISO
锡青铜	QSn4-3	QSn4-3	БРОЦ4-3										CuSnZn4
	QSn4-4-2. 5	QSn4-4-2. 5	БРОЦС4-4-2. 5										
	QSn4-4-4	QSn4-4-4	БРОЦС4-4-4	C54400	544							C5441	
	QSn6. 5-0. 1	QSn6-5-0. 1	БРОФ6. 5-0. 15		519		PB100						
	QSn6. 5-0. 4	QSn6. 5-0. 4	БРОФ6. 5-0. 4	C51900	519		PB103	CuSn6P		CuSn6	2. 1020	C5191	CuSn6
	QSn7-0. 2	QSn7-0. 2	БРОФ7-0. 2 БРОФ8-0. 3	C52100	521	CA521	PB104			CuSn8	2. 1030	C5212	CuSn8
	QSn4-0. 3	QSn4-0. 3	БРОФ4-0. 25 БРОФ2-2. 25	C51100	510 511	CA510	PB101			CuSn2	2. 1010	C5101	CuSn4
铝青铜	QAl5	QAl5	БРА5	C60600 C60800			CAl01	CuAl6		CuAl5	2. 0916		CuAl5
	QAl7	QAl7	БРА7	C61000			CAl02			CuAl8	2. 0920		CuAl8
	QAl9-2	QAl9-2	БРАМЦ10-2 БРАМЦ9-2						UZ23A4	CuAl9Mn	2. 0960		CuAl9Mn2
	QAl9-4	QAl9-4	БРАЖ9-4	C61900			CAl03 CAl06			CuAl18Fe CuAl10Fe	2. 0930 2. 0936		CuAl18Fe3 CuAl10Fe3
	QAl10-3-1. 5	QAl10-3-1. 5	БРАЖМЦ10-3-1. 5							CuAl10Fe	2. 0936	C6161 C6161	
	QAl10-4-4	QAl10-4-4	БРАЖН10-4-4	C63000 C63200	630		CAl04 CAl05	CuAl9Ni5 -Fe3Mn	BOK4	CuAl10Ni	2. 0966	C601	CuAl10 -Fe5Ni5
	QAl11-6-6	QAl11-6-6								CuAl11Ni	2. 0978	C6280	
铍青铜	QBe2	QBe2	БРБ2	C17200 C17300				CuBe2	UBe2	CuBe2	2. 1247	C1720	CuBe2
	QBe1. 9	QBe1. 9	БРБНТ1-9	C17200	172	CA172		CuBe1. 9					
	QBe1. 7	QBe1. 7	БРБНТ1-7	C17000	170	CA170	CB101	CuBe1. 7		CuBe1. 7	2. 1245	C1700	CuBe1. 7
硅青铜	QSi1-3	QSi1-3	БРБКН1-3	C64700			DTD498			CuNi2Si CuNi3Si	2. 0855 2. 0857		CuNi2Si
	QSi3-1	QSi3-1	БРБКМЦ3-1	C65500 C65800			CS101			CuSi3Mn	2. 1525		CuSi3Mn1

续表

类别	中国		俄罗斯	美国				英国	法国		德国		日本	国际标准
	GB	YB	ГОСТ	ASTM	CDA	FS	SAE	BS	NF	AIR LA	DIN	数字系统	JIS	ISO
锡黄铜	HSn90-1	HPb90-1	ЛО90-1	C41300 C41100										
	HSn70-1	HPb70-1 HPb70-1A	ЛО70-1 ЛОМ70-1-0. 05	C44300	443			CZ111	CuZn29Sn1		CuZn28Sn1	2. 0471	C4430	CuZn28Sn1
	HSn62-1	HPb62-1	ЛО62-1	C46200 C46420	462	462	CA462	CZ112					C4622 C4621	CuZn38Sn

类别	中国		俄罗斯	美国				英国	法国	德国		日本	国际标准
	GB	YB	ГОСТ	ASTM	CDA	FS	SAE	BS	NF	DIN	数字系统	JIS	ISO
锡黄铜	HSn61-0. 5	HSn61-0. 5 HSn61-0. 5A		C48200				CZ115				C6711	
	HSn60-1	HSn60-1	Л060-1	C46500 C46400	465 464	464	CA464	CZ113	CuZn38Sn1	CuZn39Sn	2. 0530	C4640 C4641	
铝黄铜	HAl77-2	HAl77-2 HAl77-2A	ЛА77-2 ЛАМЦ77-2-0. 05	C68700	687			CZ110	CuZn22Al2	CuZn22Al	2. 0460	C6870	CuZn20Al2
	HAl66-6-3-2	HAl66-6-3-2		C67000	670								
	HAl67-2. 5	HAl67-2. 5											
	HAl60-1-1	HAl60-1-1	ЛАЖ60-1-1	C67800	678					CuZn37Al	2. 0510	C6782	
	HAl59-3-2	HAl59-3-2	ЛАН59-3-2										
硅黄铜	HSi80-3	HSi80-3	ЛК80-3	C69400									
锰黄铜	HMn58-2	HMn58-2	ЛМЦ58-2	C67400						CuZn40Mn	2. 0572		
	HMn57-3-1	HMn57-3-1	ЛМЦА57-3-1										
	HMn55-3-1	HMn55-3-1											
铁黄铜	HFe59-1-1	HFe59-1-1		C67820									CuZn39Al-FeMn
	HFe58-1-1	HFe58-1-1	ЛЖС58-1-1					CZ114					

续表

类别	中国 GB	中国 YB	俄罗斯 ГОСТ	美国 ASTM	美国 CDA	美国 SAE	英国 BS	法国 NF	德国 DIN	德国 数字系统	日本 JIS	国际标准 ISO
锰青铜	QMn1. 5	QMn1. 5							CuMn2	2. 1363		
	QMn5	QMn5	ВРМЦ5						CuMn5	2. 1366		
镉青铜	QCd1. 0	QCd1. 0	ВСКЦ1	C16200 C16201 C16500	162		C108		CuCd1	2. 1266		CuCd1
铬青铜	QCr0. 5	QCr0. 5 QCr0. 5-0. 2-0. 1	ВРХ1	C18100 C18200	185		CC101		CuCr	2. 1291		CuCr1
	QCr0. 5-0. 1			C18400 C18500	185				CuCr	2. 1291		
锆青铜	QZr0. 2	QZr0. 2		C15000	150							
	QZr0. 4											
普通白铜	B10	B10					CN102	CuNi10Fe1M				
	B19	B19	МН19	C71000	710		CN104	CuNi20Mn1Fe	CuNi20Fe	2. 0878	C7100	CuNi20Mn1Fe
铁白铜	BFe10-1-1		МНЖМЦ10-1-1	C70600 C70610			CN102		CuNi10Fe	2. 0872	C7060	CuNi10Fe1Mn
	BFe30-1-1	BFe30-1-1	МНЖМЦ30-1-1	C71630 C71640	715	CA715	CN107 CN106	CuNi30Mn1Fe	CuNi30Fe	2. 0882	C7150	CuNi30Mn1Fe
锰白铜	BMn13-12	BMn13-12	МНМЦ13-12						CuMn12Ni			
	BMn40-1-5	BMn40-1. 5	МНМЦ40-1. 5									
	BMn43-0. 5	BMn43-1. 5	МНМЦ43-1. 5						CuNi44	2. 0842		CuNi44Mn1
锌白铜	BZn15-20	BZn15-20	МНЦ15-20	C75400	754		NS105	CuNi15Zn22	CuNi12Zn24 CuNi18Zn20	2. 0730 2. 0740	C7521	CuNi15Zn21
铝白铜	BAl13-1	BAl13-3	МНА13-3									

表 3-2-50　　变形铝及铝合金牌号近似对照

中国 GB	国际牌号	ISO 牌号	欧洲 EN(ENAW-)		日本 JIS	俄罗斯 ГОСТ
			数字型	化学元素符号型		
1A99	1199		1199	A199.99	1N99	AB000
1A90	1090		1090	A199.90	1N90	AB1
1080	1080	A199.8			A1080	
1080A	1080A	A199.8(A)	1080A	A199.8(A)		
1070	1070				A1070	
1070A	1070A	A199.7	1070A	A199.7		AB00
1370	1370	E-A199.7	1370	EA199.7		
1060、1A60	1060	A199.6	1060	A199.6	A1060	
1050、1A50	1050				A1050	1011
1050A	1050A	A199.5	1050A	A199.5		(АД0)
1350	1350	E-A199.5	1350	EA199.5		(АД0E)
1145、1A45	1145					
1035	1035					
1235、1A35	1235		1235	A199.35		
1A30	1230					1013(АД1)
1200	1200	A199.0	1200	A199.0	A1200	
1100	1100	A199.0Cu	1100	A199.0Cu	A1100	A2
2004	2004					
2A50、2B50	2050					
2011	2011	AlCu6BiPb	2011	AlCu6BiPb	A2011	
2014、2A14	2014	AlCu4SiMg	2014	AlCu4SiMg	A2014	1380(AK8)
2014A	2014A	AlCu4SiMg(A)	2014A	AlCu4SiMg(A)		
2214	2214		2214	AlCu4SiMg(B)		
2017、2A11、2B11	2017	AlCu4MgSi			A2017	
2017A	2017A	AlCu4MgSi(A)	2017A	AlCu4MgSi(A)		1100(Д1)
2117、2A01	2117	AlCu2.5Mg	2117	AlCu2.5MgA	A2117	1111(Д1П)
2A21、2A90	2018				A2018	
2218	2218				A2218	
2618、2A70、2B70	2618	AlCu2MgNi	2618A	AlCu2Mg1.5Ni	A2618	1140(AK4)
2219	2219	AlCu6Mn	2219	AlCu6Mn	A2219	
2A16、2B16、2A20	2319		2319	AlCu6Mn(A)		
2024、2A12	2024		2024	AlCu4Mg1	A2024	1160(Д16)
2B12、2A06		AlCu4Mg1				
2124	2124		2124	AlCu4Mg1(A)		
2A25	2524					(Д16П)
3003、3A21	3003	AlMn1Cu	3003	AlMn1Cu	A3003	1400(AMц)
3103	3103	AlMn1	3103	AlMn1		
3004	3004	AlMn1Mg1	3004	AlMn1Mg1	A3004	
3104	3104	AlMn1Mg1Cu	3104	AlMn1Mg1Cu		
3005	3005	AlMn1Mg0.5	3005	AlMn1Mg0.5	A3005	
3105	3105	AlMn0.5Mg0.5	3105	AlMn0.5Mg0.5	A3105	
4004	4004		4004	AlSi10Mg1.5		

续表

中国 GB	国际牌号	ISO 牌号	欧洲 EN(ENAW-) 数字型	欧洲 EN(ENAW-) 化学元素符号型	日本 JIS	俄罗斯 ГОСТ
4032、4A11	4032		4032	AlSi12.5MgCuNi	A4032	
4043、4A01	4043	AlSi5	4043A	AlSi5(A)	A4043	
4A13	4343		4343	AlSi7.5		
4047、4A17	4047	AlSi12	4047A		A4047	
4047A	4047A	AlSi12(A)		AlSi12(A)		
5005	5005	AlMg1(B)	5005	AlMg1(B)	A5005	(АМг1)
5019	5019	AlMg5	5019	AlMg5		1551(АМг5П)
5042	5042		5042	AlMg3.5Mn		
5050	5050	AlMg1.5(C)	5050	AlMg1.5(C)		
5A66	5051A		5051A	AlMg2(B)		
5251	5251	AlMg2	5251	AlMg2		1520(АМг2)
5052、5A02	5052	AlMg2.5	5052	AlMg2.5	A5052	
5154、5A03	5154	AlMg3.5			A5154	1530(АМг3)
5154A	5154A	AlMg3.5(A)	5154A	AlMg3.5(A)		
5454	5454	AlMg3Mn	5454	AlMg3Mn	A5454	
5554	5554	AlMg3Mn(A)	5554	AlMg3Mn(A)		
5754	5754	AlMg3	5754	AlMg3		
5056	5056	AlMg5Cr	5056A	AlMg5	A5056	
5456、5A05、5B05	5456	AlMg5Mn1	5456A	AlMg5Mn1(A)		1550(АМг5)
5A30	5556		5556A	AlMg5Mn		
5A43	5357					
5082	5082		5082	AlMg4.5	A5082	
5182	5182		5182	AlMg4.5Mn0.4	A5182	
5083	5083	AlMg4.5Mn0.7	5083	AlMg4.5Mn0.7	A5083	
5183	5183	AlMg4.5Mn0.7(A)	5183	AlMg4.5Mn0.7(A)		1540(АМг4.5)
5086	5086	AlMg4	5086	AlMg4	A5086	
6101	6101	E-AlMgSi	6101	EAlMgSi		
6101A	6101A	E-AlMgSi(A)	6101A	EAlMgSi(A)		
6005	6005	AlSiMg	6005	AlSiMg		
6005A	6005A	AlSiMg(A)	6005A	AlSiMg(A)		
6A10	6110A					
6A02、6B02	6151				A6151	1340(АВ)
6351	6351	AlSiMg0.5Mn	6351	AlSiMg0.5Mn		
6060	6060	AlMgSi	6060	AlMgSi		
6061	6061	AlMg1SiCu	6061	AlMgSiCu	A6061	1330(АД33)
6063	6063	AlMg0.7Si	6063	AlMg0.7Si	A6063	1310(АД31)
6063A	6063A	AlMg0.7Si(A)	6063A	AlMg0.7Si(A)		
6070	6070					
6181	6181	AlSi1Mg0.8	6181	AlSi1Mg0.8		
6082	6082	AlSi1MgMn	6082	AlSi1MgMn		(АД35)
7003	7003		7003	AlZn6Mg0.8Zr		

续表

中国 GB	国际牌号	ISO 牌号	欧洲 EN(ENAW-)		日本 JIS	俄罗斯 ГОСТ
			数字型	化学元素符号型		
7005、7A05	7005	AlZn4. 5Mg1. 5Mn	7005	AlZn4. 5Mg1. 5Mn		
7A04	7010		7010	AlZn6MgCu		
7A52	7017					
7020	7020	AlZn4. 5Mg1	7020	AlZn4. 5Mg1		1925C
7022	7022		7022	AlZn5Mg3Cu		
7A15	7023					
7A19	7028					
7A31	7039		7039	AlZn4Mg3		
7050	7050	AlZn6CuMgZr	7050	AlZn6CuMgZr	7050	
7A01	7072		7072	AlZn1	7072	
7075、7A09 7475	7075 7475	AlZn5. 5MgCu AlZn5. 5MgCu(A)	7075 7475	AlZn5. 5MgCu AlZn5. 5MgCu(A)	7075	1950(B95)
8011	8011		8011A	AlFeSi(A)		
8090	8090		8090	AlLi2. 5Cu1. 5Mg		

表 3-2-51　　镍及镍合金牌号近似对照

类别	中国	俄罗斯	美国		英国		法国	德国	日本
	GB	ГОСТ	ASTM	军标	BS	MSRR	NF	DIN	JIS
原料镍	Ni-01(99. 99)	HO(99. 99)							
	Ni-1(99. 9)	H2(99. 8) H3(99. 8)	NiCKe		R99. 9(99. 9) R99. 8(99. 8)			H-Ni99. 9	特 1 种 99. 95
	Ni-2(99. 5)				R99. 5(99. 5)			H-Ni99. 5	
	Ni-3(99. 2)								
纯镍	N4	НП1			NAl2			Ni99. 8	NLCB(VCNiB)
	N6	НП2			NAl1			Ni99. 6	NNCB(VCNiA)
	N8	НП4	NO2200 NO2201					LC-Ni99. 0	VCNi1-2
阳极镍	NY1	НПА1						LC-Ni99. 6	
	NY2	НПАН						Ni99. 4NiO	VNi
	NY3	НПА2						Ni99. 2	
镍镁合金	NMg0. 1						Ni-01, Ni-02	Ni99. 7Mg0. 07	
镍硅合金	NSi0. 2	НК0. 2							
镍铬合金	NCr10	ПХ9. 5						NiCr10	
镍锰合金	NMn3	НМЦ2. 5						NiMn2 NiMn3Al	
	NMn5	НМЦ5						NiMn5	
	NMn2-2-1	НМЦАК2-2-1						NiMn3Al	
镍铜合金	NCu40-2-1			403					
	NCu28-2. 5-1. 5	НМЖМЦ28-2. 5-1. 5	NO4400 NO4405		NAl3	MONL	NiCu32Fe1. 5Mn	NiCu30Fe LC-NiCu30Fe	NCu
镍钨合金	NW4-0. 2								VCNi4

第 3 篇

表 3-2-52　　锌及锌合金牌号近似对照

类别	中国	俄罗斯	美国		国	英国	法国	德国	日本
	GB	ГОСТ	FS	SAE	ASTM UNS	BS	NF	DIN	JIS
纯锌	Zn-01(99.995)	ЦВОО(99.997) ЦВО(99.995)			特别高级(99.990)		Z9(99.995)	Zn99.995	最纯锌锭(99.995)
纯锌	Zn-1(99.99)	ЦВ1(99.992) ЦВ(99.990)			高级(99.90)	Zn1(99.99)		Zn99.99	特种锌锭(99.99)
纯锌	Zn-2(99.96)	Ц1(99.95)				Zn2(99.95)	Z8(99.95)	Zn99.95	普通 99.97
纯锌	Zn-4(99.50)				中级(99.50)	Zn3(99.50)	Z7(99.50)	Zn99.50	蒸馏锌锭特种(99.60)
纯锌					低级(99.50)		Z5(98.00)		蒸馏 2 种(98.60)
纯锌	Zn-5(98.70)	Ц2(98.70)				Zn4(98.50)	Z6(98.50)	Zn99.5	蒸馏 1 种(98.5)
纯锌		Ц3(97.50)						Zn97.5	
铸造锌合金	ZZnAl10-5	ЦАМ10-5							
铸造锌合金	ZZnAl9-1.5	ЦАМ9-1.5							
铸造锌合金	ZZnAl4-1	ЦА4-1	AG41A	925	Z35530	B 种	Z-A4U1G	GD-ZnAl4Cu1	ZDC1
铸造锌合金	ZZnAl4	ЦА4	AG40A	903	Z33520	A 种	Z-A4G	GD-ZnAl4	ZDC2

表 3-2-53　　轴承合金牌号近似对照

类别	中国	俄罗斯	美国	英国	德国	日本
	GB	ГОСТ	ASTM	BS	DIN	JIS
锡基轴承合金	ZChSnSb12-4-10(ZChSn1)		锡系 No3			WJ4
锡基轴承合金	ZChSnSb11-6(ZChSn2)	Б83		BS3332/3		WJ3
锡基轴承合金	ZChSnSb8-4(ZChSn3)	Б89	锡系 No2,锡系 No11	BS3332/1	LgSn89	WJ2
锡基轴承合金	ZChSnSb4-4(ZChSn4)	Б91	锡系 No1	1 号		WJ1
锡基轴承合金	ZChSnSb12-3-10			BS3332/4		
铅锑轴承合金	ZChPbSb16-16-2(ZChPb1)	Б16				
铅锑轴承合金	ZChPbSb15-5-3(ZChPb2)	Б6				
铅锑轴承合金	ZChPbSb15-10(ZChPb3)	Б7	铅系 No7,铅系 No15	7 号 3332/7	WM10LgPbSn10	WJ7
铅锑轴承合金	ZChPbSb15-5(ZChPb4)	Б5		6 号 3332/7	WM5	
铅锑轴承合金	ZChPbSb10-6(ZChPb5)		铅系 No13	13 号		W19

表 3-2-54　　焊料牌号近似对照

类别	中国	俄罗斯	美国	英国	法国	德国	日本	国际标准
	GB	ГОСТ	ASTM	BS	NF	DIN	JIS	ISO
纯锡	Sn-01(99.95)		AA(99.95)					
纯锡	Sn-1(99.90)	01		T1(99.90)	100E1		1 种 A(99.90) 1 种 B(99.90)	BSn100-232
纯锡	Sn-2(99.75)		A(99.8),B(99.8)	T2(99.75)			2 种(99.80)	
纯锡	Sn-3(99.56)	02	C(99.65),D(99.50)				3 种(99.50)	
纯锡	Sn-4(99.00)		E(99.00)	T3(99.00)				
锡铅焊料	H1SnPb10	ПОС90						
锡铅焊料	H1SnPb39	ПОС61	60A,60B	K	60E1	L-Sn60Pb	H60A	BSn60Pb183-190
锡铅焊料	H1SnPb50	ПОС50	50A,50B	F	50E1	L-Sn50Pb	H50A	BSn50Pb183-216
锡铅焊料	H1SnPb58-2	ПОС40	40C	C	40E1	L-PbSn40	H40A	BPb60Sn183-240
锡铅焊料	H1SnPb68-2	ПОС30	30C	D	30E1	L-PbSn30(Sb)	H30A	BPb70SnSb180-255

第3章 非金属材料

1 橡胶及其制品

1.1 常用橡胶品种、特点和用途

表 3-3-1

品种（代号）	组　成	特　点	主要用途
天然橡胶（NR）	以橡胶烃（聚异戊二烯）为主，另含少量蛋白质、水分、树脂酸、糖类和无机盐等	弹性大、拉伸强度高、抗撕裂性和电绝缘性优良，耐磨性和耐寒性良好，加工性佳，易与其他材料黏合，在综合性能方面优于多数合成橡胶。缺点是耐氧及耐臭氧性差，容易老化变质；耐油和耐溶剂性不好，抵抗酸碱的腐蚀能力低；耐热性及热稳定性差	制作轮胎、减振制品、胶辊、胶鞋、胶管、胶带、电线电缆的绝缘层和护套以及其他通用制品
丁苯橡胶（SBR）	丁二烯和苯乙烯的共聚体	性能接近天然橡胶，其特点是耐磨性、耐老化和耐热性超过天然橡胶，质地也较天然橡胶均匀。缺点是弹性较低，抗屈挠、抗撕裂性能较差；加工性能差，特别是自粘性差，生胶强度低	主要用于代替天然橡胶制作轮胎、胶板、胶管、胶鞋及其他通用制品
顺丁橡胶（BR）	丁二烯聚合而成的顺式结构橡胶，全名为顺式1,4-聚丁二烯橡胶	结构与天然橡胶基本一致，它突出的优点是弹性与耐磨性优良，耐老化性佳，耐低温性优越，在动负荷下发热量小，易与金属黏合。缺点是强力较低，抗撕裂性差，加工性能与自粘性差	一般多和天然橡胶或丁苯橡胶混用，主要制作轮胎胎面、减振制品、输送带和特殊耐寒制品
异戊橡胶（IR）	是以异戊二烯为单体，聚合而成的一种顺式结构橡胶	性能接近天然橡胶，故有合成天然橡胶之称。它具有天然橡胶的大部分优点，耐老化性优于天然橡胶，但弹性和强力比天然橡胶稍低，加工性能差，成本较高	制作轮胎、胶鞋、胶管、胶带以及其他通用制品
氯丁橡胶（CR）	是以氯丁二烯为单体、乳液聚合而成的聚合体	具有优良的抗氧、抗臭氧性，不易燃，着火后能自熄，耐油、耐溶剂、耐酸碱以及耐老化、气密性好等特点；其物理力学性能亦不次于天然橡胶，故可作为通用橡胶，又可作为特种橡胶。主要缺点是耐寒性较差，密度较大，相对成本高，电绝缘性不好，加工时易粘辊、易焦烧及易粘模，此外生胶稳定性差，不易保存	主要用于制作要求抗臭氧、耐老化性高的重型电缆护套；耐油、耐化学腐蚀的胶管、胶带和化工设备衬里；耐燃的地下采矿用橡胶制品（如输送带、电缆包皮），以及各种垫圈、模型制品、密封圈、黏结剂等
丁基橡胶（IIR）	异丁烯和少量异戊二烯或丁二烯的共聚体	最大特点是气密性小，耐臭氧、耐老化性能好，耐热性较高，长期工作温度为130℃以下；能耐无机强酸（如硫酸、硝酸等）和一般有机溶剂，吸振和阻尼特性良好，电绝缘性也非常好。缺点是弹性不好（是现有品种中最差的），加工性能、黏着性和耐油性差，硫化速度慢	主要用于内胎、水胎、气球、电线电缆绝缘层、化工设备衬里及防振制品、耐热输送带、耐热耐老化的胶布制品等
丁腈橡胶（NBR）	丁二烯和丙烯腈的共聚体	耐汽油及脂肪烃油类的性能特别好，仅次于聚硫橡胶、丙烯酸酯橡胶和氟橡胶，而优于其他通用橡胶。耐热性好，气密性、耐磨性及耐水性等均较好，粘接力强。缺点是耐寒性及耐臭氧性较差，强力及弹性较低，耐酸性差，电绝缘性不好，耐极性溶剂性能也较差	主要用于制作各种耐油制品，如耐油的胶管、密封圈、贮油槽衬里等，也可用于制作耐热输送带
乙丙橡胶（EPM）	乙烯和丙烯的共聚体，一般分为二元乙丙橡胶和三元乙丙橡胶两类	密度小、颜色最浅、成本较低的新品种，其特点是耐化学稳定性很好（仅不耐浓硝酸），耐臭氧、耐老化性能优异，电绝缘性能突出，耐热可达150℃左右，耐极性溶剂——酮、酯等，但不耐脂肪烃及芳香烃，容易着色，且色泽稳定。缺点是黏着性差，硫化缓慢	主要用于化工设备衬里、电线电缆包皮、蒸汽胶管、耐热输送带、汽车配件车辆密封条

续表

品种（代号）	组　成	特　点	主要用途
硅橡胶（SI）	含硅、氧原子的特种橡胶，其中起主要作用的是硅元素，故名硅橡胶	既耐高温（最高300℃），又耐低温（最低-100℃），是目前最好的耐寒、耐高温橡胶；同时电绝缘性优良，对热氧化和臭氧的稳定性很高，化学惰性大。缺点是机械强度较低，耐油、耐溶剂和耐酸碱性差，较难硫化，价格较贵	主要用于制作耐高、低温制品（如胶管、密封件等）及耐高温电缆电线绝缘层。由于其无毒无味，还用于食品及医疗工业
氟橡胶（FPM）	含氟单体共聚而得的有机弹性体	耐高温可达300℃，不怕酸碱，耐油性是耐油橡胶中最好的，抗辐射及高真空性优良；其他如电绝缘性、力学性能、耐化学药品腐蚀、耐臭氧、耐大气老化作用等都很好，是性能全面的特种合成橡胶。缺点是加工性差，价格昂贵，耐寒性差，弹性和透气性较低	主要用于耐真空、耐高温、耐化学腐蚀的密封材料、胶管及化工设备衬里
聚氨酯橡胶（UR）	聚酯（或聚醚）与二异氰酸酯类化合物聚合而成	耐磨性能高，强度高，弹性好，耐油性优良；其他如耐臭氧、耐老化、气密性等也都很好。缺点是耐热性能较差，耐水和耐酸碱性不好，耐芳香族、氯化烃及酮、酯、醇类等溶剂性较差	用于轮胎及耐油、耐苯零件，垫圈、防振制品等，以及其他需要高耐磨、高强度和耐油的场合，如胶辊、齿形同步带、实心轮胎等
聚丙烯酸酯橡胶（AR）	丙烯酸酯与丙烯腈乳液共聚而成	良好的耐热、耐油性能，可在180℃以下热油中使用；且耐老化、耐氧与臭氧、耐紫外光线，气密性也较好。缺点是耐寒性较差，在水中会膨胀，耐乙二醇及高芳香族类溶剂性能差，弹性和耐磨、电绝缘性差，加工性能不好	主要用于耐油、耐热、耐老化的制品，如密封件、耐热油软管、化工衬里等
氯磺化聚乙烯橡胶（CSM）	用氯和二氧化硫处理（即氯磺化）聚乙烯后再经硫化而成	耐臭氧及耐老化的性能优良，耐候性高于其他橡胶；不易燃，耐热、耐溶剂及耐大多数化学试剂和耐酸碱性能也都较好；电绝缘性尚可，耐磨性与丁苯橡胶相似。缺点是抗撕裂性差，加工性能不好，价格较贵	用于制作臭氧发生器上的密封材料，耐油垫圈、电线电缆包皮以及耐腐蚀件和化工衬里
氯醚橡胶（CO）	环氧氯丙烷均聚或由环氧氯丙烷与环氧乙烷共聚而成	过去习惯称为氯醇橡胶，耐脂肪烃及氯化烃溶剂、耐碱、耐水、耐老化性能极好，耐臭氧性、耐候性及耐热性、气密性高，抗压缩变形性良好，黏着性也很好，容易加工，原料便宜易得。缺点是拉伸强度较低、弹性差、电绝缘性不良	制作胶管、密封件、薄膜和容器衬里、油箱、胶辊，是制作油封、水封的理想材料
氯化聚乙烯橡胶（CPE）	是乙烯、氯乙烯与二氯乙烯的三元聚合体	性能与氯磺化聚乙烯橡胶近似，其特点是流动性好，容易加工；有优良的耐大气老化性、耐臭氧性和耐电晕性，耐热、耐酸碱、耐油性良好。缺点是弹性差、压缩变形较大，电绝缘性较低	用于电线电缆护套、胶管、胶带、胶辊、化工衬里。与聚乙烯掺和可制作电线电缆绝缘层
聚硫橡胶（T）	脂肪族烃类或醚类的二卤衍生物（如三氯乙烷）与多硫化钠的缩聚物	耐油性突出，仅略逊于氟橡胶而优于丁腈橡胶，其次是化学稳定性也很好，能耐臭氧、日光、各种氧化剂、碱及弱酸等，不透水，透气性小。缺点是耐热、耐寒性不好，力学性能很差，压缩变形大，黏着性小，冷流现象严重	由于易燃烧、有催泪性气味，故在工业上很少用于耐油制品，多用于制作密封腻子或油库覆盖层

1.2 橡胶的综合性能

通用橡胶的综合性能

表 3-3-2

项　目		天然橡胶	异戊橡胶	丁苯橡胶	顺丁橡胶	氯丁橡胶	丁基橡胶	丁腈橡胶
生胶密度/$g\cdot cm^{-3}$		0.90~0.95	0.92~0.94	0.92~0.94	0.91~0.94	1.15~1.30	0.91~0.93	0.96~1.20
拉伸强度/MPa	未补强硫化胶	17~29	20~30	2~3	1~10	15~20	14~21	2~4
	补强硫化胶	25~35	20~30	15~20	18~25	25~27	17~21	15~30
伸长率/%	未补强硫化胶	650~900	800~1200	500~800	200~900	800~1000	650~850	300~800
	补强硫化胶	650~900	600~900	500~800	450~800	800~1000	650~800	300~800
200%定伸24h后永久变形/%	未补强硫化胶	3~5	—	5~10	—	18	2	6.5
	补强硫化胶	8~12	—	10~15	—	7.5	11	6

续表

项　　目		天然橡胶	异戊橡胶	丁苯橡胶	顺丁橡胶	氯丁橡胶	丁基橡胶	丁腈橡胶
回弹率/%		70~95	70~90	60~80	70~95	50~80	20~50	5~65
永久压缩变形/%（100℃×70h）		+10~+50	+10~+50	+2~+20	+2~+10	+2~+40	+10~+40	+7~+20
抗撕裂性		优	良~优	良	可~良	良~优	良	良
耐磨性		优	优	优	优	良~优	可~良	优
耐屈挠性		优	优	良	优	良~优	优	良
耐冲击性能		优	优	优	良	良	良	可
邵氏硬度/度		20~100	10~100	35~100	10~100	20~95	15~75	10~100
热导率/$W\cdot m^{-1}\cdot K^{-1}$		0.17	—	0.29	—	0.21	0.27	0.25
最高使用温度/℃		100	100	120	120	150	170	170
长期工作温度/℃		-55~+70	-55~+70	-45~+100	-70~+100	-40~+120	-40~+130	-10~+120
脆化温度/℃		-55~-70	-55~-70	-30~-60	-73	-35~-42	-30~-55	-16.5~-80
体积电阻率/$\Omega\cdot cm$		10^{15}~10^{17}	10^{10}~10^{15}	10^{14}~10^{16}	10^{14}~10^{15}	10^{11}~10^{12}	10^{14}~10^{16}	10^{12}~10^{15}
表面电阻率/Ω		10^{14}~10^{15}	—	10^{13}~10^{14}	—	10^{11}~10^{12}	10^{13}~10^{14}	10^{12}~10^{15}
相对介电常数/10^3Hz		2.3~3.0	2.37	2.9	—	7.5~9.0	2.1~2.4	13.0
瞬时击穿强度/$kV\cdot mm^{-1}$		>20	—	>20	—	10~20	25~30	15~20
介质损耗角正切/10^3Hz		0.0023~0.0030	—	0.0032	—	0.03	0.003	0.055
耐溶剂性膨胀率/%（体积分数）	汽油	+80~+300	+80~+300	+75~+200	+75~+200	+10~+45	+150~+400	-5~+5
	苯	+200~+500	+200~+500	+150~+400	+150~+500	+100~+300	+30~+350	+50~+100
	丙酮	0~+10	0~+10	+10~+30	+10~+30	+15~+50	0~+10	+100~+300
	乙醇	-5~+5	-5~+5	-5~+10	-5~+10	+5~+20	-5~+5	+2~+12
耐矿物油		劣	劣	劣	劣	良	劣	可~优
耐动植物油		次	次	可~良	次	良	优	优
耐碱性		可~良	可~良	可~良	可~良	良	优	可~良
耐酸性	强酸	次	次	次	劣	可~良	良	可~良
	弱酸	可~良	可~良	可~良	劣~次	优	优	良
耐水性		优	优	良~优	优	优	良~优	优
耐日光性		良	良	良	良	优	优	可~良
耐氧老化		劣	劣	劣~可	劣	良	良	可
耐臭氧老化		劣	劣	劣	次~可	优	优	劣
耐燃性		劣	劣	劣	劣	良~优	劣	劣~可
气密性		良	良	良	劣	良~优	优	良~优
耐辐射性		可~良	可~良	良	劣	可~良	劣	可~良
抗蒸汽性		良	良	良	良	劣	优	良

注：1. 性能等级：优→良→可→次→劣。

2. 表列性能是指经过硫化的软橡胶而言。

3. 丁腈橡胶的脆化温度与丙烯腈含量有关，减少丙烯腈含量可以提高其耐寒性。

4. 本表仅供参考。

特种橡胶的综合性能

表 3-3-3

项目		乙丙橡胶	氯磺化聚乙烯橡胶	聚丙烯酸酯橡胶	聚氨酯橡胶	硅橡胶	氟橡胶	聚硫橡胶	氯化聚乙烯橡胶
生胶密度/g·cm^{-3}		0.86~0.87	1.11~1.13	1.09~1.10	1.09~1.30	0.95~1.40	1.80~1.82	1.35~1.41	1.16~1.32
拉伸强度/MPa	未补强硫化胶	3~6	8.5~24.5	—	—	2~5	10~20	0.7~1.4	
	补强硫化胶	15~25	7~20	7~12	20~35	4~10	20~22	9~15	>15
伸长率/%	未补强硫化胶	—	—	—	—	40~300	500~700	300~700	400~500
	补强硫化胶	400~800	100~500	400~600	300~800	50~500	100~500	100~700	—
回弹率/%		50~80	30~60	30~40	40~90	50~85	20~40	20~40	
永久压缩变形/%（100℃×70h）		—	+20~+80	+25~+90	+50~+100	—	+5~+30	—	—
抗撕裂性		良~优	可~良	可	良	劣~可	良	劣~可	优
耐磨性		良~优	优	可~良	优	可~良	优	劣~可	优
耐屈挠性		良	良	良	优	劣~良	良	劣	—
耐冲击性能		良	可~良	劣	优	劣~可	劣~可	劣	
邵氏硬度/度		30~90	40~95	30~95	40~100	30~80	50~60	40~95	—
热导率/W·m^{-1}·K^{-1}		0.36	0.11	—	0.067	0.25	—	—	—
最高使用温度/℃		150	150	180	80	315	315	180	—
长期工作温度/℃		-50~+130	-30~+130	-10~+180	-30~+70	-100~+250	-10~+280	-10~+70	+90~+105
脆化温度/℃		-40~-60	-20~-60	0~-30	-30~-60	-70~-120	-10~-50	-10~-40	—
体积电阻率/Ω·cm		10^{12}~10^{15}	10^{13}~10^{15}	10^{11}	10^{10}	10^{16}~10^{17}	10^{13}	10^{11}~10^{12}	10^{12}~10^{13}
表面电阻率/Ω		—	10^{14}	—	10^{11}	10^{13}	—	—	—
相对介电常数/10^3Hz		3.0~3.5	7.0~10.0	4.0	—	3.0~3.5	2.0~2.5	—	7.0~10.0
瞬时击穿强度/kV·mm^{-1}		30~40	15~20	—	—	20~30	20~25	—	15~20
介质损耗角正切/10^3Hz		0.004（60Hz）	0.03~0.07	—	—	0.001~0.01	0.3~0.4	—	0.01~0.03
耐溶剂性膨胀率/%（体积分数）	汽油	+100~+300	+50~+150	+5~+15	-1~+5	+90~+175	+1~+3	-2~+3	—
	苯	+200~+600	+250~+350	+350~+450	+30~+60	+100~+400	+10~+25	-2~+50	—
	丙酮	—	+10~+30	+250~+350	约+40	-2~+15	+150~+300	-2~+25	—
	乙醇	—	-1~+2	-1~+1	-5~+20	-1~+1	-1~+2	-2~+20	—
耐矿物油		劣	良	良	良	劣	优	优	良
耐动植物油		良~优	良	优	优	良	优	优	良
耐碱性		优	可~良	可	可	次~良	优	优	良
耐强酸性		良	可~良	次~可	劣	次	优	可~良	良
耐弱酸性		优	良	可	劣	次	优	可~良	优
耐水性		优	良	劣~可	可	良	优	可	良
耐日光性		优	优	优	良~优	优	优	优	优

续表

项　　目	乙丙橡胶	氯磺化聚乙烯橡胶	聚丙烯酸酯橡胶	聚氨酯橡胶	硅橡胶	氟橡胶	聚硫橡胶	氯化聚乙烯橡胶
耐氧老化	优	优	优	良	优	优	优	优
耐臭氧老化	优	优	优	优	优	优	优	优
耐燃性	劣	良	劣~可	劣~可	可~良	优	劣	良
气密性	良~优	良	良	良	可	优	优	—
耐辐射性	劣	可~良	劣~良	良	可~优	可~良	可~良	—
抗蒸汽性	优	优	劣	劣	良	优	—	—

注：1. 性能等级：优→良→可→次→劣。

2. 表列性能是指经过硫化的软橡胶而言。

1.3 橡胶制品

工业用橡胶板（摘自 GB/T 5574—2008）

表 3-3-4

项　目		规　格									
厚度/mm	公称尺寸	0.5、1.0、1.5	2.0、2.5、3.0	4.0	5.0、6.0	8.0	10	12	14	16、18 20、22	25、30 40、50
	偏差	±0.2	±0.3	±0.4	±0.5	±0.8	±1.0	±1.2	±1.4	±1.5	±2.0
宽度/mm	公称尺寸	500~2000									
	偏差	±20									

性　　能（由天然橡胶或合成橡胶为主体材料制成的橡胶板）

项　目		性　能
耐油性能（100℃,3 号标准油中浸泡 72h）	A 类	不耐油
	B 类	中等耐油,体积变化率(ΔV)为+40%~+90%
	C 类	耐油,体积变化率(ΔV)为-5%~+40%
拉伸强度/MPa		03/≥3;04/≥4;05/≥5;07/≥7;10/≥10;14/≥14;17/≥17
扯断伸长率/%		1/≥100;1.5/≥150;2.0/≥200;2.5/≥250;3.0/≥300;3.5/≥350;4.0/≥400;5.0/≥500;6.0/≥600
国际公称橡胶硬度（或邵尔 A 硬度）(偏差$^{+5}_{-4}$)		H3:30;H4:40;H5:50;H6:60;H7:70;H8:80;HP:90
耐热空气老化性能(A_r)		A_r1:70℃×72h,老化后拉伸强度降低率≤30%,扯断伸长率降低率≤40% A_r2:100℃×72h,老化后拉伸强度降低率≤20%,扯断伸长率降低率≤50% B 类和 C 类胶板必须符合 A_r2 要求。标记中不专门标注
附加性能（由供需双方商定）	耐热性能	H_r1:(100±1)℃×96h;H_r2:(125±2)℃×96h;H_r3:(150±2)℃×168h;H_r4:(180±2)℃×168h
	耐低温性能	T_b1:-20℃;T_b2:-40℃
	压缩永久变形	C_s:试验条件为(70±1)℃×24h;(100±1)℃×72h;(150±2)℃×72h
	耐臭氧老化性能	O_r:试验条件是拉伸:20%;臭氧浓度:(50±5)×10^{-8}、(200±20)×10^{-8};温度:(40±2)℃;时间:72h、96h、168h

注：1. 胶板长度及偏差、表面花纹及颜色由供需双方商定。

2. 标记示例：拉伸强度为 5MPa，扯断伸长率为 400%，公称硬度为 60IRHD，抗撕裂的不耐油橡胶板，标记为工业胶板 A-05-4-H6-TsGB/T 5574—2008。

3. 胶板表面不允许有裂纹、穿孔。

设备防腐衬里用橡胶板（摘自 GB/T 18241.1—2014）

表 3-3-5

类　别(按硫化方式)	
加热硫化胶板 J	将未经硫化的橡胶板贴在设备上经蒸汽(高压蒸汽、常压蒸汽)或热水硫化而成橡胶衬里。硫化后的胶板按其硬度分硬胶(JY)和软胶(JR)
自然硫化胶板 Y	将未经硫化的橡胶板用胶黏剂粘贴在设备上,在室温条件下经过一定时间停放后完成硫化过程形成的防腐衬里。软胶(YR)
预硫化胶板 Z	预先将橡胶板硫化好,然后用胶黏剂粘贴在设备上形成的防腐衬里。软胶(ZR)

规格尺寸及偏差			说　明
厚　度		宽度偏差 /mm	单层衬里通常厚度为 3mm,双层叠合为 4~6mm,硬质胶作为过渡层可用 1.5mm 或更薄。多层叠合结构可根据介质腐蚀、物料流动速度、温度变化等适当增减各层厚度(供参考)
公称尺寸/mm	偏差/%		
2、2.5、3、4、5、6	-10~+15	-10~+15	

物　理　性　能					
项　目			JY	JR、YR、ZR	适用试验条目
硬　度	邵尔 A		—	40~80	6.2.1
	邵尔 D		40~85	—	
拉伸强度/MPa		≥	10	4	6.2.2
扯断伸长率/%		≥	—	250	
冲击强度/(J/m²)		≥	200×10^3	—	6.2.3
硬胶与金属的黏合强度/MPa		≥	6.0	—	6.2.4
软胶与金属的黏合强度/(kN/m)		≥	3.5		6.2.5

衬里胶板耐液体的适用范围(参考值)

介质名称	允许最高温度 /℃	允许介质最大浓度(质量分数)/%				
		加热硫化胶板 H			自然硫化胶板 S	预硫化胶板 P
		硬胶 HY	半硬胶 HB	软胶 HR		
盐酸	65,间歇 85	任意浓度		不耐	<10	任意浓度
硫酸	65	<60	<50		<50	<70
氢氟酸	室温	<40	不耐		<50	
氢氧化钠	65	任意浓度				
氢氧化钾						
中性盐水溶液						
氨水	50	任意浓度				
磷酸	80	任意浓度	—		任意浓度	

注：1. 按订货方要求，胶板宽度可以增减。也可以要求增加马丁耐热指标。

2. 胶板应致密、均匀、表面清洁、边缘整齐。

3. 适用范围资料仅供参考，标准内未列入。

压缩空气用橡胶软管（摘自 GB/T 1186—2007）

表 3-3-6

<table>
<tr><td colspan="2">公称内径/mm</td><td>5</td><td>6.3、8、10、12.5、16、20(19)</td><td>25、31.5</td><td>40(38)、50、63</td><td colspan="2">88、80(76)、100(102)</td></tr>
<tr><td colspan="2">内径公差/mm</td><td>±0.5</td><td>±0.75</td><td>±1.25</td><td>±1.5</td><td colspan="2">±2.0</td></tr>
<tr><td colspan="2">类别</td><td colspan="6">A 类:软管工作温度范围为:-25~+70℃;B 类:软管工作温度范围为:-40~+70℃</td></tr>
<tr><td colspan="2">型别</td><td colspan="6">1 型:最大工作压力为 1.0MPa 的一般工业用空气软管
2 型:最大工作压力为 1.0MPa 的重型建筑用空气软管
3 型:最大工作压力为 1.0MPa 的具有良好耐油性能的重型建筑用空气软管
4 型:最大工作压力为 1.6MPa 的重型建筑用空气软管
5 型:最大工作压力为 1.6MPa 的具有良好耐油性能的重型建筑用空气软管
6 型:最大工作压力为 2.5MPa 的重型建筑用空气软管
7 型:最大工作压力为 2.5MPa 的具有良好耐油性能的重型建筑用空气软管</td></tr>
<tr><td rowspan="5">静液压要求</td><td rowspan="2">软管型别</td><td rowspan="2">工作压力/MPa</td><td rowspan="2">试验压力/MPa</td><td colspan="2" rowspan="2">最小爆破压力/MPa</td><td colspan="2">在试验压力下尺寸变化</td></tr>
<tr><td>长度</td><td>直径</td></tr>
<tr><td>1、2、3</td><td>1.0</td><td>2.0</td><td colspan="2">4.0</td><td>±5%</td><td>±5%</td></tr>
<tr><td>4 和 5</td><td>1.6</td><td>3.2</td><td colspan="2">6.4</td><td>±5%</td><td>±5%</td></tr>
<tr><td>6 和 7</td><td>2.5</td><td>5.0</td><td colspan="2">10.0</td><td>±5%</td><td>±5%</td></tr>
<tr><td rowspan="7">性能</td><td colspan="5" rowspan="2">项　　目</td><td colspan="2">指　标</td></tr>
<tr><td>内胶层</td><td>外胶层</td></tr>
<tr><td colspan="5">拉伸强度/MPa
1 型　≥
2 型~7 型　≥</td><td>
5.0
7.0</td><td>
7.0
10.0</td></tr>
<tr><td colspan="5">扯断伸长率/%
1 型　≥
2 型~7 型　≥</td><td>
200
250</td><td>
250
300</td></tr>
<tr><td colspan="5">热空气老化(100℃下,3d 后)
拉伸强度变化率/%
扯断伸长率变化率/%</td><td>
±25
±50</td><td>
±25
±50</td></tr>
<tr><td colspan="5">耐液体性能(70℃,72h),体积变化率 ΔV/%
2 型、4 型、6 型(1 号标准油)　≤
3 型、5 型、7 型(3 号标准油)　≤</td><td>
15
30
(浸油后不得出现龟裂)</td><td>
—
75
(浸油后不得出现龟裂)</td></tr>
<tr><td colspan="5">各层间黏合强度/kN·m⁻¹
1 型　≥
其他型　≥</td><td colspan="2">
1.5
2.0</td></tr>
</table>

输水、通用橡胶软管（摘自 HG/T 2184—2008）

表 3-3-7

公称内径/mm		10	12.5	16	19	20	22	25	27	32	38	40	50	63	76	80	100
内径偏差/mm		±0.75					±1.25				±1.5				±2		
胶层厚度/mm ≥	内胶层	1.5					2.0				2.5				3.0		
	外胶层	1.5													2.0		

续表

工作压力 p_t/MPa	1型（低压型）	a级：≤0.3；b级：0.3<p_t≤0.5；c级：0.5<p_t≤0.7	
	2型（中压型）	d级：0.7<p_t≤1.0	—
	3型（高压型）	e级：1.0<p_t≤2.5	
适用范围	适用于温度范围为-25～±70℃，最大工作压力为2.5MPa的通用输水。不适用于输送饮用水、洗衣机进水和专用农业机械，也不可用作消防软管或可折叠式水管。可用于输送降低水的冰点的添加剂		
结构	由橡胶内胶层、天然或合成纤维增强层和橡胶外胶层组成		

	项　目		指标 内胶层	指标 外胶层
性能	拉伸强度/MPa			
	1型、2型	≥	5.0	5.0
	3型	≥	7.0	7.0
	扯断伸长率/%			
	1型、2型	≥	200	200
	3型	≥	200	200
	耐老化性能(70℃±1℃,72h)			
	拉伸强度变化率/%		±25	±25
	扯断伸长率变化率/%		±50	±50
	各层间黏合强度/kN·m⁻¹	≥	1.5	
	耐臭氧性能试验*按HG/T 2869—1997		两倍放大镜下不得出现龟裂	

注：1. 带*者性能要求按供需双方协商确定。

2. 标记为输水软管1-b-40 HG/T 2184—2008表示为1型胶管、b级、公称内径40mm。

3. 软管长度由需方提出，偏差按GB/T 9575规定。

耐稀酸碱橡胶软管（摘自HG/T 2183—2009）

表3-3-8

公称内径/mm		12.5	16	20	22	25	31.5	40	45	50	63	80
内径偏差/mm		±0.75				±1.25			±1.5			±2
胶层厚度≥/mm	内胶层	2.2					2.5				2.8	
	外胶层	1.2					1.5					
型式		A型										
		—						B型、C型				
使用压力/MPa	A型	0.3、0.5、0.7，胶管有增强层，用于输送酸碱液体										
	B型	负压*，胶管有增强层和钢丝螺旋线，用于吸引酸碱液体										
	C型	负压*，0.3、0.5、0.7，用于排吸酸碱液体										
适用范围		适用于-20～45℃环境中，输送浓度不高于40%的硫酸溶液和浓度不高于15%氢氧化钠溶液，以及与上述浓度程度相当的酸碱液(硝酸除外)的橡胶软管										

续表

项目			指标	
			内胶层	外胶层
性能	硫酸(40%),室温×72h	拉伸强度变化率/% ≥	-15	—
		扯断伸长率变化率/% ≥	-20	—
	盐酸(30%),室温×72h	拉伸强度变化率/% ≥	-15	—
		扯断伸长率变化率/% ≥	-20	—
	氢氧化钠(15%),室温×72h	拉伸强度变化率/% ≥	-15	—
		扯断伸长率变化率/% ≥	-20	—
	热空气老化,70℃×72h	拉伸强度变化率/%	-25~25	
		扯断伸长率变化率/%	-30~10	
	黏合强度/kN·m^{-1}	各胶层与增强层之间 >	1.5	
		各增强层与增强层之间 >	1.5	
	拉伸强度/MPa	≥	6.0	
	扯断伸长率/%	≥	250	

注：1. * 表示软管在 80kPa（600mmHg）的压力下，经真空试验后，内胶层应无剥离、中间细等异常现象。

2. 软管长度由需方提出。10m 以上的软管长度公差为软管全长的±1%，10m 以下（含 10m）的软管长度公差为软管全长的 1.5%。

3. 标记为耐稀酸碱胶管 A-16-0.3 HG/T 2183—1991 表示 A 型胶管，公称内径 16mm，工作压力为 0.3MPa。

织物增强液压橡胶软管和软管组合件（摘自 GB/T 15329.1—2003）

表 3-3-9

公称内径/mm			5	6.3	8	10	12.5	16	19	25	31.5	38	51	60	80	100
内径/mm	各型	min	4.4	5.9	7.4	9.0	12.1	15.3	18.2	24.6	30.8	37.1	49.8	58.8	78.8	98.6
		max	5.2	6.9	8.4	10.0	13.3	16.5	19.8	26.2	32.8	39.1	51.8	61.2	81.2	101.4
外径/mm	1 型	min	10.0	11.6	13.1	14.7	17.7	21.9								
		max	11.6	13.2	14.7	16.3	19.7	23.9								
	2 型	min	11.0	12.6	14.1	15.7	18.7	22.9	26.0	32.9						
		max	12.6	14.2	15.7	17.3	20.7	24.9	28.0	35.9						
	3 型	min	12.0	13.6	16.1	17.7	20.7	24.9	28.0	34.4	40.8	47.6	60.3	70.0	91.5	113.5
		max	13.5	15.2	17.7	19.3	22.7	26.9	30.0	37.4	43.8	51.6	64.3	74.0	96.5	118.5
	R3 型	min	11.9	13.5	16.7	18.3	23.0	26.2	31.0	36.9	42.9					
		max	13.5	15.1	18.3	19.8	24.6	27.8	32.5	39.3	46.0					
	R6 型	min	10.3	11.9	13.5	15.1	19.0	22.2	25.4							
		max	11.9	13.5	15.1	16.7	20.6	23.8	27.8							
最大工作压力/MPa	1 型		2.5	2.5	2.0	2.0	1.6	1.6								
	2 型		8.0	7.5	6.8	6.3	5.8	5.0	4.5	4.0						
	3 型		16.0	14.5	13.0	11.0	9.3	8.0	7.0	5.5	4.5	4.0	3.3	2.5	1.8	1.0
	R3 型		10.5	8.8	8.2	7.9	7.0	6.1	5.2	3.9	2.6					
	R6 型		3.5	3.0	3.0	3.0	3.0	2.6	2.2							
结构			软管由耐油、耐水的合成橡胶内胶层、一层或多层纤维线增强层和耐油、耐天候的外胶层构成。1 型，带有一层织物增强层的软管；2 型，带有一层或多层织物增强层的软管；3 型，带有一层或多层织物增强层的软管(较高工作压力)；R3 型，带有两层织物增强层的软管；R6 型，带有一层织物增强层的软管													
应用			适用于在-40~+100℃温度范围内、工作介质为符合 GB/T 7631.2 的液压流体 HH、HL、HM、HR 和 HV 的软管													

注：1. 软管长度按需方要求，但不小于 1m。软管长度公差为±2%。

2. 标记为织物液压胶管 1 型/19 GB/T 15329.1—2003 表示 1 型胶管，公称内径为 19mm。

钢丝缠绕增强外覆橡胶的液压橡胶软管和软管组件（摘自 GB/T 10544—2013）

表 3-3-10

软管的尺寸

公称内径/mm	内径/mm									
	4SP 型		4SH 型		R12 型		R13 型		R15 型	
	min	max	min	max	min	max	min	max	min	max
6.3	6.2	7.0	—	—	—	—	—	—	—	—
10	9.3	10.1	—	—	9.3	10.1	—	—	9.3	10.1
12.5	12.3	13.5	—	—	12.3	13.5	—	—	12.3	13.5
16	15.5	16.7	—	—	15.5	16.7	—	—	—	—
19	18.6	19.8	18.6	19.8	18.6	19.8	18.6	19.8	18.6	19.8
25	25.0	26.4	25.0	26.4	25.0	26.4	25.0	26.4	25.0	26.4
31.5	31.4	33.0	31.4	33.0	31.4	33.0	31.4	33.0	31.4	33.0
38	37.7	39.3	37.7	39.3	37.7	39.3	37.7	39.3	37.7	39.3
51	50.4	52.0	50.4	52.0	50.4	52.0	50.4	52.0		

增强层外径和软管外径

公称内径/mm	4SP 型				4SH 型				R12 型				R13 型				R15 型			
	增强层外径/mm		软管外径/mm		增强层外径/mm		软管外径/mm		增强层外径/mm		软管外径/mm		增强层外径/mm		软管外径/mm		增强层外径/mm		软管外径/mm	
	min	max	min	max	min	max	min	max	min	max	min	max	min	max	min	max	min	max	min	max
6.3	14.1	15.3	17.1	18.7	—	—	—	—	—	—	—	—	—	—	—	—	—	—	—	—
10	16.9	18.1	20.6	22.2	—	—	—	—	16.6	17.8	19.5	21.0	—	—	—	—	—	20.3	—	23.3
12.5	19.4	21.0	23.8	25.4	—	—	—	—	19.9	21.5	23.0	24.6	—	—	—	—	—	24.0	—	26.8
16	23.0	24.6	27.4	29.0	—	—	—	—	23.8	25.4	26.6	28.2	—	—	—	—	—	—	—	—
19	27.4	29.0	31.4	33.0	27.6	29.2	31.4	33.0	26.9	28.4	29.9	31.5	28.2	29.8	31.0	33.2	—	32.9	—	36.1
25	34.5	36.1	38.5	40.9	34.4	36.0	37.5	39.9	34.1	35.7	36.8	39.2	34.9	36.4	37.6	39.8	—	38.9	—	42.9
31.5	45.0	47.0	49.2	52.4	40.9	42.9	43.9	47.1	42.7	45.1	45.4	48.6	45.6	48.0	48.3	51.3	—	48.4	—	51.5
38	51.4	53.4	55.6	58.8	47.8	49.8	51.9	55.1	49.2	51.6	51.9	55.0	53.1	55.5	55.8	58.8	—	56.3	—	59.6
51	64.3	66.3	68.2	71.4	62.2	64.2	66.5	69.7	62.5	64.8	65.1	68.3	66.9	69.3	69.5	72.7	—	—	—	—

最大工作压力、试验压力和最小爆破压力

公称内径/mm	最大工作压力/MPa					验证压力/MPa					最小爆破压力/MPa				
	4SP	4SH	R12	R13	R15	4SP	4SH	R12	R13	R15	4SP	4SH	R12	R13	R15
6.3	45.0	—	—	—	—	90.0	—	—	—	—	180.0	—	—	—	—
10	44.5	—	28.0	—	42.0	89.0	—	56.0	—	84.0	178.0	—	112.0	—	168.0
12.5	41.5	—	28.0	—	42.0	83.0	—	56.0	—	84.0	160.0	—	112.0	—	168.0
16	35.0	—	28.0	—	42.0	70.0	—	56.0	—	84.0	140.0	—	112.0	—	168.0
19	35.0	42.0	28.0	35.0	42.0	70.0	84.0	56.0	70.0	84.0	140.0	168.0	112.0	140.0	168.0
25	28.0	38.0	28.0	35.0	42.0	56.0	76.0	56.0	70.0	84.0	112.0	152.0	112.0	140.0	168.0
31.5	21.0	32.5	21.0	35.0	42.0	42.0	65.0	42.0	70.0	84.0	84.0	130.0	84.0	140.0	168.0
38	18.5	29.0	17.5	35.0	42.0	37.0	58.0	35.0	70.0	84.0	74.0	116.0	70.0	140.0	168.0
51	16.5	25.0	17.5	35.0	—	33.0	50.0	35.0	70.0	—	66.0	100.0	70.0	140.0	—

当按照 GB/T 5563 进行试验时，软管在最大工作压力下的长度变化，4SP 和 4SH 型不应大于+2%和小于−4%，R12、R13 和 R15 型不应大于+2%和小于−2%

续表

<table>
<tr><th colspan="6">最小弯曲半径</th></tr>
<tr><th rowspan="2">公称内径
/mm</th><th colspan="5">最小弯曲半径/mm</th></tr>
<tr><th>4SP</th><th>4SH</th><th>R12</th><th>R13</th><th>R15</th></tr>
<tr><td>6.3</td><td>150</td><td>—</td><td>—</td><td>—</td><td>—</td></tr>
<tr><td>10</td><td>180</td><td>—</td><td>130</td><td>—</td><td>150</td></tr>
<tr><td>12.5</td><td>230</td><td>—</td><td>180</td><td>—</td><td>200</td></tr>
<tr><td>16</td><td>250</td><td>—</td><td>200</td><td>—</td><td>—</td></tr>
<tr><td>19</td><td>300</td><td>280</td><td>240</td><td>240</td><td>265</td></tr>
<tr><td>25</td><td>340</td><td>340</td><td>300</td><td>300</td><td>330</td></tr>
<tr><td>31.5</td><td>460</td><td>460</td><td>420</td><td>420</td><td>445</td></tr>
<tr><td>38</td><td>560</td><td>560</td><td>500</td><td>500</td><td>530</td></tr>
<tr><td>51</td><td>660</td><td>700</td><td>630</td><td>630</td><td>—</td></tr>
<tr><th colspan="6">型式、结构及适用范围</th></tr>
<tr><td>型式</td><td colspan="5">4SP 型:4 层钢丝缠绕的中压软管
4SH 型:4 层钢丝缠绕的高压软管
R12 型:4 层钢丝缠绕苛刻条件下的高温中压软管
R13 型:多层钢丝缠绕苛刻条件下的高温高压软管
R15 型:多层钢丝缠绕苛刻条件下的高温超高压软管</td></tr>
<tr><td>结构</td><td colspan="5">软管应由一层耐液压流体的橡胶内衬层、以交替方向缠绕的钢丝增强层和一层耐油和耐天候的橡胶外覆层构成。每层缠绕钢丝层应由橡胶隔离</td></tr>
<tr><td rowspan="3">适用范围</td><td rowspan="2">工作温度
/℃</td><td colspan="2">4SP 型、4SH 型</td><td colspan="2">-40~100</td></tr>
<tr><td colspan="2">R12 型、R13 型、R15 型</td><td colspan="2">-40~120</td></tr>
<tr><td>工作介质</td><td colspan="4">适用于符合 GB/T 7631.2 要求的 HH、HL、HM、HR 和 HV 液压流体,不适用于输送蓖麻油基和酯油基流体</td></tr>
</table>

液化石油气(LPG)和天然气用的橡胶软管(摘自 GB/T 10546—2013)

表 3-3-11

	公称内径	内径/mm	公差/mm	外径/mm	公差/mm	最小弯曲半径/mm
规格尺寸	12	12.7	±0.5	22.7	±1.0	100(90)
	15	15	±0.5	25	±1.0	120(95)
	16	15.9	±0.5	25.9	±1.0	125(95)
	19	19	±0.5	31	±1.0	160(100)
	25	25	±0.5	38	±1.0	200(150)
	32	32	±0.5	45	±1.0	250(200)
	38	38	±0.5	52	±1.0	320(280)
	50	50	±0.6	66	±1.2	400(350)
	51	51	±0.6	67	±1.2	400(350)
	63	63	±0.6	81	±1.2	550(480)
	75	75	±0.6	93	±1.2	650(550)
	76	76	±0.6	94	±1.2	650
	80	80	±0.6	98	±1.2	725
	100	100	±1.6	120	±1.6	800
	150	150	±2.0	174	±2.0	1200
	200	200	±2.0	224	±2.0	1600
	250	254	±2.0	—	—	2000
	300	305	±2.0	—	—	2500
	备注:1. 公称内径 250 和 300 仅应用于内接式连接管。2. 括号内尺寸为 SD、SD-LT 型尺寸,其余为 D、D-LT 型尺寸					

第 3 篇

续表

	性能	要求	试验方法
物理性能	成品软管		
	验证压力,最小/MPa	3.75(无泄漏或其他缺陷)	ISO 1402
	验证压力下长度变化,最大/%	D型和D-LT型:+5 SD、SD-LTR和SD-LTS型:+10	ISO 1402
	验证压力下扭转变化,最大/(°)·m^{-1}	8	ISO 1402
	耐真空0.08MPa下10min(仅SD、SD-LTS及SD-LTR型)	无结构破坏,无塌陷	ISO 7233
	爆破压力,最小/MPa	10	ISO 1402
	层间黏合强度,最小/kN·m^{-1}	2.4	ISO 8033
	外覆层耐臭氧40℃	72h后在两倍放大镜下观察无龟裂	GB/T 24134—2009方法1,不大于25公称内径;方法3大于25公称内径相对湿度(55±10)%;臭氧浓度(50±5)pphm,拉伸20%(仅方法3适用)
	低温弯曲性能 -30℃下(D和SD型) -50℃下(D-LT、SD-LTR和SD-LTS型)	无永久变形或可见的结构缺陷,电阻无增长及电连续性无损害	GB/T 5564—2006,方法B
	电阻性能/Ω	软管的电性能应满足软管组合件的要求	ISO 8031
	燃烧性能	立即熄灭或在2 min后无可见的发光	附录A
	在最小弯曲半径下软管外径的变形系数,最大(内压0.07MPa,D和D-LT型)	$T/D \geq 0.9$	ISO 1746
	软管组合件		
	验证压力,最小/MPa	3.75(无泄漏或其他缺陷)	ISO 1402
	验证压力下长度变化,最大/%	D型和D-LT型:+5 SD、SD-LTR和SD-LTS型:+10	ISO 1402
	验证压力下扭转变化,最大/(°)·m^{-1}	8	ISO 1402
	耐负压0.08MPa下10 min(仅SD、SD-LTS及SD-LTR型)	无结构破坏,无塌陷	ISO 7233
	电阻性能/(Ω/根)	M式:最大10^2;Ω式:最大10^6;非导电式:最小2.5×10^4	ISO 8031

注:1. 用于输送液态或气态液化石油气(LPG)和天然气,工作压力介于真空与最大2.5MPa之间,温度范围为-30~+70℃或者低温软管(表示为-LT)为-50~+70℃。

2. 型别:D型:排放软管;

D-LT型:低温排放软管;

SD型:螺旋线增强的排吸软管;

SD-LTR型:低温(粗糙内壁)螺旋线增强的排吸软管;

SD-LTS型:低温(光滑内壁)螺旋线增强的排吸软管。

所有型别软管可为:

电连线式,用符号M标示;

导电式,借助导电橡胶层,用符号Ω标示;

非导电式,仅在软管组合件的一个管接头上安装有金属连接线。

岸上排吸油橡胶软管（摘自 HG/T 3038—2008）

表 3-3-12

公称内径 /mm		50	63	75	80	100	125	160	180	200	250	315	400	500
内径偏差 /mm	Ⅰ型	±1.5			±2.0						—			
	Ⅱ型	—			±2.0				±3.0				±4.0	
允许工作压力 /MPa		A级:0.7　B级:1.0　C级:1.5　D级:2.0												
结构	Ⅰ型	无金属螺旋线结构，由内、外胶层及纤维线或胶布构成的增强层组成												
	Ⅱ型	埋入式或内铠装钢丝结构，由内、外胶层和缠绕钢丝增强层组成												
类别	1类	芳香烃含量不超过50%（用于石油原油及燃料油的输送）												
	2类	芳香烃含量为50%~100%（用于芳烃类产品的输送）												
性能		耐臭氧性能：臭氧浓度为(50±5)×10^{-6}，暴露72h，用两倍放大镜检查无龟裂现象 耐负压性能：仅适用Ⅰ型，将软管内压减小到70kPa，保持5min无异常现象 软管导电性：软管两端管接头之间，应保持电的连续性（即应导电），允许最小电阻为2×10^6Ω 低温弯曲性能：试样内径为25mm±1.2mm，最小弯曲半径为150mm，在-25℃下放置5h，经弯曲，试样内、外胶层无龟裂现象												
应用		用于港口码头输送石油及石油基产品的排吸橡胶软管，适用温度为-20~80℃												

注：1. 管长由使用方提出，供货长度允许偏差为管长的-1.5%~+2.5%。管长是指包括接头在内的软管全长，即从法兰外面量至另一端法兰的外面，若无法兰时，则应从胶管螺纹接套端部量至另一端接套的外表面。

2. 标记为岸上排吸油橡胶软管 63-1-1-B　GB 9569—1988 表示Ⅰ型、1类胶管，公称内径为63mm，工作压力为B级。

3. GB 9569—1988 现已由行业标准 HG/T 3038—2008 代替，但内容两者完全相同，产品标记仍按原标准。

计量分配燃油用橡胶软管（摘自 HG/T 3037—2008）

表 3-3-13

内径尺寸规格/mm	公称内径	12	16	19	21	25	32	38	40
	内径尺寸	12.5	16.0	19.0	21.0	25.0	32.0	38.0	40.0
	内径尺寸偏差	±0.8			±1.25				
结构	软管由内衬层、增强层和外覆层组成。内衬层为光滑耐燃油橡胶或热塑性弹性体(TPE)材料构成。增强层为增强材料构成。外覆层为无波纹、耐燃油、耐天候老化橡胶或TPE构成。组合件管接头之间应有导电性能，在使用金属导电性导线时，应用不少于两根（交叉的）金属导线埋置于软管内。所用金属导线应具有很好的耐疲劳性及耐加工硬化及耐腐蚀性能。金属线导电的软管标志为M；胶料导电的软管标志为Ω 内衬层厚度不应小于1.6mm；外覆层厚度不应小于1.0mm。管长度按需方要求确定								
型式	1型	织物增强，适用于围绕圆筒缠卷或弯曲悬挂							
	2型	织物和螺旋金属丝增强，提供扭转曲挠性能；适用于盘卷或围绕圆筒或弯曲悬挂							
	3型	细金属丝增强，提供低膨胀性能，适用于圆筒缠卷或弯曲悬挂							
压力要求	最大工作压力			试验压力			最小爆破压力		
	1.6MPa(16bar)			2.4MPa(24bar)			4.8MPa(48bar)		

第3篇

续表

胶料的物理性能

项目		单位	要求	
			橡胶	TPE
内衬层和外覆层的拉伸强度(最小)		MPa	9	12
内衬层和外覆层的拉断伸长率(最小)		%	250	350
加速老化	内衬层和外覆层的拉伸强度变化(最大)	%	20	10
	内衬层和外覆层的拉断伸长率变化(最大)	%	−35	−20
耐液体性能		%	+70	
内衬层溶胀(最大)			+25	

项目	单位	要求	
		橡胶	TPE
内衬层溶剂抽出物常温等级(最大)	%	+10	
内衬层溶剂抽出物低温等级(最大)	%	+15	
外覆层溶胀(最大)	%	+100	
内衬层和外覆层的耐低温性能(−30℃,如有要求−40℃)		10倍放大无龟裂	
外覆层的耐磨性能(最大)	mm^3	500	

胶管的物理性能

项目		单位	要求
验证压力试验(2.4MPa)			无渗漏及其他缺陷
爆破压力(最小)		MPa	4.8
容积膨胀率(最大)	1型和2型	%	2
	3型		1
层间黏合强度	初始值(最小)	kN/m	2.4
	浸液后(最小)		1.8
室温弯曲性能			$\frac{T}{D}\geqslant 0.8$
低温屈挠性能			无裂纹或断裂,最大弯曲力180N
验证压力下的长度变化率		%	0~5

项目		单位	要求
外覆层耐臭氧性能			两倍放大无龟裂
燃油渗透性能(最大)	常温等级	mL/(m·d)	12
	低温等级		18
导电性能(最大)	Ω类	Ω	1×10^6
	M类		1×10^2
可燃性			① 明火燃烧20s停止 ② 移走火后2min没有可见的火 ③ 软管无渗漏

输送无水氨用橡胶软管压力及尺寸规格（摘自 GB/T 16591—2013）

表 3-3-14

软管额定压力/MPa	最大工作压力	2.5	公称内径/mm	12.5、16、19、25、31.5、38、51、64、76		
	试验压力	6.3				
	最小爆破压力	12.5				
软管切割长度允许偏差	长度 L/mm	≤300	>300~600	>600~900	>900~1200	>1200~1800	>1800
	允许偏差(所有内径)/mm	±3	±4.5	±6	±9	±12	±1%长度

注：1. 产品适用于在−40~55℃环境温度范围内输送液态或气态氨。

2. 软管内胶层厚度均匀，不应有孔眼、海绵体及其他缺陷，所用的材料应耐氨。增强层由不受渗透氨影响的材料构成，增强层应平整均匀。外胶层（如果有）应均匀一致，应具有耐氨和耐环境劣化的性能。

焊接和切割用橡胶软管（摘自 GB/T 2550—2007）

表 3-3-15

公称内径/mm	4	5	6.3	8	10	12.5	16	20	25	32	40	50
公差/mm	±0.55			±0.65		±0.7		±0.75		±1	±1.25	

物理性能	胶层	拉伸强度/MPa	拉断伸长率/%
	内衬层	5.0	200
	外覆层	7.0	250
静液压要求	性能	轻负荷	正常负荷
	公称内径	≤6.3	所有规格
	最大工作压力	1MPa(10bar)	2MPa(20bar)
	验证压力	2MPa(20bar)	4MPa(40bar)
	最小爆破压力	3MPa(30bar)	6MPa(60bar)
	在最大工作压力下长度变化	±5%	
	在最大工作压力下直径变化	±10%	

注：1. 使用温度范围：-20~+60℃。

2. 适合下列用途：气体焊接和切割；在惰性或活性气体保护下的电弧焊接；类似焊接和切割的作业。但不适用于高压［高于1.5MPa（15bar）］乙炔软管。

蒸汽橡胶软管及软管组件（摘自 HG/T 3036—2009）

表 3-3-16

内径/mm	公称尺寸	9.5	13	16	19	25	32	38	45	50	51	63	75	76	100	102
	偏差	±0.5							±0.7			±0.8				
胶层厚度/mm	内胶层	2.0	≥2.5													
	外胶层	≥1.5														
类型与级别		1 型:低压蒸汽软管,最大工作压力 0.6MPa,对应温度为 164℃ 2 型:高压蒸汽软管,最大工作压力 1.8MPa,对应温度为 210℃ 每个型别的软管分为:A 级:外覆层不耐油;B 级:外覆层耐油 型别和等级都可以为:电连接的,标注为“M”;导电性的,标注为“Ω”														

胶料的物理性能

性能	单位	要求		试验方法
		内衬层	外覆层	
拉伸强度(最小)	MPa	8	8	GB/T 528(哑铃试片)
拉断伸长率(最小)	%	200	200	GB/T 528(哑铃试片)
老化后 拉伸强度变化(最大)	%	50	50	GB/T 3512(1 型:125℃下 7d;2 型:150℃下 7d,空气烘箱方法)
拉断伸长率变化(最大)	%	50	50	
耐磨耗性能 炭黑填充胶料(最大)	mm^3	—	200	GB/T 9867—2008 方法 A
非炭黑填充胶料(最大,着色)	mm^3	—	400	
体积变化(最大,仅限 B 级)	%	—	100	GB/T 1690,3 号油,100℃下 72h

第3篇

续表

性　　能	单位	要求		试验方法
		内衬层	外覆层	
软管及软管组合件成品的物理性能				
性　　能	单位	要　　求		试 验 方 法
软管				
爆破压力(最小)	MPa	10 倍最大工作压力		GB/T 5563
验证压力	MPa	在 5 倍最大工作压力下无泄漏或扭曲		GB/T 5563
层间黏合强度(最小)	kN/m	2.4		GB/T 14905
弯曲试验(无压力下,最小)	T/D	0.8		ISO 1746
验证压力下长度变化	%	-3~+8		GB/T 5563
验证压力下扭转(最大)	(°)/m	10		GB/T 5563
外覆层耐臭氧性能	—	放大 2 倍时无可视龟裂		GB/T 24134—2009 中方法 3,相对湿度(55±10)%,臭氧浓度(50±5)×10^{-9},伸长率 20%,温度 40℃
软管组合件				
验证压力	MPa	在 5 倍最大工作压力下无泄漏或扭曲		GB/T 5563
电阻	Ω	≤10^2/M 型组合件		GB/T 9572—2001 方法 4
	Ω	≤10^6/组合件		GB/T 9572—2001 方法 3.4、3.5 或 3.6
	Ω	≤10^9/Ω 型内衬层与外覆层间电阻		

注：使用范围，输送饱和蒸汽和冷凝水。

车辆门窗橡胶密封条（摘自 HG/T 3088—2009）

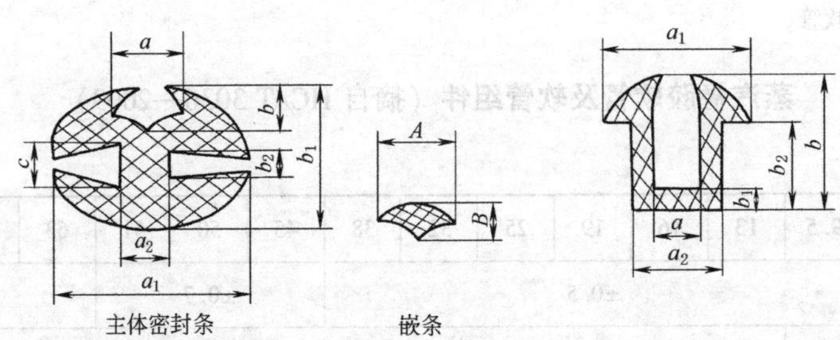

主体密封条　　嵌条

表 3-3-17

序号	H 形密封条/mm										序号	U 形密封条/mm					
	主体密封条							嵌条									
	a	a_1	a_2	b	b_1	b_2	c	序号	A	B		a	a_1	a_2	b	b_1	b_2
1	7	22	6.5	6	16	4	5	1	8.5	6.7	1	4	—	7	10.5	1.2	—
2	7	22	6.5	7.5	16.5	2.4	4.8	2	9	5	2	5	—	8	13	1.5	10
3	7	29.5	9	9.2	22.4	2	5	3	9.5	7.5	3	5	—	9	10	—	—
4	9	25	6	5.5	16.5	3	5	4	9.5	8	4	5	15	9	12	2	8
5	9	26	6	5.6	18	3.5	5	5	10.5	9	5	5	—	9	14	2	10
6	9	28	7	7.5	21	3	5										
7	10	33	9	9	27	3	6										

橡胶材料物理性能(摘自 HG/T 3088—2009)

序号	项　　目	指　　标			序号	项　　目	指　　标		
1	硬度(IRHD 或邵尔 A 度)	50±5	60±5	70±5	7	热空气老化(70℃×70h)			
2	拉伸强度(最小)/MPa	7	7	7		硬度变化(最大)(IRHD 或度)	10	10	10
3	扯断伸长率(最小)/%	400	300	200		拉伸强度变化率(最大)/%	-25	-25	-25
						扯断伸长率变化率(最大)/%	-35	-35	-35
4	压缩永久变形(B 型试样 70℃×22h,最大)/%	50	50	50	8	污染性	试片上无转移污染		
5	撕裂强度(最小)/kN·m^{-1}	15	15	15	9	耐臭氧性(50×10^{-8},拉伸 20% 40℃×72h)	无龟裂或异常现象		
6*	耐候性(63℃×300h,拉伸 20%)	无龟裂或异常现象			10	脆性温度(不高于)/℃	-35	-35	-35

注：1. 密封条结构及尺寸来源于原国标 GB/T 7526—1987,该标准已由 HG/T 3088—2009 代替。但 HG/T 3088—2009 又未规定密封条的结构尺寸。为了方便读者使用,表中尺寸仍采用原标准。

2. * 表示当需方没有提出要求时,第 6 项试验可以不进行。

2 工程用塑料及制品

2.1 塑料组成

表 3-3-18

成分类别		材料名称	作用及有关说明
树脂		热固性树脂——酚醛树脂、氨基树脂(包括脲醛及三聚氰胺甲醛树脂)、环氧树脂、聚酯树脂、硅树脂、聚氨酯树脂、呋喃树脂、聚邻(间)苯二甲酸二丙烯酯树脂等 热塑性树脂——聚氯乙烯树脂、聚乙烯树脂、聚苯乙烯树脂、聚丙烯树脂、聚甲基丙烯酸甲酯树脂、聚酰胺树脂、聚甲醛树脂、聚碳酸酯树脂、聚氟类树脂、聚酰亚胺树脂、聚苯醚树脂、聚苯硫醚树脂、聚苯并咪唑树脂	树脂约占塑料全部组成的40%~100%。它能将全部组分黏结起来,同时也决定和影响塑料的介电、理化性能和机械强度 树脂有天然树脂和合成树脂两大类:天然树脂(如松香、虫胶、琥珀等)由于产量极少,性能又不够理想,现已很少用来制造塑料;合成树脂是从石油、天然气、煤或农副产品中,提炼出低分子量原料,再通过化学反应而获得的一种高分子量的有机聚合物,一般在常温常压下为固体,也有的为黏稠状液体,因性能好,而且原料来源丰富,是现代塑料的基本原料
添加剂	填料	有机填料——木粉、核桃壳粉、棉子壳粉、木质素、棉纤维、麻丝、碎布和纸浆、纸屑等 无机填料——高岭土、硅藻土、滑石粉、石膏、石粉、重晶石粉、二氧化硅、氧化铝、氧化锌、氧化钛、石墨、云母、石棉、二硫化钼、硫化钨、硫化铅、硫酸钙、硫酸钡、焦炭、碳化硅以及各种金属粉末(如铁粉、铅粉、铜粉、铝粉等)	填料是填充在树脂里的材料,又称填充剂,其作用主要在于改进塑料的某些固有缺点,以提高其硬度、冲击强度和耐热、导热、耐磨性能,减少收缩、开裂现象;其次也可改善成型加工性能,降低产品成本 填料的品种很多,性能各异。以有机材料作填料的,具有较高的机械强度;以无机物作填料的,具有较高的耐热、导热、耐磨、耐腐蚀和自润滑性
	增强材料	主要是玻璃纤维及其制品,其次是棉纤维和棉布、石棉纤维和石棉布、麻丝、合成纤维、纸张等以及碳纤维、石墨纤维、硼纤维、陶瓷纤维等新型的高强度增强材料	增强材料的作用是能提高塑料的物理性能和强度 适于增强改性的热固性树脂有聚酯树脂、酚醛树脂、氨基树脂、环氧树脂和硅树脂;热塑性树脂有聚酰胺树脂、聚碳酸酯树脂、线型聚酯树脂、聚乙烯树脂和聚丙烯树脂
	固化剂	主要有:用于环氧树脂的胺类、酸酐类、聚酯型类、咪唑类等;用于聚酯树脂的过氧化物、过氧化氢化物等;用于酚醛树脂的六次甲基次胺;促进剂环烷酸钴、环烷酸锌等	一般热固性树脂在成塑前必须加入固化剂,以促使塑料的线型或网型的分子结构相互交联,变成体型结构的硬固体。为了加速固化,常与促进剂配合使用
	增塑剂	主要有:邻苯二甲酸酯类化合物;磷酸酯类化合物;有时也有氯化石蜡、环氧化油脂、烃类等	增塑剂能增加塑料的可塑性、流动性和柔软性,降低脆性,并改善加工性;但刚度减弱。用量一般不超过20%
	稳定剂(又称防老剂)	抗氧剂主要有胺类和酚类两大系列;光稳定剂主要有紫外线吸收剂;热稳定剂主要有盐基性铅盐、脂肪酸皂类、有机锡化合物等	稳定剂的作用在于增强塑料对光、热、氧等老化作用的抵抗力,延长制品的使用年限。用量一般为千分之几
	润滑剂	常用的有硬脂酸盐、脂肪酸、脂肪酸酯和酰胺、石蜡四大类	改善塑料加热成型时的流动性和脱模性,防止粘模,也可使制品表面光滑美观。用量一般为0.5%~1.5%
	着色剂	包括各种有机染料和无机颜料	增加制品美观,适合使用要求
	阻燃剂	常用的有氧化锑、磷酸酯类和含溴化合物等	增加塑料的耐燃性,或能使之自熄
	发泡剂	常用的有偶氮二甲酰胺、偶氮苯胺、碳酸钠、碳酸铵、氨气、二氧化碳、水、二氯甲烷	主要用于制备泡沫塑料,能产生泡孔结构
	抗静电添加剂	长链脂族胺类和酰胺类、磷酸酯类、季铵盐类和各种聚乙二醇及其酯类等	消除塑料在加工、使用中,因摩擦而产生的静电,以保证生产操作安全,并使塑料表面不易吸尘

2.2 塑料分类

表 3-3-19

分类方法	分类名称	特点及说明	典型品种
按树脂的制取方法分	以聚合树脂为基础的塑料	是由很多低分子化合物通过聚合反应而合成的高分子聚合物。聚合物的成分与单体成分完全相同,只不过是低分子(单体)变成了高分子(高聚物)	聚乙烯、聚丙烯、聚氯乙烯、聚苯乙烯、ABS、聚甲基丙烯酸甲酯、聚甲醛、氯化聚醚、氟塑料、聚邻(间)苯二甲酸二丙烯酯
	以缩聚树脂为基础的塑料	是由很多低分子化合物通过缩聚反应而合成的高分子聚合物。在聚合过程中不断放出低分子物质,如水、氨、甲醇、氯化氢等;缩聚物的成分和单体的成分不一样	酚醛、氨基(包括脲醛及三聚氰胺甲醛)、有机硅、环氧、聚酯、聚氨酯、聚酰胺、聚碳酸酯、聚苯醚、聚苯硫醚、聚砜、聚酰亚胺、聚苯并咪唑、聚二苯醚
按成型工艺性能分	热固性塑料	多是以缩聚树脂为基料,加入填料、固化剂以及其他添加剂制取而成。性能特点是:在一定的温度下,经过一定时间的加热或加入固化剂后,即可固化成型。固化后的塑料质地坚硬、性质稳定,不再溶于溶剂中,也不能用加热方法使它再软化,强热则分解、破坏。优点是:无冷流性、抗蠕变性强,受压不易变形;耐热性较高,即使超过其使用温度极限,也只是在表面产生碳化层而不失去其原有骨架形状。缺点是:树脂性质较脆、机械强度不高,必须加入填料或增强材料以改善性能,提高强度;成型工艺复杂,大多只能采用模压或层压法,生产效率低	酚醛、氨基(包括脲醛及三聚氰胺甲醛)、环氧、有机硅、不饱和聚酯(简称聚酯)、聚氨酯、聚邻(间)苯二甲酸二丙烯酯、呋喃、聚二苯醚
	热塑性塑料	以聚合树脂或缩聚树脂为基料,加入少量的稳定剂、润滑剂或增塑剂,加或不加填料制取而成。性能特点是:受热软化、熔融,具有可塑性,可塑制成一定形状的制品,冷却后坚硬;再热又可软化,塑制成另一形状的制品,可以反复重塑,而其基本性能不变。优点是:成型工艺简便,形式多种多样,生产效率高,可以直接注射或挤压、吹塑成所需形状的制品,而且具有一定的物理力学性能。缺点是:耐热性和刚性都较差,最高使用温度一般只有120℃左右,使用时不能超过温度极限,否则就会引起变形。氟塑料、聚酰亚胺、聚苯并咪唑等各有其突出的性能,如优良的耐腐蚀、耐高温、高绝缘、低摩擦因数等	聚乙烯、聚丙烯、聚氯乙烯、聚苯乙烯、ABS、聚甲基丙烯酸甲酯(有机玻璃)、聚甲醛、聚酰胺(尼龙)、聚碳酸酯、聚苯醚、聚砜、聚芳砜、氯化聚醚、线型聚酯、聚酚氧、氟塑料、聚酰亚胺、聚苯硫醚、聚苯并咪唑
按实际应用情况及性能特点分	通用塑料	包括聚氯乙烯等六大常用塑料品种,特点是产量大,价格低,通用性强,用途广泛	聚氯乙烯、聚乙烯、聚苯乙烯、聚丙烯、酚醛、氨基
	工程塑料	是指力学性能比较好的,可以代替金属作为工程结构材料的一类塑料。它在各种环境(如高温、低温、腐蚀、机械应力等)下均能保持优良的性能,并有很好的机械强度、韧性和刚性,有的塑料还有很好的耐蚀性、耐磨性、自润滑性以及尺寸稳定性好等特点。它可用挤压、注射、浇注、模塑或压制等方法加工成型 工程塑料通常是指热塑性塑料,但也包括少数的热固性塑料	聚酰胺(尼龙)、聚甲醛、聚碳酸酯、ABS、聚砜、氯化聚醚、聚苯醚、聚酚氧、线型聚酯、聚邻(间)苯二甲酸二丙烯酯、环氧
	耐高温塑料	是指耐高温及其他特殊用途的塑料品种,特点是耐热性好,大都可以在150℃以上工作,有的还可在200~250℃下长期工作,但一般价格较高、产量较小	有机硅、氟塑料、聚酰亚胺、聚苯硫醚、聚苯并咪唑、聚二苯醚、芳香尼龙、聚芳砜

续表

分类方法	分类名称	特点及说明	典型品种
按成型方法和制品状态分	压塑料	是指以热固性树脂或热塑性树脂和填料为基础，再加其他必要的添加剂配制而成的一种粉状或纤维状、碎屑状的半成品，利用模压法在模型中压制成所需形状的塑料制品。其成品性能不仅取决于树脂品种，而且与填料有密切关系。根据所用填料的不同，压塑料通常分为：以有机物为主填料的压塑料，如酚醛木粉压塑料、酚醛碎纸压塑料；以无机物为主填料的压塑料，如酚醛石棉压塑料、聚酯玻璃纤维压塑料	酚醛木粉、酚醛高岭土、酚醛石粉、酚醛玻璃纤维、酚醛石棉、酚醛石棉云母、三聚氰胺甲醛玻璃纤维、三聚氰胺石棉、有机硅石棉、聚酰亚胺玻璃纤维、聚酯玻璃纤维
	层压塑料	是指以片状增强材料(如纸、布、玻璃纤维布等)在合成树脂中浸渍后，用层压法(或卷制法)压制而成的一种板状或棒状、管状半成品。层压制品一般适用于热固性塑料，通过机械加工制作成各种耐磨、传动机械零件和电气绝缘结构件	酚醛层压纸、酚醛层压布、环氧酚醛层压玻璃纤维布、三聚氰胺层压玻璃纤维布、聚酰亚胺层压玻璃纤维布
	铸塑料	又称浇铸塑料，是以纯树脂或树脂与填料按一定配比配制，采用浇铸成型方法制作各种制品，如有机玻璃和其他成型零件	有机玻璃、单体浇铸尼龙、环氧浇铸料、聚酯浇铸料、酚醛浇铸料、聚苯乙烯浇铸料
	增强塑料	是指以热固性或热塑性树脂为黏结剂，以纤维为增强材料的一种复合材料 热塑性增强塑料一般都采用玻璃纤维增强，对尼龙增强的效果最为显著，对聚碳酸酯、线型聚酯、聚乙烯和聚丙烯等的效果也很优良。热塑性树脂增强后的强度、刚性、硬度及抗蠕变性能都有所提高，耐热性也显著上升，线胀系数和吸水率降低，尺寸稳定性增加，并可抑制应力开裂。冲击强度有所下降，但缺口敏感性有改善。成型工艺可采用一般注射方法。用于对强度、耐热、尺寸稳定性和电性能等要求较高的机械零件 热固性增强塑料所用的增强材料，主要是玻璃纤维或玻璃布、玻璃带、玻璃毡等，这种增强塑料一般称为玻璃钢。成型方法有手糊法、模压法、层压法、袋压法、液压法、喷射法和缠绕法等多种，特点是重量轻，强度大，特别是比强度高，超过普通钢材；耐腐蚀、耐热、耐辐射，有优越的电绝缘性能和良好的高频电磁波渗透性；成型方法比较方便，价格较低	热塑性玻璃纤维增强塑料主要有尼龙、聚碳酸酯、线型聚酯、聚乙烯、聚丙烯 热固性玻璃增强塑料的主要品种有酚醛玻璃钢、环氧玻璃钢、聚酯玻璃钢、呋喃玻璃钢、聚二苯醚玻璃钢
	泡沫塑料	是以合成树脂为基料，加入一定量的发泡剂、催化剂、稳定剂等辅助材料，经加热发泡而制成。特点是单位体积重量极小，热导率低，具有轻质、绝热、隔声、耐潮、耐蚀、抗振等优良性能。热固性泡沫塑料耐热性较高，但制造困难，易脆；热塑性泡沫塑料有较高的弹性和抗振能力，但耐热性差	聚氯乙烯泡沫塑料、聚苯乙烯泡沫塑料、脲醛泡沫塑料、聚氨酯泡沫塑料

2.3 工程常用塑料的综合性能、用途及选用

工程常用塑料

表 3-3-20

塑料名称			密度/g·cm⁻³	吸水率/%	成品收缩率/%	马丁耐热/℃	连续耐热/℃	维卡耐热/℃	热变形温度/℃ 1.86MPa	热变形温度/℃ 0.46MPa	脆化温度/℃	燃烧性	线胀系数/10^{-5}℃$^{-1}$	物理力 拉伸强度/M	弯曲强度
硬聚氯乙烯(PVC)			1.35~1.45	0.4~0.6	0.6~0.8	50~65	49~71		56~73	75~82	-15	自熄	5~8	45~50	70~112
软聚氯乙烯			1.16~1.35	0.15~0.75	2~4	40~70	55~80				-30~-35	缓慢至自熄	7~25		
高密度聚乙烯(HDPE)			0.94~0.965	<0.01	1.5~3.6		121	121~127	48	60~82	-70	很慢	12.6~16	屈服 22~29 断裂 15~16	25~40
改性有机玻璃(372)(PMMA)			1.18	<0.2	0.5	≥60		≥110	85~100				5~6	≥50	≥100
聚丙烯(PP)			0.90~0.91	0.03~0.04	1.0~1.2	44	121		56~67	100~116	-35	自熄	10.8~11.2	30~39	42~56
改性聚苯乙烯(204)(PS)			1.07	0.17	0.4~0.7	75	60~96		175~205				5~5.5	≥50	≥72
聚砜(PSU)			1.24	0.12~0.22	0.8	156	150~174		174	181	-100	自熄	5.0~5.2	72~85	108~127
ABS	超高冲击型		1.05	0.3	0.5				87	96		缓慢	10.0	35	62
ABS	高强度中冲击型		1.07	0.3	0.4				89	98		缓慢	7.0	63	97
ABS	低温冲击型		1.02	0.2					78~85	98		厚>1.27mm，0.55mm/s	8.6~9.9	21~28	25~46
ABS	耐热型		1.06~1.08	0.2					96~110	104~116		厚>1.27mm，0.55mm/s	6.8~8.2	53~56	84
聚酰胺(PA)	尼龙1010	未增强	1.04~1.06	0.39	1.0~2.5	45	80~120	123~190			-60	自熄	10.5	52~55	89
聚酰胺(PA)	尼龙1010	玻璃纤维增强	1.23	0.05		180					-60	自熄	3.1	180	237
聚酰胺(PA)	尼龙610	干态	1.07~1.09	0.4~0.5	1.0~1.5	51~56		195~205				自熄	9~12	60	
聚酰胺(PA)	尼龙610	含水1.5%												47	
聚酰胺(PA)	尼龙66	干态	1.14~1.15	1.5	1.5	50~60	82~140		66~68	182~185	-25~-30	自熄	9~10	83	100~110
聚酰胺(PA)	尼龙66	含水2.3%												56.5	
聚酰胺(PA)	尼龙6	干态	1.13~1.15	1.9	0.8~1.5	40~50	79~121		55~58	180	-20~-30	自熄	7.9~8.7	74~78	100
聚酰胺(PA)	尼龙6	含水3.5%												52~54	70
聚酰胺(PA)	尼龙11		1.04	0.4		(38)		173~178				自熄	11.4~12.4	47~58	76
聚酰胺(PA)	尼龙9		1.05	1.2	1.5~2.5	42~48		>160					8~12	58~65	80~85
聚酰胺(PA)	MC尼龙(单体浇铸尼龙)		1.16			55			94	205		自熄	8.3	90~97	152~171

的综合性能

学性能										电性能				
压缩强度	疲劳强度(10^7次)	冲击韧度/J·cm^{-2}		拉伸弹性模量	弯曲弹性模量	断裂伸长率/%	硬度			介电常数	介电损耗	体积电阻率/Ω·cm	击穿强度/kV·mm^{-1}	耐电弧性/s
							洛氏		布氏HB					
Pa		缺口	无缺口	/10^3MPa			R	M		/10^6Hz				
56.2~91.4		1.09~2.18	0.3~0.4			20~40		邵氏D 70~90		14~17		10^{12}~10^{16}	17~52	60~80
6.2~11.8			0.39~1.18			200~450		邵氏D 20~30		5~9	0.08~0.015	10^{11}~10^{18}	12~40	
22.5	11	7~8	不断	0.84~0.95	1.1~1.4	60~150		邵氏D 60~70		2.3~2.35	<0.005	10^{16}		150
			≥0.12						≥10			表面4.5×10^{15}	20	
39~56	11~22	0.22~0.5	不断	1.1~1.6	1.2~1.6	>200	95~105			2.0~2.6	0.001	>10^{16}	30	125~185
≥90		≥1.6	0.12~0.26			1.0~3.7		68~98(HRM)		3.12		10^{16}	25	
89~97		0.7~0.81	1.72~3.7	2.5~2.8	2.8	20~100	120		10.8	2.9~3.1	0.001~0.006	10^{16}	16.1~20	122
		5.3		1.8	1.8		100			2.4~5.0	0.003~0.008	10^{16}		50~85
		0.6		2.9	3.0		121			2.4~5.0	0.003~0.008	10^{16}		50~85
18~39		2.7~4.9		0.7~1.8	1.2~2.0		62~88			3.7	0.011~0.073	10^{13}	15.1~15.7	70~80
70		1.6~3.2		2.5	2.5~2.6		108~116			2.7~3.5	0.034	10^{13}	14.2~15.7	70~80
79		0.4~0.5	不断	1.6	1.3	100~250			7.1	2.5~3.6	0.020~0.026	>10^{14}	>20	
157		0.85	100	8.8	5.9				12.4		0.027	10^{15}	29	
90		0.35~0.55		2.3		85	111~113			3.9	0.04	10^{14}	28.5	
70		0.98		1.2		220~240	90							
120		0.39		3.2~3.3	2.9~3.0	60	118			40	0.014	10^{14}	15~19	130~140
90	23~25	1.38		1.4	1.2	200	100							
90	12~19	0.31		2.6	2.4~2.6	150	114			4.1	0.01	10^{14}~10^{15}	22	
60		>5.5		0.83	0.53	250	85							
80~110		0.35~0.48	3.8	1.2	1.1	60~230	100~113		7.5		0.06	10^{15}	29.5	
			2.5~3.0	1.0~1.2	1.0~1.2					3.7	0.019	5.5×10^{14}	>15	
107~130	约20		>5.0	3.6	4.2	20~30			14~21	3.7	0.02			

塑料名称		密度/g·cm^{-3}	吸水率	成品收缩率	马丁耐热	连续耐热	维卡耐热	热变形温度/℃		脆化温度/℃	燃烧性	线胀系数/10^{-5}℃$^{-1}$	拉伸强度	弯曲强度
			/%		/℃			1.86 MPa	0.46 MPa				物理力 /M	
聚甲醛(POM)	共聚	1.41~1.43	0.22~0.25	2.0~3.0	57~62	104		110	168	-40	缓慢	11.0	屈服62~68	91~92
	均聚	1.42~1.43	0.25	2.0~2.5	60~64	85		124	170		缓慢	10.0	70	98
聚碳酸酯(PC)	未增强	1.20	0.13	0.5~0.8	110~130	121		132~138		-100	自熄	6~7	67	98~106
	增强	1.40	0.07~0.09	0.1~0.5	150~152	140~141		147~149			不燃	1.6~2.7	110~140	160~190
氯化聚醚(聚氯醚)(CPE)		1.40	0.01	0.4~0.8	72	120~143		100	141	-40	自熄	12	42.3	70~77
聚酚氧(苯氧树脂)		1.18	0.13	0.3~0.4		77		86	92	-60		5.8~6.8	63~70	90~110
线型聚酯(PET)	未增强	1.37~1.38	0.26	1.8				85	115			6.0	80	117
	增强	1.63~1.70		0.2~1.0	130~140			240			缓慢	2.5~3.4	120	145~175
聚苯醚(PPO)	PPO	1.06~1.07	0.07	0.7~1.0	144~160	200		190		-127	缓慢至自熄	5.0~5.6	屈服86.5~89.5 断裂66.5	98~137
	改性PPO	1.06	0.066	0.7		100		190		-45	自熄	6.7	67	95
氟塑料	F-4(聚四氟乙烯)(PTFE)	2.10~2.20	0.001~0.005	模压1~5		260		55	121	-180~-195	自熄	10~12	14~25	11~14
	F-3(聚三氟氯乙烯)(PCTFE)	2.10~2.20	<0.005	1~2.5	70	120~190		75	130	-180~-195	自熄	4.5~7.0	32~40	55~70
	F-2	1.76	0.04	2.0		150		91	149	-62	自熄	8.5~15.3	46~49.2	
	F-46(聚全氟乙丙烯)(FEP)	2.10~2.20	<0.01	2~5		204		51	70	-200	自熄	8.3~10.5	20~25	
	F-23	2.02				170~180							25~30	35
聚酰亚胺(PI)	均苯型	1.40~1.60	0.2~0.3			260	>300	360		-180	自熄	5.5~6.3	94.5	>100
	可溶型	1.34~1.40	0.2~0.3	0.5~1.0		200~250	250~270			-180	自熄		120	200~210
酚醛塑料(PF)		1.60~2.00	≤0.05		≥150							1.5~2.5	≥25	≥60
聚苯硫醚(PPS)	未增强	1.30~1.50			105			135				2.8	6.5	9.6
	增强	1.60~1.65	0.02					260					14.2~17.9	1.96

注：还有如下塑料未列入本表，即醋酸纤维素（CA）；甲酚甲醛树脂（CF）；氯化聚乙烯（CPE）；邻苯二甲酸二烯丙酯（DAP）；聚酯（UP）。

续表

学性能										电性能				
压缩强度	疲劳强度(10^7次)	冲击韧度/J·cm^{-2}		拉伸弹性模量	弯曲弹性模量	断裂伸长率/%	硬度			介电常数	介电损耗	体积电阻率/Ω·cm	击穿强度/kV·mm^{-1}	耐电弧性/s
							洛氏		布氏					
Pa		缺口	无缺口	/10^3 MPa			R	M	HB	/10^6 Hz				
113	25~27	0.65~0.76	0.9~1.1	2.8	2.6	60~75	120	94		3.8	0.005	10^{14}	18.6	240
122	30~35	0.65	1.08	2.9	2.9	15~25		80		3.7	0.004	10^{14}		129
83~88	7~10	6.4~7.5	不断	2.2~2.4	2.0~3.0	60~100		75	9.7~10.4	3.0	0.006~0.007	10^{16}	17~22	120
120~135			0.65	6.6~11.9	4.8~7.5	1~5			12.8	3.2~3.5	0.003~0.005	10^{15}		5~120
63~87		0.21	>0.5	1.1	0.9	60~160	100			3.1~3.3	0.011	$6×10^{14}$	15.8	
84		0.134	不断	2.7	2.9	60~100	121	72		3.8~4.1	0.0012	10^{15}		
		0.04		2.9		200				3.4	0.021	10^{14}		
130~161		0.085		8.3~9.0	6.2	15		95~100	14.5	3.78	0.016	10^{16}	18~35	90~120
91~112	14	0.083~0.102	0.53~0.64	2.6~2.8	2.0~2.1	30~80	118~123	78		2.58	0.001	10^{16}~10^{17}	15.8~20.5	
115	约20	0.7		2.5	2.5	20	119	78		2.64	0.0004	10^{17}		
12		0.164		0.4		250~350	58	邵氏D 50~65		2.0~2.2	0.0002	10^{18}	25~40	>200
		0.13~0.17		1.1~1.3	1.3~1.8	50~190		邵氏D 74~78	10~13	2.3~2.7	0.0017	$1.2×10^{16}$	19.7	360
70		0.203	0.16	0.84	1.4	30~300		邵氏D 80		8.4	0.018	$2×10^{14}$	10.2	50~70
		不断	不断	0.35		250~370	25			2.1	0.0007	$2×10^{18}$	40	>160
					1.0~1.2	150~250			7.8~8.0	3.0	0.012	10^{16}~10^{17}	23~25	
>170	26	0.38	0.54		3.2	6~8				3~4	0.003	10^{17}	>40	230
>230		1.2	不断		3.3	6~10				3.1~3.5	0.001~0.005	10^{15}~10^{16}	>30	
≥100	抗剪强度≥25		≥0.35						≥30					
			0.78~0.98		3.8	3	117			3.4~3.8			20	
			2.9~3.9		10.7	3	123	428		3.8~4.2	0.002~0.006		17.1~18.4	160

二甲基乙酰胺（DMA）；环氧树脂（EP）；玻璃纤维（GF）；聚乙烯醇（PVAl）；聚氨基甲酸酯（PUR）；增强塑料（RP）；不饱和

工程常用塑料的特点和用途

表 3-3-21

塑料名称	特点	用途
硬聚氯乙烯 (PVC)	①耐腐蚀性能好,除强氧化性酸(浓硝酸、发烟硫酸)、芳香族及含氟的碳氢化合物和有机溶剂外,对一般的酸、碱介质都是稳定的 ②机械强度高,特别是冲击韧性优于酚醛塑料 ③电性能好 ④软化点低,使用温度为-10~+55℃	①可代替铜、铝、铅、不锈钢等金属材料制作耐腐蚀设备与零件 ②可制作灯头、插座、开关等
高密度聚乙烯 (HDPE)	①耐寒性良好,在-70℃时仍柔软 ②摩擦因数低,为 0.21 ③除浓硝酸、汽油、氯化烃及芳香烃外,可耐强酸、强碱及有机溶剂的腐蚀 ④吸水性小,有良好的电绝缘性能和耐辐射性能 ⑤注射成型工艺性好,可用火焰、静电喷涂法涂于金属表面,作为耐磨、减摩及防腐涂层 ⑥机械强度不高,热变形温度低,故不能承受较高的载荷,否则会产生蠕变及应力松弛,使用温度可达 80~100℃	①制作一般结构零件 ②制作减摩自润滑零件,如低速、轻载的衬套等 ③制作耐腐蚀的设备与零件 ④制作电器绝缘材料,如高频、水底和一般电缆的包皮等
改性有机玻璃 (372) (PMMA)	①有极好的透光性,可透过 92% 以上的太阳光,紫外线光达 73.5% ②综合性能超过聚苯乙烯等一般塑料,机械强度较高,有一定耐热耐寒性 ③耐腐蚀、绝缘性能良好 ④尺寸稳定,易于成型 ⑤质较脆,易溶于有机溶剂中,作为透光材料,表面硬度不够,易擦毛	可制作要求有一定强度的透明结构零件
聚丙烯 (PP)	①是最轻的塑料之一,它的屈服、拉伸和压缩强度以及硬度均优于高密度聚乙烯,有很突出的刚性,高温(90℃)抗应力松弛性能良好 ②耐热性能较好,可在 100℃ 以上使用,如无外力,在 150℃ 也不变形 ③除浓硫酸、浓硝酸外,在许多介质中,几乎都很稳定。但低相对分子质量的脂肪烃、芳香烃、氯化烃对它有软化和溶胀作用 ④几乎不吸水,高频电性能好,成型容易,但成型收缩率大 ⑤低温呈脆性,耐磨性不高	①制作一般结构零件 ②制作耐腐蚀化工设备与零件 ③制作受热的电气绝缘零件
改性聚苯乙烯 (204) (PS)	①有较好的韧性和一定的抗冲击性能 ②有优良的透明度(与有机玻璃相似) ③化学稳定性及耐水、耐油性能都较好,并易于成型	制作透明结构零件,如汽车用各种灯罩、电气零件等
改性聚苯乙烯 (203A) (PS)	①与聚苯乙烯相比有较高的韧性和抗冲击性能 ②耐酸、碱性能好,但不耐有机溶剂 ③电气性能优良 ④透光性好,着色性佳,并易于成型	①制作一般结构零件和透明结构零件 ②制作仪表零件、油浸式多点切换开关、电池外壳等
聚砜 (PSU)	①不仅能耐高温,也能在低温下保持优良的力学性能,故可在-100~+150℃下长期使用 ②在高温下能保持常温下所具有的各种力学性能和硬度,蠕变值很小。冲击韧性好,具有良好的尺寸稳定性 ③化学稳定性好 ④电绝缘、热绝缘性能良好 ⑤用 F-4 填充后,可制作摩擦零件	适用于高温下工作的耐磨受力传动零件,如汽车分速器盖、齿轮等,以及电绝缘零件、耐热零件

续表

塑料名称		特点	用途
ABS		①由于ABS是由苯乙烯-丁二烯-丙烯腈为基的三元共聚体,故具有良好的综合性能,即高的冲击韧性和良好的机械强度 ②优良的耐热、耐油性能和化学稳定性 ③尺寸稳定,易于成型和机械加工,且表面还可镀金属 ④电性能良好	①制作一般结构或耐磨受力传动零件,如齿轮、轴承等,也可制作叶轮 ②制作耐腐蚀设备与零件 ③用ABS制成的泡沫夹层板可制作小轿车车身
聚酰胺(PA)	尼龙66(PA-66)	疲劳强度和刚性较高,耐热性较好,耐磨性好,但吸湿性大,尺寸稳定性不够,摩擦因数低,为0.15~0.40,pv极限值为0.9×10^5Pa·m/s	适用于在中等载荷、使用温度不高于120℃、无润滑或少润滑条件下工作的耐磨受力传动零件
	尼龙6(PA-6)	疲劳强度、刚性、耐热性略低于尼龙66,但弹性好,有较好的消振、降噪能力。其余同尼龙66	适用于在轻负荷、中等温度(最高100℃)、无润滑或少润滑、要求噪声低的条件下工作的耐磨受力传动零件
	尼龙610(PA-610)	强度、刚性、耐热性略低于尼龙66,但吸湿性较小,耐磨性好	同尼龙6。制作要求比较精密的齿轮,并适用于在湿度波动较大的条件下工作的零件
	尼龙1010(PA-1010)	强度、刚性、耐热性均与尼龙6、尼龙610相似,而吸湿性低于尼龙610。成型工艺性较好,耐磨性也好	适用于在轻载荷、温度不高、湿度变化较大且无润滑或少润滑的情况下工作的零件
	MC尼龙(PA-MC)	强度、耐疲劳性、耐热性、刚性均优于尼龙6及尼龙66,吸湿性低于尼龙6及尼龙66,耐磨性好,能直接在模型中聚合成型。适宜浇铸大型零件,如大型齿轮、蜗轮,轴承及其他受力零件等。摩擦因数为0.15~0.30	适用于在较高载荷、较高使用温度(最高使用温度低于120℃)、无润滑或少润滑条件下工作的零件
聚甲醛(POM)		①耐疲劳性和刚性高于尼龙,尤其是弹性模量高、硬度高,这是其他塑料所不能相比的 ②自润滑性能好,耐磨性好,摩擦因数为0.15~0.35,pv极限值为1.26×10^5Pa·m/s ③较小的蠕变性和吸湿性,故尺寸稳定性好,但成型收缩率大于尼龙 ④长期使用温度为-40~+100℃ ⑤用聚四氟乙烯填充的聚甲醛,可显著降低摩擦因数,提高耐磨性和pv极限值	①制作对强度有一定要求的一般结构零件 ②适用于在轻载荷、无润滑或少润滑条件下工作的各种耐磨受力传动零件 ③制作减摩自润滑零件
聚碳酸酯(PC)		①力学性能优异,尤其是具有优良的冲击韧性 ②蠕变性相当小,故尺寸稳定性好 ③耐热性高于尼龙、聚甲醛,长期工作温度可达130℃ ④疲劳强度低,易产生应力开裂,长期允许负荷较小,耐磨性欠佳 ⑤透光率达89%,接近有机玻璃	①制作耐磨受力的传动零件 ②制作支架、壳体、垫片等一般结构零件 ③制作耐热透明结构零件,如防爆灯、防护玻璃等 ④制作各种仪器仪表的精密零件
氯化聚醚(CPE)		①具有独特的耐腐蚀性能,仅次于聚四氟乙烯,可与聚三氟乙烯相比,能耐各种酸、碱和有机溶剂。在高温下不耐浓硝酸、浓双氧水和湿氯气等 ②可在120℃下长期使用 ③强度、刚性比尼龙、聚甲醛等低,耐磨性略优于尼龙,pv极限值为0.72×10^5Pa·m/s ④吸湿性小,成品收缩率小,尺寸稳定,成品精度高 ⑤可用火焰喷镀法涂于金属表面	①制作耐腐蚀设备与零件 ②制作在腐蚀介质中使用的低速或高速、低负荷的精密耐磨受力传动零件

第3篇

续表

塑料名称	特　点	用　途
聚酚氧（苯氧树脂）	①具有优良的力学性能，高的刚性、硬度和韧性。冲击强度可与聚碳酸酯相比，抗蠕变性能与大多数热塑性塑料相比属于优等 ②吸湿性小，尺寸稳定，成型精度高 ③一般推荐的最高使用温度为77℃	①适用于精密的、形状复杂的耐磨受力传动零件 ②适用于仪表、计算机等零件
线型聚酯（聚对苯二甲酸乙二醇酯）(PETP)	①具有很高的力学性能，拉伸强度超过聚甲醛，抗蠕变性能、刚性和硬度都胜过多种工程塑料 ②吸湿性小，线胀系数小，尺寸稳定性高 ③热力学性能与冲击性能很差 ④耐磨性可与聚甲醛、尼龙比美 ⑤增强的线型聚酯，其性能相当于热固性塑料	①制作耐磨受力传动零件，特别是与有机溶剂如油类、芳香烃、氯化烃接触的上述零件 ②增强的聚酯可代替玻璃纤维填充的酚醛、环氧等热固性塑料
聚苯醚(PPO)	①在高温下仍能保持良好的力学性能，最突出的特点是拉伸强度和蠕变性极好 ②较高的耐热性，可与一般热固性塑料比美，长期使用温度为-127~+120℃ ③成型收缩率低，尺寸稳定 ④耐高浓度的无机酸、有机酸及其盐的水溶液、碱及水蒸气，但溶于氯化烃和芳香烃中，在丙酮、石油、甲酸中龟裂和膨胀	①适用于高温工作下的耐磨受力传动零件 ②制作耐腐蚀的化工设备与零件，如泵叶轮、阀门、管道等 ③可代替不锈钢制作外科医疗器械
聚四氟乙烯(F-4)(PTFE)	①聚四氟乙烯素称“塑料王”，具有高度的化学稳定性，对强酸、强碱、强氧化剂、有机溶剂均耐蚀，只有对熔融状态的碱金属及高温下的氟元素才不耐蚀 ②有异常好的润滑性，具有极低的动、静摩擦因数，对金属的摩擦因数为0.07~0.14，自摩擦因数接近冰，*pv*极限值为0.64×10^5Pa·m/s ③可在260℃长期连续使用，也可在-250℃的低温下使用 ④优异的电绝缘性 ⑤耐大气老化性能好 ⑥突出的表面不粘性，几乎所有的黏性物质都不能附在它的表面上 ⑦其缺点是强度低、刚性差，冷流性大，必须用冷压烧结法成型，工艺较复杂	①制作耐腐蚀化工设备及其衬里与零件 ②制作减摩自润滑零件，如轴承、活塞环、密封圈等 ③制作电绝缘材料与零件
填充F-4	用玻璃纤维、二硫化钼、石墨、氧化镉、硫化钨、青铜粉、铅粉等填充的聚四氟乙烯，在承载能力、刚性、*pv*极限值等方面都有不同程度的提高	用于高温或腐蚀性介质中工作的摩擦零件，如活塞环等
聚三氟氯乙烯(F-3)(PCTFE)	①耐热性、电性能和化学稳定性仅次于F-4，在180℃的酸、碱和盐的溶液中也不溶胀或侵蚀 ②机械强度、抗蠕变性能、硬度都比F-4好 ③长期使用温度为-195~190℃之间，但要求长期保持弹性时，则最高使用温度为120℃ ④涂层与金属有一定的附着力，其表面坚韧、耐磨，有较高的强度	①制作耐腐蚀化工设备与零件 ②悬浮液涂于金属表面可作为防腐、电绝缘防潮等涂层 ③制作密封零件、电绝缘件、机械零件（如润滑齿轮、轴承） ④制作透明件
聚全氟乙丙烯(F-46)(FEP)	①力学、电性能和化学稳定性基本与F-4相同，但突出的优点是冲击韧性高，即使带缺口的试样也冲不断 ②能在-85~205℃温度范围内长期使用 ③可用注射法成型 ④摩擦因数为0.08，*pv*极限值为(0.6~0.9)×10^5Pa·m/s	①同F-4 ②用于制作要求大批量生产或外形复杂的零件，并用注射成型代替F-4的冷压烧结成型
聚酰亚胺(PI)	①是新型的耐高温、高强度的塑料之一，可在260℃温度下长期使用，在有惰性气体存在的情况下，可在300℃下长期使用，间歇使用温度高达430℃ ②耐磨性能好，且在高温和高真空下稳定，挥发物少，摩擦因数为0.17 ③电性能和耐辐射性能良好 ④有一定的化学稳定性，不溶于一般有机溶剂和不受酸的侵蚀，但在强碱、沸水、蒸汽持续作用下会破坏 ⑤主要缺点是质脆，对缺口敏感，不宜在室外长期使用	①适用于高温、高真空条件下的减摩、自润滑零件 ②适用于高温电机、电器零件

续表

塑料名称	特　点	用　途
酚醛塑料(PF)	①具有良好的耐腐蚀性能,能耐大部分酸类、有机溶剂,特别能耐盐酸、氯化氢、硫化氢、二氧化硫、三氧化硫、低及中等浓度硫酸的腐蚀,但不耐强氧化性酸(如硝酸、铬酸等)及碱、碘、溴、苯胺嘧啶等的腐蚀 ②热稳定性好,一般使用温度为-30~130℃ ③与一般热塑性塑料相比,它的刚性大,弹性模量均为60~150MPa;用布质和玻璃纤维层压塑料,力学性能更高,具有良好的耐油性 ④在水润滑条件下,只有很低的摩擦因数,约为0.01~0.03,宜制作摩擦磨损零件 ⑤电绝缘性能良好 ⑥冲击韧性不高,质脆,故不宜在机械冲击、剧烈振动、温度变化大的情况下使用	①制作耐腐蚀化工设备与零件 ②制作耐磨受力传动零件,如齿轮、轴承等 ③制作电器绝缘零件
聚苯硫醚(PPS)	①突出的热稳定性 ②吸湿性小,易加工 ③与金属、无机材料有良好的附着性,尺寸稳定性好 ④耐化学性极好,在191~204℃没有能溶解它的溶剂	①最适宜制作耐腐蚀涂层 ②注射制品可代替金属材料,制作汽车、照相机部件,如轴承、衬套 ③制作泵的叶轮、压盖、滚动轴承保持架、机械密封件、密封圈等

工程常用塑料的选用

表3-3-22

产品要求	典型产品名称	工作条件	对材料的性能要求	选　用
一般结构零件	壳体、盖板、外罩、支架、手柄、手轮、导管、管接头、紧固件等	不承受动载荷或承受很小的动载荷,工作环境温度不高	只要求较低的强度和耐热性能,但因其用量较大,还要求有较高的生产率、成本低	高密度聚乙烯、改性聚苯乙烯、聚丙烯、ABS
耐磨传动零件	各种轴承、衬套、齿轮、凸轮、蜗轮、蜗杆、齿条、滚子、联轴器等	承受交变应力和冲击负荷,表面受磨损	要求有较高的强度、刚性、韧性、耐磨性和耐疲劳性,并有较高的热变形温度	尼龙、MC尼龙、聚甲醛、聚碳酸酯、ABS、酚醛层压板棒、聚酚氧、线型聚酯、氯化聚醚、玻璃纤维增强塑料
减摩、自润滑零件	活塞环、机械动密封圈、填料函、滑动导轨以及轴承等	一般受力较小,但运动速度较高,有的是在无油润滑的情况下运转	机械强度要求不高,主要要求具有低的摩擦因数和良好的自润滑性,并应有高的耐磨性和一定的耐腐蚀性	F-4、填充的F-4、F-4填充的聚甲醛、填充改性的聚酰亚胺、高密度聚乙烯、F-46、填充改性酚醛塑料
耐腐蚀零部件	化工容器、管道、泵、阀门、塔器、搅拌器、反应釜、热交换器、冷凝器、分离和排气净化设备等	在常温或较高温度下,长期受酸、碱或其他腐蚀介质的侵蚀	要求具有抗各种强酸、强碱、强氧化剂以及各种有机溶剂等腐蚀的能力,保证正常操作、安全生产	硬聚氯乙烯、聚乙烯、聚丙烯、ABS、氟塑料、氯化聚醚、聚苯硫醚、酚醛玻璃钢、环氧玻璃钢、呋喃玻璃钢
耐高温零部件	煮沸杀菌用的外科医疗器械,蒸汽管道中的泵及阀门零部件,B级、F级、H级和C级电气绝缘零件,高温下工作的齿轮、轴承以及其他机械零件	一般工作温度在120℃以上,有的高达200~300℃	要求具有高的热变形温度及高温抗蠕变性能,有的还要求有高温耐磨、耐腐蚀以及电绝缘性能	①工作温度≤130℃——聚苯醚、聚碳酸酯、氯化聚醚、线型聚酯、填充改性酚醛塑料 ②工作温度≤150℃——聚砜、环氧、玻璃纤维增强聚丙烯或尼龙66 ③工作温度≤180~200℃——有机硅、芳香尼龙、F-46、玻璃纤维增强聚酯或尼龙1010 ④工作温度≤250℃——F-4、聚酰亚胺、聚芳砜、聚苯硫醚 ⑤工作温度≤315℃——聚苯并咪唑、体型聚酯

续表

产品要求	典型产品名称	工作条件	对材料的性能要求	选用
耐低温零部件	与液氨或液氢、液氧接触的有关零件以及在严寒地区使用的各种机械、电气零部件	在低温或超低温下使用(氨的沸点为-33.4℃,凝固点为-77.7℃,氢的沸点为-252.7℃,凝固点为-259.2℃,氧的沸点为-182.97℃,熔点为-218.9℃)	要求在低温或超低温下仍具有良好的力学、电气性能	①-40℃以上——聚甲醛、线型聚酯、ABS、尼龙1010 ②-60℃以上——聚甲基丙烯酸甲酯、聚酚氧、F-2 ③-70℃以上——低压聚乙烯、芳香尼龙、环氧 ④-100℃以上——聚碳酸酯、聚砜、聚苯醚、F-46 ⑤-180℃以上——F-4、聚酰亚胺 ⑥-240℃以上——聚芳砜
透明结构件	仪表壳、灯罩、风窗玻璃、液面计、油标、设备标牌、光学镜片等	不承受载荷或承受很小的载荷,工作环境温度不高,但需要透光性好	要求一定的透明度和强度,并有一定的耐热性、耐天候性和耐磨性	有机玻璃、聚苯乙烯、高压聚乙烯、聚碳酸酯、聚砜、透明ABS、透明芳香尼龙
高强度、高模结构件	燃气轮机压气机叶片、高速风扇叶片、泵叶轮、船用螺旋桨、发电机护环、压力容器、高速离心转筒、船艇壳体、汽车车身等	负荷大,运转速度高;有的承受强大的离心力和热应力,有的受介质腐蚀	要求高强度、高的弹性模量、耐冲击、耐疲劳、耐腐蚀以及较高的热变形温度	玻璃布层压塑料、玻璃纤维增强塑料(如玻璃纤维增强尼龙、玻璃纤维增强聚酯等)、环氧玻璃钢、聚酯玻璃钢

第3篇

2.4 硬聚氯乙烯制品

硬聚氯乙烯层压板材(摘自GB/T 22789.1—2008)

表3-3-23

性能	单位	第1类 一般用途级	第2类 透明级	第3类 高模量级	第4类 高抗冲级	第5类 耐热级
拉伸屈服应力	MPa	≥50	≥45	≥60	≥45	≥50
拉伸断裂伸长率	%	≥5	≥5	≥8	≥10	≥8
拉伸弹性模量	MPa	≥2500	≥2500	≥3000	≥2000	≥2500
缺口冲击强度(厚度小于4mm的板材不做缺口冲击强度)	kJ/m²	≥2	≥1	≥2	≥10	≥2
维卡软化温度	℃	≥75	≥65	≥78	≥70	≥90
加热尺寸变化率	%	-3~+3				
层积性(层间剥离力)		无气泡、破裂或剥落(分层剥离)				
总透光率(只适用于第2类)	%	厚度:d≤2.0mm; ≥82 2.0mm<d≤6.0mm; ≥78 6.0mm<d≤10.0mm; ≥75 d>10.0mm; —				

注:可燃性、腐蚀度及卫生指标的要求根据需要由供需双方协商确定。用于与食品直接接触的板材,执行相关法规。

化工用硬聚氯乙烯（PVC-U）管材（摘自 GB/T 4219.1—2008）

表 3-3-24

mm

公称外径 d_n	c 值	公称压 PN/MPa													
	2.0	0.63		0.8		1.0		1.25		1.6		2.0		2.5	
	2.5	0.5		0.63		0.8		1.0		1.25		1.6		2.0	
		管系列													
		S20		S16		S12.5		S10		S8		S6.3		S5	
		壁厚 e_{min}													
		e_{min}	偏差	e_{min}	偏差	e_{min}	偏差	e_{min}	偏差	e_{min}	偏差	e_{min}	偏差	e_{min}	偏差
16	+0.2	—	—	—	—	—	—	—	—	—	—	—	—	2.0	+0.4
20	+0.2	—	—	—	—	—	—	—	—	—	—	—	—	2.0	+0.4
25	+0.2	—	—	—	—	—	—	—	—	—	—	2.0	+0.4	2.3	+0.5
32	+0.2	—	—	—	—	—	—	—	—	2.0	+0.4	2.4	+0.5	2.9	+0.5
40	+0.2	—	—	—	—	—	—	2.0	+0.4	2.4	+0.5	3.0	+0.5	3.7	+0.6
50	+0.2	—	—	—	—	2.0	+0.4	2.4	+0.5	3.0	+0.5	3.7	+0.6	4.6	+0.7
63	+0.3	—	—	2.0	+0.4	2.5	+0.5	3.0	+0.5	3.8	+0.6	4.7	+0.7	5.8	+0.8
75	+0.3	—	—	2.3	+0.5	2.9	+0.5	3.6	+0.6	4.5	+0.7	5.6	+0.8	6.8	+0.9
90	+0.3	—	—	2.8	+0.5	3.5	+0.6	4.3	+0.7	5.4	+0.8	6.7	+0.9	8.2	+1.1
110	+0.4	—	—	3.4	+0.6	4.2	+0.7	5.3	+0.8	6.6	+0.9	8.1	+1.1	10.0	+1.2
125	+0.4	—	—	3.9	+0.6	4.8	+0.7	6.0	+0.8	7.4	+1.0	9.2	+1.2	11.4	+1.4
140	+0.5	—	—	4.3	+0.7	5.4	+0.8	6.7	+0.9	8.3	+1.1	10.3	+1.3	12.7	+1.5
160	+0.5	4.0	+0.6	4.9	+0.7	6.2	+0.9	7.7	+1.0	9.5	+1.2	11.8	+1.4	14.6	+1.7
180	+0.6	4.4	+0.7	5.5	+0.8	6.9	+0.9	8.6	+1.1	10.7	+1.3	13.3	+1.6	16.4	+1.9
200	+0.6	4.9	+0.7	6.2	+0.9	7.7	+1.0	9.6	+1.2	11.9	+1.4	14.7	+1.7	18.2	+2.1
225	+0.7	5.5	+0.8	6.9	+0.9	8.6	+1.1	10.8	+1.3	13.4	+1.6	16.6	+1.9	—	—
250	+0.8	6.2	+0.9	7.7	+1.0	9.6	+1.2	11.9	+1.4	14.8	+1.7	18.4	+2.1	—	—
280	+0.9	6.9	+0.9	8.6	+1.1	10.7	+1.3	13.4	+1.6	16.6	+1.9	20.6	+2.3	—	—
315	+1.0	7.7	+1.0	9.7	+1.2	12.1	+1.5	15.0	+1.7	18.7	+2.1	23.2	+2.6	—	—
355	+1.1	8.7	+1.1	10.9	+1.3	13.6	+1.6	16.9	+1.9	21.1	+2.4	26.1	+2.9	—	—
400	+1.2	9.8	+1.2	12.3	+1.5	15.3	+1.8	19.1	+2.2	23.7	+2.6	29.4	+3.2	—	—

	项目	要求		项目	温度/℃	环应力/MPa	时间/h	要求
物理性能	密度 $\rho/(kg/m^3)$	1330~1460	力学性能	静液压试验	20	40.0	1	无破裂、无渗漏
	维卡软化温度(VST)/℃	≥80			20	34.0	100	
	纵向回缩率/%	≤5			20	30.0	1000	
					60	10.0	1000	
	二氯甲烷浸渍试验	试样表面无破坏		落锤冲击性能	0℃(-5℃)			TIR≤10%

注：1. 本产品适用于工业用硬聚氯乙烯管道系统，也适用于承压给排水输送以及污水处理、水处理、石油、化工、电力电子、冶金、电镀、造纸、食品饮料、医药、中央空调、建筑等领域的粉体、液体的输送。

2. 当用于输送易燃易爆介质时，应符合防火、防爆的有关规定。

3. 设计时应考虑输送介质随温度变化对管材的影响，应考虑管材的低温脆性和高温蠕变，建议使用温度范围为-5~45℃。

4. 当用于输送饮用水、食品饮料、医药时，其卫生性能应符合有关规定。

化工用硬聚氯乙烯管件（摘自 QB/T 3802—2009）

表 3-3-25 mm

①许用工作压力			
公称直径 D_e/mm	10~90	110~140	160
工作压力 $p/10^5$Pa	16	10	6

②用于输送 0~40℃酸、碱等腐蚀性液体

③D_e、D'_e 代表管材公称直径

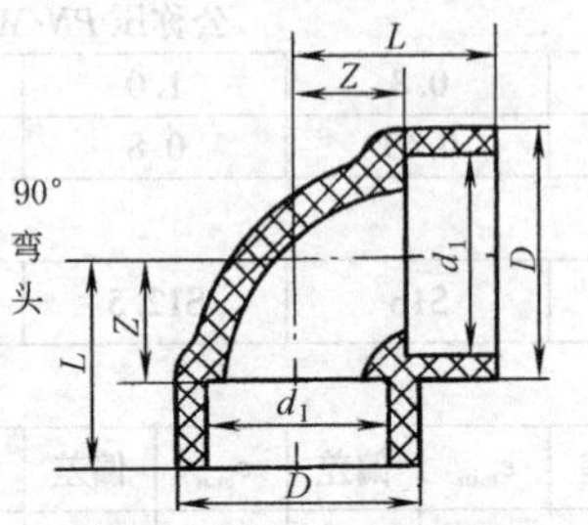

1. 阴 接 头 2. 弯 头

D_e	d_1 基本尺寸	d_1 偏差	d_2 基本尺寸	d_2 偏差	l 基本尺寸	l 偏差	d 基本尺寸	D_{min}	t_{min}	D_e	90° Z	90° L	45° Z	45° L
10	10.3	±0.10	10.1	±0.10	12	±0.5	6.1	14.1	2	10	6±1	18	3±1	15
12	12.3	±0.12	12.1	±0.12	12	±0.5	8.1	16.1	2	12	7±1	19	3.5±1	15.5
16	16.3	±0.12	16.1	±0.12	14	±0.5	12.1	20.1	2	16	9±1	23	4.5±1	18.5
20	20.4	±0.14	20.2	±0.14	16	±0.8	15.6	24.8	2.3	20	11±1	27	5±1	21
25	25.5	±0.16	25.2	±0.16	19	±0.8	19.6	30.8	2.8	25	$13.5^{+1.2}_{-1}$	32.5	$6^{+1.2}_{-1}$	25
32	32.5	±0.18	32.2	±0.18	22	±0.8	25	39.4	3.6	32	$17^{+1.6}_{-1}$	39	$7.5^{+1.6}_{-1}$	29.5
40	40.7	±0.20	40.2	±0.20	26	±1	31.2	49.2	4.5	40	21^{+2}_{-1}	47	9.5^{+2}_{-1}	35.5
50	50.7	±0.22	50.2	±0.22	31	±1	39	61.4	5.6	50	$26^{+2.5}_{-1}$	57	$11.5^{+2.5}_{-1}$	42.5
63	63.9	±0.24	63.3	±0.24	38	±1	49.1	77.5	7.1	63	$32.5^{+3.2}_{-1}$	70.5	$14^{+3.2}_{-1}$	52
75	76	±0.26	75.3	±0.26	44	±1	58.5	92	8.4	75	38.5^{+4}_{-1}	82.5	16.5^{+4}_{-1}	60.5
90	91.2	±0.30	90.4	±0.30	51	±2	70	110.6	10.1	90	46^{+5}_{-1}	97	19.5^{+5}_{-1}	70.5
110	111.3	±0.34	110.4	±0.34	61	±2	94.2	127	8.1	110	56^{+6}_{-1}	117	23.5^{+6}_{-1}	84.5
125	126.5	±0.38	125.5	±0.38	69	±2	107.1	143.9	9.2	125	63.5^{+6}_{-1}	132.5	27^{+6}_{-1}	96
140	141.6	±0.42	140.5	±0.42	77	±2	119.3	162	10.6	140	71^{+7}_{-1}	148	30^{+7}_{-1}	107
160	161.8	±0.46	160.6	±0.46	86	±2.5	145.2	176	7.7	160	81^{+8}_{-1}	167	34^{+8}_{-1}	120

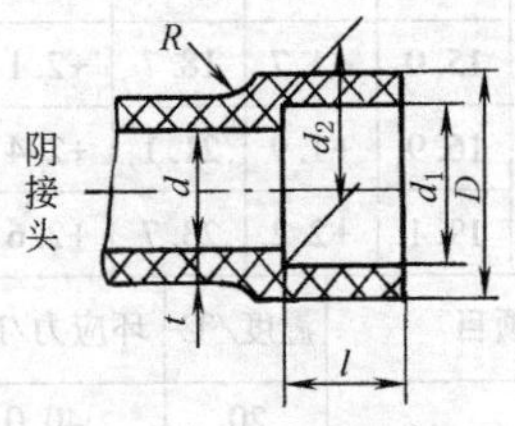

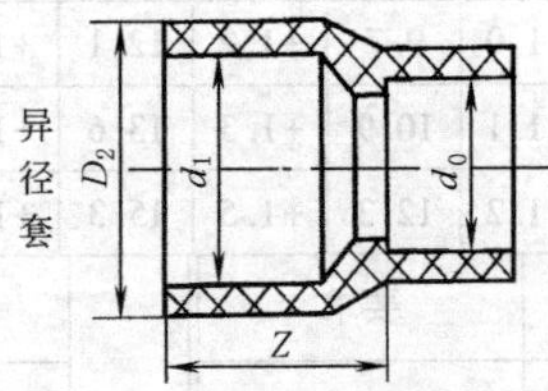

3. 异 径 套

$D_e \times D'_e$	Z	D_2	$D_e \times D'_e$	Z	D_2	$D_e \times D'_e$	Z	D_2
12×10	15±1	16±0.2	20×12	21±1	25±0.3	32×16	30±1	40±0.4
16×10	18±1	20±0.3	25×12	25±1	32±0.3	40×16	30±1.5	50±0.4
20×10	21±1	25±0.3	32×12	30±1	40±0.4	25×20	25±1	32±0.3
25×10	25±1	32±0.3	20×16	21±1	25±0.3	32×20	30±1	40±0.4
16×12	18±1	20±0.3	25×16	25±1	32±0.3	40×20	36±1.5	50±0.4

续表

3. 异　径　套

$D_e \times D_e'$	Z	D_2	$D_e \times D_e'$	Z	D_2	$D_e \times D_e'$	Z	D_2
50×20	44±1.5	63±0.5	90×40	74±2	110±0.8	140×75	111±2	160±1.2
32×25	30±1	40±0.4	63×50	54±1.5	75±0.5	110×90	88±2	125±1.0
40×25	36±1.5	50±0.4	75×50	62±1.5	90±0.7	125×90	100±2	140±1.0
50×25	44±1.5	63±0.5	90×50	74±2	110±0.8	140×90	111±2	160±1.2
62×25	54±1.5	75±0.5	110×50	88±2	125±1.0	160×90	126±2	180±1.4
40×32	36±1.5	50±0.4	75×63	62±1.5	90±0.7	125×110	100±2	140±1.0
50×32	44±1.5	63±0.5	90×63	74±2	110±0.8	140×110	111±2	160±1.2
63×32	54±1.5	75±0.5	110×63	88±2	125±1.0	160×110	126±2	180±1.4
75×32	62±1.5	90±0.7	125×63	100±2	140±1.0	140×125	111±2	160±1.2
50×40	44±1.5	63±0.5	90×75	74±2	110±0.8	160×125	126±2	180±1.4
63×40	54±1.5	75±0.5	110×75	88±2	125±1.0	160×140	126±2	180±1.4
75×40	62±1.5	90±0.7	125×75	100±2	140±1.0			

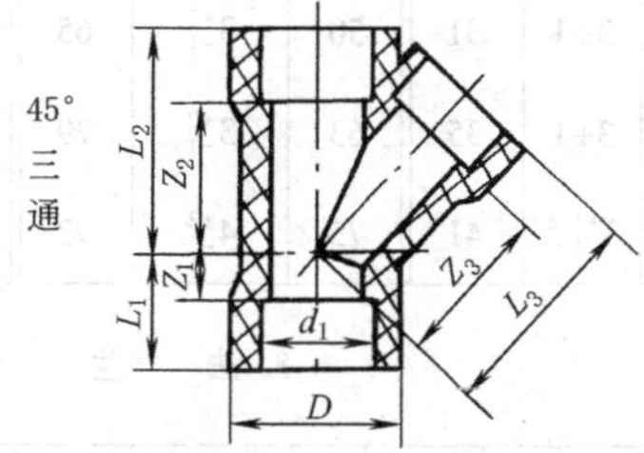

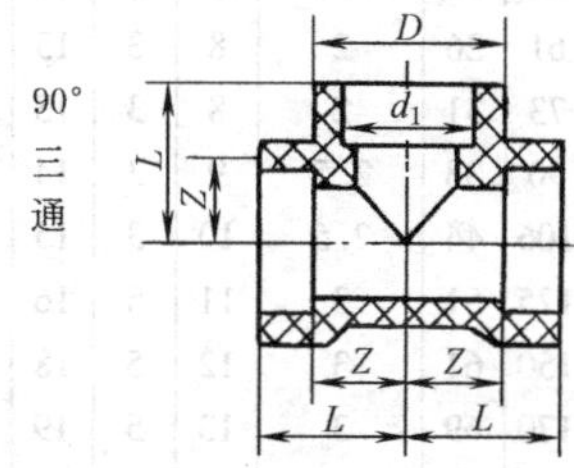

4. 45°　三　通

D_e	Z_1	Z_2	Z_3	L_1	L_2	L_3
20	6^{+2}_{-1}	27±3	29±3	22	43	51
25	7^{+2}_{-1}	33±3	35±3	26	52	54
32	8^{+2}_{-1}	42^{+4}_{-3}	45^{+5}_{-3}	30	64	67
40	10^{+2}_{-1}	51^{+5}_{-3}	54^{+5}_{-3}	36	77	80
50	12^{+2}_{-1}	63^{+6}_{-3}	67^{+6}_{-3}	43	94	98
63	14^{+2}_{-1}	79^{+7}_{-3}	84^{+8}_{-3}	52	117	122
75	17^{+2}_{-1}	94^{+9}_{-3}	100^{+10}_{-3}	61	138	144
90	20^{+3}_{-1}	112^{+11}_{-3}	119^{+12}_{-3}	71	163	170
110	24^{+3}_{-1}	137^{+13}_{-4}	145^{+14}_{-4}	85	198	206
125	27^{+3}_{-1}	157^{+15}_{-4}	166^{+16}_{-4}	96	226	236
140	30^{+4}_{-1}	175^{+17}_{-5}	185^{+18}_{-5}	107	252	262
160	35^{+4}_{-1}	200^{+20}_{-6}	212^{+21}_{-6}	121	286	298

5. 90°　三　通

D_e	Z	L	D_e	Z	L
10	6±1	18	63	$32.5^{+3.2}_{-1}$	70.5
12	7±1	19	75	38.5^{+4}_{-1}	82.5
16	9±1	23	90	46^{+5}_{-1}	97
20	11±1	27	110	56^{+6}_{-1}	117
25	$13.5^{+1.2}_{-1}$	32.5	125	63.5^{+6}_{-1}	132.5
30	$17^{+1.6}_{-1}$	39	140	71^{+7}_{-1}	148
40	21^{+2}_{-1}	47	160	81^{+8}_{-1}	167
50	$26^{+2.5}_{-1}$	57			

续表

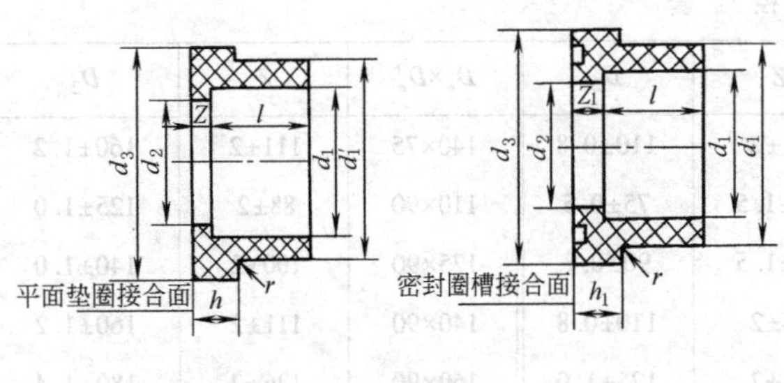

法兰变接头

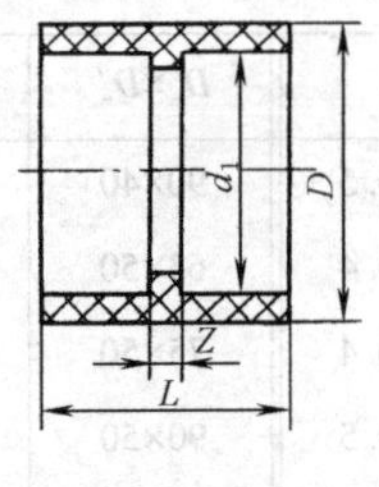

管　套

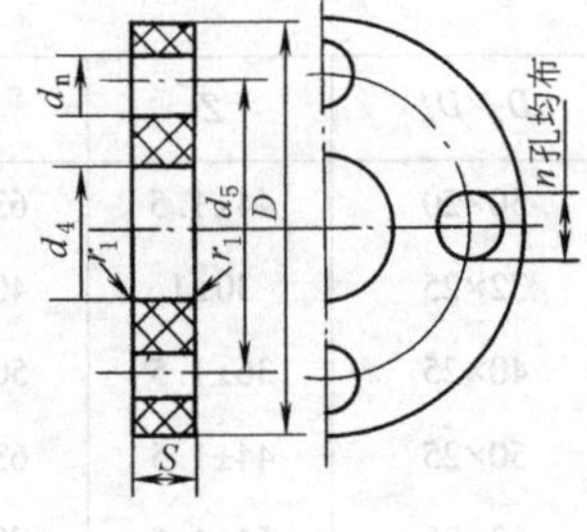

法　兰

6. 法兰变接头

D_e	d_1'	d_2	d_3	l	r_{max}	平面结合面		带槽结合面	
						h	Z	h_1	Z_1
16	22±1	13	29	14	1	6	3	9	6
20	27±0.16	16	34	16	1	6	3	9	6
25	33±0.16	21	41	19	1.5	7	3	10	6
32	41±0.2	28	50	22	1.5	7	3	10	6
40	50±0.2	36	61	26	2	8	3	13	8
50	61±0.2	45	73	31	2	8	3	13	8
63	76±0.3	57	90	38	2.5	9	3	14	8
75	90±0.3	69	106	44	2.5	10	3	15	8
90	108±0.3	82	125	51	3	11	5	16	10
110	131±0.3	102	150	61	3	12	5	18	11
125	148±0.4	117	170	69	3	13	5	19	11
140	165±0.4	132	188	77	4	14	5	20	11
160	188±0.4	152	213	86	4	16	5	22	11

配合使用实例：

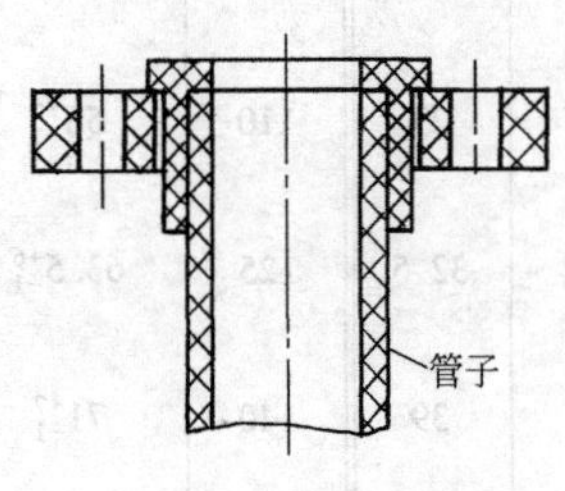

7. 管　套

D_e	Z	L	D_e	Z	L	D_e	Z	L
10	3±1	27	32	$3_{-1}^{+1.6}$	47	90	5_{-1}^{+2}	107
12	3±1	27	40	3_{-1}^{+2}	55	110	6_{-1}^{+3}	128
16	3±1	31	50	3_{-1}^{+2}	65	125	6_{-1}^{+3}	144
20	3±1	35	63	3_{-1}^{+2}	79	140	8_{-1}^{+3}	152
25	$3_{-1}^{+1.2}$	41	75	4_{-1}^{+2}	92	160	8_{-1}^{+4}	180

8. 法　兰

D_e	d_4	D	d_5	r_{1min}	d_n	n	螺栓	S
16	$23_{-0.15}^{0}$	90	60	1	14	4	M12	根据使用温度、压力而定
20	$28_{-0.5}^{0}$	95	65	1	14	4	M12	
25	$34_{-0.5}^{0}$	105	75	1.5	14	4	M12	
32	$42_{-0.5}^{0}$	115	85	1.5	14	4	M12	
40	$51_{-0.5}^{0}$	140	100	2	18	4	M16	
50	$62_{-0.5}^{0}$	150	110	2	18	4	M16	
63	78_{-1}^{0}	165	125	2.5	18	4	M16	
75	92_{-1}^{0}	185	145	2.5	18	8	M16	
90	110_{-1}^{0}	200	160	3	18	8	M16	
110	133_{-1}^{0}	220	180	3	18	8	M16	
125	150_{-1}^{0}	250	210	3	18	8	M16	
140	167_{-1}^{0}	250	210	4	18	8	M16	
160	190_{-1}^{0}	285	240	4	22	8	M20	

注：1. 配合时的最小承插深度为 $1/2D_e$。

2. 2、3、4、5、6、7 中的其他尺寸按阴接头相同尺寸确定，3 的 d_0 按 d_1 相应比例确定。

3. 法兰变接头密封圈槽处均按 O 形橡胶密封圈的公称尺寸配合加工。

4. n 为螺栓数。

2.5 软聚氯乙烯制品

软聚氯乙烯压延薄膜和片材（摘自 GB/T 3830—2008）

表 3-3-26

厚度和宽度极限偏差

厚度极限偏差不超过公称尺寸的±10%。

宽度公称尺寸小于 1000mm 时，极限偏差为±10mm。宽度公称尺寸大于等于 1000mm 时，极限偏差为±25mm。

一般膜和片材物理力学性能

序号	项目		指标						
			雨衣膜	民杂膜	民杂片	印花膜	玩具膜	农业膜	工业膜
1	拉伸强度/MPa	纵向 横向	≥13.0	≥13.0	≥15.0	≥11.0	≥16.0	≥16.0	≥16.0
2	断裂伸长率/%	纵向 横向	≥150	≥150	≥180	≥130	≥220	≥210	≥200
3	低温伸长率/%	纵向 横向	≥20	≥10	—	≥8	≥20	≥22	≥10
4	直角撕裂强度/(kN/m)	纵向 横向	≥30	≥40	≥45	≥30	≥45	≥40	≥40
5	尺寸变化率/%	纵向 横向	≤7	≤7	≤5	≤7	≤6	—	—
6	加热损失率/%		≤5.0	≤5.0	≤5.0	≤5.0	—	≤5.0	≤5.0
7	低温冲击性/%		—	≤20	≤20	—	—	—	—
8	水抽出率/%		—	—	—	—	—	≤1.0	—
9	耐油性		—	—	—	—	—	—	不破裂

注：低温冲击性属供需双方协商确定的项目，测试温度由供需双方协商确定，其试验方法见标准附录 A。

特软膜、高透膜物理力学性能

序号	项目		指标	
			特软膜	高透膜
1	拉伸强度/MPa	纵向 横向	≥9.0	≥15.0
2	断裂伸长率/%	纵向 横向	≥140	≥180
3	低温伸长率/%	纵向 横向	≥30	≥10
4	直角撕裂强度/(kN/m)	纵向 横向	≥20	≥50
5	尺寸变化率/%	纵向 横向	≤8	≤7
6	加热损失率/%		≤5.0	≤5.0
7	雾度/%		—	≤2.0

医用软聚氯乙烯管（摘自 GB/T 10010—2009）

表 3-3-27

项目		外径	内径	壁厚	长度
极限偏差/%		±15	±15	±15	±5
物理力学性能	项目	拉伸强度/MPa	断裂拉伸应度/%	压缩永久变形/%	邵氏(A)硬度
	指标	≥12.4	≥300	≤40	N±3
化学性能	项目	要求			
	还原物质	20mL 检验液与同批空白对照液所消耗的高锰酸钾溶液[$c(KMnO_4)=0.002mol/L$]的体积之差不超过 1.5mL			
	重金属	检验液中重金属的总含量应不超过 1.0μg/mL，镉、锡不应检出			
	酸碱度	检验液与空白液对比，pH 值之差不得超过 1.0			
	蒸发残渣	50mL 检验液蒸发残渣的总量应不超过 2.0mg			
	氯乙烯单体	氯乙烯单体的含量应不大于 1.0μg/g			

注：1. 管材的生物性能应符合国家相应生物学的评价要求。

2. 用于输送流动介质——气体、液体（如血液、药液、营养液、排泄物液体等），邵氏（A）硬度在 40~90 范围内的聚氯乙烯管材（以下简称管材）。

第 3 篇

2.6 聚乙烯制品

聚乙烯（PE）挤出板材的规格及性能（摘自 QB/T 2490—2009）

表 3-3-28

板材规格/mm			技术性能		
项目	尺寸	极限偏差	项目	指标	
厚度 S	2~8	±(0.08+0.03S)	密度/g·cm^{-3}	0.919~0.925	0.940~0.960
宽度	≥1000	±5	拉伸屈服强度(纵横向)/MPa	≥7.0	≥22.0
长度	≥2000	±10	简支梁缺口冲击韧性	无破裂	无破裂
对角线最大差值	每 1000 边长	≤5	断裂伸长率(纵横向)/%	≥200	≥500

给水用聚乙烯（PE）管（摘自 GB/T 13663—2000）

表 3-3-29 mm

PE63 级聚乙烯管材公称压力和规格尺寸					
公称外径 d_n/mm	公称壁厚 e_n/mm				
	公称压力/MPa				
	0.32	0.4	0.6	0.8	1.0
16	—	—	—	—	2.3
20	—	—	—	2.3	2.3
25	—	—	2.3	2.3	2.3
32	—	—	2.3	2.4	2.9
40	—	2.3	2.3	3.0	3.7
50	—	2.3	2.9	3.7	4.6
63	2.3	2.5	3.6	4.7	5.8
75	2.3	2.9	4.3	5.6	6.8
90	2.8	3.5	5.1	6.7	8.2
110	3.4	4.2	6.3	8.1	10.0
125	3.9	4.8	7.1	9.2	11.4
140	4.3	5.4	8.0	10.3	12.7
160	4.9	6.2	9.1	11.8	14.6
180	5.5	6.9	10.2	13.3	16.4
200	6.2	7.7	11.4	14.7	18.2
225	6.9	8.6	12.8	16.6	20.5
250	7.7	9.6	14.2	18.4	22.7
280	8.6	10.7	15.9	20.6	25.4
315	9.7	12.1	17.9	23.2	28.6
355	10.9	13.6	20.1	26.1	32.2
400	12.3	15.3	22.7	29.4	36.3
450	13.8	17.2	25.5	33.1	40.9
500	15.3	19.1	28.3	36.8	45.4
560	17.2	21.4	31.7	41.2	50.8
630	19.3	24.1	35.7	46.3	57.2
710	21.8	27.2	40.2	52.2	
800	24.5	30.6	45.3	58.8	
900	27.6	34.4	51.0		
1000	30.6	38.2	56.6		

管材物理性能要求		
项目		要求
断裂伸长率/%		≥350
纵向回缩率(110℃)/%		≤3
氧化诱导时间(200℃)/min		≥20
耐候性① (管材累计接受≥3.5GJ/m^2 老化能量后)	80℃静液压强度(165h)	不破裂,不渗漏
	断裂伸长率/%	≥350
	氧化诱导时间(200℃)/min	≥10

① 仅适用于蓝色管材。

注:1. 本标准的管材适用于温度不超过 40℃,一般用途的压力输水,以及饮用水的输送。

2. 由于篇幅所限,PE80APE100 材料的管材未录入。

3. 用于饮用水输配的管材卫生性能应符合 GB/T 17219 的规定。

2.7 聚四氟乙烯制品

聚四氟乙烯板、管、棒的规格

表 3-3-30

mm

聚四氟乙烯板（QB/T 3625—2009）

牌号	厚度	偏差	宽度×长度
SFB-3 SFB-2 SFB-1	0.5	±0.08	60、90 120、150 200、250 300、600 1000、1200 1500 ×(≥500)
	0.6	±0.09	
	0.7	±0.11	
	0.8	±0.12	
	0.9	±0.14	
	1.0	±0.20	同上 120×120 160×160 200×200 250×250
	1.2	±0.24	
	1.5	±0.30	
	2、2.5、3、4、5、6、7、8、9、10、11、12、13、14、15、16、17、18、19、20、22、24、26、28、30、32、34、36、38、40、45、50、55、60、65、70、75	见 QB/T 3625—2009	120×120 160×160 200×200 250×250 300×300 400×400 450×450
	80、85、90、95、100		300×300 400×400 450×450
	0.8、1.0、1.2、1.5		直径(圆形板) 100、120、140、160、180、200、250

SFB-1 用于电器绝缘

SFB-2 用于腐蚀介质中的衬垫、密封件及润滑材料

SFB-3 用于腐蚀介质中的隔膜与视镜

聚四氟乙烯管（QB/T 3624—2009）

牌号	内径	偏差	壁厚	偏差	长度
SFG-1	0.5、0.6、0.7、0.8、0.9、1.0	±0.1	0.2 0.3	±0.06 ±0.08	≥200
	1.2、1.4、1.6、1.8、2.0、2.2、2.4、2.6、2.8	±0.2	0.2 0.3 0.4	±0.06 ±0.08 ±0.10	
	3.0、3.2、3.4、3.6、3.8、4.0	±0.3	0.2 0.3 0.4 0.5	±0.06 ±0.08 ±0.10 ±0.16	
	2.0	±0.2	1.0	±0.30	
	3.0、4.0	±0.3			
SFG-2	5.0、6.0、7.0、8.0	±0.5	0.5 1.0 1.5 2.0		
	9.0、10.0、11.0、12.0	±0.5	1.0 1.5 2.0		
	13.0、14.0、15.0、16.0、17.0、18.0、19.0、20.0	±1.0	1.5 2.0		
	25.0、30.0	±1.0	1.5 2.0		
		±1.5	2.5		

用于绝缘及输送腐蚀流体导管

聚四氟乙烯棒（QB/T 4041—2010）

牌号	直径	偏差	长度
Ⅰ型-T	3、4、5、6	+0.4 0	≥100
Ⅱ型-D	7、8、9、10、11、12	+0.6 0	
Ⅱ型	13、14、15、16、17、18	+0.7	
	20、22、25	+1 0	
	30、35、40、45、50	+1.5 0	
	55、60、65、70、75、80、85、90、95	+4.0 0	
	100、110、120、130、140	+5.0 0	

用于各种腐蚀性介质中工作的衬垫、密封件和润滑材料，以及在各种频率下使用的电绝缘零件

聚四氟乙烯制品的物理力学性能

表 3-3-31

项目	指标							
	聚四氟乙烯板(QB/T 3625—2009)			聚四氟乙烯管(QB/T 3624—2009)			聚四氟乙烯棒(QB/T 4041—2010)	
	SFB-1	SFB-2	SFB-3	SFG-1		SFG-2	SFB-1	SFB-2
密度/g·cm^{-3}	2.1~2.3	2.1~2.3	2.1~2.3	—		2.1~2.3	2.1~2.3	2.1~2.3
拉伸强度/MPa	≥15	≥15	≥15	25		15	≥15	≥10
断裂伸长率/% ≥	≥150	≥150	≥30	100		150	≥160	≥130
交流击穿电压/kV ≥	10	—	—	壁厚 0.2mm	6	—	—	
				壁厚 0.3mm	8			
				壁厚 0.4mm	10			
				壁厚 0.5mm	12			
				壁厚 1.0mm	18			

2.8 有机玻璃

浇铸型工业有机玻璃板材（摘自 GB/T 7134—2008）

表 3-3-32

		板材			
厚度/mm	尺寸	1.5	2、2.5、2.8、3	3.5、4、4.5、5、6、8	9、10
	偏差(优等品)	±0.2	±0.4	±0.5	±0.6

厚度/mm	尺寸	11、12	13	15、16	18	20、25	30、35	40、45	50
	偏差(优等品)	±0.7	±0.8	±1.0	±1.8	±0.5	±1.7	±2.0	±2.5

物理力学性能指标

项目		指标	
		无色	有色
拉伸强度/MPa		≥70	≥65
拉伸断裂应变/%		≥3	—
拉伸弹性模量/MPa		≥3000	—
简支梁无缺口冲击强度/(kJ/m^2)		≥17	≥15
维卡软化温度/℃		≥100	—
加热时尺寸变化(收缩)/%		≤2.5	—
总透光率/%		≥91	—
420nm 透光率(厚度 3mm)/%	氙弧灯照射之前	≥90	—
	氙弧灯照射 1000h 之后	≥88	

2.9 尼龙制品

尼龙 1010 棒材及管材规格（摘自 JB/ZQ 4196—2006）

表 3-3-33

棒材																
直径/mm	10	12	15	20	25	30	40	50	60	70	80	90	100	120	140	160
偏差/mm	+1.0 0	+1.5 0		+2.0 0		+3.0 0					+4.0 0			+5.0 0		

管材													
外径×壁厚/mm		4×1	6×1	8×1	8×2	9×2	10×1	12×1	12×2	14×2	16×2	18×2	20×2
偏差/mm	外径	±1.0			±0.5		±0.1		±0.15				
	壁厚	±1.0			±0.15		±0.1		±0.15				

尼龙 1010 棒材及其他尼龙材料性能（摘自 JB/ZQ 4196—2006）

表 3-3-34

性能			尼龙 1010 棒材	尼龙 66 树脂	玻纤增强尼龙 6 树脂	MC 尼龙
密度/(g/cm^3)			1.04～1.05	1.10～1.14	1.30～1.40	1.16
抗拉屈服强度/MPa		≥	49～59	59～79	118	90～97
断裂强度/MPa		≥	41～49	—	—	—
相对伸长率/%		≥	160～320	—	—	—
拉伸弹性模量/MPa		≥	0.18×10^4～0.22×10^4	—	—	0.36×10^4
抗弯强度/MPa		≥	67～80	98～118	196	152～171
弯曲弹性模量/MPa		≥	0.11×10^4～0.14×10^4	0.2×10^4～0.3×10^4	—	0.42×10^4
抗压强度/MPa		≥	470～570(46～56)	79	137	107～130
抗剪强度/MPa		≥	400～420(39～41)	—	—	—
布氏硬度/HB		≥	7.3～8.5	10	12	14～21
冲击韧度/(J/cm^2) ≥	缺口		1.47～2.45	0.88	1.47	—
	无缺口		不断	4.9～9.8	4.9～7.9	>5

	特性和用途
尼龙 1010 棒材	尼龙 1010 是一种新型聚酰胺品种，它具有优良的减摩、耐磨和自润滑性，且抗霉、抗菌、无毒、半透明，吸水性较其他尼龙品种小，有较好的刚性、力学强度和介电稳定性，耐寒性也很好，可在-60～+80℃下长期使用；做成零件有良好的降噪性，运转时噪声小；耐油性优良，能耐弱酸、弱碱及醇、酯、酮类溶剂，但不耐苯酚、浓硫酸及低分子有机酸的腐蚀。尼龙 1010 棒材主要用于切削加工制作成螺母、轴套、垫圈、齿轮、密封圈等机械零件，以代替铜和其他金属制件
尼龙 1010 管材	性能同上。主要用作机床输油管（代替钢管），也可输送弱酸、弱碱及一般腐蚀性介质；但不宜与酚类、强酸、强碱及低分子有机酸接触。可用管件连接，也可用粘接剂粘接；其弯曲可用弯卡弯成 90°，也可用热空气或热油加热至 120℃弯成任意弧度。使用温度为-60～+80℃，使用压力为 9.8～14.7MPa
MC 尼龙	强度、耐疲劳性、耐热性、刚性均优于尼龙 6 及尼龙 66，吸湿性低于前者。耐磨性好，能直接在模型中聚合成型。宜浇铸大型零件，如大型齿轮、蜗轮、轴承及其他受力零件等。摩擦因数为 0.15～0.30。适宜于制作在较高负荷、较高的使用温度（最高使用温度不大于 120℃）、无润滑或少润滑条件下工作的零件

2.10 泡沫塑料

泡沫塑料制品的规格、性能及用途

表 3-3-35

名　　称	性　　能	用　　途	制品型式及规格/mm
聚苯乙烯泡沫塑料	质轻,保温,隔热,吸声,防振性能好,吸湿性小,耐低温性好,耐酸、碱好,有一定的弹性,易于加工	作为吸声、保温、隔热、防振材料以及制冷设备、冷藏装备的隔热材料	板材:厚度≤100 管材:(ϕ20×35)~(ϕ426×60)
硬质聚氨酯泡沫塑料	机械强度高,热导率低,吸湿性小,耐油,隔声,绝热,绝缘,防振,防潮	作为雷达天线罩的夹层材料,飞机、船舶、火车防振隔声材料,保温、保冷材料,各种设备、仪器、仪表的包装材料	按需方要求可供各种规格的板材、管材
聚氯乙烯泡沫塑料	密度小,吸湿性小,隔声,绝热,不燃,防潮,防振,耐酸、碱,耐油	作为救生工具以及造船、交通运输、建筑和冷冻设备等工业方面的绝热保温材料	板材,长、宽、厚尺寸由供需双方商定
脲醛泡沫塑料	质轻,密度小,热导率低,价格较廉。缺点是吸湿性大,机械强度较低	用于夹层中作为填充保温、隔热、吸声材料	板材
聚乙烯泡沫塑料	质轻,吸湿性小,柔软,有一定弹性,隔热,吸声性好,耐化学腐蚀	作为保温、隔热、吸声、防振等材料	板材

注:产品详细规格可与相关制造厂联系。

泡沫塑料的物理力学性能

表 3-3-36

名　　称		密度/kg·m^{-3}	拉伸强度/kPa	回弹率/% ≥	撕裂强度/N·cm^{-1} ≥	形变10%时压缩应力/kPa ≥	吸水率(体积分数)/% ≤	水蒸气透湿系数(23℃±2℃至85%RH)/ng·Pa^{-1}·m^{-1}·s^{-1} ≤	热导率/W·m^{-1}·K^{-1} ≤	尺寸稳定性(70℃,48h) ≤	断裂伸长率/% ≥
隔热用聚苯乙烯泡沫塑料(QB/T 3807—1999)	Ⅰ类	15				60	6	9.5	0.041	5	
	Ⅱ类	20				100	4	4.5			
隔热用硬质聚氨酯泡沫塑料(QB/T 3806—1999)		30				100	4	6.5	0.022~0.027	5	
硬质聚氯乙烯泡沫塑料板材(QB/T 1650—1992)	Ⅰ类	34~45	400			100			0.044	5	
	Ⅱ类	>45	450			200					
高回弹软质聚氨酯泡沫塑料(QB/T 2080—2010)	HR-Ⅰ型	40	80	60	1.75			75%压缩永久变形≤10%			100
	HR-Ⅱ型	65	100	55	2.5						90
高发泡聚乙烯挤出片材(QB/T 2188—2009)			纵/横 200/100		纵/横 20/4			热收缩率(70℃) 2.5/2.0(纵/横)			80

注:QB/T 3807、QB/T 3806 及 QB/T 1650 未查到新标准(表列)供参考。

泡沫塑料的化学性能

表 3-3-37

名称	液体名称	作用情况 室温	作用情况 60℃
聚苯乙烯泡沫塑料	乙酸乙酯	能溶	—
	乙醚	能溶	—
	丙酮	能溶	—
	四氯化碳	能溶	—
	松节油	能溶	—
	苯	能溶	—
	甲醇	不溶	不溶
	乙醇	不溶	逐步能溶
	矿物油	不溶	逐步能溶
	蓖麻油	不溶	逐步能溶
	70%乙酸	不溶	逐步能溶

名称	液体名称	作用情况
聚苯乙烯泡沫塑料	盐水	无作用
	36%盐酸	无作用
	48%硫酸	无作用
	95%硫酸	表面部分变黄
	浓氨水	无作用
	68%硝酸	无作用
	90%磷酸	无作用
	40%氢氧化钠	无作用
	5%氢氧化钾	无作用
硬质聚氯乙烯泡沫塑料	20%盐酸	浸 24h 无变化
	45%氢氧化钠	浸 24h 无变化
	1 级汽油	浸 24h 无变化

名称	液体名称	作用情况
聚乙烯泡沫塑料	30%硫酸	无作用
	10%盐酸	无作用
	10%硝酸	无作用
	10%氢氧化钾	无作用
	3%过氧化氢	无作用
	95%乙醇	无作用
	丙酮	无作用
	乙酸乙酯	无作用
	二氯乙烷	稍胀
	庚烷	轻微溶胀
	甲苯	轻微溶胀
	汽油	轻微溶胀

3 玻　璃

钢化玻璃（摘自 GB/T 15763.2—2005）

表 3-3-38

<table>
<tr><td colspan="3" rowspan="2">种　类</td><td colspan="10">建筑用和建筑以外用钢化玻璃</td></tr>
<tr><td colspan="9">平面钢化玻璃</td><td>曲面钢化玻璃</td></tr>
<tr><td rowspan="2">厚度/mm</td><td colspan="2">尺　寸</td><td>3</td><td>4</td><td>5</td><td>6</td><td>8</td><td>10</td><td>12</td><td>15</td><td>19</td><td rowspan="2">同平面钢化玻璃</td></tr>
<tr><td colspan="2">偏　差</td><td colspan="4">±0.2</td><td colspan="2">±0.3</td><td>±0.4</td><td>±0.6</td><td>±1.0</td></tr>
<tr><td rowspan="4">长度、宽度/mm</td><td colspan="2">尺寸</td><td colspan="9">供需双方商定</td><td rowspan="4">形状和边长的允许偏差、吻合度由供需双方商定</td></tr>
<tr><td rowspan="3">偏差</td><td>≤1000</td><td colspan="4">+1
−2</td><td colspan="3">+2
−3</td><td>±4</td><td>±5</td></tr>
<tr><td>>1000，≤2000</td><td colspan="7">±3</td><td>±4</td><td>±5</td></tr>
<tr><td>>2000，≤3000</td><td colspan="8">±4</td><td>±6</td></tr>
</table>

技　术　要　求

项目	种　类	尺寸偏差	外观质量	弯曲度	抗冲击性	碎片状态	霰弹袋冲击性能	透射比	抗风压性能
检查和试验项目	建筑用钢化玻璃	●	●	●	●	●	●	供需方商定	供需方商定
	建筑以外用钢化玻璃	●	●	●	●	●	—	供需方商定	—
特点及用途		钢化玻璃是将玻璃进行淬火处理或用化学方法处理所得的制品，除具有普通平板玻璃的透明度外，还具有热稳定性、耐冲击性和机械强度高的特点。钢化玻璃破碎后，碎片小且无锐角，因此使用比较安全。用于制作长期受振动和可能受冲击的汽车、火车、船舶的门窗玻璃和司机室的挡风玻璃、建筑物门窗、工业部门的观察玻璃、保护玻璃等							

注：1. ●表示需进行的试验项目。

2. 玻璃开孔孔径一般不小于板厚，孔径小于 4mm 需由供需双方商定。

普通平板玻璃尺寸（摘自 GB/T 11614—2009）

表 3-3-39　　mm

公称厚度	2、3、4、5、6	8、10、12	15	19	22、25
厚度偏差	±0.2	±0.3	±0.5	±0.7	±1.0
厚薄差	0.2	0.3	0.5	0.7	1.0

平端玻璃直管

表 3-3-40

公称直径 /mm	外　径 /mm	壁　厚 /mm	质　量 /kg·m^{-1}	使用压力 /MPa	管内外温差 /℃	长　　度 /m
15	21_{-1}^{0}	2.5±0.5	0.36	1.2	75	1、1.5、2
20	27_{-1}^{0}	3.0±0.5	0.57	1.0	75	1、1.5、2
25	33_{-1}^{0}	3.5±0.5	0.82	1.0	75	1、1.5、2
40	50_{-2}^{0}	4.5±1.0	1.61	0.7	70	1.5、2、2.5、3、3.5
50	62_{-2}^{0}	5.0±1.0	2.23	0.6	65	1.5、2、2.5、3、3.5
65	78_{-3}^{0}	5.5±1.0	3.27	0.6	65	1.5、2、2.5、3、3.5
80	93_{-3}^{0}	6.0±1.0	4.22	0.5	60	1.5、2、2.5、3、3.5
100	116_{-3}^{0}	7.0±1.0	6.05	0.4	60	1.5、2、2.5、3、3.5

扩口玻璃管

表 3-3-41

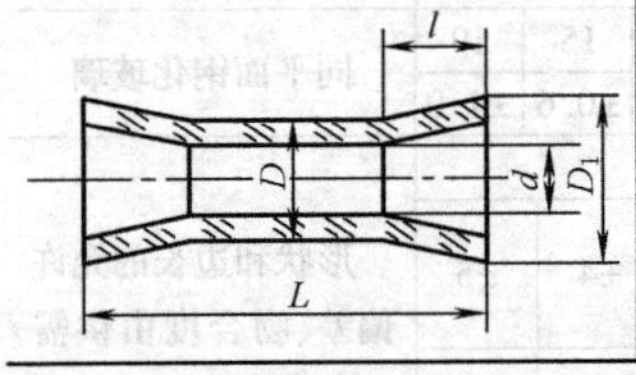

简　　图	内　径 d/mm	外　径 D/mm	扩口外径 D_1/mm	扩口长度 l/mm	管　长 L/m	工作压力 /MPa
	25	32	40	20	1.0、1.5、2.0	0.3
	40	45	53	20	1.0、1.5、2.0	0.25
	50	58	68	25	1.0、1.5、2.0	0.2
	65	74	84	25	1.0、1.5	0.2
	80	89	99	25	1.0、1.5	0.2
	100	110	122	30	1.0	0.15

水位计玻璃板

表 3-3-42

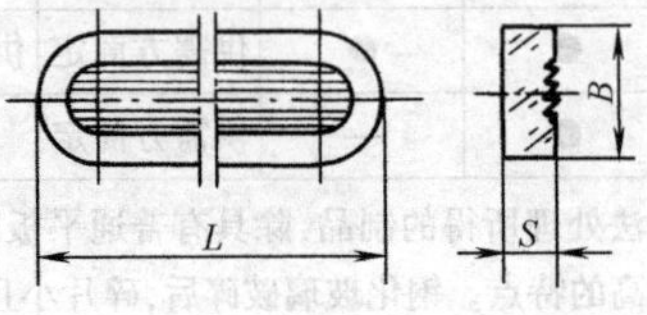

简　　图	L/mm	B/mm	S/mm
	216 218 250 280 320 340	34	17

材　料	耐　压 /MPa	耐　温 /℃	急变温度 /℃	抗弯强度 /MPa	抗水性 /mg·dm^{-2}	抗碱性 /mg·dm^{-2}
硼硅玻璃	≤5	≥320	≥260	≥80	≤0.15	≤60

液位计用透明石英玻璃管（摘自 JC/T 225—2012）

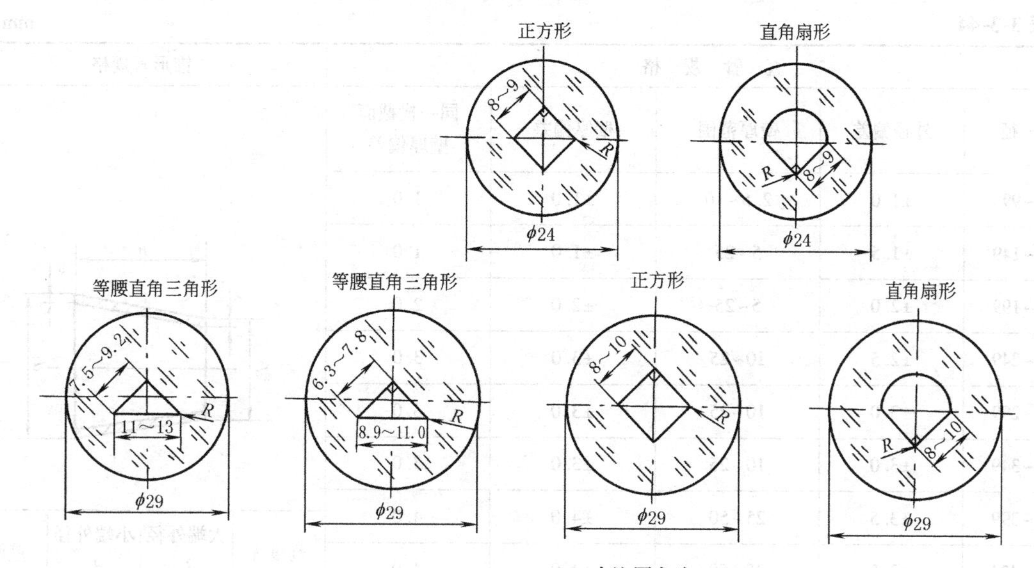

未注圆角为 $R1\sim2$

低压型多色液位管　　中、高压型多色液位管

表 3-3-43　　mm

产品类型	名　称	内孔形状	外径及偏差	内　径	长　度	椭圆度	偏壁度	适用范围
低压型	单色液位管	圆　形	$\phi20^{-0.2}_{-0.4}$	$\phi8\sim10$	260~1700	≤0.1	≤0.3	工作压力小于 2.5MPa　工作温度 -40~450℃
			$\phi40^{-0.2}_{-0.4}$	$\phi27\sim30$	260~1700	≤0.1	≤0.3	
	多色液位管	三角形（等腰直角）	$\phi29^{-0.2}_{-0.4}$	7.5~9.2（直角边长）	260~1700	≤0.1	—	
中、高压型	单色液位管	圆　形	$\phi24^{-0.2}_{-0.4}$	$\phi8\sim10$	260~1000	≤0.1	≤0.3	工作压力小于 6.4MPa　工作温度 -40~450℃
	多色液位管	正方形	$\phi24^{-0.2}_{-0.4}$	8~9（边长）	260~1700	≤0.1	—	
		扇　形（直角）	$\phi24^{-0.2}_{-0.4}$	8~9（边长）	260~1700	≤0.1	—	
		三角形（等腰直角）	$\phi29^{-0.2}_{-0.4}$	6.3~7.8（直角边长）	260~1300	≤0.1	—	
		正方形	$\phi29^{-0.2}_{-0.4}$	8~10（边长）	260~1300	≤0.1	—	
		扇　形（直角）	$\phi29^{-0.2}_{-0.4}$	8~10（边长）	260~1300	≤0.1	—	

注：1. 单色液位管的内孔为圆形，只能显示液位，多色液位管的内孔为异形，利用边、角成像，气液界面显示清楚。

2. 表中所规定外径偏差及椭圆度是指管子两端长度为 100mm 以内的密封端，管子其他部位的外径上偏差定为-0.2mm，下偏差定为-0.7mm，椭圆度定为≤0.3mm。

3. 管弯曲度不得超过管长的 1/1000。

不透明石英玻璃制品（摘自 JC/T 182—2011）

表 3-3-44 mm

直管规格					锥形管规格			
外　径	外径偏差	壁厚范围	壁厚偏差	同一横截面壁厚偏差				
75～99	±1.0	2.5～10	±1.0	1.0				
100～149	±1.5	5～25	±1.0	1.0				
150～199	±2.0	5～25	±2.0	2.0				
200～249	±2.5	10～25	±3.0	3.0				
250～299	±3.0	10～25	±3.0	3.0				
300～349	±3.0	10～25	±3.0	3.0				
350～399	±3.5	25～50	±4.0	4.0	高度 h	大端外径 d_1	小端外径 d_2	壁厚 s
400～424	±3.5	25～50	±4.0	4.0				
425～459	±4.0	25～50	±5.0	5.0	500±5	300±3	270±3	20±5
460～500	±5.0	25～50	±5.0	5.0	610±5	370±3	270±3	20±5
长度由供需双方商定					660±5	380±3	270±3	20±5

弯　管

大弯头　　　小弯头

型式	外径 d_1	外径 d_2	L_1	L_2	L_3	壁厚 s
大弯头	75±1.5	80±1.5				5±1.5
小弯头	75±1.5	50±1.5	570±3	350±5	240±5	5±1.5

玻　璃　砖

长度 L	宽度 H	厚度 B	偏差
200	150～200	250～300	±5
300	150～200	250～300	±5
400	150～200	250～300	±5
500	150～200	250～300	±5
600	150～200	250～300	±5
700	150～200	250～300	±5
800	150～200	250～300	±5
900	150～200	250～300	±5
1000	150～200	250～300	±5

不透明石英玻璃板材	圆板	最大规格：φ(550±5)×(30±3)
	矩形板	最大规格：(800±5)×(550±5)×(30±3)

注：1. 不透明石英玻璃板材、管材的 SiO_2 含量应不小于 99.5%，玻璃砖的 SiO_2 含量应不小于 99%。
2. 热稳定试验：一组三个试样于 1100℃下恒温 30min 后，置于空气中冷却至室温，不出现裂纹。
3. 不透明石英玻璃制品用于耐电压、耐高温、耐强酸及对热稳定性有一定要求的场合。
4. 有色冶金工业用电除尘器、电除雾器上的石英管要求击穿电压达 180kV/mm。
5. 本标准中未明确规定，可咨询厂家。

第 3 篇

4 陶瓷制品

陶瓷制品的分类、特点与用途

表 3-3-45

分类名称		制造原料	主要特性	用途
传统陶瓷（普通陶瓷）	日用陶瓷	黏土、石英、长石、滑石等	有较好的热稳定性、致密度、强度和硬度	生活器皿
	建筑陶瓷	黏土、长石、石英等	有较好的吸湿性、耐磨性、耐酸碱腐蚀性	铺设地面、输水管道、装置卫生间等
	电瓷	一般采用黏土、长石、石英等配制	介电强度高，抗拉、抗弯强度较好，耐冷热急变	隔电、机械支持以及连接配电、输电线路
	化工陶瓷（耐酸陶瓷）	黏土、焦宝石（熟料）、滑石、长石等	耐腐蚀性能好，不易氧化，耐磨，不污染介质	石油化工、冶炼、造纸、化纤等工业防腐设备
	多孔陶瓷（过滤陶瓷）	原料品种多，如刚玉、碳化硅、石英质等均可作骨料	具有微孔结构，能过滤、净化流体，耐高温，耐化学腐蚀	液体过滤、气体过滤、散气、隔热保温、催化剂载体、辐射板
新型陶瓷（特种陶瓷）	装置瓷	高铝原料或滑石、菱镁矿、尖晶石等	介电常数和介质损耗小，机械强度较高	无线电设备中的高频绝缘子、插座、瓷轴等
	电容器陶瓷	原料品种多，如二氧化钛、钛酸盐、锡酸盐、氟化钙	介电常数大，高频损耗小，比体积电阻和介电强度高	电容器的介质
	透明铁电陶瓷（光电陶瓷）	主要成分为掺镧的锆钛酸铅或铪钛酸铅	具有电控光散射和双折射效应	光阀、光闸或电控多色滤色器
			具有光色散效应	光存储和显示材料
	压电陶瓷	钛酸钡、钛酸钙、钛酸铅、锆酸铅，外加各种添加物	有良好的压电性能，能将电能和机械能互相转换	滤波器、电声器件、超声和水声换能器等
	磁性陶瓷（铁氧体）	生产方法多，主要采用氧化物法，以各种氧化物作原料	比金属磁性材料的涡流损失小、介质损耗低、高频磁导率高	高频磁芯、电声器件、超高频器件（磁控管、环行器等）、电子计算机中的磁性存储器等
	电解质瓷	氧化铝、氧化锆（掺有金属氧化物作稳定剂）、氧化铈、氧化钍等	常温下对电子有良好的绝缘性，在一定温度和电场下对某些离子有良好的离子导电性	钠硫电池的隔膜材料、电子手表和高温燃料的电池材料、氧量分析器的检测元件
	半导体陶瓷	原料品种多，主要采用氧化物再掺入各种金属元素或金属氧化物	具有半导体的特性，对热、光、声、磁、电压或某种气体变化等有特殊的敏感性	各种敏感元件，如热敏电阻、光敏电阻、压敏电阻、力敏电阻以及各种气敏元件、湿敏元件，半导体电容器等
	导电陶瓷	氧化锶、氧化铬、氧化镧等复合而成	电导率高，热稳定性好	磁流体发电的电极材料
	高温、高强度、耐磨、耐蚀陶瓷	氧化物陶瓷，以氧化铝或氧化铍、氧化锆为主要成分 非氧化物陶瓷，以氮化硅、氮化硼、碳化硅、碳化硼等为主要成分	热稳定性好、荷重软化温度高、导热性好、高温强度大，化学稳定性高、抗热冲击性好，硬度高、耐磨性好，高频绝缘性佳，有的还具有良好的高温导电性及耐辐照、吸收热中子截面大等特性	电炉发热体、炉膛、高温模具、特殊冶金坩埚、高温器皿、高温轴承、火花塞、燃气轮机叶片、浇注金属用喉嘴、火箭喷嘴、热电偶套管、金属切削刀具及其他耐磨、耐蚀零件、原子能反应堆吸收热中子控制棒等

续表

分类名称		制造原料	主要特征	用途
新型陶瓷(特种陶瓷)	透明陶瓷	氧化物透明陶瓷以氧化铝、氧化钇、氧化镁等为主要成分。非氧化物透明陶瓷以氟化镁、硫化锌等为主要成分	可以通过一定波长范围光线或红外光,具有较好的透明度	高温透镜、红外检测窗和红外元件、高压钠光灯灯管及其他高温碱金属蒸气灯灯管、防弹窗、高温观察窗
	玻璃陶瓷(微晶玻璃)	原料品种多,主要有氧化铝、氧化镁、氧化硅,外加晶核剂	力学强度高、耐热、耐磨、耐蚀、线胀系数为零,并有良好的电特性	望远镜头、精密滚珠轴承、耐磨耐高温零件、微波天线、印制电路板等

耐酸陶瓷(化工陶瓷)性能与制品

表 3-3-46　常用耐酸陶瓷的种类、用途及耐腐蚀性能

种类		主要制品	用途	普通陶瓷耐腐蚀性能			
				介质	浓度(质量分数)/%	温度/℃	耐腐蚀性能
普通耐酸陶瓷	耐酸陶 耐酸耐温陶	耐酸砖、板	砌筑耐酸池、电解电镀槽、造纸蒸煮锅、防酸地面和墙壁、台面等	亚硝酸	任何浓度	—	耐
				硝酸	任何浓度	低于沸腾	耐
				硝酸铅	任何浓度	沸腾	耐
		管道	输送腐蚀性流体和含有固体颗粒的腐蚀性物料	硝酸铵	任何浓度	低于沸腾	耐
				亚硫酸	任何浓度	低于沸腾	耐
				盐酸	任何浓度	低于沸腾	耐
		塔、塔填料	对腐蚀性气体进行干燥、净化、吸收、冷却、反应和回收废气	醋酸	任何浓度	低于沸腾	耐
				蚁酸	任何浓度	沸腾	耐
				乳酸	任何浓度	沸腾	耐
		容器	酸洗槽、电解电镀槽、计量槽	柠檬酸	任何浓度	低于沸腾	耐
				硼酸	任何浓度	沸腾	耐
		过滤器	两相分离或两相结合、渗透、渗析、离子交换	脂肪酸	任何浓度	沸腾	耐
				铬酸	任何浓度	沸腾	耐
				草酸	任何浓度	低于沸腾	耐
	硬质瓷	阀、旋塞	输送腐蚀性流体的管道	硫酸	96	沸腾	耐
				硫酸钠	任何浓度	沸腾	耐
		泵、风机	输送腐蚀性流体	硫酸铅	任何浓度	沸腾	耐
				硫酸铵	任何浓度	沸腾	耐
				硫化氢	任何浓度	沸腾	耐
新型耐酸陶瓷	莫来石瓷	同硬质瓷	同硬质瓷,性能较好	氟硅酸	—	高温	不耐
	75%氧化铝瓷(含铬)			氨	任何浓度	沸腾	耐
				丙酮	100以下	—	耐
	97%氧化铝瓷(刚玉瓷)		同硬质瓷,性能优异	苯	100	—	耐(不使用陶制品)
				氢氟酸	—	—	不耐
				碳酸钠	稀溶液	20	较耐
	氟化钙瓷		耐腐蚀性超过纯氧化铝瓷的20倍,用于耐氢氟酸的零件	氢氧化钠	稀溶液	25	较耐
				氢氧化钠	20	60	较耐
				氢氧化钠	浓溶液	沸腾	不耐

续表

新型耐酸陶瓷的耐腐蚀性能						
介　质	浓度(质量分数)/%	温度/℃	莫　来　石　瓷		97%氧化铝瓷	
			失重/%	腐蚀深度/mm · a^{-1}	失重/%	腐蚀深度/mm · a^{-1}
硫酸	40	沸腾	0.05	0.04	0.13	0.09
	95~98	沸腾	0.16	0.12	0.01	0.01
硝酸	65~68	沸腾	0.03	0.03	0.01	0.01
盐酸	10	沸腾	0.04	0.04	0.02	0.01
	36~38	沸腾	0.05	0.04	0.02	0.01
氢氟酸	40		不耐		0.47	0.06
醋酸	99	沸腾	0.01	0.00	0.01	0.00
氢氧化钠	20	沸腾	0.21	0.16	0.02	0.01
	50	沸腾	2.03	0.63	0.07	0.05
氨	25~28	常温	0.01	0.00	0.00	0.00

注：75%氧化铝瓷（含铬）对95%~98%沸腾硫酸的失重为1%，对50%沸腾氢氧化钠的失重为0.8%。

表 3-3-47　耐酸砖的标准规格及性能（摘自 GB/T 8488—2008）

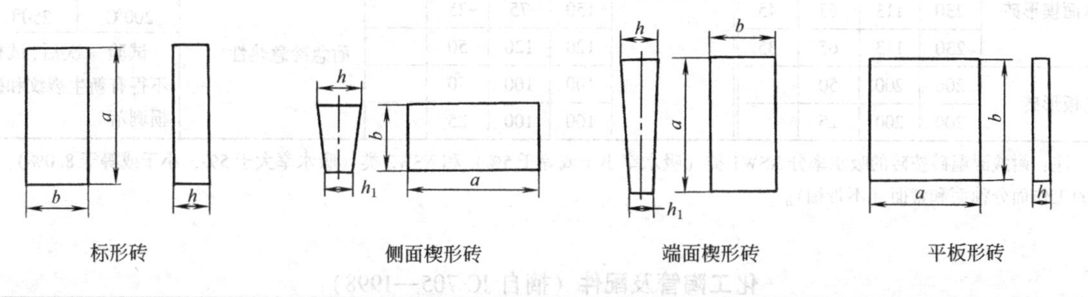

标形砖　　侧面楔形砖　　端面楔形砖　　平板形砖

规格尺寸/mm	标形砖			端面楔形砖				侧面楔形砖				平板形砖						
长 a	230	230	230	230	230	230	230	230	230	230	230	300	200	150	150	100	100	125
宽 b	113	113	113	113	113	113	113	113	113	113	113	300	200	150	75	100	50	125
厚 h	65	40	30	65	65	55	65	65	65	55	65	15~30	15~30	15~30	15~30	10~20	10~20	15
厚 h_1	—	—	—	55	45	45	35	55	45	45	35	—	—	—	—	—	—	—

砖的物理化学性能				
项　目	要　求			
	Z-1	Z-2	Z-3	Z-4
吸水率(A)/%	$0.2 \leqslant A < 0.5$	$0.5 \leqslant A < 2.0$	$2.0 \leqslant A < 4.0$	$4.0 \leqslant A < 5.0$
弯曲强度/MPa	≥58.8	≥39.2	≥29.4	≥19.6
耐酸度/%	≥99.8	≥99.8	≥99.8	≥99.7
耐急冷急热性	温差 100℃	温差 100℃	温差 130℃	温差 150℃
	试验一次后,试样不得有裂纹、剥落等破损现象			

耐酸耐温砖规格及性能（摘自 JC 424—2005）

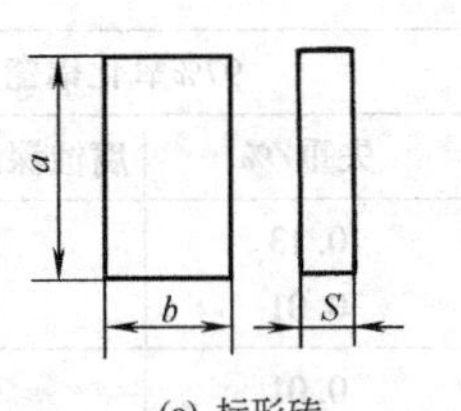

(a) 标形砖

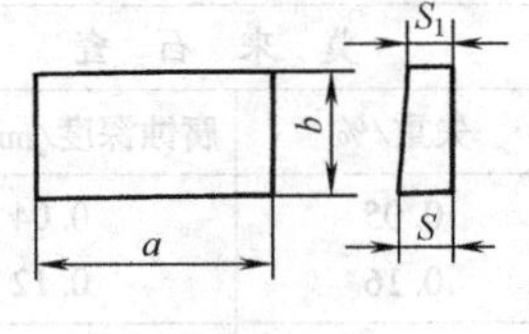

(b) 侧面楔形砖

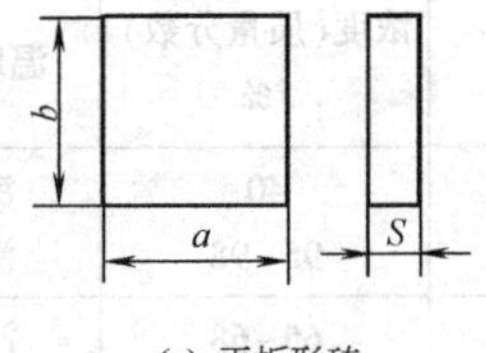

(c) 平板形砖

表 3-3-48

规格										物理化学性能		
制品名称及形状	尺寸/mm				制品名称及形状	尺寸/mm				项目	指标	
	长 a	宽 b	厚 S	厚 S_1		长 a	宽 b	厚 S	厚 S_1		NSW1 类	NSW2 类
标形砖	230	113	65			200	100	50		吸水率/%	≤5.0	>5.0，≤8.0
	230	113	40			200	100	25				
	230	113	30			150	150	50		耐酸度/%	≥99.7	≥99.7
侧面楔形砖	230	113	65	55	平板形砖	150	150	25		抗压缩强度/MPa	≥80	≥60
	230	113	65	45		150	75	25		耐急冷急热性	试验温差 200℃	试验温差 250℃
	230	113	65	35		120	120	50			试验一次后，试样不得有新生裂纹和破损剥落	
平板形砖	200	200	50			100	100	50				
	200	200	25			100	100	25				

注：耐酸耐温砖按砖的吸水率分 NSW1 类（吸水率小于或等于 5%）和 NSW2 类（吸水率大于 5%，小于或等于 8.0%）。按砖的工作面分釉面和素面（不带釉）。

化工陶管及配件（摘自 JC 705—1998）

表 3-3-49 mm

	DN	抗外压强度/kN·m⁻¹	DN	弯曲强度/MPa
性能	50 75	17.7	100	7.8
	100 150	19.6	150	9.8
			吸水率/%	≤8
	200	21.6		
	250	23.5	耐酸度/%	≥98
	341	26.5	耐水压	0.275MPa 并保持 5min 不漏
	400	29.4		
	≥500	按协议要求		

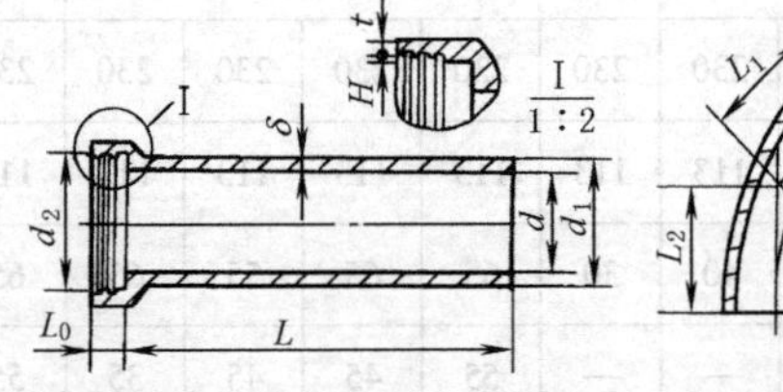

标记示例

公称直径为 100mm、长为 1000mm 直管标记为：直管 DN100×1000 JC 705—1998

公称直径为 100mm 的 90°弯管标记为：弯管 DN100×90° JC 705—1998

直管

DN（内径 d）	50	75	100	150	200	250	300	400	500	600
有效长度 L	300、500		500、600、700、800、1000							
管身壁厚 δ	14		17	18	20	22	24	30	35	40
承口壁厚 t	≥10		≥13		≥16		≥20	≥24	≥28	≥32
承口深度 L_0	≥40		≥50	≥55	≥60		≥70	≥75	≥80	
承插口间隙 $(d_2-d_1)/2$	≥10			≥12	≥15			≥20	≥25	
承口倾斜 H	≈4		≈5			≈6		≈7		

弯管

DN（内径 d）		50	75	100	150	200	250	300	400
$\alpha=30°$	L_1	120	130		140	150	160	180	200
	L_2	140	150		160	180	200	220	250
$\alpha=45°$	L_1	150				200	220	240	300
	L_2	150	220			260	280	300	400
$\alpha=60°$	L_1	150	200		220	300	330		350
	L_2	150	200		220	300	330		350
$\alpha=90°$	L_1	150	220			330	350	380	400
	L_2	150	220			330	350	380	400

续表

Y形三通管

DN	d	L	L_1
50	50	200	110
75	75		140
100	100		160
150	150		230
200	200	400	380

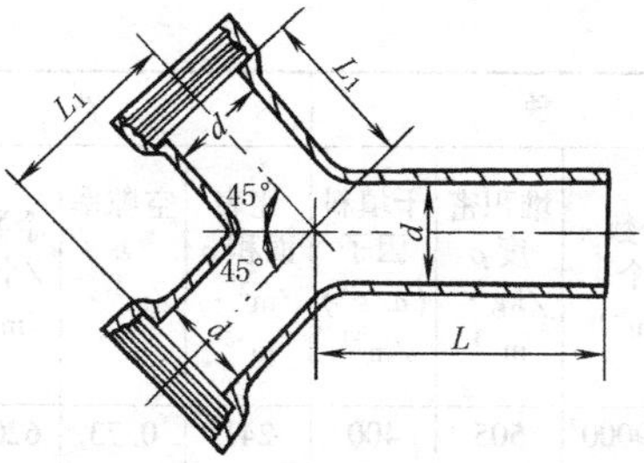

标记示例

公称直径为100mm的Y形三通管标记为：Y形三通管 *DN*100 JC 705—1998

异 径 管

DN	d	d'	L
100×50	100	50	300
100×75		75	
150×75	150	75	
150×100		100	
200×100	200	100	
200×150		150	
250×150	250	150	
250×200		200	
300×200	300	200	
300×250		250	

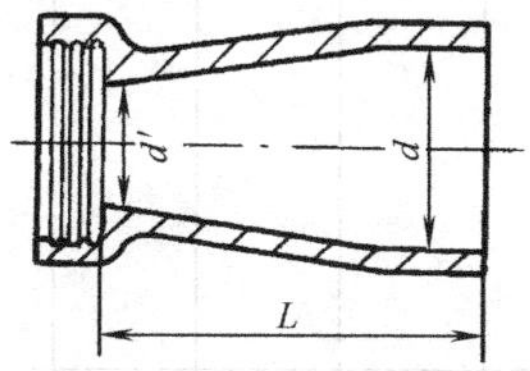

标记示例

公称直径从100~50mm的异径管标记为：异径管 *DN*100×50 JC 705—1998

45°、90°三通管和四通管

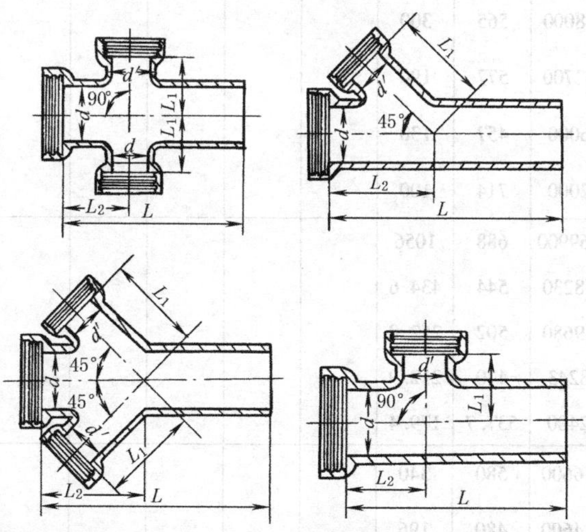

标记示例（三通管与四通管表示类同）

主管内径为100mm、支管内径为50mm的45°四通管标记为：

四通管 *DN*100×50×45° JC 705—1998

DN	主管 d	支管 d'	45° 三通和四通 L	45° L_1	45° L_2	90° 三通和四通 L	90° L_1	90° L_2
50×50	50	50	400	150	180	400	75	250
75×50	75			165	190		85	
75×75		75		180	210		90	
100×50	100	50	500	200	220	500	100	300
100×75		75			230		105	
100×100		100					110	
150×50	150	50		220	250		120	
150×75		75		235	270			
150×100		100		250	290		130	
150×150		150		280	320			
200×50	200	50		280	290		170	
200×75		75		300	310			
200×100		100		320	340		180	
200×150		150		340	375			
200×200		200		410	440			
250×75	250	75		280	290	600	170	
250×100		100		300	310			
250×150		150		320	340		180	
250×200		200		340	375			
250×250		250		410	440			
300×75	300	75		360	370		220	
300×100		100		390	410			
300×150		150		410	430		230	
300×200		200		480	500			
300×300		300		520	570		240	
400×75	400	75	800	420	420	800	250	
400×100		100		450	450			
400×200		200		480	480		260	
400×300		300		530	550		270	
400×400		400		580	620		290	

注：*DN*代表公称直径。

瓷制填料

表 3-3-50

名称	规格 外径×长度×厚度 /mm	堆放 比表面积 a /$m^2 \cdot m^{-3}$	堆放 空隙率 ε /$m^3 \cdot m^{-3}$	堆放 个数 n /个·m^{-3}	堆放 堆积密度 ρ /kg·m^{-3}	堆放 干填料因子 (a/ε^3) /m^{-1}	整放 比表面积 a /$m^2 \cdot m^{-3}$	整放 空隙率 ε /$m^3 \cdot m^{-3}$	整放 个数 n /个·m^{-3}	整放 堆积密度 ρ /kg·m^{-3}	整放 干填料因子 (a/ε^3) /m^{-1}
拉西环	25×25×2.5	190	0.78	49000	505	400	241	0.73	62000	720	629
	40×40×4.5	126	0.75	12700	577	305	197	0.60	19800	898	891
	50×50×4.5	93	0.81	6000	457	177	124	0.72	8830	673	339
	80×80×9.5	76	0.68	1910	750	243	102	0.57	2000	962	564
	100×100×13						65	0.72	1060	930	172
	125×125×14						51	0.68	530	825	165
	150×150×16						44	0.68	318	802	142
十字隔板环	75×75×10								2300	1020	
	100×100×13								950	1140	
	120×120×12									1080	
	150×150×16								280	1000	
螺旋环（单螺旋、三螺旋）	80×80×8								1900	840	
	100×100×10								950	890	
	150×150×13								280	825	
	75×75×8（三螺旋）						140		2200	1250	
鲍尔环（外径≤25mm、外径>25mm）	15×15×2	350	0.70	250000	690	500					
	25×25×2.5	220	0.76	48000	565	300					
	40×40×4.5	140	0.76	12700	577	190					
	50×50×4.5	110	0.81	6000	457	130					
	80×80×8	66	0.75	2000	714	100					
矩鞍环（外径 d）	25×12×1.2	378	0.710	269900	688	1056					
	40×20×3	200	0.772	58230	544	434.6					
	60×30×4	131	0.804	19680	502	252.0					
	80×42×6	105.4	0.791	8243	470	212.9					
	119×53×9	76.3	0.752	2400	537.7	179.4					
异鞍环	ϕ25	270	0.76	76600	580	340					
	ϕ38	190	0.794	24600	480	196					
	ϕ50	140	0.81	9600	460	140					
	ϕ76	120	0.71	2800	552	120					

续表

名称	规格 外径×长度×厚度 /mm	堆放 比表面积 a /$m^2 \cdot m^{-3}$	堆放 空隙率 ε /$m^3 \cdot m^{-3}$	堆放 个数 n /个·m^{-3}	堆放 堆积密度 ρ /kg·m^{-3}	堆放 干填料因子 (a/ε^3) /m^{-1}	整放 比表面积 a /$m^2 \cdot m^{-3}$	整放 空隙率 ε /$m^3 \cdot m^{-3}$	整放 个数 n /个·m^{-3}	整放 堆积密度 ρ /kg·m^{-3}	整放 干填料因子 (a/ε^3) /m^{-1}
阶梯环(米字内筋)	25×17.5×3	250	0.9	74000	530	245					
	30×21×3			46200	650						
	40×28×4			32500	650						
	50×30×5	108.6	0.787	9091	516	223					
	76×45×7	63.4	0.795	2517	426	126					

注：1. 十字隔板环通常用于整砌式作第一层支撑小填料用，压降相对较低，沟流和壁流较少。
2. 表中数据各生产厂家相差较大，选用时请与生产厂家联系。

过滤陶瓷

表 3-3-51　过滤陶瓷种类、特性及应用

种类	适用条件	特性	应用举例
石英质过滤陶瓷	适于酸性、中性气体和液体过滤，无温度急变状况	过滤陶瓷是一种用于过滤和透气的多孔陶瓷，含有大量一定孔径的开口气孔，其气孔率通常为 30%～40%；需要时可高达 60%～70%，气孔半径一般在 0.2～200μm 范围内。过滤陶瓷还具有耐蚀、耐高温、高强度、寿命长、易清洗等特点。可制作的产品有厚度 0.1mm 以下的薄膜、圆板（ϕ700mm）、大管（ϕ150～250mm×1000mm）和薄壁长管（ϕ10mm×2mm×1000mm）等	用于农药生产中氯化氢气体分布、液态氧和干冰分离、污水处理、高压气体过滤、味精发酵液电渗析预滤等
刚玉质过滤陶瓷	适于冷热酸性、中性、碱性气体和液体过滤，有温度急变状况		用于双氧水电解隔膜、电解电镀槽液过滤、高温烟气过滤、热碱液过滤、气动仪表执行机构液体过滤等
硅藻土质过滤陶瓷	适于酸性、中性气体和液体过滤，无温度急变状况		用于尘埃分离、细菌过滤、酸性电解质过滤等
矾土质过滤陶瓷	适于酸性、中性、弱碱性气体和液体过滤，有温度急变状况		用于汽油和柴油过滤、汽车废气处理等
氧化铝质过滤陶瓷	适于冷热酸性、中性、碱性气体和液体过滤，有温度急变状况		用于银锌电池隔膜、油水分离、压缩空气油雾分离、土壤张力计测头等
碳化硅质过滤陶瓷			用于制酸中 SO_2 热气体过滤、潜水泵呼吸器、气体分析过滤器、熔融铝过滤等
素烧陶土质过滤陶瓷	适于无腐蚀性气体和液体过滤，无温度急变状况		用于饮用水过滤、药物生产过滤等

表 3-3-52　过滤陶瓷的物理力学性能

项目	石英质过滤陶瓷	刚玉质过滤陶瓷	硅藻土质过滤陶瓷	矾土质过滤陶瓷	氧化铝质过滤陶瓷	碳化硅质过滤陶瓷	素烧陶土质过滤陶瓷
孔半径/μm	1.4～190	0.22～200	0.5～8	25～55	0.2～0.8	40～100	1.1～8
气孔率(体积分数)/%	30～50	30～55	40～65	—	25～55	32～37	最高达 70
透气度/[$m^3 \cdot cm/(m^2 \cdot h \cdot mmH_2O$①)]	0.08～40	0.0001～58	0.001～0.33	7～10	0.022～0.36	2.3～20	—
体积密度/g·cm^{-3}	1.5～1.8	1.7～2.4	—	—	—	1.9～2.1	0.7～0.85
抗弯强度/MPa	4.9～14.7	19.6～43.2	4.9～30.9	—	39.2～118	—	1.96～4.9
抗压强度/MPa	17.7～39.2	39.2～88.3	—	—	—	39.2～58.8	6.87～12.75
酸蚀失重/%	<2	<1	—	—	2	—	—
碱蚀失重/%	—	<5	—	—	—	—	—
允许使用温度/℃	300 以下	1000短时1400	300 以下	900	1000	900	300
耐热震性②	差	好	差	好	好	好	—

① $1mmH_2O = 9.80665Pa$。
②"差"指 700℃⟹室温水中急冷 1～2 次即裂。"好"指 700℃⟹室温水中急冷 80 次才破裂。

第3篇

表 3-3-53　刚玉质微孔过滤管、板的规格及主要质量指标（陕西省工业陶瓷厂企业标准）

规格/mm				主要质量指标	
	内径	外径	长度	项目	指标
过滤管	85	120	400~1000	耐酸度/%	≥99
	50	80	400	吸水率/%	18~25
过滤板	直径		厚度	气孔率(体积分数)/%	35~45
	1000		10~30	容重/$g\cdot cm^{-3}$	2.2~2.4
	600		20	耐压强度/MPa	49~88.3
	500		20	管内耐水压/MPa	≥1.37

注：刚玉质微孔过滤制品的孔径如下。

孔径/μm	<10	10~25	25~50	>50
含量/%	25~40	20~30	18~25	14~30

耐温、耐磨、耐腐蚀、高强度陶瓷

表 3-3-54

种类	适用最高温度/℃	特性	应用
氧化铝瓷(高铝瓷)	空气 1980 真空 1800 还原气氛 1925	耐高温、高强度、耐磨、耐腐蚀,具有良好的抗氧化性、电绝缘性、真空气密性及透微波特性,对气氛不敏感,硬度很高(低于金刚石、碳化硼、立方氮化硼、碳化硅,居第五位),耐酸碱和其他腐蚀性介质,且高温下也不会氧化,但脆性大,不能承受冲击负荷,不能承受温度急变状况,抗热震性差 微晶刚玉瓷和氧化铝金属瓷是新型氧化铝瓷,其性能明显优于氧化铝瓷	制作高温器皿、电绝缘及电真空器件、磨料、高速切削工具,如熔融金属液坩埚、高温容器、测温热电偶的绝缘套管、内燃机火花塞、电子管外壳、电子管内的绝缘零件、微波功率输出窗口等。微晶刚玉瓷和氧化铝金属瓷可用于金属切削工具、耐磨性能高的零件(金属拉丝模、石油化工用泵及农用水泵的密封环、纺织机高速导纱的零件等)
氧化铍瓷	空气 2400 真空 2000 水汽 1200(挥发)	导热性极好,与金属铝相近,抗热震性优良,介电常数和介质损耗都低于氧化铝瓷,密度较小,粉末和蒸气甚毒	制作高温、高导热、高绝缘及低损耗的各种电子器件,高密度集成电路外壳及基片、大功率气体激光管和晶体管的散热片等
氧化镁瓷	空气 2400 真空 1600 还原气氛 1700~1980	耐高温,抗熔融金属侵蚀,在真空中易挥发,热稳定性差,机械强度低,易水解	制作碱性耐火材料和坩埚,用于冶炼高纯度铁、铁合金、铜、钼、镁等,还可熔化高纯度铀、钍及其合金
氧化锆瓷	空气 2400 真空 2200 还原气氛 1955~2205	耐高温,抗氧化,抗熔融金属侵蚀,室温下为绝缘体,1000℃以上则为导电体	制作熔炼铂、钯、铑等金属的坩埚,1800℃以上的高温发热体,离子导电体材料、氧量分析器等
碳化硅瓷	空气 1400~1500 短时 1600 不活泼气氛 2300 NH_3 <1400	强度高,硬度高,导电性能优良,热稳定性和抗氧化性能均好,高温强度高,热传导性能好,并且具有耐磨、耐蚀、抗蠕变性能好的特点	制作高温、高强度的零件(浇注金属用喉嘴、热电偶套管、炉管等),热传导能力高的零件(高温下的热交换器零件),耐磨耐蚀优良的零件(各种泵的密封圈),高温下导电良好的电热元件等

续表

种类	适用最高温度/℃	特性	应用
氮化硼瓷（六方晶、热压烧结）	空气 1100~1400（氧化严重） He 3000	具有良好的抗热震性、耐热性、化学稳定性和电绝缘性，密度小，在高温下仍有高的电绝缘性、润滑性和导热性，能抗熔融铁、铝、铟、锗、砷、硅、锑、砷化镓和玻璃熔体的侵蚀。烧结后的制品硬度低，能进行机械切削加工	用于制作热电偶套管、半导体散热绝缘件、熔炼半导体的单晶坩埚、一般冶金用的高温容器和管道、高温轴衬耐磨材料、玻璃制品成型模及高频电绝缘材料等
氮化硅瓷（反应烧结或热压烧结两种）	空气 1100~1400 中性气氛 1850 还原气氛 1850	具有良好的耐磨性及自润滑性，高硬度，耐腐蚀，耐高温，抗热震性和耐热疲劳性能均优良，能耐各种无机酸（甚至沸腾的盐酸、硝酸、硫酸、磷酸和王水，但不包括氢氟酸）、30%的烧碱液及其他碱液的腐蚀，能抗熔融铝、铅、锌、金、银、黄铜、镍等金属熔体的侵蚀，有良好的电绝缘性和耐辐射性能	反应烧结氮化硅适于制作形状复杂、尺寸精确的零件，如盐酸泵、氯气压缩机中的端面密封环，炼铝测温用的热电偶套管，铁、锌熔体的流量计零件，化工用球阀的阀芯，炼油厂提升管装置中的滑阀等；热压烧结氮化硅力学性能优于反应烧结氮化硅，但只能制造形状简单的制品，如转子发动机中的刮片、高温轴承、金属切削刀具等

5 石墨制品

石墨制品的类型与应用

表 3-3-55

工业部门	制品类型	应用
机械工业用碳石墨制品	石墨耐磨制品	制作碳石墨轴承、碳石墨活塞环、碳石墨密封环、石墨刹车片等
	石墨润滑剂	用于高温及高负荷的滑动轴承及各种机械的滑动或转动部分，适用于作为金属拉丝、管棒挤压以及冲压、模锻等冷、热加工时的润滑剂
	碳纤维	采用碳纤维增强塑料可制成磨床用的磨头以及其他各种磨床零件，如旋转刀具、齿轮、轴承等
	柔性石墨	用于腐蚀性和高温条件下的密封垫圈或垫片、阀门的密封垫料环、仪器仪表的密封元件等
	玻璃态碳	用于化工、冶金、半导体等工作部门，在机械工业中可制成玻璃工业用的心轴、各种高温耐腐蚀介质中的轴承和机械密封件等
电工用碳石墨制品	电机用电刷	可作为汽轮发电机、牵引电机、汽车拖拉机、电动工具电机等的电刷
	电接点用碳石墨制品	用于断开触点、电机车用碳石墨滑块以及各种碳石墨滑轮、滑块等
	碳石墨电阻及发热材料	用于碳石墨固定电阻、无级调节碳电阻、片柱和碳石墨发热元件
	整流器和电子管用石墨制品	可作为水银整流器的阳极、栅极和大型电子管的阳极、栅极等
	电加工用石墨电极	用于电火花加工、电解加工以及电解成形磨削用石墨电极
	碳棒	可制作照明碳棒、加热碳棒、导电碳棒、光谱分析用碳棒、电弧气刨用碳棒以及接地用碳棒等
冶金工业用碳石墨制品	石墨制品	制成各种石墨电极，用于电弧炉炼钢
	炭制品	制成各种炭块，砌筑炉衬；制成炭电极，用于导电电极
	炭糊类制品	用于矿热炉作自焙电极，或用于砌筑炭块
	石墨模	用于有色金属连续铸造、压力铸造和离心铸造的石墨模以及热压模等
化工用碳石墨制品	不透性石墨制品	可制成换热设备、反应和吸收设备以及流体输送系统中的管道、旋塞和泵等
	石墨阳极	制成氯碱工业用石墨阳极、电渗析用石墨电极

石墨耐磨材料的性能与应用

表 3-3-56　石墨耐磨材料的性能

类别		体积密度 /g·cm^{-3}	硬度 HS	气孔率(体积分数)/%	抗压强度 /MPa	抗弯强度 /MPa	线胀系数 /10^{-6}℃$^{-1}$	耐热温度 /℃
碳石墨		1.50~1.70	50~85	10~20	80~180	25~55	—	350
电化石墨		1.60~1.80	40~55	10~20	35~75	20~40	3	400
碳石墨基体	浸酚醛	1.65	90	5	260	65	14	170
	浸环氧	1.62~1.68	65~92	2	100~270	45~75	11.5	—
	浸呋喃	1.70	70~90	2	170~270	60	6.5	—
	浸四氟乙烯	1.60~1.90	80~100	<8	140~180	40~60	—	—
	浸巴氏合金	2.40	60	2	200	65	—	—
	浸青铜	2.40	90	4	320	80	6	500
电化石墨基体	浸酚醛	1.80	45~72	2~3	90~140	35~50	14	170
	浸环氧	1.80~1.90	40~90	1	70~150	30~80	11.5	—
	浸呋喃	1.85~1.90	50~80	2	120~150	45~50	6.5	170
	浸四氟乙烯	1.70	65	—	60	30	5.2	250
	浸巴氏合金	2.40	42~60	3	100~200	40~70	5.5	200
	浸青铜	2.45	45~60	2~3	120~150	60~70	6	500
	浸铝合金	2.10~2.20	45	1	200	100	6	400
	浸磷酸盐	1.60	65	—	50	30	5.2	500

注：石墨是用焦炭粉和石墨粉或加炭黑作基料，用沥青为黏结剂，经模压成型，在高温条件下烧制而成的。根据所用原料、烧结时间和烧结温度不同，通常可以制成具有两种不同物理力学性能的烧结石墨。一种为碳素石墨，又称碳石墨，其特点是硬、脆；另一种是石墨化石墨，又称电化石墨，其特点是质软、强度低。碳石墨比电化石墨不易加工、热导率低，而强度及耐磨性优于电化石墨。

表 3-3-57　石墨耐磨材料的应用

材料名称	用途举例
浸渍石墨(树脂、青铜、巴氏合金)	油泵、水泵、汽轮机、搅拌机以及各种酸碱化工泵的密封环(静环)、防爆片、管道、管件等
碳石墨-浸渍石墨(树脂、金属)	造纸、木材加工、纺织、食品等机械上，用于忌油脂场所的轴承
电化石墨-浸渍石墨(金属)	化工用气体压缩机的活塞环等
浸渍石墨(金属)	计量泵、真空泵、分配泵的刮片

不透性石墨块和石墨管性能

表 3-3-58

项目	石墨块(HG/T 2370—1992)		石墨管(HG/T 2059—1991)			石墨酚醛粘接剂(HG/T 2370—1992)
	未浸渍石墨块材	酚醛树脂浸渍石墨	压型酚醛石墨管		浸渍树脂石墨管	
			YFSG1	YFSG2	JSSG	
真密度/$kg \cdot m^{-3}$ ≥	2.18×10^3	2.03×10^3				
体积密度/$kg \cdot m^{-3}$ ≥	1.52×10^3	1.8×10^3				
抗压强度/MPa ≥	17.6	60	88.2	73.5	75	12(粘接后抗剪强度)
抗拉强度/MPa ≥	3.5	14	19.6	16.7	15.7	11(粘接后)
抗弯强度/MPa ≥	6.4	27	68.6(φ32/22)	58.8(φ32/22)	60(φ32/22)	—
热导率/$W \cdot m^{-1} \cdot K^{-1}$	—	[105~128]	[31.4~40.7]	[31.4~40.7]	[104.6~116]	[21~23]
线胀系数/$10^{-6}℃^{-1}$	2.2~2.9(130℃)	5.1~5.7(130℃)	24.7(129℃)	8.2(129℃)	2.4(129℃)	2.5~2.7(130℃)
许用温度/℃	—	170	170	300	170	—
抗渗透性	制成设备后，以1.25倍设计压力作为试验压力，保压30min不渗漏		φ32/22×100mm的试样在1MPa压力下进行水压试验，10min不渗漏			—

注：1. 带方括号的为参考数值。

2. 石墨管许用设计压力不大于0.3MPa。YFSG1型石墨管成型后在130℃下热处理，YFSG2型石墨管成型后在300℃以下热处理。

树脂浸渍石墨的耐腐蚀性能

表 3-3-59 **酚醛树脂浸渍石墨及压型酚醛石墨的耐腐蚀性能**

类别	介质	浓度/%	温度/℃	耐蚀性
酸类	盐酸、亚硫酸 草酸、乙酸酐 油酸、脂肪酸 甲酸、柠檬酸 乳酸、酒石酸 亚硝酸、硼酸	任意	低于沸点	耐
	硝酸	5	常温	尚耐
	硫酸	<75	<120	耐
	硫酸	80	120	不耐
	磷酸	<80	低于沸点	耐
	氢氟酸	<48	低于沸点	耐
	氢氟酸	48~60	<85	耐
	氢溴酸	10		耐
	氢溴酸	任意	低于沸点	不耐
	铬酸	10	常温	尚耐
	铬酐	10	低于沸点	耐
酸类	铬酐	40	常温	耐
	乙酸	<50	沸点	耐
	乙酸	100	20	耐
碱类	NaOH	10	<20	不耐
	KOH	10	常温	不耐
	氨水、一乙醇胺	任意	低于沸点	耐
盐类	硫酸钠、硫酸氢钠 硫酸镍、硫酸锌 硫酸铝、硫氢化铵 氯化铝、氯化铵 氯化铜、氯化亚铜 氯化铁、氯化亚铁 氯化锡、氯化钠	任意	低于沸点	耐
	碳酸钠、硝酸钠 硫代硫酸钠	任意	低于沸点	耐

续表

类别	介质	浓度/%	温度/℃	耐蚀性
盐类	磷酸铵	任意	低于沸点	耐
	硫酸锌	27	低于沸点	耐
	硫酸锌	饱和	60	耐
	硫酸铜	任意	<100	耐
	三氯化砷	100	<100	耐
	高锰酸钾	20	60	尚耐
卤素	氟气	100	常温	不耐
	干氯	100	常温	耐
	湿氯			不耐
	溴、碘	100	20	不耐
	溴水	饱和	50	不耐
有机化合物	甲醇、异丙醇 戊醇、丙酮 丁酮、苯胺 苯、二氯甲烷 氯化苯、二氯乙烷 汽油、四氯乙烷 三氯甲烷、四氯化碳 二氧杂环乙烷	100	低于沸点	耐
	乙醇、丙三醇	95	低于沸点	耐
	三氯乙醛	33	20	耐
	二氯乙醚		20~100	耐
	丙烯腈		20~60	耐

类别	介质	浓度/%	温度/℃	耐蚀性
有机化合物	苯乙烯、乙基苯		20	耐
	乙醛	100	20	耐
其他	尿素	70	常温	耐
	硫酸乙酯	50	低于沸点	耐
合成橡胶生产	二氯苯+二氯乙烷+聚氯化物		100	耐
	醛醚凝氯		20	耐
	扩散剂 H_ϕ		20~60	耐
	拉开粉	20	20	耐
	拉开粉	20	100	不耐
	发泡粉	20	100	不耐
使用实例	氯乙烷+盐酸+乙醇		140→25	耐
	氯油+氯气+乙醇+水		60	不耐
	湿二氧化硫		80→40	耐
	硫酸镍+氯化镍		50→70	耐
	硫酸锌+硫酸		40→60	耐
	苯+二氯乙烷+氯气+盐酸		120→130	耐
	季戊四醇+盐酸		180	耐
	烷基磺酰氯		80→25	耐
	硫酸+萘	含 H_2SO_4	90	耐
	蛋白质水解液	70	70→120	耐

表 3-3-60　呋喃树脂浸渍石墨的耐腐蚀性能

介质	质量浓度/$10g \cdot L^{-1}$	温度/℃	耐蚀性	介质	质量浓度/$10g \cdot L^{-1}$	温度/℃	耐蚀性
硫酸	90	50	耐	次氯酸钙	20	60	耐
铬酸	10	50	耐	高锰酸钾	20	60	耐
氢氧化钠	<50	沸点	耐	重铬酸钾	20	60	耐
氢氧化钾	20	40	耐				

石　墨　管　件

（使用温度 170℃，许用应力 0.3MPa，螺纹按 GB/T 15054.2—1994 加工）

表 3-3-61

mm

石墨直管（HG/T 3191—1980）

DN	内径	D	δ	质量/$kg \cdot m^{-1}$
22	22	32	5	0.76
25	25	38	6.5	1.16
30	30	43	6.5	1.22
36	36	50	7	1.69
40	40	55	7.5	2.04
50	50	67	8.5	2.81
65	65	85	10	4.25
75	75	100	12.5	6.17
102	102	133	15.5	9.95
127	127	159	16	12.9
152	152	190	19	18.7
203	203	254	25.5	33.0
254	254	330	38	62.0

标记示例：
直管 DN25
HG/T 3191—1980

石墨直角弯头（HG/T 3192—2009）

DN	d	a	F	G	H
25	M38×2	25	75	50	50±0.5
36	M50×3	25	90	70	55±0.5
50	M67×3	32	115	90	70±0.5
65	M85×4	32	130	110	75±0.5
75	M100×4	38	155	130	90±0.5
102	M133×6	38	195	170	110±0.5
127	M159×6	44	230	200	130±0.5
152	M190×6	44	260	230	145±0.5

标记示例：
直角弯头 DN25
HG/T 3192—2009

续表

石墨45°弯头(HG/T 3193—2009)

DN	d	a	G	J	K	M_1
25	M38×2	25	50	46	75	84
36	M50×3	25	70	52	85	92
50	M67×3	32	90	70	113	126
65	M85×4	32	110	82	137	141
75	M100×4	38	130	98	161	172
102	M133×6	38	170	117	201	198
127	M159×6	44	200	137	234	234
152	M190×6	44	230	153	269	256

标记示例：
45°弯头 *DN*25
HG/T 3193—2009

石墨四通(HG/T 3195—2009)

DN	d	a	G	H	N
25	M38×2	25	50	50±0.5	100
36	M50×3	25	70	55±0.5	110
50	M67×3	32	90	70±0.5	140
65	M85×4	32	110	75±0.5	150
75	M100×4	38	130	90±0.5	180
102	M133×6	38	170	110±0.5	220
127	M159×6	44	200	130±0.5	260
152	M190×6	44	230	145±0.5	290

标记示例：
四通 *DN*25
HG/T 3195—2009

石墨温度计套管(HG/T 3202—2009)

DN	A	D	L_1	L	F
36	M50×3	ϕ54	38±0.5	100±0.5	15
50	M67×3	ϕ72	45±0.5	150±0.5	15
65	M85×4	ϕ90	45±0.5	200±0.5	15
75	M100×4	ϕ106	50±0.5	250±0.5	15
102	M133×6	ϕ138	54±0.5	300±0.5	18

标记示例：
温度计套管 *DN*36
HG/T 3202—2009

石墨温度计套管(HG/T 3202—2009)

石墨三通(HG/T 3194—2009)

DN	d	a	G	F	H	N
25	M38×2	25	50	75	50±0.5	100
36	M50×3	25	70	90	55±0.5	110
50	M67×3	32	90	115	70±0.5	140
65	M85×4	32	110	130	75±0.5	150
75	M100×4	38	130	155	90±0.5	180
102	M133×6	38	170	195	110±0.5	220
127	M159×6	44	200	230	130±0.5	260
152	M190×6	44	230	260	145±0.5	290

标记示例：
三通 *DN*25
HG/T 3194—2009

石墨管道用螺纹系列(HG/T 3204—1981)

DN	d'	d	L	a	l	螺距
25	25	38	25	4	27	2
36	36	50	25	4	27	3
50	50	67	32	4	34	3
65	65	85	32	4	34	4
75	75	100	38	4	40	4
102	102	133	38	5	40	6
127	127	159	44	5	48	6
152	152	190	44	5	48	6
203	203	254	51	5	55	6
254	254	330	63	5	57	6

标记示例：*DN*25、螺距2mm标记为
M25×2
HG/T 3204—1981

注：HG/T 3191—1980 及 HG/T 3204—1981 未查到新标准，仅供参考。

6 石 棉 制 品

石棉橡胶板（摘自 GB/T 3985—2008）

表 3-3-62

等级牌号	表面颜色	推荐使用范围
XB510	墨绿色	温度 510℃以下、压力 7MPa 以下的非油、非酸介质
XB450	紫色	温度 450℃以下、压力 6MPa 以下的非油、非酸介质
XB400	紫色	温度 400℃以下、压力 5MPa 以下的非油、非酸介质
XB350	红色	温度 350℃以下、压力 4MPa 以下的非油、非酸介质
XB300	红色	温度 300℃以下、压力 3MPa 以下的非油、非酸介质
XB200	灰色	温度 200℃以下、压力 1.5MPa 以下的非油、非酸介质
XB150	灰色	温度 160℃以下、压力 0.8MPa 以下的非油、非酸介质

公称厚度/mm	允许偏差/mm	同一张板厚度差/mm
≤0.41	+0.13 −0.05	≤0.08
0.41~1.57(含)	±0.13	≤0.10
1.57~3.00(含)	±0.20	≤0.20
>3.00	±0.25	≤0.25

物理力学性能

项目		XB510	XB450	XB400	XB350	XB300	XB200	XB150
横向拉伸强度/MPa	≥	21.0	18.0	15.0	12.0	9.0	6.0	5.0
老化系数	≥	0.9						
烧失量/%	≤	28.0			30.0			
压缩率/%		7~17						
回弹率/%	≥	45			40		35	
蠕变松弛率/%	≤	50						
密度/(g/cm^3)		1.6~2.0						
常温柔软性		在直径为试样公称厚度 12 倍的圆棒上弯曲 180°，试样不得出现裂纹等破坏迹象						
氮气泄漏率/[mL/(h·mm)]	≤	500						
耐热耐压性	温度/℃	500~510	440~450	390~400	340~350	290~300	190~200	140~150
	蒸汽压力/MPa	13~14	11~12	8~9	7~8	4~5	2~3	1.5~2
	要求	保持 30min 不被击穿						

注：厚度大于 3mm 的石棉橡胶板，不做拉伸强度试验。

耐油石棉橡胶板（摘自 GB/T 539—2008）

表 3-3-63 等级牌号和推荐使用范围

分类	等级牌号	表面颜色	推荐使用范围
一般工业用耐油石棉橡胶板	NY510	草绿色	温度 510℃以下、压力 5MPa 以下的油类介质
	NY400	灰褐色	温度 400℃以下、压力 4MPa 以下的油类介质
	NY300	蓝色	温度 300℃以下、压力 3MPa 以下的油类介质
	NY250	绿色	温度 250℃以下、压力 2.5MPa 以下的油类介质
	NY150	暗红色	温度 150℃以下、压力 1.5MPa 以下的油类介质
航空工业用耐油石棉橡胶板	HNY300	蓝色	温度 300℃以下的航空燃油、石油基润滑油及冷气系统的密封垫片

续表

厚度允许偏差							
公称厚度/mm		允许偏差/mm			同一张板厚度差/mm		
≤0.41		+0.13 −0.05			≤0.08		
0.41~1.57(含)		±0.13			≤0.10		
1.57~3.00(含)		±0.20			≤0.20		
>3.00		±0.25			≤0.25		
物理力学性能							
项目		NY510	NY400	NY300	NY250	NY150	HNY300
横向拉伸强度/MPa ≥		18.0	15.0	12.7	11.0	9.0	12.7
压缩率/%		7~17					
回弹率/% ≥		50			45	35	50
蠕变松弛率/% ≤		45				—	45
密度/(g/cm³)		1.6~2.0					
常温柔软性		在直径为试样公称厚度12倍的圆棒上弯曲180°,试样不得出现裂纹等破坏迹象					
浸渍IRM903油后性能(149℃,5h)	横向拉伸强度/MPa ≥	15.0	12.0	9.0	7.0	5.0	9.0
	增重率/% ≤	30					
	外观变化	—					无起泡
浸渍ASTM燃料油B后性能(21~30℃,5h)	增厚率/%	0~20				—	0~20
	浸油后柔软性	—					同常温柔软性要求
对金属材料的腐蚀性		—					无腐蚀
常温油密封性	介质压力/MPa	18	16	15	10	8	15
	密封要求	保持30min,无渗漏					
氮气泄漏率/[mL/(h·mm)] ≤		300					

注：厚度大于3mm的耐油石棉橡胶板，不做拉伸强度试验。

耐酸、绝缘石棉橡胶板

表 3-3-64

品种	颜色	使用条件	拉伸强度/MPa		标准厚度/mm
			纵向	横向	
耐酸石棉橡胶板	浅灰色	温度200℃;压力2MPa	36	14	0.8~3.2
绝缘石棉橡胶板	灰白色	击穿电压不小于8kV/mm	14	6	0.2~0.3
用途	耐酸石棉橡胶板可抵抗硫酸、硝酸和盐酸等的腐蚀作用,适用于制作与酸性物质接触的管道密封衬垫。绝缘石棉橡胶板有良好的电绝缘性能,适用于制作电机、电器的绝缘衬垫和其他绝缘零件				

增强石棉橡胶板

表 3-3-65

品种	颜色	使用条件		拉伸强度/MPa		标准厚度/mm
		温度/℃	压力/MPa	纵向	横向	
高压增强石棉橡胶板	石墨色或银色	450	10	72.5	30	0.8~3.2
耐油增强石棉橡胶板	棕色或黑色	—	—	70	27.6	0.8~1.2
用途	高压增强石棉橡胶板用于温度为450℃、压力为10MPa以下的水、饱和蒸汽、过热蒸汽、空气、煤气、碱液、酒精及其他惰性气体等介质为主的设备、管道法兰连接处作密封衬垫材料 耐油增强石棉橡胶板在航空发动机中用于密封衬垫,在其他燃油物中工作的零件中用于两部件接合处的衬垫					

电绝缘石棉纸（摘自 JC/T 41—2009）

表 3-3-66

型号	规格/mm	密度/(g/cm³) ≤	抗拉强度/(kgf/cm²) ≥ 纵向	抗拉强度/(kgf/cm²) ≥ 横向	含水率/% ≤	烧失量/% ≤	击穿电压/V	个别点最低击穿电压/V	三氧化二铁含量(质量分数)/% ≤
Ⅰ	0.2	1.1	2.0	0.6	3.5	25	1200	900	4
	0.3	1.1	2.5	0.8	3.5	25	1400	1100	4
	0.4	1.1	2.8	1.2	3.5	25	1700	1300	4
	0.5	1.1	3.2	1.4	3.5	25	2000	1500	4
Ⅱ	0.2	1.1	1.6	0.4	3.5	23	500	—	
	0.3	1.1	2.0	0.6	3.5	23	500		
	0.4	1.1	2.2	0.8	3.5	23	1000		
	0.5	1.1	2.5	1.0	3.5	23	1000		

注：1. 卷状纸宽度为（500±20）mm，单张纸宽度为（1000±20）mm。

2. Ⅰ型能承受较高电压，用于大型电机磁极线圈匝间电绝缘材料。Ⅱ型能承受一般电压，作为电器开关、仪表等隔弧绝缘材料。

石棉绳（摘自 JC/T 222—2008）

表 3-3-67

扭绳、圆绳、方绳、松绳 分级代号	烧失量/%	石棉扭绳(SN) 直径/mm	石棉扭绳(SN) 密度/g·cm⁻³	石棉圆绳(SY) 直径/mm	石棉圆绳(SY) 密度/g·cm⁻³	石棉方绳(SF) 边长/mm	石棉方绳(SF) 密度/g·cm⁻³	石棉松绳(SC) 直径/mm	石棉松绳(SC) 密度/g·cm⁻³
4A	≤16	3.0 5.0 6.0 8.0 10.0 >10.0	≤1.0	6.0,8.0,10.0, 13.0,16.0,19.0, 22.0,25.0,28.0, 32.0,35.0,38.0, 42.0,45.0,50.0	≤1.0	4.0,5.0,6.0, 8.0,10.0,13.0, 16.0,19.0,22.0, 25.0,28.0,32.0, 35.0,38.0,42.0, 45.0,50.0	≥0.8	13.0,16.0,19.0	≤0.55
3A	16.1~19							22.0,25.0,32.0	≤0.45
2A	19.1~24								
A	24.1~28							38.0,45.0,50.0	≤0.35
B	28.1~32								
S	32.1~35								

注：直径为 10mm、长度为 1000mm、A 级石棉圆绳标记为：石棉圆绳 SY-A10×1000 JC/T 222—2008。

汽车制动器衬片（摘自 GB 5763—2008）

表 3-3-68

类别	用途	规格/mm 宽度 尺寸	宽度 公差	厚度 尺寸	厚度 公差	摩擦因数 试验温度/℃ 100	150	200	250	300	350	磨损率/cm³·N⁻¹·m⁻¹,≤ 试验温度/℃ 100	150	200	250	300	350
1类	驻车制动器用	30	0.6	6.5	0.3	0.3~0.7	0.25~0.7	0.2~0.7				0~1.0	0~1.5	0~2.0			
2类	微、轻型车鼓式制动器用	>30~60	1.0	>6.5~10	0.4	0.25~0.65	0.25~0.7	0.25~0.7	0.2~0.7			0~0.5	0~0.7	0~1.0	0~1.5		
3类	中、重型车鼓式制动器用	>60~100 >100	1.4 2.0	>10	0.5	0.25~0.65	0.25~0.7	0.25~0.7	0.2~0.7	0.2~0.7		0~0.5	0~0.7	0~1.0	0~1.5	0~2.0	
4类	盘式制动器用			10 >10~20 >20~30 >30	0.6 0.8 1.0 1.2	0.25~0.65	0.25~0.7	0.25~0.7	0.25~0.7	0.25~0.7	0.25~0.7	0~0.5	0~0.7	0~1.0	0~1.5	0~2.0	0~2.5

汽车离合器面片（摘自 GB 5764—2011）

表 3-3-69

外径基本尺寸/mm	极限偏差/mm			每片的厚薄差/mm
	外径	内径	厚度	
$\phi_{外}\leqslant 240$	−0.8	+0.8	±0.10	≤0.10
$240<\phi_{外}<330$	−1.0	+1.0	±0.12	≤0.12
$\phi_{外}\geqslant 330$	−1.2	+1.2	±0.15	≤0.15

类别	项目	试验温度/℃				
		100	150	200	250	300
非缠绕型	摩擦因数/μ	0.25~0.60	0.25~0.60	0.20~0.60	0.20~0.60	
	指定摩擦因数的允许偏差 $\Delta\mu$	±0.08	±0.10	±0.12	±0.14	
	磨损率 $V/[10^{-7}cm^3/(N\cdot m)]$	0~0.50	0~0.60	0~0.80	0~1.20	
缠绕型	摩擦因数 μ	0.25~0.60	0.25~0.60	0.25~0.60	0.20~0.60	0.20~0.60
	指定摩擦因数的允许偏差 $\Delta\mu$	±0.08	±0.10	±0.12	±0.12	±0.14
	磨损率 $V/[10^{-7}cm^3/(N\cdot m)]$	0~0.50	0~0.60	0~0.8	0~1.00	0~1.20

工业机械用石棉摩擦片（摘自 GB/T 11834—2011）

表 3-3-70

分类、代号及用途	类别	代号	材料及工艺	用途
	1类	ZP1	普通软质编织制品	制动片
		ZD1		制动带
	2类	ZP2	软质辊压或	制动片
		ZD2		制动带
		LP2	软质模压制品	离合器片
	3类	ZD3	特殊加工编织制品	制动带
		ZP3	编织或模压制品	制动片
		LP3	缠绕式	离合器片

制动带尺寸及偏差/mm	基本尺寸		极限偏差 ZP1、ZD1、ZP2、ZD2、ZD3	极限偏差 ZP3
	宽度	≤30	±1.0	±0.5
		>30~60	±1.0	±0.6
		>60~100	±1.5	±0.8
		>100~200	±2.0	±1.0
		>200	±2.5	±1.2
	厚度	≤6.5	±0.3	±0.2
		>6.5~10.0	±0.5	±0.2
		>10.0	±0.6	±0.3

离合器内外径尺寸及偏差/mm	外径基本尺寸	外径极限偏差	内径极限偏差
	≤100	0 −0.8	+0.8 0
	>100~250	0 −1.0	+1.0 0
	>250~400	0 −1.5	+1.5 0
	>400	0 −2.0	+2.0 0

离合器片厚度及偏差/mm	厚度基本尺寸	厚度极限偏差	每片厚薄差
	≤6.5	±0.15	≤0.15
	>6.5~10.0	±0.20	≤0.20
	>10.0	±0.25	≤0.25

摩擦因数及偏差/mm	分类	试验机圆盘摩擦面温度/℃ 100	150	200	250
	1类	(0.30~0.60)±0.1	(0.25~0.60)±0.12	—	—
	2类	(0.30~0.60)±0.1	(0.25~0.60)±0.12	(0.20~0.60)±0.14	—
	3类	(0.30~0.60)±0.08	(0.30~0.60)±0.10	(0.25~0.60)±0.12	(0.20~0.60)±0.14
磨损率要求/$[10^{-7}cm^3/(N\cdot m)]$	1类	0~1.00	0~2.00	—	—
	2类	0~0.50	0~0.75	0~1.00	—
	3类	0~0.50	0~0.75	0~1.00	0~1.50

注：1. 制动片（带）宽度、厚度尺寸及离合器片内（外）径、厚度尺寸由需方确定。
2. 摩擦片表面加工与否由供需双方商定。摩擦片不允许有影响使用的龟裂、起泡、分层等缺陷。
3. 宽为 100mm、厚为 4mm 2 类软质制动带标记为：制动带 ZD2 100×4 GB/T 11834—2011。
外径为 380mm、内径为 202mm、厚为 10mm 离合器片标记为：离合器片 LP3-3 380×202×10 GB/T 11834—2011。

7 保温、隔热、吸声材料

常用保温、隔热材料的性能及规格

表 3-3-71

种类	材料名称		密度/kg·m^{-3}	热导率/W·m^{-1}·K^{-1} ≤	使用温度/℃ ≤	规格/mm 长度	宽度	厚度	说明
岩棉、矿渣棉及制品(GB/T 11835—2007)	棉		150	0.044	650	渣球含量(颗粒直径>0.25mm)≤12%			吸水率可要求到不大于5%,用于设备及管道绝热
	板		40~300	0.044	600	910、1000、1200、1500	500、600、630、910	30~150	
	带		40~100	0.052	600	1200、2400	910	30、50、75、100、150	
			101~160	0.049					
	毡,贴面毡缝毡		40~100	0.044	400	910、3000、4000、5000、6000	600、630、910	30~150	
			101~160	0.043	600				
	管壳		40~200	0.044	600	910、1000、1200	内径 22~89	30、40	
							内径 102~325	50、60、80、100	
玻璃棉及制品(GB/T 13350—2008)	棉	1号	40	0.041	400	纤维平均直径≤5μm(超细玻璃棉)			超细玻璃棉密度小,热导率低,具有耐腐、吸声、减振和过滤等性能,用途广
		2号	64	0.042		纤维平均直径≤8μm			
		3号				纤维平均直径≤13μm			
	板		24	0.049	250	1200^{+10}_{-3}	600^{+10}_{-3}	25、30、40、50、75、100	
			32	0.046	300				
			40	0.044	350			15、20、25、30、40、50	
			48	0.043					
			64	0.042				12、15、20、25、30、40	
			80						
			96						
			120		400				
			80、96、120	0.047				15、30、50	
	带	2号	25~32	0.052	300	1820	605	25	
			40~48		350				
			64~120		400				
	毯	2号	24~40	0.048	350	1000、1200、5000	600	25、40、55、75、100	
			41~120	0.043	400				
	毡	2号	10	0.062	250	1000、1200、2800、5500、11000、20000	600、1200、1800	25、30、40、50、75、100	
			12、16	0.058					
			20	0.053					
			24	0.048	300				
			32		350				
			40		350				
			48	0.043	400				
	管壳		45~90	0.043	350	1000	内径 22、38、45、57、89、108、133、159、194、219、245、273、325	20、25、30、40、50	

续表

种类	材料名称		密度/kg·m^{-3}	热导率/W·m^{-1}·K^{-1} ≤	使用温度/℃ ≤	规格/mm			说明
						长度	宽度	厚度	
硅酸钙绝热制品(GB/T 10699—2003)	平板(P)	170号	170	0.055	650	400、500、600	200、250、300	40、50、60、70、80、90	制品中有氯离子,对不锈钢有腐蚀(50~200℃时)
		220号	220	0.062					
		240号	240	0.064					
	弧形板(G)	170号	170	0.055		400、500、600	内径 508、530、560、630、720、820、920、1020、1420、1620		
		220号	220	0.062					
		240号	240	0.064					
	管壳(H)	170号	170	0.055		400、500、600	内径 57、73、76、83、89、103、108、114、121、133、140、146、159、168、194、219、245、273、325、356、377、419、426、480		
		220号	220	0.062					
		240号	240	0.064					
硅酸铝棉及制品(GB/T 16400—2003)	毯		65	0.178	1号:800 2号:1000 3号:1100 4号:1200 5号:1300	供需双方商定	350、610	10、15、20、25、30、40、50	抗拉强度/kPa >10
			100	0.161					≥14
			130	0.156					≥21
			160	0.153					≥35
	板、毡		60	0.178		600~1000	400~600	10~80	
			90	0.161					
			120	0.156					
			≥160	0.153					
	管壳		60	0.178		1000、1200	内径 22~59	30、40	
			90	0.161			内径 102~325	50、60、75、100	
			120	0.156					
			≥160	0.153					
膨胀珍珠岩制品(GB/T 10303—2001)	200号		≤200	0.068(25℃)	800	平板:400~600	200~400	40~100	
				0.11(350℃)					
	250号		≤250	0.072(25℃)		弧形板:400~600	内径 >1000		
				0.12(350℃)					
	350号		≤350	0.087(25℃)		管壳:400~600	内径 50~1000		
				0.12(350℃)					

第3篇

续表

种类	材料名称		密度 $/kg\cdot m^{-3}$	热导率 $/W\cdot m^{-1}\cdot K^{-1}\leqslant$	使用温度/℃ ≤	规格/mm			说明
						长度	宽度	厚度	
膨胀蛭石及制品（JC/T 441—2009，JC/T 442—1996）	膨胀蛭石	1号	100	0.062	-30~900	蛭石粒度≤2.5			吸水率高，需注意防水。按黏结剂不同分三个品种 ① 水泥膨胀蛭石：用于中、低温管道绝热，冷库不宜用 ② 水玻璃膨胀蛭石：用于非潮湿环境 ③ 沥青膨胀蛭石：用于建筑防水层、冷库
		2号				蛭石粒度≤1.25			
		3号				蛭石粒度≤0.63			
		4号				蛭石粒度≤0.25			
		5号				蛭石粒度≤0.16			
	砖		350	0.090	-40~800	230×113×65、240×115×53			
	板					200、250、300、400	200、250、300、500、	40、50、60、65、70、80、100、120、150、200	
	管壳					150、300、350	内径 25、28、32、38、42、45、48、57、73、76、83、89、103、108、114、121、140、146、159、168、194、219、245、273、325、356、377、419、426、480	50、60、70、80、100、120、200	
泡沫玻璃制品（JC/T 647—1996）	平板		Ⅰ型 98~140 Ⅱ型 141~160	Ⅰ型 0.069~0.036 Ⅱ型 0.086~0.048	-200~400	300、400、500	150~450	25~120	成本低，不污染环境，可重复使用，但耐水性差
	管壳		Ⅲ型 161~180 Ⅳ型 ≥181	Ⅲ型 0.090~0.052 Ⅳ型 0.096~0.058		300~600	内径 57~480		
泡沫石棉制品（JC/T 812—1996）			30	0.046	500	800、1000、1500	500	25、30、35、40、45、50、55、60	防潮、防火、防腐、保温、保冷

注：湿法制品是指硅酸铝棉经水洗除去部分渣球，并施加黏结剂经压制或真空方法成型、干燥而成产品。干法制品是指在成棉过程中，加入热固性黏结剂经加热固化而成的制品，或将不加黏结剂的硅酸铝棉采用针刺等方法制得的制品。

耐火陶瓷纤维毡（摘自 GB/T 3003—2006）

表 3-3-72

耐火陶瓷纤维棉的型号和技术指标

标记	分级温度/℃	渣球含量(质量分数)/% (0.212mm 筛)	加热永久线变化/% (分级温度×24h,收缩值)	化学成分
BF-085	850	≤25	≤4	提供测试数据
BF-090	900			
BF-095	950			
BF-100	1000			
BF-105	1050			
BF-110	1100			
BF-115	1150			
BF-120	1200			
BF-125	1250			
BF-130	1300	≤20		
BF-135	1350			
BF-140	1400			
BF-145	1450			
BF-150	1500	≤5		
BF-155	1550			
BF-160	1600			

耐火陶瓷纤维毡的技术指标

标记	加热永久线变化/% (分级温度×24h,收缩值)	抗拉强度 /kPa	化学成分	热导率
CF-级别-尺寸	≤4	≥30	提供数据(以灼减后为基)	提供分级温度范围内的热导率试验数据,并注明试样体积密度、厚度、层数

注：1. 推荐使用温度：在氧化性或中性气氛下，比分级温度低 100~200℃，在还原性气氛下比分级温度低 200~350℃。

2. 毡的含水量（质量分数）应≤1%。回弹性指标由供需双方协商。

常用吸声材料的性能和规格

表 3-3-73　常用吸声材料一般性能

材料名称		规格/μm 直径	规格/μm 厚度	密度 /kg·m^{-3}	热导率 /10^{-3}W·m^{-1}·K^{-1}	使用温度 /℃≤	吸声系数 (厚 50mm、频率 500~4000Hz)	说明
玻璃棉	玻璃棉	<15		80~100	0.052	300		耐腐蚀性较差
玻璃棉	超细玻璃棉	<5		20	0.035	400	≥0.85	耐腐蚀性较差
玻璃棉	无碱超细玻璃棉	<5		<20	0.033	600	≥0.75	耐腐蚀性较强
玻璃棉	高硅氧棉	<5		95~100	0.068~0.103 (在 262~413℃时)	1000	≥0.75	耐高温、化学稳定性好
玻璃棉	中级纤维玻璃棉	15~25	5~140	80~100	0.058	300	≥0.55	耐腐蚀性较差
聚氨酯泡沫塑料			30、40、50、60、80	40~50			0.31~0.84	
有机纤维	棉纺飞花	4	50	20~60			0.27~0.73	
有机纤维	人造纤维	4	50	20~60			0.30~0.68	
有机纤维	杂羊毛	20~30	50	20~70			0.28~0.61	

第 3 篇

表 3-3-74　超细玻璃棉吸声系数

名　称	厚度 /mm	密度 /kg·m^{-3}	频率/Hz 125	250	500	1000	2000	4000
			吸声系数 α_0					
超细玻璃棉毡,贴实(α_T)	40	40	0.09	0.56	1.15	1.16	1.11	1.11
超细玻璃棉毡,空腔 50mm(α_T)	40	40	0.13	0.83	1.33	1.06	1.01	1.23
超细玻璃棉,贴实(α_T)	50	40	0.41	0.76	1.13	1.09	0.99	0.97
	50	80	0.59	1.29	1.35	1.16	0.98	0.88
	100	40	0.75	0.96	1.06	1.07	1.13	1.02
	100	80	0.67	1.14	1.22	1.00	1.01	1.11
超细玻璃棉,贴实(α_0)	20	20	0.04	0.08	0.29	0.66	0.66	0.66
	20	30	0.03	0.04	0.29	0.80	0.79	0.79
	25	—	0.10	0.14	0.30	0.50	0.90	0.70
	40	20	0.05	0.12	0.48	0.88	0.72	0.66
	50	12	0.06	0.16	0.68	0.98	0.93	0.90
	50	15	0.05	0.24	0.72	0.92	0.90	0.98
	50	17	0.06	0.19	0.71	0.98	0.91	0.90
	50	20	0.10	0.35	0.85	0.85	0.86	0.86
	50	24	0.10	0.30	0.85	0.85	0.85	0.85
	60	23	0.08	0.87	0.80	0.87	0.82	0.86
	75	10	0.11	0.71	0.95	0.85	0.85	0.88
	80	20	0.12	0.94	0.67	0.79	0.88	0.95
	100	15	0.11	0.85	0.88	0.83	0.93	0.97
	100	20	0.25	0.60	0.85	0.81	0.87	0.85
	150	20	0.50	0.80	0.85	0.85	0.86	0.80
超细玻璃棉,贴实(玻璃布护面)(α_0)	100	20	0.29	0.88	0.87	0.87	0.98	—
	150	20	0.48	0.87	0.85	0.96	0.99	—
防水超细玻璃棉,贴实(α_0)	50	20	0.14	0.25	0.85	0.94	0.91	0.95
	100	20	0.25	0.94	0.93	0.90	0.96	—

注：α_T 为驻波管法吸声系数；α_0 为混响室法吸声系数。

表 3-3-75　中级纤维玻璃棉吸声系数

名　称	厚度 /mm	密度 /kg·m^{-3}	频率/Hz 125	250	500	1000	1600	2000	4000
			吸声系数 α_0						
酚醛玻璃棉,贴实	50	77	—	0.24	0.59	0.90	0.99	—	—
	70	77	—	0.46	0.84	0.98	0.97	0.97	—
	100	77	—	0.52	0.88	0.97	0.95	0.96	—
	140	77	—	0.70	0.95	0.96	0.99	0.99	—

续表

名称	厚度/mm	密度/kg·m^{-3}	频率/Hz 125	250	500	1000	1600	2000	4000
			吸声系数 α_0						
酚醛玻璃棉保温板,贴实	25	100	0.03	0.08	0.22	0.46	0.67	—	—
	50	100	0.08	0.25	0.58	0.92	0.99	—	—
酚醛玻璃棉保温板,空腔50mm	25	100	0.10	0.37	0.74	0.98	0.83	—	—
酚醛玻璃纤维板,贴实,去掉表面硬层	20	100	0.05	0.08	0.22	0.42	—	0.78	0.90
	25	120~130	0.05	0.12	0.38	0.80	—	0.99	0.93
	40	100	0.08	0.21	0.55	0.93	—	0.99	0.95
	50	120~130	0.15	0.35	0.44	0.99	—	0.96	0.98
	60	100	0.15	0.37	0.75	0.95	—	0.99	0.95
	80	100	0.25	0.55	0.80	0.92	—	0.98	0.95
酚醛玻璃棉毡,贴实	30	80	—	0.12	0.26	0.57	—	0.85	0.94
沥青玻璃棉毡,贴实	30	80	—	0.10	0.27	0.61	—	0.94	0.99
	50	100	0.09	0.24	0.55	0.93	—	0.98	0.98

表 3-3-76　　泡沫塑料吸声系数

名称	厚度/mm	密度/kg·m^{-3}	频率/Hz 125	250	500	1000	2000	4000
			吸声系数 α_0					
聚氨酯泡沫塑料	30	45	0.09	0.14	0.47	0.88	0.70	0.77
	40	40	0.10	0.19	0.36	0.70	0.75	0.30
	50	45	0.15	0.35	0.84	0.68	0.82	0.82
	60	45	0.11	0.25	0.52	0.87	0.79	0.81
	80	45	0.20	0.40	0.95	0.90	0.98	0.85
聚氨酯泡沫塑料	25	40	0.04	0.07	0.11	0.16	0.31	0.83
	30	40	0.06	0.12	0.23	0.46	0.86	0.82
	50	40	0.06	0.13	0.31	0.65	0.70	0.82
聚氨酯泡沫塑料	30	53	0.05	0.10	0.19	0.38	0.76	0.82
	30	56	0.07	0.16	0.41	0.87	0.75	0.72
	30	71	0.11	0.21	0.71	0.65	0.64	0.65
	40	56	0.09	0.25	0.65	0.95	0.73	0.79
聚氨酯泡沫塑料	40	71	0.17	0.30	0.76	0.56	0.67	0.65
	50	56	0.11	0.31	0.91	0.75	0.86	0.81
	50	71	0.20	0.32	0.70	0.62	0.68	0.65
脲醛泡沫塑料(米波罗)	30	20	0.10	0.17	0.45	0.67	0.65	0.85
	50	20	0.22	0.29	0.40	0.68	0.95	0.94
	100	—	0.47	0.70	0.87	0.86	0.96	0.97
氨基甲酸酯泡沫塑料	20	—	0.06	0.07	0.16	0.51	0.84	0.65
	25	25	0.12	0.22	0.57	0.77	0.77	0.76
	30	—	0.07	0.13	0.32	0.91	0.72	0.89
	40	—	0.12	0.22	0.57	0.77	0.77	0.76
	50	36	0.21	0.31	0.86	0.71	0.86	0.82
酚醛泡沫塑料	10	28	0.05	0.10	0.26	0.55	0.52	0.62
	20	16	0.08	0.15	0.30	0.52	0.56	0.60

8 工业用毛毡、帆布

工业用毛毡分类和编号（摘自 FZ/T 25001—2012）

表 3-3-77

编号及含义	数字意义		数字意义	
T 1 1 2-65 65—密度 2—品种规格 1—原料 1—颜色 T—特品毡	第一位数字（颜色）	1—白色（即羊毛本色）	第三位数字（品种规格）	1—匹毡（钢丝针布毡）及长度在 5m 以上的（包括 5m）
		2—灰色（即有部分再生毛作原料，一般呈灰色）		2—块毡（长度在 5m 以下的）
		3—天然杂色（即有部分黑色或棕色羊毛作原料）		3—毡轮
				4—毡筒
		4—彩色（由人工染色或人工加白等各色）		5—环形零件（即油封）
				6—缝接环形零件（即缝接油封）
		5—各种杂色（包括人工染色和天然杂色等混合色）		7—块形零件
	第二位数字（原料）	1—细毛　6—纯化纤		8—圆片零件
				9—条形零件
		2—半粗毛　7—其他		0—滤芯
		3—粗毛	第四位数字（密度）	65 即 0.65g/cm³ 32~44 即 0.32~0.44g/cm³
		4—杂毛		
		5—兽毛		

平面毛毡的牌号及性能（摘自 FZ/T 25001—2012）

表 3-3-78

类型	牌号	密度 /g·cm⁻³	断裂强度 /N·cm⁻² ≥		断裂时伸长率 /% ≤		游离硫酸含量 /% ≤		植物性杂质（包括矿物性杂质）含量/% ≤		矿物性杂质（包括植物性杂质灰分）含量/% ≤	
			一等品	二等品	一等品	二等品	一等品	二等品	一等品	二等品	一等品	二等品
细毛	T112-65	0.65	一向 588 另一向 392		一向 110 另一向 120		—	0.5				
	T112-32~44	0.32~0.44	490① 460② 441③ 343④ 245⑤	392 374 353 274 196	90 105 110 115 120	108 126 132 138 144	0.30	0.60	0.35	0.75	0.12	0.17
	T112-25~31	0.25~0.31					0.15	0.30	0.35	0.75	0.12	0.17
	112-32~44	0.32~0.44					0.30	0.60	0.35	0.75	0.12	0.17
	112-25~31	0.25~0.31					0.30	0.60	0.35	0.75	0.12	0.17
	112-09~24	0.09~0.24							0.50	0.90		
	111-32	0.32										
半粗毛	T122-30~38	0.30~0.38	392⑥ 294⑦ 245⑧ 245⑨	314 235 196 196	95 110 110 125	114 132 132 150	0.40	0.70	0.60	1.00	0.15	0.20
	T122-24~29	0.24~0.29					0.15	0.30	0.50	0.90	0.15	0.20
	122-30~38	0.30~0.38					0.40	0.70	0.60	1.00	0.15	0.20
	122-24~29	0.24~0.29					0.30	0.60	0.50	0.90	0.12	0.17
	222-34~36	0.34~0.36					—	0.4				
粗毛	T132-32~36	0.32~0.36	294⑩ 245⑪	235 196	110 130	132 156	0.40	0.70	0.70	1.10	0.20	0.25
	T132-24~31	0.24~0.31					0.15	0.30	0.50	0.90	0.20	0.25
	T132-23	0.23	245	196	110	132	0.20	0.40	0.50	0.90	0.20	0.25
	132-32~36	0.32~0.36					0.40	0.70	0.70	1.10	0.20	0.25
	132-23~31	0.23~0.31					0.30	0.60	0.50	0.90	0.20	0.25
	232-36	0.36					0.40	0.70				

注：1. 断裂强度中，①、②、③、④、⑤分别为 0.44g/cm³、0.41g/cm³、0.39g/cm³、0.36g/cm³、0.32g/cm³ 细毛特品；⑥、⑦、⑧、⑨分别为 0.38g/cm³、0.36g/cm³、0.34g/cm³、0.32g/cm³ 半粗毛特品；⑩、⑪分别为 0.36g/cm³、0.32g/cm³ 粗毛特品。

2. 毛毡特性：富有弹性，可作为防振、密封、衬垫和弹性钢丝针布底毡的材料；由于黏合性能好，不易松散，可冲切制成各种形状的零件；保温性较好，可作为隔热保温材料；组织紧密，孔隙小，并且在制造上，对厚度又不像交织物那样受到限制，可作为良好的过滤材料；耐磨性较好，可作为抛、磨光的材料。

3. 本标准规定的剥离力只标出了 T111-32 的数据为不小于 59N。

特种工业帆布规格、技术性能（摘自 FZ/T 66104—1995）

表 3-3-79

品号	品名	用途类别	基本性能指标 幅宽/cm	连边质量 /g·m⁻² ≤	密度 /根·(10cm)⁻¹ 经纱	纬纱	断裂强力 /N 经向 ≥	纬向 ≥	专用性能指标 标准伸长率 /% 经向 ≤	纬向 ≤	厚度 /mm	干摩擦染色牢度 /级	静水压水柱高 /cm	经纱 /tex	纬纱 /tex	织物组织	染色及加工要求	可染色泽
231	染色帆布	航空	$100^{+2.0}_{-1.0}$	425	370±7	102±6	1128	1128	17	14	0.65~0.75	3	30	53.8	53.8×3	平纹	染色防水防霉	草绿浅灰
232	染色薄帆布	航空	$100^{+2.0}_{-1.0}$	320	382+8*	168+7*	981	981	17	15	0.4~0.5	3	27	18.2×2	18.2×4	平纹	染色防水防霉	草绿
233	染色帆布	其他	$100^{+2.0}_{-1.0}$	445	370±7*	108±6*	1128	1128	—	—	—	3	30	27.8×2	27.8×6	平纹	染色防水防霉	草绿浅灰
234	染色帆布	其他	$76^{+2.0}_{-1.0}$	320	203±8*	166±7*	981	922	—	—	—	3	27	18.2×4	18.2×4	平纹	染色防水防霉	草绿

注：带 * 者为参考指标，不作考核。

9 电气绝缘层压制品

酚醛纸层压板（摘自 JB/T 8149.1—2000）

表 3-3-80

型　号	应用范围与特性			
3020	工频高电压用，油中电气强度高，正常湿度下电气强度好			
3021	机械及电气用，正常湿度下电气性能好，也适用于热冲加工			
宽度、长度及允许偏差/mm			(450~1000)±15；>(1000~2600)±25	
厚度及允许偏差 /mm	吸水性/mg		垂直层向电气强度(90℃±2℃油中)/MV·m⁻¹	
	3020	3021	3020	3021
0.4±0.07	≤165	≤160	≥19.0	≥15.7
0.5±0.08	≤167	≤162	≥18.2	≥14.7
0.6±0.09	≤168	≤163	≥17.6	≥14.0
0.8±0.10	≤173	≤167	≥16.6	≥12.9
1.0±0.12	≤180	≤170	≥15.8	≥12.1
1.2±0.14	≤188	≤174	≥15.2	≥11.4
1.6±0.16	≤204	≤182	≥14.3	≥10.1
2.0±0.19	≤220	≤190	≥13.6	≥9.3
2.5±0.22	≤240	≤195	—	—

续表

厚度及允许偏差/mm	吸水性/mg		垂直层向电气强度(90℃±2℃油中)/MV·m^{-1}	
	3020	3021	3020	3021
3.0±0.25	≤260	≤200	≥13.0	≥8.4
4.0±0.30	≤300	≤220	平行层向击穿电压(90℃±2℃油中)/kV	
5.0±0.34	≤342	≤235	3020	3021
6.0±0.37	≤382	≤250	≥35	≥20
8.0±0.47	≤470	≤285	垂直层向弯曲强度/MPa	
10±0.55	≤550	≤320	3020	3021
12±0.62	≤630	≤350	≥120	≥120
14±0.69	≤720	≤390		
16±0.75	≤800	≤420		
20±0.86	≤970	≤490		
25±1.00	≤1150	≤570		
30±1.15	厚度大于25mm时,单面加工至22.5mm			
35±1.25	≤1380	≤684		
40±1.35				
45±1.45				
50±1.55				

说明:

①垂直层向弯曲强度试验用最小板厚为1.6mm

②垂直层向电气强度试验用最大板厚为3mm

③平行层向击穿电压试验用板厚大于3mm

酚醛棉布层压板（摘自JB/T 8149.2—2000）

表3-3-81

型　号	应用范围与特性
3025	机械用(粗布),电气性能差
3026	机械用(细布),电气性能差
3027	机械及电气用(粗布),电气性能差
3028	机械及电气用(细布),电气性能差。推荐制作小零部件(像3026)

厚度及允许偏差/mm	吸水性/mg				垂直层向电气强度/MV·m^{-1}			
	3025	3026	3027	3028	3025	3026	3027	3028
0.8±0.19	≤201	≤201	≤133	≤133	≥0.89	≥0.89	≥5.6	≥7.0
1.0±0.20	≤206	≤206	≤136	≤136	≥0.82	≥0.82	≥5.1	≥6.3
1.2±0.22	≤211	≤211	≤139	≤139	≥0.80	≥0.80	≥4.6	≥5.8
1.6±0.24	≤220	≤220	≤145	≤145	≥0.72	≥0.72	≥3.8	≥5.1
2.0±0.26	≤229	≤229	≤151	≤151	≥0.65	≥0.65	≥3.4	≥4.6
2.5±0.29	≤239	≤239	≤157	≤157	—	—	—	—
3.0±0.31	≤249	≤249	≤162	≤162	≥0.50	≥0.50	≥3.0	≥4.0
4.0±0.36	≤262	≤262	≤169	≤169	平行层向击穿电压(90℃±2℃油中)/kV			
5.0±0.42	≤275	≤275	≤175	≤175	3025	3026	3027	3028
6.0±0.46	≤284	≤284	≤182	≤182	≥1	≥1	≥18	≥20
8.0±0.55	≤301	≤301	≤195	≤195	垂直层向弯曲强度/MPa			
10.0±0.63	≤319	≤319	≤209	≤209	3025	3026	3027	3028
12.0±0.70	≤336	≤336	≤223	≤223	≥100	≥110	≥90	≥100
14.0±0.78	≤354	≤354	≤236	≤236				
16.0±0.85	≤371	≤371	≤250	≤250				
20.0±0.95	≤406	≤406	≤277	≤277				
25.0±1.10	≤450	≤450	≤311	≤311				
30.0±1.22	厚度大于25mm时,单面加工至22.5mm							
35.0±1.34	≤540	≤540	≤373	≤373				
40.0±1.45								
45.0±1.55								
50.0±1.65								

说明:

①垂直层向弯曲强度试验用最小板厚为1.6mm

②垂直层向电气强度试验用最大板厚为3mm

③平行层向击穿电压试验用板厚大于3mm

层压模制棒（摘自 GB/T 5132.5—2009）

表 3-3-82

型号及适用范围

树脂	补强物	系列号	适用范围及识别特征
EP	CC	41	机械、电气、电子用，耐漏电起痕好，细布
	GC	41	机械、电气用，中等温度下机械强度高，暴露于高湿时电气稳定性好
		42	类似于 EPGC41，高温下机械强度高
		43	类似于 EPGC41，有更好的阻燃性
PF	CC	41	机械、电气用，细布
		42	机械、电气用，粗布
		43	机械、电气用，特粗布
	CP	41	机械、电气用，暴露于高温时电气稳定性好
		42	类似于 PFCP41，机械、电气性能较低
		43	机械及低压电气用
SI	GC	41	机械、电气、电子用，高温下电气稳定性好

直径与标称直径的允许偏差/mm

标称直径 D	最大偏差 ± 型号 PF、CP	最大偏差 ± 型号 EP GC、SI GC、EP CC、PF CC
≤10	0.3	0.4
10<D≤20	0.3	0.4
20<D≤30	0.4	0.5
30<D≤50	0.4	0.5
50<D≤75	0.4	0.7
75<D≤100	0.5	1.0
100<D≤150	0.6	1.5
150<D≤200	0.7	1.7
200<D≤300	0.75	2.0
300<D≤500	0.8	2.2
>500	1.0	2.5

性能要求

性能	单位	最大或最小	EPCC41	EPGC41	EPGC42	EPGC43	PFCC41	PFCC42	PFCC43	PFCP41	PFCP42	PFCP43	SIGC41
垂直层向弯曲强度	MPa	最小	125	220	220	220	125	90	90	120	110	100	180

续表

性能	单位	最大或最小	要求										
			EPCC41	EPGC41	EPGC42	EPGC43	EPCC41	PFCC41	PFCC42	PFCC43	PFCP42	PFCP43	SIGC41
轴向压缩强度	MPa	最小	80	175	175	175	90	80	80	80	80	80	40
90℃油中平行层向击穿电压	kV	最小	30	40	40	40	5	5	1	13	10	10	30
浸水后绝缘电阻	MΩ	最小	50	1000	150	1000	5.0	1.0	0.1	75	30	0.1	150
长期耐热性TI	—	最小	130	130	155	130	120	120	120	120	120	120	180
吸水性	mg/cm²	最大	2	3	5	3	5	8	8	3	5	8	2
密度	g/cm³	范围	1.2~1.4	1.7~1.9	1.7~1.9	1.7~1.9	1.2~1.4	1.2~1.4	1.2~1.4	1.2~1.4	1.2~1.4	1.2~1.4	1.6~1.8
燃烧性	级	—	—	—	—	—	V-0	—	—	—	—	—	V-0

注：型号缩写：EP—环氧；PF—酚醛；SI—有机硅；CC—编织棉布；GC—编织玻璃布；CP—纤维素纸。

10 胶黏剂

10.1 结构胶黏剂

表 3-3-83

<table>
<tr><th>牌号或名称</th><th>组成和固化条件</th><th>性能</th><th>特点及用途</th></tr>
<tr><td>铁锚 201（FSC-1胶）</td><td>由聚乙烯缩甲醛和酚醛树脂组成
在压力0.1~0.2MPa、160℃条件下需2h固化</td><td>①常温下测试胶接强度
<table><tr><td>材料</td><td>铝合金</td><td>不锈钢</td><td>耐热钢</td><td>黄铜</td></tr><tr><td>剪切强度/MPa</td><td>22~23</td><td>23~25</td><td>23</td><td>22~24</td></tr><tr><td>拉伸强度/MPa</td><td>31~35</td><td>—</td><td>—</td><td>—</td></tr></table>②不均匀扯离强度：35~39kN/m（铝合金）
③不同温度下测试胶接强度（铝合金）
<table><tr><td>测试温度/℃</td><td>-70</td><td>20</td><td>60</td><td>100</td><td>150</td><td>200</td></tr><tr><td>剪切强度/MPa</td><td>23</td><td>22.4</td><td>22</td><td>20.6</td><td>13.5</td><td>3.7</td></tr></table></td><td>胶接强度高，耐老化、耐水、耐油，性能稳定，价格低廉，使用温度为-70~150℃
用于金属、金属与陶瓷、玻璃、电木等材料的胶接。还可用于浸渍玻璃布</td></tr>
<tr><td>J-15胶黏剂</td><td>由热固性高邻位酚醛树脂、混炼丁腈橡胶和氯化物催化剂等组成
在0.1~0.3MPa、180℃条件下需3h固化</td><td>胶接铝合金材料在不同温度下的测试强度（表面经化学氧化处理）
<table><tr><td>温度/℃</td><td>剪切强度/MPa</td><td>不均匀扯离强度/kN·m⁻¹</td></tr><tr><td>-60</td><td>≥28.0</td><td>—</td></tr><tr><td>20</td><td>30.0~32.0</td><td>70~100</td></tr><tr><td>100</td><td>22.0~25.0</td><td>38~40</td></tr><tr><td>150</td><td>16.0~18.0</td><td>—</td></tr><tr><td>250</td><td>8.0~10.0</td><td>—</td></tr><tr><td>300</td><td>5.0~6.0</td><td>—</td></tr></table></td><td>具有较高的静强度，疲劳、持久性能和耐湿热、耐大气老化等综合性能优良，使用温度为-60~260℃
用于各种金属结构件的胶接。也可用于有孔蜂窝结构或耐高温密封结构</td></tr>
</table>

续表

<table>
<tr><th>牌号或名称</th><th>组成和固化条件</th><th>性能</th><th>特点及用途</th></tr>
<tr><td>J-19 胶黏剂</td><td>由环氧树脂和聚砜树脂等组成。分 A、B、C 三种型号
接触压力、180℃条件下需 3h 固化</td><td>①胶接钢材料在不同温度下的测试强度
<table>
<tr><td colspan="2">型号</td><td>A</td><td>B</td><td>C</td></tr>
<tr><td rowspan="2">剪切强度/MPa</td><td>常温</td><td colspan="2">60.0~65.0</td><td>50.0</td></tr>
<tr><td>120℃</td><td colspan="3">30.0~35.0</td></tr>
</table>
②不均匀扯离强度(常温)：90~100kN/m</td><td>胶接强度高，使用温度为常温至 120℃
用于各种金属和非金属结构的胶接</td></tr>
<tr><td>J-22 胶黏剂</td><td>由环氧树脂、增韧剂和固化剂等组成
接触压力、80℃条件下需 2h 固化</td><td>①胶接铝合金材料在不同温度下的测试强度(表面经化学氧化处理)
<table>
<tr><td>温度/℃</td><td>-60</td><td>20</td><td>100</td></tr>
<tr><td>剪切强度/MPa</td><td>≥25.0</td><td>≥30.0</td><td>≥8.0</td></tr>
</table>
②不均匀扯离强度(常温)：≥60kN/m</td><td>韧性和综合性能好，工艺简便，使用温度为-60~80℃
用于航空仪表的黏合和密封及电子仪器的组装等</td></tr>
<tr><td>J-32 高强度胶黏剂</td><td>由环氧树脂、增韧剂和固化剂等组成
接触压力、80℃条件下需 2h 固化</td><td>①胶接件在不同温度下的测试强度
<table>
<tr><td>温度/℃</td><td>20</td><td>100</td><td>150</td></tr>
<tr><td>剪切强度/MPa</td><td>≥35.0</td><td>≥24.0</td><td>≥8.0</td></tr>
</table>
②不均匀扯离强度：≥60kN/m
③拉伸强度：≥50.0MPa</td><td>胶接强度高，耐疲劳性能好，使用温度为-60~150℃
用于各种金属结构件的胶接，也可用于玻璃钢等非金属与金属的胶接</td></tr>
<tr><td>J-48 修补胶</td><td>由环氧树脂、橡胶、酸酐固化剂等组成
在 0.1~0.3MPa、100℃条件下需 3h 或 60℃需 6h 固化</td><td>胶接铝合金材料的测试强度(表面经化学氧化处理)
<table>
<tr><td rowspan="2">剪切强度/MPa</td><td>常温</td><td>18.0</td></tr>
<tr><td>175℃</td><td>6.0</td></tr>
<tr><td rowspan="2">剥离强度/kN·m^{-1}</td><td>板-板</td><td>3.0</td></tr>
<tr><td>板-芯</td><td>2.0</td></tr>
<tr><td colspan="2">蜂窝拉脱强度/MPa</td><td>2.0</td></tr>
</table></td><td>固化温度低，耐介质、耐湿热老化及耐热老化等性能良好，工艺简便，使用温度为-60~175℃
主要用于设备的修复</td></tr>
<tr><td>KH-225 胶黏剂</td><td>由环氧树脂、端羧基丁腈橡胶、咪唑类固化剂和白炭黑等组成
接触压力、120℃需 1~3h 或 80℃需 4~8h 固化</td><td>①胶接碳钢件的测试强度(120℃固化)
<table>
<tr><td>温度/℃</td><td>常温</td><td>100</td></tr>
<tr><td>剪切强度/MPa</td><td>40.0</td><td>15.0</td></tr>
</table>
②胶接铝合金材料常温不均匀扯离强度≥60kN/m</td><td>中温固化，胶接强度高，使用温度约 100℃
用于胶接钢、铝、不锈钢等金属材料，玻璃钢、硬塑料、陶瓷、玻璃、玉石等无机非金属材料。适用于对热敏感、形状复杂的部件</td></tr>
<tr><td>KH-506 胶黏剂</td><td>由丁腈橡胶、改性酚醛树脂和醋酸乙酯等组成
在 0.3MPa、180℃条件下需 2h 固化</td><td>①胶接铝合金材料在不同条件下的测试强度(表面经化学氧化处理)
<table>
<tr><td rowspan="2">老化条件</td><td>温度/℃</td><td>常温</td><td colspan="2">200</td><td>250</td><td>55
98%
RH</td></tr>
<tr><td>时间/h</td><td>0</td><td>200</td><td>500</td><td>200</td><td>200</td></tr>
<tr><td rowspan="3">剪切强度/MPa</td><td>常温</td><td>20.0~24.0</td><td>18.0</td><td>16.0</td><td>8.0~9.0</td><td>—</td></tr>
<tr><td>200℃</td><td>9.0~10.0</td><td>9.0~10.0</td><td>8.8</td><td>—</td><td>9.0~10.0</td></tr>
<tr><td>250℃</td><td>7.0~9.0</td><td>7.4</td><td>7.8</td><td>7.0</td><td>—</td></tr>
<tr><td colspan="2">不均匀扯离强度/kN·m^{-1}</td><td>40~50</td><td>24</td><td>21</td><td>10</td><td>35</td></tr>
</table>
②胶接碳钢件在不同条件下的测试强度
<table>
<tr><td rowspan="2">老化条件</td><td>温度/℃</td><td>常温</td><td>200</td><td>250</td></tr>
<tr><td>时间/h</td><td>0</td><td>200</td><td>200</td></tr>
<tr><td rowspan="4">剪切强度/MPa</td><td>-50℃</td><td>30.0</td><td>—</td><td>—</td></tr>
<tr><td>常温</td><td>24.0~28.0</td><td>30.5</td><td>11.2</td></tr>
<tr><td>200℃</td><td>10.0</td><td>16.0</td><td>—</td></tr>
<tr><td>250℃</td><td>9.0</td><td>13.1</td><td>12.5</td></tr>
</table></td><td>耐油、耐老化性好，且具韧性，使用温度为-60~200℃
用于胶接金属结构件。在印制电路板制造中，胶接铜箔与玻璃钢；汽车、拖拉机用刹车片的胶接；胶液中加入二硫化钼可用于轴瓦的修复和电机转子外层的防水涂层</td></tr>
</table>

10.2 通用胶黏剂

表 3-3-84

<table>
<tr><th>牌号或名称</th><th>组成和固化条件</th><th>性　能</th><th>特点及用途</th></tr>
<tr><td>EF 型胶黏剂</td><td>由乙烯-醋酸乙烯共聚物及增黏树脂等配制。有 EF-1 型泡沫材料用胶黏剂，EF-2 型复合粘接用胶黏剂
接触压力、常温需 5~10min 固化</td><td>剥离强度(胶接 24h 后测定)：>0.3kN/m</td><td>溶剂型、无毒害、透光性好，使用温度为-30~60℃
EF-1 型适合于聚乙烯、聚氨酯软泡沫，聚苯乙烯、聚氯乙烯硬泡沫，橡胶海绵等胶接，也可与金属、木材等胶接；EF-2 型主要用于聚丙烯、聚酯、聚氨酯等薄膜与纸张复合用</td></tr>
<tr><td>铁锚 801 强力胶</td><td>由氯丁橡胶、酚醛树脂、溶剂等组成
常温、数小时基本固化，3~6d 达最高强度</td><td>①胶接不同材料的常温测试强度
<table>
<tr><td>材料</td><td>丁腈橡胶-铝</td><td>帆布-铝</td><td>丁腈橡胶-钢</td></tr>
<tr><td>剥离强度/N·(2.5cm)$^{-1}$</td><td>≥118</td><td>≥80</td><td>≥103</td></tr>
</table>
②耐水性(浸渍 6d)
<table>
<tr><td>材料</td><td>丁腈橡胶-铝</td><td>帆布-铝</td></tr>
<tr><td>剥离强度/N·(2.5cm)$^{-1}$</td><td>≥92</td><td>≥177</td></tr>
</table>
③耐油性(浸渍 6d)
<table>
<tr><td>材料</td><td>丁腈橡胶-铝</td><td>帆布-铝</td></tr>
<tr><td>剥离强度/N·(2.5cm)$^{-1}$</td><td>≥95</td><td>≥208</td></tr>
</table></td><td>初始胶接强度高，胶膜柔软，耐冲击、耐振、耐介质性优良，最高使用温度为 80℃
主要用于橡胶、皮革、织物、塑料及各种金属材料的胶接</td></tr>
<tr><td>铁锚 901、902 胶</td><td>聚氯乙烯溶剂
50~100kPa、常温需 3d 固化</td><td>①胶接聚氯乙烯的常温剪切强度：≥7MPa
②耐介质性：试件在下列介质中浸泡一周的测试强度
<table>
<tr><td>介质</td><td>水</td><td>10%NaOH</td><td>10%HCl</td><td>—</td></tr>
<tr><td>剪切强度/MPa</td><td>7.8</td><td>8.8</td><td>8.6</td><td>7.5</td></tr>
</table></td><td>快速定位，强度高，常温使用
901 胶专用于硬质聚氯乙烯和高抗冲聚氯乙烯的胶接；902 胶用于聚氯乙烯薄膜、吹塑玩具、人造革、泡沫塑料、薄片及硬聚氯乙烯的胶接</td></tr>
<tr><td>HY-901 常温固化韧性环氧胶</td><td>由(甲)缩水甘油酯型环氧树脂、低分子聚硫橡胶和(乙)长链酚醛改性胺类固化剂组成
20℃、24h(2~3h 即固硬)固化</td><td>①胶接铝合金材料在不同条件下的常温测试强度
<table>
<tr><td colspan="2">试验条件</td><td>常温 24h</td><td>浸水 30d</td><td>浸汽油 7d</td><td>-60~60℃ 5 次交变</td></tr>
<tr><td rowspan="2">甲：乙=2：1</td><td>剪切强度/MPa</td><td>8.0~12.0</td><td>8.7</td><td>12.0</td><td>12.9</td></tr>
<tr><td>"T"剥离强度/kN·m^{-1}</td><td>3.5~4.2</td><td>3.5</td><td>4.0</td><td>3.5</td></tr>
<tr><td rowspan="2">甲：乙=2.5：1</td><td>剪切强度/MPa</td><td>10.0~18.0</td><td>13.0</td><td>18.5</td><td>16.5</td></tr>
<tr><td>"T"剥离强度/kN·m^{-1}</td><td>2.5~3.5</td><td>3.0</td><td>3.25</td><td>3.5</td></tr>
</table>
②胶接不同材料的常温测试强度
<table>
<tr><td>材料</td><td>铝合金-有机玻璃</td><td>铝合金-聚碳酸酯</td><td>铝合金-ABS 塑料</td><td>铝合金-硬聚氯乙烯</td><td>黄铜-黄铜</td></tr>
<tr><td>剪切强度/MPa</td><td>5.5~7.0</td><td>10~12</td><td>6~7</td><td>6~7</td><td>13~20</td></tr>
</table></td><td>胶接强度较高，韧性好，接头密封性和抗振性好，使用方便，使用温度为常温至 60℃
主要用于铭牌与各种材料的胶接，也可用于电子元器件的胶接密封及应变片的防水等</td></tr>
</table>

续表

<table>
<tr><th>牌号或名称</th><th>组成和固化条件</th><th>性　能</th><th>特点及用途</th></tr>
<tr>
<td>HY-919 硬质塑料管材胶</td>
<td>由(甲)环氧树脂、液体羧基聚丁二烯和(乙)105 缩胺固化剂组成
20℃需 2d 固化</td>
<td>①胶接不同材料的常温测试强度
（甲：乙=2.5：1）
<table>
<tr><td>材料</td><td>硬 PVC</td><td>MBS</td><td>ABS</td><td>ACS</td></tr>
<tr><td>剪切强度/MPa</td><td>5~7</td><td>5.9~6.4</td><td>7~8</td><td>5~6</td></tr>
</table>
<table>
<tr><td>材料</td><td>有机玻璃</td><td>聚碳酸酯</td><td>铜-PVC</td></tr>
<tr><td>剪切强度/MPa</td><td>材料断裂</td><td>材料断裂</td><td>9~13</td></tr>
</table>
②在不同介质中浸泡 30d 后的常温测试强度
（甲：乙=2：1）
<table>
<tr><td colspan="2">介质</td><td>浸介质前</td><td>自来水</td><td>海水</td><td>22#机油</td></tr>
<tr><td rowspan="2">剪切强度/MPa</td><td>硬 PVC</td><td>4</td><td>5</td><td>5</td><td>4</td></tr>
<tr><td>MBS</td><td>3.5</td><td>4</td><td>4</td><td>3.8</td></tr>
</table>
</td>
<td>毒性小，配比要求不严格，使用温度为常温至 60℃
主要用于硬 PVC、ABS、ACS、有机玻璃、聚碳酸酯等塑料型材的胶接</td>
</tr>
<tr>
<td>HH-703 胶黏剂</td>
<td>由环氧树脂、稀释剂、填加剂和聚酰胺固化剂组成
接触压力、常温需 24~48h 或 60℃需5~6h 固化</td>
<td>胶接不同材料的常温测试强度
<table>
<tr><td>材　料</td><td>剪切强度/MPa</td></tr>
<tr><td>铝合金</td><td>≥20.0</td></tr>
<tr><td>低碳钢</td><td>≥20.0</td></tr>
<tr><td>铝-酚醛布板</td><td>布板破坏</td></tr>
<tr><td>铝-硬聚苯乙烯泡沫塑料</td><td>塑料破坏</td></tr>
</table>
</td>
<td>配制方便，毒性小，使用温度为-50~50℃
用于胶接模具、量具、硬质聚苯乙烯泡沫塑料、酚醛布板、机床导轨及铸件修补等</td>
</tr>
<tr>
<td>KH-520 胶黏剂</td>
<td>由环氧树脂、聚硫橡胶和低相对分子质量聚酰胺、酚醛胺固化剂组成
接触压力、60℃需 2~3h 固化或 10℃需 24h 固化</td>
<td>①胶接铝合金材料的测试强度
<table>
<tr><td>测试温度/℃</td><td>常温</td><td>60</td></tr>
<tr><td>剪切强度/MPa</td><td>≥28</td><td>≥10</td></tr>
<tr><td>不均匀扯离强度/kN·m⁻¹</td><td>≥50</td><td>—</td></tr>
</table>
②耐介质性(在下列介质中浸渍 30d)
<table>
<tr><td>介质</td><td>自来水</td><td>乙醇</td><td>机油</td><td>甲苯</td></tr>
<tr><td>剪切强度/MPa</td><td>27</td><td>26</td><td>29</td><td>29</td></tr>
</table>
</td>
<td>胶接强度较高，耐介质性良好，但耐热性较差，使用温度为常温至 60℃
主要用于柴油机缸体、油管、油箱、水箱及各种农机具的胶接修补，也可用于各种金属与非金属的胶接</td>
</tr>
<tr>
<td>J-39 快干胶</td>
<td>由甲基丙烯酸甲酯或丙烯酸双酯、橡胶和引发剂组成。分 2A、2B、2C 及底胶四种型号
接触压力、8~25℃、10~20min 变定，24h 完全固化</td>
<td>①胶接铝合金材料在不同温度下的测试强度
<table>
<tr><td>测试温度/℃</td><td>-60</td><td>常温</td><td>100</td><td>120</td></tr>
<tr><td>剪切强度/MPa</td><td>7.7</td><td>23.6</td><td>13.2</td><td>9.1</td></tr>
</table>
②剥离性能
90°剥离强度(铝-铝，经化学处理并加 FT-1 表面处理剂，常温测试)：≥9kN/m
180°剥离强度(氯丁橡胶-环氧玻璃钢，橡胶用 FT-2 表面处理剂处理)：常温>5kN/m；120℃>1kN/m
③对不同金属材料的油面胶接性能
<table>
<tr><td>材　料</td><td>铝合金</td><td>钛合金</td><td>碳钢</td><td>不锈钢</td></tr>
<tr><td>剪切强度保持率/%</td><td>89</td><td>82</td><td>83</td><td>99</td></tr>
</table>
</td>
<td>室温快速固化，胶接强度较高，柔韧性和耐热性好，并可进行油面胶接，工艺简便，使用温度为-40~100℃
主要用于机械修补、铭牌胶接、油管堵漏等非结构性胶接密封。2A 适于铭牌粘贴，2B 用于大面积和需韧性的场合；2C 用于油箱、油管的快堵</td>
</tr>
</table>

续表

<table>
<tr><th>牌号或名称</th><th>组成和固化条件</th><th colspan="7">性　　能</th><th>特点及用途</th></tr>
<tr><td rowspan="7">AR-4、AR-5 耐磨胶</td><td rowspan="7">由环氧树脂和聚酰胺、聚硫橡胶及多种无机填料组成
接触压力、常温需 24h 或 60℃需 2h 固化</td><td colspan="7">不同型号胶对铝件的胶接性能</td><td rowspan="7">胶接强度较高，耐磨性好，AR-5 比 AR-4 硬度高，机械加工性和耐介质性良好，使用温度为 -45~120℃
用于机械零件磨损的尺寸恢复、机床导轨及缸体等损伤部件的修复，还可用于堵塞裂缝、气孔、砂眼等</td></tr>
<tr><td colspan="3">型号</td><td colspan="2">AR-4</td><td colspan="2">AR-5</td></tr>
<tr><td colspan="3">剪切强度/MPa</td><td colspan="2">15.0~16.0</td><td colspan="2">18.0~20.0</td></tr>
<tr><td colspan="3">布氏硬度 HB</td><td colspan="2">5.00~6.87</td><td colspan="2">11.7~11.9</td></tr>
<tr><td colspan="3">摩擦因数(油润滑，200r/min，负荷 100~200N/cm²)</td><td colspan="4">0.01~0.013</td></tr>
<tr><td colspan="3">热导率/W·m⁻¹·K⁻¹</td><td colspan="4">3.05×10^{-2}</td></tr>
<tr><td colspan="3">线胀系数/℃⁻¹</td><td colspan="4">4.5×10^{-5}</td></tr>
<tr><td rowspan="11">尺寸恢复胶(R 型)</td><td rowspan="11">由环氧树脂、聚酰胺、间苯二胺和填料(二硫化钼、石墨或金属料)组成
常温需 2~4d 或 150℃ 需 2h 固化</td><td colspan="7">不同型号胶对铝件的胶接性能</td><td rowspan="11">具有优良的胶接性和耐磨性，使用温度为常温至 80℃
用于修补磨损的机械零件，恢复机械表面的几何形状和配合精度；也可用于一般零件的胶接、裂纹或崩块的修补、砂眼的填补等</td></tr>
<tr><td colspan="2">型号</td><td>R-0</td><td>R-1</td><td>R-2</td><td>R-3</td><td>R-4</td></tr>
<tr><td rowspan="2">剪切强度/MPa</td><td>常温</td><td>28.5</td><td>15.5</td><td>18.0</td><td>16.8</td><td>29.7</td></tr>
<tr><td>80℃</td><td>18.0</td><td>11.3</td><td>17.6</td><td>16.1</td><td>14.6</td></tr>
<tr><td colspan="2">压缩强度/MPa</td><td>70.7</td><td>77.3</td><td>63.3</td><td>78.0</td><td>73.0</td></tr>
<tr><td colspan="2">不均匀扯离强度/kN·m⁻¹</td><td>37</td><td>12.6</td><td>14</td><td>14</td><td>29</td></tr>
<tr><td colspan="2">硬度/MPa</td><td>149</td><td>131</td><td>159</td><td>149</td><td>131</td></tr>
<tr><td colspan="2">摩擦因数</td><td>0.0355</td><td>0.0402</td><td>0.0371</td><td>0.0421</td><td>0.0399</td></tr>
<tr><td colspan="2">热导率/W·m⁻¹·K⁻¹</td><td>—</td><td>1.190</td><td>0.464</td><td>1.005</td><td>0.527</td></tr>
<tr><td colspan="2" rowspan="2">线胀系数/℃⁻¹(常温至 120℃)</td><td>(1.588~0.931)$\times10^{-3}$</td><td>(1.124~1.198)$\times10^{-3}$</td><td>(2.031~2.125)$\times10^{-3}$</td><td>(1.659~0.165)$\times10^{-3}$</td><td>(1.843~0.997)$\times10^{-3}$</td></tr>
</table>

10.3 特种胶黏剂

耐高温胶

表 3-3-85

<table>
<tr><th>牌号或名称</th><th>组成和固化条件</th><th colspan="5">性　　能</th><th>特点及用途</th></tr>
<tr><td rowspan="4">H-02 胶黏剂</td><td rowspan="4">由 H-02 环氧树脂、4,4′-二氨基二苯甲烷和气溶胶组成
接触压力、150℃ 需 4h 固化</td><td colspan="5">①胶接铝合金件在不同温度下的测试强度</td><td rowspan="4">具有良好的耐高温性能，使用温度为 20~200℃
主要用于铝及铝合金、碳钢、不锈钢等金属材料的胶接</td></tr>
<tr><td>测试温度/℃</td><td>常温</td><td>150</td><td>200</td><td>300</td></tr>
<tr><td>剪切强度/MPa</td><td>26.5</td><td>25</td><td>10.3</td><td>3.3</td></tr>
<tr><td colspan="5">②不均匀扯离强度：80N/cm</td></tr>
</table>

续表

<table>
<tr><th>牌号或名称</th><th>组成和固化条件</th><th>性　　能</th><th>特点及用途</th></tr>
<tr>
<td>KH505 高温胶黏剂</td>
<td>由甲基苯基硅树脂、无机填料和甲苯等组成
0.5MPa、270℃需3h固化,去除压力后425℃固化3h可提高强度</td>
<td>①胶接钢件在不同温度下的测试强度
<table>
<tr><td colspan="2">测试温度/℃</td><td>常温</td><td>425</td></tr>
<tr><td rowspan="2">剪切强度/MPa</td><td>未后固化</td><td>7.9~8.7</td><td>3~3.5</td></tr>
<tr><td>经后固化</td><td>9.9~11</td><td>3.4~4</td></tr>
</table>
②胶接钢件在下述老化条件下于425℃的测试强度
<table>
<tr><td rowspan="2">老化条件</td><td>温度/℃</td><td>400</td><td colspan="2">-60~425</td></tr>
<tr><td>时间或交变次数</td><td>200h</td><td>5次</td><td>10次</td></tr>
<tr><td rowspan="2">剪切强度/MPa</td><td>未后固化</td><td>3.1~3.7</td><td>2.9~3.3</td><td>3.4~3.5</td></tr>
<tr><td>经后固化</td><td>2.9~3.3</td><td>3.4~4.7</td><td>—</td></tr>
</table>
③ 持久强度(切应力1.5MPa、425℃测):>30h</td>
<td>具有良好的耐水、耐大气老化性,对金属无腐蚀性,使用温度为-60~400℃
用于高温下金属、玻璃、陶瓷的胶接。适用于螺栓的紧固密封、钠硫电池耐高温密封,也可作为耐高温应变片胶</td>
</tr>
<tr>
<td>聚苯并咪唑胶黏剂(PBI胶)</td>
<td>15%聚苯并咪唑的二甲基乙酰胺溶液
0.1MPa、100~120℃下0.5h后,从120℃升至200℃为0.5h,再在200℃下0.5h,从200℃升至250℃为0.5h,最后在250℃下3h固化</td>
<td>①胶接不同金属材料的测试强度
<table>
<tr><td colspan="2">材料</td><td>铝合金</td><td>黄铜</td><td>紫铜</td><td>45钢</td><td>不锈钢</td></tr>
<tr><td rowspan="3">剪切强度/MPa</td><td>-78℃</td><td>—</td><td>29.0</td><td>—</td><td>46.0</td><td>39.0</td></tr>
<tr><td>常温</td><td>30.0</td><td>28.0</td><td>12.0</td><td>42.0</td><td>36.0</td></tr>
<tr><td>250℃</td><td>20.0</td><td>23.0</td><td>9.7</td><td>23.8</td><td>24.0</td></tr>
</table>
②不均匀扯离强度:常温7kN/m;200℃50kN/m
③耐老化性(铝合金件经不同老化后的测试强度)
<table>
<tr><td colspan="2">老化温度/℃</td><td colspan="6">260</td><td colspan="4">317</td></tr>
<tr><td colspan="2">老化时间/h</td><td>0</td><td>100</td><td>200</td><td>300</td><td>400</td><td>500</td><td>50</td><td>100</td><td>150</td><td>200</td></tr>
<tr><td rowspan="2">剪切强度/MPa</td><td>常温</td><td>26.4</td><td>14.3</td><td>7.7</td><td>7.0</td><td>3.3</td><td>2.1</td><td>10.8</td><td>3.1</td><td>2.5</td><td>5</td></tr>
<tr><td>250℃</td><td>18.4</td><td>11.1</td><td>7.6</td><td>8.1</td><td>6.8</td><td>1.6</td><td>8.9</td><td>6.7</td><td>5.6</td><td>0</td></tr>
</table></td>
<td>瞬间耐高温性良好,低温时也有较好的性能,但高温时易氧化而破坏,使用温度为-253~538℃
用于胶接不锈钢、45钢、黄铜、紫铜、铝合金等,还可胶接聚酰亚胺、硅片、硅树脂等</td>
</tr>
<tr>
<td>30号胶</td>
<td>由芳香族二胺、芳香族二元酸酐和芳香族二酰胺聚合成聚酰亚胺的二甲基乙酰胺溶液组成
0.1~0.3MPa、200℃下1h、然后在280℃下2h固化</td>
<td>①胶接铝合金件在不同温度下的测试强度
<table>
<tr><td>测试温度/℃</td><td>-60</td><td>常温</td><td>250</td><td>300</td></tr>
<tr><td>剪切强度/MPa</td><td>≥20</td><td>≥20</td><td>≥15</td><td>≥10</td></tr>
</table>
②胶接铝合金件的测试强度
<table>
<tr><td>测试条件</td><td>常温</td><td>250℃、1000h</td></tr>
<tr><td>不均匀扯离强度/N·cm^{-1}</td><td>350~400</td><td>350</td></tr>
</table>
③耐热老化性(铝合金件在下列介质中浸泡31d,常温测试)
<table>
<tr><td>介质</td><td>水</td><td>汽油</td><td>海水</td></tr>
<tr><td>剪切强度/MPa</td><td>18</td><td>19</td><td>17</td></tr>
</table></td>
<td>高温下具有优良的介电性、阻燃性、耐辐射性及较高的胶接强度,使用温度为-60~280℃
适用于铝合金、钛合金、不锈钢、陶瓷、应变片片基及耐高温、耐辐射方面的胶接</td>
</tr>
</table>

耐低温胶

表 3-3-86

<table>
<tr><th>牌号或名称</th><th>组成和固化条件</th><th>性能</th><th>特点及用途</th></tr>
<tr><td>DW-1 耐超低温胶</td><td>由三羟基聚氧化丙烯醚异氰酸酯的预聚体和 3,3′-二氯 4,4′-二氨基二苯基甲烷组成
0.2MPa、60℃ 下 2h 或 100℃ 下 1h 或常温数天固化</td><td>铝(打毛)胶接件在不同条件下的测试强度
<table>
<tr><td>测试条件</td><td>常温</td><td>-196℃</td><td>-196~40℃ 冷热交变 5 次</td></tr>
<tr><td>剪切强度/MPa</td><td>≥5.0</td><td>≥18.0</td><td>≥5.0</td></tr>
</table></td><td>具有优良的低温胶接性能,黏度低,使用方便,常温或加温固化,使用温度为-196℃至常温
主要用于制氧机的胶接、修补和密封,也可用于玻璃钢、陶瓷、铝合金等材料的低温胶接</td></tr>
<tr><td>DW-3 耐超低温胶</td><td>由四氢呋喃共聚醚环氧树脂、双酚 A 环氧树脂、间苯二胺衍生物和有机硅化合物等组成
接触压力、100℃ 下 2h 或 60℃ 下 8h 固化</td><td>①胶接铝合金件在不同温度下的测试强度
<table>
<tr><td>测试温度/℃</td><td>60</td><td>20</td><td>-196</td><td>-253</td><td>-269</td></tr>
<tr><td>剪切强度/MPa</td><td>7.8</td><td>≥18.0</td><td>≥20.0</td><td>≥20.0</td><td>≥20.0</td></tr>
</table>
②胶接不同材料的测试强度
<table>
<tr><td colspan="2">材料</td><td>钢</td><td>不锈钢</td><td>紫铜</td><td>黄铜</td></tr>
<tr><td rowspan="2">剪切强度/MPa</td><td>-196℃</td><td>≥20.0</td><td>≥20.0</td><td>≥20.0</td><td>≥20.0</td></tr>
<tr><td>常温</td><td>≥18.0</td><td>≥18.0</td><td>≥18.0</td><td>≥18.0</td></tr>
</table></td><td>具有优良的低温胶接性能,黏度低,使用方便,胶接强度高,韧性好,使用温度为-269~60℃
主要用于超低温下工作的金属、非金属材料的胶接,也可用于两种线胀系数差别较大的材料胶接</td></tr>
<tr><td>H-01 耐低温环氧胶</td><td>由环氧树脂、桐油酸酐、顺丁烯二酸酐及气相二氧化硅组成
接触压力、150℃ 下 3h 固化</td><td>①胶接铝合金件在不同温度下的测试强度
<table>
<tr><td>测试温度/℃</td><td>-196</td><td>常温</td><td>200</td></tr>
<tr><td>剪切强度/MPa</td><td>≥17.0</td><td>≥20.0</td><td>≥11.0</td></tr>
</table>
②不均匀扯离强度:≥80N/cm</td><td>具有优良的低温和高温胶接性能,使用温度为-170~200℃
主要用于既在低温又在高温(200℃以下)工作的各种金属、非金属材料的胶接</td></tr>
<tr><td>H-006 耐低温环氧胶</td><td>由均苯三酸三缩水甘油酯、液体丁腈橡胶和 4,4′-二氨基二苯基甲烷组成
接触压力、80℃ 下 5h 固化</td><td>①胶接铝合金件在不同温度下的测试强度
<table>
<tr><td>测试温度/℃</td><td>-196</td><td>常温</td><td>200</td></tr>
<tr><td>剪切强度/MPa</td><td>≥19.0</td><td>≥20.0</td><td>≥14.0</td></tr>
</table>
②不均匀扯离强度:≥350N/cm
③耐老化性(150℃、500h)
<table>
<tr><td>测试温度/℃</td><td>-196</td><td>常温</td><td>200</td></tr>
<tr><td>剪切强度/MPa</td><td>≥17.0</td><td>≥18.0</td><td>≥15.0</td></tr>
</table>
④耐高低温交变性(-196~150℃、120 次)
<table>
<tr><td>测试强度/℃</td><td>-196</td><td>常温</td><td>200</td></tr>
<tr><td>剪切强度保持率/%</td><td>≥92</td><td>≥96</td><td>≥82</td></tr>
</table></td><td>具有优良的耐辐照、耐高低温交变性和低温胶接性能,使用温度为-196~150℃
主要用于低温和高温下工作的铝合金、钛合金、不锈钢等金属材料的胶接</td></tr>
</table>

续表

<table>
<tr><th>牌号或名称</th><th>组成和固化条件</th><th colspan="5">性 能</th><th>特点及用途</th></tr>
<tr><td rowspan="8">HY-912 耐超低温胶</td><td rowspan="8">由环氧树脂、聚氨酯树脂和铝粉等组成
接触压力、100℃下 4h 固化</td><td colspan="5">①胶接铝合金件在不同条件下的测试强度</td><td rowspan="8">胶液活性期长，使用方便，低温和室温下都有较高的胶接强度，使用温度为-190℃至常温
用于低温下工作的各种金属、非金属材料的胶接和修补</td></tr>
<tr><td colspan="2">测试条件</td><td>常温</td><td>50℃</td><td>-190℃
-190~100℃冷热交变 3 次</td></tr>
<tr><td colspan="2">剪切强度/MPa</td><td>21.7</td><td>4.7</td><td>15.4
20.3</td></tr>
<tr><td colspan="5">②胶接不同材料的测试强度</td></tr>
<tr><td colspan="2">材 料</td><td>铝合金-环氧玻璃钢</td><td>紫铜-环氧玻璃钢</td><td>不锈钢-环氧玻璃钢</td></tr>
<tr><td rowspan="2">剪切强度/MPa</td><td>常温</td><td>10.5~14</td><td>10~13</td><td>9~15</td></tr>
<tr><td>-190~25℃冷热交变 3 次</td><td>9~10.7</td><td>12~14</td><td>8~13</td></tr>
<tr><td colspan="5"></td></tr>
<tr><td rowspan="7">铁锚 104 胶（超低温发泡型）</td><td rowspan="7">由（甲）环氧丙烷聚醚聚氨酯和（乙）环氧丙烷聚醚、交联剂及催化剂组成
接触压力、常温下 24h 固化</td><td colspan="5">①胶液的技术指标</td><td rowspan="7">无溶剂，具有优良的低温胶接性能，在胶接时有低发泡性，能很好地填充接合部位的缝隙，使用温度为-196℃至常温
广泛用于泡沫塑料与金属或非金属材料的胶接，保冷管道中泡沫材料与金属管的胶接</td></tr>
<tr><td colspan="2">甲组分</td><td colspan="3">游离异氰酸根 3.5%~6.0%</td></tr>
<tr><td colspan="2">乙组分</td><td colspan="3">羟值(140±30) mgKOH/g</td></tr>
<tr><td colspan="5">②胶接铝合金件的测试强度</td></tr>
<tr><td colspan="2">测试温度/℃</td><td colspan="2">25</td><td>-196</td></tr>
<tr><td colspan="2">剪切强度/MPa</td><td colspan="2">≥1.2（泡沫塑料断）</td><td>≥30</td></tr>
</table>

应变片用胶

表 3-3-87

<table>
<tr><th>牌号或名称</th><th>组成和固化条件</th><th colspan="6">性 能</th><th>特点及用途</th></tr>
<tr><td rowspan="8">J-06-2 应变胶</td><td rowspan="8">由钡酚醛树脂、E-06 环氧树脂、间苯二酚和石棉等组成
0.3MPa、150℃下 3h 固化</td><td colspan="6">①胶接不锈钢件在不同温度下的测试强度</td><td rowspan="8">具有优良的耐高低温性能，电绝缘性良好，工艺简便，使用温度为-269~250℃
适用于各种金属、非金属材料的高温应变测量及各类应变片的制造，也可用于粘贴各种应变片及半导体片</td></tr>
<tr><td colspan="2">测试温度/℃</td><td colspan="2">20</td><td colspan="2">250</td></tr>
<tr><td colspan="2">剪切强度/MPa</td><td colspan="2">7.1</td><td colspan="2">4.2</td></tr>
<tr><td colspan="6">②应变性能</td></tr>
<tr><td colspan="3">视应变(20~250℃)/με</td><td colspan="3">≤±150</td></tr>
<tr><td colspan="3">应变极限/με</td><td colspan="3">≤3500</td></tr>
<tr><td colspan="3">灵敏度系数</td><td colspan="3">2</td></tr>
<tr><td colspan="3">体积电阻率/Ω · cm</td><td colspan="3">6×10^{10}</td></tr>
<tr><td rowspan="13">KY-4 应变胶</td><td rowspan="13">由 711 环氧树脂、低相对分子质量聚硫橡胶和酚醛胺固化剂组成
室温下 1h 变定，然后 60~80℃下 1~2h 完全固化或室温下 5h 完全固化</td><td colspan="6">①胶接 45 钢在不同温度下的测试强度</td><td rowspan="13">固化速度快，工艺简便，耐介质性、抗蠕变性及电绝缘性优良，使用温度为-50~60℃
适用于缩醛、聚酰亚胺或环氧树脂为底基的丝式、箔式和半导体应变片的粘贴</td></tr>
<tr><td>测试温度/℃</td><td>-50</td><td>常温</td><td>60</td><td>80</td><td>100</td></tr>
<tr><td>剪切强度/MPa</td><td>12.4</td><td>20.6</td><td>14.9</td><td>11.3</td><td>6.9</td></tr>
<tr><td>拉伸强度/MPa</td><td>—</td><td>43.8</td><td>45.1</td><td>26.9</td><td>12.7</td></tr>
<tr><td colspan="6">②应变性能(4mm×10mm 箔式应变片、25℃固化 5h)</td></tr>
<tr><td colspan="3">灵敏度系数</td><td colspan="3">2.17</td></tr>
<tr><td colspan="3">机械滞后/με</td><td colspan="3">18</td></tr>
<tr><td colspan="3">零点漂移/$\mu\varepsilon\cdot h^{-1}$</td><td colspan="3">0.5</td></tr>
<tr><td colspan="3">蠕变/%</td><td colspan="3">-0.12</td></tr>
<tr><td colspan="3">体积电阻率/Ω · cm</td><td colspan="3">5×10^{11}</td></tr>
<tr><td colspan="6">③耐介质性</td></tr>
<tr><td colspan="6">在乙醇、水、汽油、10% NaOH、10% NaCl 中浸泡 24h，性能不下降</td></tr>
</table>

续表

<table>
<tr><th>牌号或名称</th><th>组成和固化条件</th><th>性　能</th><th>特点及用途</th></tr>
<tr><td>PE-2应变胶</td><td>由酚醛树脂、环氧树脂和溶剂等组成
0.5～1MPa、160℃下2～4h固化</td><td>
<table>
<tr><td colspan="2">性能指标</td></tr>
<tr><td>剪切强度(钢)/MPa</td><td>≥9</td></tr>
<tr><td>弹性模量/MPa</td><td>≥3.6×10^3</td></tr>
<tr><td>蠕变/%</td><td>≤0.01</td></tr>
<tr><td>机械滞后/%</td><td>≤0.03</td></tr>
<tr><td>疲劳寿命(±1500με)/10^{4}次</td><td>≥100</td></tr>
<tr><td>绝缘电阻/MΩ</td><td>10^5</td></tr>
<tr><td>折射率 n_D^{25}</td><td>1.5890～1.5970</td></tr>
<tr><td>凝胶时间(160℃)/min</td><td>10</td></tr>
</table>
</td><td>具有优良的抗蠕变性、电绝缘性和胶接性能，工艺简便，使用温度为-40～80℃
用于半导体应变片的粘贴，适用于各种高精度传感器的制造，精度小于0.03%</td></tr>
</table>

胶接点焊用胶

表3-3-88

<table>
<tr><th>牌号或名称</th><th>组成和固化条件</th><th>性　能</th><th>特点及用途</th></tr>
<tr><td>203胶接点焊胶</td><td>由E-51环氧树脂、JLY-121聚硫橡胶和间苯二胺组成
接触压力、80℃下3h固化</td><td>
①胶接铝合金件在不同温度下的测试强度
<table>
<tr><td>测试温度/℃</td><td>-60</td><td>室温</td><td>60</td><td>100</td></tr>
<tr><td>剪切强度/MPa</td><td>>20.0</td><td>>18.0</td><td>>17.0</td><td>>11.5</td></tr>
</table>
②不均匀扯离强度：≥170N/cm
③胶焊强度(焊点3cm×3cm)：≥100MPa
</td><td>具有优良的综合胶接性能和耐阳极氧化性能，使用温度为-60～60℃
适用于铝合金的胶接点焊</td></tr>
<tr><td>KH-120胶黏剂</td><td>由多种低黏度环氧树脂、端羧基液体丁腈橡胶、催化剂、固化剂等组成
30℃预固化36h或20℃预固化48h，然后150℃±3℃固化4h，自然冷却</td><td>
①胶接铝合金件在不同温度下测试强度
<table>
<tr><td>测试温度/℃</td><td>常温</td><td>100</td><td>120</td><td>135</td></tr>
<tr><td>剪切强度/MPa</td><td>>25.0</td><td>>20.0</td><td>>20.0</td><td>>15.0</td></tr>
</table>
②不均匀扯离强度：>350N/cm
③耐老化性能(55℃、95%RH)
<table>
<tr><td colspan="2">老化时间/h</td><td>0</td><td>1000</td><td>2000</td><td>3000</td></tr>
<tr><td rowspan="3">剪切强度/MPa</td><td>常温</td><td>>25.0</td><td>>22.0</td><td>>20.0</td><td>>20.0</td></tr>
<tr><td>120℃</td><td>>20.0</td><td>>12.0</td><td>>12.0</td><td>>11.0</td></tr>
<tr><td>135℃</td><td>>15.0</td><td>—</td><td>—</td><td>>6.5</td></tr>
</table>
</td><td>胶液黏度低，工艺性好，胶接强度高，柔韧性好，使用温度为-60～120℃
用于汽车、飞机、机器、船舶等制造中的结构胶接，加入银粉可作为导电胶使用</td></tr>
<tr><td>SY-201胶黏剂</td><td>由E-51环氧树脂、液体聚硫橡胶、低分子聚酰胺、双氰胺和填料组成
120℃下4h或140℃下2h固化</td><td>
①胶接铝合金件在不同温度下的测试强度
<table>
<tr><td>测试温度/℃</td><td>-60</td><td>常温</td><td>100</td></tr>
<tr><td>剪切强度/MPa</td><td>12.0</td><td>23.4</td><td>13.5</td></tr>
</table>
②耐热老化性(100℃、200h老化)
<table>
<tr><td>测试温度/℃</td><td>常温</td><td>100</td></tr>
<tr><td>剪切强度/MPa</td><td>≥27</td><td>≥14</td></tr>
</table>
③耐介质性(在下列介质中浸泡30d后常温测试)
<table>
<tr><td>介质</td><td>水</td><td>乙醇</td><td>煤油</td></tr>
<tr><td>剪切强度/MPa</td><td>≥21</td><td>≥25</td><td>≥21</td></tr>
</table>
</td><td>具有优良的综合性能和耐阳极氧化性能，对铝合金不腐蚀，使用温度为-60～100℃
适用于铝合金胶焊，也可用于其他金属结构件的胶接</td></tr>
</table>

续表

<table>
<tr><th>牌号或名称</th><th>组成和固化条件</th><th>性　　能</th><th>特点及用途</th></tr>
<tr><td>TF-3胶黏剂</td><td>由E-51环氧树脂、H-71环氧树脂、JLY-121聚硫橡胶、液体丁腈橡胶-40、4,4′-二氨基二苯基甲烷和偶联剂等组成
30℃预固化48h或20℃预固化72h，然后90℃下1h，150℃下4h固化</td><td>①胶接铝合金件在不同条件下的测试强度
<table>
<tr><td colspan="2">测试温度/℃</td><td>-60</td><td>常温</td><td>60</td></tr>
<tr><td rowspan="2">剪切强度/MPa</td><td>老化前</td><td>17</td><td>20</td><td>18</td></tr>
<tr><td>老化4000h</td><td>16</td><td>19</td><td>13</td></tr>
<tr><td colspan="2">拉伸强度/MPa</td><td></td><td>≥51</td><td>—</td></tr>
</table>②不均匀扯离强度：≥500N/cm
③耐介质性（在下列介质中浸渍60d后常温测试）
<table>
<tr><td>介　质</td><td>人工海水</td><td>RH-791汽油</td><td>RR-1煤油</td><td>YH-1机油</td></tr>
<tr><td>剪切强度/MPa</td><td>16</td><td>17</td><td>17</td><td>18</td></tr>
</table></td><td>具有高的静强度、疲劳强度和良好的抗湿热老化性能，胶液渗透性好，工艺简便，使用温度为-60~60℃
主要用于铝合金的胶焊，也可用于其他金属的胶接</td></tr>
</table>

热　熔　胶

表3-3-89

<table>
<tr><th>牌号或名称</th><th>组成和固化条件</th><th>性　　能</th><th>特点及用途</th></tr>
<tr><td>CKD-1热熔胶</td><td>由乙烯-醋酸乙烯共聚树脂及其他添加剂等组成
将胶加热至150~170℃，熔融后涂胶，迅速合拢，加压0.7MPa，冷却1~4min即固化</td><td>①胶液技术指标
<table>
<tr><td>软化点（环球法）/℃</td><td>熔融黏度/mPa·s</td></tr>
<tr><td>>85</td><td><10000[（20±2）℃]</td></tr>
</table>②胶接不同材料的常温测试强度
<table>
<tr><td>材料</td><td>聚丙烯</td><td>高密度聚乙烯</td><td>低密度聚乙烯</td></tr>
<tr><td>剪切强度/MPa</td><td>≥3.0</td><td>≥2.8</td><td>≥2.5</td></tr>
</table>③“T”剥离强度（聚丙烯编织袋）：袋破坏</td><td>无毒，使用温度为-30~50℃
主要用于聚乙烯、聚丙烯等难粘塑料的胶接，也可用于金属、陶瓷、木材、纸张等的胶接</td></tr>
<tr><td>HM-2热熔胶</td><td>由乙烯-醋酸乙烯共聚树脂、松香脂和防老剂等组成
将胶加热至170~180℃使之熔融，涂胶后露置5s，迅速合拢，冷却后即固化（如被胶接材料为金属，对其预热至100~120℃）</td><td>①软化点（环球法）：≥72℃
②胶接强度
<table>
<tr><td>剪切强度/MPa</td><td>剥离强度/N·(2.5cm)$^{-1}$</td></tr>
<tr><td>≥2（聚丙烯）
≥3（硬铝）</td><td>≥20（铝箔）</td></tr>
</table>③胶接不同材料的常温测试强度
<table>
<tr><td>材料</td><td>紫铜</td><td>铁</td><td>铝</td><td>低密度聚乙烯</td><td>改性聚丙烯</td><td>尼龙1010</td></tr>
<tr><td>压剪强度/MPa</td><td>≥6</td><td>≥6</td><td>≥6</td><td>≥3</td><td>≥4</td><td>≥5</td></tr>
</table><table>
<tr><td>材料</td><td>ABS</td><td>聚乙烯-铝</td><td>聚丙烯-铝</td></tr>
<tr><td>压剪强度/MPa</td><td>≥5</td><td>≥4</td><td>≥5</td></tr>
</table></td><td>固化速度快，无毒，无溶剂，可用于流水线高效率操作，使用温度为-40~55℃
可胶接多种材料，尤其是未经表面处理的聚乙烯、聚丙烯、聚甲醛、尼龙等难粘材料。用于冷库保温材料的胶接密封，无线电器件、塑料管材、泡沫塑料等的胶接</td></tr>
</table>

续表

<table>
<tr><th>牌号或名称</th><th>组成和固化条件</th><th>性　　能</th><th>特点及用途</th></tr>
<tr><td>ME 热熔胶</td><td>由乙烯-醋酸乙烯共聚树脂及其他助剂等组成
将胶加热至熔融状态下涂胶，胶接后 1~3min 即可固化。被粘材料无需表面处理</td><td><table>
<tr><td>熔点/℃</td><td>≥90</td></tr>
<tr><td>邵氏硬度</td><td>75~85</td></tr>
<tr><td>断裂伸长率/%</td><td>130~150</td></tr>
<tr><td>剪切强度/MPa</td><td>≥4</td></tr>
<tr><td>拉伸强度/MPa</td><td>≥4</td></tr>
<tr><td>"T"剥离强度/N·cm^{-1}</td><td>13</td></tr>
</table></td><td>具有良好的耐酸碱介质、耐老化、电气绝缘等性能，无毒，不用溶剂、工艺简便，使用温度为-20~50℃
主要用于聚乙烯、聚丙烯管材、板材的胶接，也可用于封口、书籍无线装订及铝箔与玻璃的胶接</td></tr>
<tr><td>PV-1 热熔胶</td><td>由乙烯-醋酸乙烯共聚树脂及其他助剂等组成
将胶加热至熔融后，涂布于清洁接合面，迅速合拢，冷却后即固化</td><td>①胶接不同材料的常温测试强度<table>
<tr><td>材料</td><td>聚乙烯</td><td>聚丙烯</td></tr>
<tr><td>剪切强度/MPa</td><td>1.2~1.4(材料断)</td><td>1.8~2.0</td></tr>
</table>②剥离强度(聚乙烯薄膜):7~9N/cm
③耐油压:≥1.8MPa
④耐介质性<table>
<tr><td>介质</td><td>水</td><td>5%盐溶液</td><td>5%硫酸</td><td>5%烧碱</td></tr>
<tr><td>剪切强度保持率/%</td><td>100</td><td>100</td><td>100</td><td>97</td></tr>
</table></td><td>具有优良的耐水性，使用温度为-10~60℃
主要用于聚乙烯、聚丙烯管材、板材、薄膜的胶接，也可用于木材、陶瓷、金属等的胶接</td></tr>
<tr><td>HM-3 热熔胶</td><td>由改性乙烯-醋酸乙烯共聚树脂、增黏剂、防老剂等组成
将胶加热至 150~160℃使之熔融，并将接合面预热至 50℃，涂胶后迅速合拢，冷却后即固化，30min 后达最高强度</td><td>胶接强度<table>
<tr><td>材料</td><td>硬 PVC</td></tr>
<tr><td>剪切强度/MPa</td><td>≥15</td></tr>
<tr><td>剥离强度/N·(2.5cm)$^{-1}$</td><td>≥500</td></tr>
</table></td><td>软化点大于 80℃，分解温度大于 170℃，无毒，使用温度为常温至 60℃
专用于硬 PVC 塑料制品的胶接。对皮革、织物等材料也有良好的胶接性能</td></tr>
<tr><td>HM-1 热熔胶</td><td>由乙烯-醋酸乙烯共聚树脂和松香甘油脂等组成
将胶加热至 120~160℃使之熔融，热涂于被粘物表面，迅速合拢，冷却后即固化</td><td>性能指标<table>
<tr><td>软化点(环球法)/℃</td><td>≥70</td></tr>
<tr><td rowspan="2">拉伸强度/MPa</td><td>3(铝合金)</td></tr>
<tr><td>1.5(镀锌钢片)</td></tr>
<tr><td>压剪强度/MPa</td><td>>1.5(聚乙烯)</td></tr>
</table></td><td>固化速度快，工艺简便，无毒，无溶剂，使用温度为-30~50℃
主要用于铝、钢等金属材料的胶接，也可用于难粘的聚乙烯、聚丙烯等塑料的胶接，常用于电子线圈的固定和金属铭牌的胶接</td></tr>
</table>

厌 氧 胶

表 3-3-90

<table>
<tr><th>牌号或名称</th><th>组成和固化条件</th><th colspan="2">性　　能</th><th>特点及用途</th></tr>
<tr><td rowspan="4">铁锚 302 厌氧胶</td><td rowspan="4">由丙烯酸酯、引发剂、稳定剂和促进剂等组成
常温下 10~60min 变定，3~6h 达实用强度，24h 完全固化</td><td>黏度/mPa·s</td><td>10~20</td><td rowspan="4">常温固化，工艺简便，使用温度为-55~60℃
主要用于螺栓的紧固和铸件砂眼的修补</td></tr>
<tr><td>破坏扭矩/N·m</td><td>30</td></tr>
<tr><td>牵出扭矩/N·m</td><td>40</td></tr>
<tr><td>剪切强度/MPa</td><td>≥30</td></tr>
</table>

续表

<table>
<tr><th>牌号或名称</th><th>组成和固化条件</th><th colspan="8">性　能</th><th>特点及用途</th></tr>
<tr><td rowspan="4">铁锚 351 厌氧胶</td><td rowspan="4">由丙烯酸酯、引发剂、稳定剂和促进剂等组成
常温下 10~60min 变定,3~6h 达实用强度,24h 完全固化</td><td colspan="3">黏度/mPa·s</td><td colspan="5">300~500</td><td rowspan="4">常温固化,工艺简便,使用温度为-55~120℃
主要用于螺栓的紧固密封;机械零件的装配定位;轴承与轴套的胶接等</td></tr>
<tr><td colspan="3">破坏扭矩/N·m</td><td colspan="5">≥20</td></tr>
<tr><td colspan="3">牵出扭矩/N·m</td><td colspan="5">≥30</td></tr>
<tr><td colspan="3">剪切强度/MPa</td><td colspan="5">≥21</td></tr>
<tr><td rowspan="3">铁锚 372 厌氧胶</td><td rowspan="3">由丙烯酸酯、引发剂、稳定剂和促进剂等组成
常温下 10~60min 变定,3~6h 达实用强度,24h 完全固化</td><td colspan="3">黏度/Pa·s</td><td colspan="5">1.5~2.0</td><td rowspan="3">常温固化,工艺简便,具有优良的耐高温性能,使用温度为-55~200℃
主要用于在高温下的螺栓紧固和平面接合部件的胶接</td></tr>
<tr><td colspan="3">破坏扭矩/N·m</td><td colspan="5">≥10</td></tr>
<tr><td colspan="3">牵出扭矩/N·m</td><td colspan="5">≥20</td></tr>
<tr><td rowspan="6">XQ-1 厌氧胶</td><td rowspan="6">由聚酯树脂 309、过氧化羟基异丙苯、三乙胺和丙烯酸等组成。另附促进剂
隔绝空气,28~30℃下 24~72h 固化</td><td colspan="8">胶接不同材料在不同固化时间后的常温测试强度</td><td rowspan="6">无溶剂,毒性小,常温固化,使用方便,在 100℃以下使用
用于在振动冲击条件下工作的不经常拆卸螺纹连接件的紧固及密封,管道螺纹连接接头及平面法兰接合面的耐压密封和紧固,也可作为一般胶黏剂使用</td></tr>
<tr><td colspan="3">固化时间/h</td><td>0.15</td><td>0.5</td><td>1</td><td>24</td><td>72</td></tr>
<tr><td rowspan="4">剪切强度/MPa</td><td rowspan="2">钢</td><td>无促进剂</td><td>—</td><td>—</td><td>—</td><td>8.9</td><td>—</td></tr>
<tr><td>有促进剂</td><td>6.5</td><td>8.3</td><td>10.3</td><td>14.1</td><td>17.6</td></tr>
<tr><td rowspan="2">铝合金</td><td>无促进剂</td><td>—</td><td>—</td><td>—</td><td>2.8</td><td>—</td></tr>
<tr><td>有促进剂</td><td>1.9</td><td>5.6</td><td>6.6</td><td>9.5</td><td>—</td></tr>
<tr><td rowspan="5">GY-340 厌氧胶</td><td rowspan="5">由甲基丙烯酸环氧树脂、双甲基丙烯酸缩醇酯等组成
常温下 2~6h 固化</td><td colspan="3">密度/g·cm^{-3}</td><td colspan="5">1.12±0.02</td><td rowspan="5">常温固化速度快,胶接强度高,使用温度为-55~150℃
主要用于螺栓的紧固密封和阀件、液压元件、空气压缩机部件等的胶接</td></tr>
<tr><td colspan="3">黏度/mPa·s</td><td colspan="5">150~300</td></tr>
<tr><td colspan="3">剪切强度/MPa</td><td colspan="5">≥20</td></tr>
<tr><td colspan="3">破坏扭矩/N·m</td><td colspan="5">≥30</td></tr>
<tr><td colspan="3">最大填充间隙/mm</td><td colspan="5">0.18</td></tr>
<tr><td rowspan="5">Y-82 厌氧胶</td><td rowspan="5">由双甲基丙烯酸缩醇酯、甲基丙烯酸苯甲酸缩醇酯和氧化还原催化剂等组成,或加促进剂组成双组分
配用促进剂时,隔绝空气,常温下 1h 固化</td><td colspan="3">密度/g·cm^{-3}</td><td colspan="5">1.07±0.02</td><td rowspan="5">常温快速固化,使用温度为-45~100℃
主要用于螺栓的紧固密封和可拆部位的胶接密封</td></tr>
<tr><td colspan="3">黏度/mPa·s</td><td colspan="5">164</td></tr>
<tr><td colspan="3">稳定性(80℃)/min</td><td colspan="5">≥30</td></tr>
<tr><td colspan="3">剪切强度(钢)/MPa</td><td colspan="5">≥9</td></tr>
<tr><td colspan="3">最大破坏扭矩/N·m</td><td colspan="5">8~15</td></tr>
<tr><td rowspan="5">Y-150 厌氧胶</td><td rowspan="5">由甲基丙烯酸环氧树脂等组成;加促进剂为双组分
单组分:隔绝空气,常温下 24h 达最大强度
双组分:常温下 10min 变定</td><td colspan="3">密度/g·cm^{-3}</td><td colspan="5">1.12±0.02</td><td rowspan="5">无溶剂,黏度低,使用温度为-45~150℃
主要用于不经常拆卸的螺栓、轴、轴承、转子、滑轮、键合件等的紧固、胶接和密封</td></tr>
<tr><td colspan="3">黏度/mPa·s</td><td colspan="5">150~300</td></tr>
<tr><td colspan="3">稳定性(80℃)/min</td><td colspan="5">≥30</td></tr>
<tr><td colspan="3">剪切强度/MPa</td><td colspan="5">≥9</td></tr>
<tr><td colspan="3">最大破坏扭矩/N·m</td><td colspan="5">≥25</td></tr>
</table>

续表

<table>
<tr><th>牌号或名称</th><th>组成和固化条件</th><th colspan="7">性　　能</th><th>特点及用途</th></tr>
<tr><td rowspan="9">ZY-801 厌氧胶</td><td rowspan="9">由甲基丙烯酸四氢糠醇酯等组成；加促进剂为双组分
单组分：常温下 24h 固化
双组分：常温下 5min 变定，3h 达实用强度</td><td colspan="7">①性能指标</td><td rowspan="9">胶接强度高，工艺简便，耐介质性优良，使用温度为-30~150℃
主要用于螺栓的紧固和各种金属接合件的胶接</td></tr>
<tr><td>密度/g·cm^{-3}</td><td colspan="6">1.11</td></tr>
<tr><td>黏度/mPa·s</td><td colspan="6">80</td></tr>
<tr><td>破坏扭矩/N·m</td><td colspan="6">34~36</td></tr>
<tr><td>牵出扭矩/N·m</td><td colspan="6">40~50</td></tr>
<tr><td>剪切强度/MPa</td><td colspan="6">25~30</td></tr>
<tr><td colspan="7">②耐介质性(87℃浸渍 168h)</td></tr>
<tr><td>介质</td><td>水</td><td>柴油</td><td>机油</td><td>10%烧碱</td><td>10%硫酸</td><td>3%盐水</td></tr>
<tr><td>剪切强度保持率/%</td><td>82</td><td>91</td><td>114</td><td>27.5</td><td>55</td><td>76</td></tr>
</table>

密　封　胶

表 3-3-91

<table>
<tr><th>牌号或名称</th><th>组成和固化条件</th><th colspan="3">性　　能</th><th>特点及用途</th></tr>
<tr><td rowspan="2">604 密封胶
(铁锚 604 胶)</td><td rowspan="2">由改性蓖麻油、氧化铁粉、羊毛脂等组成
可采用笔涂、刷涂、刮涂和辊涂等涂胶方式，涂胶后即可合拢压紧</td><td colspan="2">密度/g·cm^{-3}</td><td>1.2±0.05</td><td rowspan="2">无溶剂、无毒，具有优良的耐高温性和密封性，最高使用温度为 500℃
主要用于蒸汽透平机及螺栓连接处端面等高温条件下的密封防漏</td></tr>
<tr><td colspan="2">密封性(300℃)/MPa</td><td>1.4</td></tr>
<tr><td rowspan="9">7302 密封胶</td><td rowspan="9">由改性聚酯树脂、增韧剂、溶剂、填料等组成
涂胶后晾置 10~15min，然后合拢压紧，如接合部位间隙大于 0.3mm，应与固体垫圈配合使用</td><td colspan="2">密度/g·cm^{-3}</td><td>1.7</td><td rowspan="9">具有良好的密封性和涂布浸润性，使用温度为-40~120℃
主要用于汽车、拖拉机、机床、工程机械等的平面静接合部位和输油管道法兰、螺纹的密封</td></tr>
<tr><td colspan="2">黏度/Pa·s</td><td>23~28</td></tr>
<tr><td colspan="2">热分解温度/℃</td><td>318</td></tr>
<tr><td colspan="2">不挥发分/%</td><td>64.5</td></tr>
<tr><td colspan="2">接合强度/MPa</td><td>0.97</td></tr>
<tr><td colspan="2">密封性(120℃)/MPa</td><td>1.1</td></tr>
<tr><td rowspan="3">耐介质性
重量变化率/%</td><td>机油</td><td>-9.24</td></tr>
<tr><td>水</td><td>-9.06</td></tr>
<tr><td>汽油</td><td>-0.92</td></tr>
<tr><td rowspan="3">7303 密封胶</td><td rowspan="3">由聚酯树脂、酚醛树脂、酒精等组成
涂胶后晾置 5~10min，然后合拢压紧，如接合部位间隙大于 0.3mm，应与固体垫圈配合使用</td><td colspan="2">密度/g·cm^{-3}</td><td>1.2</td><td rowspan="3">具有良好的密封性和涂布浸润性，最高使用温度为 300℃
主要用于机械、管道、电子仪表、交通运输等设备静接合部位的密封。可在水、蒸汽、汽油、机油、甲苯、硫酸介质中使用</td></tr>
<tr><td colspan="2">不挥发分/%</td><td>85</td></tr>
<tr><td colspan="2">密封性(300℃)/MPa</td><td>7</td></tr>
<tr><td rowspan="9">D-03 硅橡胶密封腻子</td><td rowspan="9">由硅橡胶、补强剂、抗烧蚀剂、交联剂和催化剂等组成
接触压力、常温下 7d 完全固化</td><td colspan="2">密度/g·cm^{-3}</td><td>1.77</td><td rowspan="9">具有优良的抗火焰烧蚀性，对金属无腐蚀，无毒，使用温度为-60~3000℃
主要作为具有密封隔热作用的抗烧蚀材料，用于金属、玻璃、陶瓷等材料的填隙、胶接和涂覆</td></tr>
<tr><td colspan="2">表面失黏时间(20~35℃,50%~60%RH)/min</td><td>30~60</td></tr>
<tr><td colspan="2">拉伸强度/MPa</td><td>≥2</td></tr>
<tr><td colspan="2">伸长率/%</td><td>≥150</td></tr>
<tr><td colspan="2">邵氏硬度 A</td><td>≥36</td></tr>
<tr><td colspan="2">脆化温度/℃</td><td>-60</td></tr>
<tr><td colspan="2">剪切强度(不锈钢)/MPa</td><td>≥12</td></tr>
<tr><td colspan="2">烧蚀率(氧-乙炔,3000℃)/mm·s^{-1}</td><td>≤0.25</td></tr>
</table>

续表

<table>
<tr><th>牌号或名称</th><th>组成和固化条件</th><th colspan="3">性　能</th><th>特点及用途</th></tr>
<tr><td rowspan="5">D-06 硅橡胶密封胶</td><td rowspan="5">由室温硫化型硅橡胶、白炭黑、交联剂等组成
无压力或接触压力、常温下 1～3d 固化</td><td colspan="2">拉伸强度/MPa</td><td>≥4.5</td><td rowspan="5">具有优异的耐温性和电性能,工艺简便,使用温度为-70～230℃
主要用于玻璃、陶瓷、涤纶、硅橡胶等材料的胶接密封。不适于铜、镁等金属</td></tr>
<tr><td colspan="2">扯断伸长率/%</td><td>≥350</td></tr>
<tr><td colspan="2">邵氏硬度 A</td><td>35～45</td></tr>
<tr><td colspan="2">表面失黏时间/min</td><td>20</td></tr>
<tr><td colspan="2">撕裂强度/N·cm^{-1}</td><td>≥150</td></tr>
<tr><td rowspan="3">D-10 硅橡胶密封胶</td><td rowspan="3">由醋酸型室温硫化硅橡胶及其他添加剂等组成
直接涂布,常温数小时表面固化,24h 完全固化</td><td colspan="2">拉伸强度/MPa</td><td>2.5～4.0</td><td rowspan="3">工艺简便,具有优良的耐高温性能和电性能,使用温度为-60～200℃
主要用于玻璃、陶瓷、铝合金等材料的胶接密封</td></tr>
<tr><td colspan="2">撕裂强度/N·cm^{-1}</td><td>8～12</td></tr>
<tr><td colspan="2">伸长率/%</td><td>400～500</td></tr>
<tr><td rowspan="3">D-20 硅橡胶密封胶</td><td rowspan="3">由醇型室温硫化硅橡胶及其他添加剂组成
直接涂布,常温数小时可表面固化,24h 完全固化</td><td colspan="2">拉伸强度/MPa</td><td>2.0～3.5</td><td rowspan="3">常温固化,工艺简便,具有优良的耐热、耐寒、防潮、防振和电绝缘性能,使用温度为-60～200℃
主要用于除聚乙烯、聚丙烯和聚四氟乙烯等难粘塑料之外的各种材料的胶接和密封</td></tr>
<tr><td colspan="2">撕裂强度/N·cm^{-1}</td><td>5～9</td></tr>
<tr><td colspan="2">伸长率/%</td><td>200～300</td></tr>
<tr><td rowspan="4">CH-107 聚硫密封胶</td><td rowspan="4">由聚硫橡胶和硫化橡胶组成
接触压力、常温下 10d 或 100℃ 下 24h 固化</td><td colspan="3">胶接铝合金件在不同条件下的测试强度</td><td rowspan="4">具有优良的耐油、耐热及密封性能,使用温度为-50～130℃
主要用于铆接、螺栓连接及其他结构的密封和填隙防漏</td></tr>
<tr><td>测试条件</td><td>常温</td><td>130℃、50h 后,常温</td></tr>
<tr><td>剪切强度/MPa</td><td>1.5</td><td>1.5</td></tr>
<tr><td>剥离强度/N·(2.5cm)$^{-1}$</td><td>50</td><td>50</td></tr>
<tr><td rowspan="10">G-3 密封胶</td><td rowspan="10">由聚异丁烯、聚醚、铝粉等组成
可采用笔涂、刷涂、刮涂、辊涂等涂胶方式,涂胶后即可合拢压紧</td><td colspan="2">密度/g·cm^{-3}</td><td>5.0</td><td rowspan="10">无溶剂,工艺简便,具有不干性和优异的耐高温性,使用温度为-40～300℃
主要用于高温条件下的平面接合部位及管道法兰、螺纹等的密封</td></tr>
<tr><td colspan="2">黏度/Pa·s</td><td>250～300</td></tr>
<tr><td colspan="2">不挥发分/%</td><td>70.5</td></tr>
<tr><td colspan="2">接合力/kPa</td><td>63</td></tr>
<tr><td colspan="2">流动性</td><td>—</td></tr>
<tr><td colspan="2">密封性(300℃)/MPa</td><td>1.6</td></tr>
<tr><td rowspan="3">耐介质性
重量变化率/%</td><td>机油</td><td>-2.56</td></tr>
<tr><td>水</td><td>-7.91</td></tr>
<tr><td>汽油</td><td>-26.6</td></tr>
<tr style="display:none"></tr>
<tr><td rowspan="6">JLC-1 聚硫密封胶</td><td rowspan="6">由聚硫橡胶、环氧树脂和填料、促进剂组成
常温或加热固化</td><td colspan="2">拉伸强度/MPa</td><td>≥2.5</td><td rowspan="6">具有优良的耐油、耐老化和胶接性能,使用温度为-45～100℃
主要用于非金属油罐的密封堵漏,也可用于机械接合部位的胶接和密封</td></tr>
<tr><td colspan="2">相对伸长率/%</td><td>≥250</td></tr>
<tr><td colspan="2">永久变形/%</td><td>≤6</td></tr>
<tr><td colspan="2">邵氏硬度 A</td><td>≥40</td></tr>
<tr><td rowspan="2">剥离强度/N·cm^{-1}</td><td>铁</td><td>≥30</td></tr>
<tr><td>水泥-帆布</td><td>≥10</td></tr>
</table>

续表

牌号或名称	组成和固化条件	性能		特点及用途
JLC-2 聚硫密封胶	由聚硫橡胶、钛白粉和二氧化锰、促进剂组成 常温或加热固化	拉伸强度/MPa	≥2.5	具有优良的耐油、耐老化和胶接性能，使用温度为-45~100℃ 主要用于汽车挡风玻璃、汽车驾驶室顶篷及中空玻璃的胶接密封，也可用于机械接合部位的密封堵漏
		相对伸长率/%	≥150	
		永久变形/%	≤20	
		邵氏硬度 A	≥40	
		剥离强度(铁-玻璃)/N·cm^{-1}	≥20	
JN-11 聚硫密封胶	由聚硫橡胶和硫化橡胶组成 常温下 10d 或 70℃下 24h 或 100℃下 8h 固化	①胶接不同材料的常温测试强度 材料：铝 / 铝-铁 / 铝-玻璃 / 铝-钢 / 铝-硬PVC 剥离强度/N·(2.5cm)$^{-1}$：≥100 / ≥100 / ≥100 / ≥100 / ≥100 ②耐介质性：铝胶接件在煤油中，100℃浸 50h 和 90℃浸 100h 后，强度无变化		具有良好的耐油、耐水和气密性，使用温度为-40~90℃ 主要用于各种金属、非金属材料的胶接和密封
M-7 聚硫密封胶	由液态聚硫橡胶和重铬酸钠组成 常温下 48h 或 70℃下 24h 固化	脆化温度/℃	-38	具有优良的耐油、耐热和胶接性能，使用温度为-50~130℃ 主要用于铆接、螺栓连接等的紧固密封，油箱、气柜等外接合面的填隙堵漏
		伸长率/%	≥360	
		永久变形/%	≤6.5	
		拉伸强度/MPa	≥1.5	
S-2 聚硫密封胶(JN-4 密封胶)	由液态聚硫橡胶、硫化剂、环氧树脂、促进剂组成 常温下 10d 或 70℃下 24h 或 100℃下 8h 固化	拉伸强度/MPa	≥3.0	具有良好的气密性、堆积性和优良的胶接性能，使用温度为-60~100℃，短期可达 130℃ 主要用于油箱、齿轮箱、气柜及建筑构件的填隙密封。适于顶面和立面部位的密封
		相对伸长率/%	≥300	
		永久变形/%	≤20	
		邵氏硬度 A	40~60	
		剥离强度/N·(2.5cm)$^{-1}$	≥50	
W-1 密封胶(铁锚 603 胶)	由聚醚型聚氨酯、聚醚环氧树脂、高岭土等组成 可采用笔涂、刷涂、刮涂和辊涂等多种方式涂胶，涂胶后即可合拢压紧	密度/g·cm^{-3}	1.2	无溶剂，工艺简便，具有不干性和优良的耐油性，使用温度为-40~160℃ 主要用于各种平面接合部位、管道法兰及螺栓的密封防漏，如用于汽车油箱壳、变速箱盖、机床齿轮箱盖、机车车轴座、柴油机分箱面等部位的密封防漏
		黏度/Pa·s	400~420	
		热分解温度/℃	220	
		不挥发分/%	48.1	
		接合力/kPa	47	
		流动性	—	
		密封性(160℃)/MPa	1.3	
		耐介质性重量变化率/%：机油	1.76	
		耐介质性重量变化率/%：水	-7.91	
		耐介质性重量变化率/%：汽油	5.69	

第3篇

塑料用胶黏剂和其他用途胶黏剂

表 3-3-92

牌号或名称	组成和固化条件	性能		特点及用途
ABS 塑料胶黏剂	由 ABS 树脂和混合溶剂组成，将胶刮涂于被粘物，合拢，常温自干	胶接 ABS 塑料的常温测试强度 剪切强度：4.0MPa		低毒性，工艺简便，使用温度为 −50~70℃ 用于 ABS 塑料的胶接
FS-203B 氟塑料胶黏剂	由有机聚硅氧烷等组成，150~165℃下 10min 固化	固含量/%	50~60	具有优良的电绝缘性、耐水性和耐高低温性能，工艺简便，使用温度为 −100~250℃ 主要用于氟塑料的胶接，也可用于金属、非金属材料的胶接
		剥离强度(PTFE)/N·(2.5cm)$^{-1}$	≥12	
		体积电阻率/Ω·cm	≥1×10^{15}	
		介电常数/10^{3}Hz	3.03	
		介电损耗角正切/10^{3}Hz	1×10^{-3}	
TS-2 塑料胶黏剂（泰山牌 B-2 塑料胶）	单组分 常温下 2~3d 固化，如黏度太大，可加入适量醋酸乙酯、丙酮、香蕉水稀释	黏度/Pa·s	2	溶于一般有机溶剂，固化快，柔韧性好，具有优良的耐沸水、耐寒、耐油及耐化学介质性，能在 20%盐酸、20%硫酸、20%烧碱溶液中使用 主要用于聚乙烯、聚丙烯等难粘塑料等的胶接，也可用于金属、橡胶、木材等与聚乙烯、聚丙烯等塑料的胶接
		固含量/%	30±5	
		拉伸强度/MPa 聚乙烯	≥1	
		拉伸强度/MPa 聚丙烯	≥1	
无机胶黏剂	由（甲）氧化铜粉和（乙）磷酸溶液组成 接触压力、40℃下 1.5h 或 100℃下 2h 或室温下 24h 固化	密度/g·cm^{-3} 甲组分	≥3.4	耐油性好，具有优异的耐热性，但耐酸碱性较差；套接形式能达最高强度，不宜于平面搭接；在 600℃下长期使用，瞬时可耐 800~1000℃ 主要用于胶接钢、铸铁、铝、铜等金属及陶瓷、水泥制品，如刀具、量具、模具、钻头、砂轮的胶接，还可用于配制高温应变胶
		密度/g·cm^{-3} 乙组分	1.90~1.92	
		固化后硬度 HB	45~65	
		套接压剪强度(钢)/MPa	≥85	
		槽接剪切强度(钢)/MPa	≥45	
		平面拉伸强度(钢)/MPa	≥10	
		套接扭剪强度(钢)/MPa	≥45	
SR-2 阻尼材料胶黏剂	由丁腈橡胶、酚醛树脂、古马隆树脂、硫化剂和填料组成或由丁腈橡胶、酚醛树脂、促进剂、溶剂和填料组成 接触压力、室温下 5d 或 30℃下 3d 固化	固含量/%	≥25	工艺简便，胶接强度高，耐介质性好 主要用于氯化丁基橡胶等黏弹性阻尼材料与铝、钢等金属材料的胶接。降低噪声和减振效果显著
		剥离强度/N·(2.5cm)$^{-1}$ 氯化丁基橡胶-铝	≥37	
		剥离强度/N·(2.5cm)$^{-1}$ 氯化丁基橡胶-钢	≥28	
		剥离强度/N·(2.5cm)$^{-1}$ 丁腈橡胶-铝	≥58	
		剥离强度/N·(2.5cm)$^{-1}$ 氯丁橡胶-铝	≥49	
		剥离强度/N·(2.5cm)$^{-1}$ 氟橡胶-铝	≥78	
		耐介质性(浸渍 5d)剥离强度/N·(2.5cm)$^{-1}$ 海水	≥29	
		耐介质性(浸渍 5d)剥离强度/N·(2.5cm)$^{-1}$ 10#机油	≥29	
		耐介质性(浸渍 5d)剥离强度/N·(2.5cm)$^{-1}$ 20#机油	≥36	
HS-20 胶黏剂	由环氧树脂、聚乙烯醇缩丁醛、三乙胺和氧化铝粉组成 0.2MPa、30℃下 3d 固化	不同温度下剪切强度 测试温度/℃：25 / 60 / 122 剪切强度/MPa：18 / 20 / 9.2		常温固化，使用温度约为 90℃ 主要用于机床导轨的胶接

11 涂 料

涂料类别、品种及其代号（摘自 GB/T 2705—2003）

表 3-3-93

涂料类别代号

代号	涂料名称	代号	涂料名称	代号	涂料名称	代号	涂料名称	代号	涂料名称	代号	涂料名称
Y	油脂漆类	L	沥青漆类	Q	硝基漆类	X	烯树脂漆类	H	环氧漆类	J	橡胶漆类
T	天然树脂漆类	C	醇酸漆类	M	纤维素漆类	B	丙烯酸漆类	S	聚氨酯漆类	E	其他漆类
F	酚醛漆类	A	氨基漆类	G	过氯乙烯漆类	Z	聚酯漆类	W	元素有机漆类		

基本名称代号

分类	代号	基本名称	分类	代号	基本名称	分类	代号	基本名称	分类	代号	基本名称	分类	代号	基本名称	分类	代号	基本名称
基本品种	00	清油	美术漆	14	透明漆	绝缘漆	30	（浸渍）绝缘漆	绝缘漆	37	电阻漆、电位器漆	防腐漆	50	耐酸漆	特种漆	65	感光涂料
	01	清漆		15	斑纹漆		31	（覆盖）绝缘漆		38	半导体漆		52	防腐漆		67	隔热涂料
	02	厚漆		16	锤纹漆		32	互感器漆	船舶漆	40	防污漆		53	防锈漆		70	机床漆
	03	调和漆		17	皱纹漆		33	（黏合）绝缘漆		41	水线漆		54	耐油漆		71	工程机械漆
	04	磁漆		18	金属效应漆		34	漆包线漆		42	甲板漆、甲板防滑漆		55	防火漆		72	农机用漆
	05	粉末涂料		19	闪光漆		35	硅钢片漆		43	船壳漆	特种漆	61	耐热漆	备用	80	地板漆
	06	底漆	轻工用漆	20	铅笔漆		36	电容器漆		44	船底漆		62	示温漆		82	锅炉漆
	07	腻子		22	木器漆								63	涂布漆		83	烟囱漆
	09	大漆		23	罐头漆								64	可剥漆		84	黑板漆
	11	电泳漆														86	标志漆
	12	乳胶漆														98	胶液
	13	水溶性漆														99	其他

产品序号

涂料品种		序号 自干	序号 烘干	涂料品种		序号 自干	序号 烘干
清漆、底漆、腻子		1~29	30 以上	专用漆	清漆	1~9	10~29
磁漆	有光	1~49	50~59		有光磁漆	30~49	50~59
	半光	60~69	70~79		半光磁漆	60~64	65~69
	无光	80~89	90~99		无光磁漆	70~74	75~79
					底漆	80~89	90~99

代号标记示例

×××-××

产品序号

基本名称代号

涂料类别代号

例：Q01-17 表示硝基清漆

各类涂料的特点及应用

表 3-3-94

涂料类别(代号)	主要成膜物质	特 点	应 用
油脂漆类(Y)	天然动植物油、鱼油、合成油、松浆油(焦油)	耐大气性、涂刷性、渗透性好，价廉；干燥较慢，膜软，力学性能差，水膨胀性大，不耐碱，不能打磨抛光	用于质量要求不高的建筑工程或其他制品的涂饰
天然树脂漆类(T)	松香及其衍生物、虫胶、动物胶、乳酪素、大漆及其衍生物	涂膜干燥较油脂漆快，坚硬耐磨，光泽好，短油度的涂膜坚硬好打磨抛光，长油度的漆膜柔韧，耐大气性较好；力学性能差，短油度的耐大气性差，长油度的不能打磨抛光，天然大漆毒性较大	短油度的适用于室内物件的涂层，长油度的适宜室外使用

续表

涂料类别(代号)	主要成膜物质	特点	应用
酚醛漆类 (F)	酚醛树脂、改性酚醛树脂、二甲苯树脂	涂膜坚硬,耐水性良好,耐化学腐蚀性良好,有一定的绝缘强度,附着力好;涂膜较脆,颜色易变深,易粉化,不能制白漆或浅色漆	广泛应用于木器、建筑、船舶、机械、电气及防化学腐蚀等方面
沥青漆类 (L)	天然沥青、煤焦沥青、石油沥青、硬脂酸沥青	耐潮、耐水性良好,价廉,耐化学腐蚀性较好,有一定的绝缘强度,黑度好;对日光不稳定,不能制白漆或浅色漆,有渗透性,干燥性不好	广泛用于缝纫机、自行车及五金零件。还可用于浸渍、覆盖及制造绝缘制品
醇酸漆类 (C)	甘油醇酸树脂、季戊四醇醇酸树脂、改性醇酸树脂	光泽较亮,耐候性优良,施工性好,可刷、烘、喷,附着力较好;涂膜较软,耐水耐碱性差,干燥较慢,不能打磨	适用于大型机床、农业机械、工程机械、门窗、室内木结构的涂装
氨基漆类 (A)	脲醛树脂、三聚氰胺甲醛树脂、聚酰亚胺树脂	涂膜坚硬、丰满、光泽亮,可以打磨抛光,色浅,不易泛黄,附着力较好,有一定的耐热性,耐水性、耐候性较好;需高温烘烤才能固化,若烘烤过度,漆膜变脆	广泛用于五金零件、仪器仪表、电机电器设备的涂装
硝基漆类 (Q)	硝酸纤维素酯	干燥迅速,涂膜耐油、坚韧,可以打磨抛光;易燃,清漆不耐紫外线,不能在60℃以上使用,固体分低	适合金属、木材、皮革、织物等的涂饰
纤维素漆类 (M)	乙基纤维、苄基纤维、羟甲基纤维、乙酸纤维、乙酸丁酸纤维、其他纤维酯及醚类	耐大气性和保色性好,可打磨抛光,个别品种耐热、耐碱,绝缘性也较好;附着力和耐潮性较差,价格高	用于金属、木材、皮革、纺织品、塑料、混凝土等的涂覆
过氯乙烯漆类 (G)	过氯乙烯树脂	耐候性和耐化学腐蚀性优良,耐水、耐油、防延燃性及三防性能好;附着力较差,打磨抛光性差,不能在70℃以上使用,固体分低	用于化工厂的厂房建筑、机械设备的防护及木材、水泥表面的涂饰
烯树脂漆类 (X)	聚二乙烯乙炔树脂、氯乙烯共聚树脂、聚醋酸乙烯及其共聚物、聚乙烯醇缩醛树脂、含氟树脂	有一定的柔韧性,色浅,耐化学腐蚀性较好,耐水性好;耐溶剂性差,固体分低,高温时炭化,清漆不耐紫外线	用于织物防水、化工设备防腐及玻璃、纸张、电缆、船底防锈、防污、防延燃用的涂层
丙烯酸漆类 (B)	丙烯酸酯树脂、丙烯酸共聚物及其改性树脂	色浅,保光性良好,耐候性优良,耐热性较好,有一定的耐化学腐蚀性;耐溶剂性差,固体分低	用于汽车、医疗器械、仪表、表盘、轻工产品、高级木器、湿热带地区的机械设备等的涂饰
聚酯漆类 (Z)	饱和聚酯树脂、不饱和聚酯树脂	固体分高,能耐一定的温度,耐磨,能抛光,绝缘性较好;施工较复杂,干燥性不易掌握,对金属附着力差	用于木器、防化学腐蚀设备以及金属、砖石、水泥、电气绝缘件的涂装
环氧漆类 (H)	环氧树脂、改性环氧树脂	涂膜坚韧,耐碱、耐溶剂,绝缘性良好,附着力强;保光性差,色泽较深,外观较差,室外暴晒易粉化	适于作为底漆和内用防腐蚀涂料

续表

涂料类别(代号)	主要成膜物质	特点	应用
聚氨酯漆类 (S)	聚氨基甲酸酯	耐潮、耐水、耐热、耐溶剂性好,耐化学和石油腐蚀,耐磨性好,附着力强,绝缘性良好;涂膜易粉化泛黄,对酸、碱、盐、水等物质敏感,施工要求高,有一定毒性	广泛用于石油、化工、海洋船舶、机电设备等作为金属防腐蚀漆。也适用于木器、水泥、皮革、塑料、橡胶、织物等非金属材料的涂装
元素有机漆类 (W)	有机硅、有机钛、有机铝	耐候性极好,耐高温,耐水性、耐潮性好,绝缘性能良好;耐汽油性差,涂膜坚硬较脆,需要烘烤干燥,附着力较差	主要用于涂装耐高温机械设备
橡胶漆类 (J)	天然橡胶及其衍生物、合成橡胶及其衍生物	耐磨、耐化学腐蚀性良好,耐水性好;易变色,个别品种施工复杂,清漆不耐紫外线,耐溶剂性差	主要用于涂装化工设备、橡胶制品、水泥、砖石、船壳及水线部位、道路标志、耐大气暴晒机械设备等
其他漆类 (E)	以上16类包括不了的成膜物质,如无机高分子材料等		

防锈漆种类和性能

表 3-3-95

名称	牌号 标准号	性能	用途
灰酚醛防锈漆	F53-32 GB/T 25252—2010	漆膜防锈性能较好 干燥时间:表干4h,实干24h	用于涂刷钢铁表面
铁红酚醛防锈漆	F53-33 GB/T 25251—2010	具有一般的防锈性能 干燥时间:表干5h,实干24h	用于防锈性要求不高的钢铁结构表面,作为打底用
红丹酚醛防锈漆	F53-31 GB/T 25252—2010	具有很好的防锈性能 干燥时间:表干5h,实干24h	同红丹油性防锈漆
红丹醇酸防锈漆	C53-31 GB/T 25251—2010	防锈性能好,附着力强 干燥时间:表干4h,实干24h	用于钢铁结构表面,作防锈打底用
云铁酚醛防锈漆	F53-40 GB/T 25252—2010	防锈性能好,遮盖力及附着力强,无铅毒 干燥时间:表干5h,实干24h	用于铁路、桥梁、铁塔、车辆、船舶、油罐等户外钢铁结构上作防锈打底用

底漆种类和性能

表 3-3-96

名　称	牌号 标准号	性　　能	用　　途
乙烯磷化底漆（分装）	X06-1 HG/T 3347—2009	主要作为黑色及有色金属底层的表面处理剂，能起磷化作用，可增加有机涂层和金属表面的附着力 干燥时间：实干≤30min	也称洗涤底漆，适用于涂覆各种船舶、浮筒、桥梁、仪表及其他各种金属构件和器材表面
醇酸树脂壁料	C06-1 GB/T 25251—2010	漆膜具有良好的附着力和一定的防锈性能，与硝基、醇酸等面漆结合力好。在一般气候条件下耐久性好，但在湿热条件下耐久性差 干燥时间：表干≤5h，实干 15h	用于金属、木质等表面的保护和装饰
铁红、锌黄、铁黑环氧酯底漆	H06-2 HG/T 2239—2012	漆膜坚韧耐久，附着力良好 干燥时间：≤24h	与磷化底漆配套使用，可提高漆膜耐潮、耐盐雾和防锈性能，用于沿海地区和湿热带气候中金属表面打底
各色硝基底漆	Q06-4 GB/T 25271—2010	漆膜干得快，易打磨 干燥时间：表干≤10min，实干≤50min	用于金属、塑料、木质等表面的保护与装饰

硝基漆种类和性能

表 3-3-97

名　称	牌号 标准号	性　　能	用　　途
红、白、绿硝基外用磁漆	Q04-2 GB/T 25271—2010	漆膜干燥快，平整光亮，耐候性较好。采用砂蜡和光蜡打磨保养漆膜，可以延长漆膜的使用寿命 干燥时间：表干≤10min，实干≤50min	用于各种交通车辆、机床、机器设备和工具的保护装饰
各色硝基腻子	Q07-5 HG/T 3356—2009	附着力好，容易打磨 干燥时间：≤3h	用于涂有底漆的金属和木质物表面，作填平细孔或缝隙用
硝基清漆	GB/T 25271—2010	干燥快，有良好的光泽和耐久性 干燥时间：表干 10min，实干 50min	Ⅰ型硝基漆用于木质制品表面涂饰；Ⅱ型硝基漆用于室外木制品和金属表面的涂饰，也可作硝基磁化罩光用

天然树脂、醇酸漆种类和性能

表 3-3-98

名　称	牌号 标准号	性　能 (25℃±1℃,相对湿度 65%±5%)	用　途
各种醇酸磁漆	GB/T 25251—2010	漆膜有较好的光泽和机械强度,耐候性较好,能自然干燥,也可低温烘干 干燥时间:表干 5h,实干 15h	用于金属及木制表面的保护和装饰性涂覆
醇酸清漆	HG/T 2453—1993	具有较好的附着力和耐久性,通用性能好,价格适中 干燥时间:表干≤5h,实干≤10h	涂覆一般金属、木质物,起保护装饰作用
各色酯胶调和漆	T03-1 HG/T 3364—1987	干燥性比油性调和漆好,漆膜较硬,有一定的耐水性 干燥时间:表干≤8h,实干≤24h	用于室内外一般金属、木质物及建筑物表面的涂覆,作保护和装饰用
各色酯胶磁漆	T04-1 HG/T 3370—1987	漆膜光亮鲜艳,但耐候性差 干燥时间:表干≤8h,实干≤24h	用于室内一般金属、木质物以及五金零件、玩具等表面作装饰保护用

其他涂料种类和性能

表 3-3-99

名　称	牌号 标准号	性　能 (25℃±1℃,相对湿度 65%±5%)	用　途
沥青磁漆	L04-1 HG/T 3348—1987	漆膜黑亮平滑,耐水性较好 干燥时间:表干≤8h,实干≤24h	用于涂覆汽车底盘、水箱及其他金属零件表面
草绿有机硅耐热漆	W61-34 HG/T 3361—1987	有良好的耐汽油、耐盐水性。耐高温,常温干燥,若烘干则效果更好 干燥时间:表干≤8h,实干≤18h	用于要常温干燥的耐高温的钢铁金属设备零件表面(使用温度 400℃)
铝粉有机硅烘干耐热漆	W61-55 HG/T 3362—2009	有防腐蚀作用,耐高温 干燥时间(150℃±2℃):≤2h	用于高温设备的钢铁零件,如发动机外壳、烟囱、排气管、烘箱、火炉、暖气管道外壳,作耐热防腐涂料(使用温度 500℃)
红有机硅烘干电阻漆	W37-51 HG/T 3363—1987 (参考)	附着力好,并具有良好的耐热、防潮及耐温变性 干燥时间:≤3.5h(先在 25℃±1℃ 放 1h,再在 30~60min内由 25℃±1℃ 升至 150℃,并在 150℃±2℃烘烤)	用于涂覆非线绕电阻以及其他金属零件表面
聚氨酯清漆	S01-4 HG/T 2240—2012	具有优良的附着力、硬度和光泽 干燥时间:表干 2h,实干 14h	用于木器装饰、金属保护和木船外壳保护
氨基烘干清漆	A01-1、A01-2 HG/T 2237—1991	漆膜坚硬、光亮、丰满度好,附着力强,有良好的物理性能 干燥时间(110℃±2℃):1.5h	用于金属表面涂过各种氨基烘漆或环氧烘漆罩光,是用途广泛的装饰性较好的烘干清漆
沥青烘干清漆	L01-34 HG/T 3368—1987	漆膜坚硬,光亮而耐磨,耐候性、附着力及保光性能好 干燥时间(195℃±5℃):1.5h	用于涂有沥青底漆的金属表面,如自行车、缝纫机、电器仪表、一般金属、文具用品及五金零件的表面涂装

续表

名称	牌号 标准号	性能 （25℃±1℃，相对湿度65%±5%）	用途
环氧-聚酯粉末涂料	HG/T 2006—2012	有较好附着力、耐化学性、耐磨性和装饰性，漆膜光滑、坚硬 干燥时间（175～185℃）：15～20min	用于容器及轻工、机电金属产品的表面涂饰
各色氨基烘干磁漆	HG/T 2594—1994	漆膜光亮坚硬，附着力强，并具有良好的柔韧性、冲击韧性和耐水性。该漆若与X06-1磷化底漆、H06-2环氧酯底漆配套使用，则具有一定的耐湿热、耐盐雾性能 干燥时间：30min	用于金属表面涂过各色氨基烘漆和环氧烘漆的罩光，是用途广泛的装饰性较好的烘干磁漆
各色过氯乙烯防腐漆	G52-31 GB/T 25258—2010	漆膜具有优良的耐腐蚀性和防潮性 干燥时间：实干≤60min	用于各种化工机械、管道、设备、建筑等金属或木材表面上，可防止酸、碱及其他化学药品的腐蚀，使用温度为-30～70℃（适宜-20～60℃）
过氯乙烯防腐清漆	G52-2 HG/T 3359—1987	具有优良的防腐蚀性能，也可防火 干燥时间：实干≤1h	与各色过氯乙烯防腐漆配套使用，涂于化工机械、设备、管道、建筑物等处，以防酸、碱、盐、煤油等物质的侵蚀。也可单独使用，但附着力差。加紫外线吸收剂后，可用于室外的耐腐蚀设备表面，使用温度为-30～70℃
各色氨基烘干锤纹漆	A16-51 HG/T 3353—1987	漆膜表面有似锤击铁板所留下的锤痕花纹，具有坚韧耐久、色彩调和、花纹美观等特点 干燥时间：烘干（100℃±2℃）≤3h	适宜喷涂于各种医疗器械及仪器、仪表等各种金属制品表面作装饰涂料
各色酚醛磁漆	F04-1 GB/T 25253—2010	漆膜坚硬，光泽、附着力较好，但耐候性差 干燥时间：表干6h，实干18h	用于建筑、交通工具、机械设备等室内材料和金属表面的涂覆、保护、装饰
各色过氯乙烯腻子	G07-3 HG/T 3357—2009	腻子膜干燥快，坚硬，附着力强，易打磨，有良好的耐水性及耐油性，不宜多次涂刮 干燥时间：实干3h	用于已涂醇酸底漆或过氯乙烯底漆的各种车辆、机床等钢铁铸件或木质表面的填平
各种环氧酯（烘干）腻子	H07-5、H07-34 HG/T 3354—2009	腻子膜坚硬，耐潮性好，与底漆有良好的结合力，经打磨表面光洁 干燥时间：H07-5自干24h H07-34烘干1h	供各种预先涂有底漆的金属表面填平用
丙烯酸清漆	GB/T 25264—2010	漆膜有良好的耐候性，较好的附着力，透明性极佳，可明显呈现底层材质的花纹和光泽 干燥时间：表干0.5h，实干2h	用于经阳极化处理的铝合金及其他金属表面的装饰与保护
机床面漆	HG/T 2243—2009	漆膜具有良好的抗冲击性能和遮盖力，耐油性和耐切削液侵蚀良好 干燥时间：Ⅰ型，表干15min，实干1h Ⅱ型，表干90min，实干24h	用于各种机床表面保护和装饰

12　其他非金属材料

常用木材的物理力学性能

表 3-3-100

树种	地区	气干密度/g·cm^{-3}	体积干缩系数/%	顺纹抗压强度/MPa	横纹抗压强度(弦向)/MPa		顺纹抗拉强度/MPa	抗弯强度(弦向)/MPa	抗弯模量(弦向)/GPa	冲击韧度(弦向)/N·m	顺纹抗剪强度(弦面)/MPa	硬度(端面)/MPa
					局部受压	全部受压						
针叶树材												
冷杉	四川大渡河、青衣江	0.433	0.537	34.8	4.3	3.2	95.4	68.6	9.8	3.8	5.4	31
杉松冷杉	东北长白山	0.390	0.437	31.9	3.5	2.4	72.1	65.1	9.1	3.0	6.4	25
臭冷杉	东北小兴安岭	0.384	0.472	38.8	3.3	2.3	77.2	63.8	9.4	3.1	6.2	22
杉木	湖南江华	0.371	0.420	37.0	3.2	1.4	75.7	62.5	9.4	2.5	4.8	25
柏木	湖北崇阳	0.600	0.320	53.2	9.4	6.6	114.8	98.5	10.0	4.5	10.9	58
银杏	安徽歙县	0.532	0.417	40.2	5.2	3.1	80.4	76.2	9.1	3.3	10.8	111
油杉	福建永泰	0.552	0.510	43.7	7.1	4.5	107.8	89.3	12.3	5.6	6.9	43
落叶松	东北小兴安岭	0.641	0.588	56.4	8.2	—	127.3	111.0	14.2	4.8	6.7	37
黄花落叶松	东北长白山	0.594	0.554	51.3	7.6	—	120.1	97.3	12.4	4.8	6.9	33
红杉	四川平武	0.452	0.416	34.3	6.2	4.3	76.0	68.8	8.6	2.8	5.1	31
云杉	四川平武、理县	0.459	0.521	37.8	4.4	2.8	92.1	74.4	10.1	3.8	5.8	24
红皮云杉	东北小兴安岭	0.417	0.484	34.5	4.3	—	94.8	68.5	10.9	3.2	6.1	21
紫果云杉	四川平武	0.481	0.521	42.1	4.9	2.8	111.5	81.1	11.4	4.1	6.1	34
华山松	贵州威宁	0.476	0.449	35.3	4.3	2.6	85.5	63.3	8.5	3.6	7.5	25
红松	小兴安岭、长白山	0.440	0.459	32.7	3.7	—	96.1	64.0	9.8	3.4	6.8	21
广东松	湖南莽山	0.501	0.409	31.4	—	6.1	96.2	89.9	9.9	3.9	7.8	34
黄山松	安徽霍山	0.571	0.589	46.6	6.6	4.5	—	89.4	12.8	5.4	8.7	31
马尾松	湖南郴县、会同	0.519	0.470	43.5	6.5	3.0	102.8	89.2	12.1	3.8	6.6	29
樟子松	黑龙江图里河	0.477	—	36.1	3.4	—	112.8	69.9	9.8	4.1	7.7	25
油松	湖北秭归	0.537	0.476	41.6	5.4	3.5	118.2	86.2	11.3	4.2	6.2	28
云南松	云南广通	0.588	0.612	44.6	4.6	3.1	118.1	93.4	12.6	5.5	7.6	38
铁杉	四川青衣江	0.511	0.439	45.4	6.0	3.5	115.4	89.7	11.1	3.9	8.2	40
阔叶树材												
槭木	东北长白山	0.709	0.510	47.8	8.4	6.2	—	13.1	13.1	8.3	14.0	66
山合欢	江西武宁	0.577	0.390	45.9	6.7	4.2	88.3	11.9	11.9	6.9	12.4	58
拟赤杨	福建南靖	0.431	0.399	29.9	2.7	2.0	—	8.0	8.0	3.3	7.8	34
西南桤木	云南广通	0.503	0.441	39.1	3.7	2.9	80.4	74.6	9.6	4.1	9.4	38
西南蕈树	云南屏边	0.768	0.627	66.5	7.1	4.9	—	121.6	12.7	7.3	14.5	89
光皮桦	安徽岳西	0.723	0.557	58.2	9.4	6.5	148.0	127.8	14.3	8.6	19.0	81
红桦	四川岷江、黑水	0.597	0.474	44.4	4.6	3.4	147.7	90.6	10.6	6.9	11.4	53
白桦	甘肃洮河	0.615	0.466	41.7	4.7	3.4	101.4	85.6	9.0	7.8	11.6	38
蚬木	广西龙津县	1.130	0.806	75.1	17.8	12.5	—	158.2	20.7	17.9	20.7	140
亮叶鹅耳枥	海南尖峰岭	0.651	0.518	44.1	7.8	5.1	—	71.3	11.2	5.0	10.5	75
米槠	广东乳沅	0.548	0.465	37.9	4.1	2.6	108.3	81.4	10.7	6.5	9.2	38
甜槠	安徽歙县	0.552	0.400	37.7	4.5	3.4	71.8	73.5	9.1	4.4	9.9	43
栲树	福建建瓯	0.610	0.446	43.0	5.1	3.5	—	85.4	11.0	7.0	9.4	39
苦槠	福建	0.595	0.392	41.7	4.9	3.3	75.7	82.7	8.8	4.5	8.7	47
山枣	江西武宁	0.569	0.463	43.3	5.9	3.6	—	96.5	12.1	6.9	10.7	41
香樟	湖南郴县	0.580	0.412	40.8	7.1	—	—	73.6	9.0	3.9	9.1	40
青岗	安徽黟县	0.892	0.598	64.2	12.9	8.4	—	141.7	16.3	11.1	20.7	111
细叶青岗	安徽黟县	0.893	0.635	63.6	11.9	7.9	139.7	139.2	16.6	9.6	20.9	110
黄檀	江西武宁	0.897	0.579	—	12.3	8.0	—	156.6	18.0	13.0	20.5	124
黄杞	福建南靖	0.569	0.411	44.2	5.5	4.3	113.2	89.4	9.9	4.3	9.8	55
柠檬桉	广西宜山	0.968	0.732	63.5	14.4	7.7	148.5	142.3	18.6	15.7	15.5	85
水青岗	云南金平	0.793	0.617	51.5	6.8	4.7	139.6	113.2	13.4	13.3	14.0	62
水曲柳	东北长白山	0.686	0.577	51.5	10.5	—	135.9	116.2	14.3	7.0	10.3	63
毛坡垒	云南屏边	0.965	0.787	72.8	8.2	5.6	—	152.7	20.3	12.4	15.3	112

续表

树种	地区	气干密度/g·cm^{-3}	体积干缩系数/%	顺纹抗压强度/MPa	横纹抗压强度（弦向）/MPa 局部受压	横纹抗压强度（弦向）/MPa 全部受压	顺纹抗拉强度/MPa	抗弯强度（弦向）/MPa	抗弯模量（弦向）/GPa	冲击韧度（弦向）/N·m	顺纹抗剪强度（弦面）/MPa	硬度（端面）/MPa
核桃楸	东北长白山	0.526	0.465	36.0	4.5	—	125.0	26.3	11.8	5.174	9.8	34
枫香	湖南郴县	0.608	0.468	41.8	5.4	—	106.5	80.8	9.6	5.145	7.0	62
石栎	浙江昌化	0.665	0.480	49.5	11.0	—	108.1	94.5	11.3	4.312	11.9	62
红楠	广东乳沅	0.560	0.468	37.5	5.5	3.8	100.2	79.7	10.1	6.546	9.0	35
花榈木	江西武宁	0.588	0.448	40.8	6.0	3.5	—	91.6	8.9	8.506	13.4	59
黄波椤	东北长白山	0.449	0.368	33.0	4.6	3.8	—	74.6	8.8	4.194	9.0	32
山杨	黑龙江带岭	0.364	—	30.7	2.3	—	—	54.8	5.9	7.683	6.6	20
毛白杨	北京	0.525	0.458	38.2	3.4	2.7	91.6	77.0	10.2	7.850	9.4	38
麻栎	安徽肥西	0.930	0.616	51.1	9.9	6.4	152.3	126.0	16.5	11.985	17.6	80
柞木	东北长白山	0.766	0.590	54.5	8.6	—	152.3	121.5	15.2	11.074	12.6	74
刺槐	北京	0.792	0.548	52.8	10.2	7.3	—	124.3	12.7	17.042	12.8	67
檫木	湖南郴县	0.584	0.469	40.5	7.1	—	108.6	91.2	11.3	6.194	7.8	41
荷木	湖南郴县	0.611	0.473	43.8	4.7	—	121.0	91.0	12.7	6.811	10.0	52
槐树	山东	0.702	0.511	45.0	8.1	6.5	—	103.3	10.2	12.642	13.6	65
柚木	云南景东	0.601	0.413	49.8	7.3	5.0	79.4	103.2	10.0	4.567	4.7	49
紫椴	东北长白山	0.493	0.470	28.4	2.7	—	105.8	59.2	11.0	4.792	7.7	21
裂叶榆	黑龙江带岭	0.548	0.517	31.8	4.2	2.9	114.6	79.3	11.6	5.635	8.3	38
榉树	安徽滁县	0.791	0.591	47.7	8.6	6.9	149.6	127.5	12.3	15.053	15.0	82

注：表列木材的物理力学性能，除体积干缩系数、冲击韧度及针叶树材顺纹抗拉强度外，均为含水率15%的数值。

机械产品适用木材品种

表 3-3-101

用途		技术要求	主要适用木材
木质机械		容重大，强度和冲击韧性高，不劈裂，易加工	柏木、硬木松类、铁杉属、落叶松属、山毛榉、水曲柳、桦、槐、桉属
农业机具	机械零部件	强度、硬度和冲击韧性较高，不易翘曲和变形，易加工	硬木松类、红松、云杉属、铁杉属、柏木、苦楝、桦属、山毛榉属、锥栗属、栎属、青岗属、椆属、水曲柳、桦、色木槭、槐树、黄檀、榉属
农业机具	农具	强度中等，有一定弹性和韧性，变形小	硬木松类、云杉属、铁杉属、落叶松属、柏木、旱柳、槐树、荷木、桑树、榆属、桦属、朴属、青岗属、栎属、椆属、锥栗属
锻锤垫木		横纹全部抗压强度和横纹抗压模量较高	落叶松属、云杉属、红松、华山松、马尾松、樟子松、云南松、油松、铁杉、云南铁杉、柞栎、麻栎、小叶栎、青岗、红锥、海南锥、荷木、红桦、水曲柳、桉属
木模		以胀缩性小为主，强度较高，易加工	松属、云杉属、铁杉属、柏木属、梓树属、黄桐、杨属、柳属、椴属、黄杞、苦楝、臭椿、桦属、锥栗属、朴属、荷木、槭属
车辆	车架	强度高	铁杉属、落叶松属、云杉属、松属、桦属、榆属、锥栗属、刺槐、银荷木、荷木、西南荷木、云南双翅龙脑香
车辆	内墙板（侧板）	外貌美观易加工	冷杉属、云杉属、铁杉属、桦属、槭属、柞栎、锥栗属、椆属、山毛榉属、水曲柳、桦、桉属、荷木、银荷木、西南荷木、楝科、榆科等
车辆	地板（底板）	木材耐磨、有装饰价值	栎属、鹅耳枥属、桦属、桉属、榉属、榆属、椆属、刺槐、槐树、云南双翅龙脑香等
车辆	车梁		同上
蓄电池隔板		纹理直，结构均匀，耐酸	松属、罗汉松属、黄杉属、椴属、拟赤杨
包装	箱桶	有适当的强度，钉着性较好，变形小	冷杉属、云杉属、铁杉属、松属、柳杉、杉木、杨属、柳属、杨桐属、桦属、苦楝、拟赤杨、枫杨、青钱柳、锥栗属、榆属、桤属、臭椿、朴属、旱莲、山枣、白颜树、兰果树、悬铃木、荷木、银荷木、西南荷木
包装	重型机械	强度较大	落叶松属、硬木松类、铁杉属、桦属、榆属、锥栗属、栎属、杜英属、马蹄荷、粘木、灰木属等

硬钢纸板规格及技术性能（摘自 QB/T 2199—1996）

表 3-3-102

项目			技术指标 A类	技术指标 B类	技术指标 C类	
用途			供航空构件用	供机械、电器、仪表的部件和绝缘消弧材料用	供纺织、铁路、氧气设备及其他机械部件电器、电机的绝缘消弧材料用	
					Ⅰ型	Ⅱ型
					间歇性生产	连续性生产
长×宽/m			1×1.2、0.9×1.2、0.85×1、0.7×1.2、0.5×0.6，或按订货合同			
密度/g·cm^{-3}			1.25~1.3	1.15~1.25	1.1~1.2	
体积电阻率(23℃±1℃)/Ω·cm			10^9		10^8	
击穿电压/kV·mm^{-1} ≥	壁厚/mm	0.5~2.0		7~8	5~6	
		2.1~12.0		4~5	2.5~3	
纵向(横向)拉伸强度/MPa ≥	壁厚/mm	0.5~0.9	85(45)	70(40)	55(35)	55(30)
		1.0~2.0	90(55)	75(40)	60(35)	60(30)
		2.1~3.5	90(50)	75(45)	60(40)	60(30)
		3.6~5.0	85(50)	65(45)	50(30)	
		>5.0	—	50(35)	40(30)	
吸水率/% ≤	壁厚/mm	1.0~3.5	—	50~60	60~65	
		≥3.6	—	30~40	40~50	

软钢纸板规格及技术性能（摘自 QB/T 2200—1996）

表 3-3-103

纸板规格/mm 长度×宽度	纸板规格/mm 厚度	密度/g·cm^{-3} (A、B类)	技术性能 项目			A类	B类	用途 A类	用途 B类
920×650 650×490 650×400 400×300 按订货合同规定	0.5~3.0	1.1~1.4	拉伸强度/MPa	≥	厚度/mm 0.5~1.0	30	25	供飞机发动机制作密封连接处的垫片及其他部件用	供汽车、拖拉机的发动机及其他内燃机制作密封垫片和其他部件用
					厚度/mm 1.1~3.0	30	30		
			抗压强度/MPa	≥		160	—		
			水分/%			4~8	4~8		

滤芯纸板（摘自 QB/T 1712—1993）

表 3-3-104

项目		指标 薄滤芯纸板	指标 厚滤芯纸板	纸板尺寸/mm
厚度/mm		0.6±0.05	3.0±0.25	长度×宽度 (1350×920)±10 (1150×880)±5
密度/g·cm^{-3}	≤	0.70	0.76	
纵横平均拉伸强度/kPa	≥	8.80		
交货水分/%		10±2.0		
用途		适用于作冲压滤清器的垫片或垫架供汽车、拖拉机等滤机油用		

常用水泥标号、特性及应用（摘自 GB 175—2007）

表 3-3-105

品种	强度等级	28d 期强度/MPa ≥		凝结时间	组成	特性		使用范围	
		抗压强度	抗折强度			优点	缺点	适用于	不适用于
硅酸盐水泥（GB 175—2007）	42.5 42.5R	42.5	6.5	初凝不得早于45min，终凝不得迟于6.5h	硅酸盐水泥熟料、0～5%石灰石和粒化高炉矿渣、适量石膏磨细制成的水硬性胶凝材料 不掺加混合材料为Ⅰ型，代号P-Ⅰ；掺加混合材料为Ⅱ型，代号P-Ⅱ	①标号高 ②快硬、早强 ③抗冻性好，耐磨性和不透水性强	①水化热高 ②抗水性差 ③耐蚀性差	①配制高标号混凝土 ②先张预应力制品、石棉制品 ③道路、低温下施工的工程	①大体积混凝土 ②地下工程
	52.5 52.5R	52.5	7.0						
	62.5 62.5R	62.5	8.0						
普通硅酸盐水泥（GB 175—2007）	42.5 42.5R	42.5	6.5		硅酸盐水泥熟料、混合材料(6%～15%)、适量石膏磨细制成的水硬性胶凝材料，代号P-O	与硅酸盐水泥相比无根本区别，但有所改变： ①早期强度增进率略有减少 ②抗冻性、耐磨性稍有下降 ③低温凝结时间有所延长 ④抗硫酸盐侵蚀能力有所增强		适应性较强，如无特殊要求的工程都可以使用	
	52.5 52.5R	52.5	7.0						
矿渣硅酸盐水泥（GB/T 175—2007）	32.5 32.5R	32.5	5.5	初凝不得早于45min，终凝不得迟于10h	硅酸盐水泥熟料、粒化高炉炉渣、适量石膏磨细制成的水硬性胶凝材料，允许用石灰石、窑灰、粉煤灰和火山灰质混合材料中的一种材料代替矿渣，代号PS	①水化热低 ②抗硫酸盐侵蚀性好 ③蒸汽养护有较好的效果 ④耐热性较普通硅酸盐水泥高	①早期强度低，后期强度增进率大 ②保水性差 ③抗冻性差	①地面、地下、水中各种混凝土工程 ②高温车间建筑	需要早强和受冻融循环，干湿交替的工程
	42.5 42.5R	42.5	6.5						
	52.5 52.5R	52.5	7.0						
火山灰质硅酸盐水泥（GB/T 175—2007）	32.5 32.5R	32.5	5.5	初凝不得早于45min，终凝不得迟于12h	硅酸盐水泥熟料、火山灰质混合材料、适量石膏磨细制成的水硬性胶凝材料，代号P-P	①保水性好 ②水化热低 ③抗硫酸盐侵蚀能力强	①早期强度低，但后期强度增进率大 ②需水性大，干缩性大 ③抗冻性差	①地下、水下工程、大体积混凝土工程 ②一般工业和民用建筑	需要早强和受冻融循环，干湿交替的工程
	42.5 42.5R	42.5	6.5						
	52.5 52.5R	52.5	7.0						

第 4 章 其他材料及制品

1 工业用网

工业用金属丝编织方孔筛网（摘自 GB/T 5330—2003）

表 3-4-1

网孔基本尺寸 系列	网孔基本尺寸 尺寸/mm	金属丝直径/mm	筛分面积百分率 A_0/%	单位面积网质量/kg·m^{-2} 低碳钢	黄铜	锡青铜	不锈钢	相当英制目数/目·(25.4mm)$^{-1}$
R10 R20 R40/3	16.0	3.15	69.8	6.58	7.29	7.40	6.67	1.33
		2.24	76.9	3.49	3.87	3.93	3.54	1.39
		2.00	79.0	2.82	3.13	3.18	2.86	1.41
		1.80	80.8	2.31	2.56	2.60	2.34	1.43
		1.60	82.6	1.85	2.05	2.08	1.87	1.44
R10 R20	12.5	2.50	69.4	5.29	5.87	5.95	5.36	1.69
		2.24	71.9	4.32	4.79	4.86	4.38	1.72
		2.00	74.3	3.50	3.88	3.94	3.55	1.75
		1.80	76.4	2.88	3.19	3.24	2.91	1.78
		1.60	78.6	2.31	2.56	2.59	2.34	1.80
		1.25	82.6	1.44	1.60	1.62	1.46	1.85
R10 R20	10.0	2.50	64.0	6.35	7.04	7.14	6.43	2.03
		2.24	66.7	5.21	5.77	5.86	5.27	2.08
		2.00	69.4	4.23	4.69	4.76	4.29	2.12
		1.80	71.8	3.49	3.87	3.92	3.53	2.15
		1.60	74.3	2.80	3.11	3.15	2.84	2.19
		1.40	76.9	2.18	2.42	2.46	2.21	2.23
		1.12	80.9	1.43	1.59	1.61	1.45	2.28
R10 R20 R40/3	8.00	2.24	61.0	6.22	6.90	7.00	6.30	2.48
		2.00	64.0	5.08	5.63	5.72	5.15	2.54
		1.80	66.6	4.20	4.65	4.72	4.25	2.59
		1.60	69.4	3.39	3.75	3.81	3.43	2.65
		1.40	72.4	2.65	2.94	2.98	2.68	2.70
		1.25	74.8	2.15	2.38	2.41	2.17	2.75
		1.00	79.0	1.41	1.56	1.59	1.43	2.82
R10 R20	6.30	1.80	60.5	5.08	5.63	5.72	5.15	3.14
		1.40	66.9	3.23	3.58	3.64	3.27	3.30
		1.12	72.1	2.15	2.38	2.42	2.17	3.42
		1.00	74.5	1.74	1.93	1.96	1.76	3.48
		0.800	78.7	1.14	1.27	1.29	1.16	3.58
R10 R20	5.00	1.60	57.4	4.93	5.46	5.54	4.99	3.85
		1.40	61.0	3.89	4.31	4.38	3.94	3.97
		1.25	64.0	3.18	3.52	3.57	3.22	4.06
		1.00	69.4	2.12	2.35	2.38	2.14	4.23
		0.900	71.8	1.74	1.93	1.96	1.77	4.31
R10 R20 R40/3	4.00	1.40	54.9	4.61	5.11	5.19	4.67	4.70
		1.25	58.0	3.78	4.19	4.25	3.83	4.84
		1.12	61.0	3.11	3.45	3.50	3.15	4.96
		0.900	66.6	2.10	2.33	2.36	2.13	5.18
		0.710	72.1	1.36	1.51	1.53	1.38	5.39
R10 R20	3.15	1.25	51.3	4.51	5.00	5.07	4.57	5.77
		1.12	54.4	3.73	4.14	4.20	3.78	5.95
		0.900	60.5	2.54	2.82	2.86	2.57	6.27
		0.800	63.6	2.06	2.28	2.32	2.08	6.43
		0.710	66.6	1.66	1.84	1.87	1.68	6.58
		0.630	69.4	1.33	1.48	1.50	1.35	6.72
		0.560	72.1	1.07	1.19	1.21	1.09	6.85
		0.500	74.5	0.87	0.96	0.98	0.88	6.96
R10 R20	2.50	1.00	51.0	3.63	4.02	4.08	3.68	7.26
		0.800	57.4	2.46	2.73	2.77	2.49	7.70
		0.710	60.7	1.99	2.21	2.24	2.02	7.91
		0.630	63.8	1.61	1.79	1.81	1.63	8.12
		0.560	66.7	1.30	1.44	1.46	1.32	8.30
		0.500	69.4	1.06	1.17	1.19	1.07	8.47
		0.450	71.8	0.87	0.97	0.98	0.88	8.61
R10 R20 R40/3	2.00	0.900	47.6	3.55	3.93	3.99	3.59	8.76
		0.710	54.5	2.36	2.62	2.66	2.39	9.37
		0.630	57.8	1.92	2.12	2.16	1.94	9.66
		0.560	61.0	1.56	1.72	1.75	1.58	9.92
		0.500	64.0	1.27	1.41	1.43	1.29	10.16
		0.450	66.6	1.05	1.16	1.18	1.06	10.37
		0.315	74.6	0.54	0.60	0.61	0.55	10.97
R10 R20	1.60	0.800	44.4	3.39	3.75	3.81	3.43	10.58
		0.630	51.5	2.26	2.51	2.54	2.29	11.39
		0.560	54.9	1.84	2.04	2.07	1.87	11.76
		0.500	58.0	1.51	1.68	1.70	1.53	12.10
		0.450	60.9	1.25	1.39	1.41	1.27	12.39
		0.400	64.0	1.02	1.13	1.14	1.03	12.70
		0.355	67.0	0.82	0.91	0.92	0.83	12.99

续表

网孔基本尺寸		金属丝直径/mm	筛分面积百分率A_0/%	单位面积网质量/kg·m^{-2}				相当英制目数/目·(25.4mm)$^{-1}$
系列	尺寸/mm			低碳钢	黄铜	锡青铜	不锈钢	
R10 R20	1.25	0.630	44.2	2.68	2.97	3.02	2.72	13.51
		0.560	47.7	2.20	2.44	2.48	2.23	14.03
		0.500	51.0	1.81	2.01	2.04	1.84	14.51
		0.450	54.1	1.51	1.68	1.70	1.53	14.94
		0.400	57.4	1.23	1.37	1.39	1.25	15.39
		0.355	60.7	1.00	1.11	1.12	1.01	15.83
		0.315	63.8	0.81	0.89	0.91	0.82	16.23
		0.280	66.7	0.65	0.72	0.73	0.66	16.60
R10 R20 R40/3	1.00	0.560	41.1	2.55	2.83	2.87	2.59	16.28
		0.500	44.4	2.12	2.35	2.38	2.14	16.93
		0.450	47.6	1.77	1.97	2.00	1.80	17.52
		0.400	51.0	1.45	1.61	1.63	1.47	18.14
		0.355	54.5	1.18	1.31	1.33	1.20	18.75
		0.315	57.8	0.96	1.06	1.08	0.97	19.32
		0.280	61.0	0.78	0.86	0.88	0.79	19.84
		0.250	64.0	0.64	0.70	0.71	0.64	20.32
R10 R20	0.800	0.450	41.0	2.06	2.28	2.31	2.08	20.32
		0.355	48.0	1.39	1.54	1.56	1.40	21.99
		0.315	51.5	1.13	1.25	1.27	1.14	22.78
		0.280	54.9	0.92	1.02	1.04	0.93	23.52
		0.250	58.0	0.76	0.84	0.85	0.77	24.19
		0.224	61.0	0.62	0.69	0.70	0.63	24.80
		0.200	64.0	0.51	0.56	0.57	0.51	25.40
R10 R20	0.630	0.400	37.4	1.97	2.19	2.22	2.00	24.66
		0.355	40.9	1.63	1.80	1.83	1.65	25.79
		0.315	44.4	1.33	1.48	1.50	1.35	26.88
		0.280	47.9	1.09	1.21	1.23	1.11	27.91
		0.250	51.3	0.90	1.00	1.01	0.91	28.86
		0.224	54.4	0.75	0.83	0.84	0.76	29.74
		0.200	57.6	0.61	0.68	0.69	0.62	30.60
		0.180	60.5	0.51	0.56	0.57	0.51	31.36

注：1. 本表对标准中 R10 系列删去了：0.500、0.400、0.355、0.315、0.250、0.200、0.180、0.160、0.125、0.100、0.080、0.063、0.050、0.040、0.032、0.020 等；R20 系列删去了：14.0、11.2、9.00、7.10、5.60、4.50、3.55、2.80、2.24、1.80、1.40、1.12、0.900、0.710、0.560、0.500、0.450、0.400、0.355、0.315、0.280、0.250、0.224、0.200、0.180、0.160、0.140、0.125、0.112、0.100、0.090、0.080、0.071、0.063、0.056、0.050、0.045、0.040、0.036、0.032、0.028、0.025、0.020 等；R40/3 系列删去了：13.2、11.2、9.50、6.70、5.60、4.75、3.35、2.80、2.36、1.70、1.40、1.18、0.850、0.710、0.600、0.500、0.425、0.355、0.300、0.250、0.212、0.180、0.150、0.125、0.106、0.090、0.075、0.063、0.053、0.045、0.038、0.032 等，详见原标准。

2. 本标准用于固体颗粒的筛分，液体、气体物质的过滤或其他工业用途。

3. 金属丝材料为软态黄铜、锡青铜、不锈钢和碳素钢。

4. 网幅宽度为 800mm、1000mm、1250mm、1600mm、2000mm 五种，根据需要也可制造其他网幅宽度。

5. 网段最小长度如下。

网孔基本尺寸/mm	16.0~8.50	8.00~0.630	0.600~0.100	0.095~0.040	0.038~0.020
网段长度/m	≥2.0	≥2.5	≥2.5	≥2.5	≥1.0

6. 型号标记示例如下。

网孔基本尺寸为 1.00mm，金属丝直径为 0.355mm，工业用金属丝平纹编织方孔筛网为：

GFW1.00/0.355（平纹）GB/T 5330—2003。

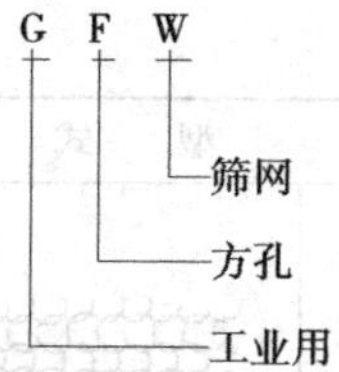

合成纤维网

表 3-4-2

网号/目·(25.4mm)$^{-1}$	12	14	16	18	20	25	30	40	50	60	80	100
丝径/mm	0.55	0.4	0.4	0.35	0.35	0.35	0.3、0.25	0.25	0.2	0.2、0.15	0.15	0.1

注：1. 材料为尼龙 6、尼龙 1010、涤纶，耐磨耐酸碱。

2. 幅宽为 1~2m。

蚕 丝 绢 网

表 3-4-3

型号 XX	孔 (10cm)	孔径 /mm	目数 /目·(25.4 mm)$^{-1}$	型号 GG	孔 (10cm)	孔径 /mm	目数 /目·(25.4 mm)$^{-1}$	型号 GG	孔 (10cm)	孔径 /mm	目数 /目·(25.4 mm)$^{-1}$	型号 GG	孔 (10cm)	孔径 /mm	目数 /目·(25.4 mm)$^{-1}$
6	296	0.209	74	18	70	1.174	17.5	38	148	0.5	37	56	218	0.302	54.5
7	328	0.184	82	20	76	0.92	19	40	156	0.46	39	58	226	0.29	56.5
8	344	0.167	86	22	84	0.916	21	42	162	0.446	40.5	60	232	0.287	58
9	388	0.145	97	24	92	0.81	23	44	170	0.398	42.5	62	240	0.28	60
10	436	0.133	109	26	100	0.776	25	46	178	0.385	44.5	64	248	0.273	62
11	464	0.126	116	28	108	0.65	27	48	186	0.378	46.5	66	256	0.271	64
12	500	0.12	125	30	116	0.61	29	50	194	0.365	48.5	68	264	0.265	66
13	516	0.109	129	32	124	0.6	31	52	202	0.346	50.5	70	272	0.24	68
14	556	0.106	139	34	132	0.576	33	54	210	0.305	52.5	72	288	0.288	72
15	600	0.098	150	36	140	0.564	35								
16	628	0.086	157												
17	650	0.072	162.5												
18	680	0.065	170												

注：XX 型和 GG 型筛绢，宽度为 1m，每卷长约 10~50m。

机织热镀锌六角形钢丝网

表 3-4-4

公称网孔/mm	12	16	20	25	40	50
实际网孔/mm	15^{+1}_{0}	$18^{+1.5}_{0}$	22^{+1}_{0}	28^{+2}_{0}	44^{+1}_{0}	56^{+3}_{0}
斜边长短差/mm	2.5	2.5	4	5	6	6
规格(宽×长)/m	1×50、1×30、1×25、1×20、2×50、2×20					
线径/mm	0.81、0.71、0.64		1.25、1.07、0.89、0.81、0.71、0.64			1.25 1.07、0.89、0.81、0.71

注：1. 此网适用于管道、设备绝热时的丝网。

2. 此网先织后镀，材料为低碳钢。

气液过滤网

表 3-4-5

型　式		型　号	型　式		型　号	型　式		型　号
标准型	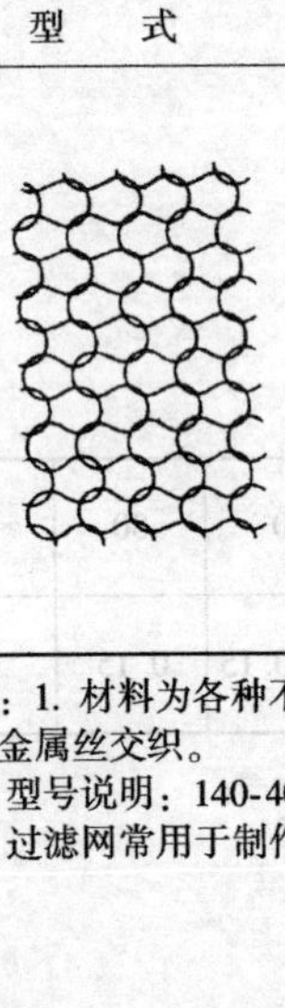	40-100 型 60-150 型 150-300 型 140-400 型 160-400 型	高效型	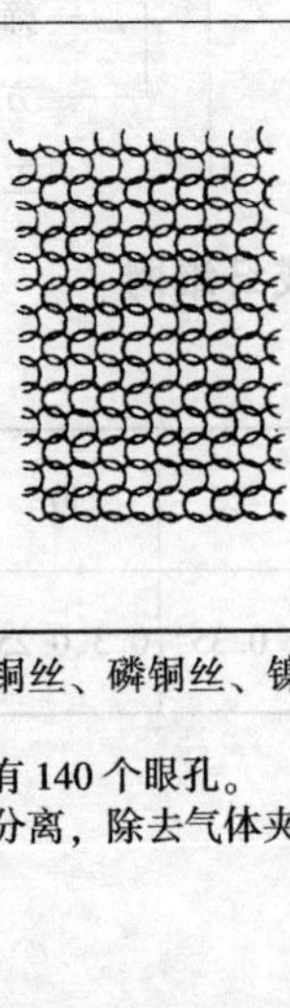	60-100 型 80-100 型 80-150 型 90-150 型 150-300 型 200-400 型	高穿透型	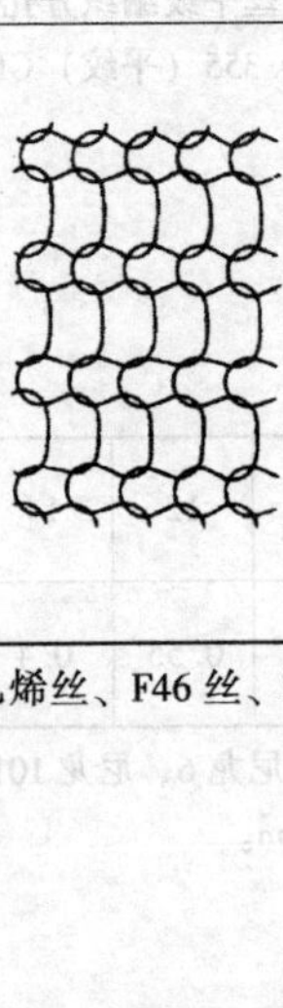	20-100 型 30-150 型 70-400 型 170-500 型 170-600 型

注：1. 材料为各种不锈钢丝、镀锌铁丝、紫铜丝、磷铜丝、镍丝、钛丝；锦纶丝、聚乙烯丝、F46 丝、玻璃纤维丝；金属丝与非金属丝交织。

2. 型号说明：140-400 型即 400mm 宽的网上有 140 个眼孔。

3. 过滤网常用于制作丝网除沫器；用于气液分离，除去气体夹带的雾沫。

常用丝网除沫器网块结构

表 3-4-6

型式		说明	型式		说明
盘形网块		用丝网卷成所需直径的网块，网块的厚度等于丝网的宽度规格。这种网块不宜用手工卷制，应用机械卷制，各卷必须卷得疏密一致，不然易产生短路，影响除沫效果。适用于直径较小的丝网除沫器	条形网块	1—网层；2—定距杆；3—钩子；4—格栅	条形网块是目前使用最普遍的结构。它是用丝网一层层地平铺，再在网层上面与下面各放一格栅，用定距杆与钩连接使其成为一整块，即可放在设备上使用，条形网块的尺寸形状，随公称直径与分块数量而变化

注：除沫器详细规格及性能见标准 HG/T 21618—1998（丝网除沫器）。

普通钢板网（摘自 QB/T 2959—2008）

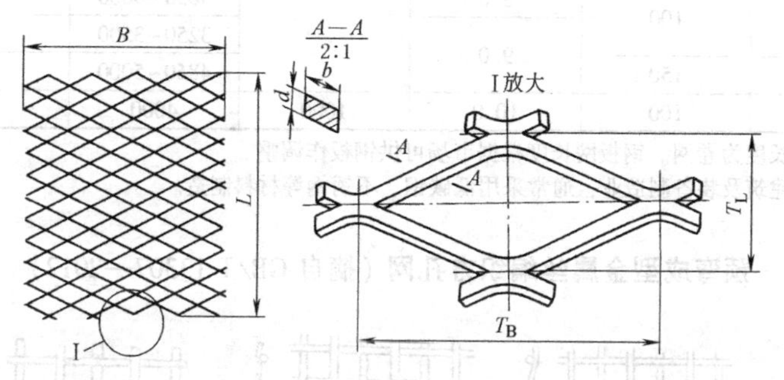

表 3-4-7

mm

d	网格尺寸			网面尺寸		钢板网理论质量/(kg/m²)
	T_L	T_B	b	B	L	
0.3	2	3	0.3	100~500	—	0.71
	3	4.5	0.4	500		0.63
0.4	2	3	0.4			1.26
	3	4.5	0.5			1.05
0.5	2.5	4.5	0.5	500		1.57
	5	12.5	1.11	1000		1.74
	10	25	0.96	2000	600~4000	0.75
0.8	8	16	0.8	1000	600~5000	1.26
	10	20	1.0			1.26
	10	25	0.96	2000		1.21
1.0	10	25	1.10		600~5000	1.73
	15	40	1.68			1.76
1.2	10	25	1.13		4000~5000	2.13
	15	30	1.35			1.7
	15	40	1.68			2.11
1.5	15	40	1.69			2.65
	18	50	2.03			2.66
	24	60	2.47			2.42
2.0	12	25	2			5.23
	18	50	2.03			3.54
	24	60	2.47			3.23

续表

d	网格尺寸			网面尺寸		钢板网理论质量/(kg/m²)
	T_L	T_B	*b*	*B*	*L*	
3.0	24	60	3.0	2000	4800~5000	5.89
	40	100	4.05		3000~3500	4.77
	46	120	4.95		5600~6000	5.07
	55	150	4.99		3300~3500	4.27
4.0	24	60	4.5		3200~3500	11.77
	32	80	5.0		3850~4000	9.81
	40	100	6.0		4000~4500	9.42
5.0	24	60	6.0		2400~3000	19.62
	32	80	6.0		3200~3500	14.72
	40	100	6.0		4000~4500	11.78
	56	150	6.0		5600~6000	8.41
6.0	24	60	6.0		2900~3500	23.55
	32	80	7.0		3300~3500	20.60
	40	100			4150~4500	16.49
	56	150			5800~6000	11.77
8.0	40	100	8.0		3650~4000	25.12
			9.0		3250~3500	28.26
	60	150			4850~5000	18.84
10.0	45	100	10.0	1000	4000	34.89

注：1. 0.3~0.5一般长度为卷网。钢板网长度根据市场可供钢板作调整。

2. 普通钢板网适用于建筑及装备制造业，通常采用低碳钢、不锈钢等材料制造。

预弯成型金属丝编织方孔网（摘自 GB/T 13307—2012）

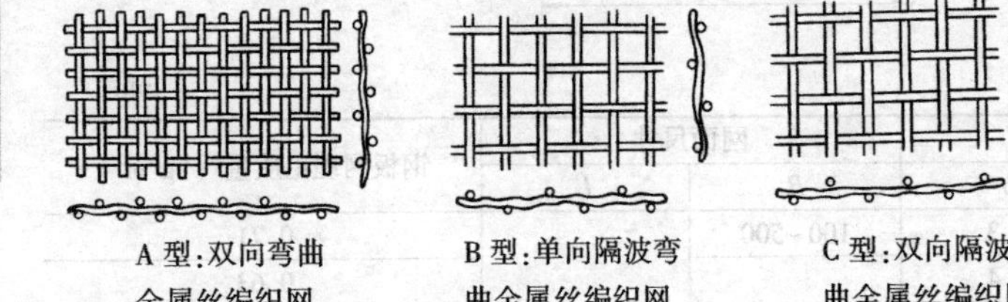

A型：双向弯曲金属丝编织网　B型：单向隔波弯曲金属丝编织网　C型：双向隔波弯曲金属丝编织网　D型：销紧(定位)弯曲金属丝编织网　E型：平顶弯曲金属丝编织网

表 3-4-8

mm

主要尺寸	补充尺寸		金属丝直径基本尺寸 *d*（筛分面积百分率 A_c/%）	主要尺寸	补充尺寸		金属丝直径基本尺寸 *d*（筛分面积百分率 A_c/%）
R10 系列	R20 系列	R40/3 系列		R10 系列	R20 系列	R40/3 系列	
125	125	125	10.0(86)、12.5(83)、16.0(79)、20.0(74)、25.0(69)	63	63	63	8.0(79)、10.0(74)、12.5(70)、16.0(64)
	112		10.0(84)、12.5(81)、16.0(77)、20.0(72)		56		8.0(77)、10.0(72)、12.5(67)、16.0(61)
		106	10.0(84)、12.5(80)、16.0(75)、20.0(71)			53	8.0(75)、10.0(71)、12.5(65)、16.0(59)
100	100		10.0(83)、12.5(79)、16.0(74)、20.0(69)、25.0(64)	50	50		6.3(79)、8.0(74)、10.0(69)、12.5(64)、16.0(57)
	90	90	10.0(81)、12.5(77)、16.0(72)、20.0(67)		45	45	6.3(77)、8.0(72)、10.0(67)、12.5(61)、16.0(54)
80	80		10.0(79)、12.5(75)、16.0(69)、20.0(64)	40	40		6.3(75)、8.0(69)、10.0(64)、12.5(58)
		75	10.0(78)、12.5(73)、16.0(69)、20.0(62)			37.5	6.3(74)、8.0(68)、10.0(63)、12.5(56)
	71		10.0(77)、12.5(72)、16.0(67)、20.0(61)		35.5		5.0(77)、6.3(72)、8.0(67)、10.0(61)

续表

主要尺寸	补充尺寸		金属丝直径基本尺寸 d（筛分面积百分率 A_c/%）	主要尺寸	补充尺寸		金属丝直径基本尺寸 d（筛分面积百分率 A_c/%）
R10 系列	R20 系列	R40/3 系列		R10 系列	R20 系列	R40/3 系列	
31.5	31.5	31.5	5.0（74）、6.3（69）、8.0（64）、10.0(58)		7.1		1.8（64）、2.0（61）、2.5（55）、3.15(48)
	28		5.0（72）、6.3（67）、8.0（60）、10.0(54)			6.7	1.8（62）、2.5（53）、3.15（46）、4.0(39)
		26.5	5.0（71）、6.3（65）、8.0（59）、10.0(53)	6.3	6.3		1.6（64）、2.0（58）、2.5（51）、3.15(44)
25	25		4.0（74）、5.0（69）、6.3（64）、8.0(57)、10.0(51)		5.6	5.6	1.6（60）、2.0（54）、2.5（48）、3.15(41)
	22.4	22.4	4.0(72)、5.0(67)、6.3(61)、8.0(54)	5	5		1.6（57）、2.0（51）、2.5（44）、3.15(38)
20	20		3.15（75）、4.0（69）、5.0（64）、6.3(58)、8.0(51)			4.75	1.6（56）、1.8（53）、2.24（47）、3.15(36)
		19	4.0（68）、5.0（63）、6.3（56）、8.0(50)		4.5		1.4（58）、1.8（51）、2.24（45）、2.5(41)
	18		3.15（72）、4.0（67）、5.0（61）、6.3(55)、8.0(48)	4	4	4	1.25（58）、1.6（51）、2.0（45）、2.24(41)、2.5(38)
16	16	16	2.5（75）、3.15（70）、4.0（64）、5.0(58)、6.3(51)		3.55		1.25（55）、1.4（51）、1.6（48）、1.8(44)、2.0(41)
	14		2.5（72）、3.15（67）、4.0（60）、5.0(54)、6.3(48)			3.35	1.0（59）、1.25（53）、1.8（42）、2.24(36)
		13.2	3.15（65）、4.0（59）、5.0（53）、6.3(46)	3.15	3.15		1.12（54）、1.4（4.8）、1.6（44）、1.8(41)、2.0(37)
12.5	12.5		2.5（69）、3.15（64）、4.0（57）、5.0(51)、6.3(44)		2.8	2.8	0.9（57）、1.12（51）、1.4（45）、1.8(37)
	11.2	11.2	2.5（67）、3.15（61）、3.55（58）、4.0(54)、5.0(48)	2.5	2.5		1.0（51）、1.12（48）、1.25（44）、1.4(41)、1.6(37)
10	10		2.0（69）、2.5（64）、3.15（58）、4.0(51)			2.36	0.8（56）、1.0（49）、1.4（39）、1.8(32)
		9.5	2.24（65）、3.15（56）、4.0（50）、5.0(43)		2.24		0.71（58）、0.9（51）、1.12（44）、1.4(38)
	9		1.8（69）、2.24（64）、2.5（61）、3.15(55)、4.0(48)	2	2	2	0.71（54）、0.8（51）、0.9（48）、1.12(41)、1.25(38)
8	8	8	2.0（64）、2.5（58）、3.15（51）、3.55(48)、4.0(44)				

注：1. 网孔尺寸偏差如下。

网孔基本尺寸	125~63	56~18	16~11.2	12.5~11.2	10~5.6	5~2
网孔尺寸偏差	4.5	5	5.6	5.6	6.3	7
大网孔尺寸偏差	8~15	10~20	15~25	10~25	21~35	21~35

2. 网孔基本尺寸优先选用 R10 系列，其次选用 R20 系列，如果需要，也可选用 R40/3 系列。

3. 标记示例如下。

网孔基本尺寸为 10mm，金属丝直径为 2.5mm，网宽 1200mm，网长 5000mm，B2F 材料，A 型编织预弯成型网标记为

YFW10/2.50-A-B2F-1.2×5 GB/T 13307—2012

网孔基本尺寸为 2.5mm，金属丝直径为 1.25mm，网宽 1000mm，网长 2500mm，1Cr18Ni9 材料，B 型编织预弯成型网标记为

YFW2.5/1.25-B-1Cr18Ni9-1×2.5 GB/T 13307—2012

第 3 篇

重型钢板网

表 3-4-9 mm

型号	网格尺寸 丝板厚 d	丝板宽 b	短节距 TL	长节距 TB	标准成品尺寸 网面宽 B	网面长 L	理论质量 /kg·m^{-2}	型号	网格尺寸 丝板厚 d	丝板宽 b	短节距 TL	长节距 TB	标准成品尺寸 网面宽 B	网面长 L	理论质量 /kg·m^{-2}
ZW24	4	4.5	22	60	1500 1800 2000	2000 ~ 4000	12.84	ZW40	7	8	40	100	1500 1800 2000	1900 ~ 5000	21.98
	4.5	5					16.05		8	9					28.26
	5	6	24				19.62	ZW60	5	6	56	150		2000 ~ 5000	8.41
ZW32	4	5	30	80		2000 ~ 5000	10.46		6	7					11.77
	4.5	6					14.13		7	8	60				14.65
	5	6	32				14.71		8	9					18.84
	6	7					20.60	ZW80	5	6	76	200			6.19
ZW40	4	6	36	100		1900 ~ 5000	10.46		6	8					9.91
	4.5	6					11.77		7	9	80				12.36
	5	7	38				14.46		8	10					15.70
	6	7					17.35								

注：1. 用于大型设备的操作平台、矿用筛、高强度混凝土的钢筋等。

2. 结构同钢板网。

人字形铝板网

表 3-4-10 mm

板材厚 d	网格尺寸 短节距 TL	长节距 TB	丝板宽 b	错位 t	标准成品尺寸 网面宽 B	网面长 L	理论质量 /kg·m^{-2}	板材厚 d	网格尺寸 短节距 TL	长节距 TB	丝板宽 b	错位 t	标准成品尺寸 网面宽 B	网面长 L	理论质量 /kg·m^{-2}
0.4	1.7	6	0.5	1.5		500 1000	0.635	0.5	2.8	10	0.7	2.5			0.675
	2.2	8	0.5	2			0.491		3.5	12.5	0.8	3.1		500 1000	0.617
	2.8	10	0.6	2.5			0.463	1.0	2.8	10	1.0	2.5	1000		1.929
0.5	1.7	6	0.5	1.5			0.794		3.5	12.5	1.1	3.1	2000		1.697
	2.2	8	0.6	2			0.736								

铝 板 网

表 3-4-11 mm

板材厚 d	网格尺寸 短节距 TL	长节距 TB	丝板宽 b	标准成品尺寸 网面宽 B	网面长 L	理论质量 /kg·m^{-2}	板材厚 d	网格尺寸 短节距 TL	长节距 TB	丝板宽 b	标准成品尺寸 网面宽 B	网面长 L	理论质量 /kg·m^{-2}
0.1	0.8	2	0.2	≤200		0.135	0.4	2.3	6	0.6	≤400		0.563
	1.1	3	0.2			0.098	0.5	2.3	6	0.7			0.822
0.2	0.8	2	0.3			0.405		3.2	8	0.8	≥400		0.675
	1.1	3	0.3			0.295		4.0	10	0.9			0.608
	1.5	4	0.4			0.288		5.0	12.5	1.0		500 1000	0.54
0.3	1.1	3	0.4	≤400		0.589	1.0	4.0	10	1.1	1000		1.48
	1.5	4	0.5			0.54		5.0	12.5	1.2	2000		1.296
0.4	1.5	4	0.5			0.72							

注：1. 铝板网用优质铝合金制成，经表面处理后，具有耐腐蚀、抗氧化性能，主要用于各种类型仪表电气设备，还可用于船舶建造、机车车辆修造等。

2. 结构同钢板网。

第3篇

2 金属软管

P3 型镀锌金属软管（摘自 YB/T 5306—2006）

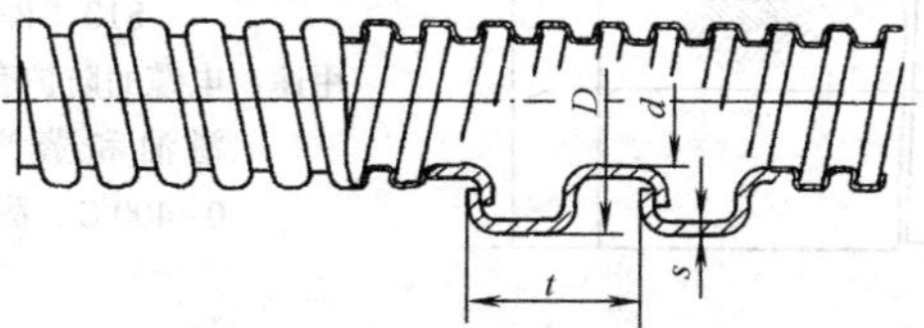

标记示例：公称内径为 15mm 的 P3 型镀锌金属软管

P3d15-YB/T 5306—2006

表 3-4-12

公称内径 d /mm	最小内径 d_{min} /mm	外径及偏差 D /mm	节距及偏差 t /mm	钢带厚度 s /mm	自然弯曲直径 R /mm	轴向拉力 /N ≥	理论质量 /kg · m^{-1}
(4)	3.75	6.20±0.25	2.65±0.40	0.25	30	240	49.6
(6)	5.75	8.20±0.25	2.70±0.40	0.25	40	360	68.6
8	7.70	11.00±0.30	4.00±0.40	0.30	45	480	111.7
10	9.70	13.50±0.30	4.70±0.45	0.30	55	600	139.0
12	11.65	15.50±0.35	4.70±0.45	0.30	60	720	162.3
(13)	12.65	16.50±0.35	4.70±0.45	0.30	65	780	174.0
(15)	14.65	19.00±0.35	5.70±0.45	0.35	80	900	233.8
(16)	15.65	20.00±0.35	5.70±0.45	0.35	85	960	247.4
(19)	18.60	23.30±0.40	6.40±0.50	0.40	95	1140	326.7
20	19.60	24.30±0.40	6.40±0.50	0.40	100	1200	342.0
(22)	21.55	27.30±0.45	8.70±0.50	0.40	105	1320	375.1
25	24.55	30.30±0.45	8.70±0.50	0.40	115	1500	420.2
(32)	31.50	38.00±0.50	10.50±0.60	0.45	140	1920	585.8
38	37.40	45.00±0.60	11.40±0.60	0.50	160	2280	804.3
51	50.00	58.00±1.00	11.40±0.60	0.50	190	3060	1054.6
64	62.50	72.50±1.50	14.20±0.60	0.60	280	3840	1522.5
75	73.00	83.50±2.00	14.20±0.60	0.60	320	4500	1841.2
(80)	78.00	88.50±2.00	14.20±0.60	0.60	330	4800	1957.0
100	97.00	108.50±3.00	14.20±0.60	0.60	380	6000	2420.4

注：1. 本标准金属软管作电线保护管用，一般长度不小于 3m。

2. 钢带厚度及理论质量仅供参考。

3. 括号中的规格不推荐使用。

4. 镀锌层厚度≥7μm。

S 型钎焊不锈钢金属软管（摘自 YB/T 5307—2006）

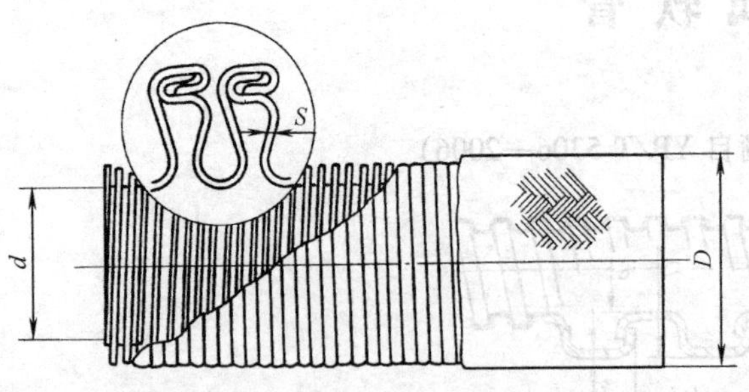

标记示例：公称内径为 10mm 的 S 型钎焊不锈钢金属软管 S10-GB/T 3642—1983

用途：电缆的防护套管及非腐蚀性的液压油、燃油、润滑油和蒸汽系统的输送管道，使用温度为 0~400℃，耐压密封，材料为 1Cr18Ni9Ti

表 3-4-13

公称内径 d /mm	最小内径 d_{min} /mm	软管外径 D /mm	钢带厚度 S /mm	编织钢丝直径 d_1 /mm	软管性能参数		理论质量（参考）/$kg \cdot m^{-1}$
					20℃时工作压力 /MPa	20℃时爆破压力 /MPa	
6	5.9	$10.8_{-0.3}^{0}$	0.13	0.3	15	45	0.209
8	7.9	$12.8_{-0.3}^{0}$	0.13	0.3	12	36	0.238
10	9.85	$15.6_{-0.3}^{0}$	0.16	0.3	10	30	0.367
12	11.85	$18.2_{-0.3}^{0}$	0.16	0.3	9.5	28.5	0.434
14	13.85	$20.2_{-0.3}^{0}$	0.16	0.3	9	27	0.494
(15)	14.85	$21.2_{-0.3}^{0}$	0.16	0.3	8.5	25.5	0.533
16	15.85	$22.2_{-0.3}^{0}$	0.16	0.3	8	24	0.553
(18)	17.85	$24.3_{-0.3}^{0}$	0.16	0.3	7	22.5	0.630
20	19.85	$29.3_{-0.3}^{0}$	0.20	0.3	7	21	0.866
(22)	21.85	$31.3_{-0.3}^{0}$	0.20	0.3	6.5	19.5	0.946
25	24.80	$35.3_{-0.3}^{0}$	0.25	0.3	6	18	1.347
30	29.80	$40.3_{-0.3}^{0}$	0.25	0.3	5	15	1.555
32	31.80	$44_{-0.3}^{0}$	0.30	0.3	4.5	13.5	1.864
38	37.75	$50_{-0.3}^{0}$	0.30	0.3	4	12	2.142
40	39.75	$52_{-0.3}^{0}$	0.30	0.3	3.5	10.5	2.207
42	41.75	$54_{-0.3}^{0}$	0.30	0.3	3.5	10.5	2.342
48	47.75	$60_{-0.3}^{0}$	0.30	0.3	3	9	2.634
50	49.75	$62_{-0.3}^{0}$	0.30	0.3	2.5	7.5	2.714
52	51.75	$64_{-0.3}^{0}$	0.30	0.3	2.5	7.5	2.795

注：1. 带括号的规格不推荐使用。

2. 软管长度不小于 500mm。交货时可带、也可不带软管接头。

3. S 型软管为右旋卷绕而成的互锁型结构的软管，由不锈钢带和不锈钢丝制成。管接头焊料采用 HL312 银镉焊接或其他银基焊料。

4. 软管在出厂前按合同的耐内压要求进行液压试验，并以 0.3~0.6MPa 进行气密性试验。

3 粉末冶金材料

3.1 粉末冶金结构材料

粉末冶金烧结铁基结构材料（摘自 GB/T 14667.1—1993）

表 3-4-14

材料	牌号	化学成分(质量分数)/%					物理力学性能					参考性能				主要特点与应用举例
		$C_{化合}$	Cu	Mo	Fe	其他	密度 /g·cm^{-3} ≥	抗拉强度 σ_b/MPa ≥	伸长率 δ /% ≥	冲击韧度 a_k (无切口) /J·cm^{-2} ≥	表观硬度 HB ≥	屈服强度 $\sigma_{0.2}$ /MPa ≥	规定比例极限 $\sigma_{0.01}$ /MPa ≥	弹性模量 E /10^3MPa ≥	剩余变形为0.1%的抗压强度 σ_{bc}/MPa ≥	
烧结铁	F0001J	≤0.1	—	—	余量	≤1.5	6.4	100	3.0	5.0	40	70	50	78	80	塑性、韧性、焊接性与导磁性较好，适于制造受力极低、要求翻铆或焊接以及要求导磁的零件，如垫片、尺框、接铁、磁筒、极靴等
	F0002J						6.8	150	5.0	10.0	50	100	80	88	100	
	F0003J						7.2	200	7.0	20.0	60	135	100	98	120	
烧结碳钢	F0101J	0.1～0.4	—	—	余量	≤1.5	6.2	100	1.5	5.0	50	70	50	78	100	塑性、韧性、焊接性较好，可进行渗碳淬火处理，适于制造受力较小、要求翻铆或焊接以及要求渗碳淬火零件，如端盖、滑块、底座等
	F0102J						6.4	150	2.0	10.0	60	100	80	83	120	
	F0103J						6.8	200	3.0	15.0	70	135	100	88	145	
	F0111J	0.4～0.7	—	—	余量	≤1.5	6.2	150	1.0	5.0	60	100	80	83	120	强度较高，可进行热处理，适于制造轻负荷结构零件和要求热处理的零件，如隔套、接头、调节螺母、传动小齿轮、油泵转子等
	F0112J						6.4	200	1.5	5.0	70	135	100	88	145	
	F0113J						6.8	250	2.0	10.0	80	180	135	98	190	
	F0121J	0.7～1.0	—	—	余量	≤1.5	6.2	200	0.5	3.0	70	135	100	88	145	强度与硬度较高，耐磨性较好，可进行热处理，适于制造一般结构零件和耐磨零件，如推力垫、挡套等
	F0122J						6.4	250	0.5	5.0	80	180	135	93	190	
	F0123J						6.8	300	1.0	5.0	90	220	180	103	245	
烧结铜钢	F0201J	0.5～0.8	2～4	—	余量	≤1.5	6.2	250	0.5	3.0	90	190	135	93	190	强度与硬度高、耐磨性好，抗大气氧化性较好，可进行热处理，适于制造受力较大或耐磨的零件，如链轮、齿轮、推杆体、锁紧螺母、摆线转子等
	F0202J						6.4	350	0.5	5.0	100	245	180	107	295	
	F0203J						6.8	500	0.5	5.0	110	345	245	122	390	
烧结铜钼钢	F0211J	0.4～0.7	2～4	0.5～1.0	余量	≤1.5	6.4	400	0.5	5.0	120	295	190	112	345	强度与硬度高，耐磨性好，渗透性好，热稳定性好，高温回火脆性低，适于制造受力高、要求耐磨或要求调质处理的零件，如滚子、螺旋螺母、活塞环、锁紧块、齿轮等
	F0212J						6.8	550	0.5	5.0	130	390	295	127	440	

热处理状态粉末冶金铁基结构材料（摘自 JB/T 3593—1999）

表 3-4-15

材料	牌号	化学成分(质量分数)/%					物理力学性能			
		$C_{化合}$	Cu	Mo	Fe	其他	密度 /g·cm⁻³ ≥	抗拉强度 σ_b /MPa ≥	冲击韧度 a_k（无切口）/J·cm⁻² ≥	表观硬度 HRA ≥
烧结碳钢	F0102J F0103J	0.1~0.4	—	—	余量	≤1.5	6.5 6.8	(400) 450	(3.0) 3.0	45 50
	F0112J F0113J	0.4~0.7	—	—			6.5 6.8	450 500	3.0 5.0	50 55
	F0122J F0123J	0.7~1.0	—	—			6.5 6.8	500 550	3.0 5.0	50 55
烧结铜钢	F0202J F0203J	0.5~0.8	2~4	—			6.5 6.8	550 650	3.0 5.0	55 60
烧结铜钼钢	F0211J F0212J	0.4~0.7	2~4	0.5~1.0			6.5 6.8	550 700	3.0 5.0	55 65

注：1. JB/T 3593—1999 标准适用于 GB/T 14667.1—1993《粉末冶金铁基结构材料 第一部分 烧结铁 烧结碳钢 烧结铜钢 烧结铜钼钢》规定的烧结碳钢、烧结铜钢、烧结铜钼钢热处理状态的选材。

2. 化合碳量低于 0.4%采用渗碳淬火。

3. 括号内数字为参考值。

烧结奥氏体不锈钢结构零件材料（摘自 GB/T 13827—1992）

表 3-4-16

牌 号	类 别	性 能			化学成分(质量分数)/%							
		密度 /g·cm⁻³ ≥	抗拉强度 /MPa ≥	硬度 HB ≥	Fe	Ni	Cr	Mo	Mn	Si	$C_{化合}$	其他元素
F5001T	镍-铬	6.4	230	68	余量	8~11	17~19	—	≤2	≤1.5	≤0.08	≤3
F5001U		6.8	310	80								
F5011T	镍-铬-钼	6.4	230	68	余量	10~14	16~18	1.8~2.5	≤2	≤1.5	≤0.08	≤3
F5011U		6.8	295	75								

注：1. GB/T 13827—1992 标准适用于镍-铬、镍-铬-钼两类不锈钢粉末通过成型和烧结而成的烧结结构零件。

2.结构零件不同部位的密度差不大于 0.3g/cm³。

3.2 粉末冶金烧结金属摩擦材料（摘自 JB/T 3063—2011）

铁基干式摩擦材料组成、性能及主要适用范围

表 3-4-17

<table>
<tr><th rowspan="2">牌 号</th><th colspan="11">组成(质量分数)/%</th><th rowspan="2">平均动摩擦因数 μ_d</th><th rowspan="2">静摩擦因数 μ_s</th><th rowspan="2">磨损率 /cm³·J⁻¹</th><th rowspan="2">密度 /g·cm⁻³</th><th rowspan="2">表观硬度 HB</th><th rowspan="2">横向断裂强度 /MPa</th><th rowspan="2">主要适用范围</th></tr>
<tr><th>铁</th><th>铜</th><th>锡</th><th>铅</th><th>石墨</th><th>二氧化硅</th><th>三氧化二铝</th><th>二硫化钼</th><th>碳化硅</th><th>铸石</th><th>其他</th></tr>
<tr><td>F1001G</td><td>65~75</td><td>2~5</td><td></td><td>2~10</td><td>10~15</td><td>0.5~3</td><td></td><td>2~4</td><td></td><td></td><td>0~3</td><td rowspan="4">>0.25</td><td rowspan="5">>0.45</td><td rowspan="5"><5.0×10⁻⁷</td><td>4.2~5.3</td><td>30~60</td><td rowspan="5">>50</td><td>载重汽车和矿山重型车辆的制动带</td></tr>
<tr><td>F1002G</td><td>73</td><td>10</td><td></td><td>8</td><td>6</td><td></td><td>3</td><td></td><td></td><td></td><td></td><td>5.0~5.6</td><td>40~70</td><td>拖拉机、工程机械等干式离合器片和刹车片</td></tr>
<tr><td>F1003G</td><td>69</td><td>1.5</td><td>1</td><td>8</td><td>16</td><td>1</td><td></td><td></td><td></td><td></td><td>3.5</td><td>4.8~5.5</td><td>35~55</td><td>工程机械如挖掘机、吊车等干式离合器</td></tr>
<tr><td>F1004G</td><td>65~70</td><td></td><td>3~5</td><td>2~4</td><td>13~17</td><td></td><td></td><td>3~5</td><td>3~4</td><td>3~5</td><td></td><td>4.7~5.2</td><td>60~90</td><td>合金钢为对偶的飞机制动片</td></tr>
<tr><td>F1005G</td><td>65~70</td><td>1~5</td><td>2~4</td><td>2~4</td><td></td><td>4~6</td><td></td><td></td><td></td><td></td><td></td><td>>0.35</td><td>5.0~5.5</td><td>40~60</td><td>重型淬火吊车、缆索起重吊等制动器</td></tr>
</table>

注：烧结金属摩擦材料适用于制造离合器和制动器，按工作条件分为干式（G）和湿式（S）。

铜基干式摩擦材料组成、性能及主要适用范围

表 3-4-18

<table>
<tr><th rowspan="2">牌号</th><th colspan="9">组成(质量分数)/%</th><th rowspan="2">平均动摩擦因数 μ_d</th><th rowspan="2">静摩擦因数 μ_s</th><th rowspan="2">磨损率 /cm³·J⁻¹</th><th rowspan="2">密度 /g·cm⁻³</th><th rowspan="2">表观硬度 HB</th><th rowspan="2">横向断裂强度 /MPa</th><th rowspan="2">主要适用范围</th></tr>
<tr><th>铜</th><th>铁</th><th>锡</th><th>锌</th><th>铅</th><th>石墨</th><th>二氧化硅</th><th>硫酸钡</th><th>其他</th></tr>
<tr><td>F1106G</td><td>68</td><td>8</td><td>5</td><td></td><td></td><td>10</td><td>4</td><td>5</td><td></td><td>>0.15</td><td rowspan="4">>0.45</td><td rowspan="5"><3.0×10⁻⁷</td><td>5.5~6.5</td><td>25~50</td><td rowspan="2">>40</td><td>干式离合器及制动器</td></tr>
<tr><td>F1107G</td><td>64</td><td>8</td><td>7</td><td></td><td>8</td><td>8</td><td>5</td><td></td><td></td><td rowspan="3">>0.20</td><td>5.5~6.2</td><td>20~50</td><td>拖拉机、冲压及工程机械等干式离合器</td></tr>
<tr><td>F1108G</td><td>72</td><td>5</td><td>10</td><td></td><td>3</td><td>2</td><td>8</td><td></td><td></td><td>5.5~6.2</td><td>25~55</td><td rowspan="3">>60</td><td>DLM_2 型、DLM_4 型等系列机床、动力头的干式电磁离合器和制动器</td></tr>
<tr><td>F1109G</td><td>63~67</td><td>9~10</td><td>7~9</td><td></td><td>3~5</td><td>7~9</td><td>2~5</td><td></td><td>3</td><td>5.6~6.5</td><td>20~50</td><td>喷撒工艺，用于DLMK型系列机床、动力头的干式电磁离合器和制动器</td></tr>
<tr><td>F1110G</td><td>70~80</td><td></td><td>6~8</td><td>3.5~5</td><td>2~3</td><td>3~4</td><td>3~5</td><td></td><td>2</td><td>>0.25</td><td>>0.40</td><td>6.0~6.8</td><td>35~65</td><td>锻压机床、剪切机、工程机械干式离合器</td></tr>
</table>

铜基湿式摩擦材料组成、性能及主要适用范围

表 3-4-19

牌号	组成(质量分数)/%								平均动摩擦因数 μ_d	静摩擦因数 μ_s	磨损率 /$cm^3 \cdot J^{-1}$	能量负荷许用值 C_m	密度 /$g \cdot cm^{-3}$	表观硬度 HB	横向断裂强度 /MPa	主要适用范围
	铜	铁	锡	锌	铅	石墨	二氧化硅	其他								
F1111S	69	6	8		8	6	3		0.04~0.05	0.12~0.17	<2.0×10^{-8}	8500	5.8~6.4	20~50	>60	船用齿轮箱系列离合器、拖拉机主离合器、载重汽车及工程机械等湿式离合器
F1112S	75	8	3		5	5	4						5.5~6.4	30~60	>50	中等载荷(载重汽车、工程机械)的液力变速箱离合器
F1113S	73	8	8.5		4	4	2.5						5.8~6.4	20~50	>80	飞溅离合器
F1114S	72~76	3~6	7~10		5~7	6~8	1~2		0.03~0.05				≥6.7	≥40		转向离合器
F1115S	67~71	7~9	7~9		9~11	5~7										喷撒工艺,用于调速离合器
F1116S	63~67	9~10	7~9		3~5	7~9	2~5	3	0.05~0.08		<2.5×10^{-8}		5.0~6.2	20~50	>60	喷撒工艺,用于船用齿轮箱系列离合器、拖拉机主离合器、载重汽车及工程机械等湿式离合器
F1117S	70~75	4~7	3~5		2~5	5~8	2~3						5.5~6.5	40~60		重载荷液力变速箱离合器
F1118S	68~74		2~4	4.5~7.5	2~4	13.5~16.5	2~4					32000	4.7~5.1	14~20	>30	工程机械高载荷传动件,如主离合器、动力换挡变速箱等

注:1. 见表 3-4-17 注。

2. C_m——在规定的试验条件下,摩擦副失效前,摩擦副的能量密度与功率密度的乘积。

3. 横向断裂强度系旧标准规定,新标准中未列入,仅供参考。

3.3 粉末冶金减摩材料

粉末冶金减摩材料类型、特点及应用

表 3-4-20

按润滑条件分类			特　　点	说　　明	用　　途
有油润滑类	粉末冶金含油轴承材料（铜基、铁基）		①没有或仅有少量切削加工 ②有大量贯通的孔隙，贮油量约占容积的20%左右，能自动供油到摩擦面上 ③自润滑时，摩擦因数为0.05~0.1；供油充分时则为0.004~0.007 ④能添加固体润滑组分，改善润滑性能 ⑤有利于消声减振	轴承壁厚通常为2~5mm，最小不宜小于0.8~1mm。轴承长度不大于外径3倍（用于壁厚大于孔径）或不大于壁厚20倍（用于壁厚小于孔径） 利用毛细管的作用，孔隙中含有润滑油。摩擦热使金属膨胀，孔隙缩小，将油挤到摩擦面。当线速度高、载荷小、间隙小时，易形成液体润滑，否则形成半干摩擦。运转停止，轴承冷却，孔隙增大，大部分油被吸回孔隙内，少部分留在摩擦表面，再启动时，避免完全干摩擦	用于不便经常加油或不能加油的场合，如放映机、冰箱电机、电风扇、洗衣机电机、磁带录音机的轴承 含油轴承工作面尽可能不切削加工，以免切屑和油污堵塞孔隙，降低减摩性能
有油润滑类	双金属减摩材料	钢背-铜铅轴瓦	①组织结构均匀，避免铅偏析、疏松等缺陷，废品率低 ②耐磨性好，比铸造轴瓦提高2倍 ③减摩组元添加范围宽 ④材料利用率高 ⑤成本低	钢背利用率为78%~88%，铜铅合金利用率为65%~75%，大大高于离心铸造。为了改善减摩性能，可在工作表面再镀第三层合金，合金成分中通常含锡、铅、铜等，厚度为0.02~0.03mm。这种三层结构的轴瓦承载能力高，抗咬合性好，对润滑油附着力大，耐腐蚀性强，显著地减少磨损	在内燃机和齿轮泵中得到广泛应用，如油泵侧板、衬套、轴套、曲轴瓦等
有油润滑类	双金属减摩材料	粉末冶金双金属套	由于外层是铁基粉末或致密钢，内层是青铜粉末，不仅提高了衬套的承压能力和疲劳强度，且保留了青铜减摩性能，还可添加石墨或其他固体润滑剂	这种双金属套能节约大量有色金属	用于汽车、拖拉机、胶印机、轧钢机等设备，制作衬套、轴套、衬板、轴瓦等
无油润滑类	金属塑料减摩材料（整体金属塑料、复合金属塑料）		①有较宽的工作温度范围（-200~280℃），温度超过80℃时，寿命降低 ②有较好的镶嵌性，能在一定尘埃环境中工作 ③不会产生静电，有一定抗辐射能力 ④能经受一般工业液体（如汽油、煤油、合成洗涤剂）的腐蚀 ⑤兼有金属的强度和工程塑料的自润滑性能 ⑥浸渍聚四氟乙烯表面很软，易拉伤，因此要求对偶表面 $Ra \leqslant 0.2\mu m$，HB≥300；热压聚甲醛塑料，表层厚度为0.3~0.4mm，可在较长时间内不需补加润滑剂，要求对偶表面 $Ra \leqslant 0.4\mu m$，HB≥200	金属塑料减摩材料分两类：整体金属塑料（ZT）和复合金属材料（FH） 整体金属塑料是由粉末冶金多孔制品或金属纤维制品，经真空浸渍聚四氟乙烯分散液和其他固体润滑剂制成 复合金属塑料是以低碳钢板为基体，烧结球形青铜粉末为中间层，用工程塑料及添加剂作填充物，用轧制方法将塑料填充物轧入中间层的孔隙内，形成表面减摩层，三者牢固结合为一体，成为复合的自润滑材料	属于新型减摩材料，用途广。常用于制作衬套、轴瓦、止推垫圈、球面座、压缩机活塞环、导向环、支承环、球形补偿器密封圈、动密封环、滑板、机床横导轨、减振离合器片等，工作时不需或只需少量润滑油 金属塑料减摩材料能适应旋转、摆动、往复等多种运动

续表

按润滑条件分类		特　点	说　明	用　途
无油润滑类	镶嵌固体润滑剂轴承材料	①是自润滑轴承材料 ②金属或非金属材料为骨架，在骨架上打孔，将固体润滑剂镶嵌在孔中，孔的面积占整个摩擦面积的 25%～35%，镶嵌后精加工制得成品 ③提高使用寿命，如铁水包起重机和 1150 初轧机比原用轴瓦寿命高 6～8 倍 ④选择适当材料，提高耐腐性能 ⑤耐高温、尘埃能力强	摩擦热使得固体润滑剂膨胀，自动转移到摩擦表面，形成一层润滑膜，防止金属间接触，从而减小摩擦因数、减少磨损，提高轴承的承载能力 金属骨架可选用青铜、黄铜、铸铁、铸钢和不锈钢，非金属骨架可用胶木、酚醛塑料、尼龙等。固体润滑剂可用石墨、硫化物、塑料树脂、软金属、氮化物	用于油膜不易形成的重载、低速、高温、有水汽等腐蚀工况条件，现已用于矿山、冶金、石油、地质、化工、造纸、桥梁、水力枢纽、船舶、航天等工业部门

粉末冶金含油轴承材料

表 3-4-21　粉末冶金减摩材料（粉末冶金滑动轴承）的成分和性能（摘自 GB/T 2688—2012）

类别		牌号标记	化学成分/%								物理-机械性能	
基体	合金		Fe	$C_{化合}$	$C_{总}$	Cu	Sn	Zn	Pb	其他	含油率/%	径向压溃强度/MPa
铁基	铁	FZ11060	余量	0～0.25	0～0.5	—	—	—	—	<2	≥18	≥200
		FZ11065									≥12	≥250
	铁-石墨	FZ12058	余量	0～0.5	2.0～3.5	—	—	—	—	<2	≥18	≥170
		FZ12052									≥12	≥240
		FZ12158	余量	0.5～1.0	2.0～3.5	—	—	—	—	<2	≥18	≥310
		FZ12162									≥12	≥380
	铁-碳-铜	FZ13058	余量	0～0.3	0～0.3	0～1.5	—	—	—	<2	≥21	≥100
		FZ13062									≥17	≥160
		FZ13158	余量	0.3～0.6	0.3～0.6	0～1.5	—	—	—	<2	≥21	≥140
		FZ13162									≥17	≥190
		FZ13258	余量	0.6～0.9	0.6～0.9	0～1.5	—	—	—	<2	≥21	≥140
		FZ13262									≥17	≥220
		FZ13358	余量	0.3～0.6	0.3～0.6	1.5～3.9	—	—	—	<2	≥22	≥140
		FZ13362									≥17	≥240
		FZ13458	余量	0.6～0.9	0.6～0.9	1.5～3.9	—	—	—	<2	≥22	≥170
		FZ13462									≥17	≥280
		FZ13558	余量	0.6～0.9	0.6～0.9	4～6				<2	≥22	≥300
		FZ13562									≥17	≥320
		FZ13658	余量	0.6～0.9	0.6～0.9	18～22	—	—	—	<2	≥22	≥300
		FZ13662									≥17	≥320
	铁-铜	FZ14058	余量	0～0.3	0～0.3	1.5～3.9				<2	≥22	≥140
		FZ14062									≥17	≥230
		FZ14158	余量	0～0.3	0～0.3	9～11	—	—	—	<2	≥22	≥140
		FZ14160									≥19	≥210
		FZ14162									≥17	≥280
		FZ14258	余量	0～0.3	0～0.3	18～22	—	—	—	<2	≥22	≥170
		FZ14260									≥19	≥210
		FZ14262									≥17	≥280
铜基	铜-锡-锌-铅	FZ21070	<0.5	—	0.5～2.0	余量	5～7	5～7	2～4	<1.5	≥18	≥150
		FZ21075									≥12	≥200

续表

类别		牌号标记	化学成分/%								物理-机械性能	
基体	合金		Fe	$C_{化合}$	$C_{总}$	Cu	Sn	Zn	Pb	其他	含油率/%	径向压溃强度/MPa
铜基	铜-锡	FZ22062	—	—	0~0.3	余量	9.5~10.5	—	—	<2	≥24	>130
		FZ22066									≥19	>180
		FZ22070									≥12	>260
		FZ22074									≥9	>280
		FZ22162	—	—	0.5~1.8	余量	9.5~10.5	—	—	<2	≥22	>120
		FZ22166									≥17	>160
		FZ22170									≥9	>210
		FZ22174									≥7	>230
		FZ22260	—	—	2.5~5	余量	9.2~10.2	—	—	<2	≥11	>70
		FZ22264									—	>100
	铜-锡-铅	FZ23065	<0.5	—	0.5~2.0	余量	6~10	<1	3~5	<1	≥18	>150
	铜-锡-铁-碳	FZ24058	54.2~62		0.5~1.3	34~38	3.5~4.5				≥22	110~250
		FZ24062									≥17	150~340
		FZ24158	50.2~58		0.5~1.3	36~40	5.5~6.5				≥22	100~240
		FZ24162									≥17	150~340
		FZ24258	余量		0~0.1	17~19	1.5~2.5			<1	≥24	150
		FZ24262									≥19	215
		FZ24266									≥13	270

推荐采用的座孔及轴的公差

轴承等级	内径公差	外径公差	推荐采用的轴承座孔公差	推荐采用的轴的公差	
				当轴承压入座孔后内径收缩量为过盈量的0~50%	当轴承压入座孔后内径收缩量为过盈量的0~100%
7级	G7	r7	H7	e6	d5
8级	E8	s8	H8	d7	c7
9级	C9	t9	H8	d8	c8

表 3-4-22　　常用含油轴承的成分和物理力学性能

类别		化学成分(质量分数)/%								物理力学性能				特点
		Fe	C	S	Cu	Sn	Zn	Pb	其他≤	密度/g·cm^{-3}	含油率(体积分数)/%	硬度HB	压溃强度/MPa≥	
铜基	铜-锡-锌-铅	<0.5	0.5~2.0	—	余量	5~7	5~7	2~4	1.3	6.5~7.1	>18	20~40	147	一般用途
	铜-锡-锌-铅	<0.4	—	—	余量	5~7	5~7	2~4	—	6.5~7.1	>18	20~40	147	一般用途

续表

类别		化学成分（质量分数）/%								物理力学性能				特点
		Fe	C	S	Cu	Sn	Zn	Pb	其他 ≤	密度 /g·cm^{-3}	含油率（体积分数）/%	硬度 HB	压溃强度 /MPa ≥	
铜基	铜-锡	—	0.5 ~2.0	—	余量	9~11	—	—	2.0	6.4	开口孔隙率 ≥22		120	无噪声轴承，低负荷用
	铜-锡	—	—	—	余量	8~11	—	—	0.5	6.7	≥18		147	无噪声轴承
	铜-锡-铅	—	<3.0	—	余量	8~11	—	<3	0.5	6.5	≥18		147	自润滑性好，较高速用
铁基	铁	余量	<0.25	—	—	—	—	—	2.0	5.4	开口孔隙率 ≥27	20~40	120	易跑合，自润滑性好
	铁	余量	<0.25	渗入①	—	—	—	—	—	5.0 ~5.8	少量	20~60	117	摩擦因数小，抗咬合性好
	铁-碳	余量	0.5 ~3.0	—	—	—	—	—	—	5.8 ~6.5	12~18	30 ~110	196	硬度可调范围大，有游离石墨润滑
	铁-碳-硫	余量	1~2	0.5 ~1.0	—	—	—	—	—	5.8 ~6.2		35~70	196	摩擦因数小，抗咬合性好
	铁-碳-硫-铜	余量	3.5	1.0	2.5	—	—	—	—	5.6 ~6.8		50~80	196	强度较高，抗冲击性好
	铁-铜	余量	<0.25	—	1~4	—	—	—	2.0	5.8	开口孔隙率 22	40~80	200	强度高，抗冲击性好

① 将熔融硫渗入孔隙，并热处理成 FeS。

表 3-4-23　三种含油轴承极限 *pv* 值（自润滑）

轴承种类	密度 /g·cm^{-3}	含油率（体积分数）/%	线速率 v /m·s^{-1}	压力 p /MPa	极限 pv 值 /MPa·m·s^{-1}
纯铁	5.9~6.1	21.0~23.3	0.10	15.30	1.53
			0.25	15.92	3.98
			0.50	7.34	3.67
			1.00	7.50	7.50
			1.50	5.17	7.76
铁-0.9%石墨	5.8~6.0	20.7~23.2	0.10	15.60	1.56
			0.25	12.96	3.24
			0.50	14.58	7.29
			0.75	8.40	6.30
			1.00	4.30	4.30
			1.50	3.03	4.55
6-6-3 青铜-1.5%石墨	6.5~6.6	19.3~20.7	0.10	8.20	0.82
			0.25	12.20	3.05
			0.50	7.36	3.68
			1.00	6.53	6.53
			1.50	4.81	7.22

注：1. 许用 *pv* 值通常为极限 *pv* 值的 1/2 左右。

2. 有无润滑对许用 *pv* 值影响很大，如含碳量为 1.5%的铁基含油轴承的许用 *pv* 值：不补充供油，靠自润滑，许用 *pv* 值为 1.4~1.6MPa·m/s；定期补油或少量供油时，许用 *pv* 值为 2.5MPa·m/s；连续充足供油时，许用 *pv* 值为 7~10MPa·m/s；压力供油时，许用 *pv* 值为 40MPa·m/s。

双金属含油减摩材料

表 3-4-24　　粉末冶金铜铅轴瓦的性能

制造方法	化学成分(质量分数)/%			抗拉强度 /MPa	硬　度 HB	密　度 /$g\cdot cm^{-3}$	金　相　组　织
	Cu	Pb	Sn				
粉末冶金	70	30	—	70	35~40	9.51	铅粒呈细小点块状,均匀分布在铜的基体上
	73.5	25	1.5	88	34~44	9.20	铅粒呈细小点块状,均匀分布在铜的基体上,并有少量铜-锡 α 固溶体
	62	38	—	58	35	9.55	
	72	24	4	116	50	9.10	
离心铸造	70	30	—	54	35	9.10	树枝状分布铅块,不均匀

表 3-4-25　　常见的铜铅轴瓦材料应用举例

牌　号	化学成分(质量分数)/%					应用举例
	Pb	Sn	Zn	Cu	其　他	
QB-01	4~7	4~7	2~4	余量		油泵侧板、衬套、轴套
QB-02	8~11	8~11	—	余量		衬套、轴套
QB-03	8~11	4~6	—	余量		板簧衬套
QB-04	—	9~12	—	余量		离合器衬套
QB-05	19~26	2~4	—	余量	表面镀 0.02~0.03mm 三元合金	曲轴瓦、主轴瓦
QB-06	19~26	0.5~1	—	余量		

金属塑料减摩材料

表 3-4-26　　整体金属塑料性能

牌　号	化学成分(质量分数) /%	密度 /$g\cdot cm^{-3}$	硬　度 HB	摩擦因数①	冲击韧度 /$J\cdot cm^{-2}$	抗拉强度 /MPa	抗压强度 /MPa	压溃强度 /MPa	线胀系数 /$10^{-6}K^{-1}$
ZT-1	6-6-3 青铜(-80 目):80 $PbCO_3$(-50 目):20 NH_4HCO_3(另加):3 浸入物: F-4:98 WS_2:2	5.3~5.7	11~14	0.21	2.45~2.94	27.4~33.3	45.1(塑性变形 0.3%时)	55.9~64.7	19.58(27~300℃)
ZT-2	球形青铜(Sn: 9% ~ 10%)(-60 ~ +80 目):100 浸入物: F-4:95 WS_2:5	5.3~5.7	—	0.15	—	—	—	176.4~196	17.3~17.5(18~300℃)

① 测试设备为 MM-200 磨损试验机，干摩擦，对偶材料为 45 钢，硬度 40~45HRC，表面粗糙度 *Ra*0.4μm，受力 137.2N，线速度 0.418m/s。

表 3-4-27　　复合金属塑料性能

牌号	化学成分（质量分数）/%	抗压强度 /MPa	线胀系数 $/10^{-5}K^{-1}$	热导率 $/W\cdot m^{-1}\cdot K^{-1}$	摩擦因数	*pv* 值 $/MPa\cdot m\cdot s^{-1}$	说　明
FH-1	基板：磷青铜 中间层：球形青铜粉 浸入物：F-4+添加剂	205.8 （塑性变形 0.7%时）	17.6~18.4 （18~300℃）	0.35~0.67	≤0.13 （干摩擦）	1.96 （干摩擦）	表层为浸渍 F-4 与添加剂混合料的薄膜，膜厚度为 0.02~0.03mm，在运行初期起磨合作用，使表层一部分转移到对偶表面，形成两个光滑表面的摩擦，使摩擦状态稳定，磨损小，故表面不必切削加工。浸渍 F-4 的金属塑料工作温度为 -200~80℃，当环境温度升到 120℃ 时，轴承寿命比室温时降至 1/2，升到 200℃ 时，寿命降至 1/3
GS-1	基板：08 钢 中间层：球形青铜粉 浸入物：F-4+添加剂	98 （塑性变形 0.1%时）	≤30	2.3	≤0.12 干摩擦）	2.35 （干摩擦）	
CM	基板：08 或 10 钢 中间层：球形青铜粉 浸入物：F-4+添加剂	343	11 （沿表面方向） 30 （垂直表面方向）	—	—	0.98~1.63 （干摩擦）	
GS-2	基板：08 钢 中间层：球形青铜粉 浸入物：改性聚甲醛	107.6 （塑性变形 0.2%时）	≤23	1.7	≤0.15 （干摩擦） ≤0.05 （脂润滑）	1.57 （干摩擦） 9.8 （脂润滑）	表层为热压聚甲醛加添加剂，表层厚为 0.3~0.4mm，为贮存润滑脂，表面制有规律排列的小凹坑，可较长时间不补加润滑脂，允许表层少量加工以提高精度。这两种热压聚甲醛金属塑料在 40℃ 环境温度下工作时，具有最大的承载能力
STG-2	基板：08 钢 中间层：球形青铜粉 浸入物：改性聚甲醛	137.2	37~47	2.61~3.20	0.14~0.16 （干摩擦） 0.06~0.08 （脂润滑）	0.98~1.57 （干摩擦）	

镶嵌固体润滑剂轴承材料

表 3-4-28　　青铜基体物理力学性能

牌　号	密　度 $/g\cdot cm^{-3}$	硬　度 HB	冲击韧度 $/J\cdot cm^{-2}$	线胀系数 $/10^{-6}K^{-1}$	伸长率 /%
XQZ62	8.2~8.5	180~230	30~55	15~20	>7
XQZ63	8.5~8.7	60~90	10~25	16~18	>18

表 3-4-29　青铜基体轴承使用性能

牌　号	润滑工况	极限载荷 /MPa	极限速率 /m·s⁻¹	许用 pv 值 /MPa·m·s⁻¹	摩擦因数①	适用温度 /℃
XQZ62	不加油	25	0.25	1.67	0.05~0.16	室温
	定期加油	50	0.25	3.33	0.05~0.16	250
XQZ63	不加油	15	0.42	1.00	0.05~0.16	400
	定期加油	15	2.50	1.67	0.05~0.16	400

① 在 M200 磨损试验机上测定，镶嵌物覆盖面积占 25%~35%，对偶材料为 45 钢，硬度 40~45HRC，表面粗糙度 Ra0.8μm。

3.4　粉末冶金过滤材料

烧结不锈钢过滤元件（摘自 GB/T 6886—2008）

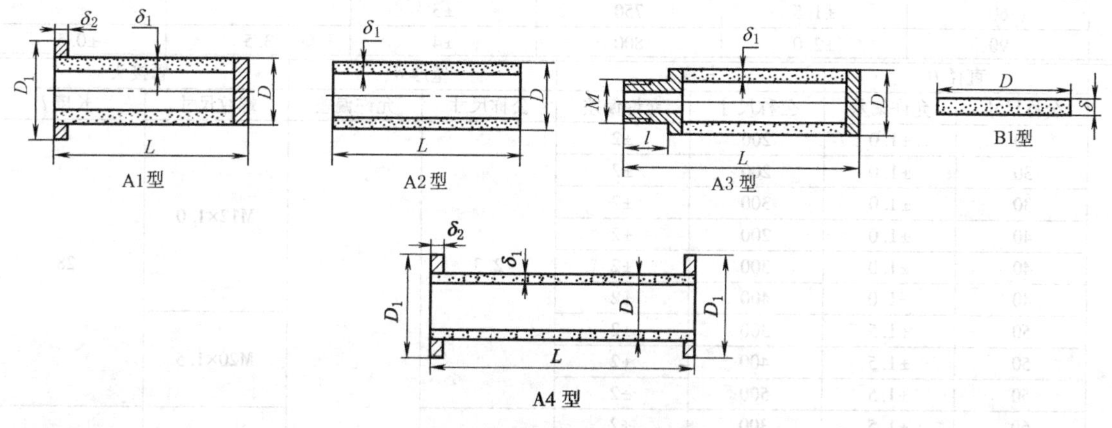

表 3-4-30　烧结不锈钢过滤元件规格　　mm

	直径 D 公称尺寸	直径 D 允许偏差	长度 L 公称尺寸	长度 L 允许偏差	壁厚 δ_1 公称尺寸	壁厚 δ_1 允许偏差	法兰直径 D_1 公称尺寸	法兰直径 D_1 允许偏差	法兰厚度 δ_2
A1型	20	±0.5	200	±2	2.3	±0.4	30	±0.2	3~4
	30	±1.0	200	±2			40	±0.2	3~4
	30	±1.0	300	±2					
	40	±1.0	200	±2	2.3	±0.4	52	±0.3	3~5
	40	±1.0	300	±2					
	40	±1.0	400	±3					
	50	±1.5	300	±2			62	±0.3	4~5
	50	±1.5	400	±3					
	50	±1.5	500	±2					
	60	±1.5	300	±2	2.5		72	±0.3	4~6
	60	±1.5	400	±2					
	60	±1.5	500	±2					
	60	±1.5	600	±3					
	60	±1.5	700	±3					
	60	±1.5	750	±3					
	90	±2.0	800	±4	3.5	±0.5	110	±1.0	5~12

续表

型	直径 D		长度 L		壁厚 δ	
	公称尺寸	允许偏差	公称尺寸	允许偏差	公称尺寸	允许偏差
A2型	20	±0.5	200	±2	2.3	±0.4
	30	±1.0	200	±2		
	30	±1.0	300	±2		
	40	±1.0	200	±2		
	40	±1.0	300	±2		
	40	±1.0	400	±2		
	50	±1.5	300	±2		
	50	±1.5	400	±2		
	50	±1.5	500	±2		
	60	±1.5	300	±2	2.5	
	60	±1.5	400	±2		
	60	±1.5	500	±2		
	60	±1.5	600	±3		
	60	±1.5	700	±3		
	60	±1.5	750	±3		
	90	±2.0	800	±4	3.5	±0.5

型	直径 D		长度 L		壁厚 δ		管接头	
	公称尺寸	允许偏差	公称尺寸	允许偏差	公称尺寸	允许偏差	螺纹尺寸	长度 l
A3型	20	±1.0	200	±2	2.3	±0.4	M12×1.0	28
	30	±1.0	200	±2				
	30	±1.0	300	±2				
	40	±1.0	200	±2				
	40	±1.0	300	±2				
	40	±1.0	400	±2				
	50	±1.5	300	±2			M20×1.5	
	50	±1.5	400	±2				
	50	±1.5	500	±2				
	60	±1.5	300	±2	2.5		M30×2.0	40
	60	±1.5	400	±2				
	60	±1.5	500	±2				
	60	±1.5	600	±2			M36×2.0	100
	60	±1.5	700	±3				
	60	±1.5	750	±3				
	60	±1.5	1000	±4				
	70	±1.5	500	±2			M36×2.0	40
	70	±1.5	600	±3				
	70	±1.5	800	±3			M36×2.0	100
	70	±1.5	1000	±4				
	90	±2.0	600	±2	3.5	±0.5	M36×2.0	40
	90	±2.0	800	±4			M48×2.0	140
	90	±2.0	1000	±4				

型	直径 D		长度 L		壁厚 δ_1		法兰直径 D_1		法兰厚度
	公称尺寸	允许偏差	公称尺寸	允许偏差	公称尺寸	允许偏差	公称尺寸	允许偏差	δ_2
A4型	20	±0.5	200	±2	2.3	±0.4	30	±0.2	3~4
	30	±1.0	200	±2			40	±0.2	3~4
	30	±1.0	300	±2					
	40	±1.0	200	±2			52	±0.3	3~5
	40	±1.0	300	±2					
	40	±1.0	400	±2					
	50	±1.5	300	±2			62	±0.3	4~6
	50	±1.5	400	±2					
	50	±1.5	500	±2					

续表

	直径 D		长度 L		壁厚 δ_1		法兰直径 D_1		法兰厚度 δ_2
	公称尺寸	允许偏差	公称尺寸	允许偏差	公称尺寸	允许偏差	公称尺寸	允许偏差	
A4型	60	±1.5	300	±2	2.5	±0.4	72	±0.3	4~6
	60	±1.5	400	±2					
	60	±1.5	500	±2					
	60	±1.5	600	±3					
	60	±1.5	700	±3					
	60	±1.5	750	±3					
	90	±2.5	800	±4	3.5	±0.5	110	±1.0	5~12

	直径 D		厚度 δ	
	公称尺寸	允许偏差	公称尺寸	允许偏差
B1型	10	±0.2	1.5　2.0、2.5、3.0	±0.1
	30	±0.2	1.5　2.0、2.5、3.0	±0.1
	50	±0.5	1.5　2.0、2.5、3.0	±0.1
	80	±0.5	2.5、3.0、3.5、4.0、5.0	±0.2
	100	±1.0	2.5、3.0、3.5、4.0、5.0	±0.2
	200	±1.5	3.0、3.5、4.0、5.0	±0.3
	300	±2.0	3.0、3.5、4.0、5.0	±0.3
	400	±2.5	3.0、3.5、4.0、5.0	±0.3

表 3-4-31　　不锈钢过滤元件性能

牌号	液体中阻挡的颗料尺寸值/μm		渗透性(不小于)		耐压破坏强度(不小于)
	过滤效率(98%)	过滤效率(99.9%)	渗透系数 /$10^{-12}m^2$	相对透气系数 /[m^3/(h·kPa·m^2)]	MPa
SG005	5	7	0.18	18	3.0
SG007	7	10	0.45	45	3.0
SG010	10	15	0.90	90	3.0
SG015	14	22	1.81	180	3.0
SG022	22	30	3.82	380	3.0
SG030	30	40	5.83	580	2.5
SG045	45	60	7.54	750	2.5
SG065	65	75	12.10	1200	2.5

注：1. 管状元件耐压强度为外压试验值。

2. 表中的“渗透系数”值对应的元件厚度为 2mm。

烧结金属过滤元件及材料（摘自 GB/T 6887—2007）

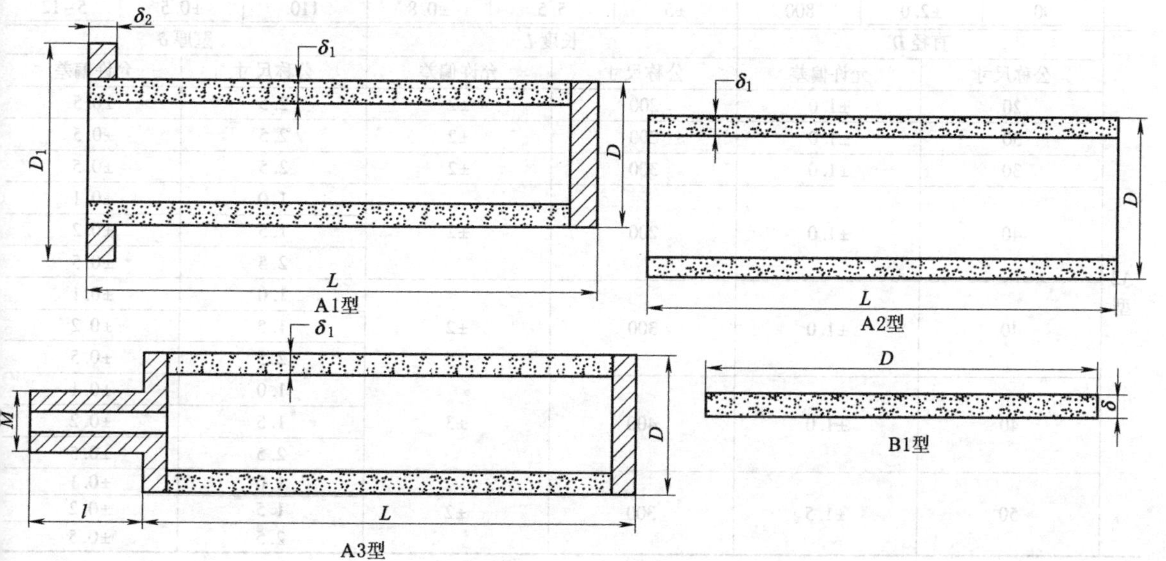

表 3-4-32　　烧结钛烧结镍及镍合金过滤元件规格　　mm

型	直径 D		长度 L		壁厚 δ_1		法兰直径 D_1		法兰厚度 δ_2
	公称尺寸	允许偏差	公称尺寸	允许偏差	公称尺寸	允许偏差	公称尺寸	允许偏差	
A1型	20	±1.0	200	±2	2.5	±0.5	30	±0.2	3~4
	30	±1.0	200	±2	2.5	±0.5	40	±0.2	3~4
	30	±1.0	300	±2	2.5	±0.5			
	40	±1.0	200	±2	1.0	±0.1	52	±0.3	3~5
					1.5	±0.2			
					2.5	±0.5			
	40	±1.0	300	±2	1.0	±0.1			
					1.5	±0.2			
					2.5	±0.5			
	40	±1.0	400	±3	1.0	±0.1			
					1.5	±0.2			
					2.5	±0.5			
	50	±1.5	300	±2	1.0	±0.1	62	±0.3	4~6
					1.5	±0.2			
					2.5	±0.5			
	50	±1.5	400	±3	1.5	±0.2			
					2.0	±0.3			
					2.5	±0.5			
	50	±1.5	600	±3	1.0	±0.1			
					1.5	±0.2			
					2.5	±0.5			
	60	±1.5	300	±2	1.0	±0.1	72	±0.3	4~6
					1.5	±0.2			
					3.0	±0.5			
	60	±1.5	400	±3	1.0	±0.1			
					1.5	±0.2			
					3.0	±0.5			
	60	±1.5	500	±3	1.0	±0.1			
					1.5	±0.2			
					3.0	±0.5			
	60	±1.5	600	±4	3.0	±0.5			
	60	±1.5	700	±4	3.0	±0.5			
	90	±2.0	800	±5	5.5	±0.8	110	±0.5	5~12

型	直径 D		长度 L		壁厚 δ	
	公称尺寸	允许偏差	公称尺寸	允许偏差	公称尺寸	允许偏差
A2型	20	±1.0	200	±2	2.5	±0.5
	30	±1.0	200	±2	2.5	±0.5
	30	±1.0	300	±2	2.5	±0.5
	40	±1.0	200	±2	1.0	±0.1
					1.5	±0.2
					2.5	±0.5
	40	±1.0	300	±2	1.0	±0.1
					1.5	±0.2
					2.5	±0.5
	40	±1.0	400	±3	1.0	±0.1
					1.5	±0.2
					2.5	±0.5
	50	±1.5	300	±2	1.0	±0.1
					1.5	±0.2
					2.5	±0.5

续表

型式	直径 D		长度 L		壁厚 δ	
	公称尺寸	允许偏差	公称尺寸	允许偏差	公称尺寸	允许偏差
A2型	50	±1.5	400	±3	1.5	±0.2
					2.0	±0.3
					2.5	±0.5
	50	±1.5	500	±3	1.0	±0.1
					1.5	±0.2
					2.5	±0.5
	60	±1.5	300	±2	1.0	±0.1
					1.5	±0.2
					3.0	±0.5
	60	±1.5	400	±3	1.0	±0.1
					1.5	±0.2
					3.0	±0.5
	60	±1.5	500	±3	1.0	±0.1
					1.5	±0.2
					3.0	±0.5
	60	±1.5	600	±4	3.0	±0.5
	60	±1.5	700	±4	3.0	±0.5
	90	±2.0	800	±5	5.5	±0.8

注：壁厚公称尺寸为：1.0mm、1.5mm 的管状过滤元件由轧制板材卷焊而成

型式	直径 D		长度 L		壁厚 δ		管接头	
	公称尺寸	允许偏差	公称尺寸	允许偏差	公称尺寸	允许偏差	螺纹尺寸	长度 l
A3型	20	±1.0	200	±2	2.5	±0.5	M12×1.0	28
	30	±1.0	200	±2	2.5	±0.5		
	30	±1.0	300	±2	2.5	±0.5		
	40	±1.0	200	±2	1.0	±0.1		
					1.5	±0.2		
					2.5	±0.5		
	40	±1.0	300	±2	1.0	±0.1		
					1.5	±0.2		
					2.5	±0.5		
	40	±1.0	400	±3	1.0	±0.1		
					1.5	±0.2		
					2.5	±0.5		
	50	±1.5	300	±2	1.0	±0.1	M20×1.5	40
					1.5	±0.2		
					2.5	±0.5		
	50	±1.5	400	±3	1.5	±0.2		
					2.0	±0.3		
					2.5	±0.5		
	50	±1.5	500	±3	1.0	±0.1		
					1.5	±0.2		
					2.5	±0.5		
	60	±1.5	300	±2	1.0	±0.1	M30×2.0	40
					1.5	±0.2		
					3.0	±0.5		
	60	±1.5	400	±3	1.0	±0.1		
					1.5	±0.2		
					3.0	±0.5		

续表

型号	直径D 公称尺寸	直径D 允许偏差	长度L 公称尺寸	长度L 允许偏差	壁厚δ 公称尺寸	壁厚δ 允许偏差	管接头 螺纹尺寸	管接头 长度l
A3型	60	±1.5	500	±3	1.0	±0.1	M30×2.0	40
					1.5	±0.2		
					3.0	±0.5		
	60	±1.5	600	±4	3.0	±0.5		
	60	±1.5	700	±4	3.0	±0.5	M30×2.0	50

型号	直径D 公称尺寸	直径D 允许偏差	厚度δ 公称尺寸	厚度δ 允许偏差
B1型	10	±0.2	1.0、1.5、2.0、2.5、3.0	±0.1
	30	±0.5	1.0、1.5、2.0、2.5、3.0	±0.1
	50	±1.0	1.0、1.5、2.0、2.5、3.0	±0.1
	80	±1.5	1.0、1.5、2.0、2.5、3.0	±0.2
	100	±2.0	1.0、1.5、2.0、2.5、3.0	±0.2
	200	±2.5	2.5、3.0、3.5、4.0、5.0	±0.3
	300	±2.5	3.0、3.5、4.0、5.0	±0.3
	400	±2.5	3.0、3.5、4.0、5.0	±0.3
	注:厚度公称尺寸为1.0mm、1.5mm的片状过滤元件由轧制板材机加工而成			

表3-4-33　烧结钛、烧结钛过滤元件的性能

牌号	液体中阻挡的颗粒尺寸值/μm 过滤效率(98%)	液体中阻挡的颗粒尺寸值/μm 过滤效率(99.9%)	渗透性,不小于 渗透系数/$10^{-12}m^2$	渗透性,不小于 相对透气系数/[m^3/(h·kPa·m^2)]	耐压破坏强度/MPa 不小于
TG003	3	5	0.04	8	3.0
TG006	6	10	0.15	30	3.0
TG010	10	14	0.40	80	3.0
TG020	20	32	1.01	200	2.5
TG035	35	52	2.01	400	2.5
TG060	60	65	3.02	600	2.5

注：1. 轧制成形的过滤元件，其耐压破坏强度不小于0.3MPa。管状元件需进行耐内压破坏强度试验。

2. 表中的“渗透系数”值对应的元件厚度为1mm。

表3-4-34　烧结镍及镍合金过滤元件的性能

牌号	液体中阻挡的颗粒尺寸值/μm 过滤效率(98%)	液体中阻挡的颗粒尺寸值/μm 过滤效率(99.9%)	渗透性,不小于 渗透系数 $10^{-12}m^2$	渗透性,不小于 相对透气系数/[m^3/(h·kPa·m^2)]	耐压破坏强度/MPa 不小于
NG003	3	5	0.08	8	3.0
NG006	6	10	0.40	40	3.0
NG012	12	18	0.71	70	3.0
NG022	22	36	2.44	240	2.5
NG035	35	50	6.10	600	2.5

注：1. 管状元件优先进行耐内压破坏强度试验。

2. 表中的“渗透系数”值对应的元件厚度为2mm。

4 磁性材料

磁性材料的类型、牌号和用途

表 3-4-35

类别与名称			牌号或代号	用途
软磁材料	高磁饱和材料	工业电磁纯铁	DT3、DT4、DT5、DT6	主要制造电磁铁的铁芯和极靴、继电器和扬声器的磁导体、电话机中的振膜、电工仪表仪器零件、磁屏蔽罩，以及用于电信技术中
		热轧电工硅钢片 冷轧电工钢带（DW型）	DW270-35、DW310-35、DW435-35、DW500-35、DW550-35、DW315-50、DW360-50、DW460-50、DG1、DG2、DG3、DQ1、DQ2、DQ3、DR530-50、DR510-50、DR490-50、DR450-50、DR420-50、DR400-50	主要用于电力工业和电信仪表工业
		铁钴合金	1J22	特别适用于小型化、轻型化及有较高飞行要求的飞行器及仪器仪表元件的制造。制造伺服电机、饱和电抗器和变压器、电磁铁极头和高级耳膜振动片
	中饱和中导磁材料	冷轧带材 热轧（锻）扁材 热轧（锻）棒材	1J46、1J50、1J54、Fe-Ni 36%合金	主要用于中弱磁场范围的高频器材，如译码器、高频滤波器、间歇振荡变压器、脉冲变压器、灵敏断电器、电缆屏蔽及磁偏转示波管铁轭等
	高导磁材料	坡莫合金（铁镍系合金）	1J76、1J77、1J79、1J80、1J85、1J86	用于电信和仪器仪表中的各种音频变压器、高精度电桥变压器、互感器、磁屏蔽器、磁放大器、磁调制器、频磁头、扼流圈、精密电表中的动片及定片等
	耐磨高导磁材料	新型高镍铁镍基合金 导磁型非晶态软磁合金 铁硅铝合金	1J87、1J88、1J89、1J90、1J91	用于录音机、录像机、磁盘机、数字磁带机，以及某些电影放映机的磁头、铁芯材料
		铁氧体	YEP-TB、YEP-TC、YEP-TD、YEP-TE、YEPTF、YEP-TG	
	矩磁材料		1J403、1J34、1J51、1J52、1J65、1J67、1J83	用来制造磁放大器、磁调制器、中小功率脉冲变压器、方波变压器和磁心存储器
	恒导磁材料		1J66	主要用于恒电感器、中功率单极脉冲变压器

续表

类别与名称			牌号或代号	用途
软磁材料	磁温度补偿材料		1J30、1J31、1J32、1J33、1J38	主要用于磁电式仪表、转速表、速度表、里程表、电度表、调温及与温度有关的电感、开关仪表
软磁材料	磁致伸缩材料		1J13、1J22、1J50	主要用于音频或超音频声波发生器振子，如水下通信和探测金属、探伤，疾病诊断，研磨、焊接，将高频率机械振动传给刀具，可以对硬质材料如玻璃、陶瓷、硬质合金进行雕刻加工
永磁材料	铝镍钴系永磁合金	铸造合金：铝镍型、铝镍钴型、铝镍钴钛型	LN9、LN10、LNG12、LNG16、LNG34、LNG37、LNG40、LNG44、LNG52 等	用于精密仪器仪表
永磁材料	铝镍钴系永磁合金	烧结合金（又称粉末磁钢）	FLN8、FLNG12、FLNG28、FLNG34、FLNGT31、FLNGT31J	适合生产小、薄、形状复杂的永磁体，外形光洁、尺寸精确，还可钻孔机加工
永磁材料	永磁铁氧体	各向同性钡铁氧体 各向同性锶铁氧体 各向异性钡铁氧体 各向异性锶铁氧体	Y10T、Y15、Y20、Y25、Y30、Y35、Y15H、Y20H、Y25BH、Y30BH	用于精密仪器仪表、电机及笛簧接点元件、扬声器、电话机、电子仪器、家用电器、音响设备、转动机械
永磁材料	稀土永磁材料	稀土钴永磁材料 RCo_5型 R_2TM_{17}型	XGS80/36、XGS96/40、XGS112/96、XGS128/120、XGS144/120、XGS160/96、XGS196/96、XGS196/40、XGS208/44、XGS240/46	矫顽力极高，约为永磁铁氧体的 3～4 倍，最大磁能积高，磁体形状为小片状，最能完美地适应电子元件轻、薄、短、小的要求，但价格高。用途同永磁铁氧体
永磁材料	稀土永磁材料	钕铁硼合金永磁材料		同永磁铁氧体，用于伺服电机、陀螺、飞机发动机、线性加速器、音响及宇航、军事、电子工业和微机技术等，适于轻、薄、小及超小型磁性元件
永磁材料	铁铬钴系永磁合金		2J83、2J84、2J85	加工性能好，弥补了上面材料不可加工的缺点。适于制造形状特殊、需机加工的磁铁
永磁材料	黏结（复合）永磁材料	黏结稀土永磁材料 黏结 Alnico 永磁材料 烧结铁氧体永磁密封条	YX-20G、YX-40H、YX-80H、NJ-XG40、SmCo-B、NJ-LNGT8	制造磁轴承、电冰箱和冷藏库的门封条、教具、玩具、电子仪器元件如音响设备与笛簧接点元件、复印机、传真机中的磁辊、工具固定永磁吸盘、永磁式传动装置

续表

<table>
<tr><th colspan="4">类别与名称</th><th>牌号或代号</th><th>用途</th></tr>
<tr><td rowspan="3">半硬磁材料</td><td rowspan="3">磁滞合金冷轧带</td><td colspan="2">淬火硬化钢</td><td>中碳钢、Cr 钢、Co-Cr 钢</td><td rowspan="3">用于磁滞电机、自保持型继电器如铁簧继电器、闩锁继电器、剩磁舌簧继电器及半固定存储器、磁翻板显示器、磁离合器、报警器</td></tr>
<tr><td>α-γ相变型合金</td><td>Fe-Co-V(Cr)系合金
Fe-Mn 系合金
Fe-Ni 系合金</td><td>1J4(相当于国外的 P-6)、2J7、2J9、2J10、2J11、2J12、2J4、2J51、2J52、2J53、2J31、2J32、2J33、2J63、2J64、2J65、2J67</td></tr>
<tr><td colspan="2">两相分散型合金</td><td>Fe-Mn-Co 系合金、Fe-Mn-Ti 系、Fe-Ni15%-Al3%Ti 系合金</td></tr>
<tr><td rowspan="2">磁泡材料</td><td colspan="3">稀土亚铁磁性石榴石($R_3Fe_5O_{12}$,简称 RIG)单晶薄膜</td><td>代号 RIG</td><td rowspan="2">磁泡直径可控制为几微米乃至亚微米,任人操纵以完成器件功能,实现信息的传输、存取、复制和读出、修改,制造磁泡存储器,制备完成器件功能的图案如传输图案、检出器、控制发生器、开关、消灭器、复制转移门,其应用位于众多信息存储技术之首,存取速度快</td></tr>
<tr><td colspan="3">$Gd_3Ga_5O_2$ 型单晶薄膜</td><td>代号 GGG</td></tr>
<tr><td rowspan="3">磁记录介质材料</td><td>磁粉涂布型介质</td><td colspan="2">γ-Fe_2O_3 磁粉
包钴 γ-Fe_2O_3 磁粉
CrO_2 磁粉
金属磁粉</td><td rowspan="2">1128 型、0222 型、1072 型、1126 型</td><td rowspan="3">在计算机技术中,用于高速、大容量的数字磁记录装置,如硬磁盘、软盘、磁带机、磁鼓及磁卡片机等
在军事和空间科学方面,用于高空侦察机、资料卫星、宇宙飞船、人造卫星、飞机的飞行记录
广播电视中,用于高清晰录像带、电影制片、信息复制等
用于在科研和工农业生产中的数据磁带,高速度、高密度记录所得的各种信息资料
在科研中,用于测量分析压力、应力、位移、温度、流量等物理量的变化过程的磁带记录器;在农业中,可用于研究农作物的连续生长变化过程的磁带记录器</td></tr>
<tr><td colspan="3">片状 Ba 铁氧体微粉</td></tr>
<tr><td>连续薄膜型磁记录介质</td><td colspan="2">溅射 Co-γ-Fe_2O_3 薄膜
电镀 Co 系薄膜介质
化学镀 Co 系薄膜介质
真空蒸镀 Co-Ni 合金金属膜磁带</td><td></td></tr>
<tr><td>磁性液体</td><td colspan="3">磁液(由磁性微粒、界面活性剂和载液三者组成,呈液体状态)</td><td></td><td>用于磁液陀螺、加速度表、光纤、连接装置、机器人的筋肉、工业用机械手、水下低频声波发生器、显示磁带磁迹、检查磁头缝隙、磁性显影剂、软磁路、磁液研磨、磁液水平仪、磁液驱动装置、选矿、无摩擦开关、继电器、密度计、各种习惯性阻尼器、减振器、联轴器、制动器、磁液轴承、磁场传感器、光传感器、电流计、磁强计、激光稳定器、光计算机超声波传递、外科手术的“磁刀”、放射治疗的显影剂、磁液高音扬声器、密封、轴承润滑、机器人关节、机械手夹钳、能量转换装置等</td></tr>
</table>

铁钴钒永磁合金（摘自 GB/T 14989—1994）

表 3-4-36

冷拉丝材		冷轧带材					用途
直径/mm	偏差/mm	厚度/mm		宽度/mm		长度/mm ≥	
		尺寸	偏差	尺寸	偏差		
0.5~1.0	±0.02	0.20~0.40	−0.03				
>1.0~2.0	±0.03	>0.40~0.60	−0.05	50~120	±0.05	300	制作小截面永磁铁
>2.0~3.0	±0.05	>0.60~0.80	−0.07				

磁性能及化学成分

合金牌号	磁性能						化学成分(其余为 Fe)(质量分数)/%		
	丝材			带材					
	矫顽力 H_c /Oe(kA·m^{-1})	剩余磁感应强度 B_r /Gs(T)	B_rH_c /Gs·Oe	矫顽力 H_c /Oe(kA·m^{-1})	剩余磁感应强度 B_r /Gs(T)	B_rH_c /Gs·Oe	Co	V	其他元素
2J31	300 (23.88)	10000 (1.0)	3.0×10^6	220 (17.51)	10000 (1.0)	2.4×10^6	51~53	10.8~11.7	C≤0.12 Mn≤0.7 Si≤0.7 P≤0.025 S≤0.02 Ni≤0.7
2J32	350 (27.86)	8500 (0.85)	3.0×10^6	300 (23.88)	7500 (0.75)	2.4×10^6	51~53	11.8~12.7	
2J33	400 (31.84)	7000 (0.70)	3.0×10^6	350 (27.86)	6000 (0.60)	2.3×10^6	51~53	12.8~13.8	

注：制造厂应提供最大磁能积 $(BH)_{max}$ 数据，但不作为考核依据。

变形永磁钢（摘自 GB/T 14991—1994）

表 3-4-37

热锻(轧)棒材			热轧扁材				冷轧带材			
直径 /mm	直径偏差 /mm	长度 /mm ≥	厚度 /mm	厚度偏差 /mm	宽度 /mm	宽度偏差 /mm	厚度 /mm	厚度偏差 /mm	宽度 /mm	宽度偏差 /mm
31~45	+2 −1	200	3~6	±0.3	20~100	±3.0	0.4~0.6	−0.05	40~120	±0.5
>45~70	±2		>6~15	±0.4			>0.6~0.8	−0.07		
>70~100	+3 −2		>15~20	±0.5			>0.8~1.0	−0.09		
(10~20)	±0.5	500	>20~25	±0.6			>1.0~1.5	−0.11		
(>20~30)	±0.8	300					>1.5~2.0	−0.13		
							>2.0~2.5	−0.15		
							>2.5~3.0	−0.17		

续表

<table>
<tr><th colspan="13">磁性能及化学成分</th></tr>
<tr><th rowspan="2">牌号</th><th colspan="3">磁 性 能</th><th rowspan="2">硬度
HB
≤</th><th colspan="8">化学成分(其余为 Fe)(质量分数)/%</th></tr>
<tr><th>矫顽力
H_c
/Oe(kA·m^{-1})</th><th>剩余磁感应强度
B_r/Gs(T)</th><th>B_rH_c
/Gs·Oe</th><th>C</th><th>Cr</th><th>W</th><th>Co</th><th>Mo</th><th>Mn</th><th>Si</th><th>其他元素</th></tr>
<tr><td>2J63</td><td>62(4.93)</td><td>9500
(0.95)</td><td>0.59×10^6</td><td>285</td><td>0.95~
1.1</td><td>2.8~
3.6</td><td>—</td><td>—</td><td>—</td><td>0.2~
0.4</td><td>0.17~
0.4</td><td rowspan="3">P≤0.03
S≤0.02
Ni≤0.03
(2J65:N≤0.06)</td></tr>
<tr><td>2J64</td><td>62(4.93)</td><td>10000
(1.0)</td><td>0.62×10^6</td><td>321</td><td>0.68~
0.78</td><td>0.3~
0.5</td><td>5.2~
6.2</td><td>—</td><td>—</td><td>0.2~
0.4</td><td>0.17~
0.4</td></tr>
<tr><td>2J65</td><td>100(7.96)</td><td>8500
(0.85)</td><td>0.85×10^6</td><td>341</td><td>0.9~
1.05</td><td>5.5~
6.5</td><td>—</td><td>5.5~
6.5</td><td>—</td><td>0.2~
0.4</td><td>0.17~
0.4</td></tr>
<tr><td>2J67</td><td>260(20.89)</td><td>10000
(1.0)</td><td>2.6×10^6</td><td>263</td><td>≤0.03</td><td>—</td><td>—</td><td>11~13</td><td>16.5~
17.5</td><td>0.1~
0.5</td><td>≤0.3</td><td>P、S≤0.025</td></tr>
</table>

注：1. 制造厂应提供最大磁能积 $(BH)_{max}$ 数据，但不作为考核依据。

2. 变形永磁钢用于制作永久磁铁，其中 2J63、2J64 可制成棒材、扁材和带材；2J65、2J67 可制成棒材、扁材。

5 复合材料

5.1 复合钢板

不锈钢复合板和钢带

表 3-4-38　　不锈钢复合板和钢带尺寸（摘自 GB/T 8165—2008）

<table>
<tr><th colspan="2" rowspan="3">项 目</th><th colspan="3" rowspan="2">级 别</th><th colspan="3">总厚度/mm</th><th colspan="3">复层厚度/mm</th><th colspan="2">基层厚度/mm</th><th colspan="4">宽度(B)偏差/mm</th></tr>
<tr><th rowspan="2">尺寸</th><th colspan="2">允许偏差/%</th><th rowspan="2">尺寸</th><th colspan="2">偏差</th><th rowspan="2">复合板</th><th rowspan="2">复合带</th><th rowspan="2">B<1450</th><th colspan="3">B≥1450</th></tr>
<tr><th>Ⅰ级</th><th>Ⅱ级</th><th>Ⅲ级</th><th>Ⅰ、Ⅱ级</th><th>Ⅲ级</th><th>Ⅰ、Ⅱ级</th><th>Ⅲ级</th><th>Ⅰ级</th><th>Ⅱ级</th><th>Ⅲ级</th></tr>
<tr><td rowspan="3">代号</td><td>爆炸法</td><td>BⅠ</td><td>BⅡ</td><td>BⅢ</td><td>6~7</td><td>+10
−8</td><td>±9</td><td rowspan="6">0.8~6.0 通常为2~3 或由供需双方协商</td><td rowspan="6">±9%板厚，且≤1mm</td><td rowspan="6">±10%板厚,且≤1mm</td><td rowspan="6">最小厚度为5mm</td><td rowspan="6">最小厚度由供需双方协商</td><td rowspan="6">按 GB 709</td><td rowspan="2">+6
0</td><td rowspan="2">+10
0</td><td rowspan="2">+15
0</td></tr>
<tr><td>轧制法</td><td>RⅠ</td><td>RⅡ</td><td>RⅢ</td><td>>7~15</td><td>+9
−7</td><td>±8</td></tr>
<tr><td>爆炸轧制法</td><td>BRⅠ</td><td>BRⅡ</td><td>BRⅢ</td><td>15~25</td><td>+8
−6</td><td>±7</td><td rowspan="2">+20
0</td><td rowspan="2">+25
0</td><td rowspan="2">+30
0</td></tr>
<tr><td colspan="2" rowspan="3">用 途</td><td rowspan="3">用于不允许有未结合区存在的、加工时要求严格的构件上</td><td rowspan="3">用于可允许有少量未结合区存在的构件上</td><td rowspan="3">用于复层材料只作为抗腐蚀使用的一般构件</td><td>25~30</td><td>+7
−5</td><td>±6</td></tr>
<tr><td>>30~60</td><td>+6
−4</td><td>±5</td><td rowspan="2">+25
0</td><td rowspan="2">+30
0</td><td rowspan="2">+35
0</td></tr>
<tr><td>>60</td><td>协商</td><td>协商</td></tr>
</table>

注：复合钢板宽度为 1450~3000mm，复合钢带宽度为 1000~1400mm，两者长度为 4000~10000mm。

表 3-4-39　　不锈钢复合板的常规力学性能（摘自 GB/T 8165—2008）

级别	界面抗剪强度 τ/MPa	上屈服强度① R_{eH}/MPa	抗拉强度 R_m/MPa	断后伸长率 A/%	冲击吸收能量 A_{KV_2}/J	结合率 /%
Ⅰ级 Ⅱ级	≥210	不小于基层对应厚度钢板标准值②	不小于基层对应厚度钢板标准下限值，且不大于上限值 35MPa③	不小于基层对应厚度钢板标准值④	应符合基层对应厚度钢板的规定⑤	100 ≥99
Ⅲ级	≥200					≥95

① 屈服现象不明显时，按 $R_{p0.2}$。

② 复合钢板和钢带的屈服下限值亦可按式（1）计算：

$$R_p=\frac{t_1R_{p1}+t_2R_{p2}}{t_1+t_2} \tag{1}$$

式中　R_{p1}——复层钢板的屈服点下限值，MPa；

R_{p2}——基层钢板的屈服点下限值，MPa；

t_1——复层钢板的厚度，mm；

t_2——基层钢板的厚度，mm。

③ 复合钢板和钢带的抗拉强度下限值亦可按式（2）计算：

$$R_m=\frac{t_1R_{m1}+t_2R_{m2}}{t_1+t_2} \tag{2}$$

式中　R_{m1}——复层钢板的抗拉强度下限值，MPa；

R_{m2}——基层钢板的抗拉强度下限值，MPa；

t_1——复层钢板的厚度，mm；

t_2——基层钢板的厚度，mm。

④ 当复层伸长率标准值小于基层标准值、复合钢板伸长率小于基层、但又不小于复层标准值时，允许剖去复层仅对基层进行拉伸试验，其伸长率应不小于基层标准值。

⑤ 复合钢板复层不做冲击试验。

表 3-4-40　　上钢三厂和重钢生产的不锈钢复合钢板

钢　　号	厚度/mm	宽度/mm	长度/mm	使用温度/℃	用　　途
1Cr18Ni9Ti+Q235 1Cr17Ni13Mo2Ti+Q235	2~3 / 6~18	1000	2000	400	适用于制造各种需防锈蚀的容器、管、槽和有害气体的防护罩、通风管等
1Cr18Ni9Ti+Q235 0Cr18Ni9Ti+Q235 Cr18Ni12Mo2Ti+Q235 1Cr18Ni9Ti+20g 1Cr18Ni9Ti+Q345 Cr18Ni12Mo2Ti+Q345	2~4 / 6~30	1400~1800	4000~8000	400	

注：1. 厚度栏分子表示复层不锈钢板的厚度，分母表示复合钢板的总厚度。

2. 钢板按协议供货。

3. 上钢三厂是上海钢铁三厂的简称，重钢是重庆钢铁厂的简称。

钛-钢复合板（摘自 GB/T 8547—2006）

表 3-4-41 **钛-钢复合板的尺寸及技术要求**

厚度 /mm	厚度允许偏差 /mm	宽度允许偏差/mm		长度允许偏差/mm			平面度 /mm · m^{-1}		拉伸试验		剪切试验 剪切强度 τ /MPa		弯曲试验				面积结合率			用途	复层				基层	
													弯曲角 α/(°)		弯曲直径 D/mm						厚度 /mm	厚度允许偏差/%		钢号	厚度间隔	钢号
		≤1600	>1600 ~2200	≤1600	>1600 ~2800	>2800 ~4500	0类 1类	2类	抗拉强度 R_m /MPa	伸长率 δ/%	0类	1类 2类	内弯	外弯	内弯	外弯	0类	1类	2类			爆炸复合的	爆炸-轧制复合的			
4~8	±0.8	+15 0	+30 0	+15 0	+25 0	±50	≤8		$>R_{mj}$	大于基材或复材标准中较低一方规定值	≥196	≥140	180	按复材标准决定	按基材标准规定不够2倍时取2倍	为复合板厚度的3倍	100%	>98%，单个不结合区的长度≤75mm，其面积≤45cm^2	>95%，单个不结合区的面积≤60cm^2	用于耐蚀压力容器、储槽及其他	1.5~10	±10	+20 −10	TA0 TA1 TA2 TA9 TA10	按GB/T 709—1988的规定执行	压力容器用碳素钢和低合金钢、锅炉用的碳素钢和低合金钢、船体用结构钢的有关牌号
8~18	±0.8	+15 0	+30 0	+15 0	+25 0																					
19~28	±1.0	+50 0		+50 0																						
29~46	±1.2						≤6	≤15																		
47~64	±1.5																									
65~100	±2.0																									

注：1. 复层厚度允许偏差指复层名义厚度的允许偏差。

2. 爆炸钛-钢复合板生产分0类、1类、2类，其代号分别为B0、B1和B2，“B”为“爆”字汉语拼音字首，爆炸-轧制钛-钢复合板生产分1类和2类，其代号分别为BR1和BR2，“BR”为“爆”和“热”字汉语拼音字首，轧制钛-钢复合板生产分1类和2类，其代号为 R_1 和 R_2，0类为用于过渡接头、法兰等的高结合强度，且不允许不结合区存在的复合板，1类为用于将钛材作为强度设计的或特殊用途的复合板，如管板等，2类为用于将钛材作为耐蚀设计而不考虑其强度的复合板，如筒体等。

3. 复合板复层和基层应符合表中的规定，表中所列的复层与基层可以自由结合。经供需双方协商也可提供其他复层或基层的复合板。

4. 爆炸-轧制复合板的伸长率可由供需双方协商确定。

5. 复合板的平面度应符合表中的规定。需方有特殊要求时，可由供需双方协商确定。

6. 复合板四角应切成直角，切斜应不大于其长度或宽度的允许偏差。厚度大于18mm或长度大于4000mm的复合板允许用其他切割方法切边。需方同意时，可不切边交货。

7. 复合板复层的表面不允许有裂纹、起皮、压折、金属或非金属夹杂物等宏观缺陷，允许有不超出复层厚度公差之半的划伤、凹坑、压痕等缺陷。

8. 允许顺加工方向清除复层表面的局部缺陷，但清理后复层的厚度不得小于其最小允许厚度。

9. 复层表面非贯穿到基层的较小缺陷允许焊接修补，修补后的表面应与复层表面齐平。处理区域应进行渗透检验和超声检验。

10. 当用户要求时，供方可以进行基层的拉伸试验，其抗拉强度应达到基层相应标准的要求。

11. 宽度大于1100mm或长度大于2200mm的复合板允许复层或基层拼焊。复层或基层的拼焊焊缝应满足以下条件：复层焊缝和基层焊缝应经无损检验，其判定标准及焊缝要求由供需双方协商确定；拼板最小板宽不小于300mm。

12. 爆炸复合板以原始表面交货，长度小于3000mm的以酸洗表面交货。需方对表面有特殊要求时，可由供需双方协商确定。

13. 复合板以轧制（R）、爆炸（B）或爆炸-轧制（BR）状态交货。爆炸复合板一般以消除应力（m）状态供应，其热处理制度按如下要求执行：热处理温度为540℃±25℃；保温时间1~5h；加热和冷却速度为50~200℃/h。

14. 复合板的抗拉强度理论下限标准值 R_{mj} 按下列公式计算：

$$R_{mj}=\frac{t_1R_{m1}+t_2R_{m2}}{t_1+t_2}$$

式中 R_{m1}——基层抗拉强度下限标准值，MPa；

R_{m2}——复层抗拉强度下限标准值，MPa；

t_1——基层厚度，mm；

t_2——复层厚度，mm。

15. 标记示列如下。

复层厚度为 6mm 的 TA2、基层厚度为 30mm 的 Q235 钢、宽度为 1000mm、长度为 3000mm、消除应力状态的 1 类爆炸复合板标记为

TA2/Q235　B1　M　6/30×1000×3000　GB 8547—2006

复层厚度为 2mm 的 TA1、基层厚度为 10mm 的 Q235 钢、宽度为 1100mm、长度为 3500mm 的 2 类爆炸-轧制复合板标记为

TA1/Q235　BR2　2/10×1100×3500　GB 8547—2006

钛-不锈钢复合板（摘自 GB/T 8546—2007）

表 3-4-42

种类(代号)			厚度/mm	厚度允许偏差/mm	宽度允许偏差/mm			长度允许偏差/mm				拉伸试验		剪切试验		弯曲试验				分离试验
												抗拉强度 R_m /MPa	伸长率/%	剪切强度 τ /MPa		弯曲角 α /(°)		弯曲直径 D /mm		分离强度 σ_τ /MPa
0类(B0)	1类(B1)	2类(B2)			≤1100	>1100~1600	>1600	≤1100	>1100~1600	>1600~2800	>2800			0类	1、2类	内弯	外弯	内弯	外弯	
用于过渡接头、法兰等高结合强度，不允许不结合区存在的某些特殊用途	钛材参与强度设计的复合板，或复合板需进行严格加工的构件，如管板等	钛材作为耐蚀设计，不参与强度设计的复合板，如筒体等	4~6	±0.6	+15 0	+15 0	+20 0	+20 0	+20 0	+30 0	+40 0	>R_{mj}	大于基材或复材标准中较低一方规定值	≥196	≥140	180	按复材标准确定	按基材标准，不够2倍时取2倍	为复合板厚度的3倍	0类：≥274
			>6~18	±0.8	+15 0	+20 0	+30 0	+30 0	+30 0	+40 0	+40 0									
			>18~28	±1.0	+20 0	+30 0	+40 0	+40 0	+40 0	+40 0	+40 0									
			>28~46	±1.2	+30 0	+40 0	+40 0													
			>46~60	±1.5	+40 0	+40 0	+50 0													
			>60	±2.0	+40 0	+50 0	+50 0													

注：1. 复合板的抗拉强度理论下限标准值 R_{mj} 按表 3-4-41 注 14 的公式计算。

2. 复合板进行弯曲试验，弯曲部分的外侧不允许产生裂纹，复合界面不允许分层。

3. 复合板采用爆炸方法制成。

铜-钢复合钢板（摘自 GB/T 13238—1991）

表 3-4-43

总厚度/mm		复层厚度/mm		长度/mm		宽度/mm	
公称尺寸	允许偏差	公称尺寸	允许偏差	公称尺寸	允许偏差	公称尺寸	允许偏差
8~30	+12% -8%	2~6	±10%	≥1000	+25 -10	≥1000	+20 -10

复合钢板材料牌号

复层	Tul	T2	B30
基层	Q235、20g、16Mng	20R、16MnR、16Mn	20

复合钢板力学性能及用途

项目		指标
抗拉强度 σ_b	≥	$\sigma_b=\frac{t_1\sigma_1+t_2\sigma_2}{t_1+t_2}$ 式中 σ_b ——复合钢板的抗拉强度，MPa； σ_1 ——基材抗拉强度下限值，MPa； σ_2 ——复材抗拉强度下限值，MPa； t_1、t_2 ——基材、复材的厚度，mm
伸长率 δ_5/%	≥	基材标准的规定值
抗剪强度 τ_b	≥	100MPa
用途		制造耐腐蚀的压力容器和真空设备

注：经供需双方协商可供应其他规格及允许偏差的板材。板材长度可按需方名义尺寸倍尺供料。

塑料复合薄钢板

表 3-4-44

复　　材	基 材	基层厚度/mm	复层厚度/mm	宽度×长度/mm	工作温度	用　　途
软质和半软质聚氯乙烯塑料薄膜（可复合成两面塑料）	BY1 BY2	0.35 0.50 0.70 0.80 1.00 1.20 1.50 2.00	0.15~0.20	(900~1000)×(1500~2000)	在 10~60℃时可长期使用，短期可耐 120℃	排气通风道，电解槽，食盐中和槽，硝酸、硫酸及盐酸桶，电器外壳，配电盘等

注：1. 耐化学性好，可耐浓酸、浓碱及醇类的侵蚀，耐水性好，对有机溶剂的耐蚀差（如酮、酯、醛、芳香族等）。

2. 具有普通钢板所应有的切断、弯曲、深冲、钻孔、铆接、咬合、卷边等加工性能。加工温度在 20~40℃之间为最佳。

塑料-青铜-钢背三层复合自润滑板材

表 3-4-45

<table>
<tr><td colspan="2" rowspan="2">项　目</td><td colspan="10">类　　型</td></tr>
<tr><td colspan="4">Ⅰ</td><td colspan="4">Ⅱ</td><td colspan="2">Ⅲ</td></tr>
<tr><td colspan="2">名　称</td><td colspan="4">改性聚四氟乙烯-青铜-钢背三层复合材料</td><td colspan="4">改性聚甲醛-青铜-钢背三层复合材料</td><td colspan="2">填充增强酚醛-青铜-钢背三层复合材料</td></tr>
<tr><td colspan="2">结构及特点</td><td colspan="10">以钢板为基体、多孔青铜为中间层、塑料为表面层制成。复合材料的物理力学性能取决于基体；摩擦、磨损性能取决于塑料；多孔性青铜为媒介，从而使结合更可靠，结合强度高于喷涂和胶接，一旦塑料磨损，露出青铜，也不致严重磨损轴，三层复合材料具有自润滑性能</td></tr>
<tr><td colspan="2" rowspan="2">用　途</td><td colspan="4">特别适用于无油润滑条件</td><td colspan="4">特别适用于边界润滑及无油润滑</td><td colspan="2">特别适用于水润滑条件</td></tr>
<tr><td colspan="10">用于卷制轴承、轴瓦、止推垫片、滑块、机床导轨、闸门滑道、球座及关节轴承垫层等滑动摩擦副</td></tr>
<tr><td rowspan="3">板材公称尺寸 /mm</td><td>板厚</td><td>1.0</td><td>1.5</td><td>2.0</td><td>2.5</td><td>1.0</td><td>1.5</td><td>2.0</td><td>2.5</td><td>20</td><td>40</td></tr>
<tr><td>板厚公差</td><td colspan="2">0.05</td><td>0.06</td><td>0.07</td><td colspan="2">0.05</td><td>0.06</td><td>0.07</td><td colspan="2"></td></tr>
<tr><td>长度×宽度</td><td colspan="8">500×120</td><td colspan="2"></td></tr>
<tr><td colspan="2">板材压缩永久变形 /mm</td><td colspan="4">压力 280MPa 时，≤0.08</td><td colspan="4">压力 140MPa 时，有油坑：≤0.05
无油坑：≤0.04</td><td colspan="2">压力 250MPa 时，≤0.10</td></tr>
<tr><td rowspan="2">板材磨痕宽度/mm</td><td>干摩擦</td><td colspan="4">≤6.0</td><td colspan="4" rowspan="2">≤5.5（脂润滑）</td><td colspan="2" rowspan="2">≤2.5（水润滑）</td></tr>
<tr><td>油润滑</td><td colspan="4">≤4.5</td></tr>
<tr><td rowspan="2">摩擦因数</td><td>干摩擦</td><td colspan="4">≤0.20</td><td colspan="4">≤0.50</td><td colspan="2" rowspan="2">≤0.12（水润滑）</td></tr>
<tr><td>油润滑</td><td colspan="4">≤0.08</td><td colspan="4">≤0.10（脂润滑）</td></tr>
<tr><td rowspan="2">线胀系数 /$℃^{-1}$</td><td>数值</td><td colspan="4">≤$30×10^{-6}$</td><td colspan="4">≤$70×10^{-6}$</td><td colspan="2" rowspan="3"></td></tr>
<tr><td>温度范围</td><td colspan="4">20~180℃</td><td colspan="4">0~80℃</td></tr>
<tr><td colspan="2">热导率/$W·m^{-1}·K^{-1}$</td><td colspan="4">≥2.3</td><td colspan="4">≥1.7</td></tr>
</table>

5.2　衬里钢管和管件

衬聚四氟乙烯钢管和管件（摘自 HG/T 21562—1994）

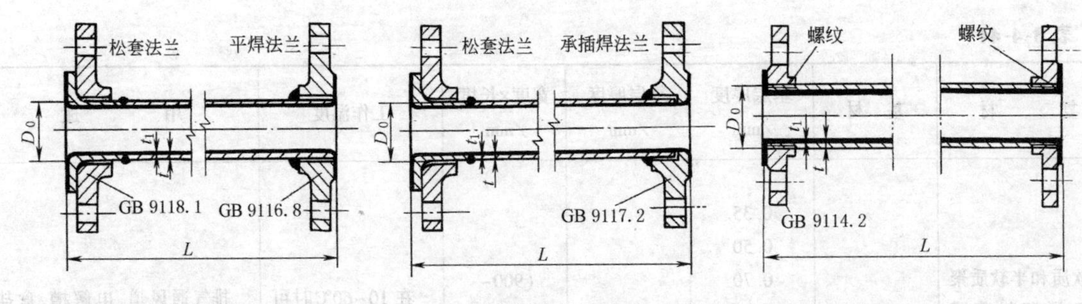

（a）一端固定法兰、另一端松套法兰　　（b）突面带颈螺纹法兰连接

适用压力和温度：

聚四氟乙烯管成型方式	正压		负压	
	使用温度/℃	公称压力/MPa	温度/℃	负压/kPa
缠绕管	>-20~150	≤0.6	>0~110	-95
焊接管	>-20~180	≤1.0	>110~140	-65
推、挤压管	>-20~180	≤1.6	>140~180	-40

表 3-4-46 **衬聚四氟乙烯直管** mm

公称直径 DN	管子外径 D_0	壁厚				管长 L			说明
		钢管 t(最小)		聚四氟乙烯管 t_1					
		图(a)	图(b)	推、挤压管	缠绕管	推、挤压管	缠绕管	焊接管	
25	33.7	2.9	3.2	2	1.2	3000、6000	3000	3000	①HG/T 21562—1994 不适用于采用喷涂聚四氟乙烯的钢管和管件，也不适用于粘贴法加工的衬里钢管和管件 ②聚四氟乙烯焊接管最小壁厚为 2mm ③钢管采用 HG 20533《化工配管用无缝及焊接钢管尺寸选用系列》中Ⅰ系列；若工程需要Ⅱ系列时，请见标准 HG/T 21562—1994 附录 A ④铸钢(仅有管件)衬聚四氟乙烯详细规格见 HG/T 21562—1994
32	42.4	2.9	3.6	2	1.25				
40	48.3	2.9	3.6	2.5	1.3				
50	60.3	3.2	4.0	2.5	1.35				
65	76.1	4.5	5.0	3	1.4				
80	88.9	4.5	5.6	3	1.45				
100	114.3	5.0	5.9	3.5	1.5				
125	139.7	5.0	6.3	3.5	1.6				
150	168.3	5.6	7.1	4	1.8				
200	219.1	6.3	8.0	4.5	2				
250	273.0	6.3	8.8	5	2.2				
300	323.9	6.3	10.0	6	2.4				
350	355.6	6.3	11.0		2.6				
400	406.4	6.3	12.5		2.8				

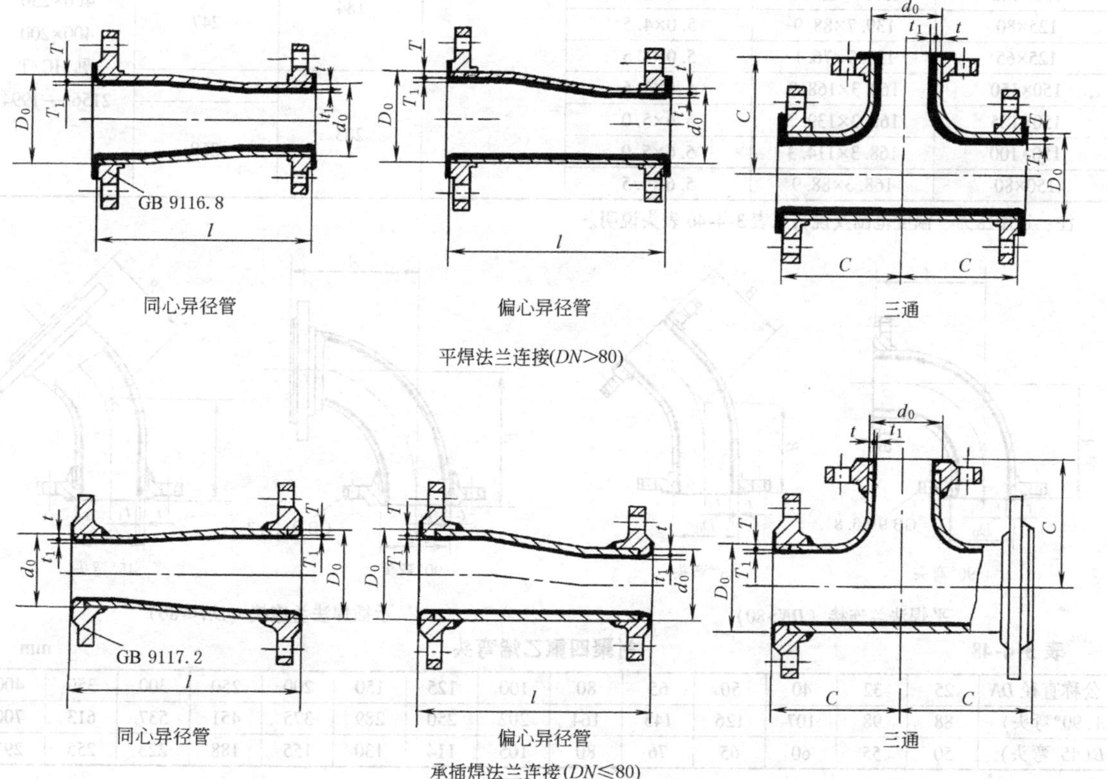

表 3-4-47　　衬聚四氟乙烯三通和异径管　　mm

公称直径 DN	外径 $D_0 \times d_0$	壁厚 钢管件 $T \times t$(最小)	壁厚 衬塑 $T_1(t_1)$	三通 C	异径管 l	说明
25×25	33.7×33.7	2.9×2.9	见表 3-4-48	88	—	公称直径 DN：200×200、200×150、200×125、200×100、250×250、250×200、250×150、250×125、300×300、300×250、300×200、300×150、350×350、350×300、350×250、350×200、400×400、400×350、400×300、400×250、400×200 见 HG/T 21562—1994
32×32	42.4×42.4	2.9×2.9		98	—	
32×25	42.4×33.7	2.9×2.9			151	
40×40	48.3×48.3	2.9×2.9		107	—	
40×32	48.3×42.4	2.9×2.9			164	
40×25	48.3×33.7	2.9×2.9				
50×50	60.3×60.3	3.2×3.2		114	—	
50×40	60.3×48.3	3.2×2.9			176	
50×32	60.3×42.4	3.2×2.9				
50×25	60.3×33.7	3.2×2.9				
65×65	76.1×76.1	4.5×4.5		126	—	
65×50	76.1×60.3	4.5×3.2			189	
65×40	76.1×48.3	4.5×2.9				
65×32	76.1×42.4	4.5×2.9				
80×80	88.9×88.9	4.5×4.5		136	—	
80×65	88.9×76.1	4.5×4.5			189	
80×50	88.9×60.3	4.5×3.2				
80×40	88.9×48.3	4.5×2.9				
100×100	114.3×114.3	5.0×5.0		155	—	
100×80	114.3×88.9	5.0×4.5			202	
100×65	114.3×76.1	5.0×4.5				
100×50	114.3×60.3	5.0×3.2				
125×125	139.7×139.7	5.0×5.0		184	—	
125×100	139.7×114.3	5.0×5.0			247	
125×80	139.7×88.9	5.0×4.5				
125×65	139.7×76.1	5.0×4.5				
150×150	168.3×168.3	5.6×5.6		203	—	
150×125	168.3×139.7	5.6×5.0			260	
150×100	168.3×114.3	5.6×5.0				
150×80	168.3×88.9	5.6×4.5				

注：适用压力、温度范围及说明见表 3-4-46 表头说明。

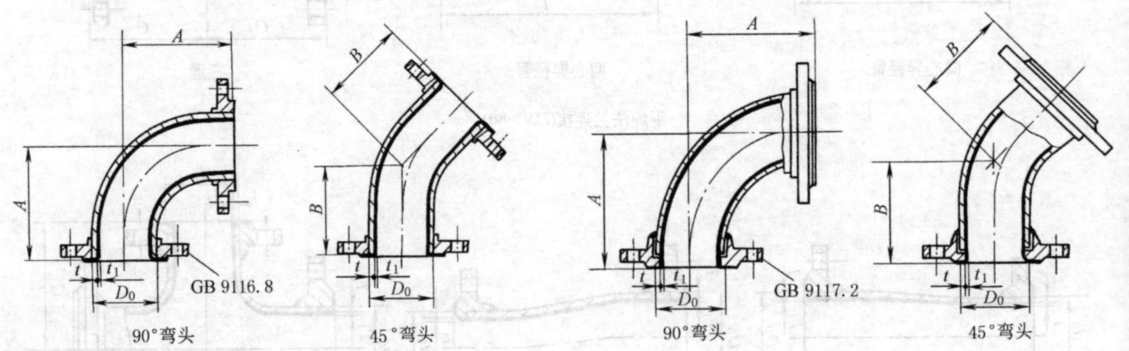

平焊法兰连接（DN>80）　　承插焊法兰连接（DN≤80）

表 3-4-48　　衬聚四氟乙烯弯头　　mm

公称直径 DN	25	32	40	50	65	80	100	125	150	200	250	300	350	400
A(90°弯头)	88	98	107	126	145	164	202	250	289	375	451	537	613	700
B(45°弯头)	50	55	60	65	76	80	105	114	130	155	188	223	255	291

注：壁厚 t、t_1 及适用压力、温度范围和说明见表 3-4-46 表头说明。

衬塑（PP、PE、PVC）钢管和管件（摘自 HG/T 20538—1992）

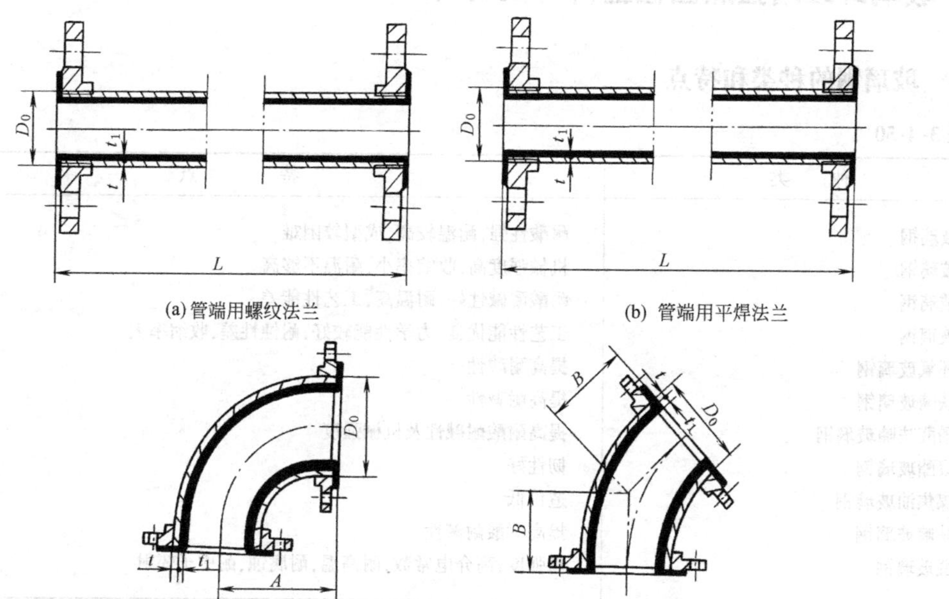

(a) 管端用螺纹法兰　　(b) 管端用平焊法兰

90°弯头　　45°弯头

(c) 弯头

适用压力、温度范围：

衬塑材料	塑料缩写代号	使用温度/℃	使用压力/MPa
聚丙烯	PP	-14~100	*PN*2.0
聚乙烯	PE	-20~85	
聚氯乙烯	PVC	-20~65	

表 3-4-49　　**衬塑钢管及弯头**　　mm

公称直径 *DN*	管子外径 D_0	壁厚			管长 *L*	90°弯头 *A*	45°弯头 *B*	说明
		钢管 *t*(最小) 图 a	钢管 *t*(最小) 图 b、c	衬塑 t_1 PP、PE、PVC				
25	33.7	3.2	2.9	2	4000	88	50	①涂塑钢管和管件的结构尺寸、压力等级和检验要求与衬塑钢管和管件相同 ②钢管采用 HG 20533《化工配管用无缝及焊接钢管尺寸选用系列》中Ⅰ系列 ③衬塑铸钢管件详细规格见 HG/T 20538—1992 ④衬塑钢制三通、异径管尺寸与衬聚四氟乙烯三通、异径管相同，详见表 3-4-47，但两端法兰连接都是平焊法兰，超过表中所列的大规格尺寸见 HG/T 20538—1992
32	42.4	3.6	2.9	2	4000	98	55	
40	48.3	3.6	2.9	2	4000	107	60	
50	60.3	4	3.2	2.5	4000	126	65	
65	76.1	5	4.5	2.5	4000	145	76	
80	88.9	5.6	4.5	3	6000	164	80	
100	114.3	5.9	5	3	6000	202	105	
125	139.7	6.3	5	3.5	6000	250	114	
150	168.3	7.1	5.6	3.5	6000	289	130	
200	219.1	7.1	6.3	4.5	6000	375	155	
250	273.0		6.3	4.5	6000	451	188	
300	323.9		6.3	5	6000	537	223	
350	355.6		6.3	5	6000	613	255	
400	406.4		6.3	5	6000	700	291	

第 3 篇

5.3 玻璃纤维增强热固性塑料（玻璃钢）

5.3.1 玻璃钢的种类和特点

表 3-4-50

种　类	特　点
酚醛玻璃钢	耐酸性强，耐温较高，成型较困难
环氧玻璃钢	机械强度高，收缩率小，耐温不够高
呋喃玻璃钢	耐酸耐碱性好，耐温高，工艺性能差
聚酯玻璃钢	工艺性能优良，力学性能较好，耐蚀性差，收缩率大
酚醛环氧玻璃钢	提高耐酸性
酚醛呋喃玻璃钢	提高耐碱性
环氧酚醛呋喃玻璃钢	提高耐酸耐碱性及机械强度
环氧聚酯玻璃钢	韧性好
环氧煤焦油玻璃钢	造价低
环氧呋喃玻璃钢	提高耐酸耐碱性
硼酚醛玻璃钢	高强度，高介电常数，耐高温，耐腐蚀，耐中子辐射

5.3.2 玻璃钢的性能

表 3-4-51　四种玻璃钢性能比较

项　目	环氧玻璃钢	酚醛玻璃钢	呋喃玻璃钢	聚酯玻璃钢
制品性能	机械强度高，耐酸碱性好，吸湿性低，耐热性较差，固化后收缩率小，黏结力强，成本较高	机械强度较差，耐酸性好，吸湿性低，耐热性较高，固化后收缩率大，成本较低，性脆	机械强度较差，耐酸耐碱性较好，吸湿性较低，耐热性高，固化后收缩率大，性脆，与壳体黏结力较差，成本较低	机械强度较高，耐酸耐碱性较差，吸湿性低，耐热性低，固化后收缩率大，成本较低，韧性好
工艺性能	有良好的工艺性，固化时无挥发物，可常压也可加压成型，随所用固化剂的不同，可室温或加热固化 易于改性，黏结性大，脱模较困难	工艺性比环氧树脂差，固化时有挥发物放出，一般适合于干法成型，一般的常压成型品性能差得多	工艺性比酚醛树脂还差，固化反应较猛烈，对光滑无孔底材黏结力差，变定和养护期较长	工艺性能优越，胶液黏度低，对玻璃纤维渗透性好，固化时无挥发物放出，能常温常压成型，适于制大型构件
参考使用温度/℃	<100	<120	<180	<90
毒性	胺类和酸类固化剂均有毒性及刺激性，国内低毒固化剂已试制应用，有的正试制			常用的交联剂苯乙烯有毒
应用情况	使用广泛，一般用于酸、碱性介质中高强度制品或作加强用	使用一般，用于酸性较强的腐蚀介质中	用于酸或碱性较强的，以及酸、碱交变腐蚀介质中，或者使用于温度较高的腐蚀介质中	用于腐蚀性较弱的酸性介质中

表 3-4-52　四种玻璃钢的耐腐蚀性能

介质	浓度/%	环氧玻璃钢		酚醛玻璃钢		呋喃玻璃钢		聚酯玻璃钢 306#	
		25℃	95℃	25℃	95℃	25℃	120℃	20℃	50℃
硝酸	5	尚耐	不耐	耐	不耐	尚耐	不耐	耐	不耐
	20	不耐	不耐	不耐	不耐	不耐	不耐	不耐	不耐
	40	不耐	不耐	不耐	不耐	不耐	不耐	不耐	不耐
硫酸	5							耐	耐
	10							耐	尚耐
	30							耐	不耐
	50	耐	耐	耐	耐	耐	耐		
	70	尚耐	不耐	耐	不耐	耐	不耐		
	93	不耐	不耐	耐	不耐	不耐	不耐		
发烟硫酸		不耐	不耐	耐	不耐	不耐	不耐		
盐酸	浓	耐	耐	耐	耐	耐	耐	不耐	不耐
	5							耐	不耐
醋酸	浓 5	不耐	不耐	耐	耐	耐	耐	不耐 耐	不耐
磷酸	浓	耐	耐	耐	耐	耐	耐	耐	不耐
氢氧化钾	10	耐		不耐	不耐	耐	耐		
氯化钠		耐		耐		耐			
氢氧化钠	10	耐	不耐	不耐	不耐	耐	耐	耐	不耐
	30	尚耐	尚耐	不耐	不耐	耐	耐	耐	不耐
	50	尚耐	不耐	不耐	不耐	耐	耐		
氨水		尚耐	不耐	不耐	不耐	耐	耐		
氯仿		尚耐	不耐	耐	耐	耐	耐	不耐	
四氯化碳		耐	不耐	耐	耐	耐	耐	耐	
丙酮		耐	不耐	耐	耐	耐	耐	不耐	

注：1. 浓度栏中的“浓”字指介质浓度很高。

2. 在硫酸工厂中，以双酚 A 不饱和树脂为基体的玻璃钢设备和管道对高温稀硫酸的耐腐蚀性能更优。

表 3-4-53 不同含量玻璃纤维增强热塑性塑料的性能

材料	ABS	聚甲醛		聚四氯乙烯	聚碳酸酯		聚酰胺			
		均聚	共聚				尼龙 6	尼龙 66	尼龙 66	尼龙 1010
	玻璃纤维含量(体积分数)									
	20%	20%	25%	25%	10%	30%	30%~35%	30%~33%	20%+20% 碳纤维	28%
成型收缩率/%	0.2	0.9~1.2	0.4~1.8	1.8~2	0.2~0.5	0.1~0.2	0.3~0.5	0.2~0.6	0.25~0.35	0.4~0.5
拉伸强度/MPa	72~90	59~62	127	13.8~18.6	65	131	165① 110②	193① 152②	238	58
断后伸长率/%	3	6~7	2~3	200~300	5~7	2~5	—	3~4① 5~7②	3~4	—
抗压强度/MPa	96	124	117	6.9~9.6	93	124~138	131~158 165①	154 165~276①	—	137
抗弯强度/MPa	96~120	103	193	13.8	103~110	158~172	227① 145②	282① 172②	343	202
冲击韧度(缺口)/kJ·m^{-2}	2.3~2.9	1.7~2.1	2.1~3.8	5.7	2.5~5.5	3.6~6.3	4.6~7.1① 7.8②	4.2~4.6	3.78	81.8 (无缺口)
拉伸弹性模量/GPa	5.1~6.1	6.9	8.6~9.6	1.4~1.6	3.4~4	8.6~9.6	10① 5.5②	9①	—	7.7
压缩弹性模量/GPa	5.5	—	—	—	3.6	8.96				
弯曲弹性模量/GPa	4.5~5.5	5	7.6	1.62	3.4	7.6	9.6① 5.5②	9~10① 5.5②	19.6	4.1
硬度	85~98HRM 107HRR	90HRM	79HRM	60~70HSD	75HRM 118HRR	92HRM 119HRR	96HRM① 78HRR②	101HRR 109HRR①	—	11.48HB
线胀系数/$10^{-5}K^{-1}$	2.1	3.8~8.1	2~4.4	7.7~10	3.2~3.8	2.2~2.3	1.6~8	1.5~5.4	2.07	—
热变形温度(1.82MPa)/℃	99	157	163	—	138~142	146~149	200~215	254①	260	马丁温度 176
热导率/W·m^{-1}·K^{-1}	—	—	—	0.34~0.42	0.20~0.22	0.22~0.32	0.24~0.48	0.21~0.49	—	—
密度/g·cm^{-3}	1.18~1.22	1.54~1.56	1.55~1.61	2.2~2.3	1.27~1.28	1.4~1.43	1.35~1.42	1.15~1.4	1.4	1.19
吸水率/% (24h)	0.18~0.2	0.25	0.22~0.29	—	0.12~0.15	0.08~0.14	1.1~1.2	0.7~1.1	0.5	—
吸水率/% (饱和)	—	—	—	—	—	—	6.5~7	5.5~6.5	—	—
击穿强度/kV·mm^{-1}	18	193	18.9~22.9	12.6	20.9	18.5~18.7	15.8~17.7	14.2~19.7	—	—

续表

材料	聚酰胺		聚对苯二甲酸丁二酯(PBT)		聚对苯二甲酸乙二酯(PET)		聚酰胺酰亚胺	聚醚酰亚胺	聚醚醚酮(PEEK)	高密度聚乙烯
	尼龙 610	尼龙 612								
	玻璃纤维含量(体积分数)									
	33%	30%~35%	30%	35%玻璃纤维、滑石粉	30%	40%~50%玻璃纤维、滑石粉	30%	30%	30%	30%
成型收缩率/%	—	0.2~0.5	0.2~0.8	0.3~1.2	0.2~0.9	0.2~0.4	0.2~0.4	0.1~0.2	0.2	0.2~0.6
拉伸强度/MPa	170	152① 138②	96~131	78.5~95	145~158	96~179	221	172~196	162	62
断后伸长率/%	—	4	2~4	2~3	2~7	1.5~3	2.3	2~5	3	1.5~2.5
抗压强度/MPa	145	152① 220	124~162	—	172	141~165	264	162~165	154	34~41
抗弯强度/MPa	234	241①	156~200	124~152	214~230	145~273	317	227~255	227~289	55~65
冲击韧度(缺口)/kJ·m^{-2}	11.7	—	1.9~3.4	2.7~3.8	3.4~4.2	1.9~5	3.2	3.6~4.2	4.2~5.4	2.3~3.1
拉伸弹性模量/GPa	6	8.3①	8.96~10	—	8.96~9.9	12~13	14.5	9~11	8.6~11	5.5~6.2
压缩弹性模量/GPa	—	6.2②	—	—	—	—	7.9	3.79	9.6	4.8~5.5
弯曲弹性模量/GPa	4.1	7.6① 6.2②	5.9~8.3	8.3~9.6	8.6~10	9.6~13.8	11.7	8.3~8.6	—	—
硬度	10.65HB	93HRM	90HRM	50HRM	90~100HRM	118~119HRR	94HRE	125HRM 123HRR	—	75~90HRR
线胀系数/$10^{-5}K^{-1}$	—	—	2.5	—	2.5~3	2.1	1.3~1.8	2~2.1	1.5~2.2	4.8
热变形温度(1.82MPa)/℃	马丁温度 195	199~218①	196~218	166~197	216~224	211~227	281	208~215	288~315	121
热导率/W·m^{-1}·K^{-1}	—	0.43	0.29	—	0.25~0.29	—	0.68	0.25~0.39	0.2	0.36~0.46
密度/g·cm^{-3}	1.30	1.30~1.38	1.48~1.53	1.59~1.73	1.56~1.67	1.58~1.68	1.61	1.49~1.51	1.49~1.54	1.18~1.28
吸水率/% (24h)	—	0.2	0.06~0.08	0.06~0.07	0.05	0.05	—	0.18~0.2	0.06~0.12	0.02~0.06
吸水率/% (饱和)	—	1.85	0.3	—	—	—	0.24	0.9	0.11~0.12	—
击穿强度/kV·mm^{-1}	—	20.5	15.8~21.7	17.7~23.6	16.9~25.6	22.5~23.6	33.1	19.5~24.8	—	19.7~21.7

续表

材料	聚苯醚和改性聚苯醚	聚苯硫醚(PPS)	聚丙烯均聚	聚氯乙烯	聚苯乙烯 均聚	聚苯乙烯 耐热共聚物	丙烯腈苯乙烯共聚物(SAN)	聚砜	改性聚砜	聚醚砜
玻璃纤维含量(体积分数)	30%	40%	40%	15%	20%	20%	20%长玻璃纤维	30%	30%	20%
成型收缩率/%	0.1~0.4	0.2~0.4	0.3~0.5	0.1	0.1~0.3	0.3~0.4	0.1~0.3	0.1~0.3	0.1~0.3	0.2~0.5
拉伸强度/MPa	103~127	120~158	58~103	62	68.9~82.7	68.9~96	107~124	100	103~131	138~170
断后伸长率/%	2~5	0.9~4	1.5~4	2.3	1.3	1.4~3.5	1.2~1.8	1.5	1.9~3	2~3.5
抗压强度/MPa	123	145~179	61~68	62	110~117	—	117~145	131	—	134~165
抗弯强度/MPa	145~158	156~220	72~152	93	96~124	112~151	138~156	138	138~176	169~190
冲击韧度(缺口)/kJ·m^{-2}	3.6~4.8	2.3~3.2	2.9~4.2	2.1	1.9~5.3	4.4~5.5	2.1~6.3	2.3	2.1~4.2	2.5~3.6
拉伸弹性模量/GPa	6.9~8.9	7.6	7.6~10	6	6.2~8.3	5.8~6.2	6.3~11.8	9.3	5.7~6.89	5.9
弯曲弹性模量/GPa	7.6~7.9	11.7~12.4	6.5~6.9	5.2	6.5~7.6	5.5~7.2	6.9~8.8	7.2	8.86	5.9~6.2
硬度	115~116HRR	123HRR	102~111HRR	118HRR	80~95HRM 119HRR	—	89~100HRM 122HRR	90~100HRM	80~85HRM	98~99HRM
线胀系数/$10^{-5}K^{-1}$	1.4~2.5	2.2	2.7~3.2	—	3.96~4	2	2.34~4.14	2.5	4.8~5.4	2.3~3.2
热变形温度(1.82MPa)/℃	135~158	252~263	149~165	68	93~104	110~119	99~110	177	160~167	209~218
热导率/W·m^{-1}·K^{-1}	0.15~0.17	0.29~0.45	0.35~0.37	—	0.25	—	0.28	—	—	—
密度/g·cm^{-3}	1.27~1.36	1.6~1.67	1.22~1.23	1.54	1.2	1.21~1.22	1.2~1.22	1.46	1.52	1.51
吸水率/% (24h)	0.06	0.02~0.05	0.05~0.06	0.01	0.07~0.1	0.1	0.1~0.2	0.3	0.1~0.2	0.15~0.4
吸水率/% (饱和)	—	—	0.09~0.1	—	0.3	—	0.7	—	0.43	1.65~2.1
击穿强度/kV·mm^{-1}	21.7~24.8	14.2~17.7	19.7~20.1	23.6~31.5	16.7	—	19.7	—	15.7	14.8~19.7

① 干燥状态。

② 50%相对湿度。

5.3.3 玻璃钢的组成和主要的成型方法

玻璃钢（玻璃纤维增强热固性塑料）是由合成树脂作为基体材料及其辅助材料和经过表面处理的玻璃纤维增强材料所组成。合成树脂种类很多，常用的有酚醛树脂、环氧树脂、呋喃树脂、聚酯树脂等。由它们所制的玻璃钢分别称为酚醛玻璃钢、环氧玻璃钢、呋喃玻璃钢和聚酯玻璃钢。为了适应某种需要，如为改良性能、降低成本，采用第二种合成树脂进行改性，如环氧酚醛玻璃钢、环氧呋喃玻璃钢，基体材料分别由环氧-酚醛合成树脂、环氧-呋喃合成树脂构成。加入合成树脂中的固化剂、增塑剂、填充剂、稀释剂等辅助材料，都在不同程度上影响玻璃钢的性能。

玻璃钢另一个重要成分是玻璃纤维及其制品。玻璃钢的物理力学性能与玻璃纤维的性能、品种、规格等有直接关系。由于玻璃纤维耐腐蚀性能优于合成树脂，所以除个别情况外（如氢氟酸、浓碱），玻璃钢的耐腐蚀性能主要取决于树脂的耐蚀性。

玻璃钢层的结构随不同成型方法和用途而异，主要凭经验和试验确定。图 3-4-1 所示为用手糊法制作耐腐蚀玻璃钢设备的玻璃钢层典型结构。各层情况大致如下。

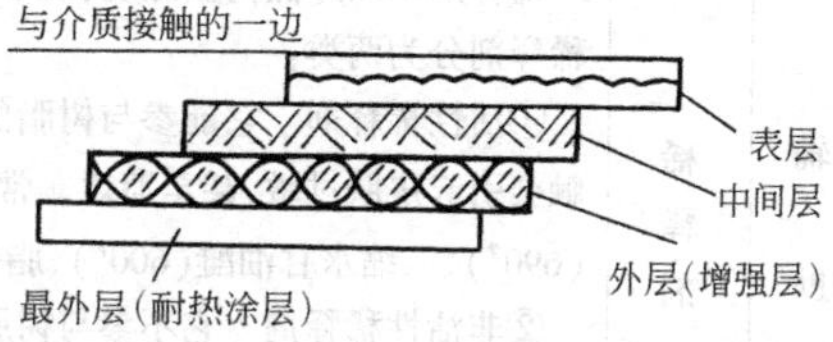

图 3-4-1　玻璃钢耐蚀设备的基本结构

① 耐蚀层：由表层和中间层组成，表层是接触介质的最内层是由玻璃纤维毡增强的富树脂层。

② 中间层：由短玻璃纤维毡增强，厚约 2mm，能在介质浸透表层后，不会再浸透外层。

③ 外层（增强层）：满足强度要求的一层，由无捻粗纱布、短纤维增强。

④ 最外层：它的组成与表层相同，其目的是使增强层不露在腐蚀性环境中。

合成树脂及辅助材料

表 3-4-54　　环氧树脂及辅助材料

材料功能		材料名称、特点及说明
基体材料	环氧树脂	环氧树脂是指分子中含有两个或两个以上环氧基团的有机高分子化合物。它具有机械强度高、良好的耐腐蚀性、粘接性、绝缘性和防水性，但价格高、某些固化剂毒性大等特点。环氧树脂种类很多，常用环氧树脂如下： ①双酚 A 环氧树脂（通用型环氧树脂）　它由环氧氯丙烷与双酚 A 缩聚而成，牌号有 E-51、E-44、E-42、E-20、E-12。这种树脂应用最广，使用温度较低，可以与其他树脂混用，以改进性能 ②酚醛多环氧树脂　它是酚醛树脂与环氧氯丙烷缩合而成。这种树脂耐热性能好，耐腐蚀性能也较好，所以常用于制作耐热玻璃钢 ③脂环族环氧树脂　它是由脂环烯烃的双键环氧化而得的相对分子质量比较小的环氧化合物，牌号有 R-122、H-71、W-95 等。这种树脂经固化后具有很好的物理力学性能、较高的热变形温度和紫外线的稳定性
辅助材料	固化剂	固化剂可分催化性和反应性两类。催化性固化剂是通过催化作用去促进环氧树脂分子自身的交联反应，一般应用较少。反应性固化剂直接参加固化反应。常用固化剂有如下几类： ①胺类固化剂　它是环氧树脂最常用的一种固化剂，包括 脂肪族胺类　它能在室温下固化环氧树脂、固化速度快、黏度低、使用方便，但固化后产物耐热性差，会使皮肤过敏。常用的品种有乙二胺（EDA）、二乙烯三胺（DETA）、三乙烯四胺（TETA）、四乙烯五胺、多乙烯多胺（PEDA）、二甲氨基丙胺（DMAPA）、二乙氨基丙胺（DEAPA）、六氢吡啶（PRN） 芳香族胺类　它的分子中含有稳定的苯环结构，固化后的树脂热变形温度高，耐腐蚀性、电性能和力学性能也比较好。常用固化剂品种有间苯二胺（MPDA）、间苯二甲胺（MXDA）、二氨基二苯砜（DDS）、4,4-次甲基二苯胺（MDA） 改性胺类　它是对胺类固化剂进行改性。固化后树脂抗冲击性强，耐溶剂性能较好，施工时毒性低，常用品种有 590 型、591 型、593 型和 120 型 ②酸酐类固化剂　除胺类外，酸酐是环氧树脂中应用最多的一种固化剂。它需要在较高温度下长时间固化。为加速固化，加入胺类促进剂。固化后的树脂具有优良的物理、电和耐腐蚀性能，有中等或较高的热变形温度。常用固化剂有顺丁烯二酸酐（MA）、邻苯二甲酸酐（PA）、内次甲基四氢邻苯二甲酸酐（NA）、均苯四甲酸酐（PM-DA）、十二烷基丁二酸酐（DDSA）、四氢苯酐（THPA）、甲基内次甲基四氢邻苯二甲酸酐（MNA）、聚壬二酸酐（PA-PA）等

续表

材料功能		材料名称、特点及说明
辅助材料	固化剂	③咪唑类固化剂　它是一种新型固化剂，毒性低、用量少、黏度低、固化速度快、中温固化。固化后树脂机械强度高、耐热、耐腐蚀、电性能好、价格贵。常用咪唑类固化剂有咪唑、2-甲基咪唑、2-乙基4-甲基咪唑、三氟化硼与乙胺络合物，后者要避免使用石棉、云母和某些碱性填充剂 ④潜伏性固化剂　它是指与环氧树脂混合后在室温下有较长贮存期，经加热后作固化剂。品种有偏硼酸己丁酯与仲胺的加成物，594 硼化剂、双氰胺 ⑤合成树脂固化剂　常用品种有氨基聚酰胺、酚醛树脂、苯胺甲醛树脂
	稀释剂	稀释剂用以降低树脂黏度，便于工艺操作，满足施工要求，改进润湿能力，增加填充剂的填充体积，利于放热。稀释剂分为两类： ①活性稀释剂　它能参与树脂的固化反应，对树脂起增韧作用，固化后收缩率小，用量少，价格贵，有毒，长期接触会引起皮肤过敏，甚至溃烂。常用品种有环氧丙烷丙烯醚(500#)、环氧丙烷丁基醚(501#)、环氧丙烷苯基醚(690#)、二缩水甘油醚(600#)、脂环族环氧(6269#、6206#、6221#)、乙二醇二缩水甘油醚(512#)、甘油环氧(662#) ②非活性稀释剂　它不参与树脂的固化反应，纯属物理混合。稀释后挥发，使固化后树脂收缩率增加，黏结力降低，残留的溶剂使强度和耐热性降低，价格低。常用品种有丙酮、甲乙酮、环己酮、苯、甲苯、二甲苯、正丁醇、苯乙烯
	增韧剂	增韧剂用于增加环氧树脂的韧性、提高弯曲和冲击韧性。增韧剂分为两类： ①活性增韧剂　它参与固化反应，对树脂起增韧作用。主要品种有低相对分子质量的聚酰胺(650#、651#)、聚硫橡胶、丁腈橡胶、不饱和树脂、环氧化聚丁烯树脂等 ②非活性增韧剂　它不参与固化反应，只发生物理变化。对固化后树脂的性能影响较小，但时间长了会游离出来，导致塑性变形或老化。黏度小，可兼作稀释剂用，增加树脂的流动性。常用品种有邻苯二甲酸二甲酯、邻苯二甲酸二丁酯、邻苯二甲酸二辛酯、磷酸三乙酯、磷酸三苯酯、磷酸三甲酚酯等
	填充剂	填充剂可以减小树脂的流动性和放热作用，降低树脂固化收缩性和线胀系数，增加导热性，改善表面硬度，同时还可减少树脂用量、降低成本。常用填充剂有灰绿岩粉、石英粉、瓷粉和石墨粉。填充剂中不应含水，且应耐腐蚀，细度一般在 120 目以上

表 3-4-55　　聚酯树脂及辅助材料

材料功能		材料名称、特点及说明
基体材料	聚酯树脂	聚酯树脂是不饱和树脂的简称，按其性能可分为： ①通用型(邻苯型)　它具有良好的综合性能，用于制造船舶、车辆、板材及强度要求不高的化工设备，适用温度低于 70℃，通用型聚酯多为邻苯二甲酸型 ②耐热型 以通用型为基础的耐热型聚酯　如常州 253 厂生产的 198#、199# 耐热型聚酯，长期使用温度分别在 80~90℃和 120℃以下 以丙烯基型单体为交联剂的聚酯　如以内次甲基四氢邻苯二甲酸酐或三聚氰酸三丙烯酯为交联剂的不饱和聚酯，能在 250~260℃长期使用 丙烯基型聚酯　如邻苯二甲酸二丙烯酯(DAP)，其制品可在 200℃以下长期使用 ③耐化学腐蚀型　通用型聚酯只能满足一般性防腐要求。间苯二甲酸型和对苯二甲酸型聚酯可满足中等耐腐蚀要求，双酚 A 型聚酯耐腐蚀最好，尤其是耐碱 ④胶衣树脂(表面层聚酯)　它用于玻璃钢制品表面，具有良好的耐化学性、耐水性和韧性。胶衣树脂可以是透明的或着色的 除上述外，聚酯树脂还有光稳定型、自熄型及韧性型。聚酯树脂按化学组成不同分为双酚 A 型、间苯二甲酸型、对苯二甲酸型、邻苯二甲酸型、丙烯基型等
辅助材料	交联剂	在聚酯中加入交联剂后的固化过程很缓慢，因此需在树脂中加引发剂。以便在引发剂的引发下，聚酯与交联剂在加热条件下进行固化，称热固化；如果同时加入促进剂，则聚酯与交联剂在引发剂-促进剂条件下，可室温固化，或称冷固化。交联剂与聚酯分子链发生固化反应。常用交联剂有苯乙烯、甲基丙烯酸甲酯，其次有乙烯基甲苯、氯代苯乙烯、二乙烯基苯、丙烯酸乙酯

续表

材料功能		材料名称、特点及说明
辅助材料	引发剂	引发剂能使交联剂和聚酯树脂变成活性单体和活性链,达到交联固化的目的。引发剂一般为有机过氧化合物,如叔丁基过氧化氢、异丙苯过氧化氢、过氧化二异丙苯、过氧化二苯甲酰、过氧化二月桂酰、过苯甲酸叔丁酯、过氧化环已酮、过氧化甲乙酮等。引发剂的选用原则是所选引发剂的临界温度应低于固化温度,上述引发剂的临界温度为60~130℃
	促进剂	促进剂能促使降低引发剂的引发温度,从而降低固化温度,加快固化速度,减少引发剂用量,适合手糊法成型。促进剂应与引发剂配对使用。常用促进剂有含6%的环烷酸钴的苯乙烯液(Ⅰ号)、含10%的二甲基苯胺的苯乙烯液(Ⅱ号)
	阻聚剂	阻聚剂的作用是提高聚酯的贮存稳定性,调节聚酯胶液的使用期。常用阻聚剂有对苯二酚
	其他辅助材料	触变剂　它用于大型设备成型,防止垂直面或斜面树脂流胶。常用的触变剂有可溶性的聚氯乙烯粉和活性的二氧化硅粉 填充剂　添加适量的填充剂可以改善树脂固化后的物理力学性能,详见表3-4-56的有关说明 颜料　为使制品具有某种颜色,常加入一些无机颜料,但必须对引发剂具有化学惰性,如红色氧化铁等

表3-4-56　酚醛树脂及辅助材料

材料功能		材料名称、特点及说明
基体材料	酚醛树脂	酚醛树脂是以酚类化合物与醛类化合物为原料,在催化剂作用下缩聚而得。酚醛树脂一般分为高、中、低三种不同黏度,其中中黏度树脂用于制作玻璃钢。它们的落球法黏度(直径8.5mm的钢球、落下高度100mm,20℃±1℃条件下测得时间)为5~20min,游离酚含量一般在14%~19%,若含量过高,会影响树脂的性能,所以一般控制游离酚含量在15%以下。游离醛含量一般在1.8%~2.5%。在树脂固化时,游离醛易逸出,造成树脂的孔隙率加大,所以游离醛含量一般控制在2%以下。树脂中水分含量一般在10%~12%,含量过高,导致玻璃钢强度下降,抗渗透性差。树脂中游离酚有毒、有刺激作用,会引起皮肤过敏。除强氧化酸外,酚醛树脂能耐各种酸的腐蚀,如任何浓度的盐酸、稀硫酸及大部分的有机酸和苯、氯苯等有机溶剂,但耐碱性差 因酚醛玻璃钢具有脆性大、耐碱性差等缺点,所以现多用改性酚醛树脂,如聚乙烯醇缩醛改性酚醛树脂、环氧改性酚醛树脂、有机硅改性酚醛树脂、硅酚醛树脂及二甲苯改性酚醛树脂等
辅助材料	固化剂	酚醛树脂固化分热固化和酸固化两种。热固化不需添加固化剂。固化温度控制在175℃左右,同时施加一定压力,压力大小与成型工艺有关,一般层压工艺的压力为10~12MPa,模压工艺为30~50MPa。酸固化是指树脂在酸性固化剂中于常温或较低温度下固化。常用固化剂有盐酸、磷酸、对甲苯磺酸、苯酚磺酸等,一般用量为树脂重量的10%左右。目前热固法应用较广,因固化产物即玻璃钢的耐热性能、力学性能及耐溶剂性能比酸固化的好
	改进剂(软化剂)	加入改进剂的目的主要是为了降低酚醛树脂固化后的脆性。改进剂一般采用桐油钙松香、苯二甲酸二丁酯,用于改善树脂的脆性时,前者优于后者,且不降低树脂的耐酸性,但在有机溶剂中的耐腐蚀性有所降低
	稀释剂	稀释剂用以降低树脂的黏度,便于工艺操作。酚醛树脂常用稀释剂有乙醇,黏度过高时可用丙酮或两者混合来调节施工黏度
	填充剂	酚醛树脂在酸性介质中固化,它能和填充剂中不耐酸杂质进行化学反应,放出气体,使玻璃钢产生气鼓或气泡,降低抗渗透性和粘接强度,所以要严格控制填充剂中碳酸盐含量,一般含量超过0.1%时必须进行酸洗,同时除去铁粉,提高耐蚀性 其他详见环氧树脂及辅助材料(表3-4-54)

玻璃纤维及制品

玻璃纤维及制品是玻璃钢的重要组成部分，它基本上决定了玻璃钢的机械强度和弹性模量。玻璃纤维具有下列特点。

① 相对密度、拉伸强度高：玻璃纤维相对密度为2.5~2.7，拉伸强度约200MPa，且直径越小，强度越高。

② 耐热性好：玻璃纤维在200~300℃时强度无明显变化，300℃以上时强度才逐渐下降，在强度要求不高的场合，有碱玻璃纤维可用到450℃，无碱玻璃纤维可用到700℃。

③ 弹性模量高：玻璃纤维弹性模量约为 $(0.3 \sim 0.7) \times 10^5$MPa，是钢的1/6~1/3。

④ 化学稳定性好：除氢氟酸、热浓磷酸和浓碱外，玻璃纤维具有良好的化学稳定性。

玻璃纤维的缺点是脆性大、耐磨性较差；玻璃纤维表面光滑，不易与其他纤维相结合；使人的皮肤有刺痛感。

玻璃钢是由无机增强玻璃纤维与有机基体材料两相组成，两相之间存在性质不同的界面。为了使两相之间粘接在一起，以达到提高玻璃钢性能的目的，就需要对玻璃纤维进行表面处理，即在玻璃纤维表面包覆一种称为表面处理剂（或称偶联剂）的特殊物质。

表面处理工艺方法有前处理法、后处理法和迁移法三种。

玻璃纤维的分类见表3-4-57，玻璃纤维及制品的用途及成型工艺见表3-4-58。

表3-4-57　玻璃纤维的分类

分类项目	按化学成分(含碱量)分类			按纤维直径分类					按纤维外观分类		
指标	<1%	2%~6%	11.5%~12.5%	30μm	20μm	10~20μm	5~10μm	<5μm	—	长度<70mm	—
名称	无碱玻璃纤维	中碱玻璃纤维	高碱玻璃纤维	粗纤维	初级纤维	中级纤维	高级纤维	超细纤维	长纤维	短纤维	空心纤维

注：含碱量是指玻璃纤维组成中含金属钾、钠氧化物的质量分数。无碱玻璃纤维具有耐水性、耐老化性和电绝缘性好、机械强度高，但价格贵的特点。

表3-4-58　不同玻璃纤维及制品的用途、成型工艺

纤维及制品名称	成型工艺	纤维含量/%	主要用途	说明
无捻粗纱	缠绕、连续成型、喷射成型、挤出成型、模压	25~80	管道、容器、汽车车身、棒、火箭发动机壳体、武器等	将玻璃纤维原丝合股，但不加捻得到的纱
加捻纱	缠绕、纺织	60~80	飞机、船舶及电器绝缘板等	
玻璃布（斜纹、缎纹）	手糊成型、袋压、层压、模压、卷管	45~65	飞机、船舶、贮罐、管道、绝缘板、武器等	用加捻玻璃纤维制成的布，按织法分为平纹布、斜纹布和缎纹布
方格布	手糊成型	40~70	船舶、大罩、贮罐、容器等	是无捻粗纱布，用无捻粗纱织成较厚的平纹布
短切纤维	预混料模压	15~40	电气设备、机械及武器零件等	将短纤维在平面上无规则交叉重叠，再用黏结剂粘接后经滚压、烘干、冷却
短切连续纤维毡	模压、手糊成型、缠绕	20~45	阀门、零件、贮罐、透明板等	
表面毡	手糊成型、缠绕、连续成型	5~15	表面光滑的部件、管道及容器外表面	厚度为0.3~0.4mm，是将短纤维均匀铺放，中间用黏结剂粘接

续表

纤维及制品名称	成型工艺	纤维含量/%	主要用途	说明
无纺布	手糊成型、缠绕	60~80	飞机构件	将纤维直径为12~15μm的长纤维平行或交叉排列后，用黏结剂粘接而成
布带	连续成型、缠绕、卷管	45~65	管道	用加捻玻璃纤维制成带，与玻璃布相比仅幅宽较窄

玻璃钢主要成型方法、特点及应用

表 3-4-59

成型方法	基本原理	特点	应用
手糊法	边铺覆玻璃布、边涂刷树脂胶料，固化后而成。固化条件为低压、室温、压力一般在35~680kPa范围内，为使制品外表面光滑，可利用真空或压缩空气使浸润过树脂的纤维布紧贴模具	①操作简便，专用设备少，成本低。不受制品形状和尺寸限制 ②质量不稳定，劳动条件差，效率低 ③制品机械强度较低 ④适用树脂主要是聚酯和环氧树脂	广泛用于整体制品和机械强度要求不高的大型制品，如汽车车身、船舶外壳等
模压法	将已干燥的浸胶玻璃纤维布叠后放入金属模具内，加热加压，经过一定时间成型	①质量稳定、尺寸准确、表面光滑 ②制品机械强度高 ③生产效率高，适合成批生产	用于压制泵、阀门壳体、小型零件等
缠绕法	将连续纤维束通过浸胶槽浸上树脂胶液后缠绕在芯模上，常温或加热固化、脱模即成制品	①制品机械强度较高 ②质量稳定，可得到内表面尺寸准确、表面光滑的制品 ③可采用机械式、数控式和计算机控制的缠绕机 ④轴向增强较困难	用于制造管道、贮槽、槽车等圆截面制品、也可制作飞机横梁、风车翼梁等不同截面的制品
拉挤成型法	玻璃纤维通过浸树脂槽，再经模管拉挤，加热固化后即成制品	①工艺简单，效率高 ②能最佳地发挥纤维的增强作用 ③质量稳定、工艺自动化程度高 ④制品长度不受限制 ⑤原材料利用率高 ⑥保持良好的耐腐蚀性能 ⑦生产速度受树脂加热和固化速度限制 ⑧制品轴向强度大、环向强度小	用于制作电线杆、电工用脚手架、汇流线管、导线管、无线电天线杆、光学纤维电缆，以及石油化工用管、贮槽，还有汽车保险杠、车辆和机床驱动轴、车身骨架、体育用品中的单杠、双杠
树脂传递成型法	这是一种闭模模塑成型法。首先在模具成型面上涂脱模剂或胶衣层，然后铺覆增强材料，锁紧闭合的模具，再用注射机注入树脂，固化后开模即得制品	①生产周期短，效率高 ②材料损耗少 ③制品两面光洁，允许埋入嵌件和加强筋	用于制作小型零件

5.4 碳纤维增强塑料

5.4.1 碳纤维增强热固性塑料

表 3-4-60　碳纤维增强热固性塑料单向层压板性能及特点

性　能	T300/3231①	T300/4211②	T300/5222①	T300/QY8911③	T300/5405④
纵向拉伸强度/MPa	1750	1396	1490	1548	1727
纵向拉伸弹性模量/GPa	134	126	135	135	115
泊松比	0.29	0.33	0.30	0.33	0.29
横向拉伸强度/MPa	49.3	33.9	40.7	55.5	75.5
横向拉伸弹性模量/GPa	8.9	8.0	9.4	8.8	8.6
纵向抗压强度/MPa	1030	1029	1210	1226	1104
纵向压缩弹性模量/GPa	130	116	134	125.6	125.5
横向抗压强度/MPa	138	166.6	197	218	174
横向压缩弹性模量/GPa	9.5	7.8	10.8	10.7	8.1
纵横抗剪强度/MPa	106	65.5	92.3	89.9	135
纵横切变模量/GPa	4.7	3.7	5.0	4.5	4.4
密度/$g \cdot cm^{-3}$	—	1.56	1.61	1.61	—
玻璃化转变温度/℃	—	154~170	230	268~276	210

特　点	用途举例	
碳纤维增强热固性塑料具有很好的力学性能，包括较高的高温和低温力学性能，抗疲劳及耐腐蚀性能均好，并且具有高的比强度和比模量，同时，可以通过设计和加工的措施，获得材料多项特殊性能，以满足不同的应用要求，在机械工业、航空航天及其他工业中都得到了应用	汽车工业	螺旋桨轴、弹簧、底盘、车轮、发动机零件，如活塞、连杆、操纵杆等
	纺织机械	综框、传箭带、梭子等
	电子器械	雷达设备、复印机、电子计算机、工业机器人等
	化工机械	导管、油罐、泵、搅拌器、叶片等
	医疗器械	X 射线床和暗盒、骨夹板、关节、轮椅、单架等
	体育器械	高尔夫球棒、球头、钓竿、羽毛球拍、网球拍、小船、游艇、赛车、自行车等
	航空航天	飞机方向舵、升降舵、口盖、机翼、尾翼、机身、发动机零件等；人造卫星、火箭、飞船等
	其他	石油井架、建筑物、桥、铁塔、高速离心机转子、飞轮、烟草制造机板簧等

① 纤维体积分数 $\varphi_f=65\%\pm3\%$，环氧体系，孔隙率<2%。
② 纤维体积分数 $\varphi_f=60\%\pm3\%$，环氧体系，孔隙率<2%。
③ 纤维体积分数 $\varphi_f=60\%\pm5\%$，双马来酰亚胺体系，孔隙率<2%。
④ 纤维体积分数 $\varphi_f=65\%\pm3\%$，双马来酰亚胺体系，孔隙率<2%。

第 3 篇

5.4.2 碳纤维增强热塑性树脂

表 3-4-61　碳纤维增强热塑性树脂的性能及特点

性　能		聚砜		线型聚酯		乙烯-四氟乙烯共聚物	
		纯树脂	碳纤维 30%	纯树脂	碳纤维 30%	纯树脂	碳纤维 30%
密度/g·cm^{-3}		1.24	1.37	1.32	1.47	1.70	1.73
吸水率/%	(24h)	0.20	0.15	0.03	0.04	0.02	0.018
	(饱和)	0.60	0.38	—	0.23	—	—
加工收缩率/%		0.7~0.8	0.1~0.2	1.7~2.3	0.1~0.2	1.5~2.0	0.15~0.25
拉伸强度/MPa		71	161	56	140	45	105
断后伸长率/%		20~100	2~3	10	2~3	150	2~3
抗弯强度/MPa		108	224	91	203	70	140
弯曲弹性模量/GPa		2.7	14.3	2.4	14	1.4	11.6
抗剪强度/MPa		63	66	49	56	42	49
冲击韧度(悬臂梁)/kJ·m^{-2}	(缺口)	2.5	2.5	0.63	2.5	未断	8.4~16.5
	(无缺口)	126	12.6~14.7	52.5	8.4~10.5	未断	21
热变形温度(1.85MPa)/℃		174	185	68	221	74	241
线胀系数/$10^{-5}K^{-1}$		5.6	1.08	9.5	0.9	7.6	1.4
热导率/W·m^{-1}·K^{-1}		0.26	0.79	0.15	0.94	0.23	0.81
表面电阻/Ω		10^{8}	1~3	10^{15}	2~4	5×10^{14}	3~5

特　点	应　用　举　例
韧性好，损伤容限大，耐环境性能优异，对水、光、溶剂和化学药品均有很好的耐蚀性，耐高温性能好(长期工作温度一般可达150℃以上)，预浸料贮存期长，工艺简单、效率高，成型后的制品可采用热加工方法修整，装配自由度大，废料可回收，在各个工业部门有广泛的应用前景	用于制造轴承、轴承保持架、活塞环、调速器、复印机零件、齿轮、化工设备、电子电器工业中的继电器零件及印制电路板、赛车、网球拍、高尔夫球棒、钓鱼竿、撑杆跳高杆、医用X射线设备以及纺织机械中的剑杆、连杆、推杆、梭子等；航空航天工业中作结构材料用，如制作机身、机翼、尾翼、舱内材料、人造卫星支架、导弹弹翼、航天机构件等

参 考 文 献

[1] 中国第一汽车集团公司编写组编. 机械工程材料手册. 金属材料. 第5版. 北京：机械工业出版社，1998.

[2] 机械工程手册、电机工程手册编辑委员会. 机械工程手册：第3卷. 工程材料. 第2版. 北京：机械工业出版社，1996.

[3] 张俊臣主编. 化工产品手册：涂料及涂料用无机颜料. 第2版. 北京：化学工业出版社，1999.

[4] 中国第一汽车集团公司编写组编. 机械工程材料手册：非金属材料. 第5版. 北京：机械工业出版社，2000.

[5] 王巧云，李金平主编. 设备及管道绝热应用技术手册. 北京：中国标准出版社，1998.

[6] 化学工业部环境保护设计技术中心站组织编写. 化工环境保护设计手册. 北京：化学工业出版社，1998.

[7] 方昆凡，黄英主编. 机械工程材料实用手册. 沈阳：东北大学出版社，1995.

[8] 中国化工装备总公司、上海工程技术大学组织编写. 塔填料产品及技术手册. 北京：化学工业出版社，1995.

[9] 于兵编. 非金属材料大全. 北京：中国物资出版社，1997.

[10] 李卓球，岳红军主编. 玻璃钢管道与容器. 北京：科学出版社，1990.

[11] 功能材料及其应用手册编写组编. 功能材料及其应用手册. 北京：机械工业出版社，1991.

[12] 林慧国等主编. 袖珍世界钢号手册. 第3版. 北京：机械工业出版社，2004.

[13] 安继儒主编. 中外常用金属材料手册. 修订本. 西安：陕西科学技术出版社，2005.

[14] 李成功等主编. 中国材料工程大典：第四卷. 有色金属材料工程（上）. 北京：化学工业出版社，2006.

[15] 机械设计手册编委会编. 机械设计手册（新版）：第一卷. 北京：机械工业出版社，2004.